普通高等教育“十一五”国家级规划教材

现代微生物生态学

（第三版）

池振明　池　哲　刘光磊　编著

本书出版受到中国海洋大学教材建设基金资助

科学出版社
北　京

内 容 简 介

微生物生态学是指研究微生物与其周围生物和非生物环境之间关系的一门科学。本书重点介绍在正常自然环境和特殊环境，如海洋环境、极端自然环境和污染环境中微生物所起的重要作用及各种生物和非生物环境因素对微生物代谢、生理功能和基因组的影响。在当前面临的重大问题下，如何利用微生物生产可再生、绿色、可持续和低碳的生态友好物质，减少对化石燃料的依赖，减少对环境的破坏，也是本书的重要内容之一。

本书适合作为高等院校微生物学、生态学、环境科学和环境医学等专业本科生与研究生的教材，也可供相关专业的教师与研究人员参考。

图书在版编目（CIP）数据

现代微生物生态学 / 池振明, 池哲, 刘光磊编著. 3 版. -- 北京 : 科学出版社, 2025. 6. -- (普通高等教育“十一五”国家级规划教材). -- ISBN 978-7-03-082231-4

Ⅰ. Q938.1

中国国家版本馆 CIP 数据核字第 20250KX762 号

责任编辑：王玉时　马程迪 / 责任校对：严　娜
责任印制：肖　兴 / 封面设计：马晓敏

科学出版社出版
北京东黄城根北街 16 号
邮政编码：100717
http://www.sciencep.com
北京富资园科技发展有限公司印刷
科学出版社发行　各地新华书店经销
*
2004 年 8 月第　一　版　开本：880×1230　1/16
2025 年 6 月第　三　版　印张：21 1/4
2025 年 6 月第十二次印刷　字数：688 000

定价：98.00 元
（如有印装质量问题，我社负责调换）

第三版前言

微生物生态学在我国是作为一级学科生态学的二级学科，说明了微生物生态学在我国的重要性。特别是党的十八大以来，在习近平总书记提出的科学论断“绿水青山就是金山银山”指引下，我国微生物生态学得到了高度重视。自从普通高等教育“十一五”国家级规划教材《现代微生物生态学》（第二版）（2010 年科学出版社出版）出版以来，国内外微生物生态学研究得到了迅速发展，出现了许多新的研究热点，所以编者深感非常有必要更新本书的内容，向广大师生和读者介绍微生物生态学新的研究内容和知识。

第一章绪论在原来介绍微生物生态学基本概念、与其他学科的关系、微生物生态学重要性的基础上补充和强化了我国在微生物生态学研究中的重要贡献。由于最近几年微生物组学的知识和技术突飞猛进，在第二版传统方法和分子生物学技术基础上第二章增加了一节“微生物组学相关技术”。最近几年在固体表面，包括人体和动物肠道表面的生物被膜引起许多学者的高度关注，这些生物被膜在动植物和人类健康、金属管道的防腐蚀、污水处理等方面能发挥非常重要的作用，所以在“生物群体的相互作用”一章中增加了“自然环境中的生物被膜”一节，同时大量补充和更新了人体肠道微生物菌群和瘤胃微生物菌群及其功能的最新知识。在微生物相互关系中，最近几年发现细菌和古菌受到外源遗传物质（DNA）入侵时，这些 DNA 便插入宿主染色体 DNA 中，当宿主再度受到外源 DNA 入侵时，宿主细胞便可识别这些外源 DNA，并把它们切除，沉默外源基因的表达，用来抵抗外源 DNA 的入侵。这些为细菌提供了获得性免疫，形成适应性免疫防御机制，是细菌自身对抗外源 DNA 入侵的一个系统，我们认为这是一种新的微生物之间的相互作用。气候变化是人类面临的全球性问题，二氧化碳排放猛增会造成全球温室效应，对生命和生存空间构成了重大的威胁。所以在“微生物在生物地球化学循环中的作用”一章中重点强调了微生物在陆地和海洋环境碳氮循环中的作用、微生物中碳固定途径和微生物在甲烷循环中的作用和贡献等。海洋生物资源是海洋资源很重要的部分，对于地球生态系统和人类社会具有至关重要的价值。所以本次改版加强了对海水养殖环境中的有益微生物、海洋环境中的酵母菌和深海地热环境中的微生物的介绍。同时增加了“海洋环境中的病毒”一节，重点介绍了海洋病毒的多样性和丰度、海洋病毒和宿主之间的相互作用及海洋病毒在全球生态系统和气候变化中的作用。在“极端自然环境中的微生物”一章中重点补充和更新了微生物在低温、高温、强酸、强碱、高盐和高辐射环境中的生命机制。环境问题依然是我们面临的重大问题之一，所以本书用三章内容介绍了与污染环境有关的微生物学，尤其是塑料使用量不断增加和抗生素的广泛使用导致的严重环境问题引起了人们的高度关注。本次改版重点介绍了塑料和抗生素的降解、煤的液化和脱硫、石油成分的降解、空气污染物的处理和最新的富营养化问题的解决方法。党的二十大提出了我国要向绿色、循环、低碳发展，重点控制化石能源消费，尽快实现“双碳”目标，为此本次改版专门用一章介绍了微生物产生的生态友好物质：生物塑料、生物表面活性剂、生物农药、生物燃料和生物肥料。

在本书编写过程中，池振明负责整本书的编写。同时池哲负责最后一章“微生物产生的生态友好物质”的编写，刘光磊负责第二章“研究微生物生态学的方法”的编写。多位博士参与图片和表格的绘制、整理，同时本书的出版受到中国海洋大学教材建设基金资助，在此也一同深表致谢。

编　者

2025 年 1 月于青岛

教学课件索取单

凡使用本书作为授课教材的高校主讲教师，可获赠教学课件一份。欢迎通过以下两种方式之一与我们联系。

1. 关注微信公众号“科学 EDU”索取教学课件

扫码关注 →“样书课件”

科学 EDU

2. 填写表格扫描或拍照后发送至联系人邮箱

姓名：	职称：	职务：
学校：	院系：	
手机：	QQ：	
电子邮箱（重要）：		
所授课程 1：		学生数：
课程对象：□研究生 □本科（_____年级）□其他________		授课专业：
所授课程 2：		学生数：
课程对象：□研究生 □本科（_____年级）□其他________		授课专业：
使用教材名称 / 作者 / 出版社：		
您对本教材的评价及修改建议：		

联系人：王玉时编辑　　电话：010-64034871　　回执邮箱：wangyushi@mail.sciencep.com

目　　录

第一章　绪　　论

第一节　微生物生态学的研究范围和目的

一、什么是生态学

生态学（ecology）这个名词的定义最早是由德国生物学家Ernst Haeckel于1869年首先提出来的，他当时认为生态学是指动物与有机和无机环境的全部关系。从现代科学观点来看，较为全面的生态学定义应是研究生物与其周围生物和非生物环境之间相互关系的一门科学。非生物环境（abiotic environment）包括非生命物质，如土壤、岩石、水、空气等。生物环境（biotic environment）包括微生物、动物和植物，这些生物之间存在生物种内和种间关系。所以，人们也把生态学称为环境生物学（environmental biology）。

分子生态学（molecular ecology）是指分子生物学和组学理论和技术向生态学领域不断渗透，逐步发展起来的一个新的交叉研究领域。主要探讨用分子生物学技术和组学技术研究有关自然和人为的种群与其所处环境之间的相互关系。

近年来，与生态学有密切关系的生物多样性（biodiversity）受到了人们的高度关注。那么，什么是生物多样性呢？生物多样性是指生物的复杂性、变异性总和，它包括数以百万、千万计的植物、动物、微生物和它们所拥有的无限的基因、它们的生存环境及各种复杂的生态系统。马克平等根据《生物多样性公约》认为："生物多样性是生物及其环境形成的生态复合体以及与此相关的各种生态过程的总和"，它包括基因组多样性、遗传（基因）多样性、物种多样性和生态系统多样性。

二、什么是微生物生态学

微生物生态学（microbial ecology）是指研究微生物与其周围生物和非生物环境之间相互关系的一门科学。人们在20世纪60年代初期才开始使用微生物生态学这个名词，所以它是一门比较年轻的科学。

微生物生态学所研究的内容包括：①研究使用的传统方法、现代分子生物学方法和组学技术；②在正常自然环境中的微生物种类、分布及其随着不同的环境条件变化而发生的变化规律；③在正常自然界中微生物与微生物之间的相互关系，微生物与动物、植物和人之间的相互关系，这些相互关系对自然界的影响和环境因素对这些相互关系的影响；④在正常自然环境中，微生物代谢活动对自然界碳、氮、磷、硫等物质循环的影响，环境条件的变化对这些代谢活动的影响；⑤在不同海洋环境中，特别是深海地热环境中的微生物种类和它们所起的作用；⑥在极端自然环境中的微生物种类和它们所起的作用，在极端环境中微生物的生命机制；⑦微生物在污染环境中的作用，目前环境污染严重，对人类健康、工农业生产和生态平衡构成了重大的威胁，但是微生物在净化污染环境方面起着非常重要的作用，在这种情况下，微生物生态学应重点研究污染环境中的微生物学，主要包括污染物对某些微生物的毒性，微生物对污染物的抗性和抗性机制，微生物对污染物的降解机制和净化作用，污染物降解净化与微生物基因组的关系和环境条件的变化对污染物降解及净化的影响，自然微生物群落和实验室构建的特殊污染物降解菌在净化废气、废水、固体废弃物和其他污染物方面的应用，自然环境中某些微生物本身及某些微生物的代谢产物对环境的污染及解决这些污染问题的方法；⑧近几十年来大量使用化学合成塑料、农药、表面活性剂、化肥、石油和煤炭，给环境造成了严重的污染，许多地区的能源危机给经济和社会生活带来严重的挑战，为了减少对化石燃料的依赖，尽快实现碳达峰和碳中和的目标，如何利用微生物产生的绿色、可再生的和可持续发展的生态友好物质取代这些化学合成物质和化石燃料成为近几年全世界研究的热点之一，所以本书专门设计一章介绍微生物产生的生态友好物质。近几年，微生物组学（microbiomics）的研究引起了人们高度关注，如研究各种环境中的微生物、它们的基因组及其与其他生物和环境的关系。所以本书根据最新的科学发展现状，也适当介绍微生物组学在微生物生态学研究中的应用。

既然生态学可以称为环境生物学，那么微生物生态学也可以称为环境微生物学（environmental microbiology），但是在研究内容的重点和所包括的范围方面它们是有区别的。微生物生态学包括研究自然环境和污染环境中的微生物学；而环境微生物学讨论的重点是污染环境中的微生物学，主要包括污染物对微生物活动的影响，微生物活动对污染物降解、转化和环境质量变化的影响。

从20世纪70年代开始，又兴起一门称为微生态学的学科，微生态学（microecology）是研究细胞水平的生态学。这就说明微生物生态学是宏观生态学；而微生态学是生态学的微观层次。微生物生态学的研究对象是微生物与外环境的相互关系；而微生态学的研究对象则是有生命的宿主。微生物生态学侧重于微生物；而微生态学侧重于植物、动物和人类宿主，是研究正常微生物菌群与宿主相互关系的生命学科。尤其是近几年，人类和动物的肠道微生物菌群与人体和动物健康及疾病的关系引起了高度关注。

近年来，微生物生物多样性引起了许多科学家的高度重视，那么什么是微生物生物多样性（microbial biodiversity）？根据Erwin看法，微生物生物多样性是研究微生物生物种的数目或者微生物生物种的丰富度（richness），同时微生物生物多样性还涉及微生物每个成员在自然界中通过代谢生命活动而表现出每种生物代谢活力的丰富度和它们基因组中表型和非表型的表达多样性。微生物生物多样性包括微生物生态多样性、物种多样性、遗传和基因组多样性。所以微生物生物多样性与微生物生态学也有密切的关系，但是微生物生物多样性强调自然环境中微生物物种、遗传物质和基因的数目和丰富度，而微生物生态学强调自然环境和污染环境中微生物与非生物和其他生物的相互关系。

微生物生态学与国家生物及其基因资源、矿产资源、农业、医学、发酵工业、环境保护、国防建设、数学、化学和社会科学等都有密切的关系。研究微生物生态学的目的在于开发和利用自然界中的微生物、微生物代谢产物和基因资源，并保护好微生物和它们的基因资源，了解自然环境中的微生物群落、生长和代谢对环境变化的影响，环境条件的变化对自然界微生物群落不同微生物群体生长和代谢的影响，了解微生物在自然界各种环境中所起的重要作用，并利用有关微生物为人类服务，为提高生产效率、保护人类健康、保护生态平衡和维持社会的绿色可持续发展，发挥微生物的最佳作用。

第二节　微生物生态学的发展简史

生态学这个词出现在19世纪下半叶，Henry Thoreau在1858年一封书信中使用过这个名词，但未对其下具体定义。1869年，Ernst Haeckel首先对生态学下了定义。ecology一词来源于希腊语，就字面而言，eco-表示住所或栖息地，logos表示学问。

在微生物生态学发展过程中，Kluyver、van Niel、Stanier和Gause这4位科学家对其早期发展做出过许多重要贡献。Kluyver对微生物生态学的最大贡献就是通过研究发现自然界种类繁多的微生物世界中，各种代谢过程都有相互关系。van Niel是Kluyver的一位学生，他发现光合细菌和绿色植物的光合过程有许多相似之处。Stanier是van Niel的一位学生，他利用假单胞菌研究好氧微生物的代谢，结果发现这些好氧微生物能降解各种结构很复杂的有机化合物。Gause于1934年设计了一个生态学方面的经典实验，就是原生动物纤毛虫中存在捕食关系。其中栉毛虫（*Didinium nasutum*）能利用草履虫（*Paramecium caudatum*）作为食物，袋状草履虫（*Paramecium bursaria*）能以粟酒裂殖酵母（*Schizosaccharomyces pombe*）作为食物。

几乎在同一时期，人们发现把载玻片埋在土壤或沉积泥中，载玻片就像土壤颗粒一样能给微生物生长提供表面，然后小心地取出这块载玻片，通过显微镜可以观察到微生物在自然环境中生长和相互作用的情况。

实际上，微生物生态学是在20世纪后半叶才真正发展起来成为一个学科，作为微生物学科发展的一个紧密分支。20世纪60年代，由于人们对环境科学的关注，微生物生态学得到飞速发展。1962年，由Carson编著的*Silent Spring*改变了人们对自然的看法。但是微生物生态学并不是一个新的概念，19世纪后期Beijerinck、Winogradsky等在许多开创性微生物学研究中就使用了这个概念。作为一个独特的科学学科，微生物生态学是微生物学和生态学结合后产生的一门科学。目前我国把它作为一级学科生态学的二级学科，与生物学下的二级学科微生物学并列，说明微生物生态学在当今自然科学中的重要性。在整个20世纪普通生态学得到了迅速发展，普通生态学主要依据动物和植物研究的结果。然而，普通生态学研究很少考虑到微生物在生态系统中的作用，或很少考虑生态学理论也可以应用到那些微小的生物中。实际上，只有生态学的原理能应用到所有生物中，它的原理才有普遍的实际意义。微生物是自然界生态系统中的重要一员，在地球物质循环、能量转换、环境和生态平衡及人类、动物和植物健康与疾病等方面能发挥非常重要的作用，尤其在污染环境和极端环境中能发挥独一无二的作用。如果在生态学研究中忽视微生物，就意味着没有把微生物作为地球上主要的生物量。另外，自从地球有生命历史以来，微生物存在了有生命历史以来的3/4时间，所以微生物在生态系统中发挥了非常独特的作用。如果把原核生物作为整个地球生物量的一部分，那么所有生物所储藏的碳比现在估计的要高出两倍多，这里还没有提到氮和磷。事实上，原核生物中的碳、氮和磷在整个生物圈中的量是最大的。

20世纪50年代末至60年代初，由于人口的膨胀，各种工业的迅速发展，环境污染日趋严重。同时人们发现排放到自然环境中的污染物对土壤和水中的微生物生命和代谢有很大的影响，并发现许多微生物能降解人工合成的和天然的污染物。另外，由于农民大量使用合成洗涤剂、各种农药和化肥，农村的水体也受到了严重污染，并且许多水体出现富营养化的问题。还发现许多污染物，如有机氯农药、有机磷农药、多氯联苯（PCB）和汞化合物在食物链中能引起生物放大作用（biomagnification）。这些问题引起了许多科学家对微生物生态学的浓厚兴趣，使其得到了迅速发展。例如，海洋石油污染物的降解研究开始于20世纪60年代，经过30多年的努力，人们于20世纪90年代开始利用微生物，特别是基因工程菌去除海洋环境的石油污染物。最近几年发现抗生素也是重要的污染物，因为抗生素的大量使用，在环境中富集了大量的抗药性微生物和抗药性基因，给人类和动物健康带来了严重威胁，现在正在寻找可替代抗生素的活性物质。塑料的大规模广泛使用，引起了严重的白色污染，甚至发现微塑料危及深海海洋动物，所以研究塑料的微生物降解成为热点之一。现在更多的是设法利用绿色可再生的生物塑料、生物农药、生物表面活性剂和生物化肥取代化学合成的塑料、农药、表面活性剂和化肥，用绿色可再生的生物能源取代化石燃料。太空技术的发展给人们提供了研究某些极端环境微生物的有力工具。最近几年，深海潜水器和深海采样器的使用给深海微生物的研究和深海微生物学的迅速发展创造了很好的基础。20世纪70年代氮肥的短缺促使人们研究共生固氮微生物和非共生固氮微生物，来取代化学肥料。能源的危机使人们试图利用一些废弃物，经过微生物的转化作用生产有用的燃料，如乙醇、氢气、甲烷、生物烷烃和生物柴油等。

微生物生态学发展的一个重要里程碑是1972年在瑞典乌普萨拉（Uppsala）举行的有关微生物生态学现代方法的国际会议。从1977年以后，每3年举行一次微生物生态学国际会议。20世纪80年代初，Martin Alexander发现许多人工合成的化合物完全不能被微生物降解，这引起许多研究者对污染物的生物可降解性产生浓厚的兴趣。与此同时，分子生物学研究技术和组学技术被借鉴到微生物生态学研究中，科学家在物种遗传多样性、分子适应、变异分子机制及其进化机制等微生物生态学基础理论方面取得了重大突破。

近年来，各种极端环境中的微生物生命机制和特殊用途引起了人们的极大兴趣，使得对极端微生物及其产物的研究和应用得到了迅速发展，并创造了重大的经济效益。

最近20多年来，分子生物学技术、聚合酶链反应（PCR）和微生物组学技术飞速发展，给微生物生态学向分子水平发展创造了良好的基础。

第一本有关微生物生态学的教科书是由Thomas D. Brock编写的，于1962年出版。随后，Sheldon Aaronson在1970年编写了《微生物生态学试验方法》。1971年Martin Alexander编写了《微生物生态学》一书。1974年开始出版微生物生态学杂志。现在，国际上许多专业杂志刊登有微生物生态学的研究报告和研究进展，如 *Microbial Ecology*、*Environmental Microbiology*、*Applied and Environmental Microbiology*、*Applied Microbiology and Biotechnology*、*Plasmid*、*Extremophiles*、*Advances in Microbial Ecology*、*FEMS Microbiology Ecology*、*Marine Biology*、*Marine Ecology Progress Series*、*Microbiome* 等。

第三节 我国对微生物生态学的重要贡献

我国在微生物生态学研究方面也取得许多重大进展，特别是近十年来，我国经济迅速发展，国家财力不断提升，给我国的微生物生态学研究提供了重要的基础。我们要深刻认识到“绿水青山就是金山银山”，人与自然要和谐共生，发展方式要绿色转型，减少对化石燃料的依赖。我国土地辽阔，存在各种各样的自然环境，有高山、平原、冰川，有四季温暖的南方，也有温泉和深海热液喷口区等高温环境，在内蒙古有哈马台盐湖，在东北和云南还有原始森林。与世界其他国家一样，由于人口的膨胀、工业的迅速发展，我国环境污染严重，许多自然环境已受到石油、洗涤剂、各种废气、固体废弃物和重金属等的严重污染。到目前为止，我国的微生物生态学研究主要集中在以下几个方面。

（1）微生物资源的调查。我国对经济真菌的调查已经取得重大进展，已经知道的经济真菌有1341种，隶属于27目81科284属。其中食用菌876种，包括人工栽培和利用菌丝体发酵培养的91种；药用真菌451种，其中作为抗癌药物和具有抑癌抗癌活性的有302种。灵芝、冬虫夏草等药用食用菌已经通过发酵生产保健品。从土壤、极地、海洋环境和其他环境中还分离到了大量能产生各种抗生素的放线菌、细菌和真菌，其中一些微生物经过人工诱变后能合成大量的抗生素。从海洋环境中分离到大量产活性物质的微生物。中国科学院微生物研究所开展了内蒙古哈马台盐湖的微生物生态调查，从中得到了许多有实际应用和理论研究意义的特殊微生物。有人还开展了我国某些温泉和深海地热环境的微生物种类、分布及其作用的研究，得到一些嗜热嗜压的微生物。通过对极地微生物的研究，发现了许多嗜冷细菌、古菌和真菌，并研究了嗜冷酵母菌的嗜冷机制。我国改革开放后相继建造了核电站和一些大型水库，这些核电站和水库建造前后对周围环境的微生物生态有什么影响已引起我国政府和有关专家的重视。海洋微生物和它们的基因是我国重要的生物资源，我国各有关研究机构和大学广泛开展了海洋微生物资源、海洋微生物活性代谢产物及其功能基因、海洋动物病原菌资源和致病基因种类的研究。在科技部海洋微生物菌种资源整理、整合及共享试点子项目支持下，我国已经建立海洋微生物菌种保藏管理中心（http://www.mccc.org.cn）。此外，在土壤微生物区系及生理学意义、水生环境中微生物菌群、口腔和肠道微生物菌群方面都进行了大量研究。利用微生物核糖体小亚基RNA（SSU rRNA）基因特点及PCR等分子生物学研究手段，我国微生物学家对自然界各种环境中微生物多样性进行了详细的研究，证实了在自然界除了我们已经获知并鉴定的微生物物种外，还存在大量未被认知的难以培养的微生物新物种及其新功能。

（2）广泛开展了我国各大城市空气中微生物数量、种类和分布的调查，以便对我国的空气质量进行评估。国家自然资源部还考察了环球空气的微生物，得到了很有价值的结果。

（3）为了解决我国日趋严重的环境污染问题，我国政府和有关企业投放了大量的人力和财力开展污染环境的治理工作。微生物处理污染物有许多优点，我国十分重视利用微生物处理各种污水、废气和固体废弃物，并广泛开展了各种污染环境的微生物种类和分布的调查，发现了许多对污染物具有强降解能力的微生物，并对各种苯环污染物、石油、洗涤剂、农药、染料的降解途径、降解基因和降解程度，各种重金属的微生物转化和吸附，废水中氮和磷的微生物去除，各种污水处理系统中微生物生态学进行了比较全面系统的研究，建立各种处理效果显著的污水处理工艺，包括活性污泥法、各种生物膜反应器、固定化细胞等。清华大学环境科学系还建立了许多方法用于测定有机污染物的好氧降解。

（4）除了陆地和淡水受到了严重污染外，海洋环境的污染也十分严重，仅海洋的富营养化问题和海水养殖环境的污染就给我国海水养殖业造成了重大经济损失，各种海洋动物的病害不断发生。近几年我国海洋研究机构和大学广泛开展了海洋微生物生态学和海水养殖环境净化的研究。国家863计划也投巨资研究各种病原微生物与海洋动物之间的相互关系，为有效控制海洋动物的病害发生发挥了很好的作用。

（5）改革开放后，我国的微生物生态学教学工作也取得了很大进展，在医学院、综合性大学、各类工科大学设立了环境医学、环境生物学、环境保护和生态资源等专业，并开设了环境微生物学和微生物生态学等课程。相继出版了《微生物生态学》

《现代微生物生态学》《土壤微生物生态学及其实验技术》《环境微生物学》等教材。

（6）近十年来，在习近平总书记提出的科学论断“绿水青山就是金山银山”指引下，我国大大减少了废气、废水和固体废弃物的排放，加强了废气、废水和固体废弃物的治理。结果是中国的天更蓝了、水更清了、山更绿了、空气更洁净透明了、环境更宜居了、生物多样性更丰富了。

（7）在国家大量投入研究经费后，我国在研究极地、海洋（特别是深海）、红树林、污染环境中的微生物及其作用等方面取得了许多重要进展。

（8）为了减少对化石燃料的依赖、减少 CO_2 排放和温室效应、保持绿色可持续发展，近几年我国广泛开展了生物燃料、生物表面活性剂、生物塑料、生物农药、生物肥料和抗生素替代品的研究，并取得了许多重要进展。

第四节 研究微生物生态学的重要意义

上面谈到微生物生态学与医学、工业、农业、环境保护和社会科学有着密切的关系。微生物生态学的研究还有助于解释生物基因的进化、基因和酶的代谢调控及生物适应环境的分子机制等科学问题，利用 PCR 和组学技术研究自然样品中的微生物和有关的基因有利于发现微生物及其基因的多样性及保护与利用微生物资源和基因库，所以说研究微生物生态学有着重要的理论和现实意义。

（1）我国土地面积大，存在各种各样的自然环境，微生物及其基因和活性产物资源十分丰富，许多环境的微生物资源，特别是极端环境的微生物资源和基因资源尚待调查和开发。据报道地球上可培养的微生物占所有微生物的不到 5%，已经被开发利用的微生物占微生物总数的不到 1%。而中国已经报道的微生物物种数目约占全世界报道总数的 10%，所以开展我国各种自然环境中的微生物生态和资源调查，特别是可培养和暂时难培养微生物及其功能基因资源的调查，对于发现新的在工农业、食品、医药和环境保护方面有重要用途的微生物菌株和它们的基因有重要的实际意义。我国的传统发酵工业有数千年的历史，建立了许多独特的传统发酵工艺，在这些传统发酵工艺中存在许多特殊的生态环境，弄清这些特殊生态环境的微生物种类、它们之间的相互关系及在传统发酵工艺中的作用有利于改进传统发酵工艺，提高产品的产量和质量。同样，我国存在许多极端自然环境，如地热环境、高盐环境、强酸环境、强碱环境和低温环境等，这些极端环境中存在具有特殊生理功能的微生物和具有特殊用途的基因。这些具有特殊生理功能的微生物和具有特殊用途的基因也是国家重要的生物资源。

（2）微生物在自然界中参与了碳、氮、磷、氧、硫、铁和氢等物质的转化和循环作用，并且某些微生物在纤维素降解、N_2 和 CO_2 的固定和某些特殊化合物的分解方面起着非常独特的作用。这些循环、转化和分解作用对于保持生态平衡起着非常重要的作用。自然界还存在许多极端的环境，如低温、高温、强酸、强碱、高渗透压、高辐射等，在这些特殊生态系统中的微生物代谢活动对于保持局部的生态平衡也有重要的意义，而且这些微生物还是研究微生物抗极端环境或嗜极端环境的良好材料。更为重要的是，这些微生物及其功能基因在发酵工业、环境保护和日常生活中具有特殊的用途。在海洋和其他水体环境中，微生物对于营养物的浓缩、再利用和循环起着非常重要的作用。

（3）在自然环境中，微生物对于提高土壤肥力、帮助农作物摄取营养、促进作物生长、抵抗病原菌的侵入和提高农作物产量、减轻化学农药和化肥对水源和土壤的污染、减少化学农药和化肥用量和保护环境起着相当大的作用。在农田中微生物还可以用于污水、农作物秸秆、有机垃圾等废弃物的转化和净化。同时，微生物还可以降解农药，保护农田环境。

（4）由于微生物个体微小，有很大的细胞比表面积，微生物生理生化功能多样、代谢能力强、易适应新环境、遗传功能易于改造、繁殖速度快、能彻底净化环境污染物、不会造成二次污染。处理污染物时只需在常温、常压下进行，不需特殊的设备，在处理污染物过程中还会产生许多有用的产物，所以利用有关的混合微生物群落净化环境污染物有重要的实际和经济意义。尤其近年来，生物工程技术和基因组编辑技术不断发展，基因工程和代谢工程技术的广泛使用，使构建新的可降解多种污染物的微生物菌株成为可能，为更有效地净化日趋严重的环境污染带来了新的希望。

（5）许多环境污染物或微生物转化某些污染物产生的一些中间产物对人体和生态平衡危害极大，

有些污染物或它们的代谢中间产物甚至可以导致人体细胞癌变，所以开展污染生态中微生物降解污染物的途径、降解程度和降解速率的研究，可以给环境医学和环境保护的对策提供理论依据。

（6）自然界有许多微生物是人、动物和植物的病原菌，有些微生物在自然界生长和代谢过程中，产生一些毒物或改变局部的自然条件，结果不利于其他生物的生长和生存，像这样的微生物我们应当设法控制它们的生长和扩散。

（7）由于科学技术的发展，人们生活和工作的需要，排放到自然环境中的人工合成化合物越来越多，这些化合物在自然界停留的时间应引起我们高度重视。在许多发达国家，每一种人工合成化合物排放到自然界之前，都应经过微生物可降解试验的研究，以便判断该化合物将对环境产生的影响。

（8）石油和煤矿的大量开采和使用给环境造成严重的污染，地球中石油和煤矿的资源在迅速减少，造成了石油、天然气和煤的价格上涨和能源危机。所以寻找可再生的和清洁的能源是人类面临的重大问题，其中生物能源就可以实现这些目标。生物能源包括乙醇、丁醇、甲烷、氢气、生物柴油和生物烷烃。能生产这些生物能源的生物主要是微生物。另外，人们在生产和日常生活中使用了大量的塑料、洗涤剂、农药和化肥，给我们生活的环境造成了严重的污染，直接威胁生态平衡、人类和动物健康及食品安全。所以寻找可降解的对环境无污染的由微生物产生的生物塑料、生物表面活性剂、生物农药和生物肥料也是解决目前环境污染问题的一个非常重要的方面。

思 考 题

1. 请你谈谈微生物生态学和微生物多样性这两个概念的异同点。

2. 请你谈谈微生物生态学和微生态学两个概念的异同点。

3. 请你谈谈微生物生态学在今后一段时间内发展的方向和研究热点。

4. 近十年来，我国在微生物生态学研究方面有哪些重要进展？

5. 通过深海化能自养微生物的研究，发现不是万物生长靠太阳，对此，你有何见解？

主要参考文献

池振明. 1999. 微生物生态学. 济南：山东大学出版社.
池振明. 2010. 现代微生物生态学. 2 版. 北京：科学出版社.
王家玲. 1987. 环境微生物学. 北京：高等教育出版社.
翁酥颖. 1985. 环境微生物学. 北京：科学出版社.
Altas RM. 1993. Microbial Ecology: Fundamental and Applications. 3rd ed. Berlin: Springer.
Carson R. 1962. Silent Spring. Boston: Houghton Mifflin Co.
Marshall KC. 1962. Advances in Microbial Ecology. Berlin: Springer.

第二章　研究微生物生态学的方法

研究微生物生态学的方法是很多的，有传统方法和现代分子生物学方法。传统方法已经被广泛使用，在相应其他教科书中有大量的介绍，我们这里只做简单的介绍。由于最近几年来分子生物学技术和微生物组学技术在微生物生态学研究中得到了广泛的使用，所以本章重点介绍研究微生物生态学的分子生物学方法和微生物组学相关技术。应该强调的是，传统的微生物生态学研究方法、分子生物学方法和微生物组学技术各有优缺点，在实际使用中应相互补充。

本章彩图

第一节　研究微生物生态学的传统方法

研究微生物生态学的传统方法是很多的，但基本上可以分为直接测定、培养、代谢活力的测定和数学方法。

一、直接测定

这种方法就是利用光学和电子显微镜对样品中的微生物进行直接观察，并计算微生物数目或测定丝状微生物的长度，其结果可以用每单位面积或每单位体积或质量的微生物数目来表示，以此来估计生物量。所用的计数器有血细胞计数器、Peteroff-Hauser 计菌器和 Hawksley 计菌器，这些计数器可以用于酵母菌、细菌和霉菌孢子的计数。有时为了观察的方便，还需对样品进行染色或进行适当的稀释。例如，可以利用吖啶橙分子与细菌细胞中的核酸起反应，通过滤光片过滤的入射光波长为450～490nm（光谱中蓝光部分）的光照射到细菌的细胞上。不同生理状态的细胞吸收光之后，发出绿色、红色或黄色的荧光，然后在荧光显微镜下直接观察和测定细胞数目。直接测定的优点是能够使人们直接观察到天然样品中的微生物形态和微生物在自然样品中所处的位置，并且这些方法比较直观、快速、操作简单。但是使用这种方法时，只能取少量的样品，与微生物所生活的整个自然环境相比，少量的样品不能代表整个自然环境。所以应该尽量多取同一环境不同地点的样品进行测定，并用统计学的方法计算获得的数据，这样做出的结果才有代表性。另外，直接测定无法区分死活细胞。

二、培养

培养微生物的方法是很多的，最常用的是平板菌落计数法。平板菌落计数法是将含有单细胞的微生物悬液充分混合均匀后，进行适当稀释，取一定稀释度的细胞悬液接种到合适培养基平板上，在合适条件下进行培养，然后计算每个平板上的微生物菌落数。一般来说，对所采集的样品应进行适当的稀释，以便每个平板上只能生长有一定数目的微生物菌落。这种方法的最大优点是可以计算自然样品中的活微生物数目，并可以辨认真菌、放线菌和细菌。但是这种方法也有许多缺点，造成计算误差的因素很多。例如，自然中的许多微生物细胞成群黏接在一起，用普通的方法很难把它们分开，这样形成的单菌落可能是由许多个细胞增殖而来的，而不是由单个细胞形成的菌落；有些微生物在平板上只能形成微菌落，不便于肉眼观察；一般情况下实验室所用的培养条件和培养基很难满足所有微生物的生长，所用的有限种类的培养基也无法满足所有微生物的生长；自然界中某些微生物的必需营养成分至今还未知。目前，如何分离培养到自然界样品中的所有微生物是微生物生态学中的研究热点和难点。如果这一难点能得到突破，将对世界产生重大影响。另一个问题就是在平板上形成的丝状微生物菌落不知是从孢子而来的还是从菌丝而来的。尽管如此，这种方法还是被广泛用于微生物生态学研究中，特别适合用于研究单细胞的细菌和酵母菌生态学。一般现在是使用菌落形成单位（colony forming unit，CFU）来描述一个样品中的平板菌落计数的结果。

三、代谢活力的测定

如果我们知道一个微生物群体的大小，那么通过测定 ^3H 标记的胸腺嘧啶组入微生物群体 DNA 中的速率便可以估计微生物的代时。同样，用带有放射性标记的各种污染物作为微生物生长的底物，可以用来测定这些污染物的分解速率，并根据分解产生的中间产物种类及其化学结构推测它们的代谢途径。

另一代谢活力测定法是分析某些特殊酶类的酶活力，这一方法是假设所有待测的细胞都含有这些特殊的酶类，并且所有细胞以同样的能力使用这些酶类。但是在实验室测定的酶活力与在自然界中所表现的酶活力往往差别很大，这是因为在实验室中测定酶活力时所用的条件不同于自然界所存在的条件。

测定自然样品中的三磷酸腺苷（ATP）含量也可以反映微生物代谢活力和生物量的大小。这一测定方法是假设 ATP 仅存在于活细胞中，并且每个微生物细胞的 ATP 含量基本上一致。但是，实际上某一种微生物的 ATP 含量是随着环境中的磷含量不同而变化，并且高浓度的有机物会干扰 ATP 含量的测定。

测定叶绿素的含量和其他光合色素的含量可以用来估计藻类和其他光合生物的生物量和代谢活力。

最广泛使用的测定代谢活力的方法是估计整个微生物群体的呼吸作用和藻类的光合作用，测定 O_2 和 CO_2 量的变化。通过测定土壤呼吸速率可以间接地估计土壤中的生物量和代谢活力。首先用氯仿处理土壤样品，杀死土壤中的所有微生物，然后用“活”土壤样品重新接种经氯仿熏蒸过的土壤，并测定呼吸速率。这种测定方法不适用于测定只能进行厌氧呼吸或发酵的微生物。另外，在采集样品和实验室处理样品过程中，会对自然样品造成许多干扰作用，对样品中的微生物呼吸作用产生很大的影响。代谢活力测定的一个最大缺点就是所得出的结果无法说明自然样品中存在哪些微生物种类和微生物在自然样品中的分布情况。

四、数学方法

过去，人们在研究微生物生态学过程中惯用的方法，是以感官观察为基础，经过一些实验将搜集的资料加以分析和解释，并进一步归纳、假设和推理。在这个过程中，其结果大多数是描述性的，数据基本是孤立的。后来，人们开始将数学方法应用于微生物生态学研究中，以统计数据和建立生态模型来定量描述微生物生态学问题。

首先在实验室中建立人工的经过简化的环境，这就是所谓的模拟实验。所用的样品可以是自然的水样、土样、植物落叶和其他样品，所用的条件基本与自然条件一致。然后把复杂多变的自然生态系统分解成许多小的、较为简单的亚系统。这些亚系统之间的相互作用，亚系统之内各种因素的作用则用数学方程式描述。由于这种模拟实验是在人工控制下进行的，可以大大地压缩真实过程的时间、人力和物力，并可以在短时间内调查生态演变过程的规律，预测生态演变过程的发展趋势，提供最优的利用方案。

第二节　研究微生物生态学的分子生物学方法

研究微生物多样性的传统方法就是从环境中收集尽量多的样品，然后利用不同的培养基和不同的培养条件从中分离纯化微生物。由于微生物生理功能多种多样，用这种方法很难分离到样品中所有的微生物。更值得我们注意的是，由于我们对许多天然微生物的营养需求不清楚，用现有的方法根本无法培养它们。表 2-1 指出了自然样品中可培养的微生物占所有微生物的百分比，从表 2-1 可以看出自然环境中的大部分微生物我们根本就不了解，因为目前的技术还无法培养所有的微生物。因此，最近几年人们提出了许多分子生物学的方法来研究自然环境中的微生物多样性，这些方法特别适合那些用现有方法无法培养的微生物。这些新技术是先收集环境样品，然后测定这些环境样品中是否存在某些特别的核酸，并对该核酸进行序列分析，与数据库中的现有核酸序列进行比较，如果发现从自然环境提取到的核酸序列与数据库中的核酸序列有很大的差别，那么就认为该自然样品中存在新的微生物物种。

表 2-1　自然样品中可培养的微生物占所有微生物的百分比

栖息地	可培养的微生物百分比/%
海水	0.001～0.1
淡水	0.25
半自养湖	0.1～1
非污染海湾水	0.1～3
活性污泥	1～1.5
沉积泥	0.25
土壤	0.3

目前所知道的无法培养的微生物包括：①刺尾鱼（surgeonfish）的胃肠道中生活着一种很大的，但是目前还无法培养的微生物，这种微生物用肉眼都可以看见，它的个体大小为500μm×80μm。②许多有重要经济意义的微生物与各种动物之间存在共生关系，这种共生关系出现在瘤胃动物中，如牛、羊等，这些微生物以富含纤维素物质作为食物，瘤胃中充满了形态各异的微生物，但是其中许多微生物还无法培养。许多其他动物肠道中微生物培养存在同样的问题。③许多原生动物体内存在专性内共生细菌或古菌。纤毛原生动物的细胞核内存在共生细菌，用光学显微镜就可以清楚地观察到处在发育周期中的被感染的细胞，因为这些细胞特别长。厌氧的纤毛虫与各种内共生菌和外共生菌非常紧密地生活在一起，其中许多微生物是产甲烷菌。在小阿米巴中发现许多军团菌属的细菌，所有这些细菌目前也无法培养。④在许多水体，甚至在一些陆地中也可以找到能沿着磁力线泳动的细菌。尽管我们已经分离到许多磁性细菌，但是还有许多磁性细菌目前无法培养。⑤一种无色的硫细菌——草酸无色菌（*Achromatium oxaliferum*），大小在100μm以上，并且含有很大的$CaCO_3$内含体，到目前为止，还未找到一种有效的方法分离培养它们。⑥活性污泥中的许多微生物、深海沉积物中的许多自养和异养微生物及深海动物的许多共生菌，目前也是无法培养的。⑦我国许多传统发酵工艺中所用的曲，其中有许多微生物也无法培养，这就导致许多传统发酵工艺，如茅台酒发酵工艺，无法进行人工模拟。

我们能够培养的细菌和古菌仅占现有微生物的很少一部分。现在有5000多种细菌的特征已得到描述，其中有3500多种被列入细菌名称中。微生物分类学中，DNA-DNA的相似性达到70%以上的微生物被定为一种。根据基因组大小的不同，现在已知的微生物种大约有4000种，但是直接从土壤提取的样品进行DNA-DNA杂交结果表明实际的微生物种要比这多得多。如果把DNA-DNA之间70%相似性作为定种的标准，那么在这种样品中可能有13 000多个不同的微生物种。在世界上，至少有800 000种昆虫，每种昆虫携带有数百万到数千万个细菌，至少10%的昆虫携带有专性共生细菌，这些共生细菌很可能是与宿主一起进行进化的，仅考虑昆虫的共生细菌就可以把现有的细菌种数目增加数个数量级。这些例子说明，我们必须对微生物的多样性做进一步的研究和调查。最近几年我国科学家不断从一些特殊环境中，如极地、深海、温泉、高盐环境、红树林中发现新的微生物物种，说明即使可培养的微生物也需要我们去发现和研究。

19世纪80年代中期，美国科学家Norman Pace首先绕开了对环境微生物的培养和分离纯化，直接利用环境样品的总DNA进行16S rDNA的PCR扩增、测序并鉴定细菌，开辟了将分子生物学技术直接应用于微生物生态学研究的新纪元。此后20多年里，分子生物学技术的广泛应用克服了传统方法的许多限制，使得微生物学者可以从群体水平上直接分析群落物种组成，分析个体与群落的关系。通过分子标记、DNA指纹图谱等分子手段研究生物进化、遗传和物种多样性，生物及其基因表达对环境变化的相应对策，转基因生物的环境释放等问题。

一、rRNA和rRNA基因（rDNA）序列的测定

由于不同种微生物的rRNA和rRNA基因（rDNA）具有高度的保守性，所以它们的核苷酸序列相似程度可以说明它们的系统发育关系（phylogenetic relationship）。根据这个原理，从不同微生物中提取rRNA或rDNA或通过PCR技术扩增rDNA，测定rRNA和rDNA的核苷酸序列，然后比较它们序列的不同就可以知道它们是否为一种，这样我们就不必培养微生物，而是通过研究样品中

的遗传物质就可以研究微生物多样性。rRNA 在所有微生物中功能和进化上是同源的，同源物种之间 rRNA 结构和序列是相对保守的，这样通过比较 rRNA 或 rDNA 的核苷酸序列就可以知道样品中的微生物种类。起初，人们主要是测定 5S rRNA，每个微生物种的 5S rRNA 都有专一性的核苷酸序列。直接从混合样品中提取 5S rRNA，通过电泳将不同的 5S rRNA 进行分离，并分别测定这些不同的 5S rRNA 的核苷酸序列，这样就可以排列出它们的系统发育位置。例如，Pace 研究微生物多样性时，是从样品中直接萃取 DNA，然后利用 PCR 技术扩增 rRNA 基因的小亚基单位，尤其是扩增古菌、真细菌和真核生物的 rRNA 基因的小亚基单位，并对扩增得到的核糖体 DNA 进行核苷酸序列分析，最后利用这些核糖体 DNA 核苷酸序列与已知的 rRNA 基因核苷酸序列进行比较，就可以知道该样品中是否含有新的物种。这种方法虽然不能鉴定某一种微生物，但是可以测定给定的一个环境样品中微生物的数目和谱系，尤其是系统发育相互关系和核苷酸序列的遗传相似程度。例如，有人对美国黄石国家公园 91℃温泉中的微生物进行了调查，就是利用分离的 5S rRNA 基因与参考序列进行比较，发现了这些微生物是由 3 个优势种组成的微生物群落，其中之一是能代谢硫的古菌，另外两个优势种是栖热菌属。目前利用这种技术调查了在深海热液喷口周围生活的与化能自养无脊椎动物共生的细菌、在 90℃温泉中生活的细菌和含铜池塘等多种环境中的微生物。

但是由于 5S rRNA 相对比较小，仅有 120 个核苷酸，携带的信息量少，对 5S rRNA 及 5S rDNA 的分离仅限于研究比较简单的生态系统。后来，人们开始对细菌 16S rRNA 和 23S rRNA 感兴趣，选用 16S rRNA 进行研究的主要原因是：①16S rRNA 普遍存在于真核细胞和原核细胞中，故可用以比较它们在进化上的相互联系；②16S rRNA 有重要且恒定的生理功能；③在细胞中存在较大量的易于提取的 16S rRNA；④16S rRNA 分子中的某些碱基顺序非常保守；⑤16S rRNA 分子量适中，在核糖体所含的 3 种 rRNA（23S、16S、5S）中，其核苷酸数分别为 2900、1540 和 120，其中 16S rRNA 不但分子量适中，而且信息量较大且易于分析；⑥现在已经有了比较完善的 16S rRNA 基因数据库。所以 16S rRNA 基因是理想的研究材料。但同时也有缺陷，如同种微生物具有多拷贝 16S rRNA 基因，这种多态性就阻碍了图谱分析，并且可以干扰由文库法获得的有关微生物多样性的结果解释及从不同条带所获得的测序结果。这就说明当使用 16S rRNA 基因或其他有异质性的基因对生态环境的多样性和丰度的研究做出结论时，需要很谨慎并需考虑周全。16S rRNA 分子大约有 1500 个核苷酸，所以尽量测定更多的已知微生物种的 16S rRNA 基因序列，然后测定未知样品中的 16S rRNA 基因序列，并与已知的 16S rRNA 基因进行比较，就可以得到有关系统发育关系的信息。具体方法是：①从样品中提取总的 DNA；②在λ噬菌体中建立鸟枪法 DNA 文库；③以 16S rRNA 探针与 DNA 进行杂交，并选择出含 rDNA 的克隆；④对克隆的 rDNA 进行测序；⑤与 DNA 文库进行序列的比较，具体过程见图 2-1。

随着 PCR 技术的出现，这一方法得到了很大的改进，在有合适引物存在情况下利用 PCR 技术对混合样品中的 16S rRNA 基因进行选择性扩增，然后进行电泳分离不同的 16S rRNA 基因产物，并进行序列分析。也可以把 PCR 扩增产物克隆到合适质粒载体上，经过大肠杆菌（*E. coli*）细胞扩增后以带有 16S rRNA 基因的载体作为模板进行 16S rRNA 基因序列分析。最后与现有数据库中的 16S rRNA 基因序列进行比较，这一方法大大减少了甚至去掉了需要长时间的筛选方法。但是这个方法也有些问题，有些模板比较容易被扩增，这样很容易造成对自然 rRNA 丰度的错误估计。这种在含有其他 rDNA 的混合样品中有差别的 rRNA 基因扩增作用不是一个简单的理论问题，它可以抑制某些 rDNA 的扩增。例如，极端嗜热古菌的 rDNA 扩增就会受到抑制，当利用含有酵母菌 DNA 的 DNA 混合物进行扩增 DNA 时，酵母菌 18S rDNA 就会优先被扩增，当把 50g/L 乙酰胺加到 PCR 混合物中时，由于该化合物把引物与酵母菌 rDNA 进行非特异性的退火，这样古菌的 rDNA 就可以得到扩增。

另一种方法是以 16S rRNA 作为模板，利用反转录酶合成 cDNA，建立 cDNA 文库，或者在反转录结束后，加入一个 rDNA 专一性引物进行扩增，然后克隆测序，见图 2-1。一般来说，多数人比较愿意用 16S rRNA 进行反转录的方法，因为 rRNA 分子较小，细胞内含量较高，很容易提取得到 rRNA，并利用它们作为 PCR 扩增的模板。

尽管世界许多著名的实验室扩增了大量环境样品中的 16S rRNA 基因，并从这些研究工作中得到了大量的有用数据，在方法方面也进行了简化，但是这种方法仍然太费时间，无法测定数以万计的环境样品，何况这种方法还需要大量的计算机数据库。

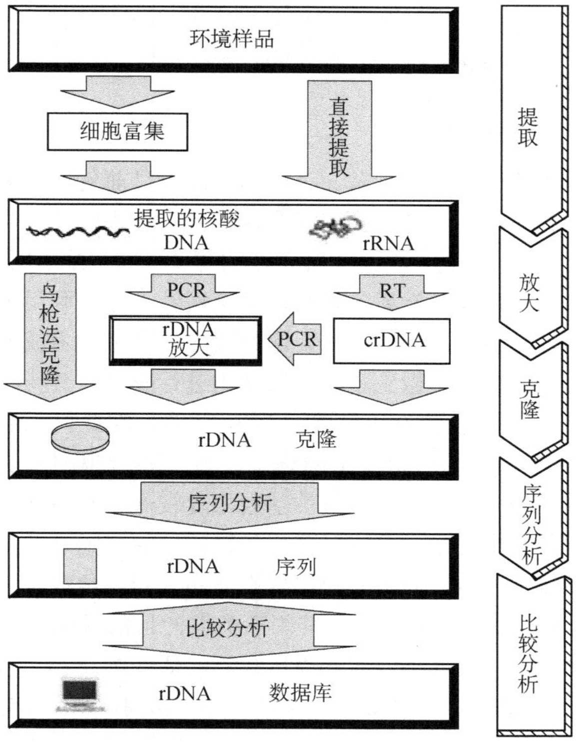

图2-1 rRNA和rDNA核苷酸序列的测定（Pace et al., 1985）

现在有人开始利用基因克隆的方法分离rRNA基因，然后利用PCR技术对该基因进行扩增，扩增后得到的rRNA基因，用限制性内切酶酶切DNA片段，经过电泳后进行分析电泳图谱，用这种方法从一个菌落细胞中得到的DNA样品就足够用于基因扩增。

现在分析过的16S rRNA基因数据库大部分是来自菌种库的菌株，这仅能代表已知微生物种的25%，无法代表自然界中存在的微生物多样性。然而，必须引起我们注意的是现在保存的菌种本身就是了解微生物多样性的另一个来源，这些微生物有许多种的命名可能很不合适，甚至从分类学角度来说根本就不存在现在所谓的属或种。目前正在使用的rRNA分析方法将很快解决这一问题。

就像上面所说的那样，现在种的定义是DNA-DNA的相似性达到70%或更多作为一种，这种定义方法有些模糊，但是仅有rRNA序列分析的结果也不能单独作为定义种的根据。然而，16S rRNA基因序列分析加上DNA-DNA杂交这些结果，如果显示有50% DNA-DNA配对一般来说就相当于大约99%的16S rRNA基因相似性。Fox等报道了圆孢芽孢杆菌（*Bacillus globisporus*）和嗜冷芽孢杆菌（*B. psychrophilus*）的16S rRNA基因序列具有一致性，但是这两种通过DNA-DNA复性分析显示相似性不到50%。所以利用这些新技术对两个菌株进行rRNA基因序列分析，如果结果显示相似值低于95%，那么至少可以被认为是两种。

现在最新的数据库（https://ftp.microbio.me/greengenes_release/2024.09/）中已包括16S rRNA基因序列23 113 447条，而SILVA数据库（https://www.arb-silva.de/）中已包括16S rRNA基因序列9 469 019条。

测序得到分离菌株16S rRNA基因部分序列，此序列一般以*. seq形式保存，可以用写字板或Editseq软件打开，将所得序列通过Blast程序与GenBank中核酸数据进行比对分析（http://www.ncbi.nlm.nih.gov/blast），具体步骤如下：点击网站中Nucleotide BLAST下的blastn选项，将测序所得序列粘贴在“search”网页空白处，或输入测序结果所在文件夹目录，点击核酸比对选项，即“BLAST”，然后点击“format”，计算机自动开始搜索核苷酸数据库中序列并进行序列比较，根据同源性高低列出相近序列及其所属种或属，以及菌株相关信息，从而初步判断16S rRNA基因鉴定结果。遗传距离矩阵与系统发育树构建，可采用DNAStar软件包中的MegAlign程序计算样本间的遗传距离。由GenBank中得到相关菌株的序列，与分离菌株所测的序列一起输入Clustalx1.8程序进行DNA同源序列排列，并经人工仔细核查。在此基础上，序列输入Phylip3.6软件包，以简约法构建系统发育树。使用Kimura 2-parameter法，系统树各分支的置信度经重抽样法（Bootstrap）500次重复检测，DNA序列变异中的转换和颠换赋予相同的加权值。

测定真核微生物多样性时，一般是测定18S rDNA序列，但是最近几年研究表明测定18S rDNA序列无法鉴定到种，因为许多不同种真核微生物的18S rDNA序列非常相似，所以开始利用内在转录间隔区（internal transcribed spacer，ITS）和26S rDNA。现有大量研究结果证实通过测定26S rDNA的D1/D2结构域序列很容易把大部分酵母菌鉴定到种。26S rDNA的D1/D2结构域序列大约只有600个碱基（图2-2），这段序列可以用于已知种的鉴定、新种的测定和某一种真核微生物在系统进化中的分类位置确定。ITS1和ITS2序列被5.8S rDNA基因分开（图2-2），不同种的ITS1和ITS2序列高度保守，所以通常可以用于真核微生物种的鉴定，但是在许多真核微生物中ITS1和ITS2序列分辨率不如26S rDNA的D1/D2结构域序列高。所以许多人对亲缘关系非常近的不同真核微生物种进行比较时往往比较喜欢同时测定D1/D2和ITS序列。

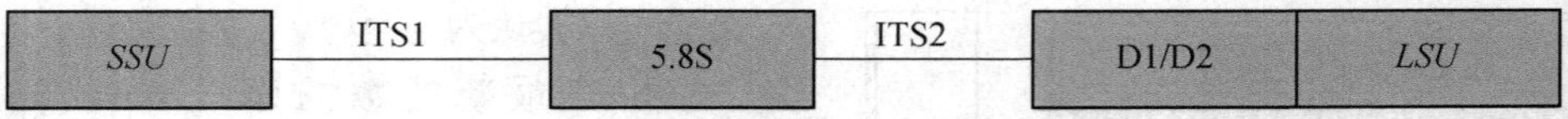

图 2-2 rRNA 基因的结构图（池振明供图）

SSU. 核糖体小亚基基因；*LSU*. 核糖体大亚基基因

最近几年基因组测序技术得到飞速发展，越来越多的微生物基因组得到测序、组装和注释。利用全基因组 DNA 序列在微生物分类研究中得到了广泛的应用，这显然应该比使用 ITS、26S rDNA、延伸因子 EF-1α 基因和 β 微管蛋白（β tubulin）基因序列更精确，因为整个基因组 DNA 序列包含了一个物种全部的遗传信息。所以利用微生物整个基因组序列进行比对，构建系统进化关系，更能说明微生物的亲缘关系和进化关系。全基因组系统发育树是在 CVTree3（http://cvtree.online/v3/cvtree/）网站上构建。

二、利用核酸探针和杂交技术研究微生物的多样性

上述的 rRNA 序列分析法存在许多问题，第一就是得到的序列库应该来自生活在自然生态系统中所有微生物群体，而不应该带有倾向性。在上述方法中核酸的提取最为关键，因为自然环境中不是所有微生物细胞都能得到一致裂解，释放出核酸，所以许多微生物细胞中 rRNA 序列就无法得到分析。如果在整个实验过程中一直用 PCR 扩增技术，那么还会存在另外一个倾向性问题，由于所用引物对某些 DNA 具有选择性复制作用，或者某些 DNA 具有高级结构（higher-order structure）的片段，与其他 DNA 序列相比较，某些 DNA 序列会优先得到复制，这样经过多轮扩增后，就会产生很大的差异。在 PCR 技术中经常存在污染的问题，这一点也应该引起我们的注意。在克隆这一步中也存在倾向性的问题，在使用稀有限制性内切酶，如 *Not*I 时也要小心，这些限制性内切酶千万不可在某些要扩增的 rDNA 片段内部发生切割反应。不同生物的 rRNA 基因片段的克隆效率是不同的，这种可能性也不能排除。在细菌染色体中 rRNA 基因操纵子的数目有一个拷贝［如支原体（*Mycoplasma* sp.）］，也有多达 10 个以上拷贝（如芽孢杆菌），所以从某些 rRNA 基因克隆的相对丰度来定量估计某些群体的相对丰度将有偏差。

所以说直接利用提取的核酸样品或扩增的 DNA 混合产物，或利用从环境样品采集地得到的细胞 DNA 测定核酸序列，并计算微生物丰度就显得非常重要。解决这一问题的最好方法就是用图 2-3 所示的与核酸探针杂交有关的方法。目前包括膜杂交和原位杂交法，其基本原理是人工合成能与某类群微生物特征基因序列互补的寡聚 DNA 或 RNA 探针，并以荧光或放射性标记该探针，然后利用该探针与微生物基因杂交，通过荧光显微镜技术或放射自显影术对微生物的群落结构进行研究。其特点是不需要对目的基因进行 PCR 扩增，因此可以避免 PCR 过程中所产生的许多误差；同时也因未对目的基因进行扩增，目的基因浓度较低，有时会给检测带来困难；且有时目标类群的目的基因序列并非完全一致，而是有亚类群之间的差异，导致所设计的探针 DNA 序列与某些亚类群的目的基因互补性较差，从而导致对该类群数量的估计过低。基本的步骤就是对 rRNA（基因）序列进行排队，并对这些序列特异性（idiosyncrasies）进行鉴定，然后进行互补核酸探针的合成和标记，最后对探针特异性和测定敏感性进行评价和优化。目前已经进行测序的核苷酸序列数目很有限，因此我们对某些生态系统所存在的微生物和核苷酸序列了解得就很少。所以我们现在必须对各种生物的 16S rDNA 和 26S rDNA 进行测序和研究，才能设计一个探针来监测高度可变的目标样品。

探针（probe）是能与特定核苷酸序列发生特异性互补的已知核酸片段，因此可以用来检测样品中特定 DNA 序列是否存在。核酸杂交技术就是根据 DNA 分子碱基互补配对的原理，以一特异性的 cDNA 探针与样品中的 DNA 或 RNA 形成杂交分子的过程。通常情况下要对探针进行放射性和非放射性标记，并且要求已发生杂交的核酸很容易进行杂交和检测。可以根据研究对象的 rDNA 序列或 rDNA 序列数据库中的信息来设计探针，设计的探针应具有一定的专一性。

cDNA 探针放射性标记是 ^{32}P，通过缺口平移（nick translation）或末端标记进行放射性标记，探针的长度为 400kb 左右。在微生物生态学研究中使用的 cDNA 探针主要有双链 DNA、单链 DNA 和 RNA 及寡核苷酸探针三类，可用于检测环境样品中特异微生物种或株系；有时设计的探针对某一基因型是特异性的，这样的探针特异性就更强，可用于检测某一特定基因型的存在与否。双链 DNA（dsDNA）探针使用得最广泛，dsDNA 探针可以从整个基因组 DNA 或质粒 DNA 通过缺口平移法进

行制备，也可以从亚克隆的特定DNA片段制备。但是从基因组DNA制备的cDNA探针更适合于种群鉴定，因为它不需要复杂的克隆程序，可与种内所有株系进行杂交，而且比单拷贝基因探针具有更高的灵敏度。鉴别环境样品中相类似的种，可以根据同源序列的以外序列设计和制备出特异性的探针进行检测。

表型特异性的cDNA和RNA探针也已被应用于环境某些微生物的检测。与双链cDNA探针相比，它们具有更高的灵敏度，背景更清晰，放射比活可达5×10^8dpm（每分钟衰变数）/μg，而且杂交时不需要变性。

另一广泛使用的是寡核苷酸探针，它们是由人工合成的，一般为30kb左右，具有很高的灵敏度，可用于检测环境微生物的单基因和点突变。目前应用较多的寡核苷酸探针是根据细菌rRNA基因的多拷贝且高度保守性的DNA片段设计的。许多常见细菌的rRNA基因的多拷贝保守序列是已知的，它们一般具有界、属及种的特异性。所以根据rRNA基因多拷贝且具有高度保守DNA片段而设计的寡核苷酸探针，能粗略检测出某一环境样品中细菌的大致种类，又能鉴定出特定种的存在。

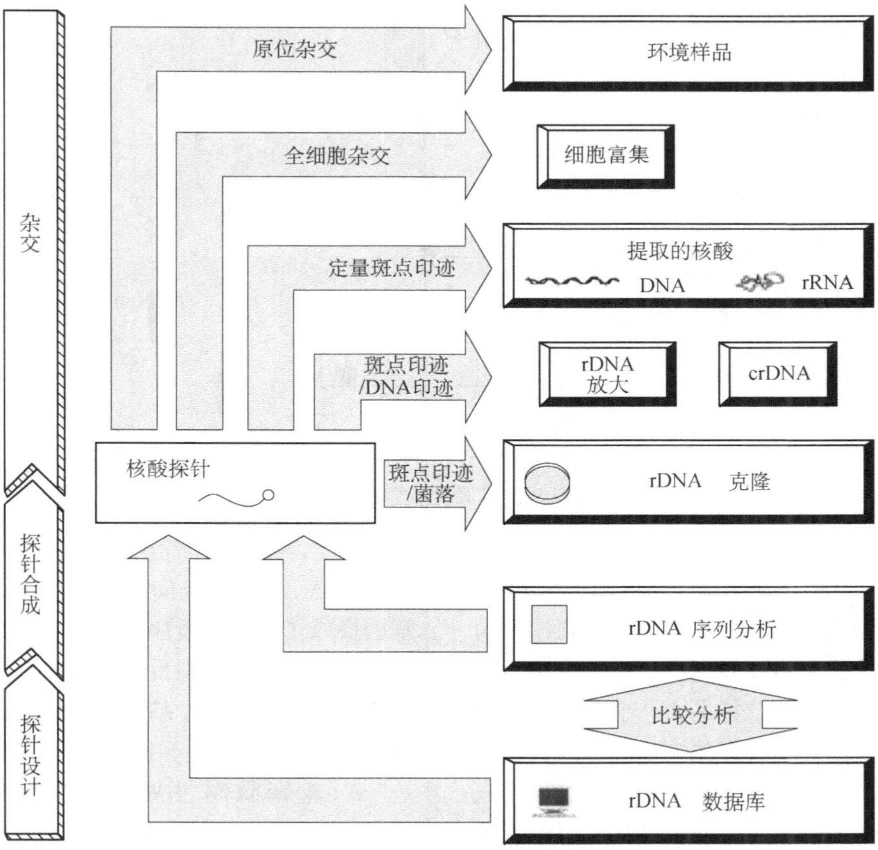

图2-3　核酸探针和杂交技术的基本过程（池振明供图）

由于高度特异性和敏感度，这种技术在研究微生物多样性方面有重要的用途：①用于检测环境中的微生物、指示生物及某些特定基因型的存在；②用于检测某一特定环境中的微生物种群、数量、分布及其变化，从而预测该环境中的微生物种群变化趋势；③用于检测某些微生物的特定基因型在环境中的动态变化。

三、基于PCR技术的DNA指纹图谱技术

1984年英国莱斯特大学的遗传学家Jefferys及其合作者首次将分离的人源小卫星DNA用作基因探针，同人体核DNA的酶切片段杂交，获得了由多个位点上的等位基因组成的长度不等的杂交带图纹，这种图纹极少有两个人完全相同，故称为“DNA指纹”，意思是它同人的指纹一样是每个人所特有的。DNA指纹的图像在X线片中呈一系列条纹，很像商品上的条形码。DNA指纹图谱开创了检测DNA多态性（生物的不同个体或不同种群在DNA结构上存在着差异）的多种多样的手段，如RFLP（限制性片段长度多态性）分析、串联重复序列分析、RAPD（随机扩增多态性DNA）分析等。各种分析方法均以DNA的多态性为基础，产

生具有高度个体特异性的DNA指纹图谱，由于DNA指纹图谱具有高度的变异性和稳定的遗传性，且仍按简单的孟德尔定律遗传，成为目前最具吸引力的遗传标记。在微生物生态研究方面，对于复杂或动态变化的微生物菌群，DNA指纹图谱技术依据独特核酸物质的分离能提供微生物群落多样性的图案或轮廓，在分析时有直观、快速、高通量的特点，具体方法分别包括以下几种。

1. PCR-RFLP技术 限制性片段长度多态性（restriction fragment length polymorphism，RFLP）分析，最初用于有性繁殖后代的分离以构建遗传图，也是第一代以DNA指纹图谱为基础用于微生物分型鉴定的方法。其原理是用限制性内切酶将细胞基因组DNA进行切割，然后在琼脂糖凝胶上电泳分离，通过指纹图谱来检测分析基因组中限制性内切酶酶切位点的变化，从而比较不同基因组之间的核苷酸差异，以显示不同种群基因组DNA的限制性片段长度多态性。RFLP产生的指纹图谱更适用于细菌种间及种内不同株间的分型鉴定。由于RFLP产生的DNA指纹图谱比较复杂，在分析菌群时耗时且费力，而且该技术依赖DNA印迹（Southern blot）技术，需要克隆基因探针，DNA的用量大且纯度要求很高。因此，在应用此技术时，常与PCR技术结合，即PCR-RFLP技术，此技术可以使图谱的带型简单化，易于分析，常用于检测某种环境中微生物的群落结构。RFLP原理见图2-4。

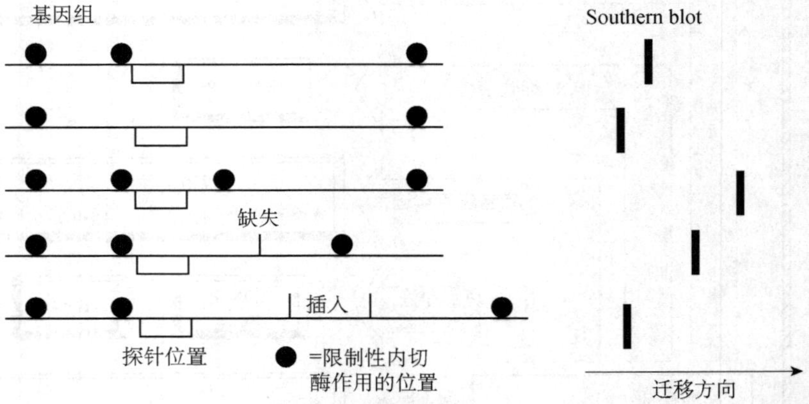

图2-4 RFLP技术原理示意图（李静供图）

PCR-RFLP具体方法是采用特定的引物，如16S rDNA通用引物对某个环境样品宏基因组DNA进行PCR扩增，将扩增产物用不同的限制性内切酶酶切，酶切产物经电泳比较分析，对特殊谱型的序列进行测定，进而了解该样品中所包含的微生物信息。该方法广泛用于环境微生物多样性及其群落结构的研究。

这种方法具有许多优点：①RFLP可用于直接研究基因的组成，其变异比形态学变异更稳定，其表型不受环境条件的影响。②该技术的结果反映的是整个基因组的遗传信息，区分能力更强。例如，Mozo等检测了能在岩黄树（*Xanthophytum* spp.）上结瘤根瘤菌的质粒图谱，发现根瘤菌各菌株质粒种类及质粒大小差别很大，进一步用中华根瘤菌（*Rhizobium meliloti*）的*nifHDK*和*nodD*基因作探针进行RFLP分析，结果发现这类根瘤菌株虽然质粒组成变异很大，但它们的*nif*和*nod*基因序列和组成都是高度保守的。核糖体核酸分型法（ribotyping）是一个典型的RFLP衍生方法，由Grimont等于1986年首先提出，并进行应用研究，其基本原理是细菌的基因组通常含有多个拷贝的rRNA基因操纵子，每个操纵子由16S rRNA、23S rRNA、5S rRNA、tRNA及间隔序列组成。不同种rRNA基因操纵子中的片段序列存在差异，因而所产生的限制性片段具有多态性，这样就有可能产生有用的分类信息，而rRNA基因的保守性又使得利用1个rRNA探针就可以达到比较不同种微生物的目的。

2. 末端限制性片段长度多态性（terminal restriction fragment length polymorphism，T-RFLP）分析 细菌16S rRNA存在保守区和可变区，根据这些保守区可以设计出细菌的16S rRNA基因的通用引物，用它们可以扩增出所有细菌的16S rRNA基因片段，而16S rRNA可变区的差异则可以用来区分不同种的细菌。在设计保守区的引物时，其中一个引物的5′端用荧光物质标记，常用的荧光物质有六氯荧光素（HEX）、四氯荧光素（TET）、6-羧基荧光素（6-FAM）等，然后提取待分析样品的总DNA，以它为模板进行PCR扩增，所得到的PCR产物一端就带有这种荧光标记。然后，将PCR产物用合适的限制性内切酶消化，由于在不同细菌的扩增片段内存在核苷酸序列的差异，酶切位点会存在差异，酶切后就产生许多不同长度的限制性片段。水解产物用自动测序仪（选用 genescan 功能）进行检测，只有末端带荧光标记的片段能被检测到，而其他没有带荧光标记的片段则检测不到。这些带末端标记的片段可以反映微生物群落组成情况，对于从不同种细菌扩增出来的片段，由于核苷酸序列的不同，酶切位点就可能不同，这样就能得到不同长度的末端限制性片段。反过来，不同长度的末端限制性片段必然代表不同的细菌，也就是说一种末端限制性片段至少代表一种细菌，具体过程如图 2-5 所示。

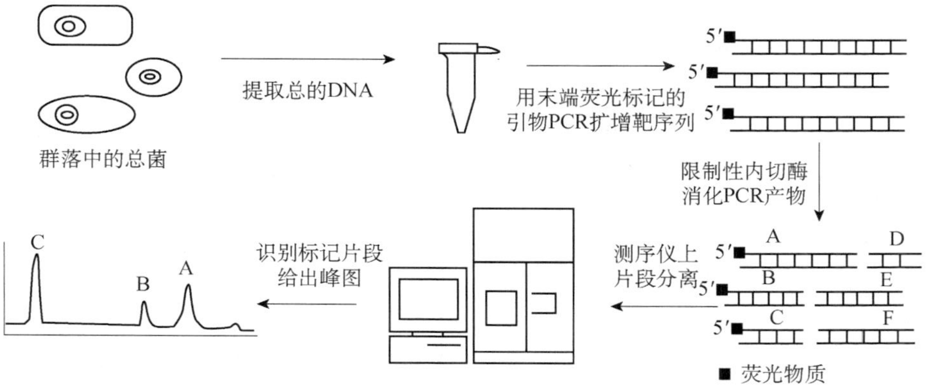

图 2-5　末端限制性片段技术基本过程（池振明供图）

T-RFLP 分析不但可以进行微生物种类的定性分析，也可以进行定量分析。在基因扫描的图谱上，每个峰的面积占总面积的百分数就代表了这个末端限制性片段的相对数量，即哪种细菌对应的末端限制性片段峰面积大，说明它的数量相对就大。但是仅对末端限制性片段而言，并不能说明这种末端限制性片段的细菌的数量也一定大，这是因为细菌基因组上的 16S rRNA 基因是以多拷贝的形式存在的，而且拷贝数也不尽相同（一般不超过 10 个拷贝）。有人通过实验证明，每种末端限制性片段的量是与 16S rRNA 基因的拷贝数而不是与这种细菌的基因组 DNA 呈正相关的。尽管末端限制性片段是建立在 PCR 基础上的，但是它的重复性好，平行样得到的峰也是几乎完全一样的，因此用它来进行定性和定量分析是可靠的。

该方法建立在 PCR 的基础上，不需要分离培养细菌，因而避免了培养方法的弊端。更重要的是该方法可以检测到环境中的所有细菌，包括可培养和难培养的活细菌和未降解的死细菌。它比单链构象多态性法和变性梯度凝胶电泳法有更高的灵敏度，比构建 16S rRNA 克隆文库和 RFLP 分析工作量少得多。该技术综合了 PCR 技术、限制性内切酶技术、毛细管电泳技术、荧光标记技术和 DNA 自动测序技术，是在 DNA 水平上通过对特定 DNA 片段多态性的测定来比较微生物的群落结构。虽然末端限制性片段可以提供微生物种类相对数量的信息，但是还无法确定是何种微生物，定性信息不足。如果能结合 16S rRNA 基因克隆文库分析或者核酸杂交分析就能确定微生物的种类。

3. RAPD 方法　后来人们又设计了一些新的更为简单的方法来研究微生物多样性。例如，有人就用一种叫作随机扩增多态 DNA（randomly amplified polymorphic DNA，RAPD）的方法来研究切萨皮克湾的微生物群落。该技术的原理是以 PCR 技术为基础，由人工随机合成的 DNA 分子为引物，以基因组 DNA 为模板，通过 PCR 技术对多态性 DNA 片段进行随机合成，如果某一引物分子与某一片段的 DNA 模板具有互补的核酸序列，该引物分子就会结合到单链的模板 DNA 上。在 4 种游离脱氧核苷三磷酸（dATP、dGTP、dTTP、dCTP）存在的情况下，通过 DNA 聚合酶连接，DNA 链就会从引物的 3′-OH 开始接上与模板 DNA 分子互补的各种核苷酸，合成一段新的互补 DNA 链。对整个基因组的 DNA 分子而言，某一引物可能会与单链 DNA 的许多地方结合。对扩增产物进行电泳，用溴化乙锭染色进行分析，就可以直接在紫外灯下看到新合成的 DNA 分子片段形成的带，这种随机放大的多态性 DNA 片段就可以作为分子图谱的中的一个位点，具体过程见图 2-6。RAPD 的引物合成是随机的，但需满足以下两个条件：G+C 的含量不低于 40%，5′端与 3′端的碱基顺序非反向对称，否则就无法合成专一性的少数几条 DNA 片段。引物长度以 10 个碱基为宜，引物太短（少于 9 个碱基）结合到模板分子上有困难，聚合反应则很难进行。如果引物太大，成本高，合成多态性 DNA 片段的可能性就会降低。

与 RFLP 相比，RAPD 具有许多优点：①与 RFLP 相比，RAPD 所需的模板量少，操作快，且无须知道 DNA 序列的信息，而且获得基因图谱较迅速，标记密度较大。②这种方法不需要对每一种微生物进行鉴定，然而需要筛选和比较随着时间的变化不同样品中微生物的变化情况。③RAPD 可用于细菌种间、亚种间乃至菌株间的亲缘关系分析、未知菌株的快速鉴定和流行病学调查等。④DNA 样品需要量少，引物价格便宜，成本较低。但是，该方法的实验重复性较差，结果可靠性较低。

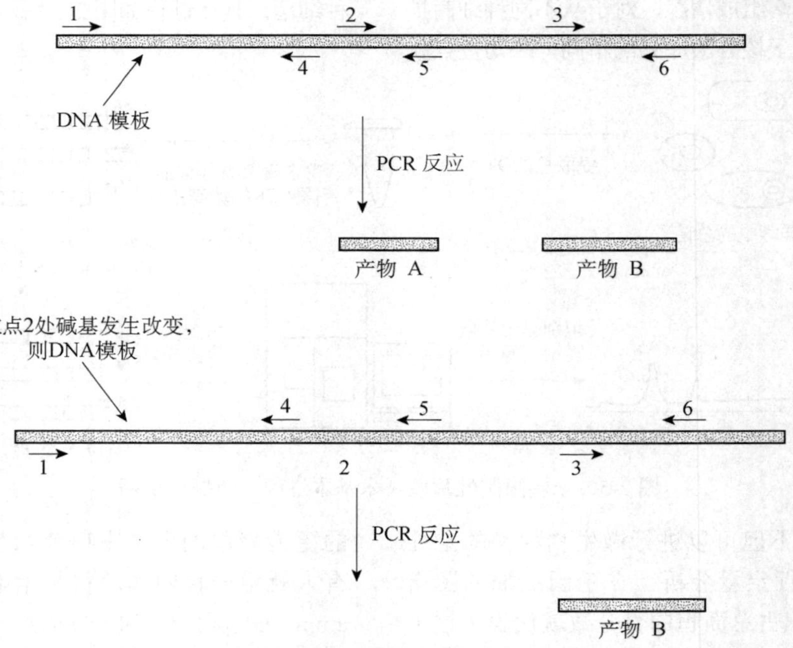

图 2-6 RAPD 原理示意图（池振明供图）

如果在同一地点重复进行这种群落筛选的方法，我们就可以知道在一个特定位点或一个特定生态系统中微生物生物多样性的变化情况。如果环境发生不利变化，这种实验方法得出的结论可以给我们及时地提出警告。

另外一些方法就是利用 DNA 复性速度来测定样品中遗传物质的多样性。首先用高温使样品中的 DNA 变性而出现单链 DNA（ssDNA），然后在温度和单价阳离子浓度受到严格控制的条件下，让 ssDNA 进行复性。复性的速度可以说明这个样品混合微生物种类的多相性（heterogeneity）。

4. 扩增片段长度多态性（amplified fragment length polymorphism，AFLP）分析 AFLP 是一种测定基因组限制性片段的 DNA 指纹法，是 1993 年由荷兰科学家 Zabeau 和 Vos 发展起来的一种检测 DNA 多态性的分子标记技术。该技术的基本原理是利用 PCR 技术选择性地扩增基因组 DNA 双酶切的限制性片段。基因组 DNA 经限制性内切酶消化后，将一双链 DNA 接头与限制性酶切片段的两端连接，然后根据接头序列和限制性酶切位点邻近区域的碱基序列，设计一系列 3′端含数个随机变化的选择性碱基的 PCR 引物进行特异性条件扩增，只有那些限制性位点的侧翼序列与引物 3′端选择性碱基先匹配的片段才能得到扩增。扩增产物经变性聚丙烯酰胺凝胶电泳分离，显示多态性，具体过程如图 2-7 所示。AFLP 技术虽然与其他的 DNA 指纹技术有相似之处，但有独特的优点：①可用于大小不同的基因组指纹分析，为研究物种之间的亲缘关系，尤其是原核生物属以下，乃至菌株之间提供了一个有效的手段；②具有一定的灵活性，可通过特异性 PCR 引物的设计和内切酶组合的选择，来调整 AFLP 图谱中限制性片段的适宜数目；③由于使用了严格的 PCR 条件和高分辨率的聚丙烯酰胺凝胶电泳，因而重复性好，分辨率高。

5. PCR-DGGE（变性梯度凝胶电泳）/PCR-TGGE（温度梯度凝胶电泳）技术 变性梯度凝胶电泳（denaturing gradient gel electrophoresis，DGGE）系统最初是 Lerman 等于 20 世纪 80 年代初期发明的，起初主要用来检测 DNA 片段中的点突变。Muyzer 等在 1993 年首次将其应用于微生物群落结构的研究。后来又发展出其衍生技术，温度梯度凝胶电泳（temperature gradient gel electrophoresis，TGGE），并证实了这种技术在揭示自然界微生物菌群的遗传多样性和菌群差异方面具有独特的优越性。此后 10 年间，该技术被广泛用于微生物分子生态学研究的各个领域，目前已经发展成为研究微生物群落结构的主要分子生物学方法之一。

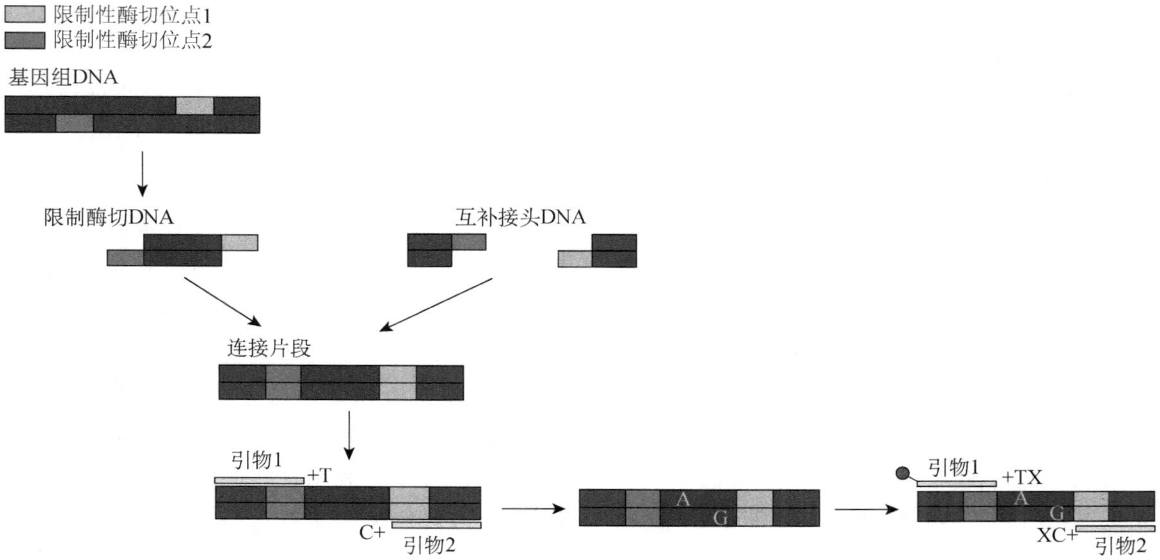

图 2-7　AFLP 分子标记技术原理示意图（李静供图）

DGGE 和 TGGE 的工作原理是根据 PCR 扩增的基因或基因片段核苷酸序列的不同进行片段的分离。以同一套 PCR 引物从混合微生物中扩增出 DNA 片段，只要它们存在碱基的差异，解链特性也就会有差异，它们在含有化学变性剂尿素（urea）和甲酰胺（formamide）梯度的聚丙烯酰胺凝胶（DGGE）中泳动时，在相应的变性剂浓度下在解链点（melting domain）发生部分解链，造成各片段构象的不同，最终导致迁移率的不同并形成一定的带型。TGGE 使用固定浓度的尿素和甲酰胺以促进 DNA 解链，电泳时 PCR 产物是在有线性温度梯度的凝胶中迁移，而造成不同 DNA 片段解链时间的差异。理论上能够利用 DGGE 将只存在单碱基差异的小片段 DNA 分开。在 DGGE 操作中，通常要利用引物在 PCR 产物的一端加上一个富含 GC 碱基的片段，使 PCR 产物的一端不能解链，从而不形成单链 DNA。以 16S rDNA 为分子标记的 PCR-TGGE/DGGE DNA 指纹图技术可以同时对多个样品的微生物组成进行分析，一般种群数量超过 1%的类型会在图谱中出现其代表性条带。

在 DGGE/TGGE 应用于微生物分子生态学研究的初期，通常是结合 PCR 与 DGGE/TGGE 技术对环境土壤样品进行分析，以了解环境中的微生物群落的结构及其变化。首先提取微生物环境样品的总 DNA，然后通过 PCR 扩增特定类群的保守基因，扩增产物进行 DGGE/TGGE 凝胶电泳分析，观察 DGGE/TGGE 图谱的带型差异。标记技术与 DGGE/TGGE 结合对土壤样品进行研究，DGGE/TGGE 还可以与标记技术联合使用，其技术流程是首先提取微生物环境样品的总 DNA，PCR 扩增特定类群的保守基因，扩增产物进行 DGGE/TGGE 凝胶电泳分析，以从 DGGE/TGGE 图谱上回收的条带为原始模板，制备带有标记的核苷酸探针，再与来自已知纯培养物的相应基因扩增产物进行杂交，来确定 DGGE/TGGE 图谱上的特定条带的微生物种类，这对于土壤中难培养的重要微生物的分析鉴定具有重要意义。

PCR-DGGE/TGGE 技术的另一大优点是能快速同时对比分析大量的样品，因此它既可以对比分析不同的微生物群落之间的差异，也可以研究同一个微生物群落随时间和外部环境压力的变化过程。除了上述两个主要用途外，PCR-DGGE/TGGE 技术还有很多其他用途。它可以跟踪监测细菌的富集和分离，从而评价不同培养基及培养条件对分离菌种的影响；可以检测单个纯菌 rRNA 基因的微异质性；可以用来比较不同的 DNA 提取方法；另外，它还可以辅佐筛选克隆文库及检测 PCR 和克隆过程中的偏差。

四、其他方法

1. 实时荧光定量 PCR　实时荧光定量 PCR（real time fluorogenic quantitative PCR）是近年来得到不断发展，并且在环境微生物学领域得到广泛应用的技术。1996 年由美国 Applied Biosystems 公司推出，由于该技术不仅实现了 PCR 从定性到定量的飞跃，而且与常规 PCR 相比，它具有特异性更强、有效解决 PCR 污染问题、自动化程度高等特点，目前已得到广泛应用。其原理是：在 PCR 反应体系中加入荧光基团，利用荧光信号累积实时监测整个

PCR 进程，最后通过标准曲线对未知模板进行定量分析。传统的 PCR 技术一般分为扩增和检测两个阶段，常用溴化乙锭染色，凝胶电泳为定性检测手段。而在实时荧光定量 PCR 中荧光染料或荧光标记物与扩增产物结合后，被激发的荧光强度和扩增产物成正比。而根据扩增原理，扩增呈指数增长。在理想条件下，反应体系和反应条件完全一样，因此样本含量应与扩增产物的对数成正比，荧光强度和样本含量成正比，通过实时监测设备的随时跟踪并与标准曲线对比，就可以有效地对未知样品中微生物的群落组成进行评估。

实时荧光定量 PCR 具有直观和准确的优点，缺点是成本相对比较高。但是由于其准确性方面的优势，目前已经在微生物生态学研究中得到广泛采用，并且该技术还在不断地发展，在海洋微生物研究领域也有很好的应用前景。

2. DNA 微阵列技术　DNA 微阵列（DNA microarray）技术是一种高通量的环境基因组学研究策略。本质上是一种大规模集成的固相杂交技术，是指在固相支持物上原位合成寡核苷酸或者直接将大量预先制备的 DNA 探针以显微打印的方式有序地固化于支持物表面上，然后与标记的样品杂交。通过对杂交信号的检测分析，得出样品的遗传信息（基因序列及表达的信息）。由于常用计算机硅芯片作为固相支持物，所以也称为 DNA 芯片。芯片上固定的探针除了 DNA，也可以是 cDNA、寡核苷酸或来自基因组的基因片段，且这些探针固定化于芯片上形成基因探针阵列。因此，DNA 芯片又称为基因芯片、cDNA 芯片、寡核苷酸阵列等。

DNA 芯片技术主要包括 4 个主要步骤：芯片制备、样品制备、杂交反应和信号检测及结果分析。①芯片制备。目前制备芯片主要以玻璃片或硅片为载体，采用原位合成和微矩阵的方法将寡核苷酸片段或 cDNA 作为探针按顺序排列在载体上。芯片制备除了用到微加工工艺外，还需要使用机器人技术，以便快速、准确地将探针放置到芯片上的指定位置。②样品制备。生物样品往往是复杂的生物分子混合体，除少数特殊样品外，一般不能直接与芯片反应，有时样品的量很小。所以，必须将样品进行提取、扩增，获取其中的蛋白质或 DNA、RNA，然后用荧光标记，以提高检测的灵敏度和使用者的安全性。③杂交反应。杂交反应是荧光标记的样品与芯片上的探针进行反应产生一系列信息的过程。选择合适的反应条件能使生物分子间反应处于最佳条件下，可以减少生物分子之间的错配率。④信号检测及结果分析。杂交反应后的芯片上各个反应点的荧光位置、荧光强弱经过芯片扫描仪和相关软件可以分析图像，将荧光转换成数据，即可以获得有关生物信息。

DNA 芯片技术由于具有高通量、高速度等特点，已经成为基因组学研究领域的有力工具。近年来，DNA 芯片技术正被迅速地应用于废水处理系统及污染环境中的微生物群体的反应和调节机制、营养物质循环、富营养发生时的微生物生态、微生物多样性及微生物参与的生物地球化学过程等研究中。利用现代微生物芯片分析技术，可以获取环境微生物群落基因和功能多样性方面的信息，进而追踪一些能够高效表达或控制微生物群落重要功能的一些关键基因。此外，DNA 芯片技术有助于认识调控微生物细胞能源供应、电子受体有效性等重要生命过程的因素，深入了解微生物基因进化过程和微生物功能多样性的影响因素。

3. PLFA 图谱分析　磷脂脂肪酸（phospholipid fatty acid，PLFA）、脂肪酸（fatty acid，FA）和脂肪酸甲酯（fatty acid methyl ester，FAME）图谱分析在群落动态分析上的应用也十分广泛。磷脂是生物细胞膜的主要成分，约占细胞干重的 5%。细胞死亡后，细胞膜磷脂很快被降解，因此它们一般仅存在于活细胞中，很适合用于微生物群落的动态监测。另外，脂肪酸具有种属特异性，特殊的脂肪酸甲酯已被作为微生物分类的依据。这种分析方法首先将细胞的全部磷脂提取出来，用气相色谱仪进行分析，得出 PLFA 图谱。通过分析 PLFA 图谱的变化可对群落中微生物组成和结构变化进行快速有效的监测。也可以把全部磷脂的脂肪酸水解下来，然后对脂肪酸进行甲酯化，利用 MIDI 系统（一种脂肪酸甲酯的气相色谱分析系统）对甲酯化的脂肪酸进行分析，得出全细胞的 FAME 图谱，并与数据库现有的不同种微生物的全细胞 FAME 图谱进行比对，分析所测定的全细胞 FAME 图谱与数据库中的全细胞 FAME 图谱是否为同一种微生物。通过这种方法分析可以检测出环境中微生物群落的细微变化，为人们提供一种检测环境微生物群落的常规方法。

4. Biolog 微平板鉴定系统　在一个 96 孔板上加 96 种不同的碳源，然后把纯培养的微生物点种在该板的不同孔中，经过培养，根据生长的浊度和颜色变化，与数据库中已知的不同种微生物在同样条件下生长的浊度和颜色的变化进行比对，达到鉴定微生物的目的。可以在微平板上测定特异的革兰氏阳性菌（G^+菌）和革兰氏阴性菌（G^-菌）及酵母菌，通过这种方法可以研究含有植物群落土壤样品细菌功能多样性。但是这种方法不能替代上述的DNA或16S rRNA基因序列分析方法，因为Biolog微平板鉴定系统只能鉴定那些能在培养基上生长的微生物，而且这种方法在鉴定新鲜环境分离物方面有许多缺陷。同样对于目前尚无法培养的微生物来说，这种方法是无法研究它们的功能多样性，所以非常有必要寻找更为有效的方法研究微生物多样性，既可以研究分类学的多样性，又可以研究功能多样性。

5. 荧光原位杂交技术　荧光原位杂交（FISH）技术由原位杂交（*in situ* hybridization，ISH）技术发展而来，逐渐形成了快速、精确、原位及可动态观察等特点。FISH技术的基本原理是用已知的标记单链核酸为探针，按照碱基互补的原则，与待检材料中未知的单链核酸进行特异性结合，形成可被检测的杂交双链核酸。由于DNA分子在染色体上是沿着染色体纵轴呈线性排列，因而可以将探针直接与染色体进行杂交从而将特定的基因在染色体上定位。该技术主要包括以下几个步骤：①样品固定；②样品的预处理；③预杂交；④探针和样品变性；⑤杂交；⑥漂洗去除未结合的探针；⑦检测杂交信号。

荧光原位杂交技术的标记探针有直接标记和间接标记两种，直接荧光标记法有两种方式，一种方式是用化学合成的方法将一个或多个荧光染料分子以氨基连接于寡核苷酸的5′端。另一种是用末端转移酶将荧光标记的核苷酸连接于寡核苷酸的3′端。通过中间物将异硫氰酸荧光素（fluorescein isothiocyanate，FITC）偶联于寡核苷酸上可增加信号强度。同时在寡核酸两端进行标记也可增加信号强度，一般是在3′端加一个荧光分子，在5′端加4个荧光分子，在此4个荧光分子间以适当的间隔物如寡核苷酸等分开防止荧光的猝灭。间接标记法则是将地高辛或生物素等和探针结合，然后用荧光抗地高辛抗体或荧光抗生物素抗体检测。

荧光原位杂交技术作为一种不依赖PCR的分子分析技术是分子标记技术的有益补充，在研究基因组的结构、变异及空间分布规律，研究物种间的亲缘关系等方面具有不可替代的作用。FISH技术可以将整体微生物环境清晰地呈现出来而不需要额外的抽提和扩增等易引起偏差的步骤，结合了分子生物学的精确性和显微镜的可视性信息，可以在自然或人工的微生境中监测和鉴定不同的微生物个体，同时对微生物群落进行评价。所以近几年来，FISH技术逐渐向生态学领域尤其是微生物生态学领域渗透，被广泛应用于环境微生物多样性的研究，提供形态学、数量、空间分布与细胞环境方面的信息，现已成为微生物分子生态学研究的重要方法，对于探明自然菌群的生态学和组成，以及群落对自然和人为因素动态变化的应答是最有力的技术手段。

以上分子生物学方法是现代微生物生态学领域比较成熟的研究方法。每种方法都有自己的优点和缺点，因此在进行微生物群落结构及微生物多样性研究时，往往将多种方法组合使用以确保试验结果的真实性和准确性。同时这些技术之间还存在着明显的互补性，而通过技术之间的互补利用，也可以有效地控制研究成本，提高研究的效率。另外对环境进行微生物群落结构和组成分析时，一些传统方法，如微生物细胞的形态、菌落形态观察、微生物培养和生理生化特征测定也有必要继续使用。

第三节　微生物组学相关技术

随着高通量测序技术的发展，微生物组学研究引起了越来越广泛的兴趣，日益成熟的生物信息学技术也为微生物组学的发展提供了莫大的助力。微生物组学包括基因组学、宏基因组学、宏转录组学、宏蛋白质组学、代谢物组学、病毒组学等各个方面，是对某一环境中的微生物及其与环境互作方式的全面研究。

一、基于DNA高通量测序技术的微生物组学技术

微生物菌群（microbiota）被定义为一个环境

中的全部微生物个体的集合，包括病毒、真细菌、古菌、真菌在内。通过扩增子测序可检测样品中微生物的种类和相对丰度，评估微生物菌群中成员的多样性。扩增子测序是指对特定基因进行扩增和测序分析，通常检测的是16S rRNA基因、18S rRNA基因和ITS序列，也可根据研究需要对功能基因进行检测。宏基因组学则是以微生物菌群作为整体进行研究的学科，其研究对象是微生物菌群的总DNA，而不仅仅局限于特定的基因。宏基因组学的主要研究方法包括基因文库技术、DNA指纹图谱技术和高通量测序技术（图2-8）。

微生物菌群与微生物组（microbiome）这两个概念常被混淆，实际上微生物菌群仅是微生物组的一部分，微生物组还包括微生物菌群的宏基因组和微生物菌群分泌的代谢产物等。微生物组的概念更加广泛，它包括一个环境中的所有微生物、微生物的全部遗传信息及该环境中的非生物成分。微生物组学不仅研究微生物菌群及其遗传信息，还研究微生物菌群对其环境或宿主的响应和影响，即微生物菌群与环境或宿主的互作等（图2-8）。

微生物菌群广泛存在于土壤、岩石、海洋等，植物体和动物体表面甚至内部也有微生物菌群的存在，微生物组学研究对于理解这些微生物如何影响环境、气候及微生物菌群与动植物疾病和健康的关系等非常重要。例如，土壤微生物作为土壤中的分解者，在生物地球化学循环中发挥着重要的作用。研究土壤微生物菌群如何响应温度升高、干旱加剧或洪涝加剧等气候变化，可以加深我们对于气候变化可能引起的后续反应的理解，从而帮助我们更好地保护和恢复生态环境。对珊瑚礁中微生物菌群及其与珊瑚礁互作方式的研究有助于我们更好地了解全球变暖背景下珊瑚礁所处环境的变化，认识更多威胁珊瑚礁的因素（如致病微生物），为保护和恢复珊瑚礁的工作提供了新的视角。

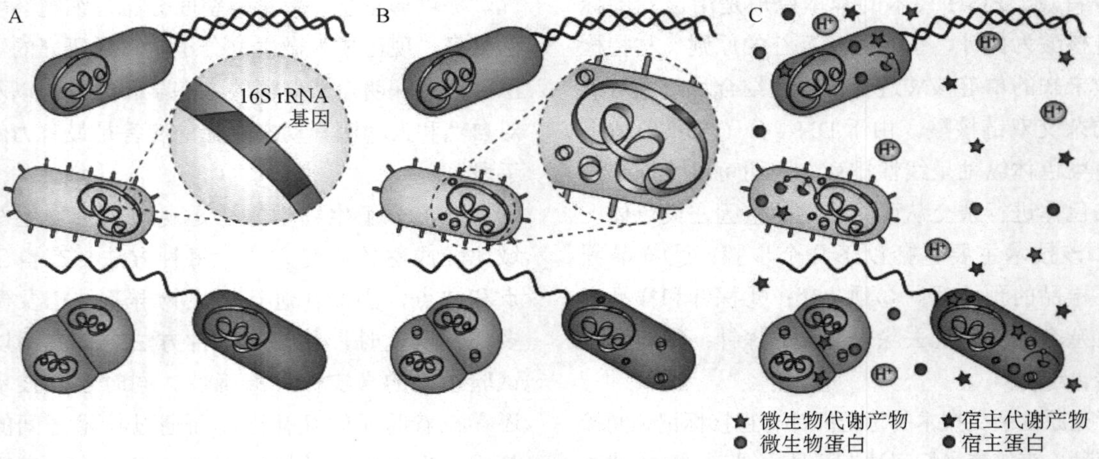

图2-8 微生物菌群、宏基因组与微生物组（Whiteside et al.，2015）

A. 微生物菌群，通过16S rRNA基因测序方法测定成员组成；B. 宏基因组，即微生物菌群的基因组（包括质粒），强调微生物菌群的遗传潜力；C. 微生物组，即微生物菌群的基因组、蛋白质和代谢物，以及宿主的蛋白质和代谢物

1. 扩增子测序技术 扩增子测序技术是指对基因组中特定区段的DNA进行PCR扩增，构建文库，然后进行高通量测序和分析的技术。通过扩增子数据库比对，可进行运算分类单元（operational taxonomic unit，OTU）生成和注释、系统发生树构建等分析，揭示微生物菌群的物种组成，评估环境中微生物的多样性。16S rRNA基因测序用于研究微生物菌群中细菌或古菌的多样性，18S rRNA基因测序和ITS测序用于分析微生物群中的真核微生物多样性（见上述）。扩增子测序技术只对一个或数个基因进行测序分析，虽然提供的信息量有限，但花费较少，性价比高，因此是环境微生物学研究中最常用的技术。

20世纪60年代，Carl Woese开始通过分析不同细菌的16S rRNA基因来确定它们的进化关系，由此开创了分子系统发生学（molecular phylogenetics）。16S rRNA基因序列分析技术彻底改变了微生物学研究领域，并为宏基因组学的出现奠定了基础。该方法的原理及部分优缺点在上一节中已有详细介绍，此处不再赘述。早在1994年，Reysenbach等便利用16S rRNA基因测序法分析了美国黄石公园章鱼泉（84～88℃）中粉色菌丝体群落的遗传多样性，鉴定了EM 3、EM 17和EM 19三种系统发育类型（phylotype），极大地拓展了我们对于极端环境微生物多样性的认识。

2. 宏基因组（metagenome）技术 宏基因组（metagenome）[也称为微生物环境基因组

（microbial environmental genome）或元基因组]，是指环境中全部微小生物遗传物质的总和。它包含可培养的和难培养的微生物的基因，相比扩增子测序技术优势明显，使环境微生物学的研究进入一个新的阶段。如图 2-9 所示，宏基因组通过酶切法或超声波将提取得到的微生物基因组打碎，回收 DNA 片段，构建质粒文库，在宿主菌中扩增文库后再提取质粒进行测序。也可以不构建质粒文库，使用试剂盒对打碎的 DNA 片段进行末端修复、3′端腺苷酸化后连接适配子，再用适配子特异性引物进行 PCR 扩增，即可对得到的扩增文库进行测序。测序数据的组装有两种方式，一种是将测序数据在现有的微生物基因组数据库中进行逐条比对；另一种是从头组装基因组。利用现有数据库的方法有一个明显缺点，就是无法准确描述以前未知的微生物。而从头组装的方法对测序深度的要求很高，因此只适用于那些在微生物菌群中丰度较高的微生物检测。

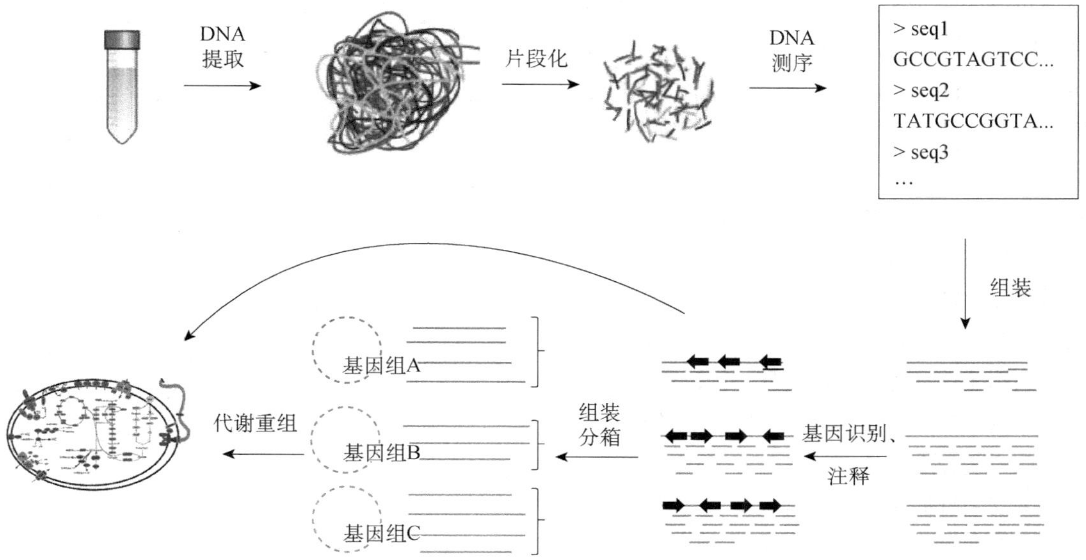

图 2-9　宏基因组测序技术（Rondon et al.，2000）

环境宏基因组学研究的基本思路是直接提取环境中所有微生物的基因组 DNA，所以如何用简单的方法提取到环境中所有微生物的基因组 DNA 是非常关键的。细菌人工染色体（bacterial artificial chromosome，BAC）文库构建中对 DNA 的要求较高，目前常用方法提取的 DNA 大小在 50kb 以内，不能满足其大片段克隆的要求。实际工作中，将 DNA 提取的过程在琼脂糖包埋块中进行，以脉冲电泳为主要分离手段，达到分离和纯化大片段环境 DNA 的目的，用于细菌人工染色体克隆文库的构建；克隆到合适的载体，克隆的载体主要包括质粒、黏粒和细菌人工染色体。质粒是 DNA 克隆表达中常用的载体，一般情况下用于克隆小于 10kb 的 DNA 片段，适用于单基因的克隆与表达。适用于黏粒载体的 DNA 插入片段大小在 40kb。细菌人工染色体以大肠杆菌作为宿主，是 1992 年开发成功的。随后经过充分研究，经过一系列承继了原始细菌人工染色体稳定的大片段克隆特点的穿梭载体构建，并成功投入使用，这些穿梭 BAC 载体能够克隆超过 100kb 的外源 DNA 片段，并可在大肠杆菌、链霉菌、假单胞菌中稳定表达，目前已经成为宏基因组工程研究中的主要工具；表达宿主，基于细菌人工染色体的宏基因组工程，找到一套适用于宏基因组功能表达的宿主是取得成功的关键，BAC 克隆株可以同时在同源和异源宿主中表达宏基因组功能，构建宏基因组文库；将环境中全部微生物的核酸信息收集在一起；通过对重组克隆子大规模测序获得微生物群落结构信息，并进行微生物生态学的基础研究；并运用序列筛选或功能筛选方式从文库中获得有用产物或基因以促进微生物资源的应用研究。

宏基因组测序技术是对完整基因组而非单个基因进行分析，因此可提供更精确的分类依据，可以据此对环境中的每一个微生物个体进行分类。此外，全基因组数据还可以提供关于微生物功能的信息，如抗药性、产生次级代谢产物的能力等。但宏基因组测序技术花费较高，且一次测序获得的数据可达太字节（terabyte，TB），难以分析。近年来，随着科学技术不断发展，该测序方法价格逐渐有所下降，且生物信息学分析工具的发展和基因功能知识的积累也为更好地分析鸟枪法测序获得的大量基因数据提供了可能，全基因组鸟枪法测序技术正越来越多地应用于微生物生态学研究中。Sunagawa 等对取自 68 个位点的 243 个海水样本进行鸟枪法测序，得到了 7.2TB 宏基因组数据，对这些数据的分析发现温度是影响表层和中层海水中微生物群落组成的主要因素。

3. PICRUSt 功能预测 迄今为止，我们已经获得大量的微生物基因组数据，这使得我们可以利用一些统计学方法来分析 16S rRNA 基因序列。PICRUSt 全称是 Phylogenetic Investigation of Communities by Reconstruction of Unobserved States，是基于 16S rRNA 基因序列对细菌或古菌进行功能预测的统计学工具。总的来说，在系统发育树中亲缘关系较近的微生物，其基因组更为相似，因此我们可以根据数据库中的微生物基因组数据结合系统发育树来预测某一给定微生物运算分类单元中的功能基因信息。这种预测基于数据库中已获得的微生物基因组信息，若样品中的某微生物没有得到测序的同源物种，它的功能基因信息也就无法进行预测，从而导致该种微生物信息的损失。因此 PICRUSt 功能预测的准确度与样品有很大关系，人体肠道微生物菌群的基因组数据丰富，对肠道微生物样品功能基因预测的准确度可达 85%，而对环境微生物群的功能预测往往无法达到这个效果。基于统计学方法的功能预测为微生物组学提供了高性价比的研究策略，但仍不能完全取代宏基因组测序。

二、宏转录组技术

大家都知道转录是基因表达的第一步，也是基因表达调控的关键环节。转录组是指一个活细胞所转录出的所有 RNA 的总和，它是细胞生理状态和功能的重要反映。宏转录组（metatranscriptomics）是指微生物菌群的总 RNA，具体研究中常常仅关注微生物菌群的总 mRNA。与基因组有所不同的是，对于同一微生物，其基因组是恒定的，而转录组则在不同生长阶段或不同生长状态下或不同生长条件下呈现差异性，因此宏转录组比宏基因组能更好地反映微生物菌群在不同环境条件下的生理功能状态及对环境因子做出响应的情况。例如，Falk 等通过对受污染的淡水沉积物中的微生物菌群进行宏转录组学研究，发现在有机物污染严重条件下的微生物高表达 β 氧化、糖异生和解聚合成相关的基因。

宏转录组学的研究目的在于通过研究特定状态下微生物菌群中活跃基因的表达来推测微生物群的代谢生理功能，因此，研究可翻译成蛋白质的 mRNA 表达量是宏转录组学的研究重点，而对非编码 RNA 的研究相对较少。宏转录组学的研究步骤通常包括样品采集、总 RNA 提取、mRNA 富集、cDNA 合成、测序和数据分析。mRNA 在整个转录组中所占的比例仅为 1%～5%，因此提取总 RNA 后需要进行除去 rRNA，富集 mRNA 的操作。高效富集 mRNA 并防止其降解是宏转录组研究的关键一步。mRNA 富集的方法包括 rRNA 消减杂交处理、核酸外切酶处理、凝胶电泳片段分离和双链特异性核酸酶处理。需要注意的是，mRNA 的稳定性非常差，它们的平均半衰期一般在数分钟之内，有的甚至可以短至数秒，因此为了减少 mRNA 降解导致转录谱变化的影响，样品制备的时间需要尽可能缩短。

目前，优化 RNA 提取方法和开发更高效的宏转录组数据分析工具是该领域发展的重点工作。此外，宏转录组还可以与 16S rRNA 扩增子和宏基因组的数据综合分析，获得对微生物生态的更深入和更全面的认识（图 2-10）。

三、宏蛋白质组技术

宏蛋白质组（metaproteomics）是指特定时间内，环境微生物所表达的所有蛋白质的总和。众所周知蛋白质是基因表达的终产物，是生命活动的主要承担者，对宏蛋白质组的研究可以最直接地获得关于微生物菌群生理状态和功能的信息。基因经转录成 mRNA 后还需经过翻译及翻译后修饰过程才能产生有功能的活性蛋白质，因此，转录组学与蛋白质组学研究所获得的信息并不能等同。

蛋白质组学研究可大致划分为结构蛋白质组学、功能蛋白质组学和表达蛋白质组学，主要研究内容包括对蛋白质一级结构、蛋白质的修饰、蛋白质丰度及蛋白质间相互作用的研究。其流程见图 2-11，其中对蛋白质的提取、分离、纯化是研究蛋白质最基础的工作内容。由于不同环境中微生物菌群及其宏蛋白质组的复杂性，目前还没有获得提取宏蛋白质组的通用方法，需要根据研究对象的特性和具体研究需要选择相应的蛋白提取方法。双向电泳技术和色谱技术是分离蛋白质的基础技术，而建立在色谱基础上的同位素标记亲和标签（isotope-coded affinity tag，ICAT）技术是蛋白质组学的核心技术之一，它可以直接对蛋白质组中的低丰度蛋白质进行定量检测。对蛋白质的鉴定常用质谱方法，主要包括串联质谱（MS/MS）、基质辅助激光解吸电离飞行时间质谱（MALDI-TOF MS）及四极杆飞行时间质谱（QqTOF-MS）技术。

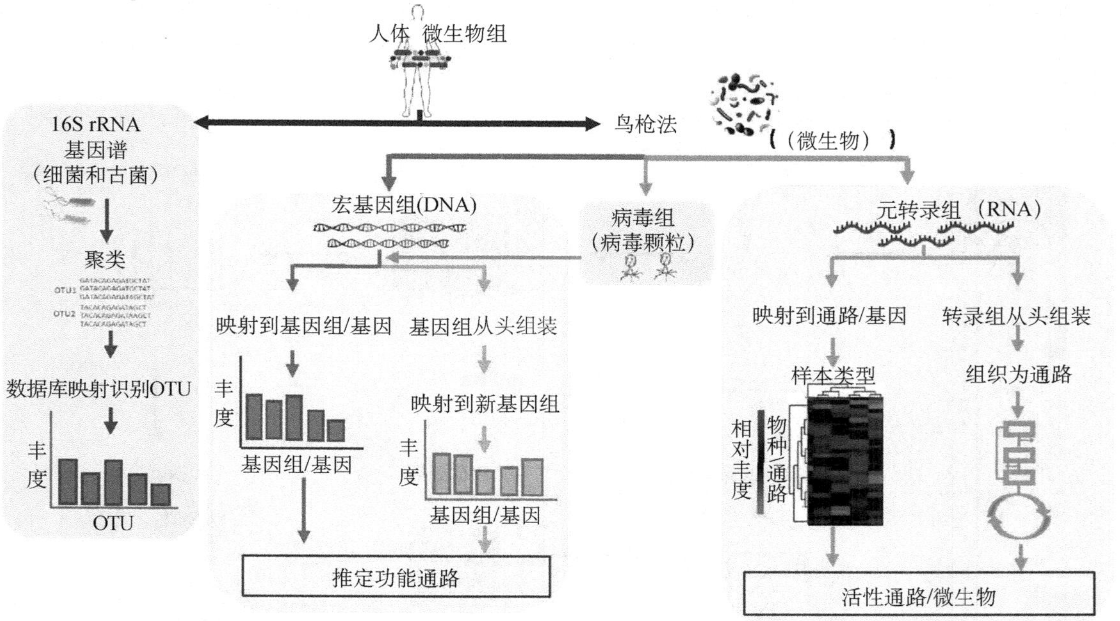

图 2-10　人体微生物的 16S rRNA 扩增子、宏基因组和宏转录组综合分析（李莹等，2021）

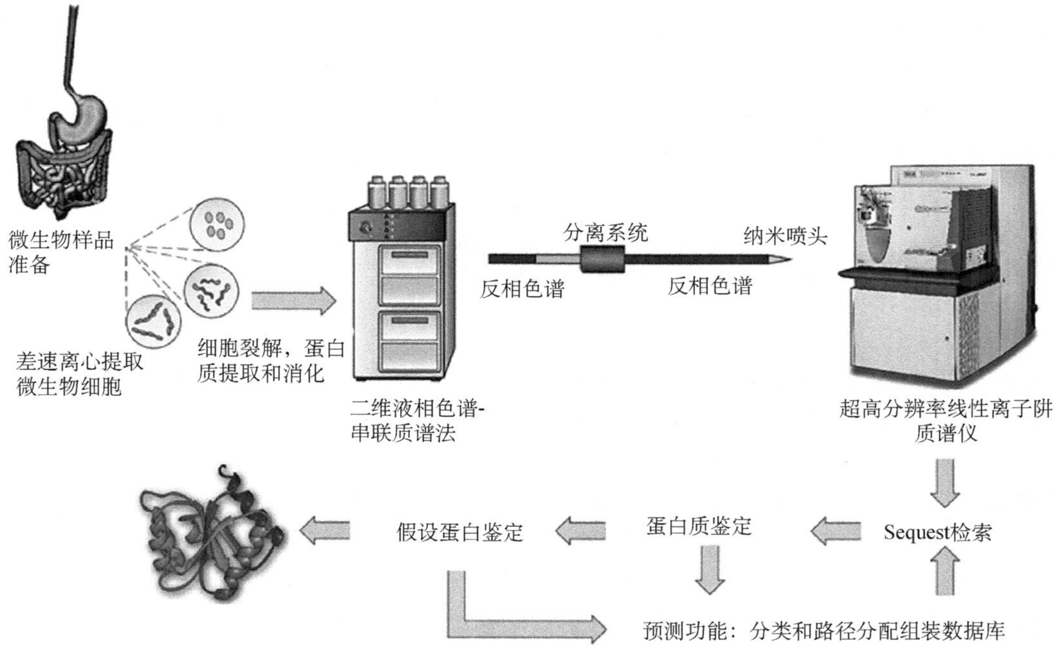

图 2-11　宏蛋白质组分析流程（Verberkmoes et al.，2023）

生物信息学技术越来越多地被应用于对宏蛋白质组的各项数据的处理和分析。蛋白质数据库在蛋白质鉴定过程中发挥着重要作用，通过在数据库中检索具有同源序列的蛋白质，可以初步推测未知蛋白质的结构和功能。然而数据库信息的不全面阻碍了对未知蛋白质的鉴定和分析，因此，进一步丰富宏蛋白质组学数据库是宏蛋白质组学的重要发展方向。

四、代谢物组技术

微生物菌群通过代谢活动与环境相互作用，它们从环境中获取营养物质和能量，并向环境中释放代谢废弃物和次级代谢产物。样品中所有代谢物的总和即代谢物组。代谢物组（metabolome）则是利用高分辨率核磁共振波谱和质谱，并结合化学计量学和生物信息学方法对所有小分子代谢物进行系统性研究的领域，旨在量化微生物与环境互作的代谢结果，表征微生物菌群的代谢足迹。代谢物组学是比宏基因组学、宏转录组学、宏蛋白质组学更为直接地研究微生物菌群与环境互作模式的领域。

代谢物组学的主要研究对象是分子质量低于2kDa的小分子代谢物，如糖、脂质、氨基酸等，这些小分子物质可以通过简单的提取、沉淀、除蛋白质步骤而从生物样品中分离出来（图2-12）。随着研究的专门化，又产生了“脂质组学”的新分支，对细胞合成的所有脂类化合物进行研究。

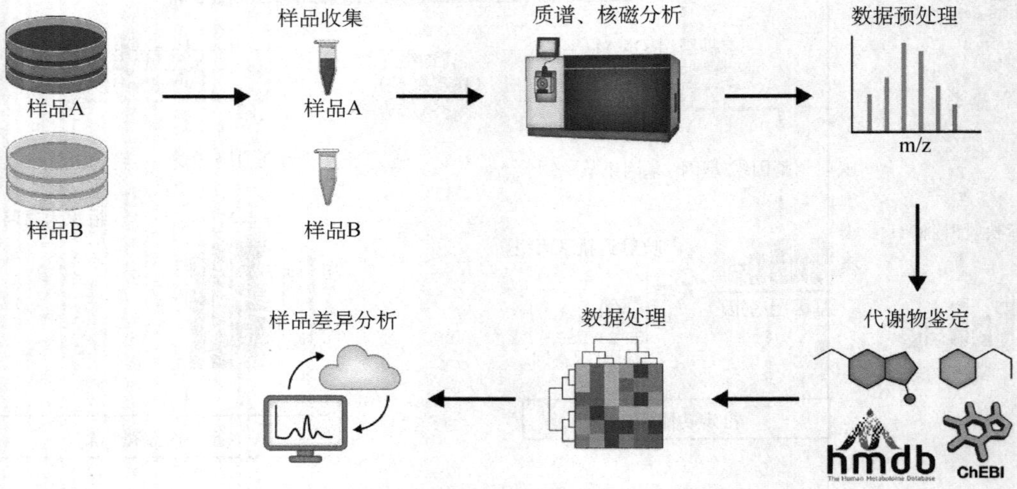

图 2-12　微生物代谢物组的分析流程（刘光磊供图）

代谢物组学研究可以靶向分析某一种或某一类特定代谢物在不同微生物之间及微生物与环境（或宿主）之间的互作中所发挥的作用，也可以非靶向地对不同环境或不同生理状态中的微生物菌群的代谢物组进行宏观分析。目前，代谢物组学方法已经广泛应用于对肠道微生物与炎症性肠病等疾病关系的研究中，也可以用于研究致病微生物在宿主中的致病机制。

思　考　题

1. 为什么环境中的大多数细菌目前还无法培养？你认为要培养这些难培养的微生物应该采取什么方法？

2. 现在世界上很多研究者普遍喜欢使用16S rRNA或16S rDNA序列分析方法研究环境中的细菌多样性，这是什么原因？

3. 你认为研究微生物生态学最理想的分子生物学方法应是什么？为什么？

4. 现在已经建立许多分子生物学方法研究微生物生态学，那么传统的微生物生态学方法是否还需要？为什么？

5. 当你使用不同分子生物学方法对某一株微生物进行分析鉴定时会得到不同的结论，你认为应该如何去解决这一问题？

6. 一个细胞的完整基因组信息有哪些重要的用途？

7. 请你举例说明现代微生物组学技术有哪些，它们在研究微生物生态学方面有什么特殊的应用？

8. 在未来微生物生态学研究中，应该建立什么样的简单高效的分子生物学和组学技术？

主要参考文献

李莹，吴光杰，贺志斌，等. 2021. 宏转录组学在环境微生物生态学中的应用. 中国环境科学，41（9）：4341-4349.

Gotschlich EC, Colbert RA, Gill T, et al. 2019. Methods in

microbiome research: past, present, and future. Best Practical Research on Clinical Rheumatology, 33(6): 101498.

Langille MG, Zaneveld J, Caporaso JG, et al. 2013. Predictive functional profiling of microbial communities using 16S rRNA marker gene sequences. Nature Biotechnology, 31(9): 814-821.

Pace NR. 1997. A molecular view of microbial diversity and the biosphere. Science, 276: 734-740.

Pace NR. Stahl DA, Lane D, et al. 1985. Analyzing natural microbial populations by rRNA sequences. ASM News, 51: 9.

Reysenbach AL, Wickham GS, Pace NR, et al. 1994. Phylogenetic analysis of the hyperthermophilic pink filament community in Octopus Spring, Yellowstone National Park. Applied Environmental Microbiology, 60(6): 2113-2119.

Rondon MR, August PR, Bettermann AD, et al. 2000. Cloning the soil metagenome: a strategy for accessing the genetic and functional diversity of uncultured microorganisms. Applied Environmental Microbiology, 66(6): 2541-2547.

Sunagawa S, Coelho LP, Chaffron S, et al. 2015. Structure and function of the global ocean microbiome. Science, 348(6237): 1261359.

Verberkmoes NC, Russell AL, Shah M, et al. 2023. Shotgun metaproteomics of the human distal gut microbiota. ISME Journal, DOI: 10.1038/ismej. 2008. 108.

Whiteside S, Razvi H, Dave S, et al. 2015. The microbiome of the urinary tract: a role beyond infection. Nature Reviews in Urology, 12: 81-90.

Yadav BNS, Sharma P, Maurya S, et al. 2023. Metagenomics and metatranscriptomics as potential driving forces for the exploration of diversity and functions of micro-eukaryotes in soil. Biotech, 13: 423.

第三章　自然环境中微生物群落的组成及其变化规律

在介绍本章内容之前，我们先明确几个基本概念。

生境（habitat）：生境是指发现有生物的物理区域（physical region）。在这一区域中的物理化学特征可以影响在这一区域中生活的微生物生长、代谢活力、生物与生物之间的相互作用和微生物的生存。对于微生物来说，我们不仅要考虑整个生境的物理化学特性，还要考虑微生境中具体的微观气候。

土著微生物（autochthonous microbe）：土著微生物是指在一个给定的生境中那些能生存、生长和进行活跃代谢的微生物，并且这些微生物能与来自其他群落的微生物进行有效的竞争而获胜。土著微生物从生理方面完全适应了这一生境的物理化学环境。

外来微生物（foreign microorganism）：顾名思义，外来微生物是指来自其他生态系统的微生物，所以这些微生物没有经过遗传和生理适应不能在这一生境长期生活下去，也无法与土著微生物进行空间和营养竞争。

实际上，土著微生物和外来微生物这两个概念很容易混淆，当你从某一生态系统中得到某一微生物时，很难确定它是土著微生物还是外来微生物。生态系统处在不断的变化过程中，在某一时期内，某些土著微生物代谢活力很大，而在另一时期这些微生物可能处在休眠状态。而外来微生物进入某一生态系统时，由于条件合适或经过遗传和生理适应，它们便开始活跃地生长和代谢，从而占领这一生态系统中未被占领的空间和食物。

群体（population）：群体是由同种生物不同个体组成的，它是在一定空间中同种个体的集合，在群体中的各个个体是通过种内关系组成一个有机的统一体。

群落（community）：群落是指在一定区域里，或在一定生境里，各种群体相互松散结合的一种结构单位。在生物群落中各种群体之间存在各种相互作用。

生物圈（biosphere）：生物圈是指地球上所有生物及其所生活的那部分非生命环境的总称，它包括水、大气和土壤。生物圈可以分为两个部分：一是生物圈的非生命部分，如生物周围的无机物、有机物和气候；二是有生物部分。有生物部分又可以分为三种成分：①初级生产者（primary producer），它们主要有绿色植物、藻类、蓝细菌和光合细菌，这些生物能利用光、CO_2、无机盐和水通过光合作用合成有机物。在深海中，主要的初级生产者为多细胞藻类和化能自养菌；在淡水中，单细胞藻类和光合细菌为主要的初级生产者；在污染水体中，水生多细胞藻类为主要的初级生产者；在陆地上，绿色植物为主要的初级生产者。②消费者（consumer），也称为取食者，它们中有些是直接利用初级生产者作为食物，称为初级消费者，就是食草动物（herbivore）；另外一些消费者是利用初级消费者作为食物，称为次级消费者，就是食肉动物（carnivore）；还有一些消费者是以次级消费者作为食物，称为三级消费者。③分解者（decomposer），是指能把初级生产者和消费者的尸体及其分泌物进行分解的生物，它们主要包括细菌和真菌，这些生物对于生物圈的物质处在不断循环和能量处在不断流动的状态、保持生态平衡和碳中和起着非常重要的作用。

地球中的生物圈包括地面以下的几千米深度到地球表面几十千米的高度。

生态系统（ecosystem）：生态系统是指生物群落和它们所生活的非生物环境结合起来的一个整体。生态系统是生物圈的组成单元，生物圈内的任何一个相对完整的自然整体都可以被看作生态系统，如一个池塘、森林、田间、污水处理池等。生态系统的生物群落包括初级生产者、消费者和分解者。非生物环境包括太阳能、大气、水和无机盐及生活空间。每个生态系统都具有一定的结构，并可构成一个功能单位，在每个生态系统中，生物与生物之间，生物与其周围环境都在不断地进行相互作用，相互依赖，相互制约，并进行物质、能量和信息的交换。生物与环境之间的这种相互关系叫作生态关系，这种生态关系在一般情况下，能处在相对稳定的状态，称为生态平衡。但是，一个生态系统也会因为自然环境因素和人为因素的巨变而失去平衡，尤其是人类的干扰和环境污染很容易破坏生态平衡。

由于自然界的环境条件是十分复杂的，而且处在不断变化的状态，不同环境中的微生物群落组成和各种群体之间的比例是不相同的。即使在同一环境中，微生物群落的组成和各种群体之间的比例也会随着环境条件的变化而变化。所以我们在本章中只对自然环境中微生物群落的结构及其变化规律做一般性的介绍。

第一节　土壤中微生物群落的组成及其变化规律

一、土壤中的微生物分布

土壤中含有各种各样的有机和无机营养物，它是微生物生长和繁殖的天然培养基。土壤的条件也是十分复杂的，而且多变。土壤中的微生物种类是极其丰富的，1g 干重农田土壤就含有几百万细菌、数十万真菌孢子、数万个原生动物和藻类。在土壤中，一般情况下真菌的生物量和细菌的生物量几乎是相等的，而原生动物和藻类的生物量与真菌和细菌生物量相比，会少一个数量级，如表 3-1 所示。

表 3-1　农田表层土壤（15cm）处微生物数目和生物量

微生物	细胞/g	生物量/（g/m³）
细菌	10^8	160
真菌	10^5	200
放线菌	10^5～10^6	160
藻类	10^4～10^5	32
原生动物	10^4	38

当然，这些数据不一定与其他类型的土壤情况相一致。但是，在任何情况下，与农田或森林中的高等植物生物量相比，微生物生物量还是很小的。然而，与土壤中其他生物量相比，微生物生物量还是相当可观的。例如，在草地里微生物生物量可以超过其中的所有原生动物生物量。所以，微生物在土壤生态系统中的作用无疑是很大的。

二、土壤中的微生物群落

在土壤中存在的大部分细菌为 G^+菌，并且 G^+菌的数目要比淡水和海洋生境中的 G^+菌数目高。土壤中能利用碳水化合物的土著细菌数目要比水圈中的多。在土壤中常见的细菌属包括：不动杆菌（*Acinetobacter* sp.）、农杆菌（*Agrobacterium* sp.）、产碱杆菌（*Alcaligenes* sp.）、节杆菌（*Arthrobacter* sp.）、芽孢杆菌（*Bacillus* sp.）、短杆菌（*Brevibacterium* sp.）、柄杆菌（*Caulobacter* sp.）、纤维单胞菌（*Cellulomonas* sp.）、梭状芽孢杆菌（*Clostridium* sp.）、棒杆菌（*Corynebacterium* sp.）、黄杆菌（*Flavobacterium* sp.）、微球菌（*Micrococcus* sp.）、分枝杆菌（*Mycobacterium* sp.）、假单胞菌（*Pseudomonas* sp.）、葡萄球菌（*Staphylococcus* sp.）和黄单胞菌（*Xanthomonas* sp.）。但是在不同的土壤中它们的相对比例有很大的不同。

放线菌占土壤细菌群体的 10%～33%，其中链霉菌属和诺卡菌属在土壤放线菌中占的比例最大，其次是微单胞菌属、放线菌属和其他放线菌，它们是土壤中的土著微生物，但是它们的数量是很低的。放线菌对干燥条件抗性比较大，并能在沙漠土壤中生存，它们比较适合在碱性或中性条件下生长，并对酸性条件敏感。

土壤中主要的光合自养细菌群体包括蓝细菌，如鱼腥藻（*Anabaena* sp.）、眉藻（*Calothrix* sp.）、色球藻（*Chroococcus* sp.）、柱孢藻（*Cylindrospermum* sp.）、鞘丝藻（*Lyngbya* sp.）、微鞘藻（*Microcoleus* sp.）、节球藻（*Nodularia* sp.）、念珠藻（*Nostoc* sp.）、颤藻（*Oscillatoria* sp.）、席藻（*Phormidium* sp.）、织线藻（*Plectonema* sp.）、裂须藻（*Schizothrix* sp.）、伪枝藻（*Scytonema* sp.）和单歧藻（*Tolypothrix* sp.）。某些蓝细菌，如念珠藻在某些土壤生境中既能固定氮气，又能通过光合作用合成有机物。合成的含氮物质可以给其他微生物和高等植物提供氮源，有时这些含氮物质甚至可以成为这些微生物生长的限制因子。蓝细菌在没有植物生长的土壤表面上能形成表面壳，这对土壤具有稳定作用。固氮菌是土壤中的自生固氮菌，能把大气中的氮气转化成含氮化合物。土壤中的某些厌氧梭状芽孢杆菌也能固定氮气。根瘤菌和某些植物通过共生进行固氮。在土壤中还有许多化能异养菌能对无机物进行转化产生硫酸、硝酸等，这对于维持土壤肥力是必要的。

在土壤生境中可以发现许多外来微生物，它们来自空气、水圈，或者由植物或动物带入土壤中，如某些植物致病菌就可以由有病植物组织带入土壤中，像这样的致病菌有农杆菌（*Agrobacterium* sp.）、棒杆菌（*Corynebacterium* sp.）、欧文菌（*Erwinia* sp.）、假单胞菌（*Pseudomonas* sp.）和黄单胞菌（*Xanthomonas* sp.）。进入土壤生态系统的外来微生物一般很快死亡，但在某些情况下，某些外来微生物在土壤中可以生存很长时间，能形成芽孢和其他抗性结构的微生物可以在土壤中存在很长时间。

土壤中真菌的生物量相当大，在土壤中可以找到大部分真菌，土壤真菌可以以游离的状态存在或与植物根形成菌根关系。真菌主要存在于土壤上表面10cm处，在30cm以下很难找到真菌。如果土壤含有大量的氧气，那么真菌的量就很大。在土壤中常见的真菌主要是半知菌，如曲霉（*Aspergillus* sp.）、地霉（*Geotrichum* sp.）、青霉（*Penicillium* sp.）和木霉（*Trichoderma* sp.），但也可以找到大量的子囊菌和担子菌。

土壤中的土著酵母菌主要是半知菌，如假丝酵母（*Candida* sp.）、红酵母（*Rhodotorula* sp.）、油脂酵母（*Lipomyces* sp.）、许旺酵母（*Schwanniomyces* sp.）、克鲁维酵母（*Kluyveromyces* sp.）、裂芽酵母（*Schizoblastosporion* sp.）、汉逊酵母（*Hansenula* sp.）和隐球酵母（*Cryptococcus* sp.）只能在土壤中分离到，这就说明土壤是它们的天然生境。

大部分土壤真菌可以代谢碳水化合物，包括多糖，甚至进入土壤的外来真菌也可以生长并降解植物残体的大部分组分，少数几种能产漆酶和锰过氧化物酶的真菌还会降解木质素。

抑制真菌的物质广泛存在于土壤中，这些物质可以抑制真菌孢子的萌发，当在土壤中加入很容易被降解的有机物时，抑制真菌的物质便失活，真菌孢子便开始萌发。

土壤具有很强的吸附能力并且在土壤中存在大量的微生境，这些情况会严重地影响土壤细菌和真菌的相互作用。

大量的藻类可以生活在土壤中，它们大部分是生活在土壤表面或土壤上表层的数毫米处。在土壤表层的土著藻类可以进入土壤的亚表层，这时，这些藻类又成为外来藻类，并且有可能被其他微生物吞噬。

大部分原生动物往往只存在于土壤的表层15cm处，因为它们需要相对高浓度的氧气，这些原生动物是土壤细菌和藻类的捕食者。

土壤中的微生物对于各种物质的生物降解和无机物循环起着非常重要的作用，特别是纤维素、半纤维素和木质素通常只能被微生物降解。由于土壤中营养非常丰富，异养微生物的数目和种类，特别是细菌和真菌数量是很多的，尤其是那些能与植物进行共生的固氮菌和菌根菌对于土壤生态系统是非常重要的。另外，与植物比较，土壤微生物对于光合作用的贡献就比较小。

细菌病毒在土壤中是广泛分布的，但数量不是很多。如果有关的细菌数目增加，那么相应的病毒数目也在增加。根瘤菌及其噬菌体与形成根瘤和固氮的关系引起许多研究者的兴趣。但是，现在发现对噬菌体产生抗性的根瘤菌却不能进行固氮，这是一个很奇怪的现象。能引起高等植物产生病变的某些病毒通常也可以存在于土壤中，但有些植物病毒在土壤中仅能生存很短时间，有人推测这可能是由于其结构会被异养细菌破坏，因为环境条件适合异养细菌分解有机物时会缩短植物病毒的生存时间。某些能感染植物根的病毒可以被某些线虫和真菌携带并进行传播，如芸薹油壶菌（*Olpidium brassicae*）可以感染植物根，并引起病变，这种真菌可以携带烟草坏死病毒和莴苣巨脉病毒进行传播。某些真菌如青霉会引起谷类作物和草产生病变，这些真菌在土壤中受病毒感染后，会失去致病能力。

三、影响土壤微生物分布的因素

有许多因素可以影响土壤微生物的分布。

1. 土壤颗粒的性质　如土壤的营养成分，在腐殖土中，微生物的生长情况要比在砂土中好。

2. 土壤的水分　在干燥土壤中许多微生物可以以休眠的形式存在。带有鞭毛的微生物对水能做出快速的反应而向有水的环境游动，所以在有水的地方，这些微生物便迅速生长，数量大大增加。

3. 氧气　真菌和大部分原生动物是需氧生物。细菌中有些是好氧菌，有些则是厌氧菌。一般情况下，土壤上层生长有较多的好氧菌，越往土壤深处，好氧菌越少。并且低浓度的氧气和相对高浓度的CO_2对真菌形态会产生不利的影响。土壤中穴居的动物活动可以给微生物的好氧生长提供更好的条件。

4. pH　pH对于土壤中微生物分布的影响是

相当复杂的，因为 pH 对于营养物的利用、微生物吸附、胞外酶的产生和分泌都会产生不同的影响。真菌生长所需的最适 pH 较低，这样，在大多数酸性土壤中（pH 低于 5），真菌数量就比细菌数量大。因此在这些土壤中，真菌所起的作用就比较大。当然，这种情况也有例外，如氧化硫硫杆菌抗酸能力就相当大。蓝细菌在酸性较低的土壤中数目较少，这些微生物主要存在于偏碱的土壤中，某些蓝细菌在碱性的沙漠中表现出特别强的抗碱能力。藻类能适应范围比较宽的 pH，不同的藻类能适应不同的 pH 环境。

5. 温度　温度对于微生物生长和代谢起着非常重要的作用。低温微生物一般存在于南极、北极和一些终年积雪的高山地区。而高温微生物一般存在于热带土壤中。蓝细菌在土壤表面能抗变化范围很大的温度，某些藻类甚至可以生长在冻结的土壤中和雪堆中。当土壤中的温度超过微生物生长温度范围时，有许多微生物能以孢子或孢囊形式存在，以便在这种环境中继续生存下去。

6. 营养状况　对于藻类和其他自养菌来说，土壤中无机营养物的变化对它们的生长有很大的影响，有机物对于藻类和专性自养细菌有抑制作用。但是某些藻类，如皱溪菜（*Prasiola crispa*）却特别喜欢生长在富含有机物的环境，如鸟粪中。土壤中原生动物的数量取决于细菌数量。对于所有异养菌和真菌来说，土壤中有机物的数量和质量对它们的生长起着关键作用，土壤中大多数有机物是不溶性的，并且不均匀地分布在土壤中，异养菌和真菌的数量与这些有机物的分布有直接的关系。

另外，土壤中的微生物数量还会随着一年四季气候的变化而变化，一天中温度的不同也会对土壤中的微生物数量有某种程度的影响。人类的生产活动，如施肥、耕作和使用农药等对土壤中微生物种类和数量的变化也会有很大的影响。

第二节　水体中微生物群落的组成及其变化规律

自然界中的水没有以纯水的形式存在，而是含有各种其他物质。水环境是许多微生物生长和繁殖的好场所。由于不同地区水的物理和化学条件相差很大，所以不同地区的水和水中的不同部位，微生物种类和数量的变化极大。这一节，我们重点讨论水中存在有哪些微生物及环境因素的变化对微生物在水中分布的影响。

自然界的水圈（hydrosphere）可以分为淡水生境（fresh water habitat）和海水生境（marine habitat）。淡水生境包括湖水、池塘、沼泽地、温泉、溪流和河流。海洋生境就是世界的海洋。海湾生境介于淡水生境和海水生境之间。

一、淡水中的微生物群落组成和代谢活力

淡水中微生物具有许多共同的特征：①能在低营养物浓度的条件下生长，在非污染淡水中，营养物浓度很低是淡水的典型特征。②淡水中的微生物是可以运动的。某些淡水中的细菌，如有柄细菌具有很异常的形态，这些异常形态使得菌体的表面积与体积之比增加，从而使这些微生物能有效地吸收有限的营养物，这一点我们将在下一章中讨论。

在淡水中具有代表性的微生物有：无色细菌、黄杆菌、短杆菌、微球菌、芽孢杆菌、假单胞菌、诺卡菌、链霉菌、小单胞菌、噬纤维菌、螺旋菌和弧菌。许多有柄细菌，如柄杆菌和生丝微菌生长在水中的一些固体表面上。

自养细菌是许多湖泊的土著微生物，这些微生物对于湖泊的营养物循环起着非常重要的作用。在湖泊中常见的自养细菌是蓝细菌和紫色和绿色厌氧光合细菌。蓝细菌包括微囊藻（*Microcystis* sp.）、鱼腥藻（*Anabaena* sp.）和束丝藻（*Aphanizomenon* sp.），它们是淡水生境中主要的水生微生物。在湖泊中化能自养菌在氮、硫和铁循环中起着重要的作用，特别是硝化单胞菌、硝化杆菌和硫杆菌在淡水微生物群落中是重要的成员。

在一个湖泊中垂直方向的细菌分布有很大的不同，这是由于在垂直方向上许多非生物因素，如光穿透、温度和氧气浓度是有很大差别的。在许多情况下那些在湖泊表面被认为是土著微生物的微生物在水底深处却是外来微生物，如在接近湖面的地方蓝细菌数目通常是很高的，因为在该处光穿透有利于蓝细菌的光能自养代谢，在更深的地方蓝细菌就成为外来微生物。在湖泊较深的地方，绿菌科（Chlorobiaceae）和红硫菌科（Chromatiaceae）属于能行光能自养生活的细菌，这些细菌是淡水微生物群落的土著微生物，因为在那儿氧气张力很小，

存在足够的H_2S，并且还有足够的光穿透。在湖泊中红螺菌科的细菌可以在类似的环境中生活，但是它们是利用还原性的有机电子供体，而不是硫化合物。从湖面到湖底都有异养细菌的分布，但是在有机物浓度高的地方它们的数量就比较大。

在湖底沉积泥中和沉积泥表面的微生物是有差别的。在浅层池塘和湖泊中，厌氧光合自养细菌生活在沉积泥的表面，使水体出现特征性的颜色。在沉积泥表面上的一些植物碎片生长有降解纤维素的真菌。能进行厌氧呼吸的细菌也是沉积泥表面的主要微生物，其中的假单胞菌能进行反硝化作用。在沉积泥中，专性厌氧菌是主要的，这些微生物包括梭状芽孢杆菌、产甲烷菌和产生硫化氢的脱硫弧菌。

湖泊中真菌种属经常发生变化，这是由于可被真菌利用的有机物和其他因素经常发生变化。在淡水湖、河流和溪流中的许多真菌与外来的有机物有关系，这些真菌可以被看作这种生态系统中的外来微生物。在河流和湖泊中的木头和死亡的植物残体上经常可以找到子囊菌和半知菌。当这些植物残体被降解后，有关的真菌便消失。在河流、溪流和湖泊中常见的酵母菌有球拟酵母（*Torulopsis* sp.）、假丝酵母（*Candida* sp.）、红酵母（*Rhodotorula* sp.）和隐球酵母（*Cryptococcus* sp.），它们的发酵能力很差。

藻类是淡水生态系统中很重要的土著微生物。在大面积深水湖中，水生植物提供了大部分的有机物，这样淡水生态系统中的异养菌才能生长。在淡水环境中存在的藻类有绿藻（Chlorophycophyta）、拟裸藻（Euglenophycophyta）、褐藻（Phaeophycophyta）、甲藻（Pyrrophycophyta）和红藻（Rhodophycophyta）。在大部分淡水生态系统中鞭毛藻（Dinoflagellates）和硅藻（Diatoms）是主要的绿藻。

在有水环境中原生动物捕获水生植物和细菌作为食物。在淡水生态系统中常见的原生动物有草履虫（*Paramecium* sp.）、栉毛虫（*Didinium* sp.）、钟虫（*Vorticella* sp.）、喇叭虫（*Stentor* sp.）和变形虫（*Amoeba* sp.）。在受过污染、氧气浓度很低的水体中带鞭毛的原生动物是很常见的。

在淡水环境中除了土著微生物外，从陆地来的外来微生物也可以进入淡水环境中。但这些外来微生物受到淡水生态中土著微生物攻击后在很短时间内通常便消失。因此，在淡水中的微生物通常与陆地中的微生物有些相似。

微生物在湖泊光合作用和有机物转化过程中起着关键的作用，但这种作用随着季节的变化而有很大的不同，如夏天时淡水中光合作用和有机物转化能力就很强，而到了冬天光合作用能力就下降。

在淡水环境中由于有机物浓度非常低，微生物，特别是细菌利用可溶性有机物的能力就显得很重要。当比较藻类和细菌吸收葡萄糖能力时，我们可以发现葡萄糖浓度很低时，细菌吸收的速率就比较大，葡萄糖浓度较大时，藻类吸收的速率则较大。当有机碳很低时（少于 5μg C/L），细菌对有机碳的周转时间比藻类的短。细菌和某些微型浮游鞭毛原生动物能利用低浓度有机物的能力在生态学方面具有重要的意义，这些低浓度有机物被这些微生物吸收后受到了浓缩，这样低浓度的可溶性有机物便可以进入食物网，参与碳循环，从而支持高等生物的生长。

在淡水生态系统中真菌和细菌是重要的外来有机物的降解者，当植物碎片进入水生生态系统时，微生物开始吸附在这些碎片上形成生物被膜，并进行有机物的再循环。这样微生物就介入了外来有机碳的转移，使有机碳转化成淡水生态系统中土著微生物的细胞生物碳。在淡水生态系统中微生物对许多其他元素的转化和循环也起着关键作用。

总之，微生物在淡水生态系统中主要的生态学功能有：①这些微生物能降解死的有机物，释放出无机营养物，这些无机营养物可以作为初级生产者的原料；②它们可以同化可溶性有机物并把它们重新引入食物网中；③它们能进行无机元素的循环；④它们可以进行光能自养和化能自养；⑤细菌可以作为原生动物的食物。在一些大面积深湖中不存在高等植物，那么水生微生物就是主要的初级生产者。

有关海水环境中的微生物群落组成和代谢活力在第六章再进行详细介绍。

二、环境条件对水体中微生物群落结构的影响

1. CO_2 水中的CO_2浓度对藻类的影响是相当大的，藻类的光合作用导致水中的CO_2浓度下降，结果造成碳酸氢盐平衡发生变化，使得水的碱性增大，即$CO_2 + OH^- \rightleftharpoons HCO_3^-$的反应平衡向左进行。所以，水中$CO_2$被藻类利用过程中，pH 就会限制有关微生物生长和代谢。在CO_2浓度较低的条件下，不同种微生物对碱性有着不同的抗性，从而使微生物群落中不同种之间的比例发生变化，同时还引起光合效率降低。

2. 营养状况 水中的另一营养状况是维生

素。水中的某些细菌和一些藻类，如钙板金藻能产生自己所需的维生素 B_{12}，同时还需要向这种微生物提供外源的维生素 B_2 和生物素，这些外源的维生素 B_2 和生物素可由多边膝沟藻等生物产生，但是这种藻类也需要上述的细菌和藻类提供的维生素 B_{12}，这样，一年四季的变化就会导致微生物群体发生有规律的变化。

3. 抗生素　某些藻类在水中可以产生抗生素，抑制或杀死其他藻类和细菌，结果在某些水体中只存在一种或几种藻类。

4. 混合程度　水的混合程度对某些微生物的代谢活力也有很大的影响。某些微生物形成孢子或无浮力的营养细胞之后，如果这时正处在冬天，那么它们便沉入水底。进入第二年春天后，如果正遇到狂浪，它们就会混合在水体中，一旦遇到温暖季节和充足的阳光，那么这些微生物便开始生长，数量大大增加。

5. 季节　在热带以外的地区，季节的变化对大多数水生生物的影响就十分显著，如在许多富营养化的湖泊中，春季水中的主要藻类为硅藻，到了夏天，绿藻就成为主要的藻类。

6. 寄生和捕食关系　寄生物和捕食者分别对被寄生者和被捕食者群体产生不利的影响。在淡水中，原生动物和轮虫是最主要的捕食者。有些原生动物还是寄生物，当其他的浮游生物大量生长时，原生动物数量开始上升，这时又导致这些浮游生物数量开始下降。

7. 毒素　某些藻类能产生毒素，当这种毒素达到一定浓度时，就会杀死浮游动物，从而使捕食者的数量下降。

8. 位置　水中藻类最多的地方是位于水表面的次表层，这是由于水表面的强光对光合作用有抑制作用。藻类最多的地方，细菌数目也最多。

第三节　空气中微生物群落的组成及其变化规律

一、空气是微生物生长和生存的不良环境

对于大部分空气来说，由于物理和化学因素，其是无法支持微生物生长和生存的：①在对流层中，温度随着高度的增加而降低，在对流层的顶部，温度低于大多数微生物的最低生长温度；②随着空气的高度增加，大气压力在下降，可被利用的氧气量在下降，从而抑制了有氧呼吸；③空气中有机物浓度非常低，所以异养菌无法生长；④在空气中缺乏可被利用的水，这样更限制了微生物的生长；⑤在空气中微生物暴露在高强度的光辐射条件下，随着空气高度的增加，空气变得越来越稀薄，紫外线辐射越来越强烈，从而对微生物产生致死突变或引起微生物死亡。

在空气的平流层中，存在一层高浓度的 O_3 层，O_3 可以吸收紫外线，并保护地球表面免遭紫外线的辐射。O_3 是一种很强的氧化剂，通常作为一种杀菌剂。含有荧光有机碳物质的过量使用、肥料在农田中大量使用（由微生物的反硝化作用导致 N_2O 大量释放）和在冰箱中使用氟利昂制冷剂，使得大气中的 O_3 浓度大量下降，从而使进入地球表面的紫外线增加，这种情况对于地球表面上的微生物，包括微生物的生存都是致命的。

但是在对流层中，也有一些暂时性的环境可以作为微生物生长的介质，如云具有一定的水分，可以作为微生物生长的环境，并且在云层中，光强度和 CO_2 浓度是足够高的，从而可以使光能自养微生物得以生长。在工业区上空的大气中还含有高浓度的有机物，所以在工业区上空存在的灰尘中便有异养菌的生长。

在空气中能够真正生存的微生物只有各种孢子和孢囊及其他处在非营养生长状态具有抗性结构的微生物。

二、空气是传播微生物的介质

尽管空气是微生物生长和生存的不良环境，但却是传播微生物的良好介质。许多微生物已经进化出一些特殊的适应结构，有助于它们在空气中生存和传播。许多病毒、细菌和真菌疾病的暴发就是通过空气传播的。

三、室外空气中的微生物

1. 空气中的微生物来源　微生物本身没有特殊的构造能使它们自己进入空气中，所以空气中微生物来源必须靠外力的作用：①真菌孢子很容易通过外力，如风力的作用而被释放到空气中；②土

壤中的微生物可以被吹到灰尘上，然后由灰尘带到空气中；③海洋的蒸气和气溶胶可以携带微生物进入海洋上空；④各种水体经搅拌和曝气可以产生气溶胶，气溶胶可以携带微生物进入空气中；⑤人类的活动，如耕地、开动汽车等也会造成微生物进入空气。携带有微生物的载体对微生物在空气中的生存起着非常重要的作用，如果细菌存在于飘浮空气中的土壤颗粒上，就会受到土壤颗粒的保护。这时再受到紫外线和干燥条件的作用，其生存时间要比没有受到保护的长。气溶胶和水滴在空气中很快就会干燥，但是干燥之后的颗粒对微生物还会起保护作用。

2. 空气中微生物数量和分布 室外空气中的微生物主要是真菌孢子。空气中的微生物数量和种类会随着不同地区和不同的月份，甚至一天中不同的时间而发生变化。一般情况下，在农村，每立方米空气中含有数百个细菌。有时，在城市上空，每立方米可以含有数千个细菌。夏天在农田上空每立方米空气可以含有数万个真菌孢子。相反，在海洋上空，微生物的浓度比上述的要少 2～3 个数量级。空气中最常见的真菌有半知菌类、枝孢霉属和担子菌纲的掷孢酵母。另外，空气中担子菌孢子浓度也非常大，例如，一种直径为 8cm 的蘑菇属子实体可以释放 3.7×10^9 个孢子。

空气中的孢子密度每年或每天都会发生周期性的变化。每年的变化主要是由气候变化引起的。例如，在寒冷地区，冬天的气温比较低，不利于微生物的生长，这样空气中的孢子数目就比较少，并且很容易被雨水冲洗到地面或水面上。在热带地区，气温较高，空气比较干燥，孢子数目就下降。南极和北极的空气中孢子数目就更少，这是由于这些空气缺少孢子的来源。空气中孢子数目每天发生周期性变化与孢子的释放方式有关。担子菌孢子，特别是无色的担子菌孢子，包括掷孢酵母属的孢子释放是在夜间中进行的。而产孢疫霉（*Phytophthora capsici*）则在天亮后，相对湿度开始下降时，才开始释放孢子，每天上午空气中这种真菌的孢子浓度达到高峰。枝孢霉和交链孢霉的孢子释放取决于气温的变化，在中午前后，这些真菌释放孢子仅仅进入成熟阶段，在下午，通过气流的作用便开始释放孢子。上述孢子的释放不依赖于雨水。许多子囊菌释放孢子期间，需要一个完全潮湿的环境，所以，在接近天亮时，大量的露水对于孢子的释放很有利，这样，在每天早晨的空气中就含有大量的子囊孢子。

携带有微生物的颗粒在大气越高的地方，它们被分散的范围就越广，相应在空气中的密度就越低。空气中孢子密度的下降与距孢子发源地的高度，这两者几乎呈对数关系。并且随着孢子往高空上升，风力越容易把孢子分散在更大的范围内。孢子的垂直分布情况可以反映当地空气的条件，特别是风力的强度、逆温的存在和对流的强度。

在研究太空计划时，人们对空气最上层的微生物存在情况很感兴趣，因为星际探测器回到地面时，需要保持无菌状态。在 4km 的高空中还有细菌，如芽孢杆菌和微球菌，浓度为 2～500 细胞/m^3。距地面 30km 的高空中，取大量的空气也可测到孢子的存在，在这些位置上，空气十分干燥，紫外线辐射十分强烈，温度很低。

四、室内空气中的微生物

这方面的研究主要目的是防止病原菌在室内和室外空气中传播。室内的空气很少处于静止状态，即使在无人居住的房间里，也有来自窗户和门的气流，这种气流的流速为 9～12m/min。

室内空气中也有真菌，但不如室外的多，室内空气中的主要真菌是腐生菌，如青霉、曲霉和其他能在食物和潮湿墙壁上生长的微生物。在储存干草的房间、某些饲养动物的房间和蘑菇房中，真菌和放线菌的数目是相当多的，长时间待在这些房间里，高浓度的孢子会使人的肺部发生过敏反应。尽管细菌数目在室内不同的位置会有很大的差别，但是它们占室内空气整个微生物群落的比例是相当高的，在通风良好的房子里每立方米空气中含有数百个细菌，在废弃物处理厂房中，每立方米空气中含有数万，甚至数十万个细菌。

在正常的生活条件下，室内的细菌来源有两个方面：一是上呼吸道表面，在咳嗽和谈话过程中，上呼吸道的细菌可以通过气溶胶而被释放出来，这些气溶胶的水分经蒸发而留下 10～15μm 大小的水滴核心，每个核心携带有一个或几个活的微生物。病毒也可以通过同样的方式从上呼吸道中释放出来。室内空气中的第二种细菌来源为皮肤的小鳞片，家庭灰尘中有 70%～90%是皮肤小鳞片。所以，室内空气中存在的细菌群落可以用来说明皮肤和呼吸道细菌群落。主要的细菌有葡萄球菌，但是芽孢杆菌、产气荚膜梭菌的芽孢和引起扁桃体发炎、结核病和百日咳的病原菌也存在于空气中。许多病毒也可以通过空气进行传播，如引起流行性感冒和风疹的病毒等。

室内空气中的微生物不会很快失去生命力，这是由于没有辐射源的存在。但是，温度对它们有很大的影响，当室温为35～40℃时，空气中的微生物很快就会死亡。相对高的湿度（但没有达到饱和状态）会延长气溶胶颗粒中微生物的生存时间。灰尘能吸收水分，所以在灰尘中的细菌和病毒能抵抗室内的正常条件达数周之久。

五、空气中的微生物对生态的效应

（1）空气，尤其室内空气可以作为传播许多人类、动物和植物疾病的介质。

（2）在一些不良环境中，微生物形成孢子之后，便通过空气传播，当这些孢子遇到一些合适的环境，便开始重新萌发而生长，使这些微生物得以继续生存下去。

思 考 题

1. 当你在环境中分离到1株微生物时，你如何确认它是土著微生物还是外来微生物？

2. 群体和群落有何区别？一个环境样品是否可能仅存在一种微生物群体？如果有请你举一例子说明。

3. 要从土壤或水体中尽快获得产芽孢的细菌，你认为应该用什么方法？

4. 请举例说明一个典型的水生生态系统，并描述其中存在哪些可能的微生物、微生物的生理功能及其生态作用。

5. 空气中所有微生物都不可能生长吗？

主要参考文献

池振明. 1999. 微生物生态学. 济南：山东大学出版社.

Altas RM. 1993. Microbial Ecology: Fundamental and Applications. 3rd ed. Berlin: Springer.

第四章　生物群体的相互作用

自然界中某一种微生物很少以纯种的方式存在，而是与其他微生物、动植物和人类共同混杂生活在某一生境里，作为生物群落的一个群体。一个生态系统中的生物群落通常包括微生物、植物和动物。生物群落中各个群体之间存在各种相互作用，有些相互作用对某一群体是有利的，而对其他群体是不利的或没有影响，正是这种正负反馈作用使得生物群落保持生态平衡。这一章，我们首先讨论一种微生物群体内不同个体之间的相互作用和微生物群体之间的作用，然后再分别讨论微生物与植物、微生物与动物、微生物与人体之间的相互作用。

本章彩图

第一节　微生物群体之间的相互作用

一、一种微生物群体中不同个体的相互作用

在一个只由一种微生物组成的群体中不同个体之间也存在正负相互作用。如果我们利用生长速率作为计算单位，那么正的相互作用就会增加生长速率（图 4-1A），而负的相互作用就会降低生长速率（图 4-1B）。

从理论上讲，当群体密度非常小时，就不存在相互作用，随着群体密度增加，才有可能存在正负相互作用。在通常情况下，群体密度较低时，正的相互作用是主要的（图 4-1A）。群体密度较大时，负的相互作用就成为主要的（图 4-1B）。所以，生长速率达到最大时，便存在一个最适的生长密度，低于最适生长速率时，生长速率受到正的相互作用影响，高于最适生长速率时，生长速率便受到负的相互作用影响，如图 4-2 所示。

一个群体中正的相互作用叫作协同作用（cooperation）。这种协同作用在自然界是经常可见的，如我们用纯种微生物接种时，如果接种量小，那么延迟期长；接种量大时，延迟期短。其原因可能是一个群体的每种微生物细胞在代谢过程中能分泌代谢产物，如果群体密度很低，那么分泌的代谢产物很快就被稀释掉，这样，其他微生物细胞就不可能重新吸收这些浓度极低的代谢产物。当一个群体密度足够大时，分泌的代谢产物达到一定浓度时便可被邻近的细胞吸收，促进这些邻近细胞的生长繁殖。因此一个群体的每一微生物细胞个体能相互提供所需的代谢产物和生长因子，相互促进生长。

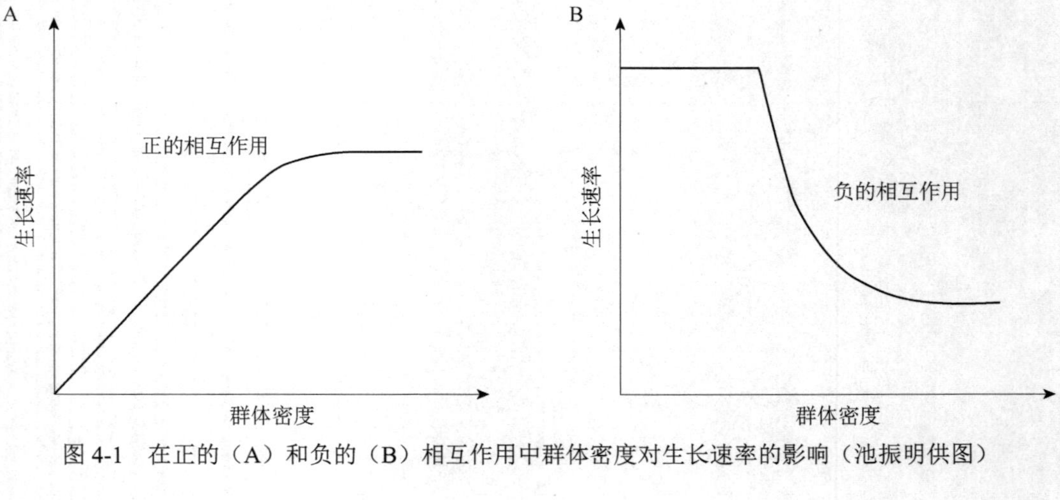

图 4-1　在正的（A）和负的（B）相互作用中群体密度对生长速率的影响（池振明供图）

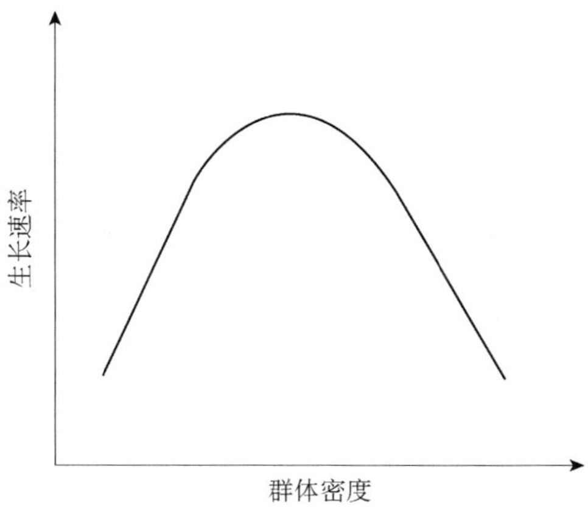

图 4-2 在正和负的相互作用中群体密度对生长速率的综合影响（池振明供图）

在平板上和自然环境中，微生物对于不溶性底物，如几丁质、纤维素、淀粉、蛋白质、土壤和岩石中无机元素等的利用，遗传物质的交换，病原微生物导致疾病和微生物群体抵抗不良环境等过程中都存在协同作用。例如，在自然界中，与对抗生素和重金属的抗性、对一些异常化合物的利用等特性有关的基因在一个微生物群体中通常是可以传递的，这些遗传物质的交换需要高群体密度，细菌通过接合交换遗传物质时，要求群体密度高于 10^5 细胞/mL。有时虽然群体密度很低，但细胞通过形成凝集块也可以促进遗传物质的交换，如粪肠球菌的受体细胞产生外激素（pheromone），外激素诱导带有质粒的供体合成凝集素，这样使供体和受体细胞形成接合凝集块，有利于遗传物质的交换。

微生物群体还可以通过信息的传递达到协同作用。例如，黏液霉菌的网柄菌（*Dictyostelium* sp.）生长在营养物来源有限的环境中时，这种霉菌的阿米巴细胞开始聚集到其中一个中心黏液霉菌细胞上，这种聚集现象是环磷酸腺苷（cAMP）作用的结果，cAMP 可以从邻近细胞传递到远距离的细胞上，起着一种脉冲波的作用，使所有细胞聚集在一起，形成一个子实体，这种聚集作用使某些细胞到达营养物来源比较充足的地方，以便它们共同寻找和利用环境中的营养物。同样，当它们遇到有毒物质时，也可以通过这种聚集作用避免毒物对它们的伤害。黏细菌是一类具有复杂多细胞行为的原核微生物，能够在细胞间传递和感应信号，其细胞的群体行为主要包括摄食、运动、子实体的发育和黏孢子的形成，具有显著的社会学特征，被认为是高等的原核生物。在营养物饥饿、高细胞密度和生长在固体介质表面的情况下，黏细菌群体中的营养细胞向各焦点有序聚集，这是形成子实体的前奏。这种有序聚集依赖于细胞间的接触及信号物质的感知与交流。研究者在黄色黏球菌的多细胞行为中，发现了 5 种信号因子，即 Asg、Bsg、Csg、Dsg 和 Esg，其中除了 Bsg 以外，其他 4 种信号因子都参与细胞的聚集过程。

微生物群体中负的相互作用也叫作竞争（competition）。竞争包括对食物、光和空间的竞争和通过产生有毒物质进行竞争。在一个营养物浓度非常低的自然环境中，群体密度的增加就会加剧对营养物的竞争。同样，捕食者可以竞争利用被捕食者作为食物。寄生物可以竞争利用相应的宿主。光能自养型微生物需要竞争光，好氧微生物要竞争有氧的环境。一个群体中某些微生物可以隐蔽其他微生物，使它们无法吸收光能，结果这些微生物生长速率下降，这是一个竞争空间的问题。同样，病毒和蛭弧菌也要互相竞争相应受体上的空间。

在一个高密度的群体中，某些代谢产物累积到一定浓度时，便可以导致产生抑制效应。上面谈过，代谢产物的累积可以起协同作用，然而，有毒物质的累积如低分子量脂肪酸的累积却起负反馈效应，结果有效地限制了这一环境中微生物群体进一步生长。例如，在土壤亚表面中，有机酸的累积会使葡萄糖代谢受到抑制，尽管这些微生物群体还具有代谢活力。

在微生物细胞的遗传基础上也存在负的相互作用，在大肠杆菌许多菌株中有 *hok*（host-killing，杀死宿主）基因，该基因表达时编码一种多肽（hok），可以破坏跨膜电位并导致细胞死亡。这些大肠杆菌还含有另一基因，叫作 *sok*（suppression of killing，杀伤抑制作用）基因，该基因表达时编码一种反义 mRNA（antisense mRNA），阻断 *hok* 基因的表达，只要细胞合成这种反义 mRNA，细胞便受到保护。然而，如果细胞终止合成越不稳定的由 *sok* 基因编码的 mRNA，那么越稳定的 *hok* mRNA 得到表达，细胞便被杀死。如果把 *sok* 和 *hok* 这两个基因克隆到同一质粒上，然后把该质粒转化到细胞中去，只要细胞保持这个质粒，该群体的细胞就会生存。一旦该质粒丢失，该群体的细胞就会自我毁灭。

二、不同微生物群体之间的相互作用

不同的微生物群体之间存在许多种不同的相互作用，但基本上也可以分为负的相互作用和正的相互作用，或对一个群体是正作用，对另一个群体来说却是负作用。在一个生态系统中，如果其中的群落结构比较简单，那么相互关系也就比较简单。如果是一个复杂的自然生物群落，不同微生物群体之间可能存在各种各样的相互关系。正的相互作用使得微生物能更有效地利用现有的资源并占据这个生境，否则就不能在这一生境中存在下去。微生物群体之间的互惠共生关系使得这些微生物共同占据这一生境，而不是只被其中之一的群体占据。正的相互作用使得有关微生物群体的生长速率加快，群体密度增加。负的相互作用使群体密度受到限制，这是一种自我调节机制。从长远角度来看，通过抑制过度生长、破坏生境和灭绝作用使有些种得到好处，这些相互作用对于群落结构的进化是一种推动力。

根据参与相互作用的两个群体受到影响的程度，可以把这些相互作用分为9种，如表4-1所示。

表4-1　微生物群体之间的相互作用

作用名称	作用结果	
	群体A	群体B
中立	0	0
偏利共生	0	+
协同作用	+	+
互惠共生	+	+
竞争	−	−
拮抗作用	0或+	−
寄生	+	−
捕食	+	−
免疫防御	+	−

注：0为无影响；+为正效应；−为负效应

1. 中立（neutralism）　顾名思义，中立是指我们所研究的两个群体不存在任何关系。如果两个群体不处在同一或邻近的环境中，一般情况下，就不存在相互关系。有时两个群体虽然各居一方，但它们却有相互关系。例如，土壤中病原微生物群体侵入某一植物根中，导致植物死亡，结果这一株植物叶面上或树干上的微生物也无法生存。有时两个群体虽然相隔很近，但它们的代谢能力差别极大，结果互不影响。如果两个群体密度非常小，如海洋和营养贫乏的湖泊中生长的不同微生物群体，那么这两个群体的存在就可能互不影响。如果两个微生物群体原先就不在同一环境中生长，当它们在一起生长时，由于生理和代谢差异太大，便可能出现中立关系。当一个微生物群体处在休眠状态时，与其他微生物群体的关系便是中立关系。但是，有时其他群体可以产生某些酶来破坏休眠状态，使它们重新进入生长状态，从而这两个群体又有了相互作用。不利于微生物旺盛生长的环境条件也有利于造成两个群体之间互无关系，如在冰块中受到冻结的微生物群体便处于中立关系。

2. 偏利共生（commensalism）　偏利共生是指两种微生物群体生活在一起时其中一个微生物群体受益，而另一个微生物群体不受影响。根据定义，未受影响的微生物群体不仅不受益，而且也不受另一群体的不利影响，但对于获利的群体来说，由另一群体提供的好处是它所必需的，这种现象在自然界中是很普遍存在的。例如，一个微生物群体在它正常生长和代谢过程中，能使其生活环境发生改变，从而为另一微生物群体创造更有利的生长环境，如一个微生物群体在岩石表面上生长时产生有机酸或无机酸，结果使不溶性的无机盐溶解出来，从而给其他微生物群体提供可溶性的无机盐；某些微生物群体可以产生其他微生物群体所必需的生长因子，结果这些微生物群体便建立起偏利共生关系。有时可以看到呈链状的偏利共生关系，如污泥中的某一微生物群体可以厌氧降解多聚物产生有机酸，有机酸可以作为第一个微生物群体的营养物，产生甲烷，甲烷有利于甲烷氧化菌的生长，甲烷氧化菌氧化甲烷产生甲醇，甲醇有利于甲醇菌的生长。

另外，某些微生物群体通过结合环境中的毒物；或产生一些化合物来螯合环境中的有毒物质或分解环境中的毒物；或产生酸性物质溶解出不溶性的化合物，为其他微生物群体创造有利的生活环境。例如，在某些生境中，纤发菌（*Leptothrix* sp.）能降低锰的浓度，这样可以让其他微生物群体生长。如果没有纤发菌的作用，在这些生境中的锰将会抑制其他微生物群体的生长。

在环境中，共代谢（co-metabolism）对于建立两个群体之间的偏利共生关系起着很重要的作用。所谓的共代谢是指在某些特殊底物上生长的一种群体在氧化某种底物的同时能顺便氧化第二种底物，而第二种底物不能作为该微生物群体的碳源和能源，但是，被这种微生物群体氧化过的产物却能被另一种微生物群体利用。例如，牝牛分枝杆菌生长在丙烷上时，能使环己烷发生共代谢，结果环己烷被氧化成环己醇，环己醇便可被其他细菌群体所利用，给这些细菌群体带来好处，而牝牛分枝杆菌不受影响。污染环境中的污染物降解过程不少是共代谢反应，所以共代谢在污染物降解方面起着很大的作用，我们将在后面几章进行详细介绍。

3. 协同作用（synergism）　协同作用是指两个微生物群体生活在一起时，互相获利，但这两者之间的关系没有专一性，它们分开时，能单独生活在各自的自然环境中，但它们协同作用时能各自获得一些好处，所以它们之间的关系不很密切，其中的任何一个群体可以被其他群体所代替。协同作用的重要意义在于使有关的微生物群体共同参与某一种物质的代谢过程。例如，某一种物质的合成，当有关的两个微生物群体单独存在时，便不能完成这种物质的整个合成过程，只有这两个微生物群体生活在一起时才能完成这种物质的整个合成过程。

两个或两个以上的微生物群体相互提供所需的营养，像这样的群体之间的相互作用叫作互营关系（syntrophism），图 4-3 为互营关系的一个代表性的例子。

图 4-3 中的微生物群体Ⅰ能代谢化合物 A，形成化合物 B，如果此时不存在群体Ⅱ，就不能合成化合物 C，而群体Ⅱ不能利用化合物 A，但能利用化合物 B 合成化合物 C，当这两个群体生活在一起时，就能进行完整的代谢过程，产生所需的能量和末端产物。在污染环境中，就存在这种互营关系，并且这种关系对于微生物降解污染物和有毒物质方面起着重要的作用。例如，诺卡菌和假单胞菌混合生活在一起时，能降解环己烷，而各自单独存在时，便无此能力。诺卡菌能代谢环己烷，形成的产物作为假单胞菌的底物，假单胞菌在生长过程中则向诺卡菌提供必需的生物素和其他生长因子。

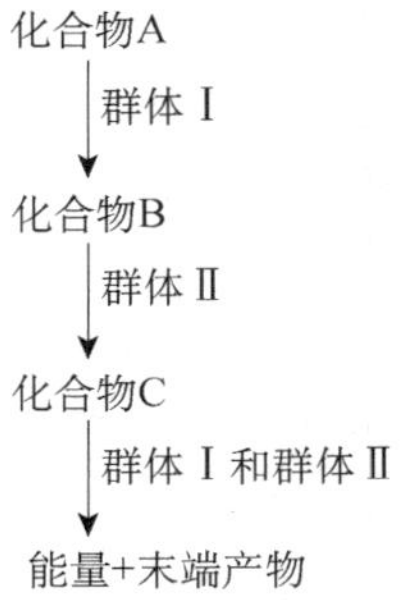

图 4-3　互营关系的一个例子（池振明供图）

在环境中存在 H_2S 和 CO_2 时，绿菌属能利用太阳光能产生有机物。如果一个环境存在元素硫和甲酸，螺旋菌能产生 H_2S 和 CO_2。如果这两类微生物生活在一起便相互提供营养，螺旋菌代谢元素硫和甲酸产生 H_2S 和 CO_2，而绿硫细菌在光合作用过程中把 H_2S 转化成元素硫，这是一个解毒步骤，因为 H_2S 对螺旋菌有毒。

在氮循环中，细菌群体之间也有类似的互营关系。类颤鱼腥藻（*Anabaena oscillarioides*）的异形胞（heterocyst）能分泌有机物，这些有机物对行异养生活的假单胞菌有趋化吸引作用，这些细菌便围绕着异形胞形成很厚的凝集块，结果是假单胞菌氧化分泌的有机物，同时刺激固氮酶活力，因为细菌围绕着对氧气敏感的固氮菌生长大大降低了氧气浓度，有利于刺激固氮酶活力，这种相互关系在地球生物化学循环中是很重要的。

有时协同作用能导致两个微生物群体在空间上更加接近，如上述细菌就附生在藻类细胞表面上。

另外，具有协同作用的某两个群体能共同产生一种酶代谢某种底物，而单独生活时，就不能合成这种酶。

在某些协同作用中，第二种微生物群体能加快第一种微生物群体的生长速率。例如，某些假单胞菌能生长在地衣酚（orcinol）上，但是在有其他细菌群体存在的情况下，这些假单胞菌对这种底物有更高的亲和力，并且生长更快。第二个群体单独生活时不会利用地衣酚，但可以利用假单胞菌分泌的有机物，从而去除这些分泌的有机物对假单胞菌的负反馈抑制作用，加快假单胞菌生长。

某些农用杀虫剂的降解途径也与协同作用有关。从土壤中分离的节杆菌和链霉菌菌株生活在一起时，能完全降解有机磷杀虫剂地亚农（Diazinon），并能利用这种化合物作为唯一的碳源和能源。单独生活时，谁也不会矿化地亚农的嘧啶环，也不能生长在这种化合物上。在恒化富集培养物中，施氏假单胞菌

（*Pseudomonas stutzeri*）仅能把有机磷农药马拉硫磷裂解成对硝基苯酚和二乙基硫磷酸，而不能进一步代谢这两种中间产物。铜绿假单胞菌（*Pseudomonas aeruginosa*）能矿化对硝基苯酚但不能分解马拉硫磷。当这两种细菌生活在一起时，便可以很有效地降解马拉硫磷。

更为复杂的协同作用是在去除有毒物质的同时还可以产生可利用的物质。例如，两种真菌，鱼肝油青霉（*Penicillium piscarium*）和白地霉（*Galactomyces candidus*）通过协同作用共生在一起时，能降解农用除草剂敌稗（propanil），并使这种除草剂去除毒性。鱼肝油青霉能把敌稗裂解成丙酸和3,4-二氯苯胺，这种真菌能利用丙酸作为碳源和能源，但不能进一步分解有毒的3,4-二氯苯胺。白地霉不能分解敌稗，但能通过过氧缩合反应把3,4-二氯苯胺分解成3,3′,4,4′-四氯偶氮苯和其他的偶氮产物，与3,4-二氯苯胺和敌稗相比，这些产物对土壤真菌的毒性要小得多，这样在有其他碳源存在的情况下，这两种真菌生长量明显增加。仅有这种杀虫剂存在的情况下，这种互利的协同作用才会刺激生长，在没有这种杀虫剂存在的情况下，这两种真菌就要争夺有限的营养资源，最终使这两个群体的生长量都下降。

4. 互惠共生（mutualism） 这种关系与上述的协同作用所不同的是两个群体关系比较密切，互不可分离，并且两者之间的结合具有专一性和选择性，其中任何一个群体不能被其他群体所代替，建立起这种关系的两个群体的代谢和生理功能通常不同于它们各自单独生活的情况，所以必须要求两者互相接触，共同生活，相同之处在于两个群体能同时获利。

互惠共生的一个最有名的例子是藻类或蓝细菌与真菌共生在一起所形成的地衣，其中的真菌有子囊菌或担子菌，最常见的藻类是绿藻共球藻（*Trebouxia* sp.），蓝细菌是念珠藻（*Nostoc* sp.）。地衣的形成具有特异性，但不是绝对的，给定的一种藻类可以与许多种真菌之一形成地衣，反之则相同。在地衣中，藻类和蓝细菌能进行光合作用合成有机物，真菌则利用这些有机物作为碳源，而真菌则起保护光合微生物的作用，在某些情况下，真菌还能向光合微生物提供生长因子和运输无机营养物。地衣具有许多生理功能：①在地衣生活的环境中，可以阻止其他微生物的生长；②地衣可以抵抗不良环境，如高温、干燥、阳光直接辐射，所以它们可以生活在不良环境中，如岩石表面；③通过产生有机酸溶解岩石中的无机盐；④某些地衣可以固氮，因为其中含有能固氮的蓝细菌，在某些生境中它们是复合氮的重要提供者，雨水可以把地衣合成的含氮化合物冲到森林区，然后这些含氮物质便被植物根吸收利用；⑤某些环境条件的变化能破坏地衣中的互惠共生关系，如地衣对于工业废气中的污染物特别敏感，这是由于大气中的SO_2对地衣的生长有抑制作用，SO_2可以使叶绿素变色，从而抑制光合微生物的生长，结果是真菌过量生长，地衣之间的互惠共生关系便消失。或者真菌无法单独生活，它们便从这一生境中消失。所以，可以利用地衣监测大气中SO_2的污染状况。

另外，藻类与原生动物群体之间，藻类与蓝细菌之间，某些原生动物与细菌之间都可以建立互惠共生关系。例如，有些藻类通过光合作用能向原生动物提供氧气和光合产物，而原生动物则起保护藻类的作用，以免被其他原生动物吞噬。在正常环境条件下，这种互惠共生关系能维持很长时间，但是如果环境条件往不利的方向发展，如长期缺少阳光，那么原生动物便可能消化藻类群体。

在厌氧沼气发酵期间，某些微生物群体之间也存在互惠共生关系，它们之间可以通过电子传递建立这种相互关系。例如，一种“S”菌利用乙酸，并向奥氏甲烷杆菌（*Methanobacterium omelianskii*）提供电子，奥氏甲烷杆菌利用这些电子还原CO_2形成甲烷。有时甚至观察到3种与产甲烷有关的微生物形成凝集块，通过电子传递建立互惠共生关系。普通脱硫弧菌（*Desulfovibrio vulgaris*，DV）能利用乙醇和HCO_3^-产生乙酸和甲酸，甲酸作为一种中间电子传递物在甲酸甲烷杆菌（*Methanobacterium formicicum*，MF）作用下产生甲烷，并重新产生HCO_3^-，使甲酸继续受到还原。在乙醇氧化过程中产生的乙酸被巴氏甲烷八叠球菌（*Methanosarcina barkeri*，MB）裂解成甲烷和CO_2，具体过程如图4-4所示。

溶原噬菌体和细菌群体之间的相互关系也可以被认为是互惠共生，噬菌体的遗传信息插入细菌群体的基因组中，这样噬菌体就以休眠的状态生存下去。在正常条件下，溶原噬菌体不会导致细菌群体的裂解，细菌群体得到噬菌体DNA后有更大的毒性，并能产生一些特有的酶，而这些酶在未感染的细菌群体中是不产生的。通过这种关系，噬菌体和溶原性细菌的生存能力都得到加强，这一点将在第六章海洋病毒一节中进行详细介绍。

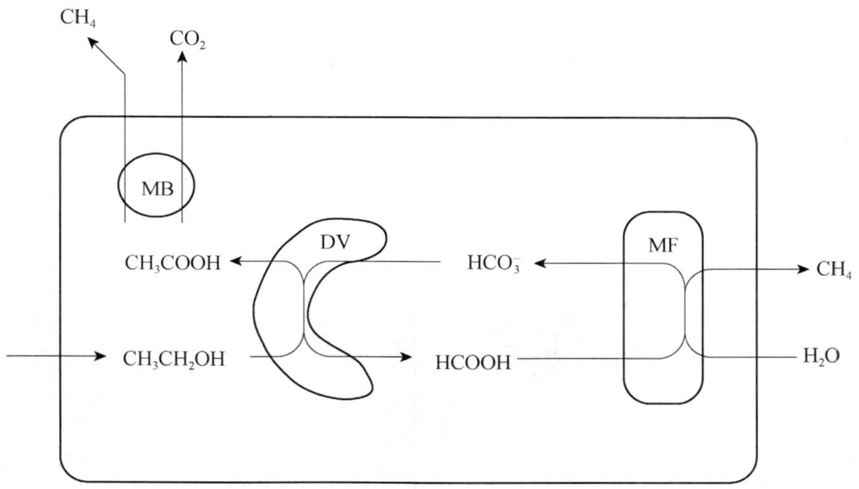

图 4-4　在厌氧发酵过程中 3 种微生物的互惠共生关系（池振明供图）

5. 竞争（competition）　上面谈到的两个微生物群体之间的相互关系是正的相互作用，而竞争则是一种负的相互作用。竞争包括对生存空间和食物的竞争，竞争的结果对两个群体均产生不利的影响，使两个群体的密度下降，生长速率下降，使两个关系比较近的群体各自分开，不再占据同一生态环境，这就是竞争排斥原理（competitive exclusion principle）。如果两个群体试图力争占据同一环境，竞争的结果，一方获胜，而另一方被排斥。我们在绪论中提到的 Gause 曾经设计了一个生态学上的经典实验，证明了竞争排斥作用。草履虫（*Paramecium caudatum*）和双小核草履虫（*Paramecium aurelia*）是两种亲缘关系比较近的、带有鞭毛的原生动物，这两种原生动物各自在一个环境中能以相应的细菌作为食物，那么这两个群体都能生长，并保持一定的群体水平。当把它们放在同一环境中生长时，16d 后，只有后者生存，这不是后者攻击对方或分泌毒物使对方中毒的结果，而是后者生长速率较快、快速竞争有限的营养物而取胜的结果。类似的竞争作用在其他微生物群体中也存在。

除了一种微生物群体内在的生长速率对竞争作用有影响外，其他因素，如毒物的产生、光、温度、pH、O_2、营养物浓度和组成、某一种微生物对不良环境的抗性等，都会对两个群体的竞争作用产生影响，因为这些因素会严重影响微生物的生长速率。

参与竞争的两个群体的内在生长速率在不同环境条件下可以发生变化，这种情况可以解释为什么在同一生境中两个群体竞争同一食物时还会继续生存下去的原因。例如，在海洋生境中，嗜冷菌和低温细菌（psychrotrophic bacteria）能长期生活在一起，尽管在这些环境中它们都在争夺低浓度的有机物。在低温下，嗜冷菌表现出较大的内在生长速率，这时可以排挤低温细菌。在较高温度下，低温细菌表现出较大的内在生长速率，这时嗜冷菌便被排挤。这样，在一个温度可变的有水环境中，随着温度的变化，这两类微生物发生周期性的交替变化。

6. 拮抗作用（antagonism）　拮抗作用是指两个微生物群体生长在一起时，其中一个群体产生一些对另一个群体有抑制作用或有毒的物质，结果造成另一个群体生长受抑制或被杀死，而产生抑制物或有毒物质的群体不受影响，或者可以获得更有利的生长条件，如图 4-5 所示。

某些微生物群体可以通过产生乳酸或类似的低分子量有机酸，氧化 S 产生 H_2SO_4，消耗 O_2 或产生 O_2，产生 NH_4^+、高浓度的 CO_2、醇类化合物、抗生素和异种克生物质等，来抑制或杀死其他微生物群体。例如，在有机物矿化过程中，某些异养菌可以产生高浓度 CO_2，消耗大量的 O_2，结果某些真菌如立枯丝核菌的生长和分布就受到不利影响。

由微生物产生的抑制物可以保存自然环境的有机化合物。例如，在土壤的纤维素降解过程中产生的有机酸能抑制土壤亚表层中纤维素受到进一步降解。

自然环境通常不利于抗生素的产生，抗生素是一种次级代谢产物，仅当培养基中存在过量的底物时，有关微生物才能合成抗生素。而大多数土壤和有水环境中的有机物浓度很低，这样抗生素不可能得到累积。在自然环境中许多微生物群体对抗生素具有抗性或能降解它们。在水环境中产生的抗生素很快被稀释。在土壤中产生的抗生素可以被吸附在黏土或其他颗粒上，而失去活性。同样，在自然土壤和有水生境中产抗生素的微生物通常也不会占优势，在发现有产抗生素微生物的地方对抗生素具有抗性的微生物菌株比例不是很高的。从另一个角度来看，如果在自然界中抗生素是没有用的，在生物进化过程中它们就不可能被选择下来。然而实际的情况是在微环境和某些环境条件下，抗生素对于建立拮抗关系起着很重要的作用。这是因为在一些微环境中有机物浓度很高，其中生长的某些微生物便会产生抗生素，阻止其他微生物群体的生长。在一些植物残体上也有大量的有机物，这也可以为某些微生物合成抗生素创造条件，如头孢霉菌（*Cephalosporium gramineum*）是小麦的致病菌，它可以在死亡的小麦组织中生长并分泌抗真菌物质，从而阻止其他真菌在这种组织中生长。

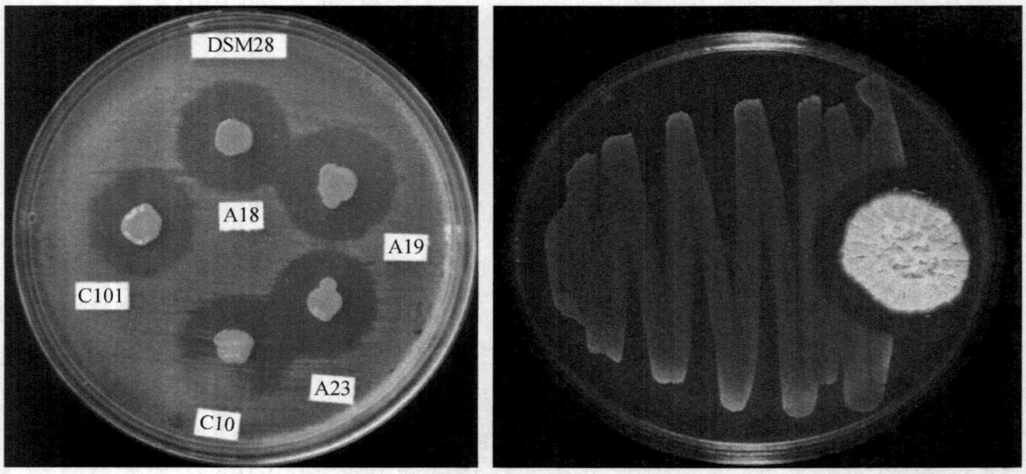

图 4-5　微生物之间的拮抗作用（池振明供图）

7. 寄生（parasitism）　在寄生关系中寄生物可以从宿主群体中获取营养物，而宿主则受害。寄生物有外寄生物和内寄生物之分。寄生物包括病毒、细菌、真菌和原生动物，它们的宿主包括细菌、真菌、原生动物和藻类。寄生物和宿主之间的关系具有种属特异性，有的甚至有菌株特异性。在某些情况下，这种特异性还取决于宿主细胞表面的物理化学特性，因为宿主细胞表面的特性可以影响寄生物吸附到宿主细胞的表面上。

不同的病毒可以侵染细菌、真菌、藻类和原生动物。例如，某些病毒可以侵染担子菌，影响蘑菇的产量。蛭弧菌可以定位在其他细菌宿主细胞表面上，然后侵入宿主细胞的周质空间中进行生长繁殖，最终裂解宿主。

有许多外寄生物不需要直接接触宿主细胞就可以裂解宿主，如黏细菌不需要直接接触就能裂解土壤中的 G^+菌和 G^-菌；噬纤维菌能产生胞外酶裂解藻类和蓝细菌；某些真菌也能产生酶裂解藻类；假单胞菌产生的酶能裂解原生动物棘变形虫（*Acanthamoeba*）；许多细菌能产生几丁质酶来裂解含有几丁质的真菌细胞壁；另外一些细菌能产生昆布多糖酶（laminarinase）或纤维素酶来破坏某些藻类和真菌的细胞壁。这些宿主细胞被裂解之后，释放出营养物，被外寄生物所利用。但是，某些微生物群体形成休眠体、孢囊或孢子之后，可以抵抗这种裂解作用。

大量的真菌、细菌和其他原生动物能寄生在原生动物上。某些藻类也能受真菌感染，如卵菌纲、细长腐霉、噬藻丝水霉和星状水霉等真菌能感染水绵属的藻类，导致大批藻类死亡。

某些真菌群体能受到其他真菌的寄生，如木霉能寄生在蘑菇属上，从而减少栽培蘑菇的产量。

某些微生物本身是寄生物，但它们自己也可以受到其他微生物的感染，如寄生在细菌中的蛭弧菌可以受到相应噬菌体的感染。

寄生物对于控制宿主群体大小和节省被自然界微生物所分解的营养物方面起着很大的作用，因为宿主群体密度增大，受到寄生物攻击的可能性也增大，寄生物在宿主群体中繁殖，导致宿主群体密度下降，从而使自然界中许多营养物不会被分解利用，而被节省下来。宿主群体密度下降，反过来也导致许多寄生物死亡或处于休眠状态。

生物间的相互利害关系是十分微妙和复杂的，在整个生物界，还有一些处于过渡性质的寄生或共生。所以从生命活动的共生动态关系上来说，不能简单地分为寄生或共生，而是一个互相联系不可分割的连续统一体。美国著名昆虫病理学家 E. A. Steinhaus 提出把寄生、共栖都归于共生的概念，得到了许多寄生虫学家的赞同。

8. 捕食（predation）　捕食是指捕食者吞

噬并消化被捕食者的过程，捕食者可以从被捕食者中获取营养物，并降低被捕食者的群体密度。一般情况下，捕食者和被捕食者之间相互作用的时间持续很短，并且捕食者个体大于被捕食者。但是在微生物世界中，这种大小的区别并不很明显。

在微生物世界中，捕食现象经常可见，如原生动物栉毛虫（*D. nasutum*）可以吞噬原生动物草履虫（*P. caudatum*），原生动物袋状草履虫（*P. bursaria*）可以吞噬藻类、酵母菌和细菌。

但也有许多微生物可以抵抗吞噬作用。例如，大肠杆菌受到黏土保护之后，形成一层物理屏障，可以抵抗原生动物的吞噬；细菌形成芽孢之后可以抵抗土壤中变形虫的吞噬。某些微生物产生色素或荚膜之后也可以抵抗吞噬。但奇怪的是，某些被捕食者可以产生趋化物质来吸引捕食者的吞噬。纤毛原生动物通过拍打纤毛把细菌群体吸引到自己的细胞上，然后吞噬这些细菌。变形虫通过形成伪足包围并吞噬被捕食者。

9. 细菌和古菌适应性免疫防御　在细菌和古菌中，成簇规律间隔短回文重复（clustered regulatory interspaced short palindromic repeat，CRISPR）和CRISPR有关的蛋白质可以组成一个适应性免疫防御系统，来对抗噬菌体、质粒和外源遗传物质的入侵。当细菌和古菌遭到外源噬菌体和质粒入侵时，噬菌体和质粒的DNA便插入染色体DNA中，当这些细菌细胞和古菌再度受到外源病毒（噬菌体）和质粒入侵时，细胞便认识了这些噬菌体和质粒的外源DNA，并把它们切除，沉默这些外源基因的表达，用来抵抗外源遗传物质的入侵。它为细菌提供了获得性免疫，形成适应性免疫防御机制，是细菌用以保护自身对抗噬菌体等外源DNA入侵的一个系统，也是一种对付攻击者的基因武器。CRISPR是一个广泛存在于细菌和古菌基因组中的特殊DNA重复序列家族，其序列由一个前导序列、多个短而高度保守的重复序列和多个间隔序列组成。前导序列一般位于CRISPR上游，富含AT，长度为300～500bp，被认为可能是CRISPR的启动子序列。重复序列长度为21～48bp，含有回文序列，可形成发卡结构。重复序列之间被26～72bp的间隔序列隔开。间隔序列由俘获的外源DNA组成，它们的序列跟噬菌体和质粒的有关序列很类似，类似免疫记忆，当含有同样序列的外源DNA入侵时，可被细菌细胞识别，并进行剪切使之表达沉默，达到保护自身安全的目的。同时基因簇中还含有编码特异切割外源核酸的酶 *Cas* 基因（CRISPR associated gene）。在自然界中，CRISPR/Cas系统拥有多种类别，目前已经发现Cas1～Cas10多种类型的 *Cas* 基因，其中CRISPR/Cas9系统是研究最深入，应用最成熟的一种类别，如图4-6所示。

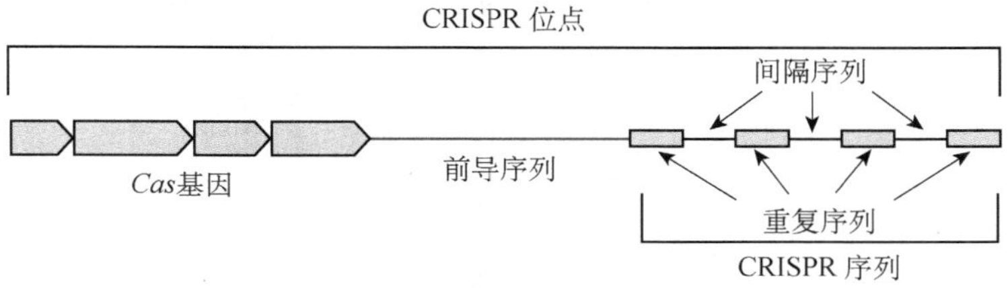

图4-6　CRISPR的主要组成（Hille et al.，2018）

当细菌抵御噬菌体等外源DNA入侵时，在前导序列的调控下，CRISPR被转录为长的RNA前体（pre-crRNA），然后被加工成一系列短的含有保守重复序列和间隔区的成熟crRNA，最终Cas9识别并结合到与其互补的外源DNA序列上发挥剪切作用。目前发现的CRISPR/Cas系统有3种不同类型，即Ⅰ型、Ⅱ型和Ⅲ型，它们存在于大约40%已测序的真细菌和90%已测序的古菌中。其中Ⅱ型的组成较为简单，以Cas9蛋白及向导RNA（gRNA）为核心，也是目前研究中最深入的类型，如图4-7所示。当噬菌体等外源DNA进入宿主细菌时，CRISPR/Cas系统会从这段外源DNA中截取一段序列作为外源DNA的“标记”，然后将其作为新的间隔序列被整合到基因组的CRISPR序列之中。因此，这段与间隔序列对应的“标记序列”被称为原间隔序列（protospacer）。原间隔序列向两端延伸的几个碱基都十分保守，被称为原间隔序列邻近基序（protospacer adjacent motif，PAM）。PAM通常由NGG 3个碱基构成（N为任意碱基）。所以CRISPR/Cas系统分为3个步骤：免疫、适应、crRNA产生和干扰。

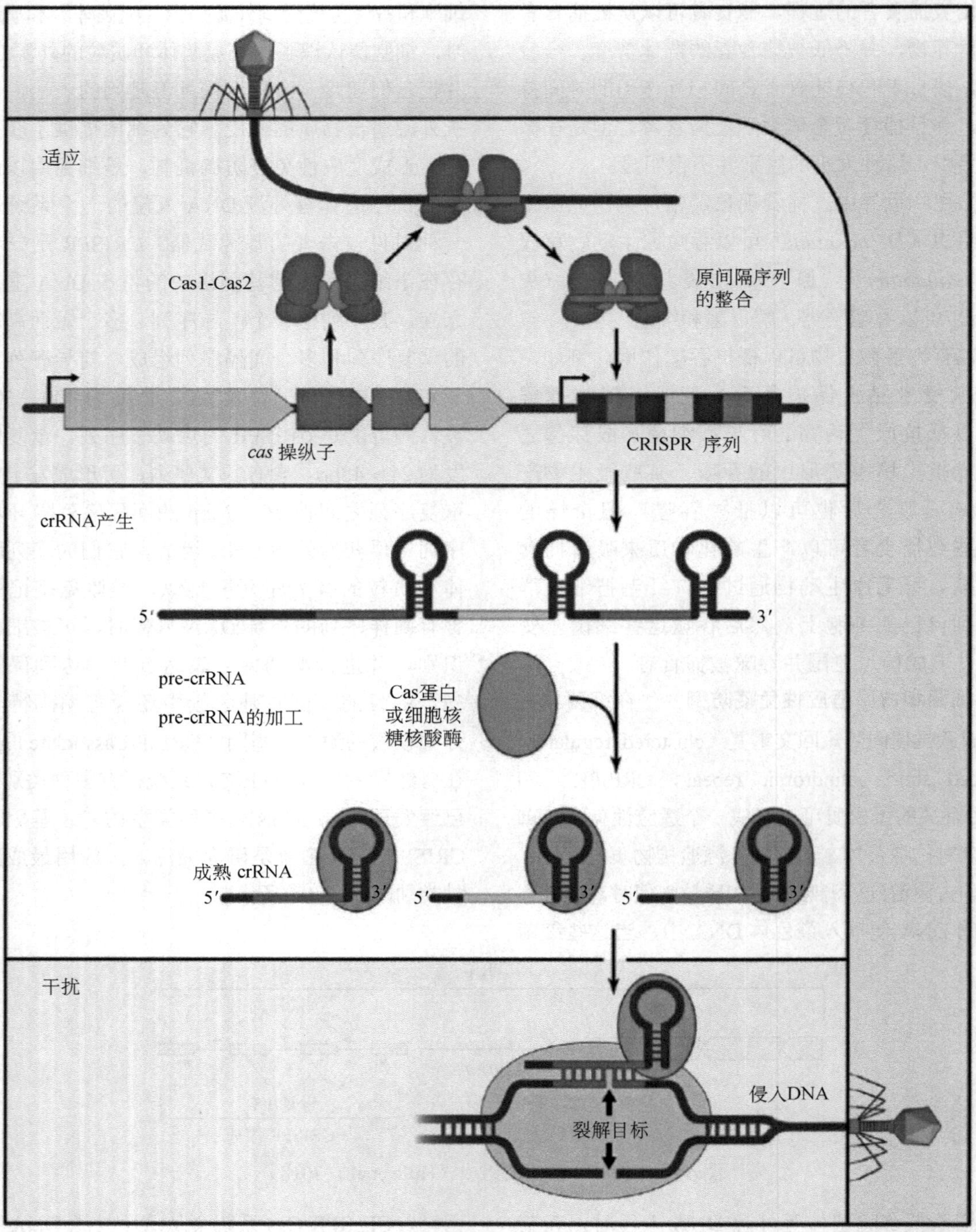

图 4-7 CRISPR/Cas9 剪切外源 DNA 的原理（Hille et al.，2018）

根据以上的工作原理，可以构建基因组编辑工具，如 pAPCas9 质粒（图 4-8）。其中含有编码特异切割外源核酸的酶 Cas9 的基因，该基因表达受启动子 *GAP* 调控；含有来自短梗霉（*Aureobasidium* spp.）的不同菌株的自主复制序列（autonomously replicating sequence，ARS）；多克隆位点（multiple cloning site，MCS）可以插入人工合成的 gRNA（guide RNA）基因[含有要敲除的目的基因 PAM 序列（含有 NGG）前 20 个核苷酸相互补的 DNA 序列和能与 Cas9 结合的 DNA 序列]。把构建好的整个 pAPCas9 质粒转化到酵母状真菌短梗霉的不同菌株中，通过潮霉素抗性筛选转化子，在 *TEF1*（translation elongation factor 1）启动子作用下独立表达 gRNA，同时在 *GAP* 启动子引导下表达 Cas9，表达的 gRNA 与 Cas9 结合，然后特异性地切割要敲除的目的基因，产生双链断裂，再通过 DNA 修复机制引发碱基移码，产生基因突变，完成基因敲除的目的。转化子通过多代扩增，自动丢失 pAPCas9 质粒，重新获得对潮霉素敏感的菌株，用于下一个基因的敲除。

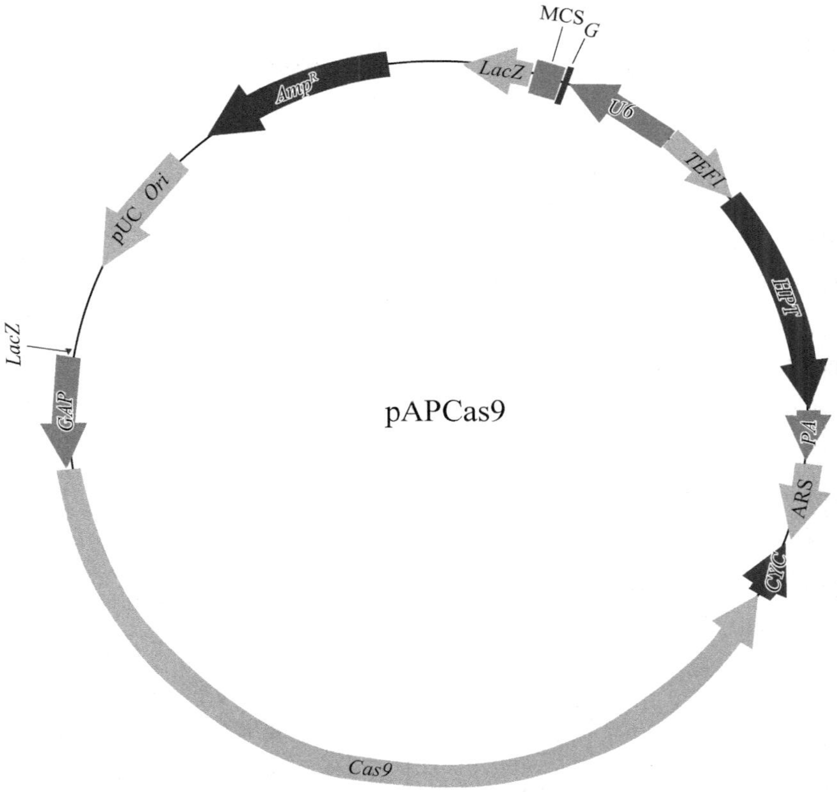

图 4-8 用于编辑短梗霉不同菌株基因组的 CRISPR/Cas9 质粒（池哲供图）

HPT. 潮霉素抗性基因；*G*. 合成 gRNA 的基因；pUC *Ori*. 质粒的复制起点；*Amp*^{R}. 氨苄青霉素抗性基因；*LacZ*. 乳糖酶基因；*U6*. 控制基因表达的质粒的一个片段；*PA*. 终止子之一 PolyA；*CYC*. 另一终止子

第二节 自然环境中不同微生物之间遗传物质的相互交换

自然环境中不同微生物之间可以通过遗传物质的相互交换而发生各种相互关系。自然界中的细菌在进化过程中必须有能力适应新环境和对新选择压力尽快做出反应，这些细菌适应新环境和新选择压力的能力与通过微生物细胞之间遗传物质水平转移获得新基因有关，而不是通过点突变累积之后发生的一系列基因修饰作用。例如，抗生素基因和生物难降解物质基因的扩散是基因水平传递的结果。同时还与环境中这些物质的量不断增加引起选择压力加大有很大关系。同样，致病岛是各种细菌携带有毒力基因的大 DNA 片段，这些基因的获得是通过各种致病菌，如鼠伤寒沙门菌（*Salmonella typhimurium*）、鼠疫杆菌（*Yersinia pestis*）、节瘤偶蹄形菌（*Dichelobacter nodosus*）、幽门螺旋杆菌（*Helicobacter pylori*）和大肠杆菌各变种发生基因水平转移的结果。霍乱弧菌的Ⅳ型感受态菌毛可以结合外源双链 DNA，然后可以把这外源双链 DNA 送到细胞内。

在实验室研究中，不同细菌之间的遗传物质水平转移可以发生在各种不同的细菌种（属）之间，如根癌农杆菌（*Agrobacterium tumefaciens*）可以通过接合把致瘤（tumor-inducing，Ti）质粒的部分转移给植物和酵母菌，这表明基因水平转移可以发生在进化距离很远的不同生物界中。大肠杆菌的 F 质粒同样可以影响到酿酒酵母的接合转移。最近有人发现在最适的条件下，组入转基因植物 DNA 中的卡那霉素抗性基因可把不动杆菌（*Acinetobacter* sp.）转化成 Km^R 菌株。

在细菌中发现了三种基因水平转移方式：①转化（transformation），即把裸露的 DNA 吸收并组入受体细胞染色体中；②转导（transduction），宿主 DNA 被包埋到细菌噬菌体中，然后利用该噬菌体作为载体通过感染把 DNA 注射到受体细胞中；③接合（conjugation），细胞之间通过直接接触发生 DNA 转移，并且这种接合可以发生在大部分细菌属之间。有关微生物遗传物质的转化、转导和接合过程和原理在有关微生物学教科书中做了很详细介绍，这里就不再做详细介绍。在自然环境中这些微生物通过基因水平转移交换遗传物质可以产生各种各样的相互关系。

一、转化

自然界中细菌的许多种都是可以自然转化的，在原核生物中大约有44种微生物可以进行自然转化，其中包括不同的生理类型，有光能自养型微生物、化能自养型微生物、化能异养型微生物、甲基营养菌、嗜热菌和致病菌。许多种细菌，如肺炎链球菌在它们生活周期中的某一时期可以自然变为感受态细胞。其他微生物，如淋病奈瑟菌（*Neisseria gonorrhoeae*）总是处于感受态状态。某些种，如大肠杆菌可以通过各种化学或物理方法，包括利用$CaCl_2$、乙二胺四乙酸（ethylenediaminetetra-acetic acid，EDTA）、温度转变、电击和原生质体等方法诱导细胞吸收外源DNA。在低温下含有低浓度（1～2mmol/L）$CaCl_2$无机盐水中，大肠杆菌可以自然地成为感受态细胞。

尽管DNA对核酸酶非常敏感，但是几乎在所有环境中都可以测定到DNA的存在，这些DNA可以从细菌中分泌出来或在细胞自溶过程中释放出来。环境中的DNA可以吸附到砂子和泥土颗粒上，并可以稳定地存在于颗粒上，因此其抗水解的能力可以提高100～1000倍，结果是被吸附的DNA转化能力可以维持数周，甚至数月。DNA在水环境中很容易被稀释，这可能会影响到与受体细胞的相互作用。在生物被膜（见下一节介绍）和活性污泥中细胞的密度足够大，其中可以发生许多遗传物质的相互作用，在生物被膜中1个单一细胞的裂解可以提供给邻近细胞足够量的DNA，以便发生DNA水平转移。

在各种自然生态系统中不同细菌之间可以发生转化作用（表4-2）。例如，在无菌或有各种混合菌存在的海洋沉积泥中染色体DNA可以转化给施氏假单胞菌（*P. stutzeri*），使该细菌获得利福霉素抗性（Rif^R）。在有混合群落沉积泥中和在低浓度有机物沉积泥中转化的频率是比较低的，如1株海洋假单胞菌在天然水体中可以被宿主范围广泛的质粒转化，并且往天然海水中添加营养物可以提高这种自然转化效率。吸附在河流石头的生物被膜和自然河流生物被膜中含有乙酸钙不动杆菌（*Acinetobacter calcoaceticus*），这种细菌可以发生转化作用。有人研究了乙酸钙不动杆菌在不同土壤中影响转化的因素，为了便于研究在DNA上带上Km^R-Gm^R（卡那霉素抗性-庆大霉素抗性）标记以便增加检测的敏感性，结果发现把该细菌引入寡营养土壤中，感受态马上消失。添加营养可以使感受态延长，并且可以诱导细胞的感受态不再被转化。培养基中较高浓度的磷酸盐也可以增加自然转化效率，研究人员发现在污染物进入土壤之后便发生了营养物和磷酸盐浓度上升，这样可以增加转化效率。转化还取决于土壤类型，在淤泥肥土中的转化效率要比在黏泥中的高。土壤的湿度也会影响转化效率，在含35%水分土壤中的转化效率最高。在土壤中可用于转化的DNA浓度会在几个小时内迅速下降。

表4-2 在自然生态系统中的细菌转化作用

细菌宿主	环境	遗传标记
施氏假单胞菌	海洋水微生态系统	染色体 Rif^R 基因
假单胞菌	海洋水和沉积泥微生态系统	质粒
乙酸钙不动杆菌	地水和土壤提取物	染色体 *trp* 基因（编码色氨酸的基因）
乙酸钙不动杆菌	地水和蓄水层	质粒
乙酸钙不动杆菌	河流的石面生物	染色体 *his* 基因（编码组氨酸的基因）
乙酸钙不动杆菌	土壤微生态系统	染色体 DNA+Km^R-Gm^R
大肠杆菌	河流和泉水	质粒
施氏假单胞菌	土壤微生态系统	染色体 *his* 基因和质粒

这些自然转化作用可以促进生物进化，并且可以加快抗生素抗性基因的扩散和抗原突变，导致获得性的毒力因子。有许多细菌，如霍乱弧菌细胞表面存在的附属物（叫作感受态菌毛）在细菌转化过程中的第一步中可以吸收外源DNA，如霍乱弧菌Ⅳ型感受态菌毛的顶端可以结合外源的双链DNA，并把结合的双链DNA送到细胞表面，然后细胞把这外源双链DNA通过外膜送到细胞内，参与基因水平转移，这种新的自然转化现象叫作DNA回收（retraction）。

二、转导

在转导过程中，细菌DNA是被包埋到细菌噬菌体颗粒中，然后通过感染把这些细菌DNA转移到另一个细菌中。转导可以分为普遍性转导和局限性转导，具体的机制见有关微生物学教科书。细菌噬菌体感染的宿主范围是很有限的，有时仅局限于同一种细菌不同菌株。另外，细菌可以发生突变成为抗噬菌体感染菌株，而能不被细菌噬菌体吸附。因此，在环境中转导似乎是不可能发生的。然而，细菌噬菌体在环境中是普遍存在的，并且相当稳定，可以被噬菌体的蛋白质外壳所保护。细菌噬菌体也比较结实，要比裸露的DNA更容易扩散。最后一点就是温和噬菌体DNA可以整合到细菌基因组DNA中以溶原状态存在于染色体宿主DNA中，这种溶原状态的噬菌体DNA可以维持很长时间，只有在某些环境因子作用下噬菌体DNA才可以被释放出来。另外，整合到细菌基因组DNA中的原噬菌体（噬菌体DNA）可以改变宿主的表型，这一点我们将在第六章海洋病毒一节中介绍。

在淡水环境中可以观察到细菌染色体和质粒标记基因被铜绿假单胞菌（*Pseudomonas aeruginosa*）F116噬菌体转导的情况。这些结果表明从溶原菌自发释放出来的噬菌体可以有效地感染非溶原菌，并且可以把基因转导回到原先的溶原菌中。利用同样的噬菌体，可以在叶子表面上发生绿脓杆菌质粒和染色体标记基因转导的现象。模拟野外条件，如接近农作物栽培情况、刮风和机械干扰等条件下，可以发现转导甚至可以发生在原先存在于不同植物上的供体菌和受体菌之间。从淡水环境中分离到的一种噬菌体（UT1）能够转导绿脓杆菌，同时还能转导天然湖水环境中土著微生物群体。最近，发现一种海洋噬菌体能促进宿主范围广泛的质粒转导到大量天然海洋微生物群落不同群体中，所以说也许转导是海洋环境基因水平转移的一种重要机制。

在医学微生物中，某些细菌噬菌体可以编码毒力因子，这些毒力因子仅在溶原状态时进行表达，这种现象叫作溶原性转换（lysogenic conversion）。由细菌噬菌体参与的基因转移是引起细菌噬菌体编码的致热外毒素C［由不同酿脓链球菌（*Streptococcus pyogenes*）产生］广泛分布的重要原因。同样，细菌噬菌体CTXphi和大肠杆菌噬菌体M13具有亲缘关系，可以编码霍乱弧菌的霍乱毒素。还有编码志贺毒素的细菌噬菌体也与大肠杆菌*coli* O157：H7致病性有关。最近研究表明这些细菌噬菌体在污泥中是很普遍存在的。

三、接合

在环境中细菌基因水平转移还与接合有关。参与接合的质粒有许多类型：①自身就是可转移接合质粒，这方面典型的例子就是F质粒和大肠杆菌RP4质粒。②带动转移（mobilization），是一种非自身转移质粒，不过它携带有接合转移的起始基因（*OriT*），在另一种接合质粒作用下发生转移（而后者通常并不同时发生转移），如RP4质粒带动IncQ质粒RSF1010发生转移。③共组入作用（cointegration），即两种不同的环状质粒发生融合形成一种质粒。这样由于其中一种非自身可转移的，同时又是非可带动转移的质粒组入一个自身可转移质粒上就变成了可转移质粒。在一个质粒上存在有插入单元或转座子（如含有Tn3转座子家族的质粒）通常就可以促进不同质粒发生融合作用。在宿主细胞中可能发生共组入质粒恢复到原来两个质粒的这种现象。染色体基因的转移（如由大肠杆菌F质粒形成的高频重组就是如此）就是这种共组入形成的特化形式。④接合转座子也可以影响接合作用，这些接合转座子可以促进质粒带动转移和共组入作用。

许多质粒和接合转座子具有非常广泛的宿主范围。例如，非接合的、可带动转移的IncQ质粒（如RSF1010）具有特别广泛的宿主范围，大部分的G^-菌和许多G^+菌都可以作为这类质粒的宿主，如链霉菌（*Streptomyces* sp.）、放线杆菌（*Actinobacillus* sp.）、聚球藻（*Synechococcus* sp.）和分枝杆菌（*Mycobacterium* sp.）。因此，IncQ质粒通常被广泛用作可带动转移的克隆载体。接合质粒，如RP4质粒和接合转座子Tn916通常也有非常广泛的宿主范围，其中Tn916家族的成员可以在24个不同属的50多种细菌中进行增殖。这种转移系统可能经历了非常复杂的进化过程，并且可能已经参与抗生素抗性和生物难降解物质基因的水平转移。

表4-3列出了可以发生自然接合转移的各种生态系统。在某些情况下可以发生从一个已知细菌供体转移到一个已知细菌受体中。然而，由于自然生态系统的高度复杂性，获得的证据是有条件的，并

且易受干扰。例如，一个质粒的表型，如抗生素的抗菌谱、限制性内切酶切割产生的DNA片段类型或核苷酸序列，原先认为这些表型与某一个特殊的供体菌有关，后来发现是与某个不同的宿主细胞有关。在某些实验中，供体菌或受体菌可能是未知的土著细菌，在这种情况下，只能假设DNA水平转移的机制是通过接合作用。

表 4-3　在自然生态系统中的细菌接合作用

供体菌	受体菌	环境	遗传标记
动物生态系统			
大肠杆菌	弗氏志贺菌	尿道	A^R-P
大肠杆菌	肠炎沙门菌	人类肠道？	A^R-P
乳酸乳球菌	粪肠球菌，拟杆菌	无菌小鼠	A^R-P
	双歧杆菌	肠道	
	消化链球菌		
人类、兔子和猪肠道细菌	大肠杆菌	无菌的兔子肠道	A^R-P
克雷伯菌	克雷伯菌	人类肠道？	A^R-P
大肠杆菌	痢疾志贺菌	人类肠道？	A^R-P
	福氏志贺菌		
普氏菌	脆弱拟杆菌	人类肠道？	A^R，con-Tn
	许多G^+菌和G^-菌	人类肠道？	A^R，con-Tn
大肠杆菌	大肠杆菌	人工模拟的羊瘤胃微生态系统	A^R-P
	人类、家养动物和鱼的致病细菌	肉和鱼店环境	A^R-P
苏云金芽孢杆菌	苏云金芽孢杆菌	鳞翅目幼虫	*Bt*-P
阴沟肠杆菌	阴沟肠杆菌	地老虎肠道	A^R-P
大肠杆菌	土著微生物群落	土壤小型节肢动物	A^R，*luc*-P
草生欧文菌	阴沟肠杆菌	桑蚕幼虫	A^R-P
根际环境			
多源中间根瘤菌	非共生土壤	根际或土壤	*sym*-I
	中间根瘤菌		
豆科根瘤菌	豆科根瘤菌	非根际土壤	*sym*-P
费氏中华根瘤菌	豆科根瘤菌	有菌土壤	*sym*-P
荧光假单胞菌	荧光假单胞菌	根际土壤	mob-P
富营养性雷氏菌	土著根际细菌	小麦根际	mob-P
土著根际细菌	荧光假单胞菌，恶臭假单胞菌，阴沟肠杆菌	小麦根际	mob-P
假单胞菌	土著根际细菌	甜菜根际	A^R-P
根际细菌	荧光假单胞菌	甜菜根际	M^R-P
荧光假单胞菌	荧光假单胞菌	小麦根际	M^R-P
铜绿假单胞菌	铜绿假单胞菌		染色体看家基因
植物叶子			
丁香假单胞菌，草生欧文菌	解淀粉欧文菌	梨子叶子	A^R-P
丁香假单胞菌	植物附生细菌	丛枝灌木豆叶子	A^R-P
叶子表面细菌	丁香假单胞菌	梨子叶子	A^R-P，M^R-P，A^R-Tn
恶臭假单胞菌	恶臭假单胞菌和叶子表面细菌	丛枝灌木豆叶子	cat-P，*gfp*-P

续表

供体菌	受体菌	环境	遗传标记
非污染的水和土壤			
恶臭假单胞菌	荧光假单胞菌	寡营养的河流石面生物	A^R-P，cat-P
铜绿假单胞菌	绿针假单胞菌	寡营养的河流石面生物	mob-P
	致金色假单胞菌		
	铜绿假单胞菌		
	鲍特菌		
日本慢生根瘤菌	慢生根瘤菌	根际	A^R，M^R-P，cat，M^R-P
大肠杆菌	富营养性雷氏菌	修饰过的土壤	M^R-P
土著土壤细菌	铜绿假单胞菌	土壤	A^R-P
荧光假单胞菌	土壤细菌	土壤和蚯蚓土	M^R，cat-P
土著土壤细菌	恶臭假单胞菌	含有猪粪的土壤	A^R-P，mob-P
粪肠球菌	粪肠球菌	污泥废水微生态	A^R-P，A^R-Tn
大肠杆菌	土著海水细菌	添加 LB 的海水	A^R-P
饥饿的弧菌	弧菌和大肠杆菌	寡营养海洋微生态	A^R-P
和大肠杆菌			
杀鲑气单胞菌	土著海水细菌	海洋沉积泥微生态	A^R-P
恶臭假单胞菌	土著海水细菌	海水和海洋沉积泥	A^R，M^R，*gfp*-P
污染的土壤、污泥和水			
土著土壤细菌	真养产碱杆菌	污染过的土壤	cat-P
土著细菌	土著细菌	煤油污染过的地方	cat-P
恶臭假单胞菌	土著假单胞菌	污染有苯酚的地方	cat-P
成团肠杆菌	假单胞菌，丛毛单胞菌	污染过的土壤	A^R-P，cat-Tn
富营养性雷氏菌	格氏假单胞菌	污染过的土壤	M^R，cat-P
	伯克霍尔德菌		
	石竹伯克霍尔德菌		
	富营养性雷氏菌		
富营养性雷氏菌	新型争论贪噬菌	土壤微生态	M^R，cat-P
富营养性雷氏菌	土著土壤细菌	土壤微生态	cat-P
土著土壤和污泥细菌	大肠杆菌	土壤和污泥	mob-P
恶臭假单胞菌	污泥假单胞菌	活性污泥	cat，mob-P
恶臭假单胞菌	恶臭假单胞菌	活性污泥微生态	cat-P
产碱杆菌	土著细菌	生物难降解物质	
		污染过的淡水微生态	cat-Tn
伯克霍尔德菌	其他的伯克霍尔德菌	土壤	染色体的 cat
土著污泥细菌	大肠杆菌	废水处理厂	mob-P
恶臭假单胞菌	恶臭假单胞菌	生物被膜	cat，*gfp*-P
假单胞菌 B13	富营养性雷氏菌	水	cat-Tn
假单胞菌 B13	恶臭假单胞菌 F1	活性污泥生态	cat-Tn

注：MR-P. 重金属抗性质粒；A^R-P. 抗生素抗性质粒；cat-P. 代谢质粒；mob-P. 可移动质粒；A^R-Tn. 抗生素抗性转座子；con-Tn. 接合转座子；cat-Tn. 代谢转座子；*sym*-P. 固氮共生质粒；*sym*-I. 位于染色体上的固氮共生岛；*Bt*-P. 苏云金芽孢杆菌昆虫毒素质粒；*gfp*. 绿色荧光蛋白基因；*luc*. 萤光素酶基因

现将转化、转导和接合形象地总结在图 4-9 中。

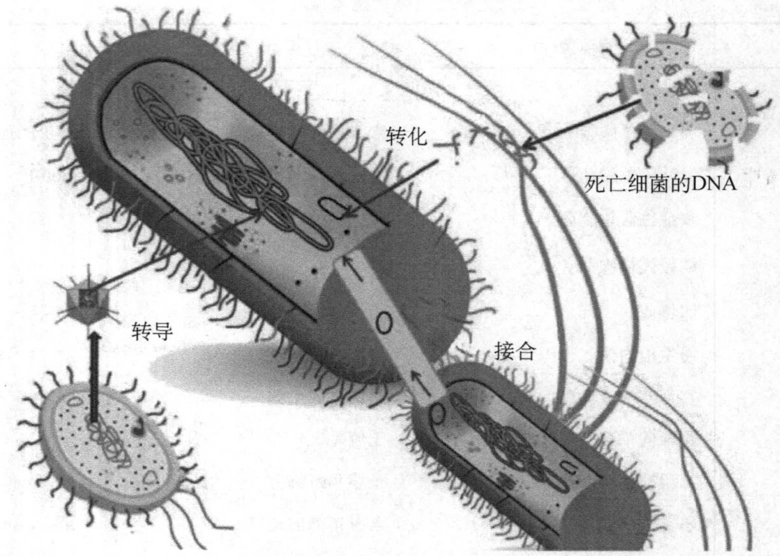

图 4-9　微生物之间遗传物质交换（转化、转导和接合）的示意图（Ellison et al.，2018）

第三节　自然环境中的生物被膜

生物被膜（biofilm）是指附着在惰性固体和生物体表面的微生物细胞，它们可以分泌胞外物质，包括多糖、蛋白质和胞外 DNA 促进不同细胞附着在任何固体表面上，防止生物被膜中的细胞被外界物质和其他生物伤害。在水体和土壤中任何惰性固体表面都可以形成生物被膜，在植物、动物和人体许多部位上也可以形成生物被膜。形成的生物被膜与污染物的净化，营养物质的利用，植物、动物和人体抵御病原菌侵入、有害物质的伤害，植物、动物和人体的抗感染和抗疾病，微生物细胞之间的遗传物质交换等有密切的关系，所以生物被膜中不同微生物之间、微生物与其他生物之间和微生物与外界环境因素之间存在各种各样非常复杂的相互关系。在生物被膜中不同微生物细胞之间能通过各种群体感应效应进行通信和交流。底物、微生物细胞和环境的相互作用是决定生物被膜生长开始的关键。微生物附着和生长是从在固体和液体之间的界面开始的。根据生物被膜的功能，生物被膜的形成既有有利的方面，也有有害的方面，如果是有害的，可以通过干扰群体感应系统、防止微生物细胞附着在固体表面等手段阻断生物被膜的形成。如果是有益的，那么就可以创造有利的环境条件，提供合适的附着表面和增强群体感应系统。

一、生物被膜的形成过程

生长在生物被膜中的微生物通过与周围生物因子和非生物因子的拮抗关系、共生关系和协同作用合成糖缀合物。微生物群落中因不同细胞的代谢活力不同产生这些糖缀合物的能力要比单个细胞培养物的大。糖缀合物能从环境中吸收营养物质和各种污染物，导致不同的基因发生高表达，而加快消耗这些营养物质和污染物。生物被膜的细胞能感受到营养物质的存在，并做出相应反应，然后通过各种移动方式，如抽动、成群地来回移动和泳动接近这些营养物质。由于有细胞外糖缀合物的存在，微生物细胞便发生相互附着，一起发生运动和静止不动，细胞不断增殖，便形成了生物被膜，其中的微生物群落能抵抗并生存在极端的外部条件下。能否形成生物被膜取决于水的流动速率、生物细胞表面的光滑度和糖缀合物的存在。细胞产生的胞外多聚物通过细胞外膜把不同的细胞附着在一起，这些胞外多聚物具有表面活性剂的特征，能吸收营养物质和污染物，细胞外存在的水和多聚物的混合物在生物被膜表面形成一层油性的物质。细菌刚开始在固体表面形成第一菌落时产生许多中间代谢产物，结果这些中间代谢产物被第二菌落利用，如此不断进行下去最终便形成生物被膜。这样的细胞聚集作用有两种形式，即共聚集和自我聚集。具有不同遗传背景的细胞聚集在一起叫作共聚集，而遗传背景完全一样的细胞聚集在一起叫作自我聚集。自我聚集是由细胞外的多聚物、表面因子和信号分子扩散引起的。生物被膜形成分为 4 步：①产生被膜，它们之间附着在一起；②形成微菌落；③生物被膜成熟作用；④生物被膜发生解散作用，如图 4-10 所示。在刚开始时，细菌通过微生物细胞之间的化学力如黏合力，以及物理力量如静电力和范德瓦耳斯力靠近固体表面，细菌细胞利用性散毛、菌毛和鞭毛黏附在固体表面上。由于固体表面的疏水力，固体表面和细胞之间的排斥力下降。通过群体感应系统信号的作用，产生自诱导物促进细胞之间进行通信，这样可以帮助细胞外的物质适应不同的环境。在胞外多聚物中的三维结构具有不同的孔径，这样营养物质便可以进入生物被膜中，促进微生物的生长。微生物细胞生长过多时，因为胞外多聚物的破裂就被排出生物被膜外（图 4-10）。

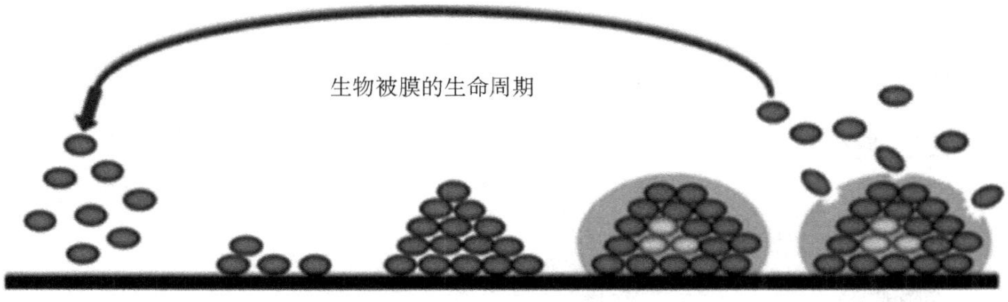

图 4-10　生物被膜形成的不同阶段（Sonawane et al.，2022）

首先，水生细菌附着在固体表面；接着形成微菌落，在胞外多聚物存在下形成三维空间结构，即成熟期；最后细胞从菌落中脱离出来，脱离的细菌形成新的生物被膜

二、生物被膜的结构

生物被膜中的总胞外多聚物量达到 50%～90%，是被膜中的主要物质，G^-菌产生的胞外多聚物是带有多阴离子或中性的胞外多糖，这些多糖可以与阳离子（如 Mg^{2+}和 Ca^{2+}）形成相互交联的结构，这样生物被膜的结构结合力非常强。G^+菌表面存在的阳离子也可以形成这样的结合键。另外，由于存在氢键，大量的水也结合在胞外多聚物中。除了亲水外，许多胞外多聚物也有疏水的。根据生物被膜中细菌的不同，胞外多聚物的可溶性有很大的差别。生物被膜的一级构象由多糖的结构及其组成决定。胞外多聚物中己糖通过 1,3-糖苷键或 1,4-β-糖苷键连接使得生物被膜结构非常坚硬，并且不可溶。但是没有这些特殊结构的胞外多聚物完全可溶。生物被膜的胞外多聚物组成也不完全一样，相应的产生的胞外多聚物的量也差别很大，随着生物被膜的形成，胞外多聚物结构得到增强。生物被膜中细菌生长很慢，这也会加强胞外多聚物的形成。因为有水的存在，生物被膜不会出现干燥而脱水。当生物被膜与抗微生物剂相互作用时它还会有抗微生物活力，还会防止抗生素发生扩散作用。刚开始时，生物被膜中微菌落相互分开，随着微菌落数目增多，由小变大，它们就相互结合在一起形成很结实的结构。后来随着生物被膜的进一步发育，变成很松弛的结构，这时，这些松弛结构中细胞可以运动，可离开生物被膜。

三、生物被膜是由不同种微生物组成的

在天然和人工的生物被膜中有多种不同的微生物群体。与单一微生物组成的生物被膜相比，这样由多种微生物组成的生物被膜具有很强的抵抗环境逆境的能力。这就要求构建人工生物被膜时必须用多种微生物，而不能用单一物种。群体感应效应控制着不同种微生物之间的相互作用和信号传递。例如，要构建海洋微生物组成的生物被膜用来降解碳氢化合物，就得用食烷菌（*Alcanivorax* sp.）、节杆菌（*Arthrobacter* sp.）、假单胞菌（*Pseudomonas* sp.）、芽孢杆菌（*Bacillus* sp.）、解环菌（*Cycloclasticus* spp.）和红球菌（*Rhodococcus* sp.）组建生物被膜。而由抗辐射不动杆菌（*Acinetobacter radioresistens*）和枯草芽孢杆菌组建的生物被膜具有降解石油表面活性剂的能力。

四、生物被膜中的群体感应效应

群体感应是指生物被膜中的细菌能使所有细胞同步化，并协同不同的活力，以便它们所有细胞作为一个完整的多细胞群落进行行动和做出一致的反应。微生物群体密度的增加能通过产生自诱导物来决定不同细胞之间的通信作用，即微生物群体生长到一定的密度，就产生自诱导物，调控所有细胞的基因表达和代谢活力，以便采取一致的行动。自诱导物进入感应细胞受体引发一系列的信号转导，引起有关转录因子与特异基因发生相互作用，使有关

基因得到高效表达，这是群体感应的基本原理。群体感应诱导不同的细菌进行相互合作，同步进行工作，以便适应它们所处的环境。在群体感应过程中要调控有关基因的表达要求细菌生长到一定的密度，最常见的自诱导物是*N*-乙酰基高丝氨酸内酯（*N*-acetylhomoserine lactone，AHL）和AI-2自诱导肽（autoinducing peptides，AIP）。最近还发现α-羟基酮、扩散信号肽和假单胞菌喹诺酮信号（pseudomonas quinolone signal，PQS）也可以作为自诱导物，图4-11是群体感应各成分的功能。这种群体感应与生物被膜毒素的产生、感染作用、致病性、营养物利用、遗传物质交换和污染物降解有密切的关系。

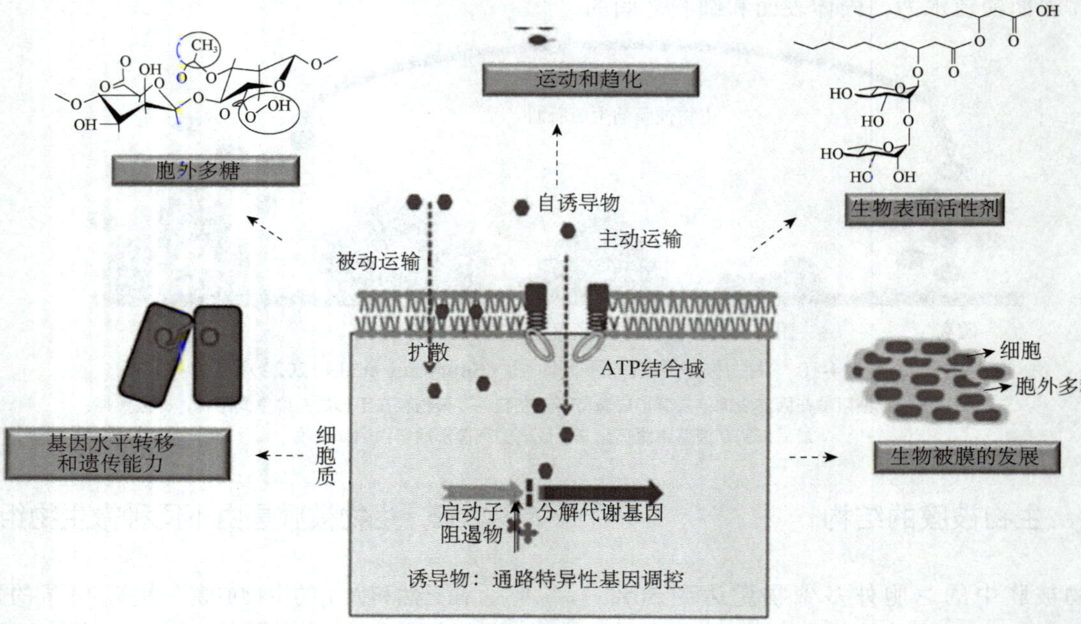

图4-11　生物被膜中群体感应的模型（Sonawane et al.，2022）

第四节　微生物与植物之间的相互关系

微生物与植物之间的关系可以分为中立、偏利共生、协同作用、互惠共生、拮抗作用、竞争和寄生。某些相互关系对植物和微生物群体均有利，而另外一些相互关系对植物不利或对微生物群体不利。植物表面给微生物提供了重要的生活环境，有些微生物仅能生活在植物表面上，如植物的根。

一、微生物与植物根之间的相互作用

1. 根际　根际是指与植物根接近的一圈土壤。在根际中，植物对土壤中的微生物有直接的影响。同样，根际中微生物对植物的生长也有重要的影响。

根际中的微生物群体密度一般比非根际土壤中的大，这两者的比值可以用R/S值来表示，通常R/S值在5～20，有时这个比值可以达到100。在根际中，植物根对土壤微生物群落的组成和密度有直接的影响，这种影响叫作根际效应（rhizosphere effect）。根际土壤和无根土壤相比，前者含有较高比例的G^-棒状细菌，而G^+的杆菌、球菌和多形态的细菌比例则较少。与其他土壤相比，根际中也含有相当高比例的、可以运动的、生长迅速的细菌，如假单胞菌。在许多情况下，根际中的细菌数目增加是植物根分泌物对土壤微生物直接影响的结果，那些内在生长速率高的微生物因得到足够的营养而迅速生长。

根际中的微生物群体具有特殊的营养要求，如根际中的细菌特别需要氨基酸和维生素作为生长因子，这些生长因子可以由植物提供，也可以由根际中其他微生物提供。根能分泌有机物到土壤中，这些有机物对于根际微生物群落结构起着非常重要的作用，这些有机物包括氨基酸、维生素、糖、单宁、生物碱、磷脂和其他未经鉴定的化合物。其中大部分有机物可以刺激微生物生长，而另外一些有机物对微生物却有抑制作用。植物根还有渗出物，其中包含十几种糖、氨基酸和维生素，如生物素等。植物根皮层的脱落和死亡的根尖也会给微生物提供生长物质。某些植物根还能产生趋化物质来吸引土壤微生物群体往有根的方向移动。某些植物能产生异种克生物质选择性地抑制某些微生物群体的生长。在根际中，某些微生物能产生抗生素，抑制或杀死根际中其他微生物群体，以便竞争植物根提供的有限营养物。

在根际中的微生物会随着植物从种子萌发到成熟的生长过程而发生一系列的变化。在种子刚萌发时，在分泌物中的碳水化合物和黏液性的物质刺激植物表皮细胞沟槽中的微生物群体生长。随着植物成熟，某些根物质发生自溶，单糖和氨基酸被释放到土壤中，那些内在生长速率高的假单胞菌和其他细菌便大量生长。当植物停止生长，并且出现老化时，R/S 值便开始下降。

在某些热带草的根际中，通常存在微嗜氧的固氮螺菌和好氧的固氮菌，这些细菌利用根分泌物作为能源物质，氧化后产生大量的能量驱动固氮作用。在这些环境中通过根际固氮作用提供大量的含氮物质。固氮螺菌也出现在温带地区的某些草根际中，但是这时它们的固氮速率很低，没有什么实际意义。在水稻农作物根际中的固氮作用有助于满足这些农作物对氮物质的需求。在根际中固氮作用的副作用是产生氢气，但是只有某些根瘤菌和慢生根瘤菌（*Bradyrhizobium* sp.）菌株因有氢化酶（hydrogenase）才会利用这种副产物，而其他细菌则浪费了这种副产物。能氧化氢气的不动杆菌也可以利用根瘤产生的氢气。

在海洋厌氧的沉积泥中生长着一些草类植物，其根际的固氮活力很高，参与固氮的微生物有脱硫弧菌、梭状芽孢杆菌和其他厌氧菌，从而给这些环境提供大量的含氮化合物。

根际中的微生物对于植物生长也有显著的影响，在缺少这些微生物时，植物生长就会受到不利影响。根际微生物可以通过许多种方式使植物获得好处：①根际微生物可以去除对植物生长有毒的 H_2S，如在水中，水稻根便与根际中的贝氏硫细菌建立互惠共生关系，贝氏硫细菌是微好氧菌，氧化酶阴性，能把 H_2S 氧化成无毒的 S 或硫酸盐，而这种细菌便从水稻根中获得 O_2 和氧化酶。②微生物代谢的结果，可以使土壤许多不溶性的无机盐形成可溶性的无机盐，以便植物吸收和利用。例如，根际微生物通过溶解矿物中的磷酸盐，给植物提供可溶性的磷酸盐，所以根际存在微生物时，能加快植物对磷酸盐的吸收。根际微生物能产生有机络合剂，络合铁离子和锰离子，从而增加了它们的可溶性，有利于植物吸收和利用这些物质。③根际微生物可以合成氨基酸、植物生长素和赤霉素（可以刺激植物生长），这些物质可以加快种子萌发速率和根毛的发育，从而有利于植物生长。④节杆菌、假单胞菌和农杆菌能产生一些有机物，刺激植物生长。小麦苗的根际中含有相当比例的细菌，这些细菌能产生吲哚乙酸（IAA），可以加快植物根的生长。在老小麦根际中能产生 IAA 的细菌数目减少，这可能是由于根分泌物减少，或是由于老小麦不需要那么多的 IAA。⑤根际微生物可以通过竞争和拮抗作用来抑制或杀死植物病原微生物，或抑制和杀死其他植物，从而与其他植物建立拮抗关系，但却与它的根际微生物群落建立起协作关系。在小麦苗根际中的细菌群体可以抑制豌豆和莴苣的生长。当小麦作物成熟时，这些细菌的比例下降，并且被能产生类赤霉素的微生物取代。⑥根际中的菌丝体可以转移植物中的放射性物质和重金属等有害物质，这种现象不仅有利于保护营养物，而且有利于把植物中残留的农药或重金属污染物转移出去并累积在菌丝体中，避免被运输到粮食和水果中，有利于食品的安全和人类的健康。⑦根表面上的微生物还大大地有利于植物吸收 Ca^{2+}，这是由于根际中微生物产生大量的 CO_2，增大钙的可溶性，并有利于植物吸收。⑧根际中的自生固氮菌可以固定大量 N_2，给植物提供无机氮源和有机氮源。但是，根际微生物对植物生长也产生许多有害的影响，微生物所产生的植物生长素浓度过高时，可以抑制根的延长。根际微生物产生的某些有机物可以抑制根的生长，并引起植物细胞的有机物和无机物泄漏。根际中的细菌固定 Zn^{2+} 和氧化锰，可以导致果树产生小叶病。某些根际微生物能降低某些植物对 Mn、S 和 Rb 的吸收。根际中的某些微生物能与植物争夺氮源用于合成蛋白质，有些微生物通过反硝化作用使含氮物质变成 N_2 而进入空气中，从而导致含氮化合物的损失。

2. 菌根（mycorrhiza）　某些真菌可以与植物根建立起比较亲密的互惠共生关系，这样建立起来的共生体叫作菌根。其中的真菌叫作菌根菌，包括子囊菌和担子菌。菌根有外生菌根和内生菌根之分。在外生菌根中，真菌菌丝大多数紧密地缠绕在植物根的外表面上，形成一层菌套，还有许多菌丝伸向四周，某些菌丝可以伸入到有病的根细胞之间的空间中，或伸入到脱落的细胞空间中，但是菌丝不能伸入活的细胞中。在内生菌根中，菌丝不会在根表面上形成菌套，仅有少量菌丝在根表面上，大多数菌丝在根内部发育，而且菌丝可以侵入到植物活细胞中，从而使根细胞充满菌丝团。

在外生菌根中，通常菌根菌的最适生长温度在 15～30℃；生长最适 pH 在 4.0～6.0 或者更低，甚至到 3.0；大多数菌根菌在双糖和糖醇上生长良好；它们通常利用复合有机氮源、氨基酸和 NH_4^+；许多菌根菌需要维生素，如硫胺素和生物素。菌根菌能产生各种代谢物，如生长素、赤霉素、激动素、维生素、抗生素和脂肪酸。有些外生菌根菌能产生各种酶，如纤维素酶，但是在植物体内纤维素酶活力受到了阻遏，所以真菌不会消化植物根。通过这种共生关系，植物可以获得许多好处：①增加宿主根的寿命；②增加从土壤中吸收营养物的速率；③选择性地从土壤中吸收某些离子，如 PO_4^{3-}、含氮化合物、K^+和 Ca^{2+}，菌根菌再把这些物质传递给植物；④增加对植物致病微生物的抗性，因为菌根菌可以产生抗生素，菌套可以作为一个有效的物理屏障，防止病原微生物侵入到植物体内；⑤增加对毒素的抗性；⑥帮助植物抗不适温度、干旱和 pH 等不良环境；⑦菌根菌在感染根之后，可以产生生长素，改变植物根的形态，使根毛发生二分支，延长了根毛生长和生存的时间。菌根菌可以从植物的细胞中获得有机物，可以摆脱与土壤中其他微生物的营养竞争。许多菌根菌脱离根之后，就不能形成子实体，但可以进行腐生生活。菌根菌还可以产生各种挥发性有机酸，这些有机酸具有抑制真菌的功能，以使植物生长和真菌生长保持平衡，并防止病原真菌的感染。

在内生菌根中，菌根菌和根同样也可建立互惠共生关系。例如，兰花植物可以特异地与密环菌和立枯丝核菌形成内生菌根，结果兰花种子萌发能力增强，其中的菌根菌和其他真菌相比，能较快地利用各种复杂的碳水化合物和单糖，这些真菌分解复杂碳水化合物，产生的单糖再提供给根。另外，菌根菌还可以与根交换许多营养物和维生素，菌根中的真菌菌丝可以得到保护，并摆脱与其他微生物竞争营养和空间。

3. 根瘤 微生物与植物建立共生关系的一个最有实际意义的例子便是植物根瘤和其中的根瘤菌之间的互惠共生关系，因为这种关系对于保持土壤肥力、增加农作物产量起着很重要的作用。能参与结瘤的细菌有根瘤菌（*Rhizobium* sp.）、固氮根瘤菌（*Azorhizobium* sp.）和慢生根瘤菌（*Bradyrhizobium* sp.）。固氮根瘤菌能在热带豆科植物茎上结瘤，并以游离生活状态利用 N_2 进行生长，而其他两属根瘤菌就没有这种能力。根瘤菌和慢生根瘤菌所不同的是后者生长缓慢，但这两属根瘤菌的感染和结瘤过程基本类似。

至今研究最多的是根瘤菌与豆科植物之间的共生关系，根瘤菌可以在土壤中进行自生和行异养生活，这时它不会固定大气中 N_2。在合适条件下，根瘤菌可以侵入根毛，并形成根瘤，这时才有固氮活力。这种互惠共生关系具有严格的特异性，这是由于豆科植物产生趋化物质和根瘤菌在根毛上具有特异结合位点。

环境条件对于根瘤菌生长和感染根毛的能力有显著的影响。根瘤菌为嗜中温菌，但是许多根瘤菌能抵抗低温条件（最低温度为 5℃），另外一些根瘤菌能抗中温（40℃）。某些根瘤菌对低 pH 相当敏感，在酸性土壤中不能感染根毛。低浓度的 NO_2^- 和 NO_3^- 便对根瘤形成有抑制作用。许多土壤真菌和细菌对根瘤菌具有拮抗效应。某些蛭弧菌和病毒能寄生在根瘤菌中。

在根瘤形成过程中，植物根与根瘤菌之间的关系如图 4-12 所示。

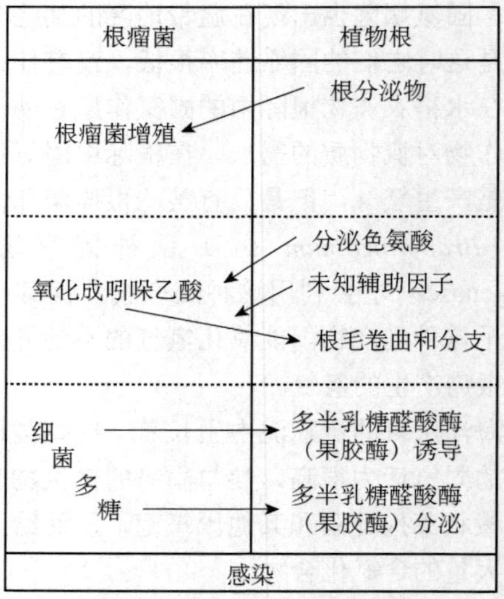

图 4-12 在根瘤形成过程中植物根与根瘤菌之间的相互关系（池振明供图）

首先，植物分泌一些未知化合物，吸引根瘤菌到根际中，并使它们得到繁殖。外源凝集素，一种植物蛋白质对根瘤菌细胞表面的碳水化合物有很高的亲和力，这种物质是决定根瘤菌特异结合到敏感根毛表面的关键性物质。植物根分泌色氨酸，被根瘤菌氧化成吲哚乙酸（IAA），IAA 与根分泌的一些未知的辅助因子一起引起根毛卷曲和产生分支，根毛围绕着细菌细胞生长。根瘤菌此时分泌一种多糖，诱导植物产生多半乳糖醛酸酶（polygalacturonase，PG），此酶分解植物根的果胶促使细菌侵入这一松软的组织中。这时，根瘤菌在受感染的植物根细胞中大量繁殖，形成类菌体（bacteroid）（根瘤菌在与宿主植物建立共生关系的过程中，以自生状态进入宿主植物细胞，经过分化发育转变为共生状态的能固定氮气的细菌细胞），并使根形成根瘤。类菌体具有固氮酶活力，但是植物组织对于固氮酶合成的特异性、固氮酶合成起始和控制也起一定的作用。要进行有效的固氮，类菌体需要微量元素 Mo、Co 和 Cu 及大量的 S 和 Fe，固氮过程还需消耗大量的 ATP，所以需要植物有效地进行光合磷酸化作用，以便提供必需的 ATP。固氮过程中，还需要植物把 CO_2 固定成合适的光合产物，植物再把这些产物运输到根瘤中，在此，这些产物被氧化产生 ATP 并驱动固氮反应。同时还需这些光合产物给合成氨基酸和酰胺提供碳骨架，在根瘤中形成的这些氨基酸和酰胺再运输到植物的其他部分。

根瘤中含有豆血红蛋白，它作为电子载体给根瘤菌提供 O_2 以便合成 ATP，同时还保护对 O_2 高度敏感的固氮酶。豆血红蛋白血红素部分是由根瘤菌基因编码合成的，而球蛋白部分则是由植物细胞基因编码合成的，但必须由根瘤菌诱导才能产生。

N_2 还原过程的副反应是产生 H_2，H_2 的产生浪费了植物光合作用所产生的能量，并降低了固氮的产量。在固氮菌的 Sym 质粒上携带编码氢化酶的基因，编码的氢化酶把 H_2 氧化成 H_2O，并通过化学渗透偶联合成 ATP 来获得能量，现在有关研究者正通过遗传工程方法去除产 H_2 这一反应。

另外，根瘤菌、蓝细菌和放线菌还能与非豆科植物形成根瘤，并在其中进行固氮。

二、植物内生微生物

在健康植物的体内，也生长有多种微生物，其中主要包括植物内生细菌与内生真菌。植物内生细菌是指能够定植在健康植物细胞间隙或细胞内，并与宿主植物建立和谐联合关系的一类细菌。从 20 世纪初开始，人们不断地从植物的根、叶、茎和种子中分离并鉴定出多种微生物，并逐渐意识到这些从植物中分离的微生物可能与植物存在某种相互关系。1992 年 Kloepper 首次提出了“植物内生细菌”（endophytic bacteria）的概念，这一概念一经提出，立刻引起了微生物学和植物学研究者的广泛关注。植物内生细菌的概念打破了过去一直认为健康的植物组织内是无菌的这样一个传统认识，随后，关于植物内生细菌的研究和应用即蓬勃开展起来。

根据内生细菌与植物的关系可以将其分为兼性内生细菌和专性内生细菌。大多数内生细菌属于兼性内生细菌，除了分布在植物体内，还可以在周围环境中找到它们。但也有一部分是专性内生细菌，它们只分布在植物体内，伴随植物的整个生活史而存活，并通过其种子传递到下一代。根据宿主专一性的不同，又可以将内生细菌分为专一宿主内生细菌和多宿主内生细菌。

植物内生细菌在农业上具有很高的应用价值，主要体现在以下三个方面：促进生长、生物防治和固氮作用。内生细菌主要通过两条途径来促进植物生长，一是通过产生植物激素或固氮作用，二是通过抗植物致病菌。假单胞菌属和芽孢杆菌属的许多细菌，可以通过分泌吲哚乙酸或赤霉素来刺激植物生长。Pajand Nejad 和 Paul A. Johnson 从健康的油菜根和树干的组织中分离出大量的共生细菌并进行了一系列实验，结果表明，利用内生细菌可以对油菜和番茄的生长（主要表现在根的重量、植株的重量及叶子的大小）及种子的萌发产生明显促进作用。经过内生细菌处理的种子，萌发率高而且能够有效抵御许多种类的病原菌。另外，众多内生细菌对这两种植物的病原菌具有抑制作用，其中，41%的内生细菌对于黄萎病的病原菌具有强烈的抑制作用，而仅有 11%的细菌无抑制作用。

关于植物内生真菌（endophytic fungi），目前普遍接受的定义是由 Peteini 提出的：内生真菌是指在植物生活史中的某一段时期生活在其组织内，并且对植物没有引起明显病害的一类真菌。内生真菌在植物组织内是普遍存在的，从不同植物组织内，人们分离得到了少则十几种，多可达上百种的内生真菌。大部分内生真菌与宿主形成互惠共生关系，它们从宿主中吸收营养，同时在宿主的生长发育和系统演化中起重要作用。内生真菌可以通过产生激素刺激宿主植物的生长，也能够增强植物的抗旱能力、对矿物质的吸收能力和转移植物中有机和重金属污染物的作用。另外，许多内生真菌能够赋予宿主抵抗病原真菌和病虫害的能力。

三、微生物与植物其他部分之间的相互作用

植物的树干、叶子和果实表面是某些微生物群体生长和繁殖的良好场所。异养菌、蓝细菌、真菌特别是酵母菌、地衣和某些藻类能有规律地出现在

植物的这些部位上，这些微生物群体叫作附生微生物（epibiotic microorganism）。

在叶面上的微生物数目随着季节和叶子年龄的变化而变化。在植物表面的附生微生物直接暴露在多变的气候条件下，这些微生物群体必须能抵抗直接的阳光辐射、干旱和多变的温度。大多数真正的附生微生物能合成色素并具有特化的具有保护功能的细胞壁，这些适应性的特征有助于抵抗不良的环境条件。许多附生微生物通过长期进化形成各种孢子释放机制，从而能够从一个植物表面转移到另一个植物表面上。昆虫对传播水果表面的微生物也起着很重要的作用，如果蝇就可以传播水果表面上的酵母菌。

在这些植物表面上生长的微生物群体之间也存在正的相互作用和负的相互作用，如耐渗透压酵母菌在果实表面上生长，结果降低了糖浓度，使得这一环境适合于其他微生物群体的侵入。酵母菌在代谢过程中产生的不饱和脂肪酸可以抑制果实表面的 G^+菌生长。在果实表面上生长的微生物群体往往需要某些生长因子，如硫胺素和烟酸，酵母菌在代谢过程中可以提供这些生长因子，同时酵母菌也依赖果实表面分泌的和果实表面细菌产生的其他生长因子。

在有水环境中，树干部分给附近微生物提供一个合适的生长环境。例如，在高盐沼泽地中生长的植物，其树干上发现有蓝细菌群体，这些微生物能固定 N_2，并给沼泽地提供丰富的无机氮源和有机氮源。

在热带雨林中，在多雨和高湿度条件下，蓝细菌和单细胞藻类能在叶面上形成菌落，并与植物竞争太阳光。但植物也可以通过在叶面上形成不易透水的蜡质，使得叶表面上的水分很不容易蒸发，结果对微生物生长不利。

在许多植物表面上的微生物能与植物建立共生关系。例如，水生蕨类植物和蓝细菌的关系就是如此，蕨类植物生长在热带和亚热带静水表面上，这种植物叶子的背面就生长有鱼腥藻，这类蓝细菌能固定大气中的 N_2，蓝细菌给这种植物提供固定化的有机氮和无机氮，而这种植物则给蓝细菌提供营养物和生长因子。

蕨类植物可以生长在亚热带水稻田中，在合适条件下，在这种植物叶面上生长的鱼腥藻每天每英亩（1 英亩≈4046.86m^2）可产生数千克的含氮化合物，所以在亚洲水稻田通过这种方式可以得到大量的氮肥。即使农田存在人工加入的氮肥，这种蕨类植物-鱼腥藻的共生关系还可以继续进行下去，并对低 pH 和盐度是不敏感的，因此在发展中国家促进农田中的这种共生关系有重要的实际意义。

在其他陆地植物的叶圈也存在固氮细菌，如针叶松叶面固定的某些氮留在林冠（canopy）中，并被微生物群体再循环；某些氮进入土壤；某些被叶子直接吸收；某些被食草动物吞食。某些细菌能感染一些植物的叶子，形成叶瘤，某些叶瘤能固氮。某些热带植物也能形成叶瘤，其中参与固氮的微生物是色杆菌（*Chromobacterium* sp.）和克雷伯菌（*Klebsiella* sp.）。

某些叶圈细菌与形成冰晶（ice crystal）有关，形成的冰晶对植物具有霜害作用（frost injury）。丁香假单胞菌（*Pseudomonas syringae*）和草生欧文菌（*Erwinia herbicola*）的某些菌株能产生表面蛋白质，这些蛋白质能引起冰晶的形成。有些叶面上的附生细菌是很活跃的冰核活性细菌（ice-nucleation active bacteria）。这些冰核活性细菌在它们所生活的那部分植物上可以抑制超冷，因为当临界温度达到 -4～-2℃时，这些细菌可以启动具有破坏性的冰晶形成。这些附生细菌是植物的条件致病菌，仅当温度达到引起结冰时才会造成霜害，从而引起植物死亡。如果通过物理和化学诱变使这些冰核活性细菌失去产生冰晶表面蛋白的能力，然后利用这些突变菌株代替野生型菌株，那么当温度达到-9～-7℃也不会引起冰晶的形成，这样可以避免霜害。

通过基因工程的方法可以使丁香假单胞菌失去形成冰晶表面蛋白质的能力，把这些基因工程菌株应用到田间农作物上，与野生型丁香假单胞菌进行营养竞争，可以防止霜害，但是这样会造成什么样的环境后果现在还不清楚。

四、病原微生物与植物之间的关系

某些微生物能引起植物产生疾病，这些微生物叫作植物病原微生物。它们包括某些病毒、细菌、真菌和原生动物。真菌是主要的植物病原微生物，但某些细菌、病毒和原生动物也会引起许多植物产生疾病。同时，还发现植物病原微生物中还有一类呈裸露状态的 RNA 分子，即类病毒。类病毒是比已知病毒都小的能在宿主细胞内自主复制的病原体之一。它可通过植物表面的机械损伤感染高等植物，也可以通过花粉和种子垂直传播。已发现的类病毒达 40 多种，其中多为植物类病毒。植物类病毒能引发多种疾病，如番茄簇顶病、柑橘裂皮病、黄瓜白果病、椰子死亡病等，对农业危害很大。防治的方法是主要选择无感染的种子和繁殖体及防止机械传播。

由病原微生物引起的植物病害，其发展过程可以分为 4 个阶段：①微生物与植物接触；②病原微生物侵入植物体中；③病原微生物在植物中生长；④病症出现。

病原微生物可以通过许多种方式与植物接触。大多数植物病原真菌的孢子通过空气进行传播，然后与植物叶子表面接触。大多数病毒通过昆虫作为媒介进行传播。土壤中的病原微生物具有鞭毛，在根分泌的趋化物质作用下，这些病原微生物便被吸引到植物根上。植物病原微生物可以通过植物创伤部分或天然入口处如气孔，进入植物体中。某些病原微生物仅能通过创伤部位进入植物体内；而另外一些病原微生物则只能通过气孔进入植物。病毒通常是通过其媒介所引起的创伤部位进入植物体中，但是某些病毒也可以通过植物吸收水分时一起进入植物体中。还有一些病原微生物可以分泌一些酶，如纤维素酶、木聚糖酶、果胶酶和几丁质酶分解植物表面结构，从而使被侵入部分附近的植物组织松软，以利于微生物侵入。

侵入的病原微生物从植物体中获得所必需的营养物和生长条件或一些必需的酶，并进行生长繁殖。在生长繁殖过程中，病原微生物能分泌许多水解酶，如果胶酶、纤维素酶和半纤维素酶，以及某些毒素和生长调节物质，从而破坏植物正常的结构和功能。其中的果胶酶能分解黏接植物细胞之间的果胶，使植物组织崩溃。纤维素酶破坏细胞壁，使细胞分解。所产生的生长调节物质能使植物生长物质失活或被降解，结果导致植物矮小。某些微生物产生的生长素能导致植物产生疾病。某些病原真菌产生的赤霉素和细胞激动素能导致植物树干疯长。某些植物病原微生物产生乙烯能引起植物代谢发生变化，结果导致植物组织受到破坏。侵入植物体内的某些病原微生物能产生某一毒素，或这些微生物能诱导植物产生毒素，干扰植物的正常代谢。

当然，植物对于病原微生物的侵入也不是被动的，植物可以通过许多种方式抵抗病原微生物侵入，这种抵抗力称为植物的免疫性。植物体表面存在许多物理屏障可以阻止病原微生物侵入，如植物表皮组织的蜡质层、角质层和木栓层；植物表面生长的正常微生物菌群和菌根的菌套等；还有许多植物可以分泌抗生素和其他抑菌物质，如有机酸等，来抑制和杀死病原微生物。一旦病原微生物进入植物体内，植物体细胞能与病原微生物发生免疫反应，从而阻止微生物的寄生。

环境中许多因素的变化也会影响病原微生物与植物之间的寄生关系。

1. 季节的变化 大多数植物病原微生物在温暖季节中生长良好，并引起植物发生病变。在冬天，许多植物病原微生物便失活。但是某些真菌，如核瑚菌属和镰刀菌属的病原菌只在寒冷季节或在寒冷地区的植物体上生长繁殖，并引起谷类植物和草发生雪霉病（snow mold）。

2. 温度 温度也会影响被感染植物病变和发展。例如，某些植物病原微生物是靠雨水来传播的，大多数病原真菌孢子需要相对高的温度才能萌发。

3. 风力条件和光 风力条件和光对病原微生物导致植物发生病变也有很大的影响，如光强度小时，能增加对病原菌的敏感性。

4. pH 土壤中 pH 对于土壤中生长的病原微生物感染植物的能力也有显著影响。例如，芸薹根肿菌在 pH 接近于 5.7 时，才会导致十字花科植物发生块根病。

5. 宿主细胞的营养状况 宿主细胞的营养状况也会影响宿主与病原微生物之间的关系。例如，土壤中无机营养物缺乏时，植物缺乏营养，免疫力下降，结果对病原微生物的敏感性增大。

最近几年发现植物病原真菌，如构巢曲霉（*Aspergillus nidulans*）可以产生大量的 NH_4^+，使它们生活的环境出现碱性，这时 pH 信号通路中没有活性的转录激活因子 $PacC^{72}$ 被蛋白酶 PalB 和 PalA 裂解成转化成中间产物 $PacC^{53}$，接着 $PacC^{53}$ 被裂解成具有活性的和含有 Cys_2His_2 锌指结构的 $PacC^{27}$，这时 $PacC^{27}$ 进入真菌细胞核中，与启动子含有 5′-GCCARG-3′序列的基因结合，并促进这些基因在碱性条件下表达合成裂解植物细胞壁的、碱性的几丁质酶和真菌毒素，导致植物发生病变，如图 4-13 所示。

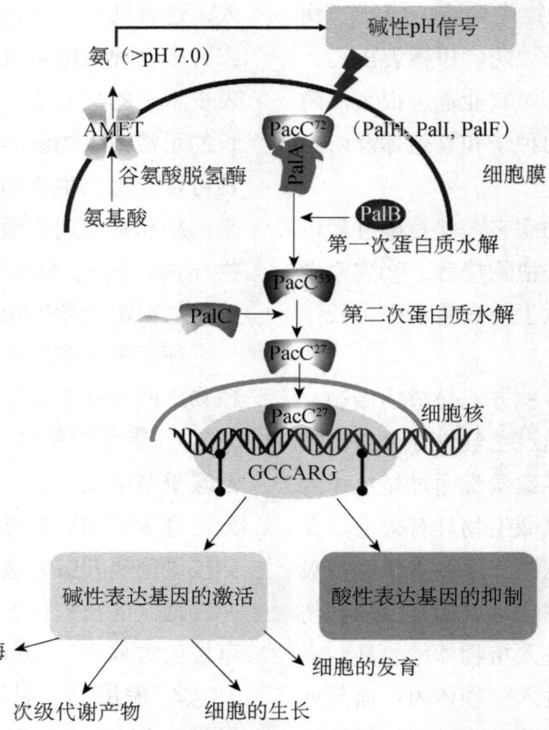

图 4-13　构巢曲霉中 pH 信号通路（池振明供图）

在丝状真菌中，该信号通路包括 7 个成员，分别是 PacC、PalA、PalB、PalC、PalF、PalH 和 PalI，其中 PacC 是 Pal/Rim-pH 信号通路中重要的转录因子，在细胞中需要加工成 $PacC^{53}$ 和 $PacC^{27}$，只有 $PacC^{27}$ 才能作为有活性的转录激活因子进入真菌细胞核，促进有关基因的表达，产生毒素和引起疾病。而 PalF、PalH 和 PalI 主要负责 pH 的感应和转导，PalA、PalB 和 PalC 主要负责 PacC 的加工处理。其中的 53 和 27 分别是表达蛋白质的分子量

第五节　微生物与动物之间的相互关系

在自然界中，微生物与动物之间存在有许多种相互关系，有些关系对一方或对两方均有利，而另外一些相互关系对其中一方有害。有许多动物直接以微生物作为食物，从中获取营养。如果没有这些微生物给动物提供营养，大部分动物不能生存。某些微生物群体可以帮助动物获取营养，如帮助动物消化食物。某些动物也可以给微生物提供营养。微生物与动物之间还存在互惠共生关系，但也有不少病原微生物可以导致动物产生疾病。

一、微生物作为某些水生动物的食物

在自然界中，有许多动物以微生物作为食物。在水中漂浮着许多固体，在这些固体表面上浓缩有无机和有机营养物，所以，这些固体表面是微生物生长和繁殖的良好场所。一些异养菌或自养菌可以在这些固体表面上生长成生物被膜，水中的蛇、海胆和帽贝等动物可利用这些生物被膜作为食物。

许多动物，如海绵等可以通过腿上的毛和触须从水中过滤得到活的微生物，然后利用这些微生物作为食物。

二、微生物对于动物消化食物和获取营养所起的作用

在自然界中有许多动物缺少消化某些食物成分所必需的酶，这类动物要消化这些食物，必须借助于微生物的初步代谢。在某些情况下，这些微生物是生活在动物体外，初步分解有关的物质，然后动物再利用这些物质作为食物。在另一些情况下，这些微生物生活在动物的消化道中，帮助动物消化食物。纤维素是自然界中含量最丰富的光合产物，但大多数动物缺乏纤维素酶，所以不能消化这类化合物，这样能产生纤维素酶的微生物对于帮助动物消化纤维素就起着非常重要的作用，这些微生物在生长代谢过程中还能向动物提供所必需的维生素。

1. 微生物在体外帮助消化食物　有不少昆虫以植物为食，这些昆虫能与微生物建立互惠共生关系。在动物体外，微生物生长在动物所需的食物，如植物组织上，在生长过程中，把纤维素等物质分解成小分子碳水化合物，并合成菌体蛋白和动物所必需的其他营养物，经过微生物生长的植物组织便可以作为动物的食物。而动物则为微生物提供分解的底物，创造合适的生长繁殖场所。例如，蚁类动物可以给微生物提供植物组织，并把真菌接种到这些植物组织碎片上，这些动物还可以为真菌创造一个环境，免于受到其他微生物的竞争作用，并保持在植物组织上生长的真菌以纯培养的状态出现。当微生物培养到一定时候，这些动物便收集部分真菌菌丝和经真菌分解过的部分副产物作为食物。这些动物不仅通过这种方式获得营养，还可以获得纤维素酶，这些纤维素酶到了动物肠道后能继续消化纤维素。这些蚁类动物在热带雨林中有重要的生态学意义，因为是它们把大量有机物引入土壤中，这些有机物组成了食物网相互作用的基础，这样许多其他动物群体就可以参与到这个食物网中。

蚂蚁如何保持培养在植物组织上的真菌处在纯培养状态的呢？研究发现这些真菌不能合成蛋白酶，所以如果不是被蚂蚁接种在这些植物组织上，这些真菌无能力与其他真菌进行竞争。蚂蚁嚼一块绿叶并把它带到地下巢穴中，然后与唾液和粪便（这两种物质中含有蛋白酶）混合，并接种上真菌菌丝，在这种情况下，由于各种混合的酶活力作用及植物组织原先不存在其他微生物从而保持真菌处在纯培养状态，而不是抗菌作用。

居住在木头上的各种昆虫也可以与真菌建立起互惠共生关系，这些昆虫在木头上打洞过程中，把真菌孢子接种到木头上。同时，昆虫分泌一些营养物质使孢子得到萌发，并给真菌提供合适的生长条件。而真菌则把纤维素转化成富含蛋白质的生物量，并产生一些生长因子，如维生素，作为昆虫的营养物。

在海洋和淡水中漂浮的、含有天然多聚物的碎颗粒物上附生有许多微生物，这些微生物可以在这些颗粒物上生长繁殖，使颗粒物中的多聚物如纤维素和几丁质降解，并吸收周围环境中的无机氮和有机氮合成蛋白质，从而增加这些颗粒物的营养价值。然后，水体中的无脊椎动物便利用这些微生物菌体作为食物，否则这些动物是无法消化这些碎颗粒物。

2. 微生物在动物体内帮助消化食物　生长在动物体内的许多微生物可以帮助动物消化食物，如某些低等白蚁就可以与体内的原生动物建立共生关系，这些原生动物在动物内脏中厌氧发酵纤维素，产生 CO_2、H_2 和乙酸。乙酸细菌把大部分的 H_2 和 CO_2 转化成乙酸，乙酸被白蚁的后肠吸收，并在有氧的条件下被氧化为 CO_2 和 H_2O，在这一过程中，白蚁获得能量和中间代谢产物。而白蚁则给原生动物提供一个厌氧环境和纤维素物质及其他必需的营养成分，原生动物在发酵过程中还可以产生能量。在白蚁肠道中也含有细菌群体，某些细菌群体可以固氮。例如，从某些白蚁肠道中分离到的成团肠杆菌（*Enterobacter agglomerans*）在氧张力减小时可以进行固氮，这种细菌的固氮活力对于某些白蚁来说，在发育的某一阶段可能具有重要的生理意义，因为这些白蚁的纤维素食物中缺少含氮物质。

某些鸟类也需肠道中的真菌和细菌群体帮助消化纤维素物质，给鸟类提供营养物。以蜜蜂窝蜡质为食物的鸟类含有裂解蜡质微球菌（*Micrococcus cerolyticus*）和白色假丝酵母（*Candida albicans*），这些微生物得到鸟类提供的辅助因子时能利用蜜蜂窝的蜡质，分解的产物则被鸟类同化。

各种鱼类和水生无脊椎动物消化道中也含有微生物群落，它们会帮助这些动物消化食物。

微生物群落帮助动物消化食物方面最著名的例子是微生物与反刍动物，这些动物包括鹿、羚羊、长颈鹿、牛、羊和山羊。它们以富含纤维素的草、叶子和嫩枝为食，但它们自己不能合成纤维素酶，所以无法利用这些物质，而必须依赖其瘤胃中的微生物群落降解纤维素，提供营养物质。瘤胃（rumen）是草料暂时储存分解加工的场所，瘤胃中含有大量的原生动物、细菌和真菌，这些微生物可以帮助动物消化食物。瘤胃中缺少 O_2，是一个厌氧发酵器；温度为 30～40℃，pH 在 5.5～7.0（但也会因食物的不同而不同，pH 变化还会影响其中的微生物群体和产生的挥发性脂肪酸），这些相当一致和稳定的条件给其中的微生物生长代谢提供了一个最适的环境，并且厌氧条件有助于微生物代谢过程中避免能量的大量损失，而损失的部分能量（大约为 10%）也有助于维持体温。反刍动物在进食过程中，不断地为微生物提供食物来源，主要是木质纤维素，并且食物经反刍动物机械磨碎之后，给微生物的分解作用提供一个更大的表面积。反刍动物的唾液中含有许多酶和营养物，也有助于微生物的分解作用。瘤胃处在不停的运动中，这有利于微生物和营养物得到充分的混合。反刍动物能不断地从瘤胃中吸收微生物的代谢产物，即低分子量脂肪酸，这有利于微生物群落继续旺盛生长，否则这些物质累积到一定浓度时对微生物有害。产生的有机酸被动物吸收到血液中，然后，动物细胞通过有氧呼吸产生大量的ATP。瘤胃中的微生物群落还可以向反刍动物提供蛋白质和维生素。所产生的气体由动物排出体外。瘤胃中微生物群落中的成员十分复杂，这有利于适应反刍动物的食物变化，随着食物种类的变化，其中的不同种微生物群体的比例也发生变化。然而，如果食物种类突然变化，如在冬季牛吃干草，到了春天突然吃含水分大的嫩草，这种突然的变化会破坏瘤胃的发酵系统，导致甲烷的过量产生，结果使胃膨胀，有时甚至会压迫肺，使牛窒息而死亡。

反刍动物和瘤胃中的微生物菌群之间的相互关系属于协同关系，双方从这种关系中都可以获得好处。某些微生物群体仅出现在瘤胃的这种特殊环境中，而其他一些微生物群体也可以出现在其他环境中。瘤胃中的微生物消化植物组分，产生低分子量的脂肪酸和微生物菌体蛋白质，以便反刍动物利用这些物质。瘤胃中某些细菌群体需要生长因子，但是其他细菌群体能产生维生素提供它们自己的营养需求和反刍动物的营养需求。在瘤胃中甚至发现有某些固氮菌，但是每头牛每天只能固定10mg氮，所以固定的氮量太少，其中的原因之一是瘤胃中存在有氨会阻遏氮气的固定。这种瘤胃生态系统是由细菌、古菌、原生动物、真菌、噬菌体组成的，它们的密度及其功能如表4-4所示。

表4-4　瘤胃中厌氧微生物的密度、所占的比例和重要的功能

微生物	密度	细胞数目	微生物重量	功能
细菌	10^{10}～10^{11}/g（大于200种）	98%	50%～60%	发酵纤维素、淀粉、蛋白质和其他物质
古菌	10^{7}～10^{8}/g（25属）	1%	1%～3%	产生甲烷气体
原生动物	10^{4}～10^{6}/g	1%	40%～50%	发酵淀粉、纤维素，并以细菌为食
真菌	10^{3}～10^{5}/g（5属）	1%	5%～8%	降解纤维素、促进微生物的酶作用于纤维素
噬菌体	10^{7}～10^{9}/g		小于0.1%	感染瘤胃中的细菌和古菌

下面分别简要介绍这些微生物。

1）瘤胃细菌　在瘤胃中要把结构和组分很复杂的纤维状物质高效消化，要求所有瘤胃微生物，包括细菌、真菌和原生动物及其产生的酶必须联合和协同作用。其中细菌降解的物质占80%，而原生动物降解的物质占20%。产琥珀酸丝状杆菌（*Fibrobacter succinogenes*）、生黄瘤胃球菌（*Ruminococcus flavefaciens*）和白色瘤胃球菌（*Ruminococcus albus*）是瘤胃中能降解纤维微生物中最重要的三种细菌。瘤胃高效纤维降解还受到许多其他因素的影响，如瘤胃环境条件、饲料的性质、饲料成熟阶段、饲料通过消化道的速率、有关的微生物群落、它们附着纤维饲料的能力、分泌的纤维素降解酶、半纤维素降解酶和果胶降解酶活力等。瘤胃细菌产生的酶和发酵产生的末端底物见表4-5。它们能降解木质纤维素、淀粉、蛋白质、脂类和果胶等，产生各种低分子量的脂肪酸供反刍动物使用。

表4-5　瘤胃细菌产生的酶和发酵产生的末端产物

瘤胃细菌类型	有关的细菌种	产生的酶	发酵的产物
纤维素裂解细菌			
	产琥珀酸丝状杆菌	β-1, 4-内切糖苷酶	甲酸、乙酸、乳
	溶纤维丁酸弧菌	β-1, 4-外切糖苷酶	酸、丁酸、琥珀
	生黄瘤胃球菌	β-1, 4-葡萄糖苷酶	酸、H_2和CO_2
	白色瘤胃球菌	纤维糊精酶	
	产纤维二糖梭菌	*O*-乙酰木聚糖酯酶	
	长孢梭菌	阿魏酸酯酶	
	肉毒梭菌，溶纤维真杆菌	香豆酸酯酶	
半纤维素裂解细菌			
	栖瘤胃普雷沃菌	木糖纤维素酶	甲酸、乙酸，
	嗜木聚糖真杆菌	β-1, 4-内切木聚糖酶	丁酸、乳酸、
	单形真杆菌	β-1, 4-内切木糖苷酶	H_2和CO_2

续表

瘤胃细菌类型	有关的细菌种	产生的酶	发酵的产物
半纤维素裂解细菌			
		α-L-阿拉伯呋喃糖苷酶	
		α-葡糖醛酸酶	
		O-乙酰木聚糖酯酶	
		阿魏酸酯酶	
		香豆酸酯酶	
果胶裂解细菌			
	嗜糖密螺旋体	果胶裂解酶	低甲氧基果胶
	多对毛螺菌	多聚半乳糖醛酸酶	多聚半乳糖醛酸
		果胶甲基酯酶	双糖、可溶性碳水化合物（淀粉和糖）
发酵微生物			
	牛链球菌	α-淀粉酶、麦芽糖酶、	甲酸、乙酸、
	嗜淀粉瘤胃杆菌	蔗糖酶等	丙酸、乳酸、
	栖瘤胃普雷沃菌		琥珀酸、乙醇、
	栖瘤胃拟杆菌		H_2 和 CO_2
	解淀粉琥珀酸单胞菌		
	溶糊精琥珀酸弧菌		
	反刍月形单胞菌		
	嗜酸乳杆菌		
	干酪乳杆菌		
	发酵乳杆菌		
	植物乳杆菌		
	短乳杆菌		
	瑞士乳杆菌		
	球形双歧杆菌		
	长双歧杆菌		
	嗜热双歧杆菌		
	瘤胃双歧杆菌		
	反刍双歧杆菌		
蛋白质裂解细菌			
	栖瘤胃普雷沃菌	蛋白酶、肽酶、脱氨酶	氨、氨基酸、挥发性脂肪酸
	嗜淀粉瘤胃杆菌		
	双发酵梭菌		
脂类裂解细菌			
	解脂厌氧弧菌	脂肪酶、生物氢化酶	乙酸、丙酸
乙酸转化菌株			
	埃氏巨球型菌	脂肪酶	乙酸、丙酸、
	产琥珀酸沃林菌		丁酸、琥珀酸、
	产气韦荣氏球菌		戊酸、H_2、CO_2
	解乳糖微球菌		
	产甲酸草酸杆菌		
	脱硫脱硫弧菌		
	瘤胃脱硫肠状菌		
	瘤胃解琥珀酸菌		

续表

瘤胃细菌类型	有关的细菌种	产生的酶	发酵的产物
产单宁裂解酶细菌			
	解没食子酸链球菌 山羊链球菌 反刍月形单胞菌 考拉隆派恩菌	单宁酰基水解酶 （单宁酶）	没食子酸、焦性没食子酸

2）瘤胃古菌（rumen archaea） 产甲烷古菌占所有瘤胃微生物群落的3%～4%，大多数产甲烷古菌游离生长在瘤胃的液体中或粘在饲料的颗粒上，某些产甲烷古菌来自外面的生态系统或是内共生菌，这些内共生的古菌与其他瘤胃微生物特别是细菌和原生动物共生在一起。尽管瘤胃中的产甲烷古菌仅仅是瘤胃微生物群落的很小一部分，但是它们可以捕获 H_2 和 CO_2，并可以把它们转化成 CH_4，形成一个特殊瘤胃环境，有利于其他瘤胃微生物高效发酵关键营养物。瘤胃饲料中的纤维素、半纤维素、淀粉、糖和蛋白质转化成发酵末端产物包括挥发性脂肪酸、NH_3、CO_2 和 H_2，挥发性脂肪酸和 NH_3 作为微生物的能源和合成微生物的蛋白质，H_2 和 CO_2 被产甲烷古菌转化为甲烷。尽管在瘤胃中产生的甲烷主要导致 H^+ 的累积，但是它是一种浪费能量的过程，由于甲烷从瘤胃中溢出，饲料2%～12%的能量被浪费掉。在家养的动物中，大约80%的甲烷是通过瘤胃的微生物发酵产生的，其余20%是大粪降解产生的。然而甲烷是一种温室气体，其温室效应要比 CO_2 的高27倍，瘤胃动物产生的甲烷占所有人为产生的甲烷的20%～25%，所以由瘤胃微生物产生的甲烷引起了人们的高度重视。每年全球由奶牛、肉牛、水牛、羊产生的甲烷分别有1890万吨、5590万吨、620万～810万吨和950万吨。甲烷杆菌目是瘤胃中最主要的古菌，在瘤胃中最重要的产甲烷古菌是甲烷短杆菌（*Methanobrevibacter* sp.）、甲烷微菌（*Methanomicrobium* sp.）和叫作热原体目（Thermoplasmatales）的未培养古菌。

3）瘤胃原生动物（rumen protozoa） 尽管瘤胃原生动物仅占瘤胃微生物的很小一部分，但是它们占瘤胃内微生物生物量的40%～50%。瘤胃中的原生动物包括纤毛和鞭毛原生动物，其中纤毛原生动物能进行厌氧生长，发酵植物的许多化合物产生能量，并可抵抗高密度的细菌群体存在；某些原生动物群体能消化纤维素和淀粉；另外一些能发酵可溶性的碳水化合物；有些原生动物以瘤胃中的细菌为食物。瘤胃中的原生动物含有大量的蛋白质，并能储存大量的碳水化合物，当这些原生动物被反刍动物消化时，其中的碳水化合物和蛋白质便被反刍动物所分解利用。瘤胃中的碳从细菌转移到原生动物中，然后再转移到反刍动物上，从而构成一个短而有效的食物链。与细菌相比，原生动物更容易被反刍动物消化，因为细菌具有很难消化的细胞壁并且核酸含量很高。瘤胃中的原生动物主要由两类厌氧纤毛虫组成：毛目动物（具有柔性薄膜，覆盖有纤毛）和内毛目动物。其中重要的毛目动物有等毛虫（*Isotricha* sp.）、厚毛虫（*Dasytricha* sp.）、布契利虫（*Buetschlia* sp.）和马查罗鞭毛虫（*Charonina* sp.）。某些重要的内毛目动物包括内纤毛虫（*Entodinium* sp.）、两腰纤毛虫（*Diplodinium* sp.）、前毛虫（*Epidinium* sp.）、真双毛虫（*Eudiplodinium* sp.）、后漩鞭毛虫（*Metadinium* sp.）、新疆瘤胃纤毛虫（*Polyplastron* sp.）、单甲属（*Eremoplastron* sp.）、鞘甲属（*Elytroplastron* sp.）和硬甲属（*Ostracodinium* sp.）。根据它们所产的酶类，原生动物可以利用淀粉、纤维素、半纤维素、果胶、蛋白质和脂类。毛目动物可以利用可溶性糖，并把它们储存为胞内淀粉颗粒，以便缺淀粉和糖时使用。原生动物可以利用和储存淀粉颗粒和其他可溶性糖的能力以防止瘤胃pH突然下降，保护动物以免出现乳酸酸中毒。内毛目动物可以附着在纤维状物质上，并消化纤维素、半纤维素、果胶和淀粉。它们的纤维素酶活力占瘤胃中总纤维素酶活力的19%～28%，产生的末端产物跟上述瘤胃细菌的一样（表4-5）。

4）瘤胃真菌（rumen fungi） 瘤胃厌氧真菌含有6属——新美鞭菌属（*Neocallimastix*）、螺单胞菌属（*Piromonas*）、球状单胞菌属（*Sphaeromonas*）、根囊鞭菌属（*Orpinomyces*）、瘤胃霉菌属（*Ruminomyces*）和枝梗鞭菌属（*Cyllamyces*），其中前面3属含有单中心的孢囊，后面3属含有多中心的孢囊。虽然这些真菌仅占瘤胃微生物的很少一部分（在数量上仅占 10^3～10^5/g 瘤胃内含物）和微生物总生物量的5%～8%，但是它们在降解纤维素和半纤维素酶活力很强，可以降解木质纤维素。通过化学趋化作用，可运动的真菌游动孢子能吸附和定居在纤维状的饲料颗粒上，然后产生菌丝，通过机械作用破坏饲料颗粒，通过类假菌根的形式紧紧地附着在饲料颗粒上，通过这种作用加强对木质纤维素的降解。所有这些真菌在降解植物细胞壁木质纤维素方面起着特别重要的作用。真菌酯酶，如阿魏酸酯酶、香豆醇酯酶和乙酰胆碱酯酶能水解木质纤维素和木质半纤维素的酯键，释放出纤维素和半纤维素，供给其他微生物进一步降解。类假菌根通过产生的多糖降解酶进入饲料颗粒中，进一步参与降解作用。

5）瘤胃噬菌体（rumen bacteriophage）　瘤胃中噬菌体的多样性很高，研究这些噬菌体可以帮助我们了解瘤胃中的遗传特性、噬菌体的相互作用、基因水平转移和如何控制及清除某些瘤胃中有害的微生物，如产甲烷古菌。同时可以帮助我们开发特异功能的酶、宿主酶的相互作用方式和通过噬菌体进行瘤胃微生物治疗。瘤胃噬菌体是瘤胃中长期定居的无细胞生物，可以很大程度上影响瘤胃细菌。瘤胃噬菌体的数量是每毫升瘤胃液体中有 10^8～10^9 个病毒颗粒。在瘤胃液体中存在的噬菌体有有尾噬菌体，包括肌尾噬菌体科（*Myoviridae*）、短尾噬菌体科（*Podoviridae*）和长尾噬菌体科（*Siphoviridae*），以及无尾噬菌体包括复层噬菌体科（*Tectiviridae*）。这些病毒的生物学特性还未知，它们多数为裂解性噬菌体，只有少部分是溶原（温和）噬菌体。同时，假溶原噬菌体（pseudolysogenic bacteriophage）也存在于细菌培养物中，就是噬菌体仅仅在少部分细菌群体中增殖。这些噬菌体可以用来特异控制和清除瘤胃中某些有害的微生物，如牛链球菌和产甲烷古菌。

在非反刍动物中，也有不少主要依赖植物体作为食物的动物，如马、猪和兔子。这些动物体本身也不能分解纤维素，纤维素的消化是在这些动物盲肠中进行的。在盲肠中，微生物群落能降解纤维素，产生挥发性脂肪酸，脂肪酸被肠道吸收，进入血液中，并被动物细胞氧化成 CO_2 和 H_2O，产生大量的 ATP 和中间产物。但在猪的盲肠中，也存在分解氨基酸的微生物，这对猪是不利的，因为这些微生物会与猪竞争营养。

各种鱼类和水生无脊椎动物的消化道中也含有微生物群落，帮助消化纤维素和几丁质等物质。

上述肠道中的微生物给其宿主提供营养物，并且由于这些正常微生物菌群的存在，构成一个重要的物理屏障，阻止病原微生物在肠道中生长繁殖，保护动物健康。

三、动物与光合微生物之间的共生关系

某些无脊椎动物可以与光合微生物建立互惠共生关系，其中，光合微生物主要有单细胞藻类和蓝细菌，动物包括海蜇、海绵和珊瑚等。例如，蓝细菌可以与海绵建立互惠共生关系，在这种关系中，蓝细菌通过光合作用给动物提供有机营养物，而动物则向这些光合微生物提供合适的生长环境。在某些情况下，光合微生物与动物之间形态方面相适应，使两者更加接近，以便进行更有效的营养物交换。例如，薄荷酱蠕虫（*Convoluta roscoffensis*）和绿藻之间的关系，这种藻类通过光合作用给这种动物提供氨基酰胺、脂肪酸、甾醇和 O_2，而动物则向藻类提供尿酸和 CO_2。

四、动物与发光细菌之间的关系

某些海洋无脊椎动物和鱼类能与发光细菌建立互惠共生关系。在某些种类的鱼身上生长有囊状的特殊器官，在这种器官中存在有发光细菌，并且这种器官上有一个外孔，以便让细菌从海水中进入，并与海水进行物质交换，鱼给这些细菌提供一个良好的生活环境和足够的营养物，并保护细菌免遭竞争作用。

通常情况下，发光细菌能不断发出光。然而，细菌很容易受到鱼控制，某些鱼能操纵含有发光细菌的器官，以便在需要时才让细菌发光。在不同种鱼中，发光器官位于鱼的不同部位上，一般情况下，靠近眼睛、腹部、直肠和颌上。这些鱼一般生活在深海中，由发光细菌发出的光有利于辨认不同种的鱼，因为不同种鱼的发光器官位于不同部位上。在某些种类鱼中，发光器官位于一种性别上，这说明这种共生关系有利于鱼辨认性别。在某些鱼的发光器官中含有许多具有鸟嘌呤的细胞，这些细胞组成像凹面镜一样的结构，具有聚合光的作用，从而使这些鱼能在漆黑的海底中寻找目标。有些鱼的发光器官还能活动，以利于这些鱼发出信号，与其他鱼进行信号联系。通过这种方式还能把光束定向，并把光照射到海底的特定部位上。发光器官可以作为鱼的诱惑物，来吸引其他海洋生物，以便进攻这些海洋生物，获取食物，同时也为发光细菌提供营养。

五、微生物与节肢动物之间的共生关系

沃尔巴克氏体（*Wolbachia* sp.）是广泛分布于节肢动物生殖组织内的一类共生细菌。1924 年，Hertig 和 Wolbach 首次报道在尖音库蚊（*Culex pipiens*）的卵巢中发现，并将此细菌命名为尖音氏

巴克氏体（*Wolbachia pipientis*）。1971 年，Yen 和 Barr 发现尖音库蚊某种内交配是不亲和的，它们很少或不产生后代。后来证明这种不亲和因素具有细胞质遗传特性，因此这种现象被命名为细胞质不亲和。再后来的研究发现这种现象与生殖细胞中沃尔巴克氏体的存在有关。沃尔巴克氏体诱导的细胞质不亲和是精子和卵细胞之间生殖不亲和的原因。这种现象在许多昆虫目中都有报道，包括鞘翅目、双翅目、膜翅目、直翅目、鳞翅目和同翅目。这些共生菌通过卵的细胞质传播并参与调控其宿主生殖活动的多种机制，包括：①诱导细胞质不亲和，这是沃尔巴克氏体对节肢动物宿主最常见的影响。②诱导孤雌生殖，雄性个体不能传递沃尔巴克氏体给后代，因而对于沃尔巴克氏体的共生生活是多余的。通过对宿主第一次减数分裂进行调控，内含沃尔巴克氏体的雌性个体所产的卵不经受精即可发育为雌性后代。③诱导雌性化，具有雌性化作用的共生物，能改变其宿主正常的性别决定方式，使原本应发育为雄性的个体发育成为雌性，已经证实一些细菌和原生生物可以诱导这种现象。④杀雄，胚胎发育中的雄性致死已在 20 余种昆虫中有过报道，而且发现这一特性对抗生素敏感，说明杀雄作用是由一些细菌引起的，目前已经证实至少 6 种细菌与杀雄特性相关。⑤增强雌性繁殖力和雄性生育力。沃尔巴克氏体的研究具有重要的科学意义，主要体现在以下方面：①物种形成的研究，沃尔巴克氏体可能由于引起种群间的生殖不亲和而促进新物种的形成；②用于许多虫媒传播的重大人类疾病的基因工程防治和生物防治。

六、病原微生物与动物之间的相互关系

动物的病原微生物包括某些病毒、细菌、真菌、原生动物和藻类。某些病原微生物能在动物体内或体外生长，感染动物，并进一步引起疾病。还有些病原微生物在动物体外生长，产生毒物，这些毒物被动物食入后，引起食物中毒，或这些毒物改变了动物正常栖息的环境条件，以致动物无法继续在此栖息地中生存下去。

在自然环境如土壤和水中，微生物的生长能导致某些动物无法继续在此环境中生长或生存。例如，水中营养物过高，就会造成富营养化，结果水中的溶解氧被彻底消耗干净，产生一个无氧条件，这样水中的需氧动物就无法生存，并导致许多病症，最终死亡。微生物在环境中产生无机化合物或有机化合物毒素也会引起动物死亡。例如，沉积泥中的微生物代谢含硫化合物，产生 H_2S，H_2S 达到一定浓度时，便可以使沉积泥中的动物中毒死亡。陆地中某些自养菌氧化硫或含硫化合物，产生含有 H_2SO_4 的酸矿水，结果导致这一环境中许多动物中毒死亡。还有许多微生物在某些动物食物中生长时，可以产生内毒素和外毒素，当某些动物食用了这些食物之后，便引起食物中毒。这些方面我们将在第十章进行介绍。有许多真菌如有毒蘑菇体内含有内毒素，当动物吃了这些有毒蘑菇之后，便可以导致中毒现象。苏云金芽孢杆菌内的伴孢晶体是许多有害昆虫的毒素，这方面我们将在最后一章进行具体介绍。某些藻类也会产生毒素，所谓的赤潮（red tide）就会导致敏感动物产生疾病，并引起死亡，这是甲藻类产生毒素所造成的结果，这些藻类毒素可以在一些动物体内浓缩，其他动物食用了这些动物之后，便引起食物中毒。在谷物上生长的黄曲霉可以分泌黄曲霉毒素，并引起食用这些谷物的动物死亡或产生疾病，具体见第十章介绍。

还有许多病原微生物能在动物组织内生长，在生长过程中产生毒素，并引起疾病；或这些病原微生物在生长过程中产生一些酶，分解动物组织，如透明质酸酶分解透明质酸；有许多寄生病原微生物在动物细胞中增殖，破坏细胞结构或干扰细胞的正常代谢功能；还有些病原微生物能改变动物细胞的通透性，使细胞内含物泄漏。

某些真菌能生长成具有黏性的网状菌丝体，有些线虫进入这些菌丝体陷阱中，就难以摆脱，最终菌丝插入线虫体内，并产生一些酶降解线虫。

当然，动物也具有许多防御机构对付病原微生物的侵入和寄生，由于这方面的内容属于医学微生物学的内容，在此就不做详述。

第六节　微生物与人体的相互作用

微生物与人体之间也存在许多相互关系，这里我们只介绍正常微生物菌群与人体之间的相互关系，至于病原微生物与人体之间的相互关系请参阅有关医学微生物学教科书。所谓的正常微生物菌群

是指在人正常生理条件下，人的体表和体腔中存在的一定种类和数量的微生物。人体的内外表面是微生物生长的良好环境。在健康情况下，一般人体的组织和血液中是不存在微生物的。人体的不同部位表面上生长有不同的微生物群体，因为不同部位表面上存在不同的物理和化学条件。

人类肠道（200～300m^2 的黏膜）是一个“秘密花园”，其中存在 1 万亿各种各样的共生菌（100～1000 种细菌），这些微生物叫作肠道微生物菌群（gut microbiota），肠道微生物菌群的微生物数量比人体的体细胞和生殖系统细胞的数量要大 10 倍以上。肠道微生物菌群的所有基因和代谢产物叫作肠道微生物组（gut microbiome），它的基因数量要比人类基因组的大 150 倍。在每个人体中，有 150～170 种细菌占主导地位，这些微生物从肠道的温暖环境和丰富的营养中获得许多好处，但这些肠道微生物对肠道也起着保护作用，并发挥着代谢和结构功能。

一、皮肤表面的微生物与人体的关系

人体的皮肤环境特别多变，皮肤表面的温度通常为 33～37℃，当温度较低时，人体某些部位的皮肤温度可能相当低；皮肤表面的 pH 通常在 4～8；皮肤表面上存在的可利用水对微生物生长和生存起主要的限制作用，如腋窝中就含有较多的水分，而头皮的水分则较少；皮肤表面的湿度受气温影响，温度高时，引起出汗，水分增多。在出汗过程中，还可以从体内排出许多无机离子，如 Na^+、Cl^-、PO_4^{3-}、SO_4^{2-}、Ca^{2+}、Mg^{2+}、Fe^{2+}等，以及有机营养物，如碳水化合物、氨基酸、尿素和脂肪酸，这些物质给微生物提供了丰富的营养来源，所以皮肤表面是许多微生物生长和繁殖的良好场所。皮肤表面上的脂类物质对于微生物特别重要，因为这些物质可以决定哪些微生物可以在皮肤上定居。在皮肤表面上有许多游离脂肪酸，这些脂肪酸具有抗微生物的作用，能占据皮肤表面的微生物必须能抗这些物质，皮肤表面上的某些微生物不仅能抗这些物质，而且还能将这些物质作为碳源和能源。皮肤表面的盐浓度相当高，所以皮肤表面的微生物还必须能抵抗高渗透压。皮肤表面的微生物还必须能有效地与其他微生物充分地竞争这一生活环境。幸运的是，皮肤表面的正常微生物菌群有许多能产生异种克生物质，这些物质能成功地抑制外来微生物侵入到皮肤表面上。

在皮肤表面上生长的真菌种类很少，其中的瓶形酵母和正圆瓶酵母通常可以生活在头皮上，这两种酵母菌是嗜脂类的，并利用头皮上的脂类作为营养物。某些皮肤寄生真菌偶尔也能引起皮肤病，如脚气和金线癣。

皮肤表面的细菌群体有好氧菌和厌氧菌，皮肤表面的主要细菌群体有 G^+菌，这些 G^+菌与 G^-菌相比，具有较高的抗干燥能力。葡萄球菌和微球菌通常占较高的比例，并且对高浓度的盐有抗性，能利用脂类。皮肤表面的其他正常 G^+菌包括棒杆菌、短杆菌和丙酸杆菌。皮肤上唯一的土著 G^-菌为不动杆菌属的细菌，这些 G^-菌可以存在于比较潮湿的皮肤表面，如脚趾缝之间。

决定微生物在皮肤表面上分布的主要因素有：①微气候（microclimate），即皮肤表面上很小局部范围内的物理和化学条件，如温度、pH、湿度等，这些微气候对于许多微生物能否在皮肤上生长起非常重要的作用；②抗微生物物质的存在，如皮肤分泌的脂肪酸；③土著微生物是否有能力与外来微生物进行食物和空间的竞争。

二、口腔中微生物与人体的关系

口腔是微生物群体生长较为合适的环境。口腔中温度比较恒定；有足够的水分；口腔内表面凹凸不平，这有利于阻留微生物和营养物，使得微生物很容易吸附在凹凸不平的表面上并进行生长繁殖；人在吃食物过程中，给口腔中的微生物提供足够的食物；唾液中含有维生素等生长因子，如唾液中含有甲酸和 B 族维生素，这些物质可以达到乳杆菌最适生长所需的浓度。口腔中微生物太多，以致消耗了大量 O_2，结果口腔某些部分成为厌氧环境，所以口腔土著微生物中含有一些专性厌氧细菌群体。

口腔中主要的微生物类群有 G^+菌、G^-菌和某些酵母菌，其中链球菌属所占的比例较大，这些细菌能发酵碳水化合物产生乳酸，某些链球菌，如变异链球菌因为能产 α-葡聚糖还与形成牙斑（dental plaque）有关。葡萄球菌和微球菌在口腔微生物群体中所占的比例较低。但是，G^-的专性厌氧球菌，即韦荣氏球菌数目较大。口腔中还有放线菌和 G^-的好氧菌，如假单胞菌，这些好氧菌在数量上与 G^-的厌氧杆菌（拟杆菌）一样。白色假丝酵母通常也存在于口腔中，有时在口腔中还可发现原生动物，如内变形虫（*Entamoeba* sp.）和毛滴虫（*Trichomonas* sp.）。另外，口腔中还有丝杆菌（*Fibrobacter* sp.)、罗氏菌和纤毛菌等。

口腔中的微生物群体可以与口腔建立各种相互关系。某些微生物在生长代谢过程中，能改变口腔中的环境条件，使得其他微生物群体能在口腔中生长，如兼性厌氧菌的生长消耗了大量的 O_2，使得专性厌氧菌得以生长。口腔中某些微生物能产生抗其他微生物的物质，抑制或杀死与之竞争的微生物。例如，链球菌产生乳酸，抑制其他微生物的生长，而形成一种偏利共生关系。唾液中含有许多抗细菌和抗病毒的物质，如免疫球蛋白、溶菌酶、高分子的糖蛋白、乳铁蛋白（lactoferrin）和乳过氧化物酶（lactoperoxidase）。唾液还能机械地从口腔中冲洗微生物，以免微生物群体在口腔中过量生长。

三、胃肠道中的微生物与人体的关系

人胃肠道各个部分中细菌的分布如图 4-14 所示。

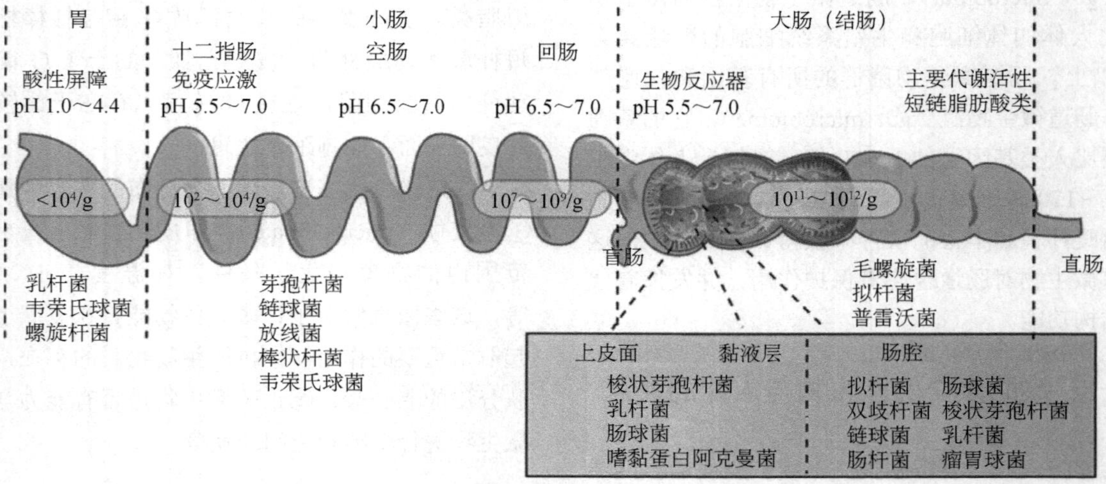

图 4-14　人胃肠道各个部分中细菌的分布（Adak and Khan，2019）

1. 胃中的微生物　以前大家都认为胃是无菌的，由于有杀菌障碍层、胆酸的排出、厚黏液层和胃蠕动，细菌无法生长。后来发现胃中存在大量的耐酸细菌，如链球菌、奈瑟菌、乳杆菌和幽门螺旋杆菌（*Helicobacter pylori*）。胃中 60%以上的细菌来自口腔，如抗酸的韦荣氏球菌、乳杆菌和梭状芽孢杆菌。健康的胃通常生活有拟杆菌门、细菌门、放线菌门、梭杆菌门和变形杆菌门，并且主要的细菌属有普雷沃菌属、链球菌属、韦荣氏球菌属、罗斯菌属和嗜血杆菌属。

2. 小肠中的微生物　小肠主要帮助消化食物和营养的吸收。小肠分为三个部分：十二指肠、空肠和回肠（图 4-14）。十二指肠微环境的重要特征是产生有大量胆酸、胰（腺）的分泌物和抗微生物物质，快速的食物运输和大量氧气的存在限制了细菌密度（10^3～10^4CFU/mL）和多样性。韦荣氏球菌和放线菌是十二指肠主要的微生物。空肠能支持细菌的定植，细菌多样性丰富，密度大（10^3～10^7CFU/mL）。一般是支持 G^+的好氧菌和兼性厌氧菌生长（10^3～10^7CFU/mL），包括乳杆菌、肠球菌和链球菌。进入回肠后，细菌密度达到 10^9CFU/mL 以上，并且主要是好氧菌。相反，回肠远处接近回盲瓣的地方主要由厌氧菌和 G^-菌组成，与结肠的细菌菌群类似。

3. 大肠中的微生物　大肠主要由上升、横向和下降的结肠及盲肠组成，由于缓慢的食物运输和厌氧环境，它是吸收未消化食物的地方。大肠中厌氧菌和好氧菌的比例达到 1000/100。细菌的密度达到 10^{12}CFU/mL，主要由厚壁菌门和拟杆菌门组成的，这两门细菌的比例在生命不同的年龄，甚至在不同的生理条件下会发生变化。厚壁菌门和拟杆菌门的比例是健康和疾病的一个预测标记。在大肠的管腔部分，主要的细菌属有拟杆菌、双歧杆菌、链球菌、肠杆菌、肠球菌、梭状芽孢杆菌、乳杆菌和瘤胃球菌，而梭状芽孢杆菌、乳杆菌、肠球菌和嗜黏蛋白阿克曼菌主要在黏液中。另外，有些致病菌，如空肠弯曲杆菌、肠沙门菌、霍乱弧菌、大肠杆菌和脆弱拟杆菌也存在于大肠中，但是数量较低。

微生物能否定居在肠道中受许多因素影响，如产生的酶是否能分解存在的营养物、微生物细胞表面是否能附着在肠道合适的表面上、是否有能力逃避细菌噬菌体的攻击、是否可以逃避机体免疫系统的攻击。任何一个微生物必须能抵抗肠道的物理和化学胁迫，迅速地增殖，免于被冲走。最后，这些微生物从一个宿主跑到另一个宿主过程中在干燥和有毒的宿主外环境中必须能生存。宿主和微生物之间的关系是偏利共生，而不是互惠共生。肠道微生物菌群的稳态通过反馈机制得到维持。正反馈破坏了微生物群落的合作关系，正反馈就是在一个微生物群落中两个微生物种数量都增加，并产生失控效应。例如，两种微生物合作的结果是它们的数量都增加，在这个过程中其中一种数量猛增，数量超过第二种。在一个生态环境中两种微生物猛增的结果是破坏了群落中微生物的多样性和丰富度。有三种负反馈机制会给合作的微生物之间产生选择压力，来维持它们在肠道中的稳态作用。第一是宿主免疫系统通过产生特异的免疫反应影响微生物群落结构和数量。第二是不同种微生物的空间隔离，由于它们生长在不同的地方，它们的相互作用会减弱。第三是给微生物补充替代的碳源，这样这些微生物不再依赖它们的合作者提供营养。大部分情况下，每个微生物种的自然选择通过两个水平来维持共生关系和其稳定性的法则。第一是宿主水平，对微生物群落“自上而下”的选择有利于形成稳定的群落，这样的群落功能丰富多样。第二是微生物自身，“自下而上”的选择压力起源于微生物让它们自己功能特异化。通过促进微生物群落的丰富度和多样性使得宿主和微生物群落适应的相互关系来维持肠道生态系统。

人类肠道微生物菌群包括细菌、古菌、真核微生物、病毒和寄生物。肠道的微环境主要有利于细菌的生长，这些细菌主要包括7个类群（拟杆菌门、细菌门、放线菌门、梭杆菌门、变形杆菌门、疣微菌门和蓝杆菌门）。在这7个类群中拟杆菌门和细菌门占所有微生物群体的90%以上。细菌门的大部分细菌属于拟杆菌属和普雷沃菌属。拟杆菌门的细菌包括梭菌属的簇Ⅳ和XIVa，主要包括梭菌属、真细菌属和瘤胃球菌属。消耗氢气产甲烷的古菌史氏甲烷短杆菌（*Methanobrevibacter smithii*）、嗜盐的亚历山大富盐菌（*Haloferax alexandrinus*）和马赛富盐菌（*Haloferax massiliensis* spp. nov.），据说也存在于人的肠道中。人类微生物组可以分为三种肠道微生物类群。肠道微生物类群1是拟杆菌属，它们具有分解糖和蛋白质的活力；肠道微生物类群2是普雷沃菌属，可以降解黏液中的糖蛋白。类群1参与了生物素、核黄素、抗坏血酸盐的合成，而类群2参与了硫胺素和叶酸的合成。类群3瘤胃球菌属具有降解黏液的活力和通过膜转运糖的能力。其实这种类群分类方法有问题，因为肠道微生物群落受食物种类和营养物组成影响非常大。长期吃动物蛋白质和脂类有利于拟杆菌属的生长，而食用富含碳水化合物的食物有利于普雷沃菌属的生长。有人认为亚洲人群肠杆菌科的细菌可以作为亚肠道菌群。某些微生物可以作为核心菌群（core microbiota），而其他的微生物可以作为可变菌库（flexible pool）。核心菌群有利于可变菌库的增殖，并有助于宿主的适应不同的食物。可变菌库通常来自消化的食物、水和各种来自环境的组分。其中，普氏粪杆菌（*Faecalibacterium prausnitzii*）、肠道罗氏菌（*Roseburia intestinalis*）和单形拟杆菌（*Bacteroides uniformis*）是核心的细菌种（<0.5%相对丰度）。还发现核心菌群和可变菌库直接发生遗传物质交换能给宿主适应环境或饮食习惯创造有利的条件，如紫菜聚糖酶和琼脂糖酶的基因和它们有关的蛋白质存在于海洋细菌食半乳聚糖卓贝尔氏黄杆菌（*Zobellia galactanivorans*）基因组中，这些细菌通常生长在肠道外。由于日本人喜欢吃海产品，已经发现这些基因已经转移到日本人肠道中的普通拟杆菌（*Bacteroides plebeius*）基因组中，而北美人肠道微生物基因组中就没有这些基因。尽管有这些基因的交换，不同的人还是具有同样的代谢和功能途径，包括果糖和甘露糖的代谢，氨基糖的代谢和*N*-聚糖的降解。

人体的许多部位可以为微生物群体生长提供良好的生活环境，那么这些正常的微生物菌群对人体有什么贡献呢？我们说，人体是离不开这些正常的微生物菌群，这是因为：①这些正常微生物菌群，如肠道中的微生物菌群在生长代谢过程中可以向人体提供许多必不可少的营养物，如硫胺素、核黄素、烟酸、维生素 B_{12}、维生素K、生物素和各种氨基酸。②这些正常微生物菌群在人体上定居，能有效地抑制或排斥其他微生物菌群，特别是病原微生物的侵入，以利于人体的健康。正常微生物菌群可以通过有效的食物和空间竞争，产生抗生素和其他抑菌物质达到上述目的。

肠道微生物能产生糖苷水解酶、糖基转移酶和多糖裂解酶，帮助人体消化木质纤维素、非淀粉多糖、抗性淀粉、果寡糖和半乳糖寡糖。转化的结果是产生气体（甲烷、氢气和 CO_2）和短链有机酸（甲酸、乙酸、丙酸、丁酸等）、甲醇和乙醇。产生的丁酸作为能源物质，并产生酮体和 CO_2。同时丁酸通过刺激肠内分泌细胞还可以调节能量，处于稳态，丁酸还可以降低胆酸和苯酚产生的有害效应。肠道细菌的蛋白酶和肽酶帮助消化蛋白质。肠道微生物还可以帮助转化脂类、胆酸盐、胆碱和多酚。

但是，这些正常微生物菌群对人体的益处也

是有条件的，在大多数情况下，对人体是有利的，在某些情况下，其中有些微生物对人体也是有害的。例如，一旦皮肤受伤，一些化脓性球菌便可以进入受伤部位，引起化脓性感染。肠道中的大肠杆菌一旦进入泌尿系统，就会引起尿路感染等。

思 考 题

1. 在分批培养过程中为什么接种量大时生长速率就高？

2. 请你举1～2个例子说明在自然环境中一种微生物群体不同个体之间的协同作用。

3. 谈谈细菌和古菌如何抵抗病毒、质粒和其他外源DNA的侵入？根据这个原理建立了目前十分流行的基因组编辑技术CRISPR/Cas9，该技术的原理是什么？

4. 请举例说明在自然界中微生物如何通过电子传递建立互惠共生关系。

5. 你认为在自然环境中有关的微生物是否可以产生抗生素？为什么？

6. 自然界中不同的微生物可以通过各种遗传物质交换发生相互关系，你认为这种关系对于微生物和生态环境有什么影响？

7. 请你谈谈微生物被膜中微生物之间存在哪些关系？有哪些生物因素和环境因素导致生物被膜的形成？

8. 在自然环境下不同固体表面很容易形成生物被膜，请举例说明不同固体表面形成的生物被膜有哪些重要的生理功能。如何促进有益生物被膜的形成？如何抑制有害生物被膜的形成？

9. 为什么根瘤菌必须在相应植物根瘤中才可以进行高效固氮？

10. 从根际微生物与植物根的相互关系中，你认为微生物肥料包括哪些微生物？

11. 从哪些方面可以说明反刍动物的瘤胃是一个自然的厌氧连续生物反应器？

12. 瘤胃中有哪些关键的微生物？它们对宿主各有什么贡献？宿主对这些微生物又有什么作用？

13. 反刍动物在反刍过程中同时溢出气体，该气体是什么物质？是如何合成的？这种气体有何害处？要抑制反刍动物溢出这种气体，要采取什么措施？

14. 有人认为所有微生物对人类都是有害的，你对此有何看法？

15. 目前肠道微生物与人体和动物之间的关系引起了人们的高度关注，你认为肠道的微生物如何从分子水平上对人类和动物健康和疾病产生影响？

16. 要构建有利于人体和动物健康的肠道微生物菌群，应采取哪些措施？

17. 最近发现pH信号通路在植物病原菌产生毒素和致病方面能发挥重要的作用，请你从分子水平上谈谈这些pH信号通路工作原理是什么。

主要参考文献

池振明. 1999. 微生物生态学. 济南：山东大学出版社.

施婉君. 2002. 昆虫共生细菌 *Wolbachia* 的研究进展. 生态学报，22（3）：409-419.

Adak A, Khan MR. 2019. An insight into gut microbiota and its functionalities. Cell and Molecular Life Sciences, 76: 473-493.

Davison J. 1999. Genetic exchange between bacteria in the environment. Plasmid, 42: 73-91.

Ellison CK, Dalia TN, Vidal CA, et al. 2018. Retraction of DNA-bound type IV competence pili initiates DNA uptake during natural transformation in *Vibrio cholerae*. Nature Microbiology, 3: 773-780.

Hille F, Richter H, Wong SP, et al. 2018. The biology of CRISPR-Cas. Backward and Forward Cell, 172(8): 1239-1259.

Kaswan K, Kumar K, Shehata AM. 2022. Rumen microbiology and microbial degradation of feedstuffs//Mahajan S, Varma A. Animal Manure, Soil Biology. Berlin: Springer Nature Switzerland: 45-55.

Li B, Chen Y, Tian S. 2022. Function of pH-dependent transcription factor PacC in regulating development, pathogenicity, and mycotoxin biosynthesis of phytopathogenic fungi. The FEBS Journal, 289: 1723-1730.

Lorenz MG, Wackernagel W. 1999. Bacteria gene transfer by natural genetic transformation in the environment. Microbiological Reviews, 58: 563-602.

Matthews C, Crispie F, Lewis E, et al. 2019. The rumen microbiome: a crucial consideration when optimising milk and meat production and nitrogen utilisation efficiency. Gut Microbiome, 10(2): 115-132.

Sonawane JM, Kumar Rai A, Sharma M. 2022. Microbial biofilms: recent advances and progress in environmental bioremediation. Science of the Total Environment, 824: 153843.

第五章　微生物在生物地球化学循环中的作用

在正式介绍这一章中心内容之前，我们先介绍与本章内容有关的几个基本概念。

本章彩图

第一节　基 本 概 念

一、能量流

生态系统必须有能量，生态系统的能量（以光和热的形式存在）大部分来自太阳光的辐射能，小部分来自地球本身储存的能量。这些能量首先由初级生产者捕获，初级生产者的能量再传递给取食者，生态系统中的这种能量由一个生物传递给另一个生物的现象，叫作能量流（energy flow）。太阳光的辐射能首先由绿色植物、藻类和一些光合细菌捕获，并通过光合作用把捕获的部分能量储存在这些生物体中的有机物上，这些初级生产者储存能量的速度称为初级生产力。初级生产力可以用能量单位来表示，或用碳的当量来表示，这样生态系统的能量流动和物质的流动紧密相关。

这些活的初级生产者可以被初级取食者利用作为食物，这样，初级生产者所储存的一部分能量在初级消费者呼吸过程中以热的形式被消耗掉，而另一部分能量则储存在初级消费者机体的有机物中。初级消费者又可被次级消费者利用作为食物，在该过程中，也存在能量消耗和再储存的过程。初级生产者、初级消费者和次级消费者尸体及它们的分泌物最终被各种异养菌分解成 CO_2 和 H_2O，并把尸体的大部分能量释放到环境中去，而仅有少部分能量储存在异养菌菌体内。

生态系统中无机物和有机物储存的能量和有机碳从一个生物传递到另一个生物的过程叫作食物链（food chain）。实际上，一个生态系统中，物质和能量的传递并不是这种线性关系而是一种非常复杂的关系，所以我们应该把食物链改称为食物网（food web）。最简单的一个食物网如图 5-1 所示。

二、营养水平

在整个食物网中，初级生产者和各种异养生物处在不同的营养水平（nutritional level）上，首先初级生产者从太阳光中或从无机物中获得能量，然而这些能量不断地逐级往上流动，由于各级生物固定能量的量不同，所以我们把每一级的能量状况，称为营养水平。在食草动物食物链中，微生物和初级生产者及初级消费者一样，都处在营养较低级水平上，而动物则处在较高级的营养水平上，人处在最高级的营养水平上。生物处在越高的水平，由于在呼吸过程中所造成的能量损失，那么它所得到的能量就越少，它的生物量也就越少，所以在整个食物链中，营养水平呈金字塔形状，如图 5-2 所示。

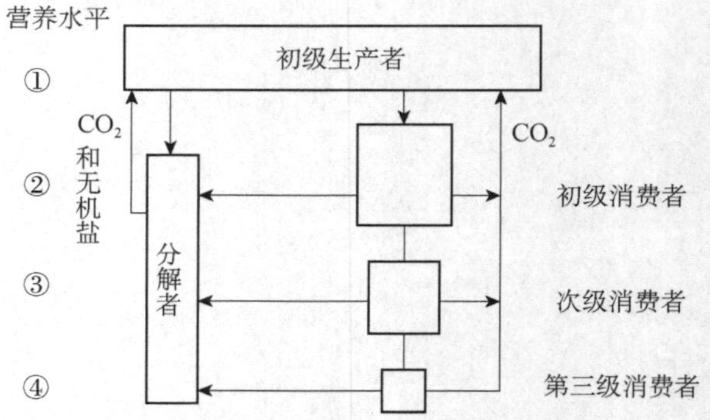

图 5-1　一个理想化的食物网（池振明供图）

三、生物地球化学循环

生物地球化学循环（biogeochemical cycle）是指在生物化学推动力作用下，自然界中物质在生物圈中所进行的转化和运动。自然界中的许多元素可以在生物之间、生物和非生物之间，按照一定的途径、进行不断的来回循环，这种来回循环对于保持生态平衡起着非常重要的作用。所有生物都参与了物质的生物地球化学循环，但是微生物无处不在、代谢能力和生理功能多样、酶活力高，所以微生物在生物地球化学循环中起主要的作用。

大部分生物地球化学循环都直接或间接地受太阳光的辐射能所驱动，能量可以被吸收、转化、暂时被储存，最终在生态系统中被释放，也就是说能量可以通过生态系统进行流动。这种流动对于生态系统发挥正常的功能是必需的。很小部分生物地球化学循环是受化能自养菌无机物氧化释放的能量所驱动，这种情况仅发生在漆黑无光的深海地热环境中。

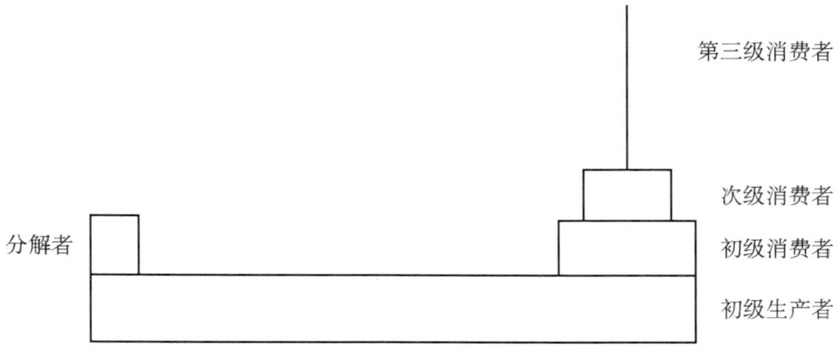

图 5-2　营养水平呈金字塔形状（池振明供图）

大多数自然界中的元素在生态系统中都能得到循环，但各种元素循环的速率是有很大差别的，其中生命所必需的、最基本的几种元素如 C、H、O、N、S 和 P 在生态系统中受到比较强烈迅速的循环，而次要的元素如 Mg、K、Na、卤素元素，以及微量元素如 Al、B、Co、Cr、Cu、Mo、Ni、Se 和 Zn 在生态系统中循环就不那么强烈，但 Fe、Mn、Ca 和 Si 是例外，Fe 和 Mn 在生态系统中是通过氧化还原的方式进行强烈的循环，Ca 和 Si 是生物细胞内外结构的重要成分，所以这两种元素也受到了强烈的循环。非必要的，甚至具有毒性的一些元素也会在某种程度上受到循环，如放射性 Si 和同位素可以在生物体内得到累积；Hg、Pb 和 As 等元素可以受到微生物的氧化还原和甲基化作用。

由微生物参与的生物地球化学循环对于自然生态来说具有重要的意义：①这种循环对于保持生态系统中的物质和能量流动处于平衡状态是非常重要的，如果自然界中不存在异养菌，那么就不能对动物和植物尸体及它们的分泌物进行矿化作用，地球上所有的碳都累积于这些残体上，造成生态系统中许多重要元素都无法循环，从而失去平衡；②这种循环对于动物和植物群体的生长和生存是必不可少的，因为微生物的某些代谢活动会直接影响动物和植物的生命活动，如上章所述；③这种循环对于消除目前自然界中越来越多的环境污染物起着非常重要的作用，因为微生物是自然环境自净的主要力量；④这种循环在很大程度上决定了生态系统中的生产力，因为如果没有微生物高活力地矿化有机物，释放出 CO_2，光合生物就无法进行光合作用。但是目前全世界强调要保持碳中和（carbon neutral）和尽快实现碳达峰（peak carbon dioxide emission），而不能过度排放 CO_2，否则会对地球气候产生非常不利的影响，产生温室效应。

自然界中各种元素的循环不是单独进行的，而是相互联系的，如 C、H 和 O 的循环就是如此，如图 5-3 所示。

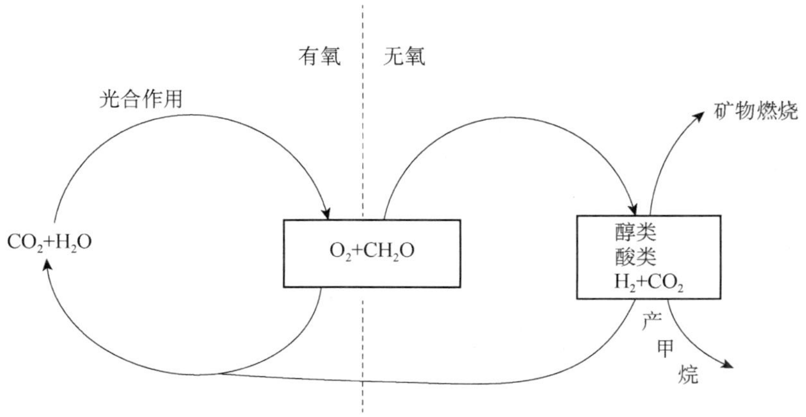

图 5-3　C、H 和 O 在生物地球化学循环中的相互关系（池振明供图）

第二节 碳 循 环

当我们要介绍每一种元素的生物地球化学循环时，有必要了解这种元素在地球上的库存量和这种库存量是否处于活跃的循环中。地球上处于最活跃循环的元素就是 C，如大气中的 CO_2（占大气成分的 0.03%）、溶解形式的 CO_2（H_2CO_3、HCO_3^-、CO_3^{2-}）和有机碳（活的和死的有机体）。这些碳在地球上周转的速率是非常快的，并且周转量也很大。地球上还有一部分碳基本上处于惰性状态，如碳酸盐岩（包括石灰石和白云石）和矿物燃料（如煤、石油、煤油页岩、天然气和油质）。但是，从 19 世纪初期世界发生工业化革命以来，人类大量开采和利用煤和石油，通过燃烧把大量矿物中的有机碳以 CO_2 的形式释放出来，使大气中的 CO_2 浓度不断上升，并造成温室效应。现在人们不确定微生物的活动是加剧这种效应，还是减轻了这种效应。但有初步的迹象表明微生物有可能对 CO_2 浓度增加和温度上升起一定的作用，如果微生物能增强固定 CO_2 的能力，将会减轻这种效应，如果微生物呼吸量增大，将会加剧这种效应。所以如果能加强自然界中微生物和工业生产菌株的 CO_2 固定，这对减少 CO_2 的排放、减少地球的温室效应、保持碳中和及早日实现碳达峰具有非常重要的现实意义。

一、自然环境中 CO_2 的固定途径

上面说到减少 CO_2 排放，增强生物固定 CO_2 的能力，对减少地球的温室效应具有重要的现实意义。现已证实自然环境中存在 6 个 CO_2 固定途径：①卡尔文循环；②3-羟基丙酸循环；③Wood-Ljungdahl 途径；④还原型的三羧酸循环（TCA 循环）；⑤二羧酸/4-羟基丁酸循环；⑥3-羟基丙酸 4-羟基丁酸循环。其中卡尔文循环、3-羟基丙酸循环和 3-羟基丙酸 4-羟基丁酸循环是好氧的，而其他途径是厌氧途径，因为它们的途径中有关酶对氧气敏感（图 5-4）。

1. 有氧的 CO_2 固定途径

1）卡尔文循环　　卡尔文循环（图 5-4A）是自然界中最重要的 CO_2 固定途径，所有农作物和植物从该途径中获得碳源。该途径受到光驱动，广泛存在于植物、藻类、蓝细菌和其他生物中。每一轮卡尔文循环把 3 分子 CO_2 转化成甘油醛-3-磷酸，消耗 9 分子 ATP 和 6 分子 NADPH。它在自然界中 6 个 CO_2 固定途径中是最消耗能量的途径。固定 CO_2 的关键酶是核酮糖-1,5-双磷酸羧化酶/加氧酶（ribulose-1,5-bisphosphate carboxylase/oxygenase，Rubiso），形成的产物是甘油醛-3-磷酸，这是该循环的限速酶，平均活力为 3.5μmol/（min・mg）。另外，空气的 O_2 也是 RubiscO 的底物，可以与 CO_2 竞争该酶的活性中心。与 O_2 反应产生磷酸乙醛酸，通过随后的光呼吸途径释放出 CO_2。

2）3-羟基丙酸循环　　该循环存在于光合绿非硫细菌中，也是由光来驱动（图 5-4B）。该循环结构最复杂，有 16 种酶参与反应，其中 13 种酶参与催化作用。与卡尔文循环相反，不是把 CO_2 转化成甘油醛-3-磷酸。在该途径中有两个固定 CO_2 的酶：乙酰 CoA 羧化酶催化乙酰 CoA 固定 1 分子 CO_2 形成丙酰 CoA，以及丙酰 CoA 羧化酶催化丙酰 CoA 固定 1 分子 CO_2 形成丁酰 CoA。

3）3-羟基丙酸 4-羟基丁酸循环　　另外一个需要氧气的固定 CO_2 途径就是 3-羟基丙酸 4-羟基丁酸循环（图 5-4C）。该循环受到 S 和 H_2 的驱动。该循环从 2 分子 HCO_3^-、4 分子 ATP 和 4 分子 NAD（P）H 合成 1 分子乙酰 CoA。跟 3-羟基丙酸循环一样，也是利用 2 个固定 CO_2 的酶，即乙酰 CoA 羧化酶和丙酰 CoA 羧化酶。

2. 无氧的 CO_2 固定途径

1）Wood-Ljungdahl 途径　　该途径（图 5-4D）存在于产乙酸的厌氧菌中，利用 H_2 作为它的能源。它是唯一的非循环 CO_2 固定途径，参加的反应步骤也最少，消耗的能量也最少。该途径把 2 分子 CO_2（或 1 分子 CO_2 和 1 分子 CO）转化成 1 分子乙酰 CoA，消耗 1 分子 ATP 和 4 分子 NAD(P)H，所以也把它叫作厌氧的乙酰 CoA 途径。

2）还原型的 TCA 循环　　该途径（图 5-4E）存在于光合绿硫细菌和厌氧细菌中，该循环通过固定 2 分子 CO_2 产 1 分子乙酰 CoA，消耗 2 分子 ATP 和 4 分子 NAD(P)H。参与固定 CO_2 的关键酶是 α-酮戊二酸合成酶和异柠檬酸脱氢酶。α-酮戊二酸合成酶是绝对厌氧的，活力未知，产物是 α-酮戊二酸。而异柠檬酸脱氢酶是固定 CO_2 酶中活力最高的酶，合成的产物是异柠檬酸。

3）厌氧古菌的固定 CO_2 途径　　该途径即二

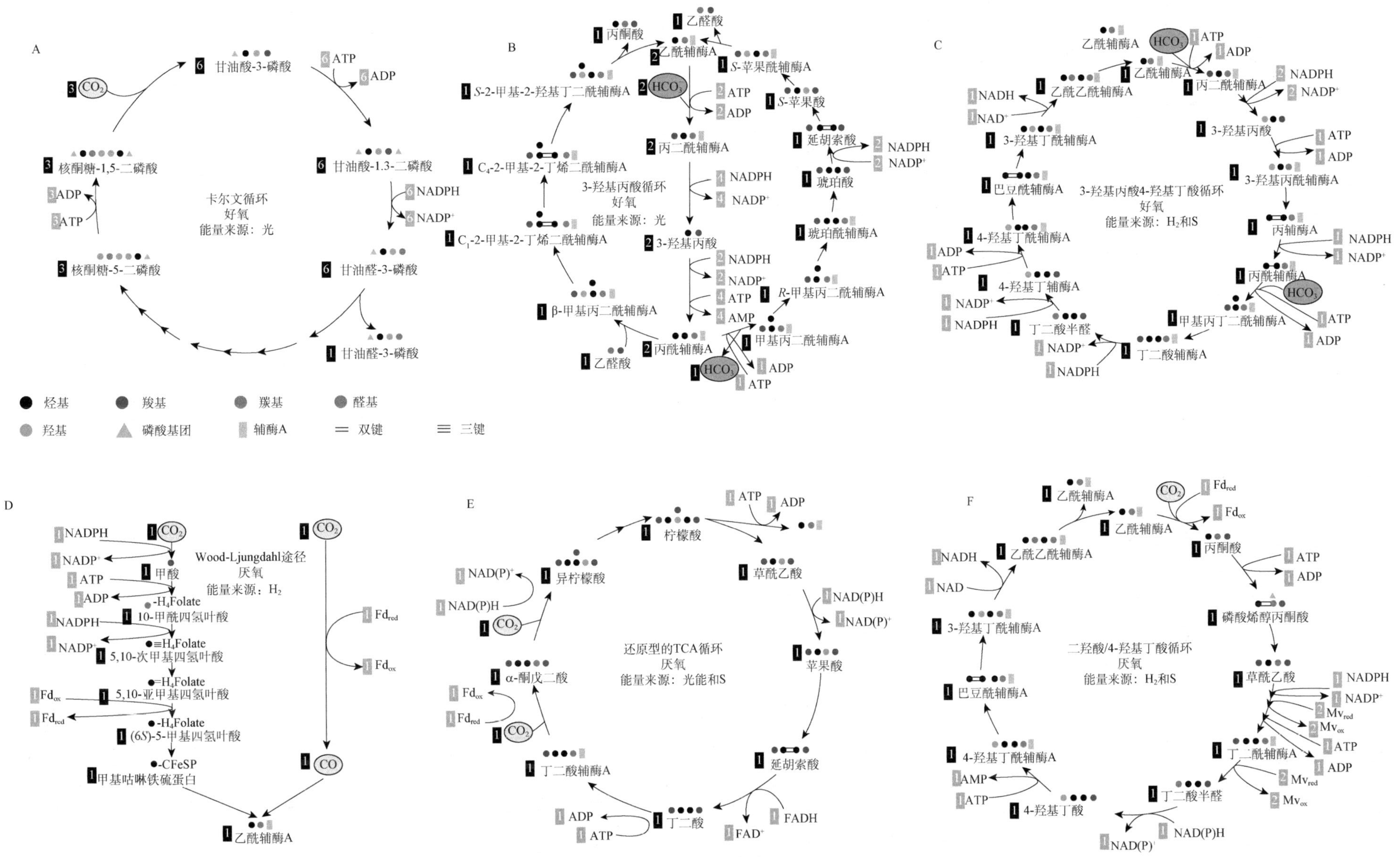

图 5-4　自然界中生物固定 CO_2 的 6 个途径（Gong et al.，2016）

羧酸/4-羟基丁酸循环（图 5-4F），利用 S 和 H_2 作为能源，每分子 CO_2 和 HCO_3^- 用于合成 1 分子乙酰 CoA，消耗 3 分子 ATP 和 4 分子 NAD（P）H。参与固定 CO_2 的关键酶是丙酮酸合成酶和磷酸烯醇丙酮酸羧化酶。丙酮酸合成酶是 1 个严格厌氧的酶，活性未知，合成的产物是丙酮酸。磷酸烯醇丙酮酸羧化酶对 HCO_3^- 的 K_m 值是这些途径所有羧化酶中最小的，也就是催化活力最高的酶，说明该酶对 HCO_3^- 有很高的亲和力。催化的产物是丙酮酸。在最适生长条件下的自养极端嗜热古菌火球菌（*Ignicoccus hospitalis*）在利用该固定 CO_2 途径生长时细胞增倍时间仅是 1h，这的确说明磷酸烯醇丙酮酸羧化酶对 HCO_3^- 的亲和力非常高。

二、碳循环中的物质流动

通过光合作用和化能自养固定 CO_2 是地球上合成新有机碳的重要途径。光能营养和化能自养的生物是碳循环的基础。光能营养生物仅仅存在于有光的环境中，产氧的光合生物可以分为两个主要类群：高等植物和微生物，其中高等生物（植物）在陆地上是主要的光能营养生物，而在水圈中光能营养的微生物（藻类和蓝细菌）是主要的光合生物。厌氧的光合生物是其他缺氧水圈的自养生物。化能自养生物只存在于有氧环境中，如硝化细菌和硫细菌。但是产甲烷菌和产乙酸细菌只存在于无氧环境中。整个碳循环必须是光合速率大于呼吸速率，这样整个地球才能保持碳平衡，保证有不断的 CO_2 形成。光合作用固定的碳随着时间的推移被各种微生物降解成两种氧化状态：CO_2 和甲烷。CO_2 和甲烷是各种化能有机营养菌通过有氧呼吸和厌氧呼吸（异化反硝化或产甲烷）而产生的。在无氧生物圈中产生的甲烷几乎不溶于水（在 17℃ 下每升水只能溶解 35mL），并且很容易被运输到有氧环境中，并被甲基营养菌转化成 CO_2。所有的有机碳最终都要被转化成 CO_2，便于自养生物重新开始碳循环，碳循环的氧化和还原这两部分保持平衡是非常关键的。某些生物产生的代谢产物作为其他生物作用的底物，即通过食物网进行碳的流动。在有机物降解过程中，一般情况下由微生物代谢活动释放的 CO_2 量远远超过真核大生物释放的 CO_2 量，特别是在无氧环境中更是如此。参与碳循环的主要生物如表 5-1 所示，从中可以看出微生物在碳循环中的重要作用。

表 5-1　参与碳循环的主要生物

反应过程及其功能	生物
自养生物的 CO_2 固定[CO_2→（CH_2O）$_n$]	
好氧的光能营养	植物、藻类和蓝细菌
化能自养	硝化细菌和硫杆菌
厌氧的光能营养	硫细菌：红硫菌科、绿菌科
化能自养[H_2 作为最终电子受体]	产乙酸菌、产甲烷菌、产硫细菌
呼吸作用[（CH_2O）$_n$→CO_2]	所有异养生物
反硝化作用[（CH_2O）$_n$→CO_2]，硝酸呼吸，异化硝酸盐还原	假单胞菌、副球菌
产酸发酵[（CH_2O）$_n$→脂肪酸和 CO_2]	肠杆菌科、梭状芽孢杆菌、产丁酸杆菌科
产硫化氢（脂肪酸→CO_2），完全氧化	脱硫杆菌、脱硫细菌、脱硫弧菌和脱硫线菌
互营菌发酵菌（脂肪酸→乙酸），第二级发酵菌	大互营单胞菌（*Syntrophomonas wolfei*）、互营杆菌（*Syntrophobacter* sp.）
产硫化氢细菌（脂肪酸→乙酸），不完全氧化	脱硫弧菌（*Desulfovibrio* sp.）、杆状脱硫微菌（*Desulfomicrobium* sp.）、脱硫肠状菌（*Desulfomaculum* sp.）、脱硫叶菌（*Desulfobulbus* sp.）
碳酸盐呼吸（CO_2→乙酸），CO_2 作为最终电子受体，同型乙酸细菌	产乙酸热梭状芽孢杆菌（*Clostridium thermoaceticum*）、伍氏醋酸杆菌（*Acetobacterium woodii*）
乙酸分解产甲烷（乙酸→CO_2+CH_4）	甲烷八叠球菌（*Methanosarcina* sp.）、甲烷丝菌（*Methanothrix* sp.）
碳酸盐呼吸作用（CO_2→CH_4），利用 CO_2 作为最终电子受体	甲烷球菌（*Methanococcus* sp.）、甲烷微杆菌（*Methanomicrobium* sp.）、甲烷螺菌（*Methanospirillum* sp.）、甲烷嗜热菌属（*Methanothermus* sp.）
甲基营养菌（CH_4→CO_2），利用甲烷作为碳源和能源，好氧菌	甲基单胞菌（*Methylomonas* sp.）、甲基杆菌（*Methylobacter* sp.）、甲基球菌（*Methylococcus* sp.）、甲基弯曲菌（*Methylosinus* sp.）、甲基孢囊菌（*Methylocystis* sp.）、某些酵母菌
甲基营养菌（CH_4→CO_2），厌氧菌	厌氧甲烷氧化菌和产硫化氢生物之间的互营作用

注：（CH_2O）$_n$ 表示碳水化合物

三、通过食物网进行碳的流动

在环境中微生物与碳循环之间的所有关系都可以用一个简单的图来表示（图 5-5）。每个食物网都依赖于初级生产者，即自养生物，这些生物吸收太阳能和无机物的化学能，固定 CO_2 合成有机物，从而把太阳能转化成化学能。与自养生物有关的微生物有光合微生物和化能自养菌（表 5-1），根据它们固定 CO_2 合成有机物的能力，光合微生物，即藻类、蓝细菌和绿色及紫色细菌起主要作用，而化能自养菌对固定 CO_2 的贡献就比较小。产甲烷菌对固定 CO_2 也起一定的作用。但是自然界仅有少量的微生物能利用 CH_4，如专性甲基营养菌能利用甲烷、甲醇、甲酸、CO 和其他一些 C_1 化合物（表 5-1）。

初级生产者把 CO_2 转化成有机碳，所固定的 CO_2 总量代表某一生态系统中生物群落的总初级生产力。初级生产者在呼吸过程中，也会把部分有机物重新氧化成 CO_2，返回大气中，而剩余的有机物就是初级生产者的净得生产力（net production）。然后，通过食物网各级取食者的作用，来完成其中部分的碳循环，消费者在呼吸过程中也把初级生产者所合成的大量有机物转化成 CO_2，回到大气中，但是异养生物在代谢过程中也能固定少部分 CO_2，如图 5-4 所示的丙酮酸羧化酶、磷酸烯醇丙酮酸羧化酶、乙酰 CoA 羧化酶和丙酰 CoA 羧化酶等。光合生物所合成的，不能被异养生物重新转化成 CO_2 的净得有机碳，称为净群落生产力（net community productivity）。正是由于净群落生产力，生态系统得以累积有机物。如果净群落生产力是一个负值，那么必须输入外来的有机物，否则这一生态系统中的生物群落就会耗尽所有的能量，最终消失。

在食物网中，处在较低一级营养水平上的生物被传递给较高一级营养水平上的过程中，仅有 10%～15%生物量被保留住，而 85%～90%的生物量在呼吸过程中被消耗掉，或被食物网的分解者分解成 CO_2。结果营养水平越高，它的生物量就越少，如图 5-2 所示。当然这个图过于简单，实际的情况要复杂得多。

在大多数陆地和浅水环境中，初级生产者主要是高等植物。主要的食草动物为无脊椎动物或脊椎动物。微生物通常也参与光合作用，但与高等植物相比，它们的作用是次要的。但是，在极端环境中，如裸露的岩石表面、地球两极地区、高盐和高温地区、深海环境，由于植物无法在这些环境中生长，所以微生物是主要的初级生产者。在深湖的湖沼带和海洋的远洋区域，由于没有植物存在，整个食物网以微生物作为仅有的初级生产者，其中微生物主要有单细胞藻类和蓝细菌。在这些环境中，肉食生物也可以是微生物，即浮游原生动物。食物网的分解者主要是微生物。在深海漆黑的环境中，化能自养菌是主要的初级生产者，这些自养菌不依赖太阳光作为能量，而是氧化无机物和 C_1 化合物获得能量，并固定 CO_2。取食者是一些深海动物。因此，从现代科学研究结果来说万物生长靠太阳这个概念是错误的。

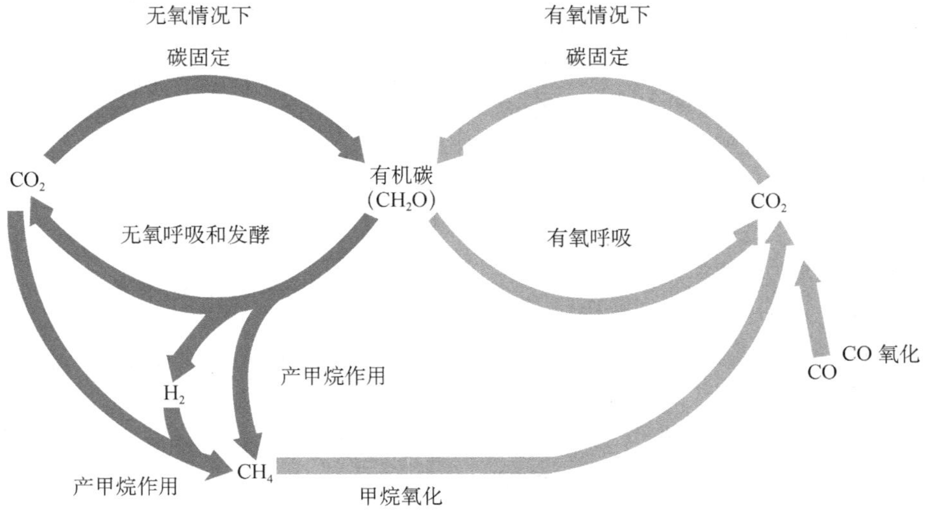

图 5-5　在环境中一个基本的碳循环（池振明供图）

在类似于陆地和水的环境中，食物网的分解者主要是微生物，这些微生物降解动物和植物尸体，分解其他生物未完全消化的有机物，如粪便和尿素等。通过微生物分解再循环的那部分生物量在不同的生活环境中是大不相同的，如在森林和盐沼泽地中，微生物分解占所有能量流的

80%～90%。而在其他极端环境中，如深湖的湖沼带和海洋远洋区域，食草动物很快消耗大量的初级生产者，只有相当少量的初级生产者的生物量通过微生物进行分解。

在微生物分解过程中所累积的部分生物量可以进行循环回到食物网中去，因为有些肉食动物可以利用微生物作为主要或补充碳源和能源。细菌对食物网的主要贡献就在于它们能从极稀的溶液中浓缩和同化可溶性的有机碳，并把这些营养物转化成生物量，以便让其他生物能利用这些生物量作为食物，而这里所指的其他生物恰好无法直接利用这些浓度极稀的营养物，这种现象叫作异营养生产（heterotrophic production），这种现象在可溶性有机物浓度极稀的水环境，如大湖和海洋环境中是非常重要的。

四、微生物在碳循环中所起的特殊作用

很明显，在许多自然生态环境中，由行异养生活的大生物和微生物共同参与了有机物的降解和再循环，其中微生物起关键性的作用，这不仅由于自然界中存在大量的微生物，而且在于微生物具有非凡的降解能力。在好氧条件下，大生物和微生物具有分解简单有机营养物和某些天然多聚物（如淀粉、果胶和蛋白质等）的能力。但是，微生物还能厌氧分解有机物。对于一些量非常大而又难以消化的天然多聚物，如纤维素、半纤维素、木质素和几丁质等物质的降解，微生物能发挥独特的作用，因为这些微生物可以产生纤维素酶、木聚糖酶和几丁质酶等，而动物因为不能产生这些酶而对这些多聚物无能为力。微生物在降解土壤中腐殖质、蜡状物质和许多人工合成的有机物方面也具有特殊的本领。

碳的某些转化可以在好氧条件下进行，而另外一些转化只能在厌氧条件下进行。那么在厌氧条件下只有微生物才能参与碳的转化作用。例如，在厌氧条件下微生物可以产生甲烷，而烷烃的快速矿化作用则必须局限在有氧环境中进行。某些有机物可以在一些特殊的环境中受到累积，而不能被生物群体所利用。而在另一些环境中，同样的化合物却很容易作为生物的碳源和能源，这是这些环境的条件和其中所含微生物不同所致。

在自然环境中，有许多因素不利于碳的循环，如缺少氧、酸碱度太大、高温、低温、含有高浓度的有毒物质（如苯酚和单宁），都会抑制各种化合物的生物降解，最终这些未降解的有机物在自然环境中得到累积，并导致矿物燃料的形成。木质素和其他物质的代谢会产生一些含有苯酚结构的中间产物，这些中间产物是形成腐殖质的基础，它们可以进行再循环，也可以进一步形成矿物燃料，如煤炭。一般情况下，腐殖质是相当稳定的，它们在自然界中的平均寿命一般在 20～2000 年。物质的不同分子结构对碳循环速率也有明显的影响，某些有机物对酶分解具有相当大的抗性，甚至有些化合物完全不能被微生物分解，像这样的化合物很容易在生物圈中得到累积，并在局部环境中达到可以引起中毒的浓度，如化学合成的各种塑料和农药等，这方面我们将在第八章中做详细介绍。微生物的代谢活动会影响环境中的有机碳及其能量是否能被其他生物所利用。例如，上面说过有机碳的某些转化作用会导致在土壤中产生多聚物如腐殖酸，这样便降低了碳循环速率或这部分的碳固定化，并使这些有机物的能量储存在自然界中，不能被利用。相反，其他的一些转化，如纤维素、半纤维素和几丁质的降解，使自然界储存的碳和能量得到释放，所产生的一些较为简单的有机物很容易被其他生物群体所利用。

微生物还与 CO 的循环有关，某些微生物如藻类和蓝细菌能产生少量 CO，释放到大气中去。相反，一些微生物和某些异养菌和自养菌却能利用 CO，如羧基化细菌（carboxylated bacteria）是一群很特殊的微生物，这些微生物能利用 CO 作为能源而生长，这样的微生物对于调节大气中的 CO 浓度起着一定的作用。土壤中生长的这些微生物可以把 CO 中的碳组入细胞生物量中。在有氧条件下，羧基黄假单胞菌（*Pseudomonas carboxidoflava*）和羧氢化假单胞菌（*Pseudomonas carboxydohydrogena*）能利用 CO 作为碳和能源，但它们在这种条件下生长是很慢的，这些细菌细胞中的 CO-氧化还原酶可以催化反应（5-1）：

$$CO + H_2O \longrightarrow CO_2 + H_2 \qquad (5\text{-}1)$$

在有氧条件下，H_2 被氧化成水，释放出的能量用于固定 CO_2。在 CO 上生长是相当慢的，并且效率很差，被氧化的 CO 仅有 4%～16%被固定成细胞碳。

在厌氧条件下，在某些产甲烷菌中，如巴氏甲烷八叠球菌（*M. barkeri*）在有 H_2 存在的情况下可以把 CO 还原成 CH_4，即

$$CO + 3H_2 \longrightarrow CH_4 + H_2O \qquad (5\text{-}2)$$

在产乙酸细菌中，如产乙酸热梭状芽孢杆菌（*Clostridium thermoaceticum*）可以把 CO 还原成乙酸，即

$$2CO + 2H_2 \longrightarrow CH_3COOH \quad (5\text{-}3)$$

微生物产生的甲烷是大气中碳氢化合物的主要来源，自然界许多环境如土壤、各种水体中的沉积泥和某些动物消化系统如瘤胃中，经过微生物的作用均可产生 CH_4。当然，自然界中的有些微生物可以氧化甲烷，见本节第五部分的详细介绍。

五、甲烷循环

如图 5-5 所示，甲烷循环是碳循环的一部分。甲烷来自微生物或热源，它是最丰富和化学最稳定的碳氢化合物。来自微生物的甲烷通常含有低 $^{13}C/^{12}C$ 比例，而且不含有其他碳氢化物（乙烷、丙烷和丁烷等）。与其他通过热源产生的碳氢化合物一样，热源产生的甲烷是由埋存在地下的有机碳通过化学转化而产生的或通过水、含 Fe^{2+} 的岩石和 CO_2 在数百摄氏度下形成的。甲烷水合物［像冰一样的固体溶液，其组成是（CH_4）$_9$–（H_2O）$_{46}$ 或（CH_4）$_{24}$–（H_2O）$_{136}$］，是甲烷在高压下被压缩后形成的水合物结构，1m^3 的甲烷水合物解离后能产生 0.8m^3 的水和 170m^3 的甲烷气体。在不含有硫酸盐的深海海洋沉积泥中，甲烷水合物的量要超过地球常规化石燃料量两个数量级。

甲烷在环境中具有特殊的地位。甲烷能给地球造成 15%的温室效应，这些甲烷主要来自微生物代谢活动。另外，甲烷是目前主要的可再生气体生物燃料，主要来自固体废弃物发酵产生。

进入大气的许多甲烷（535～1×10^6 吨/年）主要来自生物合成，其中来自瘤胃生物的为 85～1×10^6 吨，来自暂时淹没的水稻农田和沼泽地的为 60～1×10^6 吨，来自湖泊的为 115～1×10^6 吨。近年来，由于养殖牛数量倍增和水稻田面积扩大，人工造成的甲烷量在不断增加。

1. 产甲烷　甲烷形成出现在由发酵微生物和其他两种类群的微生物，即产乙酸微生物和产甲烷菌组成的食物链中。产甲烷菌是一群绝对厌氧的古菌。大多数产甲烷菌在厌氧呼吸（碳酸呼吸）过程中利用 CO_2 作为最终电子受体，并和 H_2 一起把 CO_2 还原形成甲烷。仅仅少数几种底物，主要是乙酸，才能被产甲烷菌直接转化成甲烷。为了把大部分其他有机物转化成甲烷，产甲烷菌必须与其他微生物合作，由其他微生物，即互营菌给产甲烷菌提供合适的底物，这些互营菌在无氧环境中对于进行完整的碳循环非常重要。要把一些高分子的化合物，如多糖、蛋白质和脂类转化成甲烷和 CO_2，就得与能把这些高分子化合物进行降解的其他微生物进行合作。例如，要降解多糖，如纤维素，就得与能产生纤维素酶的微生物合作，把纤维素分解成纤维二糖和葡萄糖，产生的葡萄糖被产酸细菌转化成各种发酵产物，如乙酸、丙酸、丁酸、琥珀酸、乙醇、H_2 和 CO_2，产生的 H_2 马上被产甲烷菌、同型产乙酸细菌或硫酸还原菌消耗掉。

环境中低的 H_2 分压（$<10^{-4}$bar）可以使 NADH（它的氧化还原电位为−320mV）的电子得到释放，让 CO_2 得到更多的电子用于合成甲烷，同时适当优化发酵条件也可以产生更多的乙酸、CO_2 和 H_2，这样有利于甲烷的合成，而产生乙醇或丁酸则不利于甲烷合成。同时与产生乙醇、乳酸和丁酸相比，产生更多的乙酸还可以从中获得额外的 ATP。产酸细菌可以从氧化 H_2 的细菌中获得好处，但是它们不依赖这种合作关系。

互营菌氧化脂肪酸产生 H_2。例如，大互营单胞菌（*S. wolfei*）把 C_4～C_8 脂肪酸氧化成乙酸。如果这些脂肪酸中含有奇数的碳原子，还可以产生 CO_2 和 H_2。其他的互营单胞菌甚至可以利用多于 8 个碳的脂肪酸，包括某些不饱和脂肪酸。大互营单胞菌特别善于把丙酸氧化成乙酸、CO_2 和 H_2。然而，仅仅与消耗 H_2 的细菌一起共培养时这些反应才能让这些互营菌得到生长，说明 H_2 对互营菌生长有抑制作用。

在得到平衡的厌氧沉积泥中，能消耗 H_2 的微生物群体很活跃，这样可以维持 H_2 处于低分压状态下，使来自其他生物的碳和电子能不断进入产甲烷途径中，可以增加 CH_4 的产生。所以减少发酵产物累积所起的作用很小，而细胞中心代谢途径就显得非常重要，以此把更多的脂类和氨基酸转化产生长链和分支链的脂肪酸和其他产物。但是当 H_2 供应增加时，如增加供应发酵底物、抑制消耗 H_2 的产甲烷菌（pH 降到 6.0 以下或存在有毒物质），这时减少中心代谢途径产生的其他中间产物就显得非常重要，在这种情况下，脂肪酸量增加，使 pH 进一步下降。

乙酸是产甲烷食物链中必不可少的中间产物，它来自产酸细菌和互营菌的代谢产物，但是也来自产乙酸的细菌本身，这些细菌是绝对厌氧的 G^+ 菌，包括醋酸杆菌、丁酸杆菌、梭状芽孢杆菌等。它们利用 C_1 化合物和 H_2 产生乙酸，反应过程如反应式（5-4）所示：

$$2CO_2 + 4H_2 \longrightarrow CH_3COOH + 2H_2O \quad (5\text{-}4)$$

有些产乙酸细菌甚至可以发酵糖，在低 pH 和低温下，它们甚至可以成功地与消耗 H_2 的产甲烷菌进行竞争，并取得胜利。

在实验室条件下，从 CO_2 和 H_2 中产生乙酸能提供足够的能量，每产生 1 分子乙酸可以产生 1 分子 ATP。但是在自然环境中，产乙酸细菌能得到的 H_2 浓度非常低。因为每产生 1 分子乙酸需要消耗 4 分子 H_2，随着 H_2 浓度下降，产生的能量迅速下降。

产甲烷菌是产甲烷食物链的最后一群成员，在严格无氧条件下它们通过裂解乙酸和还原 C_1 化合物产生甲烷，还原 C_1 化合物产生甲烷的菌只能利用 CO_2/H_2 产生甲烷，但是也可以从 CO、甲酸、甲醇、甲基氨甲基化硫化物中产生甲烷。最主要的产甲烷菌包括甲烷杆菌、甲烷球菌、甲烷微杆菌、甲烷螺菌和甲烷嗜热菌。产甲烷的反应可以分为以下几类。

（1）利用分子氢气作为电子供体还原 C_1 化合物，这类古菌为消耗氢气的产甲烷菌，反应过程如反应式（5-5）所示：

$$CO_2 + H_2 \longrightarrow CH_4 + H_2O \qquad (5\text{-}5)$$

（2）乙酸脱羧产生甲烷，这类古菌为裂解乙酸的产甲烷菌，反应过程如反应式（5-6）所示：

$$CH_3COOH \longrightarrow CH_4 + CO_2 \qquad (5\text{-}6)$$

自然界大部分甲烷来自乙酸的裂解，产生菌为乙酸裂解产甲烷菌，存在两属：甲烷八叠球菌和甲烷丝菌（*Methanothrix* sp.）。首先在这些菌的乙酸激酶和磷酸转乙酰酶联合作用下乙酸被活化后形成乙酰 CoA，或者乙酸被乙酰 CoA 合成酶直接催化合成乙酰 CoA。然后乙酰 CoA 脱羧产生甲烷和 CO_2。

乙酸裂解产甲烷需要消耗大量的能量，由 H^++转位 ATP 合成酶产生大部分 ATP 用于乙酸的活化，每产生 1 分子 CH_4 需要消耗 1/3 分子 ATP。

在淡水沉积泥和沼泽地里，在厌氧条件下生物量的降解是产甲烷的主要途径。而在厌氧海洋环境中，如果富含硫酸盐，硫酸盐还原菌则能成功地与产甲烷菌竞争 H_2 和乙酸，结果甲烷合成反应中断。

2. 甲烷的降解 上述形成的甲烷相当一部分是被释放到大气中，特别是在水体和水稻田中形成的甲烷。在水稻植物中，通过微管和组织可以进行甲烷运输。在厌氧环境生成的气体甲烷可以上升到水面，然后进入大气中。但是有一部分甲烷在土壤和水体的上层有氧区可以被甲基营养菌利用和分解。瘤胃动物和其他动物的消化道中产生的甲烷也会进入空气中。但是地球中大部分的甲烷以甲烷水合物的形式被埋在无硫酸厌氧的深海沉积泥中。尽管不断有甲烷上升流及通过地热源或微生物不断产生新的甲烷，但是仅有少量海洋气体水合物甲烷（全球大约 2%）可以从海洋跟陆地之间的交界处进入水圈，进入水圈的甲烷可以受到微生物的强烈矿化作用。

1）甲烷的好氧降解（甲基营养菌的作用） 甲基营养菌是一群能利用 C_1 化合物的好氧微生物。在土壤和水体中除了有一小群可以利用甲烷的微生物外，还有一大群微生物可以利用氧化型的其他 C_1 化合物，如甲醇、甲基氨、甲酸和甲醛等，这些微生物叫作甲基营养菌。甲基营养菌还包括酵母菌，如博伊丁假丝酵母（*Candida boidinii*）和多形汉逊酵母（*Hansenula polymorpha*）等。消耗甲烷的甲基营养菌通过甲烷单加氧酶将甲烷氧化为甲醇，在过程中结合 O_2 的 1 个氧原子，而另 1 个氧原子被还原成水，它们可以利用 C_1 化合物作为它们唯一的碳源，甲烷有氧氧化过程如图 5-6 所示。有关的微生物有甲基杆菌、甲基球菌和甲基单胞菌等。

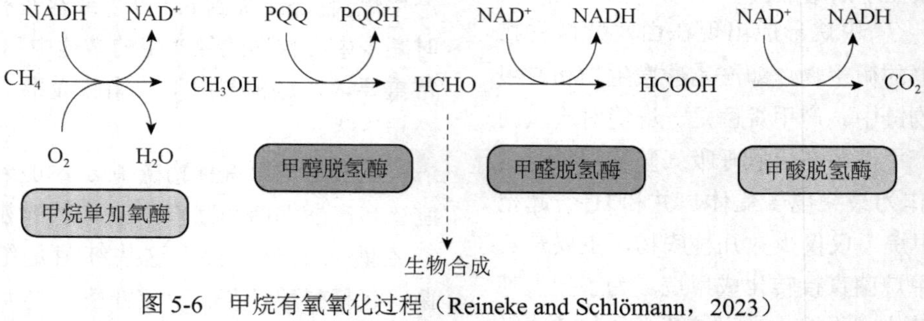

图 5-6 甲烷有氧氧化过程（Reineke and Schlömann，2023）

2）甲烷的厌氧降解 以前，人们认为仅能利用氧气作为最终电子受体和产单加氧酶的好氧菌才能在自然环境中氧化甲烷用于合成生物量。可是近年来越来越多的研究表明甲烷的厌氧氧化（anaerobic oxidation of methane，AOM）作用也出现在富含甲烷的沉积泥中，特别是在含有甲烷水合物、正在合成甲烷和无氧水柱的环境中。每年释放到大气中的甲烷总量大约为 50 000 万吨，并且这个量每年还在增加 1%左右。海洋沉积泥中甲烷的厌氧氧化作用每年会造成 7000 万～30 000 万吨的甲烷损失，也就是每天有2nmol/L甲烷消耗。其中60%以上的甲烷是通过甲烷的厌氧氧化作用消耗掉的。在地球上厌氧的甲基营养菌生活在含有硫酸盐-甲烷的过渡区域，这些区域存在于所有的无氧水体中，在这些无氧水体中甲烷从底部运输到水面过程中产生一个环境，在这个环境中允许厌氧的甲烷营养菌进行反应式（5-7）的反应产生最少的能量。

$$CH_4 + SO_4^{2-}\ (10mmol/L) \longrightarrow HCO_3^- + HS^-\ (2mmol/L) + H_2O\ (温度\ 4℃，pH\ 7.0) \quad (5\text{-}7)$$

参与厌氧甲烷氧化作用的微生物包括氧化甲烷的、属于广古菌门的古菌（methane-oxidizing archaea，ANME）、硫酸盐还原菌（sulfate-reducing bacteria，SRB）和不需要互营菌的甲烷氧化古菌。参与硫酸盐氧化的细菌属于γ变形菌纲的脱硫八叠菌/脱硫球菌（*Desulfosarcina* sp./*Desulfococcus* sp.），它们通常可以彻底氧化有机酸和参与碳氢化合物的降解。在厌氧的甲烷氧化过程中，甲烷和等分子量的硫酸盐、碳酸盐和硫化物一起得到氧化，产生碱性的pH有利于钙离子（10mmol/L）形成碳酸钙沉淀，这就是海水富含碳酸钙的原因，反应过程如反应式（5-8）所示：

$$CH_4 + SO_4^{2-} + Ca^{2+} \longrightarrow CaCO_3 + H_2S + H_2O \quad (5\text{-}8)$$

这个反应也可以解释深海地热环境中为何会形成管状黑烟囱，见海洋环境的微生物这一章的介绍。在甲烷的厌氧氧化过程中几乎所有的甲烷都用于硫酸盐还原，仅仅少量甲烷用于同化形成细胞的碳。这与好氧甲基营养菌完全不一样，好氧甲基营养菌把60%以上的甲烷碳用于合成细胞，而甲烷的厌氧氧化作用只消耗1%的甲烷直接用于生物合成。尽管如此，由微生物介入的厌氧甲烷氧化作用的确可以减少海洋环境的甲烷释放到大气中去。

厌氧的甲烷氧化作用也可以与硝酸的反硝化作用[参与的微生物为神奇甲基产氧菌（*Methylomirabilis oxyfera*）]和锰的还原偶联在一起。

六、海洋环境中的碳循环

海洋碳循环是从大气中的CO_2扩散进入海平面开始的，然后以海水溶解的无机碳形式与海水混合。在这个过程中质子得到释放，推动了海洋酸化作用（图5-7A）。这时，浮游植物和光合微生物就开始固定部分无机碳，形成细胞颗粒物，并产生溶解的有机碳，所有这些细胞颗粒物和产生的溶解有机碳能支持大部分海洋食物网。大部分有机碳最终被其他生物利用，主要是被细菌重新氧化成CO_2（图5-7）。少部分颗粒物有机碳产生沉淀，这样就被生物泵（biological pump）从海水表面转移到更深的海水中或进入海底沉积物中，从而与大气隔离开，时间会达数千年之久，甚至更长。海水表面的溶解无机碳另外一个去向就是进入碳酸泵（carbonate pump），即进行生物矿物化的微生物如颗石藻（coccolithophore）利用溶解的无机碳来构建它们自己的碳酸钙外壳。这个过程把每分子的HCO_3^-转化成1分子CO_2和1分子H^+，接着每分子CO_2转化成碳酸钙，这样的酸化作用就构成了CO_2的来源，最终引起酸化作用。这些高密度的$CaCO_3$外壳发生沉淀的速率相当快，它们含有的碳或者发生溶解，为深部的海水贡献无机碳库，或者形成矿物累积起来（图5-7A）。下面介绍微生物对海洋碳循环做贡献的三个关键过程，即光合作用、酸化作用和细菌异养生长。

1. 光合作用　目前大部分海洋光合生物是利用相当耗能的碳浓缩机制（carbon-concentrating mechanism）从海洋环境中浓缩获得稀有的CO_2，所以将来就得设法通过比较少花能量的CO_2扩散吸收的方式来解决这个耗能的碳浓缩机制（图5-7B）。然而，实际上光合水生生物对增加的CO_2浓度是否具有反应很难预测。研究发现改变CO_2浓度仅对硅藻群体产生轻微的影响，远比温度的影响小。面对季节变化而发生CO_2浓度变化的环境，如南极的沿海海水，水生光合生物通常能很好地适应这些CO_2浓度巨大的波动，所以它们对碳酸化学的变化不那么敏感。CO_2对微生物群落的影响通常取决于温度、营养物质和生物学的相互作用。例如，在白令海酸化实验中发现高浓度的CO_2对水生植物生物量没有影响，因为水生动物的捕食作用同时也会增加。而酸化对北极硅藻圆柱拟脆杆藻（*Fragilariopsis cylindrus*）生长速率的负影响（20%～37%的抑制作用）可以被温度上升导致的生长加速平衡掉。高浓度的CO_2可以刺激威氏海链藻（*Thalassiosira weissflogii*）和脆指管藻（*Dactyliosolen fragilissimus*）的碳固定，分别达8%和39%。但是，这两种海洋硅藻对温度从15℃升到20℃会做出不同的反应，因为这一温度的上升超过了脆指管藻的最适生长温度，但是没有超过威氏海链藻的最适生长温度。所以对前者造成了不利的影响，而后者没有受到影响。通常情况下，很难区分CO_2浓度上升对藻类碳固定的直接影响。

某些沿海和入海河口蓝细菌，如林氏藻（*Lyngbya* spp.）能产生高毒力的毒素，它们是有害水华的藻类。地球变暖可以刺激这些有害水华的藻类生长。较高的温度也能促进毒素的产生、提高这些藻类的生长速率，并导致有害水华真核藻类在该生态系统中成为主要的藻类，如产神经毒素的硅藻伪菱形藻（*Pseudonitzschia* spp.）就是这样的真核藻类。在美国西海岸2014～2015年发生温度超常上升的现象，其间伪菱形藻大量生长，毒素从加拿大不列颠哥伦比亚省一直扩散到美国加利福尼亚州中部，导致海洋食物网神经毒素浓度达到极高的水平和CO_2浓度迅速上升。有害水华的鞭毛藻类也出现过类似的情况，引起毒素量或藻类生物量增加，同时CO_2浓度和温度也上升。

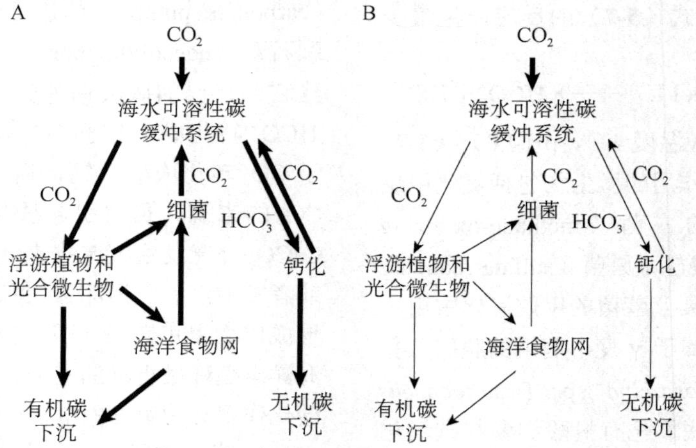

图5-7　海洋环境的碳循环（Hutchins and Fu，2017）

A. 现在的碳循环；B. 未来的碳循环

2. 酸化作用（acidification）　在海洋中由微生物引起的酸化作用主要是单细胞黏着藻类颗石藻导致的。除了极地海洋，这种藻类广泛分布在各种海洋环境中，在北大西洋海域中能形成大量的春水华。海洋沉积物的大量碳储存与生物引起的酸化有密切联系，形成的碳酸钙变成了一种海洋压舱物，加快沉淀的有机颗粒转移到深海中。最近研究表明，颗石藻产生的CO_2不是作为它们光合作用的补充无机碳源。颗石藻引起的海洋酸化比任何其他微生物代谢产生的酸化作用更加明显。在较低pH条件下，由两种颗石藻引起的酸化速率可以下降16%～45%，最终导致海洋颗粒物量下沉，碳输入深海中。但是这些结果还是有争议，这是由于不同的学者使用了来自不同区域的许多不同种颗石藻。同时温度、光、营养物、紫外辐射的相互作用同样影响海洋酸化对钙化的影响。根据现在海洋的CO_2浓度和颗石藻密度，在许多情况下碳固定没有达到饱和水平，所以海洋酸化能够抑制钙化过程，同时刺激光合作用和藻类的生长。随着海洋酸化，地球变暖可以导致形成较少的钙化细胞，结果减少了沉入海底的有机物量。

3. 细菌异养生长　海洋中水生异养细菌包括寡营养菌（oligotrophs）和富营养菌（copiotrophs），寡营养菌包括到处都存在的α变形菌纲SAR11，它们最喜欢生长在低营养的海洋环境中，而富营养菌包括某些黄杆菌，它们生活在营养丰富的环境中，如生活在许多活的水生植物细胞上和正在沉降的有机颗粒物上。

细菌群落对海洋酸化作用有相当大的适应能力，如北极环境生长的SAR11在pH低于5的情况下都不会受到影响。跟自养菌相比，O_2浓度的变化对细菌异养生长也不会产生直接影响。有些实验结果表明将来海洋酸化对异养菌的丰度和群落结构影响很小或没有影响。细菌蛋白酶和葡萄糖苷酶这些胞外酶，由于它们最适作用的pH相对较低，酸化作用反而增加它们的活力，这些酶活力的增加会改变海洋水生光合生物产生的可溶性有机碳的质量和数量。通过宏基因组研究发现海洋酸化作用增加了各种细菌的质子泵基因的表达量，这些基因包括变形菌纲中的视紫红质基因、呼吸电子传递链系统基因和膜质子传递链蛋白基因，说明这些蛋白质参与了细胞pH的稳态作用。

与海洋酸化相反，海洋温度的增加可以增加细菌的生产力、呼吸作用和生物量，但有时也会降低细菌的生长效率。这可能反映了温度增加直接影响了代谢反应，或在较高温度下间接地影响了水生光合生物可溶性有机物释放量。白令海变暖，细菌群落结构变化有利于拟杆菌门细菌的生长，拟杆菌门细菌特别能适应降解水生光合细菌产生的高分子量有机物。海洋变暖会使细菌的细胞变小或细菌丰度改变，变成小细胞群的微生物包括SAR1159，77。这种细胞大小的改变与碳分配的变化有关，因为在较高温度下细胞生长较快，细胞呼吸速率加快。随着温度的增加原生动物捕食速率也会快速增加，从而建立起温度驱动的海洋细菌和它们主要捕食者之间的菌属竞争。

尽管同时增加紫外辐射也可以抑制某些细菌的生长，但是浅层的混合海水和得到较大的太阳辐射有利于细胞的光合异养生长。亚有氧层进一步扩展也会对海洋微生物生态和氮循环产生影响。低氧的亚有氧层有利于噬纤维-黄杆菌-拟杆菌群的生长。

七、环境因素和人类活动对碳循环的影响

由于许多环境因素的变化和人类活动可以改变自然环境中的微生物种类和代谢活动，所以对碳循环有很大的影响。

1. 光　在碳循环中，光是初级生产者进行光合作用的能量来源，所以光是决定碳循环能否完成的一个重要因素。

2. 温度　温度决定了碳循环中的 CO_2 固定和有机物分解反应的速率。在某些极端环境中，由于温度太高或太低，碳周转的速率几乎等于零。

3. 水　水是所有生物所必需的营养物，在无水和水分较低的环境中，微生物代谢活动基本上处在停止状态。水分过多也会对碳循环造成一定的影响，厌氧条件会大大地降低有机物分解速率，从而也影响了在这些环境中的光合作用。

4. 酸度　在有水环境中，pH 不仅会影响微生物的生长和代谢活动，还会影响 CO_2、HCO_3^- 和 CO_3^{2-} 三者之间的相互平衡，即

$$H_2CO_3 \rightleftharpoons H^+ + HCO_3^- \rightleftharpoons H^+ + CO_3^{2-} \quad (5\text{-}9)$$

从而影响 CO_2 能否被初级生产者所利用，pH 还会影响许多营养物的溶解度。

5. 无机盐　微生物所需的无机盐浓度虽然较低，但对微生物生长和代谢及对碳循环都起着限制作用。氮和磷这两种元素在植物腐烂后期通常对微生物生长起限制作用。

6. 人类活动　人类在生产和生活过程中会对碳循环造成许多影响，如工业废弃物的排放、木头和矿物燃料燃烧排出的 CO_2、森林的砍伐、农药和化肥的使用等。

第三节　氢　循　环

在地球上，氢库存量最大的是水。通过光合作用和呼吸作用，水体中的氢得到强烈循环。但是，水体中氢的量太大，所以循环的速率相当慢。结合在岩石晶格中的水是无法得到强烈循环的，在地球两极和某些高山地区，水长期以冰冻的形式存在，这部分水也无法参与循环。基本上处于惰性状态的氢是液体和气体矿物燃料中的碳氢化合物。生物体中有机物上的氢量虽然少，但能进行活跃的循环。H_2 仅存在于厌氧环境和大气层的最上层。

元素氢的循环与碳循环紧密相关，有机物的氧化还原反应，包括 CO_2 还原成有机物，都需要氢的参与。在生物系统中，氢的传递通常需要辅酶和辅基的帮助，如 NAD、NADP 和 FAD 等。

有机物和无机物中 H^+ 的解离是酸碱反应的基础，H^+ 浓度决定了溶液中的 pH。

某些微生物在厌氧发酵过程中可以产生 H_2，蓝细菌和根瘤菌在固氮过程中会合成 H_2 作为副产物。不过合成的大部分 H_2 在厌氧条件下进一步被代谢成 NH_3、H_2S 或 CH_4。当产生的 H_2 进入有氧区，它就会被氧化代谢成 H_2O，仅有少量的 H_2 会进入空气。人类通过燃烧矿物燃料和生物量也向大气释放 H_2。微生物通过利用 H_2 合成 CH_4，阻止了 H_2 进入大气，这就减少了 H_2 的损失。

在厌氧条件下产生的 H_2 在好氧条件下可以被氧化氢的细菌利用，通过氧化 H_2 释放出能量，并用此能量固定 CO_2，负责活化氢的酶为氢化酶，由氢细菌引起的上述反应可以用反应式（5-10）来表示。

$$6H_2 + 2O_2 + CO_2 \longrightarrow [CH_2O] + 5H_2O \quad (5\text{-}10)$$

此式的 $[CH_2O]$ 代表细胞物质。

能有效进行上述反应的氢细菌是产碱杆菌。

在自然中最重要的氢循环发生在光合作用和呼吸过程中，在这些过程中通常并不导致 H_2 的产生或消耗。从 H_2O 释放出来的氢不是以 H_2 的形式存在，而是以 NADPH 或 NADH 的形式存在。在呼吸过程中，从有机物释放出来的电子通过呼吸链进行传递，这方面在生物化学教材中都要进行详细的介绍。

但是在实验条件下，可以利用光合作用获得

H_2。在根瘤菌和豆科植物共生固氮过程中，由豆科植物光合作用产生的氢可以用于还原 N_2，这种偶联反应效果很差，从而导致相当量的 H_2 产生，这对于共生固氮来说也许是一种浪费。所以为了抑制这种浪费现象，有必要对根瘤菌进行遗传改造，使这些菌株具有高的氢化酶活力，并活跃地进行 H_2 的氧化而获得能量，并把该能量用于固氮。

在既能进行光合作用，又能固定 N_2 的蓝细菌中，也存在这个问题，不过人类可以利用蓝细菌的这种现象生产 H_2，作为一种清洁燃料，这一点我们在最后一章进行详细介绍。

第四节 氧 循 环

在氧化性的矿物和岩石中，氧原子相当丰富。由于这些氧原子处于惰性状态，所以无法参与循环。能参与循环的氧是 O_2 和液体中的 H_2O，在活体和尸体有机物上的氧量虽然少，但却能进行活跃的循环。

大气中的 O_2 主要来自光合作用过程中 H_2O 的光解。在生物呼吸过程中，又把大气中的 O_2 转化成 CO_2 和 H_2O。在一个环境中是否存在有 O_2 决定了这一环境存在什么类型的微生物和什么类型的代谢活动。O_2 对于专性厌氧菌来说，具有抑制作用。兼性厌氧菌利用 O_2 作为最终电子受体时，可以从有机物中获得较多的能量。在一个环境中，由于好氧菌和兼性厌氧菌的作用，耗尽了其中的 O_2，那么微生物便利用 NO_3^-、SO_4^{2-}、Fe^{2+} 和 Mn^{2+} 作为最终电子受体，进行无氧呼吸，这些最终电子受体又被耗尽之后，微生物便开始发酵和产生甲烷。

O_2 的扩散、蚯蚓和其他穴居动物在沉积泥和土壤中的活动和光合生物的光合作用，可以使厌氧环境重新获得 O_2。但是，光合细菌中的红硫菌科、红螺菌科和绿菌科的光合作用不会释放 O_2。

人类在工业生产和日常生活过程中，燃烧大量的矿物燃料和植物，使大气中的 O_2 浓度下降，CO_2 浓度上升。

在大气最上层，电离辐射使某些 O_2 形成 O_3，O_3 不直接参与生物地球化学循环，大气中的 O_3 层对于防止太阳光的紫外线进入地球起着重要的作用，但是人类的生产活动和反硝化作用会破坏大气中的 O_3 含量。

第五节 氮 循 环

与其他元素相反，氮元素在地球中的含量不那么多。自然界累积有 NO_3^- 的地方是某些岛屿。含氮的无机盐在水中的溶解度是很大的，所以这些化合物很容易被生物利用，并成为初级生产者代谢活力的一个主要限制性因子。活体中的有机物和尸体中的有机物也含有少量的氮，并能活跃地参与循环。至少在温暖气候条件下，固定在土壤有机物（腐殖土）中的氮是相当丰富的，这些有机氮只有经过缓慢的矿化之后，才能被生物和植物所吸收利用。在热带气候条件下，温度和湿度条件均有利于腐殖土有机氮的快速矿化作用，从而使含氮化合物得到有效的释放。

自然界中最丰富的含氮物质是大气中的 N_2（占大气成分中的79%），但是，自然界中仅有一些微生物能固定大气中的 N_2。火山喷发、雷电和电离辐射，也能把少量的含氮化合物排放到生物圈中。人类通过化学方法利用 N_2 合成 NH_3，对于地球中的氮循环也起着越来越大的作用。

微生物对于元素氮的生物地球化学循环起着最重要的作用，自然界氮循环的基本过程如图 5-8 所示。这些微生物（表 5-2）在自然生态中是非常重要的，氮是蛋白质、核酸和其他细胞物质的一个基本成分。大气中虽然含有丰富的 N_2，但不能被大多数生物所利用。动物、植物和某些微生物必须利用含氮化合物合成生物量。如果没有固氮菌固定大气中的 N_2 合成 NH_3，那么世界上的所有含氮化合物将会被耗尽。在环境中不存在含氮化合物的情况下，植物不能继续进行光合作用。同时还有许多微生物通过反硝化作用把硝酸或亚硝酸转化成 N_2，释放到大气中去。

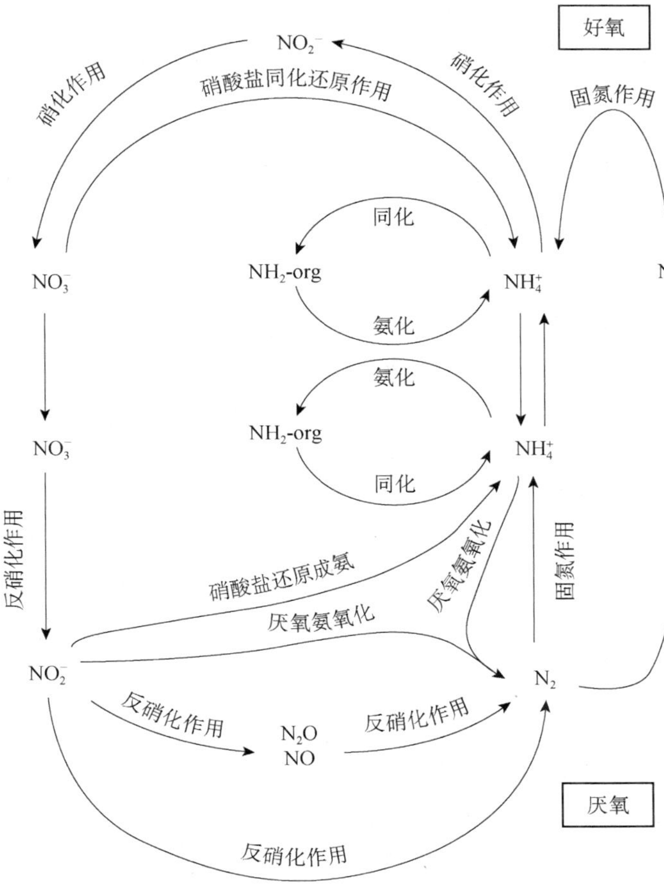

图 5-8 氮循环的基本过程（Reineke and Schlömann，2023）

表 5-2 氮循环的基本过程和有关的微生物

反应过程及其功能	生物
N_2的固定（N_2→NH_3） 共生固氮菌 自生固氮菌（好氧菌） 自生固氮菌（厌氧菌）	慢生根瘤菌（*Bradyrhizobium* sp.）、弗兰克菌（*Frankia* sp.）、根瘤菌（*Rhizobium* sp.）、固氮杆菌（*Azotobacter* sp.）、蓝细菌、梭状芽孢杆菌（*Clostridium* sp.）、紫色硫细菌、紫色非硫细菌、绿色硫细菌
氨化作用（有机氮→ NH_4^+），作为碳源和能源	许多生物
硝化作用（ NH_4^+ → NO_3^- ），作为电子供体、固定 CO_2	亚硝化单胞菌（*Nitrosomonas* sp.）、硝化杆菌（*Nitrobacter* sp.）、硝化螺菌（*Nitrospira* sp.）
反硝化作用（ NO_3^- →N_2），作为电子受体，进行硝酸呼吸，利用有机物作为碳源和能源	芽孢杆菌（*Bacillus* sp.）、副球菌（*Paracoccus* sp.）、假单胞菌（*Pseudomonas* sp.）
硝酸盐还原成氨（ NO_3^- → NH_4^+ ），发酵和 NADH 再生	沃林菌（*Wolinella* sp.）、脱硫弧菌（*Desulfovibrio* sp.）、肠杆菌科（Enterobacteriaceae）、假单胞菌（*Pseudomonas* sp.）和其他微生物
厌氧氨氧化（ NH_4^+ + NO_2^- →N_2）	厌氧氨氧化菌：*Brocadia anammoxidans* 和 *Kuenenia stuttgartiensis*
硝酸盐同化还原	许多生物

一、N_2的固定

N_2的生物固定作用由于可以给陆地和水体生态系统提供固定化的含氮物质，在自然生态中具有非常重要的作用。生物圈中的所有生物都依赖于固定的含氮物质。固定的含氮物质（氨或硝酸盐）在生态系统中是一类限制性营养物质。生物圈中只有原核生物，包括异养细菌和自养细菌才有固氮能力，还有许多与植物共生的细菌也可以固氮，这些固氮细菌存在于许多土壤、水体和沉积泥中。随着研究的不断深入，人们发现了越来越多的自生固氮菌，包括固氮菌属、拜叶林克氏菌属、红硫菌属、红假单胞菌属、红螺菌属、红微菌属、绿假单胞菌、绿菌属、脱硫弧菌属、脱硫肠状菌属、克雷伯菌属、芽孢杆菌属、梭状芽孢杆菌属、固氮螺菌属、假单胞菌、弧菌属、硫杆菌属和甲烷芽孢杆菌属等。发现某些放线菌也会固氮，有些是自生固氮菌，有些是与植物进行共生固氮。尽管自生固氮菌在土壤中固定 N_2 的速率相对来说比较低，但是由于这些细菌在土壤中广泛分布，所以这些细菌固定 N_2 的量还是相当可观的。在根际中，自生固氮菌固定 N_2 的速率要比在缺少植物的土壤中快得多，因为植物根能有效地吸收固定的 NH_3，减轻了对固氮酶的反馈抑制作用，另外根能分泌一些有机物作为自生固氮菌的营养物，促进它们生长。

根据土壤固氮速率的研究结果，表明共生固氮菌提供的含氮物质量要比自生固氮菌提供的多得多。与植物根紧密相关的附生固氮菌固定含氮物质的速率居中。在陆地环境中，根瘤菌通过共生关系对于固定大气中的 N_2 所做的贡献最大，共生固氮的速率与土壤自生固氮的速率相比，要高 2～3 个数量级。例如，根瘤菌与苜蓿共生固定 N_2 的量为 300kg N/（公顷·年）以上，而自生固氮菌固定的 N_2 量为 0.5～2.5kg N/（公顷·年）。人们估计每年地球上固定的 N_2 大约为 1.7×10^8 吨，其中 3.5×10^7 吨是由草地里的微生物所固定的，4.0×10^7 吨是在森林中固定的，3.6×10^7 吨是在海洋环境中固定的。固氮速率受气候和有关细菌群体密度的严重影响。土壤中氧化还原电位也是影响许多固氮细菌固定 N_2 速率的一个重要因素，许多好氧固氮菌在低于正常大气的 O_2 浓度条件下，固氮效率要比其他条件下的高，这样的条件存在于土壤的亚表层和沉积泥中。

在有水环境中，蓝细菌，如鱼腥藻（*Anabaena* sp.）和念珠藻（*Nostoc* sp.）是最重要的固氮菌，蓝细菌固定 N_2 的速率要比土壤中自生固氮菌固氮速率高出 1～2 个数量级，蓝细菌固氮速率大约为 22kg N/（公顷·年）。在海洋和淡水环境中，均存在能固氮的蓝细菌，某些蓝细菌能与其他微生物形成互惠共生关系，如地衣。还有一些固氮蓝细菌能与植物建立互惠共生关系，如满江红与鱼腥藻（*Azolla-Anabaena*）之间的关系。还有一些固氮蓝细菌为自生固氮菌。

在叶子表面上和根际中所进行的 N_2 固定具有特别重要的生态学意义，这是由于合成的 NH_3 可以直接供给植物合成有机氮化合物。氮气的固定也可以发生在某些动物，如白蚁的消化道中。如果能利用纤维素作为碳源又能固定 N_2 合成蛋白质，那么这样的微生物具有重要的实用价值。一般在含有丰富碳源、缺少氮源的环境中，如在腐烂的木头或被石油污染的土壤中，就含有相当丰富的固氮菌。近年来发现许多能水解纤维素的厌氧菌也可以固氮。

在海洋环境中发现的所有主要类群的蓝细菌都具有固氮能力，这些蓝细菌包括单细胞和非异形胞的各个种。在海洋中异养固氮细菌的种类非常多，包括好氧菌、微好氧菌、兼性厌氧菌和绝对厌氧菌。由于固氮过程从代谢角度来说是一个能量消耗非常大的过程，所以固氮光合自养生物，如蓝细菌在有光环境中生活时比相应异养生物有许多优点，因为后者固氮过程中需要消耗有机物。所以，在没有植被的浅水池塘和潮间带沉积泥中，如果光照不充足的话，能进行固氮的底泥蓝细菌群体密度很高，并且对所在的生态系统 N_2 固定起着非常重要的作用。利用乙烯还原测定表明在温带和热带环境中的蓝细菌形成的团块固氮速率非常高。

N_2 是一个非常稳定的分子，它的还原需要大量的 ATP 和还原性辅酶，因为 N-N 键的能量是 930kJ/mol。所需的 ATP 可以来自光合磷酸化（如蓝细菌）或氧化磷酸化（如进行异养生长的固氮菌属），在后一种情况下，环境中的有机营养物就会对固氮起限制作用。能固氮的细菌具有一个固氮酶复合物，该酶复合物由两个蛋白质组分组成，其中 1 个蛋白质组分是产生电子的还原酶，具有很高的还原力，另 1 个蛋白质组分才是真正的固氮酶。它们两者都含有亚基，含有好几个铁蛋白（ferritin），同时固氮酶还含有钼铁蛋白（MoFe protein），见图 5-9。由固氮过程的上游代谢途径提供还原力，在电子传递过程中，作为电子载体的铁氧还蛋白 Fd 在固氮过程中的作用非常关键。由它首先把电子传给固氮酶复合物中的还原酶，在这种依赖 ATP 的还原过程中，当氧化还原电位降低到一定程度时，接着把电子传递给固氮酶，结果形成一个高度被还原的反应系统。在这个系统中，由钼铁蛋白结合 N_2，随后逐步地把 N_2 还原成 NH_3。整个反应是非常消耗能量的，如还原 1 分子 N_2 需要 18 分子 ATP，因此，每氧化 1 分子葡萄糖才能还原 1 分子 N_2。整个反应过程如反应式（5-11）所示：

$$N_2 + 8H^+ + 8e^- + 18ATP \longrightarrow 2NH_3 + H_2 + 18ADP + 16Pi \qquad (5\text{-}11)$$

从反应式（5-11）可以看出，这个固氮酶复合物不仅把 N_2 还原成 NH_3，同时也能还原质子形成 H_2，这是这个反应固有的部分反应步骤。在许多情况下，甚至产生比 NH_3 还要多的 H_2。这样便构成了 N_2 还原的一个竞争反应，有 50%以上的电子能被传递给质子（图 5-9）。但细菌细胞会做出下述的调控来维持细胞代谢处在最佳的状态：①仅当没有结合 N_2 时便形成固氮酶复合物；②合成产物 NH_3 可以阻遏合成反应；③在能量缺乏的情况下，细胞中含有大量 ADP，该 ADP 便抑制了固氮酶活力；④固氮酶会受到氧气的不可逆抑制。同时细胞需要通过有氧呼吸电子传递链产生足够的 ATP，但是氧气是呼吸电子传递链的最终电子受体，这是一个矛盾。自生固氮菌可以通过许多种机制保护固氮酶，防止受到氧气的伤害作用。但是厌氧菌，如巴氏梭菌（*Clostridium pasteurianum*）和脱硫弧菌却不存在这个问题。兼性厌氧菌，如肺炎克雷伯菌（*Klebsiella pneumoniae*）和紫色细菌仅仅在厌氧条件下才能结合 N_2。好氧的固氮菌和拜叶林克氏菌则采用呼吸保护作用，氧气通过剧烈的呼吸被阻断，即用非常高的底物消耗和很高的呼吸速率来阻止氧气对固氮酶的伤害。固氮菌还有一种方式来保护固氮酶，就是在有氧气的情况下改变固氮酶的构象，这时不跟氧气结合，这样敏感酶区域便得到保护。在这种可逆的状态下，酶是没有活力的，但是没有失活。另外，这两属细菌合成的固氮酶被隔离在细胞中的某一区域并通过复杂的生化机制来保护固氮酶免遭氧气的伤害。许多丝状的蓝细菌可以形成异形细胞，在该不产氧的异形细胞中进行氮气的固定。除了具有固氮酶和再生 H_2 的氢化酶外，这些比较大的、细胞壁很厚的异形细胞仅含有不产氧的光合系统Ⅰ来提供 ATP，而隔壁的营养体细胞的产氧光合系统Ⅱ和其他产氧光合系统在水光解过程中产生氧气，通过有氧呼吸产生大量的 ATP 和还原力，然后由这些细胞给异形细胞固氮提供还原力和能量，并进行固氮作用。但是单细胞的黏球蓝细菌不是通过部分细胞不产氧而固氮，而是通过暂时不产氧而固氮，它们在晚上氧分压很低的情况下不进行光合作用时固氮，白天进行光合作用产氧气。另一种方式是大量的蓝细菌细胞形成团块，外表面的细胞进行光合作用，而内部的细胞则进行固氮。

共生菌具有很高的固氮速率，这是由于宿主植物能非常有效地给共生固氮细菌提供有机物。根瘤菌和其他内共生固氮菌在植物细胞质中以无规则形态的类菌体（bacteroid）形式存在，形成植物根瘤的一部分。能固氮并占 10%以上可溶性蛋白质的固氮酶由类菌体合成，而植物细胞则给类菌体提供有机物（主要是有机酸）。由类菌体合成的氨释放到植物细胞质中，用于植物合成氨基酸。植物细胞不仅给共生菌提供有机碳源，还合成携带结合氧气能力很强的豆血红蛋白（leghemoglobin），给宿主细胞提供氧气，这样可以保证氧气处于低分压状态，既保护植物细胞，还能进行有氧呼吸和产生 ATP，同时还可以保护固氮酶防止受到氧气的伤害。豆血红蛋白是根瘤菌和植物共生的产物，蛋白质部分是植物合成的，血红素部分是类菌体合成的。

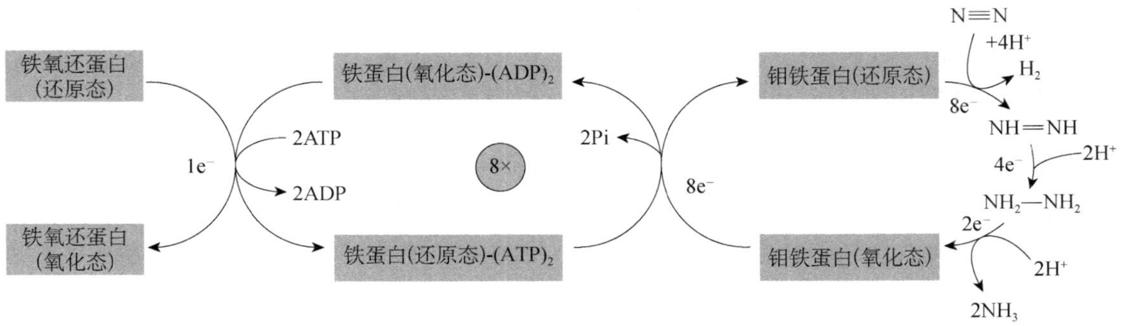

图 5-9 固氮酶作用示意图（Reineke and Schlömann，2023）

二、氨化作用

在生物地球化学循环中，微生物还能转化含氮化合物产生氨。活体中的有机物和无生命有机物分子上的氮原子通常以还原形式存在，即以氨基形式存在。许多植物、动物和微生物都能通过蛋白质裂解作用和核酸降解作用进行氨化作用（ammonification），即把有机物上的 N 转化成 NH_3，如生物体中的尿素酶就可以催化反应式（5-12）的反应：

$$NH_2\text{-}CO\text{-}NH_2 + H_2O \longrightarrow 2NH_3 + CO_2 \tag{5-12}$$

在土壤和水体中有机物进行好氧和厌氧降解过程中形成氨。在土壤中，通过好氧降解释放出来的大部分氨会得到再循环，并被转化成植物和微生物中的氨基酸。蛋白质和核酸降解产生的有些含氮化合物形成腐殖质，形成的腐殖质把固定的氮储存在环境中，但是在腐殖质降解过程中又可以被其他生物所利用。在无氧条件下，氨是稳定的，这就是为什么在许多无氧沉积泥中存在含氮物质。在中性条件下氨以 NH_4^+ 的形式存在。在弱碱性条件下氨作为挥发性氨进入空气中，这在养殖高密度动物的农场，如养牛场和养猪场，特别明显。全世界空气中含氮物质的15%是 NH_3，其余的含氮物质是 N_2 或 N_2O（来自反硝化作用）。NH_3 被释放到大气中去，从而成为生物无法利用的部分氮。在大气生物圈中的 NH_3 和其他形式的氮很容易受到化学和光化学转化。经沉淀，这些含氮化合物又重新回到岩石和水圈中。

但是，在自然环境中 NH_4^+ 很容易被许多植物和微生物同化，合成氨基酸和其他含氮化合物。在这些生物体中的谷氨酸合成酶/谷氨酰胺合成酶作用下，NH_3 被加到有机物上，或在α-酮-羧酸分子上直接氨基化形成氨基酸，这两种同化途径的重要性在不同环境之间是有差别的，并且受到环境条件和不同种微生物的影响。例如，在 NH_4^+ 浓度较低的情况下，水生细菌主要利用谷氨酸合成酶/谷氨酰胺合成酶这一途径，合成的氨基可以通过转氨基作用形成其他氨基酸。

三、硝化作用

自然界中，仅有少数几种化能自养的硝化细菌能进行硝化反应（nitration）。在硝化过程中，NH_3 或 NH_4^+ 被氧化成 NO_2^- 是第一步反应，第二步反应便是 NO_2^- 被氧化成 NO_3^-，这两步反应均为产能过程。第一步是亚硝化细菌作用的结果，反应要释放 H^+，所以其生活环境中的pH下降，这类细菌为化能自养菌。第二步是硝化细菌作用的结果，但这一步反应仅产生少量的能量，每固定1分子 CO_2 需要氧化100分子 NO_2^-，而氧化35分子 NH_4^+ 便可以达到同样的结果。

在中性条件下硝化细菌的硝化作用很容易发生在排水良好的土壤中。在有氧条件下，水体中 NH_3 也可以被氧化成亚硝酸盐和硝酸盐。有两类好氧细菌参与硝化作用，它们能进行反应式（5-13）的总反应：

$$NH_3 + 2O_2 \longrightarrow NO_3^- + H_2O + H^+ \quad (5\text{-}13)$$

其中的亚硝化细菌，如欧洲亚硝化单胞菌（*Nitrosomonas europaea*）把 NH_3 氧化成亚硝酸盐，它们能进行反应式（5-14）的反应：

$$NH_3 \longrightarrow NH_2OH + (NOH) + NO_2^- \quad (5\text{-}14)$$

第一步反应是在氨单加氧酶催化下进行的，羟胺中的氧来自氧气：

$$NH_3 + 2e^- + 2H^+ + O_2 \longrightarrow NH_2OH + H_2O \quad (5\text{-}15)$$

其中的电子供体来自呼吸链的某种化合物。周质空间中的羟氨脱氢酶还原周质空间的细胞色素c，并进行反应式（5-16）的反应：

$$NH_2OH + H_2O \longrightarrow HNO_2 + 4H^+ + 4e^- \quad (5\text{-}16)$$

因为羟胺氧化的电子来自泛醌，所以被还原的泛醌给单加氧酶反应提供了还原力，这样其中的两个电子流入了氨单加氧酶中，其他两个电子流入了呼吸链中：

$$\frac{1}{2}O_2 + 2H^+ + 2e^- \longrightarrow H_2O \quad (5\text{-}17)$$

整个反应如下：

$$NH_3 + O_2 \longrightarrow HNO_2 + H_2O \quad (5\text{-}18)$$

要把氨氧化成羟氨，细胞必须利用富含高能量的电子，所以细胞得有大量能量的产生。由泛醌给羟氨提供电子清楚地说明需要依赖能量的逆行电子传递产生NAD(P)H用于 CO_2 固定，因为氨氧化仅能产生少量的能量，同时电子传递必须在膜上进行，所以这些细菌必须有非常发达的膜系统，来进行 NH_3 的高效率亚硝化作用。

在土壤中能把 NH_3 氧化成 NO_2^- 的细菌有亚硝化单胞菌、亚硝化螺菌、亚硝化球菌、亚硝化弧菌和亚硝化叶菌，如表5-3所示。

硝化杆菌把亚硝酸氧化成硝酸，进行反应式（5-19）和反应式（5-20）的反应：

$$NO_2^- + H_2O \longrightarrow NO_3^- + 2H^+ + 2e^- \quad (5\text{-}19)$$

$$\frac{1}{2}O_2 + 2H^+ + 2e^- \longrightarrow H_2O \quad (5\text{-}20)$$

上述的第一步反应的末端产物 H^+ 和 e^- 成为第二步反应的底物。

亚硝酸/硝酸氧化还原酶位于细胞质膜的内侧，由质子泵细胞色素氧化酶建立起一种质子驱动力，然后通过逆向电子传递来完成NAD(P)H的形成。的确，硝化杆菌具有完整的电子传递系统，可以通过逆向电子传递来完成NAD(P)H的形成。

硝化细菌生长非常缓慢，所以必须具有很高的代谢速率才能达到这样的目的。硝化细菌分布非常广泛，能生长在中性和碱性的pH范围内。硝化细菌包括硝化杆菌，除了硝化杆菌外，亚硝化球菌和亚硝化螺菌也能把 NO_2^- 氧化成 NO_3^-。硝化杆菌、亚硝化螺菌、亚硝化球菌和亚硝化单胞菌可以存在于海洋中。硝化杆菌、亚硝化单胞菌、亚硝化球菌和亚硝化叶菌可以存在于土壤中。某些微生物如异养细菌和真菌也能有限地氧化含氮化合物，但这些微生物的硝化能力很低，如表5-3所示。

表 5-3 与硝化作用有关的细菌

微生物	底物	产物	形成的速率 /[μg N/（d·g 干重细胞）]	最大的产物累积量 /（μg N/mL）
节杆菌（异氧菌）	NH_4^+	亚硝酸	375～9000	0.2～1
节杆菌（异氧菌）	NH_4^+	硝酸	250～650	2～4.5
曲霉（异氧菌）	NH_4^+	硝酸	1350	75
亚硝化单胞菌（自养菌）	NH_4^+	亚硝酸	100 万～3000 万	2000～4000
硝化杆菌（自养菌）	NO_2^-	NO_3^-	500 万～7000 万	2000～4000

硝化作用对于环境的重要性在于能促进含氮化合物进入生物圈。自然界中的硝化作用能导致无机盐的分解，如通过形成硝酸使 K、Ca 和磷酸盐得到释放。马厩和地窖的硝酸风化就是硝化细菌导致的结果。硝化过程对土壤的形成和土壤肥力也有贡献，但是同时也导致由砂岩和水泥做成的许多建筑物和桥梁发生腐蚀作用，硝化细菌能在多孔的砂岩上生长，深度会达到数厘米深。其是由农场养的猪和家禽排出的 NH_3 导致的，产生的硝酸还可以导致许多历史建筑物的砂岩受到毁坏。农田和森林中过度使用氨肥、尿素和液体肥料也会导致强烈的硝化作用，而对农田和森林造成伤害。

硝化过程在土壤中是非常重要的，因为由 NH_4^+ 转化成 NO_3^- 的过程是由正电荷离子变成负电荷离子的过程，正电荷离子比较容易被土壤中带负电荷的黏土颗粒和腐殖质所结合吸附，而负电荷离子能在土壤水中自由迁移，所以硝化过程可以看作土壤中的一种氮流失过程（mobilization process）。在土壤中，NH_4^+ 很容易被硝化细菌氧化成 NO_2^- 或 NO_3^-，植物很容易吸收 NO_3^-，并把它们同化成有机氮化合物。然而，NO_3^- 和 NO_2^- 也很容易从土壤中渗透到地下水中，这对植物来说，是一种浪费。地下水中含有 NO_2^- 对人是有害的，因为 NO_2^- 能与氨基化合物起反应形成亚硝胺，此物具有强烈的致癌性。硝酸根本身虽然毒性不算大，但在人的胃肠道中，会被其中的微生物还原成毒性更大的 NO_2^-，成人的正常胃 pH 可以抑制这种还原作用或使这种还原作用速率达到最低。但是婴儿的胃酸较少，所以婴儿对 NO_3^- 高度敏感。NO_3^- 能与血中的血红蛋白结合导致呼吸困难。在草食动物的瘤胃中也可以发生硝化作用，从而导致动物疾病或死亡。在农田中加入高浓度的氮肥，也会导致地下水 NO_3^- 和 NO_2^- 浓度上升而影响饮用水的安全。现在某些国家开始在氮肥中加入硝化抑制剂，可以减轻上述问题，同时还能使植物更好地利用氮肥。

由于只有很少的微生物与硝化过程有关，这无疑说明这一过程会受到环境因素的强烈影响。硝化作用的第二步反应通常对环境因素更为敏感，所以在极端环境条件下，亚硝酸盐可能在这种环境中得到累积。硝化过程是一个绝对需 O_2 的过程。

上述提到的硝化反应中把氨转化成亚硝酸和亚硝酸转化成硝酸由不同细菌完成。但是最近发现硝化螺菌，如 *Nitrospira inopinata*，是个全程硝化菌（comammox），它们不仅把氨氧化成亚硝酸盐，并进一步把亚硝酸盐氧化成硝酸盐，这些菌对氨具有很高的亲和力。它们能生长在寡营养和条件经常发生变化的环境中，分布非常广泛。

四、厌氧氨氧化作用

除了氨会受到硝化细菌的有氧氧化外，氨在无氧环境中还会受到厌氧氨氧化作用形成 N_2。进行厌氧氨氧化作用（anaerobic ammonium oxidation，ANAMMOX）的微生物生长非常缓慢，这个作用除了需要氨作为无机电子供体外，还需要亚硝酸作为氧化剂。这种作用发生在碳高负荷的废水处理系统，由有氧转变成无氧的过渡状态中，这样的生态系统中含有亚硝酸盐和氨，但是没有氧气。在绝对厌氧条件下微生物把氨和亚硝酸氧化成 N_2，整个反应过程如反应式（5-21）所示，同时见图 5-10。

$$NH_3 + NO_2^- \longrightarrow N_2 + H_2O \qquad (5\text{-}21)$$

$$\Delta G^{0'}=-335\text{kJ/氨}$$

这个反应发生在浮霉状菌的细菌中，厌氧氨氧化作用不仅对海洋氮循环非常重要，也是城市和工业废水处理中去除含氮物质的重要反应。这个反应发生在很多环境中，包括海洋沉积泥、海洋冰块和其他无氧的水柱中，可以去除全世界海洋中 50%以上的含氮物质。

五、硝酸的还原作用

通过同化硝酸盐还原作用把硝酸还原成氨基，这样硝酸盐便进入有机氮化合物中，可以帮助微生物和植物制造氨基酸和细胞中其他含氮化合物。

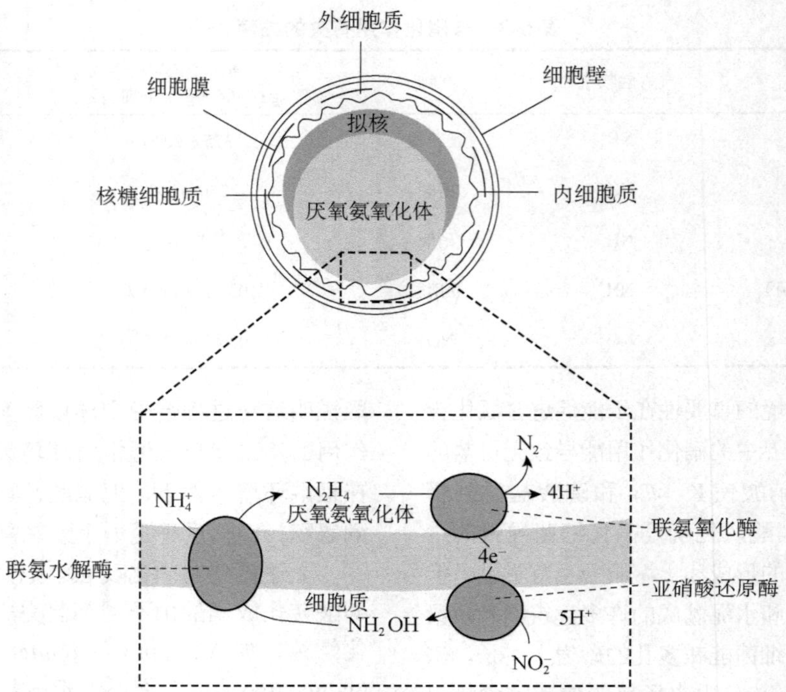

图 5-10　厌氧氨氧化作用（Reineke and Schlömann，2023）

相反，异化硝酸盐还原作用是产生能量物质，所以也叫作硝酸盐呼吸作用，因为在厌氧条件下硝酸盐作为呼吸链的电子受体，通过氧化有机物获得能量和末端产物，并释放电子。

硝酸盐和亚硝酸盐呼吸存在两个途径，反硝化作用（denitrification）和氨化作用（ammonification），见图 5-11。

1. 反硝化作用　反硝化作用产生元素氮和少量的 N_2O，这是这个地球中由生物产生 N_2 的主要途径，有多步还原反应参与了这个反硝化过程：

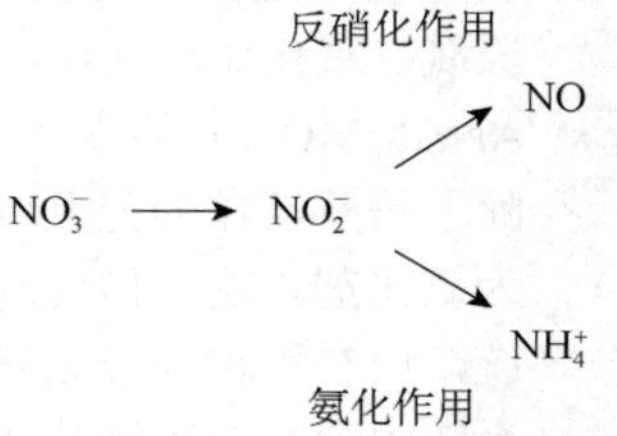

图 5-11　硝酸盐/亚硝酸盐的还原的两种途径（池振明供图）

$$NO_3^- + 2e^- + 2H^+ \longrightarrow NO_2^- + H_2O \qquad (5\text{-}22)$$

$$NO_2^- + e^- + 2H^+ \longrightarrow NO + H_2O \qquad (5\text{-}23)$$

$$2NO + 2e^- + 2H^+ \longrightarrow N_2O + H_2O \qquad (5\text{-}24)$$

$$N_2O + 2e^- + 2H^+ \longrightarrow N_2 + H_2O \qquad (5\text{-}25)$$

反应式（5-22）～反应式（5-25）分别由硝酸还原酶、亚硝酸还原酶、一氧化氮还原酶、一氧化二氮还原酶催化。硝酸还原酶和一氧化氮还原酶位于细胞质膜上，而亚硝酸还原酶和一氧化二氮还原酶位于周质空间中。在厌氧条件下，首先形成 N_2O，因为一氧化氮还原酶紧挨着代谢途径，而一氧化二氮还原酶形成要慢得多。在硝酸过量存在和缺少电子供体的情况下，N_2O 形成量会增加。这些酶可以受到 O_2 的竞争抑制，但不会受 NH_3 的抑制。

在上述反应中，反硝化细菌在没有氧气存在的情况下可以完全降解有机物，产生的能量几乎跟有氧呼吸产生的能量差不多，特别是要比发酵过程产生的能量多得多。当利用葡萄糖作为碳源时，硝酸还原过程可用反应式（5-26）来表示：

$$C_6H_{12}O_6 + 4NO_3^- \longrightarrow 6CO_2 + 6H_2O + 2N_2 \qquad (5\text{-}26)$$

能进行反硝化作用的微生物在土壤和水体中广泛分布，最重要的有假单胞菌、地衣芽孢杆菌、反硝化副球菌。反硝化兼性厌氧细菌在没有氧气时，有关的酶也会受到诱导，把硝酸还原成 N_2。在土壤中，当被水淹没，同时又存在硝酸盐时，土壤变成厌氧环境，反硝化作用便发生，结果导致土壤含氮物质的损失。但是在有氧条件下，也可以进行反硝化作用，在有 O_2 的情况下，反硝化作用出现在缺氧的微环境中。反硝化作用通常出现在静水中，而在流动的溪流和河水中则较少出现。在含有高浓度 NO_3^- 的环境中，通过监测 N_2O 浓度，便可知道这一环境中反硝化能力的大小，如果在环境中补充适量的有机物提供营养，那么 N_2 浓度就会上升。

某些细菌，如大肠杆菌也会出现硝酸呼吸突变株，但它们仅能把硝酸盐还原到亚硝酸水平（硝酸/亚硝酸呼吸）。因为许多微生物无法利用 N_2 作为氮源，所以反硝化是一个不利的过程，导致环境中固定的含氮物质大量流失。但是在废水处理过程中，反硝化却是一种有益的过程，可以从水体中除去硝酸盐，这样低氮含量的水体排入湖泊和江河时可以降低藻类的过度生长，避免产生富营养化作用。

2. 异化硝酸还原成氨　异化硝酸还原（dissimilatory nitrate reduction to ammonium）可以把硝酸直接还原成氨，该过程的第一步反应［反应式（5-27）］是硝酸还原成亚硝酸，这一步与反硝化相应的反应式（5-22）一致：

$$NO_3^- + 2e^- + 2H^+ \longrightarrow NO_2^- + H_2O \qquad (5\text{-}27)$$

接着依赖 NAD（P）H 的还原酶进一步把亚硝酸还原成氨：

$$NO_2^- + 3NAD(P)H + 5H^+ \longrightarrow 2NH_3 + 3NAD(P)^+ + 2H_2O \qquad (5\text{-}28)$$

第二步反应不会提供额外的能量，但是能形成氨，并可以使 NADH 重新氧化成 NAD^+，这样可以使碳水化合物得到进一步氧化。的确发现在含碳物质浓度很低时，亚硝酸便得到累积，有利于反硝化反应进行。当含有大量有机碳时，氨便成为主要的产物。参与异化硝酸还原成氨反应的微生物是兼性或专性发酵细菌。除了缺少氧气外，这一反应还需要提供高浓度的有机物，需要硝酸盐的存在及环境必须有很低的氧化还原电位。在热带森林中该反应的速率是 0.9mg N/（kg 干重土壤·d）以上，而反硝化的速率是 0.3mg N/（kg 干重土壤·d）以上，这说明该反应在陆地生态系统中的重要性。决定是否发生异化硝酸还原成氨的另外一个因素是电子受体，所以该反应主要发生在饱和的、富含有机碳的环境，如滞水、活性污泥、某些富含有机物的沉积泥和动物的瘤胃中。

六、海洋环境中的氮循环

海水中含氮物质主要有无机氮和有机氮，如 NO_3^-、NO_2^-、N_2O、NO、N_2、NH_3、NH_4^+ 和 RNH_2，其中无机氮除 N_2 外，主要包括 NO_3^-、NO_2^- 和 NH_4^+，是海洋植物中最重要的营养物质；有机氮主要是蛋白质、氨基酸、脲和甲胺等一系列含氮化合物。这些三氮化合物含量随着的海水深度增加而增加。太平洋和印度洋的含量大于大西洋的含量；近岸浅海海域的含量一般比大洋中的含量高；在温暖季节，生物量生长繁殖旺盛，三氮化合物含量下降到最低值，这种趋势在表层水更为明显；在冬季，生物尸体的氧化分解和海水剧烈上下对流，三氮化合物含量回升到最高值，NH_4^+ 和 NO_2^- 的量高于 NO_3^- 的。

海洋氮循环是海洋中氮单质和含氮有机物之间相互转换的物质循环过程，是一个涉及生物、物理、化学等多种物质要素的复杂的多相生物地球化学过程，是海洋生物多样性存在和稳定的重要保证，是海洋生态系统物质循环的重要组成部分，对维持海洋生态平衡和修复具有重要的意义。在海洋环境中微生物所推动的氮循环过程主要包括含氮物质的吸收和同化、固氮作用、硝化作用、反硝化和厌氧氨氧化作用等。

1. 含氮物质的吸收和同化　除了无机氮，如硝酸盐和氨以外，小分子量的有机分子，如尿素也可以作为水生植物的营养物质。在海洋水体的上层许多含氮物质可以被吸收利用。最近研究表明，氰酸盐在某些海洋生态系统中也可以作为重要的氮源物质。

2. 固氮作用　海洋中的固氮菌因为可以把空气中 N_2 转化成 NH_3，对海洋生态系统起着不可替代的作用，否则大部分生物无法利用 N_2。在寡营养环境中，氮气的固定可以提供 50%的新的含氮物质进入生态系统。以整个地球来说，每年可以产生 100 百万～200 百万吨的 N，来补偿氮消耗过程中造成的氮损失。上面已经介绍过，固氮微生物能固氮主要是它们含有原核生物的固氮酶，该固氮酶对氧气非常敏感，所以在有氧环境中该固氮酶需要得到保护。固氮酶的高催化活力需要铁离子存在，所以在开放的海洋中固氮菌的活力受到铁离子浓度的限制。在铁含量较高的地方，如北大西洋，磷也会限制海洋固氮作用。在海洋中重要的固氮菌包括大量游离生活的和共生的蓝细菌，也有一些非光合作用的固氮菌［非蓝细菌固氮菌（non-cyanobacterial diazotroph，NCD)］。红黏毛硅藻和一种小的椭圆状的非蓝细菌固氮菌之间的关系（硅藻-固氮菌关系）首先发现于淡水系统中，现在也在海洋中发现。异养和化能自养的固氮菌（NCD 群）对海洋有光层代谢活力具有重要的作用，发现该群固氮菌广泛存在于全球的远洋环境中，特别是 NCD 的 γ-A 群在距海面 20μm 处分布很广泛，量也很大。在缺氧的区域（oxygen deficient zone，ODZ）NCD 的重要性引起了关注，如阿拉伯海、东热带北太平洋和东热带南太平洋中硝酸盐是主要的电子受体，由于气候变化ODZ区域在不断扩大。该区域是固氮菌生长的理想环境，因为氧气浓度低有利于固氮酶发挥作用。同时，由于氮消耗过程加速，这样很低的混合氮源（硝酸盐、亚硝酸盐和氨）浓度使固氮菌更适合在这一生态环境中生长。在海底各种环境，如海草牧场和珊瑚礁生态系统中也存在固氮作用。存在冷水珊瑚虫的海草群落满月蛤中存在与化能自养固氮杆菌的共生关系。最特殊的是热带海草波喜荡草与γ变形菌门的细菌存在共生关系，在该海草的根中γ变形菌门的细菌密度非常高。在冷泉、死去后沉入海底的鲸鱼上都存在各种固氮菌。海洋中主要的能固氮的蓝细菌包括自生的束毛藻（*Trichodesmium* spp.）（黄色的）、光能异养的共生单细胞蓝细菌群A（UCYN-A；橙色的）、光合共生菌植生藻（*Richelia intracellularis*），它们与硅藻形成共生关系，其他的包括异养的变形菌门的许多属，它们统称为上述的非蓝细菌固氮菌（NCD）。

3. 硝化作用　上述谈到了硝化反应是一个两步反应的过程，把还原性的氨转化成完全氧化性的硝酸盐，这就产生了海洋生物可利用的含氮物质。在开放的海洋中，这些反应发生在氧化氨的古菌（ammonia-oxidizing archaea，AOA）中。除了氨之外，某些AOA也会利用尿素、氰酸盐和多聚胺作为底物，产生能量和进行细胞生长，这就扩展了可溶性有机氮循环的概念和它们的作用。亚硝酸盐氧化细菌（nitrite-oxidizing bacteria，NOB）主要负责随后有氧海洋中亚硝酸氧化形成硝酸，其多样性很丰富，但是它们的丰度较小。就像上面所介绍的那样，硝化螺菌（*Nitrospira* spp.）是个全程硝化菌，可以完全氧化氨形成硝酸，这些硝化螺菌在海洋湿地、江河入海的河口和沿海的水体中都存在，但是通过PCR技术和宏基因组技术无法证实它们的存在。亚硝酸氧化菌*Nitrotoga fabula*在活性污泥中大量存在，它们喜欢在大于20℃的温度下生长，具有很独特的亚硝酸氧化还原酶，能耐受高浓度的亚硝酸盐和硝酸盐，也能利用H_2和亚硫酸作为电子供体。现在正在研究这类亚硝酸氧化菌在海洋环境中的重要性。最强的氨氧化作用仅存在于阳光照耀的透光层的下面，这就说明光对AOA有直接的抑制作用，由于这类细菌没有过氧化氢酶，无法分解光化学产生的H_2O_2，或在海水表面在竞争氨能力方面不如水生植物，实际上在透光层中这类细菌丰度还是很大，并且也很活跃。在海洋中层带中硝化作用是很活跃的，并且在海水的次表层氨氧化菌是最活跃的微生物菌群。在黑暗环境中全球由这些AOA和NOB化能自养菌固定的CO_2每年为1.2～11.0Pg C（其中的5%～22%在海洋中完成的）。但是由AOA化能自养固定的CO_2相对还是比较少（2%～9%）。但是在北大西洋仅由硝化螺旋菌门（Nitrospinae）NOB固定的CO_2占总CO_2的5%～45%。说明硝化细菌除了参与氮循环，还参与碳循环。海洋中层带的O_2浓度很低，缺氧层也一样。但是在这些缺氧层中却存在大量的专性好氧硝化反应。编码固定CO_2的3-羟基丙酸或4-羟基丁酸途径基因（见本章第一节）在AOA（生活在缺氧区的边缘）中丰度是最高的。但在缺氧区的无氧中心区域AOA丰度很低。但是在完全缺氧的水体中氧化亚硝酸盐的硝化螺菌中与TCA循环的有关基因丰度很高。但是它们在缺氧环境中为什么活力还这么高，现在还不清楚。总的来说，AOA和NOB已经特异适应这些缺氧环境，这可以完成它们在缺氧环境中把氨氧化和亚硝酸氧化偶联在一起进行自养生长的任务。这种生理功能非常重要，因为海洋缺氧的区域越来越多。也许存在缺氧的氨氧化途径，在氧气浓度很低的情况下海洋氨氧化古菌*Nitrosopumilus maritimus* SCM1菌株能产生O_2和N_2，其中可能产生NO和N_2O作为中间产物，这样可以把氨一路氧化到N_2，产生的氧气也能促进氨氧化作用。

4. 反硝化和厌氧氨氧化作用　由原核生物和某些真核生物引起的硝酸和氨还原作用，即反硝化有两条途径，常规的反硝化作用是硝酸→亚硝酸→N_2O→NO→N_2的一系列过程。在缺氧时，这些途径是作为无氧呼吸过程的替代途径。特异化能自养的浮霉状菌属的细菌能进行厌氧氨氧化作用，就是把氨氧化到亚硝酸到N_2的过程。这两类细菌广泛分布在海洋缺氧层和无氧的沉积泥中。最新的研究表明在海洋最深（超深渊带，深度5000m）的沉积泥中微生物的有机物氧化速率及反硝化和厌氧氨氧化作用去除氮的速率得到了加强。尽管不是严格的氮源损失途径，但是许多化能有机营养菌使用了异化硝酸盐还原到氨（以硝酸盐作为电子受体）的途径，从生态角度来说这可以保留住缺氧层的含氮化合物，可以给厌氧氨氧化作用提供基本的氨底物。但是最近研究表明海洋微生物群体中亚硝酸还原途径的关键酶NrfA丰度很低。图5-12总结了在海洋中的氮循环。

七、环境因素和人类活动对氮循环的影响

1. O_2　在有氧条件下，可以发生硝化作用，而在无氧条件下，梭状芽孢杆菌、某些光合细菌和硫酸盐还原菌可以进行反硝化作用和固定N_2。

2. pH　中性和微碱性条件有利于硝化作用，但pH超过8时，硝化杆菌便不能把NO_2^-转

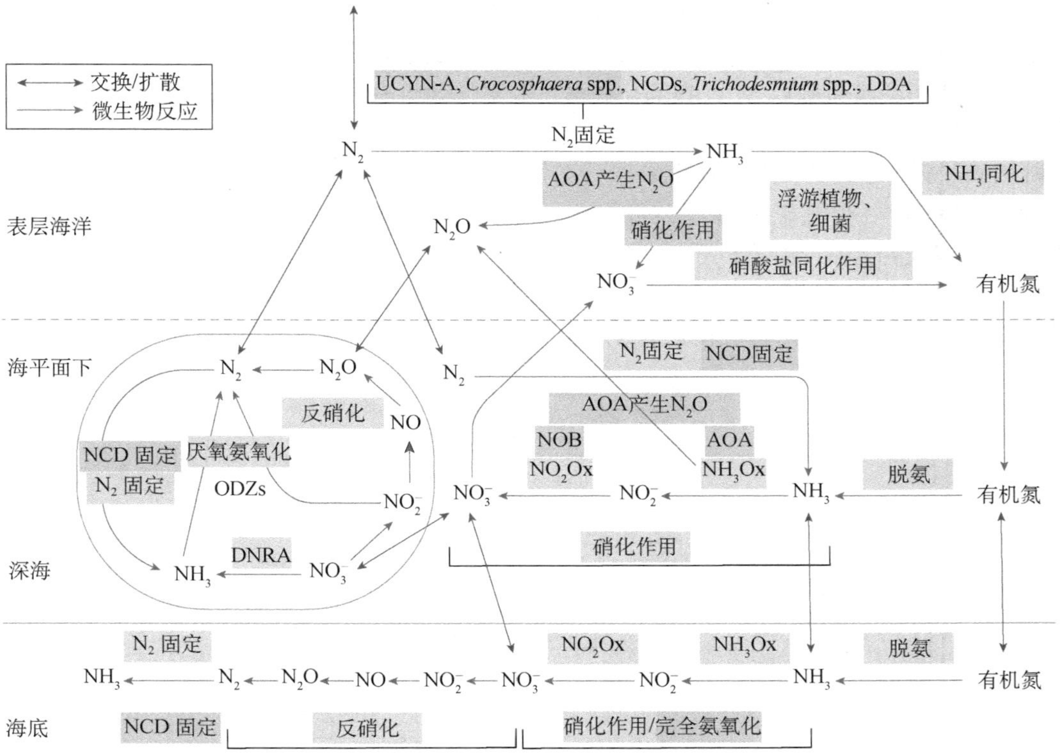

图 5-12　海洋中的氮循环（Hutchins and Fu，2017）

红箭号是指交换或扩散；蓝箭号是指微生物反应；橘红色标记是指最近新发现的转化氮物质的微生物菌群。这里把海洋分为四个部分：①有太阳光的表层海洋（透光层），距海面 100m 或更少，在这层中有光合作用，同时还有氮固定、硝酸还原和氨吸收；②海平面下（透光层亚表层），无光，含有大量氧气柱一直到深海，在这里进行异养的氮再生（如脱氨）和化能自养途径，如硝化作用为主要的；③深海［无氧水柱口袋或缺氧层（ODZ）］，在这里主要发生无氧代谢途径、异化硝酸还原、反硝化和厌氧氨氧化作用；④海底，在浅层的沿海地区，海底紧挨着透光层，具有类似的透光层水柱，但是大部分海底是无光的，主要发生异养和化能自养过程，在该环境中有机物大量进入沉积泥中，扩散进入的 O_2 很快被消耗掉，厌氧过程为主要的。AOA. 氧化氨的古菌；DDA. 硅藻和固氮菌发生共生作用；DNRA. 硝酸盐异化还原形成氨；NCD. 非蓝细菌固氮菌；NOB. 亚硝酸盐氧化细菌；Ox. 氧化作用；UCYN-A. 单细胞蓝细菌 A 群；*Crocosphaera* spp.. 海洋固氮蓝细菌；*Trichodesmium* spp.. 束毛藻

化成 NO_3^-。另外，若土壤中 pH 太低，也无法进行硝化作用，用石灰处理过的土壤（pH 为 4～6）能增加硝化作用。

3. 季节变化　在一个特定的环境中，氮循环表现出季节变化，在水体中，当出现水华时，水中 N_2 的固定速率通常很高。

4. NH_3　NH_3 可以抑制大气中 N_2 的固定，环境中过量的 NH_3 可以通过反馈抑制阻止 NO_3^- 进一步受到还原。

5. 人类的活动　在农田中大量施用氮肥，会增加硝化作用。为了阻止这种情况的发生，可以在氮肥中加入硝化抑制剂，如 *N*-serve-2-氯-6-三氯甲基吡啶。某些有机氯农药也可以抑制微生物的硝化作用。

6. 根分泌物　某些草产生的分泌物可以抑制亚硝化单胞菌和硝化杆菌的生长，所以在草地里，硝化反应非常缓慢。

第六节　硫　循　环

硫在地球生物圈中还是一种相当丰富的元素，并且很少成为微生物生长的一种限制性营养物。海水中溶解的硫酸盐量非常大，但这些含硫化合物循环非常慢。活体和无生命有机物中所含的硫虽少，但却能活跃地参与循环。自然界中硫储存量较大的物质为硫化石、元素硫沉积物和矿物燃料，但是这些物质中的硫惰性很大。人类的活动，如矿物的开采和矿物燃料的燃烧，能使这些物质中的硫得到释放，但却造成环境污染。火山爆发也会把硫释放到生物圈中。

植物、藻类和许多微生物能同化硫酸盐的硫，把硫酸盐的硫以—SH 的形式组入半胱氨酸、甲硫

氨酸和辅酶中。微生物需要通过同化硫酸盐还原作用把硫酸盐还原成 H_2S。由于 H_2S 具有很高的毒性，大部分微生物不会直接吸收 S^{2-}。在同化硫酸盐还原作用中，形成的还原性硫马上与丝氨酸起反应形成半胱氨酸，从而避免了 H_2S 的毒性。

在土壤和沉积泥中有机硫分解产生硫醇和 H_2S，腐烂的鸡蛋和卷心菜产生的怪味就是产生硫醇和 H_2S 的缘故。在海洋环境中，有机硫的主要降解产物是二甲基硫化物，另一降解产物是 H_2S，这些产物是挥发性的。进入大气中的二甲基硫化物、H_2S 和硫醇受到光氧化反应后最终形成硫酸盐。

如果 H_2S 不能挥发进入大气，那么在有氧条件下就会受到微生物的氧化，或在厌氧条件下通过光合作用被氧化。在厌氧条件下，硫酸盐及元素硫可以作为电子受体，而使有机物受到氧化。

元素硫可以以各种氧化态形式存在于有机物和无机物中。微生物可以催化各种形式的硫进行氧化还原反应，从而组成了一个硫循环，如图 5-13 所示。

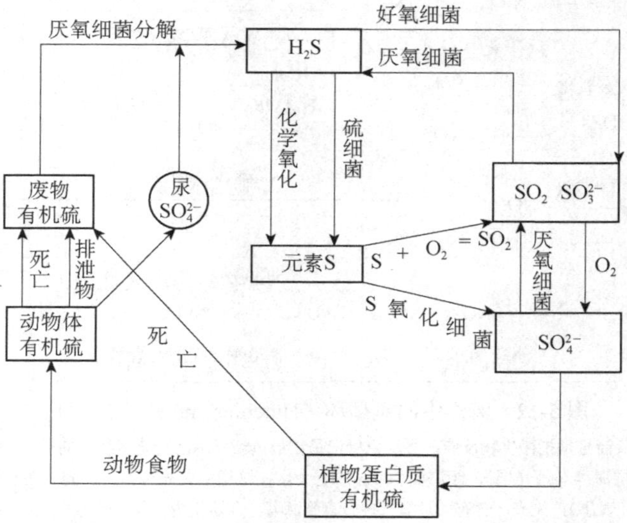

图 5-13 硫循环的基本过程（池振明供图）

硫是生物体的一种基本成分，因为硫是含—SH的氨基酸和各种辅酶的重要成分，含硫有机物是植物和其他大生物硫的来源。

一、硫和硫化物的氧化

在有氧气存在的情况下，还原性硫化合物可以支持化能异养菌的代谢。贝氏硫细菌、辫硫菌（*Thioploca* sp.）、发硫菌（*Thiothrix* sp.）和嗜热的发硫菌是丝状的、微好氧的细菌，这些细菌能氧化 H_2S，反应过程如反应式（5-29）所示：

$$2H_2S + O_2 \longrightarrow 2S + 2H_2O \qquad (5\text{-}29)$$

形成的硫粒沉积在细胞内，在缺少 H_2S 的情况下，这些硫粒便进一步被缓慢地被氧化成 SO_4^{2-}。这些微生物是典型的梯度生物（gradient organism），存在于厌氧环境，如沉积泥的界面和与沉积泥相邻的含有少量 O_2 的水中。尽管这些微生物从上述的反应中可以获得能量，但这些微生物并不是化能自养菌，而是需要有机碳。

某些硫杆菌也会氧化 H_2S 和其他还原性硫化合物，产生元素硫。丝状的硫细菌和硫杆菌是兼性化能自养菌，有些硫杆菌氧化元素硫和其他无机硫化物时产生硫酸，即

$$S^0 + 1.5O_2 + H_2O \longrightarrow H_2SO_4 \qquad (5\text{-}30)$$

但是反硝化硫杆菌却能利用 NO_3^- 作为最终电子受体并进行无机硫化物的氧化，反应如反应式（5-31）所示：

$$4NO_3^- + 3S^0 \longrightarrow 3SO_4^{2-} + 2N_2 \qquad (5\text{-}31)$$

硫化叶菌在酸性温热环境中也能氧化 S。化能自养的能氧化 S 的细菌是广泛分布的，它们在土壤和水中代谢相当活跃。各种其他的异养菌也能把无机硫氧化成 SO_4^{2-} 或硫代硫酸盐，但不会从这些反应中获得能量。

在厌氧环境中，H_2S 很容易受到生物光氧化作用，光合硫细菌在氧化 H_2S 形成 S^0 的过程中，能还原 CO_2 合成有机物。大多数红硫菌科能在细胞中储存硫粒，而外硫红螺菌和绿菌科能分泌硫粒。尽管它们进一步氧化 S 到 H_2SO_4 的能力很有限，但它们对自然界中硫沉积可能有一定的作用。某些蓝细菌能进行产氧和不产氧的光合作用，这样它们也会参与 H_2S 的氧化。由微生物参与的还原性硫的氧化对于硫保持无毒性的状态是必要的，在该过程中伴随着 CO_2 的化能自养固定，但这种方式固定的 CO_2 量在大多数生态系统中对碳循环的作用是很小的。

在深海地热排出口的生态系统中所发现的情况与上述的不一样，这些生态环境无氧，并且温度很高，液体中含有由地热产生的还原性 H_2S、S^0、H_2、NH_4^+、NO_2^-、Fe^{2+}和 Mn^{2+}及一些 CH_4 和 CO，含有这些成分的液体往上移动，最后进入深海的含有氧气的冷水中。位于 800～1000m 深的地热排出口的微生物群落是得不到阳光的，输入的营养物浓度也非常低，然而这些微生物群体的生物量却超过周围环境的微生物生物量好几个数量级，生长的微生物覆盖了排出口和周围的所有可利用的表面，在这周围一些奇特的蛤蜊、贻贝和其他无脊椎动物密度也很高。这些无脊椎动物有些是以微生物为食物；有些直接与微生物建立共生关系，而表现出化能自养的代谢活力。在这些微生物群体中贝氏硫细菌、硫微螺菌和其他一些微生物通过化能自养氧化还原性硫得到能量。同时 H_2、CO、NH_4^+、NO_2^-、Fe^{2+}和 Mn^{2+}的氧化也会给微生物群体提供能量。在无氧地热液体中由于地热的作用而产生的 H_2 可用于极端嗜热菌，即甲烷球菌（*Methanococcus* sp.）还原 CO_2 产生甲烷，产生的甲烷被甲烷细菌氧化（见上述），这样可以给地热排出口生态系统输入额外的碳和能源。

在非地热环境中通过化能无机营养作用产生的还原性无机物直接与光合作用产生的有机物的氧化连接在一起，所以如果没有太阳能的输入，在这些环境中要维持化能无机营养作用是不可能的。

二、还原性硫的转化

氧化乙酸脱硫单胞菌（*Desulfuromonas acetoxidans*）能生长在乙酸上，在无氧条件下把 S 还原成 H_2S：

$$CH_3COOH + 2H_2O + S^0 \longrightarrow 2CO_2 + 4H_2S \quad (5\text{-}32)$$

上述反应的自由能ΔG=5.7kcal/mol，所以自由能是相当低的，并且生长时不能利用其他的碳源和能源。这种细菌不能还原硫酸盐或通过发酵代谢进行生活。大多数硫酸盐还原菌不会代谢乙酸。当这种细菌生活在富含 S^{2-}和 S 的厌氧污泥中时，还会与光合绿硫细菌产生互营关系，后者通过光合作用把 H_2S 氧化成 S，并把 S 分泌到细胞外，而乙酸氧化脱硫单胞菌通过硫呼吸再生 H_2S，所需的有机物由绿硫细菌合成。

从深海地热排出口环境中分离到了极端嗜热厌氧古菌，这些古菌能利用 H_2 进行硫呼吸，热变形菌属（*Thermoproteus* spp.）、热棒菌属（*Pyrobaculum* spp.）和热网菌属（*Pyrodictium* spp.）的某些种能进行化能无机营养反应。隐藏热网菌（*Pyrodictium occultum*）是这类微生物中嗜热性最大的细菌，最适生长温度为 105℃，最高的生长温度为 110℃。在如此高温下，硫以熔化的状态存在，有利于这种细菌生长。如果在室温下，硫则以疏水性固体状态存在，微生物很难利用它们。利用氢气进行硫呼吸的反应过程如反应式（5-33）所示：

$$H_2 + S^0 \longrightarrow H_2S \quad (5\text{-}33)$$

这些古菌的某些种是兼性化能无机营养菌，并在硫呼吸期间能进行异养或混合营养生长。

在无氧呼吸过程中，某些微生物能利用硫酸盐作为最终电子受体，进行硫酸盐的异化还原作用，这些微生物称为硫酸盐还原菌。它们是专性厌氧菌，包括脱硫弧菌、脱硫肠状菌、脱硫单胞菌、脱硫杆菌、脱硫球菌、脱硫热菌（*Desulfobulbus* sp.）、脱硫线菌（*Desulfonema* sp.）和脱硫八叠菌（*Desulfosarcina* sp.）。硫酸盐还原的产物为 H_2S，反应过程如反应式（5-34）所示：

$$4H_2 + SO_4^{2-} \longrightarrow H_2S + 2H_2O + 2OH^- \quad (5\text{-}34)$$

除了上述微生物外，某些芽孢杆菌、假单胞菌和酵母菌的某些种也会从硫酸盐中释放出 H_2S，但这些微生物在硫酸异化还原方面不起主要的作用。硫酸盐还原反应可以发生在广泛 pH、压力、温度和盐浓度变化范围内，但是能作为硫酸还原电子供体的化合物很有限。尽管 H_2 和硫酸盐可以作为这些微生物生长的唯一能源，但是硫酸盐还原菌不是化能无机营养菌，它们缺乏同化 CO_2 的酶系，并且需要有机碳源。最常见的电子供体有丙酮酸、乳酸和 H_2。O_2、NO_3^- 和 Fe^{2+}可以抑制硫酸盐还原作用。硫酸盐还原的速率通常受碳浓度的限制，把有机物加到海洋沉积泥中可以大大加快异化硫酸盐还原的速率。

硫酸盐还原菌产生很少量的 H_2S 就会对它们所生活环境中的其他生物群体产生很明显的不利影响。H_2S 对好氧生物的毒性很大，因为它会与细胞色素系统中的重金属离子起反应。在受水淹没的土壤中，脱硫弧菌产生的 H_2S 会杀死线虫和其他动物群体，H_2S 还具有抗微生物的活力，并且对土壤中的其他微生物群体产生不利的影响。重金属能强烈地与 H_2S 起反应，产生黑色物质沉淀。H_2S 对植物根细胞的色素系统有很高的毒性，可以杀死植物。

与硫酸盐异化还原作用相反，许多生物能对硫酸盐进行同化还原，这种反应仅产生少量的 H_2S，并且产生的 H_2S 马上被组入有机物中。许多微生物和植物能利用SO_4^{2-}作为硫源，并把硫组入蛋白质和其他含硫化合物中。植物根很容易从土壤中吸收硫酸盐，并把它组入有机物中。

硫酸盐同化还原的过程是

$$SO_4^{2-} + ATP \longrightarrow APS$$

（腺嘌呤-5′-磷酸硫酸）+ PPi （5-35）

$$ATP + APS \longrightarrow PAPS$$

（3′-磷酸腺苷-5′-磷酰硫酸）+ ATP （5-36）

其中的 PAPS 含有活化的硫酸基团，它能提供 S 给有关的有机物，形成含有—SH 的有机物，这一过程还与 NADPH 和 NADH 的氧化起偶联反应，即

$$PAPS + 2e^- \longrightarrow SO_3^{2-} + PAP \quad (5\text{-}37)$$

$$SO_3^{2-} + 6H^+ + 6e^- \longrightarrow SO_3^{2-} + PAP \quad (5\text{-}38)$$

$$S^{2-} + \text{丝氨酸} \longrightarrow \text{胱氨酸} + H_2O \quad (5\text{-}39)$$

在不同的环境中，H_2S 的来源也不相同，在含有有机物的土壤中，大多数 H_2S 来自有机硫化合物分解的产物。在富含硫酸盐的海洋沉积泥中，大多数 H_2S 来自硫酸盐异化还原作用。光合硫细菌能利用 H_2S 作为光合作用的供氢体，这些厌氧光合细菌通常存在于沉积泥表面或水体中处于无氧状态的下层滞水带中，在这些地方有充足的光和 H_2S，某些光合硫细菌氧化 H_2S 的结果是在环境中沉积元素 S；另一些光能自养菌氧化 H_2S 产生SO_4^{2-}。

硫酸盐还原菌与环境中形成硫沉积有关，脱硫弧菌还原硫酸盐产生 H_2S。在厌氧条件下，光合细菌的红硫菌科和绿菌科细菌通过光合作用能把 H_2S 氧化成元素 S。在有 O_2 条件下，通过与 O_2 起化学反应或通过贝氏硫细菌-发硫细菌群体共同作用把 H_2S 氧化成 S。排硫硫杆菌也与形成硫沉积有关，图 5-14 指出了在一个生态系统中，S 的形成过程。

三、硫循环的生态学意义

硫的氧化产生大量的SO_4^{2-}，在土壤中，这一结果导致土壤中不溶性的磷酸盐和其他无机物得到溶解，从而对微生物和植物生长有利。我们可以利用氧化硫硫杆菌调节土壤的 pH。可以利用氧化硫硫杆菌和氧化亚铁硫杆菌进行细菌浸矿，但在浸矿过程中，也产生大量的矿酸水，造成污染环境。

矿物燃料的燃烧释放出大量的 SO_2，SO_2 与空气的 H_2O 结合导致产生酸雨，污染环境，并可腐蚀建筑物和纪念碑，损伤植物叶子，还会对没有足够缓冲能力的生态系统造成严重的破坏，引起这些生态系统的土壤和水 pH 下降，导致一些有重要作用的微生物、植物和动物灭绝，并且降低生态系统的多样性和生产力。在煤和石油燃烧之前利用硫杆菌去除煤和石油中的硫化物，可以减轻酸雨污染。这一点我们将在下面几章介绍。

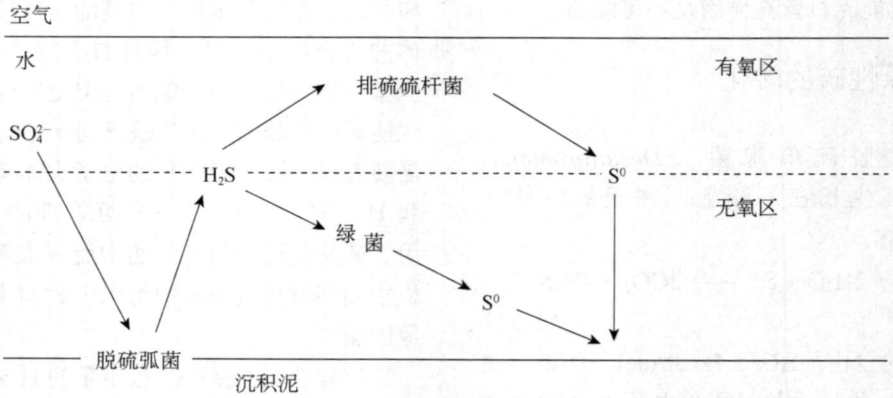

图 5-14 在一个生态系统中 S 的形成过程（池振明供图）

在土壤和污泥中，硫酸会造成钢和铁的腐蚀。如果在厌氧条件下，这些腐蚀作用就会达到最小。其基本原理是金属铁表面能自发地与水起反应，形成含有 Fe（OH）和 H_2 的两薄层，这时如果没有微生物的作用，就不能发生进一步的反应。如果有脱硫弧菌的存在，那么由于这种细菌的作用，可以去掉含有 H_2 的保护层，并形成 H_2S。H_2S 自发地与 Fe^{2+}起反应，生成 FeS 和 H_2。在这一系列反应中，微生物起主要作用，反应过程如下述反应式所示：

$$Fe^0 + 2H_2O \longrightarrow Fe(OH)_2 + H_2 \quad (5\text{-}40)$$

$$4H_2 + CaSO_4 \longrightarrow H_2S + Ca(OH)_2 + 2H_2O \quad (5\text{-}41)$$

$$H_2S + Fe^{2+} \longrightarrow FeS + H_2 \quad (5\text{-}42)$$

总反应是：$4Fe^0 + CaSO_4 + 4H_2O \longrightarrow FeS + 3Fe(OH)_2 + Ca(OH)_2$ （5-43）

第七节　磷　循　环

在生物圈中，磷不是很丰富的元素。在中性至碱性环境中，磷与 Ca^{2+}、Mg^{2+}和 Fe^{3+}能形成不溶性的物质。所以，在海洋和其他水体沉积泥中有大量的磷参与循环，但循环速度非常慢。在土壤和水中的可溶性磷酸盐可以很活跃地参与循环，但量很少。在活体中的和无生命有机物中的磷循环情况与此类似。磷矿石，如磷石灰（$3Ca_3[PO_4]_2 \cdot Ca[FeCl]_2$）量很大，但惰性也很大。在化学和肥料工业生产过程中，人们正在不断地开采磷矿石，这些磷酸盐的相当一部分最终被排放到海洋沉积泥中。

在生物体中，磷是一种生命物质的基本元素，如作为核酸、ATP、ADP 和磷脂的一种成分。

由微生物参与的磷循环不会改变磷的氧化状态，因为由微生物引起的大多数磷循环是磷酸基团从无机物上转移到有机物上，或磷酸基团从一种不溶性化合物转移到另一种可溶性化合物上。磷循环的具体过程如图 5-15 所示。

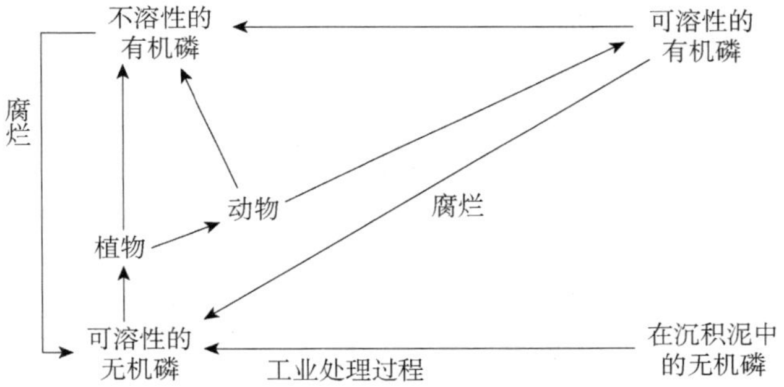

图 5-15　磷循环的具体过程（池振明供图）

尽管磷酸盐通常不会被微生物还原，但某些微生物在合适环境条件下，能利用磷酸盐作为最终电子受体，这些条件包括缺少 SO_4^{2-}、NO_3^- 和 O_2，磷酸盐还原的产物为 PH_3，这种化合物具有挥发性，并与 O_2 接触时能自发地发光，光的颜色为绿色。

在许多环境中，磷酸盐与 Ca^{2+}结合，形成不溶性的化合物，使植物和许多微生物无法利用这些磷酸盐。某些异养微生物能将不溶性的磷酸盐转化为可溶性的磷酸盐，并被这些微生物同化。这些微生物也会把大量的不溶性无机磷酸盐转化成可溶性的磷酸盐，释放出的磷酸盐被其他生物所利用，其原理是这些微生物能产生有机酸；某些化能自养菌，如硝化单胞菌和硫杆菌能分别产生硝酸和硫酸，这些有机酸和无机酸能使不溶性的磷酸盐释放出可溶性的磷酸根。

在土壤中，磷酸根能与铁、锰和铝形成相应的不溶性磷酸盐。在厌氧条件下，微生物能把 Fe^{2+}氧化成 Fe^{3+}，这时便可以使不溶性的 $Fe_3(PO_4)_2$ 中的 PO_4^{3-} 释放出来。土壤被水淹没之后，可以加快这种方式的 PO_4^{3-} 释放。

可溶性的无机磷酸盐很容易被植物和微生物吸收，并被固定化为有机磷酸盐。相反，有机磷酸盐在矿化过程中，可以释放出 PO_4^{3-}，许多微生物能产生磷酸酶催化这一反应；还有一些微生物能产生植酸酶（phytase）催化植酸释放可溶性的无机磷酸盐。

微生物也能暂时把磷酸盐固定在细胞成分上，使它无法参与循环。在自然生态中微生物和植物会竞争利用磷酸盐。

在许多环境中，磷酸盐对光合生物的光合能力起限制作用。磷酸盐浓度过高，会引起水体富营养化。特别在海洋生境中磷的沉淀会严重地限制光合作用。

总之，在上面我们分别讨论了每一种元素的循环，实际上，各种元素的循环是相互依赖的，至少可以说任何一种元素的循环都会受到另一种元素循环的影响。这一方面的例子在碳、氢和氧循环中最明显。

光合微生物通过光合作用合成有机物，把太阳光的能量储存在有机物中，这些有机物氧化过程中释放出的能量驱动 N、S、Fe 和 Mn 的还原作用；在化能无机营养菌的作用下这些元素的重新氧化所释放出的能量又使 CO_2 转化成细胞物质，这时，这些元素的循环又与 C、H 和 O 的循环联系在一起。Ca 和 Si 的溶解作用、吸收和沉淀直接或至少在能量方面依赖于 C、H 和 O 的光合成和呼吸循环。在硝化和硫氧化过程中产生的无机酸能溶解磷。磷的吸收和磷转化成高能磷酸化合物需要光合作用或呼吸作用提供能量。脱氮硫杆菌（*Thiobacillus denitrificans*）可引起硝酸盐的还原，同时伴随着硫的氧化，某些极端嗜热的产甲烷菌不仅把氢转移给 CO_2 形成甲烷，而且转移

给 S^0。

从生态角度来说，最能说明各种元素循环相互作用的例子是在有机物氧化过程中电子受体按顺序使用。微生物群落根据环境中的底物选择电子受体库中的其中一种作为该底物氧化的电子受体，使该底物氧化时能产生最大的能量。从表面上看微生物好像是有目的地选择电子受体，其中的部分原因是微生物群体代谢调节，另一原因是不同的微生物群体之间的竞争。在有氧条件下，兼性厌氧微生物通过利用各种调节机制关闭产能不多的发酵或异化硝酸还原途径。在无氧和 MnO_2 存在的条件下，NO_3^- 是最佳的电子受体。如果一个底物同时可以被硝酸盐还原菌和硫酸盐还原菌利用，那么硝酸盐还原菌氧化这种底物时可以获得更多的能量，所以，每利用一个单位的底物硝酸盐还原菌将获得更高的生物量，结果它们在竞争方面就超过硫酸盐还原菌。在有水环境中，NO_3^- 和铁通常很缺乏，所以很快被微生物消耗掉，这样这一环境中硫酸盐便成为主要的电子受体。当产甲烷菌和硫酸盐还原菌竞争同一底物如 H_2 时，与硫酸盐还原菌相比，产甲烷菌利用氢气的效率较低，并对吸收的最低 H_2 浓度要求较高，结果是产甲烷菌不能有效地与硫酸盐还原菌进行竞争，导致所有或大部分的硫酸盐被耗尽。在硫酸盐浓度低的淡水沉积泥中，这种现象出现得相当快；在硫酸盐浓度高的海洋沉积泥中，这种现象就出现得慢得多。

思 考 题

1. 什么是生物圈？生物圈的组成是什么？

2. 自然界中各种元素的生物化学循环不是孤立进行的，而是存在非常复杂的互相关系，请你举一些例子说明不同元素循环之间的相互关系。

3. 微生物在碳循环和氮循环中能起哪些特殊作用？请举例说明。

4. 在当今世界甲烷循环有什么特殊意义？

5. 当今世界如何减少碳排放、尽快实现碳中和和碳达峰是一个很严肃的全球气候变化问题，那么如何让微生物在减少碳排放和加强固定 CO_2 方面发挥重要作用？

6. 许多蓝细菌既可以进行产氧光合作用，又可以进行固氮作用，可是它们的固氮酶对氧气绝对敏感，那么这些蓝细菌可以通过哪些方式避免氧气对固氮酶的不利影响？

7. 如何根据化学原理解释微生物的硝化作用对环境的不利影响？

8. 微生物对硫的循环对环境会造成哪些有利和不利的影响？

9. 海洋占地球面积的 80%以上，那么微生物在海洋环境中如何发挥碳、氮、硫、磷循环的独特作用？

主要参考文献

Branduardi P, Sauer M. 2018. Microbial carbon dioxide fixation: new tricks for an old game. FEMS Microbiology Letters, 365: fnx269.

Gong F, Cai Z, Li Y. 2016. Synthetic biology for CO_2fixation. Science China Life Sciences, 59: 1106-1115.

Hutchins DA, Capone DG. 2022. The marine nitrogen cycle: new developments and global change. Nature Reviews in Microbiology, 20: 401-413.

Hutchins DA, Fu F. 2017. Microorganisms and ocean global change. Nature Microbiology, 2: 1-11.

Reineke W, Schlömann M. 2023. The Microbial Nitrogen Cycle. Berlin: Springer Nature.

Zehr JP, Kudela RM. 2011. Nitrogen cycle of the open ocean: from genes to ecosystems. Annual Reviews in Marine Sciences, 3: 197-225.

第六章　海洋环境中的微生物

海洋微生物是非常重要的生物资源、基因资源和活性产物资源之一，尽管从中寻找生物活性物质的时间并不长，但是已从海洋微生物中发现许多有重要价值的生物活性物质。海洋微生物具有非常复杂的微生物系统，并且种类繁多，几乎出现在整个海洋生态系统中，包括那些极端海洋环境，如深海地热环境中。海洋微生物具有独特的代谢能力和生理功能，所以可以给人们提供许多陆地微生物所没有的活性产物，同时海洋环境中也有许多可引起动物和人类疾病的微生物。近几年海洋病毒也受到了关注。海洋环境中的主要微生物类群包括古菌、真细菌（光能自养真细菌、化能自养真细菌、化能异养真细菌）、真核微生物（微藻、原生动物、丝状真菌和酵母菌）和无细胞生物海洋病毒。

本章彩图

第一节　海水养殖环境中的主要致病菌

引起海水养殖动物疾病的原因众多，除营养性因素和环境因素外，主要是一些传染性病原菌，如细菌、病毒和寄生虫等。由细菌感染引起的疾病流行面广，发病率高，危害大，一直是研究的重点。至今在海水养殖鱼类中引起疾病的病原微生物已不下 10 种。下面就海水养殖动物类的常见疾病病原菌做简单介绍。

海水养殖中常见的疾病包括弧菌病、链球菌病、诺卡菌病、巴斯德菌病、爱德华菌病、滑走细菌病、气单胞菌病、真菌病和藻类疾病等。

一、养殖鱼类病原菌

1. 弧菌　弧菌是引起海水养殖鱼类细菌病的重要病原菌，其中以鳗弧菌（*Vibrio anguillarum*）、溶藻弧菌（*Vibrio alginolyticus*）、副溶血弧菌（*Vibrio parahaemolyticus*）和创伤弧菌（*Vibrio vulnificus*）等最为常见，可感染鲑、虹鳟、鲈等。在对虾养殖中哈维弧菌（*Vibrio harveyi*）、沙蚕弧菌（*Vibrio nereis*）和美人鱼弧菌（*Vibrio damsela*）等可引起斑节对虾的疾病。在贝类病害方面溶藻弧菌（*V. alginolyticus*）、弗尼斯弧菌（*Vibrio furnissii*）和副溶血弧菌（*V. parahaemolyticus*）能引起文蛤大量死亡。河流弧菌（*Vibrio fluvialis*）可引起扇贝的细菌性疾病。此外，弧菌对锯缘青蟹和三疣梭子蟹的感染也有报道。

2. 链球菌　鲕和真鲷病鱼中存在链球菌（*Streptococcus* sp.）。病鱼的主要症状为眼球突出及白浊化，头部和上下颌发红，鳃盖及鳃内侧发红或充血。解剖能发现脑腔内有积水，肝出血。流行时间从夏季高温开始，当温度低于 15℃时，基本不再暴发。其是危害鲕养殖的最严重的疾病，曾造成日本每年损失 10 000 吨鲕。分离自患病香鱼的 β 溶血性链球菌的最适生长条件为 25～30℃、0～3% NaCl 和 pH 7，它对鲤和黑鲷不致病，对鲕和真鲷有一定的致病性，对香鱼和大麻哈鱼有很强的致病性。在养殖的大麻哈鱼中流行该病，症状为鳔壁白浊、肥厚、心脏形成假膜等。银鲑发生 β 溶血性链球菌症时，刚从淡水移入海水的驯化过程中就发生死亡，一直延续一个月，水温降到 10℃时停止发生疾病。在青兰子鱼稚鱼中也发现该病，死亡率高达 60%。除上述症状外，还发现鱼在水面反复狂跳。

3. 诺卡菌　诺卡菌病是由鲕诺卡菌（*Nocardia eriolae*）引起的，主要发生在鲕和鲹中。该病主要在秋季流行，但 7 月到 2 月均可暴发，上述症状均有发现。日本养殖牙鲆的当龄鱼中，病情发展缓慢但是鱼长期、连续地死亡，累积死亡率达 15%，是危害严重的疾病之一。病原菌为革兰氏阳性菌、菌体分枝丝状和无运动性。

4. 巴斯德菌　巴斯德菌病也叫作类结节病，是一种由杀鱼巴斯德菌（*Pasteurella piscicida*）引起的细菌性疾病。该细菌为革兰氏阴性杆菌、无芽孢、不运动、菌体大小因培养条件而异，有时长杆形，有时近球形，具显著的多形态。该病在鲕中的流行时间为 6～8 月，水温在 20～28℃。但在鲹中的暴发温度为22～23℃，低于19℃时死亡率明显降低。在牙鲆中的发病温度为20～27℃。在牙鲆中发病初期的主要症状为体色黑化、无力游动、背鳍和腹鳍基部烂状、出血，死亡鱼体肾、脾有许多小白点。赤点石斑鱼仔鱼发生脾和肾形成小白点的疾病，结果表明其沉降反应相与对照用的鲕病原菌的一致，认为是由杀鱼巴斯德菌引起。它们的许多菌株具抗药性，该细菌的细胞附着性和入侵性主要在感染初期，它们可以在机体内获得铁，菌体外产物及荚膜成分是发挥病原性的主要因素。

5. 爱德华菌 爱德华菌可以造成爱德华菌病，又称为腹水病。在牙鲆中的主要症状为病鱼腹部膨胀、肛门扩张发红，常出现脱肠症状、眼球白浊化突出，有的可见肝出血和肾肥大，一般死亡率不是很高。病鱼摄食不良、体色黑化和无力游动。为肠内细菌迟缓爱德华菌（*Edwardsiella tarda*）感染所致，该细菌为短杆菌、0.5μm×（1～3）μm、具运动性和革兰氏染色阴性。其流行无明显年龄特征，仔鱼到成鱼均有可能感染，主要发生在养殖的牙鲆中。它们不产生毒素，但对鲤补体的调理作用有一定的抗性，对其中性细胞也具有抵抗作用。引起养殖牙鲆爱德华菌病的爱德华菌都有一种热稳定的O抗原，并且认为养殖环境中引起牙鲆疾病的只有一种血清型。属于血清型A的有毒爱德华菌株可以产生对日本鳗鲡和牙鲆致死的热不稳定物质，而且该毒素在迟缓爱德华菌毒力中起着重要的作用。病原性菌株产生的胞外产物和胞内因子都对日本鳗鲡和牙鲆有毒性，但非病原性菌株对两者都没有毒性，胞外产物在培养72h后产生，适温是25～30℃。用福尔马林灭活的死菌对牙鲆进行不同方式免疫试验，结果却出现慢性死亡，这是由于菌体胞外产物和菌体成分中含有对牙鲆致死的毒性物质。

6. 滑走细菌 滑走细菌病是淡水养殖鱼类的重要细菌性疾病，该病在海水养殖鱼类中也有很多报道。对该病的最初报道主要集中在鲑，如大鳞大麻哈鱼稚鱼、细鳞大麻哈鱼和欧洲鳎（*Solea solea*）等。该病的病原菌为海岸屈挠杆菌（*Flexibacter maritimus*）。海岸屈挠杆菌为弯曲而细长的杆菌，大小为0.5μm×（2～3）μm，能在固体物上滑行和革兰氏染色阴性。患病牙鲆的主要症状是病鱼无力游动，在养殖池水表面缓慢活动，背鳍、尾鳍等溃烂、残缺、皮肤腐烂及坏死。病症恶化的个体头部、脸面发红、充血，皮肤呈溃疡但内脏无异常。在春季温度为14～18℃时该病的发生率达高峰，水温高于20℃时发生率递减，秋季很少发病，一般被该细菌感染的主要是稚鱼。在西班牙养殖的大菱鲆和法国鲈，以及北美太平洋沿岸和养殖网箱内的白鲈、加州鲥、沙瑙鱼和大鳞大麻哈鱼都分离到该细菌。

7. 气单胞菌 杀鲑气单胞菌（*Aeromonas salmonicida*）所致的鱼疖疮病是一种分布广泛的细菌性疾病，主要危害鲑鳟类，该菌是一种条件致病菌，可经鳃、皮肤及口传染。细菌浓度达10^7个/mL，浸浴30min即可发病。引起波罗的海和北海水域牙鲆皮肤溃疡的病原菌是非定形杀鲑气单胞菌。非定形杀鲑气单胞菌能引起养殖许氏平鲉以皮肤溃疡为特点的大量死亡。牙鲆的杀鲑气单胞菌症主要发生在20g以下的牙鲆中，症状为无眼侧鳃盖发红，其他无明显的外观和内部症状，20℃以下牙鲆带菌性低，该细菌也感染真鲷、黄盖鲽等。

二、养殖对虾病原菌

1. 弧菌 鳗弧菌（*V. anguillarum*）、副溶血弧菌（*V. parahaemolyticus*）、溶藻弧菌（*V. alginolyticus*）、非01群霍乱弧菌（*V. cholerae*）等可引起对虾的红腿、烂眼、烂鳃等疾病。红腿病的主要症状与病理变化为对虾附肢变红色，其游泳足最为明显。头胸甲的鳃区呈淡黄色、软壳游动无力、不摄食、死亡。解剖空肠和肝呈浅黄色或深褐色、血淋巴变稀薄、血细胁变少、血凝固缓慢或不凝固；血淋巴、肝胰、心脏、鳃丝等器官组织内均可见细菌。烂眼病的主要症状与病理变化为病虾游动缓慢、摄食困难、重者死亡，虾眼球肿胀、由黑变褐、溃烂（从眼球前部至眼球烂掉，只剩眼柄），细菌侵入血淋巴后变为菌血症而死亡。烂鳃病的症状与病理变化为鳃丝呈灰色、肿胀、变脆、溃烂。病虾浮于水面、游动缓慢、反应迟钝、厌食、死亡。

2. 气单胞菌 气单胞菌可造成中国对虾败血病，主要病原菌有嗜水气单胞菌（*Aeromonas hydrophila*）、豚鼠气单胞菌（*Aeromonas caviae*）和温和气单胞菌（*Aeromonas sobria*）等。造成的主要症状与病理变化为鳃丝水肿、局部或全部变黑坏死、肝胰肿大、心脏组织有黑点、血淋巴混浊、血凝固性差或不凝固、鳃区发黄、触角断掉、肝胰功能萎缩。

3. 丝状细菌病 由白丝菌感染引起，菌丝细长，附着于幼虾的鳃丝、附肢和甲壳上，受感染幼体活动能力减弱、沉于池底，久而死亡。

4. 霉菌病 由霉菌孢子侵入幼体或卵子所引起。受感染的受精卵不透明、停止发育，受感染幼体行动不活泼、菌丝出现在霉状幼体内持续到糠虾期、肌肉坏死、沉于水底、不动而死亡。

5. 乳化病　二尖梅奇酵母（*Metschnikowia bicuspidata*）可引起江苏沿海的脊尾白虾的乳化病，典型的症状包括身体出现红色、白色肌肉、附肢增大、游泳能力下降、身体中出现大量的乳白色流出物、肌肉出现液化、乳白色血淋巴等症状。最近几年由二尖梅奇酵母引起淡水养殖动物（如河蟹）和海水养殖动物（如梭子蟹）的乳化病引起了人们的关注。

三、养殖贝类病原菌

能引起海洋养殖贝类疾病的微生物有病毒（主要为球状病毒和虹彩病毒）、真菌、细菌（主要为弧菌），原核生物样微生物（主要为立克次体、衣原体和支原体）等。

1. 细菌　引起海洋养殖贝类疾病的细菌以革兰氏阴性菌为主。在养殖环境水质下降引起贝类体质下降时，可引起流行病暴发，并导致贝类大量死亡。例如，广西沿海文蛤大批死亡由副溶血弧菌引起；江苏沿海文蛤大批死亡为溶藻弧菌和副溶血弧菌所致；山东莱州沿海海湾扇贝死亡由漂浮弧菌所致；液化沙雷菌引起海南三亚安游海区大珠母贝幼苗患病；大连海区皱纹盘鲍出现暴发性死亡的脓毒性败血症由坎氏弧菌和河流弧菌所致；福建沿海频发的鲍传染病主要由创伤弧菌、溶藻弧菌和梅氏弧菌引起。在墨西哥湾扇贝、近江牡蛎体内均发现有杆菌感染。在皱纹盘鲍幼鲍体内发现的荧光假单胞杆菌感染，认为是幼鲍溃烂病的病原菌。

2. 真菌　我国海洋养殖贝类中真菌性疾病不多，福州地区曾在20世纪90年代中期发现过真菌病，往往发现于春季低水温期九孔鲍的足部表皮；在扇贝的育苗期间，往往容易感染壶菌而引起幼虫大量死亡，这在牡蛎幼虫培育时也常有发生。

3. 病毒　20世纪80年代在山东沿海的皱纹盘鲍幼苗期体内发现一种90～140nm的球状病毒感染，主要侵袭鲍内血细胞，被认为是裂壳病的病原；在广东的杂色鲍中，也发现了球状病毒引起的裂壳病。福建东山发生九孔鲍急性毁灭性流行病，死亡率达到100%，认为是由一种大小为（5～80）nm×（120～150）nm的球状病毒感染引起。发生在我国北方沿海的栉孔扇贝大批死亡，一种球状病毒也是死亡的病原之一。另外，在牡蛎育苗期间也常被一种虹彩病毒（iridovirus）感染，患病幼虫活性减退、内脏团缩入壳内、面盘上皮组织细胞失掉鞭毛，导致牡蛎幼虫大批死亡。

4. 其他原核微生物　其他感染贝类的原核微生物主要有立克次体和衣原体。立克次体可感染珍珠贝幼虫、栉孔扇贝和杂色鲍。衣原体可感染栉孔扇贝和海湾扇贝。

第二节　海水养殖环境中的有益微生物

一、有益微生物的概念

“probiotics”一词最初来源于希腊语，意思是“有利于生命的”。1965年它第一次被Lilley和Stillwell使用，用来形容一种微生物分泌的并刺激其他微生物生长的物质。1974年Parker将“probiotics”一词定义为有助于肠道微生物平衡的微生物和物质（包括抗生素）。1989年Fuller定义“probiotics”一词为一种活的微生物饲料添加剂，它通过改善动物肠道微生物菌群平衡对动物产生有利的影响。2000年Verschuere等对该定义提出修改，扩大了该词的应用范围和对象，把它定义为：能够改善宿主相关或周围微生物群落、能够提高饲料营养价值、能够增强宿主对疾病的抵抗力或提高周围生态环境质量的活的微生物添加剂。它在国内有不同的译名，如有益微生物、有益菌或益生菌等。有益微生物首先在陆生动物中应用，主要通过补充畜禽肠道内的正常菌群或促进正常菌群的形成，来调整畜禽肠道内微生态平衡，从而达到预防和治疗疾病、促进生长的目的。最近几年，有益微生物逐渐应用于水产养殖中，并取得良好的效果。

海洋养殖动物受到周围水体微生物影响非常大，因为这些动物持续与该水体接触，并不停地吞咽水。水产养殖生态系统能支持这些养殖动物和共生的细菌生长，但是在合适的环境中条件致病菌会达到很高的密度。条件致病菌，如弧菌通过肠道侵入宿主，并可以通过鳃和皮肤侵入鱼中。研究最多的和使用最广泛的有益微生物是乳酸菌和芽孢杆菌。虽然它们不能适应海洋环境，但是乳酸菌能耐受酸性pH和胆酸盐，所以乳酸菌和其他细菌可以生活在海洋动物肠道系统肠道黏膜上，帮助加工和吸收饲料，促进鱼的生长。分离自虹鳟幼鱼和它们饲料的乳酸片球菌（*Pediococcus acidilactici*）由于可以产生细菌素在抗普通鱼病原菌方面具有很高的活力，它们对抗生素没有抗性，不产生溶血素或不会降解肠道黏膜。在鲑肠道中分离的其他产乳酸的细菌包括麦芽香肉杆菌、弯曲乳杆菌、清酒乳杆菌、植物乳杆菌、乳酸乳杆菌和肠膜明串珠菌。这些菌株，如乳酸乳杆菌 CLFP101 菌株、植物乳杆菌 CLFP238 菌株和发酵乳杆菌 CLFP242 菌株具有抗细菌活性，并且能抑制致病菌嗜水气单胞菌、杀鲑气单胞菌、鲁氏耶尔森菌和鳗弧菌附着在虹鳟的肠黏膜上。尽管溶藻弧菌对长须鲸和贝类具有致病性，但是把它们加到养殖水体中可以减少副溶血弧菌的出现，并提高白腿虾的生存能力，这说明溶藻弧菌对目标致病菌具有拮抗作用。分离自健康金鲷皮肤的腐败希瓦菌 Pdp11 菌株能在金鲷肠道黏膜中定植，并减少哈维弧菌和美人鱼发光杆菌亚种在金鲷和塞内加尔鳎（比目鱼）体内的附着作用。将腐败希瓦菌 Pdp11 菌株加到这两种幼鱼的饲料中还会促进它们的生长。当这些鱼受到高强度环境胁迫时，该有益微生物可以调节肠道微生物菌群和免疫有关的基因表达。总的来说，腐败希瓦菌 Pdp11 菌株具有多种机制来保护和改善养殖动物的健康。所以研究有益微生物在海水养殖方面的应用具有重要的现实意义，可以大大减少抗生素使用量，并减少海水养殖环境的污染。因为抗生素现在也被认为是一类污染物，能导致抗药性细菌和抗药性基因的选择与扩散，应尽量减少使用，所以研究如何利用有益微生物替代抗生素具有重要的现实意义。

二、有益微生物的种类和来源

目前已发现有益微生物主要有细菌、放线菌、蓝细菌、微藻和酵母菌等，在水产养殖中应用的有益微生物主要包括细菌（如光合细菌、芽孢杆菌、乳酸菌、弧菌、假单胞菌等）、微藻、酵母菌等（表 6-1）。用于水产养殖的有益微生物的来源有鱼体、虾体及养殖水体等。

表 6-1　水产养殖中的有益微生物种类

有益微生物种类	来源	应用生物	使用方法
革兰氏阳性菌			
芽孢杆菌（*Bacillus* sp.）	斑节对虾和巴西黄金鲈	斑节对虾和锯盖鱼	与饵料混合或直接加入水中
肉杆菌（*Carnobacterium* sp.）	虹鳟的肠道	虹鳟	与饵料混合
广布肉杆菌（*Carnobacterium divergens*）	大西洋鲑的肠道	鳕	饲喂
屎肠球菌（*Enterococcus faecium*）	商业产品	鳗	未知
乳杆菌（*Lactobacillus* sp.）	罗非鱼肠道	尼罗口孵鱼	预先与饵料混合
瑞士乳杆菌（*Lactobacillus helveticus*）	大菱鲆鱼苗	大菱鲆	通过轮虫携带
德氏乳杆菌乳亚种（*Lactobacillus delbrueckii* subsp. *lactis*）	轮虫	褶皱臂尾轮虫	通过饵料加入
植物乳杆菌（*Lactobacillus plantarum*）	大菱鲆鱼苗	大菱鲆	通过轮虫携带
鼠李糖乳杆菌（*Lactobacillus rhamnosus*）	富集培养	虹鳟	与饵料混合
藤黄微球菌（*Micrococcus luteus*）	虹鳟的肠道	虹鳟	与饵料混合
嗜热链球菌（*Streptococcus thermophilus*）	大菱鲆鱼苗	大菱鲆	通过轮虫携带
赫伦魏斯氏菌（*Weissella hellenica*）	牙鲆肠道	褐牙鲆	与饵料混合
革兰氏阴性菌			
嗜水气单胞菌（*A. hydrophila*）	虹鳟肠道	虹鳟	与饵料混合
中间气单胞菌（*A. media*）	未知	太平洋牡蛎	与水混合
交替单胞菌（*Alteromonas* sp.）	未知	太平洋牡蛎	与水混合
光红杆菌（*Photorhodobacterium* sp.）	未知	中国对虾	与水混合
荧光假单胞菌（*P. fluorescens*）	褐鳟、尖吻鲈和虹鳟	大西洋褐鳟、虹鳟	菌浴、与水混合
玫瑰杆菌属（*Roseobacter* sp.）	未知	扇贝苗	与水混合
溶藻弧菌（*V. alginolyticus*）	沙滩沙子	对虾、鲑	投喂、菌浴 10min
河流弧菌（*Vibrio fluvialis*）	虹鳟	虹鳟	与饵料混合

续表

有益微生物种类	来源	应用生物	使用方法
噬菌体			
肌尾噬菌体科和短尾病毒科	未知	香鱼	与饵料混合
酵母菌			
酿酒酵母（*Saccharomyces cerevisiae*）、少孢酵母（*Saccharomyces exiguus*）	商业产品	南美白对虾	与饵料混合
红法夫酵母和汉斯德巴氏酵母	冰冻海鲈鱼肠道	冰冻海鲈鱼幼苗	与饵料混合
微藻			
四鞭藻（*Tetraselmis suecica*）	商业产品	对虾、大西洋鲑	饲喂

另外，可以用于控制病毒病的有益微生物如表 6-2 所示。一般情况下，由病毒引起的动物疾病很难用药物治疗，因为它们是真核细胞的寄生物。

表 6-2　用于控制病毒病的有益微生物

有益微生物	海洋动物	所抗的病毒病
芽孢杆菌和乳酸菌	南美白对虾	改进宿主免疫，减少 WSSV 的传播
芽孢杆菌 PC465 菌株	南美白对虾	提高虾免疫，减少 WSSV 的数量，保护宿主抗 WSSV
芽孢杆 OJ 菌株	南美白对虾	增加免疫反应和对 WSSV 的抗性
4 株乳酸菌的提取物	南美白对虾	提高宿主存活率，减少 WSSV 的传播
植酸乳杆菌	南美白对虾	对抗病毒，促进虾的健康，减少 YHV 的数量
解淀粉芽孢杆菌	海水大龙虾	调节先天免疫，减少 WSSV 数量，降低海水大龙虾 WSSV 攻毒过程中的死亡率
枯草芽孢杆菌（含 *VP28* 基因）	南美白对虾	增加虾 WSSV 攻毒过程的存活率
枯草芽孢杆菌（含 *VP28* 基因）	中国对虾	明显增加对 WSSV 的抗性
枯草芽孢杆菌（含 *VP28* 基因）	斑节对虾	高效抗 WSSV
枯草芽孢杆菌（含 *VP28* 基因）	南美白对虾	高效抗 WSSV

注：WSSV. 白斑综合征病毒；YHV. 黄头病毒

三、有益微生物的作用机制

过去数十年中，研究人员对有益微生物的作用机制进行了大量研究，因为有益微生物可以增加宿主的抗病能力、改善宿主的生长、调节微生物菌群的平衡、改善肠道健康、增加饲料的利用率和改善养殖水体的质量。研究表明有益微生物在海水养殖中有多种作用机制和位点，产生抑菌物质、与病原菌进行竞争、增加机体免疫反应、改善宿主生长和生存能力、增加卵黄的吸收和营养物的利用。图 6-1 总结了有益微生物对水生动物的各种有益作用。

下面针对这些机制做简单的介绍。

1. 竞争排斥病原菌　竞争排斥是有益微生物对抗病原菌的一种机制。有益微生物进入海洋动物胃肠（gastrointestine，GI）道中，通过产生拮抗物质、竞争营养物质、竞争物理空间，甚至竞争氧气破坏病原菌的功能（图 6-1A）。通过竞争宿主上的相应受体，使病原菌无法进入宿主，产生拮抗病原菌的作用，并限制病原菌的生长，是有益微生物作用的主要作用机制。例如，乳酸菌对凡纳滨对虾和斑节对虾的病原菌哈维弧菌、副溶血弧菌具有抑制作用。同样，斑节对虾的粪肠球菌、南美白对虾的乳酸乳球菌、虾中的乳杆菌对许多弧菌，如哈维弧菌、溶藻弧菌和副溶血弧菌都有抑制作用。必须注意的是，不是所有的有益微生物都可以定植在胃肠道中，有些有益微生物生长在皮肤、鳃和其他组织上。另外，各种因素，包括被动张力、静电相互作用、疏水性、空间位阻力和脂磷壁酸都会影响有益微生物附着在宿主的受体蛋白上。为了控制病原菌，有益微生物是很好的抗生素替代品，这对于减少抗生素对养殖环境的污染、减少抗药性菌株和抗药性基因的出现和传播扩散及进行绿色健康养殖非常重要。

2. 调节免疫　有益微生物一个非常重要的作用就是具有调节宿主免疫的功能，增加宿主的免疫反应。近几年，有益微生物调节免疫反应的机制引起了很多人的兴趣。在斑节对虾中，饲料中添加芽孢杆菌 S11 菌株对细胞和体液免疫有很大的正面

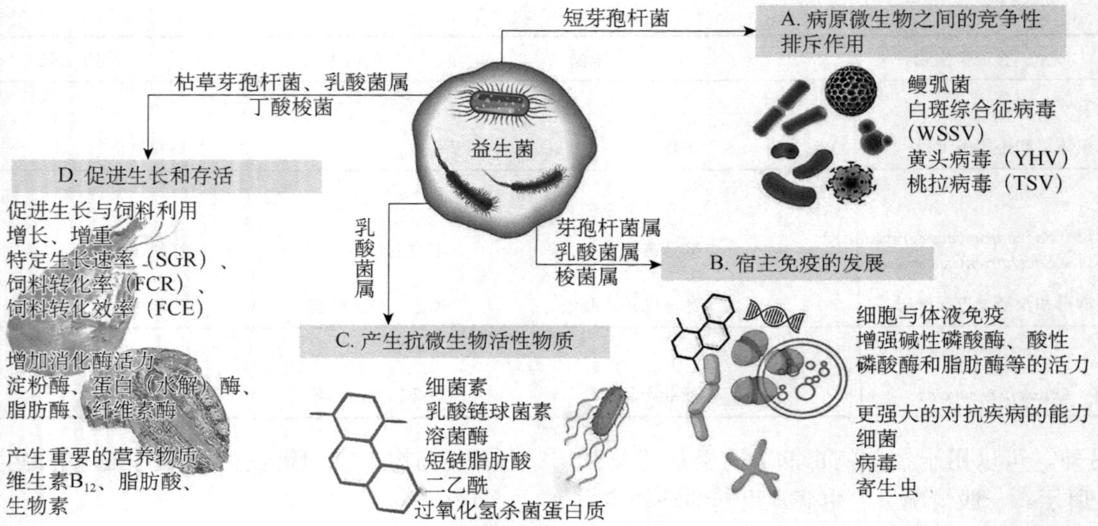

图 6-1　有益微生物作用机制（Sumon et al.，2022）

A. 竞争排斥病原菌，如鳗弧菌、白斑综合征病毒、黄头病毒和桃拉病毒等；B. 有利于免疫系统的发育也是有益微生物作用的一种重要方式，有益微生物能增强碱性磷酸酶和酸性磷酸酶活性，并对宿主提供保护作用，对抗细菌、病毒和寄生虫疾病；C. 有益微生物也能产生许多抗微生物活性物质，如细菌素、乳酸链球菌素、溶菌酶、杀菌蛋白质等；D. 像芽孢杆菌、乳杆菌、梭状芽孢杆菌等的有益微生物通过增加饲料转化率、增强消化酶活力和产生重要的营养物质可以加快宿主生长和存活速率

影响，能加强保护宿主对抗疾病。另外，丁酸梭状芽孢杆菌 CBG01 菌株的使用可以加强南美白对虾的先天性免疫，明显增加碱性磷酸酶、酸性磷酸酶、溶菌酶和总 NO 合成酶的活力，NO 合成酶会明显增加呼吸爆发活力。另外，使用了有益微生物，其他先天和细胞免疫因子，如血淋巴杀菌活力、吞噬活性、超氧化物歧化酶（superoxide dismutase，SOD）活力、总抗氧化能力、总血细胞数量、过氧化氢酶活力、酚氧化酶活力和原酚氧化酶活力都会增加（图 6-1B）。在饲料中添加有益微生物还可以增加宿主免疫和抗胁迫基因的表达，包括原酚氧化酶、SOD、热激蛋白 70、脂多糖和 β-1,3-葡聚糖结合蛋白（LGBP）的基因表达。

3. 产生抗微生物活性物质　有益微生物正在设法替代海水养殖动物的抗微生物剂，如抗生素和抗微生物的化学物质。尽管有益微生物抗细菌的特异机制不是很清楚，但是各种有益微生物能产生杀菌分子，如细菌素、铁载体和溶菌酶等。海洋养殖动物的免疫系统可以被这些分子激活，增加这些动物抗病毒、细菌、真菌和寄生虫的感染（图 6-1C）。对海洋动物来说不可消化的纤维和多糖可以被有益微生物消化和发酵，形成许多短链和中度链长的脂肪酸，这样可以降低肠道中的 pH，从而抑制病原细菌的生长。另外，常规的有益细菌，如乳酸菌通过产生短链脂肪酸、二乙酰、H_2O_2 和杀菌蛋白质而抑制病原菌生长。

4. 促进生长和存活　肠道中的消化酶活力与正常的饲料吸收和消化能力、生长速率和宿主的正常健康状况密切相关。通过提高这些消化酶的功能，有益微生物能改善饲料的利用率和促进海洋动物的生长。给南美白对虾投喂枯草芽孢杆菌 E20 菌株能明显增加生长速率、饲料转化率和蛋白酶活力。产丁酸梭状芽孢杆菌能明显增强虎纹虾生长行为和饲料转化率。同样给中华锦绣龙虾投喂 3 株有益微生物能增加它们的体重、比生长速率和饲料转化率。宿主胞外酶，如蛋白酶、脂肪酶和淀粉酶的合成也会随着有益微生物的添加而增加，因为这些消化酶量的增加能改善动物消化功能。另外，有益微生物可以提高营养和微营养的吸收和利用，因为有益微生物的使用可以导致生命必需物质的产生，如维生素 B_{12}、脂肪酸和生物素等，从而促进海洋动物的存活率。南美白对虾的饲料中补充枯草芽孢杆菌两个菌株（L10 和 G1），其存活率明显提高。红鲍饲料中补充白色嗜琼胶菌 F1-UM 菌株及青蟹饲料中补充芽孢杆菌都会明显增加它们的存活率。

5. 有益微生物抗病毒活力　很长时间内大家都认为水生动物只会被寄生虫、细菌或其他病原菌感染。然而，最近几十年来进行了大规模高密度水生动物养殖，包括使用极端的高密度养殖方法，所以水产养殖系统面临许多严重的环境胁迫，在养殖鱼和虾中出现了许多新的疾病。例如，虾通过高密度养殖成为最多的海产品，对世界贡献了约 70%的水产品。随之而来的是各种疾病的产生，给虾的养殖业产生重大的负面影响。所以不得不使用抗微生物剂来控制它们疾病的暴发，这给海水养殖业造成严重的不良影响。抗生素的使用导致海水养殖动物大量抗生素的残留、大量抗药性菌株出现和大量抗药性基因的扩散，最终危害人类。另外，这些抗生素破坏了正常的微生物群落结构，包括许多有益的细菌，导致抗药性病原菌大量增殖，威胁了虾和鱼的养殖业。所以为了可持续发展和绿色健康养殖，寻找抗生素的替代品变得非常关键和迫切。除了病原细菌和寄生虫外，虾的许多病毒病，如斑节对虾杆状病毒、对虾肝胰脏细小病毒、黄头病毒（YHV）、白斑综合征病毒（WSSV）和桃拉病毒（TSV）在20世纪70年代也开始大量出现。病毒的生命周期非常短，所以突变株出现的速率非常快。在海水病毒中，WSSV已经造成全世界范围内的重大经济损失，目前还没有商品化疫苗可以使用。最近发现有益微生物在抗海水养殖动物病毒病方面有重要的应用潜力（表6-2）。在大多数情况下，芽孢杆菌和乳酸菌（包括乳杆菌）可以有效地减少WSSV和TSV对虾的致死性，还可以改善虾的健康状况。芽孢杆菌PC465菌株可以提高南美白对虾抗菌蛋白的转录水平，这样可以抑制WSSV的复制和减少虾在WSSV攻毒过程中的致死率，结果可以保护虾对抗白斑病。同样，解淀粉芽孢杆菌可以刺激天然免疫系统，导致WSSV的拷贝数减少，并明显降低海水大龙虾在WSSV攻毒过程中的死亡率。除了可以抗WSSV和预防疾病外，有益微生物还有许多其他的功能，如用枯草芽孢杆菌的芽孢制备的抗原抗体VP28能减少南美白对虾死亡率达33%～66%和使虎虾保护率达75%以上，具体见表6-2。

第三节　海洋环境中的酵母菌

地球表面71%被海洋覆盖，在那里存在着大量的生物资源和基因资源，其中包括酵母菌、酵母菌基因和酶资源。在海洋环境中发现的酵母菌包括短梗霉（*Aureobasidium* sp.）、假丝酵母（*Candida* sp.）、隐球酵母（*Cryptococcus* sp.）、德巴利酵母（*Debaryomyces* sp.）、线黑粉菌（*Filobasidium* sp.）、半乳糖酵母（*Galactomyces* sp.）、地霉（*Geotrichum* sp.）、有孢汉逊酵母（*Hanseniaspora* sp.）、伊萨酵母（*Issatchenkia* sp.）、克鲁维酵母（*Kluyveromyces* sp.）、柯达酵母（*Kodamaea* sp.）、洛德酵母（*Lodderomyces* sp.）、梅奇酵母（*Metschnikowia* sp.）、毕赤酵母（*Pichia* sp.）、红冬孢酵母（*Rhodosporidium* sp.）、红酵母（*Rhodotorula* sp.）、酿酒酵母（*Saccharomyces* sp.）、丝孢酵母（*Trichosporon* sp.）、拟威尔酵母（*Williopsis* sp.）、耶氏酵母（*Yarrowia* sp.）、接合拟威尔酵母（*Zygowilliopsis* sp.）、木拉克酵母（*Mrakia* sp.）、久浩酵母（*Guehomyces* sp.）、接合囊酵母（*Zygoascus* sp.）、棒孢酵母（*Clavispora* sp.）等和一些未确定属的酵母（http://www.mccc.org.cn）。因此很有必要对海洋酵母菌进行研究从而获取它们的活性产物、酶和功能基因资源。但是就像前一节所说的那样，有些酵母菌也会引起海洋动物产生乳化病，如二尖梅奇酵母可引起河蟹、梭子蟹和江苏沿海的脊尾白虾产生乳化病。

海洋酵母菌通常是指在海水中比在淡水中生存时间更长的酵母菌，我们认为海洋酵母菌还应该指来自真正海洋环境的酵母菌，并且与在淡水培养基中生长情况相比，在海水培养基中生长更好或生长不受影响。到目前为止，还没有发现绝对依赖NaCl进行生长的酵母菌。我们还发现很多陆地酵母菌在海水中并不能生长。如果能用海洋酵母菌作为工业生产酶制剂和活性产物的产生菌，作为制备培养基用的海水资源是十分丰富的，并且使用海水作为培养基可以节约大量淡水。

一、酵母菌在海洋环境中的分布与多样性

1. 酵母菌密度　不管是淡水还是海洋水环境都是酵母菌的常见来源，淡水中酵母菌的密度大于海水的，酵母菌在开放的大洋海水中的密度小于10个/L，而在没有被污染的湖和海滨水中的密度小于100细胞/L，在人迹罕至的阿根廷巴塔哥尼亚湖中检测到非常少的酵母菌，在大洋中只有当无脊椎动物和浮游植物大量繁殖时酵母菌的数量才有可能增加，能达到3×10^3个/L，说明有机物的存在对酵母菌密度影响非常大。酵母菌总数通常随着污染物的增加而增加，有时能够达到2×10^8个/L（在污水中）。在波斯湾中酵母菌的数量随着深度的不同变化很大，在阿尔瓦雷斯・卡布拉尔深海槽的表层海水中，酵母菌的平均数量为5.4个/L，并随着不同的深度而变化。

酵母菌的数量在污染区的沉积物中超过100个/g，酵母菌在沉积物中的数量取决于沉积物的类型，在

深海海底沙质的沉积物中没有检测出酵母菌菌落，而在深海地热超高温烟囱区能够检测到酵母菌。巴西里约热内卢遭污染的塞佩蒂巴湾的海滨水中酵母菌的数量为 3.7×10^3 个/mL，在同一位置泥类沉积物中的数量是水中的 20 倍，而在虾肠道中的数量是水中的 400 倍；无脊椎动物的平均酵母菌数量是水中的 37 倍。在潮间带海湾沉积物中，酵母菌的数量是海水中的 20～30 倍。相反，有的研究者认为，在无脊椎动物中的酵母菌比周围沉积物的少，可能酵母菌的营养细胞在无脊椎动物中的特异性定植取决于不同种与环境之间的结合。在红树林的海水中酵母菌的数量为 10^4～10^5 个/L。

2. 酵母菌在海洋环境中的分布 从南极、中国东海、南海、黄海、山东蓬莱、长岛、荣成、石岛、青岛胶州湾、沙子口、东风盐场、大麦岛、石老人、太平角、小港、栈桥、天津大港区、海口、文昌、演丰镇等地的海水、沉积物、生物样品中取样，对分离酵母菌进行鉴定，得到的酵母菌分布情况如下。

1）酵母菌在表层海水中的分布 在黄海的水样中我们得到了较多的近平滑假丝酵母（*Candida parapsilosis*）（13 株）、念珠假丝酵母（*Candida aaseri*）（7 株）、胶红酵母（*Rhodotorula mucilaginosa*）（4 株）、解脂耶氏酵母（*Yarrowia lipolytica*）（6 株），此外还分离到球红冬孢酵母（*Rhodosporidium sphaerocarpum*）（1 株）、热带假丝酵母（*Candida tropicalis*）（1 株）、汉逊德巴利酵母（*Debaryomyces hansenii*）（1 株）、季也蒙毕赤酵母（*Pichia guilliermondii*）（1 株）、二尖梅奇酵母（*M. bicuspidata*）（2 株）等。在青岛近表层海水中分离到了汉逊德巴利酵母（*D. hansenii*）（2 株）、解脂耶氏酵母（*Y. lipolytica*）（6 株）、季也蒙毕赤酵母（*P. guilliermondii*）（1 株）、出芽短梗霉（*Aureobasidium pullulans*）（3 株）等。从南极水样中分离到解脂耶氏酵母（*Y. lipolytica*）（1 株）、鲑色锁掷酵母（*Sporidiobolus salmonicolor*）（3 株）、汉逊德巴利酵母（*D. hansenii*）（3 株）、出芽短梗霉（*A. pullulans*）（2 株）和普鲁兰久浩酵母（*Guehomyces pullulans*）（1 株）等。

2）酵母菌在红树林中的分布 在厦门红树林沉积物中热带假丝酵母（*C. tropicalis*）（13 株）和海泥克鲁维酵母（*Kluyveromyces aestuarii*）（4 株）占优势。此外还分离到博伊丁假丝酵母（*Candida boidinii*）（1 株）、东方伊萨酵母（*Issatchenkia orientalis*）（1 株）、土星拟威尔酵母（*Williopsis saturnus*）（1 株）、斯巴达克毕赤酵母（*Pichia spartinae*）（1 株）、麦芽糖假丝酵母（*Candida maltosa*）（1 株）和近平滑假丝酵母（*Candida parapsilosis*）（1 株）等。在海南红树林沉积物中分离到热带假丝酵母（*Candia tropicalis*）（4 株）、汉逊德巴利酵母（*D. hansenii*）（2 株）、近平滑假丝酵母（*Candida parapsilosis*）（3 株）、链状假丝酵母（*Candida catenulata*）（2 株）、白色假丝酵母（*C. albicans*）（1 株）、浅白隐球酵母（*Cryptococcus albidus*）（1 株）、博伊丁假丝酵母（*Candida boidinii*）（1 株）、土星拟威尔酵母（*Williopsis saturnus*）（1 株）等。

在红树林的植物上分布的酵母菌有热带假丝酵母（*C. tropicalis*）（53 株）、汉逊德巴利酵母（*D. hansenii*）（14 株）、阿萨希丝孢酵母（*Trichosporon asahii*）（6 株）、奥默儿玉氏酵母（*Kodamaea ohmeri*）（14 株）、东方伊萨酵母（*Issatchenkia orientalis*）（5 株）、海泥克鲁维酵母（*K. aestuarii*）（5 株）、汉逊德巴利酵母（*D. hansenii*）（14 株）、季也蒙毕赤酵母（*P. guilliermondii*）（4 株）、间型假丝酵母（*Candida intermedia*）（14 株）、胶红酵母（*Rhodotorula mucilaginosa*）（3 株）、解脂耶氏酵母（*Y. lipolytica*）（6 株）、近平滑假丝酵母（*Candida parapsilosis*）（7 株）、链状假丝酵母（*Candida catenulata*）（9 株）、墨西哥毕赤酵母（*Pichia mexicana*）（5 株）、出芽短梗霉（*A. pullulans*）（2 株）、奶酪假丝酵母（*Candida butyri*）（8 株）、异常毕赤酵母（*Pichia anomala*）（7 株）、思尔娃假丝酵母（*Candida silvae*）（3 株）和白色假丝酵母（*C. albicans*）（2 株）。这说明在热带和亚热带生长的红树林植物上热带假丝酵母菌占有很大的比例，这可能与这些环境受到严重污染有很大的关系。

3）酵母菌在海洋沉积物中的分布 在南极浅海沉积物中主要有解脂耶氏酵母（*Y. lipolytica*）（4 株）、汉逊德巴利酵母（*D. hansenii*）（5 株）和斯鲁夫红酵母（*Rhodotorula slooffiae*）（3 株），此外还有鲑色锁掷酵母（*Sporidiobolus salmonicolor*）（2 株）、木拉克酵母（*Mrakia* sp.）（2 株）、小红酵母（*Rhodotorula minuta*）（1 株）、胶红酵母（*Rhodotorula mucilaginosa*）（1 株）和出芽短梗霉（*A. pullulans*）（1 株）。在山东沿海的海泥中主要分离到解脂耶氏酵母（*Y. lipolytica*）（2 株）、季也蒙毕赤酵母（*P. guilliermondii*）（4 株），此外还有白色假丝酵母（*C. albicans*）（1 株）、指甲毕赤酵母（*Pichia onychis*）（1 株）。

4）酵母菌在海洋鱼类中的分布 从不同海洋环境中得到的鱼类肠道、鳃和体表分离的酵母菌有：解脂耶氏酵母（*Y. lipolytica*）（73 株）、汉逊德巴利酵母（*D. hansenii*）（64 株）、季也蒙毕赤酵母（*P. guilliermondii*）（26 株）、奥默儿玉氏酵母（*Kodamaea ohmeri*）（22 株）、热带假丝酵母（*C. tropicalis*）（21 株）、涎沫假丝酵母（*Candida zeylanoides*）（16 株）、酿酒酵母（*S. cerevisiae*）（13 株）、葡萄有孢汉逊酵母（*Hanseniaspora uvarum*）（11 株）、胶红酵母（*R. mucilaginosa*）（10 株）、少孢酵母（*Saccharomyces exiguus*）（9 株）、东方伊萨酵母（*Issatchenkia orientalis*）（7 株）、克鲁维毕赤酵母（*Pichia kluyveri*）（6 株）、异常毕赤酵母（*P. anomala*）（5 株）、近平滑假丝酵母（*Candida parapsilosis*）（5 株）、梅林假丝酵母（*Candida milleri*）（5 株）、墨西哥毕赤酵母（*Pichia mexicana*）（5 株）、发酵毕赤酵母（*Pichia fermentans*）（4 株）、光滑假丝酵母（*Candida glabrata*）（4 株）、大西洋假丝酵母（*Candida atlantica*）（2 株）、出芽短梗霉（*A. pullulans*）（2 株）、链状假丝酵母（*Candida catenulata*）（2 株）、博伊丁假丝酵母（*C. boidinii*）（1 株）、树干毕赤酵母（*Pichia stipitis*）（1 株）等。

从天津大港区的鲦体表和肠道分离到解脂耶氏酵母（*Y. lipolytica*）、汉逊德巴利酵母（*D. hansenii*）、胶红酵母（*R. mucilaginosa*）、黑马朗假丝酵母（*Candida haemulonii*）、大西洋假丝酵母（*Candida atlantica*）、团假丝酵母（*Candida glaebosa*）、指甲绒黑粉类酵母（*Filobasidium uniguttulatum*）、涎沫假丝酵母（*Candida zeylanoides*）和酿酒酵母（*S. cerevisiae*）。在山东荣成石岛的鲅鱼体表和肠道中主要分离到解脂耶氏酵母（*Y. lipolytica*）和假丝酵母（*Candida* sp.），此外还分离到季也蒙毕赤酵母（*P. guilliermondii*）、酿酒酵母（*S. cerevisiae*）、异常毕赤酵母（*P. anomala*）和克鲁维毕赤酵母（*Pichia kluyveri*）。在山东长岛的鲅鱼中分离到解脂耶氏酵母（*Y. lipolytica*）和葡萄有孢汉逊酵母（*Hanseniaspora uvarum*）。在东海的鲅鱼中分离到热带假丝酵母（*C. tropicalis*）和挪威毕赤酵母（*Pichia norvegensis*）。从天津大港区的半滑舌鳎体表和肠道分离到汉逊德巴利酵母（*D. hansenii*）、解脂耶氏酵母（*Y. lipolytica*）、涎沫假丝酵母菌（*Candida zeylanoides*）和纤细假丝酵母（*Candida tenuis*）。在山东长岛的鲳的消化道和鳃中分离到解脂耶氏酵母（*Y. lipolytica*）、季也蒙毕赤酵母（*P. guilliermondii*）、涎沫假丝酵母（*Candida zeylanoides*）、异常毕赤酵母（*P. anomala*）和纤细假丝酵母（*Candida tenuis*）。从山东荣成石岛的带鱼消化道中分离到解脂耶氏酵母（*Y. lipolytica*）、汉逊德巴利酵母（*D. hansenii*）和季也蒙毕赤酵母（*P. guilliermondii*）。从黄海的高眼鲽肠道中分离出解脂耶氏酵母（*Y. lipolytica*）、季也蒙毕赤酵母（*P. guilliermondii*）和西方伊萨酵母（*Issatchenkia occidentalis*）。从山东荣成石岛的黄花鱼消化道和鳃中分离到汉逊德巴利酵母（*D. hansenii*）、解脂耶氏酵母（*Y. lipolytica*）、季也蒙毕赤酵母（*P. guilliermondii*）和酿酒酵母（*S. cerevisiae*）。从天津大港区的狼鱼肠道、皮和鳃中分离到汉逊德巴利酵母（*D. hansenii*）、解脂耶氏酵母（*Y. lipolytica*）、涎沫假丝酵母（*Candida zeylanoides*）、喜橄榄假丝酵母（*Candida oleophila*）和树干毕赤酵母（*Pichia stipitis*）。从山东荣成石岛的马面鲀花鱼消化道和鳃中分离到季也蒙毕赤酵母（*P. guilliermondii*）、克鲁维毕赤酵母（*Plchia kluyveri*）、墨西哥毕赤酵母（*Pichia mexicana*）和加利福尼亚接合拟威尔酵母（*Zygowilliopsis californica*）。在天津大港区和山东荣成石岛的矛尾腹鱼肠道、鳃和皮中分离到东方伊萨酵母（*Issatchenkia orientalis*）、胶红酵母（*R. mucilaginosa*）、季也蒙毕赤酵母（*P. guilliermondii*）、葡萄有孢汉逊酵母（*Hanseniaspora uvarum*）和汉逊德巴利酵母（*D. hansenii*）。

从厦门海域的赤魟鱼肠道和鳃中分离到解脂耶氏酵母（*Y. lipolytica*）、近平滑假丝酵母（*Candida parapsilosis*）、酿酒酵母（*S. cerevisiae*）和斯巴达毕赤酵母（*Pichia spartinae*）。

5）远海与深海环境中的酵母菌 日本学者认为，对大洋广泛的研究表明，酵母菌的群体是到处都存在的，种的分布受到地理因素、水环境因素和生物因素的影响。在子囊菌类酵母菌中，耐盐的汉逊德巴利酵母（*D. hansenii*）是在海洋中广泛分布的种，它在其他水环境中也一样分布广泛。在担子菌类酵母菌中，有些酵母菌如隐球酵母（*Cryptococcus* sp.）、红酵母（*Rhodotorula* sp.）、掷孢酵母（*Sporobolomyces* sp.）广泛分布于不同的大洋区域。担子菌类酵母菌在寡营养的大洋海水中一般占酵母菌总数的主要部分。假丝酵母也经常出现，但在大洋中比在近岸海水和污染的淡水中出现的频率要小，种类也与这些环境的不同，有些种的假丝酵母似乎只在南极的大洋区域出现，相似的种还有白冬孢酵母（*Leucosporidium* spp.）和微小合轴酵母（*Sympodiomyces parvus*），它们被认为是嗜冷的酵母菌种。梅奇酵母（*Metschnikowia* spp.）被认为分布于海水、淡水的无脊椎动物、鱼类和藻类中，就像上面所说的那样最近几年发现二尖梅奇酵母是许多海洋动物和淡水动物的条件致病菌。从系统进化分析得知，澳洲梅奇酵母（*M. australis*）、二尖梅奇酵母二尖变种（*M. bicuspidata* var. *bicuspidata*）、二尖梅奇酵母查莎米阿变种（*M. bicuspidata* var. *chathamia*）、克里斯梅奇酵母（*M. krissii*）和佐贝尔梅奇酵母（*M. zobellii*）广泛分布于海洋环境中，并属于同一个进化分类单元（monophyletic）。而在水环境中偶尔出现的拉考夫梅奇酵母（*M. reukaufii*）和美极梅奇酵母（*M. pulcherrima*）与它们的关系较远。梅奇酵母、拉考夫梅奇酵母和美极梅奇酵母就像几乎所有其他梅奇酵母菌种一样通常认为分布于陆地上的花、果实和昆虫中，与海洋种的酵母菌在进化上属于同一进化分类单元，说明它们是从海洋环境中进化而来的。

在不同海洋环境中广泛分布的酵母菌种通常被认为是外来的种，尤其是因为许多担子菌类酵母菌经常被认为是分布在陆地植物的叶片上的，在海洋中出现可能是因为从叶片冲刷到海洋中，担子菌类酵母菌中掷孢酵母（*Sporobolomyces* sp.）和布勒掷孢酵母（*Bullera* sp.）被认为是典型的叶片栖息的酵母菌。远离墨西哥的太平洋水域的酵母菌，如掷孢酵母（*Sporobolomyces* sp.）和布勒掷孢酵母（*Bullera* sp.）出现频率最高，有趣的是这些酵母菌的出现频率随着海水远离海岸距离的增加和海水深度的增加而增加，这些事实说明担子菌类酵母菌不是从陆地植物叶片冲刷来的，是海洋中土著酵母菌。

深海沉积物存在类似酵母菌的细胞，在环太平洋深海环境存在有大量的酵母菌。球红冬孢酵母（*R. sphaerocarpum*）、土星拟威尔酵母（*Williopsis saturnus*）和拟郎比可假丝酵母（*C. pseudolambica*）被发现在全部站点中，是出现频率最高的种类，但是它们的分布几乎集中于日本骏河湾和鹿儿岛海湾的沉积物中，而汉逊德巴利酵母（*D. hansenii*）的分布几乎集中于相模海湾和骏河海湾的沉积物中。几乎全部的子囊菌类酵母菌都来自沉积物中，只有非发酵克鲁维酵母（*K. nonfermentans*）除外，它在沉积物和底栖无脊椎动物中都很常见，但它们只分布在相模海湾和骏河海湾中，相反，红冬孢酵母（*R. diobovatum*）和胶红酵母（*R. mucilaginosa*）广泛分布于深海的不同位置。

二、海洋酵母菌产生的胞外酶

1. 淀粉酶 淀粉酶能够水解淀粉产生葡萄糖、麦芽糖与糊精，分为α淀粉酶、β淀粉酶和葡萄糖淀粉酶。它们被广泛地应用在面包和发酵工业、淀粉糖化与液化、纺织品脱浆、造纸工业、洗涤剂工业、医药与临床化学分析、食品与医药工业等。由于在世界大部分地区淀粉价格低廉、原料来源方便，所以淀粉是大规模生产酵母菌细胞和相关发酵产品的最好原料。由于从环境得到的大部分酵母菌是安全的，所以最近几年人们对产淀粉酶的酵母菌产生了很大的兴趣，主要目的是利用产淀粉酶酵母菌转化淀粉质原料直接生产单细胞蛋白和燃料乙醇。目前发现的可以产淀粉酶的陆地酵母菌包括油脂酵母（*Lipomyces* sp.）、扣囊覆膜酵母（*Saccharomycopsis* sp.）、许旺酵母（*Schwanniomyces* sp.）、日本假丝酵母（*C. japonica*）和蒴果线黑粉菌（*Filobasidium capsuligenum*）。可是目前对产淀粉酶的海洋酵母了解得非常少，其中1株淀粉酶活力最高的出芽短梗霉（*A. pullulans*）N13d菌株，在最优条件下能产生的淀粉酶酶活为10U/mL。该菌株产生的粗淀粉酶可以有效地水解土豆生淀粉颗粒，但是对于玉米和地瓜淀粉颗粒水解能力很弱。土豆生淀粉颗粒被水解后仅释放出葡萄糖，说明该酶具有同时水解土豆生淀粉α-1,4-糖苷键和α-1,6-糖苷键的能力，所以该酶和它的基因在发酵工业中有非常重要的用途，纯化的酶可以吸附土豆、玉米和地瓜生淀粉，但是仅土豆生淀粉可以被该酶水解，该酶水解α-1,6-糖苷键的能力非常高。

2. 纤维素酶 纤维素是由葡萄糖通过β-1,4-糖苷键连接形成的多聚物，是地球上最为丰富的有机能源和碳源。因此，开发利用纤维素这一低价碳源具有相当大的经济价值和社会价值。纤维素酶（cellulase）是指能够将纤维素水解成葡萄糖的一组酶，包括多种水解酶成员，构成一个复杂的纤维素酶家族，一般分为三类：①内切葡聚糖酶（endoglucanase，EC 3.2.1.4，EG），这类酶作用于纤维素分子内部的非结晶区，随机水解β-1,4-糖苷键，产生大量带有非还原末端的小分子纤维素。②外切葡聚糖酶（exoglucanase，EC 3.2.1.91），这类酶作用于纤维素线状分子末端，水解β-1,4-糖苷键，每次切下一个纤维二糖分子，故又称为纤维二糖水解酶（CBH）。③β-葡萄糖苷酶（β-glucosidase，EC 3.2.1.21，BG），这类酶将纤维二糖水解成葡萄糖分子。所以纤维素只有在这三种酶的协同作用下才能被水解成葡萄糖。纤维素酶被广泛应用于食品工业、环境保护与农业方面，发现纤维素酶在纺织工业上也有许多用途，如纤维素酶可用于棉、麻布的抛光处理和牛仔服“石磨”处理，使表面伸出的小纤维末端被除去，有效地减少织物的起毛和起球，能获得持久的柔软度和光滑度，牛仔服用酶水洗比浮石处理损伤要小，且不需要额外的柔软剂。纤维素酶在转化植物纤维成单细胞蛋白和生产生物燃料方面有着重要潜在的用途。

陆地上产生纤维素酶的真菌一般为曲霉、根霉和木霉，而关于产纤维素酶酵母菌的研究非常少，尤其是产纤维素酶海洋酵母菌研究得更少，如 1 株海洋酵母菌出芽短梗霉（*A. pullulans*）98 菌株，其羧甲基纤维素酶活力达到 4.51U/mg，滤纸酶活达到 4.57U/mg。发现海洋酵母菌出芽短梗霉 98 菌株所产的纤维素酶和其他微生物所产纤维素酶在性质上有所不同，纯化后的纤维素酶能够在短时间内水解纤维素得到大量葡萄糖和极少量寡糖。

3. 脂肪酶　脂肪酶可以催化广泛的化学反应，包括水解反应、转酯反应、醇解反应、脂化反应、氨解反应。脂肪酶在生产量上是仅次于蛋白酶和糖化酶的第三大应用酶类。可以产生脂肪酶的微生物有细菌、真菌和放线菌。目前用于工业生产脂肪酶的陆地酵母菌主要有皱褶假丝酵母（*C. rugosa*）和大西洋假丝酵母（*C. antarctica*），但是没有 1 种酵母菌是来源于海洋环境的。来自海水、海洋沉积物、盐渍土、海洋动物肠道的 9 株酵母菌能够产生脂肪酶分解橄榄油，它们分别为间型假丝酵母（*Candida intermedia*）YAO1a 菌株、季也蒙毕赤酵母（*P. guilliermondii*）N12c 菌株、近平滑假丝酵母（*Candida phangngensis*）3eA2 菌株、长孢洛德酵母（*Loddermyces elongisporus*）YF12c 菌株、橘假丝酵母（*Candida quercitrusa*）JHSb 菌株、皱褶假丝酵母（*Candida rugosa*）wl8 菌株、解脂耶氏酵母（*Y. lipolytica*）N9a 菌株、胶红酵母（*R. mucilaginosa*）L10-2 菌株和出芽短梗霉（*A. pullulans*）HN2.3 菌株。这些海洋酵母菌产脂肪酶的最适 pH 与最适温度分别为 6.0～8.0 和 35～40℃，通常陆地酵母菌产生脂肪酶的最适 pH 与最适温度分别为 5.0～8.0 和 30～50℃。例如，由皱褶假丝酵母（*Candida rugosa*）所产粗脂肪酶的最适 pH 与最适温度分别为 7.2 和 30℃。这说明海洋酵母菌粗脂肪酶的最适作用温度和最适 pH 与陆地酵母菌的相同。

大多数海洋酵母菌产的脂肪酶为与细胞结合的酶，只有出芽短梗霉（*A. pullulans*）HN2.3 菌株产的脂肪酶为胞外酶。但是大多数陆地酵母菌产的脂肪酶为胞外酶，只有近平滑假丝酵母（*C. parapsilosis*）CBS604 菌株和某些解脂耶氏酵母（*Y. lipolytica*）产的脂肪酶是胞内酶。

海洋酵母菌产的脂肪酶可以水解不同的油脂，说明它们有可能在工业上有潜在的应用价值。在我们国家，每天有大量的花生油和猪油被饭店和家庭作为废弃物排放到环境中，造成淡水和海水的严重污染，因此具有很强的水解花生油和猪油能力的脂肪酶在降解淡水和海水中的油类物质和利用这些地沟油生产生物柴油方面有潜在的应用。海洋酵母菌出芽短梗霉（*A. pullulans*）HN2.3 菌株产脂肪酶的最适 pH 与最适温度分别为 8.5 和 35℃，脂肪酶的产生取决于橄榄油加到培养液中的时间，当将橄榄油加到已经培养 6h 的培养液中，该酵母菌能够产生最大量的脂肪酶。在摇瓶实验中，培养 96h 细胞进入稳定期的酵母菌可产生超过（8.02 ± 0.24）U/mL 的脂肪酶。这个结果显示，处于活跃生长的该酵母菌才可以产生大量的脂肪酶，结果还显示这种用依赖时间的诱导策略可大大增加脂肪酶的产量。

4. 植酸酶　植酸酶（phytase）可以催化植酸（6-磷酸肌醇）释放出磷酸盐。植酸是各种谷物、粮食、豆类和多油种子中主要的含磷化合物，所以植酸酶可以组入各种商品化家禽、猪和鱼类饲料中，以便于分解其中的植酸，释放出无机磷酸，从而减少动物饲料中无机磷的添加量，并且可以给动物提供磷，减少向环境中排放含磷化合物，有利于保护环境，避免水体出现富营养化作用。最近，由于对海产品的需求量增加，全球的海水养殖业得到了飞速发展，但是高密度养殖和环境污染加剧导致环境中含磷化合物严重污染，所以植酸酶也可以添加到海洋动物饲料中，因为海洋动物肠道中缺少植酸酶。

目前生产植酸酶主要是利用陆地丝状真菌重组菌株，基因来源主要是曲霉的植酸酶基因。我们认为应用到海水养殖业饲料中的植酸酶最好是来自海洋酵母菌。在海洋酵母菌中有 10 株表现出了较高的植酸酶活力，它们分别是葡萄有孢汉逊酵母（*H. uvarum*）WZ1 菌株、解脂耶氏酵母（*Y. lipolytica*）W2B 菌株、奥默儿玉氏酵母（*Kodamaea ohmeri*）BG3 菌株、假丝酵母（*Candida* sp.）N12C 菌株、东方伊萨酵母（*I. orientalis*）YF04C 菌株、假丝酵母（*Candida* sp.）MA6 菌株、解脂耶氏酵母（*Y. lipolytica*）YF08 菌株、假丝酵母（*Candida* sp.）NY4E 菌株、假丝酵母（*Candida* sp.）YF12C 菌株和假丝酵母（*Candida* sp.）MB2 菌株，它们大部分来自各种健康海洋动物的肠道和海水。其中 1 株奥默儿玉氏酵母（*Kodamaea ohmeri*）BG3 菌株，通过发酵条件的优化，其植酸酶活力单位高达 557.9mU/mL，培养基仅含有燕麦、硫酸铵、葡萄糖和 NaCl。

5. 蛋白酶　蛋白酶是一类能水解蛋白质的

酶类，通常被分为丝氨酸蛋白酶、苏氨酸蛋白酶、半胱氨酸蛋白酶、天冬氨酸蛋白酶和金属蛋白酶。蛋白酶在生物工程领域中具有广泛的用途。细菌、丝状真菌和酵母菌都能产生不同种类的蛋白酶。

1）碱性蛋白酶　蛋白酶在洗涤剂工业、皮革工业、银回收、医药工业、食品工业、饲料工业、化学工业和废水处理等方面有重要用途。蛋白酶还可以用于消化各种蛋白质提高蛋白质产品的高附加值。产碱性蛋白酶的海洋酵母菌在海水养殖中也有重要用途。许多蛋白质，特别是牛奶中蛋白质和各种海洋动物蛋白质经过蛋白酶水解后可以生产生物活性肽。最近，许多研究证明了碱性蛋白酶在海洋动物的肠道中能够帮助消化蛋白质类物质，并且肠道中的碱性蛋白酶活性能够起到调节复合饲料成分的作用。因此海洋动物肠道碱性蛋白酶日益引起研究者的注意。陆地上产生碱性蛋白酶的菌株包括解脂假丝酵母（*Candida lipolytica*）、解脂耶氏酵母（*Y. lipolytica*）、出芽短梗霉（*A. pullulans*）。特别是解脂耶氏酵母（*Y. lipolytica*）产生的胞外酶中碱性蛋白酶在最佳培养条件下，可以达到每升几克。我们在海洋高盐环境中分离到许多可以产生蛋白酶的酵母菌，其中 1 株出芽短梗霉（*A. pullulans*）10 菌株在最佳条件下经过 30h 发酵可以产生 623.1U/mg 蛋白质（7.2U/mL）的碱性蛋白酶活力。该菌株产的粗蛋白酶在 pH 9.0 和 45℃ 条件下具有最高活性。结果显示此酶为碱性蛋白酶。有意思的是，可溶性淀粉和玉米淀粉是该菌株产生碱性蛋白酶的最佳碳源，而硝酸钠也可以刺激碱性蛋白酶的产生。

众所周知，不同蛋白质来源的活性肽具有抗吗啡活性、拮抗活性、血管紧张素转化酶抑制活性、免疫调节剂活性、抗微生物活性和抗氧化活性。虽然细菌可以产生比酵母菌多的蛋白酶，但是能产生蛋白酶的酵母菌通常被认为是安全的。因此为了利用海洋酵母菌的蛋白酶获取活性肽，发现只有 5 株海洋普鲁兰短梗霉菌落能够在含 2.0%的酪蛋白的平板上产生透明圈，其中只有普鲁兰短梗霉菌株 HN2-3 和 N13d 在培养时能产生大量的蛋白酶，同时它们产生的蛋白酶水解产生的多肽具有高的血管紧张素 I 转换酶抑制活性。

2）酸性蛋白酶　酸性蛋白酶通常被认为是一类天冬氨酸蛋白酶，包括胃蛋白酶、凝乳酶、肾素、组织蛋白酶 D，以及一些微生物产生的酸性蛋白酶，如天冬氨酸蛋白酶和青霉蛋白酶，这类蛋白酶通常在 pH 3～4 活性最高，并广泛存在于各种微生物中，包括胞内酶和胞外酶两种形式。许多酸性蛋白酶已经在工业生产上得到广泛应用，如作为奶酪生产工业上凝乳酶的代替品及酿造工业上蛋白质水解酶的应用。酸性蛋白酶在发酵工业上也扮演着重要角色，它在酸性条件下可以水解发酵液中的蛋白质产生氨基酸和多肽。但是，酸性蛋白酶也出现在植物及人类致病菌中，如白色假丝酵母（*C. albicans*）就是一类常见的人类致病菌，而它至少有 8 个基因能够编码此类蛋白酶。我国南海的沉积物中存在具有酸性蛋白酶活性的拉考夫梅奇酵母（*M. reukaufii*）W6b 菌株，它可以在含 20.0g/L 葡萄糖的培养基中产生与细胞结合的酸性蛋白酶，酶活力达 58.8U/mL，最适 pH 和温度分别为 3.5 和 40℃。它们的粗酸性蛋白酶能够被胃蛋白酶抑制剂明显抑制，说明此酸性蛋白酶属于天冬氨酸蛋白酶。该酸性蛋白酶在生物技术和食品工业上可能有潜在的用途。

6. 菊粉酶　在多种水解酶中，菊粉酶因为能够广泛应用于从菊粉生产燃料乙醇、高果糖浆和果聚寡糖而受到极大关注。菊粉是果糖通过 β-2,1-糖苷键连接形成的多聚物，菊粉作为植物的碳水化合物贮藏物广泛存在于菊芋、大丽花、菊苣和雪莲果等植物的块根中。像本书最后一章介绍的那样，乙醇是一种最适合实际应用的液体生物燃料，它本身可以作为燃料或作为汽油的添加物来应用。果糖作为一种公认的安全甜味剂可代替蔗糖广泛应用于食品、药物和饮料当中，果糖甜度比蔗糖高 1.5 倍，价格低廉，具有许多良好的特性，如能够增强产品的风味和颜色、产品稳定、果糖通过已知的葡萄糖代谢旁路进行代谢不需要胰岛素的控制，所以适合糖尿病患者使用。菊粉水解产生的果寡糖的结构和性质与其他果寡糖的结构和性质非常相似，它们作为功能甜味剂对人体和动物健康具有重要的作用。菊粉也可以通过化学水解的方法生产果糖，但是化学方法存在许多缺点，如在水解菊粉时产生颜色，水解产生无水果糖二聚体的副产物。果糖也可以由淀粉通过淀粉酶、淀粉葡糖苷酶和葡糖异构酶产生，但是这种生产工艺复杂，需要多种酶的作用。生产果糖的最佳方法就是利用微生物菊粉酶水解菊粉生产果糖，因为通过一步酶水解菊粉就可以产生果糖，果糖浓度达到 95%。许多微生物能够产生菊粉酶，如克鲁维酵母、曲霉、葡萄球菌、黄单胞菌和假单胞菌。酵母菌如脆壁克鲁维酵母（*Kluyveromyces fragilis*）、马克斯克鲁维酵母（*K. marxianus*）、乳酒假丝酵母（*Candida kefyr*）、肯特利德巴利酵母（*Debaryomyces cantarellii*）、丝状真菌如青霉和曲霉也是最常见的菊粉酶生产菌株。人们发现酵母菌可以产生比丝状真菌更强活力的胞外菊粉酶，在酵母菌中脆壁克鲁维酵母（*K. fragilis*）和马克斯克鲁维酵母（*K. marxianus*）能产生大量的菊粉酶，在工业化生产方面有很大的应用潜力。来自海洋的金黄色隐球酵母（*Cryptococcus aureus*）G7a 菌株是从中国南海的沉积物中分离的，它能够产生大量的菊粉酶，并分泌到培养基当中。G7a 菌株所产的菊粉酶在 pH 5.0 及 50℃时具有最高的酶活性。在培养基中加入 40.0g/L 的 NaCl 和 6.0g/L 的 $MgCl_2 \cdot 6H_2O$ 最适合 G7a 菌株产生菊粉酶，酶活力可以达到 84.1U/mL。该酵母菌在含 30.0g/L 的氯化钠和 6.0g/L 的氯化镁的人工海水中生长最好。

来自大型海藻表面的季也蒙毕赤酵母（*P. guilliermondii*）菌株 1 能大量分泌菊粉酶。该酵母菌产的菊粉粗酶最适 pH 和最适温度分别为 6.0 和 60℃。产生的菊粉酶水解菊粉后能产生大量的单糖和微量的低聚糖，说明此酵母菌的粗酶具有很高的胞外菊粉酶活力。在培养基中加入 20.0g/L 的 NaCl 最适合该海洋酵母菌产生菊粉酶，当该海洋酵母菌在用海水配制的培养基中生长时，菊粉酶的酶活力最高，可以达到 61.5U/mL。

通过化学和物理方法从季也蒙毕赤酵母菌株 1 中获得了菊粉酶超表达突变体菌株 M-30，该菌株能够产生 115U/mL 的菊粉酶酶活力单位。在液体培养的最佳条件下突变体菌株 M-30 能够产生 127.7U/mL 的菊粉酶酶活力单位，发现菊粉很容易被该突变株产生的粗菊粉酶转化为单糖。迄今为止发现的陆地酵母菌产生的菊粉酶酶活力单位都小于 60U/mL，这显示了由海洋酵母菌产生的菊粉酶特别是突变体菌株 M-30 产生的菊粉酶在短时间的液体发酵培养中能够达到很高的水平，因此海洋酵母菌和它的突变体菌株产生的菊粉酶在食品工业上有着许多潜在的应用。

7. 漆酶　漆酶是一种含铜多酚氧化酶，它可以利用氧气来催化多种芳香类和非芳香类化合物的分解，然后把氧气还原成水，因此漆酶可以在工业上作为一种绿色酶来使用以降低环境污染。由于其广泛的底物特异性，漆酶已经被应用于纺织、纸浆造纸、药物、食品等行业，在传感器、生物修复、医学诊断等领域也有漆酶的应用。漆酶在自然界中来源广泛，在植物、昆虫、细菌、真菌中都有被发现，不同来源的漆酶差异很大，真菌特别是白腐菌是漆酶的主要生产菌，相较其他来源的漆酶，真菌漆酶通常具有较高的氧化能力。目前，产量较低、生产成本较高等因素，制约了漆酶的应用。筛选出优良的高产漆酶菌株具有重要的理论意义和实践价值。来自红树林的高产漆酶的真菌产黑色素短梗霉 11-1 菌株漆酶酶活力单位达到（3.12±0.17）U/mL。纯化的漆酶可以使溴甲酚紫、铬黑 T、结晶紫、孔雀（石）绿和甲基橙等染料发生脱色作用，在 24h 内脱色率达到 25.7%和 84.1%。但同样条件下甲烯蔚蓝和碱性藏红 O 的脱色率仅为 12.3%～14.5%。

8. 酯酶　酯酶（esterase，EC3.1.1.1）是具有水解酯键能力的一类酶的统称，可以水解酯类物质使其生成酸类和醇类，也可以催化该反应的逆反应促进酯类物质的生成。自然界中的酯酶广泛分布于动物、植物和微生物中。依据酯酶来源的不同，酯酶可分为三类：动物酯酶、植物酯酶和微生物酯酶，后者是工业酯酶的主要来源。作为生物催化剂和重要的工业酶类，酯酶被广泛用于食品、化工、医药、农业等领域。

海洋短梗霉（*Aureobasidium* sp.）HN6.2 菌株可以高产酯酶活力，发酵液中酯酶酶活力单位可达（208.11±2.73）U/mL。

三、海洋酵母菌产生的嗜杀因子

上面介绍了许多海洋动物能够被细菌和病毒感染造成疾病，然而，最近几年发现某些海洋酵母菌也是某些海洋动物的病原菌，像细菌和病毒病一样，酵母菌引起的疾病在中国的某些地区能够造成海水养殖业的巨大损失。例如，乳化病是梭子蟹、河蟹、虾等生物在养殖过程中发生的危害较大的一种暴发性流行病，2001 年在浙江省舟山出现的乳化病造成梭子蟹的大量死亡和巨大经济损失。乳化病的病原菌为二尖梅奇酵母（*M. bicuspidata*）。从感染的梭子蟹分离的酵母菌菌种，能够在感染实验中使梭子蟹的肌肉、心脏和肝胰腺产生与乳化病相同的症状。这种酵母菌的致病机制至今未知。研究发现，制霉菌素、新洁尔灭、黄连根的提取物和大蒜能够抑制此病原酵母菌的生长，但是这些物质的最小抑菌浓度（MIC）对梭子蟹是有毒性的，而且在开放的海水中使用价格昂贵的抗生素也是不可能的。在进行组织培养时，从中国对虾幼虾的心脏组织里分离到一个新种的海洋酵母菌——对虾克鲁维酵母（*Kluyveromyces penaeid*），这种酵母菌能够在加有 2.0%对虾提取物的海水中生长，而不能在大多数酵母菌能够良好生长的 YPD 和麦芽提取物培养基中生长。所以寻找能杀死这些病原酵母菌的嗜杀酵母菌非常重要，这些嗜杀酵母菌和它们产生的嗜杀因子可以用于控制这些病原酵母菌。

嗜杀因子是某些酵母菌产生的低分子量蛋白质或

糖蛋白毒素，它能够在没有进行细胞接触的情况下杀死同种或相近属的酵母菌。嗜杀酵母菌对其本身分泌的毒素具有免疫力，但是对其他嗜杀酵母菌分泌的嗜杀因子敏感。某些嗜杀因子能够干扰酵母菌β-1, 3-葡聚糖的合成并能水解海带多糖，因此被认为是葡聚糖酶。能产生嗜杀因子的嗜杀酵母菌可被用来抑制和杀死人、动物和植物病原酵母菌的生长。

发现从海水、沉积物、盐渍泥、海鱼肠道和海藻分离的酵母菌中有17株能够向培养基中分泌嗜杀因子，而且能够杀死梭子蟹的病原菌二尖梅奇酵母（*M. bicuspidata*）WCY菌株。其中，土星拟威尔酵母（*W. saturnus*）WC91-2菌株、季也蒙毕赤酵母（*P. guilliermondii*）GZ1菌株、异常毕赤酵母（*P. anomala*）YF07b菌株、汉逊德巴利酵母（*D. hansenii*）hcx-1菌株和出芽短梗霉（*A. pullulans*）HN2.3菌株嗜杀活力最强。它们产生的粗嗜杀因子能够水解海带多糖，水解的终产物为单糖，说明海洋嗜杀酵母菌能产生具有外切β-1,3-葡聚糖酶活性的物质来水解其他酵母细胞壁中的β-1,3-葡聚糖，引起敏感酵母菌细胞壁受损，细胞破裂。例如，海洋酵母菌异常毕赤酵母YF07b菌株产生的纯嗜杀因子对海带多糖进行水解后只产生单糖和双糖，这说明这种嗜杀因子具有很强的外切β-1, 3-葡聚糖酶活性。

来自南极海洋中冷温木拉克酵母（*Mrakia frigida*）产该嗜杀因子的最佳培养条件为pH 4.5, 30.0g/L NaCl，15℃。这是首次报道在南极海洋沉积物中分离到耐冷嗜杀酵母菌，且具有强嗜杀活性。纯化的嗜杀因子最适作用温度和pH分别为15℃和4.5，并且在10～25℃及pH 4.5左右维持稳定。这说明冷温木拉克酵母菌2E00797菌株产的嗜杀因子对温度比较敏感，并且在低温下活性被激活。该耐冷酵母菌产生的嗜杀因子除了可以杀死上述的梭子蟹致病菌二尖梅奇酵母WCY菌株外，还可以杀死人类条件致病菌热带假丝酵母和白色假丝酵母。来自红树林生态系统中的异常毕赤酵母HN1-2菌株分泌的嗜杀因子可以杀死长孢洛德酵母、白色假丝酵母、二尖梅奇酵母、季也蒙毕赤酵母、酿酒酵母、解脂耶氏酵母及海泥克鲁维酵母等自然界中广泛存在的多种酵母菌。但对丝状真菌和细菌没有嗜杀活性。通过与敏感野生菌株共培养的研究发现异常毕赤酵母HN1-2菌株在生长过程中可以防止野生菌株的污染，这在发酵工业中有一定的意义。

四、海洋酵母菌产生的铁载体

“铁载体”来源于希腊语“铁的运载工具”。铁载体是微生物适应低铁环境而合成的一类低分子质量（500～1000Da）、螯合铁离子的配位体。大多数细菌和真菌都会产生铁载体。当然也有一些例外，尤其是厌氧细菌和一些酵母菌，如酿酒酵母（*S. cerevisiae*）不能产生铁载体，但是它能够利用外源的铁载体。大多数的铁载体分为两类：儿茶酚类（catechol）和异羟肟酸类（hydroxam），它们均可与Fe^{3+}结合形成六齿型结构。但是，也发现某些铁载体包含其他一些功能基团，如羟酸、羧酸和2-羟基苯唑啉等。细菌能产生多种铁载体，而大多真菌只产生异羟肟酸类铁载体。铁载体具有许多潜在的应用，如在医学方面铁载体已用于治疗像β-地中海贫血的铁过量和铝过量的症状，与抗生素结合后可以作用于抗药性微生物菌株，某些异羟肟酸类铁载体具有抗癌作用。在海水养殖业中，铁载体和产铁载体海洋微生物可以用于控制由细菌引起的疾病。在环境修复方面铁载体能够非常有效地溶解环境中各种有毒金属，这样形成的铁载体复合物能够用于金属回收或污水处理厂的生物修复，包括放射性污水的处理和核燃料的回收。

来自青岛东风盐场近海表层海水的出芽短梗霉（*A. pullulans*）HN6.2菌株的铁载体最高产量可达到1.1mg/mL。在产铁载体培养基中加入L-鸟氨酸后铁载体的产量明显增加，而加入Fe^{3+}后，其产量明显减少，并且这些调控作用发生在L-鸟氨酸-*N*-羟基化酶基因转录水平上。

HN6.2菌株在最佳培养条件下产生的铁载体对海洋鳗弧菌、海洋副溶血弧菌和枯草杆菌具有明显的抑菌活性，并且对海洋鳗弧菌的抑菌圈最大。同时，发现Fe^{3+}对铁载体的抑菌作用具有抑制作用。实验还表明，该铁载体的热稳定性很强，对铁载体进行加热处理后，仍具有同样的抑菌活性。该铁载体的结构组分是异羟肟酸类Fusigen（FsC），它的化学结构如图6-2所示。

经过合成生物学方法的遗传改造获得的基因工程海洋酵母菌EAF13菌株的胞外FsC浓度已达（1704.230 ± 46.818）mg/L，是烟曲霉在未经优化的培养条件下FsC产量的61倍。获得了铁载体合成中L-鸟氨酸前体充足自供应，且铁载体组分简化的重组菌株，其胞外FsC产量是目前已知的最高产量，FsC的纯度约为94%。这类铁载体对致病真菌红色毛癣菌和白色假丝酵母具有主动靶向性，并且FsC-铁螯合剂对小鼠成纤维细胞L929没有细胞毒性，这为设计对红色毛癣菌和白假丝酵母有主动靶向性的羟肟酸类修饰的新型抗菌药物提供了新思路。

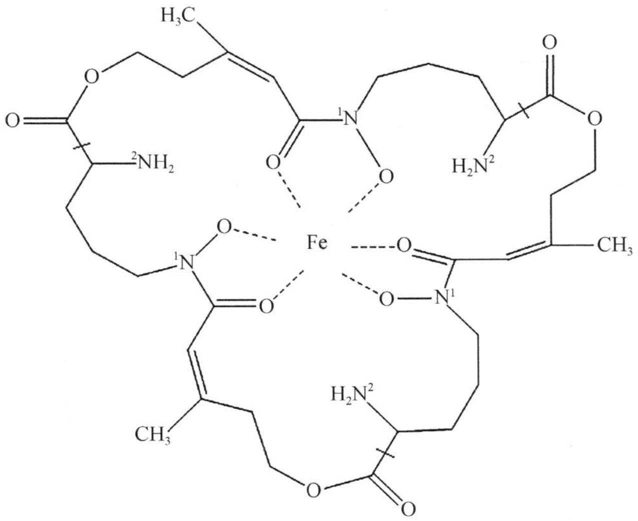

图 6-2　铁载体 Fusigen（FsC）的化学结构（池哲供图）

五、海洋酵母菌产生的核黄素

核黄素（riboflavin）是一种黄色水溶性的维生素，在人体和动物体内具有许多生理学功能。到目前为止，用于大规模发酵生产核黄素的微生物包括一种半子囊菌类——棉阿舒囊霉（*Ashbya gossypii*）、1 种酵母菌——法氏假丝酵母（*Candida famata*）及用基因工程方法改造过的细菌——枯草芽孢杆菌（*Bacillus subtilis*）。来自东海表层海水的膜醭假丝酵母菌产核黄素亚种（*Candida membranifaciens* subsp. *flavinogenes*）W14-3 菌株能转化木糖、蔗糖、半乳糖或麦芽糖合成核黄素。发现 Fe^{3+}对核黄素合成有关的 *RIB1* 和 *RIB3* 基因的转录水平起抑制作用，这解释了 Fe^{3+}对菌株 W14-3 的核黄素合成的抑制作用。

六、海洋酵母菌产生的胞外多糖

分离自红树林生态系统中的产黑色素短梗霉（*A. melanogenum*）P16 菌株可以产（65.3±2.1）g/L 普鲁兰多糖，发现该酵母菌状真菌多结构域 AmAgs2 蛋白质负责普鲁兰多糖的合成，该酶的糖原合成酶结构域（Gsy_D）可以利用甾醇葡萄糖基转移酶（Gcs1）、神经酰胺葡萄糖基转移酶（Sgt1）和糖原合成引物蛋白（Glg1 和 Glg2）合成短链的 α-1,4-葡聚糖，以其作为引物合成普鲁兰多糖的前体长链 α-1,4-葡聚糖；胞外多糖跨膜蛋白（EPS_sugtrans）结构域位于镶嵌在细胞膜上的多跨膜区域，该结构域负责将胞内合成的长链 α-1,4-葡聚糖转运到细胞膜外侧；细胞膜外淀粉酶结构域（Amy_D）负责水解长链 α-1,4-葡聚糖，释放出麦芽三糖，并将其转移到脂载体上形成 α-1,6-糖苷键，不断重复该过程，最终完成普鲁兰多糖链的生物合成，见图 6-3。敲除该酵母菌的 α-淀粉酶基因、葡萄糖淀粉酶基因和异普鲁兰酶基因，可以获得高分子质量（3.02×10^{6}Da）的普鲁兰多糖，说明 α-淀粉酶、葡萄糖淀粉酶和异普鲁兰酶控制普鲁兰多糖链的长度。高分子质量普鲁兰多糖可以用于制备高强度和高阻隔性能的普鲁兰多糖-纳米纤维素食品内包装材料，具有防水能力、紫外线屏蔽和抗氧化能力的普鲁兰多糖-纳米纤维素-木质素食品外包装材料，以及符合《中国药典》标准的绿色普鲁兰多糖-纳米纤维素硬胶囊，该硬胶囊是一种有潜力的明胶硬胶囊替代品。

七、海洋酵母菌产生的 Liamocin

分离自海南红树林生态系统的产黑色素短梗霉（*A. melanogenum*）L1-1 菌株可以合成并分泌 25.75g/L 胞外糖脂 Liamocin。Liamocin 的结构为甘露醇或阿拉伯醇与 3 或 4 个 3,5-二羟基癸酸组成的酯类化合物，其中阿拉伯醇酯占 40.67%，甘露醇酯占 59.33%。甘露醇磷酸脱氢酶 MPDH 和甘露醇脱氢酶 MtDH 负责 L1-1 菌株中甘露醇的合成，阿拉伯醇脱氢酶（ArDH）负责阿拉伯醇的合成。高度还原型聚酮合酶 HR-PKS 负责 3,5-二羟基癸酸的合成，酯酶 Est1 可以直接催化 3,5-二羟基癸酰 ACP 与甘露醇或阿拉伯醇形成酯键，见图 6-4。保守结构域分析结果显示 L1-1 菌株的 HR-PKS 具有酮体合成酶（KS）、酰基转移酶（AT）、脱水酶（DH）、烯酯酰还原酶（ER）、酮体还原酶（KR）和酰基载体蛋白（ACP）6 个保守结构域。根据其结构域的结构和顺序推测其与

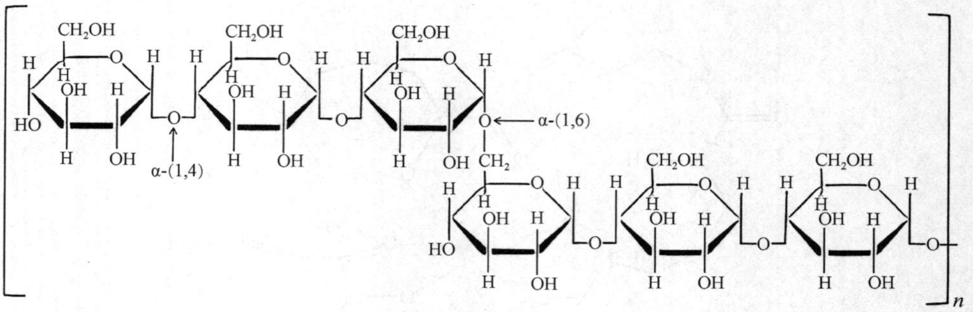

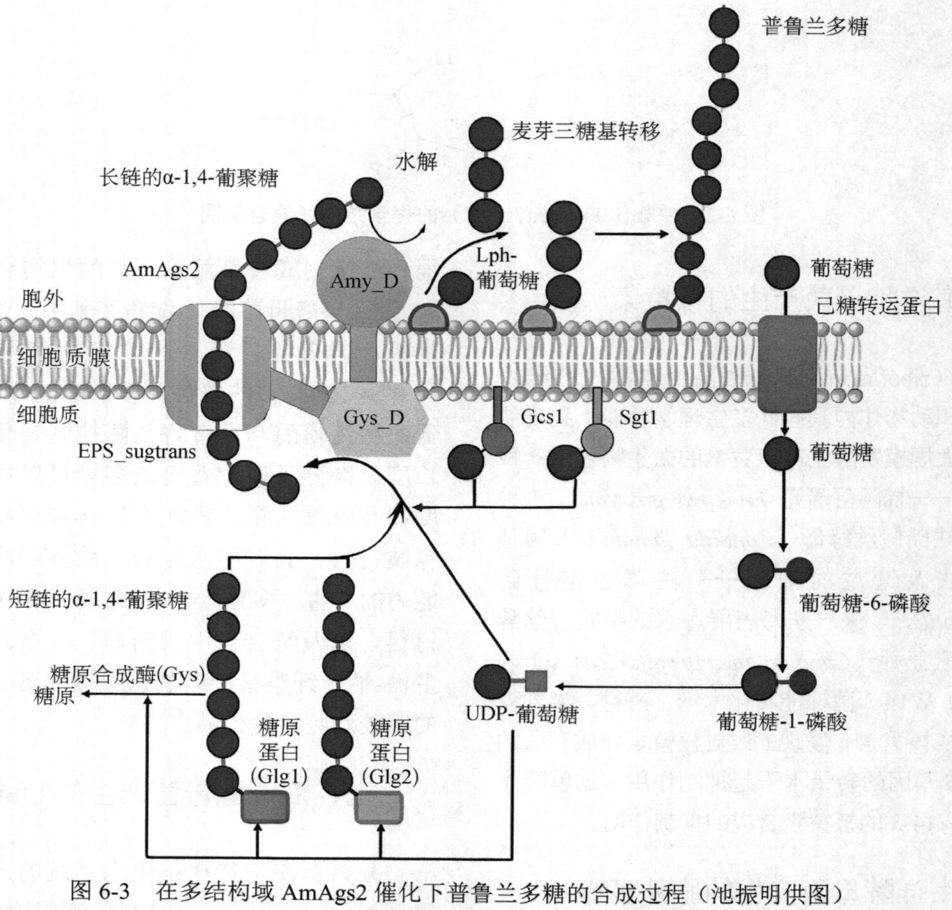

图 6-3　在多结构域 AmAgs2 催化下普鲁兰多糖的合成过程（池振明供图）

在己糖激酶或葡萄糖激酶、α-磷酸葡萄糖变位酶和 UDP-葡萄糖焦磷酸化酶的催化作用下合成参与普鲁兰多糖生物合成的糖基供体 UDP-葡萄糖（UDP-Glc）。通过糖原合成引物蛋白（Glg1 和 Glg2）、甾醇葡萄糖基转移酶（Gcs1）和神经酰胺葡萄糖基转移酶（Sgt1）途径合成普鲁兰多糖前体生物合成所需的引物。其中糖原合成引物蛋白 Glg1 和 Glg2 催化合成短链 α-1,4-葡聚糖，其可以作为糖原合成酶的底物已经在糖原生物合成中得到了证实。甾醇葡萄糖基转移酶（Gcs1）和神经酰胺葡萄糖基转移酶（Sgt1）催化合成的甾醇糖苷和葡萄糖神经酰胺可以作为引物，在 AmAgs2 蛋白胞内糖原合成酶结构域（Gsy_D）催化下合成普鲁兰多糖前体长链 α-1,4-葡聚糖。位于多跨膜区域的胞外多糖转运蛋白（EPS_sugtrans）结构域镶嵌在细胞膜上负责将胞内合成的长链 α-1,4-葡聚糖转运到细胞膜外侧，细胞膜外侧的淀粉酶结构域（Amy_D）负责水解长链 α-1,4-葡聚糖并释放出麦芽三糖，并将其转移到脂载体（Lph-葡萄糖）上形成 α-1,6-糖苷键，重复该过程，最终完成普鲁兰多糖链的生物合成

3,5-二羟基癸酸合成的关系如下：以乙酰 CoA 和丙二酰 CoA 作为起始底物，在 KS、AT、KR、DH、ER 和 ACP 结构域的作用下，经过两次重复的缩合、还原、脱水、还原过程形成己酰 ACP，然后仅在 KS、AT、KR 和 ACP 结构域的作用下，与丙二酰 CoA 经过两次重复的缩合、还原过程形成 3,5-二羟基癸酰 ACP。由于聚酮合酶 PKS 缺失硫酯酶 TE 结构域，推测酯酶 Est1 可以直接催化 3,5-二羟基癸酰 ACP 与甘露醇或阿拉伯醇形成酯键，见图 6-4。并且 *Est1* 基因与 *PKS1* 基因及该基因簇的特异转录激活蛋白基因 *GAL1* 位于 L1-1 菌株基因组的同一个基因簇中。*MPDH* 基因和 *MtDH* 基因的共敲除菌株 Δ*pt8* 只能合成含有阿拉伯醇头部的 Liamocin；*ArDH* 基因的敲除菌株 Δ*A21* 仅能合成含有甘露醇头部的 Liamocin；当同时敲除 *MPDH* 基因、*MtDH* 基因和 *ArDH* 基因

后，敲除菌株 Δ*pta13* 无 Liamocin 合成。在敲除菌株 Δ*pta13* 菌株培养基中添加山梨醇，便合成含有山梨醇为头部的 Liamocin；在敲除菌株 Δ*pta13* 菌株培养基中添加木糖醇，便合成含有木糖醇为头部的 Liamocin；在敲除菌株 Δ*pta13* 菌株培养基中添加甘油，不能合成任何 Liamocin，说明甘油不能与 3,5-二羟基癸酰 ACP 形成酯键。不同头部的 Liamocin 具有不同的抗癌细胞和变异链球菌的活性。从 Liamocin 水解释放出来的 3,5-二羟基癸酸在酸性条件下可以被转化成玛索亚内酯，玛索亚内酯可以作为食品和化妆品的香料，并且玛索亚内酯具有很强的杀真菌活性，可以杀死养殖动物的病原酵母菌、各种植物病原真菌和人类和动物的皮肤病真菌，引起它们细胞出现坏死，见最后一章。

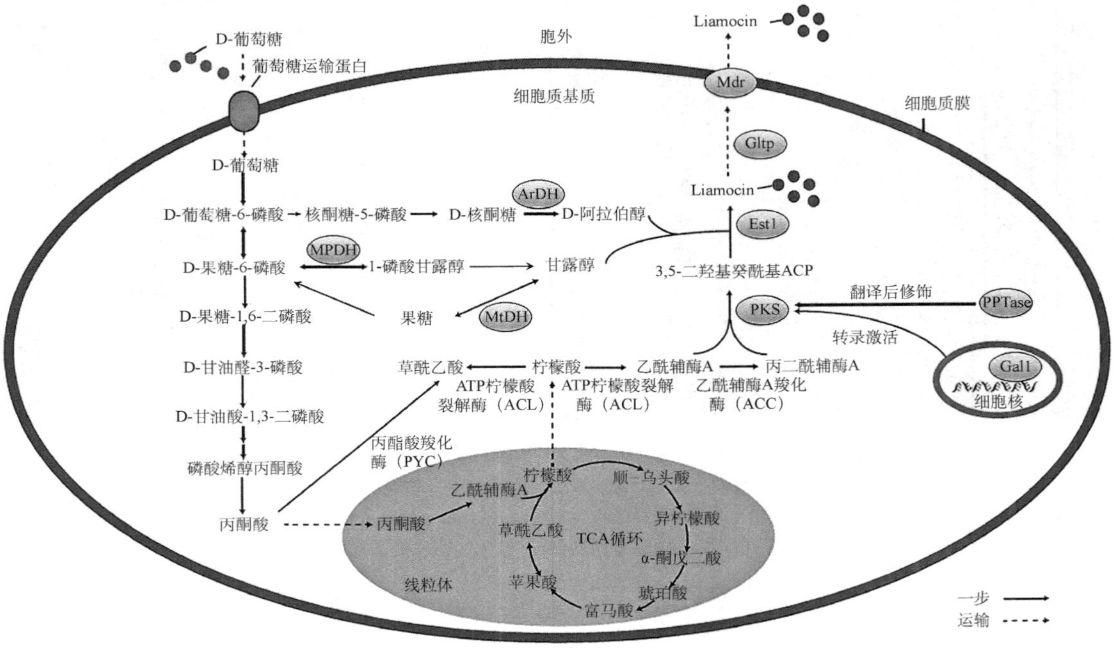

图 6-4　Liamocin 的合成过程（池振明供图）

Gal 1. 特异转录激活蛋白；Est 1. 酯酶；Gltp. 负责胞内 Liamocin 的运输；Mdr. 负责 Liamocin 的分泌

第四节　深海地热环境中的微生物

一般认为深度大于 1000m 的海洋为深海。深海生态系统占地球表面的 65%以上，代表着全球生物圈体积的 90%。深海生态系统在生物量生产和全球生物地质化学循环方面起着非常重要的作用。深海环境主要有 4 个特点：低温、高压、低营养、漆黑一片。深海中完全黑暗，不能进行光合作用，从而造成了深海中的贫营养。深海生物群落具有低密度的特点，它们依赖于沉没于底层的降解微生物生存。但是在深海热液火山口（温度高于 350℃）及其周围发现有丰富的动物群落，这是海洋生物学家近年来最重要的发现之一。这种深海地热环境中的生态系统是第一次发现的不依赖于太阳能的化能自养产能生态系统，也是提出万物生长不靠太阳的一个重要证据。在那里硫被共生的细菌（初级生产者）氧化成硫酸而获得能量和生物量，同时固定 CO_2，为其他生物提供有机碳和能量，这是一个需氧的过程，同时也是一个产生非光合作用产物的过程。在距海底温泉生物群落不远处，排出热液的温度有时超过 350℃，在那里栖息着嗜高温微生物。一个温泉口通常不超过几百平方米，因此在一个相当小的区域内就会存在着在代谢、生理和分类学上非常多样性的生物群落。在这些热液口的生态系统中，嗜热微生物利用热液口的化学物质通过化能自养获得用于生长的能量，从而构建了深海热液口生态系统的食物链基础。

在大洋底部的许多地质构造中都发现有海底热液温泉，深 800～3500m，从大西洋到太平洋都有发现。这些热液是酸性和还原性的，并富含化学物质，包括重金属、甲烷和硫化氢。如果这些液体在涌出以前与冷的海水混合，那么它的温度是适中的，为10～30℃。如果没有混合，这些液体的温度就会达到或超过350℃，因为海底的高压使海底热液保持液态（在2000m深的海底压力为20MPa）。当高温液体与冷海水混合时会产生矿物质沉淀，这些矿物质沉淀有时会在海底形成10～15m高的“烟囱”，从这些“烟囱”里会以0.7～2.4m/s的速度向外喷出液体或颗粒状的热泉（图6-5E）。

图6-5　深海热液喷口生态系统（水深＞200m）（Dick，2019）

A. 东太平洋隆起海脊的黑烟囱，红色大管虫是研究共生关系的重要模式生物；B. 位于开曼群岛热液口的正在游泳的吃热液喷口微生物的大西洋喷口盲虾（*Rimicaris hybisae*）；C. 位于海洋劳盆地热液喷口的则尖刺海螺（*Alviniconcha* spp.）、纳氏热液螺（*Ifremeria nautilei*）和深洋蟹（*Austinograea alayseae*）；D. 中大西洋古城10m高的碳酸盐烟囱；E. 黑色烟囱和烟囱周围的环境；F. 在岩石表面生长的微生物菌苔

一、深海热液区化能自养生态系统

与地球上大多数依赖于光合作用的生态系统不同，深海热液生态系统依赖于化能自养合成，通过化能自养微生物将无机碳转化为有机碳，从而支撑起热液区生物群落的基础，这个特殊的生态系统中的初级生产者是化能自养微生物，初级消费者是管状蠕虫、贻贝等与细菌共生的无脊椎动物，次级消费者是鱼类等动物。化能自养细菌和古菌通过利用还原性热液流体和氧化性海水之间的化学不平衡来形成热液生态系统的基础，并利用这种能量将无机碳固定到生物质中，常见的电子供体有硫化物（包括单质硫、多硫化物、硫代硫酸盐等）、甲烷、氢气及重金属等。

硫化物在热液喷口的含量非常丰富，地质活动产生还原性的硫化物和较高浓度的硫化氢（H_2S），它们会对生物体产生较大的毒性。H_2S是脂溶性的，能够较容易地通过生物膜并侵入生物系统，与细胞色素c氧化酶（COX）紧密结合，并且阻断线粒体氧化磷酸化作用，所以对于大多数动物来说它是一种剧毒分子。因此，热液喷口处的微生物群落需要将H_2S等还原性硫化物转化为其他更具氧化性的形式，如硫酸盐、亚硫酸盐和元素硫等，用于产生能量或同化反应，这样既可以提供能量来源又可以使动物细胞免受H_2S毒性的影响。被微生物用于电子供体的还原性硫化物有单质硫（S）、硫化氢（H_2S）、黄铁矿（FeS_2）、磁黄铁矿、黄铜矿（CuS）、甲硫醇（CH_3SH）、二甲基硫化物［$(CH_3)_2S$］等。

热液喷口的甲烷来自地质和生物过程，甲烷的产生发生在沉积物富含硫酸盐的区域以下，就像上一章介绍的那样，这些甲烷也能被甲基营养菌利用产生生物量，但不参与固定CO_2的反应，如深海热液喷口的属于γ变形菌纲的甲基球菌科的细菌利用甲烷作为能量和碳源。由这些甲基营养菌介导的甲烷氧化具有多种不同的电子受体，其中以硫酸盐为电子受体数量最多。甲烷氧化也存在于热液喷口生物的内共生菌中和周围海水中。

二、深海热液区的微生物多样性

在热液区不同生境、不同地质背景下，也生存着不同的微生物类群，黑烟囱、热液羽流、周边海水、沉积物中的微生物种类和生态功能存在很多差异。丰富多样的化学能源和变化的物理化学梯度使热液生态系统具有一系列栖息地以维持微生物生活和生存。热液区的微生物参与了热液独特生态系统中的碳、硫、氢、氮和金属循环的过程。

氢氧化细菌、硫氧化细菌、氨氧化细菌和铁氧化细菌等是热液区的优势微生物类群，但由于热液区的环境梯度变化很大，在不同的地质条件和气体组成环境下，微生物优势类群也有所差异。例如，在矿床的表面和孔隙中生活着嗜热菌和超嗜热菌，主要的微生物类群包括来自甲烷球菌目（Methanococcales）、甲烷八叠球菌目（Methanosarcinales）、产水菌门（Aquificae）、古丸菌纲（Archaeoglobi）、热球菌纲（Thermococci）、ε变形菌纲（Epsilon-Proteobacteria）和γ变形菌纲（Gamma-Proteobacteria）的嗜热菌和超嗜热菌。有些热液烟囱还包括厌氧甲烷氧化古菌、氢氧化β变形杆菌和梭状芽孢杆菌。

在热液沉积物中通常有着较为丰富的微生物群落，甲烷氧化菌和氨氧化菌数量更为丰富。研究人员发现微生物在一热液区沉积柱内分层分布受到地热梯度和海底热液流的影响，微生物群落结构随着深度的增加而发生变化，沉积柱上层主要是绿弯菌门和深海古菌，沉积柱下层主要是古菌。

热液羽流是由大洋中脊热泉喷出的热液进入海洋水体后，迅速上升并且与周围的低温海水混合，上升直到达到中性浮力，并向侧向扩散形成的。热液羽流中的甲烷、硫化物等有毒物质和铁、锰重金属离子含量显著多于周围海水中的含量。在热液羽流中，分布较多的有氨氧化细菌、氨氧化古菌、硫氧化细菌等。热液羽流中的主要微生物类群是SUP05（γ变形菌纲）、SAR324（δ变形菌纲）、SAR11（α变形菌纲）和海洋群Ⅰ古菌。西南印度洋深海热液羽流海水细菌至少存在7种不同的微生物类群，即γ变形菌、α变形菌、β变形菌、厚壁菌门、浮霉菌门、疣微菌门和放线菌门，其中优势菌群为γ变形菌纲，其次是α变形菌纲。在其他环境中同样广泛存在的微生物类群在深海热液羽流中的存在却具有特殊的生理生化功能，如从深海热液羽流中分离得到的假单胞菌具有去除重金属镉的功能，在羽流区分离出的芽孢杆菌具有氧化重金属锰的功能。

三、共生生物和附生生物

在深海热泉区域首先大量生长的初级消费者是属于新物种的无脊椎动物，它们多数属于巨管蠕虫（vestimentifera）、双壳类、腹足类、环节动物或虾类，种类的不同取决于不同的海区，如图6-5A～C所示。虽然生活在该区域的虾类（生活在中大西洋山脊烟囱）和环节动物（生活在东太平洋上升烟囱）的营养方式还不清楚，但是巨管蠕虫和软体动物的营养方式主要靠内共生生物。这种共生关系在巨型管虫（*Riftia pachyptila*）当中十分有效，它们没有消化道，但是有一个特别的营养器官，里面充满了单一种类的内共生生物。在双壳类和腹足类中，内共生生物位于它们的鳃组织内，这些无脊椎动物利用完全没有消化能力的消化道来消化小颗粒食物，如细菌的菌苔。

在不同的动物宿主中，共生菌占据着不同的组织，如管状蠕虫的滋养体、双壳类动物的鳃、腹足类动物的食道腺，以及虾、螃蟹和软体动物的外表面等。管状蠕虫的滋养体位于躯干处，其中含有大量的内共生菌。热液贻贝的鳃上皮细胞中含有特化的带细菌细胞，与宿主形成共生关系。体表共生的代表是潜铠虾，其足部的纤毛上含有大量共生菌。这些共生菌主要属于γ变形菌，使用甲烷、硫或者氢气作为能量来源。

热液贻贝在深海化能自养生态系统中发挥着重要的生态功能，其鳃上皮细胞中含有大量内共生菌，它们通过化能自养为宿主贻贝提供营养，并为深海化能自养合成生态系统中的其他生物提供有机质来源。热液贻贝化能自养内共生菌定植在特化的鳃上皮细胞中，通过氧化还原性的化学物质为贻贝生存提供所需要的营养。

与近海贻贝相比，热液贻贝最显著的特征在于它有肥大的鳃，其中充满化能自养内共生菌。在营养方式上，浅海贻贝通过过滤海水中的颗粒有机物和浮游生物来获取食物。热液贻贝，如深海偏顶蛤同样具有滤食能力，其鳃丝可以过滤海水中的颗粒物。但是热液贻贝具有庞大的鳃，依靠鳃中化能自养内共生菌提供能量来源和营养物质。热液贻贝具有多元的共生关系，可含有硫氧化型的共生菌、甲烷氧化型的共生菌或同时存在不同类型的共生菌，另一些贻贝物种也可能拥有其他类型的内共生菌，这些共生体均能氧化甲烷获得能量。

热液贻贝内共生菌还具有重金属解毒的作用，热液贻贝的鳃是重金属富集的重要组织，热液贻贝既可以通过足丝或者分泌的黏液排出重金属，也可以通过内共生菌分泌螯合物从而促使宿主贻贝中的重金属结晶成金属颗粒，或者改变重金属的化合价降低其毒性，排出体外，起到重金属解毒的作用。关于细菌如何使重金属解毒我们将在后面章节中介绍。

除了内共生菌以外，许多常见的附生菌也可以定植在全球许多种类的热液贻贝上，包括深海偏顶蛤。

这些丰富的贻贝附生菌是对抗有毒环境的第一道防线，它们大多属于弯曲杆菌（*Campylobacter* sp.），这些附生菌是细丝状的，定植在鳃上皮的表面，与高硫化物和低氧的外部环境直接接触。表面附生的弯曲杆菌在热液区贻贝中大量存在，通过氧化细胞外的 H_2S 对贻贝环境适应做出贡献。也可以降解芳香烃化合物以保护贻贝不受其毒害的作用。同时贻贝附生菌也参与贻贝对深海有毒热液流体的环境适应过程。

化学自养微生物的碳固定构成了热液喷口整个生态系统的基础，主要是来源于γ变形菌自养微生物的卡尔文循环途径和弯曲杆菌的还原 TCA 循环途径（见碳循环一节）。γ变形菌和弯曲杆菌定植在热液生态系统的不同生态位上，γ变形菌通常在具有较高氧气和较低硫化物浓度的生境占主导地位，在这种环境中卡尔文循环更有效。而弯曲杆菌通常在较低氧气和较高硫化物浓度下茁壮生长，这种环境中还原 TCA 循环更具优势。

深海偏顶蛤是印度洋热液区独特的生物优势种之一，鳃厚而肥大，带菌的动物细胞被丰富的内共生菌占据。这些内共生菌使用热液流体中的硫化物作为能量来源。

尽管虾和环节动物没有内共生生物，但是它们有体表寄生生物，但这些寄生生物的作用还不清楚。在海底热泉的“烟囱”外壁上发现的虾中，这些体表寄生生物位于其嘴部。环节动物（如庞贝蠕虫和管虫类动物 *Alvinella caudata*）的附生生物是非常复杂的，它们属于紫色细菌群的ε亚类，有规律地寄生于蠕虫表皮的一定区域。这些体表寄生生物由各种形态（杆状、球形）和各种代谢类型（硫氧化、硫酸盐还原、硝化、反硝化等）的微生物组成。

四、非共生的嗜高温微生物

嗜高温微生物可以从地热环境中的菌苔、物体的表面凹陷处和水样中分离到。海底热液温度非常高，在有些地方甚至超过 350℃，即使在这样的环境中，在其周围地区也可以分离到微生物，包括嗜热微生物（最适生长温度大于 60℃）。大多数分离到的微生物属于严格厌氧的（异养发酵、硫酸盐还原、产烷烃），在分类上属古菌域。最近在中大西洋山脊的多孔渗水矿物结构中分离到栖热菌属（*Thermus* sp.）和芽孢杆菌。

五、超嗜热微生物

在海底热液区域也可以分离到超嗜热微生物（最适生长温度大于 80℃）。在深海高压条件下可以提高它们的最大生长速率，最适和最高生长温度也可以增加 3～4℃。而且超嗜热微生物最适生长压力高于其原采样环境的压力。因此，海底黑色烟囱代表了地下生物圈的一个窗口（图 6-5E）。

随着陆栖微生物在抗生素、酶及其制剂和多糖等活性物质方面的大量开发和应用，在陆地上寻找新属的微生物或特殊性状的微生物来开发新型微生物天然活性物质的难度越来越大。而海洋微生物，特别是深海微生物，种类丰富多样，具有独特的代谢途径和遗传特性，且能产生有特殊结构和功能的活性物质，从而引起了人们的高度重视。从其中得到的代谢产物可作为抗生素、抗肿瘤成分等，并在医药领域具有广泛的应用潜力。

第五节　海洋环境中的病毒

海洋病毒是能感染各种海洋生物的最小的、但丰度最大的无细胞生物，感染的宿主包括细菌、古菌、藻类，甚至鲸。通过与宿主的相互作用，海洋病毒可以调控微生物的代谢、微生物群落的多样性、丰度和食物网，从而参与全球的生物地质化学循环。它们不仅引起宿主致死，而且通过病毒分流促进营养物和有机物的循环。在深海沉积泥中病毒的感染可以减少细菌和古菌通过异养代谢产生的碳大约为 80%，导致每年全球 3.7 亿～6.3 亿吨碳得到释放。

在海洋中，病毒遗传多样性最为丰富，在海水表面海洋病毒颗粒浓度达到 10^8 个/mL。尽管在深海水的原核生物丰度比表面海水的至少少一个数量级，但是在深海水中的病毒丰度还是相当高的，每升深海水病毒颗粒达到（0.6～60）×10^8 个。大部分深海病毒是噬菌体，仅感染细菌和古菌。在深海，病毒广泛分布在各种底栖区，包括那些极端环境，如深海地热环境、冷的渗透水和无氧的盐水，它们广泛分布在海水和沉积泥中。

一、海洋病毒的丰度和多样性

1. 海洋病毒的丰度　海洋病毒的密度是原核生物的10倍以上，但是病毒丰度不是均匀地分布在整个海洋环境中的。通常情况下，病毒丰度与生态系统中的生产力密切相关，近海的密度比远海的高。在开放的海洋中，光合作用带的病毒数量（每毫升大约10^8个）最多，到了200～4000m深的海洋中病毒数目呈对数下降，每毫升10^6～10^7个。在远洋深海带病毒的密度也很高（大约每毫升10^5个），特别是热液口和冷泉的病毒密度达到大约每毫升10^8个。另外，海洋中病毒丰度也受季节的影响。海洋中常见的病毒种类如表6-3所示。

表6-3　海洋中常见的病毒种类（He et al.，2019）

目	科	形态	大小/nm	宿主	核酸类型
布尼亚病毒目	周布尼亚病毒科	轮状，包膜	80～120	甲壳类	单链RNA（-）
有尾噬菌体目	肌尾噬菌体科	多头（二十面体），尾可收缩（螺旋状）	50～110	细菌	双链DNA
	短尾噬菌体科	二十面体	130～200	细菌	双链DNA
	长尾噬菌体科	二十面体，不可收缩尾巴	60	细菌	双链DNA
疱疹病毒目	疱疹病毒科	多形态，二十面体，包膜	150～200	软体动物，鱼类，海龟	双链DNA
线状病毒目	脂毛噬菌体科	带有脂质外壳的粗棒状	400	古菌	双链DNA
单负链病毒目	副黏病毒科	多样化，主要为包膜，丝状	（60～300）×1000	哺乳动物	单链RNA（-）
	弹状病毒科	子弹状，有突起	（45～100）×（100～430）	鱼类	单链RNA（-）
网巢病毒目	冠状病毒科	杆状，有突起	200×42	甲壳类，鱼类，海鸟	单链RNA（+）
小核糖核酸病毒目	二顺反子病毒科	轮状，二十面体	30	甲壳类	单链RNA（+）
	转座病毒科	轮状，二十面体	25	藻类	单链RNA（+）
	微小RNA病毒科	轮状，二十面体	27～30	藻类，甲壳类，破囊壶菌，哺乳动物	单链RNA（+）
未分类的	杆状病毒科	杆状包膜，部分有尾巴	（65～100）×（230～335）	甲壳类	双链DNA
	双RNA病毒科	轮状，二十面体	60	软体动物，鱼类	双链RNA
	杯状病毒科	轮状，二十面体	35～40	鱼类，哺乳动物	单链RNA（+）
	被脂病毒科	二十面体，有尖峰	60～75	细菌	双链DNA
	囊膜病毒科	二十面体，有脂质外壳	60～75	细菌	双链DNA
	虹彩病毒科	轮状，二十面体	190～200	软体动物	双链DNA
	光滑噬菌体科	轮状，二十面体	26	细菌	单链RNA（+）
	微小噬菌体科	二十面体，有尖峰	25～27	细菌	单链DNA
	拟菌病毒科	二十面体，有类似微管的突起	650	原生生物，珊瑚，海绵	双链DNA
	线头病毒科	轮状，卵圆形，有类似尾巴的附器	275	甲壳类	双链DNA
	罗达病毒科	轮状，二十面体	30	鱼类	单链RNA（+）
	正黏病毒科	轮状，有尖峰	80～120	鱼类，哺乳动物，海鸟	单链RNA（-）
	乳头瘤病毒科	轮状，二十面体	40～50	软体动物	双链DNA
	小DNA病毒科	轮状，二十面体	20	甲壳类	单链DNA
	藻类DNA病毒科	多形态，二十面体，轮状	130～200	藻类	双链DNA

续表

目	科	形态	大小 / nm	宿主	核酸类型
未分类的	呼肠孤病毒科	二十面体，部分有尖峰	50～80	甲壳类，软体动物，鱼类，原生生物	双链 RNA
	复层噬菌体科	二十面体，有不可收缩尾巴	60	细菌	双链 DNA
	披膜病毒科	轮状，外部有毛缘	66	鱼类	单链 RNA（+）
	整体病毒科	轮状，二十面体	30～45	原生生物	双链 RNA

注：对于杆状病毒，尺寸大小以直径×长度表示；对于单链 RNA，（+）代表有义链；（-）代表反义链

2. 深海病毒的多样性 我们对海水表面的病毒已经比较了解，然而，对深海中病毒的作用还了解得很少。深海沉积泥的微生物群落对整个海洋生态系统来说同样重要，所以深海病毒也许在改变生物地球化学循环、微生物多样性结构和控制海洋遗传含量方面能起很重要的作用。这些病毒或病毒类颗粒主要是棒状的［（66～925）nm×（10～60）nm］或柠檬状的［（100～275）nm×（20～100）nm］，有尾巴或没有尾巴，可以感染细菌或古菌。在深海病毒组中，最有代表性的病毒目是有尾噬菌体目。最有代表性的科是有尾噬菌体目中的长尾噬菌体科，其次是肌尾噬菌体科和短尾病毒科。有尾噬菌体目的病毒几乎在所有深海，包括大西洋、北冰洋、地中海、太平洋和黑海都可以找到（表 6-3）。

二、海洋病毒和宿主之间的相互作用

就像陆地病毒那样，海洋病毒的生命周期有许多独特的阶段，如吸附、向宿主细胞内注射遗传物质、复制、装配和释放。在吸附阶段，噬菌体吸附在宿主细胞表面的特异受体上，随后噬菌体把它的基因组（DNA 或 RNA）注射到宿主细胞中；利用宿主的合成系统，噬菌体完成了它自己的基因组复制、合成病毒颗粒所有的成分、最终装配成完整的病毒颗粒；感染的最后阶段是通过增加溶菌酶的合成，裂解宿主细胞，释放出大量的成熟病毒颗粒。最近几年发现病毒通过与宿主的相互作用对整个海洋生态系统有重要的影响。根据海洋噬菌体和它们细菌宿主的关系，海洋噬菌体可以被认为是宿主的嗜杀因子。通过裂解宿主，海洋噬菌体可以调控微生物群落的多样性、微生物的丰度和微生物食物网，并参与生物地球化学循环。另外，海洋噬菌体通过基因水平转移到宿主中，会影响宿主的代谢。也有证据表明海洋噬菌体对于宿主的生存也是必需的。噬菌体可以编码各种各样的细菌宿主辅助的代谢基因和代谢补偿基因，帮助调控宿主的代谢，使宿主更好地在各种海洋环境中生存下去。

1. 影响微生物群落结构 噬菌体是海洋细菌死亡的主要原因。在海洋表面，10%～50%细菌致死性是由噬菌体引起的，而在深海或沉积泥环境中，由噬菌体引起的细菌致死性高达 50%～100%。通过杀死过度生长的细菌，噬菌体可以控制微生物的丰度和影响微生物群落结构、组成和多样性。这样可以给其他脆弱的群体提供必要的生活空间和营养，并维持微生物群落的多样性和海洋生态系统的稳定性。

2. 通过溶原作用影响微生物多样性和代谢 在海洋生态系统中，不是所有噬菌体感染宿主后都会马上裂解宿主，并释放病毒颗粒。像质粒一样，某些温和噬菌体能把其基因组组入宿主染色体 DNA 中或稳定地待在宿主细胞中。这些原噬菌体能与宿主形成稳定的相互作用，直到某些条件发生变化，诱导噬菌体进入裂解状态，释放病毒颗粒。Silveira 和 Rohwer（2016）提出了一个细菌-原噬菌体相互作用的新的动态模型，叫作胜利者背负式装运（piggyback-the-winner），这个模型认为溶原状态的微生物群落占主要地位，它们的丰度很高，并且生长速率快。

基因水平转移是噬菌体影响微生物群落多样性的另一种方式。在噬菌体和宿主长期相互作用过程中，噬菌体和细菌建立起它们之间互惠的遗传进化机制。在噬菌体装配期间，宿主提供的基因组插入病毒基因组中，当这些病毒再度感染其他宿主时，这些基因组便插入受体细胞基因组中，这就是所谓的局限性转导。这样，微生物的基因组序列在不同个体中的转移会严重改变群落的结构和功能。另外，噬菌体裂解大量的宿主，把大量的宿主基因片段释放到环境中，通过转化，这些释放的基因片段可以进入其他宿主中。在自然海洋环境中，这种方式的基因水平转移频率要比通过转导的基因水平转移频率高很多。据报道，α 变形菌纲的细菌在港湾、近海或开放海

洋和珊瑚礁自然微生物群落中基因水平转移的频率非常高（6.7×10^{-3}～4.7×10^{-1}）。在细菌抗噬菌体感染中，宿主细菌会利用某些抗病毒机制，通过牺牲它们自己的代谢获得对病毒的抗性。这是一种突变株和野生型菌株之间的权衡，这些突变株和野生型菌株可以同时存在，这样可以增加微生物群落的多样性。例如，海洋细菌波罗的噬纤维菌（*Cellulophaga baltica*）MM#3 菌株和它的两株噬菌体 ϕM 和 ϕT 一起培养 3 周后，发现细菌群体变成由 3 株组成，包括野生型菌株、ϕT 单抗性菌株及 ϕM 和 ϕT 双抗性菌株。聚球藻（*Synechococcus* sp.）WH7803 菌株和病毒 RIM8 共培养 6 个月后存在同样的现象，在病毒和它的宿主中共测定到了 4 种以上的表型。这些结果表明突变株明显改变了宿主的代谢能力，充分说明噬菌体在海洋微生物群落中的重要作用。

3. 噬菌体对宿主的好处 噬菌体感染对宿主有生存好处，可以帮助宿主吸收更多的营养，以便宿主在逆境中生存下去。在病毒与宿主相互作用过程中，病毒可以加强宿主的许多代谢途径，如糖酵解、脂肪酸合成和谷氨酰胺分解，产生足够的底物和能量供病毒增殖。有证据表明病毒感染增加了宿主的代谢，产生不同的表达产物。例如，亚硫酸盐杆菌（*Sulfitobacter* sp.）2047 菌株感染玫瑰噬菌体后，71%的代谢产物含量得到提高，感染噬菌体的细胞代谢活力更大。

编码噬菌体代谢的基因可以帮助或补偿宿主的代谢。在海洋噬菌体基因组中含有辅助代谢基因（auxiliary metabolic gene，AMG），它们是一种编码噬菌体的代谢基因，参与宿主代谢的限速反应。AMG 的表达对海洋中某些噬菌体的生命非常重要，同时它们还参与几乎所有的宿主微生物代谢途径，如光合作用、核苷酸代谢、碳代谢、磷酸代谢、抗氧化作用、翻译、翻译后修饰作用和应急反应等。在海洋病毒中最有名的 AMG 是 *psbA* 基因，该基因存在于蓝细菌中，编码光合系统Ⅱ反应中心的 D1 蛋白质，D1 蛋白质周转速率非常快，所以它的表达是光合作用的限速步骤。在感染期间，编码噬菌体的 psbA 可以取代宿主的 D1 蛋白质，维持光合作用，为噬菌体增殖和宿主生长提供更多的能量。

编码噬菌体的代谢基因另外一个功能就是代谢补偿。编码噬菌体代谢的基因不仅参与宿主的代谢，还可以形成一些新的分支代谢途径，促进宿主在不同海洋环境中的增殖。某些编码噬菌体的代谢基因跟宿主基因没有同源序列，所以病毒基因组进入宿主基因组后形成了新的分支代谢途径，包括多种核酸和氨基酸代谢途径，这些由病毒介入的宿主代谢补偿可以帮助宿主适应极端环境，也许对宿主的生存是必需的。

三、海洋病毒在全球生态系统和气候变化中的作用

通过杀死宿主，病毒可以控制生物的丰度，释放可溶性的有机物，从而影响全球的营养和生物地质化学循环，进而影响气候。

1. 海洋病毒在全球的营养和生物地球化学循环中的作用 尽管病毒能引起许多生物的病害，但是大部分病毒感染生物量最大的原核生物和微藻。海洋病毒数目处在不断变化中，每天可以产生 10^{8}～10^{11} 个病毒颗粒/L 海水，周转速率是 0.09～3.5d。病毒引起的原核生物死亡比例，在海水柱和沉积泥中是 10%～30%，在特殊情况下可以达到 100%。另外，病毒还可以感染微型水生植物，在控制水生植物死亡和富营养化水华量下降方面起重要的作用。每天，在全球海洋中大约发生 10^{28} 次病毒感染事件，从活的生物中释放 10^{9} 吨碳。因为原核生物、自养原生生物和异养原生动物在生物地质化学循环和全球海洋生态功能中起关键作用，所以病毒感染和这些所有生物的裂解会产生很重要的生态结果。另外，病毒参与到微生物食物网中导致微生物细胞的裂解，促进了活的生物变成颗粒物和可溶性有机物库。通过呼吸和光降解大部分 POM（颗粒性有机物）和 DOM（可消化有机物）变成 CO_2，依次影响营养循环，改变原核生物的有机碳利用途径，减少了更高营养水平的生物可利用的微生物生物量。

2. 海洋病毒在全球气候变化中的作用 空气中的 CO_2 浓度对地球气候有严重的影响，海水表面出现低浓度的 CO_2 是由于中层和深海水的碳汇作用。通过碳吸存减少空气中 CO_2 进入深海的途径主要有两个：①物理泵（溶解泵）；②生物泵，它们分别吸存 1/3 和 2/3 的碳。物理泵受到化学和物理过程的影响，包括冷却和深水的形成。物理泵能维持空气和海洋内部之间的 CO_2 巨大梯度，海洋内部可以储存 3.8×10^{13} 吨的碳。大部分碳通过生物泵运到深海中，这是全球一个非常重要的 CO_2 碳吸存途径，每年可以储存大约 30 亿吨碳。海洋初级生产的碳大约是地球初级生产的碳的一半，每年约产生 0.35 亿～0.65 亿吨碳。光合自养原核生物和真核自养生物进行的光合作用把 CO_2 转化成生物量减

少了部分CO_2压力，然后这些有机物颗粒沉入深海中，促进了空气中的CO_2泵到深海下面。但是现在对海洋病毒在CO_2碳吸存和在生物泵中到底起什么样的作用还需要进行深入的研究。

思 考 题

1. 在海水养殖环境中大量使用抗生素和抗微生物药物会造成哪些生态问题？

2. 利用一种细菌制备的灭活疫苗是否可以防止所有的海洋动物疾病？为什么？

3. 你认为对海洋动物来说最理想的有益微生物应该包含有哪些种类？为什么？

4. 将来在海水健康养殖方面是否有可能用有益微生物完全取代抗生素？

5. 请你谈谈最理想的海洋微生物活性物质应具备哪些基本特征。

6. 海洋微生物与陆地微生物相比有哪些特征？

7. 如何定义海洋酵母菌？谈谈海洋酵母菌在理论研究和实际应用方面的重要性和独特性。

8. 请你谈谈铁载体在微生物生态学研究中有何实际用途，其可应用的化学生物学原理是什么？

9. 请你谈谈环境中铁离子如何影响微生物合成核黄素？

10. 研究深海微生物实际意义有哪些？如何确认一种活性物质是否真正由海洋微生物合成？

11. 请你谈谈深海热液口生态系统具有哪些不同于陆地生态系统的特征。

12. 你如何用实验证明海洋微生物与海洋其他生物之间的共生关系？从海洋动物身体上分离的微生物肯定就是共生菌吗？

13. 海洋病毒在海洋环境中能发挥哪些重要作用？它们真能影响全球气候变化吗？

14. 海洋噬菌体感染宿主肯定会造成宿主的裂解吗？如果不是，那么海洋噬菌体感染宿主能给宿主带来哪些好处？

主要参考文献

钱云霞，邵健忠，王国良. 2001. 海水养殖鱼类细菌性疾病研究概况. 海洋湖沼通报，（2）：78-87.

徐晓津，王军. 2002. 我国养殖对虾细菌性疾病. 河北渔业，（3）：22-26.

Chi ZM, Chi Z, Zhang T, et al. 2009. Production, characterization and gene cloning of the extracellular enzymes from the marine-derived yeasts and their potential applications. Biotechnology Advances, 27: 236-255.

Chi ZM, Wang F, Chi Z, et al. 2009. Bioproducts from *Aureobasidium pullulans*, a biotechnologically important yeast. Applied Microbiology and Biotechnology, 82: 211-220.

Dick GJ. 2019. The microbiomes of deep- sea hydrothermal vents: distributed globally, shaped locally. Nature Reviews in Microbiology, 17: 273-283.

Kang XX, Jia SL, Wei X, et al. 2022. Liamocins biosynthesis, its regulation in *Aureobasidium* spp., and their bioactivities. Critical Reviews in Biotechnology, 42(1): 93-105.

Sumon TA, Hussain MA, Md Sumon AA. 2022. Functionality and prophylactic role of probiotics in shellfish. Aquaculture Reports, 290: 101220.

Verschuere L. 2000. Probiotics bacteria as biological control agents in aquaculture. Microbiology and Molecular Biology Reviews, 64: 655-671.

Wang L, Chi ZM, Wang XH, et al. 2008. Isolation and characterization of *Candida membranifaciens* subsp. *flavinogenie* W14-3, a novel riboflavin-producing marine yeast. Microbiological Research, 163: 255-266.

Wei X, Liu GL, Jia SL, et al. 2021. Pullulan biosynthesis and its regulation in *Aureobasidium* spp.. Carbohydrate Polymers, 251: 117076.

第七章　极端自然环境中的微生物

极端自然环境（extreme natural environment）是指存在有某些特有物理和化学条件及某些特有微生物的自然环境。其中特有物理和化学条件包括低温、高温、高压、强酸、强碱、干燥、高辐射、高盐和寡营养等。特有微生物包括嗜冷微生物（psychrophile）、嗜热微生物（thermophile）、嗜压微生物（barophile）、嗜盐微生物（halophile）、嗜酸微生物（acidophile）、嗜碱微生物（alkophile）及抗高辐射、抗干燥、抗寡营养物浓度和抗高浓度重金属离子的微生物。

极端微生物（extremophilic microorganism）能生活在其他生物所无法生活的环境，有的生活在火山周围温泉的高温条件下；有的生活在地球两极地区的低温条件下；有的生活在深海的高压条件下；有的生活在非常低和很高 pH（pH 0～3 或 pH 10～12），或很高盐浓度的条件下；有的生活在高辐射或非常干燥或高浓度金属或营养物浓度非常低的条件下。由于这些微生物具有特殊的生理功能、奇特的基因组、特别重要的工业用途和理论研究价值，同时对于一些重大生命科学理论问题的研究，如生命适应极端环境的分子机理和生物进化等的研究，这些微生物是很好的研究材料，所以研究这些微生物具有重要的理论和实际意义。近年来，有关这方面的研究在全世界范围内是研究的热点之一。

本章彩图

第一节　在低温环境中的微生物

在自然环境中温度是调节微生物代谢和生长活力的最重要因素，温度通过影响微生物生长速度、酶活力、细胞组分和营养需求而直接影响微生物细胞中的代谢反应。嗜冷微生物（psychrophile）可以定义为最适生长温度为 15℃或更低、最高生长温度不能超过 25℃、最低生长温度为 0℃或更低的微生物。而低温微生物（psychrotroph）不仅能生长在 0℃ 下，而且能生长在 20℃ 以上，但是它们的最适生长温度也是 15℃。已经从各种环境中分离到了嗜冷微生物，G^-菌是主要的嗜冷微生物，而 G^+菌相对较少。目前得到的主要嗜冷微生物有假单胞菌（*Pseudomonas* sp.）、弧菌（*Vibrio* sp.）、无色杆菌（*Achromobacter* sp.）、黄杆菌（*Flavobacterium* sp.）和噬纤维菌（*Cytophaga* sp.）。最近几年低温真菌也引起了人们的关注，这是因为真核单细胞的酵母菌和丝状真菌比原核生物更能适应低温环境；嗜冷酵母菌是最简单的单细胞真核微生物，易于通过基因组编辑和遗传操作研究它们适应低温的分子机制，通过研究嗜冷酵母菌的适冷机制有助于了解其他真核生物的冷适应机制；最近还发现嗜冷酵母菌是非常重要的物种和基因资源，可以产生许多冷活性酶、抗冷冻蛋白和抗逆物质；这些酵母菌还是研究真核生物适应冷环境分子机制的良好材料。地球上的低温环境有南极、北极、高海拔的高山、占地球面积 80%的海洋大部分区域。低温微生物在低温环境中与其他生物之间存在各种关系，低温微生物在低温环境中对于物质循环、营养物质的吸收和各种污染物的降解等起着重要的作用，所以研究低温微生物具有重要的实际和生命科学理论意义。

一、低温环境中的微生物

常见的嗜冷细菌、它们的来源、产生的酶、酶的物理化学特性和它们的冷适应特征见表 7-1。从表 7-1 可以看出嗜冷细菌主要来自南极、北极、海洋和终年冰冻的高山等。产生的酶作用温度很低，具有抵御寒冷的各种机制。

表 7-1 常见的嗜冷细菌、它们的来源、产生的酶、酶的物理化学特性和它们的冷适应特征

来源	微生物	酶	酶作用的温度和 pH	所产的产物	在冷环境中的作用
南极	火球菌	纤维素酶	5℃	膜脂肪酸、不饱和脂肪酸长链多饱和脂肪酸	维持膜的流动
南极	毡状地丝霉	α-淀粉酶	4℃, 5	膜色素	
南极	芽孢杆菌	蛋白酶	5℃, ND	类胡萝卜素	冷冻保护剂
深海	太平洋火色杆菌	木聚糖酶	4℃, 8	相容性物质	渗透保护剂
南极	不动冷杆菌	β-内酰胺酶	7℃, 9	抗冷冻蛋白	抗渗透压
西藏冰川	博门斯黄杆菌	胰蛋白酶	5℃		冰生长抑制剂（热滞）
南极土壤	海水芽孢八叠球菌	蛋白酶	0℃, 8	疏水氨基酸	对底物具有很强的结合能力
	南极嗜冷菌				
南极	荧光假单胞菌	β-内酰胺酶			增加疏水表面氨基酸
南极	节杆菌	柠檬酸合成酶		ND	降低酶核心疏水氨基酸
南极	节杆菌	β-半乳糖酶	5℃, 7	次级代谢途径	抑制氧化代谢
	副球菌				
南极	芽孢杆菌	蛋白酶	5℃, 8.5		乙醛酸和槲皮素的产生
海洋	耐盐涅斯特连科氏菌	脂肪酰胺酶	ND		冰核蛋白胞外冰晶核形成
北极	冷红科尔韦尔氏菌	氨基肽酶	ND	细胞壁修饰	防止胞内冰的形成
北极	冷红科尔韦尔氏菌	苯丙氨酸羟化酶	ND	脂多糖和胞外多聚物	结合金属离子的胆碱
北极	北极水生螺菌	苹果酸脱氢酶	ND	胞外多糖	调节细胞壁结构防止冷损伤
北极	嗜冷脱硫线菌	异柠檬酸脱氢酶	ND		抑制冰生长
深海	球形芽孢杆菌	腺苷酸激酶	ND		抗渗透压
	海洋海杆菌				
海洋	海洋弧菌	丙糖-磷酸异构酶	ND	活力中心	降低渗透压
北极冰	北极假交替单胞菌	酯酶	10℃, 9		防止干燥
	盐晶嗜冷杆菌				
海洋	希瓦菌	酪氨酸磷酸酯酶	ND		高催化效率
海洋	杀鲑阿利弧菌	超氧化物歧化酶	ND		适应低温生长
南极	弧菌	碱性磷酸酯酶	4℃, 9.5,	表面活性剂	在逆境中高效转化
	希瓦菌				
海洋	杀鲑阿利弧菌	过氧化氢酶、内切核酸酶 I	1℃, ND		
海洋沉积泥	解脂发光杆菌	脂肪酶	4℃, 8.1		促进蛋白质折叠和稳定性
南极海洋	假交替单胞菌	壳聚糖酶	ND	储存物质	RNA/DNA 二级结构的去稳定性

注：ND 为未测

在南极发现的酵母菌包括布勒掷孢酵母（*Bullera* sp.）、假丝酵母（*Candida* sp.）、球拟酵母（*Torulopsis* sp.）、脆红泡囊线黑粉菌（*Cystofilobasidium* sp.）、德巴利酵母（*Debaryomyces* sp.）、近藤氏酵母（*Kondoa* sp.）、白冬孢酵母（*Leucosporidium* sp.）、梅奇酵母（*Metschnikowia* sp.）、木拉克酵母（*Mrakia* sp.）、拟酵母（*Pseudozyma* sp.）、红酵母（*Rhodotorula* sp.）、坂口氏酵母（*Sakaguchia* sp.）、乳状原孢酵母（*Sporopachydermia* sp.）、合轴酵母（*Sympodiomyces* sp.）和丝孢酵母（*Trichosporon* sp.）。基因组已经得到测序的嗜冷酵母有斯高特白冬孢菌（*L. scottii*）（担子菌）（GenBank：MWVB00000000.1）、嗜冷木拉克酵母（*Mrakia psychrophila*）（担子菌）（GenBank：LOEC00000000.1）、冷温木拉克酵母（*M. frigida*）（担子菌）（GenBank：BCJW00000000.1）、*Mrakia blollopis*（担子菌）（GenBank：BBPU00000000.1）、

澳洲梅奇酵母（*Metschnikowia australis*）（子囊菌酵母）（GenBank：MVNQ00000000.1）、南极白冬孢酵母（*Leucosporidium antarcticum*）（担子菌）（GenBank：ASRT00000000.1）、嗜冷假丝酵母（*Candida psychrophila*）（子囊酵母菌）（GenBank：FYBW-00000000.1）、卡利比克迈耶氏酵母（*Meyerozyma caribbica*）（子囊酵母菌）（GenBank：BADS-00000000.1），其中嗜冷木拉克酵母能产生冷嗜杀因子，这为我们从分子水平上研究嗜冷酵母菌在极端寒冷环境中的代谢调控和嗜冷生长机制提供了极大的方便。

分离自低温环境的真菌有橘青霉（*Penicillium citrinum*）（来自南极）、黄暗青霉（*Penicillium citreonigrum*）SP-6D菌株（来自海洋沉积泥）、壳青霉（*Penicillium solitum* var. *crustosum*）（来自海洋沉积泥）、光滑青霉（*Penicillium glabrum*）（来自海洋沉积泥）、粒状青霉（*Penicillium granulatum*）（深海沉积泥）、青霉（*Penicillium* sp.）PR19N-1菌株（深海沉积泥）、青霉S-1-18菌株（海床沉积泥）、青霉UFMGCB 6034和青霉UFMGCB 6120菌株（来自大型藻类）、假散囊菌（*Pseudogymnoascus* sp.）（来自海绵）和棘孢木霉（*Trichoderma asperellum*）（海洋沉积泥），可以看出低温环境的大部分真菌为青霉。

二、微生物在低温下生长的分子机理

微生物要在极端环境中生长繁殖和代谢活动，它们需要从细胞结构、基因组、酶和代谢产物水平上产生各种嗜冷机制。嗜冷微生物已经进化出在细胞结构、基因组、蛋白质和代谢产物水平上的各种独特适应机制，以便维持它们在低温下代谢活力，这样它们便可以生活在极冷的环境中。

1. 合成抗冷冻保护剂　低温对生物造成的伤害会引起细胞渗透收缩和细胞内物质的脱水作用，使酶失活，造成细胞功能和生存的负效应。但是，嗜冷微生物会产生各种独特的抗冷冻保护剂，包括相容性物质、抗冰核形成蛋白、胞外多聚物和生物表面活性剂，以及有机渗透调节物质如甜菜碱、甘氨酸、甘油、甘露醇、肌氨酸、山梨醇、蔗糖和海藻糖，这些有机渗透调节物质累积在细胞内，防止细胞质的溶质发生冰冻作用，而保护细胞免于出现冷损伤。从北极分离的中慢生根瘤菌（*Mesorhizobium* sp.）N33菌株生长在4℃下时，细胞内的肌氨酸、苏氨酸和缬氨酸量增加。有人发现在10℃下，嗜冷微生物合成5.25g/L胞外多糖。这些物质除了可以防止冷冻伤害外，还可以消除自由基造成的伤害及促进低温下蛋白质的折叠和稳定。但是，研究证明南极嗜冷酵母菌胞内糖原、海藻糖和甘油的含量变化与嗜冷酵母菌的低温生长没有显著关系。

2. 产生抗冷冻蛋白　面对低温，嗜冷微生物能合成独特的抗冷冻蛋白，这些蛋白质能结合在冰上，防止冰进一步生长和重结晶。所有嗜冷微生物细胞成分都要在低温下进行代谢和生命活动，产生的抗冷冻蛋白能使它们在冰晶中生长。长期在低温下生长的微生物在遗传上也进行了适应，这些微生物基因编码的酶在低温下也具有活力。这些抗冷冻蛋白通常发生糖基化作用或脂化作用，这样蛋白质翻译快速，并且稳定性好。能产生抗冷冻蛋白的微生物包括红平红球菌（*Rhodococcus erythropolis*）、嗜冷微球菌（*Micrococcus cryophilus*）、鞘氨醇单胞菌（*Sphingomonas* sp.）、盐单胞菌（*Halomonas* sp.）、假交替单胞菌（*Pseudoalteromonas* sp.）、嗜麦芽窄食单胞菌（*Stenotrophomonas maltophilia*）、水生芽孢杆菌（*Bacillus aquamarinus*）、嗜冷杆菌（*Psychrobacter* sp.）、成团肠杆菌（*Enterobacter agglomerans*）、铜绿假单胞菌（*P. fluorescens*）和海洋单胞菌（*Marinomonas protea*）。抗冷冻蛋白能与冰晶进行不可逆的结合，阻止形成冰核，抑制冰的进一步生长和热滞后（thermal hysteresis，TH）。另外，抗冷冻蛋白还有其他重要的功能，如稳定细胞膜和保护细胞完整性。抗冷冻蛋白可以用在食品工业中，保持冰淇淋和冷冻奶的结构。

3. 合成冰核蛋白　大部分嗜冷微生物可以合成冰核蛋白（ice nucleation protein，INP）附着在细胞外膜上，这些蛋白质在0℃下可以促进冰的生长，保护微生物细胞免受伤害。这些蛋白质在0℃下开始形成冰的结晶，作为稳定水分子的基本方式，让水形成像冰一样的结构。大量低温生长的微生物都可以产生冰核蛋白，作为胞外重复多聚体的聚集体。冰核蛋白能降低活化能，并产生合适的条件使冰成冰核化，在大约-2℃下冰核化得到生长，在温度进一步降低的情况下防止在细胞内形成冰晶，避免损伤细胞。冰核蛋白除了在嗜冷微生物中具有重要的作用外，它们还可以应用到其他的许多研究领域，包括人工造云彩、食品工业中加快冷冻和各种食品和微流体器件中冻融的阀门。它们的聚集作用能增加结合冰的蛋白质、加快诱导冰核形成的能力。

4. 在氨基酸中形成盐桥和氢键　在氨基酸分子之间形成盐桥，可以减弱静电相互作用，这样有助于稳定蛋白质的构象。许多嗜冷微生物的酶缺少表面盐桥，但是精氨酸可以帮助它们形成盐桥，这种盐桥在冷适应过程中起着很重要的作用。除了形成盐桥外，蛋白质中存在的氢键也有助于蛋白质结构的稳定。但是在酶活性中心减少氢键和盐桥使得该酶在冷环境中酶活性中心具有更好的柔韧性和催化活力。缬氨酸和异亮氨酸在酶催化中心中是关键的氨基酸。

5. α螺旋相互作用和金属离子结合 蛋白质N端或C端的静电相互作用可以稳定α螺旋二级结构。α螺旋二级结构在维持嗜冷微生物丙糖磷酸异构酶的构象方面起着很重要的作用，该酶含有8个α桶多肽链和β桶多肽链。通过结合各种金属离子可以进一步稳定和加强这些相互作用。Ca^{2+}结合到嗜冷微生物蛋白质上可以形成8～9个配位键，这些配位键在蛋白质二级结构之间形成桥，这样蛋白质可以获得额外的稳定性。

6. 冷激蛋白的反应 生物处在低温下会导致某些基因上调或下调，产生冷激蛋白（cold shock protein，Csp）。这些蛋白质进一步在转录、翻译、蛋白质折叠，甚至在调控膜流动性和渗透性方面发挥作用。各种其他的蛋白质，如冷激蛋白A、分子伴侣GroEL和DnaK结合在核酸上，也可以增加基因表达水平。

7. 通过信号转导适应低温环境 微生物可以通过信号转导来适应环境和培养基条件的变化，低温微生物也一样可以通过信号转导来感受环境温度的变化。例如，丁香假单胞菌（*P. syringae*）脂多糖和膜蛋白的磷酸化和去磷酸化反应与温度变化有关。这种假单胞菌能根据环境温度的升高和降低，对一种膜蛋白进行磷酸化和去磷酸化的修饰，这种修饰在体外和体内都能进行，暗示了膜蛋白能感受环境温度的变化。磷酸化的膜蛋白能促使一种66kDa的胞质蛋白的酪氨酸位点被一种新的蛋白质酪氨酸激酶磷酸化，现在已经知道这种激酶在信号转导过程中有重要的作用，并且发现这种生物的脂多糖在不同温度时有不同的磷酸化水平，或许这也在感温机制中扮演了一定的角色。许多研究还表明核糖体参与了感受温度的变化。单核细胞增生李斯特菌（*Listeria monocytogenes*）在低温生长过程中lhkA mRNA水平明显升高。组氨酸激酶Hik33被认为在聚囊藻（*Synechocystis* sp.）PCC 6803菌株中起感受低温的作用。

这些蛋白质能对冷做出反应，表明膜上存在感受低温信号的蛋白质和细胞内存在信号通路。例如，我们研究发现通过细胞壁完整性信号通路［the cell wall integrity（CWI）signaling pathway］对分离自南极海泥的1株嗜冷澳洲梅奇酵母（*M. australis*）W7-5菌株保持细胞壁完整性和低温下生命活动是非常重要的。

8. 通过调整细胞膜脂类的组成来适应低温环境 细胞膜的流动性在维持膜结构完整性和功能方面起关键作用。一般情况下，生长温度降低时，生物细胞膜的不饱和脂肪酸含量增加，而饱和脂肪酸含量下降，这样可以保持细胞膜脂类处在最适的流动状态，以便在低温下，细胞膜能继续保持运输物质的能力和保持细胞膜上的酶发挥应有的功能。因此，嗜冷微生物细胞膜中含有较大比例的不饱和脂肪酸（图7-1）。微生物可以通过两种方式来调整细胞膜中不饱和脂肪酸含量：①当温度发生改变时，可以影响微生物细胞膜的不饱和脂肪酸组入。例如，当生长温度下降时，微生物细胞能增加转乙酰的能力，合成更多的油酸和软脂酸，这是由于温度下降有利于提高转乙酰酶的活力，但不会影响这种酶的合成量。②当生长温度发生变化时，可以影响微生物合成不同比例的饱和脂肪酸和不饱和脂肪酸。例如，巨大芽孢杆菌生长在30℃或30℃以上的环境时，细胞不会合成不饱和脂肪酸，但能合成软脂肪酸。当生长温度为20℃时，这些细胞使软脂肪酸去饱和，形成不饱和脂肪酸，与去饱和有关的酶在30℃是不存在的。当处在20℃时，可以快速地诱导这种微生物细胞合成去饱和酶。另外，嗜冷微生物还可以缩短酰基链的长度、增加脂肪酸支链的比例和减少环状脂肪酸的比例等，这些变化对于维持膜的流动性也具有重要的意义。

但是，分离自南极海泥的1株嗜冷澳洲梅奇酵母（*M. australis*）W7-5菌株细胞膜脂肪酸中只有$C_{18:2}$脂肪酸在适应高温（25℃）和低温（5℃）中起作用，并且缺少$C_{18:2}$脂肪酸只是对该酵母菌在高温（25℃）和低温（5℃）中的生长速率产生不利影响，而不影响它们的存活。

9. 疏水蛋白和溶剂的相互作用 蛋白质核心的侧链中疏水蛋白相互作用有助于形成有折叠的构象、稳定活性中心和蛋白质的其他部分。与嗜中温酶和嗜热酶相比，各种冷适应酶在疏水核心发生氨基酸取代，结果导致疏水指数（hydrophobic index，HI）迅速下降。大多数嗜冷微生物的细胞内和细胞外具有不同应用流体学环境，这些胞内外溶剂的变化可以为蛋白质内氢键的形成和竞争水分子提供有利的条件。在嗜冷微生物表面和内部各种疏水的多肽发生这种持续的相互作用给嗜冷微生物提供保护和稳定作用。

10. 催化位点的特殊结构　通过晶体结构研究表明冷适应酶的催化中心是高度保守的。假单胞菌（*Pseudomonas* sp.）的蛋白酶催化位点骨架上有一个额外的结合离子在较低活化能的情况下能吸引它的底物进来，增加酶跟底物的亲和力，这样可以降低酶跟底物形成复合物的活化能。同时在活性中心这些构象的变化能使形成的催化产物更容易得到释放，排除嗜冷酶的限速步骤对整个反应的不利影响。柠檬酸合酶、苹果酸脱氢酶、尿嘧啶-DNA 糖苷酶、弹性蛋白酶和胰蛋白酶等嗜冷酶在靠近催化位点的静电荷电位有很大的差别，所以它们可以在低温下发挥很好的功能。冷活性糖苷水解酶 GaExg55 具有很大的催化裂缝和很宽的活性中心的口袋，所以该酶具有很高的水解胞外多糖的活力。

11. 更广的底物特异性　各种冷适应酶由于活性中心处在高动态状态，因此具有更广的底物特异性。一种冷活性 α-淀粉酶的活性中心柔软性好，所以它容易结合各种不同大小的淀粉分子，与中温酶相比，冷适应酶在低温下更容易与底物形成酶-底物复合物。由于嗜冷微生物冷活性 α-淀粉酶的活性中心有更大催化的位点，因此它能与底物和酶抑制剂形成酶-底物-抑制剂复合物，而中温微生物相应的酶由于柔软性差仅能形成酶-底物复合物。

12. 蛋白质合成的上调和下调　当嗜冷微生物生长在低温环境时与膜形成的有关基因表达马上上调，这些上调基因包括脂肪酸合成酶基因、脂多糖合成酶基因、肽聚糖合成酶基因、类胡萝卜素（调控膜流动性）合成酶基因、胞外多聚物合成酶基因、膜运输蛋白（有助于营养物质和相容性物质吸收）基因、肽运输蛋白基因和其他蛋白质合成基因。相反，在低温下外膜蛋白和结构、鞭毛、趋化蛋白质及铁离子吸收受体基因的表达却出现下调（图 7-1）。

13. RNA 降解体（degradosome）的作用　RNA 降解体是一种蛋白质复合物，是决定细胞内 RNA 稳定性的主要因子，其中含有多种核糖核酸酶。与大肠杆菌的一样，极地丁香假单胞菌的 RNA 降解体包括内切核糖核酸酶 E 和核糖核酸解旋酶。在大肠杆菌中发现了核糖核酸外切酶，而极地低温菌的 RNA 降解体中包括另一种核糖核酸外切酶——RNA 酶 R（Rnase R）。在大肠杆菌中，这种核糖核酸外切酶在保持 rRNA 质量方面发挥了重要作用。而嗜冷菌的 RNA 酶 R 能降解各种二级结构的 RNA。同时，这种 RNA 酶 R 不像核糖核酸解旋酶那样必需 ATP，这样它能帮助细胞在低温下节省能量。

14. 形成活的非可培养细胞　许多细菌能形成休眠的细胞，它们能继续呼吸并摄取营养，但不能在大多数条件和常规的实验室条件下生长繁殖，这些细菌称为细菌活的非可培养状态（viable but non-culturable，VBNC），这是细菌对付不利环境的一种存活策略。大量研究表明包括极地细菌在内的许多细菌在低温下都能形成活的非可培养状态。

15. 基因组特征　通过比较嗜冷菌交替单胞菌（*Alteromonas* sp.）SN2 菌株基因组和嗜中温菌麦氏交替单胞菌（*Alteromonas macleodii*）基因组发现嗜冷菌含有 15 个基因组岛（genomic island），负责它们在低温和海洋环境中的生长。

现在把嗜冷微生物细胞对冷环境做出的反应总结在图 7-1 中。

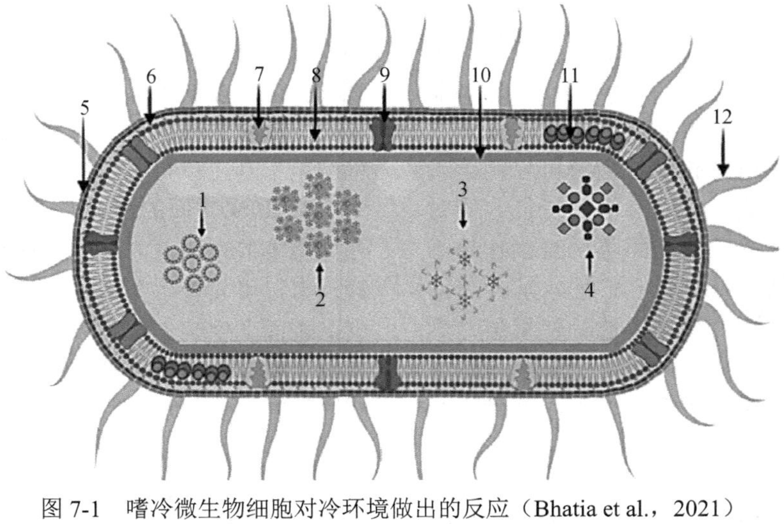

图 7-1　嗜冷微生物细胞对冷环境做出的反应（Bhatia et al.，2021）

1. 合成海藻糖；2. 合成冰核蛋白；3. 合成抗冷冻蛋白；4. 合成相容性渗透溶质；5. 合成胞外多聚物；6. 合成脂多糖；7. 上调外膜蛋白的表达；8. 膜磷脂的适应；9. 上调膜运输蛋白的表达；10. 上调细菌肽聚糖层的表达；11. 合成类胡萝卜素；12. 下调鞭毛运动能力

三、嗜冷微生物的应用

1. 低温酶的用途 由于低温酶催化能力多种多样、在低温下比活力高、在中温和高温下较低的稳定性和异常的特异性及酶分子具有较大的柔性和弹性，它们在商业上有广泛的用途。

1）洗涤剂的添加剂 蛋白酶、脂肪酶、α-淀粉酶和纤维素酶已经被广泛用作为洗涤剂的添加剂。但是在许多国家，如在我们国家喜欢低温洗涤，因为低温洗涤可以减少能量消耗和减少对衣物的损伤，这样在洗涤剂中使用具有高催化活力的低温酶就显得相当重要，在室温下这些酶便失活，以免继续作用于衣物。如果利用分子生物学方法改进低温酶的稳定性，同时保持它们在低温下的高催化活力，这些低温酶就具有更为广泛的用途。

2）纺织工业用酶 可以利用低温纤维素酶对纺织品进行生物抛光（biopolishing）和硬洗涤（stone-washing）。在纺织品生产过程中，植物组织通常含有从主纤维中伸出的棉花纤维末端，结果降低了纺织品的光滑性和改变了衣物的外观。这些衣物进行连续不断的洗涤就会产生一些问题。在合适条件下，利用纤维素酶进行预处理可以减少衣物毛绒状物质，增加使用周期和组织的柔软性。目前的洗涤方法由于所用的酶对物理化学失活作用有抗性，主纤维的变化会伴随着机械强度的丧失。低温纤维素酶的使用可以降低洗涤温度和酶浓度，由于低温纤维素酶在室温下同时很快失活，最终洗涤后的洗涤物品机械强度可以得到大大改善。

3）食品工业 低温酶在食品工业中的可能用途是很多的。例如，在奶制品工业，在低温条件下 β-半乳糖苷酶的使用可以减少牛奶中乳糖的量，而大约 2/3 的世界人口对乳糖具有不耐受性。在果汁工业中，低温果胶酶的使用有利于果汁提取、减少黏度和最终产品的澄清。在肉制品工业中，蛋白酶有利于肉类的柔软加工。在面包工业中，淀粉酶、蛋白酶和木聚糖酶可以用于减少面团的发酵时间，改进面团结构的特征，同时还可以维持芳香和湿度。这些酶可以直接作用于淀粉、面筋和半纤维素，导致它们的水解，使面粉中低水平的固有酶活力得到补偿。使用嗜冷微生物产生的酶具有许多优点，这不仅由于这些酶具有很高的比活力，减少所需的酶量，而且这些酶很容易失活。这样可以防止酶作用时间过长而导致面团结构发生不利变化，因为作用时间过长会导致面团过于松软或黏性过大。其他的低温酶还可以用于酿造和葡萄酒工业、乳酪工业、动物饲料等。但是某些低温微生物在食品和乳酪工业中是有害的微生物，是导致肉、鱼饲料、乳制品、蔬菜和水果腐烂的主要微生物，这些低温微生物必须加以控制。在乳制品工业中，由微小毛霉（*Mucor pusillus*）产生的酶用于奶的凝固。另一个低温酶的用途就是用于乳酪的催熟作用。

2. 生物修复 在温带地区，温度的季节性巨大变化可以降低微生物净化有机污染物的能力，如降解石油和脂类的能力。然而，利用嗜冷的混合微生物接种受污染的环境可以加快难降解污染物的降解作用。在低温和中温条件下低温酶具有很高的催化效率和特异性，这样低温微生物用于低温环境中污染物的降解和生物修复要比其他微生物好。例如，许多低温微生物能矿化甲苯等多种有机污染物。找到合适的能降解农药的嗜冷微生物可以直接用于处理受农药污染过的北方土地。

3. 在低水活度条件下的生物催化作用 有些物质在含水分很低的介质中表现出很低的水溶性，商业上利用这些物质合成脂肪酸酯、肽、寡聚糖衍生物和其他化合物时可以使用低温酶在低水活度条件下进行催化反应。在这些系统中，残留水分的浓度和分布是很重要的，因为酶制剂的催化效率受到水化状态的严重影响，而水化水平通过固定水活度（A_w）而能受到最好的控制，对于该系统中所有组分来说其中的水活度应该是相等的，能与反应混合物上的蒸气压达到平衡状态。许多工业生产过程中的反应都与合成有关，并且在这种情况下反应的产量与系统中的水活度成反比关系。所以，这里有一些矛盾冲突的问题，因为在非常低的水活度条件下，酶的催化效率通常是非常差，这样酶反应动力学就非常慢。尽管水在促进酶催化反应方面的作用现在还不十分清楚，但是有人认为当结合水降低到某种程度时，酶就会变得比较坚硬，所以催化效率就比较差。那么，由于低温酶本身具有较大的柔性和弹性，在低水活度条件下利用这些酶催化某些相关的反应就具有很多优点，而嗜热菌和嗜中温菌的酶由于刚性较大几乎没有活力。

4. 其他方面的用途 由于嗜冷微生物可以在冰箱等低温环境中生长，给食品保存带来许多问题，可以引起食品变质和腐烂。例如，低温霉菌在食品表面上生长成菌丝，可以引起食品表面产生黏稠物或引起食品变味或变色。某些嗜冷微生物可以在冰箱的温度下缓慢生长，并分泌代谢产物，如葡萄球菌可以在低温下生长于肉和肉汁中，并产生毒素，导致人食用这些食物后产生轻微食物中毒。链球菌可以在冷牛奶中产酸。污染有黏质沙雷菌的鸡蛋在低温下可以导致蛋黄产生血红色的斑点。变形杆菌在低温下可以引起鸡蛋变黑，并产生一种特殊的鸡蛋腐烂气味。像这些低温微生物必须通过人工方法加以控制，幸运的是这些微生物不耐高温。

植物致病菌假单胞菌某些菌株在-5～-3℃下通过产生冰核蛋白在叶子上形成冰晶，从而引起植物冻害。通过基因突变的方法使这些微生物失去合成冰核蛋白的能力之后，把这些突变株接种在植物叶子上，与野生型菌株进行营养竞争，可以防止冰晶产生菌的攻击，从而对植物起保护作用。

从微生物多样性角度考虑，这些低温微生物是重要的微生物和基因资源。

从南极分离到的原玻璃蝇节杆菌（*Arthrobacter protophormiae*）能产生表面活性剂，在微生物法石油回收方面有潜在的用途。当这种微生物生长在不溶性碳源，即正己烷上时才会产生表面活性剂，它可以降低介质的表面张力，并且具有很好的乳化活力，这种表面活性剂对热和 pH 稳定。这种微生物在 NaCl 浓度高达 10%的情况下都可以产生生物表面活性剂，产生的表面活性剂可以从砂子填充柱中回收 90%的石油。

第二节　在高温环境中的微生物

最近几年发现大量的超嗜热菌可以生活在沸水中，它们生长的最高温度为 103～110℃，分别属于热棒菌（*Pyrobaculum* sp.）、热网菌（*Pyrodictium* sp.）、火热菌（*Pyrococcus* sp.）和甲烷嗜热菌（*Methanopyrus* sp.）等。大家都知道人类的最适生长温度为室温（26℃左右），大部分动物、植物和微生物也最喜欢这个温度。那么这些嗜热菌和超嗜热菌如何会在这么高的温度下进行生命活动呢？一般认为这些微生物的代谢过程和特异生物学功能与细胞中存在有特殊功能的酶有密切的关系，这些酶能在极端环境中发挥功能。现在已经从这些微生物的培养液中分离到了这些特殊功能的酶，克隆并表达了有关的基因，并发现它们有独特的性质，对热特别稳定，并可以抵抗化学变性剂，如去垢剂、离散剂（chaotropic agent）、有机溶剂，以及极端的 pH。这些酶可以作为设计和构建具有特殊功能酶的模型，以便用于工业生产。

在高温下进行生物催化反应具有许多优点：温度的增加对有机化合物的可利用性和可溶性有明显的影响；温度的升高同时伴随着黏度的下降和有机物扩散系数的增加，结果是由于较小的界面层（interfacial layer），反应速度加快；在较高温度下，多环芳烃、脂肪烃、脂肪、多环化合物、淀粉、纤维素、半纤维素和蛋白质溶解性也加大；难降解和不溶解的环境污染物在较高温度下更容易被降解，从而净化效率加大；另外，在 60℃以上进行生物反应可以减少污染杂菌的可能，并且可以在严格条件下进行可控制的反应。从嗜热微生物克隆的大量基因并在嗜中温微生物中得到表达，由这些嗜中温微生物产生的大部分重组蛋白质能维持在高温条件下的稳定性，能在低温下正确地进行折叠，不会被宿主蛋白酶水解，很容易通过加热使嗜中温菌宿主的蛋白质发生变性，从而有利于纯化对热稳定的蛋白质，所获得的酶纯度很适合用于工业生产。所有这些表明嗜热微生物具有非常重要的理论研究和生产实际应用的价值，所以研究高温环境中微生物及其生命机理具有非常重要的实际意义。

一、高温环境中的微生物

自然界中存在许多自然和人工的高温环境，如正在喷发的火山（1000℃）、流出的火山岩浆（在 500℃以上）、在这些火山周围的土壤和水、深海地热环境、沸腾的温泉（93～103℃）、非沸腾的温泉、受太阳光直接辐射的物体表面（60～70℃）、堆肥内部环境、工业和家庭的热水器具及工业排出的冷却水等。一般情况下，高温可以杀死大多数微生物，但是在上述的某些环境中，如果有合适的条件存在，如合适的 pH 和营养物等，某些嗜热微生物可以在这些高温环境中生长或生存。

嗜热微生物一般可以分为 4 类：①专性嗜热微生物（obligate thermophile），其最适生长温度在 65～70℃，当温度低于 35℃时，生长便停止。②兼性嗜热微生物（facultative thermophile），这些微生物的生长温度介于嗜热微生物和嗜中温微生物生长温度（13～45℃）之间，其最适生长温度在 50～65℃。③抗热菌（thermotolerant microorganism），最适生长温度为 20～50℃，但也能在室温下生长。④超嗜热微生物（hyperthermophile），是指在 80～110℃ 生长最好的微生物。不同的高温环境存在不同的嗜热微生物，其中包括古菌、细菌、真菌和藻类，但大多数嗜热微生物为细菌。

1. 原核嗜热微生物 能在高温条件下生长的原核微生物包括光合细菌、化能自养菌和一些异养菌。在酸性温泉和存在火山岩浆的热土壤中，广泛存在一种兼性化能自养菌，即酸热硫化叶菌（*Sulfolobus acidocaldarius*），这种细菌既嗜热又嗜酸，能利用元素硫作为能源物质，在pH 0.5、65～75℃条件下生长，最高生长温度为85～90℃。这种细菌在酸性温泉中还能把Fe^{2+}氧化成Fe^{3+}，并利用CO_2作为碳源进行生长。近年来这种细菌受到了广泛重视，这是因为这种细菌不仅抗酸，耐高温，而且还会氧化无机和有机硫化物，可用于细菌浸矿及处理石油和煤中的含硫化合物。

在酸性温泉中，还存在氧化硫硫杆菌、嗜热硫球菌和嗜热放线菌，以及一种能氧化硫、具有芽孢的嗜热菌，即嗜热硫杆菌。嗜热硫杆菌仅能在60℃的温泉中生长。在高温条件下，很少几种氧化硫的细菌能在中性条件下生长。

在一些污泥、温泉和深海地热海水中存在能产甲烷的嗜热菌，如詹氏甲烷球菌（*Methanococcus jannaschii*）和炽热甲烷嗜热菌（*Methanothermus fervidus*）。前者生活的环境温度高，盐浓度大，压力也非常大，这种菌完全适应了这样的环境，所以在实验室中很难分离和培养它们。

许多异养菌也是嗜热菌，它们具有潜在的工业用途，其最高生长温度在85℃左右，主要存在于堆肥等富含有机物的高温环境中，如栖热菌属。

在深海地热区海水中还存在嗜热嗜盐菌，如栖热菌属（*Thermus* sp.）和海洋红嗜热菌（*Rhodothermus marinus*）。前者能生活在3%或更高NaCl浓度的培养基中，而后者的最适生长条件为温度65℃，pH 7和2% NaCl。

除了这些高温环境中存在嗜热菌外，许多其他的环境也存在嗜热菌。例如，从法国塞纳河中分离到的1种细菌能在73℃下生长。花园土壤中存在嗜热脂肪芽孢杆菌（*B. stearothermophilus*）。正在腐烂的植物和种植蘑菇的地方均存在嗜热微生物，它们多数为G^-菌。

有些能进行光合作用的细菌能同时进行固氮，但是在嗜热光合细菌中很少有这种生理功能的细菌，例外的是层状鞭枝蓝细菌（*Mastigocladus laminosus*），其在50℃以上可以固氮。

当温度超过80℃时，环境中存在的细菌主要为古菌（archaea），如绝对厌氧的詹氏甲烷球菌（*Methanococcus jannaschii*）和炽热甲烷嗜热菌（*Methanothermus fervidus*）。能代谢硫的硫化叶菌（*Sulfolobus*）、热变形菌（Thermoproteales）和热原体（Thermoplasmales）属于极端嗜热菌。

2. 真核嗜热微生物

1）真菌　嗜热真菌存在于许多高温环境中，如堆肥、干草堆、谷仓和碎木堆中。在蘑菇栽培过程中，嗜热真菌的存在有助于堆料中各种多聚物的降解，为以后培养蘑菇提供营养物，并可以增加蘑菇产量，缩短堆料时间。在堆料过程中，许多嗜热真菌可以降解纤维素、半纤维素，甚至塑料的增塑剂和聚乙烯等。

2）嗜热藻类　在能耐高温的藻类中，温泉红藻（*Cyanidium caldarium*）引起了人们的高度重视，这是一种唯一能在pH小于5、温度高于50℃的自然环境中生长的藻类。这种藻类的最高生长温度为55～60℃，它广泛分布于酸性温泉和温度较高的陆地中。在酸性温泉排出水中，这种藻类通常与凝结芽孢杆菌及瘿指孢霉（*Dactylaria gallopava*）生活在一起，后两种微生物可以从温泉红藻（*C. caldarium*）中获得营养。

二、超嗜热微生物的多样性

超嗜热微生物在80～110℃生长最好，现在发现仅有真细菌和古菌的某些菌株才有这种独特的生理特征，它们主要生活在陆地和海洋深海地热环境中，这些微生物产生的酶具有非常高的热稳定性，酶作用的最适温度在70℃以上，有些酶甚至在110℃和110℃以上还有活力。超嗜热酶在40℃以下是没有活力的。

根据现有的理论和实验证据，人们认为超嗜热微生物是地球生命起源的第一种生命形式，所以超嗜热酶可以作为生物学家、化学家和物理学家研究酶进化、蛋白质热稳定性和酶功能上限温度的理想模型。同时也可为通过酶工程技术设计更为有效的酶和为生物工程技术开发更为广泛的用途酶提供了良好的材料。

什么是生命的上限温度？1969年发现水生栖热菌（*Thermus aquaticus*）（用于生产PCR技术中*Taq* DNA聚合酶）的菌株时，认为它是极端嗜热菌，因为它可以在75℃下生长最好。但是近几年发现了可以在113℃生长的超嗜热菌——延胡索酸火叶菌（*Pyrolobus fumarii*），认为这种古菌才是真正的极端嗜热菌。

20世纪末就已经发现70多种超嗜热微生物，其中7种的基因组序列已经测定完毕。通过16S rRNA基因序列分析和脂类分析表明已经知道的超嗜热微生物仅占实际超嗜热微生物的很小一部分。

目前分离和培养新的超嗜热微生物还有很多困难，最典型的例子就是红色热毛菌（*Thermocrinis ruber*），在 1967 年就发现了这种粉红色的丝状细菌，但是花了 25 年才成功地得到它的纯培养物，所以建立有效的分离、培养和纯化超嗜热菌新技术是非常有必要的。

在 80～115℃的所有环境中都可以分离到超嗜热微生物。超嗜热微生物也可以从高温工业环境中分离到，如地热电力工厂和污泥处理厂的排出水。在深海环境中生活的超嗜热微生物，其环境的静水压在 200～360 个大气压，所以这些微生物同时也是耐压或嗜压微生物。现在认为生命的上限温度是 113℃，一旦温度超过 110℃，氨基酸和代谢产物等分子变得非常不稳定，并且疏水相互作用会大大地减弱。

在所得到的 70 多种超嗜热微生物中，通过生理生化特征分析表明它们属于 29 属，它们大部分是古菌，只有栖热袍菌科（Thermotogales）和产液菌科（Aquificales）是真细菌，在进化树中处在最深的分支上，所以很多人对它们的进化关系非常感兴趣。通过对海栖热袍菌（*Thermotoga maritima*）基因组序列测定，一个最重要的发现就是古菌和细菌之间存在横向基因转移。

至今，发现古菌的结构域是由两个分支组成的，泉古菌（Crenarchaeota）和真古菌（Euryarchaeota）。从超嗜热微生物生活的环境中分离的 16S rRNA 基因序列表明还有一些古菌与任何其他的古菌 RNA 没有亲缘关系，这表明在古菌结构域中还存在第三个分支，就是初古菌门（Korarchaeota），它们在古菌进化树中存在于比泉古菌和真古菌还要深的分支中。在泉古菌和真古菌中超嗜热古菌是一类代表，并且在这两个分支中它们代表很深和最短的谱系。除了具有嗜热嗜酸微生物外，泉古菌还包括嗜盐菌。在真古菌中，产甲烷细菌与嗜中温菌具有亲缘关系。

超嗜热微生物群落是一个复杂的生态系统，由初级生产者和有机物分解者组成，所以超嗜热初级生产者包括化能自养菌，如硫氧化菌、硫还原菌和产甲烷菌。由于它们生活的环境中含有大量的硫，大多数超嗜热微生物是兼性的或专性的化能自养菌，它们可以利用氢气还原元素硫产生硫化氢（厌氧菌）或利用氧气氧化元素硫产生硫酸（好氧菌）。极端嗜酸的超嗜热菌属于硫化叶菌目，是严格好氧菌或兼性好氧菌，它们都是从陆地的硫黄温泉田中分离到的，而大部分异养菌是专性的硫还原菌。热袍菌科的所有成员及热球菌科和嗜热球菌科的大部分成员生长时不需要元素硫，它们可以通过发酵获得能量。海底环境中有机物浓度非常低，因此它们的能源和碳源来自初级生产者分解之后的复合肽混合物。超嗜热古菌很少几种能利用多糖，如淀粉、果胶、糖原和几丁质等。至今仅发现深处古生球菌（*Archaeoglobus profundus*）可以利用有机物。

三、高温环境中微生物生命的分子机制

现在人们认为只要水保持液体状态，那么就有可能存在有微生物生命。例如，在液体培养基中，热网菌（*Pyrodictium* spp.）的最适生长温度为 105℃，最高生长温度超过 110℃。一般情况下，温度超过 113℃时，细胞中的 ATP、氨基酸和多肽不可能处在热稳定状态。某些嗜热微生物在高温，甚至可以在超过沸水的温度下生存和繁衍。所以嗜热微生物生命机理的确非常神奇，但是通过比较嗜热微生物和嗜中温微生物细胞中各种大分子结构的不同，特别是对它们基因组测序和注释，人们对此有了一些深入的了解。

1. 细胞膜 细胞膜对于微生物来说有重要的生物学功能，在物质运输、能量产生、信号转导和调节细胞生命活力等方面起着非常重要的作用。在膜脂类分子中还包含着许多酶和蛋白质，它们的活力和功能也受膜脂类的影响。膜脂类组分的变化明显受温度的影响，当环境温度升高时，嗜中温微生物的细胞膜脂肪酸会发生以下一些变化：①增加脂肪酸烷基链的长度；②降低烷基链的不饱和程度；③增加甲基分支链的比例；④改变磷脂的头部基团。这些变化导致膜脂类有很高的熔解温度。

在嗜热菌细胞膜中含有高比例的长链饱和脂肪酸和具有分支链的脂肪酸。例如，在嗜热脂肪芽孢杆菌（*B. stearothermophilus*）、栖热菌（*Thermus* sp.）和梭状芽孢杆菌（*Clostridium* sp.）细胞膜中，异和前异脂肪酰基链是主要的。超嗜热菌热坚芽孢杆菌（*Bacillus caldotenax*）和热溶芽孢杆菌（*B. caldolyticus*）的细胞膜中含有异-C_{15}脂肪酰基链、异-C_{16}脂肪酰基链和异-C_{17}脂肪酰基链，它们占膜总脂肪酸的 80%左右。当环境温度从 45℃升到 85℃时，异-C_{15}变成异-C_{17}，异-C_{16}变成了正-C_{16}。在栖热菌属细胞中，含量最多的脂肪酸是异-C_{17}（大约为 55%），其次是异-C_{15}。热纤梭菌（*C. thermocellum*）细胞膜主要是由异-C_{16}、正-C_{16}和前异-C_{17}组成的，其中的一些分子结构如图 7-2 A～D 所示。但是当发酵的产物是乙醇时，在这种细菌细胞膜中含有不饱和的 C_{14}和 C_{16}脂肪酰基链。

嗜热芽孢杆菌（*Bacillus acidocaldarius*）的细胞膜含有ω-环己基脂环族的脂肪酸（an alicyclic ω-cyclohexyl fatty acids），如图 7-2 E 所示，这种异常的脂肪酸有利于这种细菌在极端 pH 和高温条件下生长，因为这种异常的脂肪酸有利于在低 pH 条件下维持膜的半渗透功能。嗜热热原体（*Thermoplasma acidophilum*）、硫化叶菌（*Sulfolobus* sp.）、热自养甲烷杆菌（*Methanobacterium thermoautotrophicum*）和 *M. fervidus* 等嗜热的古菌含有类异戊醇（isoprenoid alcohol）作为细胞膜的主要成分，在类异戊醇分子的非极性部分的碳原子数可达 20 或 40。碳原子数为 20 的类异戊醇是完全饱和的植烷醇，而碳原子数为 40 的则是由两个相同的植烷醇分子连接而成的。这些类异戊醇与甘油连接后形成一种甘油醚化合物。在嗜热古菌中存在两种甘油醚，一种是植烷甘油二醚，另一种是二联植烷二甘油四醚（dibiphytanyldiglycerol tetraether），它们的分子结构如图 7-2 F～H 所示。在嗜热嗜酸细菌，如热原体（*Thermoplasma* sp.）和硫化叶菌中，后一种甘油四醚是主要的。

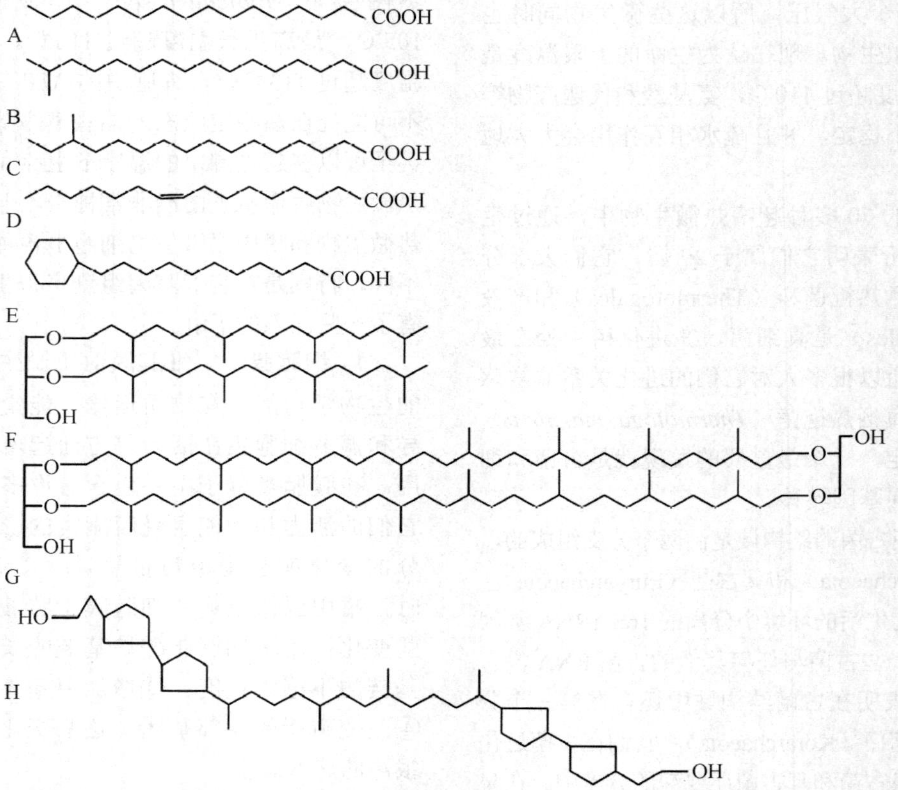

图 7-2　嗜热细菌脂类中某些脂肪酰基的化学结构（池振明供图）

A. 直链饱和脂肪酸；B. 异分支的脂肪酸；C. 前异分支链的脂肪酸；D. 含有不饱和键的脂肪酸；E. ω-环己基脂环族脂肪酸；F. 植烷甘油二醚；G. 二联植烷二甘油四醚；H. 联植烷二醇

这些长链的二醚和四醚化合物可分别形成双层膜和单层膜，如图 7-3 所示，可以在广泛温度范围内保持膜的液晶状态。这些四醚化合物能形成共价交联的单层膜，这种单层膜甚至在高温下能继续维持膜的完整性，这个特性可以使嗜热古菌在 85℃以上的温度下生长，而上述的真细菌因不含有这些特殊的四醚化合物，当温度高于 85℃时，其细胞膜无法维持脂类双层的特性，所以它们不能在高温下生长。

还有人认为嗜热微生物的细胞膜还可以作为热绝缘体，从而阻止热从环境中往细胞内传递，以便保护细胞内许多热敏感的成分。

2. 呼吸链的蛋白质　细胞膜的完整性对于与能量代谢有关的酶和信号通路能否发挥正常功能是非常重要的，细胞中的细胞色素氧化酶和 ATP 合成酶与细胞膜紧密相关，其功能取决于膜的完整性。呼吸链组分和 ATP 酶的抗热性会影响某一种微生物的生长并限制它的最高生长温度。例如，从嗜热脂肪芽孢杆菌分离到的 TFO-TF1 酶复合物（ATP 合酶）在尿素溶液中于 70℃下是稳定的，纯化的 TF1 在有机溶剂中是稳定的，并且与嗜中温菌的相应酶相比，这种嗜热菌的 TF1 对解离剂（dissociating agent）抗性更大。

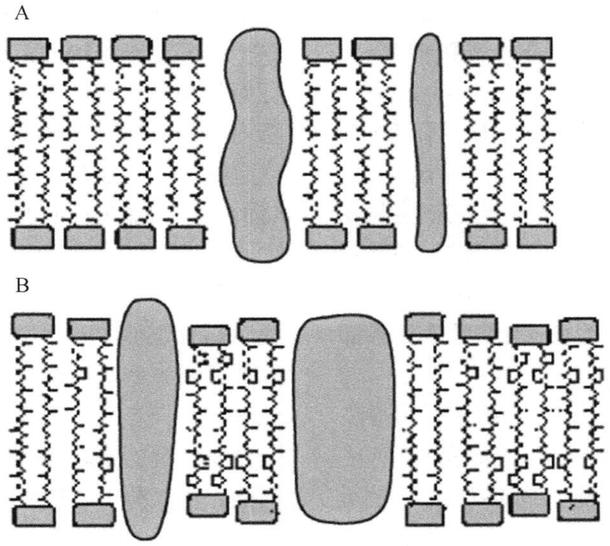

图 7-3　古菌的细胞膜结构（池振明供图）

A. 双层膜由嵌合蛋白与长链二醚化合物组成；B. 坚硬的单层膜由嵌合蛋白与 C_{40} 四醚化合物组成的

在凝结芽孢杆菌（*Bacillus coagulans*）中的 NADH 脱氢酶表现出内在的热稳定性。

生长温度对呼吸链组分有明显的影响，在 55℃下，细胞色素氧化酶 d 是主要的氧化酶，在 37℃下便测不到这种酶，这是由于较高的温度引起氧张力（oxygen tension）下降，随后便诱导这种色素氧化酶的产生。

温度升高引起气体在水中的溶解力下降，在高温环境中生活的嗜热菌经过长期进化已适应这样的环境。

3. tRNA　从嗜热硫杆菌（*Thiobacillus thermophilus*）细胞中提取的 tRNA 热稳定性较高，这是由于 tRNA 分子中 G-U 碱基对被 G-C 碱基对取代及在 T-55 和位置 2（尿嘧啶或胸嘧啶）发生了硫化作用。通常情况下，这种细菌含有 T-（核糖胸苷）和 S2T-（2-硫核糖腺苷）tRNA，这两种化合物的含量取决于生长温度，在 77℃下生长的细胞与在 55℃下生长的细胞相比，含有较多的 S2T-tRNA。所以嗜热菌的蛋白质合成体系一定具有某些选择功能，以便利用 T-tRNA 和 S2T-tRNA。在 tRNA 分子中含有 S2T 增加了 tRNA 的熔点温度，硫化的核苷酸使 tRNA 分子的构象变化受到限制并使邻近的碱基增加了堆聚力，这些有助于热稳定性，这说明在 tRNA 分子一级结构上相对少量的变化就可以增加热稳定性。的确，通过基因组测序发现嗜热菌基因组中有双份基因编码氨酰 tRNA 合成酶。

4. 多胺（polyamine）　多胺在调节核酸合成、蛋白质合成和细胞分裂方面起着重要的作用，在活跃生长的细胞中多胺含量很高，而处在稳定期生长的细胞中多胺含量在下降。在嗜中温微生物中，仅含有二胺和三胺。在嗜热菌中则含有更长链的多胺，在嗜热脂肪芽孢杆菌（*B. stearothermophilus*）中含有精胺和亚精胺。在 60℃或更高温度下，嗜热硫杆菌（*T. thermophilus*）无细胞抽提物不能合成蛋白质。然而，加入某些多胺之后，在 65℃下，它们便恢复了无细胞抽提物合成蛋白质的能力。对这种细菌的多胺分析结果表明它们含有 12 种不同的多胺，有 8 种是新发现的天然存在的多胺，其中两种是同亚精胺（homospermidine）和降亚精胺（norspermidine），这两种多胺仅在少数几种生物中才存在。热精胺和热亚精胺可以恢复嗜热硫杆菌（*T. thermophilus*）细胞内蛋白质的合成能力，热亚精胺在提高热抗性方面有很大的活力，并且它可以在高温下稳定核糖体和 mRNA 与氨酰 tRNA 之间的一种三元络合物（ternary complex）。另外，酸热硫化叶菌（*S. acidocaldarius*）细胞中也含有热精胺，这种细菌含有丰富的结合有 DNA 的蛋白质，这种蛋白质在高温下对于维持 DNA 的完整性也许有一定的作用。

5. 具有较小的基因组和基因特征　最适生长温度越高，嗜热微生物基因组越小，特别是超嗜热古菌和产液菌门的嗜热微生物，超热菌（*Hyperthermus* spp.）的平均最适生长温度为 100.5℃，它们的基因组平均大小仅为 1.67Mb。产生的热激蛋白、伴侣素、伴侣蛋白（帮助大分子的折叠）、精胺（稳定 DNA 和 RNA）、亚精胺（来自核糖体的多聚胺，维持膜电位）、聚胺（生长所需，可能作为膜的稳定剂）、前折叠素 α 亚基和 β 亚基（蛋白质折叠伴侣素）、SOS 调节素（DNA 损伤反应的产物）和其他 DNA 修复系统在基因组热稳定性方面起着很重要的作用。逆旋转酶

(reverse gyrase)(一种热保护DNA的伴侣)在基因组热稳定性中也起着很重要的作用。在火热菌(*Pyrococcus* sp.)和甲烷球菌(*Methanococcus* sp.)中,K506结合蛋白(具有分子伴侣类的蛋白质折叠活力)也参与蛋白质可溶性的稳定作用。詹氏甲烷球菌(*M. jannaschii*)的最适生长温度为85℃,当它们生长在95℃下时,前折叠素α亚基、小的热激蛋白、热体亚基(thermosome subunit)和蛋白酶调节亚基、与CRISPR有关的蛋白质和一种假设的蛋白质表达量都上调。

基因水平转移广泛存在于超嗜热细菌和超嗜热古菌之间或存在于相近属之间,如栖热袍菌(*Thermotoga* sp.)和产水热菌(*Aquifex* sp.)之间及无氧芽孢杆菌(*Anoxybacillus* sp.)和地芽孢杆菌(*Geobacillus* sp.)之间,这些基因水平转移使得许多嗜热菌可以生长在极端环境中。在高温生长期间,嗜热菌的糖酵解途径和TCA循环受到抑制,它们喜欢利用磷酸戊糖途径进行代谢。嗜热菌普遍存在尿嘧啶-DNA糖基水解酶,防止胞嘧啶发生脱氨基作用,防止基因突变。

6. 细胞质存在保护剂 对于在高温下生活的微生物来说,对细胞质中大分子和代谢产物进行保护是必需的。一般情况下,当温度高于110℃时,对生存必需的ATP、NADH、氨基酸及其他生物分子就变得不稳定,并在水溶液中会发生降解。但是,一些化学物质能显著地增加这些分子的热稳定性。当酶从底物-酶复合物中被纯化出来时,它的热稳定性会降低。当存在有机物时酶的热稳定性也会降低。嗜热菌中核糖体的热稳定性与其蛋白质的特性有关,而与RNA变化无关。嗜热菌细胞质中存在的一些成分,如氨基酸和多胺能保护核酸、辅因子、蛋白质和胺。同时多胺对细胞也具有保护作用。另外,嗜热菌产生的相容性物质也会稳定细胞组分。

7. 蛋白质 研究嗜热菌中的蛋白质抗热性不仅有重要的理论意义,而且在工业上有重要的应用价值,因为我们希望在工业和其他实际应用中酶活性能够长期保持稳定。研究嗜热菌中蛋白质的热抗性机制有三种方法:一是比较嗜热微生物和嗜中温微生物中同类蛋白质的一级和四级结构;二是比较野生型和其突变株细胞中同类蛋白质的不同热稳定性;三是比较嗜热微生物和嗜中温微生物全基因组及其编码的蛋白质氨基酸序列。研究表明在蛋白质多肽链中仅一个或几个氨基酸的改变便导致这种蛋白质出现热抗性。一个蛋白质的四级结构受氢键、疏水键、离子间相互作用力、金属结合和二硫键的稳定,同时还受到周围介质的影响。在许多酶中一旦其一级结构的某一氨基酸被取代,就会导致四级结构发生变化,从而影响酶热稳定性。其实,蛋白质的热稳定性与蛋白质多种因素有关,这些因素包括:①增加疏水性的氨基酸避开高温;②二硫键的存在增加蛋白质的稳定性;③邻近折叠结构间的相互作用;④存在作为稳定剂的金属阳离子;⑤伴侣蛋白的稳定作用。嗜热细菌酶的一级结构是提供热稳定性的其中一个因素。对几个酶氨基酸序列的分析表明嗜中温微生物的蛋白质含有甘氨酸、丝氨酸、天冬酰胺组成的肽链,它们的存在能促进蛋白质骨架的柔软性。而嗜热微生物用丙氨酸、苏氨酸、精氨酸、谷氨酸代替了上述氨基酸,从而降低了蛋白质折叠的自由能,增加了蛋白质内部的疏水性。这些氨基酸的替换增强了蛋白质螺旋的稳定性,从而阻止了高温下蛋白质结构遭受破坏。

现将嗜热微生物蛋白质热抗性的原因总结如下。

(1)仅某一个氨基酸被取代便可以改变一种蛋白质的热抗性。例如,大肠杆菌的色氨酸合成酶中某一谷氨酸残基被甲硫氨酸取代后,其热稳定性便可以提高,这是由于受取代之后,这种酶有更多的疏水结合力,但是用于提高酶稳定性所需的能量也增多。蛋白质的某一种氨基酸被取代后,增加了嗜热微生物蛋白质氨基酸的体积,结果导致蛋白质分子更加紧凑,使分子内的疏水性加强,分子外的疏水性减小,这样有利于维持蛋白质的α螺旋结构。蛋白质的氨基酸组成一向被认为与它的热稳定性有关系。利用嗜中温和超嗜热微生物蛋白质氨基酸组成进行比较统计学分析发现,像甘氨酸变成丙氨酸和赖氨酸变成精氨酸的定向取代就可以导致蛋白质热稳定性提高,因为在嗜热蛋白质中丙氨酸含量的增加有利于蛋白质形成螺旋结构,增加精氨酸含量可以起稳定蛋白质的作用。在一些嗜热微生物中,与嗜中温微生物相比较,有较高的半胱氨酸含量,从而增加了二硫键的含量,降低了蛋白质中非折叠状态。另外,嗜热微生物一些酶的二硫键被埋于蛋白质结构的深处,从而避免了变性剂的作用。在一些酶中,嗜热微生物与嗜中温微生物相比具有更高的精氨酸与赖氨酸比。蛋白质表面精氨酸的存在促进了稳定水鞘的形成,这使得蛋白质对热和有机溶剂稳定。嗜热蛋白质与非嗜热蛋白质相比具有较短的氨基酸长度,这可能说明减少蛋白质分子中的柔软性片段的数目,对嗜热蛋白质也很重要。氨基酸中的异亮氨基酸、缬氨酸、酪氨酸、色氨酸、精氨酸、谷氨酸和亮氨酸与嗜热蛋白质的最适作用温度有关。

（2）疏水相互作用是超嗜热蛋白质的一种稳定机制。例如，从嗜热栖热菌（*Thermus thermophilus*）得到的3-异丙基苹果酸脱氢酶含有亚基之间的疏水相互作用，而这种疏水相互作用在大肠杆菌相应酶中并不存在。

（3）苯环和苯环之间的相互作用。苯环对对于稳定在高温下的蛋白质也起着很重要的作用。例如，在栖热菌RNA酶H中存在有苯环相互作用的两个簇，而在大肠杆菌相应酶中就不存在。

（4）氢键在嗜热蛋白质热稳定性方面是非常关键的，如RNA酶T1含有86个氢键，平均长度为2.95Å，这些氢键对RNA酶T1热稳定性的贡献与疏水相互作用的贡献一样大。嗜热微生物蛋白质有更高数量的氢键，从而增加了分子的自由能和热稳定性，氢键能使自由能增加5kcal/mol。在高温菌中的一些酶中，苯丙氨酸、色氨酸、酪氨酸表面的电子云能与另一芳香环中的氢原子发生相互作用。

（5）离子对对于超嗜热蛋白质来说起着很强的稳定作用。例如，嗜热微生物中有34%的酶与共生梭菌（*Clostridium symbiosum*）是一致的，这两种微生物酶结构之间的主要不同是它们离子对含量的不同。在嗜热蛋白质中有更高百分含量的带电荷残基参加离子对，特别是在激烈火球菌（*Pyrococcus furiosus*）谷氨酸脱氢酶中所有精氨酸残基的90%形成了离子对。在激烈热球菌酶中每个氨基酸残基含有0.11个离子对，而在共生梭菌（*C. symbiosum*）谷氨酸脱氢酶中每个残基仅含有0.06个离子对。一般情况下，嗜中温酶中每个氨基酸残基平均离子对大约是0.04。例如，嗜热微生物的淀粉酶和蛋白酶需要钙离子才有活性，增加其稳定性。钙离子被深埋在分子内部使其无法被离子螯合剂如EDTA接触。另一金属促进蛋白质稳定性的例子是硫叶菌属的铁氧还蛋白存在锌离子，而嗜中温微生物中同样的酶因缺少锌离子结合位点而对热敏感。

（6）有一半的超嗜热蛋白质中亚基相互作用作为一种潜在主要的热稳定机制。例如，在柯达氏火球菌（*Pyrococcus kodakaraensis*）和唇热球菌（*Thermococcus litoralis*）谷氨酸脱氢酶中存在的亚基相互作用在超嗜热蛋白质稳定性过程中起着重要的作用。

（7）与嗜中温同类蛋白质比较，现在发现越来越多的超嗜热蛋白质具有较高的寡聚作用。例如，海栖热袍菌（*T. maritime*）中的磷酸核糖基邻氨基苯甲酸异构酶二聚体化是一种热稳定因素。

（8）生长温度在某种程度上也会决定某些蛋白质的热稳定性。例如，黄栖热芽孢杆菌（*Bacillus flavothermus*）的丙氨酸脱氢酶热稳定性会随着生长温度的增加而增加。尽管这种细菌可以在34～75℃生长，但是其丙氨酸脱氢酶的热稳定性在培养温度高于55℃时才发生改变。

（9）在较高温度下，通过增加分子内的离子键结合力而稳定蛋白质。例如，凝结芽孢杆菌（*B. coagulans*）的琥珀酸脱氢酶在60℃下很快失去活力，但在10% NaCl中于60℃可以得到稳定。

（10）嗜热微生物本身就可以合成热抗性蛋白质。例如，水生栖热菌（*T. aquaticus*）合成的甘油醛-3-磷酸脱氢酶在90℃下可稳定数小时。有趣的是，抗热能力不是很大的微生物反而能合成热稳定性很高的酶。例如，地衣芽孢杆菌的最适生长温度为50℃，但是该菌产生的α淀粉酶活力在90～95℃下最大，并且被广泛用于淀粉的液化。尽管有这种情况，但是嗜热菌还是热稳定酶的主要生产者。

（11）底物或效应物可稳定某些酶。例如，嗜热脂肪芽孢杆菌的谷氨酸合酶在有NH_4^+、谷氨酰胺和ATP存在的情况下，于65℃下可以得到稳定。在没有这些物质存在的情况下，这一温度可使该酶失活。

（12）利用化学试剂对酶进行化学修饰或把酶通过共价键交联在不溶性的多聚物上，改变蛋白质分子的表面，也可以提高酶的热稳定性。

（13）分子伴侣的作用。最近研究表明，分子伴侣对蛋白质的热稳定性也很重要。栖热菌（*Thermus* sp.）基因组DNA中含有*cpn60*和*cpn10*基因，能编码产生58kDa和10kDa的分子伴侣，这些分子伴侣在Mg^{2+}和ATP存在时参与蛋白质折叠，并促进蛋白质的热稳定性。

（14）在许多真菌中，细胞中的多羟基醇，如甘油和蔗糖能提高蛋白质的热稳定性，所以这些物质可以用于保存酶。

（15）从凝结芽孢杆菌、嗜热脂肪芽孢杆菌和水生栖热菌得到的天冬酰胺酶是不同于从嗜中温菌中得到的相应酶，因为前者有较高的K_m值和较高的底物特异性。

（16）利用有机溶剂和水混合物制备有些酶，其热稳定性可以提高。例如，猪胰脂酶在100℃下，在磷酸缓冲液中马上就会变性，如果粉末状的猪胰脂酶加到2mol/L正庚醇（溶于丁酸甘油酯中）和0.8%水的混合液中，在100℃下50min后还会保持50%的酶活力。如果水的含量进一步减少到0.015%，在100℃下，60min后几乎保持100%的活力。这一发现有重要的商业意义，特别是生产一些不溶性的产物和酶解底物为不溶性时该方法有特殊的用途，同时也说明水活度在提高蛋白质的热稳定方面有很重要的作用。

8. 嗜热微生物的共生作用 嗜热微生物之间存在共生关系有利于它们一起生活在极端环境中，如嗜热氯杆菌（*Chloracidobacterium thermophilum*）单独很难培养，只有跟无氧芽孢杆菌（*Anoxybacillus* sp.）和亚栖热菌（*Meiothermus* sp.）共培养时，它才可以生长。这是因为嗜热氯杆菌基因组中没有编码硫酸还原酶的基因，而后两者正好有编码这个酶的基因。泉古菌的燃球菌（*Ignicoccus* sp.）作为骑行纳古菌（*Nanoarchaeum equitans*）的宿主，它们之间存在基因转移，导致它们产生新的生化功能。

四、嗜热微生物的产物多样性及其应用

1. 淀粉酶 淀粉有直链淀粉和支链淀粉之分，淀粉酶也有外切淀粉酶和内切淀粉酶之分。极端热稳定性淀粉水解酶，如淀粉酶和分支淀粉酶在工业上使用可以明显地改进工业淀粉转化工艺，如液化、糖化和异构化作用。由于嗜中温菌缺乏在100℃以上和酸性条件下具有活性的热稳定性酶，利用淀粉酶转化淀粉生产葡萄糖和果糖反应不得不在不同条件下进行。这种多步反应的工艺（第一步淀粉糊化，pH 6.0～6.5, 95～105℃；第二步淀粉液化，pH 4.5, 60～62℃；第三步淀粉糖化，pH 7.0～8.5, 55～60℃），同时伴随形成不需要的高浓度盐。最后一步是葡糖异构酶催化葡萄糖产生高果糖浆，同时在这一步中还得用昂贵的离子交换剂去除盐离子。因此分离分泌嗜热淀粉酶的微生物是很有必要的，可以利用嗜热淀粉酶一步转化淀粉生产的葡萄糖和果糖。

1）热稳定淀粉酶和葡萄糖淀粉酶 从超嗜热微生物中得到的淀粉酶在100℃以上还具有活性，并且能适应广泛的pH范围，具有这些特性的热稳定淀粉酶和葡萄糖淀粉酶可用于淀粉生物转化过程。近年来许多研究者花大量的精力从超嗜热微生物中分离热稳定和在高温下具有活性的淀粉酶。α-淀粉酶家族是由一大群淀粉水解酶和有关的酶组成的，现认为它们属于糖苷水解酶族13（glycosyl hydrolase family 13）。现已从沃氏热球菌（*P. woesei*）、激烈火球菌（*P. furiosus*）和嗜热球菌（*Thermococcus profundus*）中分离到热稳定的淀粉酶，其作用的最适温度分别为100℃、100℃和80℃。在超嗜热古菌，如硫化叶菌（*Sulfolobus* sp.）、脱硫球菌（*Desulfurococcus* sp.）、热球菌（*Thermococcus* sp.）和葡萄栖热菌（*Staphylothermus* sp.）等中也会合成裂解淀粉的酶，相应的酶基因已经得到克隆和表征，并在其他宿主得到重组表达，从而解决了这些基因在原始菌株中表达效果差的问题。激烈热球菌编码胞外α-淀粉酶的基因已经在枯草杆菌和大肠杆菌中得到克隆并表达。从热球菌得到的这种胞外α-淀粉酶在没有金属离子存在情况下也具有高热稳定性（甚至在130℃下还有活力），它的独特水解产物类型和底物特异性非常适合作为工业用酶。有趣的是，在普通淀粉酶中发现的4个高度保守区域在这种嗜热酶α-淀粉酶中并不存在。就像从地衣芽孢杆菌得到的α-淀粉酶（这种酶通常用于淀粉的液化）一样，从海栖热孢菌得到的α-淀粉酶活力也需要Ca^{2+}的存在。进一步研究表明超嗜热古菌阿比西热网菌（*Pyrodictium abyssi*）在无氧条件下也能生长在各种多聚物底物上，并分泌热稳定的淀粉酶，这些酶甚至在100℃以上还有活力。

葡萄糖淀粉酶是从非还原性末端开始水解淀粉分子释放出葡萄糖分子。然而，当葡萄糖淀粉酶遇到支链淀粉分子 α-1,6-糖苷键时水解速度非常慢，这就是典型的真菌葡萄糖淀粉酶的特征，并在生产上得到广泛应用。目前用于糖化糊精的葡萄糖淀粉酶通常来自黑曲霉和米曲霉（*Aspergillus oryzae*），由后者产生的葡萄糖淀粉酶在有Ca^{2+}存在的情况下稳定性会提高。有趣的是，能产生葡萄糖淀粉酶的极端嗜热细菌、超嗜热细菌和古菌却很少。从嗜热厌氧细菌——热解糖梭状芽孢杆菌（*Clostridium thermosaccharolyticum*）中已经分离纯化到葡萄糖淀粉酶，该酶的最适作用温度为70℃，最适作用pH为5。另外，热解糖高温厌氧杆菌（*Thermoanaerobacterium thermosaccharolyticum*）DSM 571菌株也能产生葡萄糖淀粉酶。

2）在高温下有活性的普鲁兰酶（pullulanase） 热稳定和在高温下有活性的普鲁兰酶也存在于极端嗜热微生物，如速生热球菌（*Thermococcus celer*）、毛霉状脱硫球菌（*Desulfurococcus mucosus*）、海洋葡萄栖热菌（*Staphylothermus marinus*）和凝聚热球菌（*Thermococcus aggregans*）中。它们最适的作用温度在90～105℃，在没有底物和Ca^{2+}存在的情况下有明显的热稳定性。至今所研究的大多数普鲁兰酶属于类型Ⅱ群。现已从激烈热球菌、唇热球菌（*Thermococcus litoralis*）和水热热球菌（*Thermococcus hydrothermalis*）中纯化到该酶。这些酶有很高的热稳定性，可以水解淀粉分子中的α-1,6-糖苷键和α-1,4-糖苷键，所以有助于工业淀粉水解过程。从沃氏热球菌（*P. woesei*）得到的普鲁兰酶类型Ⅱ已在大肠杆菌中得到表达，从这些基因工程菌得到

的重组酶在100℃下活力最大，热稳定性特别高，在110℃下半衰期为7min。第一个从好氧菌得到的淀粉去分支酶（普鲁兰酶类型Ⅰ）是在嗜热细菌闪光杆菌（*Fervidobacterium pennavorans*）中分离到的，相应的基因已在大肠杆菌中得到克隆并表达。与沃氏热球菌（*P. woesei*）得到的普鲁兰酶相反，从闪光杆菌Ven5菌株得到的普鲁兰酶只能水解多聚糖的α-1,6-糖苷键。这是至今知道的唯一热稳定去分支酶，它们能水解支链淀粉的α-1,6-糖苷键，产生长直链多糖，得到的这些长直链多糖是葡萄糖淀粉酶最理想的作用底物。

3）环糊精葡萄糖糖基转移酶（CGTase）　CGTase以随机的方式水解多糖的α-1,4-糖苷键，并通过分子内葡萄糖转糖基反应转化淀粉，结果产生没有还原性的环状产物——α-环糊精、β-环糊精或γ-环糊精，每分子中分别含有6个、7个或8个葡萄糖分子，这种酶的主要用途是工业化生产环糊精。由于环糊精可以与各种有机分子形成内含体复合物（inclusion complex），可以改进水相中疏水性化合物的溶解性。环糊精的生产需要多步反应，第一步反应是利用热稳定淀粉酶液化淀粉，第二步是利用芽孢杆菌产生的CGTase对糊精进行环化反应。由于这种芽孢杆菌CGTase稳定性很差，生产环状糊精的工艺必须通过两步酶反应，这样从嗜热菌找到热稳定的特异性较高的CGTase就显得非常重要。在淀粉喷洒蒸煮进行淀粉液化的工艺中所用的温度达到105℃以上，这样热稳定CGTase就可以在一步反应中同时进行淀粉液化和糊精环化反应。最近在热厌氧杆菌（*Thermoanaerobacter* sp.）和热产硫热厌氧杆菌（*Thermoanaerobacterium thermosulfurogenes*）中找到了这样的热稳定CGTase。在肯尼亚博格利亚湖中发现的伯哥丽厌氧分支状菌（*Anaerobranced bogoria*）菌株可以合成耐热和耐碱的CGTase。

2. 纤维素酶　纤维素通常占植物生物量的40%以上，尽管纤维素对水有很高的亲和力，但是它完全不溶于水。水解纤维素的酶广泛分布在真菌和细菌中，这些酶在生物工程领域中有各种各样的用途。现在商业上使用的纤维素酶来自绿色木霉，在曲霉、青霉和担子菌等菌株中也存在纤维素酶。纤维素酶可用于转化纤维素生产葡萄糖，然后经过其他微生物转化产生乙醇等工业用品，并在饮料生产中用来提高果汁产量和使果汁有效地去除颜色。在洗涤剂中添加纤维素酶制剂可以使洗涤过的物品柔软而有光泽，并且可以加快土壤颗粒的去除作用。纤维素酶还可以用于牛仔裤的生物处理。纤维素酶还可用于纤维生物物质和各种农作物秸秆的预处理，以便改进农业和工业废弃物的营养质量和纤维素的可消化性，改进工农业废弃物的酶解糖化作用和生产精细化工产品，这对于解决每年产生的大量农作物秸秆高效利用具有重要的现实意义。

能分解结晶纤维素的热稳定性纤维素酶在生物工程领域中具有很重要的应用价值。现在已经从各种嗜热微生物中分离纯化到能降解纤维素的酶，并对这些酶基因进行了克隆和表达。从新阿波罗栖热袍菌（*Thermotoga neapolitana*）中纯化到了两种热稳定纤维素内切酶——CelA和CelB，其中CelA（29kDa）在pH 6和95℃下活力最大，而CelB（30kDa）的最适作用pH较宽（pH 6～6.6，最适作用温度为106℃）。纤维素酶和半纤维素酶的基因在嗜热厌氧菌解糖热纤维菌（*Caldocellum saccharolyticum*）的基因组中是成簇存在的，这种细菌可以利用纤维素和半纤维素作为唯一的碳源而生长，已经从这种嗜热菌中分离到*CelA*基因，该基因编码1751个氨基酸。硫黄矿硫化叶菌（*S. solfataricus*）MT4菌株产生的β-葡萄糖苷酶是一种同型四聚体（56kDa亚基），对各种变性剂抗性非常大，在85℃以上还有活力，编码该酶的基因已在大肠杆菌中得到克隆，并得到过量重组表达。

3. 降解木聚糖的酶　木聚糖主要由半纤维素组成。木聚糖的完全降解需要多种酶的联合作用。从细菌和真核生物中得到的木聚糖酶在糖苷水解酶中属于第10家族和第11家族，在生物技术领域有广泛的应用，现已大规模进行生产，作为家禽食品添加剂，可以增加饲料的吸收效率，用在小麦面粉中可以改进发面效果和提高发酵产品的质量。可以水解木聚糖产生木糖，木糖也是许多微生物发酵的重要底物。

工业上主要是利用热稳定木聚糖酶加快纸张漂白脱色，仅美国每年用于纸张漂白脱色的氯和氯衍生物量就高达2×10^6吨，由这种工艺产生的氯化木质素是纸浆和造纸工业中的主要环境污染物。如果利用木聚糖酶处理纸浆去除残留的木质素可以作为取代用氯化物漂白的方法，利用木聚糖酶处理纸浆可以导致木聚糖和残留木质素的释放，而不会引起其他纸浆组分的损失。在高温下利用木聚糖酶处理可以打开植物细胞壁结构，从而有利于在随后漂白工艺中加快木质素的去除。能用于这种处理工艺的木聚糖酶必须满足以下几个条件：①这些酶不能含有纤维素酶，避免纤维素也受到水解；②分子量必须足够小，以便它们能有效地扩散进入纸浆纤维中发挥作用；③在高温和碱性条件下必须是稳定的，而且具有活性；④以非常低的费用生产高产量的木聚糖酶。现在市场上出售的所有木聚糖酶只能部分满足上述条件。从中度嗜热微生物得到的木聚糖酶在温度大于70℃时很快就变性，所以不适合用于纸张漂白工业。虽然现在有好几种成功的工艺不用氯漂白，而是用酶，但是在用酶处理之前，必须冷却纸浆，然后重新加热。如果所用的木聚糖酶是热稳定性的，就不会存在这个问题。到目前为止，仅少数几种极端嗜热微生物能生长在木聚糖上，并分泌在高温下具有活力的木聚糖裂解酶。由栖热袍菌（*Thermotoga* sp.）菌株FjSS3-B1、海栖热袍菌（*T. maritima*）、新阿波罗栖热袍菌（*Thermotoga neapolitana*）和温泉栖热袍菌（*Thermotoga thermarum*）产生的内切木聚糖酶对热最为稳定，在80℃和105℃下这些酶均有活性，合成的这些酶与细胞紧密相连，并且可能位于细胞的外表面上。在海栖热孢菌（*T. maritima*）中编码热稳定木聚糖酶的基因已经得到克隆并在大肠杆菌中得到重组表达。通过比较海栖热孢菌（*T. maritima*）重组木聚糖酶和商业上所用的木聚糖酶，即不耐热的纸浆酶（pulp enzyme），发现热稳定的木聚糖酶在纸浆和造纸工业中有重要的用途。仅仅超嗜热古菌阿比西热网菌（*Pyrodictium abyssi*）中才产生在110℃下酶活力最大的古菌木聚糖酶。

4. 几丁质降解酶 几丁质是*N*-乙酰葡萄糖胺通过β-1,4同型多聚体连接而成的链状化合物，在地球上它的量仅次于纤维素。特别在海洋环境中有大量的几丁质产生，并且由于几丁质裂解酶的作用它的周转速度相当快，所以我们几乎在海洋环境看不到含有几丁质的废弃物大量累积。几丁质是大多数真菌和无脊椎动物主要结构成分，而对土壤和海洋细菌来说几丁质可以作为营养成分。降解几丁质的酶有内切几丁质水解酶和几丁质寡聚物外切水解酶B及称为几丁质二糖酶的*N*-乙酰-D-葡萄糖胺酶。

几丁质具有许多有趣的物理化学特征，所以在实际中是一种很有用的原料。尽管已经分离到大量的几丁质酶，并且它们相应的基因已得到克隆，但是仅有从地衣芽孢杆菌（*B. licheniformis*）X-7u菌株和热紫链霉菌（*Streptomyces thermoviolaceus*）OPC-520菌株得到的几丁质酶是热稳定的。据报道嗜几丁质热球菌（*Thermococcus chitonophagus*）可以产生几丁质水解酶，这是至今发现的第一种由极端嗜热古菌产生的几丁质酶和*N*-乙酰-葡萄糖胺酶。

5. 蛋白酶 蛋白酶是催化蛋白质和肽转化成氨基酸的反应，根据它们所催化的位点分为丝氨酸蛋白酶、蛋氨酸蛋白酶或天冬氨酸蛋白酶或金属蛋白酶。

现在全世界商业化生产的蛋白酶量比任何其他酶的量要大得多。丝氨酸碱性蛋白酶可以作为家庭洗衣用的洗涤剂添加剂，这些蛋白酶必须能抵抗合成洗涤剂和碱性的变性作用。具有裂解角蛋白和弹性蛋白活力的蛋白酶可用于皮革工业的浸泡去毛作用。通过逆反应，蛋白酶还可以作为肽链合成时的催化剂。寻找能在极端环境（如高温和极端pH）起催化作用的蛋白酶在工业上有很重要的用途。例如，脱硫球菌（*Desulfurococcus* sp.）、硫化叶菌（*Sulfolobus* sp.）、葡萄栖热菌（*Staphylothermus* sp.）、热球菌（*Thermococcus* sp.）、热棒菌（*Pyrobaculum* sp.）和火球菌（*Pyrococcus* sp.）等极端嗜热古菌可以产生各种热稳定的蛋白酶，由这些极端嗜热微生物产生的大多数蛋白酶属于丝氨酸类型的蛋白酶，在高温下，甚至在高浓度洗涤剂和变性剂存在的情况下它们都很稳定。激烈热球菌产生的蛋白酶结合在细胞外被上，并且也是丝氨酸类的蛋白酶，叫作热解素（pyrolysin），有很高的热稳定性，在105℃下半衰期为20min。热解素的基因已经得到克隆，并分析了它的DNA序列，表明它也是编码类枯草杆菌蛋白酶的丝氨酸型蛋白酶。火球菌（*Pyrococcus* sp.）KOD1菌株除了可以产生具有丝氨酸型的蛋白酶外，还可以产生其他类型的蛋白酶，如硫醇类型的蛋白酶。极端嗜热细菌——闪光杆菌（*F. pennavorans*）可产生丝氨酸蛋白酶，有趣的是这种酶能水解皮革的角蛋白形成氨基酸和肽类化合物，在80℃和pH 10下活力最大。

6. 用于DNA分子克隆的操作酶

1）DNA聚合酶 DNA聚合酶在所有生命细胞中是复制遗传物质的酶，在Mg^{2+}存在的条件下它们催化脱氧核苷三磷酸加到引物链正在增长的3′-OH端上，形成第二条链的互补碱基对。来自不同生物，包括嗜热细菌和古菌的100多种DNA聚合酶基因已经得到克隆，并分析了它们的序列。热稳定的DNA聚合酶在DNA扩增、序列分析或标记等在各种分子生物学研究中起着非常重要的作用（表7-2）。

最近几十年来，分子生物学最重要的进展之一是发展了PCR技术。第一个PCR技术是利用大肠杆菌DNA聚合酶Ⅰ的克列诺（Klenow）片段催化DNA聚合作用，这种酶对热敏感，所以在变性和引物杂交步骤之后每个循环期间必须加入这种酶。自从发现热稳定的DNA聚合酶之后，在PCR反应中大大加快了这种技术的热循环自动化过程，而不需要在每个循环期间必须加入克列诺（Klenow）片段。从水生栖热菌（*T. aquaticus*）得到的DNA聚合酶Ⅰ，也叫作*Taq* DNA聚合酶是第一个了解比较清楚的热稳定DNA聚合酶，并且已经在PCR技术中得到了广泛使用。*Taq* DNA聚合酶有5′-3′外切核苷酸酶活力，但是没有3′-5′外切核苷酸酶活力。由于没有3′-5′外切核苷酸酶活力，这种酶不能切除误配，这样碱基插入的忠实性很低。所以为了减少要克隆的PCR产物中扩增误差，使用高忠实性的DNA聚合酶是很有必要的。现在已经找到了许多具有3′-5′外切核苷酸酶活力的校对（proofreading）热稳定DNA聚合酶，这些酶合成误差速率（每合成一个碱基错误组入核苷酸的数目）很低。沃氏热球菌（*P. woesei*）的*Pwo* pol、激烈火球菌（*P. furiosus*）的*Pfu* pol、火球菌*Pyrococcus* GB-D菌株的Deep Vent pol或唇热球菌（*T. litoralis*）的Vent pol这些古菌酶校对DNA聚合酶合成误差速率相比*Taq* DNA聚合酶的合成误差速率低至1/10或更低。由热球菌（*Thermococcus* sp.）9°N-7菌株产生9^{o}N-7DNA聚合酶在3′-5′外切核苷酸酶活力方面要比或唇热球菌（*T. litoralis*）DNA聚合酶高5倍以上。然而，由于它们有比较低的延伸速率，*Taq* DNA聚合酶还没有被这些DNA聚合酶所取代。具有高忠实性的DNA聚合酶不大适用于扩增长链DNA片段，因为它们具有潜在的、很强的外切核苷酸酶活力。从火球菌（*Pyrococcus* sp.）KOD1菌株得到的重组KOD1 DNA聚合酶具有很低的误差速率（与*Pfu*误差速率有相似的值），很高的可操作性（在一系列核苷酸聚合作用中始终保持活力）和很高的延伸速率，所以这种酶在PCR操作过程中作用速度非常快，对大于6kb的目标DNA片段的扩增非常准确。为了在聚合酶和外切核苷酸酶活力方面进行竞争，对9^{o}N-7DNA聚合酶的外切-基序进行了基因突变，可以减少外切核苷酸酶活力水平，但不至于使它完全失去该酶活力。

现在PCR技术得到很大的改进，能进行长链DNA的扩增作用（20～40kb），并且合成的误差很小，具体的方法就是把少量的热稳定古菌校对DNA聚合酶（具有3′-5′外切核苷酸酶活力）加到*Taq*或其他非校对DNA聚合酶中。在这种长PCR方法中，为了长延伸作用，把明胶、Triton X-100或牛血清蛋白等组分加到反应液中来稳定有关的酶，在反应液加入矿物油来抑制水分的蒸发，从而使反应条件得到最优化。

表7-2　热稳定DNA聚合酶的应用

聚合酶	微生物	应用			
		PCR	高忠实性PCR	反转录	DNA序列分析
细菌DNA聚合酶					
Taq polⅠ	水生栖热菌	＋	—	＋（微弱，Mn^{2+}）	＋
Tth pol	嗜热栖热菌	＋	—	＋（Mn^{2+}）	＋
Tfi pol	弓形栖热菌	＋	NI	＋（Mg^{2+}）	NI
Tfl pol	黄栖热菌	＋	NI	—	＋
Tca pol	酸热栖热菌	＋	—	＋（微弱，Mn^{2+}）	NI
*Bst*Ⅰ pol	嗜热脂肪芽孢杆菌	＋	—	—	＋
Tma	海栖热袍菌	＋	＋	NI	＋
古菌DNA聚合酶					
Pwo pol	沃氏热球菌	＋	＋	—	—
Pfu pol	激烈热球菌	＋	—	—	—
Deep Vent pol	热球菌GB-D菌株	＋	＋	—	—
KOD1 pol	热球菌KOD1菌株	＋	＋	—	—
Vent pol	唇栖热菌	＋	＋	—	—
9°N-7 pol	嗜热球菌9^{o}N-7菌株	＋	＋	—	—

注：NI为还未报道；＋为是；—为不是

2）高温反转录酶　DNA扩增技术已经延伸到RNA的扩增，首先以RNA作为模板通过反转录作用合成cDNA，反转录所用的酶是禽类成髓细胞瘤病毒反转录酶（avian myeloblastosis virus reverse transcriptase）或莫洛尼鼠类白血病毒反转录酶（Moloney murine leukemia virus RT），所获得的第一条互补DNA链（cDNA）作为用来产生cDNA库、定量分析和测定基因表达水平或测定

mRNA链的3′端或5′端的未知序列。后一种应用通常叫作cDNA末端快速扩增法（rapid amplification of cDNA end，RACE），“锚定”PCR，或称为“一侧”PCR（one sided-PCR）。利用嗜中温的病毒反转录酶存在的主要问题就是在低温下RNA的二级结构太稳定。许多热稳定的DNA聚合酶，如来自嗜热栖热菌（*Thermus thermophilus*）或酸热栖热菌（*T. caldophilus*）的*Taq* DNA聚合酶和DNA聚合酶在有Mn^{2+}而不是Mg^{2+}存在情况下能利用RNA作为模板进行RNA扩增。从嗜热栖热菌（*T. thermophilus*）得到的DNA聚合酶联合RT-PCR时在效率方面要比*Taq* DNA聚合酶高100倍以上。这可能是由于使用Mn^{2+}会增加热稳定DNA聚合酶的误差速率和减小忠实性，所以能利用RNA作为模板进行RNA扩增。

3）DNA序列分析所用的DNA聚合酶　Sanger法所用的DNA序列分析技术在过去数十年中经历了无数次的改进，非常关键的一步就是引进热稳定的DNA聚合酶，从而出现了循环序列分析的技术。这一方法使用了温度变性、退火和延伸的重复循环，并利用二脱氧-DNA中断反应，以便通过再循环模板DNA序列来增加序列分析产物的数量。由于这些序列产物的放大有点像PCR技术，所以使用热稳定的DNA聚合酶之后过去的许多问题都得到了解决。循环变性意味着仅需几个非分子的模板，不需要单独的引物退火步骤，通过高温延伸不会在模板内部产生二级结构。

用于循环序列分析的第一个酶是来自水生栖热菌（*T. aquaticus*）的热稳定DNA聚合酶Ⅰ，这种酶具有5′-3′外切核苷酸酶活力，这种酶活力是不需要的，因为会降解所要序列分析的DNA片段。通过构建N端的平截突变体可以删除这种酶活力。其中之一便是Stoffel片段，它缺少N端的289个氨基酸，另外两个突变体缺少前面235个和278个氨基酸。经过这种删除之后，聚合作用的忠实性也大为改进。与常规的方法比较，使用T7聚合酶的缺点之一便是由*Taq* DNA聚合酶催化的中断链的2脱氧核苷酸无法有效地组入DNA中。通过dNTP结合位点的突变分析表明仅仅一个单一的碱基是这种选择性的关键所在。所以，*Taq* DNA聚合酶中苯丙氨酸667变成酪氨酸后降低了选择2-脱氧-NTP达数千倍，结果是能进行更长时间的阅读，并且改进了信号。

DNA序列分析另一个缺点是DNA聚合酶能催化焦磷酸的水解作用，结果导致2-脱氧核苷酸脱去焦磷酸。通过加入来自嗜酸热原体（*Thermoplasma acidophilum*）的热稳定焦磷酸酶便可以抑制该反应，结果导致了更有效的中断反应。

4）DNA连接酶　热稳定连接酶（thermostable ligase）正在得到广泛使用。第一个热稳定DNA连接酶是在1984年发现的，它是从嗜热栖热菌（*T. thermophilus*）HB8菌株中得到的，并且在15～85℃都有活性，但是70℃是该酶的最适作用温度。能产生DNA连接酶的古菌仅有强壮硫还原叶菌（*Desulfurolobus ambivalens*），不像其他细菌酶一样，这种古菌DNA连接酶不依赖于DNA^+，但依赖于ATP，这些特征与细菌噬菌体、真核生物和病毒中的酶相类似。

7. 在高温环境生产生物表面活性剂　很少几种嗜热微生物能生产生物表面活性剂。芽孢杆菌某些菌株能生产耐高温的生物表面活性剂，这些细菌在50℃以上能生长在含有碳氢化合物的培养基中，这种细菌可以用于加快石油回收和降解含油污泥。从油田注射水中分离到的地衣芽孢杆菌（*Bacillus licheniformis*）JF2菌株能进行厌氧生长，并产生一种生物表面活性剂，叫作地衣素（lichenysin），在所用的培养基中添加了葡萄糖和0.1% $NaNO_3$，它还能生长在含有10%以上NaCl的培养基中，生长温度在50℃以上，pH在4.6～9.0。所产生的生物表面活性剂不受温度、pH、NaCl和Ca^{2+}的影响。嗜热自养产甲烷杆菌（*M. thermoautotrophicum*）能产生生物乳化剂，这些生物乳化剂在广泛pH范围（5～10）、非常高盐浓度下（200g/L）和80℃以上都有活性。这些乳化剂形成黏乳化剂，但是不会降低水的表面张力或不会降低水和环己烷之间的界面张力。

8. 废弃物处理和甲烷生产　目前，用于处理废弃物的厌氧反应器大多数为中温型的。如果使用高温型的厌氧反应器，有许多优点：①能把有机物较快地转化为CH_4，减少了固体的停留时间；②增加工作负荷和改进工作效率；③嗜热微生物生长效率较低，减少了生物量；④致病菌和病毒生长受到了抑制；⑤不用搅拌；⑥在较高温度下培养基黏度下降，从而减少了混合所需的能量；⑦产生的CH_4可以作为燃料。在高温型厌氧反应器中，热纤梭菌把纤维素转化成己糖、乙醇、乳酸、乙酸、H_2和CO_2。热硫化氢梭菌（*Clostridium thermohydrosulfuricum*）和布氏热厌氧杆菌（*Thermoanaerobium brockii*）把氨基酸和糖转化成乙酸、乙醇、乳酸、H_2、CO_2和长链脂肪酸。产乙酸细菌把丙酸、丁酸和其他脂肪酸氧化成乙酸、H_2和CO_2。嗜热产甲烷菌，如热自养甲烷杆菌把H_2和CO_2转化成CH_4，热化能营养甲烷球菌（*Methanococcus* *thermolithotrophicus*）把 H_2、CO_2 和甲酸转化成 CH_4 和 CO_2，甲烷丝菌（*Methanothrix* sp.）把乙酸转化成 CH_4 和 CO_2。所以，产甲烷过程是混合微生物作用的结果。

9. 堆肥　这是利用好氧菌降解有机固体废弃物的方法，在这种方法中，首先是嗜中温菌生长，随后由于代谢产热，堆肥温度上升（80℃），这时，高温菌便开始生长。这些高温菌主要有芽孢杆菌、链霉菌、高温单孢菌（*Thermomonospora* sp.）、糖单孢菌（*Saccharomonospora* sp.）和高温放线菌（*Thermoactinomyces* sp.）。它们主要参与堆肥中多糖和蛋白质的降解。这一点我们将在后面做详细讨论。

10. 乙醇生产　在传统发酵工业中，是利用酵母菌发酵单糖和双糖生产乙醇，但是这种乙醇生产工艺有许多不足之处。近年来人们开始喜欢利用嗜热微生物生产乙醇，因为在高温下能一边发酵一边对乙醇进行蒸馏，从而防止产物的抑制作用，更有利于底物转化成产物，减少能量消耗，因为冷却费用很少。另外，在较高温度下可以增加某些多聚物，如菊糖的溶解度，不需要把细胞从发酵培养基中分离出来。

热纤梭菌是绝对厌氧细菌，这种细菌可以发酵纤维素产生乙醇、乙酸、乳酸、H_2 和 CO_2 的混合物，但是由于不能完全转化底物，形成的副产物太多，而且耐乙醇能力差，这种细菌产生乙醇的产量很低。为了解决这一问题，利用这种细菌与乙醇热厌氧杆状菌（*Thermoanaerobacter ethanolicus*）进行混合培养，这两种细菌的生长温度很相似，前者为 37～78℃，后者为 45～65℃，后者能利用前者产生的单糖，结果刺激前者更快地降解纤维素。

某些嗜热厌氧菌也会利用五碳糖，如木糖（半纤维素的酶解产物）。乙醇热厌氧杆状菌（*T. ethanolicus*）的 1 株细菌在底物浓度很低的培养基中每分解 1mol 木糖可以产生 1.4mol 乙醇。然而，乙醇热厌氧杆状菌（*T. ethanolicus*）某些菌株在培养基仅含有一种单糖时，才能产生较高浓度的乙醇，但在含有混合单糖的培养基中，这些细菌产乙醇的能力大大下降。

另一种方法是利用嗜热脂肪芽孢杆菌生产乙醇，这种细菌通常只能产生少量的乙醇，但是经过人工诱变之后失去了合成乳酸脱氢酶能力的 1 株突变株应用于高温乙醇发酵，转化率为 1mol/mol 葡萄糖，现在人们正在利用基因工程技术进一步改进该菌株，使它能抗高浓度的乙醇。

11. 石油开采　在目前石油开采工业中，采出率只有 30%～40%，应用微生物方法采油可以进一步提高采出率。嗜热菌，尤其是具有分解石蜡能力和产生表面活性剂的嗜热菌在微生物采油方面有重要的用途。将这些细菌注入油井中，可以增产大约 50%。

12. 细菌冶金和煤脱硫　极端耐酸嗜热菌可用于浸出和回收矿石中的有用金属和去除煤中的无机和有机硫化合物，这一点我们将在后面做详细讨论。

许多细菌能合成次级代谢产物，如抗生素和某些胞外酶及其他的生物活性物质。至今，人们发现很少几种嗜热微生物能合成抗生素，如高温放线菌的某些种能产生热红素（thermorubin）和热绿胶霉素（thermoviridin）。嗜热脂肪芽孢杆菌的某些菌株可产生热霉素（thermocin）。某些耐热芽孢杆菌可以产生毛霉素（chaetocin）。热紫链霉菌（*Streptomyces thermoviolaceus*）在 50℃下可以合成粒霉素（granatimycin）。利用嗜热微生物产生次级代谢产物的优点是这些细菌的生长和产抗生素的速率通常要快得多，生产周期缩短，产量提高。

随着更为先进的遗传工程技术在嗜热菌中使用，特别是合成生物学和定点突变技术的使用，可以利用嗜热菌生产我们所需的蛋白质，如具有快速催化作用、很高的热稳定性、在有机溶剂中保持高活力和稳定性、很高的底物特异性、半衰期很长和抗蛋白酶水解的蛋白质。

第三节　在强酸环境中的微生物

自然界中存在许多强酸环境，如废煤堆及其排出水、酸性温泉及其周围的高温土壤、废铜矿及其排出水。这些极端酸性环境有些是天然的，有些是人工造成的，如人们开采金属和煤矿产生许多强酸环境。自然界许多微生物通过代谢活动也可以产生酸性环境，这些代谢活动包括微生物在发酵过程中，或是有氧代谢过程中在环境累积有机酸和硝化作用。大多数情况下强酸环境是微生物氧化元素硫、还原性硫化合物和 Fe^{2+} 的结果。自养微生物和异养微生物氧化 S 产生硫酸，导致环境的 pH 迅速下降。$pH<3$ 的环境叫作极端酸性环境。

大多数自然环境的 pH 接近 7，在这些环境中，大多数微生物生长良好。强酸对大多数微生物是有毒的。例如，当环境中的 pH 接近 1 时，对一些真菌和细菌生长和繁殖就起抑制作用。但是在上述强酸环境中，也存在一些能抗强酸的微生物。嗜酸微生物（acidophile）便是指在相当酸性培养基中能生长繁殖的微生物。

一、在强酸环境中的微生物

嗜酸微生物可以分为两大类群，有许多微生物能在强酸环境中生长或生存，但是它们最适生长 pH 是 4～9，这些微生物称为耐酸微生物（acidotolerant microorganism）。还有一些微生物必须在 pH 小于或等于 3 的环境中才能生长，这些微生物称为专性嗜酸微生物（obligate acidophile）。嗜酸微生物有嗜酸细菌和嗜酸真核微生物。在酸性生境中首先出现的微生物是能氧化 S^0 和 Fe^{2+} 的化能自养菌，当这些化能自养菌大量增殖后，酸性环境出现有机物，这时嗜酸的异养菌才会出现。

1. 自养和异养嗜酸细菌 所有已经知道的、能支持微生物生长的极端酸性环境都含有 SO_4^{2-} 作为主要的阴离子，大多数极端酸性环境含有相对低的可溶性有机物（浓度小于 20mg/L），所以这些环境也被认为是寡营养环境。在这些环境中微生物主要进行铁离子和还原性硫化合物的氧化，主要的化能自养菌是氧化铁和硫的氧化亚铁硫杆菌。大部分氧化铁和硫的嗜酸菌是自养菌，但是某些菌株也有同化有机物的能力，如某些氧化亚铁硫杆菌就可以利用甲酸。在废煤矿中含有高浓度的硫酸、铁和 H^+，pH 在 1.5～4，这是硫杆菌氧化硫化矿中含硫化合物的结果，其中最有名的是一些专性化能自养菌，如氧化硫硫杆菌和氧化亚铁硫杆菌，它们都是极端嗜酸菌，可以通过氧化硫或含硫化合物获得能量，并产生硫酸。氧化硫硫杆菌可以在 pH 0.9～4 的环境下生长，最适生长 pH 在 2.5 左右。氧化亚铁硫杆菌也能氧化含硫化合物，并利用 O_2 氧化 Fe^{2+}，在这个过程中伴随着产酸。这种细菌生长的 pH 取决于它所氧化的底物，氧化 S^0 时，最适生长 pH 在 5 左右；代谢含 S 的矿物时，最适生长 pH 在 2～3；生长在含有 Fe^{2+} 的培养基上时，生长的最适 pH 在 2.5 左右，高于 pH 4 时生长不良。其他能够同化铁和（或）还原性硫化合物的原核生物是混合营养型生物（可以同化有机碳和无机碳）或是专性异养菌。

美国南部长有稀疏松树的泥炭地中含有进行硫循环的微环境，在这些环境中存在氧化 S^0 和 Fe^{2+} 的细菌，还含有还原 SO_4^{2-} 的细菌，在大部分环境中还可以分离到某些异养嗜酸菌。

在酸性环境中还存在氧化亚铁钩端螺旋菌（*Leptospirillum ferrooxidans*），这种细菌可以把 Fe^{2+} 氧化成 Fe^{3+}，分解黄铁矿，但是该细菌不会直接氧化 S^0。

嗜酸硫杆菌是一种能进行化能自养和异养生长的细菌，最适生长 pH 在 3.0～3.5。

在酸性煤矿排出水中，存在氧化 Fe^{2+} 的生金菌，氧化 Fe^{2+} 时，最适 pH 在 3.5～5。在废矿石中存在器官硫杆菌（*Thiobacillus organoparus*），这种细菌为兼性自养菌，最适生长 pH 在 3.0 左右。在 pH 为 2.5 的废煤矿堆中存在一些 G^-，不产芽孢，但能产亮黄色素的杆菌。在 pH 为 2.8 的酸矿水中存在一种能产生黏液的细菌，产生的黏液可以保护这种细菌，免遭酸性 pH 伤害。在酸性环境中，存在一些嗜酸嗜热的芽孢杆菌，如酸热芽孢杆菌（*B. acidocaldarius*）和凝结芽孢杆菌（*B. coagulans*）。前者在 60～65℃，pH 3～4 的条件下生长速率达到最大。在化学合成培养基中，这种细菌能利用碳水化合物或氨基酸作为生长物质。

某些异养细菌可以污染嗜中温和嗜高温的化能自养菌分离物，如隐藏嗜酸菌（*Acidiphilium cryptum*）是嗜中温的嗜酸异养菌，这种细菌可存在于氧化亚铁硫杆菌分离物中。酸热芽孢杆菌是嗜酸的异养菌，这种细菌存在于 45～70℃，pH 在 2～6 的含硫热温泉中，这些嗜酸的异养菌可以从化能自养菌细胞释放的有机物中获得营养，或从死细胞分解物或其他环境中获得营养。

能在酸热环境中生长繁殖的一种最异常的微生物是嗜酸热原体（*T. acidophilum*），这种细菌存在于自发燃烧的废煤堆中，最适生长温度为 59℃，生长的最适 pH 为 2 左右，它无细胞壁，对营养要求相当复杂，必须利用酵母膏作为底物，在化学合成培养基中不生长。

在某些土壤中能进行硫循环，其中含有氧化硫的细菌和还原 SO_4^{2-} 的细菌。当环境中没有氧气时，这些细菌便利用 SO_4^{2-} 作为呼吸链的电子受体，最终的产物是 H_2S。在某些环境中 H_2S 可以扩散开，当遇到有氧时，H_2S 又被氧化成 SO_4^{2-}。在含有石油工业排出水中，通过这种方式产生的 H_2SO_4 会造成严重的问题，因这些硫酸会严重腐蚀金属管道和其他设施。在其他一些环境中，形成的 SO_4^{2-} 可以与 Fe^{2+}

形成硫酸亚铁层，结果会影响土壤的排水。

动物胃的 pH 达到 2，所以它也是一个酸性环境，但在胃中的主要酸性物质是 HCl，由于 HCl 的杀菌作用，胃通常含有很少的微生物。

在大部分极端酸性环境中很容易分离到异养微生物，许多嗜酸异养微生物所需的有机物来自嗜酸化能自养菌细胞的渗出物和裂解物。专性的嗜酸异养微生物包括古菌、细菌、真菌和原生动物。某些原核嗜酸异养微生物在铁氧化-还原同化代谢中具有直接的作用，这些微生物包括氧化铁的嗜酸亚铁微菌（*Ferromicrobium acidophilus*）（这种微生物能利用铁氧化还原释放的能量进行生长）和各种嗜酸分离物（这些分离物可以利用 Fe^{2+}作为最终电子受体）。许多嗜酸古菌是专性异养微生物，如在酸性温泉中的酸热硫化叶菌（*Sulfolobus acidocaldarius*）就是专性异养微生物，该菌最适生长温度为 70℃，最适生长 pH 为 2～3。中度嗜热异养古菌嗜苦菌（*Picrophilus* sp.）的很重要特征就是在所有已知嗜酸微生物中最适生长 pH 是最低的。

2. 嗜酸真核微生物　在酸性环境中，存在许多嗜酸酵母菌，如椭圆酵母、点滴酵母和酿酒酵母，它们可分别在 pH 2.5、pH 2.0 和 pH 1.9 中生长。在 pH 2.0 左右的废铜矿中可以分离到红酵母。在酸矿排出水中很容易分离到红酵母属的各种、假丝酵母和球拟酵母。菌幕枪丝霉（*Acontium velatium*）和头孢霉可以在 2.5mol/L H_2SO_4 溶液中生长，并要求培养基中含有 4% $CuSO_4$，这两种真菌是现已发现的抗酸能力最大的微生物。在酸性废煤堆和酸溪流中，还可分离到黑色枪丝霉（*Acontium pullans*）和丝孢酵母。在强酸环境中还可以分离到原生动物，如鞭毛虫、纤毛虫和阿米巴虫，这些原生动物专性嗜酸，并且以氧化矿物质的嗜酸细菌为食物。

许多藻类也能抗酸，如从地热酸性温泉和美国黄石国家公园溪流中可以分离到温泉红藻（*Cyanidium caldarium*），其最适生长 pH 在 2～3，生长的最低 pH 甚至可以到 0 左右，在 pH 为 5 以上的环境中便不能生长，但可以在 pH 为 7 的环境中进行光合作用。这种中度嗜热微生物在没有光照的情况下可以进行异养生长。大部分这些真核微藻包括丝状微藻，也有单细胞的微藻和硅藻。嗜中温的嗜酸光合微生物包括裸藻（*Euglena* spp.）、绿藻（*Chlorella* spp.）、嗜酸衣藻（*Chlamydomonas acidophila*）、环丝藻（*Ulothrix zonata*）和漂浮克里藻（*Klebsormidium fluitans*）。

3. 极端嗜酸微生物　能在 pH<3 的环境中生长的微生物叫作极端嗜酸微生物。极端嗜酸原核生物包括 α 变形菌门、β 变形菌门、γ 变形菌门的细菌及酸性硫杆菌，其他的 G^-菌包括硝酸螺菌［钩端螺旋菌属（*Leptospirillum* spp.）］、产水菌门和疣微菌门的细菌，而 G^+的极端嗜酸菌包括放线菌门和厚壁菌门。在古菌中，极端嗜酸古菌包括广古菌门如嗜苦菌（*Picrophilus* spp.），其是所有已知生物中最嗜酸的微生物，以及泉古菌门（最热嗜酸菌）。真核微生物中也有极端嗜酸菌，包括真菌、绿藻和红藻、硅藻、鞭毛虫、纤毛虫和变形虫等。

二、微生物抗酸的分子机理

环境中的 H^+可以影响细胞表面电荷的平衡，在低 pH 条件下，能增加细胞表面的正电荷数。在高 pH 条件下，能增加细胞表面的负电荷数。极端的 pH 还会影响细胞的稳定性，并与某些营养物质起反应，使细胞无法利用这些营养物。极端的 pH 还会使一些无毒的化合物变成有毒化合物。强酸强碱会水解细胞中的高分子多聚物，从而导致细胞死亡。因此，大多数微生物无法在极端 pH 条件下生长。但是，就像上面所说的那样，自然生态中却存在许多耐酸、嗜酸，甚至极端嗜酸的或嗜碱的微生物，它们能在极端 pH 条件下生长、繁殖或生存，说明这些微生物必定会抗强酸或强碱对它们的破坏作用。现在发现所有生长在极端 pH 条件下的微生物，其细胞质 pH 都接近于 7，细胞内的大多数酶最适作用 pH 也接近于 7，这要求嗜酸微生物的细胞壁或细胞膜一定能通过某些方式阻止环境中的 H^+进入细胞，以便保持细胞质的 pH 接近于 7。另外，这些微生物的细胞壁或细胞膜或鞭毛必须能抗强酸的水解作用。下面就嗜酸微生物的嗜酸机制做下总结。

1. 细胞表面的特性　嗜酸微生物细胞表面存在大量重金属离子如 Cu^{2+}，这些重金属离子可以与周围的 H^+进行交换，从而阻止 H^+对细胞的损伤，证据是许多专性嗜酸菌能抗高浓度的重金属离子。

2. 细胞壁和细胞膜的特殊组分　嗜酸微生物的细胞壁和细胞膜中含有一些特殊的化学成分，使得这些微生物具有抗酸能力。例如，与沙门菌相比，硫杆菌的外膜 LPS 层（脂蛋白-脂多糖）中含有较少的磷，这是由于脂类 A 缺少 PO_4^{3-}，结果脂类 A 具有较大的疏水性，在酸性溶液中，细胞表面就可能比较稳定。热原体属和硫化叶菌细胞膜中含有 C_{40} 的烷基甘油二醚作为基本复合脂类，这种长的碳氢链使得这些微生物膜在高温下继续保持流动性，而且其中的醚键具有抗酸水解作用，从而使细胞膜在强酸条件下保持稳定性。在嗜热芽孢杆菌细胞膜中含有硫脂，其中的C-S键具有抗酸水解作用。在所有嗜热菌细胞膜脂类中，都含有环状碳氢链。例如，热原体属和硫化叶菌细胞膜脂类中含有大量的环己烷脂肪酸和五环萜烯衍生物（图 7-2），硫杆菌细胞膜中含有大量的环丙烷脂肪酸。这些环状的脂肪酸加强了膜的紧凑程度，增加了膜的硬度，降低了膜对 H^+ 的通透性（图 7-2）。

3. 抗酸水解的蛋白质 例如，氧化硫硫杆菌的鞭毛能抗强酸和高温，这说明硫杆菌能合成抗酸水解的蛋白质。

4. pH 稳态和膜电荷 原核生物的细胞膜带电荷，这是由质子和氢氧根离子聚集而引起的。大多数细菌和古菌的细胞膜外侧呈酸性（带正电），内侧呈碱性（带负电）。膜电荷的存在为细胞生存所必需，生长在极端酸性或碱性环境下的原核生物能通过调整它的代谢来维持膜电势。许多细菌显示了维持细胞质弱碱性的机制。虽然细胞膜能阻止氢氧根离子穿越细胞膜，从而形成细胞质侧弱碱环境，但弱酸或弱碱很容易地穿越细胞膜从而影响细胞膜 pH 的变化。

细胞膜外侧的氢离子浓度能够通过微电极测量，细胞质 pH 能通过 pH 指示剂测量。弱碱（如甲胺）或弱酸（如 5,5-二甲基-2,4-噁唑烷二酮）在细胞膜内外的分布可以用染料进行测定。当将弱酸或弱碱标记上 ^{14}C 时，测定结果就准确得多。另一种测量细胞内部 pH 的方法是用经 ^{31}P 标记的磷酸盐和甲基磷酸酯作为探针，通过核磁共振的方法研究放射性磷的分布。利用这些测定方法对多种细菌的测量结果发现嗜中性细菌的胞质 pH 为碱性，并不为外界 pH 所影响。革兰氏阴性的肠细菌通过细胞膜运输保持细胞质 pH 在 7.8 左右。当被转移到酸性环境中时，K^+/H^+ 反向运输载体将 K^+ 运入细胞内的同时将 H^+ 运出，维持细胞质呈碱性状态，并中和酸性物质。如果转移到碱性环境中，细胞质通过 Na^+/H^+ 反向运输载体使细胞质酸化。质子反向运输载体在应对暂时性的 pH 变化中是十分有效的，但代谢方式的改变是应对长期暴露在酸碱环境中所必需的。在链球菌和乳酸菌中细胞质侧 pH 可以发生变化，但膜两侧 pH 只相差 1。在一些乳酸菌中，细胞内 pH 甚至低于 5.5，能抵抗乙酸和挥发性脂肪酸。细胞质 pH 为弱酸性时，乳杆菌 F1F0ATP 酶能增加活性将质子从细胞内排到细胞外，酸化的细胞质促进了 ATP 酶亚基的稳定性，而中性的环境会使这些亚基降解。具体的维持细胞质 pH 稳态的机制如图 7-4 上半部分所示。

5. 代谢响应 嗜中性微生物在环境中酸浓度升高时展现出两种形式的响应。一种称为革兰氏阳性响应，另一种为革兰氏阴性响应。革兰氏阴性响应使细胞质 pH 维持在 7.5～8.0，而革兰氏阳性响应使细胞能耐受酸，但能使细胞膜两侧维持大于 1 的 pH 之差，细胞质侧呈碱性。许多异养生物能通过代谢改变环境，如同型乳酸发酵细菌能产生大量的乳酸，从而降低环境的 pH，因此抑制嗜中性细菌的生长。如果环境变得过酸，大肠杆菌和牛链球菌停止产生强酸如甲酸和乙酸，转向发酵产生乳酸。当环境的 pH 由于乙酸和丁酸的产生而降低时，梭菌属的细菌会转向发酵产生溶剂（丁醇、丙酮和异丁醇）。缠绕杆菌属的细菌能生长在高度酸性的胃里，这一定程度上得益于有关细菌的尿素酶作用于尿素产生氨维持中性。霍乱弧菌通过氨基酸的脱氨基作用向培养基中释放氨从而增加了培养基的碱性。在这些例子中，pH 的变化导致细菌能感受环境中化合物的变化，而对这种变化的响应有利于它们生存。嗜中性微生物在 pH 5.0 或更低时会被杀死，这是因为细胞质在这种环境下不会调节细胞内的 pH，结果细胞质发生酸化。研究证实，如果大肠杆菌生长的 pH 从 7.8 降到 7.2，生长将减缓，当 pH 从 7.6 降到 6.8 时，生长将停止。这些嗜中性微生物的细胞质缓冲能力很差，环境的 pH 变化会导致质子或挥发性脂肪酸进入细胞，结果细胞质 pH 会发生显著的变化，引起生长停止。

6. 脱羧酶反应 细菌中存在多种在酸性条件下生存的机制，这里介绍两种与氨基酸代谢有关的生存机制。第一种抗酸机制就是通过谷氨酸的脱羧作用，在大肠杆菌、乳杆菌和志贺菌中，谷氨酸的脱羧作用消耗一个质子，并把 L-谷氨酸转化成氨基丁酸，氨基丁酸通过运输被转移到细胞外，同时把谷氨酸运输到细胞内，负责转运氨基丁酸的蛋白质是由 *gadC* 基因编码的，所

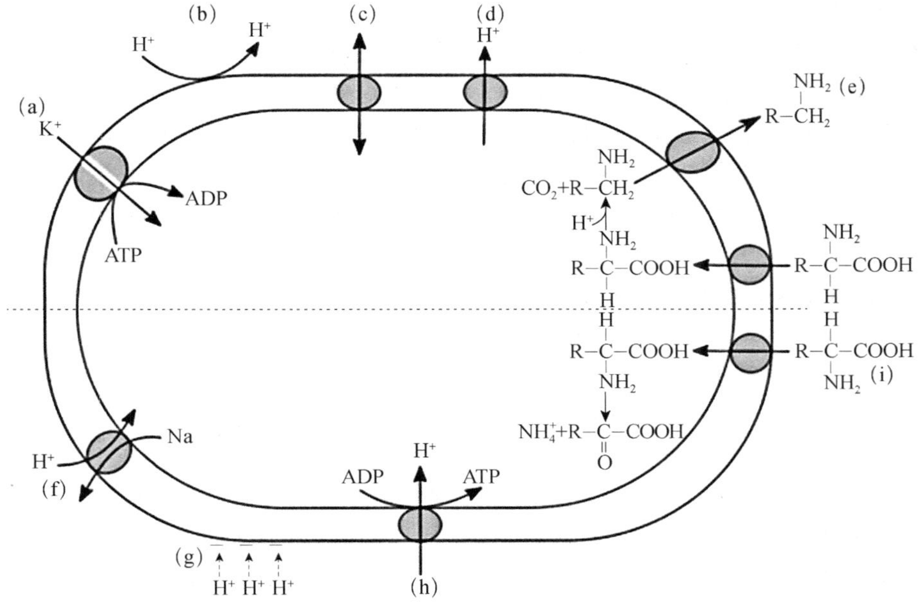

图 7-4　在嗜酸（上半部分）和嗜碱（下半部分）微生物中维持 pH 稳态的机制（Tse and Ma，2016）

上半部分是嗜酸菌的情况：（a）运输钾的 ATP 酶把 K^+运输到细胞内产生一个反向膜电位；（b）高度不可渗透的细胞膜抑制了质子进入细胞；（c）为了把溶质和营养物运输到细胞内，产生大量的次级运输蛋白来减少能量的需求；（d）各种运输蛋白高活力地把质子排出细胞外；（e）增加基础氨基酸的脱羧速率，通过消耗质子减小细胞质 pH 下降。下半部分是嗜碱菌的情况：（f）Na^+-H^+反向载体把质子排入细胞内；（g）细胞膜发生酸化反应，以便附着和累积质子，然后把它们排入细胞内；（h）增加 ATP 合酶的量，这样可以把质子排入和 ATP 合成偶联在一起；（i）增加运输蛋白把氨基酸运到细胞内和增加氨基酸脱氨酶活力，以便在细胞内产生相应的 α-酮酸

以这样谷氨酸/氨基丁酸反向转运系统会从细胞质中向外排出一个质子，从而维持细胞质处在中性状态，见图 7-5。酸性细胞质存活的另一系统是 L-精氨酸脱羧作用，同样细胞质酶消耗一个质子并将精氨酸转变为精胺。同时发现谷氨酸脱羧酶和精氨酸脱羧酶的最适 pH 是 4.5 和 5.0，所以酸化后能增加这些酶的活性，有利于细胞抗酸作用。

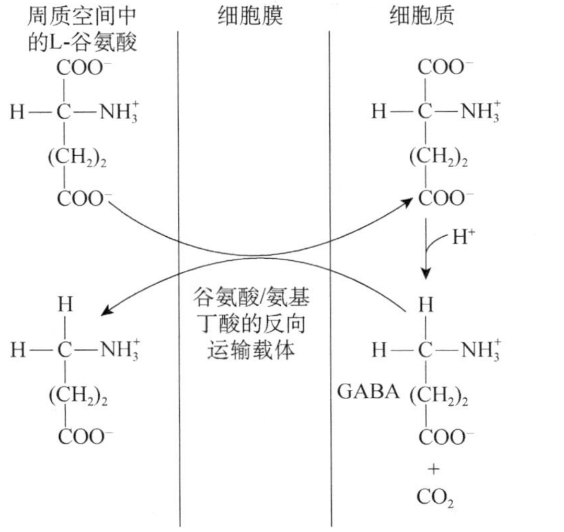

图 7-5　谷氨酸系统参与的肠道细菌抗酸机制（池振明供图）

三、嗜酸微生物的应用

1. 细菌冶金　氧化 Fe^{2+}和 S^0 的细菌能产生酸性的含有 Fe^{3+}的溶液，这溶液可氧化矿石的大量成分，使矿石中的 Cu^{2+}、U^{4+}、Sn^{2+}、Sb^{5+}、Zn^{2+}、Sb^{3+}、Ni^{2+}、Ga^{3+}和 Mo^{2+}呈可溶性状态，然后通过电解使这些重金属沉淀下来。所用的微生物有氧化硫硫杆菌、酸热硫化叶菌及氧化亚铁硫杆菌。例如，利用氧化亚铁硫杆菌通过微生物沥取法可以从低含量的矿物中大量提取 Cu^{2+}。这种方法的优点是利用低含量的矿物作为材料，并且能源消耗很小。矿物不用接种，而是利用天然的细菌群体提取 Cu^{2+}，其中氧化亚铁硫杆菌是主要的细菌，同时也有少量的氧化硫硫杆菌。液体从顶部开始流过成堆的矿物，从底部流出的液体可以重新循环到顶部，或提取 Cu^{2+}后再循环到顶部。从处理过的液体中提取 Cu^{2+}有很多种方法，其中一种方法便是利用对 Cu^{2+}的络合剂的溶剂萃取。

2. 煤和石油脱硫　煤和石油中含有大量的有机和无机硫化合物，在煤和石油燃烧过程中，含硫化合物被转化成 SO_2，SO_2 是大气中有严重危害的气体，与 H_2O 反应产生亚硫酸。在煤和石油燃烧之前，利用有关的微生物分解其中的含硫化合物，把不含有硫化物的煤和石油用于工业生产和日常生活中，就可以减少 SO_2 对大气的污染。所用的微生物主要是嗜酸嗜热的酸热硫化叶菌，这种细菌能分解无机硫和有机硫化合物。这方面我们将在下面几章进行详细的介绍。

3. 生产肥料　例如，可以利用氧化硫硫杆菌提高磷矿粉的速效性，以便提高农作物的产量。因为天然磷矿粉中的氟磷酸钙是难溶的磷酸盐，磷矿粉在农田中作为化肥使用，肥效很差。利用硫杆菌氧化元素硫或硫化物产生 H_2SO_4，来分解磷矿粉，可以提高氟磷酸钙的溶解度，增加磷矿粉的肥效。这方面我们将在最后一章生物肥料中进行详细介绍。

4. 利用还原铁和硫酸的嗜酸细菌对酸矿水进行生物修复　图 7-6 指出了利用固定化的还原二价铁离子的嗜酸细菌和还原硫酸盐的嗜酸细菌分别固定在两个生物反应器中，酸矿水进入反应器 1 中，受到还原二价铁离子的固定化嗜酸细菌作用后形成三价铁离子，固定化所用的物质为稻草，这些稻草的有机物还可以给这些微生物提供碳源，其中的溶解氧被这些异养菌利用掉，二价铁离子被还原成三价铁离子引起酸矿水的氧化还原电位从大约+600mV 下降到−250mV，由于还原形成的大部分铁是可溶性的，所以 pH 没有很大变化。从反应器 1 出来的酸矿水富含小分子量的有机物（固定化物质部分降解的产物），这些物质可以作为反应器 2 嗜酸和耐酸细菌的生长底物，并且这些微生物比较喜欢利用小分子量的有机酸和醇类化合物，而不喜欢利用较为复杂的底物。酸矿水的大部分变化发生在反应器 2 中，这些变化包括：①由于硫酸的还原产生碱性物质，增加 pH；②由于有硫化物和氢氧化物，出现金属沉淀。这样有必要定期清理在反应器 2 中累积的沉淀物，并回收这些金属。在这种工艺中非常有必要使用两个反应器，首先反应器 1 中由好氧或耐氧的铁还原菌产生的硫酸盐很容易被反应器 2 中的专性厌氧菌所还原；其次可溶性的三价铁离子可以氧化硫化物。

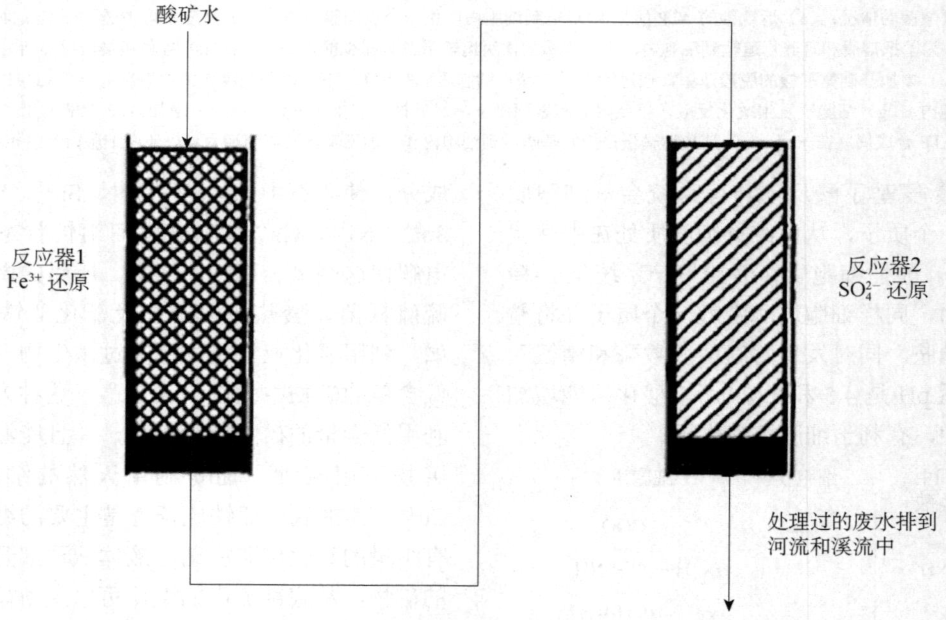

图 7-6　矿山酸矿水的生物处理（池振明供图）

5. 利用可以固定金属的嗜酸细菌去除酸矿水中的有毒金属　在酸矿水中许多金属是可溶性的，尤其是钼酸等阴离子，当水被化学或生物物质中和时，这些金属作为氢氧化物就出现沉淀。某些微生物（细菌、真菌和其他微生物）可以作为生物吸附剂，累积这些金属，这样便可以利用这些生物吸附作用去除污染环境中的金属和从工业废弃物中回收金属，关于微生物如何累积这些金属在下面一章中再详细解释。有关嗜酸微生物群落如何有选择性地累积金属现在还不清楚。有两株嗜酸异养菌可以选择性地吸附 MoO_4^{2+} 和 UO_2^{2+}。与嗜中性和死亡微生物细胞相比，利用嗜酸菌选择性地从酸矿水中去除金属具有许多优点，如这些嗜酸微生物可以在这些酸性环境中增殖，而不会被杀死。

6. 酸矿水的生物控制　如何利用生物产生的物质抑制酸矿水的形成也是一个很重要的问题。利用合适的噬菌体或细菌素控制酸矿水中嗜酸细菌的生长就是一种措施。目前只分离到可以感染嗜酸菌（*Acidiphilium* spp.）的噬菌体，还没有发现可以感染氧化铁的嗜酸菌的噬菌体。同样也没有发现细菌素可以作用于累积金属的嗜酸菌。相反，可以利用捕食嗜酸细菌的嗜酸原生动物来控制和降低氧化黄铁矿中可以累积金属细菌的数目，但是如何大规模使用还是一个很大的问题。

第四节　在碱性环境中的微生物

嗜碱微生物（alkaliphile）是指能在 pH 9 以上生长达到最佳或生长非常好的微生物，通常它们能生长在 pH 10～12，但是在接近于中性 pH，如 pH 6.5 下不能生长或生长非常缓慢。碱性环境广泛存在于各种湖泊中。最有名的自然碱性环境是纯碱沙漠、纯碱湖和极端碱性湖，如肯尼亚的马加迪湖、埃及的纳特伦干河和我国西藏的纯碱湖。研究自然碱性环境的微生物可以解析嗜碱微生物在分子水平上如何对抗碱性的极端环境，同时可以开发各种碱性酶及其功能基因的重要用途。

一、嗜碱微生物的分布

嗜碱微生物主要由两个生理类群组成，即嗜碱微生物（alkaliphile）和嗜盐嗜碱微生物（haloalkaliphile）。嗜碱微生物生长时要求 pH 在 9 或 9 以上，最适的 pH 在 10 左右，而嗜盐嗜碱微生物生长时要求碱性的环境（pH 大于 9）和高盐环境（NaCl 浓度大于 33g/L）。嗜碱微生物主要是从中性环境分离到的，有时甚至可以从酸性土壤环境和粪便中分离到。而嗜盐嗜碱微生物主要发现于极端碱性有盐环境中，如非洲东部 Rift 峡谷的湖中和美国西部苏打湖中。

1. 嗜碱微生物　嗜碱微生物包括两类：①好氧的嗜碱微生物。嗜碱微生物能与嗜中性的微生物生活在一起，并在自然界占领特殊的极端环境。为了分离嗜碱微生物，所用培养基必须是碱性的，通常用碳酸钠调节培养基 pH 到 10 左右，因为嗜碱微生物通常需要某些钠离子。在中性的常规土壤样品中每克含有 10^2～10^5 个嗜碱微生物，占嗜中性微生物群体的 1/100～1/10。在马里亚纳深海湾的 10 898m 处深海沉积泥中也有嗜碱微生物存在，在各种环境中分离到了不同种类的嗜碱微生物，包括芽孢杆菌属、微球菌属、假单胞菌属和链霉菌属，以及真菌如酵母菌和丝状真菌。②厌氧的嗜碱微生物。能形成芽孢的厌氧嗜碱微生物，如能产生环糊精转移酶的热硫化氢梭菌（*Clostridium thermohydrosulfuricum*）39E 菌株。在美国黄石国家公园的水体和土壤样品中也发现了具有类似特征的 9 种中度抗碱嗜热细菌，其中，贺利厌氧分枝杆菌（*Anaerobranca horikoshii*）在 60℃下可以生长，生长的 pH 在 6.9～10.3，最适的 pH 为 8.5。嗜碱嗜热细菌争论梭菌（*Clostridium paradoxum*）能维持细胞内 pH 内环境稳定性，并在 pH 7.6～9.8 生长良好。

厌氧嗜碱菌木聚糖双芽孢杆菌（*Amphibacillus xylamus*）具有许多特征，在该菌中 NH_4^+ 能明显地刺激亮氨酸和葡萄糖运输，NH_4^+ +Na^+和伯胺能激活该细菌的 ATP 酶活性，但是仲胺和三胺没有这种效应。从地热地区得到的嗜热热球菌（*Thermo-coccus alcaliphilus* sp. nov.）是一种新的超嗜热古菌，在 56～90℃下能利用多聚硫作为底物，生长的 pH 在 6.5～10.5，最适 pH 在 9 左右，多聚硫可以被还原成 H_2S。有 1 株超嗜热古菌酸氨基热球菌（*Thermococcus acidaminovorans*），细胞为类圆球状，有 5 根鞭毛，它们能生长在 56～93℃，最适的生长温度为 85℃，生长的 pH 在 5.0～9.5，最适的 pH 为 9.0。这种微生物是绝对厌氧的，能利用有限种类的氨基酸和复合有机物，如酪蛋白氨基酸、酵母膏、蛋白胨、肉提取物、胰蛋白胨和酪素。

2. 嗜盐嗜碱微生物　肯尼亚的马加迪湖和埃及的纳特伦干河是地球上最稳定的高碱性环境，在不同的地点有不同的 pH，一般在 10.5～12.0。从碱性和高盐环境，如纯碱湖中分离到的许多微生物也需要高盐环境，特别是高盐纯碱湖存在大量嗜盐嗜碱古菌，在这些环境中能合成红色素的微生物数目可达 10^7～10^8/mL。在马加迪湖中分离到了空泡嗜盐碱杆菌（*Natronobacterium vacuolata* sp. nov.），它是一株非常新奇的嗜盐嗜碱古菌，该株微生物细胞生长到稳定期时含有大的气泡，形成的菌落呈亮红色，DNA 的 G+C 含量为 62.7%。

在我国西藏纯碱湖中分离到了两株嗜盐嗜碱古菌，它们属于嗜盐碱红杆菌属（*Natronorubrum* nov.），这两个菌株是 G^-菌，多形态、扁平状、不运动、绝对好氧。生长需要至少 120g/L 的 NaCl，生长 pH 为 8.0～11，最适 pH 在 9.0～9.5。在 16S rRNA 基因系统进化树上，这两个菌株形成单线系簇（monophyletic cluster）。在极性脂类组成、生理和表现型特性方面，它们不同于与之有亲缘关系最近的种——特腊帕尼盐杆菌（*Halobacterium trapanicum*）和中亚无色需碱菌（*Natrialba asiatica*）。

肯尼亚马加迪湖纯碱沉积物中分离到了马加迪丁达利菌（*Tindallia magadii*），它是绝对厌氧、发酵性、产芽孢的细菌，该细菌具有G^+细胞壁结构。属于低 G+C 含量的G^+菌的Ⅺ簇。在嗜盐嗜碱古菌的许多嗜盐碱杆菌属（*Natronobacterium*）中发现了一种新奇的抗渗透压物质——2-硫代海藻糖，该双糖的浓度随着外界 NaCl 浓度的增加而增加。

3. 产甲烷菌　各种含盐中性环境中和自然高盐环境中存在嗜盐产甲烷菌，这些菌在接近于40℃下生长最快，所用的培养基含有 0.5～2.5mol/L NaCl，pH 接近于 7。在马加迪湖中存在朱丽娜盐地甲烷菌（*Methanosalsus zhilinaeae*），它是专性嗜碱、甲基营养产甲烷菌。该菌株不需要Cl^-，但是绝对依赖Na^+和HCO_3^-，它是绝对嗜碱微生物，并且在 pH 8～10 生长。

二、嗜碱微生物的特殊生理特征

1. 胞内 pH　大多数嗜碱微生物生长最适 pH 在 10 左右，这是嗜碱微生物不同于嗜中性微生物的最明显特征，所以有人肯定会提出这么一个问题，那就是这些嗜碱微生物如何能生长在这样的极端环境中，在生理、遗传和结构方面嗜碱微生物和嗜中性微生物之间有什么不同呢？胞内酶的最适 pH 可以估计细胞质内的 pH，如从嗜碱菌微球菌（*Micrococcus* sp.）31-2 菌株中得到的α-半乳糖苷酶催化的最适 pH 是 7.5，表明它的细胞质 pH 为 7 左右。另外，从嗜碱菌得到的无细胞蛋白质合成系统在 pH 8.2～8.5 下能把氨基酸最快地组入蛋白质中，比嗜中性的枯草芽孢杆菌仅高出 0.5 单位的 pH。

尽管嗜碱微生物细胞外的 pH 高达 8～11，细胞质的 pH 维持在 8 左右，所以在嗜碱微生物中一个很重要的特征就是与细胞表面有关，这些表面结构能设法维持细胞内环境处于中性，从而与细胞外的碱性环境分开。

2. 细胞壁

1）酸性多聚物　因为嗜碱芽孢杆菌菌株的原生质体在碱性环境中会失去稳定性，所以有人认为细胞壁在保护细胞对抗碱性环境方面起着关键的作用。发现除了肽聚糖外，嗜碱芽孢杆菌含有某些带有酸性物质的多聚物，如半乳糖醛酸、葡萄糖醛酸、谷氨酸、天冬氨酸和磷酸。这些酸性的非肽聚糖组分带有负电荷，所以细胞表面有能力吸附Na^+和水合氢离子，并排斥OH^-，结果可以帮助细胞生长在碱性环境中。

2）肽聚糖　嗜碱芽孢杆菌的肽聚糖似乎类似于枯草芽孢杆菌的肽聚糖。然而，它们的组分明显具有过量的己糖胺和氨基酸，在细胞壁水解物中发现有葡萄糖胺、胞壁酸、D-甘氨酸和 L-甘氨酸、D-谷氨酸和中-二氨基庚二酸及乙酸。这些组分在对抗碱性环境方面能起什么样的作用现在还不清楚。

3. Na^+和膜运输　嗜碱微生物在 pH 9～10 生长良好，并且生长时需要Na^+，环境中Na^+的存在对于溶质通过嗜碱芽孢杆菌的细胞膜进行有效的运输是必不可少的。根据化学渗透偶联学说，在细胞中质子推动力是通过电子传递链或 ATP 在 ATP 酶催化下排出的H^+产生的。H^+重新进入细胞中，同时伴随着各种底物进入细胞。在依赖于Na^+运输系统中，通过Na^+/H^+反向载体系统的作用与H^+交换Na^+，这样便产生了Na^+推动力，随着Na^+进入细胞便推动各种底物进入细胞，当外部的 pH 从 7 增加到 9 时，供试底物α-氨基异丁酸被运输到细胞内的速度会增加 2 倍，Na^+的存在会明显加快该供试底物组入细胞内，最适的Na^+浓度是 0.2mol/L，这时供试底物进入细胞的速度要比没有Na^+时高 20 倍，其他的阳离子，包括K^+、Li^+、NH_4^+、Cs^+和Rb^+就没有任何效应。这说明在嗜碱微生物中Na^+起着很重要的作用。

4. 细胞质 pH 调节的机制　细胞具有两个障碍物把细胞质的 pH 从 10.5 降到 8，见图 7-7 和图 7-3 下半部分，这对于维持嗜碱微生物细胞质 pH 在 8 左右起着非常关键的作用。

含有酸性多聚体的细胞壁由于带有负电荷，可以降低细胞表面的 pH，细胞质膜表面必须维持 pH 在 9 以下，因为质膜如果处于碱性（pH 在 8.5～9.0）是非常不稳定的。通过利用Na^+/H^+反向载体系统（该系统与Δφ和Δ pH 有关）、ATP 合酶驱动的H^+排入质膜也可以维持胞内 pH 稳定性，如图 7-7 所示。

兼性嗜碱微生物坚强芽孢杆菌（*Bacillus firmus*）OF4 菌株通常是生长在 pH 为 7.5 或 10.5 的马来酸培养基中，该菌株催化质子运输进入细胞的膜蛋白质就是Na^+/H^+反向载体，该蛋白质能使细胞适应外界 pH 的突然上升，并能维持细胞质 pH 低于外界的 pH 2～2.3 单位，使细胞生长在最碱性的 pH 范围内。另一个蛋白质就是使质子转位的 ATP 合酶（图 7-7），该酶在外界质子浓度和化学渗透推动力很低的条件下催化 ATP 的产生。

三、嗜碱微生物产生的酶

对嗜碱微生物进行广泛研究后，从中发现了许多种具有工业应用价值的酶。自从 1971 年第一次报道了由芽孢杆菌（*Bacillus* sp.）221 产生的碱性

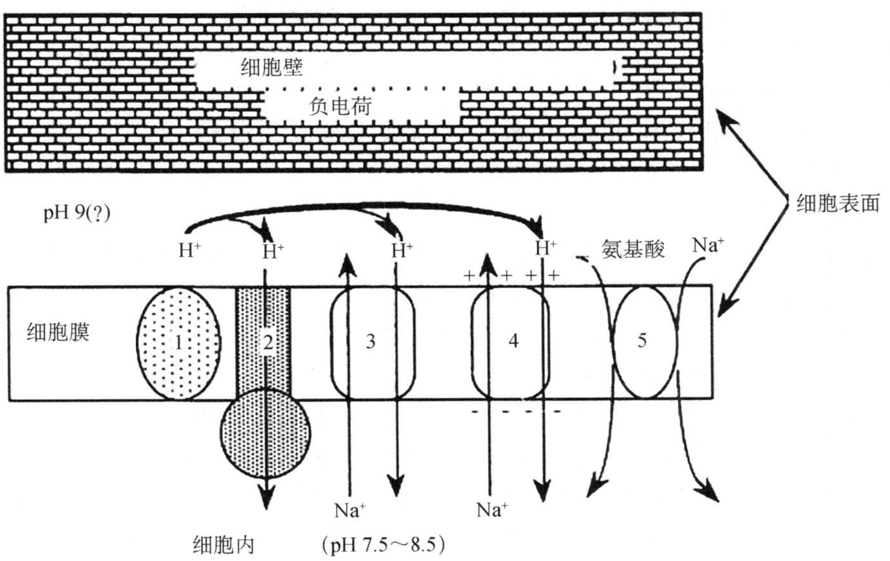

图 7-7 嗜碱菌的细胞质 pH 调节机制（池振明供图）

1. 呼吸链；2. F_0F_1-ATP 合酶；3. 依赖细胞膜两侧质子梯度差的 Na^+/H^+ 反向载体；4. 依赖细胞膜两侧电位差的 Na^+/H^+ 反向载体；5. 氨基酸/Na^+ 同向载体

蛋白酶之后，从嗜碱微生物中分离和纯化到了 35 种新酶，有些碱性蛋白酶已经在工业中和日常生活得到广泛应用。

1. 碱性蛋白酶 嗜碱的芽孢杆菌（*Bacillus* sp.）221 菌株可以产生胞外碱性丝氨酸蛋白酶，该菌株是从土壤中分离到的，它们产生的碱性蛋白酶嗜碱性明显不同于枯草芽孢杆菌蛋白酶，纯化后的蛋白酶最适的 pH 为 11.5，在 pH 13.0 条件下能保持 75%的活力。该酶可以被二异丙基荧光磷酸或 6mol/L 尿素完全抑制，但不会被 EDTA 或对-氯汞苯甲酸抑制，该酶分子质量为 30 000Da，比其他碱性蛋白酶稍大一些，在最适温度下（60℃）加入 5mmol/L Ca^{2+}溶液能使该酶的活力增加 70%。后来，有人发现两个芽孢杆菌菌株——AB42 和 PB12 也会产生碱性蛋白酶，这些菌株能生长在广泛的 pH 范围内（pH 9.0～12.0），AB42 菌株的最适生长温度为 60℃，而 PB12 菌株的最适生长温度为 50℃。嗜热嗜碱芽孢杆菌 B18 菌株可合成热稳定的碱性蛋白酶，水解酪蛋白时最适的 pH 和温度分别为 12～13 和 85℃。短小芽孢杆菌（*Bacillus pumilus*）能合成胞外内肽酶，该酶在 100g/L SDS 和 8mol/L 尿素中还有很高的稳定性，所以这些酶可以作为洗涤剂的添加剂。嗜碱芽孢杆菌 AH-101 合成一种新的碱性蛋白酶，该酶在 pH 12～13 下分解酪蛋白的活力最大，在 60℃和 pH 5～13 下可稳定 10min，在有 5mmol/L Ca^{2+}存在的情况下最适温度为 80℃，该酶对不溶性的纤维状天然蛋白，如弹性蛋白和角蛋白水解能力要比枯草芽孢杆菌蛋白酶和蛋白酶 K 的高。降解皮革的地衣芽孢杆菌 PWD-1 菌株能合成角蛋白酶，该酶在 pH 5～12 还很稳定，水解皮革粉和酪蛋白的最适 pH 分别为 10.5 和 11.5。

许多嗜碱性的放线菌也会产生碱性蛋白酶，如嗜碱的高温放线菌（*Thermoactinomyces* sp.）HS682 菌株可产生热稳定的碱性蛋白酶，该菌株能生长在 pH 7.5～11.5 的培养基中，在含有 10g/L 麦芽糖的培养基中生长时蛋白酶产量最高，该蛋白酶在 pH 11.0 和 70℃下有最大的活力，在有 Ca^{2+}存在的情况下，在 80℃下有最大的活力。链霉菌 YSA-130 菌株产生的胞外碱性丝氨酸蛋白酶最适温度和 pH 分别为 60℃和 11.5，在 50℃和 pH 4～12 下该酶还是稳定的。

碱性蛋白酶的用途主要有三个方面：①洗涤剂的添加剂，碱性蛋白酶主要用于洗涤剂工业，洗涤剂用酶的量约占世界用酶的 30%；②用于动物皮革的脱毛；③其他用途，碱性蛋白酶可以用于 X 射线摄影胶片表面的脱胶作用，蛋白酶 B18'有较高的最适 pH 和温度，该酶在 pH 10 的条件下对水胶片的胶体物质分解能力最大。

2. 降解淀粉的酶 到目前为止，只在嗜碱微生物中发现有嗜碱淀粉酶，在嗜中性微生物中还未发现嗜碱淀粉酶。最近发现降解淀粉的α-淀粉酶和环糊精转移酶（CDT 酶）在功能和结构方面具有很近的亲缘关系，α-淀粉酶具有 3 个分子结构域（分别叫作 A、B 和 C），而环糊精转移酶还含有另外两个结构域（分别叫作 D 和 E）。

1）嗜碱淀粉酶　嗜碱淀粉酶首先由嗜碱芽孢杆菌 A-40-2 菌株（ATCC 21592）生产，该酶活力在 pH 10.0～10.5 条件下最大，在 pH 9.0～11.5 能保持 50%的活力，这种酶在 30℃下不会被 10mmol/L EDTA 抑制，但是能被 8.0mol/L 尿素完全抑制，它能把 70%的淀粉水解成葡萄糖、麦芽糖和麦芽三糖，并且是一种糖化型α-淀粉酶。

2）环糊精转移酶　刚开始时是利用软化芽孢杆菌（*B. macerans*）的环糊精转移酶生产β-环糊精，但是这种生产方法有两个很明显的缺点：①从淀粉生产环糊精的产量不是很高；②使用大量的有毒有机溶剂来沉淀环糊精。利用嗜碱杆菌 38-2 菌株产生的环糊精转移酶可以克服所有这些缺点，并且生产的结晶状α-型环糊精，β-型环糊精和γ-型环糊精产量很高，生产成本很低，不用任何有毒的有机溶剂，从直链淀粉生产环糊精的产量可达 85%～90%，从土豆淀粉生产环糊精的产量可达 70%～80%。由于高转化率，环糊精可以直接从淀粉水解液中结晶出来，而不用添加任何有机溶剂，这一简单的方法使β-环糊精的价格由每千克 1000 美元降到 5 美元，α-环糊精价格降到每千克 15 美元，这为它们在食品、化工和医药中的应用打下了很好的基础。

3）淀粉去分支酶　芽孢杆菌（*Bacillus* sp.）202-1 菌株能产生碱性淀粉去分支酶，该酶作用的最适 pH 为 8.5～9.0，在 pH 6.5～11.0，温度为 4℃下可稳定 24h，在 55℃下酶活力最大，在没有底物存在的情况下处于 50℃温度下可稳定 15min。芽孢杆菌（*Bacillus* sp.）KSM-1876 菌株中可以产生一种奇特的碱性淀粉去分支酶，该菌株与环状芽孢杆菌（*Bacillus circulans*）有亲缘关系，该酶作用的最适 pH 在 10.0～10.5，在餐洗剂中是很好的添加剂。在芽孢杆菌（*Bacillus* sp.）KSM-1378 菌株中存在另外一种碱性淀粉去分支酶，该酶在碱性条件下能有效地水解直链淀粉、支链淀粉和糖原α-1,4-糖苷键和α-1,6-糖苷键，α-1,4 和α-1,6 水解反应出现在两个独立的活力位点上，在 40℃和 pH 9.0 下恒温培养 4d 淀粉去分支酶活力还保持原来的水平，所以有人认为这种碱性淀粉去分支酶是具有两个头的酶分子。

3. 纤维素酶

1）碱性纤维素酶　嗜碱芽孢杆菌菌株可以产生碱性纤维素酶，现在市场上出售的纤维素酶在 pH 4～6 活力最大，除了嗜碱微生物以外，其他微生物产生的纤维素酶在 pH 10 或 10 以上的碱性环境中没有活力。芽孢杆菌 N4 和 1139 菌株能产生胞外的碱性羧甲基纤维素酶，其中的 N4 菌株能产生多组分羧甲基纤维素酶，这些酶在广泛的 pH 范围内（5～10）都有活力。

2）洗涤剂添加剂　碱性纤维素酶的发现给纤维素酶在洗涤剂添加剂中增加了一个新的工业用途。嗜碱芽孢杆菌（*Bacillus* sp.）KSM-635 菌株产生的碱性纤维素酶量足够大，达到了工业用途的要求。除了 KSM-635 菌株外，嗜碱芽孢杆菌 KSM-19、KSM-64 和 KSM-520 菌株都会产生洗涤用的碱性纤维素酶，这些酶活力（最适 pH 在 8.5～9.5）几乎不会被所有金属离子或洗涤剂中存在的各种成分，如表面活性剂、络合剂和蛋白酶所抑制。为了增加碱性纤维素酶工业产量，有人将枯草芽孢杆菌中携带有碱性纤维素酶基因的载体 pHSP64 克隆到 KSM-64 菌株中，并使该菌株的碱性纤维素酶得到过量表达，通过这种方法在 1L 发酵培养基中可产生 30g 碱性纤维素酶。

4. 木聚糖酶　从芽孢杆菌 C-59-2 菌株纯化到的木聚糖酶具有广泛的最适作用 pH（6.0～8.0）。从耐盐芽孢杆菌（*Bacillus halodurans*）C-125 菌株发酵液中分离到了两种木聚糖酶，木聚糖酶 A 的分子量为 43 000，木聚糖酶 N 的分子量为 16 000，木聚糖酶 N 在 pH 6～7 时活力最大，而木聚糖酶 A 在 pH 6～10 时活力最大，即使在 pH 12 下也有某些活力。由于经过碱处理的木头纸浆可以利用木聚糖酶进行漂白，而用化学方法处理就会对环境产生严重污染，因为化学方法使用了大量的氯，所以有关的研究者便开始寻找热稳定性的碱性木聚糖酶。例如，嗜热脂肪芽孢杆菌（*Bacillus stearothermophilus*）T-6 菌株能产生胞外的木聚糖酶，该酶在 pH 9 和 65℃下漂白纸浆的效果最好。

第五节　在高盐环境中的微生物

在自然界中，有许多环境含有高浓度 NaCl，如天然的盐湖和死海。这些盐湖位于亚热带和热带地区，这些地区的温度很高，光照强度很大，水分蒸发速率很快。除了天然的环境外，人工也会造成许多含有高浓度 NaCl 的环境，如用盐腌过的食品；用于生产盐的太阳蒸发池或制盐场。在死海、海水和盐湖中，Na^+浓度分别为 39.29g/L、10.8g/L 和 105.4g/L，Cl^-浓度分别为 212.4g/L、19.6g/L 和 181.0g/L。

另外，在海湾和沿海礁石池中也含有高浓度的盐，当海水退潮后，这些环境的水分受到蒸发，在温暖的季节里，盐度会增加许多倍。

在这些高浓度 NaCl 环境中，由于高渗透压的作用，大多数微生物细胞因质壁分离，生长受到抑制。但是，人们发现在这些环境中也存在许多抗高渗透压的微生物。其中，极端嗜盐细菌和嗜盐微藻（microalgae）这两类微生物引起了人们的高度重视。同时，中度嗜盐微生物也引起许多研究者的兴趣，因为它们的抗盐机制和发酵产物非常独特。

一、嗜盐微生物的类型

在高浓度 NaCl 环境中发现的嗜盐微生物主要有微藻和嗜盐细菌，它们可以分为以下几类。

1. 抗盐微生物　它们生长的最适盐浓度在 0～0.3mol/L NaCl，能生长的盐浓度在 0～1mol/L NaCl。

2. 中度嗜盐微生物　它们最适生长的盐浓度在 0.5～2.5mol/L NaCl，能生长的盐浓度在 0.1～4.5mol/L NaCl。

3. 极端嗜盐微生物　它们最适生长的盐浓度在 3.0～5.0mol/L NaCl，能生长的盐浓度在 1.5～5.0mol/L NaCl。

中度嗜盐微生物与抗盐微生物的区别是中度嗜盐微生物生长所需的盐浓度至少为 0.1mol/L，与极端嗜盐微生物的区别在于中度嗜盐微生物生长所需的盐浓度不能超过 2.5mol/L。必须注意的是，微生物对盐的反应还取决于其他环境因素，如温度、pH 等。

抗盐微生物主要是由肠道细菌和各种微藻组成的，G^-菌如盐单胞菌（*Halomonas* sp.）也属于抗盐微生物。伸长盐单胞菌（*Halomonas elongata*）是至今分离到的抗盐能力最大的微生物，这种微生物在 0.05～5.5mol/L NaCl 培养基中生长良好。某些单细胞绿藻，如绿色杜氏藻（*Dunaliella viridis*）也属于抗盐微生物，能在 NaCl 浓度 0.3～5.0mol/L 条件下生长。

中度嗜盐微生物包括某些真细菌、蓝细菌和微藻。在死海和盐湖中存在有中度嗜盐的专性厌氧发酵细菌，如盐拟杆菌（*Halobacteroides* sp.）、芽孢盐杆菌（*Sporohalobacter* sp.）和盐厌氧细菌（*Haloanaerobium* sp.），它们能降解各种有机物。

极端嗜盐微生物有盐杆菌和盐球菌，它们属于古菌。盐杆菌没有完整的细胞壁，在细胞膜外表面覆盖一层蛋白质亚基。极端嗜盐微生物中唯一的真细菌是光合微生物的外硫红螺菌属（*Ectothiorhodospira* sp.）。唯一的真核嗜盐微生物是杜氏藻属的某些种。在非洲肯尼亚石灰湖中存在的嗜盐碱杆菌（*Natronobacter* sp.）和嗜盐碱球菌（*Natronococcus* sp.），它们也是极端嗜盐微生物。

二、嗜盐微生物的生态分布

在盐湖中存在有嗜盐紫色硫细菌，即外硫红螺菌属和可变杆菌属。其中的嗜盐外硫红螺菌生长的最适盐浓度为 140～270g/L 的 NaCl，细胞中含有细菌叶绿素 b，这种微生物生长所需的最低盐浓度为 100g/L。

在制盐的蒸发池中存在一种嗜盐外硫红螺菌，蒸发池的 pH 为 10.3，这种嗜盐微生物可以生长在经 Na_2SO_4、NaCl 和天然碱饱和的培养基中，但这种细菌生长的最适盐浓度要比这个值低。

盐杆菌可以存在于正在腐烂的经盐腌过的鱼中、盐湖及晒盐池等处。在死海中，除了有盐杆菌外，还有盐球菌。盐杆菌细胞含有红色素，所以这些菌在盐湖、晒盐池和死海中大量生长时会造成这些环境出现红颜色，这些水体中盐杆菌浓度可达 10^7 个/mL。盐杆菌是光合细菌，它们的光合作用是非常独特的。能适应高盐浓度的原生动物有鞭毛虫、纤毛虫和变形虫，这些原生动物可以存在于盐湖和死海中。

许多硅藻可以生活在含有 160g/L NaCl 培养基中。但是当 NaCl 浓度达到 230g/L 时，硅藻便无法生长。在含有 230g/L NaCl 的培养基中，仅有杜氏藻（*Dunaliella* sp.）和嗜盐隐杆藻（*Aphanothece halophytica*）可以生长，这些藻类广泛存在于盐湖和晒盐池中。

真菌中的丝孢菌类，如枝孢霉可以生长在浸没于盐湖中的木块上，这些真菌可以生存在 29%或更高浓度的 NaCl 溶液中，所以这些真菌可以生长在极端盐浓度条件下。能形成膜状的酵母菌也经常存在于酱油中，酱油的 NaCl 浓度大约为 160g/L。

由于盐湖中广泛存在光合微生物，而降解有机物的微生物却很少，所以在盐湖中，生产力超过分解力，这些水体的沉积泥中便存在大量的有机物。

利用死海底部的沉积泥进行富集培养，然后利用含有 250g/L NaCl 或死海水配制成含有各种营养成分的培养基进行分离纯化，结果发现这些沉积泥中含有氧化硫化物的微生物、降解纤维素的微生物，以及降解石油、石蜡和煤油的微生物。在无氧条件下进行培养，这些样品还含有发酵乳糖的微生物、发酵葡萄糖产生丁酸的微生物、产甲烷菌、反硝化细菌、硫酸盐还原菌、降解纤维素的细菌和紫色细菌，说明在高盐环境中还存在有许多具有各种生理功能的异养菌，这些异养菌具有潜在的工业应用价值。

在晒盐池中分离到的极端嗜盐古菌包括地中海富盐菌（*Haloferax mediterranei*）、吉氏富盐菌（*Haloferax gibbonsii*）、反硝化富盐菌（*Haloferax denitrificans*）、伯林盐几何菌（*Halogeometricum borinquense*）、解糖嗜盐球菌（*Halococcus saccharolyticus*）、耐热盐陆地菌（*Haloterrigena thermotolerans*）、喜糖盐红菌（*Halorubrum saccharovorum*）、核盐红菌（*Halorubrum coriense*）、萨利娜盐盒菌（*Haloarcula salinarum*）和日本盐盒菌（*Haloarcula japonica*）。从死海分离到的嗜盐古菌包括沃氏富盐菌（*Haloferax volcanii*）、死海盐盒菌（*Haloarcula marismortui*）、苏打盐红菌（*Halorubrum sodomense*）和哥莫盐红菌（*Halobaculum gomorrense*）。从太阳湖中得到的嗜盐古菌大多数为富盐菌（*Haloferax* sp.）。

目前从高盐环境中得到的大部分中度嗜盐菌来自海洋环境。在美国犹他州大盐湖中得到的中度嗜盐菌含有许多新种，其中包括嗜盐假单胞菌（*Pseudomonas halophila*）、可变盐单胞菌（*Halomonas variabilis*）、盐杆菌黄海嗜盐菌（*Halobacillus litoralis*）和盐杆菌特氏盐芽孢杆菌（*Halobacillus trueperi*）。从死海中得到的中度嗜盐菌有死海色盐杆菌（*Chromohalobacter marismortui*）、嗜盐单胞菌（*Halomonas halophila*）和以色列盐单胞菌（*Halomonas israelensis*）。

三、嗜盐微生物抗高浓度 NaCl 的分子机理

在嗜盐微生物中，细胞内的 NaCl 浓度大大低于周围环境中的 NaCl 浓度，并且也不会随着外部 NaCl 浓度上升而上升，因此，嗜盐微生物必定有某种机制防止细胞内 NaCl 浓度的上升。细胞内高浓度 Na^+对细胞有毒性，其中细胞膜对于阻止 Na^+进入细胞起着关键作用。一般人们认为嗜盐微生物细胞膜对 Na^+有较低的通透性。与 Na^+相比，K^+对细胞的毒性就小得多，在大多数嗜盐微生物细胞内含有高浓度的 K^+和低浓度的 Na^+，这样细胞一定具有某种排出 Na^+和累积 K^+的功能。细胞除了需要 K^+外，还需要累积其他一些化合物，即所谓的相容性物质，这些化合物对细胞内大分子化合物的结构和功能有较小的损伤作用，并且还会解除由 NaCl 引起的抑制作用。

在嗜盐微生物中，杜氏藻、盐杆菌和中度嗜盐菌的抗盐机制是不同的，下面我们就以这三类微生物为例分别介绍不同的抗盐机制。

1. 杜氏藻 当杜氏藻生长在含有高浓度 NaCl 培养基中时，其适应机制可以解释如下：①当周围环境 NaCl 浓度增加时，马上引起细胞失水，并引起细胞体积变小；②细胞体积变小，激发细胞合成甘油，甘油合成可延续 6～8h 及以上；③由于甘油的合成，细胞内含有较高浓度的甘油，这时细胞又重新开始生长，细胞体积恢复到正常的水平；④当细胞处在低盐环境中时，细胞会出现相反的反应。

当盐浓度增加时，细胞体积变小，杜氏藻的光合作用受到抑制。这时，用于合成甘油所需的能量和合成甘油所需的原料来自细胞储存物质——淀粉的水解，甘油的大量合成使细胞恢复到原来的体积，甘油的大量合成还可以使细胞去除过量的 Na^+和 Cl^-，从而使光合作用重新开始，由于 Cl^-失活的许多酶也恢复了功能。

当细胞外的盐浓度降低时，甘油被重新转化成淀粉。如果盐浓度突然下降，那么甘油就可能被分泌到细胞外。甘油转化成淀粉和甘油分泌所需的能量来自细胞中的 ATP。杜氏藻细胞膜的主要成分为固醇过氧化物脂类（sterol peroxide lipids），甘油很难透过细胞膜而被分泌到细胞外，当盐浓度急剧下降时，细胞必须耗费能量把甘油分泌到细胞外，所以杜氏藻细胞有能力快速地调节细胞内的甘油浓度。那么杜氏藻细胞如何随着盐浓度的变化而调节细胞体积呢？细胞体积迅速增加，刺激细胞快速合成膜物质，随着盐浓度增加，细胞内内质网和高尔基体表面积扩大，形成大量的分泌小泡（secretory vesicle），这些分泌小泡与细胞质膜发生融合，从而扩大了细胞质膜的表面积，使细胞体积增大。

另一个需要回答的问题是杜氏藻如何在外部盐浓度增加的情况下，启动细胞合成甘油？很明显，盐浓度增加，细胞体积变小，细胞的内含物受到浓缩，其中的无机磷酸盐浓度可能是一个信号，该信号可以控制细胞的甘油和淀粉之间的平衡。当盐浓度增加时，甘油-3-磷酸脱氢酶酶活力马上增加，合成更多的 3-磷酸甘油，从而解除了由无机磷酸盐引

起的竞争抑制作用，这时细胞便开始合成甘油。质膜可能也参与了这个过程，渗透压力的变化诱导产生“信息”，该信息从质膜上被送到细胞中，从而引起甘油-3-磷酸脱氢酶增加，启动甘油的合成，当然这仅仅是假设，还需要更多的证据。

那么，在细胞外渗透压增加时，杜氏藻如何平衡细胞内的渗透压呢？现在一般认为大约 83%的渗透压平衡力量来自甘油，其他可能来自可溶性的有机代谢产物。另外，在杜氏藻细胞的液泡（vacuole）中含有高浓度的 Na^+和 Cl^-，对于杜氏藻细胞适应高盐浓度也起重要的作用。

2. 盐杆菌　盐杆菌抗盐机制不同于上述的杜氏藻抗盐机制，当细菌达到最大生长速率时，要求培养基至少含有 3.0mol/L NaCl，并且盐杆菌绝对需要这样的环境。

1）盐杆菌的生长要求细胞内含有高浓度的 K^+，细胞外的培养基含有高浓度的 Na^+　实验证明嗜盐杆菌细胞内的 Na^+浓度为 0.7mol/L，而细胞外培养基中的 Na^+浓度达到 4.0mol/L。细胞内的 K^+浓度为 4.0mol/L，培养基中的 K^+浓度仅为 5.0mmol/L。细胞内的高浓度 K^+对盐杆菌必须在高浓度 NaCl 培养基中生长、维持细胞内和细胞膜许多生物学功能起着重要作用。如果这些细胞失去 K^+，就会死亡。盐杆菌属于古菌，细胞壁不含胞壁酸和二氨基庚二酸，脂类中含有醚键而不含有酯键，细胞质的蛋白质和核糖体是高度酸性的，并且脂类也是酸性的。这些脂类和蛋白质需要高浓度的 K^+保护负电荷，以便消除分子之间的排斥力（repulision force）。细胞中许多酶在高浓度 K^+溶液中才能达到最大的活力。例如，天冬氨酸转羧酶在 4.0mol/L K^+中活力最大。异柠檬酸脱氢酶在 1.0mol/L K^+中活力最大，但是更高浓度的 K^+对此酶有抑制作用。奇怪的是，脂肪酸合成酶在没有盐的环境中活力最大，高浓度的盐（大于 1mol/L）对它有强烈的抑制作用。高浓度的 K^+对盐杆菌的酶、核糖体和某些蛋白质起稳定作用。例如，异柠檬酸脱氢酶在 4.0mol/L K^+中稳定性最好，红皮盐杆菌只有在 3.0mol/L KCl 和 0.1mol/L Mg^{2+}的环境中，其核糖体才能保持稳定的结构。盐杆菌含有较少的非极性氨基酸，从而减弱了蛋白质的疏水作用，在高浓度 K^+溶液中，水量较少，从而使疏水键能更好地相互作用，使蛋白质处在有活力的构象。另外，盐杆菌的酶有能力保持大量的水和盐。例如，从死海盐盒菌（*H. marismortui*）得到的结晶苹果酸脱氢酶每克蛋白质含有 0.87g 水和 0.35g NaCl，而非嗜盐的典型蛋白质，如牛血清白蛋白每克蛋白质只有 0.23g 水和 0.012g NaCl。在高盐中蛋白质得到稳定是带负电荷的蛋白质和细胞外的盐争夺水的结果。

细胞外高浓度的 NaCl 对于维持嗜盐菌细胞形状和细胞膜功能起着重要的作用。盐杆菌只有在高浓度 NaCl 培养基中，才能保持杆状。盐杆菌细胞膜含有较多的酸性蛋白质，高浓度的 NaCl 可以阻止这些蛋白质阴离子之间的相互排斥作用，从而稳定了细胞膜的结构。高浓度的 Na^+还有助于维持细胞膜进行主动运输，如盐制品盐杆菌的 L-谷氨酸主动运输需要 Na^+。

2）细胞膜上存在 Na^+/H^+反向载体　盐杆菌是兼性好氧菌，在有 O_2 条件下，通过呼吸氧化有机物获得能量。在厌氧条件下，通过光合作用获得能量，这种情况下，紫色膜中的细菌视紫红质（bacteriorhodopsin）既能吸收太阳光能量，又能在细胞膜两侧产生质子梯度，形成初级能量转换。所以盐杆菌可以通过呼吸作用和细菌视紫红质的光合作用在膜两侧建立跨膜 H^+梯度，当这种质子梯度部分消失时，导致细胞排出 Na^+，从而在膜两侧建立跨膜 Na^+梯度，Na^+梯度是驱动氨基酸进入细胞的动力，并排出 Ca^{2+}，具体的过程见图 7-8。另一种色素叫作盐视紫红质（halorhodopsin），在太阳光驱动下它可以把 Cl^-抽到细胞内，在盐杆菌细胞质的 Cl^-浓度是与细胞外的 Cl^-浓度基本上相等。然而，当膜电位达到 90～150mV（细胞内负）时，Cl^-通过主动运输进入细胞，另一个运输 Cl^-的系统依赖于 ATP，如图 7-8 所示。

3）盐杆菌的胞内高盐策略（high salt-in strategy）胞内高盐策略是盐杆菌保护自己防止胞外高盐伤害的一种适应机制，如图 7-9 所示。具体方法就是在细胞内累积大量的无机离子，这样跟周围环境的盐浓度达到平衡，这个过程依赖 Cl 泵（chloride pump），这些蛋白质仅发现在盐杆菌中，把环境中的 Cl^-运输到细胞质中。精氨酸和赖氨酸位于这种通道的两端，促进 Cl^-的吸收和释放。盐杆菌科的极端嗜盐菌，如嗜盐盐盒菌（*Halobac-terium salinarum*）、死海的嗜盐细菌死海盐杆菌（*Haloa-rcula marismortui*）、鱼肝油盐球菌（*Halo-coccus morrhuae*）、嗜盐厌氧菌前柔盐厌氧菌（*Haloanae-robium praevalens*）、乙酰乙基盐厌氧菌（*Haloa-naerobium acetoethylicum*）和盐生盐厌氧菌（*Ha-loanaerobium halobius*）是通过在细胞内浓缩 K^+维持渗透压平衡，起这种作用的蛋白质是与膜结合的质子泵蛋白细菌视紫红质（membrane-bound

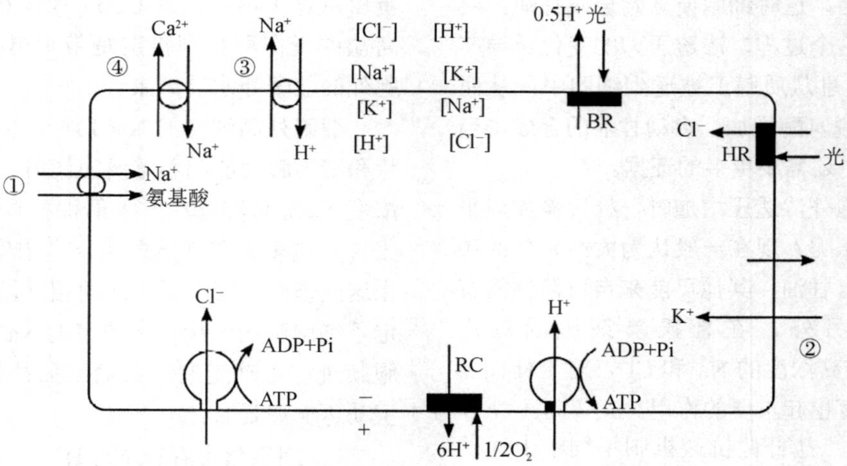

图 7-8　盐杆菌的主动运输系统（池振明供图）

RC. 呼吸链；HR. 盐视紫红质；BR. 细菌视紫红质；①伴随着 Na^+进入细胞，进行氨基酸主动运输（逆向载体）；②随着电化学电位的变化 K^+进入细胞；③H^+进入细胞与 Na^+主动排出相偶联；④Na^+进入细胞与 Ca^{2+}排出相偶联

proton-pump bacteriorhodopsin）、ATP 合酶和 Na^+/H^+反向载体，作用的结果是产生膜电位，通过单向转运机制驱动 K^+被吸收到细胞内。在任何时候这些电位必须比扩散电位大，这样 Cl^-平衡离子才能通过一级和二级运输蛋白吸收进来。在没有阳光的情况下，该 Na^+/H^+反向载体被不依赖光的 Cl^-/Na^+同向转运蛋白取代，但是后面这种运输机制还不清楚。红色嗜盐杆菌（*Salinibacter ruber*）在细胞内累积 K^+来维持与环境的渗透平衡，分析红色嗜盐杆菌基因组发现这种嗜盐菌 K^+的吸收可能通过类似于肌球蛋白受体激酶 A 有关的运输方式进行，红色嗜盐杆菌基因组可以编码两个拷贝的假定肌球蛋白受体激酶 A，该蛋白质是一种靠近细胞质的膜蛋白，能结合 NADH 和 NAD^+，并且跨膜转位亚基对于转运活力是必需的。另外，红色嗜盐杆菌是通过 Cl 泵，即盐细菌视紫红质把 Cl^-运到细胞内，有 4 个基因编码盐细菌视紫红质。根据序列的相似性发现其中两个基因编码感受视紫红质的蛋白，第 3 个基因编码质子泵蛋白，第 4 个基因编码 Cl 泵蛋白。有趣的是，第 4 个基因的两个拷贝是编码 Na-K/Cl 共运输蛋白，这个共运输蛋白在红色嗜盐杆菌累积 K^+和 Cl^-能发挥重要的作用。

4）从酶的水平上进行适应反应　高盐环境会影响蛋白质的可溶性和稳定性，最终影响蛋白质的功能。在这样的环境中，细胞的蛋白质会发生脱水作用，水分子会被局限在外部离子格子中，导致水的含量降低。要防止细胞内蛋白质发生这种脱水作用，就得改变这些蛋白质的净电荷，从嗜盐菌和非嗜盐菌获得的蛋白质最明显的差异就是嗜盐菌蛋白质表面含有较多的谷氨酸和天冬氨酸。盐杆菌（*Halobacterium* sp.）NRC-1 菌株具有 1 个酸性的蛋白组，而非嗜盐的微生物是一个中性的蛋白质组。盐杆菌含有一群信号转导蛋白和转录调节蛋白，有趣的一个例子是死海色盐盒菌（*H. marismortui*）的基因组具有很多综合的特征，如含有酸性蛋白组、具有很多拷贝的普通转录因子和很多复制子（包括高 G+C 含量），这些有助于防止紫外线引起的损伤，如防止嘧啶二聚体的形成和有害的突变。但是这些综合的特征在其他微生物中是很少见的，并且还不清楚 G+C 的偏好性是否为嗜盐菌的一个普遍特征。例如，嗜盐四方菌（*Haloquadratum walsbyi*）、嗜盐高温毛发菌（*Halothermothrix orenii*）和昆明盐水球菌（*Salinicoccus kunmingensis*）G+C 含量为 42.9%～47.9%，但是需要测定更多的嗜盐细菌基因组看是否真有 G+C 的偏好性。同样，来自死海色盐杆菌的 α-淀粉酶、来自游动球菌（*Planococcus* sp.）SL4 菌株的木聚糖酶、来自盐杆菌（*Halobacterium* sp.）LBU5030 菌株的蛋白酶都含有较高的负电荷氨基酸。一种可能的解释就是带负电荷的蛋白质表面能改进它们与离子竞争水分子的能力，这样可以稳定蛋白质。嗜盐蛋白质的晶体结构含有结合到蛋白质表面酸性氨基酸的水分子，这一发现可以支持这个假设。另外，生物信息学分析表明，嗜盐菌蛋白质序列的一个典型特征是含有相当少的极性氨基酸，如丝氨酸，因为这样的氨基酸不能提供保护作用，而且可以防止在高盐环境中的脱水作用。

5）基因组特性　从基因组角度看，嗜盐菌基因组含有高含量的 G+C，细胞中基因组为多倍体、具有大质粒、能利用外源 DNA 作为营养物。

6）其他特征　嗜盐古菌细胞中存在红色-橙色的类胡萝卜素、脂类通过醚键连接，而不是酯键，含有紫色膜和气泡。

现将嗜盐菌和非嗜盐菌的部分特征总结在图 7-9 中，并进行了比较。

3. 中度嗜盐菌　在中度嗜盐菌细胞内测定到的离子浓度是比较低的，所以不足以提供与外界培养基高浓度离子相平衡的物质，但是最近研究发现中度嗜盐菌可以在细胞中累积某些氨基酸、甘氨酸甜菜碱、四氢嘧啶和羟基四氢嘧啶及其他有机物来抵抗细胞外的高渗透压，这些胞内有机物称为相容性溶质（compatible solute），因为它们可以抵抗胞外高渗透压，但不影响细胞的代谢功能，这些相容性溶质是极性的、高度可溶的分子，并且在生理 pH 条件下不带有电荷，它们是很强的水结构形成者，但是不会参与到蛋白质水化层中，所以可以有效地稳定蛋白质水化层，这些相容性溶质由于对蛋白质等细胞物质普遍具有稳定效应，所以可以防止由高温、冷冻和干燥引起的蛋白质非折叠和变性作用。

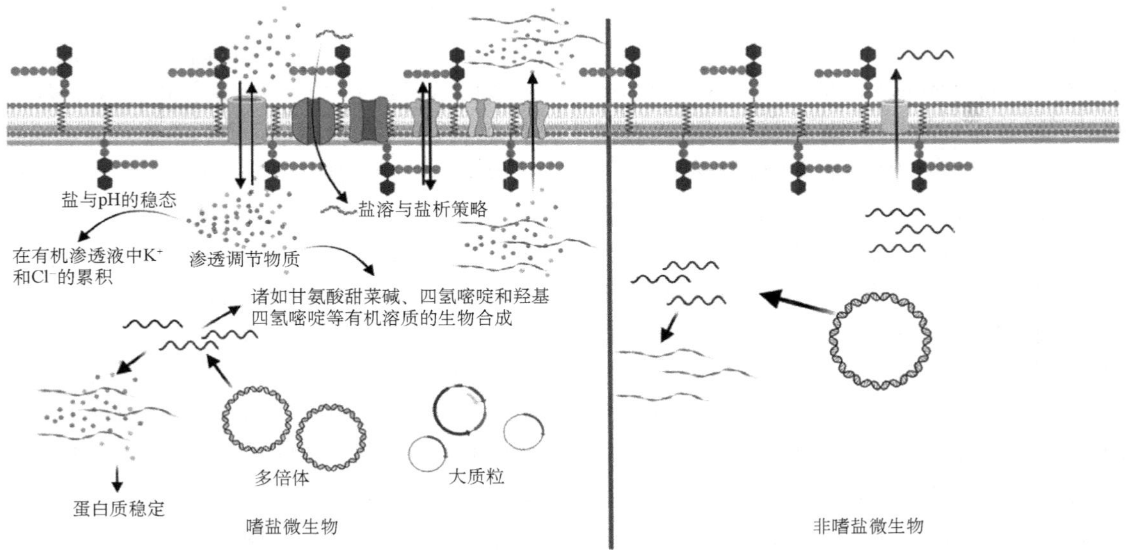

图 7-9　嗜盐菌和非嗜盐菌的比较（Salwan and Sharma，2022）

1）中度嗜盐菌胞内低盐高有机溶质策略（low-salt，organic solute-in strategy）　中度嗜盐菌胞内低盐高有机溶质策略可以使所有生物大分子都得到物理适应，便于它们在高盐环境中生存下去，而这种适应机制适合中度嗜盐菌在盐度不断变动的环境中生活，这种不断变动的环境有时盐度会达到数摩尔浓度水平，但在下大雨后盐度又会落到淡水的盐度水平。在这种情况下需要中度嗜盐菌利用可塑性的方式来维持渗透平衡，并建立起在不同盐度下的合适的渗透压调节方式，所以中度嗜盐菌进化出产生惰性的相容性有机质（渗透调节物质）来维持渗透平衡。它们可以从环境获得这些渗透调节物质，也可以自己合成。这些渗透调节物质可以保护微生物细胞的蛋白质，防止在低盐的水中发生变性作用，同时促进细胞抵抗外部环境中盐度不断发生的剧烈变化，如在盐绿需盐红螺菌（*Halorhodospira halochloris*）中的甘氨酸甜菜碱。在中度嗜盐菌中有些渗透调节物质是一些极性的、高度可溶性的，并且不带电荷。相反，来自古菌的有些渗透调节物质，如甘油、糖基化甘油、甜菜碱、脯氨酸、谷氨酸、谷氨酰胺和四氢嘧啶在生理 pH 下带负电荷。另外，蔗糖和海藻糖也是渗透调节物质，这些渗透调节物质具有稳定细胞膜的功能。中度嗜盐菌嗜盐喜盐芽孢杆菌（*Halobacillus halophilus*）是通过累积谷氨酰胺和谷氨酸来调节渗透压，编码基因是谷氨酰胺合成基因 *glnA2*，编码的酶活力依赖 Cl^-。在高盐存在情况下，嗜盐喜盐芽孢杆菌转向合成脯氨酸作为主要的有机相容性物质。当嗜盐喜盐芽孢杆菌从对数期生长进入稳定期时，它们才开始合成四氢嘧啶，而不再合成脯氨酸。

2）氨基酸　利用肋生盐弧菌（*Salinivibrio costicola*）的核糖体在体外合成蛋白质过程中，发现相对低浓度的 Cl^- 便可以抑制蛋白质合成，但是在有 0.6mol/L 谷氨酸钾存在的情况下蛋白质合成就不会受到抑制，甚至蛋白质合成还会受到促进。大量的三羧酸循环酶会受到 Cl^- 的强烈抑制，但是在 1mol/L 或更高浓度的谷氨酸钾溶液中就能发挥很好的催化功能。

除了几种 G^+ 菌可以累积脯氨酸外，在中度嗜盐菌中氨基酸在抗渗透压物质方面似乎不起着非常重要的作用。在伸长盐单胞菌（*H. elongata*）中，总的氨基酸库随着培养基的盐度增加而增加。在 385mmol/L 总氨基酸浓度下，谷氨酸浓度最大，接着的是丙氨酸和谷氨酰胺。在嗜盐单胞菌（*H.*

halophila）中，甘氨酸和天冬氨酸浓度随着盐度增加而增加。

在某些G^+菌中，如玫瑰色盐水球菌（*Salinicoccus roseus*）和西班牙盐水球菌（*Salinicoccus hispanicus*）中脯氨酸是主要的抗渗透压有机物质。在其他G^+嗜盐细菌中，氨基酸在对抗高渗透压方面而不起大作用。这样，嗜盐嗜碱芽孢杆菌（*Bacillus haloalkaliphilus*）能维持每千克水中大约70mmol/L的胞内氨基酸。耐盐菌株游动球菌（*Planococcus* sp.）A4a菌株随着培养基盐度的增加，胞内总氨基酸浓度也在增加。例如，细胞生长在0mol/L NaCl培养基中时，谷氨酸、天冬氨酸和谷氨酰胺的浓度分别是102mmol/L、6mmol/L和8mmol/L，而生长在1.5mol/L NaCl培养基中时，谷氨酸、天冬氨酸和谷氨酰胺的浓度分别是71mmol/L、49mmol/L和39mmol/L。在1.5mol/L NaCl培养基中总的胞内氨基酸浓度大约是340mmol/L。

3）甘氨酸甜菜碱　　在光合紫细菌和嗜盐蓝细菌中，甘氨酸甜菜碱是最重要的抗渗透压有机物质。当嗜盐异养菌生长在复杂培养基中时，大多数嗜盐细菌可以从培养基中累积甘氨酸甜菜碱或它的前体胆碱，在这种情况下甘氨酸甜菜碱便成为唯一的或主要的抗渗透压物质。然而，除了嗜盐放线多孢菌（*Actinopolyspora halophila*）外，其他的嗜盐细菌或耐盐异养菌似乎不会在体内合成这种化合物。

某些嗜盐菌不仅利用甘氨酸甜菜碱作为渗透压稳定物质，而且可以作为碳源和能源。从加利福尼亚莫诺湖中分离到的许多嗜盐嗜碱微生物能生长在甘氨酸甜菜碱上。但在高盐度培养基中，甘氨酸甜菜碱代谢受到抑制，这时，这些微生物主要从培养基中吸收甘氨酸甜菜碱作为抗高渗透压物质，所以它们可以生长在2.5～3.5mol/L NaCl培养基中。在更高浓度盐培养基中生长时，另外一种碳源能源物质，如葡萄糖的存在是有必要的，在这种情况下，甘氨酸甜菜碱仅作为抗高渗透压物质，而不会受到分解代谢。

4）四氢嘧啶和羟基四氢嘧啶　　最先是在外硫红螺菌（*Ectothiorhodospira* sp.）的光合紫细菌中发现四氢嘧啶可以作为抗高渗透压物质。该物质的合成是通过分子内的脱水作用从*N*-乙酰二氨基丁酸合成吡啶衍生物，它们的具体合成过程如图7-10所示。现在发现四氢嘧啶和羟基四氢嘧啶在细菌域中是最广泛分布的相容性溶质。

四氢嘧啶生物合成过程经过三步酶反应，从天冬氨酸半醛开始，中间形成两个中间产物二氨基丁酸和*N*-γ-乙酰二氨基丁酸。在伸长盐单胞菌（*H. elongata*）中有3种酶参与了催化反应，即二氨基丁酸转氨酶、二氨基丁酸乙酰转移酶和*N*-乙酰二氨基丁酸脱水酶（四氢嘧啶合成酶）（图7-10）。羟基四氢嘧啶是通过同样方式合成的，但是中间产物和有关的酶还不清楚（图7-10）。在伸长盐单胞菌（*H. elongata*）中的*N*-乙酰二氨基丁酸脱水酶分子质量为260kDa，可能由6个亚基组成的，K^+的存在能使该酶活力增加3倍，并能使该酶得到稳定。在盐单胞菌（*Halomonas* sp.）各种中四氢嘧啶的浓

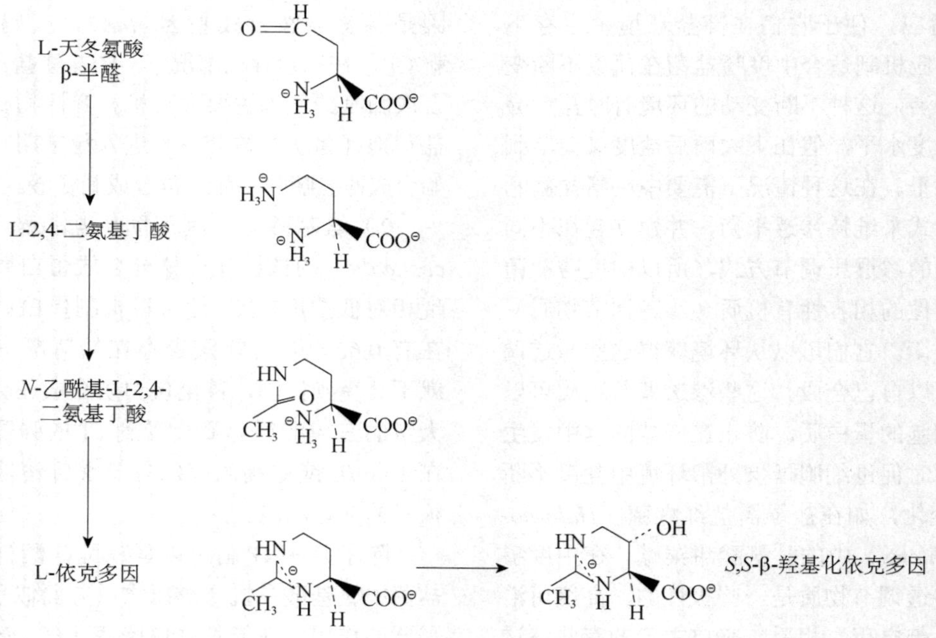

图7-10　四氢嘧啶（ectoine）和羟基四氢嘧啶（hydroxyectoine）的生物合成过程

度是很高的，并且生长在没有甘氨酸甜菜碱或它的前体胆碱合成培养中细胞中四氢嘧啶是主要的抗高渗透压物质。胞内的四氢嘧啶浓度必须达到足够高以便与细胞内离子和其他可溶性有机物一起抵抗培养基中的高渗透压。生长在10% NaCl培养基中的伸长盐单胞菌大约含有2.25mol/L四氢嘧啶，另外细胞中还含有大约0.4mol/L的阳离子和同样浓度的阴离子，这样加在一起接近3.05mol/L胞内物质，可以与胞外高渗透压相平衡。

5）其他抗高渗透压有机物　除了上面谈到的抗高渗透压物质外，在中度嗜盐细菌中，还存在其他的物质可以抗高渗透压，如G^+菌中的嗜盐芽孢杆菌（*Halobacillus halophilus*）和游动球菌（*Planococcus* spp.）有*N*ε-乙酰赖氨酸和*N*δ-乙酰鸟氨酸，其中的第二种化合物也是鸟氨酸生物合成过程中的一种中间产物，这些物质在细胞内的浓度可以达到克分子浓度范围（每毫克细胞干重中可以高达0.5μmol/L）。有一菌株称为M96/12b，在对数生长期脯氨酸是该菌株主要的抗渗透压物质，可到了稳定期便被*N*δ-乙酰鸟氨酸取代。

6）胞外酶　中度嗜盐菌可以分泌胞外酶到高盐的培养基中，所以这些酶是否具有抗高渗透压作用也引起了人们的重视。例如，从海水砂中分离的中度嗜盐菌不动杆菌（*Acinetobacter* sp.）能分泌两种淀粉酶，这两种淀粉酶在0.2～0.6mol/L NaCl或KCl，pH 7，温度为50～55℃条件下酶活力最大，在纯水中透析后便没有了酶活力，但是加入10mmol/L $CaCl_2$可以得到稳定，在1.0～2.0 mol/L NaCl培养基中生长的细胞可以合成最大量的酶，但是如果在低盐培养基或在4.0 mol/L NaCl培养基中生长时仅产生少量的淀粉酶。放线菌嗜盐涅斯捷连科氏菌（*Nesterenkonia halobia*）可以产生一种淀粉酶，该酶在0.25mol/L NaCl或0.75mol/L KCl，pH 6～7，温度为50～55℃条件下酶活力最大。可变微球菌嗜盐亚种（*Micrococcus varians* subsp. *halophilus*）生长在2.0 mol/L NaCl的培养基中时淀粉酶酶活力最大，当该细菌生长在低盐浓度培养基中时，分泌的酶在低盐浓度中便失活，但是在2.5mol/L NaCl透析后可以恢复酶活力。该酶在10.0 mmol/L $CaCl_2$中可以得到稳定。从其他微球菌中分离的淀粉酶在1.0 mol/L NaCl或KCl，pH 7.5，温度为50℃条件下酶活力最大。

嗜盐芽孢杆菌（*Bacillus halophilus*）可以产生嗜盐胞外核酸酶，可以从DNA和RNA分子中释放出5′-单核苷酸，该酶在1.4～3.2mol/L NaCl或2.3～3.2mol/L KCl中活力最大，并且可以受到Mg^{2+}和Ca^{2+}刺激，在水中透析后便失去活力，10.0 mmol/L Ca^{2+}可以稳定该蛋白质，在3.5mol/L NaCl中透析便恢复了活力。当DNA和RNA作为底物时，最适的作用pH和温度分别为8.5和50℃或60℃。

在嗜盐古菌细胞蛋白质中含有大量的酸性氨基酸，如谷氨酸和天冬氨酸，这样可以与细胞中和细胞外的大量阳离子结合，同时，这类微生物还含有疏水性氨基酸，如甘氨酸和丝氨酸。就像上面所介绍的那样，中度嗜盐菌细胞中可以合成大量的相容性溶质来抵抗培养基的高渗透压，但是胞外酶和细胞膜上的酶和蛋白质必须处在高盐环境中，所以有人推测中度嗜盐菌的胞外蛋白质和细胞膜上的蛋白质具有类似于嗜盐古菌的情况。

7）极性脂类　在中度嗜盐菌中随着培养基中的盐度增加，有更多的中性磷脂转化成带负电荷的磷脂，如随着盐度增加，磷脂酰乙醇胺（phosphatidylethanolamine，PE）（不带电荷）的量在减少，同时带负电荷的磷脂酰甘油（phosphatidylglycerol，PG）和心磷脂（cardiolipin，CL）在增加。带负电荷的磷脂增加有利于与培养基中的高浓度Na^+结合，实现电荷平衡。还有人认为带负电荷的磷脂增加有利于阴离子有选择性地透过细胞膜，另外有人认为带负电荷的磷脂有利于保持细胞膜的双层结构，因为PE含有不饱和脂肪酸容易形成非双层膜结构，而PG容易形成双层膜结构。有功能的细胞膜需要合适比例的形成双层膜和非双层膜的脂类，面对外界盐度的增加PE趋向于形成非双层膜，这样就有必要对膜磷脂比例进行修饰，以便保持双层膜的完整性。例如，当伸长盐单胞菌（*Halomonas elongata*）生长在3.4mol/L NaCl培养基中时，CL的含量比在0.05mol/L NaCl培养基中生长细胞的高4倍。CL的增加主要来自PE，而PG的含量没有多大的变化，这样，带有阴离子的PG和CL在高浓度盐培养基中占极性脂类的57%，在低浓度盐培养基中仅占45%。随着培养基盐度变化，伸长盐单胞菌（*Halomonas elongata*）疏水性-亲水性细胞表面特征也发生变化，在3.4mol/L NaCl培养基中生长的对数期中期细胞要比在0.05mol/L NaCl培养基中生长的细胞亲水性大，在高盐度培养基中生长的细胞比在低盐度培养基生长的细胞在生长各个时期亲水性都要大。在较高浓度盐培养基中，带电荷磷脂比例的增加可以部分解释细胞亲水性的原因，在较高盐浓度培养基中，亲水性细胞表面使得细胞在含水量较少的环境中可以吸引更多的水分子，并且水化的细胞表面有助于细胞质获得更多的水，这样可以防止干燥。

中度嗜盐菌细胞膜中是否存在像嗜盐古菌那样的 Na^+/H^+ 反向载体现在还不十分肯定。

4. 海洋酵母菌 海洋汉逊德巴利酵母（*D. hansenii*）耐盐机制引起了人们的广泛兴趣，这种酵母菌耐盐机制有下几种。

1）累积甘油和排出离子 在 80.0g/L NaCl 培养基中生长时，该海洋酵母可以在细胞中累积大量的甘油，并排出钠离子，这与细胞中甘油-3-磷酸脱氢酶活力增加有关，同时这些细胞在高盐环境中可以合成谷氨酰胺保护甘油-3-磷酸脱氢酶。另外，这种酵母细胞膜上存在一个钠-甘油吸收蛋白，在 1.0mol/L NaCl 培养基中，可以使细胞比无盐环境中的多累积 150 倍的甘油。在高盐环境中该酵母细胞膜通透性发生了明显变化，防止甘油外漏。该细胞中存在一种 Fps1p 蛋白，具有甘油通道的作用，可以导致甘油外漏，在高渗透压环境中该蛋白质被关闭，从而维持细胞内高浓度的甘油。敲除编码该蛋白质的基因，可以导致细胞膜麦角固醇含量降低，结果是甘油外漏。

2）钾和钠的外排 在该酵母菌中存在钠钾离子运输系统，如 K^+ 单一运输系统，K^+/H^+ 交换系统和阴离子/阳离子交换系统，所以在高 NaCl 环境中可以加快运输和吸收 K^+，排出 Na^+。

3）钾和钠的吸收 K^+和 Na^+ 的吸收是决定该酵母菌抗盐的重要机制之一，与酿酒酵母相比，该酵母菌能更快地失去 Na^+，在高浓度 NaCl 培养基中该酵母菌更容易失去 Na^+。利用能量排出 Na^+ 是该酵母菌耐盐部分原因之一。排 Na^+的特性与两个基因有关，分别命名为 *DhENA1* 和 *DhENA2*，它们编码 Na^+-ATP 合酶，在高盐环境中 *DhENA1* 基因可以得到较多的表达，而 *DhENA2* 基因表达也需要高 pH。除了可以外排 Na^+外，细胞内的 Na^+可以累积在液泡中，这也是该酵母耐高盐的机制之一，这种特性由 *DhNHX* 基因编码。

四、嗜盐微生物的产物多样性及其应用

1. 多聚物的生产 聚 β-羟基丁酸酯（poly-β-hydroxybutyrate，PHB）是一种具有耐塑性、生物可降解性和生物相容性等重要特性的材料，能广泛应用于生物医药领域，如外科手术、药物微球体、裹伤用品、微孔膜水溶性一次性制品和患者的碳源补充等，具有很高的应用价值，我们将在最后一章进行详细介绍。嗜盐微生物在生产 PHB 方面也能发挥重要的作用。例如，地中海富盐菌（*Haloferax mediterranei*）分批培养中 PHB 滴度可达 6.0g/L，占总生物量干重的 60%，对碳源的产率达 0.33g/g 底物。这些数据都能与 PHB 的最佳真细菌，如异养产碱杆菌的相媲美。该菌在连续培养中产量较分批培养的低，但能在长时间内稳定。该细菌细胞产生的 PHB 可能为 4 个碳原子以上的单体共聚物，这将有助于对此多聚物的物理性质进行控制，适应多种用途的需要。发现磷酸盐是该细菌累积 PHB 的必要条件，葡萄糖和淀粉为最佳碳源。

2. 胞外多糖类物质的生产 微生物产生的胞外多糖由于其流变学特征和生理活性而被广泛用于食品、包装、黏合剂和医药等领域。由嗜盐菌生产的胞外多糖具有许多独特的性质，正受到人们的重视。例如，地中海富盐菌（*H. mediterranei*）能产生类似其他细菌胞外多糖的胞外多聚物，这是一种以甘露糖为主要成分的异多糖，由于糖醛酸的存在及高含量的硫酸盐而具有酸性，同时具有高黏度和拟塑性。其黏性对温度、pH 及盐都有抗性，这为之提供了广泛的用途。这种嗜盐微生物累积胞外多糖时是以葡萄糖或淀粉为碳源，胞外多糖的最高滴度为 3g/L。同时，中度嗜盐微生物的某些菌株也可以产生硫酸多糖，有望作为抗病毒药物。嗜盐的蓝杆藻（*Cyanothece* sp.）113 菌株是 1 株海洋蓝细菌，含叶绿素 a、单细胞、产氧、固氮、光能自养，能产生大量胞外多糖（EPS）。在含有 70.0g/L NaCl 和 0.9g/L $MgSO_4$ 的 F/2 改良培养基中，在最佳通气量 7.0L/min，29℃条件下，罐体表面光照强度 4000Lx 时，连续发酵 11d，胞外多糖浓度可达 22.34g/L，纯化的该多糖仅由一种葡萄糖组成，结构为线型的 α-D（1→6）葡聚糖。

3. 食物和食品工业

1）食用蛋白质 利用螺旋藻生产蛋白质具有许多优点：①容易培养，能在高盐和高 pH 下生长，这种高盐碱环境可以防止其他微生物污染；②这种藻类可以利用海水作为培养基，并借光合作用生长菌体，通过化学诱变枯草芽孢杆菌，得到一株嗜盐的突变株，该突变株能过量合成和分泌脯氨酸。

2）食品添加剂 中度嗜盐微生物中可变微球菌嗜盐亚种（*Micrococcus varians* subsp. *halophilus*）能产生一种胞外适盐的核酸酶 H，该酶在 2～3mol/L NaCl 或 KCl 中有最大活性，能外切降解 DNA 或 RNA 产生 5′-单核苷酸，因此，可以用它生产 5′-GMP 和 5′-IMP，作为食品调味剂。

4. 酶工业上应用

1）酶的保护剂和稳定剂 要抵抗环境中低水活度的胁迫，大多数嗜盐和耐盐的真细菌都能合成有机渗压剂，包括糖、氨基酸和四氮化合物（甜

菜碱），其在细胞质中浓度可高达2～3M/kg细胞质水。这些相容性溶质中广泛存在一种独特的环状氨基酸，那就是四氢嘧啶和羟基四氢嘧啶（图7-10），此类氨基酸最早是在外硫红螺菌中发现的。由于该相容性溶质在低水环境中保持了胞内酶的一层水化外壳，同时抗衡胞质内的高离子强度，因而有望利用该相容性物质作为酶技术中的稳定剂和保护剂。

2）酶制剂　由嗜盐真细菌和古菌所产生的一些酶在很高盐浓度下也有活性。例如，红皮盐杆菌（*Halobacterium cutirubrum*）产生的超氧化物歧化酶（SOD）为锰式SOD，每个亚基分子质量为25kDa，对叠氮化钠有抗性，对H_2O_2敏感，在2mol/L KCl中活性最大。嗜盐菌盐生盐杆菌（*Halobacterium halobium*）和中度嗜盐菌盐生微球菌（*Micrococcus halobium*）可分别产生淀粉酶和嗜盐的生糊精淀粉酶。从醋盐球菌（*H. acetoinfaciens*）FERM BP-942菌株产生的限制性内切酶能识别5′-GATC-3′核苷酸序列，所以该酶可以作为基因工程的工具酶。

5. 医药工业

1）生产医用表面活性剂　嗜盐菌产生的某些化合物具有表面活性剂的功能，可作为医用表面活性剂。另外，在脂质体的制备中嗜盐细菌的脂类也能发挥作用。例如，极端古菌盐杆菌（*Halobacterium* sp.）的极性脂类为双植烷甘油醚骨架，在水相中形成双向同心的脂质体，在一定浓度的KCl和NaCl中是理想的渗透指示剂。

2）抗微生物的化合物　许多海洋细菌能产生抗菌物质，如某些细菌能产生嗜盐菌素（halocin），这类蛋白质能抑制除其产生菌以外的其他嗜盐菌的生长，其中的H4和H6能作用于敏感细胞，引起形态变化，改变由光诱导的以细菌视紫质为介质的pH变化，从而引起敏感细胞裂解，因此嗜盐菌素作用的位点为细胞膜。

3）类激素物质　盐沼盐杆菌（*Halobacterium salinarium*）细胞中能合成与胰岛素相似的物质。

4）生物反应调节剂　可以从微生物代谢产物或它们的细胞壁肽聚糖中获得免疫调节剂。食糖盐杆菌（*Halobacterium saccharovorum*）对小鼠的体液调节反应能产生刺激作用，而鳕盐球菌（*Halococcus morrhuae*）则起抑制作用。

6. 细菌视紫红质　极端嗜盐细菌产生的细菌视紫红质是一类含视黄醛蛋白质，色素结构简单，功能稳定，可用于定量研究，通过改变其分子结构可控制光信号，因此可作为生物分子电子学的首选蛋白质分子材料。细菌视紫红质分子在有光的条件下能发挥相当稳定的光质子泵功能，将光能转化成化学能，所以可利用这种物质作为光能转换器、光开关、改写型光盘、信息储存器及作为非线性光学材料等。

7. 在高盐环境中生产生物表面活性剂　某些微生物能生存和生长在广泛盐浓度环境中。在有水环境中，淡水的盐浓度低于0.5g/L，海水盐浓度为32.0～38.0g/L，饱和盐水溶液盐浓度高达30.0g/L以上。盐浓度与碳氢化合物生物降解之间成反比关系，但是还是有人分离到了分解碳氢化合物的嗜盐细菌，这些细菌可以在高盐环境中代谢碳氢化合物。由嗜盐细菌分泌的生物多聚物在化学性质方面非常稳定，在流动性控制剂和石油工业的乳化剂生产方面可能有重要的用途。极端嗜盐古菌的膜含有通过醚键连接成的植烷脂类，这些物质具有表面活性剂的特征。耐盐的芽孢杆菌能产生生物表面活性剂，并可用于加快石油回收。当地衣芽孢杆菌（*Bacillus licheniformis*）BAS 50菌株培养在各种底物，盐浓度高达130.0g/L时，能产生脂肽表面活性剂。

8. 生产化工原料　在高浓度NaCl培养基中，杜氏藻细胞能合成大量的甘油、β-胡萝卜素和蛋白质。杜氏藻细胞干重物质中含有80%以上的甘油。β-胡萝卜素占细胞干重的10%～20%。在提取上述两种物质之后，藻类细胞的蛋白质可作为动物饲料。甘油可用于生产药物和化妆品；在食品工业和饮料工业中也使用大量的甘油；在化学工业中利用甘油生产氨基甲酸乙酯、赛璐玢和炸药；在脂肪和肥皂工业中甘油是它们的副产物。在石油化学工业中是利用丙烯生产甘油，但这种工艺存在许多缺点。β-胡萝卜素是很有用的物质，可用于食品的着色；用于防止由强光引起的有害效应；β-胡萝卜素是维生素A的前体；β-胡萝卜素是癌细胞的一种抑制剂，可用于治疗口腔癌。人工合成的β-胡萝卜素都是全反式异构体，而杜氏藻产生的β-胡萝卜素有9-顺式和全反式异构体，更重要的是它们是天然产品。

由于抗盐（抗盐能力在0.25～1.0mol/L NaCl）的单细胞紫球藻（*Porphyridium* sp.）能合成脂肪酸和花生四烯酸，这些脂肪酸可作为人类食品的必需成分。这些微生物还会产生水溶性的胞外多糖和光合色素及藻红素。这种光合色素可用于食品着色，它是一种无毒的产品。

在盐湖中存在的嗜盐蓝细菌，如螺旋藻（*Spirulina* sp.）含有丰富的蛋白质，占细胞干重的50%～70%，可作为一种食品。利用这类微生物菌体作为食品时，还可以加快伤口愈合，其中的光合色素可刺激免疫系统。这类微生物细胞含有γ-亚麻酸，可用于抑制智力衰退症。

第六节　在高辐射环境中的微生物

环境的辐射作用可以分为非电离辐射和电离辐射作用，这两种辐射作用对微生物均是有害的。非电离辐射包括紫外线、可见光和红外线辐射，其中可见光和红外线辐射通常对微生物是有益的，并且可以作为光合微生物的能量来源，不过可见光强度足够大时，也会引起微生物死亡。在低剂量条件下，紫外线辐射不会引起微生物死亡，只能引起遗传物质的变化。但是，在较高剂量条件下，紫外线辐射对微生物起致死作用。自然界中非电离辐射源为太阳光，太阳光中仅有0.0002%辐射对于微生物有致死作用。太阳光中致死能力最强的波长为紫外线（在400nm以下）。地球表面上，紫外线作用最有效的波长在290nm。地球上的太阳光辐射强度还受许多因素的影响，如太阳角度、地球上不同的纬度、臭氧层浓度、大气中浊度、大气污染和云雾覆盖的情况。臭氧可以过滤太阳光中紫外线，所以它是影响地球上太阳光辐射强度的一个关键因素，臭氧浓度降低1%，将会导致紫外线辐射强度增加1%～2.5%。

电离辐射包括X射线、γ射线和宇宙射线，这些射线的波长很短，携带有较高的能量，并且穿透能力很强。这些射线作用于微生物细胞时，造成的损伤是很大的，并可引起微生物死亡。自然界中电离辐射源有两种，即来自地球外的电离辐射和来自地球本身的电离辐射，前者为外太空的宇宙射线，在海洋水平面上，这种辐射强度为30mrad/年；来自地球的辐射源为含有放射性核素（radionuclide）的岩石、土壤、水和大气。有些放射性核素被移到微生物细胞中，所以有细胞内和细胞外的电离辐射之分，来自细胞外的电离辐射剂量大约为50mrad/年；而来自细胞内的电离辐射剂量大约为20mrad/年。另外自然界中还存在许多人为的辐射源，如核武器的制造和使用、核试验、核电站、电离辐射诊断仪和治疗仪等。现在发现在这些辐射环境中，存在许多抗辐射微生物。

一、抗辐射微生物

自然界中不同的微生物，其抗辐射能力差别非常大，并且同一种微生物由于不同细胞所处的生长时期和生长条件不同也有不同的抗辐射能力。

自然界中抗辐射能力很强的微生物为海洋波豆鞭毛虫（Bod marine），这种原生动物在紫外线剂量为1120MJ/cm^{2}的条件下，它们的细胞仅有90%失活。一般情况下原生动物与细菌相比抗紫外线辐射的能力较强，能杀死90%的细胞，原生动物所需的剂量为50～120MJ/cm^2，而细菌所需的剂量为0.04～25MJ/cm^2。

对于电离辐射来说，杀死50%的大肠杆菌、酵母菌、变形虫和肠膜芽孢杆菌所需的剂量在5600～350 000Rad。

同一种抗辐射微生物的不同菌株抗辐射能力也存在很大的差别。例如，暗色孢科的不同菌株抗γ射线的能力相差100倍，经过X射线处理过的枯草芽孢杆菌孢子存活率相差200倍。

在某些情况下，自然界中微生物抗辐射能力与这些微生物接触辐射源的时间长短存在有一定的相互关系。从含有放射性无机盐水中分离到的微生物与从不含放射性无机盐水中分离到的同一种微生物相比，抗辐射能力相差3～10倍。由于存在这个问题，给用^{60}Co辐射处理食物带来一些问题，因为经电离辐射处理过的食品中可能还存在有能引起食品腐烂的抗辐射微生物。例如，抗辐射微球菌就存在于经过γ射线处理过的罐头中，这种细菌经过500krad γ射线处理后，没有明显地表现出失活现象。用0.1～150MJ/cm^{2}的紫外线处理才能导致90%失活。微球菌还有许多种也具有抗辐射能力，有一种微球菌可以存在于经辐射处理过的黑线鳕鱼片上，这种微球菌具有粗糙型和光滑型两类菌株，并且不产色素，光滑型菌株对γ射线辐射的抗性要比粗糙型菌株的大，并且需较高的辐射剂量。另一种抗辐射的微球菌存在于空气污染物上。还有一种极端辐射抗性微球菌存在于经辐射处理过的孟麦鸭子上，称这种微球菌为嗜辐射微球菌，这种微球菌能产生橙色色素，它抗γ射线辐射的能力要比抗辐射微球菌的大。嗜辐射微球菌对辐射的极端抗性引起了人们的很大兴趣，它是至今所知道的，抗γ射线辐射能力很大的一种微生物，并且也是一种抗紫外线辐射能力较大的一种细菌。

耐辐射奇球菌（*Deinococcus radiodurans*）暴露在离子辐射环境中，它们的基因组会破裂成数百个碎片，但是它们仍然存活。这种极端的抗性是由于它具有高度有效的双链断裂（double-strand breakage，DSB）修复能力和保护蛋白组防止氧化损伤的能力。1956 年分离到该菌株时被认为它是最早发现的嗜极端菌。从陆地、水体和空气环境中发现了 60 多种该属的细菌，反映了该属细菌广泛分布在各种环境中。这些微生物具有高效的 DNA 修复系统，来应对辐射引起的 DNA 损伤。

二、微生物抗辐射的分子机理

不同的微生物为什么具有不同的抗辐射能力？现在发现微生物抗辐射的分子机理有以下几种。

1. 微生物细胞本身具有许多保护构造来防止辐射对细胞的有害影响 例如，抗辐射微生物通过产生大量的色素作为一种可能的抗辐射物质，这些色素被认为能吸收辐射能量，从而防止辐射或由辐射引起的副产物对 DNA 和其他细胞物质的损伤作用。某些抗辐射细菌中氧化酶浓度特别高，所以有人推测细胞中的氧化酶与微生物抗辐射能力有关。对于某一种微生物来说，随着抗辐射能力增大，细胞长度也增加，不过这种细胞长度延长与抗辐射能力之间有什么相互关系现在还不清楚，也许抗辐射微生物细胞壁或细胞膜中所含有的某些特殊成分对于决定微生物抗辐射能力有很大的关系，如膜中的酶复合物等。

耐辐射奇球菌的特殊细菌细胞结构能保护菌体免受远紫外线的伤害，但不能抗电离辐射。如图 7-11 所示。

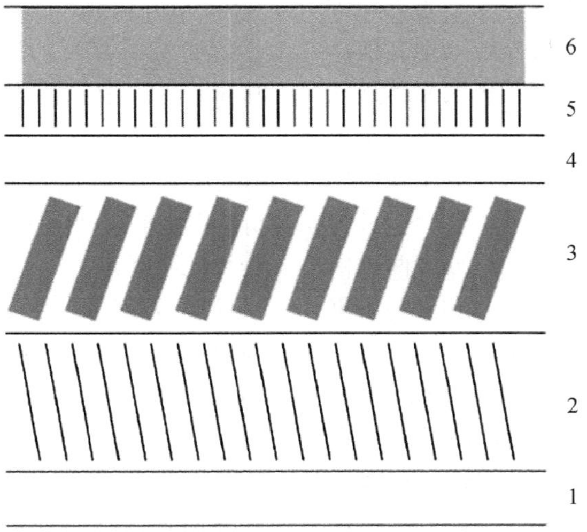

图 7-11 耐辐射奇球菌的细胞壁结构（池振明供图）

1. 质膜；2. 肽聚糖；3. 分隔层；4. 外膜；5. S 层；6. 荚膜

耐辐射奇球菌的细胞有多层具有特殊结构的表面。质膜包含大量的磷酸糖脂而不是其他细菌中通常具有的磷脂。耐辐射奇球菌的质膜中含有一种特殊的磷酸糖脂 2′-*O*-（1,2-二酰基-*sn*-甘油-3-磷酸）-3′-*O*-（半乳糖基）-*N*-d-甘油烷基胺，而且它是质膜主要脂类。细胞壁有厚达 14～20nm 的肽聚糖层。除了形成桥联的氨基酸是特殊的氨基酸（L-鸟氨酸）外，还发现有贯穿肽聚糖层的直径约 10nm 的隧道。肽聚糖层的外面是由多种不同成分组成的未知功能的分隔层（an uncharacterized compartmentalized layer），这一分隔层厚度是肽聚糖层的两倍，但是生理功能还未知。当用高浓度的 NaCl 或极性溶剂处理时，这一分隔层中的大量物质会丢失。在分隔层的外侧是外膜，这与革兰氏阴性菌的结构有很大区别，因为其中不包含由脂质 A、庚糖、羟基脂肪酸组成的脂多糖类。在外膜的外面是 S 层，是由分子质量为 104kDa 的一种蛋白质组成的，这种蛋白质是高度有规律排列，形成六方点格（hexagonally lattice），其中蛋白质是一种糖蛋白，蛋白质的每条肽链都包含 6 个单糖残基，糖是通过丝氨酸或苏氨酸与蛋白质连接在一起的，在多肽链的 N 端往往会含有两个脂肪酸分子。耐辐射奇球菌细胞的最外层结构是碳水化合物层，如荚膜或外壳（图 7-11）。虽然它们包含类似革兰氏阴性菌的外膜，但是这些细胞通常染色呈革兰氏阳性。

2. DNA 修复机制 紫外线可以引起 DNA 损伤，这是紫外线杀死微生物的主要原因。这些 DNA 损伤包括：一条 DNA 链上相邻的或两条 DNA 链上相邻的两个 T 形成 T-T 二聚体，有时也可以在一条 DNA 链上相邻的或两条 DNA 链上相邻的 C 与 C 之间或 T 与 C 之间形成 C-C 或 T-C 二聚体，从而抑制了 DNA 复制和合成。那么在抗辐射微生物中，对这些受到损伤的 DNA 如何进行修复呢？现在发现抗辐射微生物细胞中存在许多修复系统，对紫外线辐射造成的 DNA 损伤进行修复，这些修复系统是抗辐射微生物抗辐射的主要原因。根据可见光与损伤 DNA 修复是否有关，可以把 DNA 损伤修复分为光修复（photo repair）和暗修复（dark repair）两种。

在光修复过程中，细胞中的一种光复活（photoreactivation）酶系在起作用，这种现象首先由 Kelner 在放线菌中发现，这种酶系主要作用于由紫外线引起的 T-T 二聚体，光复活酶可以与 T-T 二聚体结合，这种酶与底物结合之后形成的复合物可以被可见光活化，从而把二聚体之间的键打开，恢复原来的 DNA 结构。编码光复活酶的基因称作为 *phr*。

另一种由可见光引起的光复活作用称为光保护作用（photoprotection），即利用紫外线处理之前，先把微生物暴露于可见光之下，然后再利用紫外线处理，结果可以增加细胞的存活数目，这是由于可见光可以延迟细胞分裂，从而给修复 DNA 损伤创造更多的机会和时间。

暗修复与可见光无关，暗修复又可分为两种修复系统，即切除修复（excision repair）和复制后重组修复（post replication recombination repair）。

在大肠杆菌中，切除修复过程至少可以分为 4 个步骤：第一步是核酸内切酶辨认出 DNA 分子上受损伤的部分，并把受损伤的 DNA 切开，在藤黄微球菌和大肠杆菌中，已经分离到对受紫外线损伤过的那部分 DNA 具有特异性的核酸内切酶；第二步是核酸外切酶把含有二聚体的 DNA 切除掉，并伴随着 DNA 部分降解，从而在 DNA 双链上产生一个缺口，缺口大小在 20～400bp；第三步是在 DNA 聚合酶作用下，以完整的另一条 DNA 链作为模板，把缺口部分填补起来；最后一步是通过连接酶把新复制的 DNA 链与旧链连接起来，从而恢复 DNA 链的连续性，如图 7-12 所示。

在切除修复的研究中，David 等发现耐辐射奇球菌中的 *uvrC*、*uvrD*、*uvrE* 和 *mtcA* 基因都参与到紫外线辐射诱导的 DNA 损伤的单链切除修复，它们中至少两个基因发生突变时才会导致其切除修复的失败。而大肠杆菌等一般微生物中，其一个与切除修复有关的基因发生突变就会导致切除修复的失败，可见，耐辐射奇球菌具有的切除与重组修复系统比一般微生物的完善而高效。

另外，Moseley 研究发现，紫外线辐射所致的嘧啶二聚体能在其指数生长期被切除，且此过程是在细胞外培养基中进行的，切除修复过程依赖于培养基中某些成分的存在，外加碘乙酰胺能抑制其修复。Nagy 的研究进一步证实了这一结果，且测得释放到培养基中的寡核苷酸（分子质量为 70×10^5 Da）能很快被核酸外切酶降解为胸苷，外加碘乙酰胺抑制了此过程中修复酶的活性。

顾名思义，复制后重组修复是指在 DNA 复制之后，通过 DNA 重组进行修复，具体过程如图 7-13 所示。

例如，在 D37=1.75×10^4Gy 的 γ 射线辐射下，野生型的耐辐射奇球菌 R1 菌株能修复每条染色体＞150 处 DNA 双链碱基，而重组缺陷型的耐辐射奇球菌突变株（rec30）便丧失了损伤的 DNA 的修复能力；而在 D37=120Gy 的 γ 射线辐射下，野生型大肠杆菌等靠重组修复仅能修复每条染色体 2～3 处 DNA 双链碱基。

在重组修复的研究中，Daly 等在耐辐射奇球菌 R1 菌株中鉴定出了存在于其中的 *recA* 重组基因，该基因不仅存在于染色体中，在质粒中也广泛存在，且其编码的酶修复效率几乎与修复染色体的一样高，但是耐辐射奇球菌中的质粒在抗辐射中的作用还不清楚。

该基因编码的 RecA 还参与一种叫作可诱导的修复作用，称为 SOS 修复。在这种情况下 DNA 损伤太大，结果 DNA 合成完全停止，留下了许多大缺口。RecA 能与这些缺口结合，并开始链的交换，同时，该蛋白质具有裂解某些蛋白质的功能，破坏能调节许多基因表达的 lexA 阻遏蛋白，这些被调节的基因与 DNA 修复和合成有关，如图 7-14 所示，lexA 阻遏蛋白裂解之后，结果是产生更多的 DNA 修复和合成有关的酶，加快复制和修复过程。该系统可以快速地修复由紫外线辐射引起的大面积 DNA 损伤，但是也会产生一些修复错误，并引起突变。

3. 修复由电离辐射引起的 DNA 损伤 由电离辐射引起的 DNA 损伤可以分为两类，即直接和间接损伤，直接损伤是导致 DNA 单链或双链断裂，不过这种直接损伤的情况是很少出现的。间接损伤是导致细胞中产生自由基，这些自由基再作用于 DNA，引起 DNA 单链或双链断裂，并且这些自由基还能对碱基进行化学修饰。那么，在抗辐射微生物中，如何修复这些 DNA 损伤呢？人们一般认为这种 DNA 损伤修复有 3 种方式，需要 3 种不同的修复系统酶系。

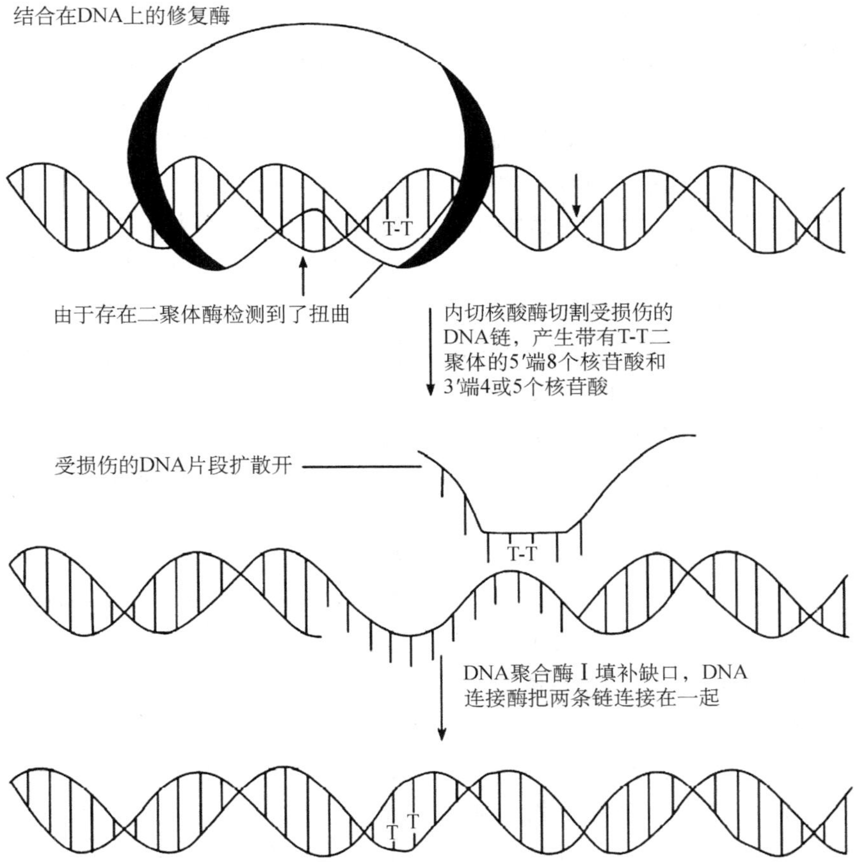

图 7-12　DNA 切除修复过程（池振明供图）

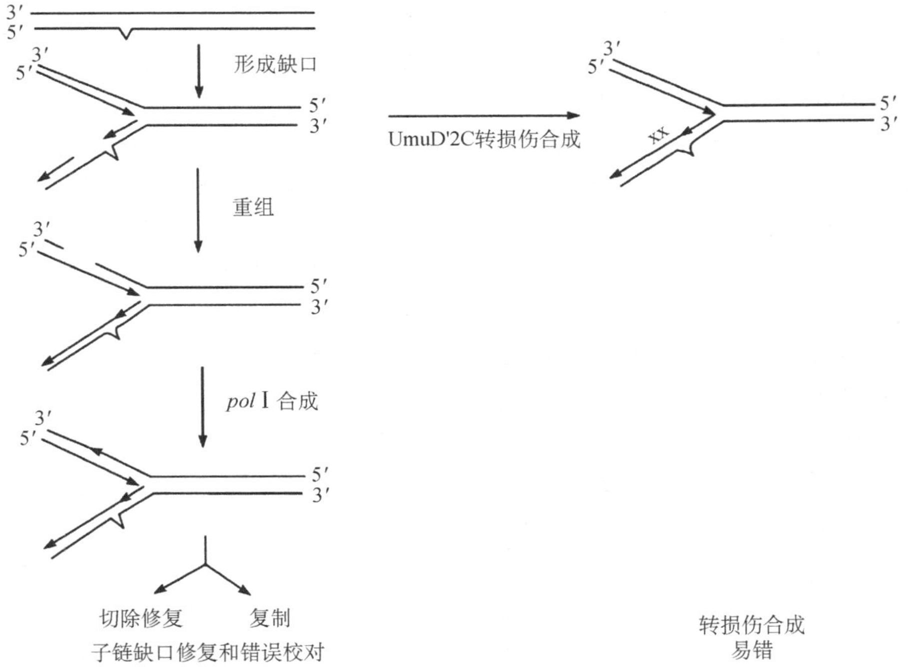

图 7-13　重组修复过程（池振明供图）

1）超快修复　在大肠杆菌抗 X 射线电离辐射菌株中，单链断裂部分在 DNA 连接酶作用下被极快地修复，在 0℃下，两分钟内即可完成修复过程。

2）快修复　在 DNA 多聚酶Ⅰ作用下，修复由超快修复后剩下的断裂的单链 DNA，在这种修复过程中，不需要核酸内切酶。

3）慢修复　利用重组修复系统修复快修复所不能修复的断裂的单链 DNA。

这三种修复酶系是如何具体地修复断裂的 DNA 链，现在还不清楚。

抗辐射微球菌中的修复系统研究得比较清楚，这种细菌可以通过许多种方式抗紫外线和其他射线的辐射。它们细胞中存在一些吸收紫外线的物质（DNA除外）来隐蔽DNA，DNA自身也具有较大的抗辐射能力，并且DNA存在多倍体（polyploid）。这种细菌细胞内损伤修复酶系活力很高，能有效地修复损伤的DNA。这种细菌与大肠杆菌相比，抗紫外线辐射（抗紫外线引起的二聚体形成）的能力要大3倍左右，这种二聚体形成能力的不同在于这两种细菌中碱基比例的不同，抗辐射微球菌的（G+C）/（A+T）的比值为1.6；而大肠杆菌的（G+C）/（A+T）的比值仅为1。每一个细胞吸收光的能力不同也是造成抗性不同的一个重要原因，每个抗辐射微球菌吸收260nm波长光的能力要比大肠杆菌的差。

此外，Burrell等在研究X射线所引起的耐辐射奇球菌DNA损伤修复中，发现DNA在修复过程中形成"DNA与细胞膜复合物"，且在DNA双链碱基的修复中，DNA片段与细胞膜之间存在着多重吸附位点，"DNA与细胞膜复合物"在DNA损伤与修复中到底发挥什么作用，仍需要深入研究。

对紫外线敏感的微球菌突变株对电离辐射、化学诱变剂及紫外线辐射高度敏感，并且在切除二聚体和修复断裂的单链DNA方面效果很差。这些敏感突变株缺少DNA聚合酶活力，仅有野生型的1%～2%。经过诱变，突变株可以重新回复成抗性菌株，那么，DNA聚合酶也恢复到了与野生型同样的酶活力水平。

大多数微生物不能修复断裂的双链DNA，但是抗辐射微球菌对于由γ射线引起的DNA双链断裂可以进行修复，但具体的修复过程仍不清楚，这说明这种细菌抗电离辐射的能力的确很大。

4. 耐辐射奇球菌修复酶 Nagy研究发现X射线辐射后，耐辐射奇球菌DNA片段被释放到细胞外的同时，至少有两种修复酶参与了DNA双链断裂的修复。其后，Hansen在研究紫外线辐射该细菌造成损伤的过程中，测得紫外线辐射首先诱发α、β、γ和δ 4种蛋白质的合成，并推测这4种蛋白质是4种修复酶。Kitayama等在研究该菌DNA损伤修复中，分离并纯化出了2种DNA聚合酶，它们在降解的DNA双链中起到连接缺口的聚合作用。Evans在研究*uvsC*、*uvsD*、*uvsE*和*mtcA*编码的4种蛋白质在切除细胞内二聚体的作用时，鉴定出了2种是起修复作用的核酸内切酶，即核酸内切酶α（*mtcA*基因的产物）和核酸内切酶β（*uvsC*、*uvsD*、*uvsE*基因的产物）。

耐辐射奇球菌能耐受几千倍人类致死剂量的辐射。0.6兆拉德（megarad）（1rad=10^{-2}Gy）的电离辐射足以杀死大肠杆菌，但并不能杀死耐辐射奇球菌。因为0.6兆拉德的辐射剂量能在双链DNA上造成200个碱基发生断裂，在单链DNA上造成3000个碱基发生断裂，能破坏多达1000个碱基。双链DNA的断裂对于普通细菌是很难修复的，因为没有单链DNA作为模板来对其进行精确的修复，大肠杆菌只能修复10～15个碱基发生断裂的双链DNA。耐辐射奇球菌能在高达1.75兆拉德的剂量下存活，这个剂量足以在基因组DNA中造成多达1000～2000个碱基双链DNA的断裂，说明耐辐射奇球菌可以修复如此之大的DNA损伤，否则就无法生存。因为在稳定期生长的耐辐射奇球菌每个细胞含有4个拷贝的基因组，而在对数生长期生长的每个细胞含有多达8～10个拷贝的基因组。耐辐射奇球菌抗辐射的能力部分依赖于它修复双链DNA损伤的能力，另外还依赖于染色体DNA的高度有序状态。耐辐射奇球菌中DNA损伤的修复是高度调节的。修复的第一要求是有足够营养的培养基，因为DNA修复要有足够的能量和生物合成来支持。切下的长度约2000bp的损伤DNA被运出细胞，从而阻止其插入到基因组DNA中引起突变。然后细胞合成DNA合成的前体，但在DNA得到修复前细胞二分裂是不会进行的。细胞受到电离辐射后有9种蛋白质得到激活，其中的1种被认为是RecA。

5. 耐辐射奇球菌保护酶 超氧化物歧化酶（superoxide dismutase，SOD）、过氧化氢酶（catalase，CAT）和过氧化物酶（peroxidase，POD）能有效清除细胞内的超氧阴离子自由基O_2^-、羟自由基（OH·）和过氧化氢（H_2O_2）等对细胞毒害作用极强的活性氧自由基，被称为保护酶。大家都知道辐射的间接作用能在细胞内产生大量的自由基，因此生物体细胞内上述1种酶活性的高低和所含的其他保护物质的量，在一定程度上也决定着对辐射的抗性。Chou等测定了耐辐射奇球菌细胞中SOD酶活力，发现其细胞中SOD酶活力比对照的大肠杆菌在正常条件下的高出6倍多；用Mn^{2+}处理稳定期的细胞后，其SOD酶活力又比未处理的高出3倍多。Wang等测定的耐辐射奇球菌细胞内CAT酶活力更是比对照的大肠杆菌的高出

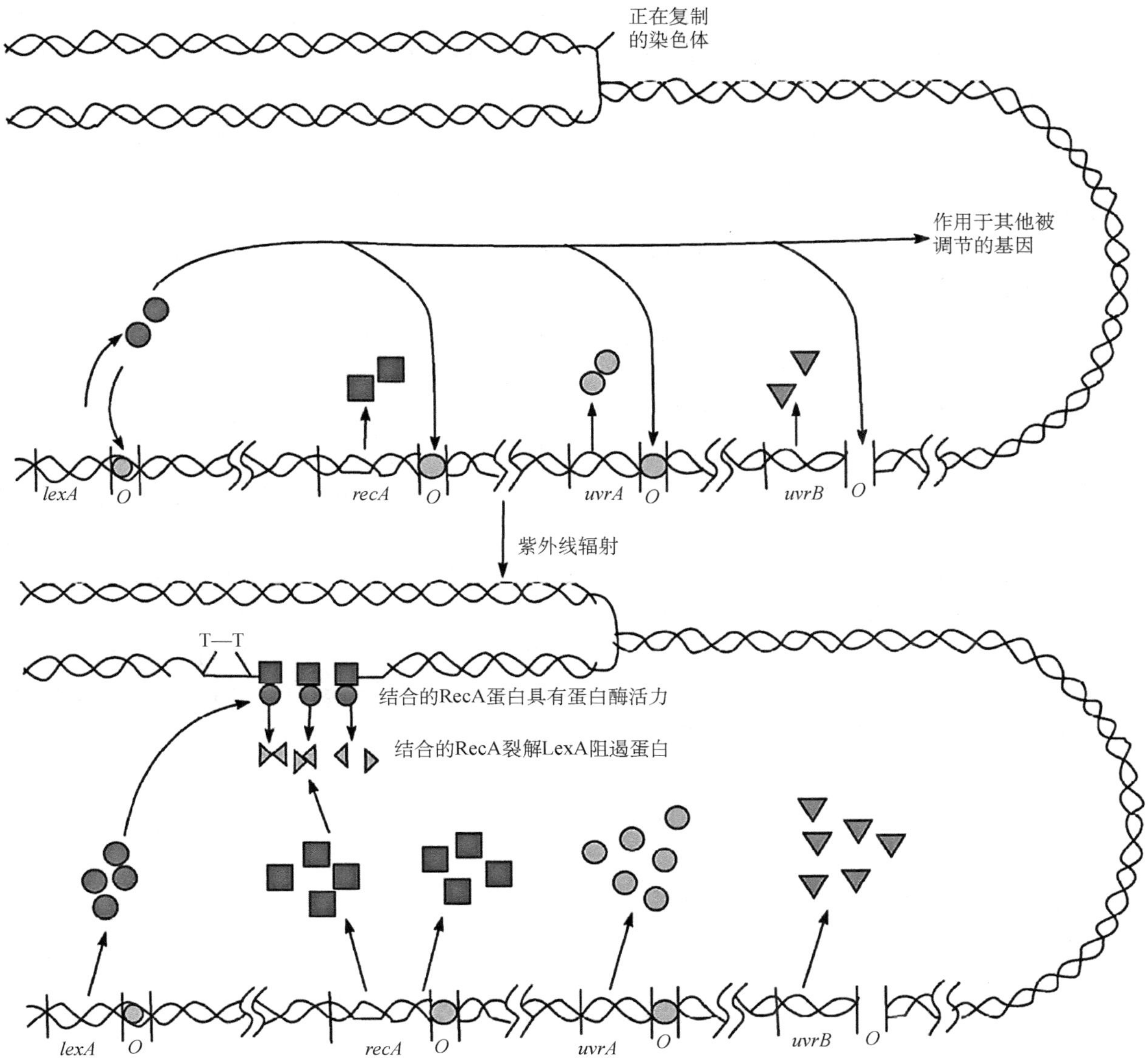

图 7-14　SOS 修复过程（池振明供图）

在没有受到损伤情况下，大肠杆菌中修复基因表达的水平很低，这是因为 lexA 阻遏蛋白结合在这些基因的操纵子上。当 RecA 结合在受损伤的 DNA 区域上时，它便破坏 lexA，这时修复基因得到了解阻遏，并开始活跃地表达。*uvr* 基因编码用于切除修复的内切酶或 uvrABC 内切酶

30 多倍，且证实了一定浓度的 H_2O_2 和一定剂量的电离辐射作用能进一步诱导细胞提高 CAT 的酶活力。耐辐射奇球菌细胞中 SOD 和 CAT 酶活力均比较高，这毫无疑问也是其辐射抗性高的一个重要原因。

6. 耐辐射奇球菌特有的双链断裂（double-strand breakage，DSB）修复系统　通过分析耐辐射奇球菌的敏感突变株 KH311 发现耐辐射奇球菌存在有高效的由蛋白质参与的 DNA 修复系统 PprA（pleiotropic protein promoting DNA repair），因为耐辐射奇球菌的敏感突变株 KH311 发生了 *PprA* 基因的缺失，结果该敲除菌株对 γ 射线、紫外线和丝裂霉素 C 极为敏感。PprA 是经过辐射诱导产生的蛋白质之一，它很喜欢结合到双链 DNA（dsDNA）上，并引起 DNA 链的断裂，但可以保护 DNA 降解产物的断裂端，并刺激 DNA 连接酶的活力，把断裂的 DNA 链连接起来，这说明耐辐射奇球菌存在非同源末端连接（non homologous end-joining，NHEJ）修复机制。NHEJ 首先在真核微生物中发现，过去很长时间内被认为它是易错的（error-prone）。后来大量证据表明 NHEJ 不是总是易错的，其实无误差（错误）NHEJ 系统也存在于真核生物中。就像上一部分所说的那样，耐辐射奇球菌具有高效的氧化损伤保护机制，使得细胞可以把受到活性氧攻击时而引起的 DNA 损伤降低到最小，在这种情况下，因辐射引起的断裂的 DNA 末端结构比辐射敏感菌株的相应结构更加完整，更容易进行修复。假定这些断裂 DNA 末端结构的完整性是决定 DSB 修复的准确性，那么耐辐射奇球菌

存在的 DSB 修复系统就是无误差的。因为耐辐射奇球菌的基因组是精简的，所以这种 DSB 修复将进行得非常高效率，所以把这个修复过程叫作对抗辐射细菌（它们的基因组高度精简）特异的 DSB 修复系统，即依赖精简核苷酸末端连接（condensed nucleoid-dependent end joining，CNDEJ）修复系统，它跟真核微生物中的 NHEJ 有明显不同。在 NHEJ 中，在修复过程中断裂的 DNA 末端不能保持完整性，而耐辐射奇球菌中因为上述原因断裂的 DNA 末端结构可以保持完整性（图 7-15）。最近研究表明 PprA 在 CNDEJ 中能起主要作用，发现 PprA 存在于多蛋白 DNA 处理复合体中，同时这个复合体中还包括一些其他的重要 DNA 修复蛋白，如依赖 ATP 的连接酶等。在非辐射条件下 PprA 浓度非常低，这时 PprA 能结合到双链 DNA 上形成一个低浓度的非饱和核酸蛋白复合体。在辐射条件下，经诱导产生的大量 PprA 能形成一个大的核酸蛋白复合体来促进高含量的损伤 DNA 末端的连接和修复。分析细胞内的 PprA 动力学表明 PprA 还与 DNA 拓扑异构酶（Topo IB）及 DNA 旋转酶之间发生相互作用，所以在受到辐射的情况下 PprA 在保持基因组完整性方面发挥非常重要的作用。在体外实验中还证明了受辐射诱导后 PprA 受到 RqkA（DR_2518）催化的磷酸化作用，磷酸化后 PprA 可进一步增加 DNA 的亲和力多达 4 倍多（图 7-15），所以这种磷酸化作用在耐辐射奇球菌细胞内对抗辐射起着非常关键的作用。奇球菌属（*Deinococcus* spp.）不同种的基因组中编码 PprA 的基因高度保守，这种保守性在其他细菌中并不存在，所以 PprA 仅特异存在于奇球菌属不同种细胞中。最近又进一步完善了耐辐射奇球菌特异的 DSB 修复机制，这个修复机制由依赖延伸合成相关的链退火系统（extended synthesis dependent strand annealing，ESDSA）和同源重组（homologous recombination，HR）系统组成，在这个完善的 DNA 修复系统中发现 DNA 重组酶 A（RecA）、DNA 聚合酶Ⅱ（PolⅠ）和 DNA 聚合酶Ⅲ（PolⅢ）也起主要作用，DSB 修复系统具体过程见图 7-15。

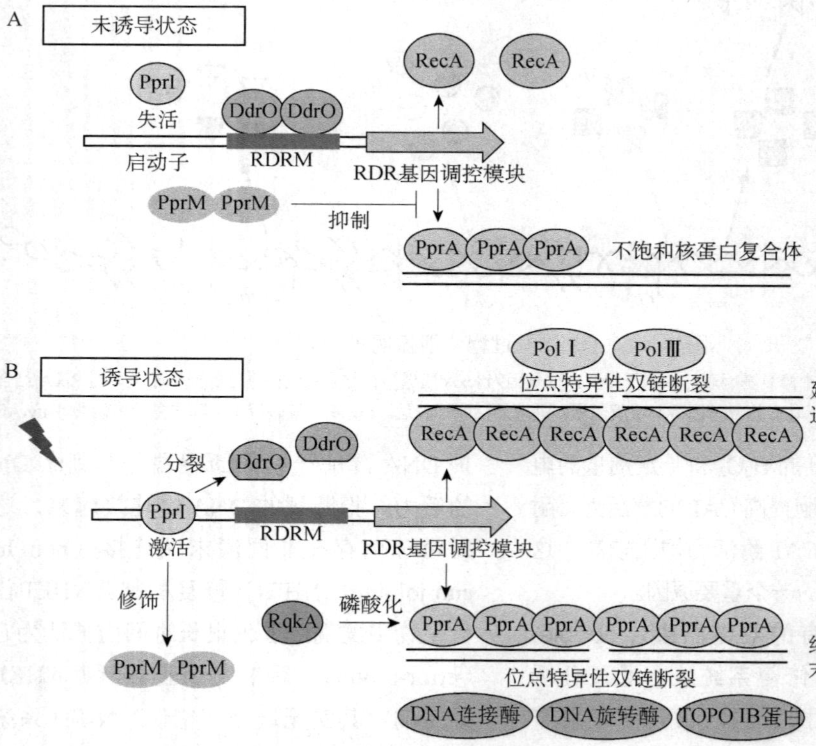

图 7-15 在耐辐射奇球菌中由辐射引起的双链 DNA 缺失修复模型（Ishino et al.，2015）

A. 在未诱导情况下，辐射诱导的阻遏物（radiation-Inducible Repressor，DdrO）结合在对辐射-干燥起反应的基序（radiation/desiccation response motif，RDRM）上，从而抑制了对辐射-干燥能做出反应（radiation/desiccation response，RDR）的调节子的表达，这个调节子包括 RecA 和 PprA。通过转录后修饰的方式 PprM 抑制 PprA。微量的 PprA 与双链 DNA 结合形成一个不饱和的核酸蛋白复合体。B. 受到辐射诱导后，PprI 特异结合到 *RecA* 和 *PprA* 基因启动子上。具有金属蛋白酶活力的 PprI 裂解 DdrO，导致 RDR 调节子得到激活。以依赖 PprI 的方式 PprM 受到翻译后修饰作用，使 PprA 的合成得到解阻遏作用。耐辐射奇球菌的 DNA 重组酶 A（RecA）特别喜欢结合到双链 DNA 上，并与 DNA 聚合酶Ⅰ（PolⅠ）和 DNA 聚合酶Ⅲ（PolⅢ）一起在依赖延伸合成的 DNA 链退火（extended synthesis dependent strand annealing，ESDSA）中起主要作用。随后 ESDSA 和 RecA 介入的同源重组（HR）一起完成 DSB 修复作用。另外，PprA 形成一个大的核酸蛋白复合物促进与 DSB 的结合。通过 RqkA 催化的磷酸化作用加强 PprA 的 DNA 结合能力。在 CNDEJ 中，PprA 与 DNA 连接酶发生相互作用促进 DSB 修复，并在受到辐射后与 DNA 旋转酶和 TOPO IB 蛋白发生相互作用保持基因组的完整性

三、抗辐射微生物的应用

由于抗辐射微生物对DNA损伤因子（电离辐射、丝裂霉素、紫外线等）具有超强的抗性，即具有极强的DNA修复功能，如能克隆到其相关的修复基因并转导于哺乳类细胞中，可大大提高哺乳类细胞的辐射抗性，可以避免人类细胞出现基因突变而发生癌症。另外，可通过基因工程的方法，超表达制备抗辐射蛋白质和抗辐射物质，作为辐射防护剂可以保护人体，防止抗辐射引起的有害作用，所以对耐辐射异常球菌的研究具有明显的潜在应用价值。同时，通过对耐辐射奇球菌的研究能对医学中抗放疗癌细胞的研究能起着极大的促进作用，对阐明辐射生物学中许多悬而未决的问题也具有重要的意义。

思　考　题

1. 如何正确理解微生物适应“adaptation”这个概念？嗜冷微生物在15℃下生长最好，这是适应吗？

2. 实际上，这个世界大部分地方都是低温环境，那么研究嗜冷酵母菌有什么实际意义？

3. 嗜冷微生物产生的酶有哪些共同的显著特征？这些显著特征在实际中有哪些用途？

4. 生命的上限温度到底是多少？为什么超嗜热微生物可以在如此高的温度下生长？

5. 要彻底了解微生物嗜极端环境的分子机制，你认为应该使用哪些研究方法？为什么？

6. 嗜热微生物有许多用途，有哪些重要发现给现代分子生物学研究带来巨大效益？那么利用这些微生物进行发酵生产时，最大的问题有哪些？解决这些问题最好的方法是什么？

7. 嗜极端pH微生物如何抵抗强酸或强碱对细胞的损伤作用？

8. 现在许多研究者对嗜极端微生物的基因组非常感兴趣，你认为对这些微生物基因组分析后会得到哪些重要信息？

9. 嗜碱微生物产生的许多酶有哪些独特的物理化学特征，这些特征在实际中有什么实际用途？

10. 杜氏藻、嗜盐杆菌、中度嗜盐菌和酵母菌在抗盐机制方面有哪些异同点？

11. 在中度嗜盐菌中发现的四氢嘧啶（ectoine）和羟基四氢嘧啶（hydroxyectoine）具有许多生理功能，你认为这两种物质在商业具有哪些潜在用途？

12. 在极端环境中发现的许多细菌为古菌，请你谈谈古菌与真细菌相比有哪些特征。

13. 请你谈谈嗜辐射微生物抗高辐射的分子机制，从微生物抗高辐射机制中你可以看出这些微生物将有哪些潜在用途？

14. 强烈辐射可以引起耐辐射奇球菌的DNA断裂，那么它们如何修复这些断裂的DNA？

15. 利用嗜极端微生物进行分子生物学研究时遇到的最大的难题是什么？

16. 请你各用一张图简单明了地说明嗜冷菌、嗜热菌、嗜酸菌、嗜碱菌、嗜盐菌和嗜辐射菌的抗极端环境的分子机制。

17. 从这些微生物抗极端环境的分子机制中，你最深的感受有哪些？

主要参考文献

辛明秀. 1998. 低温微生物研究进展. 微生物学报，38（5）：400-403.

Gerday C. 2000. Cold-adapted enzymes: from fundamentals to biotechnology. TBTECH, 18: 103-107.

Horikoshi K. 1999. Alkaliphiles: some applications of their products for biotechnology. Microbiology Molecular Biology Reviews, 62: 735-750.

Ishino Y, Narumi I. 2015. DNA repair in hyperthermophilic and hyperradioresistant microorganisms. Current Opinion in Microbiology, 25: 103-112.

Jonson DB. 1998. Biodiversity and ecology of acidophilic microorganisms. FEMS Microbiology Ecology, 27: 307-317.

Kant BR, Ullah S, Zahir HM, et al. 2021. Psychrophiles: a

source of cold-adapted enzymes for energy efficient biotechnological industrial processes. Journal of Environmental Chemical Engineering, 9: 104607.

Quatrini R, Johnson DB. 2018. Microbiomes in extremely acidic environments: functionalities and interactions that allow survival and growth of prokaryotes at low pH. Current Opiniong in Microbiology, 43: 139-147.

Salwan R, Sharma V. 2022. Genomics of prokaryotic extremophiles to unfold the mystery of survival in extreme environments. Microbiology Research, 264: 127156.

Sofía UM, Donati ER, Chan KG, et al. 2015. Thermophiles in the genomic era: Biodiversity, science, and applications. Biotechnology Advances, 33: 633-647.

Tse C, Ma K. 2016. Growth and Metabolism of Extremophilic Microorganisms//Rampelotto PH. Biotechnology of Extremophiles, Grand Challenges, in Biology and Biotechnology. Cham: Springer International Publishing.

Vieille C, Zeikus GJ. 2001. Hyperthermophilic enzymes: Sources, uses and molecular mechanisms for thermostability. Microbiology and Molecular Biology Reviews, 65: 1-43.

第八章　微生物在污染环境中的重要作用

本章彩图

自然界中环境污染物可以分为生物性污染物、物理性污染物和化学性污染物。生物性污染物主要包括各种病原微生物和非病原微生物及寄生虫的污染。物理性污染物主要包括噪声、电磁辐射和电离辐射。而化学性污染物的种类繁多，目前人们使用的化学物质有 10 万多种。化学性污染物是造成环境污染的主要原因，由于化学性污染物毒性大、分布广、排放量大、生物难以降解、对人体健康和生态环境构成了很大的威胁。所以，我们这一章主要介绍化学性污染物种类、来源及其危害；化学性污染物对某些微生物的毒性；某些微生物对化学性污染物的抗性和这些微生物去除污染物的基本原理；最后一节，重点讨论质粒与化学性污染物微生物降解的关系。

在正式介绍本章内容之前，我们还应该明确与本章内容有关的几个基本概念。

1. 生物难降解物质　上面说过目前使用的化学物质有 10 万多种，其中大部分是人工合成的，这些人工合成的大部分化学物质与自然界本身存在的天然化合物具有类似的化学结构，所以它们排放到环境中，能比较容易受到降解；而另外一部分人工合成的化合物具有特殊的化学结构，并且它们的化学键也很特殊，目前微生物细胞存在的降解酶不认识这些化学结构和化学键，或者这些化学物质不能被运输到细胞内，或者这些化合物不能诱导细胞合成降解酶，所以这些物质不能被微生物降解或只能被部分降解，结果这些物质便在环境中大量累积，这类化合物叫作生物难降解物质（xenobiotic）。它们包括化学合成的部分农药、塑料和其他人工合成化合物。现在发现一个化合物如果出现不正常的化学取代基，如被氯和其他卤素取代的某一化合物、化合物中含有特殊的化学键、多苯环化合物和分子太大，这些都是造成化合物不能被微生物降解的原因。

2. 矿化作用（mineralization）　矿化作用是指一个有机分子被微生物完全分解成无机物，如 CO_2 和 H_2O 等的过程。

3. 生物放大作用　有些污染物由于抗微生物分解和具有亲脂的特性，这些污染物进入原核和真核细胞后，便累积在脂类中，结果与周围环境的浓度相比，细胞中浓度将高出 1～3 个数量级，这些细胞被处在更高营养水平的生物消化后，仅有 10%～15%的生物量被转化成更高营养水平的生物量，其余的在呼吸过程中被氧化成 CO_2 和 H_2O，然而溶解在脂类中的污染物既不能被降解也不能被分泌到细胞外，而是进一步被浓缩在下一个营养水平的细胞中，最终在鸟、哺乳动物和鱼体中的环境污染物浓度超过环境浓度的 4～6 个数量级，这种现象叫作生物放大作用（biological magnification）。

4. 生物修复作用　生物修复作用（bioremediation）就是指通过活体生物的作用把有害的污染物转化无毒化合物的过程。

5. 生物刺激作用　生物刺激作用（biostimulation）是指在有污染的地方加入营养物（如氮、磷等）、电子受体（好氧生物降解的氧气、厌氧降解的硝酸盐或硫酸盐）、化学和生物表面活性剂，刺激自然群落中微生物群体降解污染物的活性。

6. 生物强化作用　生物强化作用（bioaugmentation）是指在有污染的地方加入能强降解污染物的微生物，加入的微生物可以是具有强降解能力的土著微生物，也可以是经过遗传改造的强降解污染物的基因工程菌株，加快污染物的净化作用。

7. 根际刺激作用　根际刺激作用（rhizostimulation）是指许多植物根也能产生降解污染物的酶，与根际共生的微生物一起参与污染物的降解，在污染的环境中通过种植这些植物和培养根际微生物达到萃取、累积、转化和去除污染物的目的。

8. 生物浸取　生物浸取（bioleaching）是指微生物把固定在固体中的矿物、重金属、磷等污染物溶解或浸提到水相中的过程。

9. 生物固定作用　生物固定作用（bioimmobilization）就是指某些微生物通过沉淀或诱引污染物到无机或有机的网格中，达到固定化无机污染物或有机污染物的目的。

第一节 自然界化学性污染物的种类、来源及其危害

一、自然界中化学性污染物的种类和来源

1. 大气中的污染物 大气中污染物的种类是非常多的。大气中污染物的来源可以分为两大类，即自然的和人为的。自然来源是由于自然原因，如火山爆发、森林火灾。人为污染是由人类进行生产活动和生活活动而造成的。其中人为污染最为严重，人们可以在生产和生活过程中，通过燃烧燃料、生产过程中排放烟尘废气，造成大气污染。表 8-1 指出了大气中主要污染物种类及来源。

2. 水中的污染物 水中污染物可以分为工业排放的废水、生活过程排出的污水、降雨和降雪过程中从大气中带来的水、农田使用过农药和化肥的水和含有水生生物特别是某些水生微生物代谢产生的水。其中工业废水排放量最大，污染物种类繁多，毒性最大。生活污水排放量也相当大，但其中含有较多的天然化合物。农民在生产过程中，使用了大量的农药和化肥，也给水体，特别是农村的水体造成严重污染。许多水生微生物在代谢过程中也会产生有害物质，污染水体。表 8-2 指出了常见工业废水及所含的有害物质。

表 8-1 大气中主要污染物种类及来源

污染物	主要来源
烟尘及生产性粉尘	火力发电厂、热电站、钢铁厂、有色金属冶炼厂、化工厂、水泥厂等
SO_2	火力发电厂、石油化工厂、有色金属冶炼厂、锅炉房、生活用煤、煤气及一些使用硫化物的工业企业
CO	焦化厂、煤气发生站、冶炼厂、石灰窑、砖瓦窑、汽车废气
烃类	石油化工厂、汽车废气、合成橡胶厂、热电站、工业锅炉和生活炉灶的烟尘、飞机废气
H_2S	化学纤维厂、石油加工厂、制药厂，以及生产各种硫化物、杀虫剂、二硫化碳等的工厂
CO_2	化学纤维厂、橡胶硫化厂、生产 CO_2 的工厂
铅	印刷厂、蓄电池厂、有色金属冶炼厂、生产塑料助剂厂、汽车废气
汞	仪器仪表厂、灯泡厂、汞电解法氯碱厂、氯乙烯中间体加工厂、农药厂
砷	硫酸厂、农药厂
镉	炼锌厂

表 8-2 常见工业废水及所含的有害物质

来源	废水中的主要有害物质
焦化厂	酚、氰化物、硫化物、砷、游离氯、苯环类、焦油、吡啶
钢铁厂	酚、氰化物、锗、吡啶
石油化工厂	石油、氰化物、砷、酸、碱、吡啶、酮类、芳烃类
化纤厂	SO_2、磷、丙烯、乙二醇、氨类、酮类
化肥厂	酰、氰化物、苯、Cu、Hg、F、碱、氨
农药厂	各种农药、苯、氯醛、氯仿、氯苯、As、F、Pb、酸和磷
化工厂	Hg、As、Pb、氰化物、萘、苯、硫化物、硝基化合物、酸、碱等
电镀厂	氰化物、铬、Zn、Cu、Al、镍
合成橡胶厂	氯丁二烯、二氯丁烯、丁间二烯、二甲苯、Cu、苯、乙醛
造纸厂	碱、木质素、氰化物、硫化物、砷等
发电厂	酚、硫、锗、Cu 等
电池厂	Hg、Zn、酚、焦油、甲苯、氰化物、Mn
有色冶金厂	氰化物、氟化物、硼、Mn、Cu、Zn、Pb、Cd、锗等

续表

来源	废水中的主要有害物质
纺织厂	硫化物、硝基苯、纤维素、洗涤剂、砷
皮革厂	硫化物、碱、砷、铬、洗涤剂、甲酸、醛、油脂
制药厂	Hg、As、铬、苯、硝基物
油漆厂	酚、苯、甲醛、Pb、Mn、Co、铬
树脂厂	甲酚、甲醛、Hg、苯乙烯、氯乙烯、苯脂类
玻璃厂	油、酚、苯、烷烃、Mn、Cd、Cu、硒
铅锌矿	硫化物、铅、镉、Cu、Zn、锗
毛纺厂	各种燃料、纤维素和Cd
染料厂及印染厂	各种染料和纤维素等

3. 土壤中的污染物　土壤中的污染物来源包括生活污水和垃圾、工业三废和汽车废气、农业上施用化肥和农药及某些微生物在土壤中的代谢所产生的有毒物质。土壤中主要的污染物有无机盐，如SO_4^{2-}、NO_2^-和NO_3^-；重金属，如As、Hg、Zn等；农药，如杀虫剂、除草剂；致癌物质：如苯并[a]芘，这种物质主要来源于各种树脂、焦油和石油产品、汽车废气、沥青路面和炉灶烟尘；放射性物质，来自含有放射性元素的岩石和核爆炸；塑料、微塑料和植物残体，主要来自垃圾；多氯联苯，主要来自生产和使用多氯联苯的工厂。

二、几种主要污染物的危害

1. 汞　排入环境中的Hg，不仅非常稳定，而且可在污泥中累积，并可在其中被微生物转化成毒性更大的甲基汞。例如，甲基汞与无机汞相比，毒性大100多倍，汞和甲基汞可引起人们产生慢性甲基汞中毒，即水俣病。

2. 镉　镉可以引起痛痛病或称骨痛病。

3. 砷化合物　砷可以引起急性中毒、亚急性中毒和慢性中毒，并且砷还能致癌、致畸和致突变。

4. 铬　在铬化合物中，六价铬毒性最大，铬可引起腹部不适、腹泻接触性皮炎和湿疹等，Cr^{6+}和Cr^{3+}均有致癌作用，接触Cr^{6+}可诱发肺癌。

5. 铅　铅中毒的主要症状是食欲不振。铅还可作用于神经系统，引起大脑皮质的兴奋和抑制，并发生紊乱。慢性铅中毒可引起心肌损伤。

6. 多环芳烃　多环芳烃可引起皮肤癌、肺癌和胃癌。

7. 酚类化合物　酚可引起蛋白质凝固、抑制中枢神经系统和职业性皮炎。酚类化合物还会影响鱼类的洄游繁殖，抑制水生生物的自然生长速率，可对植物和蔬菜产生不利影响。酚类化合物污染水体，可使其中的生物死亡，地面水的感觉性状恶化。

8. 氰化物　氰化物是快速剧毒物，其中的氰基与体内微量的酶结合，从而抑制酶活性，影响电子传递和呼吸，出现内窒息性缺氧。氰化物还可作用于神经系统，使甲状腺功能下降。

9. 合成洗涤剂　合成洗涤剂可引起急性中毒和慢性中毒。急性中毒主要表现为损害消化道、催吐作用、局部刺激皮肤、提高其他化学物质的毒性。慢性中毒主要表现为接触性皮炎、全身过敏反应、损害肝。洗涤剂进入水体或污水处理体系中，由于产生泡沫覆盖在水体表面，使空气中的O_2难以进入水中。另外，洗涤剂在受到微生物降解的过程中，大量消耗水中的溶解氧。上述两个原因造成水中缺氧，引起水中好氧微生物和动物难以生长。洗涤剂能吸附在菌体周围，阻碍废水中其他底物吸附在菌体上。

10. 多氯联苯　引起色素沉着、浮肿、无力及呕吐。严重者可导致肝损害、胎儿中毒和引起海洋鸟类中毒死亡。

11. SO_2　SO_2是窒息性气体，有腐蚀作用，可引起急性支气管炎、声门水肿或肺水肿和呼吸道麻痹，还能导致肺气肿和支气管哮喘等疾病。SO_2对多种植物，如林木、谷物和蔬菜均可造成损害，使它们不能生长，甚至死亡。对建筑物和桥梁构成腐蚀作用。

12. 农药类　有机氯农药为神经和内脏的毒物，引起肝和肾的严重损害、神经系统受损伤、抑制ATP酶和其他酶活性、导致物质代谢和生化过程障碍、破坏免疫系统的功能和损伤生殖功能。许多农药还具有致癌、致肿瘤、致畸和致突变作用。有机磷农药可引起神经传导生理功能紊乱，出现瞳孔缩小、流涎、抽搐，最后常因呼吸衰竭而死亡。

13. 石油化工类化合物　与合成洗涤剂一样，油膜覆盖作用造成水体复氧困难，加上石油本身受微生物降解过程中需消耗大量的O_2，使局部水体水中的溶解氧下降；石油烃类中某些芳烃，如多环芳烃具有致癌性，并可通过食物链逐级累积，引起生物放大作用；水中含油0.01mg/L时，水生生物即有嗅味；大海和其他水体受石油污染后，对水产养殖具有很大的威胁。

14. 偶氮染料　偶氮染料在自然界中被微生物还原脱色后产生的芳香胺对人具有致癌作用。

15. 二噁英　二噁英是环境内分泌干扰物的代表，它们能干扰机体的内分泌，产生广泛的健康影响。二噁英能引起雌性动物卵巢功能障碍，抑制雌激素的作用，使雌性动物不孕、胎仔减少、流产等。低剂量的二噁英能使胎鼠产生腭裂和肾盂积水。给予二噁英的雄性动物会出现精细胞减少、成熟精子退化、雄性动物雌性化等。流行病学研究发现，在生产中接触二噁英2,3,7,8-TCDD的男性工人血清睾酮水平降低、促卵泡激素和黄体激素增加，提示它可能有抗雄激素（antiandrogen）和使男性雌性化的作用。二噁英有明显的免疫毒性，可引起动物胸腺萎缩、细胞免疫与体液免疫功能降低等。二噁英还能引起皮肤损害，在暴露的实验动物和人群中可观察到皮肤过度角化、色素沉着及氯痤疮等的发生。二噁英染毒动物可出现肝肿大、实质细胞增生与肥大，严重时发生变性和坏死。二噁英2,3,7,8-TCDD对动物有极强的致癌性。用二噁英2,3,7,8-TCDD染毒，能在实验动物中诱发出多个部位的肿瘤。流行病学研究表明，二噁英暴露可增加人群患癌症的危险度。根据动物实验与流行病学研究的结果，1997年国际癌症研究中心（IARC）将2,3,7,8-TCDD确定为Ⅰ类人类致癌物。

16. 微塑料　现在一般将微塑料定义为粒径小于5mm的塑料碎片或颗粒。微塑料是环境中累积的塑料小碎片，其密度低于海水密度。当微塑料进入海洋后，可通过潮汐、海啸和洋流等外力作用迁移至更远的地方，在全球水域环境中分布广泛。大量研究表明，在大气、海洋、湖泊、河流、沉积物中都有微塑料存在。研究发现上海市每年大气中悬浮微塑料的总重量约为120.72kg，据估计一个成年人每天可能吸入21个塑料微粒。微塑料的浮力和持久性使得它们很容易通过水动力和洋流过程扩散到世界各地的海洋中，海洋环境中存在的微塑料对整个生态系统构成了巨大的威胁，受到了研究者广泛关注。微塑料已经无处不在地渗透到水生生态系统和极地地区，大西洋的微塑料丰度为2.46个/m^3；日本周围东亚海域的微塑料颗粒总数约为172万个/km^2，是北太平洋微塑料数量的16倍，世界海洋的27倍。由于微塑料体积小、易于移动，很容易被海洋生物摄食，越来越多研究发现海洋生物摄入微塑料后会引起机体生理功能的变化，从而影响海洋生物的健康。海洋中微塑料的增加降低了海洋生物的存活率。研究发现暴露于不同浓度聚乙烯和聚丙烯微塑料颗粒中对端足类美洲钩虾（*Hyalella azteca*）的毒性变化，聚丙烯微塑料颗粒的毒性明显高于聚乙烯微塑料颗粒，且随着微塑料浓度的增加，端足类美洲钩虾的死亡率升高，在暴露第10天时，聚乙烯和聚丙烯微塑料对端足类美洲钩虾的半数致死浓度（LC_{50}）分别为4.64×10^4个/mL和71.43个/mL。发现随着聚乙烯微塑料剂量增加，幼鱼死亡率升高。微塑料摄入会减缓海洋生物的生长发育，发现含有微塑料的生物污染降低了海胆摄食率，导致体内不能储备足够能量，从而影响了海胆的生长。发现随着微塑料浓度增加，中华绒螯蟹的增重率、比生长率呈现下降趋势。微塑料的摄入还会影响海洋生物的行为特征，如暴露在90μm微塑料聚苯乙烯颗粒中，会抑制河鲈（*Perca fluviatilis*）幼鱼的孵化，改变其摄食偏好和先天行为。此外，微塑料的摄入还会影响生物体的基因表达，产生一定的遗传毒性。紫贻贝（*Mytilus galloprovincialis*）暴露于聚苯乙烯微塑料中，发现贻贝中上千个基因表达异常。发现当0.05μm大小的聚苯乙烯浓度大于12.5μg/mL时会造成桡足类浮游动物母代和幼体死亡，浓度为1.25μg/mL时子代死亡率明显升高。

其他污染物的危害这里就不一一介绍了。

第二节　化学性污染物对微生物的毒性

一、重金属污染物对微生物的毒性效应

在低浓度下，环境中某些重金属不会对微生物产生不利影响，反而对它们有利，这是由于：①一些重金属对于微生物细胞中的酶是必需的成分。例如，糖代谢过程中许多酶的活性需要Mn^{2+}。②微生物对某些重金属化合物进行氧化过程中，可以获得能量。但是，当环境中的重金属超过一定浓度

时，便会对微生物产生毒性效应。

1. 对微生物群落的影响　植物叶面受到重金属污染后，微生物数量和多样性变少。对微生物生长影响最大的重金属是 Ni、Zn、Pb、Al、Fe 和 Mn。把镉加入土壤中会减少微生物群体，降低呼吸速率，这说明重金属使土壤中微生物菌群数量变小，酶活性降低。由于受重金属污染，在金属冶炼厂附近的水中，细菌数量减少，同时自净能力降低。重金属对微生物群落的不同种属有不同的影响。例如，混合培养物中产碱杆菌对重金属敏感性大，而短杆菌对重金属抗性最大。重金属还会影响微生物群落结构的稳定性，如把 Cu 加入咸水中，菌落类型有少量的减少；而加入 Hg 或 Cu^{2+}时，10d 之内菌落类型减少了 50%。

2. 重金属对微生物的毒性　高浓度的重金属会抑制微生物的生长、繁殖，损害呼吸作用，使细胞形态异常，甚至裂解。另外，微生物的生长动力学、抗生素活性、孢子萌发、孢子形成、光合作用、转录、翻译、转化、适应、微生物与植物之间的相互关系、微生物之间的相互关系和土壤微生物活性，都会受到重金属的影响。不同属的微生物因其具有不同的生理特征而对重金属的敏感性不同。同一种微生物处在不同的生长阶段对重金属的敏感性也不同。真菌的不同发育阶段，即营养菌丝、生殖组织和孢子表现出对 Cd 具有不同的敏感性。各种重金属对同一种微生物的毒性也表现出不同的强弱。例如，重金属对大肠杆菌毒性的顺序是 Hg＞Cd＞Al＞Pb＞Co＞Fe＞Cu＞Zn。

重金属对微生物的毒性可用指数函数 $y=ae^{-bx}$ 来说明。其中的 x 为培养基重金属浓度（mmol/L）；y 为重金属浓度为 x（mmol/L）时，培养基中生长的细菌数；a 为不含重金属时，培养基中生长的细菌数；b 是一个测定毒性的指数，b 值越大，重金属毒性越大。

重金属对微生物的毒性受到环境中许多因素的影响：①当重金属与有机基团结合后，对微生物的毒性明显增加，如 Hg 的甲基化；②pH，如在酸性条件下（pH 5～6）铅的毒性增加，而 Hg 对番茄镰刀菌（*Fusarium lycopersici*）孢子和菌丝的毒性，因 pH 增加而增加，推测这是由于减少了质子（H^+）和 Hg 对细胞表面的竞争；③黏土，包括高岭土和胶岭石可以降低重金属对微生物的毒性作用，这是由于黏土中阳离子，如 H^+、K^+、Na^+、Mg^{2+}和 Ca^{2+}可以与重金属离子起置换反应，黏土可以从溶液中去除有毒离子，从而减少了微生物对重金属的吸附和摄取；④可溶性有机物，如胰胨、酵母膏、半胱氨酸、琥珀酸和谷胱甘肽可以降低铅的毒性；⑤磷酸盐和碳酸盐可以与铅形成不溶性化合物而降低铅的毒性；⑥Hg^{2+}在含有高浓度氯的环境中，形成 $HgCl^{3-}$/$HgCl_2{}^{4-}$复合物可以降低 Hg^{2+}的毒性，Hg^{2+}还可以与 Na_2S 形成 HgS 沉淀而降低毒性；⑦络合物，如天冬氨酸、柠檬酸和乙二胺四乙酸的加入可以消除 Cd^{2+}和 Zn^{2+}对微生物的致死作用；⑧重金属与其他污染物，如 SO_2 和氧化氮可以产生相互协同作用，提高了相应重金属的毒性；⑨藻类的胞外层和 Hg^{2+}相互作用，降低了汞对这类生物的毒性。产气克雷伯菌产荚膜菌株比不产荚膜菌株抗镉的能力大。

3. 重金属对微生物的致毒机制　重金属对微生物产生毒害作用。其原因有：①其是抗代谢物；②很容易与细胞膜结合，干扰细胞的正常功能；③与基本代谢物形成沉淀物，使得这些代谢物不能被细胞所利用；④取代了一些酶的重要元素，从而干扰了酶和细胞的正常功能，如许多重金属可以与酶中的—SH 结合，从而使这种酶失活，这是重金属对微生物产生毒性的最主要原因；⑤许多重金属对其他生物配位体，如磷酸、嘌呤、嘧啶和核酸具有强烈的亲和力；⑥Hg 很容易损伤三羧酸循环和呼吸链，从而影响了 ATP 的产生。

二、有机污染物对微生物的毒性

上面谈过有机污染物的种类是很多的，不同的有机污染物由于具有不同的化学结构和化学性质，对微生物的毒性是大不一样的，所以我们不可能对每一种有机污染物对微生物的毒性做一一介绍。在此，我们只选择有机氯农药对微生物的毒性做一些简介。

1. 有机氯农药对微生物群落的影响　当 DDT 浓度在 100.0μg/mL 时，便可以减少污泥中好氧菌和厌氧菌的数目。浓度在 0.1μg/mL 时，便可以减少医院排出水中细菌群体数目。但是在土壤中，每公顷达到 112kg 也不会对土壤中微生物群落产生影响。

一般情况下，细菌对 DDT 和狄氏剂的敏感性要比丝状微生物的大。例如，在肥沃土壤中，DDT 和狄氏剂可以减少细菌数目，但真菌数目反而增加。

杀虫剂对微生物的影响取决于培养基的性质。例如，DDT 和七氯在浓度为 50μg/mL 和 100μg/mL 时，能影响琼脂平板上荧光假单胞菌和金黄色葡萄球菌的生长，但在脱脂牛奶中却不受影响。

不同的杀虫剂由于在水中的蒸气压和溶解性不同而有不同的毒性。例如，γ-BHC（六六六的一种构型）具有较高的水溶性（6.0～7.0μg/mL），当这种农药达到过饱和状态（25μg/mL）时，毒性最大，而七氯、氯丹和艾氏剂在很低浓度下便具有很高的毒性。

不同微生物对杀虫剂也有不同的敏感性。例如，艾氏剂、狄氏剂等农药在 10 000μg/mL 下，能选择性地抑制 G^+菌的生长，而对 G^-菌无效，这是由于 G^+菌和 G^-菌具有不同的电子传递链成分，细胞膜和细胞壁成分也不相同，这说明这些农药能选择性地抑制电子传链。但是开蓬这种农药在每毫升小于 1.0mg 条件下，仅作用于 G^-菌，如假单胞菌、弧菌和嗜水气单胞菌。

DDT 对硅藻中的骨条藻（*Skeletonema costatum*）毒性随着 DDT 浓度增加而增加。在自然水体中，低浓度的 DDT 可以对浮游生物群体产生有害作用，到了高浓度才对微生物产生致死作用，这是由于这种农药在水中溶解度较小，并且在水中很容易受到生物降解。另外，微生物细胞内脂类含量和生理状态对 DDT 的毒性也会产生影响。

在自然微生物群落中，不同种微生物对有机氯农药有不同的敏感性。例如，DDT 在 0.1μg/mL 浓度下可以抑制海湾硅藻的骨条藻细胞分裂，而对公海的盖板金藻（*Coccolithus huxleyi*）不会产生不利的影响。

在自然环境中，微生物同时与许多种化合物接触。这些化合物与农药相互作用可以影响微生物对农药的抗性。例如，把 DDE 和多氯代二苯的混合物加入假单胞硫杆菌（*Thiobacillus pseudomonas*）纯培养物中，结果发现这两种化合物混合之后的毒性比单一存在时的大，说明这两种化合物具有协同效应而增加了毒性。但是，当加入超过正常浓度的 K_2HPO_4、$Ca(NO_3)_2$ 和 $CaCl_2$ 时，六六六对绿藻的毒性却减少，这是由于六六六与营养物相互作用形成一种复合物，从而降低了毒性。

原生动物对 DDT 的抗性比其他生物的大。例如，DDT 浓度超过 100μg/mL 时，不会对纤细眼虫（*Euglenozoa gracilis*）生长造成不利的影响。

农药对微生物还会产生间接的影响，例如，在有水环境中，农药的存在很容易导致水体出现水华，这是由于以藻类为食物或与藻类竞争食物的浮游动物对农药较为敏感，而藻类则相反，结果藻类便大量增殖，而浮游动物却大量死亡或受到抑制。

2. 对细胞内生命物质的影响 在微生物中，有关有机氯农药对它们细胞和体内生命物质的影响现在还不完全清楚，但总的来说，微生物对 DDT 敏感的结构是细胞膜、酶、核酸。在藻类中，农药主要是干扰光合生物的光合作用，从而引起细胞的其他生命物质发生进一步变化。

1）细胞膜 细胞膜是农药作用的第一个目标。利用 DDT 处理枯草芽孢杆菌可以改变这种细菌的膜成分，用 DDT、艾氏剂和狄氏剂处理大肠杆菌会改变细胞膜中极性磷酸基团和脂肪酸的比例，从而改变膜的结构和功能，这是因为极性的磷脂是细胞膜的主要成分。

2）氨基酸和蛋白质 有机氯农药破坏了膜的结构和功能之后，进一步会影响细胞的渗透性，进而对细胞中的许多代谢活力产生不利的影响。例如，DDT 在 1.0～5.0μg/mL 条件下，会降低雪衣藻（*Chlamydomonas nivalis*）、*A. amalloids* 和巴西栅藻（*Scenedesmus brasiliensis*）对氨基酸的吸收，但是，对其中某些氨基酸如色氨酸、缬氨酸、异亮氨酸和组氨酸的吸收却不受影响，并且与对照相比，吸收的速率却稍有加快。如果提高 DDT 浓度（从 10μg/mL 提高到 25μg/mL）还可进一步降低雪衣藻和 *A. amalloids* 对氨基酸的吸收。相反，在巴西栅藻中，丝氨酸和精氨酸的吸收反而加快，这是由于 DDT 处理改变了这些微生物膜结构的完整性，以致对某些氨基酸的通透性加大，而对另一些氨基酸的运输却受到抑制。由于某些氨基酸运输受到抑制，从而进一步影响蛋白质合成。

3）核酸 有机氯农药还会影响核酸的合成，在簇生眉藻（*Calothrix fasciculata*）中，DDT 可以抑制对碱基 T 和 U 的吸收，从而分别抑制 DNA 和 RNA 的合成。DDT 不仅是由于改变了细胞的通透性而影响核酸的合成，而且 DDT 还会作用于细胞内部的环境，以致微生物不能开始合成核酸。另外，DDT 对海洋原甲藻（*Prorocentrum micans*）的影响在于直接干扰遗传机构，改变细胞的内环境，从而破坏了整个核酸合成过程，因为 DDT 可以进入这种微生物的核膜中。

4）酶与代谢途径 在 1000μg/mL 和 2000μg/mL 条件下，艾氏剂通过干扰根瘤菌的氧化酶，从而抑制戊糖、己糖和 TCA 循环中间产物的代谢。在梨形四膜虫（*Tetrahymena pyriformis*）中，0.001μg/mL BHC（六六六）不会影响脱氢酶、己糖激酶和丙酮酸激酶的活力，反而可刺激谷氨酸脱氢酶、异柠檬酸脱氢酶和苹果酸脱氢酶的活力。当把 BHC 浓度从 0.001μg/mL 提高到 0.1μg/mL 时，除了转氨酶活力受到抑制外，其他所有酶活力都有提高，浓度进一步提高到 1μg/mL，便抑制几乎所有的酶活力。

有机氯农药对生长的抑制是由于它们干扰了细胞的氧化代谢。例如，氯丹能抑制酵母菌的细胞分裂是由于这种农药影响微生物利用非发酵性底物

（甘油、乳酸和乙醇），但不影响利用发酵性糖作为能源。

氯丹还会抑制枯草杆菌的琥珀酸脱氢酶活力，并减少了大肠杆菌和枯草芽孢杆菌 NAD 脱氢酶量。氯丹会抑制一种海洋细菌——解蛋白气单胞菌（*Aeromonas proteolytica*）中内肽酶的活力。

5）光合作用　　DDT 和其他农药对自养微生物的不利影响很引人注目，现在发现有机氯农药可以抑制藻类的光合作用，这一点特别重要，因为藻类在海洋食物网和生物圈中氧气平衡方面起着很重要的作用。有毒物质可以在许多方面干扰光合作用：①叶绿体的发育和结构完整性；②光反应；③暗反应。例如，DDT 在最低浓度（0.0094μg/mL）条件下，会使柔弱菱形藻（*Nitzschia delicatissima*）的叶绿体变形。在 1.0μg/mL 下，可以完全破坏叶绿体的形态。在 10.0μg/mL 下，γ-BHC 可以减少纤维藻中的布郎尼纤维藻（*Ankistrodesmus braunii*）和组纤维藻（*Ankistrodesmus nidulans*）的叶绿素含量，而低于 10.0μg/mL 时，却可以刺激光合作用。DDT、狄氏剂、氯丹和艾氏剂这 4 种农药在 10.0μg/mL 条件下都可以干扰藻类光合作用过程中光合磷酸化作用，但不会对藻类群体密度产生影响。由于农药干扰了 ATP 的产生，这样必然进一步影响 NADPH 的合成和 CO_2 的固定。另外，DDT 还可以通过破坏循环光合磷酸化作用达到破坏 CO_2 的固定。

6）细胞形态　　农药除了具有上述不利的影响外，还可以影响细胞形态。利用 100.0μg/mL DDT 处理背状棘尾虫（*Stylonychia notophora*）会导致细胞形态发生许多异常的变化，如有很深的缺口、染色体发生松弛和大核出现碎片等。在簇生眉藻中，用 425.0μg/mL DDT 处理，会改变质膜结构，并使线粒体发生膨胀。

在 *D. biocula* 中，γ-BHC 在 10.0μg/mL 下，会使细胞器数目发生改变，并引起核崩溃，使细胞增大，减少微管数目和增大高尔基体。

在 10.0μg/mL 条件下，BHC 会使蛋白核小球藻（*Chlorella pyrenoidosa*）的细胞膜和细胞器遭到破坏，仅留下淀粉粒、蛋白核和某些内膜，这是由于破坏了细胞膜，使细胞内含物外漏。

第三节　微生物对重金属的抗性和抗性机制

大约有 65 种表现为金属特性的元素称为重金属（heavy metal），这是一个被大家广泛使用的名词，实际上这个名词的定义很不准确。在本书中，从生物学和化学角度来说，重金属应包括汞、铅、铜、铬、锌、锰、镍和钴。同时我们把金和银等稀有元素，有机重金属化合物和放射性核元素，如铀和钍也包括在重金属元素之内。上一节谈到了重金属对微生物的毒性，那么许多微生物也可以通过多种方式对重金属产生抗性。

一、生物吸附和络合作用

微生物可以产生许多胞外物质吸附重金属，这些胞外物质包括核酸、脂肪酸和多糖。它们除了可以结合重金属外，还可以防止微生物干燥、被吞噬和寄生。胞外聚合物因含有丙酮酸、磷酸、羟基琥珀酰基和葡萄糖醛酸基团而具有许多阴离子特性，可以有效地生物吸附带正电荷的金属离子。能产生这些胞外聚合物的有硫杆菌（*Thiobacillus* sp.）、沙雷菌（*Serratia* sp.）、假单胞菌（*Pseudomonas* sp.）、芽孢杆菌（*Bacillus* sp.）、青霉（*Penicillium* sp.）和曲霉（*Aspergillus* sp.）等。微生物产生的草酸和柠檬酸也可以与金属形成沉淀物，产生的沉淀物沉积在微生物细胞壁上。许多细菌能产生大量的胞外多糖，这些胞外多糖带有负电荷，它们可以作为重金属的有效生物吸附剂（biosorbents），如动胶菌属的细菌能产生胞外多糖，因此可以使用它们在污水处理系统中吸附重金属。如果把这些微生物的多糖萃取并除去，那么就会大大降低吸附重金属的能力，并增加对重金属的敏感性。这些胞外多糖对于细胞来说还是一种有效的障碍物，阻止重金属离子进入细胞。另外，蓝细菌、藻类和真菌也可产生类似功能的多糖。如果重金属能吸附到细胞壁上，就可以明显地降低溶液中的金属浓度，但是降低的程度往往不受代谢控制，而是取决于金属和生物量浓度、pH、具有竞争作用的阳离子和阴离子等。生物吸附对微生物的某些生存结构来说是很重要的，如真菌的厚壁孢子（chlamydospore）具有很厚的细胞壁，通常是黑色的，像这种类型的细胞对金属具有较大的耐受性，而透明类型的细胞则对金属较敏感，这些厚的细胞壁可以作为一种有效的渗透障碍物，阻止金属进入细胞。

许多有机代谢物在去除重金属毒性方面也起着

很重要的作用，因为这些有机代谢物具有络合金属离子的能力。例如，柠檬酸是一种有效的重金属络合剂；草酸能与细胞壁和培养基中存在的重金属起反应，生成不溶性的草酸盐。能产生草酸的真菌有引起木头腐烂的真菌，如卧孔菌（*Poria* sp.）、曲霉、青霉、小刺霉（*Spinulosum* sp.）和轮枝孢（*Verticillium psalliotae*）。铁是微生物生命必需的一种基本元素，许多微生物能释放一种叫作铁载体的有机物，这种有机物能与 Fe^{3+}形成复合物，在细胞外形成的铁络合物随后便与细胞发生相互作用，使铁累积于细胞内。当铜绿假单胞菌（*P. aeruginosa*）生长在含有铀或钍的培养基中时，它可以产生铁载体（siderophore）。这些铁载体除了能络合 Fe^{3+}外，还会与其他金属离子如镓和镍结合。在培养基中限制铁的加入量可以增加铁载体化合物的产生，如在海洋环境的微生物一章提到的短梗霉产生的铁载体 FsC 就具有很强的络合铁离子的能力。并且在鱼腥藻（*Anabaena* sp.）中，这些铁载体能与铜形成很结实的铜复合物，所以可以说这些铁载体的产生对细胞来说也是一种保护机制。

生物表面活性剂具有络合铅、镉和锌的作用，通过这种络合作用可以大大增加金属的可溶性。

二、细胞外的沉淀作用和结晶作用

某些微生物，特别是能产生硫化物的细菌，如脱硫弧菌参与了含硫沉积物的形成，在这些沉积物中含有大量的金属。硫化物的产生导致从溶液中去除重金属，这是微生物对重金属产生抗性的另一种机制。产气克氏杆菌（*Klebsiella aerogenes*）的抗金属菌株能沉淀 Pb、Hg 或 Cd，使这些重金属生成不溶性的硫化物颗粒，存在于细胞外表面上。硫杆菌生长在含银的硫化物培养基中，可导致 Ag_2S 颗粒的产生。

热绿藻的菌株可生长在 45℃的酸性溶液中，这些水体含有高浓度金属离子。这些菌株能使 Fe、Cu、Ni、Al 和 Cd 生成不溶性的金属硫化物，并沉积于细胞表面上，形成的沉淀物占细胞干重的 20%。酵母菌也能通过在细胞壁内或在细胞壁周围形成硫化物而使金属发生沉淀，在铜存在的情况下，酵母菌菌落可出现黑褐色。

由微生物产生的硫化物在汞循环中起着重要的作用。在水环境中通过不均衡化学作用（disproportionation chemistry），H_2S 能使汞发生挥发作用和沉淀作用。挥发作用使形成的有机汞从水环境进入空气中，如在污染水环境中，脱硫弧菌在厌氧条件下，还原 SO_4^{2-} 产生 H_2S，产生的 H_2S 可以导致下述反应：

$$2CH_3Hg^+ + H_2S \longrightarrow (CH_3)_2Hg + HgS \tag{8-1}$$

$$2CH_3Pb^+ + H_2S \longrightarrow (CH_3)_4Pb + (CH_3)_2PbS \tag{8-2}$$

由于金属与碳之间的连键对光裂解作用非常敏感，挥发性的有机铅汞化合物一旦进入空气，就变成不稳定的化合物。

有些重金属经过微生物的作用形成结晶体并沉淀在细胞表面上，这也可以代表某些微生物抗金属的机制。在许多环境中，生丝微菌（*Hyphomicrobium* sp.）、藻类和真菌能使 Mn^{2+}受到氧化，生成的 MnO 晶体可以包围这些微生物细胞；抗银细菌菌株产生的还原性化合物，可以把 Ag^+还成原 Ag^0，Ag^0 便沉积在培养容器的玻璃表面上或菌落中。柠檬酸杆菌（*Citrobacter* sp.）的抗重金属菌株生长在 2-磷酸-甘油中可以诱导细胞合成一种与细胞结合的磷酸酶，磷酸酶催化 2-磷酸-甘油释放磷酸盐，磷酸盐可以催化 Cd、Pb、Cu 和 U 形成不溶性的磷酸盐沉淀物。

上面所描述的大部分现象都紧密地依赖于代谢过程，并且在受污染的环境中这些现象可能是决定微生物耐受和生存的关键因素。

三、与细胞运输有关的抗性机制

依赖能量与代谢的金属胞内运输累积机制与上述的金属结合过程相比可能是比较缓慢的过程，并且可以受到代谢抑制剂、低温、缺少能源物质（在异养菌中受到葡萄糖的影响，而在光合微生物中受到光的影响）的抑制或减速。在许多藻类、细菌和酵母菌中，通过运输累积的重金属量可以大大地超过生物吸附所吸收的重金属量。运输速率受到细胞代谢状态、培养基组成和性质的影响。运输重金属的动力来自跨膜离子梯度，如 H^+梯度、K^+梯度和膜电位。

重金属敏感菌株和抗性菌株相比，前者能吸收较多的重金属离子。如果能降低细胞的运输能力，降低细胞对金属的渗透能力或细胞存在有效的排出重金属系统，都可以提高微生物抗重金属的能力，这是许多微生物抗重金属的机制，如图 8-1 所示。

在许多细菌中，包括金黄色葡萄球菌和枯草芽孢杆菌，Cd^{2+}的主动运输取决于跨膜电位，并且这种主动运输对 Mn^{2+}和 Cd^{2+}有高度的特异性。在 G^-菌中，降低细胞对 Cd^{2+}的运输能力可以导致细胞抗 Cd^{2+}。在金黄色葡萄球菌抗性菌株中，存在 Cd^{2+}/

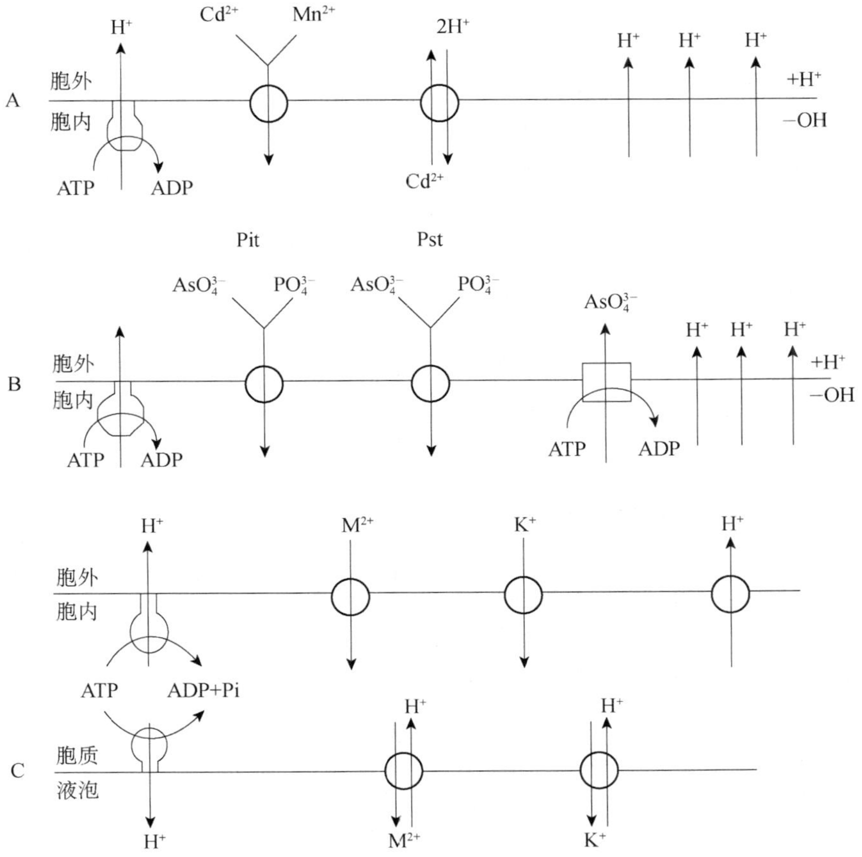

图 8-1 微生物抗重金属的机制（池振明供图）

A. 在金黄色葡萄球菌中 Cd^{2+}吸收和排出系统的模型。B. 在 *E. coli* 中磷酸盐和砷酸盐运输系统及砷酸盐的排出系统。对于 Pst（对磷酸盐有特异性的运输）（phosphate specific transport）磷酸盐运输系统来说，PO_4^{3-} 的 K_m 值为 0.25μmol/L，而对于 Pit（Pi 运输，Pi transport）磷酸盐运输系统来说，PO_4^{3-} 的 K_m 值却为 25μmol/L。作为这两个磷酸盐运输竞争抑制剂的 AsO_4^{3-} K_i 值都为 0.25μmol/L，所以细胞可以利用 Pit 磷酸盐运输系统高亲和力排出砷酸盐。C. 二价阳离子（M^{2+}）和 K^+运输系统，这两类离子的运输是由 H^+梯度驱动，从细胞外进入酿酒酵母的细胞质和液泡中，其中 K^+梯度可能具有同样的重要性

$2H^+$反向载体（$Cd^{2+}/2H^+$ antiport），能有效地排出 Cd^{2+}，但排出 Cd^{2+}依赖能量，从而导致细胞抗 Cd^{2+}，如图 8-1A 所示。在恶臭假单胞菌抗 Cd^{2+}菌株中，对 Cd^{2+}的吸收能力降低，这可能由于运输 Cd^{2+}的系统有缺陷或存在 Cd^{2+}排出系统。在产碱杆菌（*Alcaligenes* sp.）抗性菌株中，它们能合成一种新的膜蛋白，这种膜蛋白可以抑制 Cd^{2+}进入细胞或细胞能有效地排出 Cd^{2+}。在大肠杆菌抗 Cu^{2+}菌株中，由于与运输 Cu^{2+}有关的外膜蛋白的消失，细胞吸收 Cu^{2+}的能力降低或细胞能有效地排出 Cu^{2+}。

砷的排出受细胞膜上抑制外排蛋白质的控制，并且需要 ATP 酶的帮助。另外，ATP 酶能帮助 G^+菌排出 Cu^{2+}、Cd^{2+}和 Zn^{2+}，ABC 转运蛋白（也叫作运输 ATP 酶）能介入膜转运排出重金属离子，帮助微生物克服重金属的胁迫。

在金黄色葡萄球菌和大肠杆菌抗砷酸菌株中，抗性与依赖能量的排出系统有关。砷酸是磷酸的类似物，所以细胞利用磷酸运输系统累积 ASO_4^{3-}。在抗性菌株中，依赖能量的排出系统必须对有毒的 ASO_4^{3-} 有高度的专一性，而不会排出营养物磷酸盐阴离子，不至于在排出有毒阴离子的同时造成营养物磷酸盐的损失，如图 8-1B 所示。

在酿酒酵母抗性菌株中，对 Cd、Cu、Co 和 Zn 的吸收能力下降，这可能是因为重金属毒性和依赖能量的胞内累积之间有某种关系。尽管在许多细菌、真菌和藻类中也存在这种吸收金属能力下降的情况，但是也有许多例子表明与敏感菌株相比，在抗性菌株中反而吸收更多的金属，如耐 Cu^{2+}和 Ni^{2+}的栅藻属（*Scenedesmus* sp.）菌株和抗 Mn^{2+}的酿酒酵母菌株，这可能是因为存在另外一些抗性机制，如在抗性菌株细胞内具有较有效的解毒机制。

金属不能透过细胞是由于细胞壁存在复杂的结构和细胞外沉淀作用等，这些结构对于减少和阻止有毒金属离子进入细胞起着很重要的作用。

真菌抗铜菌株赭绿青霉（*Penicillium ochrochloron*）生长在高浓度 Cu^{2+}培养基中时，可以诱导细胞合成高浓度的甘油，这种甘油可以帮助细胞排出 Cu^{2+}。

有许多降低细胞运输能力的非生物因素也会导致微生物生长或生存在受重金属污染的环境中。例如，Ca^{2+}通过抑制酵母细胞吸收Cd^{2+}的能力，而降低Cd^{2+}对细胞的毒性。尽管真菌小柱孢霉（*Scytalidium* sp.）和赭绿青霉（*P. ochrochloron*）在 pH 0.3～2.0 能生长在饱和 $CuSO_4$ 溶液中，但是 pH 接近中性时，却对≤4×10^{-5}mol/L 的 $CuSO_4$ 敏感，因为在这种情况下 Cu^{2+}的吸收加快了。

图 8-1C 说明价阳离子（M^{2+}）和 K^+运输系统，这两类离子的运输由 H^+梯度驱动，从细胞外进入酿酒酵母的细胞质和液泡中，其中 K^+梯度可能具有同样的重要性。

四、细胞内的隔离作用和解毒作用

一旦进入细胞，金属离子可以在细胞内被隔离分开或被转化成毒性较小的化合物，这个过程是细胞内有效的重金属解毒机制。具有这种能力的微生物能在细胞内累积高浓度的金属。

蓝细菌、细菌、藻类、原生动物和真菌与重金属和放射性核物质接触后，细胞中存在各种电子密度很大的沉积物，其中的许多成分还不知道。在恶臭假单胞菌（*Pseudomonas putida*）、筒状鱼腥藻（*Anabaena cylindrica*）和鲍氏织线藻（*Plectonema boryanum*）、各种真核藻类和某些丝状真菌和酵母菌中的多聚磷酸盐可能也参与金属解毒作用，释放出的磷酸盐很容易与金属形成沉淀。

在许多真核微生物中，如藻类、酵母菌和丝状真菌，细胞能把重金属离子累积于细胞内的某些特殊细胞器中。在真菌中，累积的大部分 Co^{2+}、Mn^{2+}、Mg^{2+}、Zn^{2+}和 K^+存在于液泡中。在液泡中，它们以离子的形式存在或结合在低分子量的多聚磷酸盐上。

许多微生物可以合成可结合重金属的胞内蛋白质，这些蛋白质可以催化胞内的金属离子解毒作用，并可以起贮存和调节胞内金属离子浓度的作用。例如，聚球藻（*Synechococcus* sp.）能产生金属硫蛋白（metallothionein，MT），这类蛋白质是富含半胱氨酸的低分子量蛋白质，可以结合 Cd、Zn 和 Cu 等金属离子。大肠杆菌中存在可诱导合成的具有结合 Cd 能力的蛋白质，但是这些蛋白质的分子量比金属硫蛋白的大。

在酿酒酵母中存在由金属诱导产生的金属硫蛋白（分子量大约为 6573）引起了人们广泛重视，这种酵母蛋白质仅受 Cu 诱导，而不会受 Cd 或 Zn 诱导，所以称为 Cu-MT 或酵母-MT。在裂殖酵母中也存在结构与 Cu-MT 不同的、可诱导的，并具有结合 Cd 能力的蛋白质，这种富含硫又能结合金属的多肽叫作植物螯合素（phytochelatin），这种多肽仅由三个氨基酸组成，即 L-半胱氨酸、L-谷氨酸和 L-甘氨酸。当植物接触 Cd、Cu、Hg、Pb 和 Zn 等重金属时，也会产生与植物螯合素结构类似的多肽。在裂殖酵母中发现的这种多肽有两种，基本结构是（γ-Glu-Cys）$_n$Gly（其中的 n=2 和 3）。在裂殖酵母中还可以发现链长度为 n=4～8 的 5 种同源肽。这些富含胱氨酸的裂殖酵母多肽能与金属结合，所以它们与金属硫蛋白具有一些共同的特征。由于多酶体系参与了植物螯合素的合成，所以一定存在依赖于金属的诱导或活化酶的一些机制。

在酿酒酵母抗 Cd 菌株中存在结合 Cd 的低分子量蛋白质，在敏感菌株中，大部分的胞内 Cd 结合到不溶性的细胞质物质上，而在抗性菌株中结合 Cd 的蛋白质（分子量< 30 000）存在于细胞质中。在抗 Cu 的栅藻菌株中也发现了类似于哺乳动物和酵母菌 MT 的能结合 Cu 的蛋白质（分子量大约为 8000）。在蛋白核小球藻（*Chlorella pyrenoidosa*）和杜氏藻（*Dunaliella* sp.）中 Cd 可以诱导产生类金属硫蛋白的蛋白质。

当原生动物梨形四膜虫（*Tetrahymena pyriformis*）接触 Cd 之后也会合成类金属硫蛋白的蛋白质，这类蛋白质还会结合 Zn，这类蛋白质同样富含胱氨酸残基（32.4%）和酸性氨基酸（23.7%），还分别含有 3.7g、0.7g 和 0.1g Cd、Zn 或 Cu。在大变形虫（*Amoeba proteus*）中存在两种结合 Cd 的蛋白质，分子量分别为> 45 000 和 12 000，后者的结构与哺乳动物的 MT 类似。

五、金属的转化作用

微生物能对金属进行转化作用，如氧化、还原、甲基化和去甲基化作用，这不仅可对金属进行生物地球化学循环，而且也是微生物抗重金属的机制之一。目前研究人员大部分的工作是研究细菌对 Hg 的循环，如反应式（8-3）所示

$$CH_3Hg \underset{\text{甲基化}}{\overset{\text{去甲基化}}{\rightleftharpoons}} Hg^{2+} \underset{\text{氧化}}{\overset{\text{还原}}{\rightleftharpoons}} Hg^0 \quad (8\text{-}3)$$

对 Hg 产生抗性是 G^-菌和 G^+菌的共同特征，有关的基因在质粒上，特别是在 G^-菌中最常见的抗汞机制就是 Hg^{2+}在细胞质汞还原酶催化下发生还原反应产生金属 Hg，金属 Hg 的毒性要比 Hg^{2+}的小，而且可挥发，这样很快就会从所在的环境中消失掉。在某些真菌中也存在这种情况。有机汞化合物也可以在有机汞裂解酶催化下使 Hg-C 键发生断

裂而使它们去除毒性，这种 Hg-C 之间的连键包括 CH_3-Hg、CH_3-CH_2-Hg 和苯环与汞原子之间的连键，裂解的产物包括 Hg^{2+}和甲烷、乙烷和苯，Hg^{2+}在汞还原酶作用下产生挥发性的金属汞，这些反应可表示如下：

有机汞裂解酶：

$$苯\text{-}Hg \longrightarrow 苯\uparrow + Hg^{2+} \quad (8\text{-}4)$$

$$CH_3\text{-}Hg^+ \longrightarrow CH_4\uparrow + Hg^{2+} \quad (8\text{-}5)$$

$$C_2H_5\text{-}Hg^+ \longrightarrow C_2H_6\uparrow + Hg^{2+} \quad (8\text{-}6)$$

汞还原酶： $$Hg^{2+} \longrightarrow Hg^0\uparrow \quad (8\text{-}7)$$

在一个给定的细菌种中通常存在一种以上的有机汞裂解酶。在大肠杆菌抗有机汞菌株中，两种酶对苯乙酸汞盐都有催化活力，而能作用于甲基汞氯化物和乙基汞氯化物的仅有一种酶。假单胞菌也有两种酶，特性方面也很类似，但还会裂解对-羟基-汞甲酸汞。

含有 FAD 的汞还原酶是一种黄素蛋白，并且是金属解毒酶中研究最多的一种酶，这种酶及有机汞裂解酶的活力都需要过量的硫醇（thiol）存在。NADPH 对于汞还原酶和有机汞裂解酶来说是常用的还原辅助因子，但是在某些细菌菌株中 NADH 也可以作为还原辅助因子。汞还原酶催化的反应如反应式（8-8）所示。

$$RS\text{-}Hg\text{-}SR + NADPH + H^+ \longrightarrow Hg^0 + NADP + 2RSH \quad (8\text{-}8)$$

汞还原酶在结构和作用机制方面与谷胱甘肽还原酶（glutathione reductase）和硫辛酰胺脱氢酶（lipoamide dehydrogenase）有关。汞还原酶的作用机制可能是电子通过 FAD 从 NADPH 被传递给 NAD，还原活性中心的胱氨酸，把胱氨酸转化成两分子半胱氨酸残基，从而出现可游离的—SH，一个半胱氨酸残基和 FAD 形成一种电荷转移复合物，然后在活性中心的半胱氨酸使结合在 C 端半胱氨酸的 Hg^{2+}还原，形成 Hg^0。汞还原酶以单体、双体和三体形式存在，根据不同来源的汞还原酶，每个亚基的分子量在 54 000～69 000，但在体内双体才有活性。

与 CH_3Hg^+去甲基化形成 Hg^{2+}和 Hg^{2+}还原成 Hg^0 相反，Hg^0 还可以被氧化成 Hg^{2+}，然后 Hg^{2+}发生甲基化形成 CH_3Hg^+和（CH_3）$_2$Hg，对这些可逆反应了解得比较少，但是微生物还是参与了这两个反应。

大肠杆菌、荧光假单胞菌（*P. fluoresens*）、枯草芽孢杆菌（*B. subtilis*）和巨大芽孢杆菌（*B. megaterium*）都可以把 Hg^0 氧化成 Hg^{2+}，但是这些细菌通常不会进行甲基化作用，可能是细菌中的触酶参与了 Hg^0 的氧化作用。这一反应导致了毒性较大的 Hg^{2+}形成，所以不能作为一种抗性机制。另外，培养基的有机物含量对 Hg^0 的氧化有很明显的影响。

生物和非生物因素都可以导致汞甲基化，能够使汞甲基化的微生物包括来自土壤、水和沉积泥的细菌、真菌。尽管甲基化导致了毒性较大的甲基汞形成，但是汞甲基化可以作为一种局部的汞解毒机制，因为甲基汞具有较大的挥发性，并且很容易从环境中消失掉。另外，通过扩散的方式利用细胞去除有机汞化合物较为容易。Hg^{2+}的甲基化，不管是通过微生物的直接还是间接作用，都跟甲基钴胺素（维生素 B_{12}）有关，甲基钴胺素把甲基传递到汞和其他重金属上存在两种机制，第一种就是通过金属，如 Hg^{2+}、Pb^{4+}、Tl^{3+}和 Pd^{2+}对甲基钴胺素的 Co-C 键进行亲电子攻击；第二种就是甲基游离基转移到起攻击作用的金属离子和甲基钴胺素分子（这分子与 Co 原子形成复合物）之间的一对离子上，像这样的金属离子包括 Pt^{2+}/Pt^{4+}、Sn^{2+}、Cr^{2+}和 Au^{3+}。作为一种解毒机制，依赖于甲基钴胺素的甲基化作用的生态学意义可以用匙形梭菌（*Clostridium cochlearium*）的两个菌株进行说明，其中一株具有这种甲基化机制，而另一株却不需要依赖甲基钴胺素进行甲基化作用，这两株细菌都可以通过同样的速度把 Hg^{2+}运到细胞内，但是依赖甲基钴胺素进行甲基化的菌株对 Hg^{2+}要敏感得多。

六、形态变化

重金属可以诱发细胞发生各种形态变化，但是这种变化是否作为一种生存机制或者是作为一种中毒的表现还不清楚。在某些情况下，形态效应可能与在形态学发生过程中必需金属离子所起的作用有关系。白色假丝酵母（*C. albicans*）能发生酵母菌状和菌丝状的转变，当培养基中含有 $< 10\mu mol/L$ Zn^{2+}时，这种转变就会受到抑制，并且这种效应受温度控制，温度是这种假丝酵母发生形态转变的一个很重要的决定因素，在 25℃下微摩尔的 Zn^{2+}浓度就可以抑制菌丝发育，但在 37℃下即使毫摩尔的 Zn^{2+}浓度也不会有这种效应。

在出芽短梗霉（*A. pullulans*）和某些其他真菌如葡萄枯萎病霉（*Phoma glomerata*）中，无机和有机金属化合物会诱导或加快形成含有黑色素的菌丝和掷孢子，重金属无法透过含黑色素的细胞结构，所以比透明的细胞具有较大的耐金属能力。在陆地环境中真菌生物量的相当一部分以具有黑色素的形式存在，所以在生态中这可能也是作为一种耐金属机制。现将微生物抗重金属的机制简单总结在图 8-2 中。

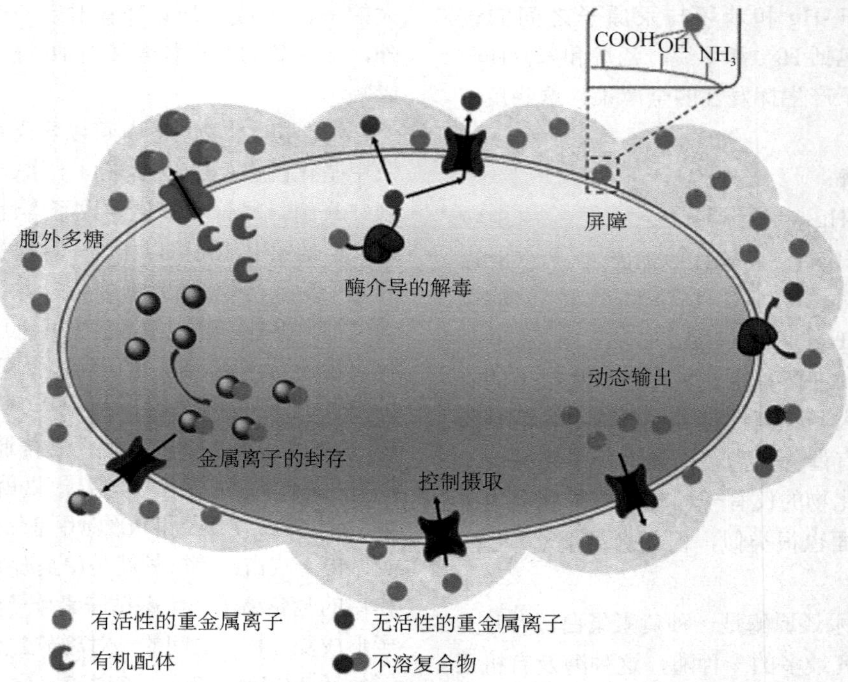

图 8-2 微生物抗重金属机制的示意图（Yin et al.，2019）

第四节 微生物适应难降解污染物的分子机制

人工合成的有机物对环境的严重污染是目前面临的一个重大环境问题，这方面的污染已经达到非常严重的地步，给人类健康和生态环境造成了很大的危害。自然界的微生物对于这些污染物的降解和矿化作用起着主要的作用，这些污染物包括各种化学合成塑料、卤代苯（如苯、二联苯和苯肼）、卤代芳香化合物和许多农药等，然而，这些污染物的生物降解速度太慢，原因是物理化学条件不合适（如温度、pH、氧化还原电位、盐浓度和氧气浓度等）、缺乏其他营养物、底物无法与微生物和它们的酶进行接触或者所在的环境存在捕食现象。换句话说，这些污染物的低生物可降解性可能是由于自然环境存在的微生物不能有效地代谢结构非常稳定的和具有异常化学结构或特性的污染物，我们把这些对现存酶系来说是外来物的化合物叫作生物难降解物质。但是这几年来发现微生物群落长时间接触人工合成的生物难降解物质之后通常能适应这些化合物，并且已经分离到许多能以相当快的速度完全代谢这些污染物的微生物。那么有关微生物在遗传和进化上如何获得降解这些生物难降解物质的基因，这是一个非常值得探讨的科学问题。对这些微生物群落适应污染物遗传和分子机制的研究有利于我们更好地了解微生物代谢途径、遗传和进化机制，为构建快速而高效降解难降解污染物的微生物创建关键的技术基础。

最近几年很多研究者使用适应（adaptation）这个名词，它属于在混合微生物群落和单个微生物菌株中存在的现象。在传统的概念中对有机化合物的适应性反应是指微生物群落与该化合物接触后开始的一段时间基本不降解，但是接触数小时到数月之后，矿化便开始。利用实验室模拟的生态系统对细菌进行了研究，结果发现微生物降解并适应某些有机物和对抗重金属的机制，其在不同微生物中是不同的：①诱导微生物群落某些菌株产生特异的酶结构，导致整个微生物群落的降解能力提高；②在这些微生物群落中那些能吸收并代谢污染物的微生物种开始生长，如水生细菌适应对硝基苯酚或对 Hg^{2+} 产生抗性；③适应也包括基因突变和突变菌株的自然选择，与野生型菌株相比，这些突变菌株的酶特异性或具有代谢特殊化合物的能力发生了变化，而且这些突变菌株在微生物群落刚接触引入的污染物时并不存在，像这样的选择过程与上述两种过程相比，需要较长的适应时间，这样就可以解释一些特别难降解的污染物，如卤代苯的矿化作用需要很长时间。

就目前情况而言，我们几乎不可能直接研究这些遗传机制，因为我们无法直接预测在时间和空间中的具体适应事件，这样我们就无法寻找在给定的时间内一种微生物适应难降解物质的事件，然而通过比较有关的分解代谢酶氨基酸序列和分解代谢基因序列的同源性与特异性可以从某种程度上推测代谢途径的进化机制。所以本节介绍微生物中不同的遗传机制，包括基因转移、点突变、重组和转座，以及这些遗传机制在适应和代谢污染物中的作用。

一、微生物遗传适应机制

这一部分我们将讨论与苯环污染物代谢途径进化有关的不同遗传机制，特别是要讨论微生物适应生物难降解底物过程的遗传学问题，这些不同的遗传机制包括：①基因传递；②点突变；③重组和转座，其中的一些遗传机制很难用实验进行证明，因为我们仅能观察到它们的最终结果。

1. 自然界中的基因水平转移　实验表明许多常见的基因已经在不同生物中通过水平转移得到了传播和扩散，这说明在生物进化过程中微生物广泛存在基因水平转移现象。通过质粒的复制进行接合、转导和转化都可以导致微生物群落中的遗传物质发生交换和水平转移，具体见第四章第二节。在自然环境中细菌细胞中普遍存在质粒，存在于质粒载体的遗传信息可以在土著微生物中通过转化和接合进行传播。许多质粒上携带有编码降解苯环或有机物的基因，这些质粒具有自我转移能力，所以这些质粒就可以在其他微生物中起传播和扩散污染物降解基因的作用。

现在的基因转移技术可以进一步用于构建可降解氯代苯的特殊代谢途径。能降解氯代苯的整个途径要求苯双加氧酶和苯乙二醇脱氢酶（benzene glycol dehydrogenase）都有一个很宽的底物特异性，并具有一个被修饰过的苯环邻位裂解途径。恶臭假单胞菌（*P. putida*）F1 菌株含有编码底物特异性很宽的苯双加氧酶和苯乙二醇脱氢酶的 *tod* 基因，该菌株与假单胞菌（*Pseudomonas* sp.）B13 菌株接合后，由于菌株 B13 质粒上含有修饰过的苯环邻位裂解途径，结果接合后获得的重组菌株可以完全代谢 1, 4-二氯苯。

2. 在活性污泥和生物被膜中的质粒和它们的接合转移　就像上面所讨论的那样，在不同的细菌之间进行的质粒转移对于细菌获得新的遗传特性和适应生物难降解物质方面起着很重要的作用。医院治疗和农业生产等过程中大量使用抗生素，这给抗生素抗性基因的快速传播创造了机会，其中质粒也起着很重要的作用，有三种方式可以导致质粒基因被转移到其他细菌中，即接合、转化和转导（见第四章第二节）。一般情况下，自然发生的转化现象（受体菌吸收裸露的 DNA）和转导现象（通过细菌噬菌体进行 DNA 转移）导致遗传物质交换的可能性很小，而自然发生的接合现象就很普遍。接合过程包括细胞-细胞之间相互辨认和配对，然后在细胞之间形成一个孔，以便让供体细胞 DNA 穿过，并进入受体细胞中。接合可以发生在不同种之间，甚至可以发生在 G^-和 G^+种之间，有时还可以发生在细菌、酵母菌和植物之间，所以通过接合进行质粒转移在环境污染物方面能起着更为重要的作用。在自然环境中基因转移的主要障碍是能提供遗传物质或吸收遗传物质的不同细菌菌株细胞之间相互碰在一起的概率很小，接合还会受到质粒之间不相容性和受体细胞中存在有限制性/修饰系统的影响。某些质粒的宿主范围很窄，而另外一些质粒有较宽的宿主范围，这样可以在不同属之间进行转移，后者包括不亲和群的质粒 IncC、IncJ、IncN、IncP、IncQ 和 IncW，其中的 IncQ、IncP、IncN 和 IncW 质粒的宿主范围最宽，这些质粒对于在不同类群细菌之间进行 DNA 的水平转移起着非常重要的作用。同样在活性污泥和生物被膜中，由于细菌细胞密度非常大，携带这些质粒的细菌菌株也很容易通过接合把质粒传递给其他细菌菌株，使它们获得新的遗传特性。

但是没有携带 *mob*（带动作用）和 *tra*（转移）基因的重组质粒被传播的可能性就很小，然而，经过与 Tra^+质粒重组之后或把质粒转座子插入到 Tra^+质粒之后，那么这些质粒上的基因就有可能被转移。甚至存在于环境中的宿主广泛的许多质粒可以通过三菌株转移作用（triparental mobilisation）和逆向转移作用（retromobilisation）把非接合质粒（Tra^-），有时甚至可以把位于 Mob^-质粒上的或染色体上的基因转移到各种 G^-菌中。在逆向转移中，接合质粒把接合质粒受体的基因转移回到供体菌中，这样便可以通过环境，如活性污泥和生物被膜中接合质粒的转移使这一接合质粒的供体获得一些新的 DNA 片段。许多 IncP 质粒（RP4、pUZ8、pJP4 和 pSS50）都可以使非接合的可转移质粒发生逆向转移，甚至在 Mob^-质粒上的抗重金属基因都会从大肠杆菌逆向转移到富养罗尔斯通氏菌（*Ralstonia eutropha*）中。在平板接合实验中这种转移的频率为 10^{-8}～10^{-7}/受体细胞，在无菌含 Zn 土壤中经过 20d 培养，反接合子与受体细胞的比例为 1∶100。

在活性污泥和生物被膜中也存在 Mob^+质粒转移现象和发现正在转移的质粒。例如，在大肠杆菌中引入 pCE325 质粒（Tra^-、Mob^+和 $oriT^+$）之后，培养在生物反应器中，这时可以观察到该重组质粒从 *E. coli* 转移到生物被膜的其他 *E. coli* 细胞中，转移的频率要比 IncW 接合质粒 R388 的转移频率低至 1/100。在一个分批生物反应器中，IncW 质粒 R388 可以被转移到活性污泥的细菌中，在加入供体菌的第一天开始浓度就达到 4×10^3/mL，但是在 20d 后就无法测到逆向接合子。

进入活性污泥中的供体菌在刚开始时要生存可能需要通过接合作用进行降解质粒的转移，通常情况下，营养物的存在会正面影响接合作用，并且作为细菌生长支持物的固体表面存在会提高宿主范围广泛的质粒发生接合转移的效率，这些固体表面的作用是保护性菌毛，特别是含有宿主范围广泛质粒的细胞可以形成短的、易脆的性菌毛。这些性菌毛比较容易被打断，所以如果有固体表面作为支撑物就可以使这些性菌毛得到稳定。在活性污泥中存在污泥块，污泥块中含有大部分的活性污泥细菌，这些污泥块对于细菌接合来说是一个很理想的场所。然而，由于污泥块中存在多孔结构，现在还不知道这些细菌是否具有更多的机会相聚在一起。现在也没有人对污泥块中的胞外多聚物是否对细菌接合作用造成障碍进行过研究。

3. 点突变　许多例子表明单一位点的突变就可以改变酶对底物的特异性或对效应物的特异性。例如，Clarke 分离到了一些铜绿假单胞菌（*P. aerugimosa*）突变株，它们的酰胺酶（amidase）底物特异性就发生了变化，基因分析表明它们仅是单一碱基对发生了变化。*E. coli* 的隐蔽 *ebg* 基因经过一系列突变，能使 *E. coli* 产生有活性的酶，代谢乳糖和其他的糖。由 TOL 质粒（甲苯-二甲苯质粒，具体见本章的最后一节）pWW0 编码的儿茶酚 2, 3-双加氧酶发生单一的氨基酸取代，就可以降解 4-乙基儿茶酚，大大扩大了所能利用的底物范围。同样，由 *xylMA* 基因编码的二甲基苯单加氧酶发生单一氨基酸取代便可以降解非天然底物的对乙基二甲苯。XylS 调节蛋白通过诱变使特异性发生了修饰，结果可以辨认其他的化合物，如这时的 XylS（甲苯和二甲苯降解调控蛋白之一）调节蛋白可以利用 4-乙基苯甲酸、水杨酸和 3,5-二氯代苯甲酸、2,5-二氯代苯甲酸和 2,6-二氯代苯甲酸作为效应物分子。另外，XylS 突变体在没有效应物存在的情况下也可以激活苯环间位裂解途径基因（见下述）的表达。

那么这些单一位点突变是如何产生的？①单一位点突变是 DNA 复制或修复过程中随机和连续发生错误配对的结果。一般认为突变是随机发生的，但是有些研究者认为面对某一种选择压力也可能发生定向突变，如大肠杆菌在有乳糖存在情况下 Lac^+ 回复突变株的频率可以增加。但是某些环境因素是否会影响定向突变现在还一直还处于争论状态中。但的确发现 SOS 应答的诱导通过高度调节的 UmuCD 复制途径可以增加突变频率。也许各种各样的逆境因素包括化学性污染物可以刺激易错 DNA 复制（error-prone DNA replication），这样可以加快 DNA 进化。②其他机制也会导致 DNA 序列发生各种各样的变化进而发生单一位点突变，如基因转换或突出链错误配对（slipped-strand mispairing）。在突出链错误配对模型中，部分熔化的 DNA 双链可能在复制过程中从原来的位置发生位移，并且由于存在能形成完全相配碱基对的重复基序（repetitive motif），移动的 DNA 链通过形成异源双链而得到稳定，然后在异源双链中错配的碱基对可以进行修复，修复时以其中的一条 DNA 链作为模板进行复制而导致单一位点突变。模型实验表明在体外实验中也可以观察到 DNA 复制过程中发生突出链错误配对的现象。由 *catA* 基因（控制儿茶酚降解的基因之一）、*pcaG* 基因（控制原儿茶酚降解的基因之一）和 *clcA* 基因（控制修饰过邻位苯环裂解途径的基因之一）家族成员的 DNA 序列［编码的苯环内二醇双加氧酶（催化裂解儿茶酚或原儿茶酸邻位羟基之间的苯环 C-C 键）］，以及 *xylZ* 基因（控制甲苯-二甲苯降解的基因之一）和 *benC* 基因（控制苯环降解的基因之一）等 DNA 序列中都存在这种过程。这里所谓的修饰过的邻位裂解途径是指能使氯代儿茶酚矿化的酶与普通的邻位裂解途径酶相比，有较宽的底物特异性。

4. 重组和转座

1）基因重排　在乙酸钙不动杆菌（*A. calcoaceticus*）和恶臭假单胞菌（*P. putida*）中编码苯环邻位裂解途径的基因序列经常发生变化，不同菌株之间和不同种之间的基因序列都不相同，这说明这些基因发生了各种各样的基因重排，基因重排也发生在编码修饰过的苯环邻位途径酶的不同操纵子之间。例如，*clcABD*（控制修饰过邻位裂解途径的基因）和 *tcbCDEF*（控制另外修饰过邻位裂解途径的基因）操纵子含有一个额外的开放阅读框，具有 53.3%的氨基酸同源性，但是这个额外的阅读框没有明显的功能。在 *tfdCDEF*（也是控制修饰过邻位裂解途径的基因）操纵子中这个开放阅读框并不存在，而仅有一个很小的区域与该开放阅读框的边界有核苷酸序列的同源性，这可能是发生切除过程中残留的一部分 DNA。通过比较 TOL 质粒（甲苯-二甲苯降解质粒）和 NAH 质粒（萘降解质粒）（本章最后一节）携带的分解代谢基因，也发现有基因重排现象。苯环间位裂解途径的操纵子 *xylTEGFJ*（参与甲苯-二甲苯降解）和 *nahTHJNL*（参与萘降解）部分的基因序列是一致的，但是下游的基因序列却不同。另外，在远古时代，苯环间位裂解途径操纵子的 *todF* 基因（控制甲苯降解的基因之一）和 *todJ* 基因（控制甲苯降解的另外一个基因）之间插入了编码三组分双加氧酶的基因，如 *todC1C2BAD* 基因（控制甲苯降解的基因），形成一个独特的甲苯降解途径。但是现在还不知道什么机制可以使这些基因发生重排。

2）基因重复（gene duplication）　对于微生物进化来说，基因重复被认为是一种很重要的机制，一旦出现基因重复，额外的基因拷贝就可以逃避选择压力，并且通过累积形成突变型多样化的速度就快得多，这些突变最终导致有关基因完全失活，使得该基因拷贝处于沉默状态，通过插入片段的作用，这个沉默基因拷贝便进一步失活（见下述）。经常可以发现特异基因或基因簇的基因重复现象，基因重复还被认为是基因组进化的一种主要力量，并且是进化新基因功能的主要机制。基因重复发生在一个群体的个别细胞中。当发生基因重复时，产生的两个基因通常（但不是总是）具有同样的功能。同时，基因重复产生的新基因有两种命运，第一种是这个基因通过无功能突变可能变为假基因，第二种是这个重复基因在这个微生物群体中存在下去，并有稍微不同的功能，并逐渐进化出新功能基因。黄杆菌（*Flavobacterium* sp.）K172 菌株能合成 6-氨基己烷酸二体水化酶（6-aminohexanoate dimer hydrolase）的两种同工酶（isoenzyme），其中同工酶之一参与尼龙寡聚物的降解，这两种酶都由质粒 pOAD2 编码，编码的区域被认为是重复的，尽管它们的氨基酸序列具有 88%的一致性，但是这两种同工酶催化 6-氨基己烷酸二聚体时活力相差 100 倍。

3）转座（transposition）　插入元件（insertion element，IS）在 DNA 片段重排、基因转移和沉默基因（silent gene）的活化或失活中都起着重要的作用。在污染物分解代谢途径中，已经知道许多有关插入元件的例子。例如，洋葱伯克霍尔德菌（*Burkholderia cepacia*）249 菌株携带至少 9 个不同的插入元件，在基因组中它们存在 1～13 个拷贝，这些插入元件与该菌株具有特别强的适应能力和分解代谢潜力有关。

4）插入活化（insertional activation）　IS 的另一个重要功能就是具有使（沉默）基因的活化或失活，IS 的一个末端通常含有类似启动子的序列，这个序列能活化 IS 以外的基因表达。例如，在洋葱伯克霍尔德菌（*B. cepacia*）中，IS406 和 IS407 的插入会导致 *LacZ* 基因（编码乳糖降解）的活化。插入元件 IS931 和 IS932 也能活化邻近基因的表达。由插入元件引起的基因活化机制是很复杂的，如在 *E. coli* 中由 IS1 和 IS5 插入到隐蔽 bgl 操纵子中引起的插入活化作用。bgl 操纵子本身紧随在一个启动子之后，然而，这个启动子在正常情况下是没有活性的，cAMP 结合蛋白基因位于这个启动子附近和上游前方的位点上，结果导致在 DNA 结构中形成一个突环（loop），抑制了转录的起始。如果在这一区域中插入 IS 便抑制了这个突环的形成，这样就可以活化 bgl 的表达。

二、在污染环境中的微生物遗传适应

为了了解自然界的适应过程，有必要研究自然界中的微生物在原位所进行的遗传物质水平转移与环境因子对特异分解代谢基因选择和传播的影响。最近研究结果表明，在各种自然环境条件下的确存在基因转移现象，并且可以测定基因转移的频率。例如，可以观察到在产碱杆菌（*Alcaligenes* sp.）pBRC60 菌株中编码 3-氯代苯甲酸降解的分解代谢质粒 pBRC60 被转移到土著受体细菌中，并在其中进行表达。

在自然环境中能降解生物难降解物质的细菌种到底分布有多广泛？已从不同环境中分离到能降解二联苯、氯代儿茶酚、萘和二甲苯的许多细菌种，说明这些细菌种在自然环境中是广泛分布的。然而这种分布是很难测定的，因为土壤和水体中大部分的细菌是不容易培养的，并且某些基因可能并不表达。现在所用的 DNA-DNA 杂交技术在微生物生态学研究中可以用于检测具有特殊遗传特性的细菌分布（具体的请见第二章第二节）。

如果任何一种化合物在化学本质上是可以被降解的，微生物最终就会能降解它。微生物具有多种遗传机制使现有的代谢条件发生进化性变化。例如，在来自世界不同地区的细菌中都发现了降解人工化合物的特殊酶系和代谢途径，这些人工化合物包括氯代二联苯或氯代苯等。

第五节 微生物对汞化合物的解毒机制

汞存在于地球的地壳中，元素汞和各种化合价的汞的浓度为0.021～0.056μg/mL。尽管元素汞和各种化合价的汞浓度非常低，但是处在可溶状态的汞经过自然过程和人工过程可以在化合价+2、+1和0氧化状态之间进行转化，同时，还可以被转化成各种有机汞形式。环境中由人工过程产生的汞约占全世界汞的75%。

一、自然界中的抗汞微生物

上几节中，我们讨论了汞化合物的来源，对人类和其他生物的毒性。但是，自然界中的确也存在许多微生物具有抗汞能力，现在发现细菌具有较大的抗汞能力，其中包括G^+菌和G^-菌。

这些微生物广泛分布在污染有汞的土壤、海洋、淡水、污水、湖泊、各种水体底部的沉积泥和动物肠道中。一般情况下，其中有不少微生物携带有抗汞质粒。

在环境中，重金属的存在能有效地选择出携带抗金属基因的细菌。例如，在城市污水、医院和胶片厂排出水和污泥中，G^-的抗汞细菌分别占细菌总数的14%、40%和95%。

在含有高浓度Hg^{2+}和其他重金属的沉积泥中，抗Hg^{2+}的芽孢杆菌与含低浓度Hg^{2+}沉积泥中的芽孢杆菌相比，其抗汞菌株的比例要高得多。在受污染过的沉积泥中，所有好氧异养微生物中有23%～42%的细菌能抗20μg Hg^{2+}/mL，在无污染的对照样品中仅占0.2%～0.6%。

有人对一湖泊中微生物调查结果表明，该湖中的鱼和沉积泥中存在的207株微生物培养物中，有30株培养物能降解甲基汞，这些微生物能抗0.5μg/mL的溴化甲基汞。

在某些海湾中，抗汞细菌比例会随着季节变化而变化。在春天，好氧的抗汞异养菌占总活菌的20%～30%，并与这些环境中汞的浓度成正比关系。在海洋中，一般抗汞细菌占好氧异养菌的3%～10%。

抗汞特性还与抗其他金属，如Cd、As有关系。在所有绿脓杆菌分离物中，有99.8%的菌株对重金属有抗性，其中71%具有同时抗Hg^{2+}、Cd^{3+}和AsO_4^{2-}的能力。有许多抗汞细菌还能降解石油化合物，这是因为这些细菌均为假单胞菌。有些抗汞细菌同时具有抗抗生素的能力。例如，在患者体内分离到的抗汞细菌，如*E. coli*、肺炎克氏球菌、绿脓杆菌和金黄色葡萄球菌同时具有抗链霉素、四环素、卡那霉素和氯毒素的能力。

肠道中的细菌能快速地降解甲基汞，人类粪便中存在的细菌在2d之内能把所形成的甲基汞降解完毕。

二、微生物对汞和有机汞化合物的解毒机制

1. Hg^{2+}的解毒作用 在雨和雪中Hg大部分为Hg^{2+}，所以很容易被还原，沉积的Hg^{2+}被还原成Hg^0，又把Hg^0输送到大气中，这样可以防止汞发生沉淀。微生物之所以能抗汞离子和有机汞，其根本原因在于这些微生物能从培养基中把Hg^{2+}被还原成Hg^0，而从局部环境中去除这种重金属。这些微生物还能合成含有—SH的化合物，—SH与汞化合物结合，从而降低了汞对细胞的毒性。另外，这些微生物细胞膜上存在阻碍Hg^{2+}进入细胞的结构，从而限制了Hg^{2+}进入细胞。更重要的是，微生物可以把Hg^{2+}还原成Hg^0，而Hg^0具有挥发性和低水溶性，这样从产生Hg^0的地方很容易挥发到空气中。由生物引起的Hg还原作用在导致天然水体中Hg进入大气时起着非常重要的作用。在太平洋赤道附近营养丰富的水体中Hg^0浓度非常高，在纬度横断面，Hg^0浓度与生物生产力成正比关系。通过过滤水除去微生物可以抑制Hg^0从自然水体中蒸发出来，图8-3指出了微生物去除汞化合物毒性的分子机制。

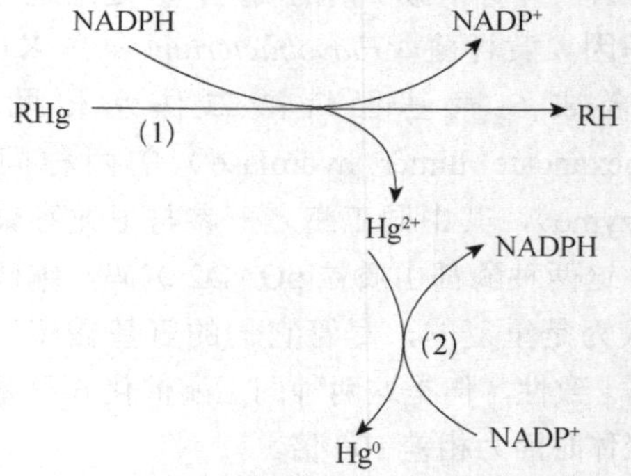

图8-3 微生物去除汞化合物毒性的分子机制
（池振明供图）

参与图8-3催化第（1）步反应的酶为有机汞裂解酶，催化第（2）反应的酶为汞还原酶，最后产生挥发性的Hg^0。汞还原酶（mercuric reductase）为诱导酶

在大肠杆菌、绿脓杆菌、金黄色葡萄球菌、恶臭假单胞菌和氧化亚铁硫杆菌中，均存在有这种汞还原酶，在培养基中加入 Hg^{2+}，便可诱导细胞产生此酶，在此酶催化下 Hg^{2+}还原成 Hg^0，在 Hg^{2+}被还原的过程中，依赖 NADPH 的氧化，所以人们认为 Hg^{2+}是被微生物顺便还原成 Hg^0 的。

2. 有机汞化合物的解毒作用　抗汞微生物可以产生有机汞裂解酶，裂解 C-Hg 之间的连键，产生 Hg^{2+}和有机物。Hg^{2+}在汞还原酶的作用下，被还原成 Hg^0，从而使有机汞去除毒性（图 8-3）。

例如，从土壤中分离到的假单胞菌 K62 抗汞菌株能降解有机汞，如苯甲酸汞（PMA），降解的产物有苯和 Hg^0。在 24h 内，这株细菌可以把大约 70%的 PMA 降解掉，而甲基汞的降解产物为 Hg^0 和甲烷。

3. 细菌抗汞的遗传学和抗汞模型　汞抗性是许多从医院和环境中分离到的 G^-菌和 G^+菌的一个共同特征，决定抗性的基因通常位于质粒上，特别是在 G^-菌中。从自然环境中分离到的抗 Hg^{2+}细菌基因的一个共同特征是缺少抗药性标记，而从医院分离到的抗 Hg^{2+}基因具有抗生素抗性标记。某些细菌抗汞特性还与转座子有关，这是从医院分离到的 G^-菌抗 Hg^{2+}特性广泛分布的主要原因。至今这方面研究的最大进展就是位于 G^-菌 Tn501 和 Tn21 转座子上的汞基因（*mer*）进行了 DNA 序列分析，在 G^-菌和 G^+菌中对广谱抗汞菌株的有关基因也进行了序列分析，抗汞转座子 Tn501 上 *mer* 基因的具体位置见图 8-4。

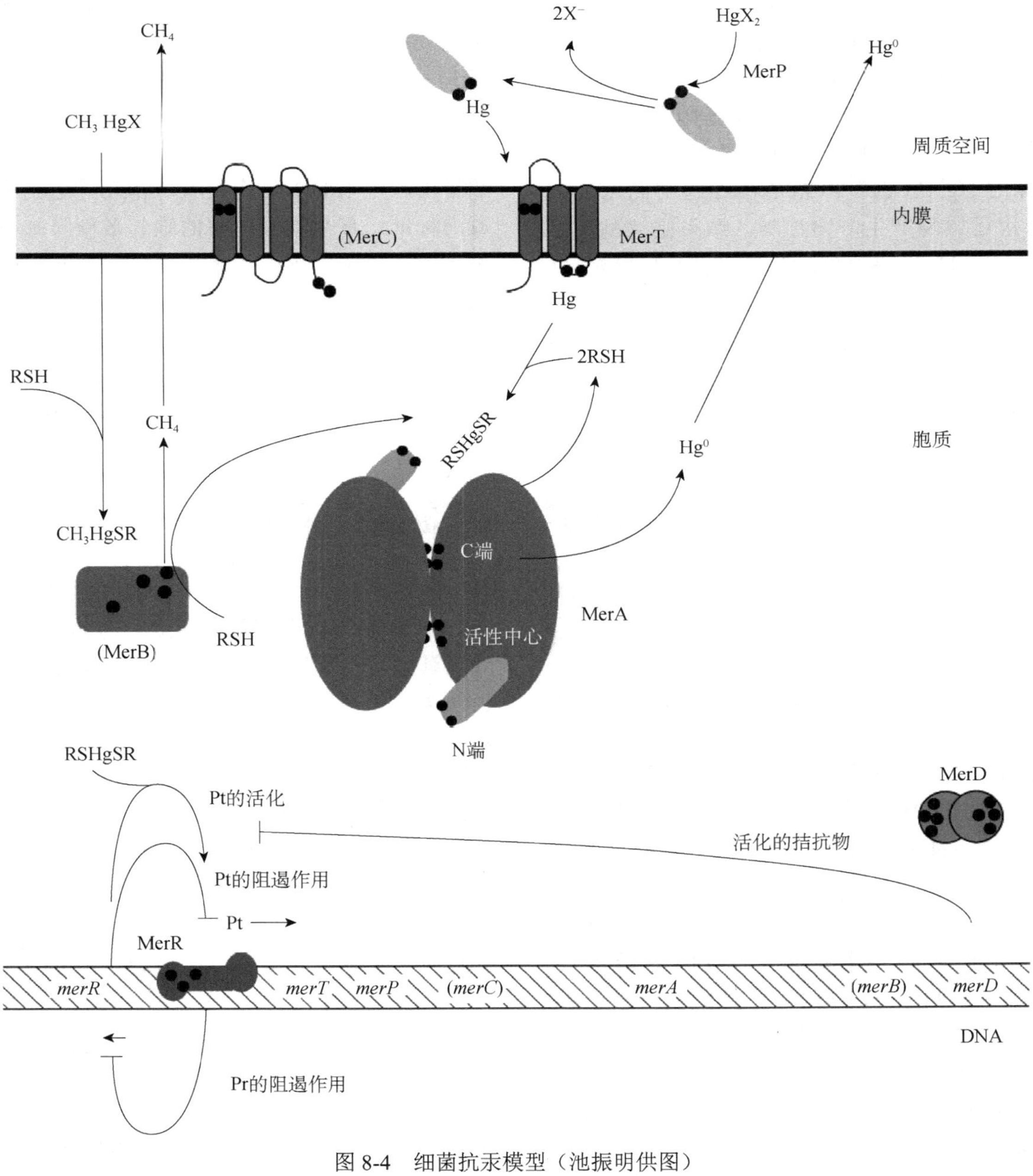

图 8-4　细菌抗汞模型（池振明供图）

研究人员根据遗传和生化信息，包括氨基酸序列分析，提出了一个细菌抗汞模型，如图 8-4 所示。Hg^{2+}在周质空间中就被隔离开，直到它被解毒之前都不会与细胞任何组分进行接触。*merP* 基因编码的产物可以清除周质中的 Hg^{2+}，因为 Hg^{2+}是结合在一对半胱氨酸上，并释放 $2H^{+}$，然后 Hg^{2+}被转移到 *merT* 基因编码产物的最外面的一对半胱氨酸上，这时也释放 $2H^{+}$。最后 Hg^{2+}被传递给 *merT* 基因编码产物的内表面最靠内部的一对半胱氨酸分子上。汞还原酶可能短暂地与膜中的 *merT* 基因产物有关，Hg^{2+}被酶还原之后，元素 Hg^{0} 通过简单扩散穿过细胞外被从细胞中出来，由于它是挥发性的，在它重新被氧化之前便消失在空气中。*merD* 基因发生突变时，突变的质粒出现高拷贝数，宿主菌株表现对汞敏感，原因是 *merD* 基因产物可以加快 Hg^{0} 从细胞中扩散出来，这个基因仅当大量汞流入时细胞才需要它，当与汞解毒有关的所有 *mer* 基因存在于高拷贝质粒上时，才会出现这种情况。为什么 *merD* 突变株对 Hg^{2+}敏感？可能是在细胞中高浓度的 Hg^{0} 对汞还原酶产生产物抑制，结果是该酶不能进一步还原 Hg^{2+}，Hg^{2+}转移就出现明显的破坏性结局。当与汞解毒有关的 *mer* 基因存在于低拷贝质粒上时，汞的流入速度低，这样通过被动扩散 Hg^{0} 不断地从细胞排出，就会保持细胞内低浓度的 Hg^{0}。

三、抗汞菌株的应用

现在基本上是用含有汞还原酶的基因工程菌和天然菌株用于工业废水和污染物的处理。现在使用的汞生物处理工艺就是包埋床生物反应器（packed bed bioreactor），包埋床填充有浮石块颗粒。将抗汞的多株天然细菌菌株（大部分为假单胞菌）接种在这种反应器中，这种生物反应器可以用于处理氯碱工艺产生的废水。在生物反应器运转过程中接种的微生物在浮石块颗粒表面上大量生长，形成很厚的生物被膜，其中的细胞包埋在胞外多糖中。由于流加的废水没有经过灭菌，所以由废水带入的抗汞土著微生物也可以在该生物反应器中生长。流加的废水是中性的，其中添加有低浓度的蔗糖和酵母菌粉，流加的速度是每小时 2000L 废水，其中含有每升 10mg 汞，这样的生物反应器经过 240d 运转汞去除率可高达 99%。生物反应器排出水中残留的汞利用活性炭过滤器进行吸附，在此处微生物继续还原，这样在排出水中汞的浓度降到了 50μg/L，达到了可排放的标准。在生物被膜中的胞外多糖限制了汞在生物反应器中的扩散作用，导致了液滴状的金属汞累积在生物床介质中，肉眼可见。

对汞污染物进行原位修复要比其他方法好。由于 HgS 是高度不溶性的，是汞的惰性状态，所以可以利用氧化亚铁硫杆菌把 HgS 转化成 Hg^{0}。

第六节　微生物对其他重金属的解毒作用

一、Cr（Ⅵ）的微生物解毒作用

Cr（Ⅵ）广泛应用于金属工业中，由此导致的污染是非常严重的环境问题。非常微量的 Cr（Ⅵ）是某些代谢过程，如葡萄糖和脂类代谢所必需的，但是环境中过量的 Cr（Ⅵ）便成为污染物。铬酸盐中 Cr（Ⅵ）离子毒性最大，并且溶解性大，如果把 Cr（Ⅵ）还原成 Cr（Ⅲ），毒性就会大大减小，溶解性也降低。在致基因突变性方面，Cr（Ⅲ）的作用小于 Cr（Ⅵ）1000 多倍。目前使用化学还原剂在低 pH 条件下把 Cr（Ⅵ）还原成 Cr（Ⅲ），接着把溶液调节成中性，这时 Cr（Ⅲ）便出现沉淀。发现自然界中有许多微生物能有效地使 Cr（Ⅵ）还原成 Cr（Ⅲ），从而降低了铬酸盐的毒性，这些微生物可以用于含 Cr（Ⅵ）废水的处理。

1. 参与 Cr（Ⅵ）解毒作用的微生物　许多兼性厌氧菌，包括大肠杆菌、假单胞菌、欧尼氏希瓦菌（*Shewanella oneidensis*）和气单胞菌（*Aeromonas* sp.）都能把 Cr（Ⅵ）还原成 Cr（Ⅲ）。这些铬还原菌广泛存在于含有 Cr（Ⅵ）的污水和污泥中。例如，一种能还原铬的脱铬假单胞菌（*Pseudomonas dechromaticans*）便存在于含酸性铬的污泥中。在含有铬的污水中存在的一种嗜铬假单胞菌（*P. chromatophila*）也具有还原铬的能力。在含铬的工业废水中存在一种脱铬气单胞菌（*Aeromonas dechromatica*），能把 Cr（Ⅵ）还原成 Cr（Ⅲ）。在济南一些化工厂含铬废水中，存在一种能还原铬酸盐和重铬酸盐假单胞菌，还原能力强，这种菌的最适生长温度 30℃，需在厌氧条件下还原 Cr（Ⅵ），还原的最适温度为 37～45℃，最适 pH 为中性，这种细菌具有很好的生态稳定性，在模拟生态系统中，能有效地还原 Cr（Ⅵ）。

2. 微生物还原铬的分子机制　通过金属离子和细胞表面结构的功能基团形成化学键使六价铬吸附到微生物细胞表面上，这些细胞表面结构包括蛋白质、糖蛋白、多糖、糖脂等。吸附后，Cr（Ⅵ）在微生物细胞表面上发生沉淀作用或被转化成 Cr（Ⅲ），这种转化作用可以受到酶的催化，铬还原成 Cr（Ⅵ）也可以通过自发地发生还原作用。在原核微生物和真核微生物中，铬可以通过细胞膜上的硫酸盐运输蛋白被快速地运输到细胞内，然后在特异的金属结合蛋白帮助下进行转位，最终通过形成非常不稳定的中间产物 Cr（Ⅴ）和 Cr（Ⅳ），最后被还原成 Cr（Ⅲ）。好氧微生物和厌氧微生物也能把 Cr（Ⅵ）还原成 Cr（Ⅲ）。在有氧气存在的情况下，NADH、NADPH 或任何其他的胞内储存物可以提供电子把 Cr（Ⅵ）还原成 Cr（Ⅲ）。在没有氧气的情况下，Cr（Ⅵ）自身可以作为呼吸链的最终电子受体把 Cr（Ⅵ）还原成 Cr（Ⅲ），并且在这个过程中细胞色素 b 和细胞色素 c 参与反应。通过跨膜蛋白（细胞排出系统）把多余的 Cr（Ⅵ）从细胞中排出，这些跨膜蛋白为质粒基因 *chrA* 编码，具体过程如图 8-5 所示。

3. Cr 抗性基因　高浓度的 Cr 能在环境中选择出抗 Cr 的微生物突变株，这些微生物的抗 Cr 基因可以位于质粒和染色体上。细菌染色体编码的 Cr 抗性通常是硫酸盐运输系统发生改变的结果。染色体和质粒编码的 Cr 抗性是附加的，所以一定是细胞的不同组分参与了对 Cr 的抗性。染色体的突变可能影响 Cr 的吸收，结果是细胞累积的 Cr 量减少。尽管质粒的突变也会导致细胞累积较少的 Cr，但是不知这是细胞加快排出 Cr 还是 Cr 吸收直接受到阻碍的结果。然而，清楚的是由质粒编码的 Cr 抗性是细胞累积 Cr 量减少的原因，而不是解毒的结果。解毒的机制是毒性较大的 CrO_4^{2-} 被还原成毒性较小和易于沉淀的三价 Cr[$Cr(OH)_3$]。

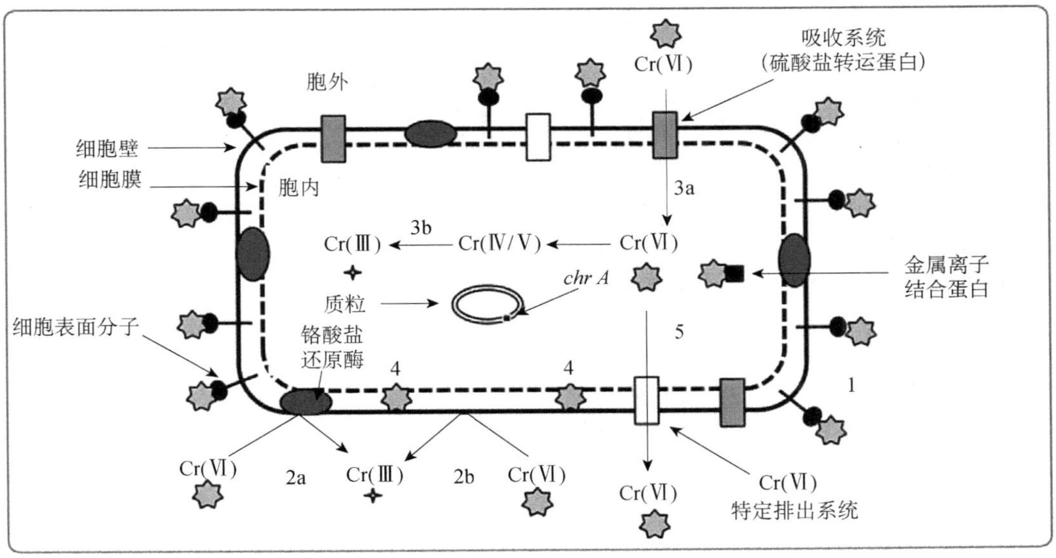

图 8-5　微生物细胞去除铬的机制（Jobby et al.，2018）

1. 通过与细胞表面功能基团的分子形成化学键，六价铬吸附到微生物细胞表面上；2a. 吸附的六价铬被铬还原酶系统还原成三价铬；2b. 自发转化；3a. 六价铬通过细胞吸收系统（硫酸盐运输蛋白）进入微生物细胞；3b. 在细胞内六价铬通过形成高度不稳定的中间产物还原成三价铬，在结合蛋白质的帮助下六价铬发生转位；4. 六价铬累积在细胞壁内；5. 过多的 Cr（Ⅵ）通过铬排出系统被排出细胞外，在铜绿假单胞菌（*P. aeruginosa*）中该运输蛋白质（跨膜蛋白）由位于质粒上的 *chrA* 基因编码

很多细菌都存在由质粒编码的铬抗性，包括链球菌、假单胞菌和产碱杆菌。尽管铬是通过硫酸盐运输系统进入细胞的，但是在有铬抗性质粒存在的情况下硫酸盐吸收的动力学参数并没有发生改变，这说明由质粒控制的抗性机制并不是直接与吸收运输途径有关。

二、As（Ⅴ）的还原

AsO_4^{3-} 是 PO_4^{3-} 的类似物，所以 AsO_4^{3-} 可以抑制像激酶一类的酶，从而对敏感细菌产生毒性。自然界中砷以 As（Ⅴ）的形式存在，并且与沉积泥紧密结合。在无氧条件下，As（Ⅴ）被还原成溶解性和毒性更大的 As（Ⅲ）。在沉积泥中，砷的溶解性增大将对人类健康构成威胁。另外，在某些环境中砷是碳氧化的主要电子受体。As（Ⅴ）的还原还会受到生物和非生物的催化作用。现在认为 As（Ⅴ）的还原作用必须在厌氧条件下进行，有关的微生物为厌氧微生物。近年来发现了微生物通过异化还原作用对 As（Ⅴ）进行还原。砷产铬菌（*Chrysiogenes arsenatis*）是绝对厌氧的，它们分离自金矿废水中，该微生物周质空间中含有砷酸盐还原酶，该酶含有两个亚基，分子质量分别为 87kDa 和 29kDa，Mo、Fe、S 和 Zn 作为该酶辅助因子。嗜砷硫螺旋菌（*Sulfurospirillum arsenophilum*）是 G^-的类弧菌，微好氧，能还原硫，存在于受砷污染的沉积泥中，在亲缘关系方面非常接近于巴氏硫螺旋菌（*Sulfurospirillum barnesii*），而后者也能还原 As（Ⅴ），并且还原的金属底物还包括 Fe（Ⅲ）和 Se（Ⅵ）。从巴氏硫螺旋菌（*S. barnesii*）纯化的砷还原酶是 3 个亚基组成的复合物，总分子质量为 120kDa，3 个亚基的分子质量分别为 65kDa、31kDa 和 22kDa。可以还原硫酸盐的 G^+菌，即产黄色素硫斑菌（*Sulfitomaculum auripigmentum*）也可以还原 As（Ⅴ），然后还原硫酸盐，结果形成 As_2S_3。ArcC 还原酶可以把 As（Ⅴ）还原成 As（Ⅲ），产生的 As（Ⅲ）可以从细胞中排出，这是有关微生物抗砷的重要机制。但是由 ArcC 还原酶引起的 As（Ⅴ）还原不会支持有关微生物的生长。有人分离到能利用 As（Ⅴ）作为电子供体，并进行好氧生长的微生物。图 8-6 是砷化合物在微生物中的转化过程。

金黄色葡萄球菌和大肠杆菌砷抗性的基因位于质粒上，AsO_4^{3-} 的抗性是可诱导的，诱导物有 AsO_4^{3-}、亚砷酸盐和 Ti 离子。铋（三价离子）也能诱导微生物抗上述 3 种离子。但是，具有抗这三种离子的细胞却不具有抗 Bi（Ⅲ）的能力。抗砷和锑的质粒同时具有抗抗生素和抗其他重金属离子的能力。抗 AsO_4^{3-} 是由于细胞能特异地排出 AsO_4^{3-}，大肠杆菌和金黄色葡萄球菌（*S. aureus*）对 AsO_4^{3-} 的排出具有高度的特异性，一般情况下只排出 AsO_4^{3-}，而不会排出 PO_4^{3-} 和其他一些营养物，但是这些细胞也能通过类似于运输营养物的方式把 AsO_4^{3-} 运入细胞内。在抗性细胞中，AsO_4^{3-} 从细胞中排出的量大于进入的量，从而大大减轻了细胞的毒性，排出 AsO_4^{3-} 需要消耗能量。

许多抗亚砷酸盐的细菌能把较大毒性的亚砷酸盐离子氧化成毒性稍小的砷酸盐，这些细菌存在于一些消毒液中，其细胞中含有可溶性的亚砷酸盐脱氢酶，这种酶是不能诱导的，并且还未发现亚砷酸盐氧化与质粒有关。

另外，微生物对砷和锑的抗性是由于细胞降低了对这些毒物的通透性或对这些毒物进行生化修饰。例如，一种极端抗 Cu 的微生物（可以在大约 1mol/L $CuSO_4$ 溶液中生长），即小柱孢霉（*Scytalidium*）生长在 pH 0.3～2.3 的环境中时，Cu^{2+} 不能进入细胞，但在接近中性时，这种霉菌便对 4×10^{-5}mol/L $CuSO_4$ 敏感。有许多微生物能产生解毒物质，在细胞内外与砷或锑起反应，使它们成为无毒物质。例如，氧化亚铁硫杆菌通过氧化砷黄铁矿产生 Fe^{3+}，Fe^{3+} 与砷酸盐或亚砷酸盐形成沉淀反应，从而使砷酸盐或亚砷酸盐失去毒性。

其他重金属解毒作用见本书的参考文献。

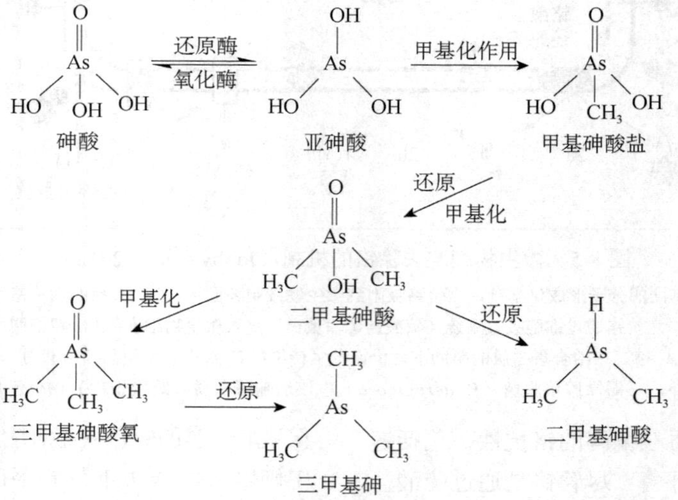

图 8-6　在微生物中砷化合物的转化过程（池振明供图）

第七节　放射性元素的微生物还原

尽管自然界本身就存在放射性物质，但是由人工造成的放射性核物质污染是环境中主要的放射性物质污染源，这个问题已引起各国政府和科学家的高度关注。20 世纪五六十年代核武器试验造成大量放射性物质释放到环境中，现在各国还在不断地建设核电站，所以放射性物质还在不断地释放到环境中。通过许多科学家的努力和各国政府在研究方面的投资，现在对放射性物质在自然界中的还原机制有了初步的了解。许多放射性元素可以被氧化还原，当被还原时，溶解性减小。所以通过利用微生物还原放射性元素是控制底泥放射性物质污染的重要措施，如微生物可以把U（Ⅵ）（UO_2^{2+}）还原成U（Ⅳ）（UO_2），可以把核裂变产物Tc（Ⅶ）（TcO_4^-）还原成Tc（Ⅳ）（TcO_2）。

一、放射性物质生物转化的机制

放射性物质可以以各种氧化状态存在，如钍Th（Ⅲ，Ⅳ）、铀U（Ⅲ，Ⅳ，Ⅴ，Ⅵ）、镎Np（Ⅲ，Ⅳ，Ⅴ，Ⅶ）、钚Pu（Ⅲ，Ⅳ，Ⅴ，Ⅵ，Ⅶ）和镅Am（Ⅲ，Ⅳ，Ⅴ，Ⅵ，Ⅶ）；较稳定的放射性物质化合价包括Ⅲ（Am，Pu，U）、Ⅳ（Th，Pu，U）、Ⅴ（Np）和Ⅵ（Pu，U）。放射性物质原先以可溶性或不溶性形式存在，并且经过处理后可以被微生物从一种形式转化成另一种形式。在合适条件下，放射性物质通过微生物直接（酶催化）或间接（非酶催化）作用转化成可溶性形式或被沉淀。这些作用包括：①氧化还原反应；②引起pH和Eh变化；③络合作用或产生特异性的螯合剂；④利用生物量和生物多聚物进行吸附作用；⑤形成稳定的矿物质；⑥放射性有机复合物生物降解作用。微生物作用于放射性物质的效果受电子供体和受体的影响，并且发生解离和沉淀的程度对微生物来说是非常重要的，特别是在无氧条件下。金属的形式（如元素、氧化物、硫化物、离子、无机复合物、有机复合物和沉淀形式）、电子供体和电子受体（Fe^{3+}、Mn^{4+}、NO_3^-、SO_3^{2-}和有机化合物）的存在、营养物（氮和磷）和环境因子（pH、Eh、温度和水分）可以影响微生物活力的大小。在无氧环境中放射性物质在酶催化下可以从高还原状态被还原成低还原状态，结果影响到这些物质溶解性和生物可利用性。例如，U^{6+}变为U^{4+}，其溶解性就降低了，许多有机化合物可以与放射性物质形成稳定复合物，这样可以增加溶解性和沥滤作用。同样，微生物的代谢产物和废弃物降解中产生的产物或中间产物也可以影响放射性物质的溶解性。

1. 放射性物质的溶解作用 微生物的直接和间接作用可以使放射性元素得到溶解。直接作用包括酶的氧化还原；间接作用包括产生无机酸、有机酸代谢产物和氧化剂及降低培养基的pH。在无氧条件下铁和氧化锰在微生物作用下可以被还原，在该还原过程中这些金属被作为末端电子受体。在大多数情况下，这些氧化还原反应要求有关的微生物代谢活力很高。当金属离子结合在微生物细胞表面或内部反应位点上时，这些金属离子可以被还原。

金属通过微生物发生间接的溶解作用是由于硫化物被自养菌氧化成硫酸，或异养菌在代谢有机物过程中产生有机酸和金属络合物，如铁载体可以使金属呈溶解状态。有些情况下，多种因子的联合作用也非常重要，如微生物可以分泌有机酸，这些有机酸有双重作用，既可以降低pH，增加放射性物质的可溶性，又可以形成复合物增加放射性物质的可溶性。由微生物产生的双羧酸、多羟基酸和苯酚化合物，如水杨酸和3, 4-二羟基苯甲酸是很有效的络合剂。很多种异养菌可以产生有机酸代谢产物，如异柠檬酸、柠檬酸、琥珀酸、草酸、羟苯甲酸和香豆酸，这些有机酸由于含有羧基和苯酚基可以使花岗岩中的氧化铀得到溶解。

由于Pu（Ⅳ）和Fe（Ⅲ）之间及Th（Ⅳ）和Pu（Ⅳ）之间在化学和生物化学性质方面具有相似性，所以铁络合剂在形成Pu和其他放射性物质复合物过程中能起很重要的作用，这些铁络合剂可以增加它们的溶解性和生物可利用性。从受Pu污染过的池塘中分离到的铜绿假单胞菌（*P. aeruginosa*）生长在这些金属中时，通过产生Th和U络合剂能够累积铀。微生物生长在缺铁的培养基中可以产生特异络合铁的耦合剂，如在有去铁胺时微生物产生的一种多聚羟肟酸（polyhydroxamate）络合剂情况下，氧化钚的溶解性会得到加强。从大肠杆菌中分离的去肟素（deferrioxi-mine）和肠杆菌素（enterobactin）可以增加水合氢氧化钚的溶解性，在有钚存在的情况下，生长的微生物可以产生复合物，这些复合物可以把钚运到细胞内。从底泥分离到的细菌在含有^{241}Am基础培养基中生长时可以产生胞外代谢产物，这些代谢产物可以与Am形成可溶性复合物。

2. 放射性物质的固定化作用 生物累积、生物吸附、生物结晶和生物还原是放射性物质发生固定化的主要机制和处理放射性污染物的主要工艺，但是这些被固定化的放射性物质在地球亚表面中是否会长期稳定（如矿化速率和这些放射性物质是否会重新发生溶解）还未可知。

1）生物累积 生物累积是一种很活跃的过程，在该过程中金属被吸收进入活细胞中，并在细胞内与结合金属的特异组分发生络合作用或形成沉淀。在所有类型的微生物细胞内都会发生金属累积，并且放射性物质进入细胞的这个运输过程中需要消耗能量，我们可以借用金属定位在细胞内的能力从环境溶液中浓缩金属，但是很难脱吸附和回收这些金属。

2）生物吸附　生物吸附基本上是个化学过程，金属通过配位体相互作用或离子交换作用结合在细胞表面。活细胞和死细胞的表面都具有丰富的功能基团，如羧基、羟基和磷酸基团，这些基团可以结合金属离子。许多正在进行代谢的微生物可以分泌结合金属的多聚物。通过生物吸附的放射性物质很容易进行脱吸附和回收，所以把这种技术用于处理受放射性物质污染的水体是很有希望的。微生物可以吸附或累积 Th、U、Np、Pu 和 Am，如 Pu 和 Am 可以被淡水中的嗜水气单胞菌（*A. hydrophila*）吸附。细菌主要通过吸收水溶性的 Am 而累积这种金属。吸附是可逆的，并且取决于存在的营养成分、细胞的生理状态、pH 和细胞释放的胞外代谢产物等。当铜绿假单胞菌（*P. aeruginosa*）、绿色产色链霉菌（*Streptomyces viridochromogenes*）、斜生栅藻（*Scenedesmus obliquus*）和藤黄微球菌（*M. luteus*）生长在含有 36mg/L Np 的溶液中时，每克干重菌体可以吸附和浓缩 10mg Np。

3）生物结晶　生物结晶也称为生物沉淀或生物矿物化作用，由细菌代谢引起的金属沉淀和形成矿物质。细菌能与金属离子发生非常强的相互作用，并使它们发生固定化作用和浓缩作用，最终产生矿物质。在天然状态下微生物生物被膜能结合大量的金属离子，并且可以作为不溶性矿物相沉淀的模板。在土壤和沉积泥中，细菌不断地产生矿物质，如柠檬酸杆菌通过酶的作用可以释放磷酸盐配位体累积大量的磷酸金属，累积金属的量可达细胞重量的数倍之多。例如，产生的磷酸铀以多晶体 HUO_2PO_4 形式存在于细胞表面。磷酸酶位于柠檬酸杆菌的细胞表面，该酶裂解甘油-2-磷酸，释放出 HPO_4^{2-}，然后与铀反应发生沉淀。

4）生物还原　一个元素从较高氧化态到较低氧化态或元素形式的还原作用可以影响该金属的溶解性，最终导致金属沉淀。被无氧培养的铁还原培养物、发酵培养物和硫酸盐还原菌、解乳微球菌（*Micrococcus lactilyticus*）无细胞抽提物和梭状芽孢杆菌（*Clostridium* sp.）作用过的铀废弃物中可以发生六价铀还原成四价铀的反应。由普通脱硫弧菌（*D. vulgaris*）引起的铀还原反应，反应过程如下：

$$\text{U（Ⅵ）}\xrightarrow[\text{发酵、硫酸还原菌}]{\text{金属异化还原菌}}\text{U（Ⅳ）}\qquad(8\text{-}9)$$

参与催化反应的酶是细胞色素 c_3，但是这种代谢活力与产能过程无关，所以该反应不能支持有关细菌的生长。与梭状芽孢杆菌和其他微生物铀还原有关的酶现在还不清楚，只知道只有厌氧的梭状芽孢杆菌活细胞可以引起铀的还原。

二、U（Ⅵ）的还原

还原铁的细菌金属还原地杆菌（*Geobacillus metallireducens*）和欧尼氏希瓦菌（*S. oneidensis*）在无氧生长过程中可以通过还原 U（Ⅵ）获得能量。除了这种微生物外，梭状芽孢杆菌、脱硫脱硫弧菌（*D. desulfuricans*）和普通脱硫弧菌（*D. vulgaris*）也可以还原 U（Ⅵ），但是不能通过这种还原作用获得微生物生长所需的能量。至今，普通脱硫弧菌（*D. vulgaris*）是仅有的能通过酶催化使 U（Ⅵ）还原的微生物，从这种微生物中纯化的四血红素细胞色素 c_3，在体外与氢化酶和它的生理电子供体可以一起作为 U（Ⅵ）的还原酶。最近发现在还原三价铁的金属还原地杆菌（*G. metallireducens*）中存在一种细胞色素，它是位于周质空间中的三血红素细胞色素 c_7，该色素可以在 U（Ⅵ）还原过程中起作用，在体外这种蛋白质能还原 U（Ⅵ）。如果该色素的基因发生缺失，那么这样的突变株利用乙酸盐作为电子供体还原 U（Ⅵ）的能力就变小，还原产生的 U（Ⅳ）沉积在周质空间中。如果利用蛋白酶处理整个细胞，对细胞还原 U（Ⅵ）的能力没有影响，这可能说明在金属还原地杆菌中 U（Ⅵ）和 Fe（Ⅲ）的还原是通过不同的机制进行的。U（Ⅵ）的还原可能是在周质空间中进行的，而不溶性的氧化高铁还原作用被蛋白酶处理之后就会受到强烈抑制，这可能与还原胞外电子受体所需的与细胞膜结合的细胞色素经过酶处理后被破坏有关。

第八节　苯环类污染物的有氧降解

上面谈到微生物可以转化各种重金属和放射性元素，那么微生物如何降解有机污染物呢？有机污染物的种类非常多，这一节主要介绍苯环类化合物的降解。环境中含有苯的污染物种类是非常多的，如苯酚类化合物、硝基苯环类化合物、苯胺类化合物、多环芳烃类化合物和卤代苯化合物。这些化合物的降解过程各式各样，并且随着不同种的微生物和不同的环境条件，代谢途径也不相同。尽管如此，苯环类化合物的微生物降解过程有许多共同点。本节主要介绍各种苯环类污染物共同的代谢途径。

苯环类化合物是主要的一类生物难降解物质，它们携带有各种取代基，如卤素、甲基、氨基和硝基等，这些取代基的存在往往降低了这些化合物的生物可降解性，但是这些化合物与天然类似物相比具有很相似的化学结构，所以非常适合作为研究微生物代谢适应的化合物。在自然环境中这类化合物的降解存在有氧降解和无氧降解途径，但是目前在遗传学研究方面主要是研究有氧降解途径，通过比较细菌降解苯环类化合物的主要途径发现不同的苯环类化合物刚开始的几步转化途径是由不同的酶催化的，但是这些不同的化合物最终都被转化成少数几种中心代谢中间产物（central intermediate），即原儿茶酚和儿茶酚（可能带有取代基），然后这些中心代谢中间产物通过苯环间位裂解途径（meta cleavage-type pathway）或苯环邻位裂解途径（ortho cleavage-type pathway）进行降解，如图 8-9～图 8-12 所示。这两种途径的产物就可以进入中心代谢途径，如 TCA 循环。从这些代谢途径可以看出有关的微生物可以分泌周质空间酶，把一些胞外的起始化合物转化成中心代谢中间产物之一，这样可以扩大微生物所能利用的底物范围。

在生物降解过程中，苯环类化合物可以作为电子供体（有氧情况下），也可以作为电子受体（无氧情况下）。氧气在微生物呼吸过程中是最常用的电子受体。在苯环类化合物有氧降解过程中，氧气能发挥很重要的双重作用：①作为苯环类化合物的电子受体；②通过加氧反应参与苯环类化合物的活化作用。通常情况下，微生物倾向有氧降解机制，这是由于：①有氧降解机制快速而彻底；②在无氧条件下通过羟基化反应把氧气引入苯环碳氢化合物中从热力学角度来说是非常不合适的。所以在生物圈中苯环类化合物的降解大部分是在有氧条件下进行的。在有氧降解过程中，各种苯环类化合物首先在周质空间中被转化成少数几种关键中间产物，如儿茶酚（catechol），然后在细胞的中心代谢途径中被进一步转化。大部分在细胞质发生的反应是加氧反应，通过单加氧酶或双加氧酶的催化形成双羟基苯中间产物（儿茶酚），而内二醇双加氧酶和外二醇双加氧酶通过加氧反应对双羟基苯中间产物进行开环反应，开环作用有邻位双羟基之间的键开裂（ortho-cleavage）和间位双羟基之间的键开裂（meta-cleavage），环开裂的产物进入 TCA 循环。上面有关的酶分为上部途径（周质空间）的酶和下部途径（环开裂途径）的酶。来自各种细菌的下部途径（环开裂途径）的酶功能非常相似，而上部途径（周质空间）的酶差别非常大，能辨认不同结构的苯环污染物，并把它们转化成少数几种中心中间产物，这对于降解各种化学结构的苯环污染物起着非常重要的作用。

参与降解苯环类污染物有关的微生物有：①原核微生物；②真核微生物；③天然的微生物菌落。

一、苯环类化合物有氧降解的共同途径

苯环类化合物可以经过有氧呼吸和发酵途径而受到降解。从生态学观点来说，有氧呼吸可以把它们完全矿化成 CO_2、H_2O 和 NH_3。发酵可以把它们转化成各种有机酸、醇类和 CH_4。一般情况下，这些污染物受到微生物降解需要 5 个步骤：①进入细胞，污染物可以通过自由扩散或其他需消耗能量的方式进入细胞；②通过微生物酶的作用产生一些环裂解的前体；③苯环裂解；④环裂解的产物被转化成两性中间产物；⑤两性中间产物进入 TCA 循环被细胞所利用。

1. 羟基化底物的形成 在好氧条件下，苯环受到裂解之前，首先必须形成羟基化底物，就是苯环类污染物首先受到活化才可以被降解。形成羟基化底物的途径有三个。

（1）在微生物单加氧酶催化下，苯环上发生单一羟基化，形成苯酚类化合物，即

$$XH + O_2 + DH_2 \longrightarrow XOH + D + H_2O \tag{8-10}$$

其中 XH 是将要受到羟基化的底物，DH_2 是供氢体，一般为 NADH 或 NADPH。单羟基化底物在单加氧酶作用下，进一步发生第二羟基化，整个反应过程如 8-7 所示。

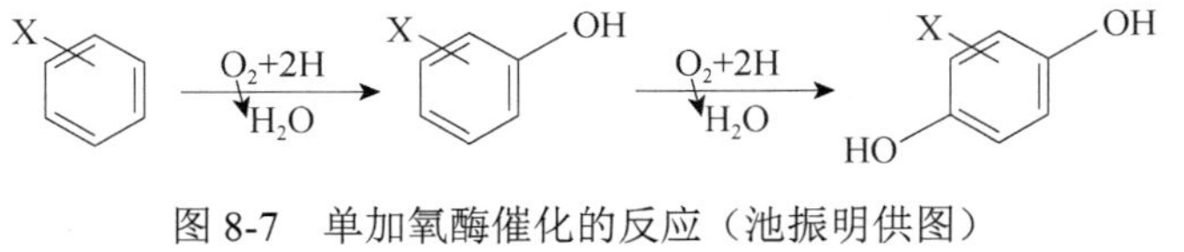

图 8-7 单加氧酶催化的反应（池振明供图）

（2）在某些细菌氧化苯甲酸、某些单环和多环芳香烃降解过程中，O_2的两个氧原子在双加氧酶和脱氢酶的作用下可以同时组入苯环中，从而在苯环上同时形成两个羟基取代基，整个反应过程如图 8-8 所示。

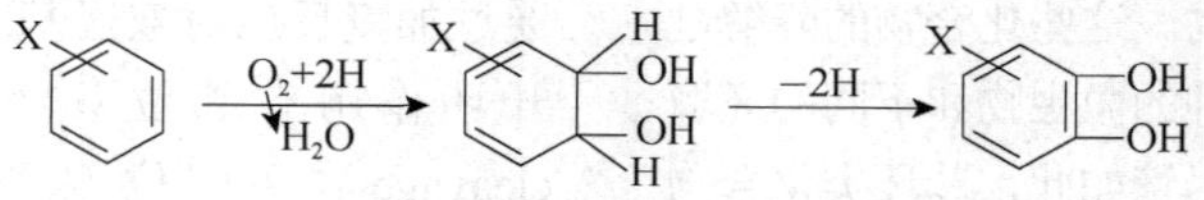

图 8-8　双加氧酶催化的反应（池振明供图）

（3）在真菌中，可以通过下述环氧化反应形成羟基苯，反应过程如图 8-9 所示。

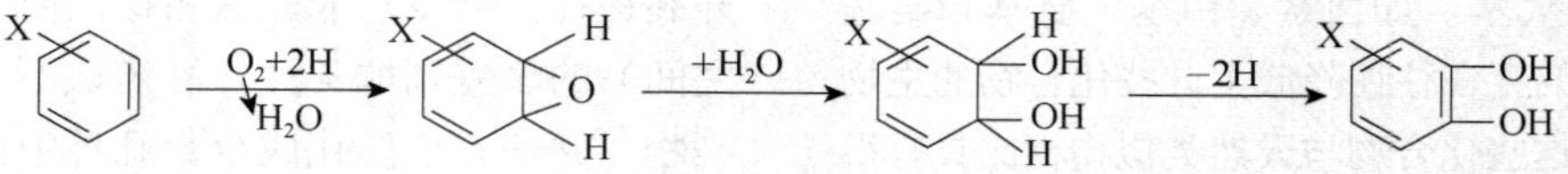

图 8-9　真菌加氧酶催化的反应（池振明供图）

2. 双加氧酶与环的裂解　当分子O_2的两个氧原子被组入同一个底物分子上时，羟基苯环化合物得到活化，化学结构变得不那么稳定，这样便进一步发生环裂解，这一反应受到双加氧酶的催化，此酶所催化的底物必须是苯环上取代有邻位或对位羟基的底物。当两个羟基处在邻位上时，此酶可以催化取代有羟基的两个碳之间的连键发生断裂，这就是间位裂解途径；也可以催化取代有羟基的两个碳以外的 C-C 键发生断裂，在这种情况下，可以发生近侧的 C-C 键断裂，也可以发生远侧 C-C 键断裂，即邻位裂解途径，见图 8-10。

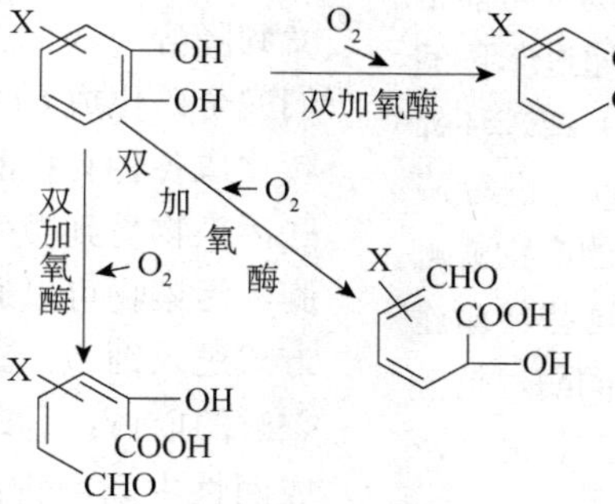

图 8-10　双加氧酶催化的双羟基苯环开裂（池振明供图）

当两个羟基处在对位上时，便发生下述的裂解反应，即对位裂解途径，如图 8-11 所示。

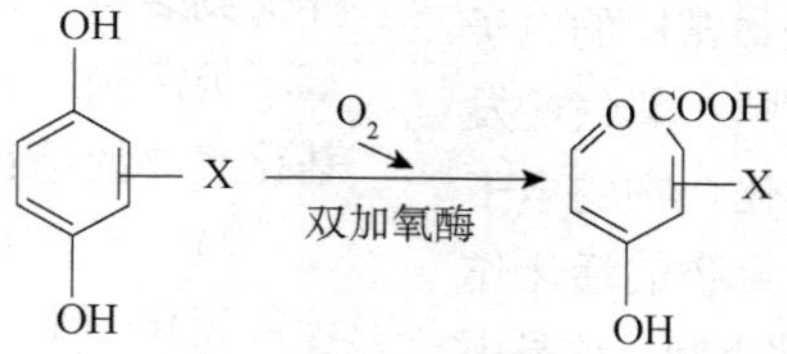

图 8-11　催化对位-双羟基苯环裂解的双加氧酶（池振明供图）

3. 环裂解产物　上述环裂解产物可通过 3-氧乙二酸途径被转化成琥珀酸和乙酰 CoA，这样这些化合物便进入 TCA 循环，被氧化成CO_2和H_2O。

4. 去芳香核作用　在许多厌氧环境中，厌氧微生物可以通过加氢作用而破坏苯环结构。这一反应需要一种还原力非常强的还原剂，这些厌氧微生物往往不会催化加氧反应。苯环加氢之后便成为脂环化合物，脂环化合物在微生物酶的催化下，可以从H_2O分子中引入 O，并且环发生开裂。某些脂环化合物也可以通过同样的途径进行好氧降解，但脂环化合物必须先经过脱氢产生芳香环化合物，然后再经过加氧酶的作用进行好氧降解。

苯环类化合物通过加氢进行厌氧降解具有很重要的生态学意义，因为自然界许多厌氧环境中存在苯环类化合物，有关这方面的问题和研究方法还需进一步探讨，这一点我们将在另外一节中进行详细的讨论。

二、加氧酶

从上述苯环类化合物降解途径中可以看出加氧

酶在苯环类化合物降解方面起着非常重要的作用。加氧酶（oxygenase）是一类氧化还原酶，它们催化分子氧组入芳香环化合物中。根据反应过程中组入的氧原子数，加氧酶可以分为两个类群。

1. 单加氧酶（monooxygenase） 单加氧酶也叫作水解酶或混合功能氧化酶，它们催化分子氧的 1 个氧原子组入芳香环化合物中，结果形成单羟基苯，如图 8-7 所示。在单加氧酶催化的反应中，氧气的其中 1 个氧原子组入底物中，而另外 1 个氧原子被还原成水。某些单加氧酶也叫作水解酶，在苯环的邻位、间位和对位上催化加入 1 个羟基，如甲苯 2-单加氧酶、甲苯 3-加氧酶和甲苯 4-加氧酶催化在甲苯的邻位、间位和对位上加入 1 个羟基，分别形成 2-羟基甲苯、3-羟基甲苯和 4-羟基甲苯。水杨酸 1-单加氧酶催化依赖 NADPH 的水杨酸转化成儿茶酚，这种酶也是水解酶。

2. 双加氧酶（dioxygenase） 双加氧酶把分子氧的两个氧原子同时组入芳香环化合物中，形成双羟基苯化合物（图 8-8）或引起双羟基化芳香环发生裂解反应，产生的不饱和脂肪酸进入碳的中心代谢途径（图 8-10），形成的产物最终进入 TCA 循环。

双加氧酶催化分子氧的两个氧原子同时组入底物中，它们也可以分为两个主要类群：①水解苯环的双加氧酶，催化苯环底物上同时加入两个羟基，这一类群的酶需要 NADH 或 NADPH 作为辅助因子，如图 8-8 所示；②裂解双羟基苯环的双加氧酶，负责把氧气的两个氧原子同时组入带有双羟基的芳香环中，并引起芳香环开裂，这一类群的双加氧酶需要金属离子作为辅助因子。水解苯环的双加氧酶催化芳香环的初始双羟基化，形成顺式双羟基醇。这一反应使反应产物失去了芳香性，并使底物得到活化，所以使得产物更容易被进一步氧化，如苯双加氧酶、甲苯双加氧酶和苯胺双加氧酶等。儿茶酚化合物的环开裂受到两类双加氧酶催化，即内二醇双加氧酶（intradiol dioxygenase）或外二醇双加氧酶（extradiol dioxygenase）。内二醇双加氧酶裂解含有邻位双羟基的芳香环，所以也叫作邻位裂解途径。而外二醇双加氧酶在间位上裂解双羟基芳香环，所以也叫作间位裂解途径。所有真细菌的这两个双加氧酶氨基酸序列非常类似，所以儿茶酚-1,2-双加氧酶催化儿茶酚的内二醇裂解途径，产生顺式-顺式-己二烯二酸（黏康酸），黏康酸通过 β-酮己二酸途径进一步被代谢成乙酰 CoA 和琥珀酰 CoA，然后它们便进入 TCA 循环。儿茶酚-2,3-双加氧酶催化儿茶酚的外二醇裂解途径，产生 2-羟基黏康酸半醛，具体的反应过程如图 8-12 所示。

图 8-12　儿茶酚双加氧酶催化的反应（池振明供图）

双加氧酶对底物有相当大的专一性，但没有绝对的专一性，所以此酶可以裂解各种邻位、对位和间位的双羟基苯化合物，这对于降解自然界中多种多样化学结构的苯环类污染物具有重要的意义。例如，来自不同种微生物的儿茶酚双加氧酶能利用 3-甲基儿茶酚、4-甲基儿茶酚和 3-异丙基儿茶酚作为底物。通过测定某一微生物基因组中是否有双加氧酶基因便可以推测该微生物是否可以降解苯环类污染物。

原儿茶酸（双羟基苯甲酸）的裂解需要三种双加氧酶催化：①原儿茶酸-3,4-双加氧酶催化的内二醇裂解途径，产生 3-羧基-顺式-顺式-黏康酸；②原儿茶酸-4,5-双加氧酶催化的近端外二醇裂解途径，产生 2-羟基-5-羧基黏康酸半醛；③原儿茶酸-2,3-双加氧酶催化的远端外二醇裂解途径，产生 2-羟基-4-羧基黏康酸半醛。具体反应过程如图 8-10 和图 8-13 所示。

与儿茶酚相比，在对位上带有羟基的或带有羧基、氨基和其他取代基的芳香环化合物的降解是通过外二醇裂解途径，该途径受到另外一类独特的环裂解双加氧酶催化，如图 8-11 所示。

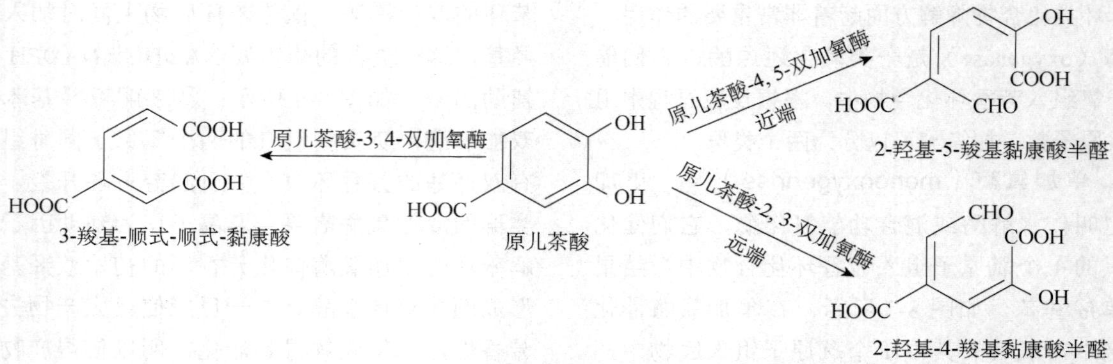

图 8-13　原儿茶酸双加氧酶催化的反应（池振明供图）

第九节　多环芳烃的微生物降解

在过去几个世纪中，人们发现在城市和工业区居住的人们患癌症的比例比在农村的高，后来发现这与城市人过多接触多环芳烃有一定的关系。

多环芳烃（polycyclic aromatic hydrocarbon，PAH）是一类由线性、角状或簇状排列的苯环组成的碳氢化合物。根据来源，PAH 可分为三种主要类别：来自高温环境的、来自石油工业的和生物造成的。这些化合物是各种有机物燃烧后产生的一类化合物，如石油、煤、饱和碳氢化合物和不饱和碳氢化合物、肽类化合物和碳氢化合物。这些有机化合物在人工高温（350～1200℃）条件下不完全燃烧可以产生 PAH 或低温处理（100～300℃）也是 PAH 的主要来源。来自高温环境的 PAH 可以是自然的也可以是人工的，化石燃料（煤、石油）的燃烧、市政垃圾的焚烧、煤焦油的泄漏甚至食物烹饪过程中都可产生大量的 PAH。来自石油工业的 PAH 是石油工业的产物，包括原油、机器用油、润滑剂和它们的衍生物；生物造成的 PAH 是植物、水生植物和微生物生物合成过程中的产生的。

据初步估算，我国 PAH 的每年排放量超过 25 000 吨。由于这些多环芳烃具有强烈的致癌性，所以它们在各种自然环境中的毒性和变化情况引起了人们的高度重视。现在发现许多微生物可以降解这些化合物，使其去除毒性。PAH 的稳定性、疏水性和抗生物降解性等特性随着芳香环数量的增加而增加。PAH 的危害包含遗传毒性、致癌性、致畸性及致突变性。PAH 的脂溶性使之易于被动物的肠胃吸收，从而迅速扩散到生物体内的不同组织器官中，大大缩短了摄入-中毒的时间间隔；而其难被生物降解的特性使之具备生物放大作用，经过食物链富集后，给处于食物链顶端的人类健康造成严重威胁。

目前环境中主要的 PAH 化合物结构如图 8-14 所示。

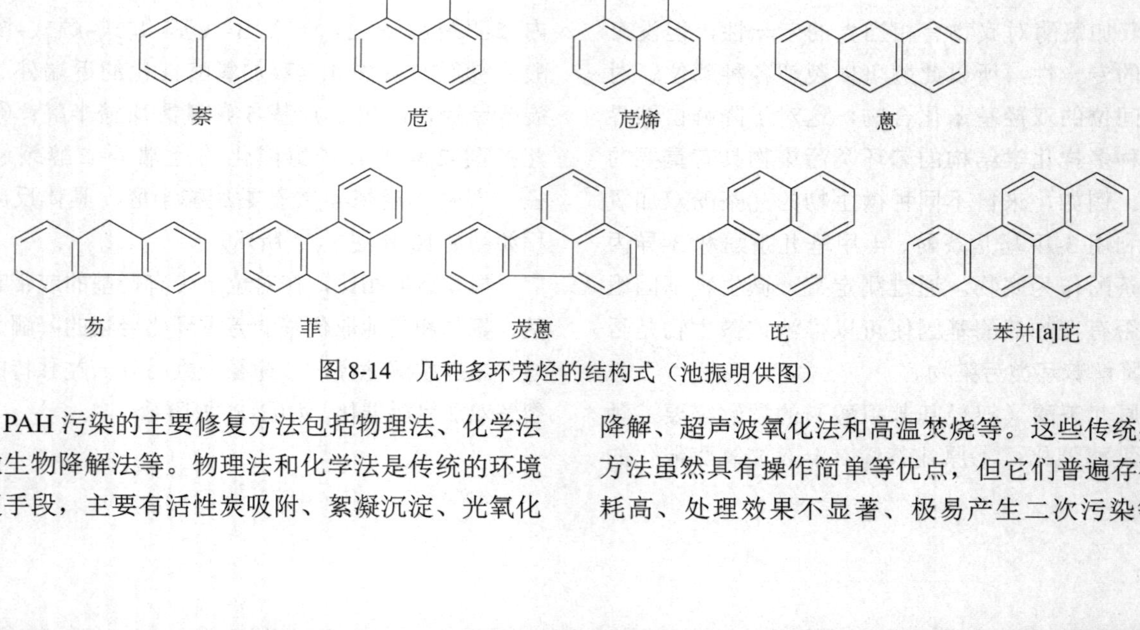

图 8-14　几种多环芳烃的结构式（池振明供图）

PAH 污染的主要修复方法包括物理法、化学法和微生物降解法等。物理法和化学法是传统的环境修复手段，主要有活性炭吸附、絮凝沉淀、光氧化降解、超声波氧化法和高温焚烧等。这些传统处理方法虽然具有操作简单等优点，但它们普遍存在能耗高、处理效果不显著、极易产生二次污染等缺点。微生物降解法是一种相对新型的生物修复方法，其依赖于天然降解菌株的分解解毒能力，将PAH转化为无毒无害的代谢产物、H_2O和CO_2，从而实现对PAH污染环境的真正修复。相较于传统处理方法，PAH微生物降解法具有反应条件温和、降解率高和无二次污染的优点。

一、降解多环芳烃的微生物

自然界中可降解PAH的微生物包括细菌、真菌和藻类。细菌在数量和分布上的绝对优势和对环境的快速适应性，使其成为降解PAH最主要的微生物。细菌代谢PAH可根据是否需氧分为好氧代谢和厌氧代谢。厌氧代谢往往发生在被污染的沉积物和深层土壤环境中，在厌氧条件下细菌倍增时间从一两周到数月，代谢速率非常缓慢，相应的代谢机制也未得到充分阐明。而好氧代谢PAH的细菌种类众多，代谢周期相对较短，是目前研究的热点。

1. 降解PAH的细菌　根据碳源利用效率可将PAH的细菌降解分为两种方式：一种是能以PAH作为唯一碳源和能源进行分解代谢（catabolism）；另一种是在维持自身生长碳源的存在下通过共代谢（co-metabolism）方式降解PAH。PAH降解菌株包括假单胞菌（*Pseudomonas* sp.）、鞘氨醇单胞菌（*Sphingomonas* sp.）、分枝杆菌（*Mycobacterium* sp.）、红球菌（*Rhodococcus* sp.）和芽孢杆菌（*Bacillus* sp.）等。这些菌株大部分都是从污染土壤或沉积物中分离得到的，其相关的研究工作也主要集中在对PAH降解过程的中间产物鉴定和降解途径的推测上。分枝杆菌（*Mycobacterium* sp.）BB1菌株在以500mg/L的菲为唯一碳源进行培养时，130h和141h培养体系中的菲剩余含量分别为120mg/L和90mg/L。鞘氨醇单胞菌ZP1菌株能在8d内将初始浓度为0.25g/L的菲基本完全降解。施氏假单胞菌ZP2菌株能够在6d内对初始浓度为250～1000μg/mL的菲进行降解，去除率可以达到90%以上。假单胞菌PAHAs-1菌株则可在48h内完全降解浓度为60mg/L的菲。

2. 微生物群落参与的PAH降解　除了上述单一菌株对PAH的降解外，微生物群落也是PAH降解的另一种主要方式。其实自然状态下的所有污染物降解都是在微生物群落作用下的结果。微生物群落可分为天然微生物群落和人工合成微生物群落两大类。前者为从污染环境中分离出的具有稳定降解功能的微生物群落，菌株之间相互依存，群落结构相对复杂。后者则是为了实现对某种PAH的完全降解，将几种具有特定功能的微生物人为组合到一起，群落结构简单，菌株各司其职，在这个群落里，每个微生物只负责特定的PAH降解反应，其产生的中间代谢产物可以被其他菌株利用。复杂的天然微生物群落，其群落结构往往随着环境条件的变化而改变，其中无色杆菌（*Achromobacter* sp.）和产碱杆菌（*Alcaligenes* sp.）是主要的降解者。从原油污染的海水中富集到了一个微生物菌落SWO，该群落具有降解菲、蒽、芴和芘的能力，并可以适应多种环境条件（包括pH 4.0～9.0、温度25～37℃、盐度0～10g/L NaCl）。对其群落组成进行的16S rRNA基因分析发现假单胞菌（*Pseudomonas* sp.）和噬甲基菌（*Methylophaga* sp.）在所有环境条件下均为优势属；假海源杆菌（*Pseudidiomarina* sp.）、海旋菌（*Thalassospira* sp.）和食烷菌（*Alcanivorax* sp.）在高盐环境下占优势，而食烷菌则在原油降解条件下为优势属。另外，一个从受原油污染的海滩上富集到的可以降解直链或支链烷烃的海洋微生物群落，对3～5环的PAH也具有不同程度的降解能力。在这个群落中，α变形菌纲［如海茎状菌（*Maricaulis* sp.）和玫瑰变色菌（*Roseovarius* sp.）］和γ变形菌纲［主要是海杆菌（*Marinobacter* sp.）和噬甲基菌（*Methylophaga* sp.）］分别负责低分子量PAH和高分子量PAH的降解。除了复杂的微生物群落，结构简单的微生物群落也可以同时具有针对多种PAH的高效降解能力。从混合的海水样本中富集到了一个中度嗜盐的微生物群落，这个群落结构简单，仅由苍白杆菌（*Ochrobactrum* sp.）、阴沟肠杆菌（*E. cloacae*）和嗜麦芽窄食单胞菌（*S. maltophilia*）三种细菌组成，可以降解苯并［a］芘等多种PAH。由此可见，群落的复杂性并不影响整个群落的降解能力，群落中的微生物组成才是降解能力的决定性因素。利用微生物群落降解PAH中的一个典型组合是白腐菌与细菌。白腐菌是一大类能有效降解木质素的真菌。大多数白腐菌不能利用PAH为唯一碳源和能源进行生长，但它们可以将PAH共代谢为多种氧化产物；当与细菌混合培养时，白腐菌产生的部分代谢物可进一步被细菌或其他微生物降解，如白腐菌降解蒽所生成的代谢产物可以被活性污泥的内源混合细菌培养物继续利用。这样的混合培养物比白腐菌的纯培养物对蒽的矿化速度更快。发现在受PAH污染的土壤上，真菌和细菌的共培养物可以显著加速高分子量PAH的降解。

二、多环芳烃的微生物降解共同途径

细菌好氧代谢PAH的降解途径已经被研究得较

为透彻。虽然不同种属的降解菌代谢不同类型的PAH时其生成的代谢产物有细微差异，但对这些PAH代谢产物及推测途径进行归纳后，可得出一种普遍的代谢途径：PAH首先在起始环羟化双加氧酶(ring-hydroxylating dioxygenase，RHD）的作用下形成二氢二醇产物，随后在脱氢酶作用下生成邻位羟基产物；之后通过开环裂解，双加氧酶进行间位或邻位苯环的裂解（见上节所述）；以此类推，直至生成单环化合物，最终转化为可进入TCA循环的代谢中间产物，即短链脂肪酸，从而实现PAH的矿化作用。除此之外，一些细菌和真菌胞内含有的细胞色素P450（CYP450）单加氧酶，也可催化PAH生成单加氧产物。相比细菌，真菌在代谢高分子量PAH时有明显的优势，白腐菌是其中的佼佼者。其分泌的漆酶（laccase）、木质素过氧化物酶（lignin peroxidase）和锰过氧化物酶（manganese peroxidase）具有降解木质素和PAH的能力。白腐菌代谢PAH的代表性通路如下：在降解酶的作用下，首先在胞内产生自由基，之后这些自由基氧化PAH中的苯环生成醌类中间代谢产物，并导致开环，苯环开环裂解后重复以上反应，直至最终被氧化生成CO_2和H_2O。微生物代谢PAH的具体代谢途径如图8-15所示。

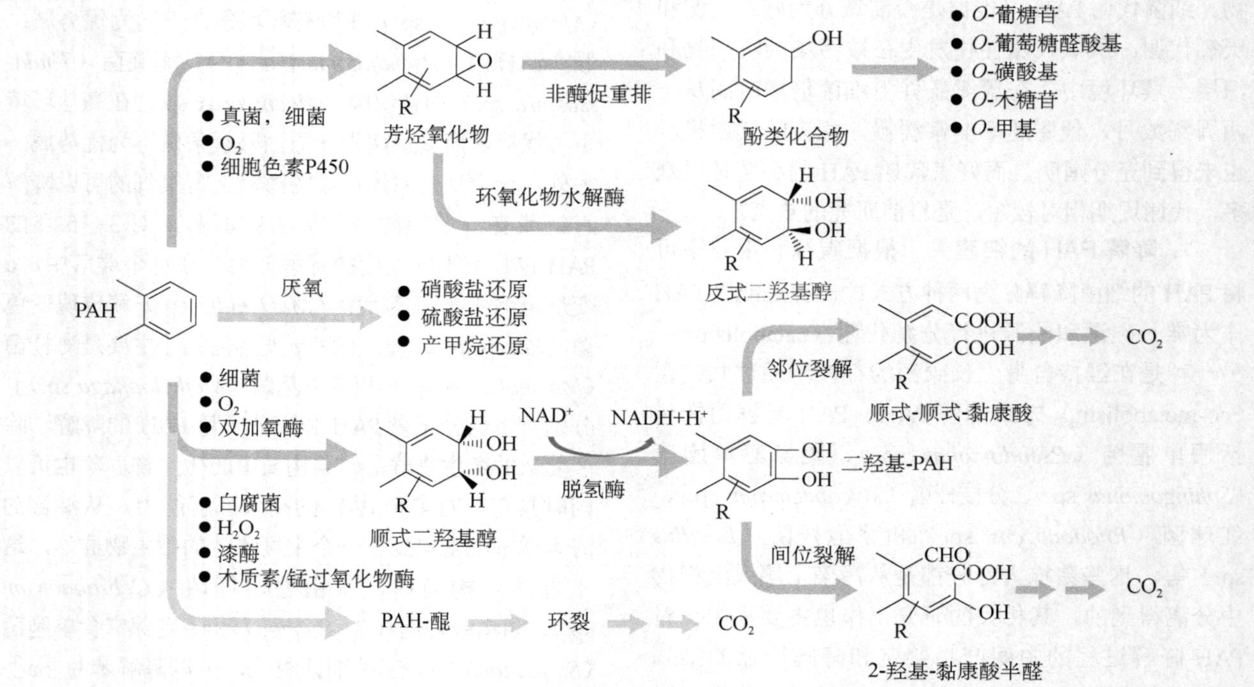

图8-15 微生物代谢PAH的通路（上海交通大学许平教授供图）

蓝色、红色、黄色、绿色箭头分别表示好氧微生物利用单加氧酶、好氧微生物利用环羟化双加氧酶、白腐菌和厌氧微生物代谢PAH的途径

三、多环芳烃的降解机制

随着基因组测序技术和生物信息学分析方法的快速发展和完善，研究者在研究PAH降解菌时，借助多组学整合分析（如代谢组、全基因组、转录组、差异蛋白质组，见第二章），对一些菌株的相应降解基因（簇）和关键酶进行了推测和鉴定。

1. 降解关键基因 PAH降解菌株一般含有一个或多个大质粒，其降解基因位于染色体或者大质粒上，且有关基因一般成簇存在。最早发现的PAH降解基因是来自恶臭假单胞菌G7菌株大质粒NAH7上的NAP代谢基因簇，根据排列和功能可将该基因簇分为两个操纵子：*nah*操纵子（*nahABCDEF*），编码萘上部降解通路所需要的酶，负责将萘转化为水杨酸；*sal*操纵子（*nahGHIJK*），编码下部水杨酸代谢途径中的酶，负责将水杨酸转化为更下部的代谢产物丙酮酸和乙醛。这两个操纵子在遗传上彼此联系，并与它们共同的调控基因*nahR*（编码萘代谢调控蛋白）密切相关。*nahR*紧挨着*nahG*上游排列，其编码的正调节因子NahR属于在细菌中广泛分布的转录激活因子LysR家族。效应物水杨酸的存在可诱导*nah*操纵子和*sal*操纵子的高表达。之后，研究者陆续发现了多个来自假单胞菌属的与该上部代谢通路相似的编码基因，这些基因与*nah*基因簇的比对结果显示它们均有90%以上的核苷酸相似性。例如，恶臭假单胞菌ND6和AN10菌株同样含有*nah*基因簇，其中与下部代谢相关的*sal*操纵子的基因按照*nahGTHINLOMKJY*的顺序排列。与经典*nah*基因簇的不同之处在于，该基因簇中的*nahY*不是分解代谢基因，而是编码萘趋化的基因；并且在*sal*操纵子外但靠近*sal*操纵子的位置还有另一个水杨酸羟化酶基因*nahW*。除了*nah*基因簇外，类*nah*基因还包括恶臭假单胞菌NCIB 9816菌株的*ndo*基因、假单胞菌C18菌株的*dox*基因及恶臭假单胞菌OUS82菌株和铜绿假单胞菌Pak1菌株的*pah*基因。这些基因簇的相对排列如图8-16所示。

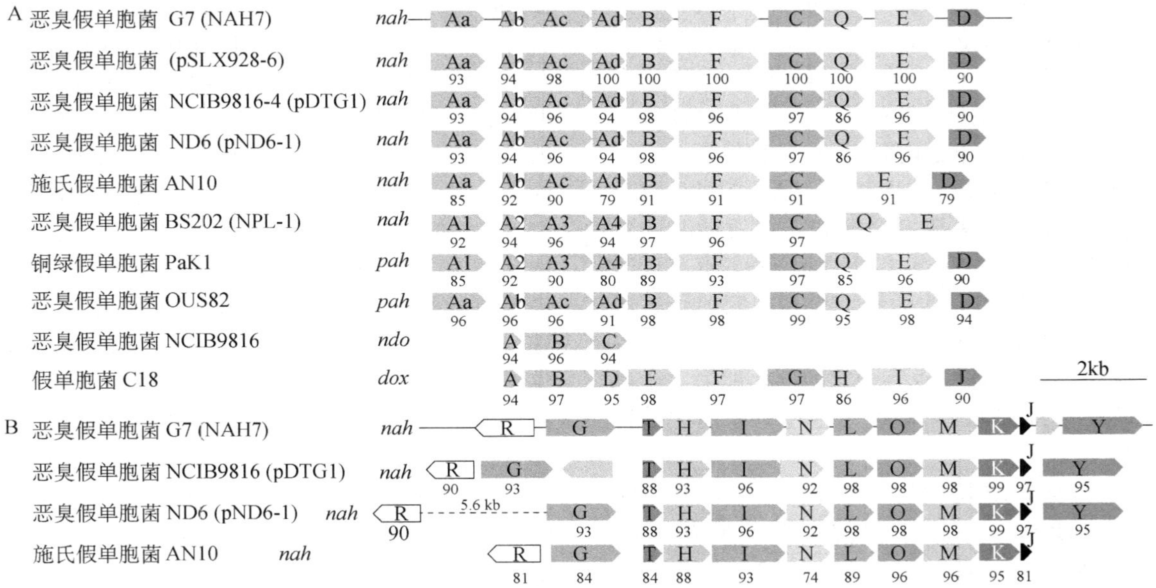

图8-16 假单胞菌属中与PAH降解相关的基因簇（上海交通大学许平教授供图）

A和B分别表示负责上下部降解途径的基因簇。五边形箭头代表ORF的大小、相对位置和转录方向。各个基因与NAH7上所对应的基因编码蛋白质的氨基酸相似度标注在基因下方。基因序列编号如下：恶臭假单胞菌G7菌株（NAH7）（AB237655）、恶臭假单胞菌（pSLX928-6）（AB255564）、恶臭假单胞菌NCIB9816-4菌株（pDTG1）（AF491307）、恶臭假单胞菌ND6菌株（pND6-1）（AY208917）、施氏假单胞菌AN10菌株（AF039533、AF039534）、恶臭假单胞菌BS202菌株（AF010471）、铜绿假单胞菌PaK1菌株（D84146）、恶臭假单胞菌OUS82菌株（AB004059）、恶臭假单胞菌NCIB9816菌株（M23914）、假单胞菌C18菌株（M60405）

与上述类*nah*基因不同的是，在PAH降解菌株中，还有一大类降解基因并非按照*nah*基因的方式排列，这一类统称为非典型*nah*基因簇。这些基因的种类更加多样，分布更加广泛，基因排列顺序也不尽相同。以萘降解菌株为例，来自罗尔斯通氏菌（*Ralstonia* sp.）U2菌株的*nag*基因簇，其含有的基因与经典*nah*基因簇的基因的排列顺序基本完全相同，但*nag*基因簇中又插入了两个额外基因*nagG*和*nagH*，这两个基因负责编码水杨酸5-羟化酶的结构亚基，可以将水杨酸进一步转化为龙胆酸。又如，萘降解菌株伯克霍尔德菌（*Burkhol-deria* sp.）RP007菌株的*phn*基因中虽然包含编码PAH起始双加氧酶的大小亚基，但缺乏电子传递链组分，推测其可能位于菌株RP007基因组的其他位置或由管家基因提供。以上基因簇主要负责萘的催化降解。除此之外，在其他种类的PAH的降解菌株中更是存在大量的非典型*nah*基因簇。这些基因簇彼此之间的基因排列和序列相似性截然不同，从而导致其可代谢的PAH底物也有较大差异。例如，菲降解菌株睾丸酮丛毛单胞菌（*Comamonas testosteroni*）GZ39菌株的*phd*降解基因簇中并不含有PAH代谢相关的全部基因（如外二醇双加氧酶），却含有谷胱甘肽-*S*-转移酶基因。这个*phd*基因与其余菲降解菌株的相关基因［如诺卡菌（*Nocardia* sp.）KP7菌株的*phd*基因和粪产碱杆菌（*Alcaligenes faecalis*）AFK2菌株的*phn*基因］均可催化三环或四环PAH的降解。高分子量PAH降解菌株分枝杆菌（*Mycobacterium* sp.）PYR-1菌株中的*nid*基因则可催化降解四环甚至五环的PAH。值得一提的是，与常见的PAH降解基因簇相比，鞘氨醇单胞菌菌株的降解基因在基因排列方面更为复杂，参与一条完整代谢途径所需要的基因可能会分散分布在几个基因簇中。例如，在矢野氏鞘氨醇单胞菌（*Sphingomonas yanoi-kuyae*）B1菌株中存在一个可能参与PAH降解的约40kb的DNA区域，该区域包含至少分布于6个转录单元中的约35个基因。嗜芳烃新鞘氨醇菌（*Novosphingo-bium aromaticivorans*）F199菌株中含有一个大小为184kb的pNL1大质粒，其包含的79个与PAH代谢或转运相关的基因则分布于15个不同的基因簇上。另外，在降解萘及其代谢中间产物的鞘氨醇菌菌株中，这些降解基因簇的排列组织和序列是高度保守的，如大质粒pNL1和pBN6中最大的基因簇也同样存在于菌株地河鞘氨醇单胞菌（*Sphingomonas stygia*）、嗜芳烃鞘氨醇菌（*S. aroma-ticivorans*）B0695菌株、鞘氨醇单胞菌（*Sphingomonas* sp.）HH69菌株和解聚乙二醇鞘氨醇单胞菌（*S. macrogoltabidus*）中。这种“灵活”的基因排列组织（如保守基因簇的不同组合）可能是鞘氨醇单胞菌菌株能够轻松、快速有效适应环境中新污染物的机制之一。

2. 降解的关键酶 PAH的微生物降解是在

一系列酶促作用下完成的。由于PAH种类及降解微生物种属上的差异，整个催化过程具有多样性和复杂性。以高分子量PAH降解模式菌株分枝杆菌（*Mycobacterium vanbaalenii*）PYR-1菌株为例，其在单一底物芘、芴或者PAH混合底物的培养条件下，菌株中参与相应底物降解的蛋白质分别有27个、53个及160个。这些酶不仅包括PAH降解酶，还有趋化蛋白、受体蛋白、信号转导蛋白、转运蛋白和调控蛋白等。由此可见，PAH的微生物降解过程十分复杂，需要多个酶和蛋白质的共同参与。与此同时，PAH或其中间代谢产物的存在可明显提高PAH降解酶系的活性，提高相应的降解速率。另外，研究发现PAH降解酶的底物专一性较差，对结构相似的底物也有一定的催化能力，这也恰好解释了为何PAH降解菌株往往可以催化多种底物的降解。

虽然参与PAH降解的酶数量众多，但负责催化PAH生成顺式二氢二醇的环羟化双加氧酶（ring-hydroxylating dioxygenase，RHD）仍是整个代谢过程中最重要的酶。RHD是由2个或3个蛋白质组成的多组分酶，其由电子传递链（electron transfer chain，ETC）和末端双加氧酶组分组成。末端双加氧酶组分一般是同源（α_n）或异源寡聚体（$\alpha_n\beta_n$）。其中，α亚基又称为大亚基，它比其他成分更加保守，通常含有一个Rieske（2Fe-2S）结构域及一个单核的Fe（Ⅱ）催化性结构域。α亚基被认为与底物的识别与催化密切相关，负责电子向氧原子的转移，因此备受研究者的关注。根据α亚基功能行为及进化地位，可将其分为4个类别。β亚基则被认为起到稳定双加氧酶组分结构的作用。ETC由黄素蛋白还原酶或黄素蛋白还原酶和铁氧还蛋白组成，负责将NAD（P）H的电子转移至末端双加氧酶成分上。RHD需要末端双加氧酶和ETC组分的相互作用才能将电子从电子供体转移到芳烃电子受体上。

四、多环芳烃污染环境的微生物修复

生物修复技术可分为生物刺激（biostimulation）修复和生物强化（bioaugmentation）修复两种方法。前者是通过向环境基质（如土壤、沉积物、污泥或废水）中添加营养物或电子受体，刺激并提高土著微生物的降解活性；后者则是引入外源或内源的具有特定降解能力的微生物以提高污染物的去除率，但可能会改变环境中的群落结构。在利用可能含有污染物代谢活性的土著微生物进行环境修复时，这两个过程可以同时发生。然而，这些策略的有效性因实际环境和污染物的不同而有所差异。目前应用于PAH污染环境的主要修复策略是生物强化修复。在环境中引入特定的微生物，生物强化降解过程可以马上开始。许多研究聚焦于向PAH污染土壤或水体中投放细菌或真菌的特定分离物以增强降解效率。如向PAH污染废水中投加PAH降解微生物不动杆菌（*Acinetobacter tandoii*）LJ-5菌株，显著增加了菲矿化效率。但菌株LJ-5并未直接参与菲的降解，而是通过影响环境中菲降解微生物的多样性来改变整体的降解效率。将BaP代谢菌株瑞氏木霉（*T. reesei*）FS10-C菌株投放到土壤中进行生物强化修复，28d后土壤中的PAH总浓度下降了25%，其中三环、四环和五环PAH的降解百分比分别达到36%、35%和25%。一般情况下，人工分离到的污染物降解微生物可以在最佳环境条件（湿度、温度、O_2和pH等）下达到高效降解的目的；然而，当进行生物强化修复时，向环境中投放的外源菌株可能不适应实际的环境条件，或受到环境土著微生物的竞争而失去应有的效力，从而导致修复效果不理想。解决这个问题的一个可行方案是使用由几种不同微生物组成的微生物群落作为外源接种物，以提高接种物的处理效果稳定性，因为许多研究结果表明微生物群落可能在进行生物修复时比单一微生物更加有效。

第十节　三硝基甲苯的微生物降解

三硝基甲苯（trinitrotoluene，TNT）是最广泛使用的硝基苯化合物，在军工厂生产、处理和包装TNT过程中会导致土壤的严重污染，最终会导致地下水的污染。TNT要比单和二硝基甲苯更难受到微生物的降解，这主要是由于苯环上的两个硝基对称分布，限制了微生物中常见的双加氧酶作用于苯环化合物，所以TNT的化学结构影响了该化合物的生物可降解性。

在本节中主要介绍好氧微生物和厌氧微生物对TNT的降解，现已知道在有氧条件下假单胞菌和真菌能够利用TNT作为氮源，这说明这些微生物可以把硝基转化成亚硝基，亚硝基再转化成氨基，然后氨基再组入微生物细胞的碳骨架中。还有许多人报道了由黄孢原毛平革菌（*Phanerochaete chrysosporium*）和真菌引起的TNT矿化作用，这种矿化作用是在分解木质素条件下进行的。梭状芽孢杆菌和脱硫弧菌属的绝对厌氧菌能通过三氨基甲苯途径降解TNT。某些梭状芽孢杆菌能把TNT还原成相应的羟基氨基二硝基甲苯。

一、由细菌引起的 TNT 有氧降解

现已知道仅有单和二硝基苯化合物可以通过加氧作用发生裂解，但在 TNT 中不发生这种代谢反应，所以即使在有氧条件下，炸药也必须经过硝基还原代谢过程进行转化。

好氧细菌一般情况下首先通过还原一个或两个硝基形成羟氨基或氨基的方式转化 TNT 分子，并产生不同的氨基硝基苯化合物异构体，随后这些化合物便累积在培养基中，而不会发生进一步的代谢。但是有很少几种好氧菌能利用 TNT 作为氮源或碳源，从生产炸药工厂附近分离到了 1 株假单胞菌，可以利用 TNT 作为唯一的氮源进行生长。结果发现在培养基上清液中累积有亚硝酸，在上清液中还检测到了二硝基甲苯、单硝基甲苯和甲苯，说明通过一系列反应可以除去三个硝基。从 TNT 中去除硝基需要减少分子的亲电子性质，并允许上述的双加氧酶使用二硝基苯化合物或单硝基苯化合物作为底物进行苯环活化和裂解作用。在红平红球菌（*Rhodococcus erythropolis*）的休止细胞中 TNT 苯环也会发生类似的氢化反应，但是该菌株不会利用 TNT 作为氮源，可能因为在生理条件下相应的 TNT 复合物不会经过亚硝基消除反应和形成芳香环结构，这样就形成不了 2,4-二硝基甲苯或 2,6-二硝基甲苯，所以无法被降解。在烂泥假单胞菌（*Pseudomonas peli*）（图 8-17）代谢 TNT 的过

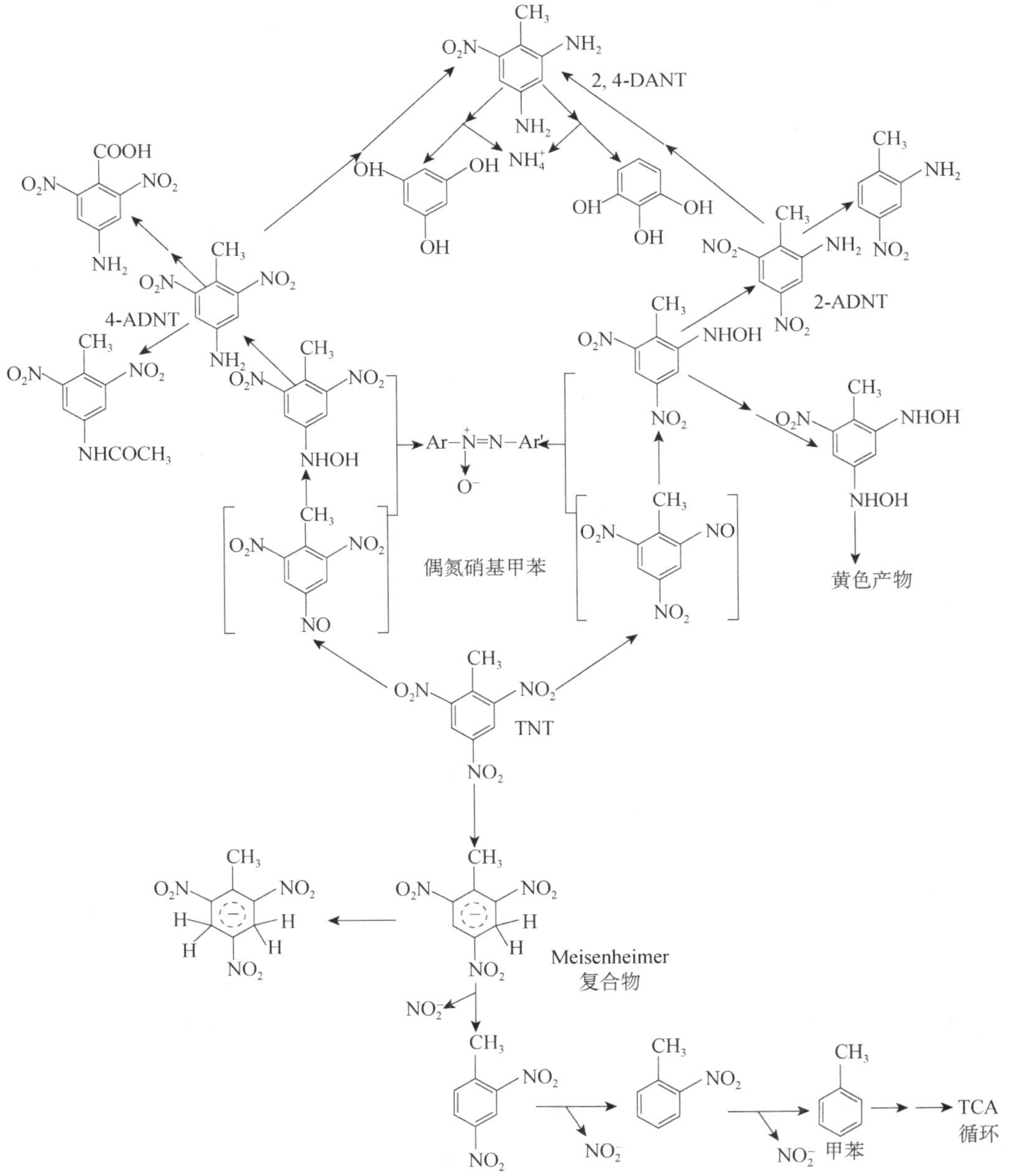

图 8-17 细菌 TNT 的有氧代谢（池振明供图）

ADNT. 氨基二硝基甲苯；DANT. 二氨基硝基甲苯

程中可以形成 Meisenheimer 复合物，最后形成 2,4-二硝基甲苯，这样就可以进一步得到代谢。

二、细菌对 TNT 的无氧降解

厌氧降解过程具有许多潜在的优点，在低氧化还原电位下 TNT 能很快被还原，在这种情况下由于没有氧气可以尽量避免底物的氧化聚合作用，所以 TNT 的厌氧降解系统可以使 TNT 去除的速率更快、更有效，因为在这个过程中不形成偶氮氧硝基甲苯。

产碱韦荣氏球菌（*Veillonella alkalescens*）粗细胞抽提物或细胞悬液能够还原 TNT 形成三氨基甲苯（TAT），利用氢气作为电子供体，见图 8-18。在无氧条件下这个还原反应是有可能的，因为 TAT 所需的低氧化还原电位使得该反应无法在有氧条件下进行。

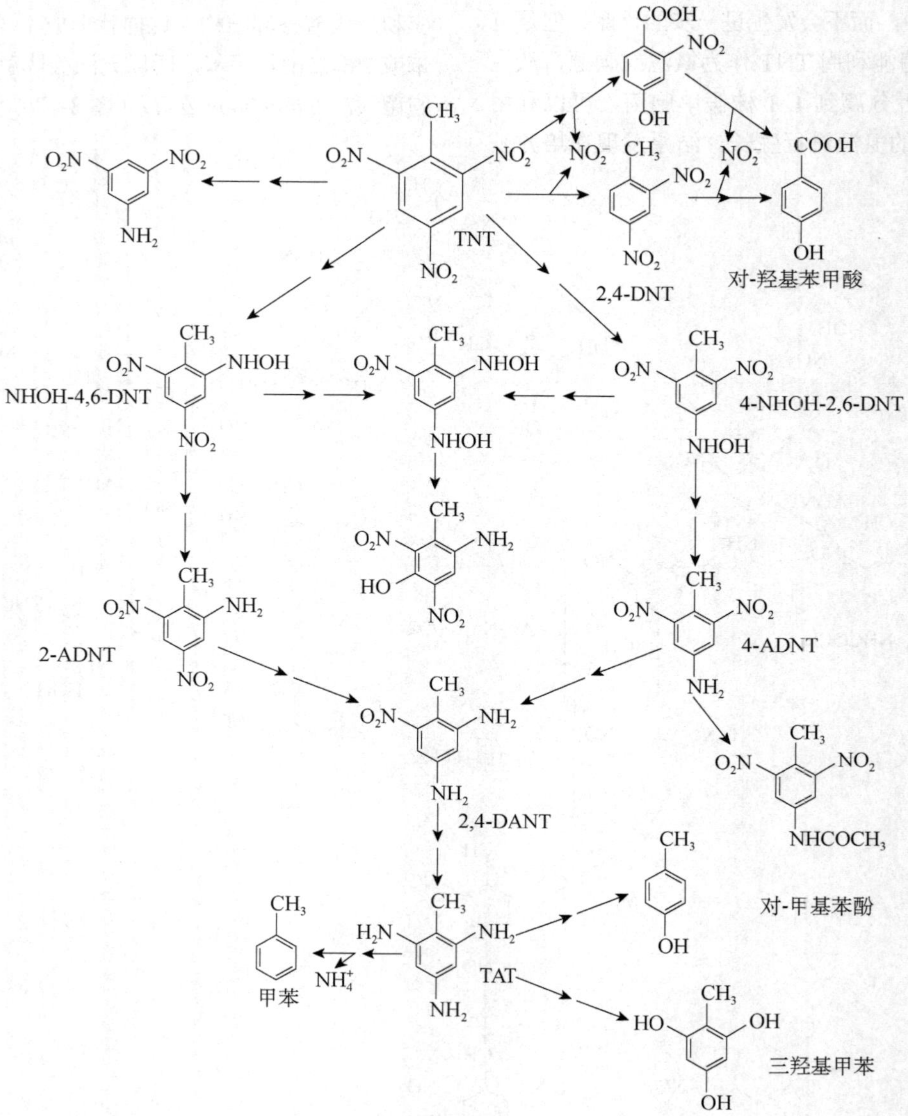

图 8-18　细菌的 TNT 厌氧代谢（池振明供图）

DNT. 二硝基甲苯；ADNT. 氨基二硝基甲苯

三、真菌的 TNT 代谢

最近十多年来科学家对于利用真菌对 TNT 进行生物修复产生了很大的兴趣。木头白腐菌黄孢原毛平革菌（*Phanerochaete chrysosporium*）和其他木头白腐菌及植物枯叶腐烂真菌在这方面起着重要的作用。这些真菌可以降解化学性质非常稳定的各种毒性化合物。在碳源、氮源和硫源缺乏的情况下有利于 TNT 和其他生物难降解物质的降解，在这些物质降解过程中受到木质素降解系统的胞外酶催化，这些酶系包括木质素过氧化物酶、锰过氧化物酶、氧化酶、还原酶、氢过氧化物酶、藜芦醇氧化还原酶（veratryl alcohol）、草酸氧化还原酶和醌氧化还原酶。与其他的微生物一样，真菌降解 TNT 的第一步是硝基的还原。黄孢原毛平革菌（*P. chrysosporium*）的菌丝把 TNT 还原成 4-氨基二硝基甲苯（4-ADNT）、2-氨基二硝基甲苯（2-ADNT）、4-羟基氨基-2,6-二硝基甲苯和偶氮氧四硝基甲苯，见图 8-18。在木质素裂解条件下，苯环化合物和偶氮氧四硝基甲苯便消失，并且这时矿化作用就变得相当普遍。白腐菌活细胞或完整菌丝的细胞膜氧化还原系统可以还原 TNT，破坏细胞膜完整性的任何条件都会使还原酶失去活性，这说明这些酶系的确位于完整的细胞膜上。同样任何可以抑制细胞膜氧化还原系统的化合物也可以抑制 TNT 还原酶酶活力，所以有人认为这种还原作用与该真菌的质子排出系统相偶联，以便维持细胞外的生理 pH 在 4.5 左右。但是 TNT 到底在什么地方被还原现在还有争议。尽管这样，在白腐菌中，仅当培养物处在木质素裂解酶条件下才可以使这些化合物发生进一步降解，并导致 TNT 矿化，这表明木质素过氧化物酶、锰过氧化物酶和其他的木质素裂解酶系统使 TNT 的还原产物得到进一步转化。目前，该真菌如何使这种炸药发生矿化作用还不清楚，但是初步的过程已经清楚。当白腐菌处在木质素裂解状态时，把该培养物与 4-氨基二硝基甲苯（4-ADNT）恒温培养时，可以测定到 4-甲醛-2,6-二硝基甲苯（6-DNT），这个中间产物被转化成 2-氨基-4-甲醛-6-硝基甲苯，该化合物在木质素裂解条件下迅速消失，但在非木质素裂解条件下就不会发生这种情况。在非木质素裂解条件下，氨基二硝基甲苯（ADNT）代谢产物被缓慢地还原成二氨基硝基甲苯（DANT），并且偶氮氧四硝基甲苯的浓度在增加，具体见图 8-19。

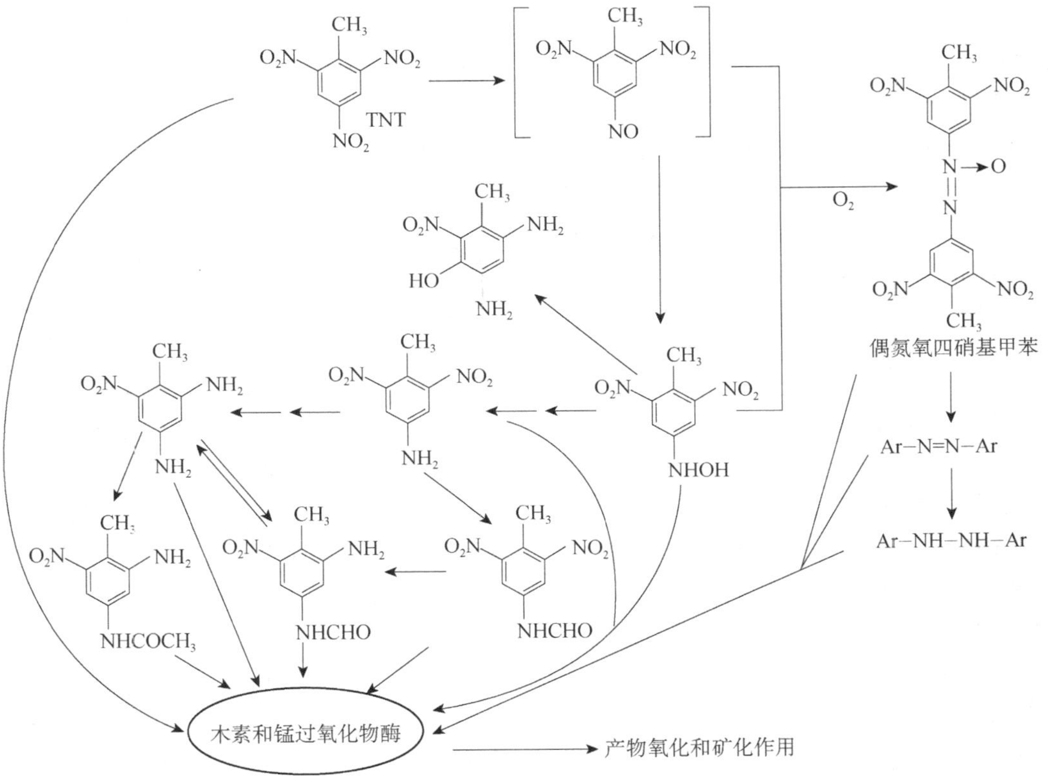

图 8-19　真菌的 TNT 代谢（池振明供图）

Ar. 四硝基甲苯

与 TNT 相比，TNT 还原的产物羟基氨基二硝基甲苯可以抑制木质素过氧化物酶的藜芦醇氧化酶酶活力，这种酶活力可以保护木质素过氧化物酶，防止 H_2O_2 引起的失活作用，这就可以解释为什么缺少羟基氨基二硝基甲苯时，氨基二硝基甲苯（ADNT），得到更快的矿化作用，所以利用白腐菌进行生物修复受 TNT 污染的土壤时就要创造一个环境条件，在该条件下不利于羟基氨基二硝基甲苯的累积。但是遗憾的是，利用白腐菌进行 TNT 矿化作用的潜力是很有限的，因为 TNT 很低的浓度就可以抑制该真菌的生长，所以对 TNT 的低耐受能力使得该真菌无法用于污染有 TNT 环境的生物修复作用。下一步就是分离 TNT 高耐受能力的白腐菌，以便用于污染有 TNT 环境的生物修复作用。

第十一节　抗生素的微生物降解

在过去几十年中，抗生素在临床和养殖业得到了广泛使用，的确对保持人类和动物健康产生了很大的有利影响，但是对环境也产生了许多非常不利的影响。现在人类许多疾病的治疗和动物养殖过程中必须依赖使用抗生素，这就导致了抗生素的广泛使用，甚至过量使用。虽然抗微生物剂本身对身体健康没有什么直接影响，但是抗生素的残留及抗生素抗性细菌（antibiotic resistant bacteria，ARB）和抗生素抗性基因（antibiotic resistance gene，ARG）大量扩散进入土壤和水体中，结果导致污水处理厂、医院排出水和动物养殖环境中含有大量的ARB和ARG，这些环境中通常微生物密度非常大，这样就给ARB和ARG创造了选择、进化和抗生素抗性基因大量扩散的机会，所以现在把ARB和ARG看作新出现的环境污染物。虽然已经知道ARB和ARG广泛存在于环境中，但是有哪些微生物可以降解抗生素却知道得很少。本节重点介绍磺胺药、三甲氧苄啶、氨基糖苷类抗生素、酰胺醇类、四环素、β-内酰胺类、大环内酯类抗生素的微生物降解。

一、磺胺药的微生物降解

磺胺药是化学合成的抗生素，它通过竞争二氢叶酸合成而影响酶活性，从而抑制细菌叶酸的合成。主要用在畜牧业中，它的基本化学结构如图8-20所示。这类抗生素在污泥和沉积物中受到吸附的能力很差，所以很快便进入地下水，并使之受到污染。

磺胺药暴露在天然光和紫外线辐射下时对光解作用非常敏感，但是这些过程通常会产生非常稳定的有毒的中间产物，所以自然条件下不足以完全降解环境中残留的磺胺药。

在有氮源存在的情况下，磺胺甲噁唑（sulfamethoxazole）可以完全被转化成没有抗菌活性的3-氨基-5-甲基异噁唑昤（3A5MI）。在缺少氮源的情况下，磺胺甲噁唑因为伯胺基发生水解作用仅受到部分降解，形成3A5MI和其他的产物（图8-20）。磺胺药可以受到红球菌（*Rhodococcus* sp.）和假单胞菌（*Pseudomonas* sp.）的生物转化，如玫瑰红红球菌（*Rhodococcus rhodochrous*）可以水解磺胺甲噁唑。相反，当磺胺甲噁唑和葡萄糖一起培养铜绿假单胞菌（*P. aeruginosa*）和马红球菌（*R. equi*）时可以形成不同的产物。其他细菌能利用磺胺药作为碳源和能源，导致磺胺药的化学键发生裂解。在某些情况下，微杆菌（*Microbacterium* sp.）BR1菌株降解磺胺药可以释放出其中的杂环基团作为末端产物。降解木质素的酶也可以降解磺胺药，如黑管菌（*Bjerkandera adusta*）产生的多功能过氧化物酶可以降解磺胺甲噁唑，产生3A5MI、羧酸（乙酸和草酸）和各种阴离子（硝酸、亚硝酸和硫酸），说明它的磺胺环可以得到有效降解。另外，微生物产生的漆酶也可以降解带有杂环基团的磺胺药，具体见图8-20，说明磺胺药被微生物降解的途径非常复杂。

二、三甲氧苄啶的微生物降解

三甲氧苄啶（trimethoprim）是二氨基吡啶，通常与磺胺甲噁唑一起使用，尽管它们结构差别很大，但是它们都有共同的抗菌谱，作用机制是和磺胺甲噁唑一起抑制二氢叶酸还原酶的活性，结果合成叶酸的下游酶受到抑制。通过基因突变和三甲氧苄啶抗性基因水平转移，在其他微生物中也存在这种抗药性菌株。目前已经发现20多个基因发生突变，导致这些菌株携带了三甲氧苄啶抗性基因。三甲氧苄啶能微弱地吸附到沉积物和污泥中，所以它在环境中迁移和分布不像磺胺药那么广泛。

这类抗生素也对光解作用敏感，但是它没有磺胺药那么敏感。降解产物可以产生光稳定的产物，主要是三甲氧基苯吡啶（trimethoxybenzoyl-pyrimidine，TMP-a），一种甲酮衍生物。

磺胺药在有氧条件下很快被污泥中的微生物降解，在同样条件下三甲氧苄啶对生物降解和转化具有抗性。但是可以被好氧培养的活性污泥和硝化活性污泥（含有大量硝化自养细菌）中的微生物高效转化。三甲氧苄啶首先开始去甲基化，产生2,4-二氨基吡啶-5-羧基酸（diaminopyrimidine-5-carboxylic acid，DAPC，TMP-3.3），然后这些产物被缓慢地代谢，见图8-21。但是有人发现自养菌没有这种能力，而硝化活性污泥系统中异养好氧细菌能够裂解三甲氧苄啶分子，产生难降解的产物，见图8-21。

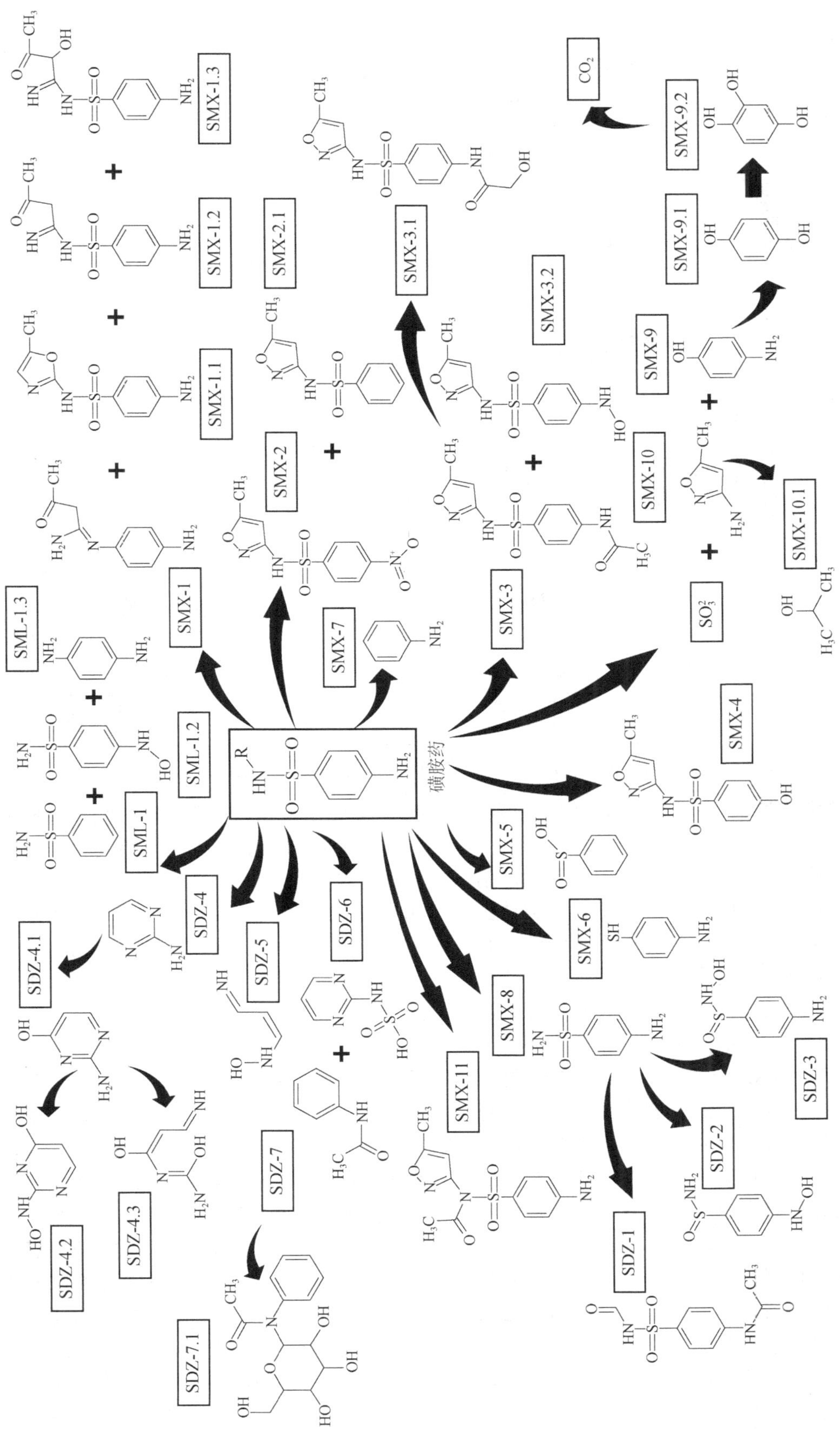

图 8-20　磺胺药的微生物降解途径（Reis et al.，2020）

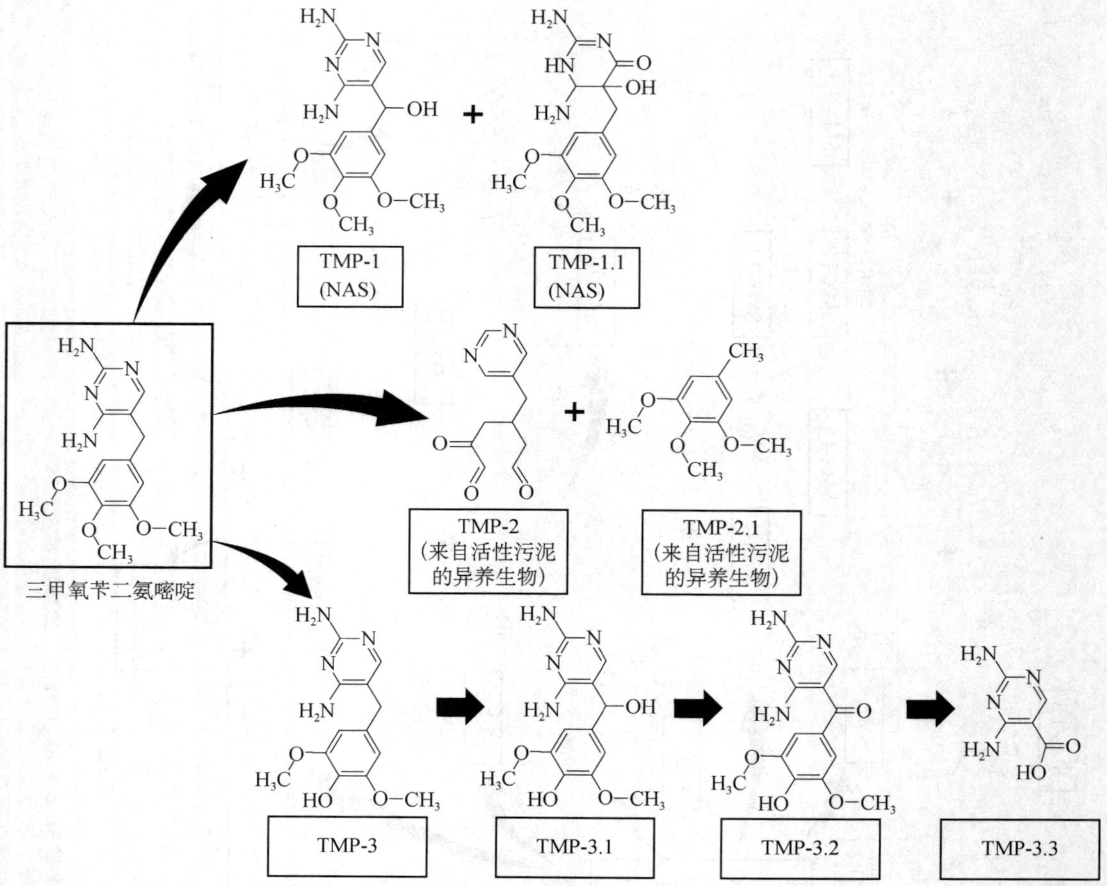

图 8-21　三甲氧苄啶被硝化活性污泥中细菌代谢的主要途径（Reis et al.，2020）

三、氨基糖苷类抗生素的微生物降解

链霉素是第一个从土壤微生物灰色链霉菌（*Streptomyces griseus*）中获得的氨基糖苷类抗生素，由于它可以抑制肺炎分枝杆菌而在医疗中具有重要的应用价值，但是最近几年发现许多肺炎分枝杆菌对它具有很高的抗性，同时发现分离自其他放线菌［链霉菌（*Streptomyces* sp.）和小单孢菌（*Micromonospora* sp.）］中的许多其他的氨基糖苷类抗生素和许多半合成的类似物在临床上和畜牧业中也有很强的抗菌作用。如今大部分使用的这类抗生素包括庆大霉素、妥布霉素和氨羟丁酰卡那霉素。但是链霉素由于在处理结核分枝杆菌过程中还是有效果的，所以还在继续使用。它们中每一种都是具有复杂结构的相关衍生物，通常含有一个氨基环醇核，通过糖苷键与氨基糖连接在一起。这类抗生素杀菌能力取决于浓度，可以抑制细菌蛋白质的合成。这类抗生素也可以与 β-内酰胺类抗生素联合使用，但是使用量要比四环素、磺胺药和 β-内酰胺类少很多。因此在废水中很难检测到它，但是在医院和环境分离物中还是可以经常检测到对这类抗生素的抗药性细菌，这些细菌抗性的机制是在抗性菌株的核苷酸转移酶、磷酸转移酶和乙酰转移酶催化下进行腺苷化、磷酸化和乙酰化作用而使其失活。同时抗性菌株还存在细胞排出系统排出吸收的抗生素和使 16S rRNA 发生甲基化作用的酶，所有这些酶的基因序列和具体的抗性机制已经很清楚。

室温下庆大霉素在葡萄糖溶液中 48h 内很容易发生降解，产生多种降解产物，其中一种就是西索米星（AMG），一种具有抗细菌活性的分子，它们是氨基糖苷类抗生素合成的一种中间产物。在更高温度和低 pH，如强酸（6mol/L HCl）下，庆大霉素和卡那霉素便完全失去抗细菌活性，并释放出 2-脱氧链胺（2-deoxystreptamine）。相反，氨基糖苷类抗生素不容易发生光解作用，因为它们不吸收太阳光的光线。只有在天然有机物存在的情况下通过与该药物的结合才能使它们对辐射更加敏感。

科学家发现来源于土壤的微生物菌群能利用氨基糖苷类抗生素作为唯一碳源进行生长。其他人也发现从临床、非临床和食物样品中分离的超过 50 株沙门菌能利用这些抗生素作为主要的碳源，至今发现唯一的 1 株细菌嗜麦芽窄食单胞菌（*Stenotrophomonas maltophilia*）（从土壤中富集出来的）可以利用链霉素作为碳源和能源进行生长。它能把链霉素胺转化成吡啶，进一步代谢成 SMC-1 和 SMC-1.1

（图 8-22）进行降解，同时还可以释放出挥发性的含氮化合物，如甲胺和氨（图 8-22）。现在还未知其降解机制和有关的酶。

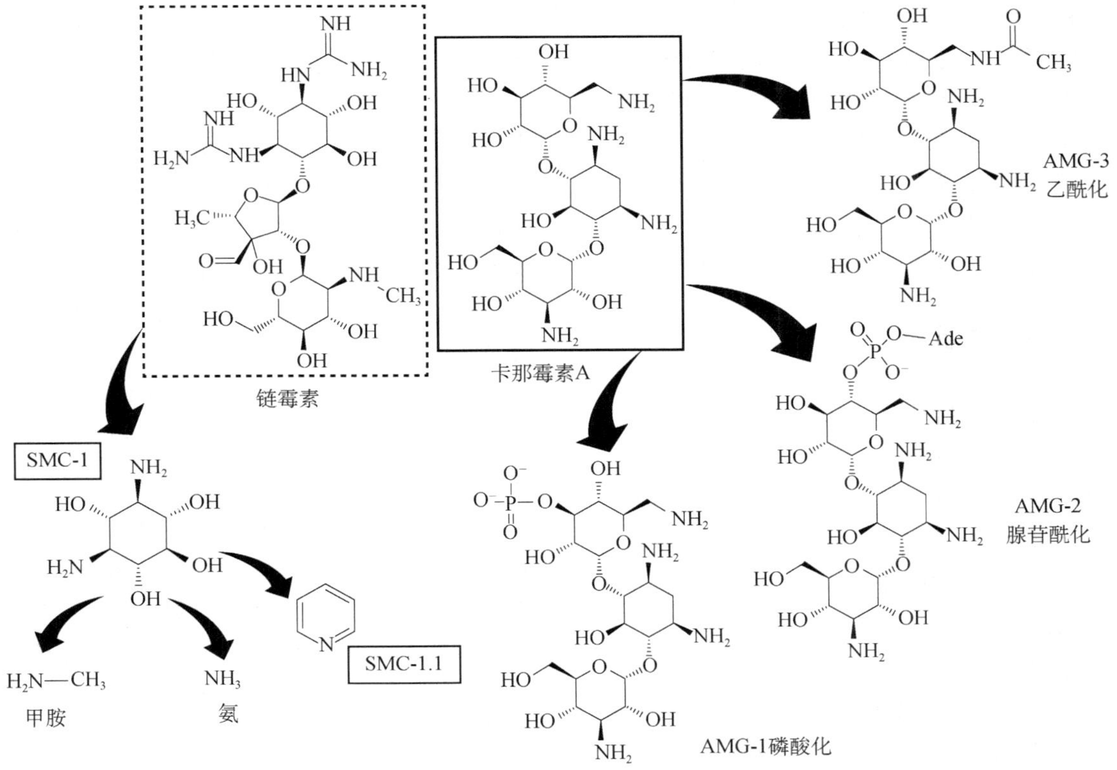

图 8-22　由嗜麦芽糖寡营养单胞菌引起的链霉素降解（Reis et al.，2020）

四、酰胺醇类（amphenicol）的微生物降解

氯霉素是分离自土壤微生物委内瑞拉链霉菌（*Streptomyces venezuelae*）中的一种天然抗生素，由于具有严重的副作用和可能的致癌作用，目前许多国家禁止在动物中使用这类抗生素，但是还在用于处理少量的临床感染。许多合成的类似物，如甲砜氯霉素和氟甲砜氯霉素正在临床上使用。这些抗生素含有二氯乙酰胺和苯环结构，可以抑制蛋白质合成过程中氨基酸链的延长。尽管氯霉素使用率不高，但在土壤中已经大量存在这类抗生素，它可以被转移到植物中，结果家禽动物食用这些植物产品时便被转移到动物体内，导致动物产品受到氯霉素的严重污染（达到每千克动物产品中的数微克）。抗性菌株在酶的催化下通过乙酰化或磷酸化作用使有关微生物对氯霉素产生抗性。甲砜氯霉素也会受到同样的酶催化作用，但是氟甲砜氯霉素由于存在氟基团就不存在抗药性的问题。

在酸性或碱性 pH 和高温下氯霉素和氟甲砜氯霉素可以通过羟基化和脱氯作用而进行非生物降解，但是苯环部分不会受到影响。氯霉素也可以受到光解作用产生羟基化副产物。但是这些非生物转化不会使它们失去抗微生物活力，反而会增加对盐水卤虫的毒性。

生物降解包括脱氯、烷基氟水解作用和脱甲基反应，但是降解产物的化学结构没有得到鉴定。发现跟母体分子结构相比，产生的降解产物增加了在环境中的持久性（存留大于 40d）和降低了对厌氧污泥微生物的毒性。许多细菌，包括产生抗生素的菌株可以对氯霉素进行酶催化作用，进行乙酰化和磷酸化反应而对氯霉素产生抗药性。但是通过酯酶作用，发生脱乙酰和脱磷酸化作用，杀菌活力很快得到恢复。这些酯酶可以来自土壤、血清和病原菌。土壤的酯酶除了具有脱乙酰化作用外，还可以水解氯霉素和氟甲砜氯霉素母核结构。氯霉素水解的产物有来自 *N*-二氯乙酰基的对-硝基苯丝氨酸醇。某些产氯霉素的放线菌也有类似的水解活力。例如，链霉菌通过 *N*-二氯乙酰基的水解裂解能转化氯霉素，随后通过乙酰化作用转化成稳定的末端产物 *N*-乙酰-对-硝基苯丝氨酸醇，其中少量还可以进一步转化成对-硝基苯乙醇（图 8-23）。许多细菌菌株在硝基还原酶催化下可以把氯霉素的硝基还原成氨基，从而使氯霉素失去抗微生物的活力。

至今只有少数几个菌株，如 1 株链霉菌（*Streptomyces* sp.）和黄杆菌（*Flavobacterium* sp.）能利用氯霉素作为唯一碳源。通过产生诱导酶和在 C3

位置上对乙醇基进行氧化作用，最终产生 β-羧基-顺,顺-己二烯二酸作为初步的降解产物（图 8-23）。羧基酸很容易进入微生物的中心代谢途径，如 TCA 循环，所以这些细菌肯定能利用它们作为碳源进行生长。肠杆菌科的有些细菌也可以利用氯霉素作为主要的碳源。黄杆菌（*Flavobacterium* sp.）CB6 菌株可以对氯霉素进行彻底转化，但是该抗生素降解途径的产物对硝基苯还是保持完整，如图 8-23 所示，所以大部分产物还是有毒性的。

五、四环素的微生物降解

四环素是链霉菌产生的天然化合物，它可以抑制氨酰 tRNA 与核糖体受体之间的结合而抑制蛋白质的合成，这种抗生素在人体中的使用量在减少，但是在畜牧业中使用比较多，特别是在食用动物中也可以作为生长促进剂。四环素是具有两性的、很强的络合剂，它们能被吸附到沉淀物和活性污泥中，所以很容易污染土壤环境。目前在各种环境中都可以检测到四环素的残留物，如废水处理厂排出水（μg/L）、活性污泥（μg/kg）、表面水（ng/L）和土壤（μg/kg）中都可以检测到四环素的残留物，在环境中四环素抗性菌株随处可见。已经发现了 30 多种抗性基因可以编码泵出蛋白和核糖体保护蛋白，它们分别把四环素从细胞中泵出和让四环素无法与核糖体结合，从而产生抗药性。

水体和土壤中，在碱性 pH 和在阳离子存在情况下，四环素会降低稳定性，这样便可受到各种转化。天然酸性条件下的四环素是相当稳定的，但在碱性条件下非常不稳定。在酸性和中性条件下可发生差向异构化作用，在有 Ca^{2+} 和 Mg^{2+} 和 pH≥6 的情况下这种反应很容易进行逆反应。同样，在酸性条件下，四环素和它的差向异构物能进行可逆的脱水作用形成无水四环素和 4-差向脱水四环素。

在水环境中四环素相对不稳定，但是在有氧和无氧条件下四环素很难被降解。它们主要通过非生物的转化吸附得到去除，而生物转化作用发挥很小的作用。只有真菌中的担子菌［银耳纲（Tremellomycetes）、伞菌纲（Agaricomycetes）］、子囊菌［粪壳菌纲（Sordariomycetes）和散囊菌（Eurotiomycetes）］，以及少数几个细菌菌株如窄食单胞菌（*Stenotrophomonas* sp.）和鞘氨醇杆菌（*Sphingobacterium* sp.）可以降解四环素。尤其是产类似四环素的菌株拟青霉（*Paecilomyces* sp.）CMB-MF010 菌株和镰刀菌（*Fusarium* sp.）CMB-MF017 菌株可以裂解四环素的 A 和 B 环，导致没有抗微生物活性的半环化合物的累积（图 8-24）。相反，细菌对四环素的转化相当独特。从专性厌氧菌脆弱拟杆菌（*Bacteroides fragilis*）克隆到了一个转座子，含有一种新的抗性基因，把该基因转化到大肠杆菌中，编码的产物是一种依赖 NADH 的黄素蛋白 TetX，这种蛋白质可以使四环素发生羟基化作用，结果导致四环素失活（图 8-24），失活的产物进一步通过非生物转化，形成一种高分子量的黑色色素，这种酶也可以转化天然和半合成的四环素。然而，由于这种酶依赖 O_2，它能使脆弱拟杆菌产生抗药性。同时，鞘氨醇杆菌 PM2-P1-29 菌株、口腔微生物组，甚至人类病原菌也含有这种转座子。在口腔微生物组功能宏基因组中发现了 Tet37，也能催化依赖 NADH 的四环素转化反应。这些蛋白质氨基酸序列与黄素蛋白 TetX 具有 20%的相似性，也能催化四环素的 A 环裂解。黄孢原毛平革菌（*P. chrysosporium*）的木质素裂解酶，包括木质素和锰过氧化物酶在缓冲液中也可以清除四环素和氧四环素。变色栓菌（*T. versicolor*）的漆酶能作用于 A 和 C 环，发生脱羟基、脱二甲基和氧化作用而降解四环素。但是至今还没有发现四环结构的四环素能得到裂解，表明这些产物可能很稳定，如图 8-24 所示。

六、β-内酰胺类抗生素的微生物降解

β-内酰胺类抗生素是一类抑制细菌细胞壁合成的抗生素，现今发现这类抗生素的抗药性非常普遍，这些抗药性菌株中的 β-内酰胺酶可以水解 β-内酰胺类抗生素，目前已经发现数千种 β-内酰胺酶。由于它们具有广谱抗菌活性和低毒性，β-内酰胺类抗生素是使用最广泛的抗生素之一。

尽管 β-内酰胺类抗生素使用非常广泛，但在环境样品中这类化合物不是经常能检测到。这种低污染水平主要是由于 β-内酰胺环内在的不稳定性，很容易通过非生物和酶解作用得到水解。被分解后的 β-内酰胺类抗生素便失去了抗微生物活力，但是这些分解产物具有更大的抗微生物分解作用，因为在环境样品和动物组织中能检测到大量的这些分解产物。除了水解作用外，β-内酰胺类抗生素对有机质参与的光解作用也很敏感。但是这些光解过程无法

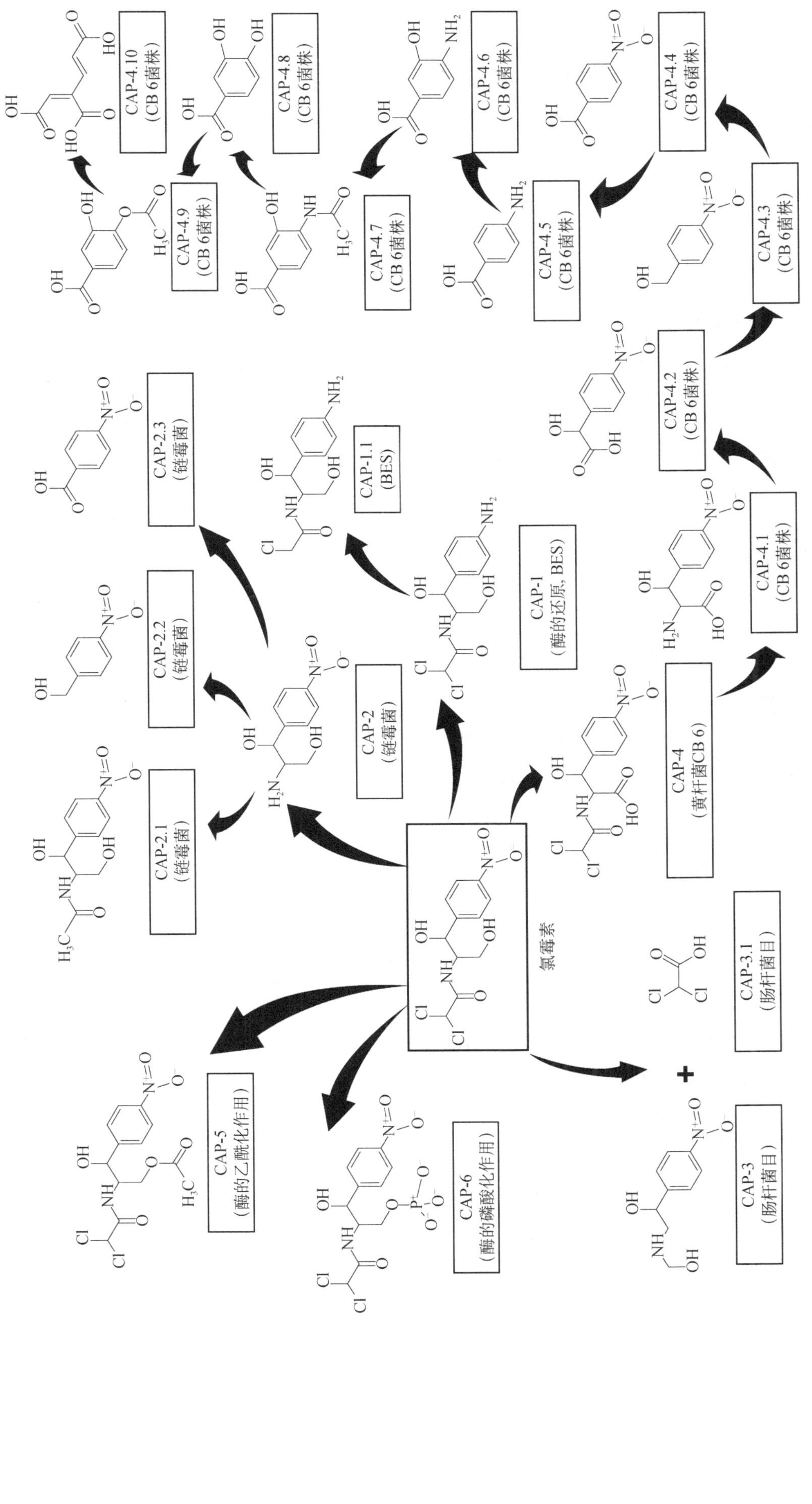

图 8-23　由细菌引起的氯霉素的降解、有关的微生物（斜体部分）和菌株编号（Reis et al., 2020）

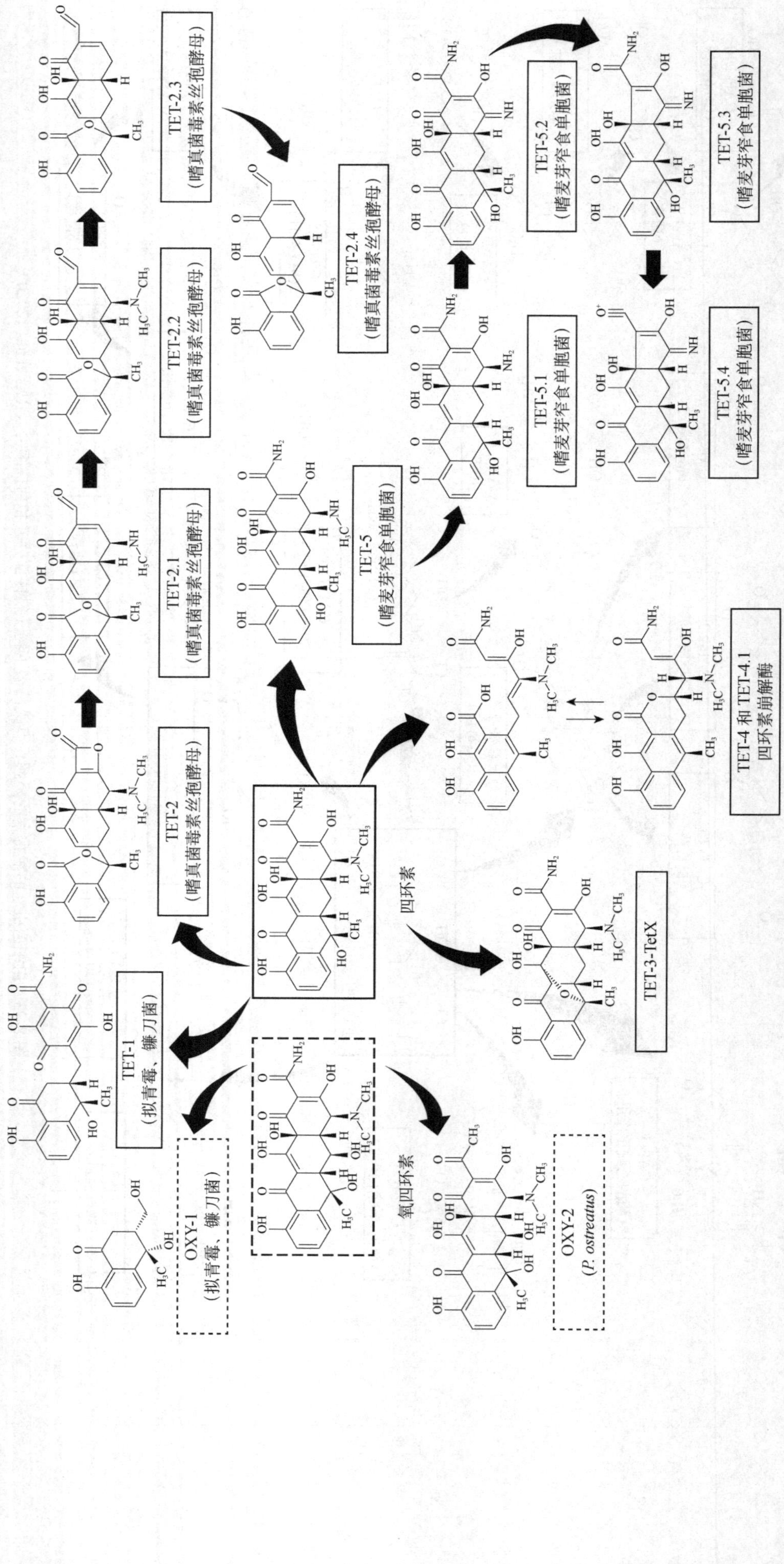

图 8-24　由微生物引起的四环素降解途径和有关的微生物（斜体部分）及其酶（Reis et al.，2020）

使它们失去抗微生物活力和使它们得到矿化作用，光解产物具有更大的毒性，并且对光更加稳定。用光催化的方法，如 TiO_2-光催化反应和芬顿反应能够清除 β-内酰胺类抗生素，但是要使它们降解成完全没有毒性的产物，需要延长辐射的次数（≥10h）。事实上，强烈氧化作用，如加 O_3/H_2O_2，反而降低了含有青霉素废水生物的降解能力，因为产生的副产物毒性更大。

这类抗生素使用不久就发现了特异的水解酶，如 1300 种 β-内酰胺酶（AmpC）都能裂解青霉素和头孢霉素的 β-内酰胺环。所有这些酶能不可逆地把它们水解成没有抗微生物活力的青霉酸（图 8-25）。研究最多的 β-内酰胺酶包括广谱的 β-内酰胺酶，能水解大多数青霉素和头孢霉素。多功能的碳青霉烯酶能水解各种 β-内酰胺类抗生素。分离自活性污泥的两株假单胞菌、分离自临床样品的许多沙门菌（*Salmonella* sp.）和肺炎克雷伯菌（*Klebsiella pneumoniae*）Z1 菌株能降解头孢菌素的先锋霉素，并累积 2-羟基-3-苯对二氮杂苯（图 8-25）。

β-内酰胺类抗生素降解产物中除了具有青霉酸外，还有青霉噻唑酸和青霉二酸，这些产物只是临时得到累积，然后进一步被转化成未知的产物。研究表明，许多土壤的微生物菌群能利用青霉素 G 作为碳源。在伯克霍尔德菌（*Burkholderia* sp.）、假单胞菌和前沟藻（*Pandoraee* sp.）中，有关的基因分布在青霉素利用的一个操纵子上，产生的 β-内酰胺酶能把青霉素 G 转化成苯青霉素酸，再通过酰胺酶转化成苯乙酸，然后进入中心代谢途径，如 TCA 循环，所以这些菌株都可以生长在青霉素 G 上。如果把这个操纵子在大肠杆菌中表达，转化子可以利用青霉素或苯青霉酸作为主要的碳源。除了 β-内酰胺酶外，青霉素酰基化酶和脂肪酶也能降解青霉素，如青霉素酰基化酶存在于产黄青霉（*P. chrysogenum*）Q176 菌株、细菌和丝状真菌中，该酶能裂解 β-内酰胺分子成苯乙酸和 6-氨基青霉烷酸，因为 6-氨基青霉烷酸可以用作半合成 β-内酰胺抗生素的前体，所以这个 6-氨基青霉烷酸有重要的应用价值。另外，与膜结合的嗜热脂肪芽孢杆菌（*B. stearothermophilus*）D-丙氨酸氨基肽酶能降解青霉素 G 产生苯乙酰甘氨酸（图 8-25）。链霉菌（*Strep-tomyces* sp.）R61 菌株产生的胞外 DD-羧肽酶-转肽酶能降解青霉素释放出苯乙酰甘氨酸和 *N*-甲酰-D-青霉胺。

抗辐射不动杆菌（*Acinetobacter radioresistens*）产生的单加氧酶能氧化亚胺硫霉素的 β-内酰胺，编码该酶的基因在大肠杆菌中超表达后能使转化子增加对亚胺硫霉素的抗性，表明该基因本身能给宿主带来抗性表型。有些研究试图解析抗生素降解和抗药性的关系，如在青霉素存在情况下，β-内酰胺酶产生菌能够保护敏感细菌，防止这些敏感细菌突变成为抗药性菌株，这些酶表达水平与抗性菌株的亚群密度无关，这种机制叫作间接的抗性。例如，青霉素作用于流感嗜血杆菌（*Haemophilus influenzae*）时，肠杆菌科的细菌产生的 β-内酰胺酶就有这种作用。这也导致利用抗生素治疗敏感菌株失效，产 β-内酰胺酶的细菌可以保护这些敏感病原菌免遭这些抗生素的杀菌作用。

这些研究清楚地表明抗生素降解菌有能力保护敏感细菌，避免出现新的抗性菌株。然而更仔细研究表明这些基因的传播对人类和动物健康危害非常大。所以使用抗生素降解菌必须十分小心，必须进行认真评估后才可以使用。许多研究者认为抗生素转化和降解从能量角度来说是很浪费能量的，降解抗生素对宿主来说是个很大的负担。所以这些抗药性基因的传播不可能仅固定在一个给定的群体中。在连续不断的选择压力下，即使这些基因发挥作用需要高消耗能量，它们通过补偿突变、水平转移和共选择作用，这些抗性基因还是要保留在自然微生物群体中。最好的方法就是既要去除抗生素，也要防止抗药性菌株得到大量扩散。

七、大环内酯类抗生素的微生物降解

大环内酯类抗生素可以与蛋白质初生肽结合，从而阻止正在生长肽链的输出，而发挥抑制微生物的作用。在欧洲许多国家通过不断检测水体中的抗生素，发现如红霉素、克拉霉素和阿奇霉素这些抗生素是世界范围内新出现的污染物，对大环内酯类抗生素产生的抗性主要是由于酶失活作用（水解和磷酸化作用）和细胞存在泵出抗生素反应体系。

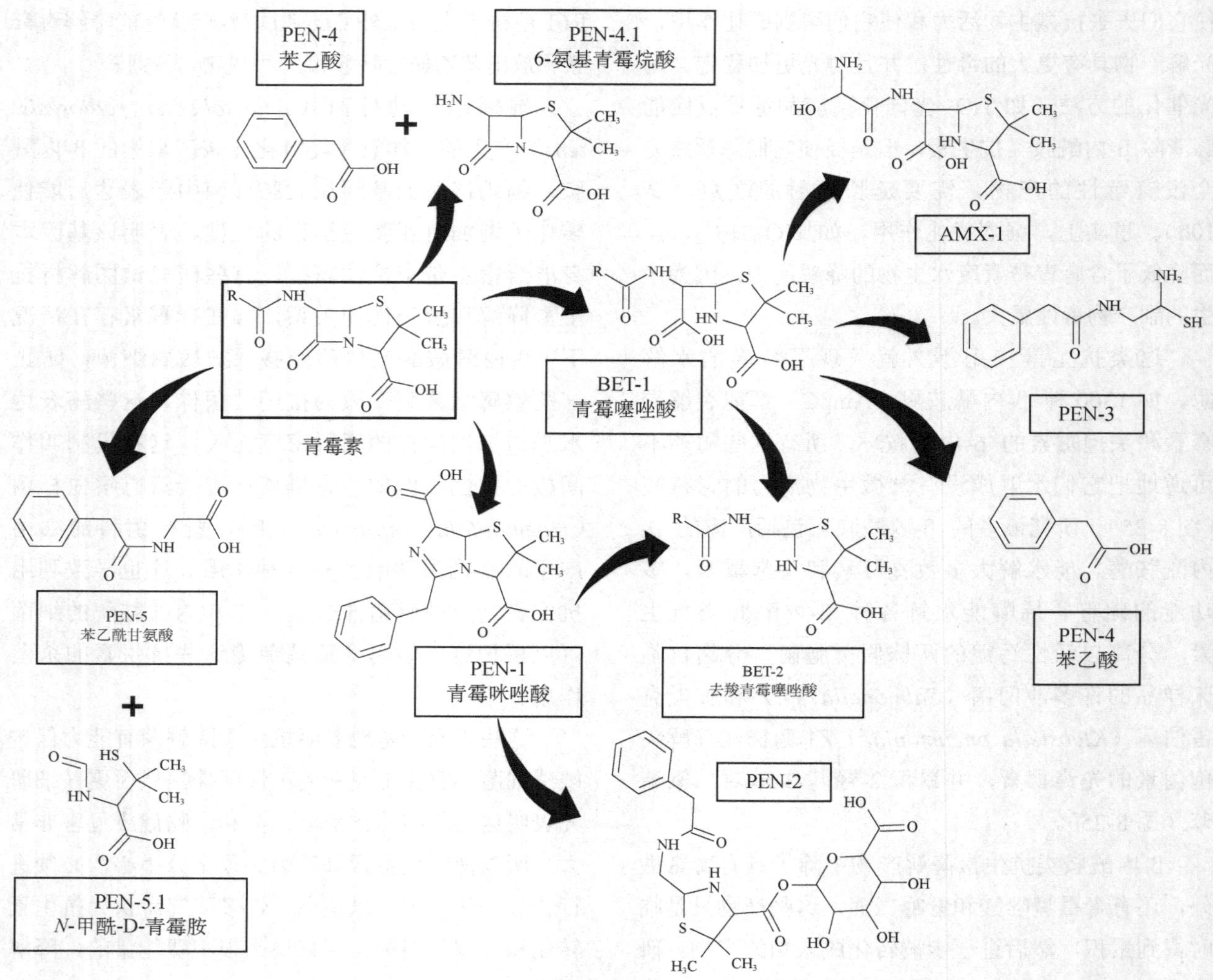

图 8-25　青霉素微生物降解的各种产物（Reis et al.，2020）

在强酸条件下红霉素非生物降解经常可见，结果导致 1 个水分子的损失，产生红霉素-H_2O，在环境样品中经常可以检测到该分解产物，并且浓度比红霉素的高，主要出现在水体表面。脱水的红霉素几乎没有了抗生素活力，但是可以给抗药性细菌创造一个选择的机会。在紫外线辐射条件下通过硫酸自由基氧化过程红霉素就受到氧化转化作用，降解程度依赖于水解化学组成。臭氧解（ozonolysis）也可以有效地降解大环内酯类抗生素，如克拉霉素、阿奇霉素和罗红霉素经过臭氧解变成生物无活性形式。大环内酯类抗生素也要经受太阳辐射导致光解作用。

把红霉素加到污泥中不会影响好氧细菌的变化，但是的确可以影响携带有特异降解酶的细菌繁殖，这些酶包括由 *ereA* 和 *ereB* 基因编码的红霉素酯酶，这些酶能催化 14 环的内酯环的裂解作用，裂解产物失去了抗微生物活力（图 8-26）。大环内酯类抗生素也通过大环内酯-2′-磷酸转移酶催化的磷酸化作用而被修饰，可诱导的胞内酶也可以催化内酯环的水解作用，并且对各种具有 14 环的大环内酯类抗生素（如红霉素）活力最大，而对 16 环的大环内酯类抗生素活力最小。这些抗生素降解者对自然微生物群体有什么影响值得研究，在表达有 *ereA* 基因的细菌存在情况下，敏感群体可以获得间接的抗性。这种基因很少在临床分离物基因组中检测到，但是在许多可移动元件（质粒和转座子等）中却含有这些基因，所以这些基因可通过水平转移使受体菌获得具有降解红霉素的能力，这样对环境就存在很高的危险性。所以利用含有这些基因的菌株处理大环内酯类抗生素的污染物是不可行的，但是 *ereA* 和 *ereB* 基因编码的酶都具有水解这类抗生素的作用，并且不需要复杂的辅助因子，所以利用这些酶制剂处理大环内酯类抗生素的污染反而是可行的，同时可以防止抗药性基因和抗药性菌株的扩散。

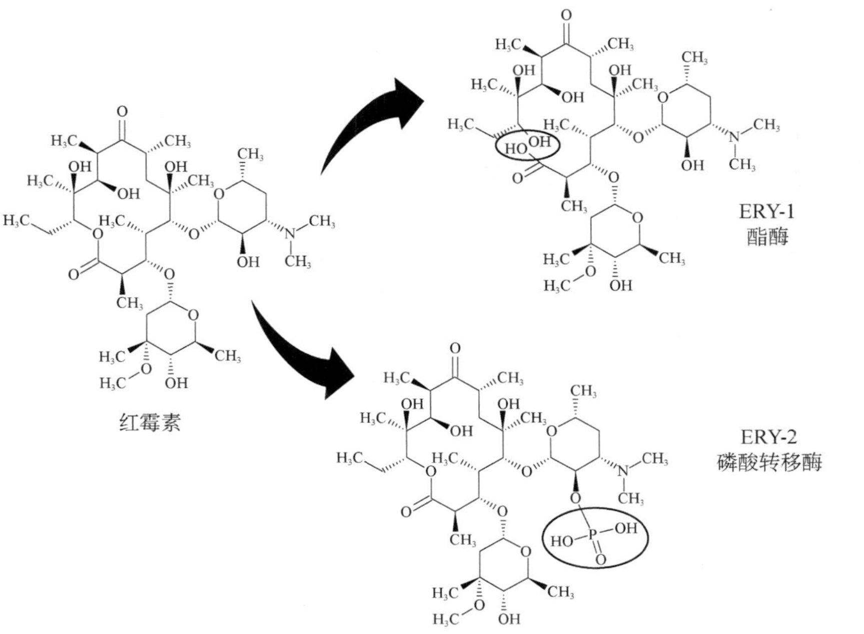

图 8-26　红霉素受到微生物酶催化后发生的水解和磷酸化作用（Reis et al.，2020）

第十二节　塑料的微生物降解

塑料是一种人工合成的有机多聚物材料。人工合成或半合成的塑料具有许多优点，如重量轻、防水、非常便宜、非常坚固、持久耐用和富有弹性，它可以随意制造成各种形状的产品。到 2020 年全世界的塑料产量已经达到 36.7 亿吨，已经超过全世界人口的重量，估计到 2050 年将达到 59 亿吨。由于工厂大规模生产，人们每天都在大量使用塑料制品，大量塑料废弃物已经被释放到环境中，并在那儿长期稳定存在，无法回收利用。现在在土壤、地下水、湖泊和海洋中，甚至在高山和两极地区均有塑料的严重污染，给所有生物和生态系统造成了巨大威胁，不仅严重威胁了生态系统的稳定性，同时也影响了人类的健康，所以塑料污染是当今世界最严重的污染物之一。我们日常生活中每个人都得用到塑料制品，由于塑料制品的广泛应用，塑料工业每天都在不断发展，同时导致塑料垃圾无处不在，随处可见。由于塑料化学结构非常稳定，难以被微生物降解，人们也意识到塑料的广泛使用对水生态环境和陆地生态系统具有非常严重的破坏作用。为了减少对自然生态的破坏作用，如何循环利用塑料成为重要的社会问题和经济问题。目前全球仅有 9%～12%的塑料得到循环利用。其他的塑料废弃后堆积在土壤中，最终的命运是进入海洋，所以塑料污染会严重污染陆地和水生生态系统。动物会吞入塑料或微塑料，对动物身体会产生致命的影响。海洋中珊瑚礁是这种人为活动的第一个受害者，目前在亚太地区估计有 110 亿吨塑料与珊瑚礁交缠在一起，这个数据每天都在上升。最可怕的是病原菌可以定植在塑料废弃物上，导致海洋疾病的传播。目前处理塑料污染的方法包括垃圾填埋、焚烧和物理化学方法再循环，虽然垃圾填埋和焚烧很容易操作，但是同样造成环境的二次污染。垃圾填埋会对土壤结构、土壤肥力和土壤微生物菌群造成长期的不利影响，因为在这些方法处理过程中会产生有害气体，如 CH_4、CO 和多环芳烃等，最终会直接或间接地影响全球碳循环，产生温室效应，给人类健康造成不利影响。利用物理和化学方法进行塑料废弃物的再循环也许是解决这些环境问题的一些方法，但是这些方法受到许多因素的限制。例如，经过物理和化学方法处理失去了大部分塑料的关键特性，并失去了它们的商业价值等。另外，如何从这些处理过的废塑料中获得有用的单体还需要进一步改进。所以现在亟需发展一些高效的、对生态友好的方法解决废弃塑料污染的问题，但是这些处理方法还无法控制大量的塑料制品进一步污染。所以许多科学家正在寻找再循环塑料废弃物的替代方法。其中通过生物方法对塑料废弃物进行降解和转化成高附加值的生物产品是一种可持续和绿色的工艺。所以寻找可以降解塑料的微生物菌株引起了人们广泛的关注。

目前有6种塑料制品正在广泛使用，包括聚乙烯（polyethylene，PE）、聚丙烯（polypropylene，PP）、聚苯乙烯（polystyrene，PS）、聚氯乙烯（polyvinyl chloride，PVC）、聚对苯二甲酸乙二醇酯（polyethy-lene terephthalate，PET）和聚氨基甲酸酯（polyurethane，PU），它们的化学结构如图8-27所示。已知微生物有能力降解各种天然多聚物，并把它们转化成高附加值的产品。最近几年发现微生物也可以帮助人工合成化合物，如塑料和农药的降解作用。微生物生活在这个充满塑料的年代，在严重的选择压力下进化出各种塑料降解能力。目前已经从各种不同环境中，如废弃物堆积地、海岸线、海水、焚烧塑料的土壤、吃塑料制品的蚯蚓肠道中分离鉴定到可以降解塑料或部分降解塑料的各种微生物，但是它们的具体降解途径和降解的分子机制还需要认真细致的研究。

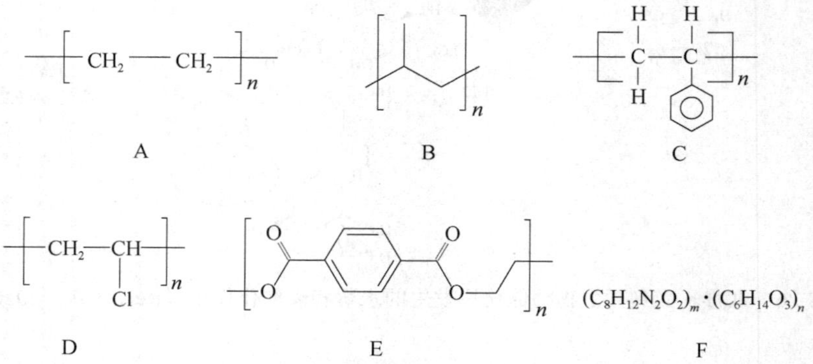

图8-27　各种塑料的化学结构（池振明供图）

A. 聚乙烯（PE）；B. 聚丙烯（PP）；C. 聚苯乙烯（PS）；D. 聚氯乙烯（PVC）；E. 聚对苯二甲酸乙二醇酯（PET）；F. 聚氨基甲酸酯（PU）

一、参与塑料降解的潜在生物

作为生态系统污染物的主要净化者，垃圾填埋的地方或海洋是分离降解塑料的微生物和微生物菌群的首选环境。同时，海洋环境具有高密度的藻类，它们也可以降解塑料。昆虫和软体动物也可以消化塑料，可能是其中肠道微生物在起作用。最近几年经过遗传改造的酶工程菌株也用于塑料的生物降解。被这些生物作用后，塑料会失重，表面出现损伤，塑料晶体结构、接触角、分子量和功能基团会发生变化，这些是评价塑料生物降解的重要指标。

1. 能降解塑料的天然微生物

1）潜在的细菌　能作用于塑料的生物一大半以上是细菌，从垃圾填埋的地方分离到的贝莱斯芽孢杆菌（*Bacillus velezensis*）C5菌株在7d内能在低密度聚乙烯（low density PE，LDPE）表面形成生物被膜，降低被处理塑料的接触角达46°，并增加LDPE膜的亲水性。处理90d LDPE膜的重量和厚度分别下降了8.01%和26%。分离自阿拉伯海沉积泥的副地衣芽孢杆菌（*Bacillus paralicheniformis*）G1菌株在60d内能降解34%的PS膜。从垃圾填埋的地方分离的铜绿假单胞菌（*P. aeruginosa*）WZH-4菌株和WGH-6菌株与PP颗粒一起培养40d能降低塑料与水的接触角、破坏塑料表面结构、形成羟基化合物和羰基化合物，并导致重量损失分别达9.35%和17.20%，所以这两株细菌可以降解聚丙烯。假单胞菌（*Pseudomonas* spp.）、芽孢杆菌（*Bacillus* spp.）和链霉菌（*Streptomyces* spp.）都可以在塑料上形成生物被膜，并发生一系列的酶反应，把塑料的多聚物转化成低分子量的化合物，然后被生物被膜中的细胞所利用。许多嗜热、嗜冷和嗜盐微生物能分别忍受高温、低温和高盐环境。高温能软化和降低塑料的机械强度，所以嗜热菌在高温下能以更快的速率降解塑料，如土壤短芽孢杆菌（*Brevibacillus agri*）btDSCE02菌株，其是一种嗜热菌，能在50℃下140d内降解24.66%的高密度聚乙烯（high density PE，HDPE）。低温细菌降解塑料有许多优点，因为在这种情况下能量需求较少，处理费用也少。嗜盐微生物产生的酶在缓慢的塑料降解过程中能维持更长时间的高酶活力，具有这种特性的酶将来有更大的潜在用途。

2）潜在的真菌　最近几年，真菌也被广泛用于废水处理和各种环境治理，某些真菌也是降解塑料很好的菌株，特别是曲霉和青霉等具有很好的降解塑料多聚物的能力。它们的细胞结构和菌丝能穿透塑料薄膜的表面，吸收有关的营养物，让真菌紧紧地吸附在塑料薄膜的表面。真菌的另外一个优点就是它们有能力分泌疏水蛋白作用于塑料表面。作为表面活性剂，这些疏水蛋白能自我组装成两性分子的蛋白膜，这样可以加强塑料表面的疏水性，促进它们在塑料多聚物表面上的定植和发挥作用。

还有胞内酶，包括细胞色素P450家族、环氧化物水化酶和转移酶能帮助真菌去除细胞外的有毒化合物，并适应来自环境的胁迫者，在真菌降解塑料方面起非常重要的作用。同样，真菌分泌的胞外酶，如过氧化物酶（锰过氧化物酶、多功能的过氧化物酶和几丁质过氧化物酶）、漆酶、角质酶、脂肪酶和蛋白酶可以把塑料多聚物解聚成低分子量的碎片，这些真菌具有很强的吸附能力和产生表面活性剂能力，在塑料降解方面起着非常重要的作用。例如，26种真菌，主要是曲霉和青霉要比细菌（30种细菌，主要是芽孢杆菌）具有更有效地分解LDPE的能力。从海洋分离的真菌交替交链孢霉（*Alternaria alternata*）FB1菌株具有很强的塑料降解能力。PE膜（厚度为0.025mm）与该真菌一起培养120d分子量会下降95%，在PE大碎片上产生大量的孔洞，孔洞直径为0.5μm。同样，分离自垃圾填埋土壤的橘青霉（*P. citrinum*）CF-3菌株在90d培养期间能降低LDPE碎片（厚度为51μm）量达38.82%，其中的胞外脂肪酶、酯酶、漆酶和锰过氧化物酶在起重要作用。

3）能降解塑料的天然微生物菌群　许多天然的微生物菌群也可以降解不同塑料多聚物，其中主要是细菌群落。天然的微生物菌群包括许多种微生物，因为受到污染物的选择压力，原始的微生物群落受到自然选择后，只有其中的个别微生物经过进化和自然选择能利用这些污染物作为主要的碳源和能源，这样，只有这些微生物才能得到大量扩增和富集，数量上占优势，而不能利用这些污染物作为主要的碳源和能源的微生物便被淘汰。例如，利用聚醚氨酯［poly（ether-urethane），PUE］作为主要碳源和能源富集的土壤微生物菌群在一个月内能降低PUIPDI（用异佛尔酮二异氰酸酯合成的PUE）和PUHMDI［4, 4′-亚甲基双（异氰酸苯酯合成的PUE］的量，降解率分别达到4.0% ± 0.2%和5.4% ± 0.3%。在自然环境中，由细菌、真菌和藻类组成的生态小生境在有塑料存在情况下可以定植在塑料薄膜表面上，这种情况叫作塑料圈（plastisphere），其微生物组成不同于周围的微生物组成。随着时间的推移，能降解塑料的微生物越来越多地吸附在塑料上，并降解之。例如，在中国许多湖泊中的变形菌门、放线菌门、拟杆菌门和轮虫与塑料圈的老化有密切的关系，说明这些群落与塑料降解有关。但不是“塑料圈”中所有微生物都能高效降解微塑料，有些仅仅是暂时吸附塑料颗粒的表面上，另外一些仅仅依赖塑料表面的自养生物进行生存。但是这些天然微生物菌群降解塑料的能力很差，不过可以从中分离到高效降解塑料的微生物菌株，进行遗传改造，以便提高降解能力。

2. 人工获得的高效塑料降解菌株

1）基因工程菌株　对现有的高效塑料降解菌株进行基因组编辑和代谢工程改造是进一步提高这些菌株降解塑料能力的最好方法。例如，基因工程菌热纤梭菌（*Clostridium thermocellum*），一种嗜热厌氧细菌，能产生嗜热的角质酶，在60℃下14d内降解62%的PET膜（厚度为250μm，2cm×0.8cm），形成可溶性的单体。尽管某些藻类本身也可以降解塑料，但是在其中克隆超表达能降解塑料的酶也非常重要。例如，三角褐指藻（*P. tricornutum*）和莱茵衣藻（*C. reinhardtii*）就可以作为表达PETase的宿主，表达的酶仅在70℃下具有高分解PET的能力，但是在这么高温度下要维持酶的热稳定性是一个问题。通过物理和化学方法直接修饰这些降解酶也许可以解决热稳定性这一问题。通过改进酶的坚硬度、调节酶关键区域的可伸缩性、优化表面的静电荷，在大肠杆菌宿主JM109菌株中表达的“DuraPETase-4M”工程酶具有很好的热稳定性和高降解PET的能力，能降解无定形PET粉末和薄膜，降解速率要比未修饰酶高3.2和5.4倍。突变酶FAST-PETases（PETaseS121E/D186H/R224Q/N233K/R280A）在50℃下一周内，甚至最短24h内可以完全降解51种不同塑料包装瓶，产物为PET单体。更奇怪的是，该酶除了可以降解塑料废弃物外，在数天内还可以在原位把降解产物单体重新聚合成原来的PET。根据该酶的环境适应性（作用温度为环境温度和中性pH）和上述提到的优点，该酶对于处理塑料废弃物具有广阔的应用前景。

2）人工微生物菌群　可以把从不同环境来源的不同微生物人工组合成人工微生物菌群，这些人工微生物菌群具有超强的降解塑料的能力。其中不同的微生物可以产生互惠互利的代谢产物，同时可以利用不同的降解底物，从而增强功能细菌降解塑料的能力。将从塑料处理厂分离的天然微生物不同菌株组成一个微生物菌群，它们降解LDPE和PP的能力要比单一菌株的好。特别是在160d后单一菌株降解只能导致LDPE和PE 15%～25%的重量损失，而利用混合微生物菌群（选择了10株细菌）进行降解，降解效率可以提高4倍和2.5倍多。一般情况下单一菌株只能降解一种塑料，而混合微生物菌株可以降解多种塑料，如由微小杆菌（*Exiguobacterium* sp.）、盐单胞菌（*Halomonas* sp.）、苍白杆菌（*Ochrobactrum* sp.）组成的微生物菌群能降解PE和PET塑料；由4种微生物，基因工程菌枯草芽孢杆菌（表达PETase）、基因工程菌枯草芽孢杆菌（表达 MHETase）、贾斯汀红球菌（*Rhodococcus jostii*）和恶臭假单胞菌组成的微生物菌群可以降解 PET，前两种基因工程菌产生 PETase 和 MHETase 降解 PET，而贾斯汀红球菌仅能降解它们的水解产物对苯二甲酸，恶臭假单胞菌可以高效利用乙二醇，这样可以减少中间产物对苯二甲酸和乙二醇产生的反馈抑制效应。由这 4 种微生物组成微生物菌群在室温下可以大大减少 PET 膜的重量，在 7d 内减少 23.2%。由这种混合微生物参与的塑料降解作用存在不同微生物之间、不同酶之间和不同代谢产物之间的相互作用，因此降解效率得到大大提高。所以如何创造一个最佳的不同微生物组合和最佳的作用条件对于高效降解塑料非常关键。

3. 参与塑料降解的藻类　海洋环境塑料污染非常严重，利用其中的藻类降解塑料就显得非常重要，因为藻类具有附着在多聚物（如胞外多糖）表面的能力，并且可以产生解聚酶（几丁质裂解酶）。海洋的某些藻类的确具有降解塑料的能力，能导致塑料失重、表面受到腐蚀、机械性能和功能基团发生变化等。例如，蓝细菌螺旋藻在 14d 内在盐度为 7ng/L 条件下能降解 PET，被螺旋藻解聚的 PET 形成了羟基、羰基和酯键基，同时苯烷烯基（C＝C）的数量大大减少，PET 表面出现明显的腐蚀现象。利用蓝细菌浅黄席蓝（*Phormidium lucidum*）和亚短颤藻（*Oscillatoria subbrevis*）处理 PE 条（厚度为 20μm）重量会损失 30%，同时生长在 PE 表面的这些蓝细菌蛋白质和碳水化合物增加，漆酶和锰过氧化物酶活力增加，说明它们的确可以利用 PE 作为部分碳源。分别用硅藻瞳孔舟形藻（*Navicula pupula*）、蓝细菌螺旋鱼腥藻（*Anabaena spiroides*）和绿藻处理 LDPE，可以导致 LDPE 重量损失分别达到 8.18%、4.44%和 74%。但是这些藻类需要 CO_2 和太阳光进行生长，这就限制了藻类降解塑料的速率。另外微藻通过产生胞外多聚物，可以增强微塑料附着在微藻的固体表面上，形成微藻-微塑料凝集块，然后凝集块自然下沉到海底沉积泥上，这也有助于减少海水的微塑料污染。

4. 能降解塑料的动物　动物除了可以通过咀嚼和胃磨碎作用机械性地降低塑料的大小外，某些无脊椎动物，如昆虫和软体动物对消化的塑料会产生化学作用。PS 在非洲大蜗牛（*Achatina fulica*）中被消化 4 周后重量损失 30.7%左右，这个过程可能是蜗牛中的消化酶与肠道中微生物一起在起作用。利用从蚯蚓肠道中分离的细菌群落（放线菌门和拟杆菌门）处理 21d，LDPE-微塑料颗粒大小明显下降。发现许多动物，如大黄粉虫幼体（*Tenebrio molitor*）、超级蠕虫（*Zophobas atratus*）和大蜡螟（*Galleria mellonella*）都有消化塑料的能力。这可能主要是由于这些昆虫肠道的微生物菌群在塑料降解方面起关键作用，而不是动物本身。证据是如果用抗生素处理这些昆虫的肠道，会大大降低肠道微生物菌群的数量，这样它们便失去了降解塑料的能力。从大蜡螟肠道分离的马赛菌（*Massilia* sp.）FS1903 菌株能降低 PS 膜的重量，在 30d 内达到 12.97%，这再度说明是动物肠道中的微生物在起塑料降解的作用。

二、塑料生物降解的可能机制

塑料生物降解的整个过程可以分为，①生物腐蚀作用（biodeterioration）；②生物碎片化作用（biofragmentation）或解聚作用（depolymerization）；③同化作用（assimilation）和矿化作用（mineralization）（图 8-28）。

1. 生物腐蚀作用　要降解塑料，微生物首先得附着和生长在塑料表面，所以在塑料表面上形成生物被膜是塑料降解所必需的。我们上面介绍了生物被膜的形成过程，这里就不再重复了。通常细菌和真菌（菌丝）是生物被膜的主要微生物，随着时间的延长，首先微生物发生附着，随后微生物在塑料薄膜表面微孔中生长导致微孔大小增大，微孔破裂，最后产生更大的孔洞。微生物的生长也会导致塑料孔洞的局部扩展，降低塑料性能。形成的亲水性基团或表面活性物质进一步促进微生物的附着。有 6 株细菌可以生长在经过果皮提取物预处理的 PS 泡沫上，其中赖氨酸芽孢杆菌（*Lysinibacillus* sp.）WD03 菌株可以附着在 PS 表面，并形成一个单独的生物被膜。跟其他菌株的疏水性（64.5%和 74.0%）相比，WD03 菌株具有很高的疏水性（96.0%），所以较高的细胞表面疏水性通过疏水-疏水相互作用促进了 WD03 菌株附着在 PS 疏水性表面上。同样，从秋黏虫（*Spodoptera frugiperda*）幼虫肠道中获得的克雷伯菌（*Klebsiella* sp.）EMBL-1 菌株仅在 10d 后就可以在 PVC 膜表面上形成生物被膜，随着该细菌密度增加（OD_{600} 值从 0.20 增加到 0.60），在 PVC 被膜表面形成了明显的裂纹，再处理 80d，塑料和水的接触角从 86.3°降到 76.1°，PVC 膜的抗拉强度发生了明显下降。杂色云芝（*Coriolus versicolor*）和 PP 一起进行堆肥处理（由 PP、水稻秆粉末和无水马来酸接枝的 PP 组成），随着处理时间延长可以明显降低 PP 膜弯曲模量、弹性弯曲强度模量、断裂模量和冲击强度。处理 4 个月以上，PP塑料的水吸收和厚度膨胀明显上升，说明该真菌可以使PP塑料膜的机械特性和物理特性发生腐蚀作用。把这种多聚物表面上发生的物理、化学和机械特性的变化叫作生物腐蚀作用（biodeterioration）。

2. 解聚作用　解聚作用就是塑料多聚物发生裂解，塑料的生物大分子裂解成小分子化合物，如寡聚物、双体和单体。经过微生物处理的塑料解聚作用通常是在酶的催化下。多聚物主链中如果含有大量的C-C、分子量太大、具有稳定的共价键、缺少活跃的功能基团通常很难被降解。PE、PP和PVC中均含有大量C-C作为主链，它们通常首先被裂解成低分子量的脂肪烃，然后进一步减小分子大小，这样才能受到酶的攻击。在这个过程中，C-C主链发生羟基化，形成伯醇，进一步被转化成醛和酸。同时形成的中间产物也可以被次末端单加氧酶氧化成仲醇，然后通过脱氢酶氧化成酮，随后被转化成酯。形成的酯在酯酶、角蛋白水解酶催化下进一步受到裂解。这些反应可以把PE、PP和PVC转化成各种小分子量的脂肪酸，如LDPE条（5cm×1cm，厚度为0.15mm）受到微生物菌株作用后，产物中的碳重量百分比下降，氧的重量百分比上升，同时形成醛基和甲基，最终的产物是脂肪酸。

3. 同化作用和矿化作用　塑料通过解聚作用产生的低分子量化合物（通常是含有10～15碳原子的寡聚物）将通过主动运输和被动运输进入微生物细胞，接着受到同化作用。在同化阶段，进行塑料降解的最后一步反应——矿化作用。一旦进入细胞，这些小分子化合物将经历一系列酶促需氧反应，最终被完全矿化成水和CO_2或在无氧条件下被代谢成甲烷和CO_2。首先形成乙酰CoA进入TCA循环，产生能量、CO_2和水。例如，PS的降解产物丙酮酸被氧化和脱羧形成乙酰CoA。同时PS降解的另外一个产物马来酰乙酰乙酸要经过β氧化，在最终矿化之前，形成乙酰CoA。判断某些塑料是否可以被完全矿化需要测定是否有CO_2的产生或通过放射性标记进行产物的跟踪。PE经过放射性的^{14}C标记，然后与来自土壤的芬芳镰刀菌（*Fusarium redolens*）一起培养，看是否可以释放$^{14}CO_2$，确定它是否可以矿化PE。用LDPE投喂饥饿的蜡虫幼虫，到15d时，幼虫可以产生CO_2（1.95g），而未投喂LDPE的幼虫仅产生1.05g的CO_2。矿化LDPE碳的总转化效率大约为97.2%，其中转化成幼虫粪便的占62.3%、转化为CO_2的2.3%、转化为生物量的占2.6%。塑料整个降解过程如图8-28所示。

三、各类塑料的微生物降解

由于目前我们使用的塑料种类非常多，这里我们举降解途径比较清楚的两种塑料加以说明，其他塑料的可能的微生物降解途径请参考有关文献。

1. PET的微生物降解　PET是单体对苯二甲酸和乙二醇通过热塑聚合反应形成的。利用化学方法，如水解、糖解、甲醇解和氨解可以对PET进行解聚反应。但是生物降解是PET降解的可持续和生态友好方法。PET生物降解是在微生物聚酯水解酶作用下进行的，这些水解酶具有两种类型，修饰表面的水解酶和PET水解酶。修饰表面的水解酶能水解表面的酯键，释放出游离的羧基和羟基。PET的结晶体是决定微生物降解速率的重要因素。一般低结晶的PET更容易受到降解。PET水解酶属于细菌和真菌产生的脂肪酶、酯酶、角质酶和羧基端酯酶，它们属于经过特异进化产生的α/β水解酶超家族的成员。1种高温放线菌褐色嗜热裂孢菌（*Thermobifida fusca*）在50℃下培养3周可降解50%的PET，从微球菌（*Micrococcus* sp.）YGJ1菌株中分离的各种酶能水解脂肪族和芳香族的羧基。1种艾德昂菌大阪堺菌（*Ideonella sakaiensis*）201-F6菌株在PET降解方面能发挥很重要的作用，在30℃培养6周PET几乎完全受到降解。与上述塑料聚合物相比，因为PET和PU含有酯键和酰胺键，从化学结构来说PET和PU还是相对容易被水解酶解聚成小分子量化合物。如图8-29所示，PET降解受到两种酶的作用，即PETase和MHETase。胞外的PETase催化PET聚合物水解成羟基乙酰基对苯二甲酸（BHET）、对苯二甲酸（TPA）和单（2-羟乙基）对苯二甲酸酯（MHET），其中MHET是主要的分解产物，接着MHET被MHETase降解成TPA和EG（乙二醇）。TPA被TPA运输蛋白（TPATP）运到细胞内，在TPA双加氧酶（TPADO）和1,2-二羟基-3,5-环己二烯-1,4二羧酸-脱氢酶（DCDDH）作用下得到进一步降解，形成3,4-二羟基苯甲酸（PCA），在3,4-二羟基苯甲酸双加氧酶（Pca34）催化下发生苯环裂解形成双羧酸化合物，该化合物可以进入TCA循环，整个过程如图8-29所示。形成的EG（乙二醇）被分解成苹果酸和乙酰CoA，进入TCA循环。在光合微藻中表达艾德昂菌PETase基因，结果产生的有关重组酶可以分泌到胞外，并高效地把PET转化成单体、TPA和MHET（图8-29）。

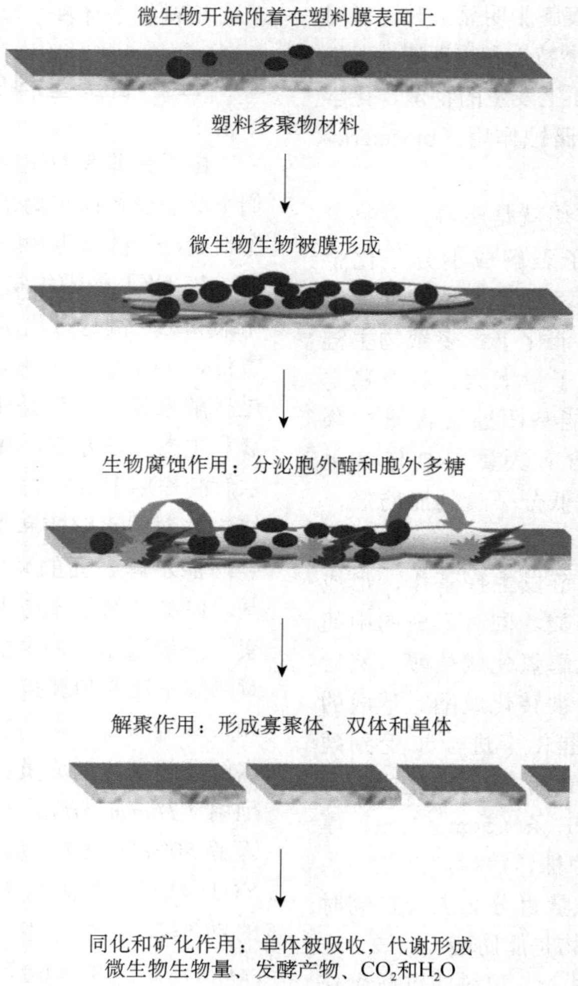

图 8-28　塑料整个降解过程（Li et al.，2023）

叶枝堆肥角质酶（leaf-branch compost cutinase）也可以高效地降解 PET，而且降解产物可以重新作为合成 PET 的原料，实现了完美的循环再利用。特异腐质霉（*Humicola insolens*）角质酶（HiC）可以参与 PET 部分解聚作用。

2. 聚氨基甲酸酯的微生物降解　聚氨基甲酸酯（PU）是一类广泛应用于汽车、医疗和其他工业中的聚合物。在商业上可以以多种形式存在，如高弹体、黏合剂、油漆、人造革和弹性纤维泡沫等。它是聚异氰酸酯和多醇通过分子内氨基甲酸乙酯键缩合而成的。聚氨基甲酸酯可以受到细菌和真菌的降解作用。根据所用的长链二醇化合物，聚氨基甲酸酯可以分为聚酯、聚醚和聚己内酯。与聚氨基甲酸酯相比，聚酯的对水解抗性更低。所以用聚酯和聚己内酯制备的聚氨基甲酸酯比较容易受到水解作用，聚醚的聚氨基甲酸酯能通过氧化过程进行降解，但是聚醚的聚氨基甲酸酯降解需要多年时间。有 8 个分离自环境样品的真菌菌株，如状枝孢（*Cladosporium cladosporioides*）、假状枝孢（*Cladosporium pseudocladosporioides*）、极细枝孢（*Cladosporium tenuissimum*）、微糙枝孢（*Cladosporium asperulatum*）、多米尼加枝孢霉（*Cladosporium montecillanum*）、烟曲霉（*Aspergillus fumigatus*）和产黄青霉（*P. chrysogenum*）可以降解聚酯和聚醚类化合物。其中假状枝孢 T1. PL. 1 菌株能分泌酯酶、蛋白酶和脲酶，与聚氨基甲酸酯混合培养 2 周后大约 80%的聚氨基甲酸酯被降解。细极交链孢霉（*Alternaria tenuissima*）可降解杂环聚醚化合物中的聚己内酯，说明连接到吡啶的功能基团决定了生物降解程度。认为其中的酯酶可以水解酯键，而蛋白酶和脲酶可以作用于聚己内酯和尿素中的连键，蛋白酶作用于氨基甲酸酯的能力要比酯酶的强，如图 8-30 所示。从中可以看出酯酶、酰胺酶、角质酶、尿素酶和蛋白酶参与 PU 塑料的解聚作用。在这些酶中，酯酶水解 PU 的酯键，产生羧酸和醇末端基团。蛋白酶和酰胺酶参与水解 PU 的氨基甲酸酯键。脲酶攻击 PU 的尿素键，释放 CO_2 和氨。尽管 PU 的具体解聚过程还不清楚，但是普遍认为 PU 解聚产生小分子，这些小分子进入 TCA 循环被矿化。真菌菌株耐盐枝孢菌（*Clados-*

porium halotolerans）6UPA1 菌株在 3d 内可以降解聚酯 PU 泡沫。其中脲酶和酯酶可能参与羰基和 C-N-H 键的裂解，并且烷烯和多醇是 PU 裂解的中间产物。因为塑料裂解的碎片不能穿过细胞壁和细胞膜，它们必须在微生物酶作用下被转化成低分子量的化合物才能穿过细胞壁和细胞膜，进入细胞被利用。

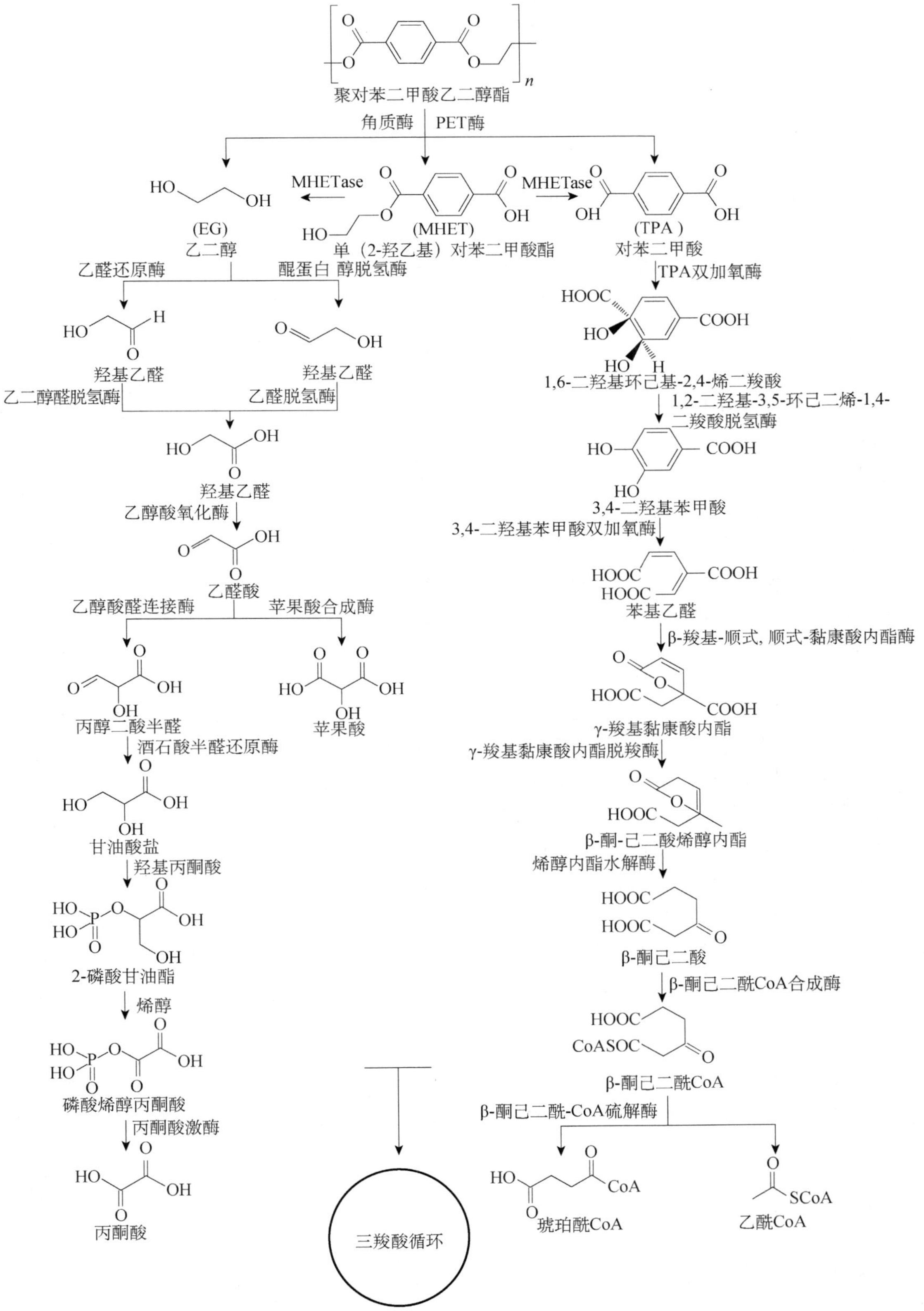

图 8-29　聚对苯二甲酸乙二醇酯（PET）的微生物降解途径（Wu et al.，2023）

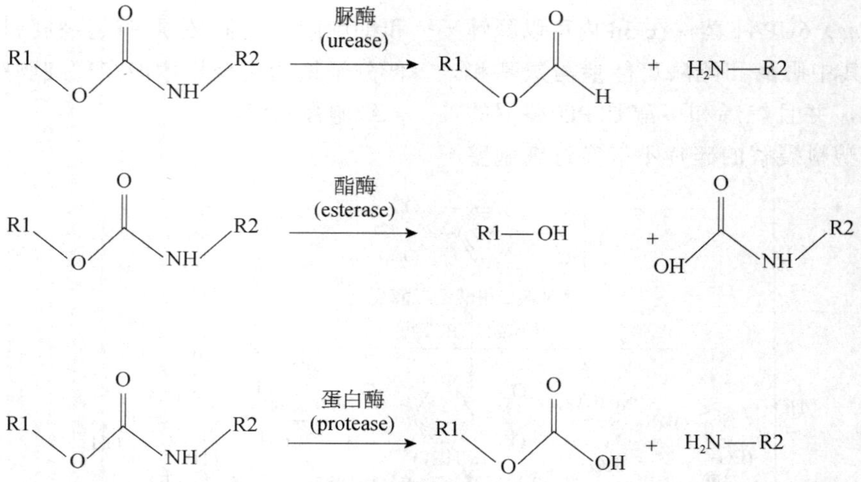

图 8-30 降解聚氨基甲酸酯（PU）的脲酶（urease）、酯酶（esterase）和蛋白酶（protease）可能作用的位点（池振明供图）

四、遗传改良

由于微生物降解塑料的速率非常慢，这些菌株无法得到大规模使用，有必要使用遗传改造的方法提高它们的降解速率。来自艾德昂菌大阪堺菌（*I. sakaiensis*）的 PETases，来自褐色嗜热裂孢菌（*Thermobifida fusca*）、疏棉状嗜热霉（*Thermomyces lanuginosus*）、太瑞斯梭孢壳霉（*Thielavia terrestris*）、嗜热纤维菌（*Thermobifida cellulosilytica*）的角质酶，来自假单胞菌的烷烃羟化酶，来自粪产碱杆菌的 PHB 解聚酶（poly-β-hydroxybutyrate depolymerase），以及来自鼻疽诺卡菌（*Nocardia farcinica*）的聚酰胺酶（polyamidase）都需要进行遗传改造和定点突变，产生的重组酶能增加降解塑料的能力。对 MHETase 进行遗传改造的突变株具有更好的催化活力。对来自艾德昂菌大阪堺菌（*I. sakaiensis*）的不耐热 PETase 进行蛋白质工程改造可以改进它的热稳定性，并且催化能力也明显增加。塑料生产量和使用量在不断增加，废弃的塑料也越来越多，许多人想把遗传改造的菌株作为全细胞催化剂用于塑料降解。把睾丸酮丛毛单胞菌（*C. testosteroni*）F4 菌株进行进化工程改造，获得一株耐碱性的菌株 F6，跟野生型菌株相比塑料降解能力也得到提高。下一步就是要利用代谢工程和合成生物学技术进一步改良降解塑料菌株，以便获得塑料降解速率高效的微生物重组菌株。

五、塑料降解产生的高附加值产品

为了可持续发展，废弃的塑料最好可以被降解成各种有用的平台化合物，然后再转化成高附加值的产品，如纯多聚物。化学和机械方法的关注点是重新使用没有受到链剪切的塑料。短链的塑料分子可以使用生物降解的方法。有人建议使用闭环回收的方法来生产高附加值的化学品。同样把废弃塑料转化成可持续的产物是低碳经济的最终目标。例如，PET 降解过程中产生的对苯二甲酸和乙二醇，可以被遗传改造的恶臭假单胞菌 GO16 菌株转化成聚羟基脂肪酸酯（polyhydroxyalkanoate，PHA）。这些胞外的材料可以与丁二醇和二异氰酸酯共聚合成生物聚氨基甲酸酯。PET 分解的产物对苯二甲酸可以被基因工程大肠杆菌先转化成原儿茶酸，然后再转化成高附加值的分子，如邻苯三酚、五倍子酸、黏康酸、邻苯二酚和香草酸。同样，释放出的乙二醇可以被氧化葡萄糖酸杆菌（*Gluconobacter oxydans*）或恶臭假单胞菌转化成乙醇酸。就像上面所介绍的那样，聚氨基甲酸酯是个很复杂的聚合物，降解后可以产生多种产物，如苯环化合物、有机酸、醇类、胺类，以及其他微量的产物，如乙二醇、丁二醇、己二酸和甲基二苯胺。乙二醇在生产乙醛酸和 PHA 方面是一种很重要的底物。释放出来的醇类和羧基酸可以用于合成纯聚氨酯和其他聚酯。丁二醇和己二酸通过转酯作用可以产生高分子量脂肪族的聚酯。胺类化合物可以用于合成聚胺类化合物和纯聚氨酯。纯聚氨酯单体，如乙二醇、丁二醇和己二酸可以被三株工程菌恶臭假单胞菌（*P. putida*）KT2440 菌株的混合培养物转化成鼠李糖脂。在聚氨酯循环工艺中假单胞菌 TDA1 菌株可以转化甲苯二胺成甲苯二异氰酸盐，然后合成聚氨酯。通过热解，PP 可以被解聚成烷烯和分支链的脂肪醇，这些解聚的产物与微量的营养盐和生物表面活性剂混合，可以被解脂亚罗维亚酵母 78-003 菌株转化成高附加值的脂肪酸，这株酵母菌培养 132h 可以同化几乎 80%的底物，产生 492mg/L 脂类。同样，被氧化的 PE 碎片可以被富养罗尔斯通氏菌（*R. eutropha*）H16 菌株利用作为碳源生产 PHA，所用的培养基是胰蛋白胨和豆提取液培养基。最近几年发现杀虫贪铜菌（*Cupriavidus necator*）能利用木质纤维素和塑料废弃物作为碳源来生产 PHA。被氧化的和非氧化的 PE 和被氧化的 PP 混合物可以被杀虫贪铜菌用来产 P（3HB-*co*-3HV-*co*-3HHx），一种可以取代石油产品制备塑料的一种生物多聚物，见最后一章第一节介绍。上面提到叶枝堆肥角质酶可以高效地降解 PET，而且降解产物可以重新作为合成 PET 的原料，可以实现完美的循环再利用。

第十三节　微塑料与微生物的关系

微塑料是指塑料颗粒直径小于 5mm 的塑料污染物。环境中微塑料来源有两个方面——初级来源和次级来源。初级来源主要来自塑料小颗粒直接加到消费者的产品中，如护肤产品、牙膏和面部清洁剂中，这些微塑料可以直接进入环境中；次级来源是环境中的大塑料通过物理、化学或生物的过程发生分解后产生的。就像上一节所说的那样，由于塑料大面积使用和大规模生产，微塑料成为世界一种危险污染物。最近研究表明，微塑料广泛分布在海洋、河流、沉积物和海岸线上。发现微塑料与微生物有密切的关系，在环境中微塑料表面可以作为微生物生长的介质，微塑料进入肠道可以改变肠道的微生物群落的组成、引起炎症、肝脂类代谢异常、肠屏障功能障碍等。

一、微塑料污染的现状和对生物的影响

由于微塑料分布非常广泛，如加拿大的洛特皇后湾微塑料达到（7630±1410）个微塑料颗粒/m^3。在中国的长江沿岸和福建闽江沿岸微塑料浓度分别达到（4137.3±2461.5）个颗粒/m^3 和（1170.8±953.1）个颗粒/m^3。在北美和欧洲农田中，微塑料的输入量分别达到（0.4～3.0）×10^5 吨和（0.6～4.3）×10^5 吨。微塑料已经到达食用盐、饮用水和人工养殖的双壳动物中。许多水生动物，特别是海洋动物可以吞下微塑料，但是不能被海洋动物消化，结果微塑料在组织中分布，对生长速率、氧化损伤和生物酶活力，甚至繁殖力会造成很大影响。微塑料还会对细菌和真菌产生毒性效应。例如，聚苯乙烯纳米粒对酵母菌细胞具有致死效应。微塑料可以抑制嗜碱盐单胞菌的生长，破坏它的生态功能。最近研究发现在人类母乳中也存在微塑料颗粒，其对婴儿的潜在健康影响目前仍未可知。

二、微塑料对海洋生物的影响

在海洋中漂浮的微塑料能阻止水生植物对光的吸收，从而影响它们给其他海洋生物提供食物和氧气的能力。另外，微塑料还可以与海洋微藻形成凝集块，这导致以藻类为食的海洋动物把微塑料颗粒同时吞咽到肠子里。微塑料还可以与淡水的微藻起作用，形成复合物。这些微藻在有微塑料存在的情况下与糖合成有关的基因会得到超表达。对水生动物的影响主要是引起消化道堵塞、降低食欲、引起营养不良、生长缓慢，甚至死亡。对海洋底栖生物的影响包括这些底栖生物通过内吞作用把微塑料转移到消化道中，最终导致炎症，降低溶酶体的膜稳定性。微塑料可以增加牡蛎致死性、降低生长速率、影响能量吸收、干扰生殖能力和子代的发育。对鱼的影响主要是微塑料进入循环系统中，并在组织中累积对肠道会造成破坏作用，进一步影响酶活力和代谢。对两栖动物的影响主要是繁殖和发育。微塑料还会对海鸟的生存造成威胁等。

三、微塑料对陆地动物包括微生物的影响

与水生动物相比，微塑料对陆地动物影响的研究相对较少。微塑料通过食物链或其他途径可能对人类健康威胁更大。首先通过大规模使用塑料薄膜或农田灌溉使含有微塑料的水进入土壤中，从而影响土壤生物，如干扰微生物菌落组的组成等。聚苯乙烯微塑料能抑制土壤蚯蚓的生长，甚至导致它们死亡。更为重要的是，微塑料已经出现在人类食品中，如鸡肾和双壳动物中。聚苯乙烯微塑料会造成小鼠肠道微生物菌群失衡、肠道功能障碍和代谢失控等。

四、微塑料和环境微生物之间的相互作用

在水环境中微塑料表面有利于微生物群体和生物被膜的形成，因为有细菌存在、微塑料表面的疏

水性、结实的结构和高的漂浮能力成为病毒、细菌和其他微生物生活的一个新的生态环境。例如，弧菌在微塑料表面具有很高的密度，成为所有微塑料表面主要的微生物。表面沾满了病毒和细菌的微塑料比普通微塑料具有更大的毒性。进入其他大生物体内后，更容易引起感染。另外发现微塑料和某些污染物，如多环芳烃、多氯二苯、二氯苯三氯乙烷和六氯环己烷可以发生相互作用，这些有机污染物还会影响微生物，如用多氯二苯投喂小鼠后，会引起微生物群落失衡，说明多氯二苯处理会降低结肠中厚壁菌门数量和增加拟杆菌门的数量。环境中 4-氯二苯并呋喃长期存在会影响小鼠肠道微生物形态、群体和组成。

携带这些有机污染物的微塑料进入各种生物中，对动物将产生的更大的毒性，因为这些有机物可以与微塑料一起进入食物链中。

微塑料与微生物之间的相互作用包括降解、化学吸附、在微塑料上生长菌落和摄食。从大黄粉虫幼体获得的肠道细菌在聚苯乙烯生物降解方面起很关键的作用，假单胞菌可以降解低密度的聚乙烯膜。从陆生蚯蚓（*Lumbricus terrestris*）肠道获得的细菌菌落可以降低低密度聚乙烯的分子量大小，所以有可能在微塑料上生长的微生物可以降解塑料。但是有害的致病菌也会生长在微塑料上，造成更大的生态问题。同样，微藻也会附着在微塑料上，如海洋藻类中肋骨条藻（*Skeletonema costatum*）就可以附着在微塑料上，微塑料可以埋入藻类细胞壁，因为健康的藻类细胞壁表面具有许多凹陷，这进一步影响了微藻的生长。暴露的第一天大于 400μm 的高浓度微塑料对淡水微藻莱茵衣藻（*Chlamydomonas reinhardtii*）生长并没有什么影响，暴露 78d 对基因表达也没有影响，但是暴露 20d 就形成了微藻、微塑料和胞外多糖之间的凝集块。

另外，聚苯乙烯微塑料也会降低微藻的光合作用，并抑制微藻的生长。所以由于微塑料与微藻存在相互作用，当一个生物吞进该微藻时，同时也吞进微塑料，进一步影响该生物，这样，微塑料对微藻的影响必然对水生态系统的平衡造成伤害。

五、微塑料对动物肠道微生物菌群的影响

肠道微生物菌群是指动物肠道中所有的微生物，这些微生物能决定动物肠道的生命、健康和疾病，帮助动物完成各种生理和生化功能。在人体中，微生物群落有 10^{14} 个细菌细胞，比人体细胞数目多 10 倍。结肠含有人体中 70%的微生物。人体肠道微生物群落主要由厚壁菌门和拟杆菌门细菌组成，而放线菌门、变形菌门、梭杆菌门、疣微菌门和蓝杆菌门仅占很少一部分。同样，厚壁菌门和拟杆菌门也是小鼠肠道的主要细菌，而变形菌门和梭杆菌门是斑马鱼肠道的主要细菌。越来越多的证据表明肠道微生物菌群在宿主健康方面起着非常重要的作用，它们参与调节宿主生理的作用。例如，肠道微生物菌群对于节肢动物营养的吸收是必不可少的，肠道微生物菌群还能调节肠道运动和分泌、降解食物中大分子多糖、参加营养的消化和吸收、维持肠道上皮屏障的完整性、加强和维持免疫系统的正常发育和活性。现在研究表明，污染物如抗生素、重金属、持久性有机污染物、农药、纳米材料和食品添加剂都会对肠道菌群的结构和组成造成影响，导致宿主的生理功能失调和某些疾病的出现。由于肠道微生物菌群的敏感性，它成为某些环境污染物，如杀真菌剂的新的毒理学研究目标。肠道微生物菌群能作为潜在的介质间接影响宿主健康。杀真菌剂能改变肠道菌群的结构和组成，导致小鼠发生炎症反应和代谢失控。肠道微生物菌群的变化有助于二氯苯醚菊酯神经毒性。氟环唑引起的肠道微生物菌群的变化与肝损伤有关。所以肠道微生物菌群是很重要的毒理学和健康问题评价的一个指标。

作为一种新的环境污染物，微塑料对生物，特别是水生生物的毒性最近受到了高度关注。但是对微生物有什么影响还有很多需要研究。发现与对照相比，暴露在微塑料环境中，可以明显降低土壤黏管虫肠道的微生物多样性，并可以改变土壤黏管虫肠道微生物菌群。主要的变化就是减少拟杆菌门的相对丰度，增加厚壁菌门的相对丰度。在水生生物中，微塑料可以改变斑马鱼肠道的微生物菌群，如聚苯乙烯微塑料会影响成年斑马鱼和幼年斑马鱼肠道微生物菌群的组成，导致肠道的炎症反应和代谢紊乱，聚苯乙烯微塑料增加了成年斑马鱼黄杆菌的丰度，黄杆菌是一种常见的病原菌，能导致鱼类许多疾病。幼年斑马鱼暴露在聚苯乙烯中，拟杆菌门和厚壁菌门的比例失衡，这种失衡跟肥胖症有关。形态发生改变的多核杆菌（*Polynucleobacter*）与糖原分解的遗传失控高度相关。所以，将来有必要进一步研究微塑料对肠道菌群和动物健康的影响。

第十四节　石油中碳氢化合物的微生物降解

石油中碳氢化合物的成分十分复杂，并且来自不同油井的石油成分也不一样。其中含有环状的碳氢化合物，环状碳氢化合物有饱和与非饱和之分，环中的碳数目也各不一样；链状的碳氢化合物也有饱和与非饱和之分，链有长也有短；石油中还有许多成分是杂环化合物。在自然生态系统中，微生物对于石油碳氢化合物的降解起着十分重要的作用，有关的微生物种类繁多，还有许多环境因素对石油微生物降解有很明显的影响。由于石油为天然的产物，所以它们还是比较容易受到微生物降解。

石油碳氢化合物污染物是环境中最持久的有机污染物之一。因为具有生物放大作用，对生态系统产生广泛和持久的破坏作用。由于石油的溢出、地下储存罐的泄漏、油轮的泄漏、油井拔管、废弃炼油厂的石油泄漏，土壤表面地下水和海洋受到石油的严重污染。原油的许多成分具有严重的抗微生物降解作用，其中的苯、甲苯、乙基苯、二甲苯和多环芳烃（PAH）由于血毒性、致癌性和致畸性对人和动物具有剧毒性。由此引起的窒息、缺氧、生长萎缩、代谢反应干扰、激素失衡是直接或间接的效果，对海洋生物来说会造成发育不正常。这些效应会导致环境群体或群落发生变化，以致引起整个生物系统发生不利的变化。

一、各类碳氢化合物的降解

石油中属于饱和碳氢化合物的有正烷烃、分支烷烃和环状烷烃。在石油混合物中，正烷烃最容易受到微生物降解，有些具有 44 个碳原子的正烷烃都可以受到微生物降解。

1. 单末端氧化　正烷烃的降解通常是从单末端开始氧化，即微生物中具有多功能的单加氧酶攻击正烷烃的末端甲基，引入分子氧。氧化产物为伯醇类化合物，伯醇类化合物依次被醇脱氢酶和醛脱氢酶氧化成醛和脂肪酸，这是正烷烃微生物氧化作用的最常见途径。脂肪酸通过 β 氧化途径受到进一步氧化，每一次 β 氧化的结果，形成少了两个碳原子的短链脂肪酸和乙酰 CoA，乙酰 CoA 进入三羧酸循环被氧化成 CO_2 和 H_2O，具体过程如图 8-31 所示。

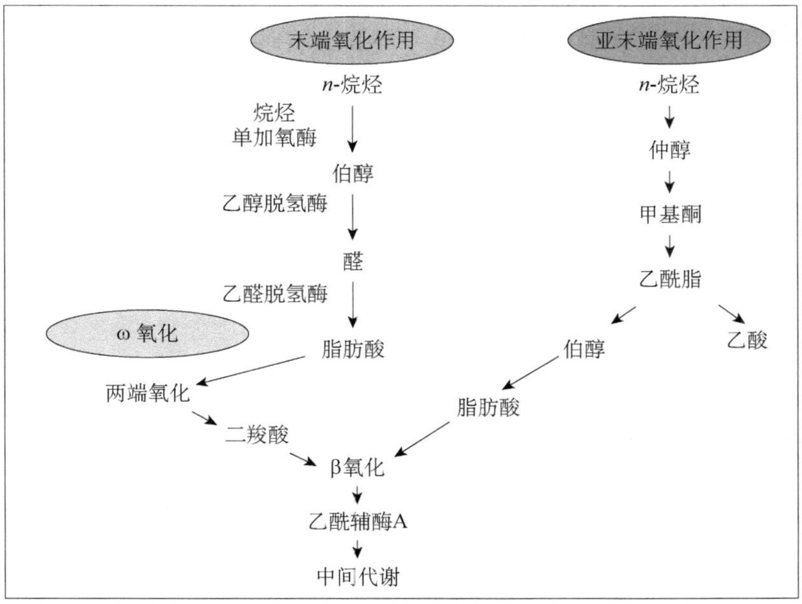

图 8-31　正烷烃的微生物降解途径（池振明供图）

2. 亚末端氧化　正烷烃还可以受亚末端氧化，氧化的第一个产物为仲醇，此物进一步被氧化成酮，最后被氧化成酯（ester），酯键发生裂解产生伯醇和脂肪酸，伯醇进一步被氧化成醛和脂肪酸，见图 8-31 和 8-32。

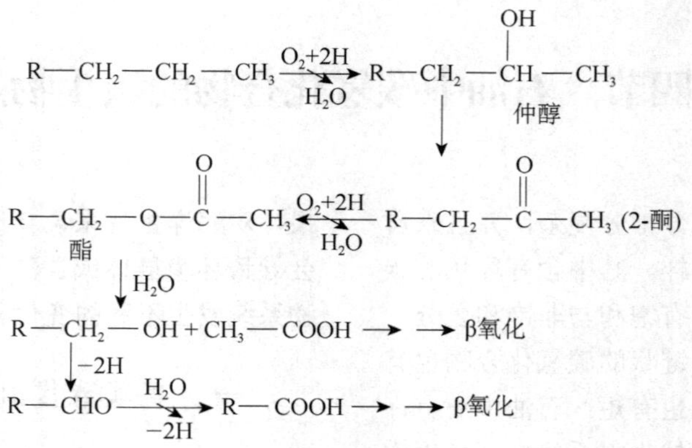

图 8-32　正烷烃亚末端氧化途径（池振明供图）

3. 双末端氧化　偶尔正烷烃的两个末端甲基也可以通过类似于上述的方式进行氧化，形成二羧酸产物，即所谓的ω氧化，见图 8-31。在具有分支链的某些烷烃中，由于分支链会阻碍 β 氧化，那么ω氧化可以作为避免这种情况发生的方式之一。

4. 其他氧化途径　有时，正烷烃可以直接脱氢形成链烯，链烯上加 1 分子 H_2O 变成伯醇，然后进一步受到氧化产生脂肪酸，反应过程如下：

$$\mathrm{R{-}CH_2{-}CH_2} \xrightarrow{-2H} \underset{\text{烷烃}}{\mathrm{R{-}CH{=}CH_2}} \xrightarrow{+H_2O}$$

$$\mathrm{R{-}CH_2{-}CH_2OH} \longrightarrow \ \longrightarrow \mathrm{R{-}CH_2{-}COOH} \qquad (8\text{-}11)$$

从这一反应过程中可以看出这种正烷烃的氧化途径不需要分子 O_2，这一途径有重要的生态学实际意义，因为许多无 O_2 环境中也存在有正烷烃污染物。

烷烃的另一代谢途径便是被微生物氧化成烷基氢过氧化物（alkyl hydroperoxide），然后此物被直接转化成脂肪酸，即

$$\mathrm{R{-}CH_2{-}CH_3} \xrightarrow{O_2} \underset{\text{烷基氢过氧化物}}{[\mathrm{R{-}CH{-}CH_2OOH}]}$$

$$\xrightarrow{-2H} \mathrm{R{-}CH_2{-}COOH} \downarrow \beta\text{氧化} \qquad (8\text{-}12)$$

不过这一途径不是利用正烷烃微生物的主要代谢途径。

有人在不动杆菌中发现了一种新的正烷烃代谢途径，首先正烷烃末端受到氧化产生脂肪酸，这时在脂肪酸 C10 上发生脱氢，形成不饱和脂肪酸，不饱和键发生断裂，产生羟基酸和醇类。

高度分支的异戊间二烯类烷烃，如姥鲛烷可以受到双末端氧化。甲基分支通常增加了碳氢化合物对微生物分解的抗性。如果在 β 位上有甲基分支，那么这种化合物便不能进行 β 氧化。

环状烷烃对于微生物的分解有较大的抗性。在环境中，复杂的脂环化合物是石油成分中抗微生物分解能力最大的化合物，这些化合物环上如果没有链状烷基的取代，那么它们可以通过类似于正烷烃亚末端氧化的方式受到加氧反应。环己烷的氧化过程如图 8-33 所示。

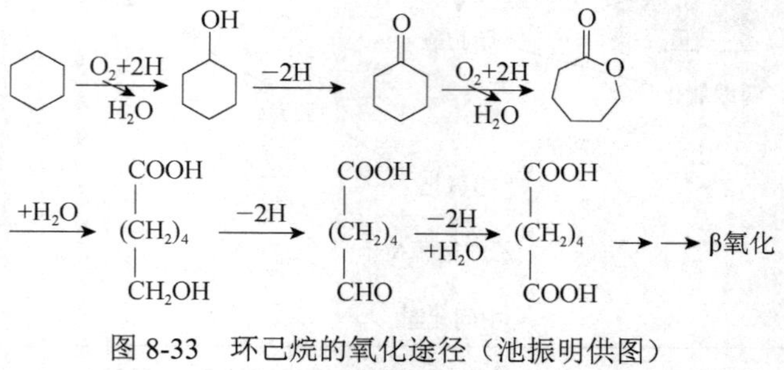

图 8-33　环己烷的氧化途径（池振明供图）

许多微生物能生长在环己烷上，所以这些微生物一定能完全降解环己烷。发现能把环己烷氧化成环己酮的微生物并不能使这化合物进一步转化成内酯和使环开裂，相反能使环己酮内酯化和使环开裂的微生物也不能使环己烷转化成环己酮，所以在降解脂环碳氢化合物过程中，偏利共生关系和共代谢就起着重要的作用。在同一种细菌中，很少发现同时有两个加氧酶系统，所以很难分离到纯菌株可以完全降解环烷，而必须通过混合微生物群落的作用才能降解环烷。

在一种氧化酶系统催化下环状烷烃转化成环醇和脱氢形成酮类化合物，先是一种单加氧酶作用形

成酮环，最后在酮类水解酶催化下环发生裂解。

环状烷烃上如果有正烷烃取代基，那么这些化合物便较容易受到降解，首先是分解取代基部分，产生环己烷羧酸和有关的化合物，接着对环进行加氧反应，并导致环开裂（图 8-33）。

烷烯也可以通过末端加氧酶的作用发生双键处氧化形成相应的环氧化物，然后发生双键处氧化断裂形成相应的二醇化合物等得到降解。

石油中芳香烃的降解过程与第八节所述的基本一致，这里就做个简单介绍。就像上面所说的那样，苯环的细菌降解通常先形成苯环二醇化合物，接着发生环裂解，形成二羧基酸。真菌和其他真核微生物利用单加氧酶氧化苯环，形成反式二醇苯环化合物。苯环起始氧化的最常见方式就是在双加氧酶催化下同时引入两个氧原子（来自氧气分子）形成顺式-二氢二醇，然后形成儿茶酚。在微生物中苯环的开裂有不同的方式——邻位裂解途径和间位裂解途径（本章第八节），形成中心代谢产物，如原儿茶酚和儿茶酚，进一步转化成 TCA 循环的中间产物。邻位裂解途径受到内二醇双加氧酶催化，这种双加氧酶是由同多聚体或由两个含铁离子的不同亚基组成的（本章第八节）。然而，间位裂解途径是由外二醇双加氧酶催化，该双加氧酶是由单一含铁亚基的多聚体组成的（第八节）。控制间位裂解途径的基因位于质粒上，控制邻位裂解途径的基因位于染色体上，而遗传改造的间位裂解途径的基因位于降解质粒上，这方面的内容已经在本章第八节中做了详细介绍。

关于多环芳烃的微生物降解第九节已经介绍过，降解过程中每次裂解一个环，所以需要多次裂解才能破坏多环芳烃所有的环。

石油中沥青成分的降解过程现在了解得很少，有关这方面的问题还需要进一步研究。

二、石油混合物中碳氢化合物的降解

在自然状态下，石油是由各种碳氢化合物混合物组成的，石油混合物中各种碳氢化合物会对其中某一种化合物的可降解性产生影响。不同油井中的碳氢化合物对微生物的敏感性是不一样的。

石油混合物中各类化合物矿化的速率大小顺序是：十六烷烃＞萘＞甲萘＞环己烷。在河流中正烷烃和低分子量的苯环化合物（苯、甲苯、萘和甲基萘）可以被微生物降解成 CO_2。而较高分子量的苯环化合物对微生物降解就有相当大的抗性。

在石油混合物微生物降解过程中，存在两种很重要的代谢现象，即浪费现象和共氧化作用。例如，在碳氢化合物降解过程中可以产生乙酸作为中间产物，乙酸可以降低微生物利用十六烷烃的速率，在有十六烷烃存在的情况下，可以阻止微生物降解姥鲛烷，其中的机制现在尚不清楚。这种浪费现象不会改变降解途径，但可以决定代谢某一种特殊碳氢化合物的酶是否产生或是否具有活力，并对石油混合物中某些碳氢化合物的稳定性有显著的影响，同时对石油混合物降解速率也产生明显的影响。有些微生物在石油中某些碳氢化合物上生长时，会产生一些酶分解石油中另一些化合物，否则微生物不会分解它们，这种现象叫作共氧化作用（cooxidation）。有许多石油成分单独存在时，不会被微生物降解，而必须在混合物中才能被共氧化，石油中许多结构复杂的、具有分支和环状的碳氢化合物便是通过共氧化作用受到降解。共氧化作用在自然生态系统中对于混合污染物的降解起着非常重要的作用，并且自然生态系统中很少仅存在一种污染物，这再度说明石油污染物的完全降解不能仅靠一种微生物完成，而需要用混合微生物群落才能进行完全降解。

三、能利用碳氢化合物的微生物

微生物在维持生态系统和生物圈正常可持续发展中起着关键的作用。它们能用于生态系统的监测、生物修复，如环境中的污染物清理和减轻污染物的有害效应。微生物广泛分布在水体、土壤和空气中，所以很容易从碳氢化合物污染的土壤、沉积泥、水体中分离到能利用和降解碳氢化合物的微生物。在降解污染物过程中微生物可以获得能量、碳骨架、电子供体和受体等营养物质。某些微生物具有降解石油中烷烃和苯环污染物的能力。在非污染生态系统中能降解碳氢化合物的微生物仅占微生物群落的不到 0.1%，但是在污染石油碳氢化合物的环境中能降解碳氢化合物的微生物数目能占所有微生物群落的 1%～10%。这些微生物包括细菌、真菌、藻类。细菌是石油污染物的主要降解者，降解活力最高。细菌中无色杆菌（*Achromobacter* sp.）、不动杆菌（*Acinetobacter* sp.）、节杆菌（*Arthrobacter* sp.）、固氮弓菌（*Azoarcus* sp.）、短杆菌（*Brevibacterium* sp.）、纤维单胞菌（*Cellulomonas* sp.）、棒杆菌（*Corynebacterium* sp.）、黄杆菌（*Flavobacterium* sp.）、海洋杆菌（*Marinobacter* sp.）、微球菌（*Micrococcus* sp.）、诺卡菌（*Nocardia* sp.）、苍白杆菌（*Ochrobactrum* sp.）、假单胞菌（*Pseudomonas* sp.）、寡养单胞菌（*Stenotrop-

homaonas sp.）和弧菌（*Vibrio* sp.）都能降解石油碳氢化合物。能降解石油碳氢化合物的真菌包括曲霉（*Aspergillus* sp.）、*Amorphotheca* sp.、镰刀菌（*Fusarium* sp.）、黏束孢（*Graphium* sp.）、新萨托菌（*Neosartoria* sp.）、拟青霉（*Paecilomyces* sp.）、青霉（*Penicillium* sp.）和篮状菌（*Talaromyces* sp.）。酵母菌，包括假丝酵母（*Candida* sp.）、毕氏酵母（*Pichia* sp.）、拟酵母（*Pseudozyma* sp.）、红酵母（*Rhodotorula* sp.）、掷孢酵母（*Sporobolomyces* sp.）和耶氏酵母（*Yarrowia* sp.）。从石油污染环境分离的土著油螺旋菌（*Oleispira* sp.）、海洋杆菌（*Marinobacter* sp.）、深海弯曲菌（*Thalassolituus* sp.）、嗜烷菌（*Alcanivorax* sp.）和解环菌（*Cycloclasticus* sp.）在石油污染之前数量非常少，甚至检测不到，但在石油污染的地方便成为优势菌群。嗜烷菌株可以生长在正烷烃和分支烷烃上，但是它们却不能生长在任何糖或氨基酸上作为碳源。皮氏解环菌菌株能生长在苯环类碳氢化合物上，如萘、菲和蒽上，而油螺旋菌菌株能生长在脂肪族的烃类、烷醇和烷酸上。与由1株芽孢杆菌和2株假单胞菌组成的混合微生物相比，由3株芽孢杆菌、2株铜绿假单胞菌和1株微球菌组成的混合微生物能更有效地清理柴油污染土壤中的中度和长链烷烃。

四、石油碳氢化合物分解菌的分布

能降解碳氢化合物的微生物广泛分布于海洋、淡水和土壤环境中。在海洋表面上的石油降解菌群体密度比10cm深的要高10～100倍。在大西洋西北部水体和海湾沉积泥中，所有异养菌都能利用碳氢化合物，但分解能力较大的微生物仅占不到10%。在地球南北极和海洋底部低温环境中也存在石油降解菌。

环境中石油降解菌的数量有明显的季节性变化，在温暖地区，石油降解菌数量在春天时要比夏天时少。

环境中受石油污染的时间与石油降解菌数量也有关系，被污染的时间越长，石油降解菌数量越大。例如，在炼油厂附近，能利用石油气作为主要碳源的细菌占所有异养菌的10%，而在无污染的地区，仅占4%。

在石油溢出污染环境之后，石油降解菌群体密度很快上升，有人发现在石油溢出数天之后，被污染环境中石油降解菌数目会增加数个数量级，并且增加的石油降解菌密度会保持1年以上都不变。

把N和P加入受石油污染过的环境中，可以增加石油降解菌数量。

一般情况下，微生物群落中石油降解菌群体密度和它们所占比例与这一环境中石油污染的时间呈正相关。在没有受污染过的生态系统中，石油降解菌通常只占微生物群落的0.1%或更少，而在受石油污染过的生态系统中，石油降解菌可以占所有活菌的10%左右。根据这一点，我们通过测定某一生态系统中石油降解菌所占比例，便可以估计这一生态系统受石油污染的程度。

五、环境因素对石油碳氢化合物降解的影响

在环境中，石油碳氢化合物的命运在很大程度上取决于非生物因素，非生物因素通过影响石油碳氢化合物的物理状态、微生物生长和酶活力，而改变石油生物降解速率。石油混合物中的碳氢化合物组分不同和生态系统的特性也会影响石油的微生物降解。在某一个环境中，石油碳氢化合物可能会长期存在下去，而不会受到降解。而在另一环境中，同样的碳氢化合物可能在几天，甚至几小时后，便可以被完全降解。

1. 石油污染物的物理状态 石油碳氢化合物的物理状态对这些化合物的生物降解有明显的影响。在非常低的浓度下，碳氢化合物是水溶性的，这时就比较容易受到降解；在高浓度下则相反。液体的芳香烃能被油-水交界处的细菌所利用。固体的芳香烃便不能被代谢。在30℃下，二苯甲烷是液体的，所以微生物可以降解，但在20℃下，此物成固体状态，便无法被假单胞菌所利用。所以，温度可以决定碳氢化合物的物理状态，不同的物理状态便进一步影响碳氢化合物的微生物降解速率。

石油降解菌主要作用于油-水交界处的碳氢化合物，所以在油滴的整个界面上可以看到微生物的生长，这样就可以通过增加油滴表面积来加快石油的生物降解速率。经过乳化的油滴通过在水中运动，可以使O_2和营养物更容易为微生物所利用。在有水的生态系统中，油通常形成乳化液，乳化后的石油碳氢化合物对于微生物的分解较为敏感。

用对微生物无毒的分散剂处理石油，可以提高石油降解速率。

有许多石油降解菌可以产生乳化剂（emulsifier）。例如，节杆菌生长在碳氢化合物上时，可以使石油乳化。假单胞菌和棒杆菌某些菌株也可以产生乳化剂，所产生的乳化剂为脂肪酸或脂肪酸衍生物或为较为复杂的多聚体。也有些微生物虽然可

以产生乳化剂，但却不会降解石油中碳氢化合物，其中的原因还不清楚。

经过适当风化之后，环境中石油碳氢化合物便成为焦油球，焦油中碳氢化合物对微生物降解有相当大的抗性。另外，焦油球的表面积与体积之比太低，也不适于微生物在这种不溶性的底物上生长。

2. 温度 碳氢化合物的生物降解可以发生在一个很大的温度范围内，能降解石油的微生物有嗜冷菌、嗜中温菌和嗜热菌，在温度低于 0℃和在 70℃左右的环境中，均发现有降解石油的微生物。

但是，温度对碳氢化合物降解的速率有显著的影响，在 25℃下，碳氢化合物的降解速率要比在 5℃下的高出一个多数量级，汽油在 20℃下可以受到快速的氧化，而在 5℃下便不能被分解。

一年四季温度的变化可以影响微生物群落密度大小和群落的组成，从而影响了某一温度下碳氢化合物的降解速率。例如，在冬天，能生长在 5℃下的石油降解菌数目要比其他季节的多。在冬天，采集这样环境中的水样，在 5℃下测定石油矿化速率也比夏天的快。

温度可以对石油混合物中不同成分的降解速率产生不同的影响。低温减少了低分子量碳氢化合物的挥发性，由于某些低分子量的碳氢化合物对微生物有毒性，这样在低温下必然降低了石油降解速率。有人通过研究 7 种不同原油的生物降解情况，发现石油生物降解在很大程度上取决于石油组成和培养温度，在 20℃下，轻油有较大的挥发性，但对生物降解却较敏感，在这一温度下，重油矿化速率较慢。然而，轻油中含有较多的挥发性毒性成分，在 10℃下，由于这些毒性成分挥发较慢，从而抑制了这些石油的生物降解。

3. 营养物 一般情况下，环境中氮和磷的浓度会强烈地限制碳氢化合物的降解速度，如果增加含有氮和磷的肥料，就会刺激微生物对碳氢化合物的降解。例如，污泥中石油降解的最适水分为 30%～90%、pH 7.5～7.8、C/N 比为 60∶1、C/P 比为 800∶1、最适温度为 20℃或更高。

4. O_2 现在有证据表明在自然界中微生物对石油进行厌氧降解的速率非常慢，几乎可以忽略不计。当然，自然界中的确存在有能代谢石油的厌氧菌。例如，有些微生物在厌氧条件下，可以使正烷烃脱氢，这些微生物中的酶可以催化水分子加入碳氢化合物的双键上，形成仲醇类化合物，然后进一步代谢此化合物。这些微生物利用碳氢化合物作为底物进行厌氧降解时，是利用 NO_3^- 或 SO_4^{2-} 作为最终电子受体而进行无氧呼吸。有些厌氧微生物也能利用石油进行厌氧发酵产生甲烷。

但是，在自然界中，石油碳氢化合物主要是受到微生物的好氧降解，这是因为大多数碳氢化合物的降解需要加氧酶和 O_2。一般情况下，每氧化 3.5g 石油需要消耗 1g O_2，每 3.2×10^5 L 海水中溶解的 O_2 可以供微生物氧化 1L 石油。在无氧的环境中，O_2 便成为石油降解的一个限制性因子。但是，在土壤和沉积泥中，一些穴居动物活动可以给厌氧环境提供 O_2。

5. 盐度和压力 在一些特殊的环境，如盐湖和深海中，如果污染有石油，那么这些环境中的盐度浓度和高压对石油降解也会产生影响。

一般情况下，环境中盐浓度增加，石油降解速率降低。在深海中，碳氢化合物的降解也会受到明显的限制，在高压和低温条件下，碳氢化合物降解速度也会明显降低。例如，在 1bar 条件下，在 8 周内有 94%的十六烷烃被微生物分解掉，而在 500bar 下，要达到同样的降解效果，需 40 周。所以，在深海中，石油降解的速率非常缓慢。

第十五节 煤的液化

2021 年，世界煤炭产量为 81.73 亿吨，比上年增长 6.0%。其中中国产量依然位居全球首位，为 41.26 亿吨，首次突破 40 亿吨关卡，创历史新高，在全球占比中为 50.4%。印度尼西亚、美国、澳大利亚、俄罗斯、德国、哈萨克斯坦和波兰等国煤炭产量都超过亿吨。煤的采矿、运输和大量燃烧给环境造成严重的破坏，所以亟需新的煤转化技术，减少煤的燃烧和使用给环境造成的破坏作用。所以欧盟 1995 年建立了洁净煤技术（clean coal technology），就是要把天然煤矿的煤进行液化处理。

通过生物技术把无烟煤或褐煤进行液化转化成清洁、廉价的能源，甚至是高附加值产品，这些技术具有重要的经济和生态学意义。所以微生物酶转化煤的技术或模仿酶催化煤转化技术得到了重视，这些生物技术可以在常温常压下进行，与物理化学方法相比，具有很大的优势。除了工艺简单和设备简陋外，这些酶催化剂比常规的化学催化剂颗粒小，所以催化效率高。但是由于煤的化学结构异常复杂，所以要想用微生物的酶高效分解煤，困难非常大。

一、煤的化学结构

煤有无烟煤、褐煤和腐殖酸，它们的化学结构如图 8-34 所示。尤其褐煤的结构最为复杂，它含有许多独特的化学结构、种类繁多，如疏水性的泥煤、碱溶性的腐殖酸和富啡酸、不溶性的化学结构——网状结构或腐殖物等。后来发现仅有一些非特异性的酶才有可能有效地作用于各种结构的煤，如许多真菌在降解木质素过程产生的酶。由于煤的化学结构（图 8-34）类似于木质素的结构（图 8-35），所以有可能煤是来自木头腐烂后剩下的木质素。

二、褐煤的酶解聚作用（煤的液化）

有证据表明木头，特别是其中的木质素是形成褐煤的主要母体成分，形成过程有两步反应，一是生化反应，二是地质化学反应。维管植物残留的有机物被转化成泥煤，进一步被转化成褐煤，这些植物物质转变成煤的过程中发生了许多物理和化学结构的变化。但是，原始木质素的典型结构在煤中是一直保留着的，这是说明煤中许多化学结构与木质素的化学结构很类似的原因。所以有人认为褐煤就是木质素脱甲基和脱水后的结构。能降解木质素的酶也一定能水解褐煤，所以可以利用裂解木质素的微生物来降解煤或使它们发生解聚作用。裂解木质素的酶包括过氧化物酶（锰过氧化物酶、木质素过氧化物酶和其他的过氧化物酶）、酚氧化酶（漆酶）、支持木质素降解的酶（如产生过氧化氢的氧化酶）。另外，低分子量的有机酸（草酸、苹果酸、丙二酸盐）等。

1. 木质素过氧化物酶的作用　木质素过氧化物酶（lignin peroxidase，Lip；EC 1.11.1.14）是研究最彻底的木质素裂解酶。已经知道自然界中有少数几种微生物，如引起白腐病的担子菌黄孢原毛平革菌（*P. chrysosporium*）、白腐菌射脉侧菌（*Phlebia radiata*）、木质纤维素降解菌（*Nematoloma frowardii*）、变色栓菌（*T. versicolor*）、烟管菌（*Bjerkandera adusta*）降解木质素的活力最高。还有一个子囊菌也会产生木质素过氧化物酶。某些放线菌也可以降解木质素。木质素过氧化物酶是一种糖基化酶，以铁原卟啉Ⅸ（血红素）作为辅基，该酶催化需要 H_2O_2。通过天然基因表达出来的酶存在多种形式（同工酶），分子质量为（38 ± 47）kDa，等电点为 3.2±4.7。木质素过氧化物酶有一个与辣根过氧化物酶类似的催化循环（catalytic cycle）。在这个催化环中，天然酶中的 Fe^{3+} 被 H_2O_2 氧化成木质素过氧化物酶化合物Ⅰ，化合物Ⅰ和苯环化合物一起得到一个电子被还原，导致形成化合物Ⅱ和一个芳香族自由基。化合物Ⅱ进一步与苯环底物一起被还原回到该酶天然的形式，以这种方式维持催化循环。

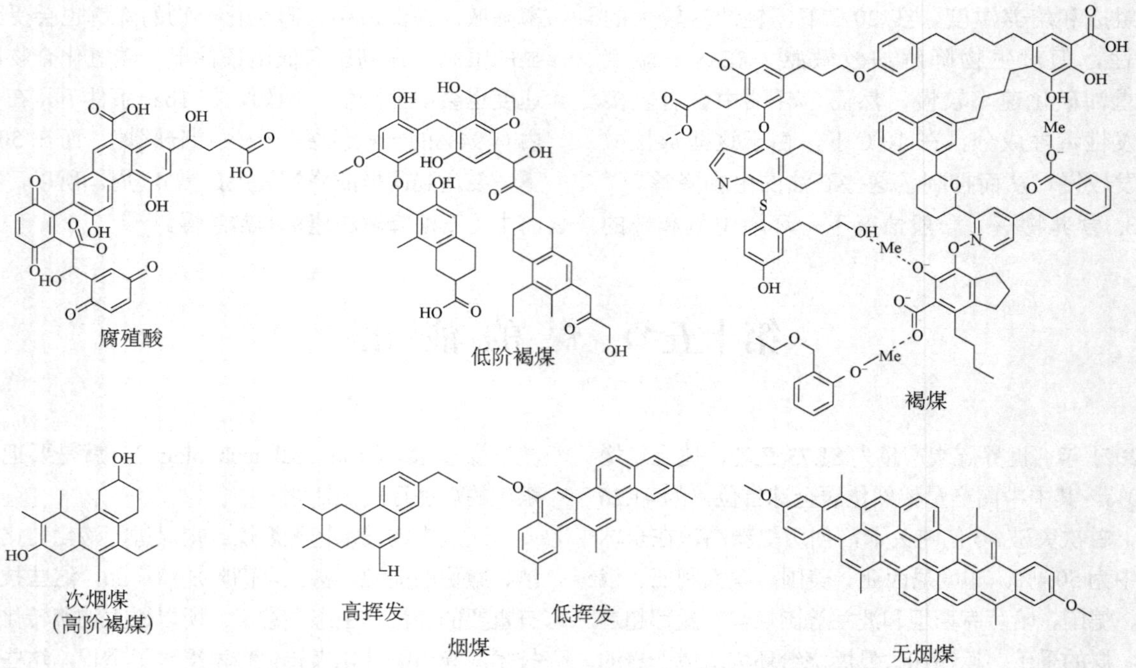

图 8-34　各种煤的化学结构（Fakoussa and Hofrichter，1999）

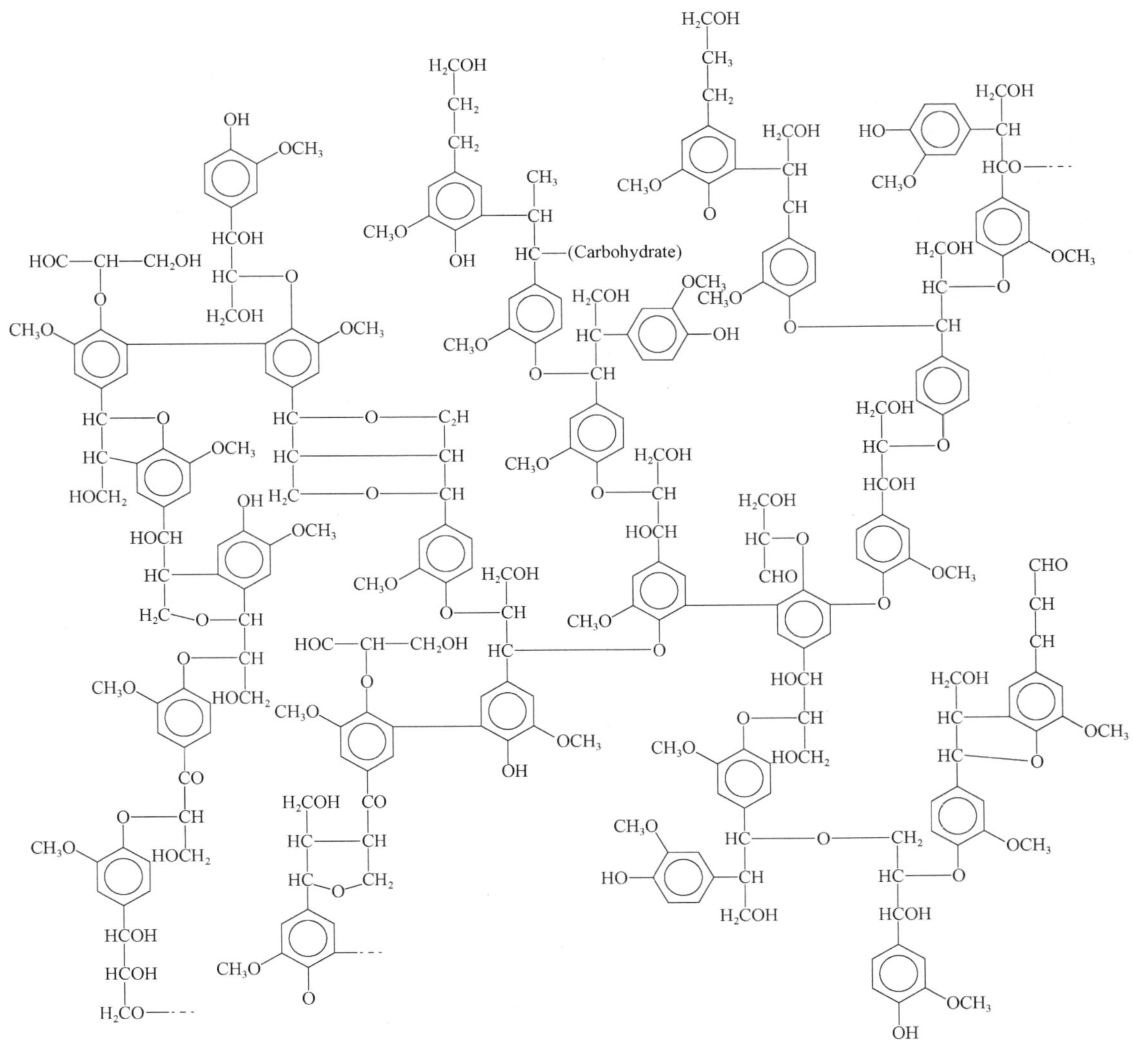

图 8-35　木质素的化学结构（刘光磊供图）

木质素过氧化物酶对苯环化合物具有广泛的底物特异性，能氧化苯酚和非苯酚结构，前者与醌发生歧化反应通过单电子提取到苯氧自由基上而被氧化，而后者被氧化成芳基正离子自由基。木质素过氧化物酶在直接氧化苯甲氧基和处于高氧化还原电位（高于+1.5V）的非苯环芳香化合物能力方面是非常独特的。另外，木质素过氧化物酶是一个相当敏感的酶，很容易受到它自己共底物 H_2O_2 或苯酚类物质的失活作用。这些共底物 H_2O_2 或苯酚类物质在褐煤中含量很高，所以，木质素过氧化物酶要在生物技术中得到广泛应用有很多问题。

然而，分离的木质素过氧化物酶在降解高分子量煤物质方面具有潜在的应用。褐煤中经过硝酸处理过的煤中的聚合物和德国煤的次烟煤用部分纯化的黄孢原毛平革菌木质素过氧化物酶处理，可以发生部分解聚合作用。在水中和有机溶剂（如 *N*, *N*-二甲基甲酰胺）中可溶的煤聚合物可以被解聚成小的水溶性的碎片。加入藜芦醇可以加快这种解聚作用。由于许多制备的酶制剂也含有锰过氧化物酶，在体外解聚作用测定中也添加了 $MnSO_4$，所以煤聚合物的转化也有锰过氧化物酶的参与。溶解的低品质的煤（煤中腐殖酸）也可以被含有黄孢原毛平革菌木质素裂解酶的培养液进行部分解聚作用。该真菌在恒温培养 16d 后可以把 85%的煤转化成一种煤产物，这种煤产物无法通过碱洗和酸沉淀进行回收。

利用胞外的木质素过氧化物酶处理可以使煤达到很好的脱色作用。从黄孢原毛平革菌分离的木质素过氧化物酶可以使天然的褐煤和甲基化碱溶的褐煤发生脱色作用。这种酶的脱色反应绝对需要藜芦醇，但是在偏钒酸盐的存在情况下就无法发生脱色作用，因为偏钒酸盐会抑制木质素过氧化物酶活性。推测偏钒酸盐是在木质素过氧化物酶和末端底物煤之间作为一种稳定的氧化还原中间体（导致暂时形成芳香阳离子自由基）。当这些生物大分子得到来自（CH_3）SO_4 和 CH_2N_2 的甲基化后才会发生真正的生物大分子解聚作用，然后发生脱色作用。天然的碱溶性煤不是木质素过氧化物酶作用的底物，通过甲基化作用可以促进煤中由木质素过氧化物酶参与的化学键裂解，因为煤中苯酚基团可以被木质素过氧化物酶氧化成苯氧自由基。相反，非苯酚的芳香基被木质素过氧化物酶氧化成芳香阳离子自由基，该自由基导致C-C和C-O键发生裂解反应。结果甲基化的水溶煤部分被转化成低分子量产物，包括各种甲基化单苯环化合物。

2. 锰过氧化物酶的作用 锰过氧化物酶（Mn-dependent peroxidase，MnP，EC 1.11.1.13）也存在于黄孢原毛平革菌中，该酶类似于木质素过氧化物酶，也是胞外糖基化酶，含有血红素作为辅基，但是它是使用Mn^{2+}和Mn^{3+}作为特异的底物和介质。锰过氧化物酶为多聚体，分子质量为38～50kDa，等电点为2.9±7。除了黄孢原毛平革菌可以产生锰过氧化物酶外，其他的白腐病和引起垃圾腐烂的担子菌也会产生锰过氧化物酶，但是除此之外，其他真菌和细菌均不产此酶。锰过氧化物酶引起的催化循环类似于木质素过氧化物酶的催化循环，包括天然的酶、化合物Ⅰ和化合物Ⅱ的氧化还原状态。但是在还原反应方面存在明显的不同。Mn^{2+}作为电子供体，化合物Ⅰ和化合物Ⅱ受到Mn^{2+}的还原，而Mn^{2+}被氧化成Mn^{3+}，Mn^{3+}通过与有机酸（草酸、苹果酸、丙二酸、乳酸和酒石酸）的络合作用在高氧化还原电位中得到稳定。受到络合的Mn^{3+}依次作为扩散氧化还原介质、氧化苯酚类物质、某些甲氧基化的芳香环、硝基和氯苯和有机酸等。图8-36是该反应催化环的示意图。在有合适的额外介质，如硫醇、脂类、脂肪酸或它们的衍生物存在的情况下，该锰过氧化物酶系统的氧化能力会得到大大的加强。这时通常不会被锰过氧化物酶作用的化学键（酚醚和某些多环芳烃）就可以发生裂解。通过氧化谷胱甘肽和NADPH产生H_2O_2，但是也有证据表明在没有外源H_2O_2的情况下，也可以通过类似氧化酶的反应氧化有机酸进行有效的催化作用。在锰过氧化物酶和木质素过氧化物酶共同存在的情况下，还可以氧化Mn^{2+}和非酚类芳香化合物。

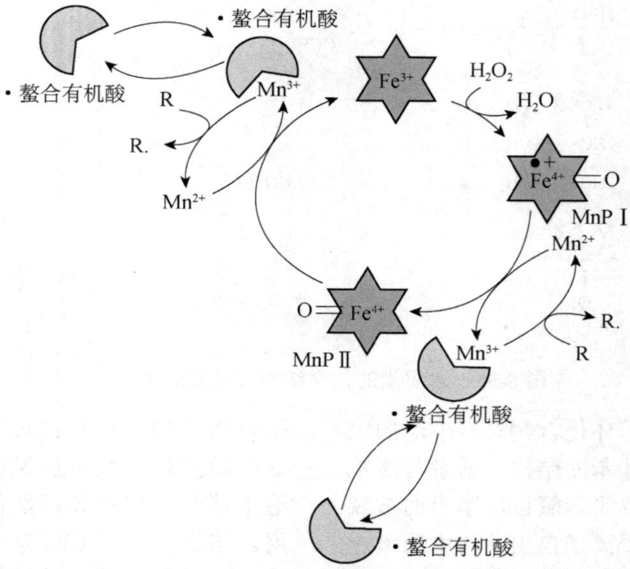

图8-36 锰过氧化物酶（MnP）催化环的工作原理（Fakoussa and Hofrichter，1999）

上述的木质素过氧化物酶也有类似的催化环的工作原理

锰过氧化物酶已成功地用于褐煤的解聚作用。水溶性煤大分子脱色过程中加入担子菌RBS 1k菌株产生的锰过氧化物酶，在煤大分子浓度达到0.5/L时，煤的脱色和解聚作用可以达到最佳。加入煤的腐殖酸可以诱导锰过氧化物酶的合成和活力，但是没有木质素过氧化物酶和漆酶活力。担子菌真菌木质纤维素降解菌（*N. frowardii*）和达氏小杯伞菌（*Clitocybula dusenii*）受Mn^{2+}诱导的培养物能使煤的腐殖酸快速地得到解聚作用，形成低分子量的富啡酸（是指在水、酸和碱溶液中都可溶的腐殖物质）。通过补料培养，在一周内2.0g/L以上的煤腐殖酸能得到转化。把煤加入培养物中，锰过氧化物酶活力上升很快，说明煤中腐殖酸对该酶产生具有诱导效应，这时锰过氧化物酶便参与了煤解聚作用。来自木质纤维素降解菌（*N. frowardii*）的纯锰过氧化物酶也可以使腐殖酸发生解聚作用，并产生富啡酸，这些纯锰过氧化物酶分子质量为0.7～3.0kDa。也可以利用来自达氏小杯伞菌锰过氧化物酶来催化腐殖酸的解聚作用，发现加少量的MnP（0.2U/mL）、腐殖酸浓度为250.0mg/L、Mn^{2+}浓度为1.0mmol/L、利用葡萄糖氧化酶不断产生H_2O_2，反应温度为37℃，腐殖酸的解聚作用达到最佳。如果再加少量的谷胱甘肽作为额外的硫醇介质和有机溶剂DMF能加快解聚反应，发现在这种条件下这个锰过氧化物酶非常稳定，酶活力可以维持数周之久，产物中除了有富啡酸外，还有释放的 CO_2，说明锰过氧化物酶还有直接矿化腐殖酸的作用（所谓酶催化的燃烧作用）。

锰过氧化物酶可以作用于碱不溶的、分子量很大的煤组分。煤粒与锰过氧化物酶进行保温，可以形成分子量很小的腐殖酸碎片和富啡酸。锰过氧化物酶系统最重要的特征就是它是通过真正的氧化还原介质对 Mn^{2+}/Mn^{3+} 起作用，这个介质对是在解聚反应中产生的，因为这个介质对很小，可以扩散到煤的大分子中起催化作用，而相对比较大的酶分子便无法直接进入煤大分子中参与催化作用。

3. 漆酶的作用　漆酶（laccase，EC 1.10.3.2）是一种含铜的多酚氧化酶。几乎所有的木质素裂解真菌，包括变色栓菌（*T. versicolor*）、白腐菌射脉侧菌（*P. radiata*）、红孔菌（*Pycnoporus cinnabarinus*）和木质纤维素降解菌（*N. frowardii*）。许多霉菌，如粗糙脉孢霉（*N. crassa*）和构巢曲霉（*A. nidulans*）也可以产生漆酶。它是一种为多聚体的糖基化蛋白质，分子质量变化很大［（59±110）kDa］。该酶可以氧化不同的化合物，在这个过程中需要 4 个电子把 O_2 还原成 H_2O，它对提供电子的底物特异性很差，最喜欢利用具有不同取代基的单、双和多酚化合物。绿漆酶的催化中心含有 4 个铜离子（Cu^{2+}），催化环的反应类似于绿色的抗坏血酸氧化酶的反应，在铜原子之间进行 1 个电子转移，而氧气结合在酶的活性中心。漆酶对多酚芳香化合物作用的结果是形成酚氧自由基，这些自由基很容易进行非酶反应，如自由基-自由基的偶联、歧化作用、去质子化作用和受到 H_2O 的亲核攻击作用等。经过多步反应最终导致解聚作用、烷基-芳香基的裂解、苯酚类化合物的 C_α-氧化反应或脱甲基氧的反应，所以该酶也可以参与煤的液化作用。

第十六节　石油和煤中的生物脱硫作用

在历史长河中微生物通过进化出多种多样的生物化学途径来对付生命基本元素硫。现在世界各国科学家和工程师也在不断努力利用这些特异分解硫的机制来解决与硫有关的环境污染问题。经过微生物处理降低高硫原油中的硫获得低硫含量原油是非常有必要的，这样石油燃烧后可以减少亚硫酸的污染。所以许多国家都制定了法规规定每年逐渐降低石油化学品中的硫含量，但同时也导致石油价格的上升。利用现有的技术要除去石油中的有机硫化合物是相当困难的，在石油组分中存在的含有多苯核杂环化合物是很难被微生物分解。现在所用的加氢脱硫（hydrodesulfurization，HDS）技术是一个化学催化过程，把有机硫转化成硫化氢气体，反应的条件是利用原油与氢反应，压力为每英寸① 150～3000 磅②，温度为 290～455℃。该技术虽然可以使石油降低硫的含量，但是费用太高，所以必须寻找更为经济的、绿色和可持续的方法。经过不断的努力，科学家发现有些微生物能进行还原和氧化脱硫作用、反硝化作用、脱金属作用、裂化作用和脱蜡作用。至今，微生物降解脱硫技术在石油工业中还未得到实际应用，因为在脱硫过程中有大量的碳会被矿化，使得石油燃烧价值降低。

图 8-37 为燃料中的主要有机硫化合物。这里主要介绍微生物特异脱硫的转化途径。其中二苯并噻吩（DBT）是煤和石油中有代表性的有机硫化合物，被认为是含硫有机物的模式化合物。

一、特异性生物脱硫途径

1. 无氧途径　还原硫酸盐的细菌可以脱去标准含硫化合物中的硫，这种异化脱硫技术可以产生硫化氢，然后对产生的气体进行处理。由于该处理工艺不需要氧气，所以可以抑制石油中碳氢化合物的非特异性氧化，避免产生有颜色的、酸性的和胶状的产物。在严格控制条件（厌氧）下，硫酸盐还原菌不能使二苯并噻吩，即含硫有机物的模式化合物含硫量有明显的下降，所以目前该工艺还没有实际应用价值。

2. 有氧途径　能够特异性地使苯并噻吩或二苯并噻吩发生脱硫作用的微生物包括：红平红球菌（*Rhodococcus erythropolis*）、红球菌（*Rhodococcus* sp.）、农杆菌（*Agrobacterium* sp.）MC501 菌株、分枝杆菌（*Mycobacterium* sp.）C3 菌株、克多那菌（*Cordona*）CYKS1、克雷伯菌（*Klebsiella* sp.）、黄单胞菌（*Xanthomonas* sp.）、小球诺卡菌（*Nocardia*

① 1 英寸≈2.54cm
② 1 磅≈0.45kg

globerula）、嗜热菌类芽孢杆菌（*Paenibacillus* sp.）和某些细胞色素 P450 系统。尽管可以分解 DBT 的微生物作用于汽油可以降低汽油中的硫含量，但是现在还未发现这些微生物可以作用于汽油中的噻吩硫。

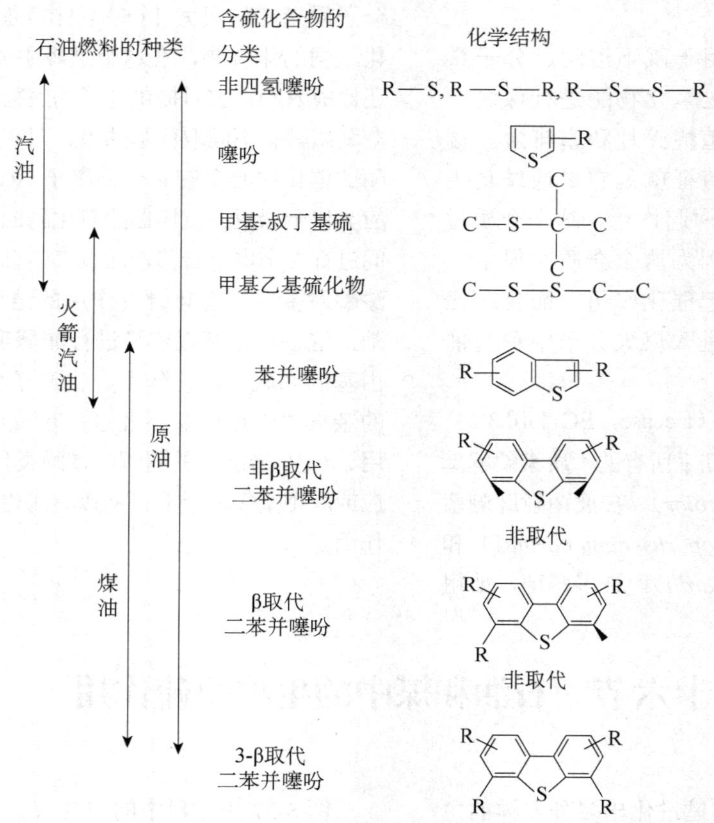

图 8-37　燃料中的主要有机硫化合物（池振明供图）

3. dsz 途径　在红球菌（*Rhodococcus* sp.）中，dsz 脱硫途径如图 8-38 所示（也叫作 sox 氧化途径或 4S 途径），该途径需要两种细胞质的单加氧酶（DszC 和 DszA，催化在硫原子上加原子氧）、一种黄素还原酶（DszD，该酶最近被鉴定为类群Ⅲ的乙醇脱氢酶，把 NADH 转化成 $FMNH_2$）和一种脱硫酶（DszB，催化脱去 DBT 上形成的亚磺酸形成 SO_3^{2-}）。DszC，即二苯硫芴烯单加氧酶可以催化 DBT 发生一系列的转化反应，形成 DBT 氧化硫，然后进一步氧化 DBT 氧化硫到砜。该酶具有许多特别的地方，第一是它催化两个连续的黄素单加氧酶反应；第二是 $FMNH_2$（氢供体来自 NADH）是该酶的辅助底物，而传统的黄素单加氧酶是利用结合的 FAD（利用 NADH/NDAPH）进行还原或利用结合的黄素还原酶/单加氧酶复合物，如在甲烷加氧酶中就是这样的；第三是它氧化 DBT 到砜，而不是像其他黄素单加氧酶和依赖血红素酶那样仅仅到氧化硫。DszA，即二苯硫芴烯 5,5-二氧单加氧酶催化砜转化成亚磺酸，该酶也是利用依赖 NADH 的 $FMNH_2$ 作为辅助底物，反应速率是 DszC 的 5～10 倍及以上。DszB，一种苯亚磺酸水解酶，利用一种碱性活化的水分子对亚磺酸的硫进行亲核电子攻击形成 2-HBP（2-羟基二苯，它也许会继续通过上述提到的苯环裂解途径得到彻底氧化），这步反应是该途径的一个独特和限速反应，是真正从 DBT 上催化脱硫的酶。来自氧气分子的氧原子被组入该脱硫途径的每一步反应中。该脱硫途径需要细胞进行强烈的代谢反应产生足够的还原性化合物，如 NADH 和 $FMNH_2$，并且需要消耗细胞大量的能量，每脱 1 分子 DBT 的硫需要消耗大约 4 分子的 NDAH。DszC 和 DszA 不直接使用 NDAH，但是使用了从 DszD 获得的 $FMNH_2$。DszD 把 DszA 和 DszC 引起的底物氧化作用与 NADH 的氧化偶连在一起，并且 DszD 引起的 DszC 和 DszA 活化作用遵守饱和动力学反应。当黄素还原酶、黄素单核苷酸还原酶或各种氧化还原酶加到反应混合物中时，或这些酶的基因在基因工程菌中得到超量表达时，那么脱硫速率可以提高到 100 倍以上。玫瑰红红球菌（*R. rhodochrous*）、硫黄节杆菌（*Arthrobacter sulfureus*）、深红戈登菌（*Gordonia rubropertincta*）和红平红球菌（*R. erythropolis*）能生长在 0.5 mmol/L DBT 上，它们都有该 4S 途径。当这些菌株生长在无机盐培养基中时，10d 内 98%的 DBT 得到脱硫。

该脱硫途径与其他脱硫途径一样，底物中的碳不会被矿化，每克干重细胞可以去除的硫与细胞生长所需的硫是一致的。对于野生型菌株红球菌来说，脱硫的速率是每克干重细胞每小时产生1.0～5.0mg的2-HBP。不同的反应器对脱硫速率没有影响，所释放出的2-HBP量是被除去DBT的55%～75%。随着细胞密度增加脱硫速率在下降，表明在有机物-水界面细胞获得DBT的质量传递很可能受到限制。因为利用纯氧代替空气脱硫速率没有得到提高，表明氧气质量传递限制不是一个问题。该途径已经用于石油生产和冶炼过程中的脱硫作用。

4. 其他微生物的煤脱硫 反硝化产碱杆菌（*Alcaligenes denitrificans*）亚种和短杆菌（*Brevibacterium* sp.）能利用二苯硫芴烯作为为生长的硫源和苯甲酸作为碳源。纯化的短杆菌培养物能利用二苯硫芴烯作为主要的碳、硫和能源进行生长，分解产生的中间产物包括二苯硫芴烯-5-氧化物、二苯硫芴烯-5-二氧化物和苯甲酸。

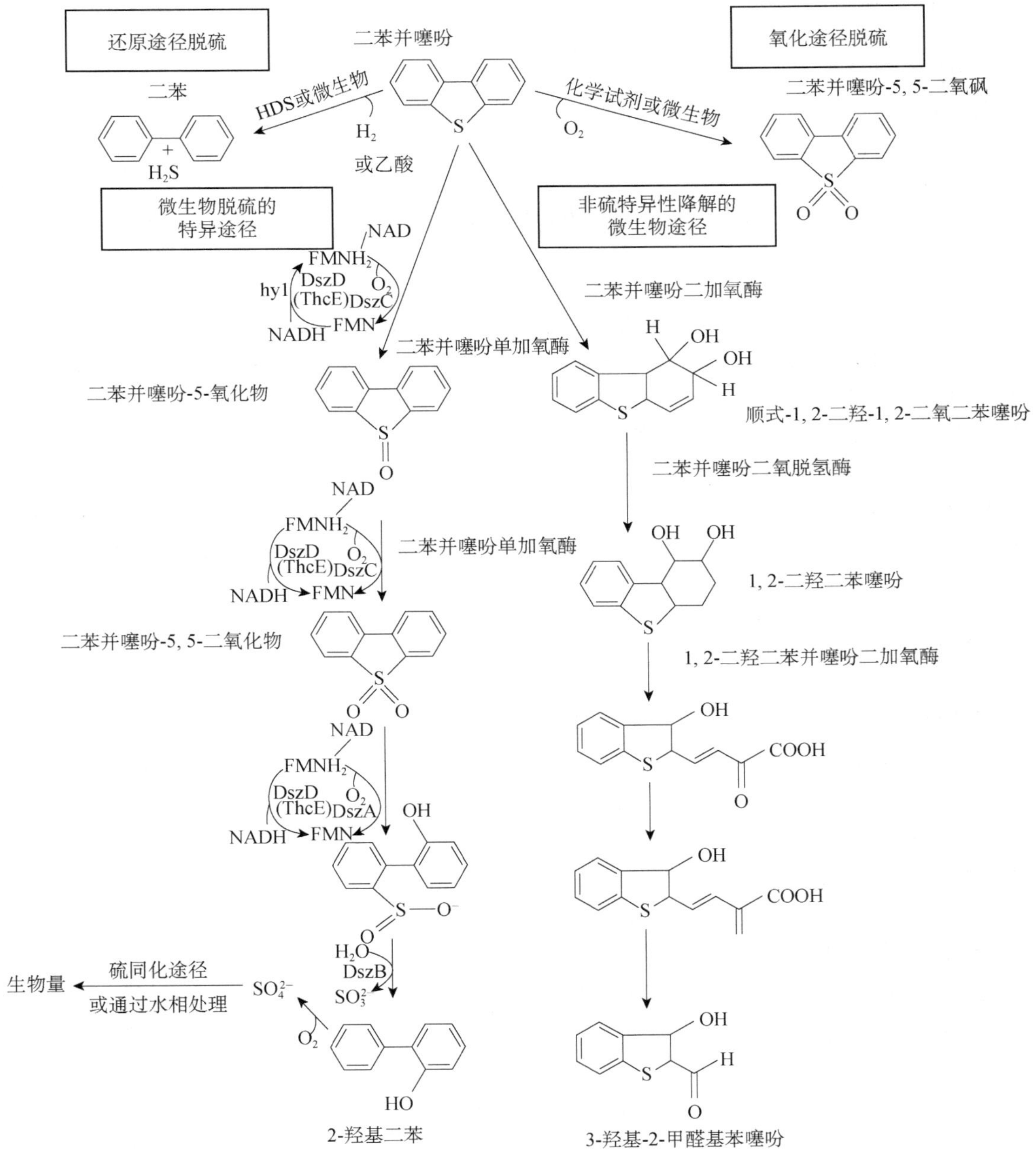

图8-38 煤的微生物脱硫途径（4S途径）和氧化途径（池振明供图）

二、硫底物特异性

红球菌中的DBT脱硫酶具有相当广泛的底物特异性，并且能使具有烷基或芳香基及相应单苯酚的DBT衍生物发生脱硫反应，不同取代基的DBT衍生物发生脱硫的速率是不同的，并且脱硫速率还受取代基在不同位置的影响。在大部分DBT脱硫之后，红球菌（*Rhodococcus* sp.）ECRD-1菌株仅能以 DBT 脱硫同样的速度使 4,6-二乙基二苯硫芴烯（DEDBT）发生脱硫。所以为了使这些技术在生产上能得到应用，要求使用混合的生物催化剂或用对硫立体异构特异性降低的基因工程菌产生的生物催化剂催化含有各种硫化合物的石油发生有效的脱硫作用。

三、石油原油的脱硫作用

最近，有人对两相溶剂：水相系统中的脱硫作用进行了研究，发现在有 40%～50%正-四十碳烷烃或煤油、50%柴油或 96%六十碳烷烃存在的情况下 DBT 脱硫速率会加快。在红球菌中 DBT 脱硫作用发生在细胞内，所以石油相中 DBT 可能首先吸附在细胞上，然后再被吸收到细胞内。在大肠杆菌和恶臭假单胞菌（*P. putida*）的 dsz 重组菌株中，在 DBT 吸收到细胞之前似乎是通过产生的生物表面活性剂把 DBT 分散到液相中。在含高浓度六十碳烷烃的 DBT 脱硫过程中油相和乳浊液含有大量的红球菌（*Rhodococcus* sp.），这些细菌位于 1～10μm 液滴中，这可能是由于这些微生物同时转化六十碳烷烃产生了生物表面活性剂。

石油的生物脱硫可以导致中等蒸馏组分中 30%～70%、柴油中 40%～90%、轻汽油中 20%～60%、裂解组分中 75%～90%和原油中 25%～60%完全脱去硫。尽管脱去了大量的硫，但是目前该技术仍不能满足工业生产的要求。

第十七节　有机氯农药的微生物降解

在本章第一节已经介绍了有机氯农药的污染和危害。其实，微生物在降解有机氯农药方面起着很重要的作用。然而，在土壤和水体中，也有许多残留农药可以存在很长时间，这可能是由于这些农药本身对微生物降解具有抗性或农药与环境中某些成分形成复合物，从而成为抗微生物降解的物质。环境中能降解有机氯农药的微生物种类是很多的。

一、降解有机氯农药的主要反应

1. 还原脱氯　微生物对有机氯农药进行还原脱氯是一步很重要的反应。在非苯环位置上脱去的氯原子被氢原子所取代，如 DDT 转化成 DDD 就是一个典型的还原脱氯例子，这一反应广泛存在于酵母菌、普通变形杆菌、黏质沙雷菌、土壤放线菌、气单胞菌、植物病原菌和腐生细菌中及厌氧条件下的土壤样品中。在厌氧条件下，降解 DDT 类似物的氢单胞菌菌株也能把 DDT 脱氯还原成 DDM。DDT 的脱氯过程如下：

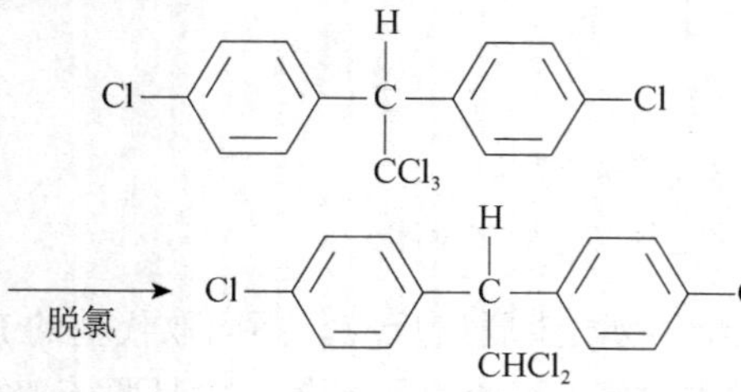

(8-13)

杀虫剂γ-BHC（六六六粉）在直肠梭菌和恶臭假单胞菌中可以被分解成γ-TCCH，这一反应也是还原脱氯的过程。七氯在细菌和放线菌中经过还原脱氯可以形成氯丹。

2. 脱氯化氢　脱氯化氢包括同时从有机氯杀虫剂上脱去 1 分子 HCl，这一反应通常发生在含有饱和键的，取代氯原子的碳和邻近取代氢原子的碳之间，从 DDT 形成 DDE 和从γ-BHC 形成γ-PCCH 的两个反应便是最常见的例子，如：

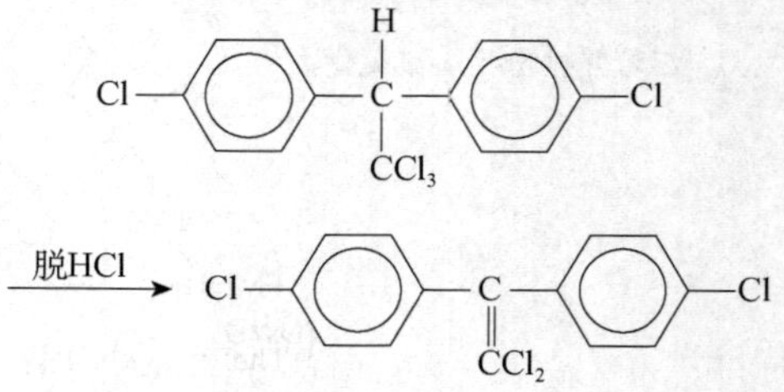

(8-14)

3. 氧化　在高等生物中，有机氯农药的氧化反应是有机氯农药降解的重要反应。艾氏剂氧化成环氧化物和狄氏剂，这一反应在微生物细胞中是存在的。另外，七氯可以被微生物氧化成七氯环氧化物。DDT 可以被微生物氧化成三氯杀螨醇（Kelthane）。

在氢单胞菌中，DDT 苯环的开裂和在恶臭假单胞菌中γ-BHC 苯环的开裂都需经过氧化反应。氯代二苯乙醇酸和氯代丙醇酸的一种水解产物，即 4,4-二氯二苯乙醇酸在瘦弱红酵母（*R. gracilis*）中可以被氧化成 DBP，反应过程如下：

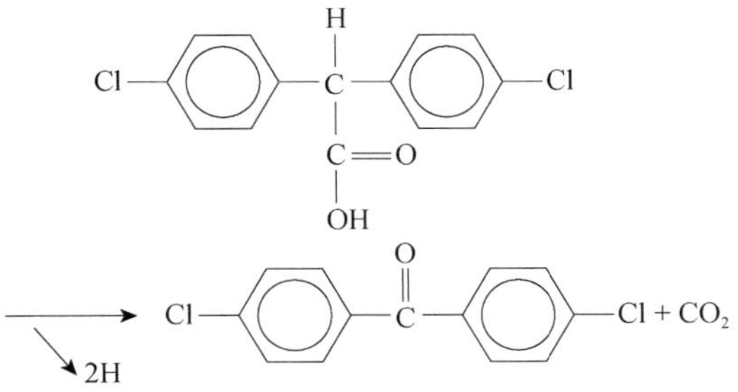

（8-15）

4. 异构化　在有机氯农药代谢过程中，也经常发生异构化反应，如γ-BHC 异构化成α-BHC，异构体不同于母体化合物，因为氯原子在苯环上的位置发生了变化。

二、几种代表性有机氯农药的微生物降解

现在六六六和 DDT 在我国已经被禁止使用，所以就不再介绍这两种过去广泛使用的有机氯的微生物降解，但是 2,4-D 和阿特拉津等有机氯除草剂还在大规模使用，所以这部分仅介绍这两种有机氯农药的降解。

1. 2, 4-D（除草剂）的微生物降解　2,4-D 是世界上使用最广泛的含氯酸苯氧除草剂。许多细菌能利用 2,4-D 作为主要的碳源和能源。最常见的 2,4-D 降解细菌有假单胞菌（*Pseudomonas* sp.）、产碱杆菌（*Alcaligenes* sp.）、罗尔斯通氏菌（*Ralstonia* sp.）、戴尔福特菌（*Delftia* sp.）、节杆菌（*Arthrobacter* sp.）和伯克霍尔德菌（*Burkholderia* sp.）。2,4-D 的降解通常发生醚键的氧化裂解，随后发生氯苯酚羟基化，接着氯儿茶酚发生苯环邻位裂解（图 8-39）。有关的基因位于质粒和染色体上。慢生根瘤菌（*Bradyrhizobium* sp.）HW13 菌株中携带有 2,4-D 降解基因簇 *cadRABKC*，其中的 *cadR* 基因编码一种 AraC/XylS 类型的转录调控蛋白，*cadABC* 基因编码 2,4-D 加氧酶亚基，*cadK* 基因编码 2,4-D 转运蛋白。

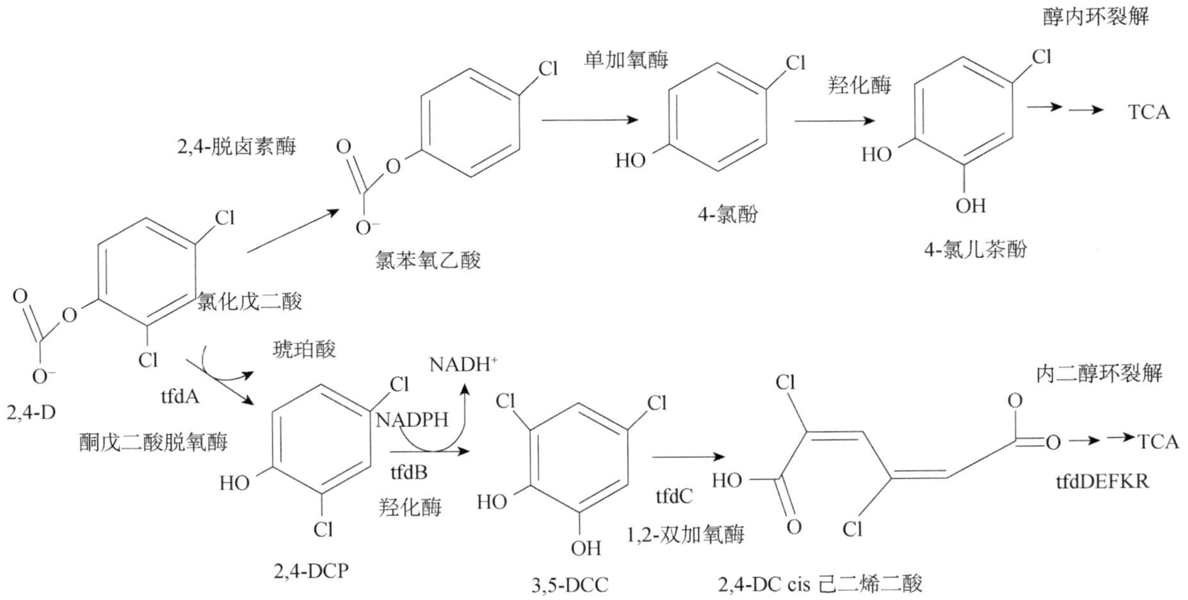

图 8-39　由微生物引起的 2,4-D 降解过程和有关的酶（Singh and Singh，2016）

其中的 tfdDEFKR 是负责己二烯二酸分解的多酶体系

2. 阿特拉津的微生物降解　阿特拉津是一种选择性的除草剂，在土壤中具有高度转移性，并且已经大量使用，在各种水体中浓度已经超标。研究最清楚的阿特拉津降解细菌之一是假单胞菌 ADP 菌株，该菌株利用 3 种酶——AC、HAEA、IAIA 把阿特拉津降解成 NH_3 和 CO_2，有关的酶由 6 个基因组成的基因簇 *atzABCDEF* 编码。另外一个降解菌是金黄节杆菌（*A. aurescens*）TC-1 菌株，在 TH、HAEA 和 IAIA 酶催化下，把阿特拉津转化成三聚氰酸（图 8-40）。阿特拉津的生物降解步骤主要包括 *N*-脱烷基化、脱氯和环裂解。乙基或异丙基侧链的 *N*-脱烷基化产生脱乙基的阿特拉津或脱异丙基阿特拉津，水解酶 AC 参与的脱氯反应是第一步反应，接着在 HAEA 和 IAIA 催化下发生两步水解脱氨基反应。最后在 3 种酶（CAH、BH、AH）作用下被矿化成 CO_2 和 NH_3，见图 8-40。

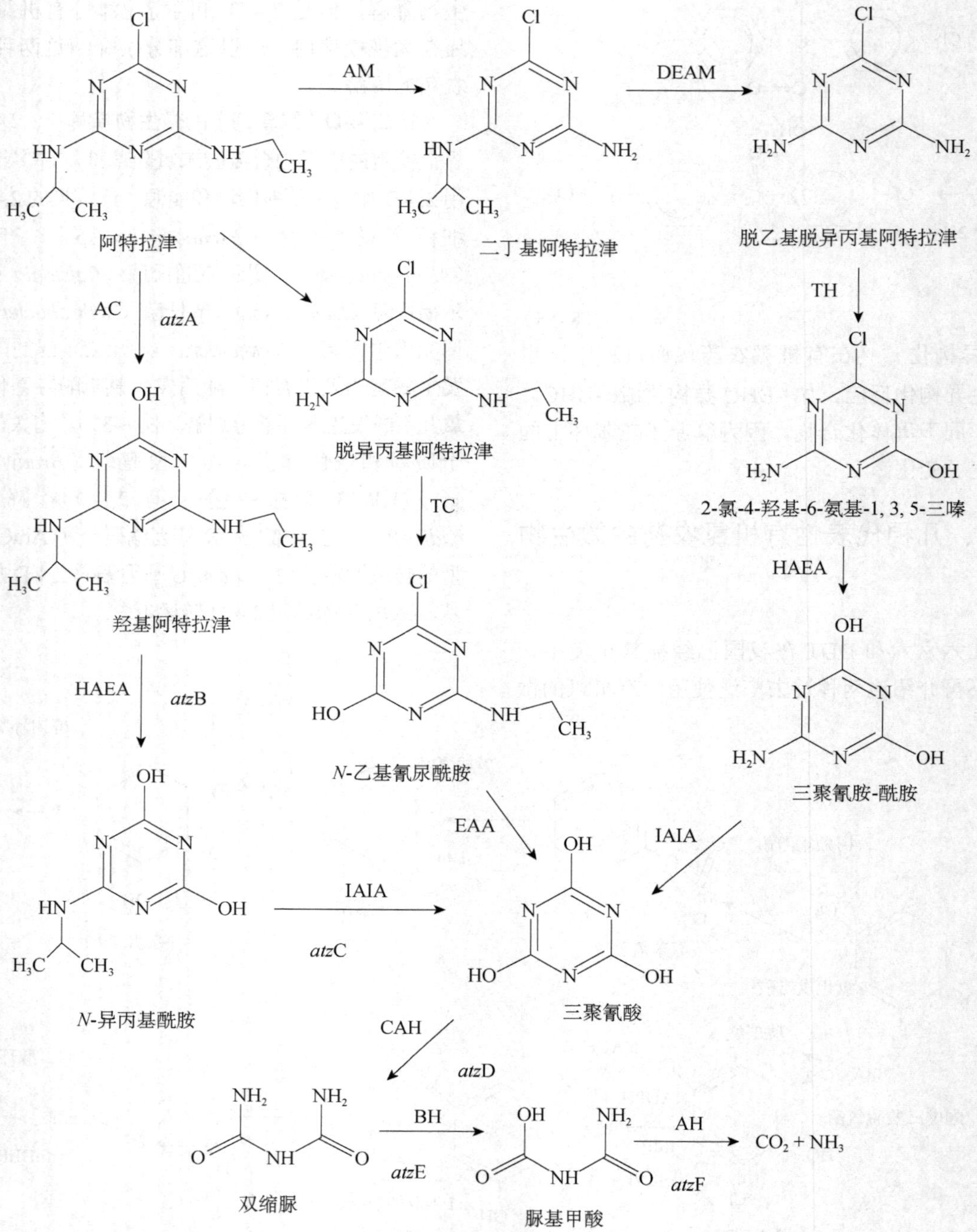

图 8-40　阿特拉津的生物降解和有关酶和基因（斜体部分）（Singh and Singh，2016）

AC. 阿特拉津氯水解酶；HAEA. 二羟基阿特拉津乙基胺水解酶；IAIA. *N*-异丙基丙烯酰胺异丙基酰胺水解酶；TC. 三嗪氯水解酶；AM. 阿特拉津单加氧酶；DEAM. 脱乙基阿特拉津单加氧酶；EAA. *N*-乙基氨酰亚胺水解酶；TH. 三嗪水解酶；CAH. 氰脲酸水解酶；BH. 缩二脲水解酶；AH. 脲基甲酸酯水解酶

第十八节　有机磷农药的微生物降解

有机氯农药最大的优点在于它们具有高效的杀虫效力，但是这类农药也存在许多缺点，如这类农药在环境中稳定性大，许多昆虫对这类农药具有抗性，所以在许多工业发达国家和发展中国家，如我国已经禁止使用有机氯农药。能代替这类农药的有有机磷农药。有机磷农药是醇类与磷酸结合后的酯类化合物或磷酸与其他酸结合后的酐类化合物。利用有机磷农药杀死昆虫有许多优点，如它们在水体和土壤中易受到微生物降解等。参与有机磷农药降解的微生物有细菌、藻类、真菌和原生动物。它们被微生物降解需经过一系列反应。

一、降解有机磷农药的主要反应

有机磷农药受到微生物降解时，主要包括水解、还原和氧化反应。

1. 水解反应（hydrolysis reaction） 水解反应包括把 1 分子水组入底物中。有机磷农药分子含有 P—O 或 P＝S 基团，这些基团可以通过水解过程被分解。具有这种水解能力的微生物有大肠杆菌、戊糖丙酸杆菌（*Propionibacterium pentosaceum*）、绿色木霉（*Trichoderma viride*）、腐苹果假单胞菌（*Pseudomonas melophthora*）、荧光假单胞菌（*P. fluorescens*）、氧化硫硫杆菌（*T. thiooxidans*）、点青霉（*P. notatum*）、镰刀菌（*Fusarium* sp.）和瘤胃微生物。水解反应如下：

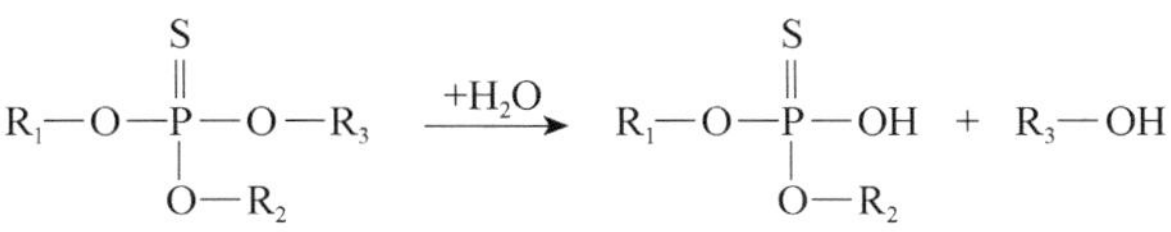

（8-16）

从缺陷假单胞菌（*Pseudomonas diminuta*）中获得的对硫磷水解酶，能水解有机磷分子中的磷酸酯键，但是水解产物毒性却增加 100 倍。

2. 还原反应（reduction reaction） 有机磷农药分子上的—NO_2 可以被还原成—NH_2，如对硫磷（parathion）被微生物还原的主要产物为氨基对硫磷。

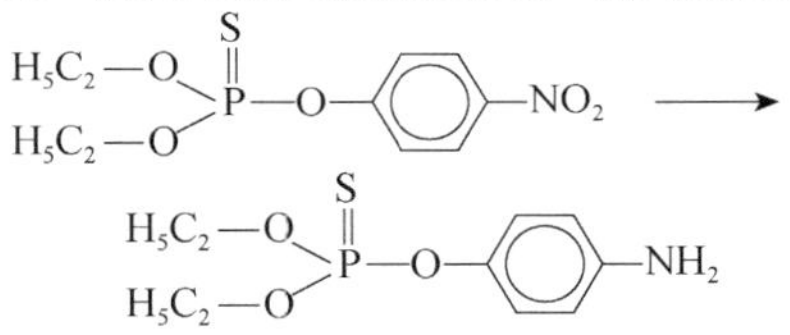

（8-17）

枯草芽孢杆菌能把有机磷农药分子上的—NO_2 还原成—NH_2，从而使对硫磷和甲基对硫磷失活。

在对硫磷微生物降解过程中，主要的反应是水解和硝基还原反应。但是如果在淹没的土壤中反复使用对硫磷或它的水解产物——对硝基苯酚，那么最终的对硫磷微生物降解途径主要是水解反应，而还原反应途径逐渐消失。把对硫磷加入土壤中的最初一段时间内，氨基对硫磷是主要的产物。再往土壤中加入对硫磷，氨基对硫磷和对硝基苯酚同时出现。再进一步往土壤中加入对硫磷，土壤中仅出现对硝基苯酚。其中的原因是能水解对硫磷的微生物能利用对硝基苯酚作为能源进行大量的生长，竞争上占优势，从而这些微生物在土壤中占优势。

3. 氧化反应（oxidation reaction） 在高等生物中，氧化反应在有机磷农药降解过程中是非常重要的反应。在微生物中对硫磷被氧化成对氧磷和对硝基苯酚的开环反应便是氧化反应。

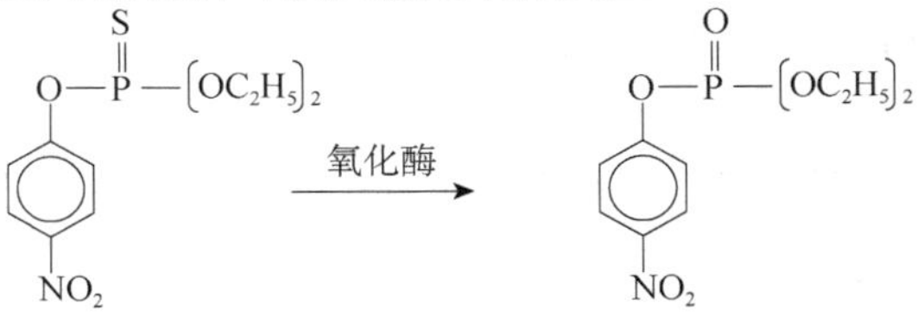

（8-18）

二、几种代表性有机磷农药的微生物降解

在土壤和水体中有机磷农药的降解受到生物因素和非生物因素的影响。生物因素包括微生物种类、群体大小和生长速率。非生物因素包括温度、盐度和土壤中的含水量。

1. 对硫磷的微生物降解 在微生物中，枯草芽孢杆菌可以非常有效地使对硫磷和甲基对硫磷失活。参与对硫磷降解的其他生物，包括假单胞菌（*Pseudomonas* sp.）、产碱杆菌（*Alcaligenes* sp.）、大肠杆菌、沙雷菌（*Serratia* sp.）、无色杆菌（*Achromobacter* sp.）、根瘤菌（*Rhizobium* sp.）、黄杆菌（*Flavobacterium* sp.）、瓦克青霉（*Penicillium warsmanii*）、蛋白核小球藻（*Chlorella pyrenoidosa*）、组囊藻（*Anacystis nidulans*）、窄食单胞菌（*Stenotrophomonas* sp.）、黏质沙雷菌（*Serratia marcescens*）、肠膜明串珠菌（*Leuconostoc mesenteroides*）、短乳杆菌（*L. brevis*）、植物乳杆菌（*L. plantarum*）和清酒乳杆菌（*L. sakei*）。微生物降解对硫磷的反应主要包括还原、水解和氧化反应。首先对硫磷的—NO_2 被还原成—NH_2，从而生成对氨基对硫磷，然后此物受到水解生成对氨基苯酚和二乙基磷酸（DATP）。对硫磷也可以直接受到水解生成对硝基苯酚和二乙基磷酸，对硝基苯酚进一步受到分解释放出亚硝酸、氢醌，或对氨基苯酚进一步受到分解释放出亚硝酸和氢醌。对硫磷也可以进入氧化途径，生成对氧磷，然后经过水解生成对硝基苯酚和二乙基磷酸，具体过程见图 8-41。

2. 马拉硫磷的微生物降解 参与马拉硫磷降解的微生物有假单胞菌（*Pseudomonas* sp.）、根瘤菌（*Rhizobium* sp.）、节杆菌（*Arthrobacter.* sp）、绿色木霉（*T. viride*）、青霉（*Penicillium* sp.）、丝核菌（*Rhizoctonia* sp.）、曲霉（*Aspergillus* sp.）、黄单胞菌（*Xanthomonas* sp.）、丛毛单菌（*Comamonas* sp.）、黄杆菌（*Flavobacterium* sp.）、解淀粉芽孢杆菌（*B. amyloliquefaciens*）、假单胞菌（*Pseudomonas* sp.）和短乳杆菌（*L. brevis*）。土壤中的绿色木霉和假单胞菌代谢马拉硫磷时，有两个途径。途径之一便是马拉硫

磷被水解成马拉硫磷单羧酸，然后它再被转化成马拉硫磷二羧酸，最终形成磷酸盐。绿色木霉这种微生物仅有某些菌株存在第二种途径，这一途径包括马拉硫磷发生去甲基化作用。

在植物、水和土壤中马拉硫磷主要通过 P═S 键水解作用，由有机磷水解酶催化 P═S 键裂解，这类酶水解有毒的有机磷农药，使它们去除毒性。水解酯键、酰胺和氨基甲酸酯键的羧基酯酶催化的水解反应也非常重要，具体过程如图 8-42 所示。

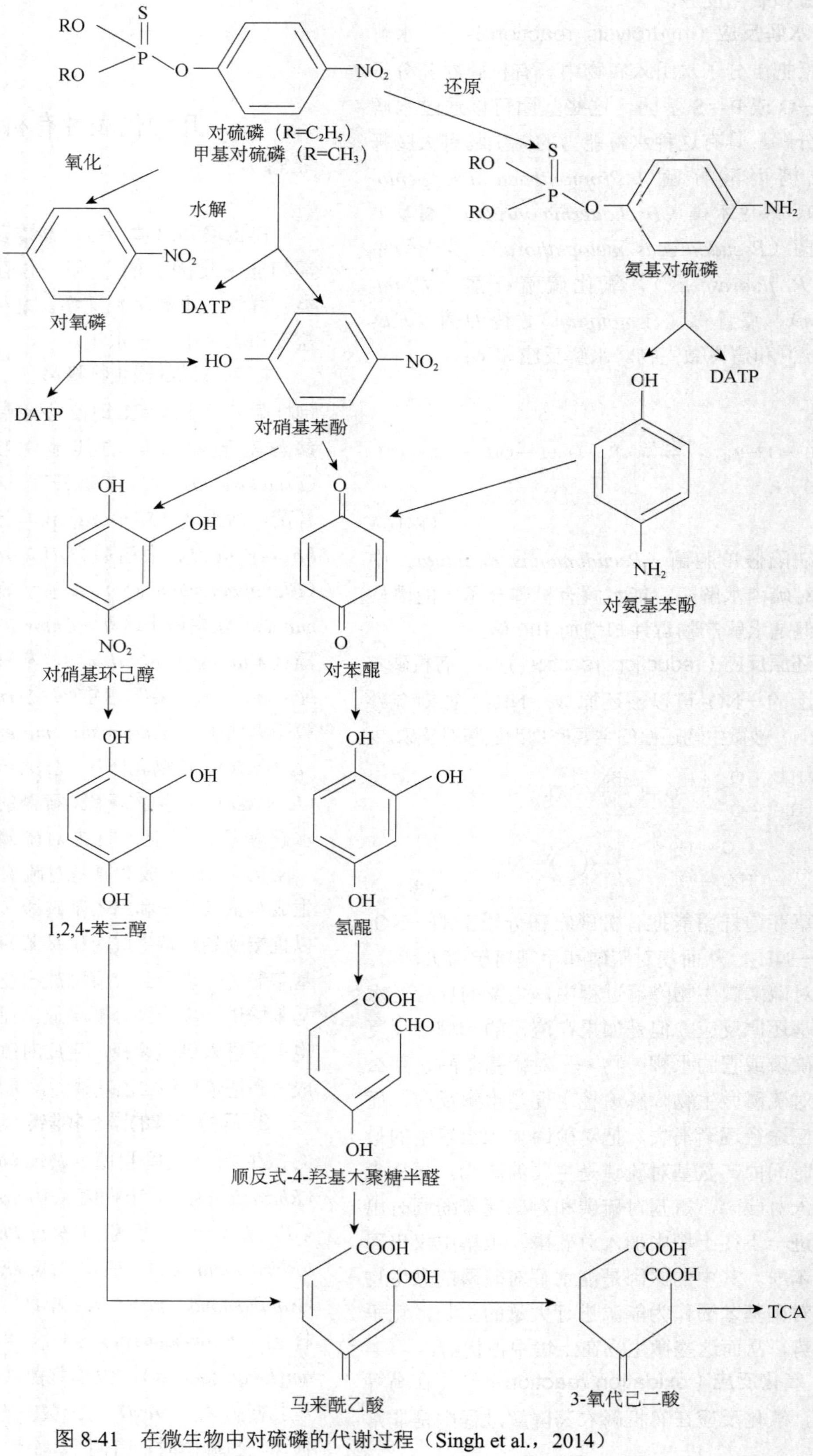

图 8-41　在微生物中对硫磷的代谢过程（Singh et al.，2014）

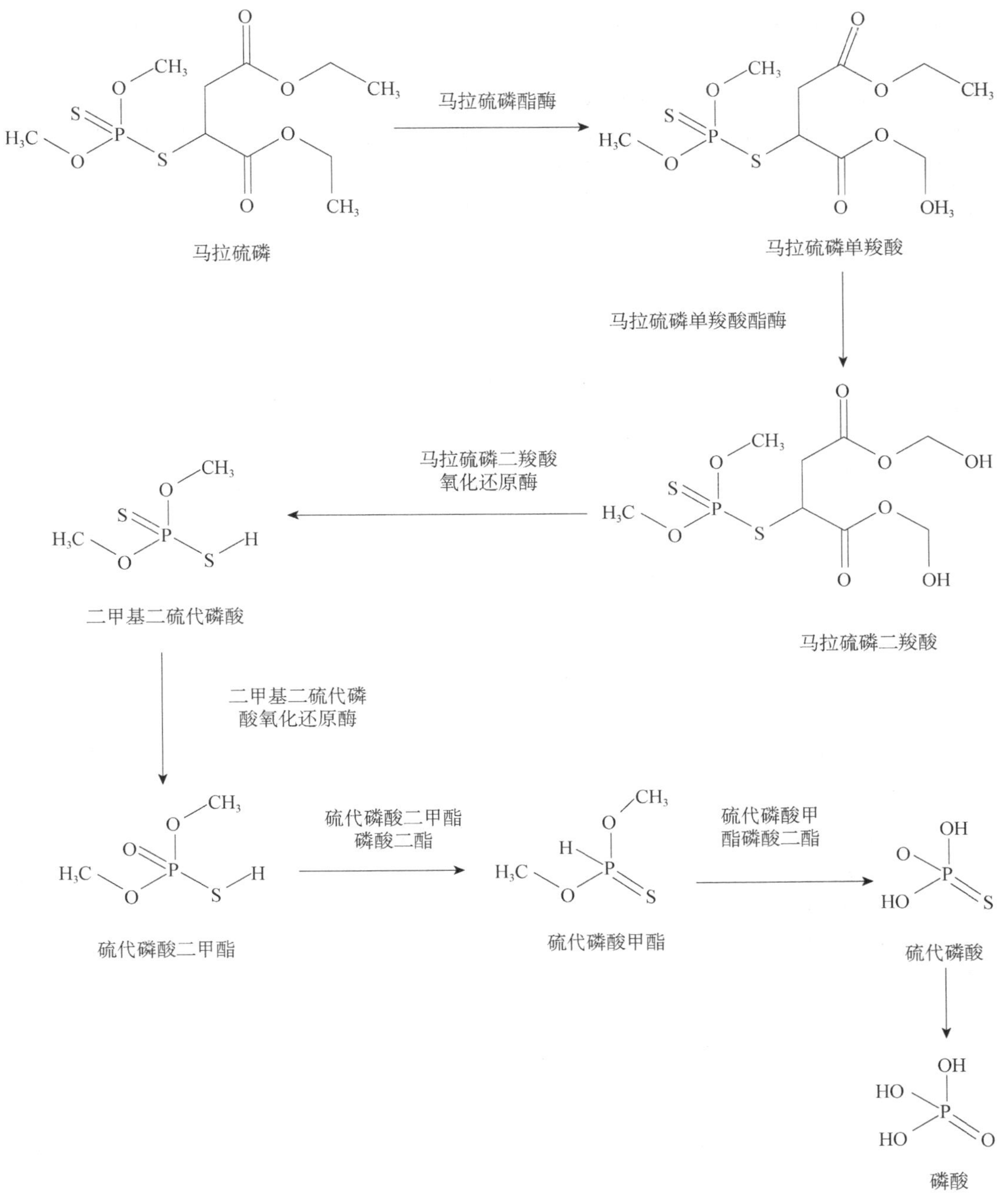

图 8-42　在微生物中马拉硫磷的代谢过程（Singh et al.，2014）

第十九节　合成洗涤剂的微生物降解

合成洗涤剂正在工业和家庭生活中得到广泛使用，其中含有 20%的表面活性剂。本章第一节已经介绍了洗涤剂进入环境，会给环境带来严重危害。

正在使用的表面活性剂有阴离子型、阳离子型和非离子型之分。阴离子型表面活性剂主要包括烷基磺酸盐、烷基硫酸酯、烷基苯磺酸盐、烷基磷酸盐和烷基苯磷酸盐。阳离子型主要是带氨基或季铵盐的脂肪酸缩合物。非离子型是一类多羟基化合物和烃链的结合物或是脂肪烃和聚氧乙烯酚的化合物，它们的化学结构如图 8-43 所示。

表面活性剂可以分为易被微生物分解的软表面活性剂和难以被微生物分解的硬表面活性剂。软表面活性剂生物降解率可达 80%，而硬表面活性剂的生物降解率则为 30%～40%。

一、参与表面活性剂降解的微生物

要高效降解表面活性剂，我们最好选择具有高适应能力和快速降解表面活性剂能力的多种微生物，因为两株或多株混合微生物在条件最合适的情况下，可以改进表面活性剂的降解速率。例如，使用两株菌比使用单株菌对链状烷基苯磺酸的降解速率可以快 70%。各种微生物的密度对表面活性剂降解也有很大的影响，如在低密度情况下，微生物需要很长时间来适应底物，生长和繁殖速率很慢，降解表面活性剂的能力很有限。在微生物密度很高的情况下，表面活性剂很容易被吸收到微生物细胞中，从而影响到它们的降解，这样增加微生物的密度就非常关键。到目前为止发现可以参与表面活性剂降解的微生物见表 8-3。

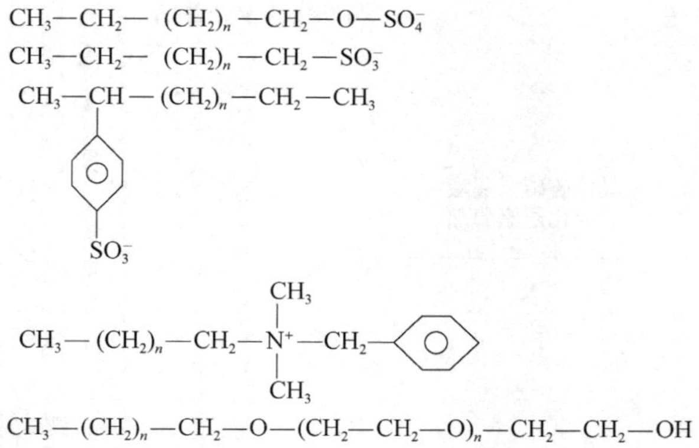

图 8-43　几种表面活性剂的化学结构式（池振明供图）

表 8-3　参与表面活性剂降解的微生物

表面活性剂	微生物	反应条件	
		pH	温度/℃
SDS	铜绿假单胞菌	7.2	30
LAS	硝基还原假单胞菌、铜绿假单胞菌	7.0～7.5	25
LAS	成团泛菌、气味沙雷菌	8.5	32
季铵盐化合物	假单胞菌	7	30
辛基酚聚氧乙烯	短杆菌	7	30
聚乙二醇	施氏假单胞菌	7	30
SDS	水微菌、黄海黄色弯曲菌、假单胞菌、硫假单胞菌	未测	33～38
季铵盐化合物	恶臭假单胞菌	7.4	30
SDS，SDBS，SLES	粪产碱杆菌、阴沟肠杆菌、黏质沙雷菌	7.0	30
SLES	嗜水起单胞菌 S7 菌株、施氏假单胞菌 S8 菌株、硝基还原假单胞菌 S11 菌株	7.3	30
SLES	土壤微生物、γ-变形菌纲	中性	20
LAS	接种的好氧污泥	7～8	未测
LAS	污染有洗衣房和家庭废水和污泥的土壤微生物	7～8	未测
十六烷基氯化吡啶	红杆菌、不黏柄菌	未测	22～23
椰油酰胺丙基甜菜碱	假单胞菌、根瘤菌	未测	25

注：SDS. 烷基苯磺酸；LAS. 链状烷基苯磺酸；SDBS. 十二烷基苯磺酸钠；SLES. 十二烷基醚硫酸盐

二、烷基苯磺酸盐的微生物降解

链状烷基苯磺酸（linear alkylbenzene sulfonic acid，LAS）是商品洗涤剂中主要的表面活性剂成分，其化学结构如图 8-43 所示。

1. 链状烷基的微生物代谢　LAS 受微生物酶进攻的位点有三个：①烷基部分；②磺酸基部分；③苯环部分。LAS 首先受到微生物酶进攻的位点是烷基链的末端甲基，在单加氧酶的作用下，烷基链末端甲基通过一系列反应被氧化成羧酸。这些反应与上述的石油碳氢化合物的代谢过程基本相似，其中只有第一步反应为加氧反应，羧基的第 2 个氧原子是从 H_2O 中引入的。这样一旦在加氧酶作用下形成脂肪醇，其余的反应便可以在厌氧条件下进行。由于烷基的末端氧化是一步需氧反应，所以 LAS 在水稻田等厌氧条件下不能被微生物分解，在一些能进行无氧呼吸的微生物中，也无法代谢 LAS 的烷基。

在一些芽孢杆菌和假单胞菌中，上述形成的脂肪酸可以进一步通过 β 氧化，产生乙酰 CoA，乙酰 CoA 进入 TCA 循环。

2. 烷基链上取代基的代谢　LAS 烷基链上取代有短链烷基不一定都会造成抗微生物分解作用，如果在 α-碳原子上取代有一个甲基，这时 β 氧化的结果只产生丙酰 CoA，而不是乙酰 CoA。如果在 β-碳原子上取代有其他基团或在同一碳原子上取代有两个甲基或在烷基链末端碳原子上取代有 3 个基团，那么就会抗 β 氧化，因为 β 氧化要求 β-碳原子上没有取代基。但是在微生物中存在 α 氧化（即从烷基链上移去一个碳原子），这样，可以避免 β-碳原子上存在取代基而无法被微生物分解的情况。在亚末端取代有两个甲基的烷基苯磺酸也可以受到微生物的氧化，氧化过程如图 8-44 所示。

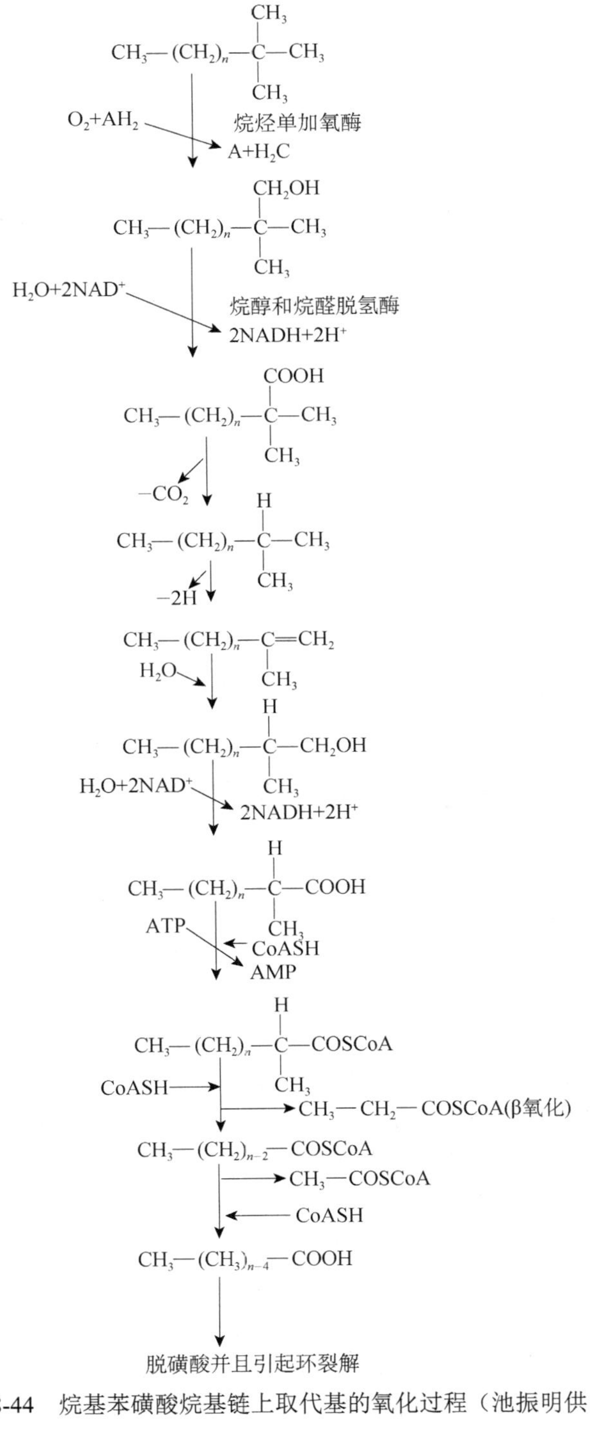

图 8-44　烷基苯磺酸烷基链上取代基的氧化过程（池振明供图）

3. 苯环裂解 苯环裂解需要 O_2 参与，并且存在有两种可能途径，具体过程如图 8-45 所示。

4. 脱磺酸作用 连接烷基或苯环和磺酸基之间的 C-S 键在热力学上比硫酯键 C-O-S 要稳定得多。自然界中很少存在有磺酸基的化合物。如果把磺酸基引入可降解有机物分子上，那么就会增加这种化合物对生物降解的抗性。在某些细菌中存在一种单加氧酶作用于 C-S 键，使 LAS 脱去磺酸基，反应过程如下：

$$R-SO_3^- + O_2 + NADH + H^+ \longrightarrow ROH + HSO_3^- + NAD^+ \quad (8\text{-}19)$$

在另外一些微生物中存在一种羟化酶，作用于 C-S 键，也可以使 LAS 脱去磺酸基，反应过程如下：

$$R-SO_3^- + OH \longrightarrow R-OH + SO_3^{2-} \quad (8\text{-}20)$$

形成的 SO_3^{2-} 可以被氧化成 SO_4^{2-}。

三、烷基磺酸盐的微生物降解

烷基磺酸酯出现在许多天然产物中，某些细菌具有磺酸酶，在此酶作用下，烷基磺酸被分解成烷醇和磺酸，烷醇被氧化成脂肪酸，脂肪酸经 β 氧化而受到分解。这些反应没有一步是需 O_2 的反应，所以这类表面活性剂可以在厌氧条件下受到初步降解。

有关其他的表面活性剂和洗涤剂中助剂组分的微生物降解在此就不做介绍。

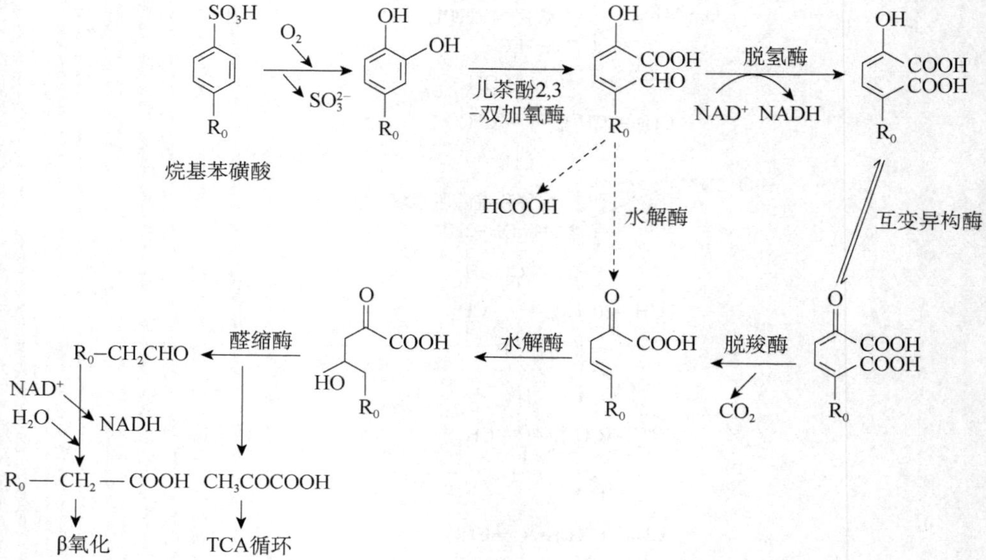

图 8-45 LAS 的环裂解过程和脱磺酸作用（池振明供图）

第二十节 偶氮染料的微生物降解

在纺织工业和其他工业，如造纸工业、食品工业、化妆品工业等所用的染料 60%～70%为偶氮染料。偶氮染料具有很复杂的苯环结构，含有一个或多个偶氮键（—N=N—）。由于天然化合物中没有这些偶氮键，所以偶氮化合物也是生物难降解物质。目前有 3000 多种偶氮染料正在合成和使用，并导致大量染料废水排放污染环境中。许多工业生产活动过程中把这些染料直接排放到淡水中，造成水体严重污染。废水中含有的偶氮染料对人类、植物、动物和生态环境会造成许多不利的影响，如降低水生生物的光合作用、消耗溶解氧、产生毒性效应（致癌和诱变作用）。偶氮染料除了含有偶氮键外，还连接有苯环和萘环，这些芳香环上还取代有硝基、氯元素、磺酸基、羟基、甲基和三嗪氨基等。仅含有单个偶氮键的偶氮染料叫作单偶氮染料，如分散蓝 399、活性黄 201、酸性橙 52 和碱性橙等；重偶氮染料含有两个偶氮键，如酸性黑 1、活性棕 1、酰胺黑、棕 2 等；三偶氮染料包括蓝 78 和直接黑 19；多聚偶氮染料包括红 80。各种功能基团的存在和含有大量的偶氮键等会严重影响偶氮染料的生物可降解性。但是的确也发现了有许多微生物可以降解这些生物难降解和具有抗性的偶氮染料，这些微生物可以用于偶氮染料污染的环境生物修复作用。现已从生态环境中，如土壤、水体、粪便和受污染的食品等中分离到可降解染料的细菌、真菌菌株，这些细菌和真菌菌株具有完全矿化偶氮染料的能力。它们降解能力取决于这些微生物的适应能力和生物活力。

一、参与偶氮染料降解的微生物

发现有许多纯的细菌可以用于偶氮染料的生物修复作用，如奇异变形杆菌（*Proteus mirabilis*）、浅黄假单胞菌（*Pseudomonas luteola*）、假单胞菌（*Pseudomonas* sp.）、平菇（*Pleurotus ostreatus*）、齐整小核菌（*Sclerotium rolfsii*）、粗糙脉胞霉（*N. crassa*）等。但是有些纯微生物降解有些偶氮染料过程中可以产生致癌性的中间产物，并且许多染料无法得到完全矿化作用。但是如果利用某些混合的细菌和真菌菌株降解偶氮染料，它们之间存在协同作用，所以它们可以加强染料的矿化程度。在一个混合微生物群落中，不同的细菌菌株作用于染料分子的不同部位，或一起降解产生的中间产物。例如，由雷特格氏变形杆菌（*Proteus rettgeri*）HSL1 菌株和假单胞菌（*Pseudomonas* sp.）SUK1 菌株组成的混合微生物可以降解活性黑 5、活性橙 16、直接红 81 和分散红 78 偶氮染料。特别是嗜极端菌——微小杆菌（*Exiguobacterium* sp.）可以用来处理含高盐的染料废水，因为常见的细菌无法忍受这样的高温和高盐条件。所以染料废水的高效处理应采用混合微生物处理，而不是用单一微生物处理。

许多真菌也是处理偶氮染料污染物的很好的菌株。能裂解木素的担子菌特别适合用于降解偶氮染料，因为这些担子菌有能力根据不同的碳源和氮源而改变代谢反应，如白腐菌、黄孢原毛平革菌（*P. chrysosporium*）特别适合用于生物修复污染环境。其他真菌，如变色栓菌（*T. versicolor*）、血红密孔菌（*Pycnoporus sanguineus*）、黄曲霉（*A. flavus*）、侧耳属（*Pleurotus* sp.）、赭曲霉（*Aspergillus ochraceus*）、黑管菌（*Bjerkandera adusta*）、米根霉（*R. oryzae*）等都有降解偶氮染料的能力。其中的白腐菌还能产生木质素过氧化物酶、锰过氧化合物酶、漆酶，可以帮助降解偶氮染料和其他含苯环的污染物。

影响偶氮染料降解速率的因素主要包括培养基中存在的营养物、pH、搅拌速率、温度、氧气供应等。为了使染料降解速率达到最大和降解程度达到最佳，所有这些因素必须进行优化。

二、偶氮染料的降解机制

在厌氧条件下偶氮染料降解的第一步反应就是还原裂解偶氮键，结果产生苯环类产物。但是有些偶氮染料脱色的产物亚硝基苯和苯胺具有毒性，能引起基因突变，如 1,4-苯二胺和邻甲苯胺等，但是磺酸化偶氮染料诱变性很低或没有诱变性。甲基红染料也有致突变性，它可以被降解成 *N,N*-二甲基苯胺，这个化合物是有毒性的，并且具有致突变性。恶臭假单胞菌降解酸性紫 7 过程中可以产生遗传毒性的代谢产物，如 40-对氨基乙酰苯胺或 5-乙酰胺基-2-氨基-1-羟基-3,6-萘烯-二磺酸。酸性紫 7 偶氮染料会引起脂类发生过氧化作用、染色体异常和抑制乙酰胆碱酯酶活力。其他的偶氮染料，如分散蓝 291 具有遗传毒性、致突变性、细胞毒性效应，并能使人类肝细胞的 DNA 发生碎片化。偶氮还原酶、漆酶、木质素过氧化物酶、锰过氧化物酶和羟化酶可以参与和促进偶氮染料的微生物降解。

某些好氧细菌，如大肠杆菌在有氧环境中可以合成黄素还原酶，在无氧条件下偶氮还原酶通过还原反应裂解偶氮键。在有氧条件下偶氮键的断裂，即偶氮染料的脱色会受到抑制，如图 8-46 所示。在这个过程中偶氮还原酶还需要电子供体（氧化还原供氢体），如 FADH 或 NADH 参与氧化还原反应，以便打断偶氮键。偶氮键的断裂导致苯胺的形成。接着在有氧条件下与膜结合的其他酶催化苯胺矿化成氨基酸、NH_3、CO_2 和 H_2O，如图 8-47 所示。许多细菌能利用偶氮染料偶氮键裂解产物作为碳源或氮源进行生长。漆酶（苯酚氧化酶）含有多个铜原子，对底物特异性不是很强，是一种高活力的酶，可以降解多种带苯环的生物难降解物质。原理是漆酶利用其中的铜离子作为介质氧化苯胺。该酶矿化偶氮染料遵守游离自由基介导的机制，并产生苯酚类的降解产物。然后利用形成的电子和苯氧基的自由基氧化苯环化合物，并马上形成碳正离子。同时，在这个过程中水分子的亲核攻击产生 4-磺苯基二氮烯和苯醌。4-磺苯基二氮烯的氧化便产生苯基二氮烯自由基，最终失去 1 分子 N，产生磺苯过氧化氢。由于偶氮还原酶必须在无氧条件下才能通过还原反应裂解偶氮键，在有氧条件下偶氮键的断裂会受到抑制，所以必须进行厌氧和好氧的交替培养方式偶氮染料才能得到完全矿化作用。在无氧条件下，首先偶氮键发生断裂，染料脱色，产生苯胺。在有氧条件下苯胺通过加氧酶等酶一系列氧化反应得到矿化，如图 8-47 所示。

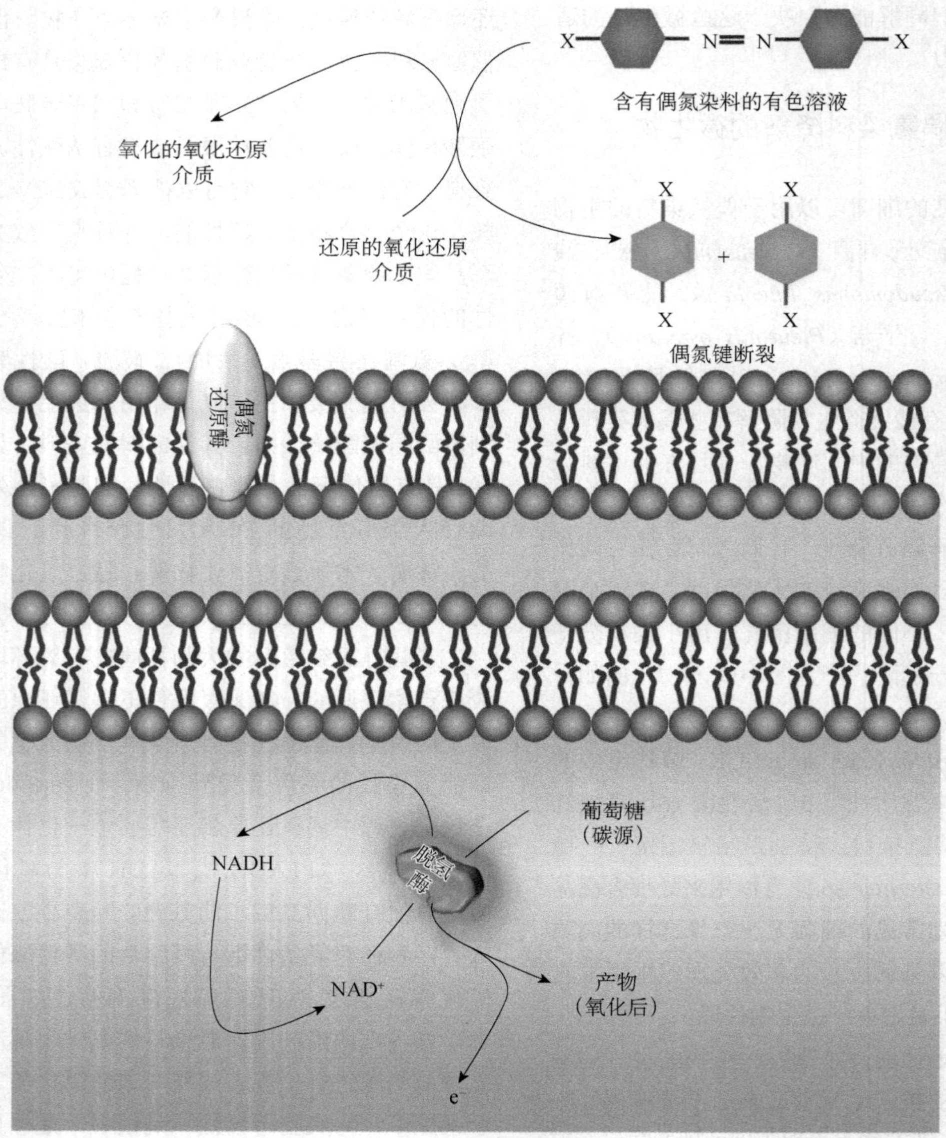

图 8-46　在偶氮染料还原过程中偶氮还原酶的作用机制（Inamuddin et al.，2021）

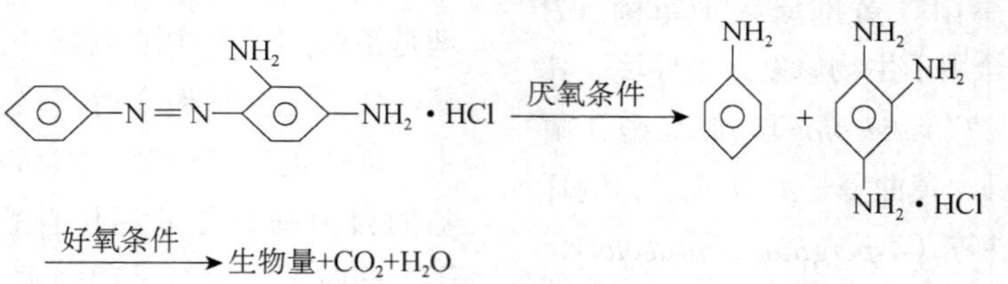

图 8-47　苯胺类化合物的微生物降解过程（池振明供图）

第二十一节　苯环类污染物的厌氧降解

上面谈到了苯环类污染物的有氧降解过程，在有氧条件下，苯环在单加氧酶和双加氧酶作用下形成双羟基化合物，被活化的双羟基苯就可以被开环，开环产物进一步代谢形成乙酰 CoA，进入三羧酸循环。可是自然环境中还有许多环境处于无氧状态，如许多深水区及其底部的污泥，当污染物排放到这些无氧环境中命运将如何？在这些环境中是否存在某些微生物可以降解这些污染物？现已证明低分子量的苯环类化合物可以被不同种类的厌氧细菌降解，苯环受到强还原剂攻击并开环。但是现在还没有证据表明高分子量的苯环类化合物，如 PAH 能否通过厌氧途径受到降解。

低分子量的苯环类化合物受到厌氧降解时，要经过三个步骤：第一个步骤是这些惰性化合物首先必须受到活化，苯环类化合物必须形成一些中心活性苯环中间产物，以便苯核受到还原攻击，这些反应包括脱羟基反应或转羟基反应；第二个步骤是中心苯环中间产物受到还原酶的攻击，形成脂环化合物，然后通过β氧化转化成 3-氧代化合物或直接还原成 3-氧代化合物；第三个步骤是形成的非脂环化合物被转化成中心代谢物，如乙酰 CoA。

一、厌氧微生物

厌氧微生物降解污染物时，首先遇到的一个问题就是电子受体，在大多数海洋无氧环境中存在 27mmol/L 的硫酸盐，硫酸盐还原成 H_2S 反应的总自由能为−327kJ，所以硫酸盐可以作为硫酸盐还原菌厌氧降解苯环的电子受体。在土壤和淡水中，电子受体还可以是硝酸盐、Fe^{3+}或 Mn（Ⅳ）等。兼性厌氧微生物可以通过有氧和无氧途径降解苯环类化合物，这些微生物细胞存在两套不同的酶系。反硝化假单胞菌 K172 菌株能降解苯甲酸、甲苯、对甲基苯酚、苯酚和苯甲醛等多种苯环类化合物，这些化合物可以完全被氧化成 CO_2，并作为细胞碳骨架的来源。大多数肠道的无氧环境并没有足够的电子受体，所以苯环必须被发酵成各种产物，这就需要 H_2 或甲酸使苯环受到还原，在这种情况下，需要发酵菌和产甲烷菌形成互营关系。还有一类能厌氧降解苯环类化合物的微生物是光合细菌，光合细菌在无氧条件下在光能驱动下通过光合电子传递磷酸化作用而获得能量，苯环类化合物仅作为细胞碳的来源。

二、中心活性苯环中间产物的形成

天然存在的和人工合成的苯环类化合物种类是很多的，而能厌氧代谢苯环类化合物的微生物仅能利用少数几种含苯环的底物，所以与好氧降解途径一样，在苯环类化合物的苯核受到裂解之前，必须把各种结构不同的苯环类化合物转化成少数几种中心活性苯环中间产物（a few central reactive aromatic intermediates）。这种转化作用有两种生理学功能：一是使苯核的化学反应活性达到最大，二是把数以万计的苯环类化合物转化成苯甲酰 CoA 和其他少数几种中心活性苯环中间产物，这样就把代谢苯环的酶种类减少到最少，这是生物进化和自然选择的结果。

在厌氧条件下，最常见的中心活性苯环中间产物是苯甲酰 CoA，这是苯环类化合物在无氧条件下受到活化的关键一步。其中关键酶就是苯甲酰 CoA 裂解酶，然后在 CoA 还原酶作用下发生厌氧还原反应。接着进一步通过类似于 β 氧化的反应形成中心代谢产物，最后产生乙酰 CoA。从苯环被转化成苯甲酰 CoA 和环裂解的过程见图 8-48。但是，就像上几节已经做过的介绍那样，在有氧条件下，苯环类化合物首先受到双加氧酶的作用发生羟基化而受到活化。

三、苯环的还原和水化作用

苯环一旦形成苯甲酰 CoA，苯环便被与之连接的硫酯化羧基活化，这样苯环在无氧条件下就可以被特异的酶还原，苯环通过还原和水化作用受到开裂的过程如图 8-49 所示。

这种苯核的还原作用存在于光合细菌和反硝化细菌中，在反硝化假单胞菌中还原苯核所需的强还原剂有 Ti（Ⅲ）、$Na_2S_2O_4$ 或 $NaBH_2$。Ti（Ⅲ）被氧化成 Ti（Ⅳ）的过程中提供一个电子，并从水分子中获得质子。苯甲酰 CoA 通过还原和水化后苯环开裂，并通过一系列反应被转化成乙酰 CoA。

现将有机物包括苯环类化合物厌氧降解的各种途径总结在图 8-50 中。

四、有机物包括苯环类化合物厌氧降解和好氧降解的比较

有机物包括苯环类化合物厌氧降解和好氧降解途径的比较总结在表 8-4 中，从中可以看出苯环类污染物厌氧和好氧降解途径和降解机制有很大的差别。

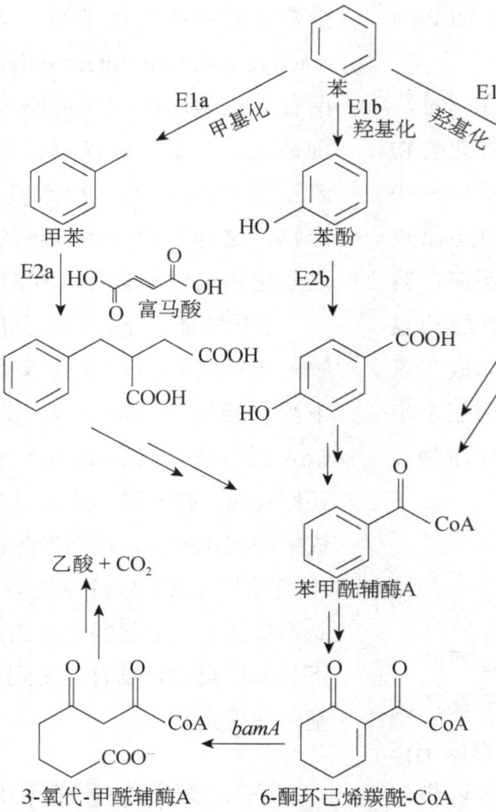

图 8-48 在厌氧条件下微生物转化苯环化合物形成苯甲酰 CoA 的过程（Nzila，2018）

bamA 是编码 6-酮环己烷-1-烯-1-羰基水解酶的基因，双箭号是指产生的中间代谢产物。Ela.甲基转移酶；Elb.苯甲酰脱氢酶；Elc.苯羧化酶；E2a.苯甲酸琥珀酸合成酶；E2b.羟基苯羧化酶；最终的产物乙酸和 CO_2

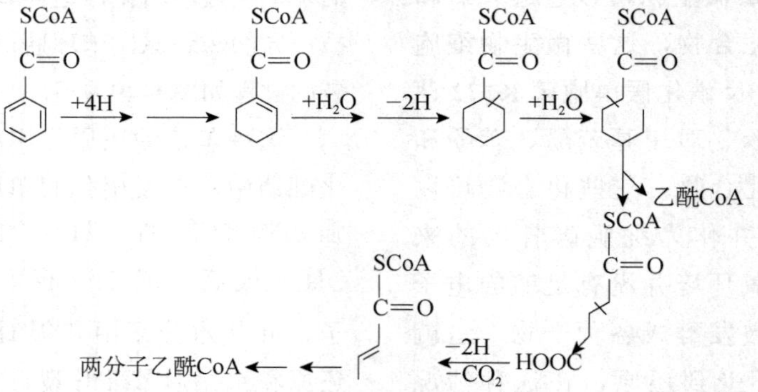

图 8-49 在无氧条件下微生物代谢苯甲酰 CoA 的途径（池振明供图）

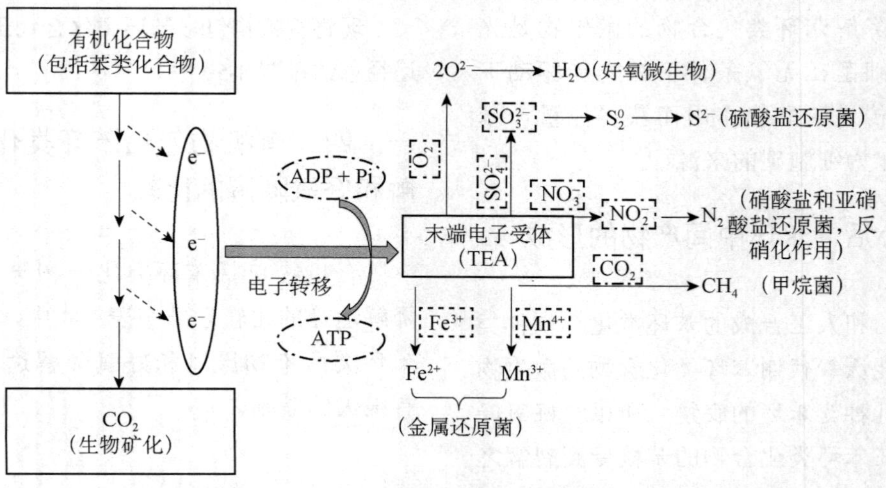

图 8-50 有机物包括苯环类化合物厌氧降解的各种途径（Nzila，2018）

表 8-4　有机物包括苯环类化合物厌氧和好氧降解途径的比较

	厌氧	好氧
关键的反应	$+H_2O$，+2（H），−（H）$+H_2O+CO_2$，+CoA+ATP	$+O_2$
中心产物	苯甲酰 CoA 和其他产物	二羟基苯
中心产物的性质	易被还原和水化	易被氧化（裂解）
对苯核的攻击	2 或 4（H）（$+H_2O$）	O_2
环裂解	3-氧代化合物的水解	通过加氧裂解
到中心代谢物的途径	β 氧化	3-氧己二酸途径

第二十二节　参与环境污染物降解的可移动遗传元件

参与污染物降解的可移动遗传元件（mobile genetic element，MGE）及其水平转移能力在细菌基因组的进化和微生物群体适应特殊环境变化的过程中可以发挥很重要的作用，其中最常见的例子就是大量使用抗生素后所造成的抗生素抗性基因的广泛传播。另外一个例子就是在微生物能适应有毒生物难降解物质过程中的作用。在工农业生产和生活过程中人们把大量有毒化合物释放到各种生态环境中，对环境中的不同细菌产生一个很大的选择性压力。就像上面所介绍的那样，在适宜的环境条件下，许多土著微生物群体能在遗传基础上很快进行进化，降解很多过去被认为是生物难降解的物质。编码这些代谢活性的遗传信息常常位于质粒、插入元件和病毒遗传物质或其他可移动的遗传元件上，这些可移动遗传元件对于微生物群体获得新的分解代谢途径和进化起着非常重要的作用。

这些可移动遗传元件包括降解质粒、转座子、插入序列和能够使用类似噬菌体整合酶的元件。有趣的是，无论在质粒上还是在染色体内，编码污染物降解和转化的基因两端常常存在插入序列（insertion sequence，IS），这就增加了这些基因在不同复制子和不同宿主之间相互交换的可能。

在工农业生产和生活过程中使用大量的人工合成化合物，而这些化合物以前在自然界中并不存在。这些人工合成化合物由于特殊的化学性质，并且结构复杂，分子量大，释放到土壤、水和空气中后往往很难被微生物降解，结果会对生态环境造成严重的污染和破坏作用。但是就像上面所说的那样，在受到污染物污染的许多地方也发现许多污染物可以受到降解和部分转化，其中微生物在起主要作用。有许多污染物在微生物多种酶作用下可以被降解为比较简单和无害的产物。参与这种降解作用的一组基因往往成簇地位于染色体或降解质粒上，像这样的降解质粒分子量通常很大，有 80～4200kb。在许多情况下，这些降解质粒通过接合作用可以进行自我转移，这样有关的基因就可以在不同的细菌群体中自由转移。转移的结果是不同的降解基因发生各种重组，这样有关的微生物就可以降解结构最复杂、抗降解能力最强和最稳定的生物难降解物质。在一些情况下，这些降解基因成簇地出现在转座子内部，因此它们可以在质粒和染色体之间自由移动。正像上面所说的那样，这些基因的重排、转座子活化和降解质粒具有广泛的宿主范围，这些为环境中的致突变、致癌和致畸化学物质降解和再循环提供了非常关键的遗传基础。参与难降解物质、杀虫剂、致癌物降解的细菌基因不断进化和扩散，对于消除环境污染物发挥积极的作用。

一、质粒与质粒的基本特性

质粒是细菌染色体外的小的双链闭合环状 DNA，它能在细胞内自我复制，在细胞分裂时保持恒定数目传递给子代的遗传因子。

质粒可以分为大肠杆菌的致育因子（F 因子）、大肠杆菌素因子、抗药性因子、致瘤因子、与抗生素合成有关的质粒、抗重金属质粒、降解质粒、隐秘质粒及与糖发酵有关的质粒。

质粒的命名一般先标明细菌菌株的名称，然后把质粒名称放在细菌名称后面的括号内，每一个质粒分别放在一个括号里面，质粒名称一般用 p 代表（即 plasmid 的第一个小写字母），在 p 字后面用两个字母代表发现这一质粒的作者或实验室名称，在这后面加上质粒的编号，如 600（pXY1234）。

质粒大小一般在（1～2）$\times10^6$ Da，一个细胞内的质粒分子量越小，则质粒数越多，分子量越大则质粒数越少。

质粒可以产生一些宿主细胞非必需的性状，但这些性状可以使宿主细胞能在一些特殊环境，如高浓度的重金属离子、强烈辐射、含有药物和环境污染物等环境中生长或生存。

质粒的复制类型有两种：一种为严紧型，严紧型质粒的复制与染色体复制受相同因素的控制，每一个染色体的等价物只有1个或2个拷贝。另一种为松弛型，它们的复制与染色体复制不受同一种因素控制，所以它们不受严格的控制。相当于每一个染色体的质粒数在10～15个拷贝，如我们常在大肠杆菌细胞中扩增的质粒就是松弛型质粒。

有些质粒具有转移性，能在同一属不同种细胞之间或同一种不同菌株细胞之间进行转移，质粒除了自身转移外，还能带动宿主染色体DNA的转移。

有些质粒如F因子可以脱离宿主染色体的状态存在于F^+细胞中，也可以整合到染色体中存在于高频重组（high frequency of recombination，Hfr）细胞中。

某些质粒可以在同一细菌中并存，能并存的质粒属于不同的不亲和群。不能并存的质粒属于同一不亲和群［the incompatibility（Inc）group］。在假单胞菌中，有14群不亲和质粒。在它们当中，降解类群的质粒IncP-1、P-2、P-7和P-9出现在G^-菌中，而有些G^+菌的质粒属于未鉴定的不相容质粒。

二、降解质粒及其功能

1. 宿主　降解质粒（degrading plasmid）是指某些质粒编码的酶和蛋白质能够控制某些污染物的微生物降解。大多数降解质粒的宿主为假单胞菌属，这一属的细菌细胞中含有编码降解各种无机和有机污染物酶的质粒，并且不同的种具有各种各样的污染物代谢途径，这是该属细菌在自然界分布广泛，对有机污染物具有强降解能力的重要遗传原因。主要有恶臭假单胞菌（*P. putida*）、食油假单胞菌（*P. oleovo-rans*）和凸形假单胞菌（*P. convexa*）。除了假单胞菌外，其他细菌如真养产碱杆菌、争论产碱杆菌、少动鞘胺醇单胞菌（*Sphingomonas paucimobilis*）、产气杆菌（*Aerobacter* sp.）、链霉菌（*Streptomyces* sp.）、欧文菌（*Erwinia* sp.）、库特氏菌（*Kurthia*）、根瘤菌（*Rhizobium* sp.）和黄单胞菌（*Xanthomonas* sp.）中的不同种也含有降解质粒。存在于土壤和昆虫肠道内的革兰氏阳性菌如红球菌属（*Rhodococcus* sp.）的菌株、蓝黑色杆菌、莫拉菌属、黄杆菌属、微球菌属、农杆菌属、不动杆菌属、节杆菌属和无色杆菌属中也存在有降解质粒。另外，真菌中的红酵母和青霉也含有降解质粒。现在通过接合、转化等现代基因工程技术也使一些肠道菌，如大肠杆菌获得降解质粒。

2. 降解质粒的基本特性　降解质粒上的降解基因，在微生物菌群之间不易通过转导-转化方式进行转移，只能通过接合方式实现种内或种间转移。通过接合，降解质粒的遗传信息可快速地转移到原来不具有质粒的受体菌中，既不受DNA量的限制，又不需要受体细胞必须有同源DNA才能重组的限制。例如，TOL质粒（甲苯-二甲苯降解质粒）和2,4-D质粒（参与降解除草剂2,4-D的质粒）几乎可以在所有G^-菌中都不受限制地转移。这种土壤微生物菌群间降解能力的遗传传播，推动了土壤微生物菌群间的进化，或许提供了土壤G^-菌中降解基因库的扩大，为天然或合成的各种有机污染物的降解和再循环提供了条件。降解质粒具有转移性与它们含有转移基因簇有关。当这些转移基因表达时，含有质粒的细菌就长出长的、细的、发丝状的表面附加物性菌毛（pili），这样可以黏附到潜在的受体菌上，进而转移质粒。正由于降解质粒具有转移性，将来自两个或多个不同细菌间的降解基因重组在一起，并转移到其他菌株中便可能产生任何原有菌株都不具备的新型降解活性和降解途径。例如，通过遗传工程的方法将TOL质粒转移到能降解3-氯安息香酸（3-CBA）的假单胞菌中，构建的这个重组菌株不仅能降解甲苯甲酸，也能降解3-CBA。利用连续培养筛选技术还可以分离到能降解有机氯物质4-氯邻苯二酚和3,5-二氯邻苯二酚的菌株，这是原有亲本菌株不具备的。同时在混合培养物中还可以分离到洋葱伯克霍尔德菌（*Burkholderia cepacia*）AC1100菌株，它能完全降解有机氯杀虫剂2,4,5-T。

大多数降解质粒不能编码某一污染物的整个降解途径，剩余部分由染色体基因控制。例如，嗜油假单胞菌和恶臭假单胞菌降解脂肪烃的OCT质粒（脂肪烃降解质粒），编码脂肪烃发生羟基化和初生醇脱氢的活性是由质粒基因编码的，质粒编码的末端产物为辛醇，其余部分的代谢途径则由染色体控制。

在有些微生物中，质粒和染色体分别编码某一化合物不同降解途径的酶，二者互相补充。例如，TOL质粒能编码降解甲苯、二甲苯、3-乙基苯和1,2,4-三甲基苯及它们的醇、醛、酸等衍生物的间位裂解途径，这些微生物细胞丢失TOL质粒之后，仍能降解上述几种物质，此时由染色体控制这些物质的降解，苯环开裂是从邻位开始的。

在有些微生物中，某种物质的降解由质粒编码，而在另外一些微生物中，同种物质的降解则由染色体编码。

亲缘关系很近的有些降解质粒的一个很重要的特性就是它们不能稳定地共存在同一个细胞中，它们彼此不相容。根据这个特性可将肠细菌科的大多数质粒分成 20 多种不亲和（incompatibility，Inc）群，称为 IncA、IncB 和 IncC 等。因为这种分类主要是基于来自临床上分离到的质粒，它不反映从环境中不同菌株分离到的质粒。在假单胞菌属和其他微生物中不亲和群分为 IncP1、IncP2 和 IncP14，这些与肠细菌科质粒不亲和群不一样。

大多数质粒的宿主范围较窄，仅在同一物种的不同个体间转移。然而，有一小部分质粒能够在范围较广的不同种细菌间转移和复制，即所谓的广宿主范围质粒。这些质粒属于肠细菌（enterobacteria）分类的 IncP、IncQ、IncW、IncN 和 IncX 群，除了小的 IncQ 质粒属于非接合型外，其余的都是接合型的，但是这类小的 IncQ 质粒在有 IncP 质粒共同存在的情况下也有很高的转移频率。像 pJP4（属于 IncP）一些广宿主范围的降解质粒可以用上述的肠杆菌科的质粒分类系统进行分类，而其他的质粒，如 pTOL 质粒可以用于假单胞菌的质粒分类系统进行分类，但是它们中许多不属于上述任何系统的质粒，这可能说明广宿主范围质粒的进化多样性可能比我们预想的还要高。

3. 具有降解质粒的细菌分布情况　降解苯环类污染物的细菌主要出现在土壤、植物表面和以植物为食的动物体肠道内。降解质粒的分布也反映了土壤微生物的起源，假单胞菌属（*Pseudomonas* sp.）分布是最广泛的，在土壤和植物表面数量大。除了可以降解苯环分子外，一些土壤微生物还可以产生降解有机氯（如 2,4-D、2,4,5-T、PCB 和 3-CBA）的酶。广宿主范围质粒的降解基因簇和转座子分布非常广泛，特别是革兰氏阴性菌中大量存在这类质粒。参与有机氯化合物降解的细菌基因可能从一个或少数几个细菌基因中进化而来，然后在环境中大量扩散。上面提到的阿特拉津（atrazine）的降解基因（*atzABC*）就是这样，因为分布在不同地域的能降解阿特拉津的细菌在 DNA 水平上相似性高达 99%。与此相反，来自不同地域的参与降解 3-CBA 的不同细菌菌群中的降解基因 DNA 序列几乎没有同源性。

目前发现的降解质粒种类是很多的，如表 8-5 所示。并且随着研究的不断深入，发现的降解质粒种类会越来越多，所以这个表会越来越长。

表 8-5　可用于生物修复环境污染物的质粒（Bhatt et al.，2021）

微生物菌株	质粒	质粒的类型	降解的污染物
农药降解质粒			
争论产碱菌，真养产碱杆菌	pJP9, pJP2	IncP1	苯氧乙酸
缺陷假单胞菌	pCS1		对硫磷
假产碱假单胞菌	POB310、pPOB		3-苯氧苯甲酸
伯克霍尔德菌 PS12 菌株	pPS12-1	IncP-1	β-四氯苯
恶臭假单胞菌 UWC3 菌株，富养罗尔斯通氏菌	pJP4	IncP1	2,4-D
大肠杆菌 D11 菌株	pEMT1、pJP4	IncP1	2,4-D
假单胞菌 ADP 菌株	pADP-1	IncP-1	阿特拉津
日本鞘氨醇菌 UT26 菌株	pCHQ1		γ-六氯环己烷
日本鞘氨醇菌 UT26 菌株	pUT1		γ-六氯环己烷
日本鞘氨醇菌 UT26 菌株	pUT2		γ-六氯环己烷
钩虫贪铜菌 JMP134 菌株	pJP4		2,4-D
大肠杆菌 HB101 菌株，恶臭假单胞菌	pLB1		γ-六氯环己烷
大肠杆菌 HB101 菌株，日本鞘氨醇菌	pLB1		
大肠杆菌 JM109 菌株	pDOC		毒死蜱
飞鱼鞘氨醇菌	pPDL2		有机磷农药
食除草剂鞘氨醇菌	pMSHV		氯苯氧-除草剂
印度洋新鞘氨醇菌 B90A	pSRL1、pSRL2 和 pSRL3		γ-六氯环己烷

续表

微生物菌株	质粒	质粒的类型	降解的污染物
农药降解质粒			
鞘氨醇菌 HV3 菌株	pSKY4		2,4-D
维氏鞘氨醇单胞菌 RW1 菌株	PSWIT02		二苯并呋喃
皮纳杜邦罗尔斯通氏菌 AEO106 菌株	pRO101		2,4-D
碳氢化合物降解质粒			
嗜油假单胞菌	OCT		烷烃
争论产碱菌，真养产碱杆菌	pJP3、pJP4、pJP5 和 pJP7	IncP1	红汞、苯汞乙酸、汞离子、m-氯苯甲酸
恶臭假单胞菌	TOLpWW0		
恶臭假单胞菌	TOL		二甲苯
无色杆菌 LBS1C1 菌株	pSS60	IncP1	4-氯苯甲酸
产碱杆菌 BR60 菌株	pBRC60	IncP1	3-氯苯甲酸
食芳烃新鞘氨醇菌 F199 菌株	pNL1184		二甲苯、萘、m-氯苯甲酸二甲苯、p-甲酚
恶臭假单胞菌 pWW0 菌株		IncP-9	二甲苯、甲苯
睾丸酮丛毛单胞菌 T-2	pTSA	IncP-1β	p-甲苯磺酸乙二酯
睾丸酮丛毛单胞菌	pBRC60	IncP-1d	3-氯苯甲酸
食树脂假单胞菌 CA10 菌株	pCAR1h	IncP-7	咔唑和二噁英
假单胞菌 CF600 菌株	pVI150	IncP-2	苯酚
恶臭假单胞菌 AC858 菌株	pAC25	IncP-1d	3-氯苯甲酸
睾丸酮丛毛单胞菌 BR60 菌株	pBRC60、pND6-1		
富养罗尔斯通氏菌 NH9 菌株	pENH91		
假单胞菌 ND6 菌株	pND6-1	IncP-7	萘
富养罗尔斯通氏菌 JMP134 菌株	pJP4	IncP-1β	2,4-D、3-氯苯甲酸
鞘氨醇单胞菌 KA1 菌株	pCAR3 255		咔唑 e
施氏假单胞菌 OM1 菌株	pKW1		氯苯化合物
荧光假单胞菌 SK1 菌株	pKW1		氯苯化合物
施氏假单胞菌 AN10 菌株	pKW1		氯苯化合物
新鞘氨醇杆菌	Mpl 1160		芳香族碳氢化合物
红城红球菌	OCT		正烷烃（C_{10}～C_{16}）
恶臭假单胞菌	CAM	接合型	樟脑
假单胞菌	OCT	非接合型	正辛烷
恶臭假单胞菌 MT2 菌株	SAL	接合型	水杨酸
假单胞菌	XYL-K	接合型	二甲苯/甲苯
假单胞菌	NAH	接合型	萘
巴德鞘脂菌 DE-13 菌株	pDE1、pDE2、pDE3、pDE4、pDE5	接合型	烷基取代的苯胺和重金属抗性
鞘氨醇盒菌 113P3 菌株	p113P3		聚乙烯醇
土地鞘氨醇盒菌 203-1 菌株	p203-1		聚乙烯醇
鞘脂菌 HV3 菌株	pSKY4		多环芳香烃
新鞘氨醇菌 PP1Y 菌株	Mpl		PAH
恶臭假单胞菌 G7 菌株	NAH7		萘
食五环芳香烃鞘氨醇菌 US6-1	菌株 pLA1		苯并[a]芘

续表

微生物菌株	质粒	质粒的类型	降解的污染物
抗生素降解质粒			
假单胞菌	pMG1	IncP-2	庆大霉素、万古霉素
铜绿假单胞菌	pMG5	IncP-2	庆大霉素
假单胞菌	RP4、RK2	IncP-1α	青霉素
假单胞菌	R751	IncP-1β	氯霉素、卡那霉素
假单胞菌 GFP1 菌株	pB4	IncP-1β	β-内酰胺抗生素
假单胞菌 GFP1 菌株	pB10	IncP-1β	阿莫西林、链霉素、四环素
假单胞菌 GFP1 菌株	pB2	IncP-1β	四环素
肺炎克雷伯菌	pYK5		四环素
大肠杆菌 RH06 菌株和 RH09 菌株	pDIMC8-TEM1、pDIMC8-TEM1	W208G	β-内酰胺抗生素

三、降解质粒类群

环境中生物难降解物质的降解质粒可以分为农药降解质粒、碳氢化合物降解质粒、抗生素降解质粒和重金属抗性质粒。

1. 农药降解质粒　农药降解质粒可以将环境的各种合成农药污染物降解成无害化的产物，同时这些质粒还具有抗农药和抗抗生素的交叉抗性。质粒上的基因是自我转移基因，可以从质粒转移到染色体上。在土壤微生物群体中它们还携带多重抗药基因，这给降解农药的微生物带来许多优势。对降解胺甲萘（接触性杀毒剂）的恶臭假单胞菌（*P. putida*）XWY-1 菌株基因组的分析结果表明降解基因存在于这株细菌的染色体（5.9Mb）和质粒（0.4Mb）上。而降解胺甲萘的基因簇位于质粒上，其中 13 个基因参与胺甲萘降解作用（图 8-51）。

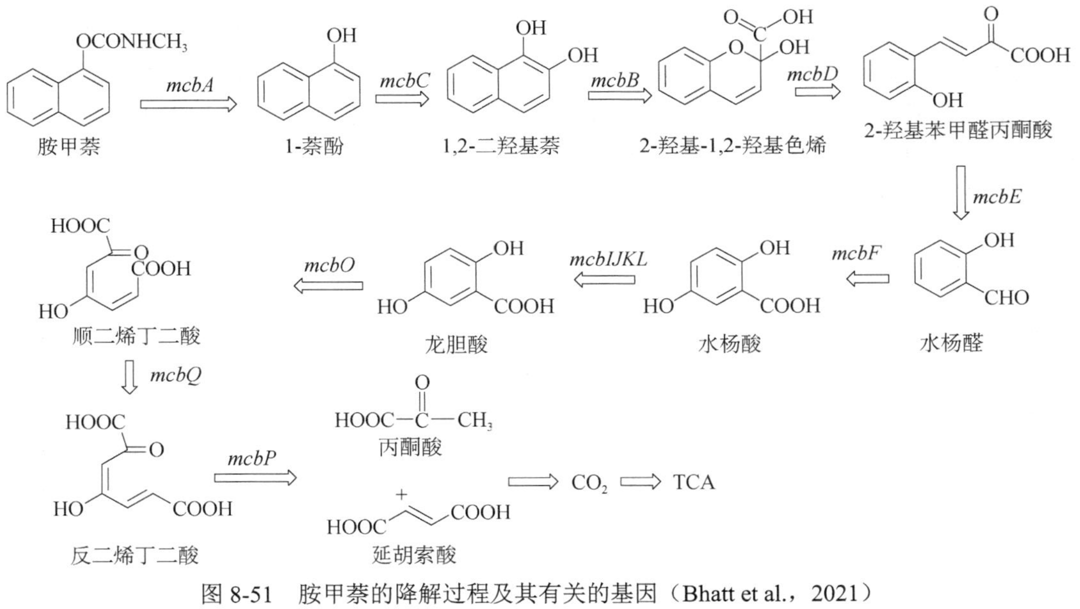

图 8-51　胺甲萘的降解过程及其有关的基因（Bhatt et al.，2021）

其中 5 个基因参与胺甲萘降解的调控作用，这些基因编码的蛋白属于 LysR 和 TetR 蛋白家族。通过质粒消除的方法可以从这些细菌细胞中除去质粒，那么该消除菌株就没有了降解能力，用这个方法可以证实降解质粒基因簇是存在于质粒上还是在染色体上。恶臭假单胞菌可以有效地降解昆虫驱虫剂樟脑、除草剂 2,4-D 和 MCPA，有关的降解基因也在质粒上，如土壤细菌争论产碱杆菌（*A. paradoxus*）具有 1 个大接合功能的质粒 pJPl，该质粒参与 2,4-D 和 4-氯-2-甲基苯氧乙酸（MCPA）的降解，编码 2,4-D 和 MCPA 部分或整个降解途径的许多个降解酶。图 8-51 就可以说明如何利用恶臭假单胞 pXWY 菌株在土壤自然条件下来降解胺甲萘。这些质粒很容易在产碱杆菌同种不同菌株之间进行转移。莫拉菌（*Moraxella* sp.）B 菌株的接合质粒 pUOl 编码两个卤代乙酸脱卤酶（EC 3.8.1.3）和汞还原酶。缺陷假单胞菌（*P. diminuta*）中降解有机磷农药的基因（*opd*）位于 pCMS1 质粒（66kb）上，对该质粒进行测序发现还存在 *atzD*、*atzE* 和 *atzF* 基因，分别参与氰尿酸、双缩脲和脲基甲酸盐的降解。在假单胞菌 ADP 菌株中存在阿特拉津降解基因 *atzA*、*atzB* 和 *atzC*，而基因簇 *atzABCDE* 存在于降解质粒 pADP-1 上。存在于假单胞菌和葡萄球菌的质粒 pDOC 可用于土壤毒死蜱的生物修复作用。构建的恶臭假单胞菌 KT2440 菌株自杀质粒可用于除虫菊酯和有机磷农药的降解。慢生根瘤菌（*Bradyrhizobium* sp.）的 SR1 质粒可以编码降解除草剂磺草酮的酶。负责均三嗪类降解的质粒有 4 个，其中 3 个基因 *trzN*、*atzB* 和 *atzC*，位于 113kb 片段上。后来发现节杆菌（*Arthrobacter* sp.）AK-YN10 菌株降解土壤中均三嗪类的能力更强。林氏鞘氨醇盒菌（*Sphingopyxis lindanitolerans*）WS5A3p 菌株中含有 1 个环状的染色体和 2 个质粒。这些质粒在基因水平转移和 γ-六氯环己烷（六六六粉）降解中起着很重要的作用。在萘和胺甲萘降解过程中通过基因水平转移，有关的降解基因可以随着质粒的转移从一个菌株转移到另一个菌株中。维氏鞘氨醇单胞菌（*Sphingomonas wittichii*）RW1 菌株可以降解二苯并呋喃（DBF）和二苯并二噁英（DXN），有关的基因位于一个叫作 pSWIT02 in RW1 的兆质粒上。食树脂新鞘氨醇菌（*Novosphingobium resinovorum*）SA1 菌株能转化磺胺酸和各种其他的芳香化合物，有关的降解基因分散在多个质粒上，这些基因编码传统 β-酮己二酸途径的酶，其中 HB 降解途径基因（*pobR-pobA-pcaH-pcaG-pcaB-pcaL*）、B 降解途径基因（*benM-catB-catC-catA-benA-benB-benD-catD*）和 β-酮己二酸途径最后一步反应基因（*pcaF-pcaJ-pcaI*）位于 3 个基因簇上，它们都位于最大的 pSA1 质粒上。

2. 碳氢化合物降解质粒 来自石油产品的碳氢化合物是环境中主要的污染物。研究发现参与碳氢化合物降解的细菌主要来自假单胞菌和拉恩菌（*Rahnella* sp.），染色体基因和质粒基因共同参与了碳氢化合物的降解，有关的基因位于兆质粒上。TOL 质粒含有编码降解甲苯、1,2,4-三甲基苯、m-或 p-二甲苯、3-乙基甲苯、它们降解中间产物（有机酸和醇）的基因。这种质粒编码的酶可以从甲苯、间二甲苯和对二甲苯开始降解。当消除了这些细菌的 TOL 质粒之后，重组菌株便完全丧失其全部间位途径的酶，所以 TOL 质粒控制甲苯和二甲苯代谢过程中的邻苯二酚 2,3-双加氧酶、2-羟黏糖半醛水解酶、2-HMS 脱氢酶等 7 种酶的合成，与甲苯和二甲苯代谢有关的其余酶由染色体基因编码。这类化合物的整个代谢途径和有关的酶如图 8-52 所示。

TOL 质粒中的 pWW0 质粒编码的降解基因位于类型 Ⅱ 转座子 Tn4651（56kb）和 Tn4653（70kb）上，恶臭假单胞菌 TOL 质粒含有 *Xyl* 基因，编码代谢甲苯和二甲苯的基因，这些基因位于 4 个转录单位上。上部的操丛子 *xylUWCAMBN* 负责把甲苯和二甲苯裂解成苯甲酸和烷基苯甲酸；邻位的操丛子 *xylXYZLTEGFJQKIH* 编码这些中间产物通过 TCA 循环进行裂解，调控因子 xylS 和 xylR 产物负责转录调控。

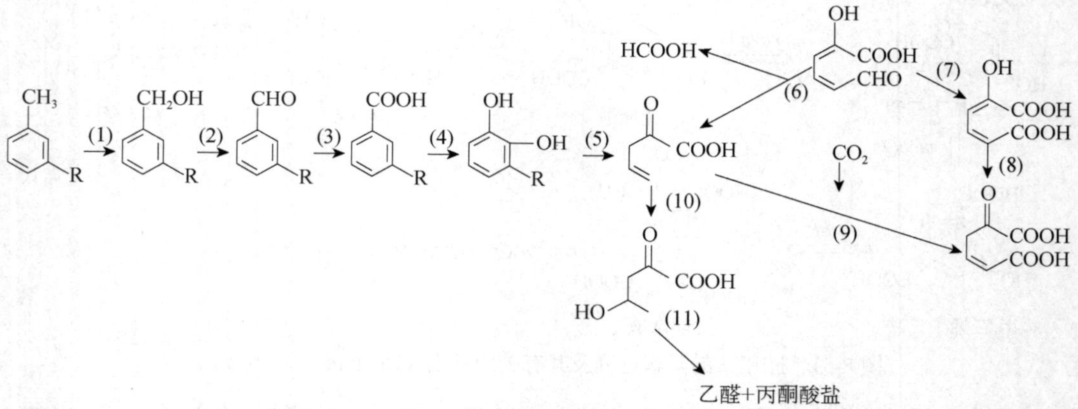

图 8-52 与甲苯和二甲苯代谢有关的酶（池振明供图）

（1）甲基氧化酶；（2）苯甲醇脱氢酶；（3）苯甲醛脱氢酶；（4）苯甲酸氧化酶；（5）儿茶酚 2, 3-双加氧酶；（6）2-HMS 水解酶；（7）2-HMS 脱氢酶；（8）4-草丁烯酸酯异构酶；（9）4-草丁烯酸酯脱羧酶；（10）2-氧代戊-4-烯酸酯水合酶；（11）4-羟基-2-氧戊酸酯醛缩酶

参与萘降解的质粒叫作 NAH 质粒，在恶臭假单胞菌 P_PG_7 中存在降解萘的质粒，即 NAH 质粒，此质粒分子量为 49×10^6，NAH 质粒不会编码萘完全裂解到中心代谢产物的所有酶，而仅到水杨酸和儿茶酚，如图 8-53A 所示。降解菲的途径与降解萘的途径基本类似，见图 8-53B。

恶臭假单胞菌 G7 菌株的 NAH7 质粒和恶臭假单胞菌 NCIB 9816 菌株的 pDTG1 质粒是研究得最清楚的萘降解质粒。负责萘降解的 *nah* 基因位于上部操纵子（*nahAaAbAcAdBFCQED*）和下部操纵子（*nahGTHINLOMKJ*）上，可以有效地把萘转化成水杨酸，而 *sal* 操纵子通过间位裂解途径控制水杨酸进一步氧化到 TCA 循环的其他中间产物的降解。假单胞菌 AS1 菌株能代谢各种苯环类化合物，如萘、水杨酸和儿茶酚，含有 1 个 81 841bp 的环状质粒 pAS1，这种质粒与恶臭假单胞菌 NCIB9816 菌株的质粒 pDTG1 在大小和序列上具有高度相似性，也含有两个基因簇。食芳香副伯克霍尔德菌（*Paraburkholderia aromaticivorans*）N5 菌株含有 6 个质粒，编码 6 个单加氧酶和 14 个双加氧酶，其中的质粒 pBN2 含有编码降解萘的基因和编码苯、甲苯、二甲苯降解的基因簇。

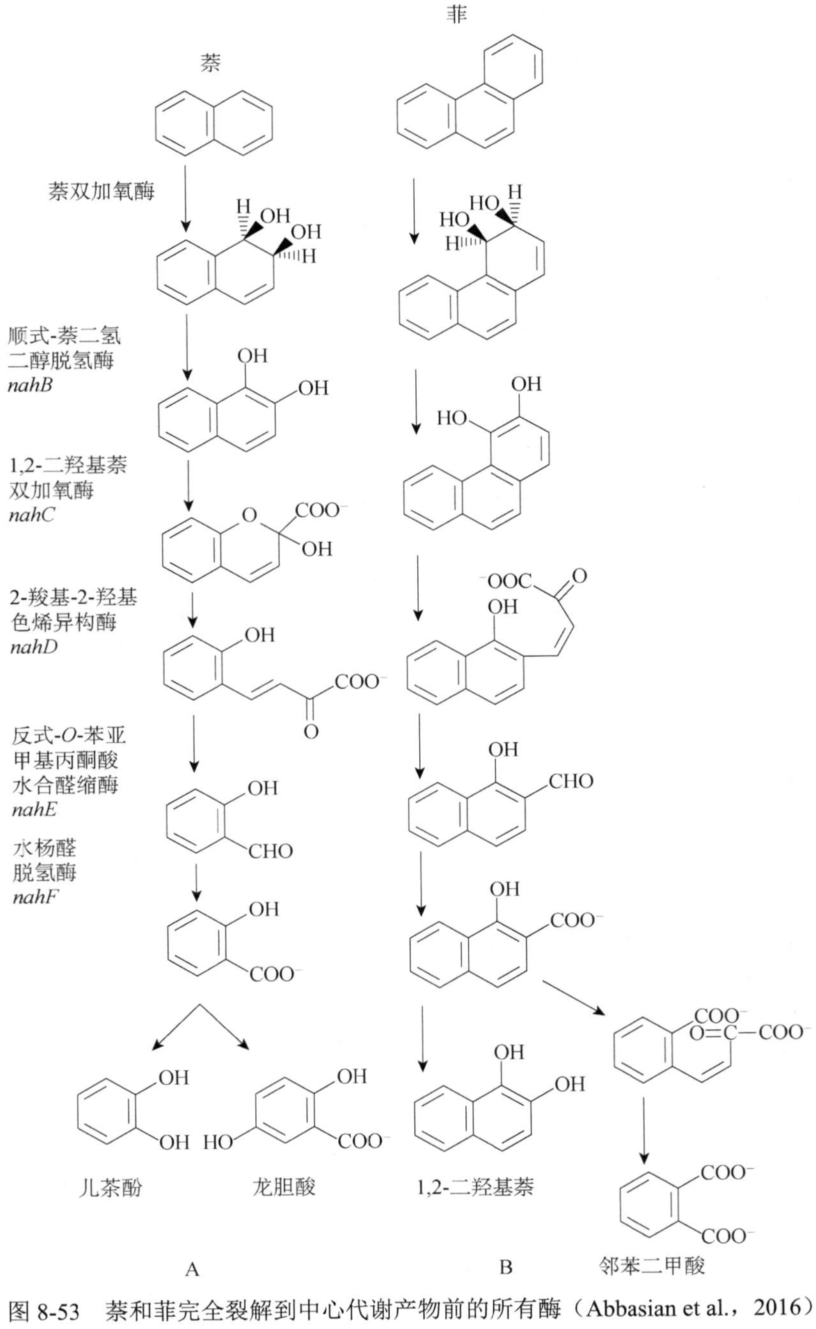

图 8-53　萘和菲完全裂解到中心代谢产物前的所有酶（Abbasian et al.，2016）

苯酚通常被降解成儿茶酚，然后通过间位或邻位裂解途径降解成各种中间产物，进入 TCA 循环。假单胞菌 CF600 菌株的降解质粒 pVI150 控制苯酚和甲基取代的衍生物的完整降解途径。质粒 pVI150 是一个接合质粒，编码苯酚降解酶，其中 1 个基因存在于一个简单的操纵子恶臭假单胞菌质粒 pPGH1 上，通过间位裂解途径负责苯酚和甲基衍生物的降解。

在嗜油假单胞菌中编码辛烷降解的质粒叫作 OCT 质粒，也叫作辛烷质粒，携带有 *alk* 基因。OCT 质粒包括 3 种类型的质粒。存在这种质粒的细菌能降解己烷、庚烷、辛烷和壬烷及戊烷。在嗜油假单胞菌中，OCT 质粒与 K 质粒并存，K 质粒为性因子，它可以携带染色体和其他质粒包括 OCT 质粒一同转移。OCT 质粒不能与 CAM（樟脑质粒）同时共存于同一细胞中。OCT 质粒不能编码降解辛烷和其他直链烷烃至中心代谢产物所必需的全部酶，它只编码链烷羟化酶和醇脱氢酶。OCT质粒编码的酶可以高效地降解正辛烷和其他的链状烷烃；含有两个操纵子 *alkBFGHJKL* 和 *alkST*。

第一个来自恶臭假单胞菌的CAM质粒编码樟脑的部分降解酶，CAM质粒含有一整套基因，编码把樟脑转化成异丁酸的酶。它属于不亲和群 IncP2 的1个大质粒，与樟脑降解有关的质粒位于操纵子 *camRDCAB* 上，受到调控基因 *camR* 的调控。

热带假丝酵母（*C. tropicalis*）、罗伦隐球酵母（*Cryptococcus laurentii*）、阿萨希丝孢酵母（*Chosporon asahii*）、胶红酵母（*Rhodotorula mucilaginosa*）和皱褶假丝酵母（*C. rugosa*）的质粒可以高效地降解柴油，这些质粒上存在的基因簇在降解碳氢化合物方面能起主要的作用。巴德鞘脂菌（*Sphingobium baderi*）DE-13 菌株能完全矿化烷基取代的苯胺，如2,6-二甲基苯胺、2,6-二乙基苯胺、2-甲基-6-乙基苯胺、2-甲基苯胺和2-乙基苯胺。该菌株携带有8个环状质粒，为pDE1～pDE8。这些质粒在该菌株许多生理过程中起着很重要的作用，包括重金属抗性、DNA修复、毒素和抗毒素的产生和生物难降解物质的降解等。铜绿假单胞菌菌株含有一个25kb的DNA质粒，该质粒编码一个铁氧化还原酶，该酶参与萘的生物降解。

3. 抗生素降解质粒 抗生素广泛用于控制人类和动物的疾病，包括家畜和水产动物的疾病。就像上面所说的那样，这些抗生素释放到环境中已经产生非常严重的环境问题。环境中的微生物群落含有抗生素抗性基因，可以参与各种抗生素的降解。Pros 和 cons 是跟抗生素抗性有关的质粒，这些质粒在抗生素降解、保护环境和消除有害的抗生素方面具有许多优势。但是在有疾病存在情况下，这些抗性质粒是有很大危害的，因为它们严重影响抗生素在人类和动物中抗菌作用。β-内酰胺类抗生素，如青霉素广泛用于治疗各种传染病。细菌质粒上含有编码β-内酰胺酶的基因，该酶可以催化降解环境中残留的β-内酰胺类抗生素。从废水中分离的大肠杆菌质粒含有多重抗药基因，并且该大肠杆菌还参与抗性基因的转移和产生抗生素抗性表型。这些抗生素降解质粒包括pPGH11、RP4和pVK101。抗生素抗性基因的扩散取决于在土壤中的抗生素浓度，如在该抗生素低浓度的地方（0.04～0.4mg/kg土壤）降解环丙沙星的基因就很少，在抗生素浓度高的地方（4mg/kg）这些降解环丙沙星的基因就很多。在土壤中，抗生素还影响微生物菌株中的基因水平转移。弧菌（*Vibrio* spp.）中存在32个质粒，大小在2.2～24.8kb。氨基糖苷降解酶 *N*-乙酰转移酶基因位于肺炎克雷伯菌（*K. pneumoniae*）、产酸克雷伯菌（*Klebsiella oxytoca*）、铜绿假单胞菌（*P. aeruginosa*）、鼠伤寒沙门菌（*S. typhimurium*）、奇异变形杆菌（*Proteus mirabilis*）、弗劳地柠檬酸杆菌（*Citrobacter freundii*）、大肠杆菌、施氏假单胞菌（*P. stutzeri*）、空肠弯曲菌（*C. jejuni*）、肠沙门菌（*S. enteritidis*）、阴沟肠杆菌（*E. clocae*）、白色链霉菌（*S. albus*）和不动杆菌（*Acinetobacter* sp.）这些菌株的质粒上。铜绿假单胞菌的质粒pUM505编码的酶可以修饰环丙沙星，另外该质粒还携带抗金属基因、DNA修复基因、喹诺酮抗性基因和质粒稳定性基因。阿莫西林和喹诺酮的大肠杆菌抗性菌株能引起尿道感染。四环素降解菌株肺炎克雷伯菌（*K. pneumonia*）的质粒pYK5能编码异构酶、氧化还原酶、转移酶参与四环素的降解。能降解氯霉素的鞘脂菌（*Sphingobium* sp.）CAP-1 菌株含有3个质粒，其中1个质粒的基因簇（*ligABCIJKU*）参与了原儿茶酸酯的降解，说明该质粒在氯霉素代谢方面起着关键的作用。大肠杆菌S17-1 菌株携带有pCM184-Cm质粒，含有青霉素、氯霉素和四环素的抗性基因，而大肠杆菌K12菌株含有pUA139质粒，编码卡那霉素抗性基因。

4. 重金属抗性质粒 最近几年发现了大量重金属抗性质粒，它们可以抗 Cd^{2+}、Co^{2+}、CrO_4^{2-}、Cu^{2+}、Hg^{2+}、AsO_2^-、Zn^{2+}和Ni^{2+}。抗重金属的质粒与抗生素降解质粒很相似。thr MER质粒决定汞的抗性，是1个转移质粒（编码转移因子K）。耐重金属贪铜菌（*Cupriavidus metallidurans*）CH34 菌株含有抗重金属的1个兆质粒（2.6Mb）和2个大质粒pMOL28和pMOL30，其中质粒pMOL28（171kb）含有 *cnr*（*cnrCBA*）、*chr* 和 *mer*（*merRTPADE*）基因簇，所以能抗Ni^{2+}、Co^{2+}、Cr_2O^{4-} 和Hg^{2+}，而质粒pMOL30含有 *czc*（*czcCBA*）、*pbr*、*cop*、*chr* 和 *sil*（*silCBA*）基因簇，所以它可以抗 Cd^{2+}、Co^{2+}、Ag^+、Hg^{2+}、Zn^{2+}、Cu^{2+}和Pb^{2+}，这两个质粒编码的蛋白质可以通过质子逆向载体排出机制把阳离子重金属排出细胞外，防止这些金属离子对宿主产生危害。它们都携带有可移动遗传元件获得抗重金属的基因。在pMOL28质粒中，金属抗性基因岛两侧连接有没有被激活的IS3家族（IS1071）元件。而在pMOL30中，抗金属抗性基因含有两个基因岛，之间被1个小的13kb区域隔开。第一个区域含有 *czc* 和 *pbr* 基因簇，两侧连有完全具有活力的汞转座子Tn4380，而第二个区域含有 *cop*、*sil* 和 *nre-ncc* 基因簇，两侧连接有1个完整的ISRme10和1个ISRme10 相关的残余物。在鲍氏不动杆菌（*Acinetobacter baumanii*）细胞中有1个200kb的接合质粒pA297-3，它携带有抗生素抗性基因（抗磺胺药和链霉素）和 1 个抗汞基因。肠沙门菌印第安纳 C629 血清型菌株含有 1 个大质粒，命名为 pC629 质粒，该质粒携带有抗汞操纵子 *merACDEPTR*，两侧连有 IS26 元件，对汞具有抗性，这里的 *merA* 和 *merB* 基因分别编码汞离子还原酶和有机汞裂解酶，它们具有完整 *mer* 操纵子。从金黄色葡萄球菌中分离的质粒 pI258 含有 *cadA*、*cadB* 和 *cadC* 结构基因，这个 *cad* 操纵子对 Cd 产生抗性。这个 *cadA* 基因编码能把 Cd^{2+} 排出细胞外的 ATP 酶，能高效地把 Cd^{2+} 排出细胞。CadC 是一个调控蛋白，编码 *cadA* 下游蛋白，对金黄色葡萄球菌 Cd^{2+} 排出是必需的。在黄海芽孢杆菌（*B. marisflavi*）151-25 菌株的抗 Cd^{2+} 质粒 p25 中有 1 个基因簇含有 *orf4802*（编码 ATP 酶转运蛋白）和 *orf4803*（编码转录调控蛋白）。大肠杆菌接合质粒 pRJ1004 上的操纵子 *pcoABCDSRE* 和丁香假单胞菌（*P. syringae*）质粒的 pPT23D 上的操纵子 *copABCDRS* 编码对 Cu 的抗性。

重金属抗性菌株耐重金属贪铜菌 S14E4C 菌株含有两个质粒，质粒 1 主要负责重金属抗性（抗 Cd、Hg、Cu 和 Zn 等）和膜阳离子运输。质粒 2 编码抗生素抗性基因（*tetMOPQST*）和核糖体蛋白质合成的（SSU rRNA、LSU rRNA 和 5S rRNA）的操纵子。在大肠杆菌和恶臭假单胞菌中也共同存在质粒编码的抗生素抗性和重金属抗性。肠沙门菌的 1 个接合质粒具有抗青霉素、链霉素、奇霉素、磺胺药、三甲氧苄二氨嘧啶、氯霉素、卡那霉素和四环素的基因，抗重金属的基因 *ter* 操纵子（碲抗性），*sil* 基因（排出银）和 *pco* 基因（排出铜）。

四、参与污染物分解的转座子和其他可移动遗传元件

转座子（transposon，Tn）是存在于染色体或质粒上的可自主复制和位移的基本单位。转座子的转移过程叫作转座。细菌中的转座子包括以下几类：插入序列、复合转座子、TnA 转座子家族和可转移噬菌体。需要说明的是，“转座”这一词并非十分切意。在转座过程中，当 1 个拷贝转座子通过复制插入到其他基因组的新位置时，转座子仍然保留在原来位置上，在新位点上出现的仅仅是它的拷贝。

参与污染物降解的基因存在于Ⅰ类和Ⅱ类转座子中。Ⅰ类转座子由复合转座子组成，参与污染物降解的基因的两端存在两个同向或反向的、结构相同或相似的插入序列。Ⅱ类转座子带有短的反向重复序列，在转座酶和解离酶的参与下，以复制模式进行转座。参与污染物降解的转座子常常位于质粒上，最常见的例子是 TOL 和 NAH7 Ⅱ类转座子，另外一些Ⅰ类转座子由 pBRC60 等 IncP-1 质粒携带。参与污染物降解的转座子和其他可转移遗传元件见表 8-6。

在降解对氯苯甲酸的草酸产碱杆菌（*R. oxalatica*）A5 菌株中发现一种新的 MGE，含有能够降解联苯的 55kb 大小的转座子 Tn4371。与Ⅰ类和Ⅱ类转座子相比，Tn4371 通过切割/整合模式，而不是复制模式进行转座，与接合转移的转座子有相似之处，同时具有噬菌体样整合酶基因、假单胞菌样代谢基因和质粒样转移基因的复合特性。

污染物降解酶基因通常位于质粒上。降解质粒 TOL 和 NAH7 属于Ⅱ类转座子，而 IncP-1 质粒如携带有降解基因的 pBRC60 质粒属于Ⅰ类转座子。草酸产碱杆菌（*R. oxalatica*）A5 菌株有 1 个 55kb 大小的转座子，叫作 Tn4371，这个转座子可以加快 4-氯二苯的降解。转座子 Tn4371 通过切割和整合机制发生了基因顺序调换。

另外，在能利用 3-氯苯甲酸的假单胞菌 B13 菌株中发现有所谓的 clc 元件，该元件大小为 105kb，编码降解氯代儿茶酚的酶，能够利用细菌噬菌体样整合酶进行切割，然后整合到新的目标 DNA 中。此外，这个元件似乎可以特意地整合到甘氨酰 tRNA 基因中。在其他可移动元件如“致病岛”“共生岛”中也存在类似 P4 型整合酶，可是 clc 元件整合酶较其他 P4 型整合酶多出 250 个氨基酸残基，clc 元件或许可以称为“分解代谢基因岛”（catabolic gene island）的代表。

总而言之，种类繁多的 MGE 携带编码降解代谢酶的基因，参与了自然和人工合成有机化合物的降解。许多研究结果表明，这些元件通过不同的转移及整合或复制机制参与降解基因在自然界的传播，但是目前很少有证据显示这些降解基因在何时何地发生基因间的交换。例如，在对煤焦油污染区域自然条件下萘双加氧酶基因水平转移的研究过程中，研究人员发现基因的水平转移的确发生在土壤细菌种群的成员之间，并且萘分解代谢质粒在污染区域中微生物种群适应煤焦油污染方面扮演重要的角色。在进一步抽取氯代苯污染的地下水进行调查氯代苯降解细菌起源时，发现这些细菌可以通过遗传重组形成新的降解氯代苯的代谢途径。

其他的可移动遗传元件包括接合质粒和各种普通质粒，见表 8-6。

表 8-6 参与污染物降解的转座子和其他可转移遗传元件

可转移遗传元件	宿主	底物	大小/kb
Ⅰ类转座子			
Tn5542	恶臭假单胞菌 ML2（pHMT112）	苯	12
Tn5280	假单胞菌 P51（pP51）	苯甲酸	8.5
Tn5271	产碱杆菌 BR60（pBRC60）	氯代苯甲酸	17
Tn5707	真养产碱杆菌 NH9（pENH91）	3-氯代苯甲酸	15
Ⅱ类转座子			
Tn4651	恶臭假单胞菌 mt-2（pWWO）	甲苯，二甲苯	56
Tn4653	恶臭假单胞菌 mt-2（pWWO）	甲苯，二甲苯	70
Tn4656	恶臭假单胞菌 mt-2（pWW53）	甲苯，二甲苯	39
Tn4655	恶臭假单胞菌 G7（NAH7）	萘	38
其他可转移遗传元件			
Tn4371	草酸产碱杆菌 A5	联苯、氯代二联苯	55
bph-sal 元件	恶臭假单胞菌	联苯、水杨酸盐	90
bph 元件	恶臭假单胞菌	联苯	—
clc 元件	假单胞菌	氯代儿茶酚	105

五、降解质粒的用途

上述介绍的污染物降解基因有许多优点和用途。一个降解质粒上很多降解基因是在同一个操纵子中进行调控的，所以一个降解质粒上这些降解基因和操纵子可以转移到不同的、具相容性复制/转录元件的其他菌株内，更为重要的是操纵子内部的基因通过重排、插入或缺失会导致大量的操纵子位于同一质粒上。降解质粒可应用于许多方面：生物修复，尤其是降解质粒编码的酶可以用于生物难降解污染物、杀虫剂（2,4-D、阿特拉津）、爆炸物（三硝基甲苯）的降解；产生的酶可以将这些环境污染物分解成工业生产过程中必需的中间产物；还可以用于监测环境污染等。从自然界中获得的降解质粒往往需要进行遗传修饰，如操纵子调控系统和结构的改进、携带降解基因的质粒拷贝数的增加，以期达到降解基因表达的最适条件，扩展在工业上的应用。对降解质粒的研究对于加强对生物修复的了解也是非常重要的。参与污染物降解的细菌生长很慢，一种细菌细胞中往往不存在把结构复杂的难降解物质、杀虫剂、致癌物降解到无害化终产物所必需的所有化学反应步骤的酶。这常常需要一个微生物群落中不同微生物菌株共同参与才能得到实现多种污染物的同时降解和一种污染物完全被降解成 CO_2 和 H_2O 的代谢途径，以及矿化作用，所以有必要利用混合微生物群落降解污染物。在污染环境中细菌仅仅在相对低浓度的污染物环境中才能存活，可是污染环境中的污染物浓度往往很高，如何提高有关微生物耐受高浓度的污染物和快速降解这些污染物也非常重要。降解质粒还可以以多种方式应用于生物修复中。把已知具有降解污染物的群体在实验室中通过遗传改良后提高降解质粒的拷贝数，然后再把它们应用于污染物处理可以提高降解效率，加入自然微生物群落中的这些细菌还可以把质粒提供给微生物群落中的其他成员。同样把这些降解质粒引入到其他具有降解能力的微生物中可以产生新的降解途径和扩大降解污染物的范围。因为污染环境通常含有多种不同化学物质的混合物，所以多个操纵子共同克隆在一个质粒上可使微生物群落的许多成员具有更高的代谢多样性，以便降解更多种类的环境污染物。降解质粒还可以用于生物传感器的开发，以便监测污染物处理。生物传感器可运用到这些方面，如可降解的有机污染物一旦在培养基存在，相应的降解污染物的基因就启动，合成有关的酶，以便降解这些有机物，说明这些降解污染物的基因是可诱导的。萤光素酶、绿色荧光蛋白或者β-半乳糖苷酶等报告基因对污染物的存在能做出反应。一旦污染物存在于培养基中，转录激活子就启动，报告基因的转录加强，这样便产生报告蛋白，见图 8-54。这种类型的生物传感器用于监测甲苯、萘、苯、安息香酸和它们的衍生物。作为生物传感器的基因不一定都要连接到质粒上，也可以整合到染色体中，但是质粒优于染色体 DNA 是由于易于调控和拷贝数高，高拷贝数带来高敏感性。这种生物传感器优于传统的化学传感器是由于成本低、便于现场分析（field assay）和适合用于在位监测（*in situ* monitoring）。降解质粒和它们编码的基因除了可以应用在污染物控制上，还有许多其他的用处。例如，可以把来自 pJP4 质粒的 *tfdA* 基因（抗除草剂基因）克隆到植物中，在植物中该基因可以编码去除 2, 4-D 的酶，结果发现转 *tfdA* 基因的植物对 2, 4-D 有很高的抗性，像这样的转基因作物可以控制杂草的生长，且对农作物伤害很小。

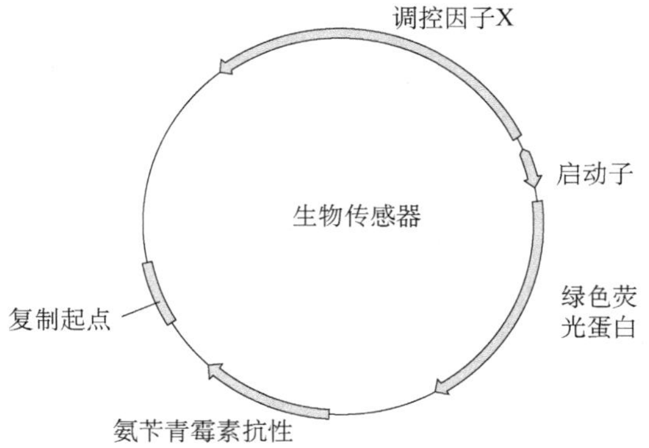

图 8-54　生物传感器（Biosensor）的简单质粒图谱（池振明供图）

调控因子 X（regulator X）是一个环境污染物产生反应的转录激活因子。绿色荧光蛋白（green fluorescence protein）是由调控因子 X 激活的报告基因。氨苄青霉素抗性（ampicillin resistance）是一个筛选基因。在这个模型中，调控因子 X 能对环境信号做出反应［多氯联苯（polychlorinated biphenyl，PCB）］，并结合到启动子（promoter）上。转录被激活，绿色荧光蛋白产生。检测到的荧光强度与信号浓度（也就是污染物的浓度）呈正相关

思　考　题

1. 当今社会患癌症的人越来越多，那么环境中有哪些污染物可以引起人细胞的癌变？

2. 最常见的毒性最大的重金属污染物有哪些？它们对生态环境和人类有哪些危害？

3. 农业上使用大量的化肥，对农作物生长和产量带来很多的益处，但同时也会给环境带来什么问题？

4. 为什么说抗生素也是一类环境污染物？解决抗生素污染环境问题最好方法是什么？

5. 塑料，包括微塑料污染是当今世界面临的一个重大环境问题，你认为解决这一环境问题最好方法是什么？

6. 在塑料中，目前唯一知道微生物如何降解 PET，那么其他塑料的微生物降解途径为何还未得到完全解析？要解析其他塑料的微生物降解途径应采取什么措施？

7. 请你从分子水平上解释微生物如何抗环境中高浓度的重金属离子？如何利用抗重金属菌株回收环境中的重金属？

8. 请你从生物进化和分子水平上解释微生物如何抗环境中越来越多的有机污染物。

9. 微生物抗重金属离子的分子机制和抗放射性元素的分子机制在本质上有什么异同点？如何利用抗重金属菌株回收环境中的放射性金属？

10. 苯环类污染物种类是很多的，不同种微生物代谢这些污染物时可以产生一些共同的苯环裂解前体，这对环境污染物降解有什么好处？

11. 与苯环开裂有关的双加氧酶有什么特征？这些特征有什么实际用途？

12. 加氧酶在污染物降解方面有重要的作用，请你谈谈加氧酶在污染物降解方面所起的重要的作用。能使苯环开裂的酶除了双加氧酶外，还有哪些酶也可以使苯环开裂？

13. 微生物脱去煤和石油中有机硫的速率是非常慢的，目前永远无法满足工业规模生产的需要，那么要加快微生物脱硫速度你认为在代谢工程方面应该进行哪些工作？

14. 真正能使煤发生液化的酶有哪些？它们如何使煤发生液化作用？如果能使煤发生彻底液化对我们有何好处？

15. 在无氧环境中存在硫酸盐和硝酸盐，那么在这一环境中某种苯环类污染物降解时微生物优先利用哪一种作为无氧呼吸的电子受体？为什么？

16. 微生物在无氧和有氧条件下使苯环开裂的生化机制关键区别在哪里？

17. 参与环境污染物降解的可转移遗传元件种类包括哪些？它们各自具有哪些特征？

18. 自然环境中某种微生物降解污染物的种类是非常有限的，那么要使这种微生物能降解种类繁多的污染物，你认为应该采取哪些分子生物学方法对这种微生物进行遗传改良？

19. 有机磷农药和有机氯农药浓度种类非常

多，那么微生物降解有机磷农药和有机氯农药共同途径各自有哪些？

20. 微生物偶氮染料的降解会产生什么环境问题？

主要参考文献

Abbasian F, Lockington R, Megharaj M, et al. 2016. A review on the genetics of aliphatic and aromatic hydrocarbon degradation. Applied Biochemistry and Biotechnology, 178: 224.

Barkay T, Miller SM, Anne O, et al. 2003. Bacterial mercury resistance from atoms to ecosystems. FEMS Microbiology Reviews, 27: 355-384.

Bhatt P, Bhandari G, Bhatt K, et al. 2021. Plasmid-mediated catabolism for the removal of xenobiotics from the environment. Journal of Hazardous Materials, 420: 126618.

Estev-Nunez A. 2001. Biological degradation of 2, 4, 6-trinitrotuence. Microbiology and Molecular Biology Reviews, 65: 335-352.

Fakoussa RM, Hofrichter M. 1999. Biotechnology and microbiology of coal degradation. Applied Microbiology and Biotechnology, 52: 25-40.

Francis AJ. 1998. Biotransformation of uranium and other acitinides in radioactive waster. Journal of Alloys Compositions, 271-273: 78-84.

Inamuddin M, Ahamed MI, Prasad R. 2021. Recent advances in microbial degradation//Chowdhary P. Environmental and Microbial Biotechnology. Singapore City: Springer Nature Singapore.

Jobby R, Jha P, Kumar Y, et al. 2018. Biosorption and biotransformation of hexavalent chromium [Cr(VI)]: a comprehensive review. Chemosphere, 207: 255-266.

Li S, Yang Y, Yang S, et al. 2023. Recent advances in biodegradation of emerging contaminants - microplastics (MPs): feasibility, mechanism, and future prospects. Chemosphere, 331: 138776.

Mukhopadhyyay R. 2002. Microbial arsenic: from geocycles to genes and enzymes. FEMS Microbiology Reviews, 26: 311-325.

Nzila A. 2018. Biodegradation of high-molecular-weight polycyclic aromatic hydrocarbons under anaerobic conditions: overview of studies, proposed pathways and future perspectives. Environmental Pollution, 239: 788-802.

Reis AC, Kolvenbach BA, Nunes OC, et al. 2020. Biodegradation of antibiotics: the new resistance determinants - part I. New Biotechnology, 54: 34-51.

Rossi G. 2014. The microbial desulfurization of coal. Advances in Biochemical Engineering and Biotechnology, 142: 147-167.

Singh B, Kaur J, Singh K. 2014. Microbial degradation of an organophosphate pesticide, malathion. Critical Reviews in Microbiology, 40(2): 146-154.

Singh B, Singh K. 2016. Microbial degradation of herbicides. Critical Reviews in Microbiology, 42(2): 245-261.

Van der Meer JR, de vos WM, et al. 1992. Molecular mechanisms of genetic adaption to xenobiotics. Microbiology Reviews, 56: 677-694.

Wu Z, Shi W, Valencak TG, et al. 2023. Biodegradation of conventional plastics: Candidate organisms and potential mechanisms. Sciences at Total Environments, 885: 163908.

Yin K, Wang Q, Lv M, et al. 2019. Microorganism remediation strategies towards heavy metals. Chemical Engineering Journal, 360: 1553-1563.

第九章　污染物的微生物处理

上一章，我们介绍了自然界中有许多微生物能降解各种环境污染物，所以，微生物对于自然界污染环境的自净起着十分重要的作用。因此，我们可以利用这些微生物处理各种环境污染物，达到净化环境的目的。目前，处理环境污染物有许多方法，如物理法、化学法和微生物法，但其中微生物法与其他方法相比较，具有许多优点。

（1）自然界中微生物种类繁多，代谢和生理功能多样，能降解各种人工合成和天然化合物，去除有毒物质；能适应各种环境；微生物繁殖速度快；它们的基因组易于编辑，遗传特性、代谢途径和调控机制易于改造，便于提高它们的降解能力，尤其是它们中许多种细胞携带有抗性和降解质粒及其他可移动遗传元件，这些质粒易在自然微生物群体之间进行接合转移，使没有降解污染物能力的微生物菌株也可以获得降解污染物的能力；微生物是自然界污染环境净化的主力军。

（2）许多微生物能把环境中的各种有机污染物彻底净化成 CO_2 和 H_2O，所以利用微生物处理污染物不会造成二次污染。

（3）利用微生物净化污染物所需的设备简单，作用条件温和，因为许多微生物分解污染物时是在常温常压下进行的，所以微生物处理法投资少。

（4）污染物的微生物处理法费用少。例如，利用活性污泥法处理废水，只需一部分动力用于生物池的曝气充氧；利用氧化塘处理污水只需合适大小的废弃水池，而不需要消耗任何动力。

（5）利用微生物处理污染物经济效益高，因为许多厌氧处理法可以产生有用的可燃性气体，如 CH_4 和 H_2；氧化塘处理法可以产生大量藻类生物量，供给鱼作为食物；在微生物降解污染物过程中，还可以产生许多高附加值和工业生产的中间体和前体；利用微生物转化、吸附和沉淀各种重金属污染物，可以从环境中回收和重新利用重金属和放射性元素。

（6）由于微生物代谢类型多，不同微生物能适应各种异常环境，所以可用于处理各种污染物。

（7）近年来，代谢工程技术、基因工程技术、合成生物学技术和微生物组学技术的不断发展，使构建含有多功能质粒的污染物高效降解菌成为可能，并可利用分子生物学方法检测污染物处理过程中微生物群体和有关基因表达的动态变化，如第二章的介绍。

由于微生物法具有上述许多优点，现在越来越多的人对此法感兴趣。

目前，用于处理污染物的微生物方法很多，出现了各种各样的工艺，本书的主题是微生物生态学，所以我们讨论的重点内容是各种处理方法的基本原理和其中的微生物生态学问题。

本章彩图

第一节　基 本 概 念

在介绍污染物处理的微生物方法之前，我们先介绍几个与之有关的基本概念。

一、BOD

BOD（biological oxygen demand）是污染物处理工艺中一个非常重要的概念，其原意是指生物需氧量，具体是指水中有机污染物在需氧微生物作用下进行氧化分解时所消耗的 O_2 量，其中包括原生动物把细菌生物量转化成原生动物生物量所消耗的氧气量。在实际测定中，首先采集含有大量各种微生物的污染物样品，然后利用曝气过的蒸馏水或含有其他无机元素的磷酸缓冲液（pH 7.2）进行适当的稀释，并混合均匀，然后放在20℃条件下恒温培养5d，测定在这5d内所消耗的溶解氧浓度，便为BOD，单位是mg/L，这种方法测出的BOD称为五日20℃生化需氧量（BOD_5^{20}）。所以这种试验需要有合适的活微生物存在，如果在测试样品中不存在这些活微生物，那么必须用合适的样品，如污水或污泥进行接种，有时也可以用商品化的微生物引子接种，引子中的微生物是来自废水环境中的微生物，包括假单胞菌、芽孢杆菌、诺卡菌、链霉菌、酵母菌和真菌等。溶解氧（DO）的测定可以用化学方法或氧电极法。同时在测定过程中培养体系中必须有足够的溶解氧。

样品稀释液不接种引子时，BOD可以表达为每升含有多少毫克BOD，并根据式（9-1）计算BOD值：

$$\text{BOD(mg/L)} = \frac{D_1 - D_5}{P} \quad (9\text{-}1)$$

式中，D_1为起始DO；D_5为5d后的DO；P为所用的废水体积。

样品稀释液接种引子时，BOD可以用式（9-2）表示：

$$\text{BOD(mg/L)} = \frac{(D_1 - D_2) - (B_1 - B_2)f}{P} \quad (9\text{-}2)$$

式中，D_1为样品稀释液的起始DO（mg/L）；D_2为样品稀释液经过培养后的最终DO（mg/L）；P为所用的样品体积；B_1为接种对照样品中的起始DO（mg/L）；B_2为接种对照样品中的最终DO（mg/L）；f为样品接种量与对照接种量的比值（在D_1中的接种量/在B_1中的接种量）。

由于碳源的耗尽，BOD达到最大，这时的BOD叫作最大BOD，在任意时间内的BOD与最大BOD之间都存在式（9-3）的关系：

$$\text{任意时间的BOD} = \text{最大BOD} \times (1 \sim 10^{-kt}) \quad (9\text{-}3)$$

式中，k为BOD速率常数，对于生活污水来说k大约为0.1/d；t为时间。

BOD对于估计样品中的有机物含量有一定的参考价值，因为它间接地代表样品中可被微生物好氧降解的有机物含量。在污水处理中，往往把BOD^{20}_5的变化值和污水中全部可氧化有机物变化等同起来。一般情况下，非常干净的河水，BOD小于1.0μg/mL。当河水的BOD超过10.0μg/mL时，就说明河水已受到污染。普通生活污水的BOD在330.0μg/mL左右。而青霉素厂未经处理的污水BOD可高达32 000.0μg/mL。一般情况下，如果水中悬浮的固体物不超过30.0μg/mL，BOD^{20}_5值在20.0μg/mL左右，这样的污水可以排放到环境中，不会造成污染。

许多工业污水中含有有毒物质，有些污水中含有生物难降解物质，这些污水可以干扰BOD的测定，所以利用这些工业污水测出的BOD可靠性较差。如果污水中含有高浓度的亚硝化单胞菌和高浓度的NH_4^+，那么亚硝化作用也会干扰BOD的测定，所以必须在样品中加入0.5mg/L烯丙基硫脲来抑制亚硝化作用，但不影响有机碳的氧化。一般采集的样品必须马上测定，而不能保藏，因为在室温下，采集的样品停留8h后，起初的BOD有40%以上可以被消除。

如果把恒温培养温度从20℃分别提高到35℃和37℃，那么培养时间可以缩短为2d和3d。

二、甲烯蓝稳定性试验

这种试验可以用来估计污水在没有与空气接触的恒温培养情况下，所能保持氧化状态的能力和时间，这种在一定恒温培养时间内所保持氧化状态的稳定性可以说明污水中可被生物降解的有机物含量、污水起始的DO、NO_2^-和NO_3^-及NH_4^+的浓度，并且可以说明污水中所含微生物的种类和氧化能力。

测定时，可以利用1个130mL的碘量瓶，加入0.35mL 0.5g/L甲烯蓝溶液，然后缓慢地加入样品，并注意千万不要对样品进行曝气，样品加到碘量瓶满为止，并塞上瓶塞，注意勿留有气泡，然后放在20℃下恒温培养5d，在刚开始培养的数小时内，应进行多次检查看碘量瓶是否有颜色变化，然后每隔一天或两天检查一次。如果样品中的蓝色在5d之后保持不变，说明样品是稳定的，其中含有足够的氧气，培养体系中含有足够的氧气，通过了甲烯蓝稳定性试验。如果样品中蓝色在5d之前便消失，说明样品是相对不稳定的，其中没有足够的氧气让微生物生长和利用，用这样的样品测定BOD是不可靠的。

三、COD

COD（chemical oxygen demand）是指样品中所含的有机物总量，所以COD无法区别样品中有机物能否被微生物降解。因此，COD在衡量生物污水处理厂水质方面没有参考价值，因为在许多工业污水中含有大量的微生物无法降解的或降解非常缓慢的有机物。但可以利用COD估计污水和其他污染物中的总有机物量。有些污水中含有有毒物质而不能用于BOD测定时，也可以测定COD来弥补BOD测定的不足。另外，通过比较某一样品中的COD和BOD，可以反映这一样品中的有机物可被微生物氧化分解的难易程度。

在硫酸存在的情况下进行测定，利用强氧化剂，如$K_2Cr_2O_7$使被测有机物进行化学氧化，根据氧化时所消耗的氧量，来推断被测物中的有机物含量，单位为 mg/L。用这种方法测定只需要在短时间内便可知道污水中的有机物总量。一般情况下，1g 碳水化合物或 1g 蛋白质约等于 1g COD 。

四、NOD

NOD（nitrogenous oxygen demand）是指样品中含氮化合物在被微生物氧化过程中所消耗的 O_2 量，一般是测定总氮。

五、TOD

在 COD 测定过程中，我们把含氮有机物氧化消耗的氧气量排除在外。实际上，在微生物氧化过程中，NH_4^+ 和有机氮的氧化都需要消耗 O_2，那么 TOD（total oxygen demand）就是指有机碳、NH_4^+ 和有机氮被氧化过程中所消耗的总氧量，即 TOD＝COD＋NOD（氮需氧量）。在许多情况下，TOD 与 COD 相等。但是，如果样品中含有大量的含氮化合物，那么 TOD 就明显地大于 COD 。

六、SS

SS（suspended solid）是指悬浮固体物，它是水中不能通过滤器的固体物。

第二节　废气的微生物处理

空气是所有生命不可缺少的因素，最近几年随着经济和工业的不断发展，世界人口不断增加，释放到空气中污染物种类越来越多，特别是有恶臭气味的空气组分引起了严重的空气污染和人类健康问题，受到社会的高度关注。有恶臭气味的空气组分包括可挥发性的有机化合物和无机化合物，如醇类、醛类、酸类和含硫化合物，在浓度非常低的情况下，人和动物的嗅觉受体很容易感受到这些恶臭气味，并对人体健康，特别是呼吸道有一定的危害作用。过去数年中，我国各大城市中的空气污染物也相当严重，如雾霾。但经过最近几年的治理，雾霾等空气污染得到了有效的控制。

利用生物学方法处理这些有恶臭气味的空气组分已经有 60 多年的历史，人们发现使用微生物法处理废气不会造成二次污染，并且这些方法较为经济、可靠、不需要复杂的工艺设备。现在使用的有恶臭气味的空气处理方法包括生物滤池（biofilter，BF）、生物涤气器（bioscrubber，BS）和生物滴滤池（biotricking filter，BTF）（图 9-1），其中生物滴滤池最受关注。在这些生物处理方法中，生长在反应器中多孔填充物上的细菌或其他微生物（生物被膜）参与气体污染物的降解，气体流过填充物，来自气相的污染物扩散到被水相包围的生物被膜中，废气中的挥发性有机物便作为生物被膜中某些微生物代谢的能源和碳源而受到降解。废气中可被氧化

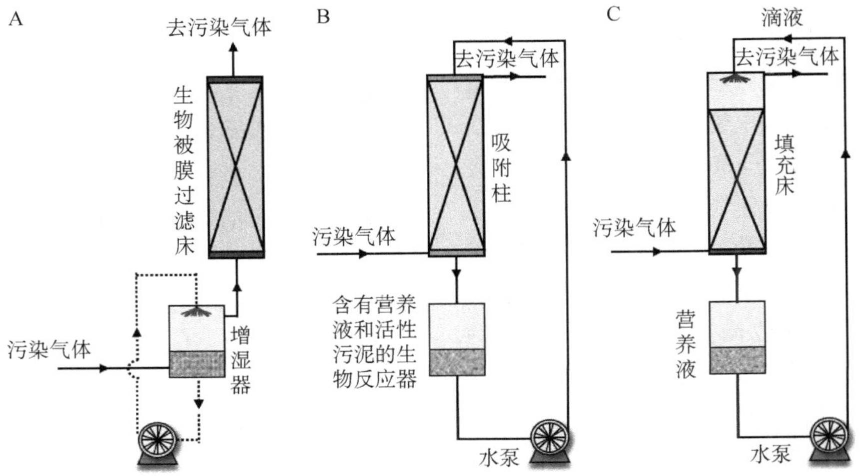

图 9-1　目前广泛使用的空气处理生物方法（Rybarczyk et al.，2019）
A. 生物滤池；B. 生物涤气器；C. 生物滴滤池

的无机物（如 H_2S 和 NH_3）也可以直接利用自养微生物进行处理。废气中的 CO_2 可以作为自养微生物的碳源，进行合成有机物。但由于微生物需要相对高的水活力，因此上述废气成分必须引入水相中。因此，在废气处理过程中，我们必须把这些废气成分和 O_2 引入水相中，进行增湿作用，即让污染物进入水相，然后与生物被膜中有关的微生物接触、吸收和被代谢，而进行空气污染物的净化作用。

一、生物滤池

在典型的生物滤池中（图 9-1A），污染的空气进入生物过滤床之前，需先进行增湿作用。生物过滤床中填满由自然材料，如秸秆、堆肥等组成的填充床（生物被膜过滤床），能降解这些空气污染物的微生物在填充床天然材料上进行生长，并形成生物被膜。首先将要处理的气体污染物大量转移到液体中，然后含有气体污染物的液相进入生物滤池的生物被膜中，随之便受到降解。

二、生物涤气器

在生物涤气器中（图 9-1B），来自气相的污染物组分以水流流动相反的方向进入液体中，该液体含有活性污泥，并且在一个密闭的系统中进行循环，同时定期地进行污泥再生和曝气。在这个过程中有味的气体成分通过吸附进入液相中，然后排入含有营养液和活性污泥的液体中，气体污染物在该生物反应器中的异养或好氧微生物作用下进行生物降解或转化，达到净化空气污染物的目的。

三、生物滴滤池

在生物滴滤池（图 9-1C）中，气体污染物的吸附和降解发生在同一个反应器填充床中。其中的填充物颗粒的比表面积（每单位空柱体积中的接触面积）是相当小的，一般为 100～300m^2/m^3，这就会产生很大的空间体积，以便让气体穿过，这样可以使空柱中压力达到最小，并可以避免微生物的生长堵塞填充物之间的空隙，从而避免了生物被膜出现松弛和崩塌的现象。生物滴滤池中装有一个喷洒柱，给填充床不断喷洒富含微生物生长所需的营养液。喷洒柱能以废气流动相反的方向均匀地喷洒营养液，从而使废气中的污染物和 O_2 不断地溶解在液相中。一种物质从气相往液相的传递速率受到许多因素的影响，如这种物质传递的系数、在柱中的接触面积和平均推力（这种物质在水相中平衡浓度和实际浓度之间的差别）。如果一种物质在冲洗水中浓度低，但水溶性较高，那么这种物质被吸附的可能性则较大。填充床的功能就是给有关微生物提供足够的营养液，让它们充分地生长，以便形成生物被膜，进行气体污染物的降解和转化，把它们氧化分解成 CO_2 和 H_2O，从而达到净化的目的。与上述的生物涤气器相反，生物滴滤池的填充物材料是惰性的，通常使用陶瓷或合成材料，而很少使用天然或生物来源的材料。表 9-1 是这 3 种生物反应器的比较。现在认为生物滴滤池是处理有害气体的最可行方法，这是由于：①可以增加工艺的稳定性；②易于 pH 和温度的控制和调节；③与传统的生物滤池相比，能进行连续的营养补充、低流动抗性、仅需要较小的空间。另外，应用可流动的液相，如喷洒液体可以从填充床中冲走传统生物滤池中起抑制微生物代谢活力的降解中间产物和末端产物。生物滴滤池特别适合处理硫化氢和其他水溶性的化合物，然而，生物滴滤池很难处理难溶于水的污染物，如疏水性化合物，可以通过加入表面活性剂或两液相分散装置来克服这一缺点。

在生物滴滤池中，气体是利用喷洒富含基础营养物的滴滤液体穿过填充床，让微生物生长成生物被膜，这种工艺的原理是目标化合物同时被吸附在生物被膜表面的液体中，接着被吸附在生物被膜覆盖的颗粒中，随后便在生物被膜中发生气体污染物的微生物降解。因为使用的填充材料是惰性的，因此利用微生物接种填充床就可以让微生物在惰性材料上形成生物被膜，所以生物被膜形成是形成填充床达到良好处理效果的关键因素。就像上面所说的那样，生物被膜含有各种各样的微生物，包括细菌、酵母菌和霉菌，它们可以把各种有毒气体成分转化成无毒的化合物。生物被膜的形成也受到许多因素的影响，如 pH、温度、氧气浓度、营养物和微量元素。生物被膜的厚度取决于填充材料颗粒的大小和运行的条件，大小为数微米到几毫米。生物滴滤池中累积的生物量过多，厚度太大，最终会脱落。处理过程中如果发现压力下降速率加快、填充床出现孔道和处理效率下降，说明生物滴滤池出现了问题。

生物滴滤池的功能受到喷洒液体的 pH 影响非常大，因为微生物降解气体污染物需要最适的 pH，通常是中性 pH，但要看处理气体污染物的种类，通常是通过添加烧碱来进行 pH 控制。

表 9-1 进行生物过滤的各种反应器比较

生物反应器的种类	优点	缺点
生物滤池	投资少、易于操作和管理、费用低、可以处理各种气体污染物，没有二次污染、压力下降很少	高浓度气体流处理效果很差、需要大的表面积、填充物使用的时间短、处理参数（如湿度和 pH）控制困难
生物涤气器	可以处理高流速的气体污染物、操作稳定性好、生物涤气器不需要大空间，可以处理亲水性的气体污染物	只可以处理亲水性的气体污染物，操作和维持相对复杂，可产生二次污染（污泥和液体废弃流）
生物滴滤池	处理费用低、填充物耐久性好、工艺易于控制、需要相对低的表面积、能处理可挥发性气体产生的酸降解产物	能累积过量的生物量、结构复杂、产生二次污染

四、生物滴滤池中的微生物群体

在正式开始运行之前，一般是使用不同类型的接种物接种到生物滴滤池填充物上，其中有两种方法：一是使用污水处理厂的活性污泥；二是使用纯培养的微生物。从减少费用方面考虑，最好使用污水处理厂的活性污泥，因为易于操作、容易获得、运行费用低。另外，也可以使用纯培养的微生物进行接种，这样生物被膜形成的速率很快，还可以防止潜在致病菌出现在填充物上。生物滴滤池中能形成生物被膜的微生物种类见表 9-2。

表 9-2 生物滴滤池中能形成生物被膜的微生物种类

接种的微生物	微生物种类	目标化合物
茄镰刀菌 B1 菌株和红平红球菌	仅用显微镜观察到的菌株	甲苯、甲醛和苯并[a]芘
城市污水处理厂的活性污泥	细菌的变形菌门	α-蒎烯和甲苯
	放线菌和硝化螺菌	丁酮和甲苯
	单糖菌门 TM7	甲苯和碳氢化合物
	真菌：盘菌亚门、镰刀菌	甲苯
	真菌：盘菌亚门	各种有机污染物，如甲苯、乙基苯
	镰刀菌	芳香族碳氢化合物
	刺盾炱目	甲苯
从活性污泥纯化的菌落	芽孢杆菌（Iso 7，B17）	二甲苯
活性污泥	那不勒斯盐硫杆菌 NTV01 菌株	H_2S
从石油污染土壤中	无色杆菌和伯克霍尔德菌富集的微生物菌群	苯、甲苯、二甲苯、苯乙烯
废水处理厂的活性污泥	球形芽孢杆菌、热葡糖苷酶土芽孢杆菌、藤黄微球菌（ATCC 9341）	H_2S、NH_3
驯化过的微生物菌群	嗜酸性氧化亚铁硫杆菌	H_2S
活性污泥	伯克霍尔德菌、嗜酸细菌、红球菌或伯克霍尔德菌 T3 菌株	甲苯

微生物在填充物上生长成生物被膜的时间相当长，一般需要 4～6 周，而要形成稳定的生物被膜需要更长的时间，需要大约 2 个月。但是如果使用特定污染物第二次驯化的微生物进行接种，那么生物被膜形成的时间会缩短。生物滴滤池通常接种混合的微生物菌群，接种物会影响生物滴滤池发挥功能的时间、污染物的去除效果和反应器的稳定性。如果微生物适应和生长缓慢，会严重影响生物滴滤池的工作效果或某些难降解污染物的净化，所以有必要接种能降解特殊难降解污染物的微生物，这样可以提高降解活力和改进处理效果。去除来自空气的二氯甲烷及紫外线协助处理的生物滴滤池中微生物多样性会增加，生态稳定性会更好，结果会改进挥发性污染物的去除效果。

跟细菌相比，使用真菌处理有毒空气污染物效果会更好，如可以使用降解苯乙烯的孢子丝菌（*Sporothrix variecibatus*），这种真菌优势群体可以在生物滴滤池中维持很长时间，达到高效处理的效果。使用真菌，而不是使用细菌处理疏水性的可挥发性有机物的主要优点是在极端条件下，如酸性的 pH、含水量低、营养缺乏，真菌可以完全矿化这些有机物。有人使用混合的细菌和真菌接种物处理苯并[a]芘、甲苯和甲醛组成的混合污染物，定期喷洒无机营养物，利用蛭石矿物作为填充物，发现这个系统可以高效地去除空气中的苯并[a]芘、甲苯和甲醛。真菌首先定植在生物滴滤池形成的第一阶段，并发挥降解空气污染物的作用，第二和第三阶段则主要由细菌组成的空气污染物降解系统。该系统气体处理有很高的伸缩性，可以使用各种可变的参数达到高效处理的效果。

由细菌组成的生物滴滤池中微生物多样性非常丰富，而且生物量也非常大，而由真菌组成的生物滴滤池能抵抗处理过程中各种不稳定性因素和 pH 突然的变化，尤其是能更好地处理疏水性可挥发有机污染物。另外，在生物滴滤池条件经常发生变化期间真菌主要负责生物滴滤池功能的维持。

五、含硫化氢气体的微生物处理

H_2S 是空气中非常有害的污染物，去除 H_2S 对于人类健康和防止 H_2S 引起的腐蚀有重要的意义，并且可以防止气体燃烧过程中导致的 SO_2 的污染。现在用于处理含 H_2S 气体的方法有物理化学法和生物学法：物理化学法需在高温高压条件下进行，有许多缺点；而生物学法可以在常温常压下进行，可以克服物理化学方法的许多缺点，所以许多研究者和商家对生物学法处理 H_2S 气体有很大的兴趣。

1. 脱硫化氢的微生物 含有 H_2S 的废气被注射到含有 $Fe_2(SO_4)_3$ 的溶液中，H_2S 和 $Fe_2(SO_4)_3$ 发生化学反应而使元素硫沉淀，如反应式（9-4）所示：

$$H_2S + Fe_2(SO_4)_3 \longrightarrow S\downarrow + 2FeSO_4 + H_2SO_4 \quad (9\text{-}4)$$

把沉淀的元素硫与其他成分分离之后，利用氧化亚铁硫杆菌催化反应，如反应式（9-5）所示：

$$2FeSO_2 + H_2SO_4 + 2.5O_2 \longrightarrow Fe_2(SO_4)_3 + H_2O \quad (9\text{-}5)$$

从而使 $Fe_2(SO_4)_3$ 得到再生，同时去除硫化氢。

2. 利用微生物脱硫化氢的工艺 有许多微生物可以去除 H_2S，现已建立多种工艺用于处理含 H_2S 的废气，其中较为经济可行的方法是利用氧化亚铁硫杆菌，根据反应式（9-5）的原理而设计的工艺最为合适（图 9-2），该工艺中 H_2S 和 $Fe_2(SO_4)_3$ 的反应是非常快的，并且反应很彻底，H_2S 去除率可以达到 99.99%，形成的 $Fe_2(SO_4)_3$ 可以循环使用。

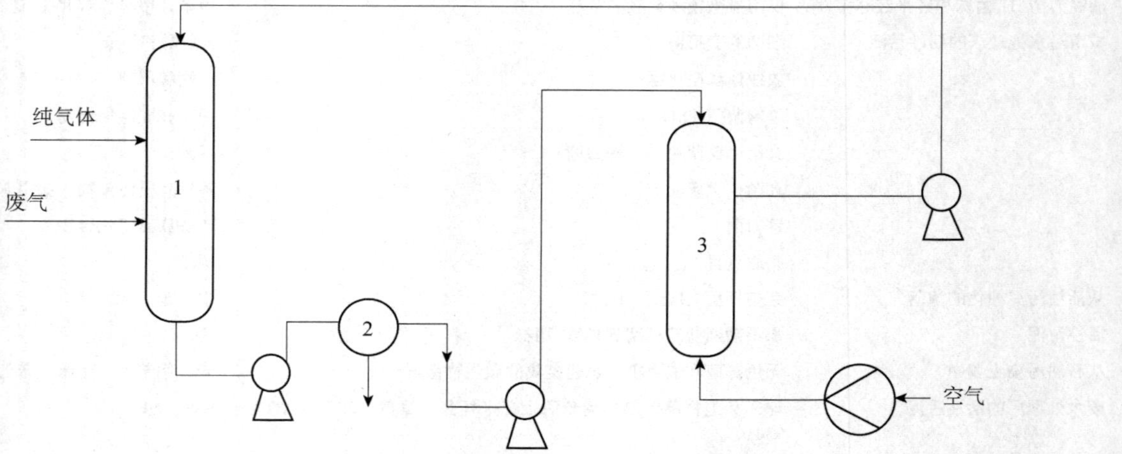

图 9-2 用于处理含 H_2S 废气的 Bio-SR 工艺（池振明供图）
1. 吸附器；2. 固液分离器；3. 生物反应器

第三节 废水的微生物处理

废水包括工业废水和生活废水，废水是现代环境的主要污染源。生活污水含有较多的天然有机物和一些人工合成有机物，如洗涤剂。工业废水组分十分复杂，其中含有许多微生物难以降解的物质。

一、废水处理的基本过程

1. 一级处理 一级处理也称为预处理。一级处理的目的在于去除固体物、油脂和泥沙，并对工厂排出的污水进行中和和调节，以便去除废水中的 SS 和一部分 BOD，防止阻塞下水道，减少后续处理的固体负荷和减少后续处理系统的容积，让排入二级处理系统的污水更适合于微生物生长，加快处理效果。

一级处理的第一步是利用筛滤法去除工业废水中粗大离散和悬浮的固体物，常用的设备有格栅、筛网、布滤和砂滤。第二步是把污水排入沉砂池中，沉出砂子。第三步是经上述处理过的污水再排入沉淀池（或称沉清池）中，某些生物量和絮凝的有机物便沉淀下来，这部分是作为粗污泥从污水中分离开。粗污泥可以作为厌氧消化的底物，生产甲烷。经干燥的粗污泥可以作为肥料，但要求污泥中有毒的重金属含量必须很低。从沉淀池排出的污水往往过酸或过碱，不适合微生物的生长，所以必须进行中和，对于酸性废水可以用石灰、石灰石、苏打和苛性钠进行中和。对于碱性废水可以用无机酸、含酸废水、烟道气（含有一定数量的 CO_2）中和。工业排放污水的流量和水质经常发生变化，对生物处理很不利，所以一级处理还应利用调节池对污水进行水量和水质的调节。

2. 二级处理　　经过一级处理的污水可以排入生物反应池中，其中的污染物经过微生物的氧化产生 CO_2、H_2O 和生物量。一般情况下，一级处理可以去除 70%～80%的 BOD，但对生活污水来说，一级处理仅可以去除 30%～40%的 BOD，所以有必要进行二级处理。二级处理主要是利用微生物的代谢活动去除污水中可溶性的有机物、吸附或氧化还原重金属，经过一级和二级处理，可以去除 80%～90%的 BOD。二级处理的效果如何取决于所用的微生物种类及其代谢活力。二级处理的方法很多，但基本上可以分为厌氧和好氧方法两大类，其中的微生物可以生活在一些颗粒物表面上形成生物被膜，也可以生活在呈悬浮状态的絮凝物中。在二级处理过程中，可以产生大量的生物量，这部分生物量可以通过沉淀与污水分离，然后把它们排入厌氧消化器中或堆积起来。

3. 三级处理　　三级处理的目的在于去除那些微生物无法降解的污染物和无机营养物，如含氮和含磷的无机盐及生物量。如果经二级处理的污水直接排入水体中，会造成富营养化问题。在某些情况下，三级处理后的排出水还要经过消毒。三级处理可以采用厌氧污泥消化和污泥压滤晒干等方法。

总的来说，污水处理的目的在于：①降低污水中的 BOD；②减少病原菌数目；③减少无机营养物含量，如 N 和 P 的含量。

从上述可以看出，微生物主要在二级处理过程中发挥作用，所以我们这一节重点介绍污水二级处理的微生物生态学问题。

二、活性污泥法

活性污泥法是一种好氧微生物处理法。活性污泥（activated sludge）是指污水中好氧微生物通过大量繁殖，加上污水中有机和无机胶体和悬浮物等组成的一种肉眼可见的绒絮状泥粒，它对污水中污染物有很强的吸附能力和降解能力，颜色可表现为深灰、灰褐、灰白等色，一般情况下无臭味，绒絮状泥粒大小为 0.02～0.2mm，表面积为 20～100cm²/L，相对密度比水稍大，所以静置时，便发生沉淀。活性污泥中的微生物主要有细菌、真菌和原生动物。

城市活性污泥的主要成分是碳水化合物、脂类和蛋白质，同时还有无机化合物，这些物质是细菌群落的关键营养物质，同时还可以帮助絮凝块的形成。含氮物质包括无机氮如氨或硝酸盐，以及有机氮如蛋白质。其他的活性污泥成分包括 Ca^{2+}、Mg^{2+}、PO_3^{3-}和 Fe^{3+}等离子，这些离子往往存在于不溶性的絮凝物中，浓度很高。还有 K^+和 Na^+，它们是可溶性的，随着处理过的污水被排出去。活性污泥呈悬浮的固体主要包括 70%的有机固体物和 30%的无机固体物，它们必须通过次级沉淀池沉淀或过滤除去。

1. 活性污泥反应器的基本结构　　活性污泥反应器通常是一个敞开式的水池子，深度为 15 英尺（1 英尺=0.3048m）。池子用水泥筑成的，四周壁为垂直的。在有些地方，人们也用钢池或泥池。由于活性污泥法是一种好氧处理法，所以必须装备搅拌或曝气设备，以便给处理系统充氧，所以也把活性污泥反应器称为曝气池（aeration basin）。近年来，人们开始给曝气池通入纯 O_2，这样可以使 O_2 传递到微生物细胞上的速度达到最大，加快污染物好氧降解，同时，这种充氧过程还能对活性污泥进行混合促进污染物的净化。传统活性污泥法处理流程如图 9-3 所示。

除了传统活性污泥法外，还有阶段曝气法、生物吸附法、完全混合法和纯氧曝气法。

2. 活性污泥的微生物多样性　　活性污泥中微生物的种类是相对比较少的，其中异养菌是主要的，这些异养菌与污水中原生动物一起构成基本的营养水平，肉食原生动物以细菌作为食物。活性污泥中的真菌数目少，但是在污泥出现膨胀的情况下，真菌数目上升。活性污泥中还存在少量的轮虫和线虫。一般情况下，活性污泥中不存在藻类。

活性污泥中含有各种好氧细菌，以及真菌、古菌和原生动物。这些微生物能降解有机污染物，并可以把有毒的重金属还原成无毒的金属。活性污泥就是一个结构和组成很复杂的微生物培养物，不同微生物之间存在各种相互的营养关系，物种多样性非常丰富，生理功能多样，是一个非常复杂的生态系统。在这个复杂的生态系统中，细菌几乎占所有微生物的 95%，它们在污水处理过程中起着非常关键的作用。过去主要研究活性污泥的微生物群落中可培养的微生物，但是大部分微生物在目前常用的培养基和培养条件下无法生长。自从使用分子生物学方法，如 PCR 技术和组学技术后，在活性污泥中发现了许多以前从未发现的难培养微生物，也发现了许多在活性污泥中特异表达的核糖体和蛋白质编码基因。所以，随着组学时代包括高通量测序等技术的到来（见第二章），在研究活性污泥微生物生理和功能多样性方面取得了许多重要进展。通常情况下，活性污泥中存在大量的絮凝物，微生物群落结构非常复杂，其中的细菌在降解含磷含氮的营养物和有机污染物方面起关键的作用。同时它们还能抵抗各种逆境，如氧气缺乏等的影响。它们代谢功能多样，可以进行硝化作用，也可以通过氨氧化细菌和亚硝酸氧化细菌的反硝化作用把氨氧化成硝酸盐、亚硝酸盐和 N_2。活性污泥中还有累积磷的微生物，这些微生物可以合成氨单加氧酶和亚硝酸还原酶。

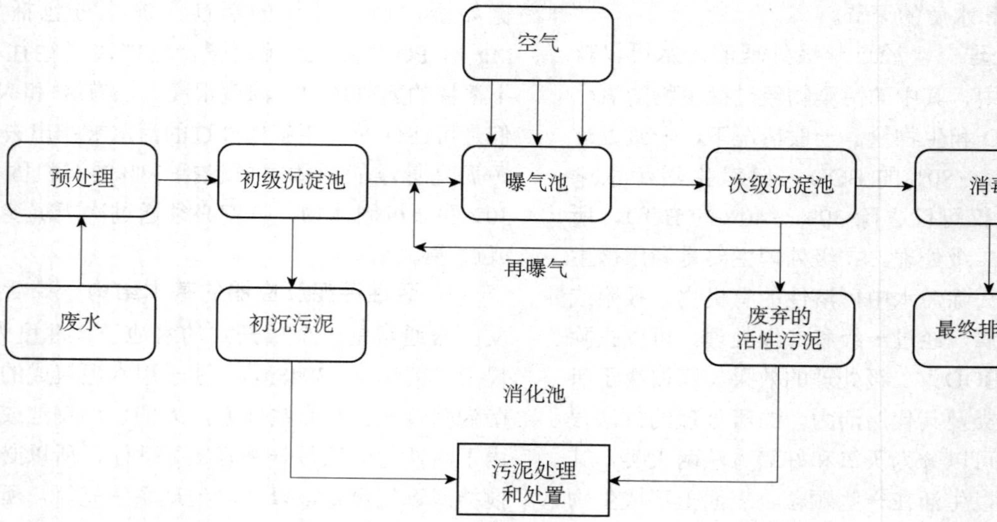

图 9-3 传统活性污泥法处理流程（Dey et al.，2022）

高活力活性污泥包含变形菌门、放线菌门、拟杆菌门、绿弯菌门、浮霉状菌、嗜酸细菌和疣微菌门。这些细菌约占 92%，而真菌仅占少部分（占 3%），细菌中主要是变形菌门，其次是放线菌门和拟杆菌门，分别占大约 22%、15%、6%。活性污泥中具有高活力氨单加氧酶的细菌包括硝化单胞菌、硝化螺菌、甲基孢囊菌和甲基弯曲菌。具有硝化酶活性的细菌主要有硝化单胞菌、硝化螺菌、甲基孢囊菌属和厌氧黏细菌。里氏杆菌（*Riemerella* sp.）、成对杆菌（*Dyadobacter* sp.）、脱氯单胞菌（*Dechloromonas* sp.）、聚磷菌（*Candidatus accumulibacter*）和食酸菌具有高氧化亚氮还原酶活力。废水处理厂含有的反硝化细菌包括弯曲杆菌（*Campylobacter* sp.）、固氮弓菌（*Azoarcus* sp.）、陶厄氏菌（*Thauera* sp.）、菌胶团细菌（*Zoog-loea* sp.）和聚磷菌，以及原生动物四球虫和假单胞菌。

其中 G^-菌为主要的细菌。能产气的大肠菌群仅占整个 G^-菌群体的少部分。未处理的污水中大肠杆菌占产气大肠菌群的 75%，但在活性污泥中仅占 25%，在曝气池排出水仅占 30%。在活性污泥中存在噬细菌蛭弧菌（*Bdellovibrio bacteriovorus*），这种细菌能进攻球衣菌和 G^-菌，从而使活性污泥中的细菌数目下降。产气单胞菌在活性污泥中数目相当大，这些微生物通常对抗生素有抗性。活性污泥中还存在亚硝化单胞菌。其他的 G^-菌，如假单胞菌、黄杆菌、诺卡菌、无色细菌、产碱杆菌、分枝杆菌、类产气副大肠杆菌和 G^+菌的蜡状芽孢杆菌对于污染降解起主要作用，这些细菌能去除 66%～80%的 BOD。

不同类型的污水含有不同的细菌群体，如在抗生素厂排出水中，假单胞菌是主要的。能在 24h 内形成絮状的细菌种有大肠杆菌、费氏埃希菌、中间埃希菌、淡黄假单胞菌、卵状假单胞菌、缓慢假单胞菌、霉实假单胞菌、粪产碱菌、似产碱菌、类产气副大肠杆菌、放线形诺卡菌、蜡状芽孢杆菌、迟缓芽孢杆菌、生枝动胶菌、无色杆菌、节杆菌和黄杆菌（表 9-3）。这些微生物形成的絮凝体可以去除污水中的有机污染物，去除 BOD 和去除或吸附废水中金属离子，并使活性污泥具有良好的沉降作用，防止动物对细菌的吞噬。所以活性污泥法中絮凝体的形成对于提高污水处理效果是非常关键的。能形成絮凝体的微生物也称为菌胶团细菌，相应的絮凝体称为菌胶团。在菌胶团块比较大的活性污泥中还存在产甲烷菌。

除了上述细菌外，活性污泥中还存在丝状细菌，这些细菌存在于活性污泥中会对絮凝体的性质产生很大的影响，因为某些种类丝状细菌的大量繁殖，会影响活性污泥絮凝体的沉降性能，造成污泥膨胀，以至严重影响水处理的质量。这些丝状细菌包括亮发菌、长线丝菌、极细暗线菌、浮游球衣菌、无色线菌属的一些种、发硫菌、贝硫细菌、微颤菌属、诺卡菌、贝日阿托氏菌属、纤发菌、拟硫螺菌属、软发菌、微丝菌等。

表 9-3　活性污泥中的细菌分布

属或类型	总分离物的百分比/%	属或类型	总分离物的百分比/%
丝毛单胞菌属-假单胞菌属（*Comamonas-Pseudomonas*）	50.0	黄杆菌属-噬纤维菌属（*Flavobacterium-Cytophaga*）	13.5
产碱杆菌属（*Alcaligenes*）	5.8	芽孢杆菌属（*Bacillus*）	1.9
假单胞菌属（*Pseudomonas*）（荧光类）	1.9	微球菌属（*Micrococcus*）	1.9
副球菌属（*Paracoccus*）	11.5	棒杆菌属（*Corynebacterium*）	5.8
G^-杆菌属（Gram-negative rod）	1.9	节杆菌属（*Arthrobacter*）	1.9
气单胞菌属（*Aeromonas*）	1.9	金杆菌属-微杆菌属（*Aureobacterium-Microbacterium*）	1.9

活性污泥中的原生动物量很大，但变化也较大，原生动物通常与活性污泥的絮状有关，因为原生动物的存在，才能对絮状物有稳定作用，但原生动物不参与废弃物的处理。在各种正常活性污泥中，发现约 228 种原生动物。

其中纤毛虫是主要的，当污水中有机物负荷过重时或处在不利条件时，纤毛虫就很少，而出现许多鞭毛虫，所以可以利用纤毛虫作为水处理效果好坏的指示生物。当曝气池中出现大量纤毛虫时，说明污水处理效果良好。当处理效果差时，鞭毛虫大量出现，而纤毛虫减少。一般情况下，原生动物对于废水处理和维持其中的不同微生物群体平衡是有利的，在没有原生动物存在的情况下，处理过的污水非常混浊，并且 BOD 很高，有机碳浓度和 SS 都很高，混浊是由于排出水中没有原生动物的吞噬细菌作用，因此细菌数目增加。如果加入原生动物，活性污泥中的微生物群体就显得相当稳定，排出的水质也有了改善。许多原生动物可以分泌黏液性物质和多糖物质，这些物质对于活性污泥的絮凝起一定的作用。这就是任何一个生态必须保持平衡的例子。

另外，活性污泥中还存在其他一些动物，如轮虫、颗体虫、线虫等。

在活性污泥中也存在真菌，但数量不多，它们不是活性污泥微生物区系中的主要成员。活性污泥中的真菌主要是一些丝状真菌，如毛霉属、根霉属、曲霉属、青霉属、镰刀菌属、漆斑菌属、黏帚霉属、瓶霉属、芽枝霉属、短霉属、木霉属、地霉属和头孢霉属。现已从活性污泥中发现大约 20 种真菌，其中头孢霉占 38%、枝状枝孢菌占 22%、青霉占 19%、酵母菌仅占 1%。在冬天，真菌数目最少；在秋天，真菌数目达到了顶峰。活性污泥中的某些丝状真菌会引起污泥膨胀，如真菌中的地霉在活性污泥微生物区系中占优势时，便会引起污泥膨胀，这是由于当 N 或 P 受到限制时，地霉具有竞争优势，使其他微生物群体无法生长。活性污泥中的真菌出现与污水 pH 较低有关。

活性污泥中的放线菌在处理过程中能产生泡沫或浮垢（scum），但这不是污泥膨胀，这是阿瓦诺卡菌（*Nocardia aware*）大量繁殖的结果，加入 $FeCl_3$ 可以阻止这种现象的发生。

3. 活性污泥的培养和驯化　活性污泥培养就是为形成活性污泥的微生物生长提供合适的物理和化学条件，在这些条件下，经过一定时间的培养，便形成活性污泥，以便用于废水处理。培养活性污泥的样品时可以将一定量的粪便、肥沃的土壤和受污水污染过的污泥混合在曝气池中，加水稀释，使 BOD 达到 200～300mg/L。如果要处理的污水含有较多的有毒生物难降解物质，可以加入一定量的、实验室中培养的或遗传构建高效污染物降解菌，但是必须要求这些细菌具有适应污水，高效降解污染物的能力，并具有凝絮能力，以便使它们能在活性污泥中牢固地定居下来，不致呈游离状态而流失。如果混合液中碳源不足，可以加入一定量的米泔水补充碳源，然后进行曝气培养，并不断加入上述混合液，流出废液，经过一定时间后，便形成活性污泥。

活性污泥的驯化就是在上述培养好的活性污泥（或采集其他有关工厂污水处理池中的活性污泥）中，逐渐减少上述混合物的加入量，而逐渐增加所要处理的含有污染物的废水量，最后加入的全部为废水。在这个培养过程中，能够适应并降解某些污染物的微生物数目逐渐增多，而不能适应或对某些污染物敏感的微生物数目逐渐减少，这样通过营养竞争，不适应的微生物逐渐被淘汰死亡。

活性污泥培养和驯化各需10～15d。活性污泥在驯化过程中，如果污泥中匍匐纤毛虫和固着型纤毛虫逐渐增多，并且较为稳定，处理效果逐渐提高，并趋于稳定，那么就说明活性污泥的驯化已完成。

4. 絮凝作用 在活性污泥法中，絮凝物的增加是必需的，因为只有通过絮凝作用才能产生透明的排出水，并可以在沉淀池中通过沉淀得到合适浓度的污泥，这部分污泥还需再循环回到曝气池中，但絮凝作用对去除污染物没有直接作用。

在活性污泥中，有1种细菌，即生枝动胶菌（*Z. ramigera*）主要负责絮凝作用，因为这种细菌能分泌一种胶体物质，使得其他微生物能吸附到这种胶体物质上，并被这种胶体物质包埋起来。这些胶体物质是多糖和多聚氨基酸之类的物质，这些胶体物质是有关的微生物处在衰亡期时产生的，分子质量大于10 000Da，约占培养物总COD的36%～62%。Ca^{2+}和Mg^{2+}可以在胶体物质分子羧基之间形成连桥，活性污泥块的可能结构如图9-4所示。

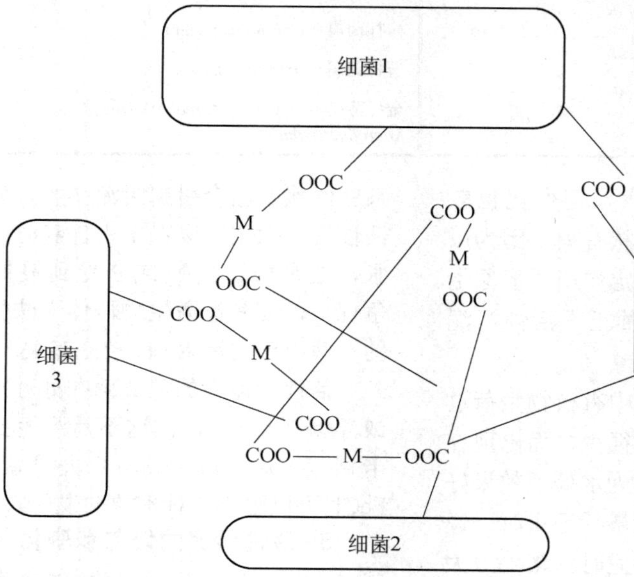

图9-4 活性污泥块的可能结构（池振明供图）

5. 活性污泥的膨胀（bulking of sludge） 活性污泥的膨胀是指在曝气池运转过程中，出现污泥颗粒结构松散、沉降能力下降、污泥颗粒随水漂浮出曝气池外的异常现象。活性污泥的膨胀会严重干扰曝气池的处理效果和排出水的水质，因此在活性污泥法中，要严防这种现象的发生。

现在发现活性污泥的膨胀是由于活性污泥中的微生物群落生长失去平衡。

（1）分散生长。在正常工作的活性污泥中，不能形成絮凝体的细菌通常被原生动物吞噬消耗掉。如果这些分散生长的细菌大量增殖，就造成排出水混浊，原因是BOD负荷高，供氧不足，所以形成絮凝体的细菌不能形成生物絮凝物，某些重金属离子浓度过高可能也会导致活性污泥的细菌呈分散状态生长。

（2）某些非丝状菌，如一些芽孢杆菌、大肠杆菌和其他一些细菌菌体集合成链，形成大量的暂时性丝状体，并造成解絮凝作用，最终导致污泥膨胀。另外动胶菌分泌过多的胞外多糖，造成絮凝体沉降性能下降，也会引起污泥膨胀。

（3）在水中DO浓度较低（小于0.2mg/L）；C/N和C/P比值失调，或缺少氮源时；水温过高（大于25℃）；pH较小（小于6时），可以导致球衣细菌、丝状真菌和其他丝状细菌大量增殖，结果菌丝体相互缠绕，使污泥相对密度减小，从而呈漂浮状态，难以沉降，而出现污泥膨胀。一般认为球衣细菌在污泥中过度生长是导致污泥膨胀的主要原因。

（4）在沉清池中由于缺氧，出现过度的反硝化作用，污泥颗粒便吸附在N_2泡上而漂浮在液面，造成排出水混浊，BOD增加。

在出现污泥膨胀之前，用显微镜检查污泥往往可以看到原生动物中的钟虫带着小块污泥游动而脱离絮状团块，丝状菌数量显著上升，废水处理效果特佳。

污泥膨胀的控制方法有：①加入$FeCl_3$和$FeSO_4$使漂浮的活性污泥增加混凝沉降作用。②加入次氯酸钠（浓度必须在10～20mg/L）和H_2O_2（浓度在100～200mg/L），提高pH到8，以便抑制或杀死球衣细菌等丝状菌。加H_2O_2还可以给反应器提供氧气。也有人利用臭氧杀死丝状菌。③改变条件，通过改变反应器的培养条件促进形成絮凝体细菌的生长，减少丝状菌的生长，也可以达到控制污泥膨胀的目的，如好氧法（aerobic）、缺氧法（anoxic）和无氧法（anaerobic）。好氧法的原理如Monod方程式（9-6）所示。

$$\mu = \mu_{\max} \times \frac{[S]}{K_s + [S]} \tag{9-6}$$

在相对高底物浓度（$S > K_s$）条件下，比生长速率受到$\mu_{\max}$的控制。然而，在低底物浓度条件下，比生长速率主要受到K_s的控制。在污泥膨胀的情况下，丝状菌的K_s很小，所以在低底物浓度下，丝状菌是主要的。相反，在高底物浓度下，形成絮凝体的细菌却成为主要的。根据这个道理，通过设计底物浓度呈梯度增加的一系列反应器就可以达到抑制丝状菌生长的目的。缺氧法的原理是在无氧条件下，利用硝酸盐作为微生物呼吸的电子受体。在无氧条件下，形成絮凝体的细菌超过丝状细菌，因为它们能利用硝酸盐作为电子受体氧化有机物，而丝状细菌却不能，数量便减少。在最后一个生物反应器中，提供氧气，但此时由于有机物浓度很低，结果丝状菌无法生长。据报道这种方法可以成功地控制丝状细菌 *Nostocoida limicola* 的生长。无氧法的原理是在无氧和无硝酸盐作为电子受体的条件下，达到控制丝状菌浮游球衣细菌和其他丝状菌生长的目的。另外在有氧条件下，形成絮凝体的细菌可以在细胞中累积多聚磷酸盐，而在上述无氧条件下，这些细菌可以利用这些多聚磷酸盐作为能源，吸收可溶性有机物进行大量的生长。

（5）生物控制法。从活性污泥和土壤中分离到的有些细菌和放线菌能裂解丝状细菌；有些原生动物，如僧帽触口虫（*Trithigmostoma cucullulus*）能消化丝状微生物，所以可以利用这些微生物来控制丝状细菌的生长。

6. 活性污泥法的处理效果　这种方法处理污水可以去除95%的BOD、95%的SS和98%以上的细菌和病毒；COD去除率为69.2%；NOD去除率为23.1%；TOD去除率为56.1%；活性污泥法对减少大肠菌群数目是有效的，可以去除85%～99%的沙门菌、志贺菌、结核分枝杆菌；去除病原病毒率可达90%～98%。但活性污泥法对于去除寄生原生动物的孢囊和寄生虫效果不佳。在去除病原细菌方面，原生动物起主要作用，但噬菌体和蛭弧菌也起轻微的作用。

活性污泥法还可以去除有机酸和重金属，每小时每克污泥可以去除36mg有机酸，去除铅可达78%，Ni为1%。

7. 活性污泥法的优缺点　此法的优点是：①能产生高质量的排出水，净化效率高，臭气轻微；②处理费用较合理；③反应的体积小，占地面积小。缺点是：①产生的污泥量大；②对水质、水量的变动比较敏锐，对负荷的冲击抗性弱；③容易出现污泥膨胀现象。

三、生物被膜法

生物被膜法就是让参与污染物降解的微生物在固体表面形成生物被膜，然后生物被膜中的微生物参与污染物净化作用。

1. 生物被膜中的微生物及其作用　在生物滤池运转过程中，当污水流经填充物表面时，其中的微生物便吸附在填充物表面上进行生长繁殖，逐渐形成一层由各种微生物组成的生物被膜（图 9-5）。这层生物被膜具有很强的吸附、吸收和氧化分解污水中污染物的能力。生物被膜的厚度可达2～3mm，其中包括细菌、真菌、藻类、原生动物和其他生物。在填充物上首先生长的微生物是G^-菌，接着是丝状细菌。这些细菌能在填充物上长期定居与它们形成的多糖有关，这种多糖叫作糖萼（glycocalyx），这些多糖使得生物被膜上的微生物能附着在填充物表面，并且这些多糖富含阴离子基团，以便与金属离子形成复合物。

生物被膜外层处在好氧状态，而里层则处在厌氧状态。生物被膜最外层吸附有一薄层污水，称为附着水，附着水外为流动的污水，称为运动水，运动水的O_2和污染物通过附着水进入生物被膜。

参与污染物降解的生物被膜一般以菌胶团微生物为主要成分，其中含有细菌、真菌和藻类。在生物被膜表面生长有原生动物。污水中大量的有机物被生物被膜中的好氧细菌氧化分解产生CO_2、H_2O、NH_3、H_2S和生物量。其中的细菌生物量便作为原生动物的食物。NH_3、CO_2和H_2S可作为自养细菌同化的底物，自养细菌也可以作为原生动物的食物。所以在生物被膜中存在一个关系相当复杂的食物链关系。另外，在生物被膜中还存在硝化细菌。

在生物被膜好氧区中，芽孢杆菌属占优势。在厌氧区中，专性厌氧菌，即脱硫弧菌是主要的。在介于厌氧区和好氧区之间的兼性好氧区存在兼性好氧细菌，如假单胞菌、产碱杆菌、黄杆菌、无色杆菌、微球菌和动胶菌，其中生枝动胶菌对生物被膜的形成起主要作用。另外，兼性好氧区中还存在大肠杆菌和产气杆菌。在生物被膜中还存在丝状细菌，如球衣菌、贝氏硫细菌和发硫细菌，后两种细菌存在于生物被膜厌氧区。生物被膜中丝状细菌的存在有利于有机污染物的降解，但是这些细菌过分生长也会导致滤孔堵塞。

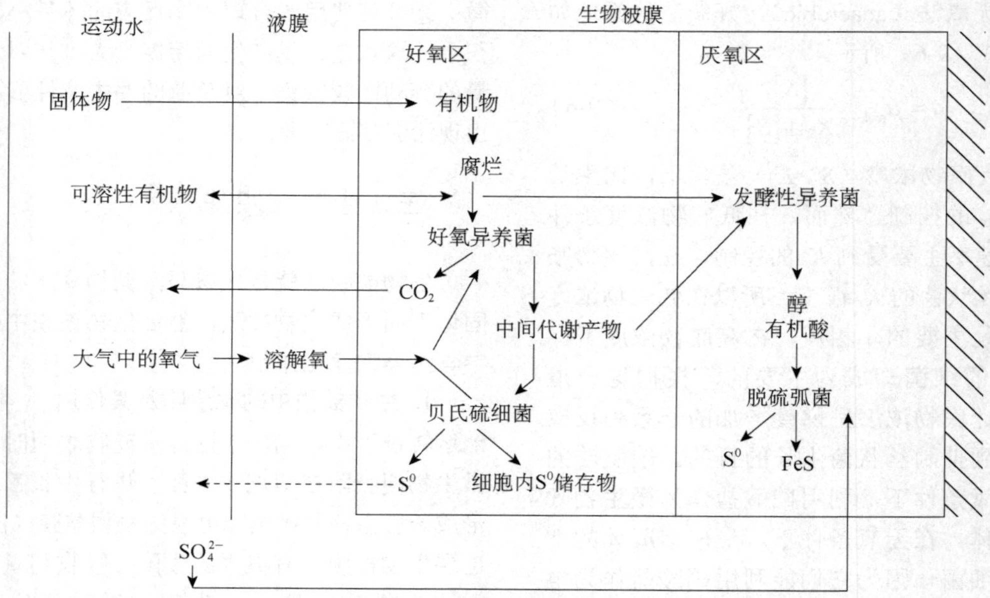

图 9-5 生物被膜的基本结构和污染物降解过程（池振明供图）

对于露天型的生物滤池来说，生物被膜中存在藻类。它们包括小球藻属、绿球藻属、席藻属、颤藻属、毛枝藻属、丝藻属和硅藻，这些藻类对于去除无机物起一定的作用。某些藻类可以固氮，在无光条件下，可以进行异养生长，但在去除 BOD 方面作用不明显。这些藻类如果过度生长，反而会覆盖滤池表面，使滤池堵塞，影响水流的畅通。

生物被膜中的真菌主要有出芽短梗霉、链孢霉和其他半知菌，这些真菌主要存在于好氧区。在一般情况下，由于真菌从营养角度竞争不过细菌而受到抑制。当污水 pH 较小时，生物被膜中的真菌数目才能超过细菌。真菌菌丝的生长有利于氧气在生物被膜中的传递。

生物被膜中的原生动物主要由纤毛虫类、根足虫类和鞭毛虫类组成，其中以纤毛虫最多。在生物被膜表面主要为游动纤毛虫，较下层有柄纤毛虫占优势。除了这些动物外，生物被膜中还存在线虫、轮虫、昆虫幼虫和蜗牛，这些动物具有去除滤池内污泥、防止污泥积聚阻止滤池堵塞的功能，并与生物被膜的脱落有关。昆虫幼虫以生物被膜为食物，这有助于控制膜的厚度。

随着生物滤池运转时间的延长，有些填充物上的生物被膜逐渐增厚，厌氧区也随之扩大，最后造成生物被膜脱落，脱落后在填充物上又重新生长生物被膜，进行生物被膜更新，这是一种正常的现象。脱落的生物被膜可以通过污水的冲洗和一些小型动物的捕食作用予以消除。与生物滤池相连的澄清池中，死亡的生物被膜和小型动物通过沉淀予以除去。

2. 污水处理过程中生物被膜的形成过程

生物被膜的形成是一个复杂的多因子过程，单种或多种微生物生长在固体表面，产生胞外聚合物，这些胞外多聚物导致生物体的表型如生长率和基因转录的变化。细胞表面特性（特别是细菌的菌毛和鞭毛）及与表面结合的多糖或蛋白质对于表面黏附是很重要的，这些为参与生物被膜形成的混合生物微生物群落中的每个成员提供了竞争优势。参与功能性生物被膜形成的步骤首先是黏附、定居，接着就是生物被膜成熟过程，最后有些细胞离开生物被膜（图 4-10）。多种环境因子控制细菌生物被膜的形成，如 pH、营养物质和氧的获得、细菌代谢物质的浓度。这些因素导致生物被膜彼此不同，所以在河流中形成的生物被膜不同于在生物组织中形成的。环境因素影响生物被膜中的肺炎链球菌（*S. pneumoniae*）蛋白质的重新合成；同时也观察到细菌数量和生物量的增加。群体感应系统（细菌通过信号分子进行交流和协调行为的能力）也可以调控成熟生物被膜的变化（图 4-11），主要通过控制生物被膜中通道和类似菌毛的形成以确保营养物质有效地到达细胞内。当生物被膜内部菌体密度高对食物需求竞争激烈时，这种生物被膜结构有助于营养物质的获得。在生物被膜形成过程中，不同生物体的基因表达模式是不同的。群体感应系统对于细菌聚集到固体表面是非常重要的，其影响着生物被膜中许多种微生物的发育。以酰基高丝氨酸内酯（acyl-homoserine lactone，HSL）为基础的群体感应系统不仅影响液化沙雷菌（*Serratia liquefaciens*）的生物被膜成熟，也控制着球拟红杆菌（*Rhodobacter sphaeroides*）的细胞聚集。细菌聚集成复杂的微生物群落有一些特别的好处，是离散细菌不具备的。例如，生物被膜中的生物体能明显地抵抗剪切力、营养物质匮乏、pH 变化和抗生素，因为有胞外多糖提供的机械力。与单个细菌相比，生物被膜更有利于生物修复作用。

3. 生物滤池法　这是利用微生物在填充物（载体）生长形成的生物被膜来处理污水的方法之一。填充物包括砾石（gravel）、小石块、塑料、砂子和活性炭颗粒。有两个因素可以影响微生物在填充物上生长：一是废水的流速；二是填充物颗粒的大小和几何形状。

1）生物滤池的基本结构　生物滤池基本上由初级沉淀池、生物滤池和二次沉淀池组成，其中的生物滤池由图 9-6 所示的各部分组成的。

现在一般把滤池加工成塔式：塔高 20m 左右；直径与高度之比为 1∶8～1∶6；塔中分为数层，每一层设一个隔栅，隔栅上堆有填充物。比较理想的填充物有粉碎过的花岗石、煤渣、炉渣、塑料波纹板和泡沫玻璃块。小石块的大小要求在 2～4 英寸。塑料类填充物的比表面积要求在 98～340m^2/m^3。经过沉淀的污水均匀地喷洒在填充物的上表面，污水便沿着填充物之间的空隙流下，运转一段时间后填充物表面上形成菌胶团，最后形成稳定的生物被膜。所需的 O_2 一部分可以通过流入的污水带进，另一部分由滤池底部的自然通风口进入。普通塔式生物滤池结构如图 9-7 所示。

一般塔式生物滤池的设计规范：高度为 4～22m；构形为圆形具有旋转布水器，或矩形具有固定布水器；水量负荷为 60～120m^3/（m^2·d）；BOD 负荷为 2.4～4.8kg BOD/m^3 滤池介质；填充物为小石块或塑料。

2）生物滤池的处理效果　生物滤池可以去除 95%的 BOD、悬浮固体物和细菌；乙型副伤寒沙门菌去除率可达 84%～99%；结核分枝杆菌去除率可达 66%；总大肠菌群去除率为 85%～99%；肠道病毒去除率为 40%～60%；COD 去除率为 69.2%；NOD 去除率为 23.1%；TOD 去除率为 56.1%。

3）生物滤池法的优缺点　生物滤池法可用于处理含有毒物的许多工业污水或较低浓度的天然有机物工业废水。此法具有生物密度大；BOD 负荷高；处理效果良好；污泥生成量少；水质、水量的冲击负荷缓冲能力强；不存在污泥膨胀；运转管理方便和可有效处理含有各种成分的工业和生活污水等优点。但是此法尤其是塔式生物滤池消耗动力较大。

4. 生物转盘法　这是一种通过盘面转动，并交替地与污水和空气相接触，利用转盘上生物被膜在好氧条件下分解污染物，净化污水的方法。

1）生物转盘法的基本结构　在生物转盘法中，有一个或一系列水泥池，每个水泥池容量为 1m^3/（m^3·h），池中存有所要处理的污水。每一个水泥池中装有与污水面相垂直的多孔塑料圆盘，圆盘直径为 1～3m，每个圆盘中心装有一根轴，在电机带动下不停地运转，转动速度为 1～3r/min，大

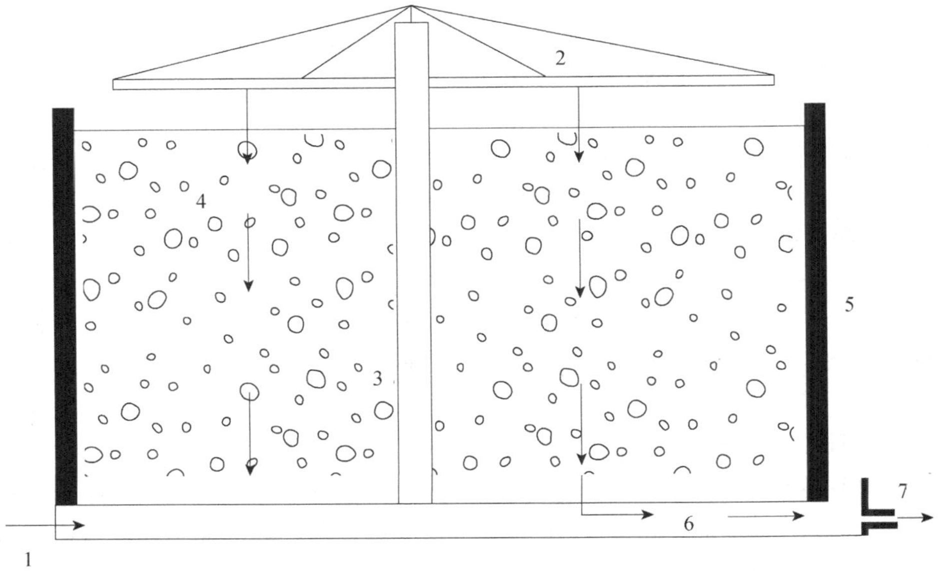

图 9-6　生物滤池的基本结构（池振明供图）

1. 流入水；2. 旋转布水器；3. 滤层；4. 滤料；5. 池壁；6. 渗水设备；7. 滤后水

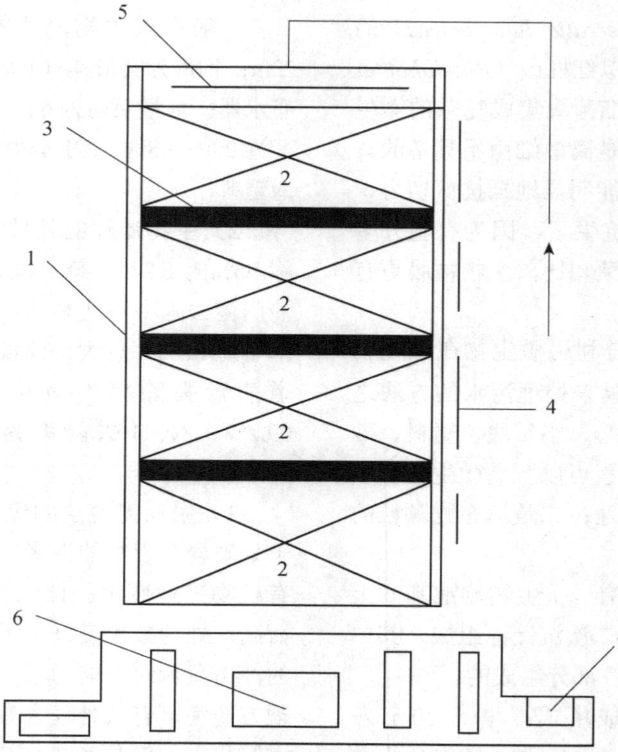

图 9-7 普通塔式生物滤池结构（池振明供图）

1. 塔身；2. 滤料；3. 格栅；4. 检修口；5. 布水器；6. 通风口；7. 集水槽

约 40%的圆盘表面积浸泡在污水中，如图 9-8 所示。与生物滤池中的填充物一样，圆盘作为生物被膜生长的载体，污水中的微生物首先吸附在载体上，通过一定时间的运行，微生物便在圆盘上生长成生物被膜，被膜厚度为 4mm 左右。随着圆盘转动，在污水中圆盘部分带上一层污水膜，然后与空气接触，并吸收 O_2，在有氧条件下，生物被膜中的微生物便把污染物降解为 CO_2 和 H_2O，剩余的生物被膜可以脱落到污水中。转盘表面积很大，给微生物生长创造了有利的条件。

生物转盘上的生物被膜主要由真细菌、原生动物、丝状生物和后生动物组成。常见的丝状生物包括球衣细菌、贝氏硫细菌、诺卡菌和丝状藻类。球衣细菌细胞中含有大量的多聚-β-羟丁酸（PHB）内含体，内含体是这种细菌累积过量碳的结果，它们占细胞干重的 11%～20%及以上。生物转盘的生物被膜由两层组成，外层含有贝氏硫细菌细胞的丝状体，而内层为黑色，含有脱硫弧菌和硫酸盐还原菌。

在生物被膜的无氧区发酵细菌代谢的结果是提供末端产物，如有机酸和醇类，这些末端产物被硫酸盐还原菌作为底物，还原硫酸盐产生硫化氢，硫化氢扩散进入有氧区，很容易被贝氏硫细菌利用作为电子供体，结果硫化氢被氧化成元素硫。

生物转盘系统一般由多级生物转盘组成，大多数利用 3 台转盘串联运行，一般的生物转盘工艺流程如图 9-8 所示。在一级生物转盘中，可以除去大部分的有机物，在后几级生物转盘中由于硝化作用可以除去 NH_4^+。当 BOD 很低时，氨氧化菌无法有效地与生长较快的异养菌进行竞争。在一级生物转盘中，如果溶解氧很低会对处理效果不利，在后几级中 pH 很低也对处理效果不利。

生物转盘法 BOD 去除率达 85%以上；COD 去除率达 80%；停留时间一般为 2h 以上。

2）生物转盘法的优缺点　生物转盘法可以用于处理生活和工业污水。生物被膜是通过污水而不是污水在生物被膜上流动，这样可以不受进水流速的影响，而能使所有微生物得到必要的水分。微生物与污水接触的机会可以通过调节圆盘转速而予以调整，从而直接控制生物膜的厚度。调整转速还可以改变 O_2 传递的速率。在生物转盘法中不需要进行污泥再循环。生物被膜不断地与水接触，可以防止一些小动物的生长。此法耐冲击和工作稳定性都较高，有利于氮的硝化作用，处理程度较高。与生物滤池法相比，此法较为经济。此法的缺点就是需要消耗动力使圆盘转动，但所消耗的动力要比活性污泥法的少。

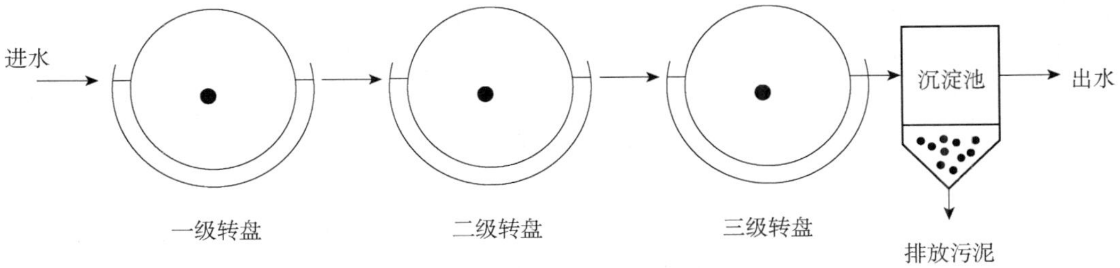

图 9-8 生物转盘工艺流程图（池振明供图）

5. 生物接触氧化法 生物接触氧化法就是在不透水的池子内，填充填料，从下侧进行曝气，经曝气的废水以一定的速度流经也在运动的填料，使填料上长满生物被膜，废水和生物被膜接触，在生物被膜和废水中悬浮的活性污泥作用下，废水中的污染物被氧化分解。所以，此法介于生物滤池和活性污泥法之间。

处理装置一般为不透水的水泥池，在氧化池填料底部直接进行鼓气曝气，污水也是从底部流入，当污水达到一定流速时，可以使其中的填料在氧化池中做自由运动。一般采用活性炭、无烟煤和砂子及蜂窝作为填料，让微生物在其上生长成生物被膜，填料的孔径应根据废水的 BOD 和 SS 进行选择。BOD 为 100～300mg/L 时，可选择孔径为 32mm 的填料。BOD 为 50～100mg/L 时，可选择孔径为 15～20mm 的填料。BOD 在 50mg/L 以下时，可选择孔径 10～15mm 的填料。

此法有以下几个优点：①具有高浓度的生物量，一般情况下比活性污泥法高出 20 倍左右；②净化效率高，通过填充料的不断运动，可以加快生物被膜中的物质传递速率；③处理时间短；④对进水有机负荷的变动适应性强；⑤不必进行污泥回流，不存在污泥膨胀问题；⑥设备体积和占地面积小；⑦运行管理方便。

四、厌氧发酵法

厌氧发酵法是利用厌氧反应器中的兼性厌氧菌和专性厌氧菌分解污水中的污染物，产生 CH_4，达到净化污水的目的。

1. 厌氧生物反应器的基本结构 厌氧生物反应器通常是一类密闭的圆形水泥池，如家庭用的反应器直径为 2.5m，水泥池的壁是垂直的，深度为 7.6～13.7m，底部为圆锥形的，以便除去污泥，水泥池上盖可以是活动的，也可以是固定的。废水处理的典型厌氧生物反应器如图 9-9 所示。反应器中加有搅拌或内部气体搅拌，另外生物反应器内还应具有加热设备，可以采用池内蒸发直接加热和池外预热。中温（温度 30～35℃）型的厌氧反应器的负荷为 2～3kg COD/（$m^3 \cdot d$）；处理时间约为 10d。

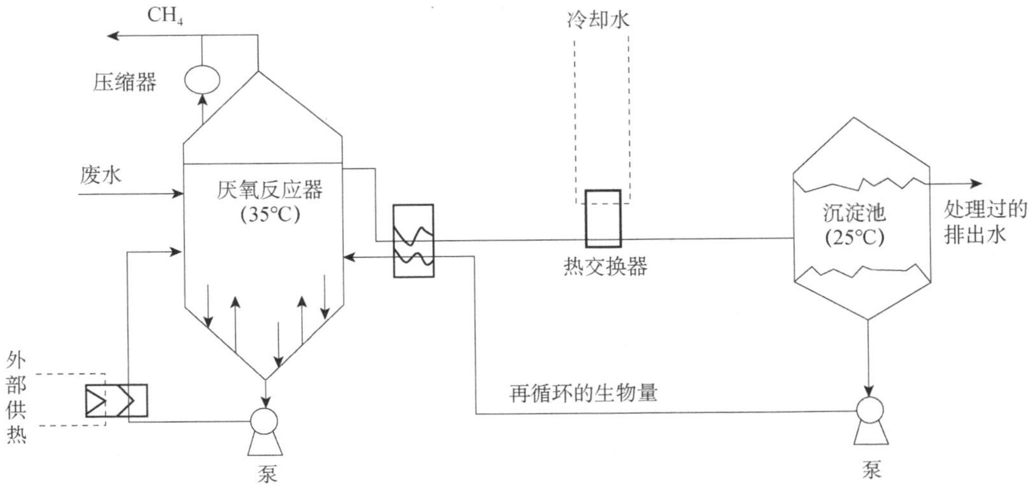

图 9-9 废水处理的典型厌氧生物反应器（池振明供图）

2. 与厌氧净化有关的微生物 参与厌氧净化污水的微生物有 4 类：第一类是可以产生胞外酶的微生物，水解污染物中不溶性的有机物和比较复杂可溶性的有机物，如纤维素、淀粉、半纤维素、脂类和蛋白质，水解产物为一些简单的可溶性有机物。这一类微生物主要为梭状芽孢杆菌。第二类微生物为产酸细菌，使上述简单可溶性有机物分解产生甲酸、乙酸、CO_2、H_2和其他一些挥发酸，以及乙醇、甲醇、甘油和丙酮，其中乙酸是碳水化合物发酵的主要产物。这些细菌是不产甲烷的厌氧异养细菌，如梭状芽孢杆菌、链球菌、大肠杆菌和丙酸杆菌等。第三类微生物为产氢气的细菌，这类细菌能使丙酸、丁酸和醇类转化成乙酸、H_2和CO_2，它们多数为肠杆菌科和产芽孢的细菌。产氢气细菌转化脂肪酸时，要求环境中的H_2浓度很低，所以在厌氧发酵过程中必须认真监测H_2浓度。在相对高的H_2分压条件下，乙酸形成量下降，这时底物被转化成丙酸、丁酸和乙醇而不是乙酸，而这些有机酸不利于甲烷的形成，我们已经在碳循环一节中做过介绍。在厌氧反应器中产酸细菌和产甲烷细菌之间存在互惠共生关系，产甲烷菌不断利用H_2可以给产酸细菌创造一个低H_2的环境。第四类微生物为产甲烷古菌，它们主要包括甲烷杆菌属、甲烷八叠球菌属、甲烷球菌属和甲烷螺菌属，甲烷形成的机制有以下几种。

（1）通过氧化H_2获得能量，利用CO_2作为最终电子受体，产生甲烷，即

$$4H_2 + CO_2 \longrightarrow CH_4 + 2H_2O \quad (9\text{-}7)$$

（2）通过分解乙酸产生CH_4和CO_2，即

$$CH_3COOH \longrightarrow CH_4 + CO_2 \quad (9\text{-}8)$$

（3）通过利用乙酸作为底物，H_2作为最终电子受体产生甲烷，即

$$CH_3COOH + 4H_2 \longrightarrow 2CH_4 + 2H_2O \quad (9\text{-}9)$$

第三类细菌能利用乙酸作为产甲烷的前体，并除去反应器中的H_2，从而防止H_2的累积。否则，H_2会对产H_2细菌起抑制作用。能利用H_2的细菌，还可以促进丙酸和丁酸被转化成乙酸。厌氧生物反应器中的混合微生物群落在降解复杂多样的污染物方面起主要作用。

（4）通过裂解甲酸产生CO_2和H_2，H_2和CO_2再化合成CH_4，即

$$HCOOH \longrightarrow CO_2 + H_2 \quad (9\text{-}10)$$

$$CO_2 + 4H_2 \longrightarrow CH_4 + 2H_2O \quad (9\text{-}11)$$

产酸细菌所产生的乙酸占所有酸的80%，产酸细菌增殖很快，倍增时间一般为几分钟至几小时，μ_{max}约为1/h，所以当有机废弃物贮存时，产酸细菌很快占优势，反应器中的乙酸和丙酸浓度迅速上升，pH下降。而产甲烷菌倍增时间较长，一般为4～6d，μ_{max}约为0.04/h，并且很容易受到脂肪酸、NH_4^+或SO_4^{2-}的抑制，所以在同一个厌氧反应器中必须使这两类细菌的生长处在平衡状态。

上面说过厌氧消化微生物可以分为产酸阶段和产甲烷阶段，这两类微生物的生理特性和所需的物理化学条件很不一样，如果它们处在一个生物反应器中，这两类微生物的生长必须达到平衡状态才能得到最佳的处理效果。如果将这两类微生物分别生长在不同的生物反应器中，并分别创造有利于它们生长的最适条件，就可以达到最佳的处理效果。产酸的反应器称为酸化反应器，而产气的反应器称为气化反应器，把这两种反应器串联在一起，就称为两相厌氧生物处理法，如图9-10所示。

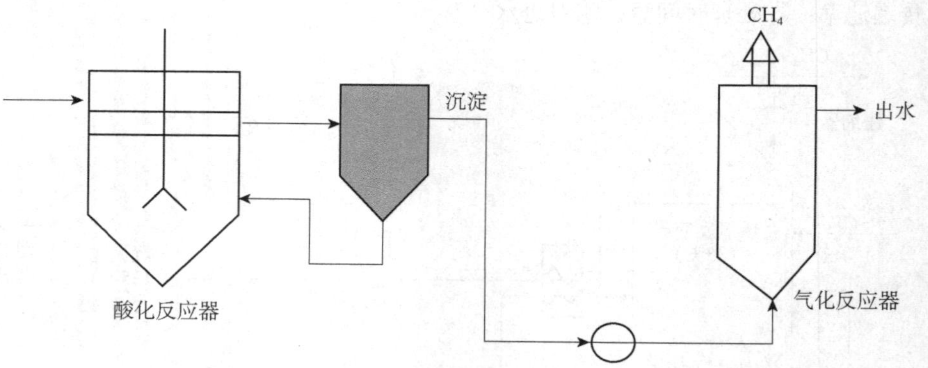

图9-10　两相厌氧生物反应器及其污水处理过程（池振明供图）

在厌氧反应器中产甲烷菌和硫酸还原菌需要竞争同一电子供体——乙酸和H_2，硫酸盐还原菌对乙酸有较高的亲和力（K_s=9.5mg/L），而产甲烷菌的K_s=32.8mg/L。这就说明在乙酸浓度低的情况下，竞争的结果是硫酸盐还原菌数量超过产甲烷菌数量，这样由于竞争抑制使电子从甲烷产生分流到硫酸盐还原上，影响甲烷的合成。当BOD/SO_4^{2-}比值为1.7～2.7时，这两类微生物竞争非常激烈。这个比值的增加有利于产甲烷，而比值的下降有利于硫酸还原菌的生长，所以要控制好厌氧反应器中的BOD/SO_4^{2-}比值，以便减少硫酸盐还原菌的生长，有利于甲烷的产生。

厌氧反应器中细菌生长所需的氮占有机碳的25%，磷占氮的20%，所以配料时应考虑到这些因素。

产甲烷菌为专性厌氧菌，所以厌氧生物反应器必须严格密封，保持无氧状态。

上述提到的厌氧反应器有中温型和高温型之分。高温型不经济，一般不采用，而采用中温型的厌氧反应器，所以应控制反应温度为30～35℃。

为了使反应器中的各种条件处在均匀一致的状态，以利于其中微生物分解污染物、加速产甲烷菌的代谢活动、提高CH_4产量和防止反应器表面结成污泥壳，在每一次投放新料时，必须进行搅拌。

3. 厌氧发酵法的优缺点　厌氧发酵法的一个很大的优点就是产生的污泥量少，所产的少量污泥可以作为土壤调节剂和肥料。在处理过程中产生大量的CH_4可作为可燃性气体燃料。此方法的另一个优点就是可以用于处理含高浓度有机物的污水，BOD超过10 000mg/L的污水均可用此法处理，而其他方法就无能为力了。第三个优点便是可以用于处理活性污泥法产生的大量污泥。而此法产生的污泥量仅有有氧处理方法的 1/20～1/3。底物分解的大部分能量储存在末端产物甲烷中。在有氧条件下，有机碳的50%被转化为生物量，而在无氧条件下仅有5%的有机碳被转化成生物量。这一方法中微生物所需的无机营养物很少，所以可以用于处理低营养水平的污水。此法不需要提供O_2，所以比活性污泥法经济得多。由于许多致病菌在厌氧发酵器中无法生存，这样用此法可以去除大量的致病菌。厌氧发酵法可用于肉联厂污水、制药厂污水和食品工厂污水的处理。

此法的缺点是需热交换设备，并且处理时间很长，反应器中的天然微生物群落结构不稳定。某些人工合成的有机物在厌氧条件下不能被分解或分解速率很慢，所以此法不可用于处理含有生物难降解物质的污水。

五、氧化塘法

氧化塘法就是利用普通浅层具有大面积的天然池塘作为构筑物，通过其中的藻菌共生达到净化污水的目的，一般情况下，氧化塘面积可达数亩[①]。

1. 氧化塘的基本类型　根据氧化塘中污水DO来源情况可以分为以下几种类型。

1）好氧氧化塘　这种类型的氧化塘水深为0.2～0.4m，日光可到达塘底，藻类生长旺盛，整个污水基本上由藻类光合作用提供O_2。污水停留时间为2～6d，BOD负荷为10～20g/（m^2・d）。BOD去除为80%～95%，有机物降解为细菌好氧降解，藻类浓度大于100mg/L。

2）兼性氧化塘　这种类型的氧化塘水深为1～2.5m，由于此类氧化塘较深，阳光不能到达底部，这样上层由藻类提供O_2，下层为厌氧状态。污水停留时间为7～30d，BOD负荷为2～10g/（m^2・d），BOD去除率为35%～75%，有机物降解为好氧降解和厌氧降解，藻类浓度为10～50mg/L。兼性氧化塘的工作原理如图9-11所示。

3）厌氧氧化塘　这类氧化塘的水深为2.5～4m，整个氧化塘处于厌氧状态，污水停留时间为30～50d，BOD负荷为20～100g/（m^2・d），BOD去除率为50%～70%，有机物降解方式为厌氧降解。在这类氧化塘中，藻类不起作用。

4）曝气氧化塘　塘深2～4.5m，氧化塘中安装有曝气装置，进行曝气充氧，污水处理时间为2～10d，所需供氧量为1.1～1.3kg O_2/kg BOD，BOD去除率可达55%～80%，有机物通过好氧降解。

2. 氧化塘中的微生物及其作用　由于氧化塘是利用细菌和藻类的共生关系达到分解污染物净化污水的目的，所以藻类和细菌是主要的微生物。细菌在有氧条件下分解污染物，产生CO_2和各种无机盐，这些物质可以作为藻类光合作用和生长的物质。藻类在光合作用过程中，产生大量的O_2供给细菌好氧呼吸。在兼性氧化塘中，底部还存在厌氧菌的无氧呼吸和发酵分解污染物。所以氧化塘要求有足够的地皮和充足的阳光，一般是利用荒废或贫瘠的凹陷土地作为氧化塘。

氧化塘的细菌主要有假单胞菌属、黄杆菌属和产碱杆菌属。大肠杆菌一般无法在氧化塘中生存。在兼性氧化塘中，处在厌氧区和好氧区的交界处，因有红光存在，可生长着色细菌科的细菌。

氧化塘中的藻类主要有小球藻类、栅列藻属、衣藻属和眼虫藻属，其中的眼虫藻和小球藻既能进行光合作用或化能自养代谢，又能进行部分的有机物分解。藻类的光合作用受温度和光的影响。在高浓度藻类存在的情况下，光射线只能穿透2英尺左右。在兼性氧化塘中适当地进行搅拌对于维持有氧状态是很重要的，而且有利于营养物和气体的交换。氧化塘中藻类还参与氮和磷等营养物的吸收。其中的蓝细菌还能固氮，而其他藻类利用氨或硝酸

---

① 1亩≈666.67m^2

盐。光合作用还导致 pH 上升，这会导致营养物损失，这是因为在高 pH 条件下，磷酸很容易形成磷酸钙而沉淀，NH_4^+ 变成氨气而挥发掉。在氧化塘中还存在光合细菌，它们利用硫化氢作为电子供体，所以这些细菌的作用是除去硫化氢，减少氧化塘的臭味。

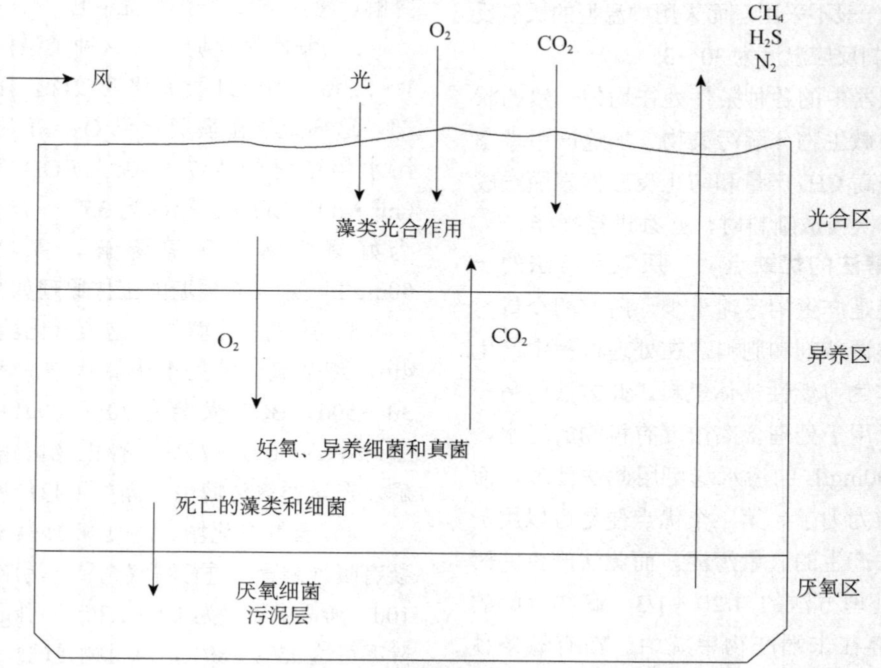

图 9-11　兼性氧化塘的工作原理（池振明供图）

在兼性氧化塘中死亡的藻类、细菌细胞和其他固体物沉淀在氧化塘的底部，然后在厌氧微生物的作用下产生甲烷、硫化氢、二氧化碳和氮气。硫化氢刺激光合细菌，特别是紫硫细菌的生长。

在氧化塘中不仅存在细菌和藻类，还存在其他水生生物，如一些水生植物和水生动物，其中原生动物占优势，它们包括游动纤毛虫、有柄纤毛虫和植鞭毛虫，这些动物能以藻类和细菌作为食物。另外，有些细菌也能分解藻类细胞，所以氧化塘的微生物可以构成一个食物网，组成一个十分复杂的氧化塘生态系统，并使这一生态系统处于平衡状态。

3. 氧化塘法的优缺点　这一方法的优点是：①投资少，因为不需要什么机械设备，不消耗动力，利用天然湖泊和低洼地经过人工修整后就可以作为污水处理装置；②经济效益高，氧化塘中生长的大量藻类可以作为鱼的食物；③能耐冲击负荷；④因受紫外线照射，灭菌能力强，可以除去致病细菌和病毒；⑤氧化塘可以除去大量的 SS，40%～80%的氮和磷；⑥维修管理方便。缺点是：①温度难以控制；②占地面积大；③受光照条件影响。

六、现代生物工程处理法

20 世纪 70 年代以来，生物工程学得到了不断发展，这一学科的发展给污水处理带来了新的希望。

1. 高效降解菌在污水处理中的应用　从自然环境中，通过富集和驯化培养等技术，可以分离到降解污染物能力很强的微生物菌株，这些菌株在实验室中经过物理和化学方法诱变，可以进一步提高降解能力。例如，从污水中分离到的氰化合物降解菌、苯酚降解菌和铬还原菌已成功地应用于污水处理。这些菌在活性污泥中、塔式生物滤池的生物被膜上和生物转盘的生物被膜上能长期稳定生活下去，发挥高效降解污染物的作用。一般情况下，对于实验室得到的高效污染物降解菌必须满足几个要求：①能适应自然界多变的气候条件；②在食物和空间竞争方面能占优势；③在污水中繁殖速度快；④高效降解性能稳定；⑤能在活性污泥菌胶团中或生物被膜上长期定居，并且具有絮凝能力。所以一般这些细菌应为菌胶团中常见的细菌，如假单胞菌、诺卡菌、无色杆菌和产碱杆菌等。

假单胞菌的混合培养物可以用于处理脂环族和芳香碳氢族化合物。首先通过大型发酵生产菌体，然后通过离心或过滤浓缩菌体，经冷冻干燥后可以保存这些菌体。把这些混合微生物菌体直接应用于污染物处理，可以增加 BOD 去除率，减少 17%～30%的污泥量，节省能量消耗，在厌氧消化过程中这些混合菌体可以增加甲烷产量。例如，从自然界分离到的高效对-氯苯酚降解细菌在 9h 内可以除去

96%的对-氯苯酚，而对照菌株样品在58h后才能除去57%的对-氯苯酚。

2. 固定化酶和固定化细胞在污水处理中的应用　有些能使污染物解毒的酶可以通过固定化后用于处理污水。固定化可用吸附法和包埋法。这一方法的优点是：性能稳定；细胞不致随水流而流失；可反复使用；由于细胞密度大处理能力强，有利于连续化、自动化处理污水。缺点是生产酶和固定化酶的费用太高。能水解对硫磷的磷脂酶可通过共价交联的方法固定在多孔玻璃上，利用具有酶活力单位达到1.2μmol/（min·mg）的100g固定化酶装在6cm×70cm柱反应器中，每小时可处理100L农药废水。当流速为每小时20L时，原先含有10μg/mL对硫磷的农药废水对硫磷去除率可达95%；流速为每小时100L时，去除率为72%。固定化酶的半衰期在200d以上，这一方法可用于农药废水的预处理。

从自然环境中分离到的高效污染物降解菌也可以通过固定化用于处理污水。一般用包埋法固定细胞。此法与固定化酶相比，具有不用提取酶和固定化的细胞可以通过培养进行扩增等优点。例如，有人利用能降解苯酚的热带假丝酵母（*Candida tropicalis*）细胞固定在海藻酸铝胶体中，然后用于处理苯酚废水。用琼脂固定降解能力强的诺卡菌细胞，去除乙腈和丙烯腈去除率可达95%～100%，半衰期为20～30d。

固定化细胞或固定化酶与电子传感器组成的生物传感器在污水处理方面也有许多重要的用途，这些传感器可用于BOD、氨、有机酸和甲烷的定量测定。①BOD传感器，如由固定化多孢丝孢酵母（*Trichosporon cutaneum*）和氧电极组成的生物传感器可用于BOD的测定。这个生物传感器是由氧电极和Teflon膜组成的，而酵母菌细胞固定在多孔膜和Teflon膜之间，固定化酵母菌消耗氧气的结果是引起电流下降，而电流下降与BOD浓度存在密切的相互关系，这种生物传感器可以测定的BOD范围为3～60mg/L。②甲烷生物传感器，把固定化甲烷营养细菌（methanotrophic bacteria），通常是利用固定化的鞭毛甲基单胞菌（*Methylomonas flagellata*）与氧电极组成生物传感器。固定化的细菌利用甲烷和氧气进行 $CH_4+NADH_2+O_2 \longrightarrow CH_3OH+NAD^+$ 反应。氧气消耗导致电流下降，电流下降的值与样品中的甲烷浓度成正比关系。③氨生物传感器。这种生物传感是由固定化硝化细菌和氧电极组成的，它已被用于废水中氨的定量测定。

3. 利用表面展示的微生物细胞处理含重金属废水　有许多微生物产生的蛋白质富含羧基和—SH，这些蛋白质与金属的结合能力很强，所以可以把编码这些蛋白质的基因克隆到合适的载体上，然后转化到酿酒酵母或枯草芽孢杆菌细胞中，这些基因表达的蛋白质分泌到细胞表面，通过这些分子生物学方法在细胞表面上展示的蛋白质可以用于吸附污染环境中的重金属，达到处理和回收重金属的目的。

4. 利用基因工程菌处理污水　大多数工厂和家庭生活过程中排放的污水含有各种各样结构和功能相差很大的污染物，利用一种微生物很难把这些污染物降解掉，因为每一种微生物所能降解的底物种类很有限。我们从上一章内容知道，许多污染物的降解与质粒有关，这些质粒能编码一些酶控制部分降解污染物。所以，近年来科学家正试图通过基因工程的手段，构建新的能控制多种污染物降解的杂种质粒，然后把它导入具有另一污染物降解功能的受体菌中，使这一受体菌能降解多种污染物。例如，由于天然的降解质粒可以通过接合在种内和种间进行转移，因此我们就可以利用降解质粒的这一特性，构建能降解多种污染物的细菌。美国科学家在20世纪70年代就将降解芳烃、萜烯、多环芳烃的几个质粒，经接合转移到1株能降解脂肪烃的假单胞菌中，构建了1株同时可降解4种烃类的新菌株，称之为超级细菌（superbacteria）。这一新菌株带有XYL（甲苯-二甲苯）、NAH（萘）、CAM（樟脑）、OCT（辛烷）（表8-5）片段重组而成的杂种质粒，这个多质粒菌株在自然生态环境中，能在几小时内把原油中的60%烃类消耗掉，而野生菌株要达到同样的结果需一年以上。Chakrabarty等将嗜油假单胞菌中的OCT质粒（辛烷质粒）和抗汞质粒（Mer质粒）（表8-5）连接在一起，转移到对汞敏感的恶臭假单胞菌中，结果构建的新菌株不但能降解辛烷，而且能在50～70μg/mL汞中生长，并可消除环境中的大量有机汞。

5. 基因探针的用途　基因探针是带有放射性元素标记（如 ^{32}P）或能编码特殊酶的一段DNA，在细胞中这段DNA能控制某种特殊功能，如某一种难降解物质的生物降解。当我们从某一环境样品或从某一菌落分离到某一DNA样品时，如果能与基因探针进行互补杂交，这就说明这一DNA样品中含有目的基因。这样我们就可以利用基因探针测定从环境中分离到的微生物是否能降解某一或某些特殊的污染物。

6. PCR技术在污水处理中的应用　在细胞分裂期间，染色体DNA都要复制两份，每个子细胞得到一份染色体 DNA，随着细胞数目的增加，基因拷贝数呈对数增长。PCR 技术就是模拟细胞内这种 DNA 复制过程，在体外利用 PCR 扩增仪合成数以百万拷贝的目的 DNA 序列，具体的技术参考有关的 PCR 扩增技术专著。这种技术在环境科学方面有以下几种用途。

1）测定特定的细菌　根据环境样品存在的特定细菌基因组 DNA 序列，可以合成特异的引物，以细菌基因组 DNA 为模板，用 PCR 扩增技术扩增特异的基因进行测定环境样品存在的特殊细菌是否存在。

2）监测基因工程菌　可以用 PCR 技术监视基因工程菌，如农药和石油降解菌在环境中的动态和功能。在体外大量扩增目的 DNA 片段，然后与 DNA 探针进行杂交，以便监测基因工程菌的存在和代谢活力。

3）用于测定指示菌和致病菌　PCR 技术可用于测定由食品和水携带的致病菌，以及水、废水和食品中的寄生物。该方法非常敏感，在大体积水或污水中只要存在 1 个微生物细胞都可以用该技术测定到，而不用培养微生物。现在相当一部分微生物细胞基因组 DNA 序列已经得到测序，它们的大部分基因已经得到注释，所以可以用 PCR 测定环境中大部分的微生物，包括费氏志贺菌、产毒素的大肠杆菌、嗜肺军团菌（*Legionella pneumophila*）、沙门菌、肝炎 A 病毒、诺沃克（Norwalk）病毒、腺病毒、肠病毒和 HIV 等。

7. 参与污染物降解的 MGE 在土壤生物修复中的应用　生物修复是将土著、野生型或经过遗传改造的微生物接种到受污染的土壤、水域或生物反应器中，以便加速污染物的清除作用。利用实验室构建的高效菌株修复污染环境，在清除土壤、污水中的不同有机污染物方面收效显著。但是在这些自然环境中维持高水平接种菌的活力却面临巨大的挑战，因为这些接种菌株需要与土著微生物竞争有限的资源、营养物和空间，同时面临原生动物的捕食及外界的不利环境对其生长的限制。为了避免上述问题，研究人员又提出了一个代替方案，即将含有编码相关遗传信息 MGE 的菌株接种到受污染的土壤和水域中，MGE 通过水平转移的方式转入另一种或多种具有竞争力的土著微生物细胞中，在这种情况下，一旦带有降解基因的 MGE 被转移并在土著微生物中表达后，供体菌的生存与否就不再成为关注的焦点和问题。在土著微生物中表达产生的重组酶和蛋白质同样可以发挥降解和清除各种污染物的作用。此法在此之前大多用于研究编码抗生素或重金属的质粒转移，并没有用于有机污染物的降解。

从接种的供体菌中将 *bph* 基因（biphenyl hydrolyase，联苯降解酶基因）转移到土壤土著细菌中进行表达，参与降解联苯，供体菌成团肠杆菌（*E. agglomerans*）DK3 含有质粒 RP4：：Tn4371（一种 IncP-1α 质粒），其可以插入到能够降解联苯的转座子 Tn4371 中，由于供体菌不能利用联苯作为碳源和能源进行生长，所以在土壤中很快消失，但是其中的质粒能够被转移到土壤中不同的土著细菌中，并在其中表达 *bph* 基因，在此之后 3～5 周，接种该菌的土壤联苯去除量和氧消耗量明显高于非接种土壤的。结果发现转移接合子含有 *bph* 基因，加之供体菌不能降解联苯，表明土壤对联苯降解能力的提高是转移接合子获得和表达 *bph* 基因的结果。

将 2,4-D 降解质粒转移到土壤微生物中可以不同程度地提高土壤对 2,4-D 的降解。在含有高浓度 2,4-D（1000mg/kg）的土壤中接种含有质粒 P4 的富养罗尔斯通氏菌（*R. eutropha*），结果土壤降解 2,4-D 的能力得到了明显提高，而供体菌在土壤中很快死亡，这表明转移接合子的形成加速了 2,4-D 的降解。

在土壤中接种含有降解质粒的供体菌，在此之后通过降解基因的水平转移加速生物难降解物质的生物降解也同样被用于根际生物修复中。在土壤中接种含有编码 2,5-二氯苯降解途径质粒的荧光假单胞菌，提高了土壤中普遍菜豆菌降解 2,5-二氯苯的能力，由于 2,5-二氯苯降解菌与接种菌不同，而且在接种土壤中只分离到降解菌，因此这些细菌被认为是从接种菌中获得降解质粒的转移接合子。从土壤中分离的、含有 TOL 质粒（甲苯-二甲苯质粒）的荧光假单胞菌处理种植有松柏苗的土壤，然后用 m-甲苯甲酸盐（m-TA）处理 3 个月后发现降解质粒转移到土壤细菌中，由于检测不到供体菌的存在，因此判定是含有 TOL 质粒的土著细菌通过接合获得接合子的 TOL 质粒，从而获得了降解 m-TA 的能力。

由于在上述研究中存在很多的变数，如土壤、污染物、供体菌、质粒、接种菌和接种程序等，因此很难说明哪种因素决定生物修复的成败。但至少应注意以下几点：①实验室构建的转移接合子必须达到一个很高的比例才能明显地提高土壤对污染物的降解速率。一般转移接合子的数量大约为 10^6CFU/g 土壤，甚至更高。②要达到更高的菌体生长密度，转移接合子与其他土著细菌相比需要存在一个生长选择优势条件。在高浓度污染物存在的情况下，这些污染物能够支持转移接合子的选择性生长，但是究竟多大的污染物浓度允许获得不支持转移接合子的选择性生长，以及这些细胞是否还需要另外一种选择优势来与土著微生物竞争生存物质和空间，目前尚不清楚。

8. 降解质粒的转移及其在活性污泥和其他污水处理生物反应器中的应用 目前关于含有MGE的降解细菌接种活性污泥或者不同的污水处理系统，对其中难以降解有机化合物的生物降解能力影响的报道很少。

有人构建了非接合型可转移质粒pFRC20C，携带有能够降解3-氯代苯甲酸和3-甲基苯甲酸的基因，把带有这种质粒的假单胞菌B13FR接种到含有3-氯代苯甲酸和4-甲基苯甲酸的活性污泥中，3d后发现实验组与对照组相比，3-氯代苯甲酸和4-甲基苯甲酸的含量明显降低。由于质粒pFRC20C缺乏转移基因，因此不能启动接合转移，它的传播很可能是由于在活性污泥中得到可转移质粒的协助。

第四节 重金属污染物的微生物处理

上面我们谈到了在许多环境中存在各种重金属污染物，如何去除这些环境中的重金属污染物是目前面临的一个重大环境问题。从上一章的第三节中，我们知道微生物可以通过多种机制对重金属产生抗性，对重金属进行吸附、络合、沉淀和化合价转化，这样的微生物可以用于重金属污染物的处理。目前可用于重金属污染物处理的微生物方法有很多种。这些微生物包括细菌、真菌、藻类和植物。其中细菌和真菌是主要的微生物。这些处理方法具有许多优点：低耗能的设备、廉价、不产生环境和健康危害物质、高效率、可以重复使用、金属可以回收利用。就像上一章所介绍的那样，重金属污染物的微生物处理方法包括：①生物吸附法（利用细菌生物量进行大规模的金属离子吸附、利用固定化细胞吸附重金属）；②重金属沉淀法；③利用微生物的转化作用去除重金属；④原位生物修复方法。

一、重金属污染物的微生物修复机制

利用微生物修复重金属污染的目的就是降低它们的毒性、在微生物细胞内和细胞表面上存在功能基可以捕获重金属。另外，通过微生物引起的氧化还原电位变化把某些重金属离子转化成毒性较小的形式，结果重金属的毒性大大减小。

1. 通过功能基团吸附重金属 微生物对重金属的吸附通常是通过静电相互作用，或重金属与多糖、几丁质和纤维素衍生物进行结合。某些位于细胞壁外和内的非均相化合物能有效地累积重金属，这样可以进一步加大微生物在逆境中的生存能力。胞外多糖吸附重金属不需要能量，也没有发生代谢反应，仅仅重金属的阳离子和胞外多糖的负电荷基团发生静电相互作用，这些有活性的功能基团包括羧基、氨基、羟基、巯基和磷酸基团。例如，Cu^{2+}、Pb^{2+}、Cr^{4+}通过质子的替换能与氨基和羧基结合。胞外多糖的羧基能结合重金属。氨基被质子化后带正电荷，便可以形成带负电荷的金属复合物。多糖和几丁质上的氨基能与大量的重金属结合。磷酸基团也是重金属离子结合的主要位点。土生绿球藻（*Cladophora humicola*）细胞的多聚磷酸可以储存Cd^{2+}和Co^{2+}，根据这个原理可以利用土生绿球藻细胞来修复重金属。

重金属吸附是通过功能基团进行的一种离子交换过程。羧基、氨基和磷酸基团的离子化状态可以促进与带正电荷的金属离子进行反应，所以pH很容易影响微生物对重金属的吸附能力。巯基化合物在细胞内结合重金属方面可以发挥很重要的作用。羟基与Hg^{2+}、Cu^{2+}和Cd^{2+}的结合常数分别是3.6×10^{-26}、2.2×10^{-20}和5.3×10^{-15}。与羟基相比，巯基与Hg^{2+}、Cu^{2+}和Cd^{2+}结合常数分别是1.6×10^{-52}、6.3×10^{-36}、1.4×10^{-29}。所以巯基对某些重金属的结合效率要比羟基高很多。含有大量巯基的金属硫蛋白类蛋白质和低分子量多肽结合重金属的能力非常大，所以这些可以保护微生物免受重金属毒害，并可用于重金属的生物修复作用。

2. 通过氧化还原电位的改变修复重金属 微生物通过改变重金属的氧化还原电位降低其毒性，这方面可以在修复环境中重金属污染中发挥重要的作用。许多微生物可以催化金属Fe^{3+}和硫酸盐的反应，把它们作为氧化的最终电子受体而受到还原。通过酶转化可以把毒性较大的Cr^{4+}还原成毒性小的Cr^{3+}，根据这个反应微生物可以广泛地被应用于重金属的修复。也可以把有毒的

Cr^{4+}还原成Cr^{3+}，从而形成不溶性的氢氧化物。在固体表面形成的生物被膜也会还原和沉淀Cr^{4+}，类似这样的技术可以从污染的水体中去除Cu^{2+}、Ni^{2+}、Zn^{2+}、Al^{3+}、Fe^{3+}和Mg^{2+}，在8周处理过程中可以去除大约95%的Ni^{2+}、Zn^{2+}、Cr^{4+}和Cu^{2+}。硫化物的产生、硫酸盐还原产生H_2S都可以用于污染环境中重金属的沉淀，在废水中产生不溶性的硫化物可以使重金属失去活性。就像上面所说的那样，巯基与Hg^{2+}、Cu^{2+}和Cd^{2+}的结合常数非常低，所以能使金属形成稳定的不溶性金属硫化物，这样可以大大减少重金属离子再度污染环境的风险。解淀粉芽孢杆菌在有氧情况下能利用葡萄糖还原Cr^{4+}。另外，微生物群落可以把苯酚的氧化与Cr^{4+}的还原偶联在一起。Hg^{2+}能被汞还原酶还原成毒性较小的和挥发性的Hg^0。例如，恶臭假单胞菌（*P. putida*）FB1菌株和假单胞菌（*Pseudomonas* sp.）B50A菌株的汞还原酶可以催化Hg^{2+}还原成Hg^0，形成的Hg^0便挥发到空气中。进行遗传改造后的这些菌株可以增加汞抗性，通过把Hg^{2+}还原成Hg^0可以用于修复汞污染的环境。跟其他金属离子不一样，砷的无机形式要比甲基化砷衍生物毒性小，有些微生物可以催化甲基化砷发生去甲基化作用，降低它们的毒性。另外，As^{3+}可以被氧化成As^{5+}，并减小它们的毒性。在大部分环境条件下，As^{3+}的化学氧化非常慢，但是微生物可以加快这个氧化过程。例如，栖热菌（*Thermus* sp.）可以帮助As^{3+}的氧化，并且比化学方法快得多。另外，当处在H_2S条件下时，As^{5+}很容易形成不溶性的硫化物，所以由微生物引起的As^{3+}的氧化是一种从废水中除去砷的非常有效的方法。

二、重金属处理的基本工艺

目前用于处理重金属污染物的工艺有填充床生物反应器、流化床反应器、生物转盘反应器和污泥膜（sludge-blanket）生物反应器。填充床生物反应器和流化床反应器的基本工艺流程分别如图9-12和图9-13所示。

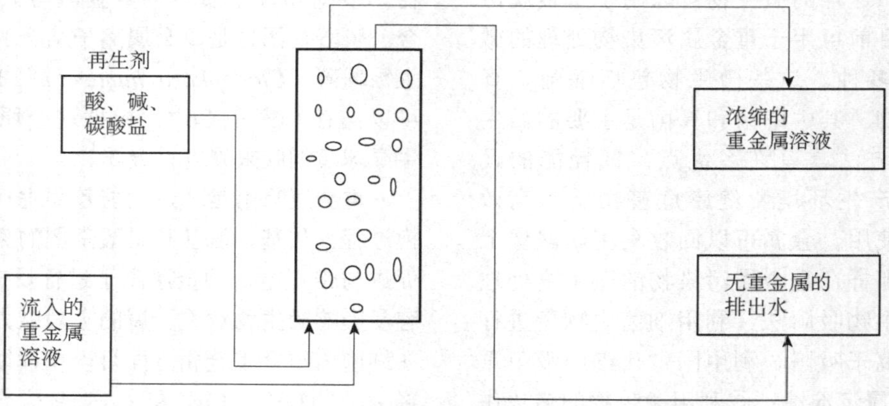

图9-12　填充床生物反应器和重金属处理过程（池振明供图）

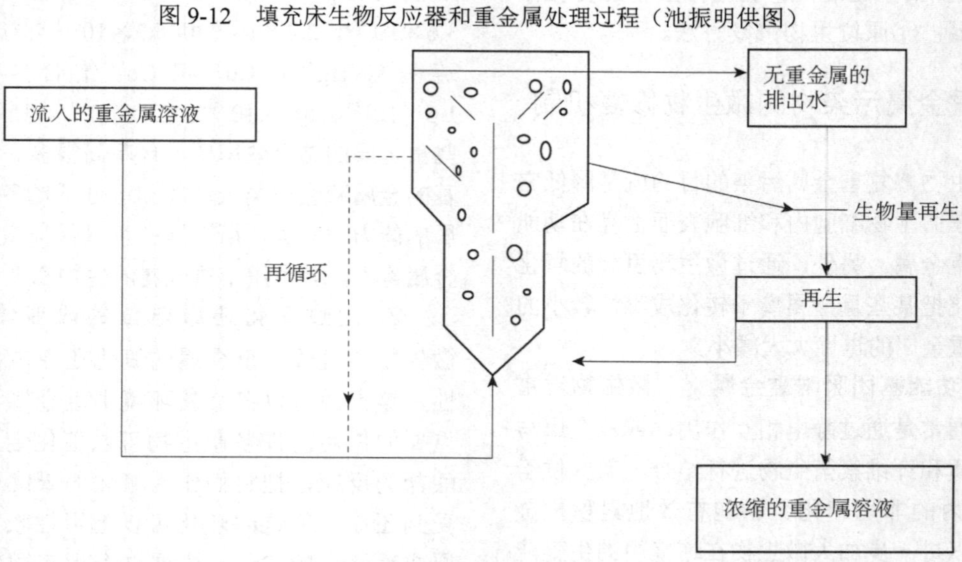

图9-13　流化床生物反应器和重金属处理过程（池振明供图）

第五节 固体废弃物的微生物处理

现在城市固体废弃物成为一个很严重的社会问题，特别是在超大城市中人口过度膨胀、农村城市化、工业化和不当的废弃物处理方法，给城市环境造成严重的破坏。当今世界，快速增长的人口产生了大量的固体废弃物，给固体废弃物收集、运输、加工和处理带来非常严重的社会问题。城市的固体废弃物包括人们日常生活过程中产生的废弃物、家庭使用过的废弃物、工业废弃物和污水处理厂的污泥，主要由可降解的废弃物（纸张、食品废物、秸秆和花园的废弃物、木头和污泥）和不可降解的材料（皮革、塑料、金属、玻璃、电子产品）组成。在这些废弃物中，可降解的废弃物占大部分。这些废弃物的含水量大（超过 60%），所以处理的费用高、回收率低。

少批量的固体废弃物处理是把固体废弃物堆放在一些空地上，这种处理方法最为经济，但是这种处理方法会造成二次污染、产生气味、吸引有害昆虫，并让病原菌在其中生长，还可能会引起火灾。另一种较为简单的处理方法是把日常固体废弃物堆放在洼地里，然后利用土把它们盖上，但是这种方法在当今人口众多的城市里是行不通的，并且所能处理的废弃物量很少，在地下经微生物厌氧分解会造成许多危害，严重污染地下水。如果对固体废弃物进行燃烧会造成空气污染，一般也是不可取的方法。

现在，固体废弃物处理法中一种比较可取的方法是高温堆肥法。堆肥是利用微生物处理固体废弃物的一种工艺，这种工艺能把有害的有机物转化成稳定的、无害的、类似于腐殖质的产物。在这个过程中，微生物利用有机物作为碳、氮和能源，加上氧气和水把它们降解成 CO_2、产生热量和富含土壤的含水堆肥。所产生的产物还可用于改良土壤。堆肥一般在高温下进行，较高的温度可以加快微生物的分解作用，并杀死病原菌。堆肥中的高温是其中微生物好氧分解固体废弃物过程中所释放出的热量。在合适的条件下，包括堆放有足够的堆料和散热装置，这种自我加热的方法可以把堆料中的温度升高到 76～78℃。一般情况下，嗜热菌最适代谢温度在 52～63℃，所以在堆肥处理过程中，有必要对堆料进行通气或翻料，以便散热。堆肥在刚开始时，是嗜中温菌在起降解固体废物的作用，然后嗜高温菌取而代之。参与堆肥过程中分解有机物的嗜热细菌有嗜热脂肪芽孢杆菌、高温单孢菌、嗜热放线菌、热纤梭菌。嗜热真菌有白地霉、烟曲霉、微小毛壳菌、嗜热子囊菌和嗜热色串孢。这些微生物在高温下能分解纤维素、半纤维素、果胶、木质素、淀粉、脂肪、蛋白质，有些甚至可以分解塑料，从而使固体废物得到净化。堆肥分为三个阶段，第一阶段是初始阶段，就是嗜中温菌生长阶段，嗜中温菌和真菌对简单的有机物，如糖、氨基酸等进行降解，温度上升。第二阶段是高温阶段，嗜高温菌开始降解有机物（脂肪、纤维素、半纤维素和木质素），由于耐热微生物的作用使原料中的有机物含量明显下降。在这个过程中产生纤维素酶的细菌有纤维单胞菌（*Cellulomonas* sp.）、假单胞菌（*Pseudomonas* sp.）、芽孢杆菌（*Bacillus* spp.）、高温放线菌，以及产生胞外酶的真菌，如曲霉（*Aspergillus* sp.）、木霉（*Trichoderma* sp.）、小核菌（*Sclerotium* sp.）和白腐霉真菌，它们都参与纤维素和木质素的降解。最后是冷却阶段，是微生物代谢活力趋于平静阶段，堆肥中温度下降。在这个过程中嗜中温微生物在堆肥中重新生长，降解残留的糖、纤维素和半纤维素，使腐殖酸类得到矿化作用。结果是有机物降解速率下降，腐殖酸矿化和有机物聚合化速率增加。这种微生物交替出现对于高效堆肥处理、有效降解固体物和产生高质量的堆肥非常重要。在堆肥过程也可以把特殊功能的微生物接种到堆肥中，加快纤维素、半纤维素和木质素的降解速率、提高温度和含氮物质的释放。虽然堆肥是个好氧的过程，但是其中的厌氧菌，如梭状芽孢杆菌在局部厌氧区域也可以发挥作用。

为了使堆肥达到最佳处理效果，堆料必须满足下列一些条件：①合适的湿度，一般为 50%～60%，如果湿度超过 70%，就会对处理效果不利，因为水分太高会干扰堆料的通气，并降低自我加热的能力；②堆料的 C/N 为 25∶1 时会导致产生有气味的 NH_3，并会降低最终堆料作为肥料的价值；③适当翻料，在合适条件下，在两天之后，堆料中温度可达 55～60℃或更高，几天之后，温度达到最高，然后开始下降，如果这时进行翻料，便可以使堆料温度再度上升，这是由于重新翻料又给微生物提供了 O_2，翻料还有助于堆料中的温度更为一致，否则高温仅局限于堆料中央。

近年来，人们又发展了利用厌氧发酵反应器处理固体废物，此法要比堆肥法经济，因为在处理过程中可产生 CH_4，这种处理方法与污水厌氧处理的原理基本相似，上面已经做过介绍。有研究者把培养好的高效微生物（effective microorganism）培养物接种到堆肥中，这有利于优化碳/氮比和改进堆肥的质量。接种的高效微生物是非主要的和主要的微生物群体组成的混合物。这些有益微生物可以增加废物的降解速率。它们分离自具有特殊降解能力的微生物群落中，如土壤、牛的粪便和腐烂的秸秆等。这些有益微生物可以是单一的菌株，也可以是混合菌株或成熟的堆肥。这些微生物主要是纤维单胞菌、假单胞菌、芽孢杆菌、高温放线菌、曲霉、木霉、小菌核属和根腐病真菌等。加入堆肥的微生物由于是大量繁殖的嗜中温和嗜热菌，可以影响温度升高和氨的产生、增加酶活力、缩短延迟期、减少气味物质的产生，如挥发性有机物、氨（来自含氮物质的降解）和含硫物质（来自蛋白质降解），并使堆肥营养更丰富、改善堆肥质量。例如，接种放线菌加快了关键酶，包括羧甲基纤维素酶、木聚糖酶、木质素过氧化物酶的产生，加快了有机质降解速率，促进了腐殖酸的产生。原料中接种了混合的微生物，包括黄孢原毛平革菌（*P. chrysosporium*）、绿色木霉（*T. viride*）和铜绿假单胞菌（*P. aeruginosa*），大大缩短了堆肥的时间。同时接种污泥和混合微生物培养物［酪芽孢杆菌（*Bacillus casei*）、皱褶菌膜假丝酵母（*Candida rugopelliculosa*）、布氏乳杆菌（*Lactobacillus buchneri*）、木霉（*Trichoderma* sp.）和黄孢原毛平革菌（*P. chrysosporium*）］可以大大减少氮的损失，增加矿化速率。另外，接种烟曲霉（*A. fumigatus*）F12 菌株有利于降解纤维素，接种嗜中温菌芽孢杆菌有利于降解蛋白质、蛋白胨、氨基酸和血粉。接种消耗酸的库德里阿兹氏毕赤酵母（*Pichia kudriavzevii*）RB1 菌株可以大大缩短延迟期和刺激微生物群落生长。接种产乳酸的片球菌（*Pediococcus* sp.）和魏斯氏菌（*Weissella* sp.）可以大大加快堆肥的过程，产生的乳酸可以激活土著微生物生长。芽孢杆菌分离物［枯草芽孢杆菌（*B. subtilis*）、特基拉芽孢杆菌（*B. tequilensis*）、委内瑞拉芽孢杆菌（*B. venezuelans*）和解淀粉芽孢杆菌（*B. amyloliquefaciens*）］可以缩短堆肥时间和产生高质量的堆肥。接种抗酸的细菌（芽孢杆菌、乳杆菌和假单胞菌和其他菌）可以避免堆肥早期发生产生酸化作用，具体过程如图 9-14 所示。

图 9-14　通过接种高效的微生物培养物进行城市固体废弃物处理过程（Rastogi et al.，2019）

堆肥的质量可以通过检测微生物菌群的交替、pH、碳氮比、颜色、电导率、腐殖酸物质的产生、致病菌的活力和致病菌的萌发能力、总氮、磷和钾的量等进行评估。

第六节　煤脱硫的微生物方法

在煤燃烧之前，利用微生物脱去煤中的含硫化合物可以减轻 SO_2 对空气的污染，因为空气中的 SO_2 可以导致出现酸雨。煤脱硫的微生物方法与化学法和物理法相比，具有许多优点：①此方法投资少，并且运转费低；②消耗动力小；③可以特异地脱去煤中的硫化合物而不会造成煤中含碳能量物质的损失。

而物理法是除去含有 FeS_2 的煤粒，结果造成大量含碳能量物质的损失。化学法是使用高压除去含硫化合物，所以需要消耗大量的能量。因此，近年来利用生物法脱去煤中含硫化合物越来越引起人们的注意。

一、煤中的含硫化合物和脱硫微生物

煤中的含硫化合物可以分为两大类，即无机硫化合物和有机硫化合物。

无机硫化合物主要包括硫化铁，如含有 FeS_2 的白铁矿和硫酸盐。硫酸盐是 FeS_2 在空气中经化学氧化而产生的，煤中的硫酸盐含量较低，通常不到 0.1%。FeS_2 含量较高，一般占煤中的 0.5%～6%。烟煤（bituminous coal）与次烟煤和褐煤（lignite）相比含有较高含量的 FeS_2。FeS_2 颗粒在煤中通常是以瘤状分布的，所以 FeS_2 颗粒越小，分布越均匀，那么就容易被微生物去除。有时 FeS_2 颗粒太大，就有必要进行粉碎，以便使微生物更容易作用于其中的 FeS_2。

有机硫化合物有苯环结构的和脂肪烃结构的，具体见图 8-36，其中二苯硫芴烯（dibenzothiphene）简称 DBT，是煤中含量最多的有机硫化物之一，并且是煤中难熔的化合物，所以人们对这种化合物的脱硫进行了大量的研究，并利用这种化合物作为微生物煤脱硫研究的一种模式化合物。而对硫醇和二硫化物的脱硫则研究得较少。

为了去除煤中的有机硫化合物，必须对煤进行彻底粉碎或对煤进行液化（上一章介绍过），然后利用能氧化大量有机硫化合物的纯微生物或混合微生物处理煤粉或液化煤。利用 HNO_3 对煤进行酸处理，可以增加某些含硫化合物对微生物氧化的敏感性。

能去除煤中含硫化合物的微生物有：①专性自养菌，这类细菌只能氧化 FeS_2；②兼性自养菌，这类细菌能氧化 FeS_2 和某些有机硫化合物；③异养菌，这类微生物能仅能氧化某些有机硫化合物。

二、微生物法煤脱硫的机制

氧化亚铁硫杆菌氧化黄铁矿硫的机制有两种。

1. 直接氧化　在氧化亚铁硫杆菌作用下，黄铁矿中的硫被氧化成 H_2SO_4 和 $FeSO_4$，然后把 H_2SO_4 和 $FeSO_4$ 氧化成 $Fe_2(SO_4)_3$，反应过程如下：

$$2FeS_2 + 2H_2O + 7O_2 \longrightarrow 2FeSO_4 + 2H_2SO_4 \tag{9-12}$$

$$2FeSO_4 + 0.5O_2 + H_2SO_4 \longrightarrow Fe_2(SO_4)_3 + H_2O \tag{9-13}$$

2. 间接氧化　在有 $Fe_2(SO_4)_3$ 存在的情况下，把 FeS_2 转化成 S。

$$FeS_2 + Fe_2(SO_4)_3 \longrightarrow 3FeSO_4 + 2S \tag{9-14}$$

元素硫在细菌的作用下被氧化成硫酸，反应过程如下：

$$2S + 3O_2 + 2H_2O \longrightarrow 2H_2SO_4 \tag{9-15}$$

3. 有机硫的氧化　有机硫化合物的 4S 脱硫过程见图 8-37。

三、影响煤脱硫的环境条件

1. 温度　一般在 23～25℃下进行；对于嗜热菌来说可用 50～80℃。

2. pH　对于氧化亚铁硫杆菌来说，煤脱硫的最适 pH 在 2～3；对于硫化叶菌来说，煤脱硫的最适 pH 在 1～5。

3. Fe^{3+}　Fe^{3+}作为化学氧化剂可以氧化煤中的黄铁矿硫，在反应器培养基中加入少量铁盐（1～10μg/mL）可以提高黄铁矿硫的脱去速度。

4. CO_2　由于氧化亚铁硫杆菌为自养菌，所以必须给它提供足够的 CO_2。

5. 煤粒大小　微生物法煤脱硫效果与煤粒上生长的微生物生物量有直接关系，在煤粒上生长的生物量越大，氧化硫化物的速度也越快，所以煤粒表面可被微生物利用的面积是决定煤脱硫速度的关键因素之一。煤粒太大，表面积小，不利于微生物的大量生长；煤粒太小不利于通气和液体的流动，也会影响处理效果。

6. 煤的浓度　利用硫化叶菌处理煤时，可用 50%～60%的煤浓度，但这时微生物的密度也得很大。

四、煤脱硫的方法

1. 反应器 人们设计了各种反应器用于煤的微生物方法脱硫。在煤矿附近把煤堆积起来，加入有关的微生物与煤混合进行处理，这是一种最简单而经济的方法。但这一方法的环境条件难以控制，煤堆中温度会超过微生物生长范围的温度，在煤堆中的 O_2 将被耗尽。渗透柱（percolation column）和填充床反应器（packed bed reactor）也会遇到同样的问题，所以这两种反应器也不适合于作为煤脱硫微生物反应器。带有机械搅拌或曝气和空气提升（air lift）的反应器可以用于煤的微生物脱硫，但是机械搅拌需要耗较多的动力，并且必须把煤粉碎。而空气提升类型的生物反应器，由于其是利用加压的空气在反应器内外部循环，所以消耗较少的动力，并可省去煤粉碎这步工艺过程。

用于煤的微生物脱硫最合适的一种反应器是浅层池（the shallow pond configuration），一般深度为 0.2m，这种反应器装有曝气装置和表面机械搅拌装置，并把反应器安放在一个环境条件可以控制的房子中。

2. 工艺过程 当煤中含有大约 2.3% FeS_2 和 1.9%有机硫时，利用酸热硫化叶菌完全可以去除这些煤中的 FeS_2 和部分去除（去除大约 40%）这些煤中的有机硫，需要设计两道工序，并且两个反应器中的环境条件应为：温度为 70℃，pH 2.5。

首先把煤（颗粒大小约为 50μm）与无机盐溶液[主要为$(NH_4)_2SO_4$ 和 $MgSO_4$]混合，每 100mL 盐溶液加入 20g 煤粉，混合液放入第一反应器中，以便在此反应器中把 FeS_2 去除掉，处理时间为 4～6d，FeS_2 去除率可达 90%以上。对排出物进行过滤，这时煤中无机硫已被去除，并把处理过的煤浆排入第二反应器中。从第一个反应器中滤出的液体经过沉淀除去 SO_4^{2-} 之后，再循环回到混合池中。第二反应器的工作情况与第一个反应器的基本相同，不过无机盐是不含有 SO_4^{2-} 的培养基，其基本成分是 NH_4NO_3、KH_2PO_4 和 $MgCl_2$。另外，所用微生物是首先接种于含有二苯硫芴烯的培养基中，经过一定时间培养之后，再接种到反应器中，处理时间约为 4 周，可以去除 40%左右的有机硫。从反应器中排出的液体需再次经过过滤，把煤与液相分开，经沉淀去除 SO_4^{2-} 之后的液体再回流到混合池中。

具体过程如图 9-15 所示。

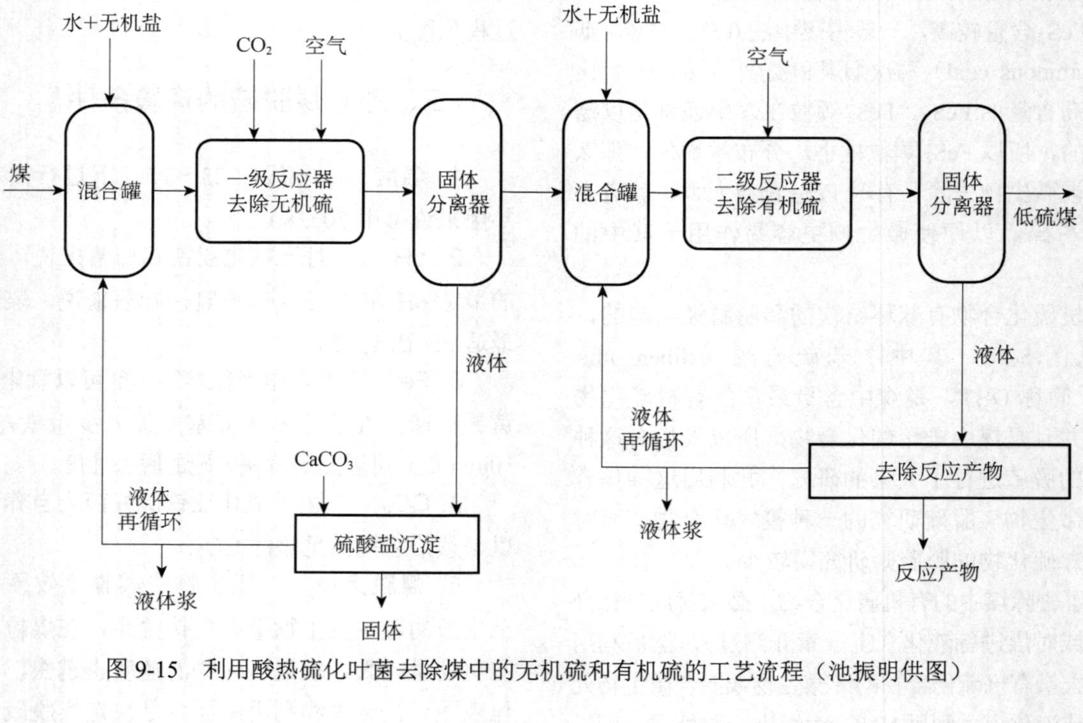

图 9-15 利用酸热硫化叶菌去除煤中的无机硫和有机硫的工艺流程（池振明供图）

思 考 题

1. 你如何理解生物修复这个概念？

2. BOD 和 COD 存在什么关系？它们的差值能

说明什么问题？

3. 处理 H_2S 最好的微生物工艺是什么？该工艺去除 H_2S 的基本原理是什么？

4. 请你谈谈活性污泥中的微生物和它们在污水处理过程中的作用。

5. 要人工构建活性污泥中的微生物，达到高效处理污染物的目的，应注意哪些问题？

6. 在污水处理过程中，我们应让微生物在固体表面形成生物被膜，而防止金属固体表面形成生物腐蚀过程中却设法不要让微生物在固体表面形成生物被膜，那么应采取什么方法让微生物尽快形成生物膜和不让微生物形成生物膜？生物被膜中的微生物如何发挥净化污染物的作用？

7. 你认为微生物形成生物膜的关键物质是什么？该关键物质是如何使有关的微生物形成生物被膜？

8. 请你谈谈处理重金属污染物的微生物方法和原理有哪些。

9. 自然界中的微生物结合金属的能力很有限，那么如何用代谢工程的方法来改造这些微生物增加结合金属的能力？

10. 请你谈谈现代生物工程方法和分子生物学方法在污水处理中有哪些用途。

11. 微生物在厌氧处理污染物过程中如何把它们转化成甲烷？

12. 要把煤和石油中的含硫化合物彻底脱去，你认为最理想的微生物方法应该是什么，这些微生物应具备哪些重要特征？

13. 微生物如何使煤产生液化作用？液化的煤再进行脱硫有何好处？

14. 城市固体废物无害化处理面临很多问题，那么在堆肥过程中不同的微生物如何发挥降解固体废物的作用？当今固体废物中塑料占很大的比例，如何利用微生物处理塑料？最理想的处理固体废物的微生物有哪些？如何进行遗传改造加快它们处理固体污染物的能力？

主要参考文献

Dey S, Anand U, Bhattacharya S, et al. 2022. Microbial community composition and functions in activated sludge treatment system//Kumar V, Thakur IS. Omics Insights in Environmental Bioremediation. Cham: Springer International Publishing.

Rastogi M, Nandal M, Khosla B. 2020. Microbes as vital additives for solid waste composting. Heliyon, 6: e03343.

Rybarczyk P, Szulczyński B, Gębicki J, et al. 2029. Treatment of malodorous air in biotrickling filters: a review. Biochemical Engineering Journal, 141: 146-162.

Singh R, Paul D, Jain RK. 2006. Biofilms: implications in bioremediation. Trends in Microbiology, 14(9): 10-22.

Top EM, Springael D, Boon N. 2002. Catabolic mobile elements and their potential use in bioaugmentation of polluted soils and waters. FEMS Microbiology Ecology, 42: 199-208.

第十章 微生物及其代谢产物对环境的污染及其控制方法

前面两章，我们讨论了微生物在自然界净化化学性污染物方面所起的重要作用。但是在自然界还存在许多微生物或它们的代谢产物会对环境产生污染，对于这种污染，我们也应想方设法进行控制。

本章彩图

第一节 病原微生物对环境的污染

一、病原微生物对空气的污染

1. 空气中的原病微生物 在空气中存在能引起动物、植物和人类疾病和过敏反应的许多微生物，如细菌、病毒、地衣和真菌及它们的孢子、小型藻类和原生动物。

许多人的传染病，尤其是呼吸道传染病是通过空气传播的，在人口稠密的地方，通过空气传播疾病的可能性更大。

空气中许多病毒也可引起动物疾病，这些疾病包括牛气管炎、肺病、牛瘟和一些足和口腔病。能引起动物疾病的某些原生动物也可以通过气溶胶传播，如鼠弓形体（*Toxoplasma gondii*）可引起鼠弓形体病（toxoplasmosis）。

植物病大多数是由真菌引起的，这些真菌孢子是通过空气传播的。

在人们工作的环境中，空气存在的某些孢子对某些人能产生过敏反应，如一些真菌和放线菌的孢子，其中的真菌包括青霉、毛霉、根霉、镰刀菌、长蠕孢霉、交链孢霉和枝孢霉。另外，这些真菌的菌丝片段也可引起过敏反应。

2. 污水处理过程中产生的气溶胶对空气的污染 在污水处理过程中，通过搅拌和曝气作用，可以在污水处理厂附近的空气中产生气溶胶（aerosol），气溶胶大小在 1～5μm，其中含有 1 至数个细菌，其中许多细菌对人具有致病性，如大肠杆菌、链球菌、黏质沙雷菌、枯草芽孢杆菌的孢子、产气克雷伯菌、志贺菌、沙门菌、产碱粪杆菌、分枝杆菌。另外，气溶胶中的微生物还可引起某些人产生过敏反应。

3. 空气中病原菌的控制 空气受病原菌污染之后，可以采用通风换气、空气过滤和消毒的方法给予净化。空气消毒可以采用紫外线照射、消毒剂熏蒸和喷雾等方法，所用的消毒剂有石炭酸、甲醛、硫黄、过氧乙酸和臭氧。其中过氧乙酸为较好的空气消毒剂，这是由于其对细菌及其芽孢、病毒、真菌都有杀灭作用，并且过氧乙酸的分解产物，如乙酸、H_2O_2、H_2O 和 O_2 对人无害。

二、病原微生物对水体的污染

1. 水中的病原微生物 水体由于受到人类粪便的污染，其中含有许多肠道病原细菌和病毒，如大肠菌群的细菌和霍乱弧菌、肠道病毒、甲型肝炎病毒、腺病毒等。

2. 水中病原微生物的控制 受病原微生物污染的水可以采用消毒的方法进行控制，消毒的目的在于破坏水中所有潜在致病性的微生物，以免传播疾病。一般采用含卤素元素的化合物对水进行消毒，最广泛使用的水消毒剂为氯气和含氯化合物，这些物质是很强的氧化剂。氯气加入水中，可发生下述反应，如反应式（10-1）和反应式（10-2）所示：

$$Cl_2 + H_2O \rightleftharpoons HOCl + H^+ + Cl^- \quad (10\text{-}1)$$

$$HOCl \rightleftharpoons H^+ + OCl^- \quad (10\text{-}2)$$

其中的 HOCl 和 OCl^- 对微生物具有毒性。经过氯气消毒的水是否还含有致病菌，可以用大肠杆菌数目作为指标。

对少量水的消毒，可以用涂白粉和高氯酸钠、氯氨 T、二氯氨 T 和对二氯基氨磺酰苯甲酸，其中一些化合物的结构如下：

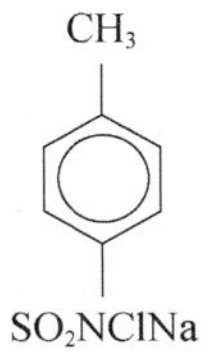

氯氨T

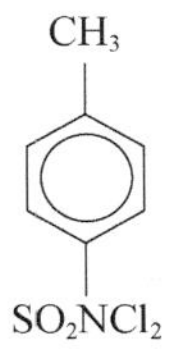

二氯氨T

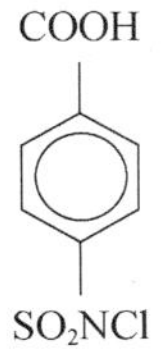

对二氯基氨磺酰苯甲酸

这些化合物溶液性能相当稳定，它们在水溶液中也可解离成 HOCl，然后对微生物起杀灭作用。

二氧化氯也是一种很有效的水消毒剂，并且在有机物存在的情况下，不会影响它的杀菌效果，并有助于控制水的味道和气味。

臭氧也是一种很好的水消毒剂，可用于处理污水厂排出的废水，臭氧是一种很强的氧化剂，经臭氧处理过的水不含有残留物，还可除去水中的臭味，它对细菌和孢囊有很强的杀伤力。

三、病原微生物对土壤的污染

1. 土壤中的病原微生物　土壤中也存在许多病原微生物，如肠道致病菌和引起炭疽、破伤风、肉毒中毒的细菌。土壤中的病原微生物主要来源于受污染的水。由细菌引起的许多植物疾病也可以通过土壤传播，如某些荧光假单胞菌。但是，许多植物病原细菌未能在土壤中生存很长时间。能引起植物病害的许多真菌在整个生命周期中也有一部分时间是在土壤中度过的。

2. 土壤中病原微生物的控制　土壤中病原微生物的控制，基本上是采用对污染源进行预处理，对污水厂的污泥进行厌氧发酵，使污染源的病原微生物减少之后再排入土壤中。

第二节　富营养化作用及其控制方法

富营养化作用（eutrophication）这个名词来自希腊语，意思是富有的（rich）。如果水体接收了大量有机或无机营养物，如磷酸盐和无机氮化合物，那么水体便成为富营养化的水。水中含有过多的氮和磷营养物，便引起藻类过量生长，产生大量的有机物和藻类生物量，异养微生物氧化这些有机物时，耗尽水中的溶解氧，由于水中缺氧，厌氧菌开始生长和代谢，并分解含硫化合物，产生 H_2S，从而导致水有难闻的气味。由于缺氧，还可引起鱼和好氧微生物死亡，最终引起水体出现大量沉淀物和水体颜色异常，这就是富营养化作用。实际上，富营养化作用是水体中正常的生态失去平衡的结果，并且也是水体受污染的后果。

一、引起富营养化的原因

能引起水富营养化的原因有许多：①受污水处理厂排出的污水或污泥的严重污染，因为在这些污泥或污水中含有大量的含氮或含磷化合物；②受洗涤剂厂污水的污染，因为洗涤剂中含有 1/3 以上的三聚磷酸钠；③受农田排出的含有高浓度磷肥的排出水污染；④未经处理的，富含氮、磷工业废水的污染。这些物质排入水体后，引起水中氮磷含量的突然上升。这时，如果水中阳光充足，水体较浅，水温合适，藻类便大量繁殖，从而造成富营养化作用。另外，水中的有机物对富营养化也会有影响，因为这些有机物可以作为微生物的能源，所以富营养化是水体中的过量营养元素（N、P 和 K）引起的水污染。

除了营养物外，合适的温度（25℃或更高）、足够的光照、有害藻类的扩散、缓慢的水体流动和环境条件的变化也是导致富营养化的重要因素。全球气候变暖刺激北极藻类的过度生长也会引起富营养化。当环境变成逆境时，某些单细胞藻类通过消化自己的细胞而发生自杀作用，因死亡释放出来的营养物质不仅可以给周围的细胞提供营养，而且还会给有害的竞争者提供营养，来维持其他种类的藻类群体过度生长而引起富营养化。

二、引起富营养化的藻类

能引起富营养化的藻类为微藻（microalgae）。这些藻类可以分为许多类群，但其中最重要的是蓝细菌。蓝细菌是一群含有光合色素的原核生物，但是它们的光合作用机制却类似于真核藻类的光合作用机制，而不是类似于光合细菌的光合作用机制，但这类微生物细胞核没有核膜，所以为原核生物。不是所有的蓝细菌都参与形成富营养化作用，只有其中 20 种蓝细菌可以在富营养化水体中大量繁殖，这些蓝细菌包括微囊藻属、鱼腥藻属、束丝藻属、颤藻属、直链藻属、脆杆藻属、冠盘藻属和星杆藻属。另外，硅藻、单细胞的鞭毛藻类和具有被壳的甲藻类也与富营养化作用有关。这些藻类在富营养化的水体中大量繁殖和产生色素，使水体出现颜色，并且使水体变得混浊，许多藻类团块漂浮在水面上，从而形成所谓的水华（bloom）。这些藻类细胞一般都具有气泡，从而使这些藻类具有漂浮能力。水华的形成与可溶性有机氮浓度之间有一定的相互关系，一般情况下，有机氮比较容易被吸收，这些有机氮可以作为藻类细胞的代谢底物和作为合成维生素的底物，从而使藻类生长更加迅速，或者这些有机氮可以作为产黏液细菌的代谢底物，从而使这些细菌大量生长，结果水中的可溶性 CO_2 浓度上升，促进了藻类的光合作用。能形成水华的藻类可以在细胞内累积大量的多聚磷酸盐，这些磷酸盐可以用来补充环境中的磷酸盐。还有许多蓝细菌能够固定 N_2，这说明在富营养化水体中，氮绝不是蓝细菌生长速率的限制因子。另外，从水华中除去束丝藻属和颤藻属的某些种，可以抑制其他藻类的生长，说明在水华中藻类之间也存在一定的相互关系。如果水中硅含量过高，造成硅藻大量生长，也会形成水华。

三、富营养化作用的危害

水华的出现不仅会造成上述的不良后果，而且还有许多其他的坏处，水华中的蓝细菌可以产生一些对其他生物有害的化学物质，如卷曲鱼腥藻（*Anabaena circinalis*）可以合成一种有气味的物质，即土臭素（Geosmin），但水中的芽孢杆菌能降解这种物质。形成水华的藻类还可以导致人和一些家禽产生疾病，甚至引起死亡，如水华中的微囊藻属和鱼腥藻属在富营养化的水中大量生长，可以产生一些毒素，人饮用这些水之后，可引起胃肠道疾病和各种过敏反应。并且这些藻类还可以产生许多能引起鱼中毒死亡的毒素。在海洋中，某些甲藻类大量繁殖也可以形成水华，从而使海水出现红色或褐色，即所谓的赤潮（red tide）。这些水华能消耗近岸海区浅水中的氧气，导致海水中的鱼和其他动物死亡，从而损害养殖业。链状膝沟藻可以产生毒性很大的毒素，而海水中的贝类可以富集此类毒素，鸟类和人食用这些贝类后可引起鸟类死亡和人产生疾病。有害藻类的过度生长影响了藻类细胞的结构或过量藻类细胞的累积影响其他生物生长或改变了食物网，产生了不良的生态效应。

蓝细菌的水华能引起直接或间接依靠水中藻类为食物的动物大量死亡，如赤鸥等飞禽、鸭等水禽、牛和鼠等。铜绿微囊藻和水华束丝藻在大量纯培养时产生的毒素能致死试验动物老鼠。水华被风力推动而聚集起来，在气温上升后会很快腐败，由微生物的好氧代谢引起水中的氧含量快速下降，威胁到水中的动物如养殖鱼类的存活，影响了生物多样性。

四、富营养化作用的人工控制

富营养化作用可能导致许多害处，所以有必要对其进行控制。控制的方法很多，最有效的方法是防止含有高浓度的氮和磷物质排放到水体中，如污水处理后产生的污泥需经过三级处理后方可排入水体中，因为污泥经过三级处理可以去除 70%的磷酸盐。

1. 化学方法　形成水华的藻类对 2,3-二氯-1,4-萘醌高度专一性敏感，在富营养化的水体中加入这种化合物可以去除水中的颜色，并可引起细胞裂解。形成水华的藻类和其他藻类相比，对 Cu 和 $CuSO_4$ 特别敏感，所以可以利用这些物质有效地控制水华的发展。水华鱼腥藻对铜的吸收特别敏感，在固氮蓝细菌占优势的水体中，用 0.5%硫酸铜就能抑制其固氮作用。$CuSO_4$ 浓度一般用 0.1～0.5mg/L。但是，加入 $CuSO_4$ 的季节应选在春天藻类开始生长之前。$CuSO_4$ 和 2,3-二氯-1,4-萘醌用于控制水华有许多不利之处，因为这些物质会造成许多不良的生态后果，如 2,3-二氯-1,4-萘醌在被微生物降解过程中需要消耗 O_2，而且会在其他生物中累积，这样必然破坏正常食物链的功能。被杀死的大量藻类细胞在腐烂过程中，由于微生物的好氧代谢，要消耗水中大量 O_2，并增加水中微生物的负荷。通过添加化学物质对藻类细胞进行絮凝可以快速降低水体中的细胞数量，抑制藻类细胞生长，达到控制有害藻类的目的。但是大量使用的化学絮凝剂具有致癌性和神经毒性，慢慢地人们就开始限制使用这些化学絮凝的方法。

2. 大型生物方法　在水中引进合适的其他生物，如鱼苗、甲壳动物或漂浮被子植物等，它们直接或间接地以藻类为食物，或消耗水中的营养物质，或影响藻类的光合作用等，从而抑制藻类的过度生长和控制其危害的程度。

3. 微生物方法　微生物方法可以分为两种，一是利用单一微生物使藻类发生絮凝作用；二是利用多种微生物群体使藻类发生絮凝作用。

1）由细菌参与的生物絮凝作用　许多细菌可以诱导藻类细胞产生胞外多聚物，加快藻类细胞的絮凝作用；还有许多细菌自己可以产生生物絮凝剂使藻类细胞直接发生絮凝和沉降。细菌群落在自然水生态系统中对于藻类絮凝能起直接的重要的作用。水体中的异养细菌产卟啉杆菌（*Porphyrobacter* sp.）和黄杆菌通过刺激铜绿微囊藻（*M. aeruginosa*）产生的胞外多聚物在自然水生态系统中对于控制铜绿微囊藻引起的水华发展起很重要的作用。铜绿微囊藻释放的胞外多聚物产生一个微环境，把蓝细菌细胞与细菌细胞黏接在一起，形成一个互惠共生的群落。透明的胞外聚合物颗粒是形成这种颗粒絮凝物的胶黏剂。附着在硅藻上的细菌［海洋杆菌 HP15 菌株、厚壁菌 HP10 菌株、伯顿湖冷蛇菌（*Psychroserpens burtonensis*）Ex5 菌株和 γ-变形菌纲 H14 菌株］与水生威氏海链藻（*Thalassiosira weissflogii*）的相互作用可以影响水生植物产生透明的胞外聚合物颗粒，导致绿藻和硅藻发生絮凝作用。

细菌参与的生物絮凝作用是胞外的多糖、蛋白质和脂类在起作用。形成生物吸附、离子桥和电荷中和是生物絮凝作用的主要作用机制，同时在细菌细胞壁上的蛋白质和鞭毛可以促进这种絮凝作用。由铜绿假单胞 ZJU1 菌株产生的生物絮凝剂通过形成离子桥可以完全絮凝铜绿微囊藻细胞，絮凝过程需要 Ca^{2+}的参与。由解淀粉芽孢杆菌 DT 菌株产生的生物絮凝剂通过电荷中和作用絮凝铜绿微囊藻细胞，因为铜绿微囊藻细胞表面 zeta 电荷受到中和，在该絮凝过程中不需要阳离子的参与。柠檬酸杆菌 AzoR-1 菌株产生的生物絮凝剂通过颗粒之间形成的连接和生物吸附作用导致铜绿微囊藻细胞发生絮凝作用。

2）通过真菌产生的絮凝剂进行絮凝作用　形成颗粒化是帮助真菌去除藻细胞的一种有效方法。在真菌颗粒化过程中藻类细胞与真菌细胞的相互作用能导致真菌-藻类颗粒的形成，并发生沉淀，从而达到从水体中去除藻类的作用。真菌-藻类颗粒（有圆的、椭圆块的和椭球状的）的形成把不同大小的菌丝（几百微米到几个毫米）紧密相连在一起，刚开始时是真菌孢子的膨胀和萌发，接着是菌丝生长和菌丝发生分支。然后，菌丝与藻细胞发生相互作用，导致颗粒的形成。颗粒化作用受到孢子和菌丝的物理化学性质和培养条件，如 pH、盐度和培养基的影响。电荷可以改变含有活性位点多糖的真菌菌丝活性，通过改变菌丝表面的电荷吸引藻类细胞，随后便发生共颗粒化。搅拌的强度可以影响到真菌-藻类颗粒的结实度，说明颗粒的稳定性取决于它们形成过程。形成真菌-藻类颗粒的条件和机制对每种藻类细胞是有差别的。例如，真菌-藻类的相互作用可以使这种颗粒继续存在下去，微藻固定 CO_2，产生有机物促进真菌生长，而真菌通过菌丝的产生继续抓住藻类细胞。经过一定时间后，真菌-藻类颗粒的真菌细胞开始自溶，导致这种颗粒解散，这种颗粒形成的时间长短取决于真菌自己的寿命。这种真菌-藻类颗粒化通常可以用于废水处理和回收微藻细胞生物量。例如，刺孢小克银汉霉（*Cunninghamella echinulata*）NRRL3655 菌株通过形成真菌-藻类颗粒（直径为 2～10mm）可以高效地收集小球藻（*Chlorella vulgaris*）UTEX259 菌株的细胞。另外，所用的真菌还可以降解各种污染物，所以这种方法具有许多优点。

另外，真菌产生的生物絮凝剂对于絮凝藻类细胞也能起很大的作用。许多丝状真菌，如黑曲霉、毛栓菌（*T. hirsuta*）和放线菌链霉菌（*Streptomyces* sp.）也能产生与细菌一样的生物絮凝剂，也是多糖和蛋白质。这些真菌和放线菌产生的生物絮凝剂也可以用于处理污染物，如废水和染料的处理和收集微藻细胞。它们作为生物絮凝剂（带负电荷）时也需要金属离子的存在。通常，这些生物絮凝剂可以用于废水处理和微藻细胞的收集，但在去除有毒藻类方面应用潜力更大。在河流和水库中的 pH 不是真菌产胞外多糖的最适 pH，需要对真菌胞外多糖做些修饰，使它们作用的最适 pH、温度等与河流和水库的 pH 一致。絮凝方法并不能杀死藻类，条件合适的话还会重新形成水华，所以絮凝方法只能用于紧急情况下水华的处理。

3）通过抑制有害藻类生长达到控制水华的作用　通过抑制有害藻类生长进行生存竞争是控制有害藻类的有效机制。如果生物要生存，参与竞争的微生物（产生杀藻的细菌、真菌，浮游生物、水生植物等）通过竞争太阳光、营养物质、生活空间，然后产生各种化感物质对抗藻类。某些细菌可以产生化感物质抑制高度富营养化水体中形成水华的蓝细菌的生长。例如，菌株 SSZ01 可以产生对蓝细菌有剧毒的哈尔明碱和去甲哈尔满而抑制蓝细菌的生长，细菌产生的 β-咔啉肟酯类化合物能抑制藻类细胞的分裂而具有抗藻类活力，这些说明细菌产生的化感物质可以选择性地抑制有害藻类的生长。许多真菌也可以产生胞外物质抑制和控制有害藻类，如白腐菌灰色齿脉菌（*Lopharia spadicea*）

可以抑制铜绿微囊藻、薄甲藻（*Glenodinium* sp.）和卵形隐藻（*Cryptomonas ovata*）的生长，灰色齿脉菌产生的丙二酰二醛可以使铜绿微囊藻 FACHB-912 菌株、波吉卵囊藻 FACHB-1108 菌株和水华微囊藻 FACHB-1028 菌株的叶绿素 a 含量下降，说明这种真菌在控制有害藻类方面具有重要的应用潜力。另外，橘绿木霉（*Trichoderma citrinoviride*）不仅可以抑制铜绿微囊藻的生长，还可以降解它的微囊藻素，因为这种真菌可以利用微囊藻素作为碳源进行生长，所以化感物质在抑制有害水华方面具有重要的潜在的应用。

4）杀藻　杀藻即裂解或杀死有害藻类，能杀死藻类的微生物包括细菌、真菌和放线菌。微生物通过直接或间接接触的方法杀死藻类，如图 10-1 所示。这些杀藻微生物在控制有害藻类方面具有很大的应用潜力，所以引起了许多人的高度关注。

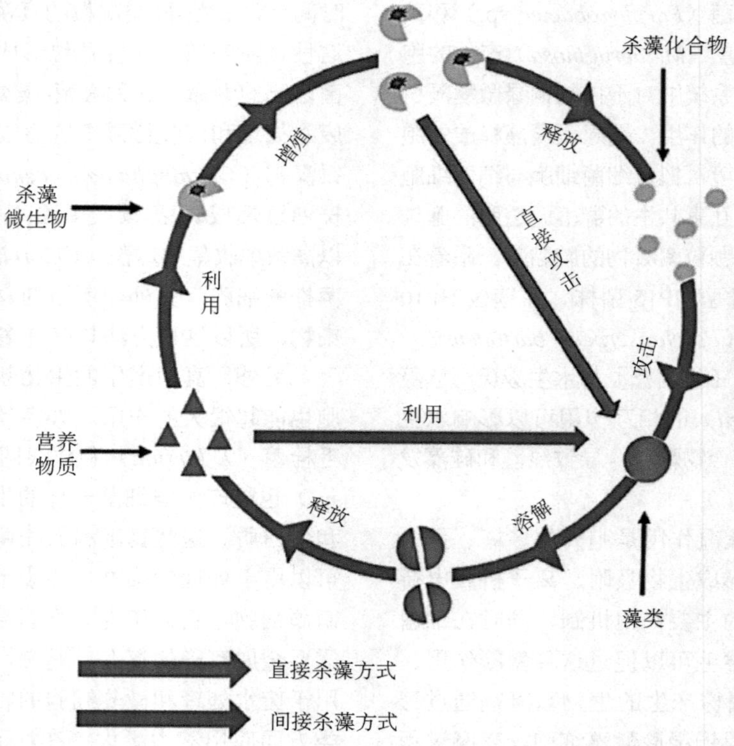

图 10-1　杀藻微生物通过直接或间接的方式杀死有害藻类（Sun et al.，2018）

（1）杀藻细菌。杀藻细菌是高效控制水生生态系统中有害水华的生物方法之一。杀藻细菌通过直接或间接的效应杀死藻类，直接杀藻是杀藻细菌与藻类直接接触而产生杀藻作用。黏细菌是最先报道的杀藻细菌，它们与刚毛藻属直接接触杀死单细胞和丝状的刚毛藻属，该细菌可以产生几丁质酶直接杀死假微型海链藻（*Thalassiosira pseudonana*）。细菌菌株 LY03 能产生趋化物质，该细菌细胞通过鞭毛直接附着藻类细胞上，然后产生几丁质酶，降解藻类细胞壁，最终导致藻类细胞裂解和死亡。大部分杀藻细菌是产生杀藻物质裂解藻类细胞。目前已鉴定的杀藻物质主要包括肽类、蛋白质、生物碱、氨基酸、抗生素、色素和脂肪酸。由芽孢杆菌 SY-1 菌株产生的多肽杆菌酰胺对多环旋沟藻具有特异的杀藻作用。假单胞菌 A28 菌株产生丝氨酸蛋白酶对肋骨条藻具有杀藻作用。芽孢杆菌产生的氨基酸，如 L-组氨酸、o-酪氨酸、*N*-乙酰组（织）胺和咪唑丙烯酸能杀死中肋骨条藻、东海原甲藻、波切棕囊藻和赤潮异弯藻。另外，铜绿假单胞菌 O-2-2 菌株产生的抗生素色素吩嗪可以杀死赤潮异弯藻和原甲藻。厦门奇球菌 Y35 菌株产生的高效抑藻红色素（deinoxanthin）可以高效杀死塔玛亚历山大藻。河氏菌属 KA22 菌株产生灵菌红素可以强烈地杀死东海原甲藻、波切棕囊藻和赤潮异弯藻，这说明这种物质在控制这 3 种藻类引起的水华方面具有很大的应用潜力。海洋弧菌 BS02 菌株产生脂肪酸（棕榈油酸）可以杀死塔玛亚历山大藻。

（2）杀藻真菌。某些真菌也能杀死藻类，如真菌白囊耙齿菌 T24 菌株、云芝栓孔菌 F21a 菌株和黑管菌 T1 菌株通过直接接触可以降解藻类细胞壁。冷杉附毛菌（*Trichaptum abietinum*）1302BG 菌株能以铜绿微囊藻 FACH-918 菌株、水华微囊藻 FACH-1028 菌株、波吉卵囊藻 FACH-1108 菌株和铜绿微囊藻 PCC 7806 菌株为食。这些真菌可以损伤藻类的细胞膜和核酸，导致细胞死亡。除了直接接触外，某些杀藻真菌通过产生杀藻物质杀死藻类，达到控制有害水华生长的目的。内共生真菌可以产生两聚酮产物，叫作顺-4-乙酰氧基蜂蜜曲菌素和 8-脱氧-6-羟基-顺-4-乙酰氧基蜂蜜曲菌素，这些化合物可以杀死小球藻。这些结果说明杀藻真菌的确可以产生有效的抗有害水华的生物活性物质。

（3）杀藻放线菌。一些放线菌也能产生杀藻物质，白黄链霉菌（*Streptomyces alboflavus*）能分泌对热敏感但对 pH 不敏感的杀藻物质而表现出杀球形棕囊藻的活性。马来西亚链霉菌（*Streptomyces malaysiensis*）O4-6 菌株也能产生一种叫作 NIG355 的杀藻物质，能杀死球形棕囊藻。链霉菌 L74 菌株能产生一种杀藻化合物，通过破坏藻类细胞的抗氧化系统而控制铜绿微囊藻的生长。

但是单一一种微生物很难用于控制水体开放系统中的水华，因为这些单一物种很难适应开放系统中的复杂多变的微生物种类和环境条件，也许通过固定化单一物种的产杀藻物质的细菌能达到这个目的。例如，用海藻酸钠固定化产杀藻物质的细胞有利于它们抵抗逆境，维持足够的细胞密度来杀死有害水华。固定化细菌还有助于提供额外的营养物质维持细菌群体处于高活力状态，但是这种处理方法费用太高，从经济方面来看是不可行的。由快速生长、易于富集和易于人工操作、单一物种的杀藻微生物更适合用于控制有害的水华。

4. 利用混合微生物被膜控制水华 在自然水生态系统中，混合微生物组成的生物被膜包括在固体表面生长的藻类、细菌和其他微型和中型生物，这些生物被包埋在微生物产生的胞外多聚物网状结构中，具有相当高的结构稳定性和细胞密度。这些混合微生物可以分为两种，一是异养的微生物被膜（活性污泥膜）；二是光养的生物被膜，叫作水生附着生物。

（1）利用水生附着生物控制有害水华。水生附着生物是混合微生物的一种类型，通常由藻类、细菌、微型和中型生物组成。它们生长在水和沉积泥之间，特别是生长在水生生态系统的沉积泥、石头、水生植物和悬浮颗粒表面上。利用这些水生附着生物处理有害藻类是一种可行的方法，因为这些混合微生物也会释放化感物质，抑制有害藻类的生长。水生附着生物能分泌水溶性的化感物质，如吲哚和 3-氧代-α-紫罗兰酮（3-oxo-α-ionone），它们可以通过损伤类囊体膜、阻断光合系统Ⅱ的电子传递、降低有效的量子产量，最终导致藻类无法进行光合作用而达到抑制蓝细菌生长的目的。为了使这些水生附着生物能真正应用于有害水华的控制，可以利用固定有水生附着生物（主要是细菌和硅藻）的悬浮于水体中的微孔生物反应器来控制铜绿微囊藻的生长。水生附着生物可以分泌两种化感物质，即鞣酸和乙基-2-甲基乙酰乙酸来抑制铜绿微囊藻的生长，该系统能成功降低叶绿素 a 的浓度。利用上一章提到的生物氧化塘-沼泽地系统也可以降低水体中总氮、总磷和氨的浓度，同时引起蓝细菌水华消失。使用的第二年夏天，当该生物氧化塘-沼泽地系统处于稳定状态时，可以去除 83%的叶绿素 a、57%的总氮、70%的总磷和 66%的氨。到了第二年冬天，可以去除 66%的叶绿素 a、40%的总氮、53%的总磷和 49%的氨。水生附着生物因为具有调节氮和磷的功能可以间接地控制有害水华，而氮、磷是水生附着生物和藻类生长是必需的。水生附着生物还可以通过吸附和调节水体中营养物，在短期内去除磷，并且在生物可利用的溶解磷的去除、吸收或转化方面起着很重要的作用。

（2）利用生物被膜控制有害水华。有关生物被膜在上面已经做了介绍。生物被膜也是一种混合微生物群落，可以产生抗藻的化合物，所以也可以控制有害水华。例如，由淡水中席藻属形成的生物被膜可以抑制鱼腥藻的生长。生物被膜中的底栖藻类尾丝藻可以产生化感物质，诱导栅藻细胞的氧化胁迫，从而抑制它们的生长。这些化感物质在藻类和生物被膜蓝细菌生长竞争方面起着很重要的作用。总的来说，利用混合微生物群落可以分泌抑制有害藻类生长的化感物质，还可以除去水体中的磷和氮。所以混合微生物群落可以有效地控制有害水华，最终可以恢复污染的水生态系统。可以设计生物反应器，让它们生长有水生附着生物/生物被膜，用于处理污染有害水华中的藻类。当环境条件恶化时，水生附着生物/生物被膜就开始崩溃死亡，最终被其他生物降解。但是利用混合微生物群落控制水华形成条件难以控制，只能作为辅助的方法。

5. 噬菌体方法 形成水华的蓝细菌可以受到相应噬菌体的感染，所以可以利用噬菌体控制水中的蓝细菌数量。例如，在美国纽约罗德岛附近的海湾每年夏季都发生一种叫作褐藻的大水华，高峰时藻类密度高达 10^9 个细胞/mL，但是藻类总是突然发生消失。经研究发现这种由金藻引起的水华之所以突然消退，是由于藻的细胞中出现大量的噬菌体，这些噬菌体特异性地在该藻的细胞中繁殖，并且传染性极强，所以很快将整片水华溶解掉。有的噬菌体或真核藻类病毒或病毒粒子有其专一的宿主，能特异性地感染亲缘关系相近的一些藻类，因此这类病毒可用作转移致死基因的载体，杀死有害或不需要的藻类。尽管如此，噬菌体对寄生的宿主有高度的专一性，在使用上便受到了限制，并且也不经济。

6. 除磷方法 控制水华的另一种方法是从水体中去除含磷化合物，其中有化学方法和生物方法。化学方法是利用生石灰、硫酸钒土和氯化铁（$FeCl_3$），在水中的浓度分别为300mg/L、100mg/L和100mg/L对含磷化合物进行凝聚沉淀，从而去除水中含磷化合物。其基本原理是：石灰石中的 $Ca(OH)_2$ 在碱性（在pH9.5以上）条件下使 $Ca(HCO_3)_2$ 形成 $CaCO_3$ 而沉淀，并可使磷酸盐形成羟基磷灰石 $Ca_5OH(PO_4)_3$ 而发生沉淀，反应过程如下：

$$Ca(OH)_2 + Ca(HCO_3)_2 \longrightarrow 2CaCO_3\downarrow + 2H_2O \quad (10\text{-}3)$$

$$5Ca^{2+} + 4OH^- + 3HPO_4^- \longrightarrow Ca_5OH(PO_4)_3\downarrow + 3H_2O \quad (10\text{-}4)$$

由于必须在pH 9.5以上条件下才能发生上述的反应，从实际来说这是不现实的。

利用硫酸钒土[$Al_2(SO_4)_3$]沉淀磷酸盐的条件必须控制pH在6.0～7.5，反应如下：

$$Al_2(SO_4)_3 + 2PO_4^{3-} \longrightarrow 2AlPO_4\downarrow + 3SO_4^{2-} \quad (10\text{-}5)$$

另外，添加化学物质对藻类细胞进行絮凝可以快速降低水体中的细胞数量，抑制藻类细胞过度生长，达到控制有害藻类的目的。但是大量使用的化学絮凝剂具有致癌性和神经毒性，慢慢地许多国家开始限制这些化学絮凝方法的使用，总之化学方法也是一种不经济的方法。

生物方法是利用一些能形成异染颗粒的细菌除去污水中含磷化合物。自然界许多细菌，如溶壁微球菌、棒杆菌属和不动杆菌属的细胞在对数期或稳定期可以在细胞中累积含有多聚磷酸盐的异染颗粒。其中不动杆菌形成异染颗粒的能力最强，这些细菌在营养丰富、含有充足 O_2 的培养基中能在细胞内积累大量的多聚磷酸盐。在厌氧条件下，可以把多聚磷酸盐分解成单磷酸盐，并把它们释放到环境中去。这样我们就可以在有氧条件下培养含有大量不动杆菌的污泥，然后把这些污泥放在厌氧条件下培养，使细胞释放出磷酸盐。释放完毕之后，再把此污泥与废水接触，并进行曝气处理，使细胞吸收废水中的大量磷酸盐，并使菌体大量增殖，这时再度使污泥沉淀，排入厌氧培养器中，进行释放磷酸盐。如此反复处理，便可以除去废水中的磷酸盐，同时还可以除去废水中的BOD。除了不动杆菌外，在活性污泥中的假单胞菌、气单胞菌、莫拉菌、克雷伯菌和肠杆菌对于去除废水中的磷也有作用。

7. 除氮方法 废水含氮无机物的去除也可以用微生物学方法，因为亚硝化细菌和硝化细菌在好氧条件下，可以使 NH_3 氧化成 NO_3^-，NO_3^- 在厌氧条件下，又可以被反硝化细菌还原成 N_2，从而达到脱氮的目的。反硝化细菌为兼性异养菌，在无氧条件下利用 NO_2^- 或 NO_3^- 作为最终电子受体进行无氧呼吸，氧化有机物。在污水处理过中可以利用甲醇作为它们的碳源，这些细菌在无氧呼吸过程中，可以去除90%的硝化氮，反应温度要求在15℃左右，pH要求在中性条件下。

既然富营养化作用是由污染造成的，那么水体表面出现的这些藻类便可以作为水体污染的指示菌。利用这些藻类作为污染指示菌具有许多优点，如这些藻类易于在显微镜下计数和辨认。可以作为水体污染指示菌的藻类有绿藻、硅藻、鞭毛藻和蓝细菌。

第三节 重金属的甲基化作用对环境的污染

许多重金属在自然界中可以受到微生物的作用，发生甲基化反应。甲基化的重金属毒性比原先的重金属毒性要大许多倍，如甲基汞的毒性比无机汞的毒性大100倍。

一、汞的甲基化作用

汞的甲基化作用引起了许多人的关注，这是由于甲基汞在水生生物体内的浓度相当高。在海水和淡水中，汞的主要存在形式为 Hg^{2+}，但是在鱼体中，汞的主要存在形式却为甲基汞。甲基汞和二甲基汞在脂肪和脂溶剂中的溶解度相当高，并且对蛋白质的巯基有很高的亲和力。甲基汞是一种很强的神经毒素，并可在食物链中得到富集，从而对人体健康产生危害。微生物导致的汞甲基化对于水生生物内和沉积泥中甲基汞的生成起一定的作用，并且是汞循环的一个重要环节。

1. 汞甲基化的机制 汞甲基化有3个途径：①Hg^{2+}的非生物或光化学甲基化；②污泥中细菌能分泌甲基钴胺素（methylcobalamin），并以此物作为甲基供体，使 Hg^{2+}发生甲基化；③水中细菌区系引起的汞甲基化，这些细菌区系也可能是利用甲基钴胺素作为甲基供体，使 Hg^{2+}发生甲基化作用。由光化学引起的汞甲基化作用每天能把 3%的乙酸汞转化成甲基汞，这个数值要比微生物引起的甲基化作用高两个数量级以上。但是在实验室中却发现如果利用 $HgCl_2$ 和乙酸代替乙酸汞，那么由光化学引起的汞甲基化作用 99. 9%会受到抑制。在海水中，乙酸汞的光化学甲基化作用完全中止。

在河流、湖泊的沉积泥中和腐烂的鱼体上，细菌可以在氧条件下引起汞的甲基化反应。产甲烷菌的无细胞抽提物在厌氧条件下也可以引起汞的甲基化。在土壤、沉积泥和人肠道中分离到的细菌可以在好氧条件下引起汞的甲基化。

从甲基钴胺素把甲基转移给 Hg^{2+}是一步非酶催化的反应，现在发现有 3 种辅酶与甲基转移有关：①*N*-5-甲基四氢叶酸衍生物；②*S*-腺苷甲硫氨酸；③甲基钴胺素，即维生素 B_{12} 或称 CH_3B_{12}。维生素 B_{12} 是真正负责无机汞的甲基化作用的，因为只有这种甲基供体能转移负碳离子，即甲基，Hg^{2+}对负碳离子产生亲电子攻击，从而导致甲基化反应，而负碳离子在维生素 B_{12} 上是受钴原子稳定的，整个反应可以反应式（10-6）来表示：

$$Hg^{2+} \xrightarrow{CH_3B_{12}} (CH_3)Hg^{+} \xrightarrow{CH_3B_{12}} (CH_3)_2Hg \tag{10-6}$$

其中第一步反应要比第二步反应快 6000 倍。

在水溶液中，CH_3B_{12} 能快速地与 $HgCl_2$ 起反应，但与有机汞化合物的反应则较慢，反应的产物有甲基钴胺素和甲基汞。

2. 在厌氧条件下汞的甲基化作用 从淡水底部沉积泥和鱼腐烂的组织匀浆（homogenate）中得到的样品均可使 Hg^{2+}发生甲基化反应和甲基汞的甲基化反应。在厌氧条件下，鱼匀浆在 4～7 周恒温培养期间，可以使甲基汞发生甲基化反应，形成二甲基汞，在 4d 之内能使 Hg^{2+}发生甲基化反应。

从运河河泥中分离到的产甲烷菌，经过破碎提取到的细胞抽提物，在厌氧条件下，可以使 Hg^{2+}发生一甲基化和二甲基化，这些反应需 CH_3B_{12} 存在，并需 ATP 作为能量，氢作为电子供体。从 Co^{2+}上把甲基转移给 Hg^{2+}的过程需要酶的催化。但是在某些情况下，也发现这个甲基转移过程不需要酶的催化，并且形成甲基汞的速度比酶催化过程的高得多。

3. 在好氧条件下的汞甲基化作用 在好氧条件下，沉积泥中混合微生物和某些微生物纯培养物都可以使 Hg 甲基化。但在厌氧条件下，形成甲基汞的速度比好氧条件下快，并且产生较高浓度的 CH_3Hg。在厌氧条件下形成的甲基汞是稳定的，因为在这种条件下，不存在降解甲基汞的细菌。

在湖泊污泥中加入 $HgCl_2$，并在好氧条件下进行恒温培养，可以导致甲基汞的形成，有关的微生物为假单胞菌，经过 50d 的培养，甲基汞浓度从 0 增加到 0.3μg/g 污泥，随后便出现甲基汞量减少，同时 Hg^0 浓度上升，这是 Hg 被有关的微生物还原成 Hg^0 的结果。

4. 环境因素对微生物形成甲基汞的影响

1）培养基成分 在鱼体表面黏液中存在的微生物形成 CH_3Hg 的能力对培养基有选择作用，在含有鱼浸提液的培养基中，这些微生物能合成 CH_3Hg，在肉汤培养基中生长时，不合成 CH_3Hg。

2）O_2 O_2 对于不同的微生物形成 CH_3Hg 的能力有不同的影响，对于必须在好氧条件下才能合成 CH_3Hg 的微生物来说，O_2 是必需的，否则则相反。

3）硫化物 当水体缺 O_2 时有 H_2S 的产生，这时 Hg^{2+}可以与 S^{2-}起反应生成不溶性的 HgS，从而在厌氧条件下，H_2S 的存在可以阻碍 Hg^{2+}的甲基化。当水体中 O_2 充足时，HgS 便被氧化成 Hg^{2+}和 SO_4^{2-}，此时 Hg^{2+}又可以参与甲基化作用，但这种甲基化的速率与 $HgCl_2$ 的相比，要慢得多（后者较前者高 100～10 000 倍）。

4）pH 在 pH 较高的条件下，微生物主要导致（CH_3）$_2$Hg 的形成。在较低 pH 条件下，主要导致 CH_3Hg^+的形成。

5）沉积泥中动物的活动 如果在沉积泥中存在一些穴居动物，这些动物的不断搅动可以给污泥提供 O_2，那么由好氧微生物引起的汞甲基化活动区可波及数米深。

二、砷的甲基化

砷对人类和动物的中枢神经系统具有危害作用，对大多数高等植物和某些低等生物也具有毒性，三价砷离子的毒性比五价砷离子的毒性大，三甲基砷同样对人有毒性，饮用含有 0.22μg/mL 砷的水便可以引起中毒，在美国规定饮用水中的砷最大含量不得超过 0.01μg/mL。

有许多微生物能使砷发生甲基化反应，真菌中短帚霉（*Scopulariopsis brevis*）能从三价砷化合物产生三甲基砷，其反应过程如图 10-2 所示。

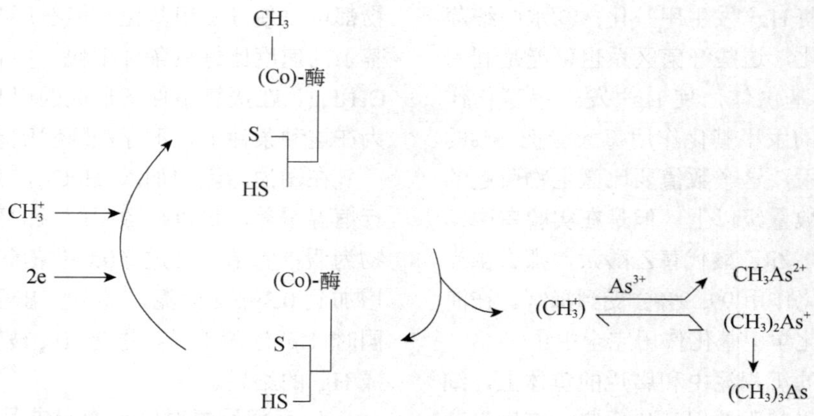

图 10-2 砷的微生物甲基化反应（池振明供图）

在许多工业和农业生产过程中，可以排出含有砷的化合物，在这些排出水和沉积泥中，微生物可以把砷转化成三甲基砷。青霉能从一甲基砷酸盐和二甲基砷酸盐杀虫剂中产生三甲基砷。在土壤中，产甲烷细菌也能把砷酸盐转化成二甲基砷化三氢。绿藻、微球菌和季也蒙毕赤酵母能把亚砷酸盐还原成毒性更大的砷酸盐。

第四节 含氮化合物的微生物代谢对环境的污染

一、NH_3

释放到环境中的含氮化合物主要是 NH_3。NH_3 的形成主要是陆地和海洋中异养微生物作用的结果。NH_3 不仅是一种空气污染物，而且在地下对植物根还会造成不利的影响，空气中的 NH_3 被湖水和河水吸收之后，能使这些水体表层产生富营养化作用。NH_3 污染饮用水，会造成饮用水处理费用增加，因为 NH_3 会影响氯气的消毒效果。当 NH_3 浓度达到 2.0mmol/L 时，在 pH 为 8.0 的情况下，对氧化塘中的藻类会造成危害。

在土壤中，有机氮化合物被微生物分解过程中和尿素被微生物水解过程中，都可以产生 NH_3。在土壤中，许多异养菌具有尿素酶，此酶水解尿素，同时使土壤中 pH 上升，从而有利于 NH_3 的挥发。

在饲养动物的场所，尿中含氮物质的分解、土壤中植物残体的分解、污水中有机氮化合物的分解、土壤和水体中硝酸盐的还原都可以导致 NH_3 的产生。

二、NO_3^-

在 O_2 充足的土壤和有水环境中，微生物可以好氧降解有机氮化合物，产生 NO_3^-。首先，微生物分解有机氮化合物产生 NH_3，NH_3 被硝化细菌氧化成 NO_3^-，形成的 NO_3^- 被渗透水带到水井中或水体表面中。由于农业方面大量使用合成氮肥、人口的膨胀和城市区域不断扩展及工业区不断扩大，排放到环境中的含氮化合物越来越多，这样在一些局部环境中，产生的 NO_3^- 量也越来越大。

如果水中的 NO_3^- 浓度达到 20.0μg/mL 以上，那么将导致婴儿（特别是在 6 个月以内的婴儿）和家畜产生正铁血红蛋白症（methemoglobinemia）。一般规定饮用水中硝态氮不得超过 10.0μg/mL。

NO_3^- 的污染还可以导致水体产生富营养化作用，把污泥用于农田中也可以造成 NO_3^- 污染。

三、NO_2^-

NO_2^- 是自养菌亚硝化作用和 NO_3^- 还原成 NH_3 的一个中间产物，NO_2^- 通常不会得到累积，因为形成 NO_2^- 的速率比被代谢的速率慢得多。但在某些条件下，情况就不是如此，那么就会造成 NO_2^- 的污染。

NO_2^- 是一种有毒物质，可以导致婴儿患正铁血红蛋白症，并且肠道中的微生物菌群也可以产生 NO_2^-。许多细菌在罐装婴儿食品中生长时可以导致 NO_2^- 的形成。NO_2^- 的存在还可以抑制高等植物的生长，在 NO_2^- 浓度为 50.0μg/mL、pH 5, 100.0μg/mL、pH 5.5, 20μg/mL、pH 6.0 等条件下，NO_2^- 对许多植物会产生不利的影响。

在腌肉过程中，NO_2^- 是一种很重要的添加剂。在酸性条件下，NO_2^- 形成 HNO_2，HNO_2 降解成 NO_2^- 和 NO，NO 可以与肉中肌球蛋白起反应产生肌色素原的前体，肌色素原为红色的色素。

四、羟胺

在自然界中，羟胺是一种强诱变剂。在无氧条件下，微生物可以合成羟胺。例如，从污水中分离到的节杆菌菌株，在正常生长条件下，在不同 pH 的环境中，可以把 NH_4^+ 氧化成羟胺，在生长培养物中，羟胺浓度可达 15.0μg/mL。当提供 NH_4^+ 时，节杆菌休止细胞可以产生 60.0μg/mL 的羟胺。这些微生物菌株还可以从乙酰胺、谷氨酸和谷氨酰胺中形成羟胺，形成羟胺的过程是，首先 NH_4^+ 结合在有机物上，形成羟基酰胺，此物受到分解便产生羟胺。在污泥、河流或湖泊样品中加入乙酸或琥珀酸之后，也可以通过类似的途径形成羟胺。

五、亚硝酸胺

这类化合物浓度达到 1μg/mL 时，便具致癌性、致突变性和致畸胎性。

许多农药为胺类化合物，这类化合物可以被亚硝化形成亚硝胺。

在人肠道中，如果存在 NO_2^- 或 NO_3^-，那么就可能形成亚硝胺。脯氨酸和 NO_2^- 可以被鼠类肠道中的微生物转化成 *N*-亚硝基脯氨酸。在低 pH、中性或有时在碱性条件下，NO_2^- 可形成亚硝胺，微生物的作用就在于产生一个适合于亚硝化作用的酸性条件。在 10 株大肠杆菌中，有 5 株细菌可以从二苯胺、二甲基胺、六氢吡啶中产生亚硝胺，所用的培养基含有 NO_3^-，pH 在 6.5 或 6.5 以上。梭状芽孢杆菌菌株中有 10%、拟杆菌中有 12%、肠球菌中有 40%、双歧杆菌中有 18%能使二甲苯胺发生亚硝化反应。真菌生长在玉米面包上也会产生 *N*-亚硝基化合物。

假单胞菌和隐球菌的无细胞抽提物可以从二甲苯胺和 NO_3^- 中产生 *N*-亚硝基二甲苯胺。但是，施氏假单胞菌必须处在旺盛生长时，才会导致二甲苯胺和 NO_3^- 形成二甲基亚硝胺，煮沸过的这种细菌和大肠杆菌无细胞抽提物都具有这种能力。

所以，环境中 NO_2^- 和 NO_3^- 的污染，进一步导致产生亚硝胺，造成更严重的污染问题，因为亚硝胺毒性比 NO_2^- 和 NO_3^- 的毒性更大。

第五节　含硫化合物的微生物代谢对环境的污染

一、H_2S

在陆地上，由于有机物的分解，每年向空气排放 11.2×10^7 吨 H_2S。微生物可以通过两种方式形成 H_2S：一是脱硫弧菌还原 SO_4^{2-} 产生 H_2S，二是微生物通过分解有机物产生 H_2S。脱硫弧菌广泛分布于污泥、沼泽地和供氧不足的土壤中，这种细菌如果没有 SO_4^{2-} 作为无氧呼吸的最终电子受体，那么它就不会利用任何其他物质产生 H_2S。当存在有 DO 或 pH 很低时，也不具有代谢活力。有许多微生物能分解有机硫，并释放出 H_2S。这些微生物包括好氧菌和厌氧菌、嗜冷菌和嗜热菌、放线菌和真菌。这一反应过程如反应式（10-7）所示。

$$HS-CH_2-\underset{COOH}{\overset{NH_2}{CH}}+H_2O\xrightarrow{\text{胱氨酸脱}H_2S\text{酶}}CH_3-\underset{COOH}{C}=O+H_2S+NH_3 \quad (10\text{-}7)$$

H_2S 和氰氢酸一样，在水中浓度达到 0.1μg/mL 时，便具有毒性。H_2S 对于水中刚孵出的鱼苗、鱼苗生长和鱼卵生存都会产生不利的影响。在被水淹没的环境中，线虫数目减少也与 H_2S 浓度有关。高等植物对 H_2S 也相当敏感，例如，柑橘植物根对 2～3μg/mL 的 H_2S 就会出现敏感反应。H_2S 的味道很难闻，当浓度达到 0.13～1.0μg/mL 时，人就会嗅觉到 H_2S 的味道。另外，H_2S 还会腐蚀地下的煤气或水管道，并使水成为“锈水”。如果在铁管上涂上一层沥青就可以防止腐蚀。

二、SO_2 和氧硫化碳

大肠杆菌、粗糙脉孢菌和产碱粪杆菌可以使胱氨酸形成二亚砜和胱氨酸硫酸，其中胱氨酸硫酸是形成 SO_2 的一个关键中间产物，反应过程如反应式（10-8）所示。

$$HOOS-CH_2-\underset{COOH}{\overset{NH_2}{CH}}\longrightarrow SO_2+CH_3-\underset{COOH}{\overset{NH_2}{CH}} \quad (10\text{-}8)$$

有许多细菌在厌氧条件下，可以分解牛粪产生氧硫化碳（S=C=O），此物对真菌和哺乳动物的神经系统具有毒性。有些农药，如代森钠在土壤中，经过微生物降解也会产生 S=C=O。

三、有机硫化合物

有许多微生物能合成甲基硫醇（CH_3SH），这种物质具有很难闻的味道，并对植物有毒性。例如，斯氏无色杆菌（*Achromobacter starkeyi*）、假单胞菌、放线菌和酵母菌代谢甲硫氨酸时，便可以产生甲基硫醇。

四、酸矿水

环境中的酸矿水（acid mine drainage）有两个来源：一是在烟煤缝中所发生的黄铁矿氧化的结果，二是矿石中 $CuSO_4$ 和 $FeSO_4$ 氧化的结果。在酸矿水中，含有许多重金属，如砷和碲，pH 在 1.4～5.5，铁离子浓度为 0.5～10g/L，铜浓度最高可达 10g/L，铅浓度最高可达 0～2g/L。在酸矿水中还含有藻类、真菌、原生动物和细菌，这些微生物已经适应了这些极端的环境条件，其中的细菌包括生金菌、氧化亚铁硫杆菌、氧化硫硫杆菌和硫化叶菌，这些微生物中的氧化亚铁硫杆菌和氧化硫硫杆菌对于酸矿水形成所起的作用现已研究清楚。

当煤矿中的 FeS_2（黄铁矿、白铁矿、硫球）暴露于一定湿度的空气中时，便形成酸性煤矿水。首先，FeS_2 经过反应式（10-9）进行氧化。

$$FeS_2 + 3.5O_2 + H_2O \longrightarrow FeSO_4 + H_2SO_4 \quad (10\text{-}9)$$

尽管这一反应可以自发进行，但是在煤矿表面存在的氧化亚铁硫杆菌通过直接催化可以加快这一反应。当有 Fe^{3+}存在时，通过化学相互作用，也可以加快黄铁矿的氧化，即

$$FeS_2 + 14Fe^{3+} + 8H_2O \longrightarrow 15Fe^{2+} + 2SO_4^{2-} + 16H^+ \quad (10\text{-}10)$$

这一反应所需的 Fe^{3+}来自 Fe^{2+}的氧化，催化 Fe^{3+} 氧化成 Fe^{2+}的是生金菌，这种细菌一直作用到 pH 为 3.5，Fe^{3+}浓度达到 0.1g/L 为止。当 pH 低于 4 时，氧化亚铁硫杆菌也可催化 Fe^{2+}的氧化，即

$$2Fe^{2+} + 0.5O_2 + 2H^+ \longrightarrow 2Fe^{3+} + H_2O \quad (10\text{-}11)$$

Fe^{2+}来自前两个反应，尽管第三个反应也可以经过非酶催化而自发进行，但是当 pH 低于 4 时，如果没有细菌的作用，这一反应速率非常慢。

反应式（10-11）是一步决定 FeS_2 氧化反应速度的关键反应，所以细菌可以通过这一步反应来调节 FeS_2 氧化的速率。在酸矿水中的 H^+是来自反应式（10-11）产生的 Fe^{3+}经过水解而产生，即

$$Fe^{3+} + 3H_2O \longrightarrow Fe(OH)_3 + 3H^+ \quad (10\text{-}12)$$

其中的 $Fe(OH)_3$ 可以进一步与酸矿水中一部分 H_2SO_4 起反应生成不溶性的 $Fe_2(SO_4)_3$，即

$$2Fe(OH)_3 + 2H_2SO_4 \longrightarrow Fe_2(SO_4)_3\downarrow + 6H_2O \quad (10\text{-}13)$$

从反应式（10-9）～反应式（10-13）可以看出，每 2 分子 FeS_2 可以转化成 1 分子 $Fe_2(SO_4)_3$，并产生 1 分子 H_2SO_4。实际上，可以产生更多的 H_2SO_4分子，因为反应式（10-11）的 Fe^{3+}通常被转化成 $Fe(OH)SO_4$ 和 $AFe_3(SO_4)_2(OH)_6$，其中的 A 代表 K 或 NH_4^+。在酸矿水中存在的 Al 主要来自 H_2SO_4对岩石、砂子和沉积物中的铝-硅矿物的腐蚀。

从含有 $CuSO_4$矿石中形成的酸矿水类似于上述过程，黄铜矿（$CuFeS_2$）晶体暴露于空气和水时，也可以受到氧化，反应过程如反应式（10-14）所示：

$$2CuFeS_2 + H_2O + 8.5O_2 \longrightarrow 2Cu^{2+} + 2Fe(OH)SO_4 + 2SO_4^{2-} \quad (10\text{-}14)$$

氧化亚铁硫杆菌可以明显地加快这一反应速率，因为黄铜矿作为一种矿物在无菌条件下是相当稳定的。如果有表面活性剂的存在，可以进一步加快对这种矿物的氧化。

辉铜矿（Cu_2S）晶体暴露在空气和水中时，可以通过下述的一系列反应受到氧化：

$$Cu_2S + 0.5O_2 + 2H^+ \longrightarrow Cu^{2+} + CuS + H_2O \quad (10\text{-}15)$$

CuS 可以进一步被氧化成 $CuSO_4$：

$$CuS + 0.5O_2 + 2H^+ \longrightarrow Cu^{2+} + S^0 + H_2O \quad (10\text{-}16)$$

$$S^0 + 1.5O_2 + H_2O \longrightarrow H_2SO_4 \quad (10\text{-}17)$$

这些反应由氧化亚铁硫杆菌所催化，但在没有这种细菌存在的情况下，也可以缓慢地自发进行。另外，氧化硫硫杆菌也可以催化这一反应，氧化亚铁硫杆菌可以从反应式（10-15）～反应式（10-17）中获得能量，并同化 CO_2。

辉铜矿和靛铜矿（CuS）在酸性溶液中可以被 Fe^{3+}氧化，反应过程如反应式（10-18）和反应式（10-19）所示：

$$Cu_2S + 2Fe^{3+} \longrightarrow Cu^{2+} + CuS + 2Fe^{2+} \quad (10\text{-}18)$$

$$CuS + 2Fe^{3+} \longrightarrow Cu^{2+} + S^0 + 2Fe^{2+} \quad (10\text{-}19)$$

细菌不直接参与这两个反应，但是在自然条件

下，细菌有利于重新产生氧化剂 Fe^{3+}。

含有 $CuSO_4$ 的矿物在氧化过程中可以产生大量的热，在矿物内部温度可达 80℃，这一温度对氧化亚铁硫杆菌的生长不利，因为这种细菌的最适生长温度为 25～40℃。但是，在矿物内部存在嗜热和嗜酸的硫化叶菌，这种细菌在 70℃下还可以氧化 Fe^{2+}。

在酸矿水中，氧化亚铁硫杆菌通过氧化 Fe^{2+} 获得能量，而氧化硫硫杆菌则通过氧化含硫化合物获得能量，这些硫化物是矿物中金属硫化物经过氧化所形成的，这些微生物适应了强酸和高浓度金属离子的环境。

氧化亚铁硫杆菌除了会氧化上述矿物外，还会氧化硫化钴、硫化镍、PbS、ZnS、$Fe_2As_2S_2$、$3Cu_2S$、As_2S_3 及 Sb_2S_3，这种微生物在氧化 PbS 和 Sb_2S_3 过程中，可以吸收 CO_2 合成有机物，但在氧化硫化镍过程中不吸收 CO_2。

上述形成的酸矿水，随着水渗漏或顺河道扩散到其他区域，污染农田和河流，破坏自然生态生物群落，毒害鱼类，影响人类生活。

控制酸矿水的方法有：①加入石灰提高 pH；②利用硫酸盐还原菌作用于矿物使硫还原成硫化物；③在矿山中加入杀菌剂或抑菌剂，杀死产酸细菌或抑制产酸细菌的活动；④利用酸矿水进行细菌浸矿，提取有用金属。前三种方法费用太高，不符合实际，后一种方法尚可使用。

第六节 微生物产生的毒素对环境的污染

微生物毒素是一类由微生物产生的有机毒物，当它们被其他生物吸收，并进入体内之后会破坏敏感宿主组织和干扰宿主的正常生理功能。微生物产生的毒素化学结构和化学组分十分复杂，并且具有抗原性质。

本节我们重点从生态学角度对具有产毒素能力的微生物做一些概述，重点讨论这些产毒素微生物在生物圈中的分布和这些微生物与敏感宿主之间的相互作用。

我们可以把微生物产生的毒素粗略地分为细菌毒素、真菌毒素和藻类毒素。

一、细菌毒素

细菌产生的毒素可以分为内毒素和外毒素。某些细菌在生长和代谢过程中，能产生一些有毒物质，并把这些有毒物质释放到周围环境中去，这些毒素为外毒素。能产生外毒素的大多数细菌为 G^+ 菌，其化学本质为蛋白质，对热和某些化学物质极为敏感。外毒素的功能是能特异地破坏机体细胞的某些成分或抑制细胞的某些代谢功能。外毒素是所有已知有毒物质中毒性最大的物质。某些外毒素的产生菌、这些细菌的分布和引起的疾病如表 10-1 所示。

表 10-1 某些外毒素的产生菌、这些细菌的分布和引起的疾病

产生菌	生境	毒素	疾病
炭疽杆菌	土壤	复合型	炭疽
肉毒杆菌	土壤	神经毒素	肉毒中毒
金黄色葡萄球菌	人皮肤	肠毒素	呕吐
白喉杆菌	人类	白喉毒素	白喉
霍乱弧菌	人胃肠道	肠毒素	霍乱
破伤风梭菌	土壤	神经毒素	破伤风
痢疾志贺菌	人胃肠道	神经毒素 肠毒素	痢疾
鼠疫耶尔森菌	鼠、蚤	鼠疫毒素	鼠疫

肉毒杆菌是产芽孢的专性厌氧菌，所产生的肉毒毒素不会被消化道中蛋白质水解酶所水解。这种细菌广泛分布在土壤和肉食动物肠道中，其芽孢具有热抗性。如果食品不经过适当处理，食品上的肉毒杆菌芽孢便可生存下来，并开始萌发，在厌氧条件下，这种细菌便产生外毒素。家庭罐装的菜、各种熟肉和罐头肉都可能产生肉毒毒素。

金黄色葡萄球菌可以产生肠毒素，并导致食物中毒，在所有人群中有 25%的人携带有能产肠毒素的金黄色葡萄球菌菌株。处理的食品、土豆沙拉和

奶制品是生长这种细菌的良好培养基。

产气荚膜梭菌可以生存在肉类食品上，所产生的毒素可引起食物中毒。蜡状芽孢杆菌在米饭上生长，产生的毒素也可引起食物中毒，这种细菌广泛分布于灰尘中，在温暖条件下（15～50℃），它们的芽孢便开始萌发，并产生一种肠毒素。

内毒素与外毒素相比，具有下述几个特点：①内毒素是在活细胞中产生的，产生之后并不释放到周围介质中去，只有当细胞被溶解之后，才释放出内毒素，内毒素实际上是大多数 G^-菌细胞壁外层的一种成分；②内毒素不是蛋白质，而是脂多糖；③内毒素不管是什么微生物产生的，它们所引起的疾病症状都是一样的，包括机体发热、腹泻、出血性休克；④内毒素抗原性弱；⑤这种毒素的毒性较小。

能产生内毒素的细菌有沙门菌、痢疾杆菌、大肠杆菌和奈氏球菌，这些细菌广泛存在于肠道、粪便和受粪便污染的环境中。

另一类细菌的内毒素为苏云金芽孢杆菌的伴孢晶体，苏云金芽孢杆菌为 G^+菌，广泛分布于土壤中，伴孢晶体不会引起人和高等动物产生疾病，而只能引起某些昆虫产生疾病。正是这种特性，伴孢晶体可以用于控制农作物病虫害，我们将在下一章进行详细介绍。

植物病原细菌通过干扰植物的正常代谢或正常植物结构，而导致植物组织受破坏，从而引起病变，这些细菌侵入植物体内可以产生一些毒素，并引起植物病变。例如，烟草假单胞菌产生的毒素可以导致烟草产生野火病，野火毒素的结构如图 10-3 所示。这种细菌还会产生 2-氨酸-烟草毒素。

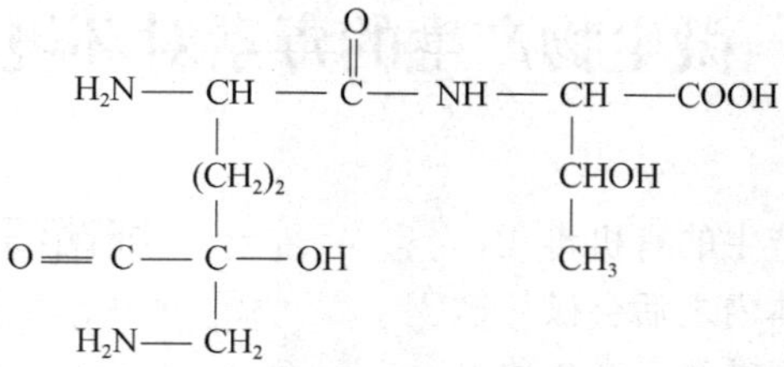

图 10-3　野火毒素的化学结构（池振明供图）

二、藻类毒素

藻类可以产生一些对多细胞生物具有毒性的化合物，这些化合物包括 NH_3、多肽和多糖，这些毒素往往存在于水中或水生贝壳类动物中，人和动物饮用了这些水或吃了这些动物便引起食物中毒。

1. 产毒素的蓝细菌　在富营养化的水体中，蓝细菌是主要的微生物，蓝细菌中有 60 多种是产毒藻，代表种包括微囊藻属、颤藻属和鱼腥藻属等。我国大多数水体发生的蓝藻水华，其优势种为产毒藻种铜绿微囊藻，这些藻类产生的毒素存在于水中，人饮用之后，会导致胃肠道功能紊乱。铜绿微囊藻还产生致命的多肽类毒素，这类毒素可引起家畜和牛死亡。许多海洋蓝细菌也可产生毒素。藻毒素分为具有肿瘤促进作用的肝毒素、神经毒素及具有特异性生物活性的皮肤毒素和脂多糖毒素四大类，其中肝毒素又分为微囊藻毒素（microcystin）、节球藻毒素（nodularin）、柱孢藻毒素（cylindrospermopsin）。其中微囊藻毒素是目前研究最广泛的毒素，它为含有环状七肽的分子结构［cyclo-（D-Ala-X-D-MeAsp-Y-Adda-D-Glu-Mdha）］（图 10-4），含量较多的是 MC-LR［X 为亮氨酸（L）；Y 为精氨酸（R）］。

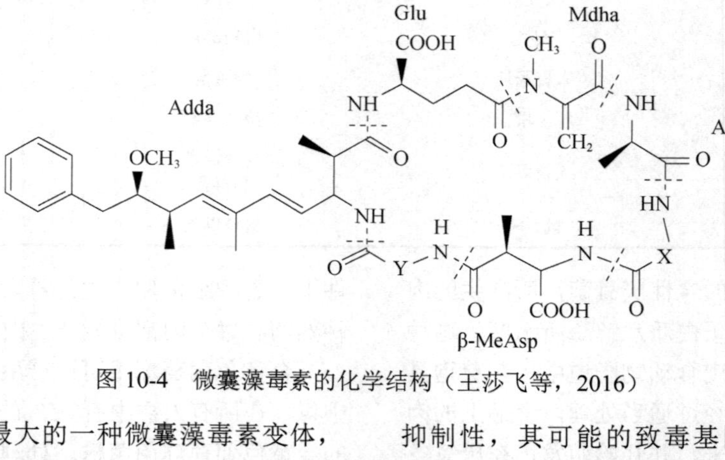

图 10-4　微囊藻毒素的化学结构（王莎飞等，2016）

MC-LR 是毒性最大的一种微囊藻毒素变体，其毒性主要体现在其对蛋白磷酸酶 PP1 和 PPA2 的抑制性，其可能的致毒基团为 Adda［（2*S*,3*S*,8*S*,9*S*）-3-氨基-9-甲氧基-2,6,8-三甲基-10-苯-4（*E*），

6（*E*）-二烯酸]。由蓝藻细胞内混合聚酮合酶（PKS）/非核糖体肽（NRPS）合成，通常在藻类衰亡期释放到环境水体中。

铜绿微囊藻产生的毒素具有两种不同的成分，第一种成分称为快速致死因子（fast death factor，FDF），这是一种内毒素，这种内毒素的分泌期在细胞生长的初期，当它们处在最适生长条件下时，某些细胞可以发生裂解和自溶，从而释放出内毒素，这些毒素通过腹膜内注射可以在 30～60min 引起小白鼠死亡。另一种毒素成分通过腹膜内注射于小白鼠体内，需要 24～48h 才会引起小白鼠死亡，所以称为慢致死因子（slow death factor，SDF）。只有当这种蓝细菌与相应细菌共生时才能产生 FDF，FDF 为一种环状多肽。

水华鱼腥藻产生的毒素毒性比上述的 FDF 还要强烈，它的成分为生物碱。这种毒素通过腹膜内注射可以在 2～10min 杀死小白鼠，因此称为超快速致死因子（very fast death factor，VFDF），所以许多野生动物和小禽一接触形成的水华便很快死亡。

水华束丝藻产生的毒素在动物体内发挥毒性作用也相当快，这种藻类与许多牲畜和鱼类死亡有关。

巨大鞘丝藻（*Lyngbya majuscula*）产生的毒素可引起游泳者产生疥疮，一旦游泳者与这种藻类形成的水华接触，便可引起一种皮炎，这种毒素为一种肽类物质。

一些产毒素的藻类及其危害如表 10-2 所示。

表 10-2　一些产毒素的藻类及其危害

藻类	毒素	敏感宿主
铜绿微囊藻	微囊毒素（FDF）	家畜，注射小白鼠 30min 便引起死亡
束丝藻属	束丝藻毒素	家畜和鱼
鱼腥藻	鱼腥藻毒素（VFDF）	家畜、水鸟和鱼，注射小白鼠后 2～10min 便引起死亡
巨大鞘丝藻	皮肤炎毒素	人皮肤炎
一种膝沟藻	石房蛤毒素	人出现麻痹，水生贝壳类动物中毒
另一种膝沟藻	没有特征	引起鱼中毒
一种多甲藻	Glenodine 毒素	引起鱼中毒
短裸甲藻	神经毒素	引起水生贝壳类动物中毒的一种毒素

2. 产毒素的真核藻类　能产生毒素的真核藻类广泛分布于海水中，某些藻类也能生长在淡水中，但数量较少，这些藻类大多数为甲藻类。它们产生的毒素往往累积于水生贝壳类动物中，人食用了这些动物便引起食物中毒。

甲藻类的膝沟藻在富营养化的海水中可以形成赤潮，水生贝壳类动物能富集这些藻类产生的毒素，人食入这些贝类之后，可发生麻痹性贝类中毒，这类毒素对热稳定，并且为非蛋白物质，称为石房蛤毒素（saxitoxin），其化学结构如图 10-5 所示。

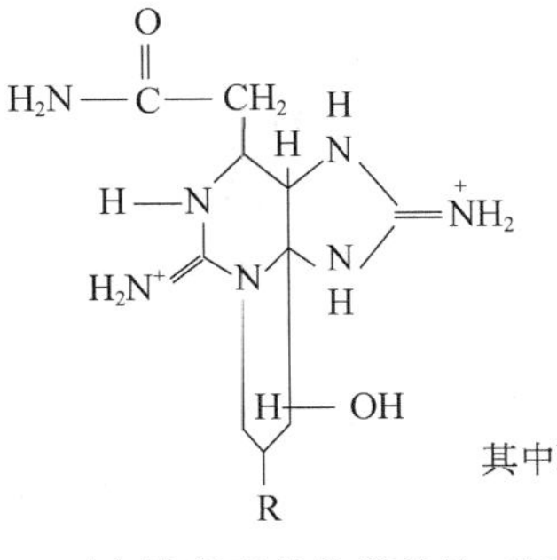

其中R为H

图 10-5　石房蛤毒素的化学结构（池振明供图）

这种毒素还可以从水华束丝藻中分离到，人对这种毒素的敏感性要比其他生物的大，所以人食用贝类时，应注意其生长的水体中是否存在产生石房蛤毒素的藻类。

还有许多真核藻类也会产生毒素，如海洋中的蕨藻（*Caulerpa* sp.）、短裸甲藻（*Gymnodinium breve*）和小定鞭金藻（*Prymnesium parvum*）。第一种藻类只在多雨季节产生毒素，其中一种毒素结构为

$$CH_3—\underset{}{\overset{CH_2OH}{\overset{|}{(CH)_n}}}—CH_2—NH—CO—(CH_2)_n—CH_3$$

$$n=23\sim25$$

第二种藻类是生长海湾水体中，产生的毒素也可以富集在水生贝壳动物中。第三种藻类产生的毒素为脂蛋白，可引起鱼中毒，并损伤用鳃呼吸的其他动物，它是一种外毒素，可裂解血红细胞，增加膜的通透性，并可裂解支原体。

三、真菌毒素

自然界中许多真菌能产生毒素，它们包括曲霉、青霉、岛青霉、灰黄霉、米曲霉、镰刀菌、葡萄穗霉、纸皮思霉、菌核病核盘菌、绿色木霉、豆类丝核菌和小麦赤霉菌。产生的毒素可引起肝、肾、神经、造血组织中毒，并可引起光过敏性皮炎，还有许多真菌毒素可引起癌症。表 10-3 列出了真菌产生的主要毒素和它们的生理效应。

表 10-3 真菌产生的主要毒素和它们的生理效应

真菌毒素	真菌	毒性
黄曲霉毒素	黄曲霉、寄生曲霉	致癌性、急性肝毒性和免疫抑制
伏马毒素	串珠镰孢菌、层出镰孢菌	致癌性、肝毒性
赭麹毒素	赭曲霉、炭黑曲霉、疣梗青霉	致癌性、肾毒性、肝毒性和致畸性
呕吐毒素	拟枝孢镰刀菌、禾谷镰刀菌、黄色镰刀菌、梨孢镰刀菌、粉红镰刀菌、三线镰刀菌、锐顶镰刀菌	胃肠道出血、免疫抑制剂
玉米赤霉烯酮	禾谷镰刀菌、黄色镰刀菌、克地镰刀菌	雌激素活性

研究最清楚的真菌毒素为黄曲霉毒素（aflatoxin），它们是一群结构上比较相似的化合物。分别称为黄曲霉毒素 B_1、黄曲霉毒素 B_2、黄曲霉毒素 G_1、黄曲霉毒素 G_2、黄曲霉毒素 M_1、黄曲霉毒素 M_2、黄曲霉毒素 B_{2a} 和黄曲霉毒素 G_{2a}。其中黄曲霉毒素 B_1、黄曲霉毒素 B_2、黄曲霉毒素 G_1、黄曲霉毒素 G_2、黄曲霉毒素 B_{2a} 和黄曲霉毒素 G_{2a} 为真正的真菌毒素成分，而黄曲霉毒素 M_1 和黄曲霉毒素 M_2 是奶牛和羊食用含有黄曲霉毒素食物之后，从其奶中和这些动物其他组织中分离到的有毒物质，其中黄曲霉毒素 B_1、黄曲霉毒素 B_2、黄曲霉毒素 G_1 和黄曲霉毒素 G_2 的化学结构如图 10-6 所示。

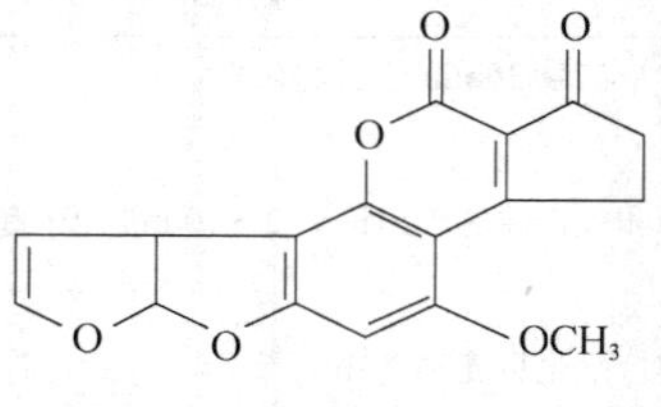

黄曲霉毒素B_1

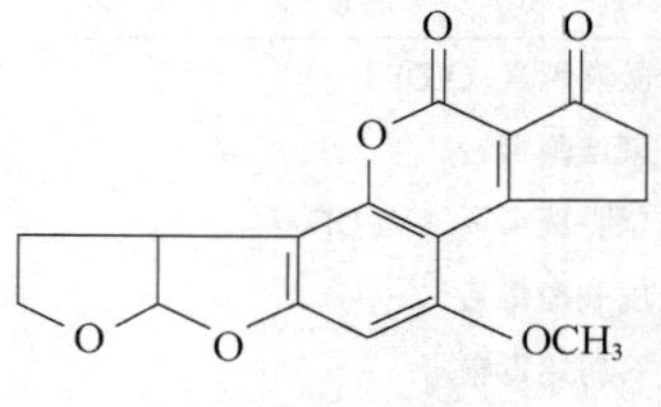

黄曲霉毒素B_2

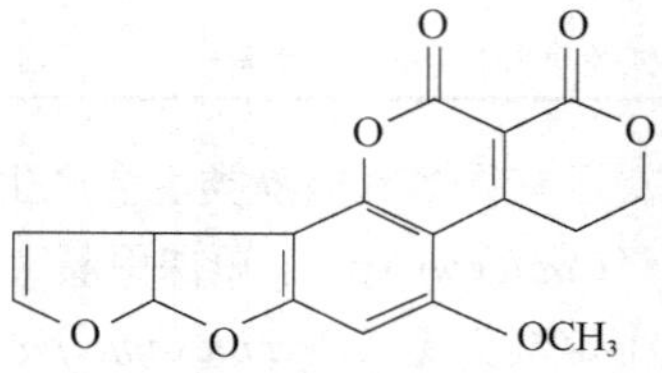

黄曲霉毒素G_1

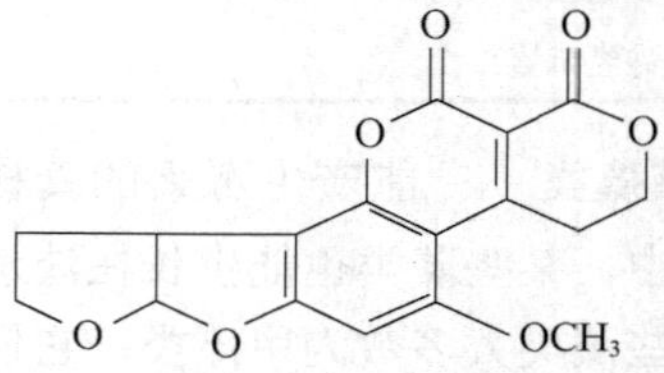

黄曲霉毒素G_2

图 10-6 几种黄曲霉毒素的化学结构（池振明供图）

根据在天然物质上黄曲霉毒素的毒性，黄曲霉毒素 B_{2a} 和黄曲霉毒素 G_{2a} 与其他类型的相比，显得不那么重要，黄曲霉毒素 B_1、黄曲霉毒素 B_2、黄曲霉毒素 G_1 和黄曲霉毒素 G_2 毒性最大。但在天然物质上的黄曲霉毒素浓度受不同种真菌、不同种类谷物、湿度、温度和许多环境因素的影响。

除了黄曲霉外，其他曲霉种和许多青霉种在实验室条件下，也会产生黄曲霉毒素。这些真菌是土壤微生物群落的正常成员，很容易在贮存的谷物，如小麦、燕麦、大麦、玉米和面粉等天然物质上生长，并引起这些物质发霉，这些粮食在仓库中贮存时间太长，当遇到合适条件如一定的温度和湿度，有关的真菌便在其上生长，并分泌黄曲霉毒素。尽管全世界各种土壤均含有各种类型的能产生黄曲霉毒素的真菌，但是在野外条件下，这些真菌仅能作为上述谷物的接种源，而不会产生黄曲霉毒素。只有当这些谷物大量贮存后，在合适条件下，才能产生黄曲霉毒素。

在很低剂量下，黄曲霉毒素便可以引起实验动物产生肝癌，所以在粮油和谷物及其制品上存在的黄曲霉毒素必须进行监测，并应设法除去其中的黄曲霉毒素。监测的方法有生物法和化学法，小鸭对黄曲霉毒素最敏感，所以可以利用含有黄曲霉毒素 B_1 的食物喂养刚出生一天的小鸭作为对照，然后再利用怀疑含有黄曲霉毒素的食物喂养同样的另一群小鸭，看是否引起同样的症状，以此来检测被怀疑的食物中是否含有黄曲霉毒素。

去除黄曲霉毒素的最好方法是在谷物收获贮存和加工过程中，严防这些真菌的污染，如保持干燥和防潮等。通常情况下，对已感染黄曲霉的谷物采取加热的方法是无效的，因为温度达到大约 250℃（黄曲霉毒素的熔点）时，黄曲霉毒素还是稳定的。但利用高压蒸汽灭菌（120℃）4h，能大大地降低黄曲霉毒素 B_1 的毒力。通过热碱洗（hot alkali wash）、漂白土和活性炭处理植物油，可以有效地去除油中残留的黄曲霉毒素。最近几年开始利用微生物产生的活性物质来控制黄曲霉的生长和毒素的产生。

真菌中的麦角菌（*Claviceps purpurea*）生长在黑麦上时，可以产生一种真菌毒素，叫作麦角碱，这种毒素的危害已不多见，反而这种真菌产生的麦角毒素具有引起血管收缩和子宫收缩的能力，因此这种毒素可以作为一种药物，对孕妇进行引产。

青霉属的某些种能产生岛青霉素和黄天精，这两种毒素可引起肝中毒。前一种毒素进入人体之后，在 2～3h 便可引起人死亡，能产生这些毒素的微生物有岛青霉、黄绿青霉、橘青霉，这些真菌很容易感染刚收割的、水分较多的稻谷，从而引起米粒变黄。预防的方法是在稻谷收割之后，及时晒干、脱粒、干燥保存。青霉菌产生的毒素部分结构如图 10-7 所示。

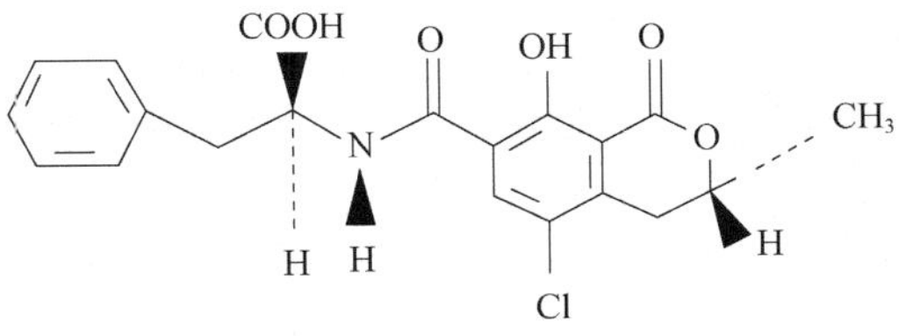

赭曲霉素A

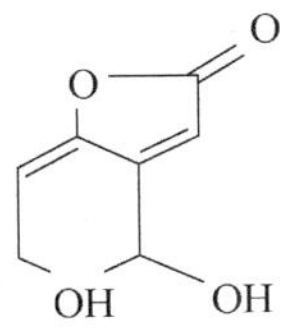

棒曲霉素A

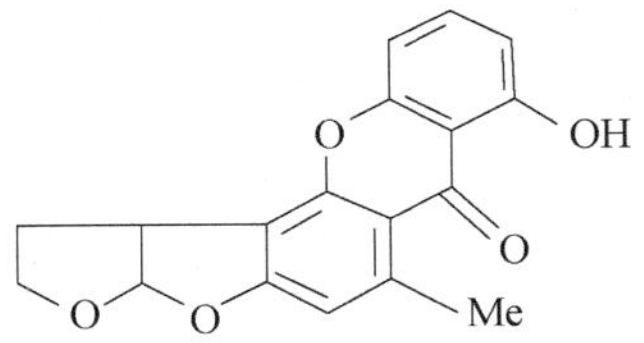

柄曲霉素

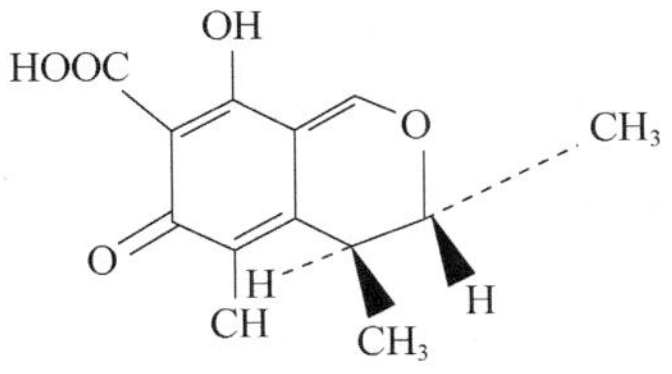

橘霉素

图 10-7 青霉菌产生的毒素部分化学结构（Sweeney and Dobson，1998）

在稻米上发现的其他霉菌，如黄变米病菌产毒素青霉（*Penicillium toxicarium*）能产生黄绿霉素（citre-oviridin），这种毒素是一种具有黄色荧光的化合物，可引起神经中毒。橘青霉能产生一种橘霉素，这种毒素主要作用于肾和干扰水的重新吸收。青霉种和某些固囊酵母种可以产生频青霉素，对肾具有慢性中毒作用。

存在于食品和饲料中的真菌毒素见表 10-4。

表 10-4 存在于食品和饲料中的真菌毒素

载体	情况	潜在的真菌毒素
谷物	收获前受真菌感染	呕吐毒素、T2 毒素、瓜蒌镰菌醇、玉米赤霉烯酮、交链孢酚、单甲基醚、交链孢菌酮酸和伏马毒素
小麦和花生	收获前受黄曲霉感染	黄曲霉毒素
小麦和高粱	收获前感染了串珠镰刀菌	伏马毒素
储存的谷物	潮湿的储存条件（保存不当）	黄曲霉毒素和赭曲霉毒素
坚果和调料	在水果上生长了霉菌	展青霉素
果汁和乳制品	动物食用了污染的饲料	黄曲霉毒素 M、环二氮酸、赭曲霉毒素、密实菌素、环青霉醛酸
肉类和鸡蛋	动物吃了污染的饲料	展青霉素、橘霉素、呕吐毒素、环二氮酸、环青霉醛酸
含油的种子	收获前受真菌感染	柠檬菌素、委地青霉素、伏马毒素、链格孢菌毒素、交链孢酚

四、微生物产生毒素对生态的效应

通常情况下，微生物产生的毒素存在于天然物质上，能够产生毒素的微生物到处都存在。随着人口增长，人与这些产毒素微生物之间接触的机会就越来越多。人口的增加，必然要生产和加工更多的食品，因此，如果人为的管理措施不恰当，就会给产毒素的微生物生长和产毒素创造更多的机会。生活污水和工业废水的不断增加也会对产毒素微生物的生长和扩散起有利的影响，所以，当今如何控制这些产毒素微生物的生长，是一个很重要的生态问题。

另外，产毒素的微生物对食物链有很大的影响。例如，所有藻类都是初级生产者，那么某些藻类产生的内毒素对初级消费者和次级消费者都会产生不利的影响，有些初级消费者可能对内毒素不敏感，但是它们可以在体内累积这些毒素，最终要危害末级消费者。产生外毒素的藻类对食物链也有影响，例如，其他生物饮用了含有藻类外毒素的水之后，必然引起中毒及死亡，从而破坏了正常的食物链。人类的活动能造成水体污染，水体污染有时会出现富营养化现象，这样就加剧了正常食物链的破坏作用。

五、微生物毒素的用途

虽然微生物产生的许多毒素对人和动物及整个生态系统会造成不利的影响，但某些微生物毒素对人类还是有用的，特别是对昆虫有害的毒素，可以用来控制农作物的病虫害，以减少使用人工合成的化学农药，减轻环境污染，见下章叙述。

1. 对昆虫有害的细菌毒素 对昆虫有害的细菌毒素主要是苏云金芽孢杆菌的内毒素，现在发现这类毒素对 100 多种鳞翅目幼虫有很强的杀伤力。这种细菌在形成芽孢的过程中，同时产生内毒素，在形成芽孢的后期，细胞发生解体，这时孢子和内毒素同时被释放到周围介质中。这一特征有利于工业化生产，在工业生产过程中，为了生产大量的内毒素，应创造有利于苏云金芽孢杆菌形成芽孢的条件，这样才能同时获得大量的内毒素，芽孢从细胞中释放出来之后，从发酵液中便可以提取到内毒素，然后与一些惰性载体结合，便成为商品化的细菌杀菌剂。使用时，可以用喷雾的方法把细菌杀菌剂喷洒在田间或森林中，当细菌杀虫剂进入敏感昆虫体内时，毒素便麻痹昆虫肠道，并在 24～48h 使肠道失去功能，从而引起昆虫死亡。我们将在下一章中做具体介绍。

其他芽孢杆菌，如日本甲虫芽孢杆菌和缓病芽孢杆菌也可以作为微生物杀虫剂。这两种细菌可以引起日本甲虫产生乳白病（mildy disease），致病机制是这两种细菌感染甲虫之后，导致甲虫血腔暴发败血症，并在甲虫体内出现大量的内生芽孢，使甲虫出现乳白色。

2. 对昆虫有害的真菌毒素 利用真菌毒素控制农业有害昆虫的研究不那么受人重视，因为仅有几种真菌代谢产物对昆虫有害，如白僵菌和绿僵菌便可以作为微生物杀菌剂，绿僵菌能有效地杀死各种有害昆虫，杀虫谱相当广。但是，这两种真菌也能引起哺乳动物产生轻微的疾病。所以，它们作为微生物杀虫剂还有待于进一步估价，也许通过遗传手段去除对哺乳动物的致病特征，提高对昆虫的致病力，将来有可能作为一种有效的微生物杀虫剂。

思 考 题

1. 富营养化水体中主要微生物有哪些？你认为控制富营养化最好的生物方法是什么？为什么？
2. 目前可以杀死或控制水华的微生物因为还存在哪些问题还没有得到实际应用？
3. 在矿山附近酸矿水污染非常严重，你认为控制酸矿水产生的最好方法是什么？为什么？
4. 微生物使 Hg^{2+}发生甲基化的生化机制是什么？从微生物引起的汞循环中你认为处理重金属类污染物最大的问题是什么？
5. 危害最大、最普遍的微生物毒素是什么？为什么？

主要参考文献

池振明. 1999. 微生物生态学. 济南：山东大学出版社.
王莎飞，郭彩荣，徐向阳，等. 2016. 环境水体藻毒素生物处理技术研究进展. 应用生态学报，27（5）：1683-1692.
Dart RK. 1980. Stretton Microbiological Aspects of Pollution Control. 2nd ed. Amsterdan: Elesevier.
Sun R, Sun P, Zhang J, et al. 2018. Microorganisms-based methods for harmful algal blooms control: a review. Bioresource Technology, 248: 120.

第十一章　微生物产生的生态友好物质

前面几章介绍了化学合成的塑料、农药、洗涤剂、石油产品和化肥对环境生态的危害性，特别是环境中微生物对这些物质的难降解性和它们在环境中的稳定性。为了保护我们生活的环境不再继续受到这些物质的污染，所以如何生产对环境生态友好的、可降解的和具有同样功能的生物塑料、生物农药、生物表面活性剂、生物能源和生物肥料成为我们面临的重要问题。同时，为了保持碳中和、尽快达到碳达峰和减少 CO_2 排放和温室效应，我们应尽量减少对化石燃料的依赖。经过许多研究者的多年努力，发现许多微生物产生的多聚 3-羟基烷酸（PHA）和多聚乳酸（生物塑料）、苏云金芽孢杆菌产生的伴孢晶体（生物农药）、有些微生物产生的生物表面活性剂、生物产生的能源（H_2、甲烷、乙醇、生物柴油、生物烷烃）和生物肥料可以分别取代化学合成的塑料、农药、表面活性剂、化石燃料和化肥。所以本章主要介绍环境中可以产生生物塑料、生物表面活性剂、生物农药、生物燃料和生物肥料的微生物和它们的重要用途。

第一节　生 物 塑 料

现在由生物合成的塑料主要有多聚 3-羟基烷酸（poly-3-hydroxyalkanoic acid，PHA）和聚乳酸（polylactic acid，PLA）。

一、多聚 3-羟基烷酸

PHA 是结构比较简单的大分子化合物，是由许多革兰氏阳性菌和革兰氏阴性菌合成的胞内储藏物质。PHA 以颗粒状形式累积在细胞中，含量可达细胞干重的 90%，而且它通常被认为在细胞中起储藏碳源的作用。当培养基碳源物质过多时，有利于细菌在胞内储存过量的营养物质，但是这些物质的储藏不影响这些细菌正常的生理功能。把一些可溶性的中间产物聚合成细胞中不溶性的高分子化合物，这样既不改变细胞自身的渗透压状态，也避免了这些可溶性化合物泄漏出细胞外而造成浪费。现在发现从这些细菌细胞中提取出来的 PHA 能展现出和聚氯丙烯等一些普通塑料制品相似的物理性质。所以从这些细菌提取出来的 PHA 成为一类非常重要的天然材料。因为这些物质是利用可再生的葡萄糖、木糖和一些工业废弃物天然合成的大分子物质，环境中许多微生物很容易降解它们。除了是生物可降解外，PHA 和某些化学合成的塑料一样是可再循环利用的。

1. 生物塑料 PHA 的基本特性

1）化学结构　　从不同细菌中提取出来的 PHA 主要是线性头尾连接的由羟基脂肪酸单体组成的多元酯结构。在这些聚合体中，一个单体的羧基和相邻单体的羟基形成一个酯键，如图 11-1 所示。在目前所有已被鉴定的 PHA 中，除了一些特别的 PHA 无手性外，一般其取代羟基的碳原子都是 R 构型。在 C-3 或β位置上的烷基为甲基到十三烷基等不同大小的取代基。然而，此烷基侧链不一定都是饱和的，芳香族的、未饱和的、卤化的、环氧化的及分支的单体都有过报道。一些特制的人工合成单体，如 4-氰基苯基戊酸酯已被作为添加剂加入到从细菌中提取的 PHA 中，以获得具有特殊性质的新高分子材料。除了烷基取代基的多变外，羟基位置也是多变的，有 4-、5-和 6-羟基酸等。PHA 的侧链取代基可被化学修饰，如被不饱和键交联。侧链长度和组成的可变性及活性取代基很容易进行化学修饰使得 PHA 聚合物家族多样性极其丰富，并且具有巨大的潜在应用价值。因此，多聚 3-羟基丁酸酯［poly 3-hydroxybutyric acid，P（3HB）］（最常见的 PHA 类型）等高分子材料已经引起研究者和商业的广泛兴趣。而且细菌积累 P（3HB）的能力经常被用作细菌分类的一个重要特征。

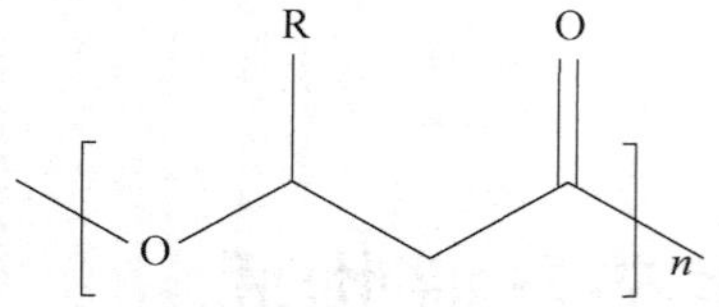

图 11-1　PHA 的化学结构（John and Foster，2007）

PHA 通常由（*R*）-β-羟基脂肪酸组成，通常的 R 基团有甲基（C_1）到十三烷基（C_{13}）。最常见的 PHA 是 P（3HB）（这时的 R=甲基）、P（3HB-3HA）（这时的 R=甲基或乙基）和 P（3HB-3HH）（这时的 R=戊基或丙基），其中的 P 表示 poly

2）物理性质　　不同细菌产生的 PHA 分子质量都是不一样的，通常在 50 000～1 000 000Da。在细胞内累积的 P（3HB）通常是以液体和非晶体状态存在。然而，利用有机溶剂从细胞提出来后，P（3HB）变为高度结晶状态，而且在此状态下为坚硬但脆质的材料。因其脆性，P（3HB）不是非常抗压。而且 P（3HB）具有相对高的熔化温度（大约 170℃），接近其聚合体热分解温度，因此限制了加工其同聚物的能力。所以刚开始时，人们主要是想获得较易加工的 PHA。后来把 3HV（3-羟基戊酸）添加到 P（3HB）中，结果产生了一种多聚 3-羟基丁酸/3-羟基戊酸共聚酯［P（3HB-3HV）］共聚体，与 P（3HB）相比，这种共聚体硬脆性降低。所以它们与聚丙烯一样，能被用于制备具有良好的隔水隔气性能的薄膜，而且它能在较低温下进行加工，同时能保存大部分 P（3HB）的其他优良机械性能。与 P（3HB）和 P（3HB-3HV）相反，中等长度的 PHA 有更低程度的结晶性，而且更有弹性，所以中等长度的 PHA 有着更为广泛范围的实际用途。

3）生物可降解性　　除了以上描述的多聚体的性质外，PHA 的一个重要性质是生物可降解性。在自然界中大量微生物通过产生胞外的 PHA 水解酶和 PHA 解聚酶降解 PHA。这些微生物的酶活性可以随着培养基中的聚合体组分的不同、物理形态（非结晶的或晶体状的）的不同和环境条件的不同而发生改变。P（3HB）的降解速率通常是几个月或数年（在海水中）。图 11-2 说明了 PHA 制备的塑料制品在好氧活性污泥处理过程中的降解情况。

4）可再生性　　一般情况下生产 PHA 的原料是一些农副产品，如糖和脂肪酸。植物合成这些物质的原料是 CO_2 和水，而且它们被转化为生物可降解的 PHA 后，其分解产物又是 CO_2 和水，CO_2 和水又可以被植物用于合成糖和脂肪酸，所以可循环利用，符合自然生态可持续发展的要求。相反，目前所用的聚氯乙烯是利用不可再生的石油通过化学合成的，并且是非常难降解物质，我们在第八章已经做过介绍。

图 11-2　有氧污水处理厂中 P（3HB-3HV）的降解情况（图片由 Dieter Jendrossek 惠赠）

夏天（平均温度 20℃）用 P（3HB-3HV）材料制造的瓶子在有氧污水处理厂中进行处理。图中显示的是，经 0 周、2 周、4 周、6 周、8 周、10 周处理后的结果（自左而右）

2. 可产生 PHA 的微生物

1）富养罗尔斯通氏菌（*Ralstonia eutropha*）和广泛产碱菌（*Alcaligenes latus*）　　它们是研究最多、也是最受人关注的 P（3HB-3HV）合成细菌。这些细菌在 30℃ 下各种碳源中生长良好，但不能以葡萄糖为碳源进行生长。所以有人获得了 1 株可利用葡萄糖的突变体，并利用该突变株生产 P（3HB-3HV），每年产量达到了 300 吨。奥地利的林茨化学有限公司利用广泛产碱菌（*Alcaligenes latus*）作为生产菌株，以蔗糖为原料，每星期生产

1000kg P（3HB）。广泛产碱菌（*A. latus*）和富养罗尔斯通氏菌（*R. eutropha*）在生产 P（3HB）方面有许多不同的地方，前者是在指数期产生 P（3HB），而后者直到稳定期才开始合成 PHA。

2）甲基营养细菌属的细菌　甲醇是相对便宜的碳源，因此是最有潜力的生产 PHA 的原料。Suzuki 等利用扭曲原单胞菌（*Protomonas extorquens*）菌株 K 转化甲醇生成 P（3HB）做了大量的研究，并证明了这种生产方法是可行的。在一个全自动补料分批培养中，该菌株在 175h 内每升培养基可产 136g P（3HB），即每克底物产 0.18g P（3HB），产生的聚合体分子质量为 300 000Da。对培养基进行改良后，产量可提高到 170h 内产 149g/L。当生长温度和 pH 与最佳条件（30℃、pH 7.0）不一样时，生产的 P（3HB）分子质量明显变大。自然界分离的扭曲甲基杆菌（*Methylobacterium extorquens*）可利用甲醇-戊酸盐混合物产生 P（3HB-3HV）共聚物，最佳发酵条件是培养基中添加 1.7g/L 的甲醇和天然氮源。

3）假单胞菌属　恶臭假单胞菌（*P. putida*）的 PHA 生物合成能力是在培养基中含有 C_8～C_{10} 脂肪酸时最大。因为长链脂肪酸如油酸（$C_{18:1}$）首先需要经过多步 β 氧化途径形成 C_8 和 C_{10} 后才能被用于合成 PHA。油酸在被转化成 C_{10} 单体之前，首先必须经过多步 β 氧化途径形成 4 个乙酰辅酶 A，然后合成 C_{10} 单体，C_{10} 单体再用于合成 PHA。此转化过程产生 20 个 ATP 分子，如果这些过多的能量不能被利用，油酸就不能被转化成 C_{10} 单体。相反，如果利用癸酸和辛酸转化合成 C_{10} 单体仅产生 2 分子 ATP，然后 C_{10} 单体再被用于合成中等长度的 PHA。结果当这些中等长度的脂肪酸被用于合成 PHA 时，每个细胞的聚合体产量要高得多。遗憾的是，这些中等长度的脂肪酸价格较高，因此在底物价格和转化产率之间需要寻找一个的折中方案。

4）由其他微生物产生的 PHA　在许多处理废弃物的地方都分离到了可以产 PHA 的微生物，由于其中的废物种类非常多，所以可以从中分离出各种各样的微生物。另外，废液经常含有高含量的有机分子如脂肪酸，这些是形成 PHA 的廉价底物。从这些环境分离到的可以产生 PHA 的细菌属有球衣菌（*Sphaerotilus* sp.）、农杆菌（*Agrobacterium* sp.）、红杆菌（*Rhodobacter* sp.）、放线杆菌（*Actinobacillus* sp.）和固氮杆菌（*Azotobacter* sp.），它们可以把有机废物转化为 PHA。浮游球衣菌（*Sphaerotilus natans*）是一个典型的活性污泥细菌，分离到的野生型菌株产生的 P（3HB）可达到细胞干重的 30%，并且从中分离到不能形成亲水荚膜的突变体可过量产生 P（3HB），达到细胞干重的 50%。过量产生 P（3HB）的突变体能耐受 6g/L 丙酸盐，这个耐受程度至少比富养罗尔斯通氏菌（*R. eutropha*）高 6 倍多。因此浮游球衣菌是 1 株可以利用葡萄糖和丙酸盐混合物来生产 P（3HB-3HV）的良好生产菌株。添加到培养物中的高浓度丙酸盐可促进 P（3HB）的合成。培养基的 pH 对该细菌的 P（3HB-3HV）含量和最终累积的 PHA 量有显著的影响，在 pH 5.9 时产量最高。在最适条件下，PHA 产量达到了细胞干重的 67%。另外，从活性污泥中筛选出的农杆菌（*Agrobacterium* sp.）SH-1 和 GW-014 菌株也可以利用葡萄糖生产 P（3HB-3HV）。

也可以利用分批补料的方法利用葡萄糖-丙酸盐生产 PHA，最终产量可达到细胞干重的 75%，其中含有 50% 的 3HV 单体。球拟红杆菌（*Rhodobacter sphaeroides*）可以在厌氧条件下利用废弃的棕榈油生产 PHA。从土壤中分离的放线杆菌（*Actinobacillus* sp.）EL-9 菌株在对数生长期内积累 PHA，此菌株可以利用乙醇生产过程产生的废液生产 PHA。此废液富含糖和含氮化合物，具有很高的生物需氧量（BOD）。利用这种废液生产 PHA 的同时，还可以降低废水的 BOD，所以这是一种解决环境污染的最好方法。因为放线杆菌生长不受营养条件的限制，所以这种细菌在这种废水中能不断形成 P（3HB），生物量可达 4.8g/L，其中 47% 为 P（3HB）。棕色固氮菌（*A. vinelandii*）UWD 菌株由于缺失呼吸 NADH 氧化酶，也可以用于生产 P（3HB）。此菌株利用天然碳源如玉米糖浆、甘蔗糖蜜、甜菜糖蜜或麦芽汁、脂肪酸或猪废液生产 P（3HB）。

猪废液主要包括乙酸盐、丙酸盐和丁酸盐，而且有很高 BOD。棕色固氮菌 UWD 菌株可以利用双倍稀释的猪废液生产 P（3HB-3HV），但如果补加额外的碳水化合物，其产量可以得到进一步提高。最初，棕色固氮菌形成的多糖被认为对 P（3HB）生产是不利的。后来发现该菌株产生海藻酸盐和 P（3HB）的合成是相关的。棕色固氮菌产生的海藻酸盐和 P（3HB）的量与培养基通气量有很大的关系，少量通气可促进 P（3HB）合成，同时减少海藻酸盐合成。通过分子生物学方法获得了棕色固氮菌的突变株，减少了海藻酸盐的形成。P（3HB）在这些突变株中的累积量达到了细胞干重的 75%，利用蔗糖作为碳源产量可以提高 3 倍多。

3. PHA 的实际应用　PHA 是天然的热塑性塑料聚酯化合物，因此它们可用于替代化学工业生产的聚氯乙烯，目前主要是用作包装和塑料袋的材料，同时瓶子、美容器皿、钢笔和高尔夫球座都用到了这种生物塑料。P（3HB）和 P（3HB-3HV）可以制成薄膜，所以可以作为尿布使用。这些薄膜也可以和其他高分子材料如聚乙烯醇等一起制成积层塑胶板。尿布材料和其他制造的生物可降解材料是来自 P（3HB）共聚物，而不是 P（3HB-3HV）。PHA 也可被加工成纤维后再被用作结构材料，如无纺织品。P（3HB）和 P（3HB-3HV）也可以作为热熔黏合剂。带长侧链羟氨基的 PHA 被用于压合胶黏剂组分。PHA 也可代替石化高分子材料作调色剂和显影剂组分或作离子传导高分子材料。PHA 也可被用作胶乳，如用作纸张涂料，或被用于牛奶乳酪替代品或食品中的风味添加因子。除了上述的应用外，PHA 有希望成为小分子的新来源。PHA 能被化学水解，产生的单体能被转化为有商业价值的分子，如β-羟基酸、2-链烯酸、β-羟基烷醇、β-酰基内酯、β-氨基酸和β-羟酸酯等。

二、聚乳酸

顾名思义，聚乳酸是乳酸为单体的聚合物，是生物多聚物中最有应用前景的生物材料之一。它是一种无毒、生物可降解、绿色、可再生和可通过堆肥进行处理的塑料。而目前正在使用的塑料是利用石油产品制造的，不可再生，已经给环境造成严重污染。聚乳酸具有许多重要的特性，如弹性、坚硬、热塑性、生物相容性、良好的模压量、良好的机械性能和无免疫原性。它的熔点温度为 170℃，很容易用聚乳酸制备各种薄膜、食品包装材料、汽车部件和医用材料。所以聚乳酸是一种很好的生物相容性热塑脂肪族聚酯。生产原料是乳酸，可以利用可再生的天然原料，如玉米淀粉和蔗糖通过微生物发酵生产乳酸。但是现在乳酸生产价格过高，限制了它的使用。能产生乳酸的微生物包括细菌、酵母菌、藻类和蓝细菌。乳酸的各种构型如图 11-3 所示。

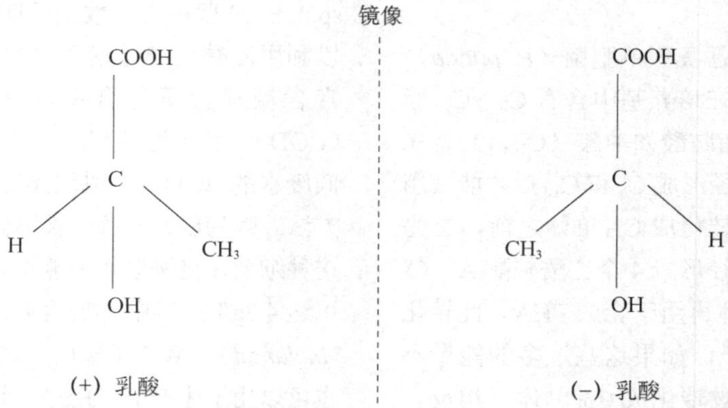

图 11-3　L（+）和 D（−）-乳酸（LA）光学异构体（de Albuquerque et al.，2021）

1. 产乳酸的微生物　产乳酸细菌通过异型或同型乳酸发酵生产乳酸，在异型乳酸发酵过程中，从已糖产生等分子的乳酸、乙酸、乙醇和 CO_2，而在同型乳酸发酵过程中，从己糖中仅仅产生乳酸，所以大部分乳酸通过同型乳酸发酵生产。能进行同型乳酸发酵的微生物是乳杆菌。主要产生 L（+）构型乳酸，见图 11-3。进行异型乳酸发酵的微生物有嗜淀粉乳杆菌、保加利亚乳杆菌、干酪乳杆菌、麦芽香乳杆菌和唾液乳杆菌。而德氏乳杆菌、詹氏乳杆菌或嗜酸乳杆菌产生 D 构型乳酸或 D、L 混合构型乳酸。大部分乳酸菌是厌氧菌，利用 EMP 途径产生的丙酮酸进行还原产生乳酸，供氢体为 NADH。丙酮酸转化成乳酸受两种酶的催化——L-乳酸脱氢酶（L-LDH）或 D-乳酸脱氢酶（D-LDH）。

最近几年开始利用廉价原料，如富含淀粉和纤维素的农业废弃物或食品工业的副产物来取代葡萄糖作为原料生产乳酸，见表 11-1。能产生淀粉酶的真菌，如米根霉可以转化淀粉质原料生产乳酸。在固体发酵过程中米根霉和乳杆菌也能转化葡萄糖或淀粉水解液的糖蜜合成乳酸。但是真菌产乳酸量低，副产物富马酸多，不适合发酵生产乳酸。细菌菌株，如芽孢杆菌和戊糖乳杆菌能代谢来自木质纤维素的戊糖和己糖产生乳酸。利用这些菌株生产工业乳酸可以使乳酸生产工艺更为经济。使用能利用更高的起始底物浓度和减轻末端产物抑制的菌株，最终也可以减少生产费用。发酵生产乳酸的方法有分批发酵和重复发酵工艺。利用耐酸菌株在酸性条件下进行乳酸发酵也可以减少生产费用，可以避免添加酸性中和试剂，还可以改进乳酸后处理纯化工艺。能抗酸的表达有乳杆菌乳酸脱氢酶的基因工程酿酒酵母也可以用来大规模生产乳酸。超表达类似于单羧酸渗透酶（monocarboxylate permeations）基因（该基因叫作 *ESBP6*）的工程酵母菌可以增加抗酸能力。该基因的超表达能使工程酵母菌在不加酸性中和剂（如 $CaCO_3$）的情况下乳酸产量增加20%。这些结果表明超表达 *ESBP6* 基因能提供一种新的有用的方法来增加酵母对乳酸的抗性和乳酸产量。

表 11-1　多种微生物利用不同原料生产乳酸的现状

原料	菌株	乳酸构型	主要条件			最大浓度 /（g/L）	生产强度 /[g/（L·h）]
			pH	温度/°C	初始碳源 /（g/L）		
橙皮废弃物水解液	德氏乳杆菌	D	5.8	40	—	—	—
甘蔗渣半纤维素水解物	凝结芽孢杆菌	L	6.0	52	62.42	55.99	1.70
木质纤维素玉米芯残渣	凝结芽孢杆菌	L	6.0	50	—	79.1	—
废弃咖啡渣	酿酒酵母	—	6	30	—	2.7	—
乳制品行业废弃物	鼠李糖乳杆菌 B103 菌株	L	6.2	37	58.94	143.7	1.18
玉米粉水解物	菊糖芽孢乳杆菌 Y2-8 菌株	D	6.5	37	—	128.9	1.65
姜黄	棒状乳杆菌 ATCC 25600 菌株	D	6.0	37	—	91.6	2.08
朝鲜蓟水解物	乳酸乳球菌 ATCC19435 菌株	L	6.0	30	—	142	2.85
甘蔗渣水解物	乳酸乳球菌 IO-1 菌株	—	6.0	37	—	10.9	0.17
玉米秸秆	鼠李糖乳杆菌和短乳杆菌	—	5.0	37	—	20.95	0.58
玉米穗	短乳杆菌 S3F4 菌株	—	7.0	30	56.9	39.1	0.81
洋蓟块茎	干酪乳酸杆菌 G-02 菌株	L	7.0	40	—	141.5	4.7
橡子淀粉水解液	鼠李糖乳杆菌 HG 09 菌株	L		42	—	57.61	1.6
绿色微藻	副干酪乳杆菌 LA104 菌株	L	6.0	37	—	37.11	1.03
枣汁	干酪乳酸杆菌和乳酸乳球菌	—	6.0	30	—	60.3	3.2
麦麸水解物	双发酵乳杆菌 DSM 20003T 菌株	—	7.5	42	—	62.8	1.2
糖蜜	德氏乳杆菌突变株 Uc-3 菌株	—	6.5		190	166	4.2
苹果渣	鼠李糖乳杆菌 CECT-288 菌株	L	5.8	41.5	—	32.5	5.4
木质纤维素水解物	乳杆菌 RKY2 菌株	—	6.0	36	—	27	6.7
啤酒糟	德氏乳杆菌 UFV H2B20 菌株	—	6.0	37	—	35.5	0.59
造纸污泥	鼠李糖乳杆菌 ATCC 7469 菌株	—	5.5	35	—	73.0	2.9
纤维素生物氧化物	鼠李糖乳杆菌 ATCC 9595 菌株	L	4.9	45	—	39.4	0.82
玉米秸秆	戊糖乳杆菌 ATCC 8041 菌株	—	—	37	—	74.8	—
木薯、甘蔗渣	干酪乳酸杆菌 NCIMB 3254 菌株	L	5.5～6.5	37	—	83.8	1.40
水解大豆粉	干酪乳酸杆菌 LA-04-1 菌株	L	6.25	42	—	162.5	1.69
玉米芯渣	德氏乳杆菌 ZU-S2 菌株	—	4.8	50	—	48.7	1.01
米糠	德氏乳杆菌 IFO 3202 菌株	D	5	37	—	28.0	0.78
藤本植物	戊糖乳杆菌 CECT-4023T 菌株	—	6	31	—	24.0	0.51
预处理纸板	棒状乳杆菌棒状曲亚种 ATCC 25600 菌株	D	5.4	39	—	23.4	0.48
木材水解物	粪肠球菌 RKY1 菌株	L	7	38	—	93.0	1.7
麦草半纤维素	短乳杆菌和戊糖乳杆菌	—	—	30 和 37	—	7.1	—
苜蓿纤维	植物乳杆菌 14431 菌株	—	5.5~6.0	37-41	—	46.4	0.64
小麦淀粉	乳杆菌 MKT-878 NCAIM B02375 菌株	—	5.5	55	—	118	1.71

注：—为未知

2. 聚乳酸化学合成工艺　图 11-4 指出了利用微生物合成的乳酸进行聚乳酸的化学合成工艺：第一种方法就是直接利用乳酸合成聚乳酸（图 11-4A），该方法只能合成低分子量的聚合物，因为发酵液中含有杂质，所以合成的材料易脆。第二种方法叫作开环聚合工艺或缩聚反应合成高分子量聚乳酸，这是工业上真正使用的主要的生产工艺，需要重金属催化剂（图 11-4B）。第三种工艺是先形成原聚合物，然后进行聚合反应（图 11-4C）。

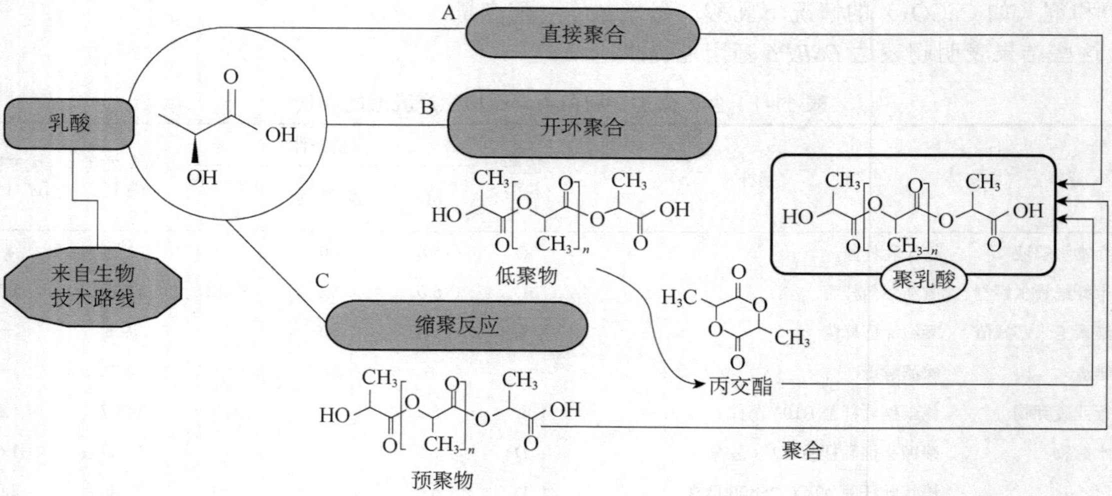

图 11-4　聚乳酸的化学合成工艺（de Albuquerque et al.，2021）

根据上一部分的 PHA 合成原理，也可以利用细菌直接合成聚乳酸，因为聚乳酸和前面介绍的 PHA 结构非常类似。这些新的清洁生产工艺可以大大节省产品纯化和分离的费用，还可以节省生产周期 7～12d，合成的温度只有 30℃。所用的代谢工程菌是大肠杆菌，在该菌株中引入了丙酸 CoA 转移酶和 PHA 合成酶，在丙酸 CoA 转移酶催化下高效产生乳酸 CoA，然后在 PHA 合成酶催化下乳酸 CoA 聚合成聚乳酸，这种工艺转化中有 11%的葡萄糖被转化成聚乳酸。来自皱褶假丝酵母（*Candida rugosa*）的脂肪酶可以使 L-丙交酯进行开环聚合作用产生聚乳酸，作用温度为 9℃，合成的聚乳酸均分子量（Mw）和数均分子量（Mn）分别达到 5428g/mol 和 2854g/mol，利用 0.39 单位的酶活力转化率可以达到 93%。合成的聚乳酸结晶度和熔化温度分别达到 31%和 120℃。环状的 L-丙交酯脂肪酶催化的乳酸聚合作用也可以用于聚乳酸的合成。这是用酶替代金属催化剂，在这些脂肪酶催化下各种构型的乳酸都可以合成聚 L-乳酸和聚 D-乳酸，选择合适的酶还可以催化 D-乳酸和 L-乳酸合成聚 D-L-乳酸，这种聚 D-L-乳酸具有超强的热稳定性。

3. 聚乳酸的应用　在医药工业中聚乳酸可以作为多孔支架材料、整形外科材料和药物载体；在化学工业中可以作为纤维和纳米纤维和其他聚合材料，如泡沫和生物复合材料、人防护设备等。

第二节　生物表面活性剂

表面活性剂是双极性分子，分子中既有亲水部分，又有疏水（通常是碳氢化合物）部分，其比较喜欢分散在有不同极性程度和氢键的液相之间，如油/水或气/水界面。这些性质使得表面活性剂能降低表面和界面的张力，且可以形成微乳浊液，微油乳液中碳氢化合物能溶解到水中或水溶解到碳氢化合物中。目前所用的几乎所有表面活性剂都是从石油中通过化学方法制备的；然而近年来人们对微生物产生的表面活性剂越来越感兴趣，因为微生物产生的表面活性剂多样性极其丰富、对生态友好、可以通过发酵进行大规模生产和它们在环境保护、原油回收、卫生保健及食品加工工业中具有广泛的用途。生物表面活性剂（biosurfactant）是一类由微生物合成的结构多样的表面活性分子，这些分子能在水溶液和碳氢化合物混合物中降低表面和界面张力，所以在提高石油回收率和脱乳化方面具有重要的用途。与化学表面活性剂相比，生物表面活性剂具有诸多优点，如更低的毒性，更高的生物可降解性，更好的环境相容性，更高的起泡性能，在极端温度、pH 和盐浓度下具有更高的选择性和高比活性，可从可再生原料中合成等。

生物表面活性剂可以分为低分子量的生物表面活性剂和高分子量的生物表面活性剂，前者能有效降低表面和界面的张力，而后者可以紧紧地结合到表面上。

当我们考虑到生物表面活性剂的天然作用和潜

在用途时，必须强调的是能产生生物表面活性剂的微生物是非常多的，不同的生物表面活性剂有各自不同的化学结构、表面性质和生物活性。因此不同的生物表面活性剂在不同微生物的生长中起不同的天然作用。同样，由于它们的化学结构和表面性质不同，不同种类的生物表面活性剂具有各自特殊的用途。

一、能产生生物表面活性剂的微生物、化学性质和表面性质

1. 糖脂　低分子量的生物表面活性剂通常是糖脂或脂肽。研究最多的糖脂生物乳化剂包括鼠李糖脂、海藻糖脂和槐糖脂。最近，甘露糖赤藓糖醇酯和 Liamocin 也受到很大关注。它们的极性部分是二糖化合物或糖醇，非极性部分是长链脂肪酸或羟基脂肪酸，二糖或糖醇部分的羟基被长链脂肪酸或羟基脂肪酸酯化，见图 11-5～图 11-7。把红平红球菌（*R. erythropolis*）培养在含有 20.0g/L C_{12}～C_{18} 正烷烃发酵培养基中时，其海藻糖脂的最大产率和细胞干重分别为 2.1g/L 和 19g/L。当细菌培养在含 100g/L 正烷烃的培养基中时，如果对产生的海藻糖脂不断地进行提取，海藻糖脂的浓度增加到 4g/L。近年来发现当培养基含 6%芸薹油时，鼠李糖脂的浓度可以增加到 24.3g/L。红平红球菌（*R. erythropolis*）所产的所有海藻糖脂都是与细胞结合在一起，而且可用正己烷提取。

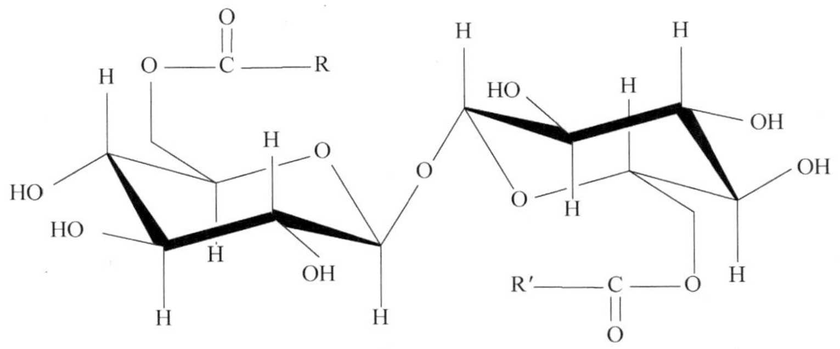

图 11-5　β, β-海藻糖-6,6′-二羧酸脂（池振明供图）

不同海藻糖脂在结构方面的不同就在于 R 和 R ′结构的不同

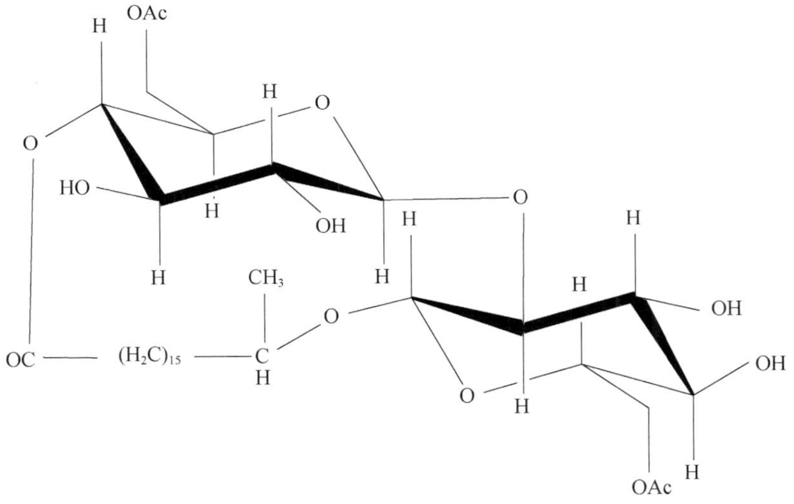

图 11-6　球拟酵母产生的内酯槐糖脂结构（池振明供图）

球拟酵母（*Torulopsis* sp.）不同的种可以产生胞外的槐糖脂，其中极性部分是两个葡萄糖单位通过 β-1,2 连接在一起的，葡萄糖 6 和 6′位置的羟基通常被乙酰化，非极性脂类部分则通常通过 1 个糖苷键连接在葡萄糖还原性末端上。脂肪酸的末端羧基以内酯的形式与槐糖脂连接（图 11-6）。当球拟酵母（*Torulopsis bombicola*）培养在含有葡萄糖和油的培养基中时可以产生高产量的胞外槐糖脂。例如，当该酵母菌生长在葡萄糖-红花油培养基中时粗槐糖脂混合物浓度可达 32g/L。在 7L 可控制发酵罐中，培养基中含葡萄糖和植物油时，球拟酵母（*T. bombicola*）ATCC22214 菌株的最大槐糖脂浓度可达大约 70g/L。槐糖脂尽管不是有效的乳化剂，但可降低表面和界面张力。

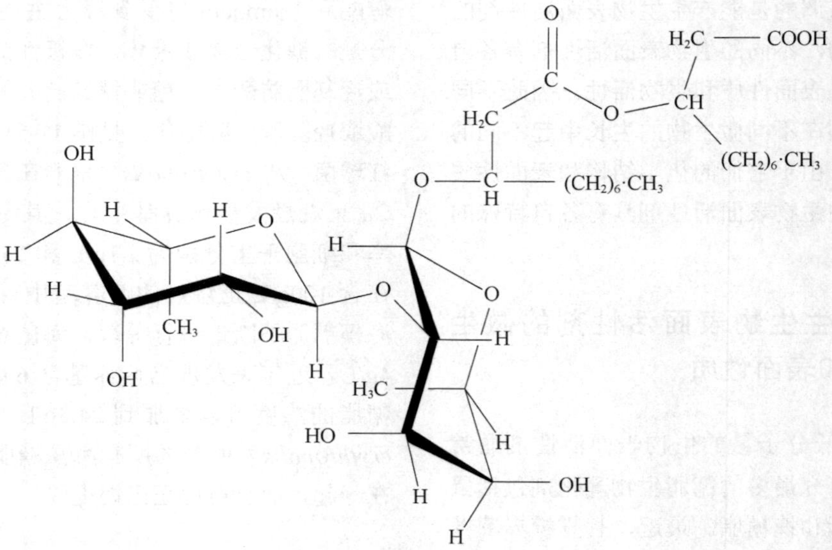

图 11-7 铜绿假单胞菌产生的鼠李糖脂结构（池振明供图）

假单胞菌（*Pseudomonas* sp.）的某些种可产生大量的糖脂，这些糖脂含 2 分子的鼠李糖和 2 分子β-羟基癸酸。这些脂肪酸之一的羟基与鼠李糖二糖还原性末端的羟基形成糖苷键，而另外一个脂肪酸的羟基和上述的脂肪酸羧基则通过酯键连接（图 11-7）。由于有一个羧基是游离的，所以鼠李糖脂在 pH 4 以上的环境中带阴离子。鼠李糖脂可降低表面张力、乳化碳氢化合物、刺激铜绿假单胞菌（*P. aeruginosa*）菌株在正十六烷烃中生长，但不刺激其他能降解碳氢化合物的细菌生长。当铜绿假单胞菌培养在含有 160g/L 豆油的培养基中时，鼠李糖脂浓度可高达 100g/L 以上。

最近发现伯库蒙氏食烷菌（*Alcanivorax borkumensis*）也可产生葡萄糖脂。在以正烷烃为唯一碳源和能源时，这种海洋菌可以产生细胞外和与细胞结合的表面活性葡萄糖脂，此葡萄糖脂能使水的表面张力从 72mN/m 降到 29mN/m。这些葡萄糖脂的不同在于 4 个 β-羟基脂肪酸中的一或两个链长不同。

Liamocin 是短梗霉不同菌株（*Aureobasidium* spp.）产生的一类糖脂，其主要成分是甘露醇或阿拉伯醇与 3 或 4 个 3,5-二羟基癸酸组成的酯类化合物，如图 11-8 所示。

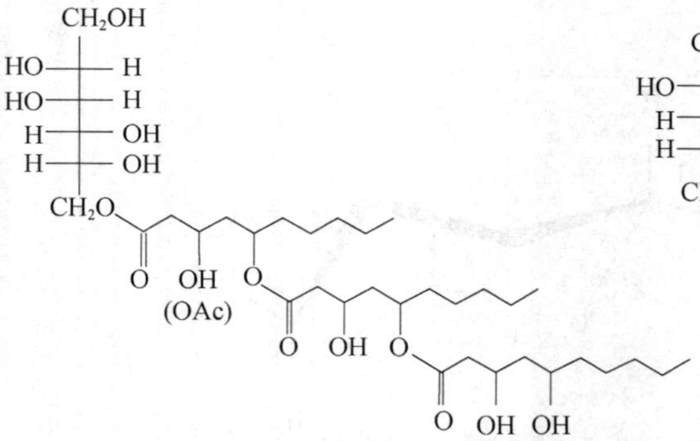

3,5-二羟基癸酰基-D-甘露糖醇脂

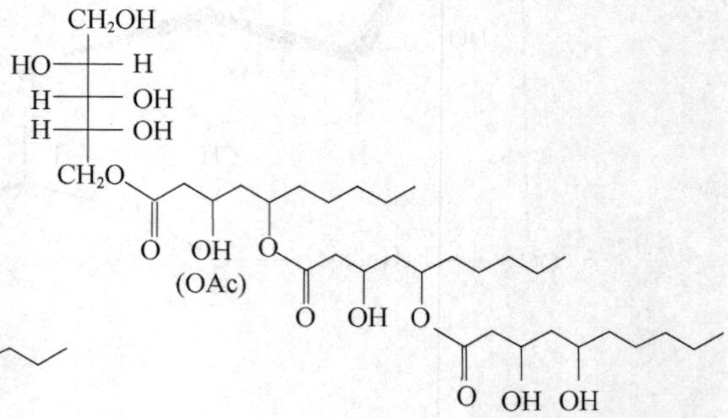

3,5-二羟基癸酰基-D-阿拉伯糖醇脂

图 11-8 Liamocin 的化学结构（池振明供图）

用基因组编辑的方法，中国海洋大学海洋微生物代谢工程实验室在国际上首次证实了 Liamocin 整个合成、调控、运输和分泌途径，如图 6-4 所示：首先葡萄糖进入细胞内通过糖酵解途径形成丙酮酸，丙酮酸进入线粒体通过 TCA 循环释放出柠檬酸，柠檬酸通过柠檬酸裂解酶形成乙酰 CoA，乙酰 CoA 在乙酰 CoA 羧化酶的作用下形成丙二酰 CoA，在聚酮合酶（编码基因为 *PKS1*）[含有酮体合成酶（KS）、酰基转移酶（AT）、脱水酶（DH）、烯脂酰还原酶（ER）、酮体还原酶（KR）和酰基载体蛋白（ACP）6 个保守结构域，属于高度还原型聚酮合酶]的作用下，以乙酰 CoA 和丙二酰 CoA 为起始底物形成 3,5-二羟基癸酰 ACP，随后 3,5-二羟基癸酰 ACP 与阿拉伯醇或甘露醇在酯酶 Est1（编码基因为 *EST1*）的作用下发生酯化反应形成 Liamocin，并且聚酮合酶基因表达需要经过特异的转录激活蛋白 Ga11（编码基因 *GAL1*）的激活及磷酸泛酰巯基乙胺转移酶 PPTase（编码基因 *PPTase*）的翻译后修饰才具有催化作用，在 Liamocin 的分泌过程中，需要先经过糖脂转运蛋白 Gltp（编码基因为 *GLTP*）的细胞内转运，将 Liamocin 运送到质膜上，再由细胞膜上的跨膜转运蛋白 Mdr（编码基因为 *MDR1*）分泌到细胞外。并且 *GA11* 基因、*EST1* 基因和 *PKS1* 基因位于同一基因簇中。另外发现甘露醇磷酸脱氢酶 MPDH（编码基因为 *MPDH*）和甘露醇脱氢酶 MtDH（编码基因为 *MtDH*）参与了甘露醇的合成，而阿拉伯醇脱氢酶 ArDH（编码基因为 *ArDH*）参与了阿拉伯醇的合成。这为从分子水平上通过合成生物学方法提高 Liamocin 产量和改造 Liamocin 分子结构，生产不同头部的 Liamocin 创造了重要基础，并且不同头部的 Liamocin 具有不同的生物活性。最近通过合成生物学方法和基因组编辑技术提高细胞内乙酰 CoA 水平、解除葡萄糖阻遏和提供更多的 ATP，基因重组菌 V33 菌株可以产生 55.38g/L Liamocin，在恒定 pH 3.0 下发酵 156h，该菌株可以产生 60.20g/L Liamocin，这也是目前 Liamocin 最高产量的菌株。

龋齿是许多人常见的牙病，变异链球菌是引起龋齿最主要的细菌，而猪链球菌是引起猪脑脊膜炎、心内膜炎和败血症的主要病原菌，给猪养殖业带来很大的经济损失，同时还可以引起人类的脑脊膜炎和链球菌中毒性休克综合征等。目前使用青霉素等抗生素治疗，但是许多链球菌已经发展成抗药性菌株，同时很难用疫苗治疗链球菌病。最近发现 Liamocin 具有特异抑制杀死链球菌的作用，而对其他的细菌没有影响。我们发现含有各种头部的 Liamocin 具有不同的杀死变异链球菌的活力，所以可以把不同头部的 Liamocin 加到牙膏中，可以防止龋齿等牙病，这对保证口腔健康非常重要。

甘露糖赤藓糖醇酯（mannosylerythritol lipid，MEL）是由黑粉菌（*Ustilago* sp.）和拟酵母（*Pseudozyma* sp.）产生的一类新型生物表面活性剂。根据乙酰化的不同，甘露糖赤藓糖醇酯分为 MEL-A（甘露糖基 C4 和 C6 乙酰化）（图 11-9）、MEL-B（甘露糖基 C6 乙酰化）、MEL-C（甘露糖基 C4 乙酰化）和 MEL-D（无乙酰化）。甘露糖赤藓糖醇酯除了具有低的临界胶束浓度和良好的乳化性外，还具有抑制病原微生物生长、抗生物被膜、滋润皮肤、诱导细胞分化等作用。此外，其还可以用来制备纳米载药胶束。所以，甘露糖赤藓糖醇酯在环保、食品、化妆品和医药领域都具有潜在的应用价值。近期发现，1 株筛选自红树林的蚜虫莫氏黑粉霉（*Moesziomyces aphidis*）XM01 菌株可以利用大豆油作为碳源高产甘露糖赤藓糖醇酯，主要成分为 MEL-A，发酵液中的浓度达到 113.6g/L。在敲除涉及胞内油脂合成的 *DGA1* 和 *ARE1* 基因后，所获得工程菌株甘露糖赤藓糖醇酯浓度提高至 130g/L。经过纯化的甘露糖赤藓糖醇酯可以制备成自组装纳米胶束，不仅具有较好的温度、时间和 pH 稳定性，还可以用于疏水药物的包载和低 pH 响应缓释。

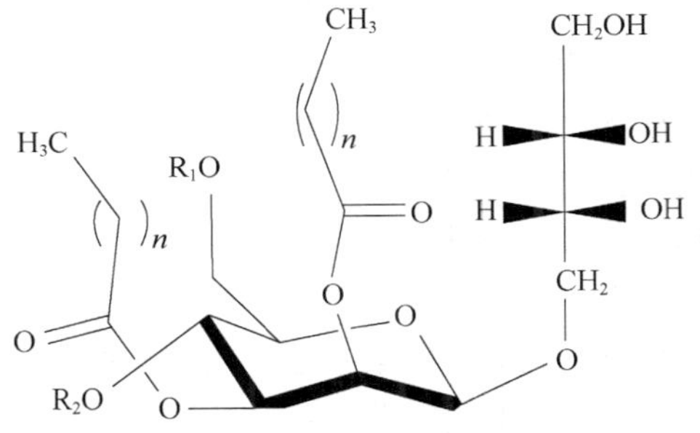

图 11-9　甘露糖赤藓糖醇酯 MEL-A 的化学结构（刘光磊供图）

2. 脂肪酸和类脂　利用烷烃生产脂肪酸作为表面活性剂最近也受到很大的关注。脂肪酸亲水亲油平衡值（HLB）明显与烷烃链的长度有密切的关系。对降低表面和界面张力而言，最有活力的饱和脂肪酸烷烃链的长度应在 C_{12}～C_{14}。除了直链脂肪酸外，微生物还能产生含羟基和烷基分支的各种结构复杂的脂肪酸。这些脂肪酸，如白喉菌酸（corynomycolic acid）是活性非常强的表面活性剂。类似于 2-羟基脂肪酸表面性质，白喉菌酸的表面性质也对 pH 和离子强度不敏感。

磷脂是微生物细胞膜的主要组分。具有降解碳氢化合物能力的细菌或酵母菌以烷烃为底物生长时，它们磷脂产量可以显著提高。在以十六烷烃培养不动杆菌（*Acinetobacter* sp.）HO1-N 菌株时，分泌的富含磷脂（主要是磷脂酰乙醇胺）的膜小囊泡（membrane vesicle）可以在培养基中大量累积。这些小囊泡的表面活性是很强的，可观察到它们在水中产生肉眼可见的由烷烃组成的微乳浊液。红平红球菌在含有正烷烃培养基中生长时产生的细胞磷脂具有很强的表面活性，其中磷脂酰乙醇胺部分是最强的表面活性剂，可把水和十六烷之间的界面张力降低到 1mN/m 以下，且 CMC 值为 30mg/L。

二、生物表面活性剂的应用

生物表面活性剂与化学表面活性剂相比有许多重要的优点，所以在一些工业和环境保护中得到了广泛应用。生产生物表面活性剂的原料是可再生的、生物可降解的，而且在各种条件下都具有活性。特别是那些由嗜热和嗜盐细菌产生的乳化剂用途更为广泛，因为这些表面活性剂在各种极端pH、盐浓度和温度条件下都具有活性。例如，1株北极菌株——原玻璃蝇节杆菌（*A. protophormiae*）可以产生一种热稳定的生物表面活性剂，这种生物表面活性剂在采油业和石油工业中具有广泛的用途。由于表面活性剂可以提高油-水表面积，所以可以加快细菌降解各种石油的能力和改进水和土壤中生物修复能力。生物表面活性剂可以加强微生物的采油能力，用于清除储存罐和管道。在一些生物表面活性剂存在情况下，一些可溶性很差的有机化合物可以被微生物利用，如生物表面活性剂的存在可以加快多环芳烃（PAH）的可降解性。具有这种功能的一种乳化剂——Alasan可以提高多种PAH的溶解性，如菲、芴和芘等，而且可以明显地加速它们的矿化速率。同样利用向日葵生产的生物表面活性剂也可以加快多氯联苯（PCB）的生物降解性。

在洗涤剂和清洁工业中，如何去除碳氢化合物或脂肪酸等油性物质是一个很大的问题。生物表面活性剂在这些方面的应用有三个主要优势：使用生物表面活性剂带来的环境后果是最小的，且它们的添加能大大降低有害化学去污剂的浓度。另外，生物表面活性剂和多种有生物去污作用的酶（如洗涤用的纤维素酶、蛋白酶和脂肪酶等）是相容的，但是这些酶如果与化学去污剂一起使用就很快失活。现在在电子工业中使用的含氯化学去污剂会损伤电子板、切割设备和精密仪器，那么生物表面活性剂就可以作为这些含氯化学去污剂的替代品，可以减少对电子板、切割设备和精密仪器的损伤作用。生物表面活性剂在农业中有潜在的应用，特别是可以应用在除草剂和杀虫剂组分中。这些组分中的有效化合物是疏水的，需要靠表面活性剂把它们分散到含水溶液中。例如，由芽孢杆菌（*Bacillus* sp.）菌株产生的糖脂蛋白可用来乳化不溶解的有机磷杀虫剂，多聚体（高分子量）生物表面活性剂在这方面更有优点。

这些表面活性剂包裹油滴，因此可以形成非常稳定的乳状液，这在为化妆品和食品中提供水包油型乳剂（如色拉调味汁）上特别有用。在乳制品（软乳酪和冰淇淋）中，多聚体表面活性剂的添加改进了质感和乳脂状。这些性质对低脂产品特别有价值，因为多聚体表面活性剂附着到油上，它们在油-水两相之间得到了浓缩，这样当把水去除后，它们就和油待在了一起。因此乳状液即使在很稀的溶液中也是稳定的。另外，表面活性剂浓度在水中是非常低的，这可以使水得到再循环，这些性质在纺织和造纸工业中特别有用。但是现在生产生物表面活性剂的费用过高和在应用中的经验不足限制了其应用。然而，随着人们保护水质和环境意识的增强，对天然产物的需求量会在不断增加，所以高品质的由微生物生产的生物表面活性剂必然将在以上提到的诸多应用领域中代替当前使用的化学表面活性剂。

第三节 生物农药

上面已经介绍了化学有机磷和有机氯农药对生态环境和人类的危害，特别是被农药作用后选择出了抗药性的昆虫，给农药使用带来更多问题。据报道我们现在要清除地球上的所有农药需要的费用要比使用农药带来的效益高很多。为了保护环境，要尽量减少化学农药的使用，多开发可降解、绿色的生物农药，目前最重要的生物农药就是苏云金芽孢杆菌产生的伴孢晶体。另外，最近发现马索亚内酯具有很强的杀各种农作物病原真菌的作用，可以引起农作物病原真菌细胞坏死作用。所以本节主要介绍苏云金芽孢杆菌及其伴孢晶体和马索亚内酯。

一、苏云金芽孢杆菌

作为一种主要的无公害农药，苏云金芽孢杆菌（*B. thuringiensis*）是一种产孢子的革兰氏阳性菌，分布非常广泛，在细胞生长过程中的稳定期可以产生一种可以杀死许多昆虫的伴孢晶体（parasporal crystals，Cry），所以苏云金芽孢杆菌实际上是昆虫病原菌。这种伴孢晶体对昆虫中鳞翅目、双翅目和鞘翅目昆虫具有明显的杀虫效果，所以它是一种生物杀虫剂。越来越多的报道指出苏云金芽孢杆菌对其他目的昆虫（如膜翅目、同翅目、直翅目、食毛目）及线虫、螨类和原生动物也具有灭杀活性。如今，苏云金芽孢杆菌作为化学合成杀虫剂的替代品或补充已经广泛应用于商品化农业、森林管理和蚊虫防治领域。它也是转基因抗虫植物和抗虫基因的关键来源。

1. 伴孢晶体及其产生菌　已测序的伴孢晶体基因（编码伴孢晶体 Cry 或 Cyt 蛋白）已经超过 100 个。苏云金芽孢杆菌是很多环境的土著微生物，广泛分布在全世界的各种生境中，包括土壤、昆虫、储藏物粉尘、落叶植物和裸子植物的叶片。苏云金芽孢杆菌 Cry 蛋白的作用机制为伴孢晶体在昆虫中肠碱性环境中得到溶解，然后中肠蛋白酶对该毒蛋白前体进行水解，产生 Cry 毒蛋白与中肠受体结合，毒蛋白插入上皮细胞的顶膜，导致离子通道和孔洞的产生，最终引起昆虫死亡。所以伴孢晶体由毒蛋白的前体蛋白组成，前体毒蛋白要起作用，必须先被易感昆虫吃下去，然后中肠蛋白酶对它们进行加工，才能形成对昆虫有毒的蛋白质。对大多数鳞翅目昆虫来说，前体毒蛋白可以在中肠的碱性环境中溶解。溶解度的不同往往可以解释不同 Cry 毒蛋白的毒力差异，并且溶解度的下降估计是昆虫产生抗性的一种机制。对于 Cry3A 这种毒蛋白来说，必须被类胰凝乳蛋白酶（chymotrypsin-like）切割后才能在中肠中溶解。溶解之后，许多前体毒蛋白需要被昆虫中肠中的蛋白酶加工后才具有毒性。鳞翅目昆虫的中肠里主要的蛋白酶是类胰蛋白酶（trypsin-like）和类胰凝乳蛋白酶。哺乳动物、鸟类、两栖动物和爬行动物肠道中因为没有水解这些 Cry 毒蛋白的能力，所以对人和这些动物没有毒性。

2. 苏云金芽孢杆菌在防治害虫方面的应用

1）Cry 蛋白在害虫防治和植物保护中的作用　苏云金芽孢杆菌是现代应用最广泛的生物害虫防治产品。据报道全球每年的苏云金芽孢杆菌消费量达到（2.3～3）$\times 10^6$kg。在美国注册的苏云金芽孢杆菌产品达到 200 种以上。虽然生物杀虫剂在农业上的应用明显落后于化学合成杀虫剂，但是化学合成杀虫剂存在严重的环境和安全方面的问题，所以从长远角度考虑生物杀虫剂有重要的应用前景。研究表明，Cry 毒蛋白对于哺乳动物、鸟类、两栖动物和爬行动物没有致病性，但是对昆虫纲和无脊椎动物门的许多害虫具有特异性的杀灭作用。以 Cry 毒蛋白为基础的杀虫剂的研发和注册通常费用较低。例如，苏云金芽孢杆菌以色列亚种（*B. thuringiensis* subsp. *israelensis*）的研发费用是化学合成杀虫剂的 1/40。最后，Cry 毒蛋白的作用模式完全不同于已知任何化学合成杀虫剂的作用模式，所以有特殊的用途。

2）在林业方面的应用　环保型的无害于鳞翅目昆虫天敌的杀虫剂也开始应用在林业方面上，因此苏云金芽孢杆菌成为最主要的对抗舞毒蛾的杀虫剂。在美国森林产业中应用的苏云金芽孢杆菌产品主要基于产生 Cry1Aa、Cry1Ab、Cry1Ac 和 Cry2Aa 毒蛋白的苏云金芽孢杆菌 HD-1 库斯塔克亚种（*B. thuringiensis* HD-1subsp. *kurstaki*）。用苏云金芽孢杆菌进行防治的林业害虫包括舞毒蛾（美国）、云杉卷叶蛾（加拿大）、松针毒蛾（波兰）、亚洲舞毒蛾（美国、加拿大、远东）、松舟异蛾（西班牙、法国）和欧洲松梢小卷蛾（南美洲）。

3）在防治蚊和蚋（blackfly）方面的应用　在所有苏云金芽孢杆菌中，以色列亚种（*B. thuringiensis* subsp. *israelensis*）是一种最有效和强力最大的生物杀虫剂。由于蚊和蚋对化学合成杀虫剂抗性的逐步增加，所以苏云金芽孢杆菌以色列亚种可以成功地取代化学合成杀虫剂。苏云金芽孢杆菌以色列亚种中 *cry* 和 *cyt* 基因中有 5 个基因可以编码对双翅目昆虫有活性的毒蛋白，这 5 个基因分别是 *cry4A*、*cry4B*、*cry10A*、*cry11A* 和 *cyt1A*（溶细胞素）。另外，Cyt1A 溶细胞素可以协同并增强其他 Cry 毒蛋白的活力。这 5 个基因都位于 1 个 72MDa 的巨型质粒上，这个质粒可以通过类似于接合的方式转移到其他苏云金芽孢杆菌的菌株中。有趣的是，与它们相同的毒蛋白也存在于苏云金芽孢杆菌菌株其他血清型菌株中，这说明 *cry* 基因在苏云金芽孢杆菌种群中可以通过接合进行水平转移，这种转移方式在环境中具有重要的实际意义。因为蚊和蚋有可能携带和传播人类疾病，所以人们希望从苏云金芽孢杆菌中找到能够杀死双翅目昆虫的其他毒蛋白。科学家发现 Cry2Aa、Cry1Ab 和 Cry1Ca 这些苏云金芽孢杆菌的毒素具有杀蚊活性，而能溶解细胞的 Cyt1A 和 Cyt2A 晶体蛋白在体外也表现出一定程度的双翅目特异性。还发现了新的杀蚊 *cry* 基因，如 *cry11B* 和 *cry16A*，同时还报道了携带有一些新的未鉴定 *cry* 基因的杀蚊菌株。其他 Cry 相关的杀蚊蛋白来自一种细菌双霉梭菌马来西亚亚种（*C. bifermentans* subsp. *malaysia*），这些毒蛋白被命名为 Cry17A、Cry18A 和 Cry19A。

3. 生产毒素蛋白的新技术

1）利用苏云金芽孢杆菌开发新型 Cry 生物杀虫剂　苏云金芽孢杆菌的天然菌株能够产生几种不同的 Cry 晶体蛋白，每种晶体蛋白都有严格的靶昆虫特异性，杀死昆虫的种类有限。另外，不同 Cry 蛋白组成的复合物表现出协同增强的效果。因此，通过对苏云金芽孢杆菌进行遗传改造非常有必要，把编码不同特异性Cry晶体蛋白的基因连接在一起，然后通过转化的方式转移到天然菌株中，使重组的苏云金芽孢杆菌能产生不同活性的Cry晶体蛋白，以便对付各种的昆虫。一般情况下大多数*cry*基因很难通过接合的方式转移到另一菌株中，然而，一些通过特殊接合方式得到遗传改造的菌株和一些天然分离到的菌株能产生非常特殊的Cry蛋白，这些Cry蛋白明显不同于苏云金芽孢杆菌库尔斯塔克亚种（*B. thuringiensis* subsp. *kurstaki*）HD-1，菌株产生的毒蛋白也不同于苏云金芽孢杆菌鲇泽亚种（*B. thuringiensis* subsp. *aizawai*）和苏云金芽孢杆菌莫氏亚种（*B. thuringiensis* subsp. *morrisoni*）产生的Cry蛋白。也可以把苏云金芽孢杆菌和蜡状芽孢杆菌的毒素蛋白基因连接到质粒上，然后通过电穿孔的方法转化到植物细胞中，每毫克质粒DNA可以获得10^2～10^5重组子，这样培养出来的植物就可以产生毒素蛋白，这些毒素蛋白一般位于植物的叶子上，一旦昆虫吃了这些叶子便中毒死亡。一些苏云金芽孢杆菌会切割甲基化的DNA，所以从巨大芽孢杆菌和大肠杆菌Dcm2菌株中分离得到的质粒DNA比枯草芽孢杆菌或大肠杆菌Dcm1菌株中分离得到的质粒DNA在转化苏云金芽孢杆菌时的转化效率更高，因为质粒DNA不会被切割。例如，如果采用未甲基化的DNA进行转化，转化效率达到了3×10^6。一些带有苏云金芽孢杆菌质粒复制子的穿梭载体更容易将*cry*基因克隆到苏云金芽孢杆菌中。同样把这些质粒改造成相对应的整合质粒，利用同源重组的方法可以将*cry*基因整合到内生质粒或者宿主染色体DNA上，已经使用这种方法构建重组苏云金芽孢杆菌，用来生产新的生物杀虫剂。同源重组已被用于在细胞内创建无效突变体，如利用这种方法敲除*cry*和*cyt*基因来评价这两个基因对于杀虫活力和钝化蛋白酶生产以促进晶体蛋白的合成与稳定的作用。科学家更感兴趣的是构建可以不产孢子但仍能合成晶体蛋白的苏云金芽孢杆菌菌株，这样产生的晶体蛋白一直累积于母细胞的小室之中，而不会被释放出来。虽然天然菌株产生Cry毒蛋白可以被释放到细胞外，但是暴露在自然环境中的Cry毒蛋白活性很容易受到环境因素的不利影响。有人认为将Cry蛋白累积在母细胞的小室中，这样能够在喷洒过程中有助于毒力的维持和保护。

2）Cry毒蛋白在其他宿主中表达　在没有获得合适的苏云金芽孢杆菌转化系统之前，晶体蛋白基因是被引入大肠杆菌、枯草芽孢杆菌、巨大芽孢杆菌和荧光假单胞菌中进行表达。利用重组假单胞菌发酵生产的浓缩生物杀虫剂制剂位于死细胞中的Cry蛋白包含体中。这些位于死细胞中的Cry蛋白毒性在环境中能维持很长时间。不同重组假单胞菌可以发酵生产不同的Cry蛋白，或同一细胞可以表达不同的Cry蛋白，这样生产后的不同细胞可以混合在一起，制成1种单一制剂，由于含有不同的Cry蛋白，因此可以杀死不同的昆虫，这样可以扩大防治的靶昆虫范围。通过分子生物学方法构建含Cry1Ab羧基端大部分区域的*cry*嵌合基因，然后转化到荧光假单胞菌中进行表达，结果发现在这种重组荧光假单胞菌发酵液中Cry蛋白产量或活力得到明显提高。同样重组的Cry蛋白表现出了更高的杀虫效力和产量，如果不考虑宿主的话，这种技术可以使Cry生物杀虫剂更容易、更现实地取代化学合成防治药剂。也有人使用植物的内寄生或附生细菌作为生产毒素蛋白的宿主，一般是选择使用既能在环境中自我增殖同时又能保证营养生长和Cry蛋白合成的宿主菌，这样可以延长Cry蛋白在田间的有效作用时间。例如，*cry1Ac*基因通过一个整合型质粒被转入内寄生细菌木棍状杆菌（*Clavibacter xyli*）中，得到的重组菌株接种到玉米中可以用来防治欧洲玉米螟的侵袭。能在植物的叶际持续存活的巨大芽孢杆菌（*B. megaterium*）也有被用作*cry1A*基因表达的宿主。同样*cry*基因也可以转化到其他常见植物微生物中，包括固氮螺菌（*Azospirillum* spp.）、豆科根瘤菌（*Rhizobium leguminosarum*）、洋葱伯克霍尔德菌（*B. cepacia*）和荧光假单胞菌（*P. fluorescens*）。有人也想把具有双翅目杀虫活性的苏云金芽孢杆菌以色列亚种的毒素基因转化到水生微生物中，因为这些微生物可以长期在水体中生长，这样的宿主菌包括球形芽孢杆菌（*Bacillus sphaericus*）和新月柄杆菌（*Caulo-bacter crescentus*），还有蓝细菌中的阿格门氏藻（*Agmenellum quadruplicatum*）和聚球藻属。

3）苏云金芽孢杆菌毒素基因在植物中的表达　现已把数种*cry*基因导入烟草、马铃薯、玉米、棉花和许多其他的主要农作物中进行表达。在表达之前这种毒素基因序列应进行密码子优化，有利于毒素基因在植物细胞中高效表达。除了在细胞核中表达外，也有人用一段未修饰的*cry1Ac*基因在烟草的叶绿体中表达。Cry蛋白在植物中的合成有以下几方面的好处：由于毒蛋白在植物细胞中不断地合成和表达，Cry蛋白在植物组织中大量存在，并且可以保持很长时间，这样可以大大减少其他杀虫剂特别是化学农药的使用量，最终大量减少土地经营成本；与化学合成杀虫剂相比，利用苏云金芽孢杆菌生物杀虫剂防治农作物病虫害对环境的伤害较小，而且基本上对有益（捕食和寄生）昆虫无害；

Cry 蛋白进行遗传改造，在不同宿主中表达大大扩展了防治的靶害虫范围，包括吸啜式和钻孔式昆虫、根居昆虫和线虫。当然有些昆虫也会对苏云金芽孢杆菌毒蛋白产生抗性，所以有必要防止 Cry 蛋白进入野生的与农作物有亲缘的植物中，有关这方面的生态问题需要进一步进行深入研究。

二、马索亚内酯

对 Liamocin 进行酶解，然后在酸性条件下水解产物 3,5-二羟基癸酸可以自发地转化成 3,5-羟基-2-癸烯酸内酯，即马索亚内酯（Massoia lactone），见图 11-10。马索亚内酯在香料添加剂，如化妆品、香水及食品等行业具有广泛的用途。目前从热带植物中提取，产量低、工艺复杂、大规模提取对自然生态具有破坏作用。利用化学合成马索亚内酯的工艺复杂、反应条件剧烈、需要多种有毒的催化剂、容易造成环境污染，不适合大规模绿色生产。最近我们发现通过发酵获得的马索亚内酯具有很强的杀死人类和动物病原白色假丝酵母，引起人类难以治愈的脚气病原真菌，花生、小麦、棉花和大枣等农作物病原真菌的作用。制成的纳米乳与游离马索亚内酯相比具有更好的抑菌效果、更小的细胞毒性、更高的透皮吸收效率，在治疗红色毛癣菌（引起脚气的主要病原真菌）感染中具有很大的应用潜力，并且可以直接作用于休眠的病原真菌孢子和抑制孢子的萌发，所以大量合成马索亚内酯，做成广谱抗真菌剂对于控制人类、动物和农作物的真菌病害具有非常重要的实际意义。从图 6-4 可以看出 Liamocin 的 3,5-二羟基癸酸和马索亚内酯合成是从乙酰 CoA 开始合成，酵母菌合成乙酰 CoA 需要消耗大量的能量，这对细胞生长和 Liamocin 的合成很不利。所以用合成生物技术从基因组水平上构建一个少消耗能量的乙酰 CoA 合成途径、删除没有必要的高消耗能量的乙酰 CoA 合成途径、超表达与 Liamocin 合成和正调控有关的基因和解除葡萄糖阻遏作用对于大幅度提高 Liamocin 和马索亚内酯产量非常关键，最终构建的新型细胞工厂可以转化葡萄糖产 60.2g/L 以上的 Liamocin。最后制备成含有马索亚内酯的抗农作物、动物和人类病原真菌制剂可以大大减少化学农药和化肥的使用、防止农作物病原真菌产生抗药性、减少环境和食品污染。同时把马索亚内酯制成纳米乳，用于治疗由红色毛癣菌感染引起的动物和人类各种皮肤病，防止真菌出现抗药性也具有重要的现实意义。

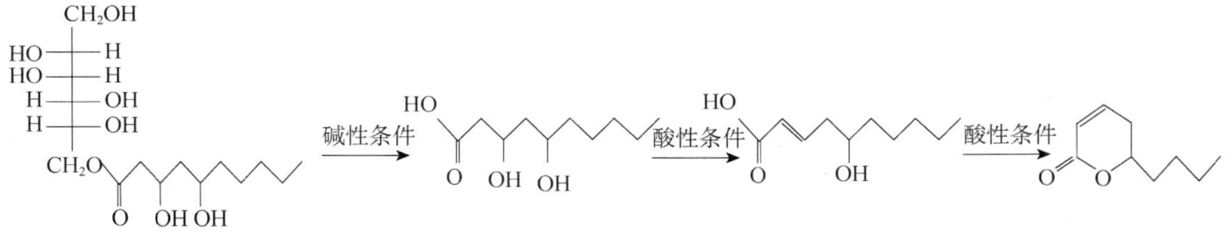

A

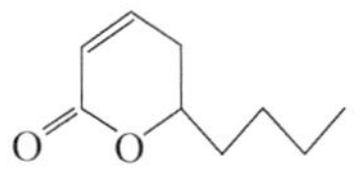

B

图 11-10　3,5-羟基-2-癸烯酸内酯（马索亚内酯）形成过程（A）及其化学结构（B）（池振明供图）

三、生物防治

目前，水果和蔬菜采收后病害防治的主要方法也是使用化学合成的杀真菌剂。与化学农药一样，由于化学杀真菌剂在环境中难以被降解、毒性大和容易造成病原真菌出现抗药性，这方面的问题已经引起人们的关注，所以需要寻找一种对人类健康和环境安全危害更小的替代品。近年来，利用微生物拮抗剂（microbial antagonist）来防治水果和蔬菜采收后病害已经取得很大的进展。这些微生物拮抗剂包括细菌和真菌。微生物的生物防治活力包括拮抗菌产生抗生素、产生裂解酶和诱导植物系统产生对真菌的抗性（图 11-11）。生物防治剂的效果受到许多环境因子的影响，既有非生物性的又有生物性的，这些因素中许多可以导致拮抗菌抗病原菌能力降低。所以，生物防治在农业中大规模使用遇到了许多实际问题。在实验室条件下，人们研究了非生物因素包括氮源、温度、湿度和光照等对于拮抗剂活力和生物防治剂应用效果的影响。然而，人们对生物学因素在生物防治剂对植物病原体，特别是在根际和植物表面的拮抗活力方面的影响目前所知甚少。许多细菌包括假单胞菌属、芽孢杆菌属和肠杆菌属等已经作为生物防治剂。沙雷菌属也被认为是一种有用的生物防治剂和植物生长促进剂，但同时也是哺乳动物和植物的条件致病菌。

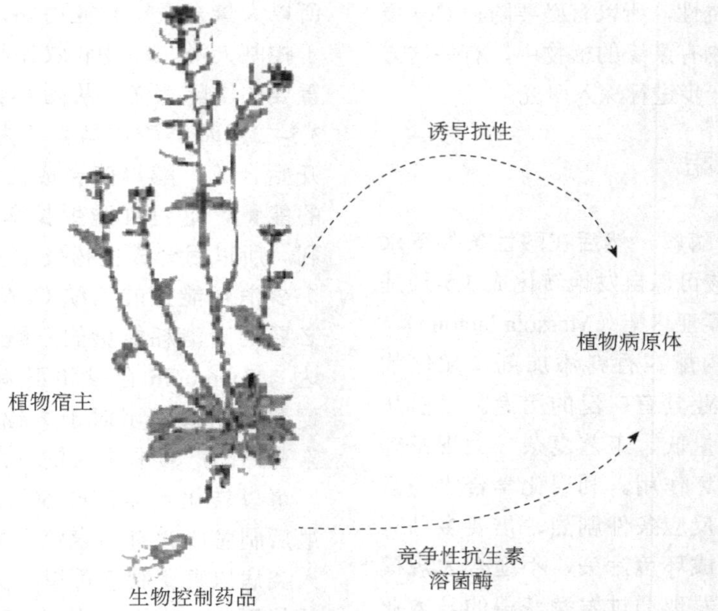

图 11-11　植物病原体的生物控制机制（池振明供图）

1. 通过拮抗细菌进行生物防治的机制　拮抗细菌对植物病原微生物采用多种不同的生物防治机制，包括在局部与病原菌进行营养和空间竞争、抗生素的产生、对植物病原菌的裂解和对宿主植物系统抗性的诱导。黏质沙雷菌可以分泌多种几丁质水解酶，包括外切和内切的几丁质酶，这些几丁质酶可以水解植物病原真菌细胞壁结构的主要成分——几丁质。B2 菌株至少产生 4 种几丁质水解酶，每种酶都能抑制病原真菌的生长，而且外切和内切的几丁质水解酶具有协同增强抗真菌的活力。黏质沙雷菌也产生灵菌红素，它是一种三吡咯的抗真菌抗生素。另外，沙雷菌属的一些菌株包括 B2 菌株还能够诱导宿主植物对多种病原真菌产生系统抗性。另外，许多微生物可以产生 β-1,3-葡聚糖酶水解病原真菌的细胞壁，引起病原真菌细胞破裂，而达到生物防治的目的。

2. 应用普鲁兰短梗霉进行生物防治　由于在收获之前水果就被病原菌侵染，所以在采收前在田间就使用微生物拮抗剂效果是最好的。为了成功实现这种防治手段，生物防治菌株必须能够耐受低氮源、UV-B 辐射、低温和气候多变这些不利条件。酵母菌状真菌普鲁兰短梗霉是在叶际和水果上分布最广泛和适应性最好的腐生生物之一，普鲁兰短梗霉对干燥和光照有很高的抗性，已经被认为是一种能有效对抗采收后病害的生物防治剂。两种普鲁兰短梗霉（SL250 和 SL236 菌株），加上一种已经证明的拮抗菌株（L47 菌株）能够防治葡萄柚上的指状青霉（*Penicillium digitatum*）、葡萄上的灰霉（*Botrytis cinerea*）、匍枝根霉（*Rhizopus stolonifer*）和黑曲霉（*A. niger*）及樱桃番茄上的灰霉（*B. cinerea*）和匍枝根霉（*R. stolonifer*）感染。Bencheqroun 等（2007）采用普鲁兰短梗霉 Ach1-1 菌株防治由苹果青霉引起苹果上的霉菌生长，对苹果上的氮源，尤其是对氨基酸的有效竞争，可能是普鲁兰短梗霉 Ach1-1 菌株拮抗由苹果青霉病的主要机制。

利用酵母菌状真菌普鲁兰短梗霉控制采收后水果蔬菜霉菌的感染有许多优点，如这种酵母菌状真菌生长迅速、细胞密度大、培养基成分简单、能利用淀粉作为发酵底物、经济廉价等，其对环境和生态也没有危害。

第四节　生物燃料

目前使用的矿物燃料主要包括石油、煤炭和页岩气等，这些矿物燃料在地球中储存量有限，不可再生，在地球深部形成的时间需要数亿年，形成机制还未知。开采过程中严重污染周围环境，使用过程中会导致大量CO_2释放，造成温室效应，影响全球气候。未燃烧彻底的矿物燃料和石油运输过程中原油的泄漏，它们被释放到环境中同样会造成严重污染。许多石油成分具有致癌性，对生态和人类健康构成威胁。为了减少对矿物燃料的依赖，减轻对环境的污染，必须发展可再生能源，如热能（太阳能和地热能）、风能、水电能和生物能源。生物燃料包括生物氢气、生物甲烷、生物柴油、生物乙醇和生物烷烃等。在生物能源中，氢气是最清洁、环境最友好的气体燃料，因为它燃烧后不产生碳、硫和氮，仅仅产生水，且是高密度能源物质，燃烧后可以释放出大量热量。而最近许多人正在研发生物烷烃，它是最佳的液体燃料。

一、氢气

氢气被认为是未来最理想的气体燃料，可在燃料电池中被转化为电能，或者在内燃机中转化为机械能，而不会产生温室气体，市场前景广阔。目前氢气的生产主要依赖于热力学或者化学方法从石油产品中制备，能源消耗大，基于这种方法生产的氢气不能视为可再生的主要能源。相比之下，从生物量中制备氢气不失为一种很好的可选用的方法，具有节能、成本低、无污染等优点，所以应当给予高度重视。氢气可通过藻类或者蓝细菌光解水或者光合细菌在有光条件下发酵有机物获得。此外，厌氧微生物（如产酸细菌）也能在无光条件下发酵有机物产生氢气，这也是处理有机废弃物的方法之一。采用嗜热微生物，如解糖热解纤维素菌（*Caldicellulosiruptor saccharolyticus*）和艾氏栖热袍菌（*Thermotoga elfii*）发酵则氢气的产量会更高。发酵可以在液相中采用固定化细胞法进行，或者采用细胞自动絮凝法，发酵结束后细胞最终自动絮凝成粒状或者泥状，这两种方法都可以减少产氢细胞被冲洗到反应器外。而且，氢气是厌氧细菌发酵的一种常见产物，很可能成为将来大规模工业发酵的一种有用的副产品。20世纪60～80年代，在俄罗斯一个生物丁醇工厂中，每年大约有$40\times10^3m^3$的H_2和$60\times10^3m^3$的CO_2以废弃物的形式释放到空气中，其在当时并没有得到很好的利用，如果能把这些CO_2转化成氢气将具有重要的生产实际意义。目前，微生物制氢还不能产生良好的经济效益，产量远低于生产实际的需要。所以以生物量为原材料生产氢气并使之成为一种新的主要能源，仍需要很多的研究工作。氢气（此外还有乙醇）可用在燃料电池中作为汽车的动力，已经在我国广泛使用。

1. 通过光合作用产氢气 所有太阳能驱动的生物产氢的起始点都是光合作用。光合作用可以分为两类：产氧光合作用和不产氧光合作用，前者主要是在蓝细菌和植物中进行的，后者主要在紫色细菌与绿色硫细菌中进行。产氧光合生物从太阳光中获得太阳能，从水分子中释放H^+和e^-用于CO_2固定合成有机物。非产氧光合生物不能产生可氧化水的氧化电势，因此它们以其他底物，如H_2S，生成H^+和e^-用于CO_2的固定合成有机物。在正常条件下，这两种代谢都是以H^+和e^-合成ATP和NAD（P）H，并将之用于CO_2的固定以合成碳水化合物，如淀粉、糖原等，而合成的碳水化合物可以看作用于生成H_2的H^+和e^-的储备库。在无氧条件下，氧化磷酸化作用受到抑制，许多生物进化出了另一种生存机制，它们从细胞储存的糖类中释放H^+和e^-获得能量，同时获得H^+浓度梯度用以驱动ATP合成。在这种情况下，ATP是由H^+化学浓度梯度消失而合成的和通过发酵过程中底物水平磷酸化合成的。为了维持电中性，要求H^+和e^-同时释放，在无氧条件下，最终通过氢化酶催化H^+和e^-生产H_2，而不是有氧条件下产生的水。

2. 细菌发酵产氢气 能进行光合作用的发酵细菌可以累积糖类物质，所以产生氢气的最简单方式就是从这些糖类物质中释放氢气，如严格厌氧细菌和兼性厌氧化能异养细菌（如梭菌和肠道细菌）就有这个能力，此类细菌细胞内含有氢化酶，具有合成H_2的能力。在细胞内，氧化性磷酸戊糖途径（oxidative pentose phosphate cycle）的酶类可将葡萄糖中绝大部分氢原子在氢化酶催化下转化为氢气（11.6mol，97%），说明葡萄糖分子中所有氢原子转化成氢气没有严格的热力学限制。如果利用嗜热微生物在高温条件下发酵产氢，那么产氢效率会更高，但是氢化酶对氧气敏感。与之相比，兼性厌氧菌的产氢效率就要低得多，只有16.6%，但是对氧气没有那么敏感，在大规模发酵中仍可得到大量的H_2。微生物燃料电池（microbial fuel cell，MFC）可利用食品加工废水（含有大量的糖）生产H_2或者电能。事实上，MFC就是一个将微生物新陈代谢过程中产生的e^-转化为电能的系统。通过电化学法，增大MFC电路中阳极的电势，可将细菌释放的H^+和e^-直接转化为H_2。

3. 不产氧光合作用产氢气 单就H_2的生成来说，与上述的发酵细菌相比，紫色非硫细菌（purple nonsulfur bacteria，PNS）和绿色硫细菌（green sulfur bacteria，GS）在产氢方面更具优势。PNS和GS具有更高的由底物向H_2转换的效率（如葡萄糖可以被转化成CO_2和H_2，而不是像发酵细菌那样把葡萄糖转化成有机酸），并且能够利用多种底物生长和产氢。例如，紫色细菌［红螺菌（*Rhodospirillum* sp.）和红杆菌（*Rhodobacter* sp.）］可利用一系列有机酸和碳水化合物作为底物合成H_2，速率可达140～200mL H_2/（g干物质·h）。这些底物在三羧酸循环中被氧化，产生的e^-通过NAD/NADH和铁氧还蛋白（ferredoxin）进入e^-传递途径，最终在固氮酶（nitrogenase）作用下与H^+结合生产H_2。整个过程是热力学耗能的，需要ATP水解产生的能量进行驱动。ATP由光合作用产的H^+浓度梯度驱动产生（或者$H_2X \rightarrow 2H^+ + 2e^- + X$）。有报道称，有机底物（如苹果酸和谷氨酸）向$H_2$的转化效率非常高，如在野生型中为50%，而在缺乏吸氢酶（uptake hydrogenase）基因的无义突变株中可达90%。尽管如此，有一点需要说明的是，H_2O→糖→H_2整个过程的转换效率则要低得多（8×90%=7.2%）。GS则是另一类光合微生物，通常以H_2S、S或者硫酯化合物为底物氧化供能，在利用其他碳源（如乙酸）方面能力较差。弧形绿菌（*Chlorobium vibrioforme*）是一种典型的绿色硫细菌，以H_2S或者硫酯作为e^-供氢体合成H_2，14d内产H_2的峰值速率为30mL H_2/（g干物质·h）。虽然它可以同化乙酸，但不能利用乙酸合成H_2。为了解决GS同化乙酸的问题，可与硫或者硫酸还原细菌共同培养。固氮酶（nitrogenase）基因与PNS和GS中H_2的生产有关，该基因在无氧无氨可见光条件下表达，固氮酶催化$2H^+ + 2e^- \longrightarrow H_2$，该反应高度依赖ATP。为了产生氢气，产生一个$e^-$需要水解两个ATP。所以需要利用分子遗传学方法提高PNS/GS产氢效率，如减小天线分子的大小可大大提高光吸收效率（约50%）；与H_2产量起竞争作用的吸氢酶基因及其他电子传递链途径有关基因的敲除可以使H_2产率提高30%～35%；培养参数优化也可以提高氢气的产量。利用富含碳水化合物的食品工业废水作为底物生产氢气是PNS/GS产氢最经济的方法。

4. 利用原核产氧生物通过光能自养产氢气

（1）蓝细菌产氢气。有些蓝细菌组具有产氢气的能力。在所有5个主要分类蓝细菌群中均发现了产氢酶基因。目前已发现最少50属的100多种蓝细菌具有代谢产氢气的能力。蓝细菌主要利用两种金属酶产氢，分别是固氮酶（nitrogenase）和NiFe-产氢酶（NiFe-hydrogenase）。固氮途径因需要ATP和消耗还原剂以便产生氢气，与产氢酶途径相比效率较低。NiFe-产氢酶有3类，都催化$H_2 \rightleftharpoons H^+ + e^-$，但仅有可溶性双向产氢酶（soluble bidirectional hydrogenase，由*hoxEFUYH*基因编码）具有产氢能力。

（2）蓝细菌产氢途径。NADH和NADPH是蓝细菌依赖产氢酶合成H_2的通用前体，可由以下3种途径产生，每种途径都伴随着在无氧条件下进行旺盛的呼吸：①光合-H_2途径。通过光合作用使水发生光解，然后通过两个光系统生成H^+（膜腔）和NADPH（细胞质），进一步生成氢气。②发酵-H_2途径。通过光合作用产生还原性碳（主要是糖原），然后在暗环境下发酵这些还原性碳产生氢气。③光发酵-H_2途径。$NADP^+$单独由光系统Ⅰ（photosystem Ⅰ）的光化学作用还原成NADPH，还原力来源于质体醌（plastoquinone，PQ）库的H^+和e^-，质体醌在无氧条件下经酶的氧化被细胞内还原剂完全还原，而细胞内还原剂来自发酵过程。到目前为止，所有能进行光能自养生长的蓝细菌均含有发酵产能的酶，由于它们在产生H^+和NAD（P）H能力方面有相当大的差别，并且所有蓝细菌中光合作用、呼吸作用和发酵作用发生在细胞内不同的区域，所以相应的产氢能力和产氢途径也存在很大的差异。无氧条件对激活产氢酶是必需的。蓝细菌NiFe-产氢酶与藻类、严格厌氧微生物的Fe-产氢酶（Fe-hydrogenase，H_2ase）相比，具有较大的优势，前者具有更高的O_2耐受能力。据报道，在丝状颤藻（*Oscillatoria* sp.）B97菌株和鱼腥藻（*Anabaena* sp.）变异株1403中光驱动的最大产氢速率为0.4～0.5mmol H_2/（g干物质·h），可维持数小时或者更久，二者均含有固氮酶和产氢酶途径。在添加外源的丙酮酸和果糖后，光诱导产氢速率最高可达1～2mmol H_2/（g干物质·h），接近产氧光合作用内源CO_2固定速率的20%，这些速率可与产氢速率最高的绿藻莱茵衣藻（*Chlamydomonas reinhardtii*）、小球藻（*Chlorella vulgaris*）和斜生栅藻（*Scenedesmus obliquus*）野生型菌株相媲美，这些绿藻产氢速率为0.7mmol H_2/（g干物质·h），可维持数小时或者更久。细胞内最大产氢速率为15～16mmol H_2/（g干物质·h）与产氢酶体外最大产氢速率15～17mmol H_2/（g干物质·h）相吻合。理论上来说，可借助基因工程方法提高光驱动产氢能力和产氢稳定性，如减小天线分子或对H^+和e^-向产氢酶流动进行重新定向改造。在工程菌株蓝细菌聚囊藻（*Synechocystis* sp.）PCC 6803菌株中就实现了5倍于野生菌株的产氢能力，在基因工程菌中Ⅰ型NADPH脱氢酶的组成型基因被敲除后的结果是中断了电子从PSⅠ（光系统Ⅰ）向质体醌的循环电子传递，e^-被重新定向用于$NADP^+$的还原。

5. 真核光能自养生物通过光解水产氢气

（1）真核绿藻多样性。某些绿藻已经进化出吸收太阳能分解水产生 H_2 的能力，这些藻类组成了真核光合自养生物的一个复杂群体——绿藻门，包含 500 属 15 000 种。目前仅考察了其中 30 属的产氢能力，所以寻找更高产氢性能的产氢真核藻类仍有很大的潜力。

（2）藻类中产氢气的酶。与蓝细菌类似，PSⅡ负责产氢的第一步反应——将 H_2O 分解成 H^+、e^-和 O_2。正常情况下，藻类通过光反应和卡尔文循环合成碳水化合物，然后将这些糖给呼吸作用（线粒体中）和细胞生长提供能量。但是在无氧条件下，线粒体氧化磷酸化被抑制。要在无氧条件下生存，一些产氢气藻类以另一种方式利用储存于碳水化合物中的能量，将其转入叶绿体产氢酶中，以光合磷酸化的方式产生 ATP，过程类似于 NAD（P）H-PQ 电子传递机制。产氢酶将 H^+（来自基质）和 e^-（来自还原性铁氧还蛋白）重新结合成 H_2，然后释放到细胞外，因此，产氢酶起着 H^+/e^-释放调节阀的作用。据报道，绿藻产氢酶转移速率比其他种类的要高 100 多倍，使得绿藻在利用太阳能生产氢气方面具有很大的优势。

（3）藻类产氢气途径。由于产氢酶对氧具有超高敏感性，所处位置又刚好是叶绿体中 PSⅡ光解水释放 O_2 的地方，所以要得到大量 H_2，必须严格控制培养条件。只有在无氧条件下，产氢所需的 H^+和 e^-才能在产氢酶的催化下合成 H_2。因此，虽然早在 20 世纪 30 年代就有绿藻产氢的报道，但是直到 2000 年，绿藻产氢能力才达到有应用的程度。暂时把产生 H^+和 e^-（这一步是产生氢气所必需的）的水光解过程与产氢酶催化的产氢气过程分开，达到这样的结果是通过硫饱和（PSⅡ激活：产氢酶失活）-硫缺乏（PSⅡ失活：产氢酶激活）进行循环而得到的。但是很明显该产氢方法有许多缺点，真正用于产氢的时间大约只有总时间的一半。如果在低硫浓度下采用连续化产氢工艺，产氢效率会高一些，那就是在低硫浓度条件下，光系统Ⅱ光合作用产 O_2 速率要刚好低于呼吸作用 O_2 消耗速率，H_2O 由 H_2 的直接转换是理论最大转化效率的 11%～16%。莱茵衣藻（*C. reinhardtii*）是一个良好的遗传模式生物，其高产氢突变株 Stm6 在标准液体培养条件下，峰值产氢速率可达 5mL H_2/（L 培养液 • h）（H_2 纯度＞90%），并可维持 4～5d。相当于将单位面积太阳能（$20W/m^2$）的 2%转化为 H_2。如果采用固定化细胞法，峰值期可上升到 23d。在两级恒化反应器中，连续产氢周期可维持超过 5 个月之久。此外，如果通过基因工程方法降低天线分子大小、增加 H^+和 e^-向产氢酶方向流动、降低产氢酶对氧气的敏感性，H_2 的产量仍有望进一步提高。

6. 发酵产氢气

（1）暗发酵。许多厌氧细菌，包括肠杆菌、芽孢杆菌和梭状芽孢杆菌在没有阳光下利用糖类原料可以产氢。在暗发酵条件下，从有机物氧化产生的电子用于还原质子产生氢气，这步还原反应受到氢酶催化。根据活性位点金属的含量，氢酶可以分为[Fe-Fe]和[Ni-Fe]氢酶。与其他产气工艺（光发酵、直接光解、间接光解和微生物能量电池）相比，暗发酵的特点是费用很低（廉价的底物，如可利用废弃物），该工艺可以在低温低压无光的条件下进行，反应器结构简单、高生产力、有不同微生物参与产氢。但是其中也有不产氢气的细菌存在，如产甲烷菌、产乙酸菌、硝酸还原菌、硫酸还原菌还消耗氢气。所以混合微生物群落使用之前必须进行预处理。可以使用热、高负荷、酸、碱、化学和曝气等方法预处理，抑制消耗氢气的细菌生长，收集只产芽孢的细菌，如梭状芽孢杆菌。在产氢气过程中，大分子物质被转化成可溶性单体化合物。这些单体化合物被产酸细菌用于产 H_2、CO_2 和挥发性脂肪酸。根据反应式（11-1），可以看出发酵末端产物氢气的量是可变的，如果利用乙酸作为反应产物，氢气最大量可以达到 4mol H_2/mol 葡萄糖。

$$C_6H_{12}O_6 + 2H_2O \longrightarrow 2CH_3COOH + 4H_2 + 2CO_2 \quad (11\text{-}1)$$

$$\Delta G_0 = -184.2kJ$$

ΔG_0 出现负值表明这个过程确实产生了能量，并且不需要光就可以完成该反应。

如果是丁酸作为反应产物，氢气的产量是 2mol H_2/mol 葡萄糖[反应式（11-2）]：

$$C_6H_{12}O_6 \longrightarrow CH_3CH_2CH_2COOH + 2H_2 + 2CO_2 \quad (11\text{-}2)$$

如果是乙酸和丁酸作为混合末端产物，反应方程如反应式（11-3）所示：

$$4C_6H_{12}O_6 + 2H_2O \longrightarrow 2CH_3COOH + 3CH_3CH_2CH_2COOH + 10H_2 + 8CO_2 \quad (11\text{-}3)$$

如果发酵产物是其他产物，如丙酸、乳酸、甲酸，是要消耗氢气的：

$$C_6H_{12}O_6 + 2H_2 \longrightarrow 2CH_3CH_2COOH + 2H_2O \quad (11\text{-}4)$$

暗发酵产物中含有大量的有机物，如挥发性脂肪酸，这些有机物可以增加排出水中的污染物负荷。所以排放之前必须进行后处理。这些排出水可以用于两步厌氧发酵、光氢气产生、甲烷生产和微生物燃料电池生产。这种方法生产 H_2 受许多因素的影响，如底物种类、底物浓度、pH、温度、水力停留时间、有机物负荷速率，营养物补充、反应器类型、接种源和预处理方法等。

（2）光发酵。在光发酵中，光合细菌利用有机物作为碳源在厌氧和有外源光的条件下产氢。这些还原性化合物，如有机酸被厌氧细菌，如紫色非硫细菌代谢产生 H_2 和 CO_2，其中氢酶负责 N_2 还原成 NH_3，同时产氢。根据反应式（11-5），如果紫色非硫细菌生长在来自上述暗发酵的富含挥发性有机酸中，每消耗 1mol 葡萄糖理论上可以产生 4mol H_2。

$$CH_3COOH + 2H_2O \longrightarrow 4H_2 + 2CO_2 \quad (11\text{-}5)$$

$$\Delta G_0 = 104.0\text{kJ}$$

参与光发酵产 H_2 的光异养细菌包括球拟红杆菌（*Rhodobacter sphaeroides*）、荚膜红杆菌（*Rhodobacter capsulatus*）、嗜硫小红卵菌（*Rhodovulum sulfidophilum*）W-1S 菌株和沼泽红假单胞菌（*Rhodopseudomonas palustris*）。

pH 和温度得控制在 7.0 和 0～35℃，底物乙酸、丁酸、丙酸、乳酸、苹果酸都可以作为产 H_2 的碳源。

光发酵产 H_2 具有许多优点，如有机酸转化率高，可以作为暗发酵的后处理工艺。但是该工艺也有许多缺点，如需要光、高耗能、能使用的底物有限，因为底物必须来自暗发酵。

（3）暗/光发酵系统。暗/光发酵系统可以用来改进暗发酵过程中产 H_2 的问题，同时可以减少暗反应后排出水中有机物含量，这是因为暗发酵排出水中含有大量的挥发脂肪酸、乙酸、丁酸和丙酸等。在暗/光发酵产氢系统中，产氢酶和固氮酶参与了反应，1mol 葡萄糖完全降解可以产生 12mol H_2。

$$C_6H_{12}O_6 + 6H_2O \longrightarrow 12H_2 + 6CO_2 \quad (11\text{-}6)$$

$$\Delta G_0 = +3.2\text{kJ}$$

与上面两种发酵相比，把暗发酵反应器与光发酵反应器偶联在一起减少了吉布斯自由能。在该系统中，在没有光的情况下，起始物在暗反应器中产氢，并产生可溶性代谢产物。在存在外源光的情况下，可溶性代谢产物被光合细菌转化产 H_2。

二、沼气

沼气厂以植物为原料连续生产甲烷，同时释放二氧化碳，其原料来源广泛，可以是家庭或者工业有机废水，有时也用专门的能源植物等。沼气池的好处是可利用植物材料中多糖成分生产能源（如电能和热能）、易操作和占地面积小。所得沼气经富集提纯再经压缩后，可以在供气站出售，也可以作为内燃机或者汽车的燃料。而沼气最大的优点莫过于其环境友好性，生产沼气的原材料来自农田，沼气池的发酵废料还可以作为肥料重新用在农田中，借此可以增加土壤的肥力，利于耕种。产沼气技术目前已经相当成熟，但仍有很大的优化空间，将来将出现大型高科技沼气工厂，可实现副产品的综合利用。沼气池的发酵底物可以是家畜家禽，如马、牛、羊、猪、鸡、鸭、鹅等的粪便（粪便的及时处理还有利于疾病的预防和减少臭味）、屠宰场或者油炸食品的废油、家庭或花园有机废物、城市固体垃圾和腐烂变质的食物等，甚至来自医院的含有有机质的垃圾、下水道淤泥、农业及食品生产的下脚料、高有机工业废水等都可以被用作发酵原料。有时也用专门种植的能源作物（如玉米，全株包括玉米粒）、苜蓿、牧草、杨柳苗等来生产沼气，可单独使用或者作为混合底料使用。为了确保一年四季都可以产生沼气，这些绿色植物常制成储备料，事先经乳酸菌通过同型乳酸发酵处理产生大量乳酸（甲烷合成的前体化合物之一），以减少碳损失。植物纤维发酵生成沼气经历了 3 个阶段，每个阶段都有不同的厌氧或者兼性厌氧菌参与。

（1）水解阶段：多糖（淀粉、纤维素、半纤维素等）、蛋白质、脂类水解成寡糖、单糖、氨基酸、脂肪酸和甘油。接着酸化，前面生成的分子经发酵转化为乙酸、丙酸、丁酸、乙醇、二氧化碳和水等小分子化合物。

（2）产乙酸阶段：生成乙酸和二氧化碳。由于处理的时间较长，因此可视为甲烷生成的限速步骤。

（3）产甲烷阶段：最后由生长缓慢的古菌将底物发酵成沼气，其中包含大约 70%（*V*/*V*）的甲烷、30%的二氧化碳及氨气、硫化氢等副产物。

具体的产甲烷机制参考第九章第三节。

三个阶段中涉及的微生物群落可能与牛胃反刍作用或者废水处理工厂中的相似，但是其组成会随底物、发酵罐形状和发酵过程（中温或嗜热）的不同而变化。目前，已经分离鉴定出多种参与发酵的微生物，但还缺乏有关纯植物材料沼气池生物系统的综合研究，特别是在水解和嗜热处理过程中。传统农场沼气池一般是在大型发酵罐中于 37℃左右进行一步或者两步发酵。由于参与水解和产甲烷的微生物不是同一群微生物，所需的最佳条件也不同，因此使用两步发酵工艺的越来越广泛，特别是在工业化沼气池中。大部分沼气池在液体发酵罐中进行，其中大约含有 12%（*m*/*V*）的干物质，如果发酵罐中干物质大于 12%（*m*/*V*）被称为固体发酵，反之称为液体发酵。

目前，仅有最大不超过 70%的生物量被转化为甲烷和二氧化碳。要提高转化效率，必须加快多聚物的水解过程。利用水解、产乙酸/产甲烷阶段在不同生物反应器进行，有利于对这些阶段的处理条件进行优化，如 pH 和温度的调整。除了传统的中温发酵外，现在高温发酵方法的应用越来越广泛，后者有利于提高反应速率，特别适于提高生物量的水解速率。尽管很多工业化沼气池已经实现水解阶段的分离，但是大部分农场沼气池仍采用一步发酵法。干燥脱硫的沼气不需要把二氧化碳分离出来，可直接通入与沼气池相连的固定街区热能或者动力工厂进行使用。

三、乙醇

目前液体生物乙醇燃料正在汽车中使用，微生物中乙醇合成过程如图 11-12 所示。

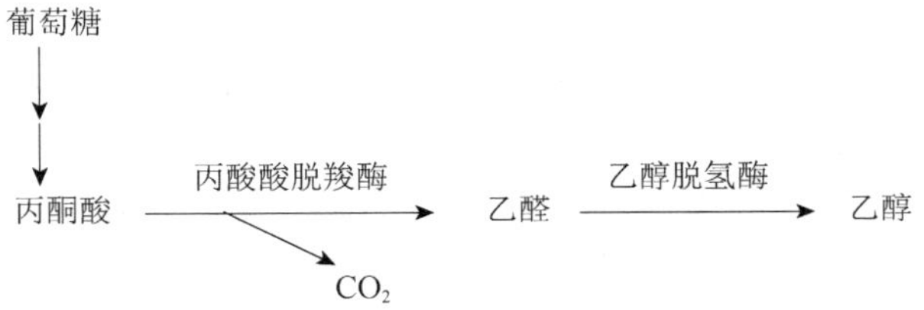

图 11-12　生物乙醇合成过程（池振明供图）

到目前为止，生物乙醇发酵应该是最大规模的发酵生产工艺了。工业上以糖蜜或者酶解淀粉（来源于玉米、地瓜或其他粮食）为原料，利用酿酒酵母（*S. cerevisiae*）通过分批发酵生产乙醇，首先利用葡萄糖或果糖经过 EMP 途径产生丙酮酸，丙酮酸经过脱羧产生乙醛，乙醛经过还原产生乙醇（图 11-12），所以副产品中主要有 CO_2 及少量的甲醇和甘油等。若以乙醇作为燃料则不需要精馏，乙醇与水的共沸物[含 95.57%（重量比）的乙醇和 4.43%（重量比）的水]可直接作为汽车的燃料。在巴西，这就是为人所熟知的水合乙醇燃料（álcool etílico hidratado combustível，AEHC）。如果含水量增加，那么乙醇-汽油混合物就会出现问题，因为过多的水会引起水相-汽油相两相分开。近些年来，利用酵母菌发酵葡萄糖浆生产乙醇的工艺得到迅速发展，利用遗传工程的方法使现代工业酵母菌菌株在阻遏物敏感性、产物耐受性、乙醇产量及乙醇生产力方面得到了明显改善。现今，利用淀粉酶水解淀粉产生的葡萄糖浆为原料经过酿酒酵母发酵乙醇含量可达 20%（*V*/*V*）左右。

1. 超浓醪淀粉发酵产乙醇　在传统乙醇发酵工艺中，所用的糖浓度一般在 16%～25%，所用的酵母菌只能产生 6%～12%的乙醇，更高的底物浓度和乙醇对酵母菌生长和发酵会产生抑制作用，所以许多人对产高浓度乙醇的酵母菌应用于超浓醪发酵生产高浓度乙醇产生了浓厚兴趣，因为这种乙醇发酵工艺可以节省发酵和蒸馏过程中的能量消耗、提高设备利用率、减少劳动力和提高乙醇年产量。我们设计了一种低温蒸煮工艺用于生产高浓度乙醇，所用的玉米淀粉浓度为 33.0%，首先在 80℃下液化玉米淀粉 30min，接着在 55℃下加糖化酶糖化 30min，用酵母菌 W4 菌株在 30℃下发酵 70h，可以产生 17.5%（*V*/*V*）的乙醇，成熟发酵醪中含有 0.19%的还原糖和 3.6%的残总糖，淀粉利用率为 90%。后来，对这一工艺又进行了改进，使用耐高温α-淀粉酶在 105℃下液化 7min，然后在 55～60℃下糖化 30min，冷却到 30℃，加酵母菌菌株 H0，经过 64h 发酵，可产生 18.3%（*V*/*V*）的乙醇，耐高温α-淀粉酶加量为每克原料 0.15mL，糖化酶加量为 125U/g 原料。

2. 生淀粉发酵产乙醇　在传统乙醇发酵工艺中，淀粉质原料必须经过高温糊化，在该过程中，需消耗大量的能量，所以许多人对无蒸煮淀粉的乙醇发酵工艺进行了大量研究，所生产的乙醇浓度一般小于 12%（*V*/*V*）。我们通过研究发现国产糖化酶制剂具有很强的糖化生淀粉的能力，可以利用这种酶制剂进行边糖化边发酵。所加的糖化酶量为 300～400U/g 原料，发酵温度为 30℃，酵母菌接种量为 3.7×10^6 个细胞/mL，发酵周期为 70h，起始原料浓度为 33.0%。在这种条件下，四倍体酵母菌 F4C1 菌株和二倍体酵母菌 H0 菌株分别可以产生 17.5%（*V*/*V*）的乙醇。如果起始原料浓度为 36%，F4C1 菌株可以在 96h 内产生 18.8%（*V*/*V*）的乙醇。这些结果表明，通常用于糖化熟淀粉的糖化酶也可以快速地消化生淀粉，并且糖化酶加量较少。H0 和 F4C1 菌株可以在短时间内产生高浓度乙醇，在成熟醪中的残还原糖和残总糖较少，未发现有杂菌的污染，这得益于所用的四倍体酵母菌

F4C1 菌株和二倍体酵母菌 H0 菌株能耐高浓度的乙醇，并且产乙醇速率快，所产的乙醇可以抑制生淀粉中的杂菌生长。

3. 木质纤维素发酵产乙醇 木质纤维素含有纤维素（葡聚糖）和半纤维素（木聚糖），将来有望以木质纤维素为原料生产乙醇，但是纤维素酶水解纤维素速率比酵母菌平均发酵速率慢两个数量级，所以纤维素边糖化和边产乙醇的发酵技术在理论上存在严重的问题。例如，利用淀粉发酵生产乙醇时，我们不仅要考虑葡萄糖转化率问题，当利用木质纤维素作为原料生产乙醇时，还要考虑如何最快地把所有大部分木质纤维素转化成乙醇。这个问题一旦成功解决，无疑会大大拓宽乙醇生产的原料来源，其中发酵底物包括纤维素水解产生的葡萄糖（己糖）和木聚糖水解产生的木糖（戊糖）。虽然已有中试工厂进行戊糖的发酵，但是工业酵母菌菌种发酵戊糖相当困难，仍在研究和发展当中。大部分细菌可以对纤维素生物量进行全糖发酵，但是可能存在葡萄糖代谢产物阻遏的问题和细菌耐乙醇能力差问题，因此用细菌进行乙醇发酵有待商榷。

4. 细菌产乙醇 运动发酵单胞菌（*Zymomonas mobilis*）也是乙醇发酵重要菌种之一，这种细菌的许多基因可以用于遗传改造其他多种产乙醇菌株。运动发酵单胞菌发酵底物仅限于葡萄糖、果糖和蔗糖，以 ED（Entner-Doudoroff）途径分解利用底物产生丙酮酸，见有关微生物学教科书，丙酮酸经脱羧产生乙醛，乙醛经还原产生乙醇（图 11-12），同时还可合成大量的副产品，如山梨醇、3-羟基丁酮、甘油、乙酸及细胞外多聚物——果聚糖。在利用该细菌进行乙醇生产时，一般是利用液体卧式反应器（fluidised bed reactor）进行连续乙醇发酵。为了克服酿酒酵母和运动发酵单胞菌的固有缺陷，Ingram 开发了可以产生乙醇的两株肠杆菌科菌株。在日本大阪湾的生物乙醇工厂，从 2007 年底开始，采用机械与弱酸处理相结合的方法处理食品垃圾释放戊糖糖浆，然后以 1 株遗传改良过的大肠杆菌（*E. coli*）B 菌株 LY165 对产物进行发酵。LY165 菌株不含有与副产物生成有关的酶类，但引入了丙酮酸脱羧酶和乙醇脱氢酶（二者均来源于运动发酵单胞菌）。利用上述弱酸处理后剩余的残渣经过中和后，利用纤维素酶（可将纤维素水解成葡萄糖）进一步水解，水解产物被产酸克雷伯菌（*Klebsiella oxytoca*）M5A1 菌株转化成乙醇，所用的发酵技术是固体发酵技术工艺。M5A1 菌株是一株基因工程菌，含有来自运动发酵单胞菌（*Z. mobilis*）乙醇生成途径，拥有天然纤维二糖吸收和利用系统，此外该菌株还含有来自菊欧文菌（*Erwinia chrysanthemi*）的另外两个纤维素酶基因，这样可以大大减少使用真菌产生的纤维素酶量。但是细菌发酵无法获得像酵母菌那么高的乙醇浓度，所以 LY165 菌株发酵的结果是乙醇浓度仅达到了 9%（*V*/*V*），这与细菌耐乙醇能力差有关。因为是在 pH 中性条件下进行发酵的，其他细菌很容易污染培养基，所以实际生产中还存在许多问题。

5. 戊糖发酵产乙醇 如何利用木质纤维半纤维素水解中释放出的戊糖是一个问题。玉米植株（不含玉米粒）含有 24%的木糖（干重）、2%的阿拉伯糖，而葡萄糖占 45%。要利用这些原料生产乙醇，并且要想彻底利用这些糖生产乙醇存在很多问题。通常来说，硬木和农业生材料含有较多的 D-木糖和 L-阿拉伯糖，软性木料戊糖含量相对少一些。许多工业酵母菌菌株缺乏木糖利用途径，就是不会合成木糖还原酶和木糖醇脱氢酶，所以必须通过代谢工程的方法在酿酒酵母中克隆和表达木糖还原酶和木糖醇脱氢酶基因，创建新的木糖利用途径。这些基因工程菌株在提高植物生物量向乙醇的转化效率方面将起重要作用，并且已经大规模使用这些基因工程菌株转化木糖生产乙醇。但是存在产乙醇速率很慢、发酵周期长、木糖转化率差、产的乙醇浓度很低等缺点。下一步的研究工作将主要集中在这种基因工程酵母菌菌株的抗渗透压、降低抑制剂敏感性、提高耐乙醇浓度等遗传改良工作方面。

6. 乳清发酵产乙醇 奶酪乳清也是乙醇发酵的一种重要原料。目前，世界上许多公司正在使用乳清发酵工艺发酵生产乙醇，如使用脆壁链球菌（*Streptococcus fragilis*）作为乙醇生产菌株的 Dansk Gaerings 工艺和采用脆壁克鲁维酵母（*K. fragilis*）作为乙醇生产菌株的 Milbre 工艺，其中后者在商业上应用相对多一些。在新西兰，乳清渗出液发酵已有几十年的历史。而爱尔兰人则采用 Canbery 工艺，发酵前渗出液要先经超滤膜过滤。目前乳酪产量在不断增加，相应地高有机废水的处理就成了问题，所以将来如何利用乳清发酵生产乙醇显得更加重要。

7. 嗜热菌产乙醇 在利用纤维素发酵产乙醇问题上，有人提议采用可水解纤维素的梭菌进行发酵。热纤梭菌（*C. thermocellum*）可以稳定地水解含纤维素类植物中的纤维素和半纤维素，但是只能利用纤维素糊精（而不是葡萄糖）。该菌对高浓度乙醇敏感，而且会产生一系列不太受欢迎的副产品，所以对热纤梭菌（*C. thermocellum*）进行代谢工程改良非常有必要，有望得到高产乙醇菌株。

8. 合成气发酵产乙醇　发酵合成气（syngas，生物量经过高温气化得到的 CO/H_2 的混合气体）生产乙醇也是值得考虑的。已分离到包括梭状芽孢杆菌（*Clostridium* spp.）、莫拉菌（*Moorella* spp.）、羧基纤维菌（*Carboxydocella* spp.）等在内的多种细菌可以合成乙酸、乙醇、丁醇等有机分子的细菌。目前一种采用达梭菌（*C. ljungdahlii*）发酵合成气生成乙醇的工艺已经开发成功。多种废弃物先被高温气化，然后降温至发酵温度（多余热量用于发电），接着气体被鼓入发酵罐中，生成的乙醇经蒸馏分离，目前该工艺已处于中试阶段。

9. 菊芋发酵产乙醇　菊芋块茎也是生产燃料乙醇最好的原材料之一，菊芋可以种植在盐碱地等贫瘠土地上、不会跟粮食争耕地、抗虫害、菊芋块根产量高和作为乙醇生产的原料不会跟人争粮食。块根中含有菊粉，菊粉是由多个果糖分子通过β-2,1-糖苷键连接成的多聚果糖，其还原性末端有一个葡萄糖残基以α-2, 1-糖苷键与之相连，呈直链结构。所以被菊粉酶水解后可以产生果糖和葡萄糖，是酿酒酵母发酵生产乙醇的良好底物。将菊芋块茎捣碎之后，使用具有很高菊粉酶活性的脆壁克鲁维酵母（*K. fragilis*）及工业酿酒酵母（*S. cerevisiae*）或运动发酵单胞菌（*Z. mobilis*）混合进行发酵，经过间歇发酵之后，产生的乙醇浓度最高能够达到 0.48g/g。研究还表明，应用工业酿酒酵母或运动发酵单胞菌与脆壁克鲁维酵母进行混合发酵，其产量要比应用单一菌株进行发酵乙醇产量最高能高出 12%。

黑曲霉（*A. niger*）12 菌株可以同时产生胞外菊粉外切酶和菊粉内切酶，其经过诱变之后的突变株 817 菌株的酶活力是原来的 4 倍。Nakamura 等利用黑曲霉 817 菌株和一株耐乙醇酿酒酵母菌株 1200 对菊粉进行同步糖化和发酵，经过 3d 的发酵，这种一步反应过程产生的乙醇浓度能够达到 21%（*V*/*V*）。Nakamura 等同样利用上述两个菌株以菊芋块茎为原料进行了同步糖化和发酵，在以菊芋块茎为底物的发酵试验中，15h 后乙醇浓度能够达到 10.4%（*V*/*V*）。而在以菊芋浓缩汁为底物的试验中，经过 72h 的发酵，乙醇浓度能够达到 15.0%（*V*/*V*）。

把海洋季也蒙毕赤酵母 1 菌株菊粉酶基因 *INU1* 整合到酿酒酵母 W12d 染色体上表达后，获得的重组子 PguINU14S-04 产生的菊粉酶活力单位可达（34.5±0.3）U/mL。在 5L 发酵罐中，利用 PguINU14S-04 同步糖化 30%（*m*/*V*）菊粉发酵生产乙醇，经 120h 发酵，乙醇浓度最终可以达到 14.7%±0.5%（*V*/*V*，20℃），乙醇转化率为 0.386g 乙醇/g 菊粉。通过对表达载体和 *INU1* 基因进一步进行改造，得到了产菊粉酶能力更强的转化子 PguINU14SM-R27，菊粉酶活力单位达（42.3±0.4）U/mL。利用 PguINU14SM-R27 同步糖化 30%（*m*/*V*）菊粉发酵生产乙醇，最终可以得到浓度为 14.8%±0.2%（*V*/*V*，20℃）的乙醇，乙醇转化率为 0.389g 乙醇/g 菊粉。

将节杆菌属（*Arthrobacter* sp.）S37 菌株来源的菊粉内切酶基因 *EnIA* 插入高产酿酒酵母 W0 菌株染色体中，并进行表达，获得的重组转化子 D5 菌株的菊粉酶活力达 8.6U/mL。在 5L 发酵罐体系中，转化子 D5 菌株以菊粉含量为 300.0g/L 的培养基进行乙醇发酵，产生的乙醇浓度为 13.6%（*V*/*V*，20℃）。转化子 D5 同步糖化生料菊芋粉，在 1L 发酵体系中，发酵液中乙醇浓度达 10.1%（*V*/*V*，20℃）。

10. 木薯淀粉发酵产乙醇　木薯（cassava）是灌木状多年生作物。大多数品种含有能产生氰化物的糖类衍生物，所以必须去毒后才可以食用。块根肉质，富含淀粉。木薯适应性强，耐旱耐贫瘠，所以栽种时不会与农作物争耕地。在年平均温度 18℃以上，无霜期 8 个月以上的地区，山地、平原均可种植；在我国华南地区，广东和广西的栽培面积最大。由于木薯淀粉（cassava starch）中支链淀粉与直链淀粉的比例高达 80∶20，因此具有很高的黏度，这说明木薯淀粉中α-1,6-糖苷键比例很高，比较难被一般淀粉酶水解。扣囊覆膜酵母（*Saccharomycopsis fibuligera*）能产生高活力的淀粉酶，由于这些淀粉酶具有很高的α-1,6-糖苷键水解能力，非常适合水解木薯淀粉。所以许多研究者都利用该酵母菌产生的淀粉酶转化木薯淀粉生产葡萄糖，产生的葡萄糖同样是酿酒酵母和运动发酵单胞菌发酵生产乙醇的良好底物。例如，扣囊拟内孢霉（*Endomycopsis fibuligera*）NRRL76 菌株与运动发酵单胞菌（*Z. mobilis*）ZM4 菌株混合后可以把木薯淀粉直接转化为乙醇，这样可以把 22.5%（*m*/*V*）的木薯淀粉转化产生 10.5%（*V*/*V*）的乙醇。

以糖蜜和淀粉为原料，经酵母菌发酵生产乙醇基本上已经是一种非常成熟的技术。利用非食品材料，如含纤维素的废弃物发酵生产乙醇已经处于中试阶段。目前，使用乙醇作为燃料的引擎已经开发成功，并正在大规模使用。现代汽油机已被改造成可以使用乙醇（5%）-汽油（95%）混合燃料，特别是用于 E85 和 E100，该技术已经成熟，并被装入弹性燃料车（flex fuel vehicles，FFV）中。现在大部分汽车公司都提供 FFV，如“Totalflex”（VW）和“Flexpower”（Chevrolet/Opel/GM）。Ford、Saab 和 Volvo 很可能是这项技术的先锋。在巴西，到目前为止总共大约有 300 万辆 FFV 已经被售出；在瑞典，仅 2005 年一年就售出了 15 000 辆 FFV。生物乙醇也可用于柴油发动机中，但是需要掺入添加剂以防止两相分离。

四、生物柴油

生物柴油是指以植物油为原料，在催化剂的作用下与甲醇反应，经过转酯作用得到的脂肪酸甲酯，该过程也被称为醇解，见图 11-13。微藻可以在光合生物反应器中生长并合成脂类，可以作为植物油的替代品。微藻高产油能力大，与植物相比如果合成等量的油料，培养微藻所需的地方要比种植作物的小得多。尽管目前生物柴油的生产未利用细菌，但是细菌完全具有生物合成生物柴油的能力。酵母菌作为产油脂酵母菌有许多优点，如生长快、生物量大、油脂含量高、含有大量的 C_{16} 和 C_{18} 饱和和不饱和脂肪酸、能利用底物范围广、便于高密度发酵、不受病毒感染等，所以特别适合用于生物柴油的生产。合成生物柴油所需要的甲醇和乙醇来自微生物发酵合成的醇类，其中乙醇、丙醇、丁醇可以替代甲醇，甚至可以使用丙酮/丁醇发酵产物来取代甲醇。将来要利用酶促反应进行转酯，而不是化学方法。目前，生物柴油贮藏过程中，微生物的氧化及水的存在很容易引起生物柴油发生腐败，所以生物柴油的微生物学问题将成为研究的重点。此外，目前生产生物柴油存在的高能耗问题大大降低了能源生产效率。在某些地区，如何利用转酯过程释放出的甘油也是一个重要的问题。其实甘油可以被微生物发酵成其他产品，如用于生产 1,3-丙二醇或者其他有用的产品，也可以很低的浓度投入沼气池中作为发酵底物生产沼气。将来更多地要研究完全由微生物生产生物柴油作为燃料，那就是所谓的微生物柴油。将大肠杆菌进行基因工程改造，把来自运动发酵单胞菌（*Z. mobilis*）丙酮酸脱羧酶基因 *pdc* 和乙醇脱氢酶基因 *adhB* 克隆到大肠杆菌中，并进行表达合成有关的酶，这样大肠杆菌基因工程菌就可以发酵葡萄糖生产乙醇。同时，也可以把贝利不动杆菌（*Acinetobacter baylyi*）非特异性酰基转移酶（unspecific acyl-transferase）基因 *atfA* 克隆到大肠杆菌中，并进行表达合成有关的酶，这样大肠杆菌基因工程菌还可以使脂肪酸 CoA 中酰基部分与乙醇发生酯化作用，直接生产生物柴油。有氧条件下，如果存在葡萄糖（主要作为能源和碳源）和油酸，那么主要发酵产物将是油酸乙酯。由于细胞自己合成的脂肪酸不能为酰基转移酶利用，所以需要加入外源脂肪酸。这些实验数据也为人们展示了微生物生产生物柴油的一些新方法。虽然把植物油转化成生物柴油是一项比较成熟的技术，但是目前微生物在生物柴油生产方面还未得到大规模使用。目前，许多国家都可以使用柴油汽车，在这些柴油汽车中使用的燃料是生物柴油（5%，*V*/*V*）-柴油混合燃料。而且很多德国汽车公司可以将传统柴油引擎转换为纯生物柴油引擎，每辆车的改造费用大约为 1500 欧元，但是更换引擎后的汽车加油次数会增加。将来生物柴油能否真正用于交通运输及什么样的发动机适合进行改造是我们要面临的问题。

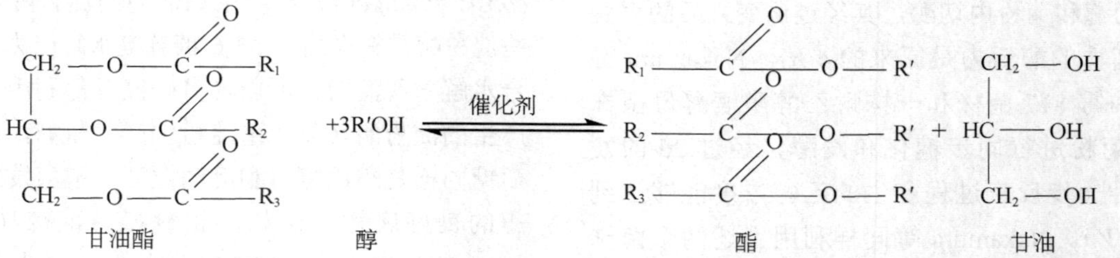

图 11-13　通过醇解生产生物柴油的化学反应过程（池振明供图）

1. 产油自养藻类　光合自养微藻能以 CO_2 为碳源，自然阳光为能源在特定条件下在细胞中累积脂肪。目前已发现多种光合自养微藻，如小球藻（*C. vulgaris*）、布朗葡萄藻（*Botryococcus braunii*）、舟型藻（*Navicula pelliculosa*）、栅藻（*Scenedesmus acutus*）、隐甲藻（*Crypthecodinium cohnii*）、普里奥拉杜氏藻（*Dunaliella primolecta*）、盐生微绿球藻（*Monallanthus salina*）、富油新绿藻（*Neochloris* *oleoabundans*)、三角褐指藻（*P. tricornutum*）和干扁藻（*Tetraselmis suecica*）等可以在细胞中累积油脂。累积油脂的不同微藻中油脂含量最高的可达细胞干重的69%以上。自养微藻与异养微生物最大的不同是，要提高前者油脂累积量更加困难，因为其培养还需要光。为了降低成本，自养微藻产油必须以自然光源——太阳能为能源，但是自然光每天和季节之间日照强度有很大的差别，人工无法进行控制。

现在，一般在室内配管池塘和管状光学反应器中进行光合自养藻类的大规模培养。室内配管池塘因其易操作性，应用更加广泛。通常配管池塘的结构与下水道系统相同。

2. 产油异养藻类 通过改变培养条件或者以基因工程的方法可以将一些自养微藻改造为异养型，这些藻类能够以有机碳为能源累积油脂，如原壳小球藻（*Chlorella protothecoides*）正常情况下为自养型藻类，在特殊情况下可以利用有机碳源累积油脂，其含油量是光能自养细胞的4倍。某些异养微藻甚至可以利用廉价有机碳源合成油脂。一般来说，在普通发酵中，异养微藻的培养和控制比较容易，但需要外加碳源累积油脂，这就限制了其在生物柴油生产中的应用。

3. 产油酵母菌

1）油脂酵母 利用酵母菌生产油脂有许多优点，酵母菌为单细胞真核生物、易于大规模培养、生物量大、许多酵母菌合成油脂的途径和调控机制已经清楚、易于遗传改造提高油脂产量、不受噬菌体感染。已发现多种酵母菌，如浅白隐球酵母（*Cryptococcus albidus*）、产脂油脂酵母（*Lipomyces lipofera*）、斯达氏油脂酵母（*L. starkeyi*）、圆红冬孢酵母（*Rhodosporidium toruloides*）、黏红酵母（*Rhodotorula glutinis*）、丛生丝孢酵母（*Trichosporon pullulan*）、解脂耶氏酵母（*Y. lipolytica*）、产黑色素短梗霉（*A. melanogenum*）P10菌株和胶红酵母（*R. mucilaginosa*）等可以在特定培养条件下累积油脂，见表11-2。不同种酵母菌细胞中累积的主要脂肪酸是肉豆蔻酸、棕榈酸、硬脂酸、油酸、亚油酸和亚麻酸。有报道称，酵母菌油菌脂可以在脂肪酶（lipase）或者其他催化剂的作用下生成生物柴油。

例如，从红树林生态系统中分离的产黑色素短梗霉（*A. melanogenum*）P10菌株在发酵罐中培养120h后，油脂含量高达细胞干重的66.3%（*m/m*），菌体生物量为12.8g/L，油脂得率是0.11g/g，菌体得率是0.16g/g，生产强度是0.0009g/（g·h）。发现它们产生的油脂脂肪酸主要为棕榈酸（$C_{16:0}$）（26.7%）、棕榈油酸（$C_{16:1}$）（1.7%）、硬脂酸（$C_{18:0}$）（6.1%）、油酸（$C_{18:1}$）（44.5%）和亚油酸（$C_{18:2}$）（21.0%），其中棕榈酸（$C_{16:0}$）、亚油酸（$C_{18:2}$）和油酸（$C_{18:1}$）占到脂肪酸总量的90%以上。以P10菌株所合成的微生物油脂为原料制备生物柴油，反应时间为20min时产率最高，达到73.7%（*m/m*）。在自然条件下点燃所制备的生物柴油，燃烧良好，火焰明亮，没有黑烟。为了高效转化木糖和玉米芯木糖生产生物柴油，在P10菌株中敲除了木糖还原酶基因*XR*与木糖醇脱氢酶基因*XDH*，并超表达了不需要辅助因子参与的木糖异构酶途径的木糖异构酶基因*XI*，得到了1株能在木糖产油培养基中培养积累占菌体干重达52.52%（*m/m*）的胞内油脂菌株XI-15。XI-15菌株以玉米芯木糖为碳源，经10L发酵罐发酵108h，胞内油脂含量最高可达53.74%（*m/m*）、菌体生物量为11.92g/L、油脂得率为0.082g/g、菌体得率为0.154g/g、生产强度为0.059g/（L·h）、木糖利用速率为0.72g/（L·h）。利用XI-15菌株发酵所得胞内油脂制备了生物柴油，它的总不饱和度为0.94、黏度为4.63mm/s^2、比重为0.88、浊点为7.87℃、十六烷值为56.82min、碘值为80.20、高热值为40.13MJ/kg。对比发现XI-15菌株制备的生物柴油的黏度与比重均符合美国和欧盟的生物柴油标准；十六烷值是燃料燃烧性能的重要参数，较高的十六烷值意味着更高的燃烧效率和更低的燃烧噪声。XI-15菌株所制备的生物柴油中十六烷值明显高于所要求的十六烷值最低标准；浊点是指燃料在低温条件下开始出现混浊现象的温度，生物柴油的浊点相较于化石柴油的浊点偏高，XI-15菌株所制备的生物柴油中浊点为7.87℃，与多数生物柴油浊点值相近。碘值与生物柴油中总不饱和度有关，生物柴油中碘值过高意味着生物柴油易被氧化且稳定性差，XI-15菌株所制备的生物柴油中碘值为80.20，远低于生物柴油标准指标的碘值，说明该技术制备的生物柴油能够进行工业化应用；高热值（HHV）也叫作总热值，指1kg燃料彻底燃烧所释放的热量，XI-15菌株所制备的生物柴油中高热值HHV为40.13MJ/kg，表明XI-15菌株所制备的生物柴油具有较高的燃料能量含量。XI-15菌株以工业木糖为碳源所产胞内油脂制备的生物柴油符合美国与欧盟的生物柴油标准，具有进行工业化应用的潜力。最后，利用带有生物柴油的棉棒燃烧状态良好，火焰旺盛且无刺激性气味，这证实XI-15菌株以木糖为碳源所产的油脂可以用来制备生物柴油，所制备的生物柴油燃烧良好。

表 11-2 不同酵母菌的产油能力比较（Li et al.，2008）

物种	脂类浓度/（g/L）	脂质系数/%
胶红酵母	11.53	—
圆红冬孢酵母	13.8	22.7
斯达氏油脂酵母	5.9	20.4
斯达氏油脂酵母	9.99	14
斯达氏油脂酵母	6.89	11
黏红酵母	7.19	13
发酵性丝孢酵母	5.32	8.42
弯曲隐球酵母	37.1	—
产黑色素短梗霉	8.4	—

2）影响酵母菌累积油脂的因素　有大量证据表明培养条件，如培养基的C/N值、氮源种类、温度、pH、氧气和微量元素和无机盐浓度对酵母菌累积油脂有明显的影响。一般来说，培养基含有越多的含氮化合物，细胞累积的油脂越少。据报道C/N值从25增加到70，油脂含量从18%增加到46%。不同氮源对酵母菌油脂累积也有不同的影响，有机氮和无机氮都可以用于培养酵母菌，但是它们对油脂累积有不同的影响。有人报道无机氮源有利于细胞生长，但不利于油脂的累积，而有机氮源，如蛋白胨和肉汤有利于油脂的累积，但是不利于酵母菌细胞生长。我们研究表明培养基中酵母菌提取物（0.33%）有利于胶红酵母（*R. mucilaginosa*）累积油脂。微量金属离子在不同程度上影响了油脂的累积。通过优化Mg^{2+}、Zn^{2+}、Mn^{2+}、Cu^{2+}和Ca^{2+}浓度，生物量和油脂含量可以明显提高。其他培养因素，如溶解氧、温度和pH对细胞生长和油脂累积也有不同的影响。一般来说，培养基的溶解氧浓度与油脂的累积为正相关关系。为了生产最大量的油脂，上述这些条件的优化非常重要。

3）利用廉价的碳源培养酵母菌累积油脂　为了减少生产微生物油脂的费用，寻找葡萄糖以外的碳源作为培养基成分非常重要，特别是生产生物柴油时。木糖、阿拉伯糖、甘露糖、甘油和其他农业和工业废弃物可以用作培养基成分培养酵母菌和累积油脂。我们发现木薯淀粉水解液有利于胶红酵母（*R. mucilaginosa*）累积油脂，具体情况见表 11-3。

表 11-3 酵母菌产油脂的碳源（Li et al.，2008）

物种	碳源	脂类含量/%（*m/m*）
胶红酵母	木薯淀粉水解液	52.9
斯达氏油脂酵母	木糖	52.6
椰壳隐球酵母	淀粉水解物	46.1
皮状丝孢酵母	大米草（*Spartina anglica*）水解物	46.3
弯曲隐球酵母	甘油	25.0
针管隐球酵母	甘薯淀粉处理废弃物	37.6
斯达氏油脂酵母	下水道污泥	50.8
产黑色素短梗霉	葡萄糖	66.3
基因工程菌	玉米芯提取的木糖	53.7

假丝酵母（*Candida* sp.）可以利用淀粉水解产物作为碳源累积油脂，在淀粉水解物培养基中细胞生长要比在葡萄糖培养基中的好。地瓜淀粉处理产生的废水可以作为酵母菌生长累积油脂的碳源。在生产生物柴油过程中，将产生大量的副产物甘油。许多微生物可以利用甘油作为累积油脂的碳源。随着生物柴油生产规模扩大，有更多的甘油产生，所以如何有效地利用甘油培养酵母菌累积油脂是一个非常重要的研究课题，如有人利用其他酵母菌转化甘油生产柠檬酸。除了甘油外，最近也有人利用纤维素水解产物作为碳源培养酵母菌累积油脂。但是纤维素水解产物通常含有某些有毒的物质，如乙酸、甲酸和糠醛（furfural），这些有毒物质对酵母菌细胞生长有不利的影响。所以说在利用这些廉价的碳源作为培养基生产生物柴油时，首先应对它们进行去毒作用。

4. 产油丝状真菌　除了藻类和酵母菌外，在某些培养条件下，一些真菌也累积油脂。尽管某些类型的真菌具有产油能力，但是据监测，大部分真菌主要合成一些特定的脂类，如二十二碳六烯酸（docosahexaenoic acid，DHA）和二十碳五烯酸（eicosapentaenoic acid，EPA）。目前未见利用真菌油脂生产生物柴油的报道。

5. 利用微生物油脂生产生物柴油的展望　很多微生物可在特定培养条件下都能累积油脂，但是各自产油量、脂质系数、脂类体积产量不尽相同，因此在生物柴油生产中的作用也不尽相同。在所有异养微生物中，酵母无论在生长速度还是产油量等方面都显示出较大的优越性，现在研究结果表明圆红冬孢酵母（*R. toruloides*）的生物量、产油量、油脂含量都是最高的。另外，酵母菌累积的油脂脂肪酸组成与植物的非常相似。利用分子生物学方法进一步改良产油酵母。利用廉价碳源培养酵母菌累积油脂，对将来生物柴油的生产具有重要的作用。自养微藻也有其优势，它们可以利用自然阳光和 CO_2 累积油脂，被认为是目前最环保的方式。但是，如何实现高密度培养以充分利用自然太阳能，是目前在大规模光能自养微藻培养中亟待解决的问题，并且开发低成本的光能生物反应器，降低培养成本也是必须考虑的因素。

一般来说，微生物油脂很可能成为大量生产物柴油的原料，其优点是非常明显的：原料可再生、细胞生长速度快而且不占用耕地。通过基因工程和代谢工程进一步改良微生物提高其产油量，尚有很大的潜力。

五、正丁醇/丙酮/甲醇

可以利用丙酮丁醇梭状芽孢杆菌（*Clostridium acetobutylicum*）同时产生丙酮（acetone，A）、丁醇（butanol，B）和乙醇（ethanol，E）（A∶B∶E＝3∶6∶1），所以称之为 ABE 发酵工艺。生产原材料包括农业废弃物、纤维素水解物和淀粉等。丁醇作为液体燃料与乙醇相比具有许多优点：丁醇比乙醇有更高的热值；丁醇的挥发能力是乙醇的1/6，是汽油的1/13.5，因此丁醇使用时更加安全；丁醇可以采用现有的燃料管道进行运输，而乙醇需要经由铁路、驳船和货车运输；丁醇可以以任意的形式直接替代汽油，而乙醇只能作为一种添加剂，最多只能添加到85%。

传统梭菌丙酮-丁醇发酵最大的困难是，很难掌握产酸阶段向溶剂化阶段转变的具体时间，导致无法进行连续发酵，再就是噬菌体感染、原材料成本高和下游处理工作烦琐等问题。正丁醇因具有很多优良的性质，成为一个良好的汽油替代品。基因重组技术的引入，如将梭状芽孢杆菌的产丁醇途径转入到另一种更高丁醇耐受力的细菌当中，副产品的产量可以大大减少甚至被中止。利用廉价底物（水解自生物量的物质）作为发酵培养基，使用无菌发酵和新的下游处理技术使生物丁醇的生产工艺得到很大改进。将沼气池与生物丁醇工厂串联一起可以大大提高底物的转化效率。2006 年 6 月，有人证实正丁醇可以作为多种发动机的燃料：以100%的比例将其加入到四冲程汽油机中，以正丁醇（30%）-柴油（70%）的形式加入到混合柴油引擎中，或者以生物丁醇（20%）-煤油（80%）的形式加入喷气式涡轮发动机中可以发挥很好的作用。以含木质纤维素的生物量为原料来生产质量可靠的生物丁醇是非常关键的，所以很多公司正在这方面进行尝试。

第二次世界大战期间，德国广泛采用甲醇作燃料。甲醇可以以纯燃料的形式使用，也可以与其他燃料混合或者以 MTBE 的形式使用。这种可再生的甲醇传统生产方法是在将木材高温干馏，因此甲醇又被称为木精。以甜菜浆为原料通过细菌发酵可以把甜菜浆的生物量转化成生物甲醇（atlantic biomass conversions）。干甜菜浆含有 60%（*m*/*m*）的果胶，果胶中的半乳糖醛酸中甲基化羧基基团在甲基果胶酯酶（pectin methyl esterase，PME）的作用下发生去酯化释放出甲醇，以此来生产甲醇。也可以将菊欧文菌（*Erwinia chrysanthemi*）B374 的 *PME* 基因转入大肠杆菌中，并进行表达，然后用重组酶把甜菜浆的生物量转化成生物甲醇，这是另一种生产甲醇的方法。所有这些生产甲醇的发酵工艺正在研究过程中，尚未实现工业化生产。

六、生物烷烃

基于其他液体生物燃料存在的一些问题，现在认为最好还是利用与石油主要成分相类似的烷烃作为能源，即生产所谓可再生的与现在化石燃料相类似的先进生物燃料（advanced biofuels）——烷烃。如果能筛选到高产胞外烷烃的微生物，以胞外烷烃直接作为生物汽油，既简化了生物柴油油脂提取工艺，也大大减少了生物柴油转酯化反应所需的成本。

1. 产烷烃的微生物　1944 年首次报道了硫还原细菌在添加有有机质或脂肪酸的海水培养基中生长时能产 C_{10}～C_{25} 脂肪族烃类，随后产烃的生物不断被发现。长链烃在生物体内广泛存在，但其含量却很少。目前发现很多海洋蓝细菌、一些真细菌、内生真菌、工程酵母菌、海洋酵母菌、植物和昆虫都能合成烃类。

1）蓝细菌　与其他产烃生物相比，蓝细菌生产烃类最大的优势在于其能通过光合作用把环境中的二氧化碳直接转化为烷烃或烯烃，从环保角度来讲这是生产烃类可持续性最好的方法之一，因此近几年来利用蓝细菌生产烃类受到了越来越多人的关注。目前已报道的能产烷烃的蓝细菌有念珠藻（*Nostoc* sp.）、聚球藻（*Synechococcus* sp.）、巢状组囊藻（*Anacystis nidulans*）、红海束毛藻（*Trichodesmium erythraeum*）、微鞘藻（*Microcoleus chtonoplastes*）、织线藻（*Plectonema terebrans*）、颤藻（*Oscillatoria williamsii*）和螺旋藻（*Lyngbya aestuarii*）。其中念珠藻（*N. spongiaeforme*）FACHB 130 菌株所产烃类最高，每克细胞干重能产 1.8mg 烃类。集胞藻（*Synechocystis* sp.）6803 菌株中超表达与烷烃生物合成相关的基因后，每克细胞干重能产 11mg 十七烷，烷烃产量提高了 8 倍。在细长集球藻（*S. elongatus*）PCC7942 菌株中表达与烷烃合成相关的 *AAR/ADO* 基因，重组菌株每克细胞干重最多能产（4.2±1.2）μg 十七烷。表 11-4 总结了一些产烃类的蓝细菌。

利用蓝细菌生产烃类最大的劣势在于其所产烃类产量较低，且一般为胞内烃类，从宿主蓝细菌中分离纯化这些能源物质工艺非常复杂而且成本很高，因此不可能利用蓝细菌和工程蓝细菌来大规模生产烷烃或烯烃。

表 11-4　蓝细菌所产的烃类

蓝细菌	浓度	碳氢化合物
集胞藻 6803 菌株	200mg/L	十七烷烃
布朗葡萄藻 IPE001 菌株	0.262g/L	碳氢化合物
海绵状念珠藻 FACHB130 菌株	1.8mg/g（细胞干重）	碳氢化合物
红海束毛藻、委镰颤藻、原型微鞘藻	0.05%～0.12%（细胞干重）	十七烷烃
灰色念珠藻，巢状组囊藻、污棕席藻	0.025%～0.12%（细胞干重）	十七烷烃
聚球藻 NKBG15041c 工程菌	（4.2±1.2）μg/g（细胞干重）	十七烷烃
聚胞藻工程菌	26mg/L	十七烷烃

2）真细菌

（1）土著细菌。一般来说，真细菌每克细胞干重能产 0.05～26.9mg 胞内烃类，目前发现很多细菌都能累积胞内烃类，如脱硫脱硫弧菌（*D. desulfuricans*）能积累 C_{11}～C_{35} 烃，其中 C_{25}～C_{35} 烷烃可达到总烃的 80%；有些梭状芽孢杆菌（*Clostridium* sp.）也能产 C_{11}～C_{35} 的胞内烃，主要是中链烷烃（C_{18}～C_{27}）或长链烷烃（C_{28}～C_{35}）。除了胞内烷烃外，某些真细菌还能合成胞外烃类。例如，当产烷烃弗尼斯弧菌（*V. furnissii*）分别在 50mL 含有 3mmol/L 乙酸、乳酸、丁酸、琥珀酸、苹果酸、缬草酸、已酸、葡萄糖、木糖、淀粉或蔗糖培养基生长时可产生 500～1350mg/L 的烷烃或烯烃；在这些碳源中，葡萄糖组烃类浓度最高为 0.53g/L（转化率为 0.98g/g 葡萄糖），生产强度是 0.022g/（L・h）。当咸海鲜球菌（*Jeotgalicoccus* sp.）ATCC 8456 菌株在葡萄糖浓度为 30g/L 的培养基上培养 40h 时，烃类浓度最高可达 97.6mg/L（转化率为 0.003g/g 葡萄糖），生产强度是 0.002g/（h・L）。

（2）经过遗传改造的大肠杆菌。大肠杆菌因为结构简单、遗传背景清晰、遗传操作简单，而常对其进行遗传改造用来生产烃类。将蓝细菌脂酰-ACP/CoA 还原酶（AAR）和醛脱甲酸氧化酶（ADO）基因在大肠杆菌中同时表达，重组菌株能产生大约 25mg/L 烷烃。在大肠杆菌细胞中同时表达细长集球藻（*S. elongatus*）PCC7942.1 菌株的 *AAR* 和 *ADO* 基因及枯草芽孢杆菌（*B. subtilis*）的 3-酮酰基 ACP 合酶（FabH$_2$）基因后，重组菌株能产生（14.3±1.9）mg/L 的十六烷烃和（11.9 ± 2.5）mg/L 的十四烷烃。通过敲除 β 氧化过程相关的基因，并超表达乙酰 CoA 羧化酶的 4 个亚基和植物酰基-酰基载体蛋白硫酯酶可使大肠杆菌产生大量的 C_{12}～C_{14} 饱和及不饱和脂肪酸，重组大肠杆菌脂肪酸浓度为（0.81 ± 0.02）g/L，利用化学方法将提取出来的脂肪酸脱去羧基形成饱和烷烃，最后得到的十一烷烃浓度为（0.44 ± 0.3）g/L。将编码 β 氧化途径的 FadE（酰基 CoA 脱氢酶）基因敲除，同时表达丙酮丁醇梭状芽孢杆菌（*C. acetobutylicum*）菌株中编码 3-氧酰基 ACP 合酶的 *FabH$_2$* 基因、脂酰 CoA 还原酶基因和植物拟南芥（*Arabidopsis thaliana*）中的脂肪醛脱碳酶（CER1）基因，最后得到的工程大肠杆菌能产生 580.8mg/L

短链烷烃，短链烷烃的转化率为 0.05808g/g 葡萄糖，生产强度为 0.08228g/（L • h）。在大肠杆菌中异源表达藤黄微球菌（*M. luteus*）ATCC4698 菌株的 *Ole* 基因簇能产生 40mg/L 长链烯烃。将 luxC（还原酶）、luxE（合成酶）、luxD（转移酶）和醛脱碳酶基因在大肠杆菌中共表达，重组菌株利用 30g/L 葡萄糖能产生十三烷、十五烷、十五烯、十六烯、十七烷和十七烯，总烷烃浓度为 6mg/L（转化率为 0.002g/g 葡萄糖），生产强度为 0.00025mg/（L • h）。丙烷是液化石油气中占比例最大的一类组分，目前已经广泛应用于工业和家庭中。通过共表达脆弱拟杆菌（*Bacteroides fragilis*）的硫酯酶（TE）基因、海洋分枝杆菌（*Mycobacterium marinum*）的羧酸还原酶（CAR）基因、枯草芽孢杆菌（*Bacillus subtilis*）的磷酸泛酰巯基乙胺基转移酶（PPTase）基因和海洋原绿球藻（*Prochlorococcus marinus*）的醛异构氧化酶（ADO）基因，在大肠杆菌中构建了一条丙烷生物合成途径。将培养基条件优化后，重组大肠杆菌 19h 内能产生 32mg/L 丙烷，转化率为 0.0016g/g 葡萄糖，生产强度为 0.0017g/（L • h）。最近，Song 等（2016）获得的基因工程大肠杆菌可产生 255.6mg/L 的十七碳烯。表 11-5 总结了产烷烃或烯烃的真细菌。

表 11-5　真细菌所产的烃类

真细菌	浓度	碳氢化合物的种类
脱硫弧菌 梭状芽孢杆菌	19mg/L 和 30mg/L	C_{25}～C_{35} 正烷烃
弗尼斯弧菌 M1 菌株	500～1350mg/L	烷烃
脱硫脱硫弧菌	30mg/L	C_{14}～C_{25} 烷烯
咸海鲜球菌 ATCC8456 菌株	97.6mg/L	碳氢化合物
基因工程大肠杆菌	580.8mg/L	壬烷、十二烷、十三烷
重组大肠杆菌	32.0mg/L	丙烷
基因工程大肠杆菌	140mg/L	十五烷
基因工程大肠杆菌	6mg/L	十三烷、十五烷、十五烯
基因工程大肠杆菌	255.6mg/L	十七碳烯

表 11-5 表明细菌弗尼斯弧菌（*V. furnissi*）M1 菌株烃类产量最高可达 1350mg/L，基因工程大肠杆菌烃类产量最高也只能达到 580.8mg/L。由此可见，利用细菌或基因工程大肠杆菌生产烷烃的浓度与酿酒酵母产生的乙醇浓度相比低很多，所以现在尚不能应用于工业化生产烷烃或烯烃。而且在大肠杆菌中还有很多高度活跃的内源醛还原酶（ALR）能将醛转化为醇，在以醛为底物时，内源醛还原酶的活力超过醛异构氧化酶活力，这将使大肠杆菌生产烷烃的工艺变得更加复杂。

3）真菌　　真菌的菌丝和孢子都能累积烃类，但二者所产的烃类在产量和结构上均有所差异，菌丝中所产的烃类可占细胞干重的 0.06%～0.7%，其所产烃类主要组分是 C_{15}～C_{36} 的正烷烃，其中 C_{19}～C_{30} 的烷烃占优势；相比之下孢子中烃类含量更低，仅占细胞干重的 0.004%～0.015%，真菌孢子所产烃类组成与植物的较为相似，主要是奇数烷烃 C_{27}、C_{29} 和 C_{35}。

最近发现了很多内生真菌能产生烃及类似烃的挥发性有机化合物，这些化合物既可以用作绿色化合物，也可充当燃料（微生物柴油）。例如，当肉质囊盘菌在纤维素培养基培养时，每克细胞干重能产生 105mg 烃类物质。然而，内生真菌产生的挥发性有机化合物因为产量有限只能被用作绿色化合物，而不能用作燃料。

4）酵母菌　　目前已报道能产烷烃的酵母菌有季也蒙假丝酵母（*C. guilliermondii*）、热带假丝酵母（*C. tropicalis*）、汉逊德巴利酵母（*D. hansenii*）、酿酒酵母（*S. cerevisiae*）和产黑色素短梗霉（*A. melanogenum*）。虽然产烷烃的酵母种类繁多，但大部分酵母菌烷烃产量都较低。例如，在工程酵母菌（*S. cerevisiae*）INVSc1 菌株中同时表达拟南芥（*A. thaliana*）的 *CER1*（长链酰基辅酶 A 还原酶基因）、*CER3*（长链醛脱碳酶基因）和 *CYTB5-B*（内质网细胞色素 B5 异构体基因）后，重组酵母以葡萄糖作为碳源每克细胞干重能产大约 85μg 的 C_{21}～C_{37} 长链烷烃。敲除编码十六烯醛脱氢酶 *HFD1* 基因的同时在酿酒酵母中表达蓝细菌细长集胞藻 f1594 菌株的脂酰 CoA/ACP 还原酶基因（*FAR*）、细长集胞藻 f1593 菌株的醛脱甲酸氧化酶基因（*FADO*）和大肠杆菌的铁氧化还原蛋白/还原酶基因（*EcF/FNR*），重组菌株能产生十三烷烃、十五烷烃和十七烷烃，该酵母以葡萄糖作为碳源每克细胞干重能产（22.0 ± 1.4）μg 的烷烃。当大豆脂氧合酶基因在解脂耶罗维亚酵母菌中超表达时，重组酵母菌能产生 4.98mg/L 戊烷，转化率为 0.000 03g/g 葡萄糖，生产强度为 0.000 03g/（h · L）。

2. 烃类的生物合成途径 目前已知的微生物烃类生物合成可能途径有 6 个，大家一致认为其合成起始物是细胞合成的常规 C_{16} 和 C_{18} 脂肪酸。而常规 C_{16} 和 C_{18} 脂肪酸则是在脂肪酸合成酶Ⅱ（fatty acid synthetase Ⅱ，FASII）的催化下形成的，该酶是多酶体系，含有乙酰 CoA 羧化酶（ACC；EC 6.4.1.2）；丙酰 CoA：ACP 转移酶（FabD；EC 2.3.1.39）；3 个缩合酶，即β-酮酰基 ACP 合成酶Ⅰ（FabB；EC 2.3.1.41），β-酮酰基 ACP 合成酶Ⅱ（FabF；EC 2.3.1.41），β-酮酰基 ACP 合成酶Ⅲ（FabH；EC 2.3.1.180）；β-酮酰基 ACP 还原酶（FabG；EC 1.1.1.100）；β-羟酰 ACP 脱水酶（FabA 和 FabZ）和β-烯酰 ACP 还原酶Ⅰ（FabI；EC 1.3.1.9），每循环一次延伸了 2 个碳原子，具体过程见有关生化教科书。下面分别介绍一下这 6 个烃类生物合成途径。

1）蓝细菌的脱碳途径和 PKS 途径 在蓝细菌中烷烃是通过脱碳途径（decarbonylation pathway）合成的，在该途径中通过 FASⅡ合成的 C_{16} 和 C_{18} 脂肪酰基 ACP 首先在酰基-酰基载体蛋白还原酶（acyl-ACP reductase，AAR）的作用下被还原为相对应的脂肪醛，然后在醛脱甲酸加氧酶（aldehyde-deformylating oxygenase，ADO）的催化下将脂肪醛转化为奇数链长的烷烃（图 11-14）；研究发现 ADO 是非血红素二价铁加氧酶中的一员，必须在蛋白还原系统（铁氧化还原蛋白/铁氧化还原蛋白还原酶和 NADPH）或化学还原系统（吩嗪硫酸甲酯和 NADH）的辅助下才具有催化活力，而且在脂肪醛转化为烷烃的过程中脱去的是甲酸而非一氧化碳。由于蓝细菌合成的脂肪酸主要是 C_{18} 脂肪酸，所以形成的烷烃主要是十七烷（图 11-14）。

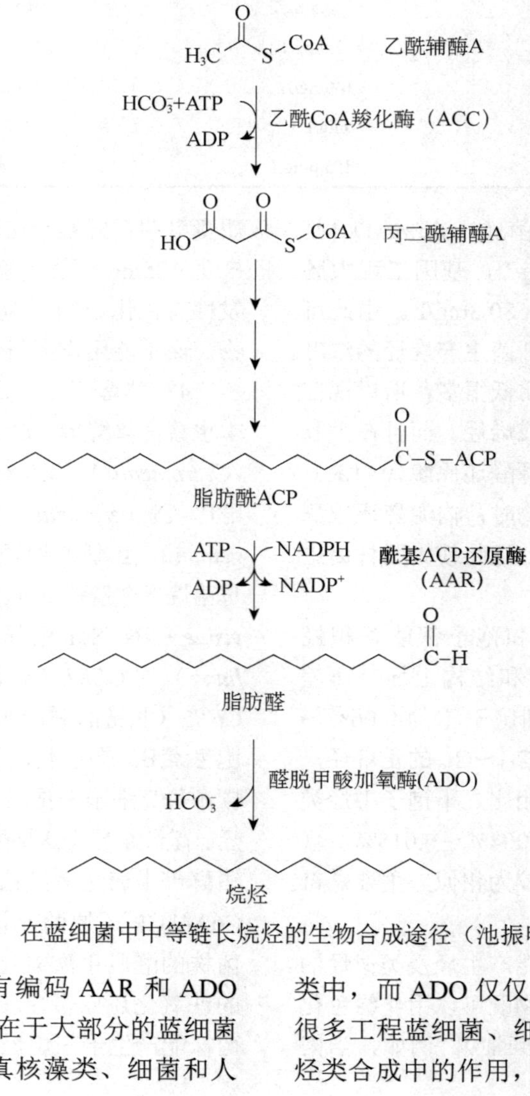

图 11-14 在蓝细菌中中等链长烷烃的生物合成途径（池振明供图）

多株蓝细菌基因组中具有编码 AAR 和 ADO 的基因，说明这条合成途径存在于大部分的蓝细菌中。AAR 广泛存在于植物、真核藻类、细菌和人类中，而 ADO 仅仅存在于蓝细菌中。目前已经在很多工程蓝细菌、细菌和酵母菌中证实了 ADO 在烃类合成中的作用，将蓝细菌的 *AAR* 和 *ADO* 基因在大肠杆菌中同时表达，重组菌株能产生大约25mg/L的烷烃。在大肠杆菌细胞中同时表达细长集胞藻PCC7942.1菌株的*AAR*、*ADO*及枯草芽孢杆菌菌株的$FabH_2$基因后，重组菌株可产生（14.3±1.9）mg/L的十六烷和（11.9±2.5）mg/L的十四烷。由此可见，ADO是蓝细菌烷烃合成中的关键酶。与植物和昆虫中的脱碳酶（膜结合蛋白）相比，ADO是可溶性蛋白，因而在大肠杆菌中更易表达，因为蓝细菌用于烷烃合成的C_{16}和C_{18}脂酰ACP来源于光合作用的二氧化碳，所以这条路径相对于以下提到的其他几个路径而言从理论上讲具有很多优势。

α-烯烃是一种有着特异末端双键的烃，与蓝细菌烷烃合成途径不同，α-烯烃的生物合成是在烯烃合酶（OLS）的催化下完成的，OLS途径仅存在于少数蓝细菌中，在聚球藻（*Synechococcus* sp.）PCC7002菌株中发现合成烯烃的基因*ols*是以模块形式存在的，其结构组成与聚酮合酶（PKS）的非常相似，因此该途径一般又称为PKS途径。α-烯烃的生物合成过程如图11-15所示，OLS的C端包括聚酮延伸模块和末端成烯结构域，OLS通过连续的聚酮链延伸、酮基还原、磺化、水解和脱羧将脂肪酰ACP转化为α-烯烃。通过消耗ATP能量将底物结合在ACP1结构域上，一旦结合上，中央延伸模块[包括酮体合成酶（KS）、酰基转移酶（AT）、酮体还原酶（KR）和酰基载体蛋白（ACP）结构域]将会利用丙二酸单酰CoA在酰基底物上增加两个碳原子，并将β-酮基还原为β-羟基。与磺基转移酶（ST）毗邻的ACP2能通过磺化作用激活β-羟基基团。接下来的脱水和脱羧反应由C端的硫酯酶（TE）催化完成。

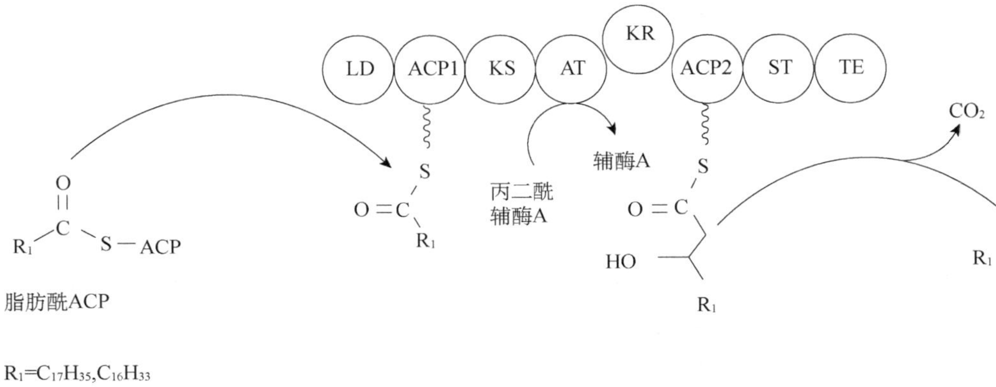

图11-15　蓝细菌α-烯烃的生物合成途径（池振明供图）
其中的LD为需要消耗ATP的加载域（loading domain）

2）脂肪酸头对头缩合途径　在一些真细菌细胞中存在脂肪酸头对头缩合途径来合成长链烯烃（图11-16）。在该途径中，脂酰CoA首先通过β氧化前几步反应转化为β-酮酰基CoA（通过酰基CoA脱氢酶，烯酰CoA水合酶和3-羟烷基CoA脱氢酶），形成的β-酮酰基CoA和另一个脂酰CoA在负碳离子亲核攻击下脱去羧基形成二元酮，然后再在β-酮酰基ACP还原酶（FabG）、β-羟酰基ACP脱水酶（FabZ）和烯酰ACP还原酶（FabI）的催化下形成C_{23}～C_{33}，包含1个或多个双键的烯烃。β-酮酰基CoA通过脱羧Claisen缩合反应形成二元酮是该途径中最为关键的一步。在藤黄微球菌（*M. luteus*）ATCC4698菌株中，脱羧Claisen缩合反应是在OleA催化下进行的，OleA含有1个由半胱氨酸-组氨酸-天冬酰胺组成的催化位点；有研究认为保守的半胱氨酸残基与结合酰基中间物有关，而保守的组氨酸-天冬酰胺残基与脱羧有关。实际上OleA是缩合酶FabH（3-氧酰基-ACP酮酰基合酶Ⅲ）同系物，因此其最有可能充当的是硫解酶角色。在欧尼氏希瓦菌（*S. oneidensis*）MR-1菌株中该步反应是在基因簇*OleABCD*编码的酶催化下完成的，OleA主要负责催化两个酰基硫酯缩合形成二元酮，而接下来的一系列还原和脱水反应是由OleD、OleC或OleB催化完成来形成最后的烯烃。

由于在真核细胞中不存在OleABCD同系物，所以以上提到的以OleA为基础的长链烯烃合成机制仅出现在真细菌中。在高产脂肪酸大肠杆菌中表达*OleA*基因后发现重组大肠杆菌产生的主要是不饱和的C_{27}和C_{29}一元酮，再次证实OleA的确参与了脂酰CoA的脱羧和缩合反应。在大肠杆菌中表达藤黄微球菌（*M. luteus*）菌株的由3个基因组成的基因簇后发现重组菌株能产生40mg/L长链烯烃，主要是$C_{27:3}$和$C_{29:3}$。目前利用脂酰CoA合成长链烯烃的主要碳源是葡萄糖和果糖，其中葡萄糖可以通过水解淀粉和纤维素获得，果糖可以通过水解蔗糖和菊粉而得到，因此可以利用可再生原料来生产长链烯烃。

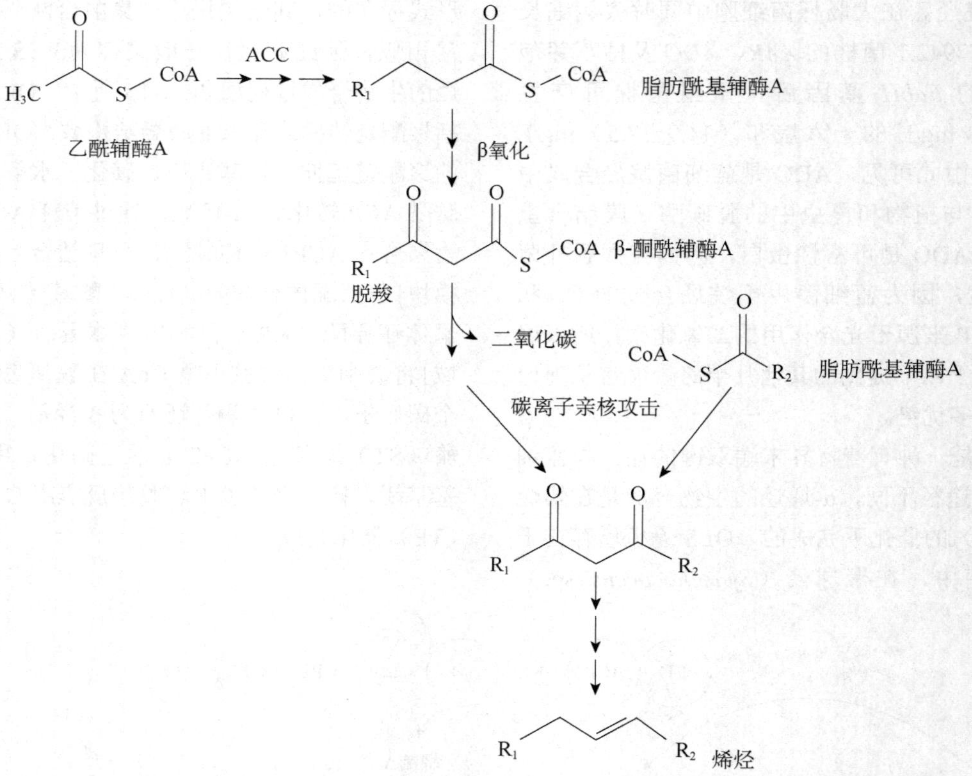

图 11-16 真细菌中长链烯烃的生物合成途径（脂肪酸的头对头缩合途径）（池振明供图）

3）内共生真菌肉质囊盾菌（*Ascocoryne sarcoides*）中烯烃的生物合成途径 在其他真菌中发现亚油酸在脂肪加氧酶（lipoxygenase，EC 1.13.12.12）的作用下被分解为 C_8 醇和酮，然后，C_8 醇和酮在氧化还原酶（oxidoreductase）的催化下生成 C_8 还原产物和其他挥发性产物，如 1-辛烯（图 11-17）。在内共生真菌肉质囊盾菌中表达脂肪加氧酶基因 *AS2804*，能催化亚油酸断裂成为一系列化合物，如 1-辛烯-3-醇、2-辛烯-1-醇和 3-辛酮。然而，目前还不知道内共生真菌肉质囊盾菌中产生 C_8 还原产物相关的基因，因为还没有构建出研究这种内生真菌的遗传工具。此外，因为真菌所产挥发性化合物组分很复杂（其中包括分支烃、苯环衍生物和环烷烃），很难知道合成这些类烃类化合物所需的酶和基因。

4）细菌咸海鲜球菌中烯烃的生物合成途径 细菌咸海鲜球菌 ATCC 8456 菌株以脂肪酸合成过程中的中间产物为底物，在末端成烯脂肪酸脱羧酶（OleTJE）的作用下通过脱羧反应合成末端烯烃、甲基-1-十九烯和 17-甲基-1-十九烯，如图 11-18 所示。OleTJE 是该途径中的关键酶，它是一种来源于 cyp152 家族的细胞色素 P450 酶。作为 cyp152 家族的一员，OleTJE 可利用过氧化氢作为其主要电子来源。研究发现 OleTJE 与小红酵母（*R. minuta*）P450Rm 的细胞色素 P450 酶相似度很高，酵母菌的细胞色素 P450 酶能通过脱羧机制将异戊酸盐变成异戊烯，其中涉及从 β 碳去除氢原子。目前发现咸海鲜球菌菌株在 OleTJE 的作用下可以通过两种方式合成烯烃：①依赖于过氧化氢的合成途径，细胞色素 P450 酶铁中心被过氧化氢氧化成为高能氧-高价铁血红素，然后铁从游离脂肪酸 α 或 β 位置减去一个氢原子，在底物上形成一个碳自由基，额外的质子从游离脂肪酸的 α 位置脱离形成水和碳正离子，然后经过脱羧作用形成末端烯烃；②不依赖于过氧化氢的合成途径，研究发现 OleTJE 在有 NADPH 和氧气的条件下，可以不依赖于过氧化氢，在红球菌 P450 还原酶结构域 RhFRED 或大肠杆菌黄素氧还蛋白/黄色氧还蛋白还原酶的协助下，有效地将 $C_{12\sim20}$ 脂肪酸脱去羧基形成烯烃。将咸海鲜球菌 ATCC 8456 菌株的 *OleTJE* 基因在大肠杆菌中表达，重组菌株确实能合成烯烃；在大肠杆菌中异源表达咸海鲜球菌 ATCC 8456 菌株的 *OleTJE* 基因或红球菌菌株的 *OleTJE-RhFRED* 基因，重组菌株均可产生不同浓度的多种烯烃，其烯烃浓度最高为 97.6mg/L，最终转化率为 0.003g/g 葡萄糖，生产强度为 0.002g/（h·L）。

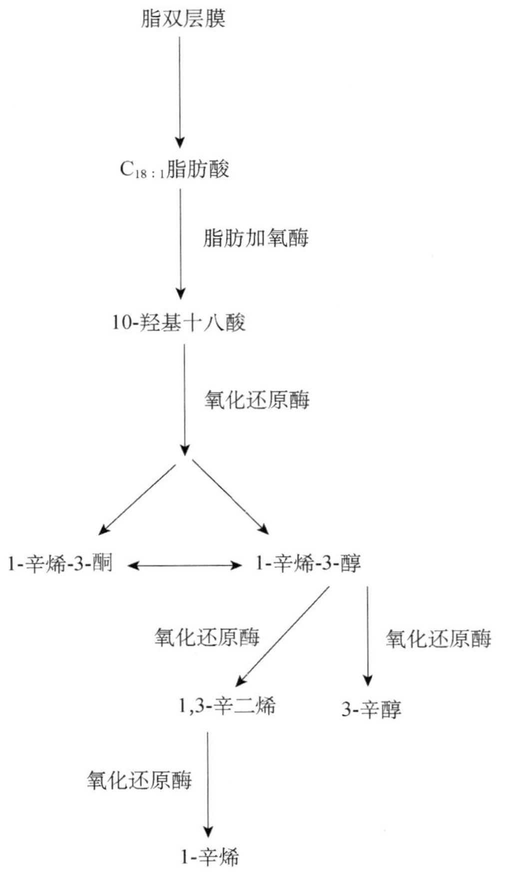

图 11-17　肉质囊盾菌中烯烃的生物合成途径（池振明供图）

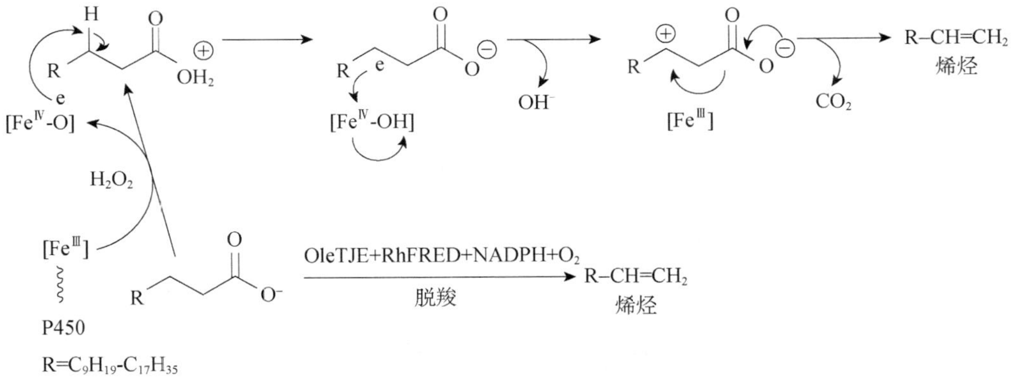

图 11-18　咸海鲜球菌烯烃的生物合成途径（池振明供图）

5）短链烷烃的生物合成途径　在豆粕和花生中，大豆脂肪加氧酶（Gmlox1）Ⅰ、Ⅱ和花生脂肪加氧酶通过在亚油酸顺式双键上添加分子氧而将亚油酸转化为13-过氧氢亚油酸（13-HPOD）中间产物，然后经过自发或进一步Gmlox1催化发生裂变或氢化反应将13-HPOD转化为戊烷、13-氧-顺式-9-反式-11-十三碳二烯酸或*n*-己醛和12-氧-顺式-9-十二烯酸（图11-19）。还有研究发现氢过氧化物裂解酶可能有助于最后一步反应的发生，因此在这个途径中脂肪加氧酶是一个关键酶。在解脂亚罗维亚中超表达大豆脂加氧酶基因后，重组酵母菌利用其自身的脂肪酸进行转化产生4.98mg/L戊烷，转化率为0.000 03g/g葡萄糖，生产强度为0.000 03g/（h·L）。

6）参与烷烃合成的有关酶　诺卡菌（*Nocardia* sp.）的羧酸还原酶（carboxylic acid reductase，CAR）具有较广的羧酸底物特异性，在ATP和NADPH的作用下可将游离的脂肪酸催化为相对应的醛。CAR需要在4′-磷酸泛酰巯基乙胺的辅助下才具有催化活性，4′-磷酸泛酰巯基乙胺通过磷酸二酯键与羧酸还原酶丝氨酸残基共价结合，这时羧酸还原酶才有催化活性，该修饰发生在翻译后由磷酸泛酰巯基乙胺转移酶（PPTase）催化完成。CAR所参与的反应涉及3个关键步骤：①脂肪酸底物发生腺苷酰化形成 AMP-脂酰复合物和焦磷酸酯；②将活化的脂肪酸转移至磷酸泛酰巯基乙胺辅基上形成硫酯键；③在 NADPH 的作用下将硫酯中间产物还原为醛。基于 CAR 这一特性，目前利用海洋分枝杆菌的 CAR 和蓝细菌的 ADO 已经在大肠杆菌中构建出烃类生物合成途径。共表达脆弱拟杆菌（*B. fragilis*）的 *TE* 基因、海鱼分枝杆菌的 *CAR* 基因、枯草芽孢杆菌的 *PPTase* 基因和海洋原绿球藻（*P. marinus*）的 *ADO* 基因在大肠杆菌中构建了一条丙烷生物合成途径。将培养基条件优化后，重组大肠杆菌 19h 时能产生 32mg/L 丙烷，转化率为 0.0016g/g 葡萄糖，生产强度为 0.0017g/(L・h)。

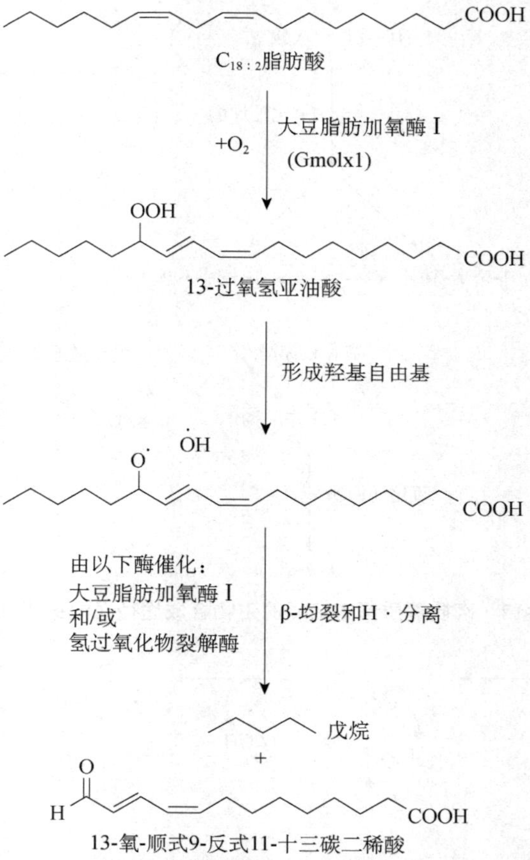

图 11-19　短链烷烃的生物合成途径（池振明供图）

第五节　生物肥料

化学合成的肥料、农药和杀虫剂已经在农业生产中大规模使用，给粮食增产、减少病虫害发生带来巨大的经济效益。然而，化肥、农药和杀虫剂的使用也产生了非常严重的环境问题、食品安全问题等，现在有大量的农药残留在食品和环境中。化学肥料是给植物提供各种营养物质，如 N、P、K 和 S，这些营养物过量使用也是有害的，如会减弱植物根的生长能力、植物更容易发生疾病、土壤得到酸化和地下水和其他水体变成富营养化水体。其他的营养物，如硝酸盐渗透到地下水和其他水体中会引起蓝婴综合征和消化道癌等。氨肥，如硫酸铵在土壤和水体中很容易被氧化成硝酸盐，因为硝酸盐带有负电荷，与土壤颗粒发生排斥作用，从而使硝酸很容易进入水体，硝酸在水体中被厌氧细菌转化成亚硝酸盐，其为致癌物质。这些化学物质不仅给这一代人造成不利的影响，也会给下一代人造成非常严重的环境和健康问题，所以必须寻找生态友好的方法解决这些环境问题。而使用生物肥料，可以保持农业的可持续绿色发展、人类健康和食品安全。据报道 2015～2020 年生物肥料每年需求量增加 14.0%，到了 2025 年每年会创造 18.8 亿美元的收入。由于许多国家开始严格限制使用化肥，生物肥料得到了广泛使用。

生物肥料就是指能支持植物生长的微生物。这些微生物能促进宿主植物获得营养，它们定植在植物根际和植物体内，可以抵抗病原微生物的侵入。能帮助植物生长的微生物还参与了土壤生态系统的各种生物活动，使得农作物得到高活力的可持续的生长。生物肥料已经得到了广泛使用，来促进其他微生物的代谢活力，增加植物吸收利用营养物、通过固定空气的 N_2 和溶解土壤中的磷，给植物提供无机氮和可溶性的磷，促进植物的生长。这些生物肥料能利用自然存在的生物系统来固定营养物，极大地增加了土壤肥力和增加了农作物的产量。还可以帮助植物抵抗病原微生物的感染和昆虫的侵犯。生物肥料还可以提高植物种子的生存能力、延长根系的生命、去除有毒的化合物和缩短植物的花期。连续使用 3～4 年生物肥料，就不用继续使用生物肥料，因为已经接种到土壤中的微生物还可以持续不断生长和繁殖。这些生物肥料包括土壤中的固氮细菌和蓝细菌、能溶解磷和钾的细菌、霉菌和蘑菇、能促进植物生长的根际微生物。能产生植物激素和铁载体的微生物也可以作为生物肥料。许多根际和内共生微生物还可以降解污染物并固定和解毒重金属，产生抗生素，抵抗植物病原菌和有害昆虫、参与耐盐作用等。脱硫弧菌、红螺菌和红假单胞菌能与植物建立互惠共生关系，植物给这些微生物提供含碳的光合产物，植物可以获得这些微生物产生的矿物质。

一、能作为生物肥料的固氮菌

1. 根瘤菌 根瘤菌科（α-变形菌纲）是能进行固氮的根际细菌，它们可以与根瘤植物根建立互惠共生关系，结果是植物根中产生了根瘤，根瘤中生活有根瘤菌，这些根瘤菌包括根瘤菌属、大豆根瘤菌属、中华根瘤菌属、固氮根瘤菌属和中慢生根瘤菌属。在非根瘤植物中能固氮的根瘤菌叫作非共生固氮菌，它们也叫作营固氮的生物，可以与宿主建立一种非专一性关系。参与固氮作用的酶是固氮酶，该酶是复合酶，包括具有铁作为辅助因子的双固氮酶还原酶和含有钼铁作为辅助因子的双固氮酶，双固氮酶还原酶产生电子，并利用这些电子把 N_2 还原成 NH_3。根据双固氮酶的辅助因子的不同，可以把它们分为 Mo-固氮酶、V-固氮酶和 Fe-固氮酶。编码固氮酶的基因叫作 *Nif* 基因，存在于共生和游离生活的固氮微生物中。*Nif* 基因是结构基因，参与 Fe 蛋白的激活，Fe-Mo 酶和辅助因子的合成，提供电子和作为酶合成和活力所需的调节基因。尽管氧气对 *Nif* 基因表达具有负调控作用，但是氧气对于根瘤菌的类菌体呼吸是必需的。因为细菌的豆血红蛋白对氧气具有很高的亲和力，甚至在缺氧情况下氧气能保持酶处在高活力的状态。所以要进行高活力的固氮作用，必须有足够的氧气供应给类菌体进行呼吸作用，同时还得防止氧气对固氮酶复合物固氮活力造成不利的影响，最简单的方式就是通过基因工程的方法在根瘤菌中引入能结合氧气的细菌血红蛋白。例如，在埃特里根瘤菌中克隆和表达来自透明颤菌（*Vitreoscilla* sp.）的 *VHb* 基因后，该根瘤菌呼吸速率增加了 2～3 倍，把这种遗传改造的根瘤菌接种到豆科植物中，与接种野生型根瘤菌的植物相比，豆科植物的固氮活力增加了 68%，植物的叶子量增加了 25%～30%，植物中的 N 含量增加了 16%。根瘤的发育也是影响根瘤菌固氮效果的很重要因素，要达到共生高效固氮的效果，大多数豆科植物产生了根瘤，就是共生的细菌感染了根瘤后产生的新器官。宿主根瘤和根瘤菌共生关系靠结瘤因子（简称 Nod 因子，由根瘤菌分泌的脂几丁质寡糖）来维持。根瘤菌感染根瘤后，植物的乙烯水平会上升，增加的乙烯进一步抑制了根瘤菌的感染和根瘤的发育。通过产生小分子化合物，如根瘤毒素，某些根瘤菌菌株可限制乙烯的产生能增加根瘤的数量。根瘤毒素是一种植物毒素，它能抑制 1-氨基环丙烷-1-羧酸（ACC）合酶的活力而抑制乙烯的生物合成。某些根瘤菌能产生 ACC 脱氨酶，该酶作用的结果降低 ACC 的量，因为 ACC 是植物中产生乙烯的直接前体，所以 ACC 的减少自然减少了乙烯的产生。乙烯量的减少可以使植物的根瘤和生物量增加 25%～40%。农田中 1%～10%的根瘤菌具有 ACC 脱氨酶。某些根瘤菌因缺少这些 ACC 脱氨酶，所以有必要在这些根瘤菌中克隆和表达 *ACC* 脱氨酶基因。例如，把豆科根瘤菌（*R. leguminosarum*）bv. Viciae 菌株的 *ACC* 脱氨酶基因引入到缺少 *ACC* 脱氨酶基因的苜蓿中华根瘤菌（*S. meliloti*）菌株中，能增加植物 35%结瘤量，生物量增加 40%。有些固氮根瘤菌是能在茎上结瘤和固定 N_2 的共生细菌，这些细菌还能产生大量的吲哚乙酸，刺激植物生长。大豆根瘤菌是一种很好的固氮菌，把它们接种到黎豆属种子中，能增加土壤中的 C、N、P 和 K 的水平，结果植物生长、土壤微生物群体数量和植物生物量都得到了提高，并且可以降低杂草群体的数量。

2. 固氮螺菌 固氮螺菌是 G^-、好氧的固氮菌，但不参与豆科植物的结瘤作用。这一属中有许多种，包括无乳固氮螺菌（*Azospirillum amazonense*）、高盐固氮螺菌（*Azospirillum haloprae-*

ferens）和巴西固氮螺菌（*Azospirillum brasilense*）。但是生脂固氮螺菌（*Azospirillum lipoferum*）和巴西固氮螺菌是最有用的细菌，因为它们可以在有机酸盐，如苹果酸和天冬氨酸上固氮，固氮螺菌可以与许多种植物建立起共生固氮关系，特别是与具有 C_4 二羧酸光合途径的植物建立共生关系，如小麦、甘蔗、高粱、珍珠稷和其他农作物。这些螺菌可以合成生长素（吲哚乙酸、赤霉素和细胞分裂素），帮助根发育和营养物（N、P 和 K）吸收，接种固氮螺菌对植物根发育和分泌物有重要的影响，如把巴西固氮螺菌（*A. brasilense*）245 菌株接种到小麦中，小麦植物激素合成量可以大大增加，小麦生长量也明显增加。因为合成植物激素，小麦的生理和结构发生很大改变，导致该植物无机盐吸收大大增加。如果接种固氮螺菌和假单胞菌，就可以改变小麦根际的细菌群落和植物分蘖谷物灌浆阶段的碳源利用情况。从小麦根分离的两个菌株巴西固氮螺菌（40 和 42M 菌株）可以改变水稻微生物群落生理状态。

3. 固氮杆菌 固氮杆菌是非共生、游离生活的、好氧的光合自养细菌属。褐色球形固氮杆菌（*Azotobacter chroococcum*）是可耕地中最常见的固氮细菌，它们通常存在于中性和碱性土壤中。棕色固氮菌（*Azotobacter vinelandii*）、拜氏固氮杆菌（*Azotobacter beijerinckii*）、标记固氮杆菌（*Azoto-bacter insignis*）和巨胞固氮杆菌（*Azotobacter macrocytogenes*）也是属于固氮杆菌种，它们可以产生维生素 B 族复合物和各种植物激素及其他化合物，可以抑制根的感染，促进植物根生长和矿物质的吸收。固氮杆菌可以释放化学物质限制某些已经感染的根生长，同时促进正常根生长和营养物的吸收。固氮杆菌可以把 15～93kg N/hm^2 增加到百喜草根中。另外 1 株固氮杆菌印度固氮杆菌（*Azotobacter indicum*）能产生各种抗真菌抗生素，通过抑制根周围的许多真菌生长，从而用于减少幼苗死亡率。在农作物根际和未种植的土壤中固氮杆菌群体密度通常是很低的，这些微生物存在于各种农作物，包括水稻、小麦、甘蔗、狼尾草、蔬菜和各种种植农作物的土壤中。

4. 蓝细菌 蓝细菌是光合微生物，属于 8 个不同的家族。通过产生植物生长素、吲哚乙酸和赤霉素，促进植物的生长。在水稻田水中能固定的氮为 20～30kg/hm^2。在低洼地水稻生产过程中，为了获得水稻高产，氮是主要的营养物。由有关的微生物进行的土壤固氮和生物固定氮是主要的氮来源。真菌、苔藓植物、蕨类植物和开花植物可以与蓝细菌建立共生关系。米鱼腥藻（*Anabaena oryzae*）、喜钙念珠藻（*Nostoc calcicola*）和螺旋藻这 3 种蓝细菌是可以减少虫瘿和卵块的量和促进植物生长，其中虫瘿和卵块是由根结线虫（南方根结线虫引起的）感染黑眼豆引起的。

满江红属的干重中含有 4%～5%的氮，在湿重中含有 0.2%～0.4%的氮。在水稻中，它们是有用的有机肥和氮的重要来源。满江红属作为重要的生物肥料是由于它在土壤中很快被降解，并高效地给植物提供氮源。同时它还能提供 P、K、Zn、Fe、钼和其他微量营养。在种植水稻之前，满江红属可以作为农田中绿色的生物肥料。羽叶满江红（*Azolla pinnata*）、卡洲满江红（*Azolla caroliniana*）、小叶满江红（*Azolla microphylla*）、细叶满江红（*Azolla filiculoides*）和墨西哥满江红（*Azolla mexicana*）是农田中常见的满江红，可以进行大规模种植和生产。

二、解磷作用的生物肥料

尽管磷在土壤中含量很高，但是大部分的磷在土壤中是不可溶的，无法供给植物生长，因为植物仅能吸收两种可溶性形式的磷——单价和二价磷。无机磷，如磷灰石，以及有机磷，如肌醇磷酸（土壤的植酸）、磷酸单酯和磷酸三酯广泛存在于自然界中。化肥中的大部分可溶性无机磷用在田中时很快被固定，结果是无法被植物吸收利用，而被浪费掉，这就需要寻找环境友好的和高效的方式来促进在低磷土壤中的农作物生长和提高产量。微生物能产生有机酸和无机酸溶解无机磷，给农作物提供磷，促进它们生长。所以这些微生物可以作为生物肥料的组分。低分子量的有机酸，如微生物产生的葡萄糖酸和柠檬酸可以溶解无机磷。这些低分子量有机酸能络合结合在磷酸盐中的阳离子，导致不溶性的磷转化成可溶性的磷。另外，许多微生物可以产生磷酸酯酶，催化水解磷酸酯化合物，使有机磷得到矿化作用。有时磷酸盐得到溶解和有机磷化合物得到矿化作用可以同时发生在同一种细菌中，这些细菌包括假单胞菌、芽孢杆菌、根瘤菌、伯克霍尔德菌、无色杆菌、农杆菌、微球菌、醋酸杆菌、黄杆菌和欧文菌。土壤和植物根际中存在大量的解磷细菌，它们有好氧菌和厌氧菌，在没有淹没的土壤中好氧菌更常见。在根际中解磷细菌经常可见。解磷细菌可以提高固氮细菌的生物固氮效率，还可以把释放出的可溶性磷提供给植物生长。

三、能产生铁载体的生物肥料

铁是所有生物必需的元素，具有重要的生理功能。在有氧环境中铁以 Fe^{3+}存在，并且很容易形成不溶性的氢氧化合物和氧氢化合物。结果是大部分的铁得不到利用，也不会被细菌和植物吸收。通常细菌要获得铁就要产生铁载体，它是低分子量的铁络合物，对铁具有很高的络合作用（见海洋环境中的微生物这一章的介绍）。大部分铁载体是水溶性的，可以分为胞外和胞内铁载体。根瘤菌在利用铁载体方面的能力差别很大。有些根瘤菌可以高效地利用同源的铁载体，而其他的根瘤菌必须利用异源的铁载体。G^+菌和 G^-菌可以利用细菌细胞膜上的酶把铁从 Fe^{3+}还原成 Fe^{2+}，Fe^{2+}被铁载体络合，然后通过膜上的运输蛋白把含铁的铁载体运输到细胞内。在缺铁情况下，合成并分泌的铁载体可以作为络合剂从无机矿物或有机分子中把铁络合浓缩出来。铁载体还可以把其他重金属及放射性元素铀和镎络合到络合物中，起解毒作用。当铁载体与重金属离子结合时，可溶性的金属浓度增加。这样细菌铁载体可以帮助宿主植物减少土壤中高浓度重金属引起的损伤作用。植物会利用各种途径从细菌铁载体中吸收铁离子，包括络合、释放、直接吸收铁载体-Fe 复合物和与配体进行交换反应，促进各种植物发生铁转移和植物生长。根瘤菌产生的铁载体把铁转移到植物中。荧光假单胞菌 C7 菌株产生 Fe-吡奥韦定（Pyoverdine）复合物，被拟南芥植物吸收后，导致植物组织中铁浓度上升。当植物面对逆境环境，如重金属污染时，由土壤细菌提供铁载体给植物就显得非常重要，在这种情况下，铁载体能够帮助植物应对高浓度重金属带来的不利影响。

四、能调节植物合成激素的生物肥料

植物激素在植物生长和发育中起着关键性的作用。当植物面对生长受到限制的逆境时，它们就调节内激素水平，减少逆境给植物造成的有害影响，微生物在根际中能产生或调节宿主的激素水平。结果通过调节植物的内激素水平，可以很大程度上影响激素的平衡和增加植物对逆境的反应能力。细菌还可以产生植物激素生长素[吲哚-3-乙酸和吲哚乙酸（indoleacetic acid，IAA）]。从各种农作物根际分离的 80%微生物能够产生和释放生长激素作为次级代谢产物。吲哚-3-乙酸可以参与植物生长和发育的许多方面和植物防御反应。IAA 生物合成途径和作用机制特别复杂，它的运输机制和参与 IAA 合成的各种不同信号通路和运输决定了它具有多种作用和功能。IAA 具有许多功能，它可以刺激种子和块根的萌发，增加木质和根发育的速度，控制植物生长过程，启动侧向和不定根的形成，介入植物对光、重力和荧光的反应和影响植物光合作用和色素的形成，各种代谢产物的生物合成和对逆境的抵抗作用。同时由于 IAA 介入各种细胞分裂和维管束形成过程，根瘤发育过程中宿主根瘤植物对 IAA 需求量更大。另外，还有细菌 IAA 能增加根的表面积和根的长度，使得植物更容易获得营养物。根瘤菌的 IAA 能使植物细胞壁松弛，这样能分泌更多的排出物，把额外的营养物用于维持细菌生长。所以根瘤菌 IAA 在抗植物疾病和刺激植物-微生物和微生物-微生物之间的相互作用方面是起很关键的效应物分子。色氨酸是影响 IAA 合成的很重要的前体。从色氨酸合成 IAA 至少需要 5 个途径。第一个途径形成吲哚-3-丙酮酸和吲哚-3-乙醛（图 11-20A），大部分细菌，包括根瘤菌、固氮螺菌、草生欧文菌（*E. herbicola*）、克雷伯菌（*Klebsiella* spp.）和其他细菌是利用这个途径合成 IAA。色氨酸转化成吲哚-3-乙醛是第二个途径（图 11-20A），假单胞菌和固氮螺菌利用这个途径合成 IAA。通过吲哚-3-乙酰胺合成 IAA 是第三个途径（图 11-20B），根癌农杆菌（*A. tumefaciens*）、丁香假单胞菌（*P. syringae*）和其他植物病原菌利用该途径合成 IAA。色氨酸转化吲哚-3-乙腈是第四个途径（图 11-20B），蓝细菌利用该途径合成 IAA。最后一个合成途径广泛分布于植物、蓝细菌和固氮螺菌中，在该途径中不依赖色氨酸合成 IAA。

五、能产生抗生素的生物肥料

合成多种抗生素是促进植物生长的细菌最常见的方式，这样可以限制病原菌的生长。例如，可以利用生物肥料中的哈茨木霉（*Trichoderma harzianum*）、荧光假单胞菌和枯草芽孢杆菌处理植物病原真菌镰刀菌（*Fusarium* spp.）、腐霉（*Pythium* spp.）、丝核菌（*Rhizoctonia* spp.）和小核菌（*Sclerotium* spp.），可以控制这些植物病原菌的生长。含有这些微生物的生物肥料可以促进植物生长和农作物产量。各种根瘤菌可以产生各种抗真菌代谢产物，包括 HCN、吩嗪（phenazine）、硝吡咯菌素（pyrrolnitrin）、2,4-二乙酰基间苯三酚（2,4-diacetylphloroglucinol）、藤黄绿脓菌素（pyoluteorin）、维司那定（viscosinamide）和张力素（tensin）。根瘤菌和植物根之间的接触可以保护根，并对抗植物病原真菌、细菌和病毒感染。这种现象叫作可诱导的系统抗性（induced systemic resistance，ISR）。这种 ISR 并不需要任何病原菌和刺激植物生长的细菌有直接关系。这种 ISR 是由植物中茉莉酮酸酯和乙烯信号引起的，作为一种防御机制对抗各种致病菌。许多细菌的组分，如脂多糖LPS、鞭毛、铁载体、环状脂肽、2,4-二乙酰基间苯三酚、高丝氨酸内酯，以及挥发性化合物，如2,3-丁烯二醇和乙偶姻都会引起植物宿主的ISR，让植物有能力防御各种植物病原菌。某些生防细菌能产生各种酶、如几丁酶、纤维素酶、β-1,3-葡聚糖酶、蛋白酶和脂肪酶，这些酶能裂解许多病原真菌，如灰霉（*Botrytis cinerea*）、齐整小核菌（*Sclerotium rolfsii*）、尖孢镰刀菌（*Fusarium oxysporum*）、疫霉（*Phytophthora* spp.）、立枯丝核菌（*Rhizoctonia solani*）和终极腐霉（*Pythium ultimum*）的细胞壁，从而杀死这些病原真菌。某些能刺激植物生长的细菌能产生铁载体，抑制病原菌获得铁，限制它们在根际中生长和繁殖。因为与病原菌相比，能刺激植物生长的细菌对铁具有更高的亲和力，所以这是一种控制病原菌的很有效的方法。植物面对各种逆境，包括病原真菌感染时能合成乙烯。当植物细胞被感染时，乙烯能引起植物产生衰老和抗逆反应，结果导致感染或靠近真菌感染区域的植物细胞死亡，增加乙烯浓度及植物病原菌感染会对植物造成很大的伤害。外来的乙烯加剧真菌感染的严重性，这样降低对乙烯的反应是减少植物病原感染产生的伤害一种有效方法。乙烯抑制剂不仅可以减少植物对乙烯反应水平，而且可以减少真菌感染的严重性。就像上面说的那样当植物被病原菌感染时，刺激植物生长的细菌能产生ACC脱氨酶，可以减少乙烯的水平，这样使用能产生ACC脱氨酶的和能刺激植物生长的细菌就可以减少乙烯的水平。

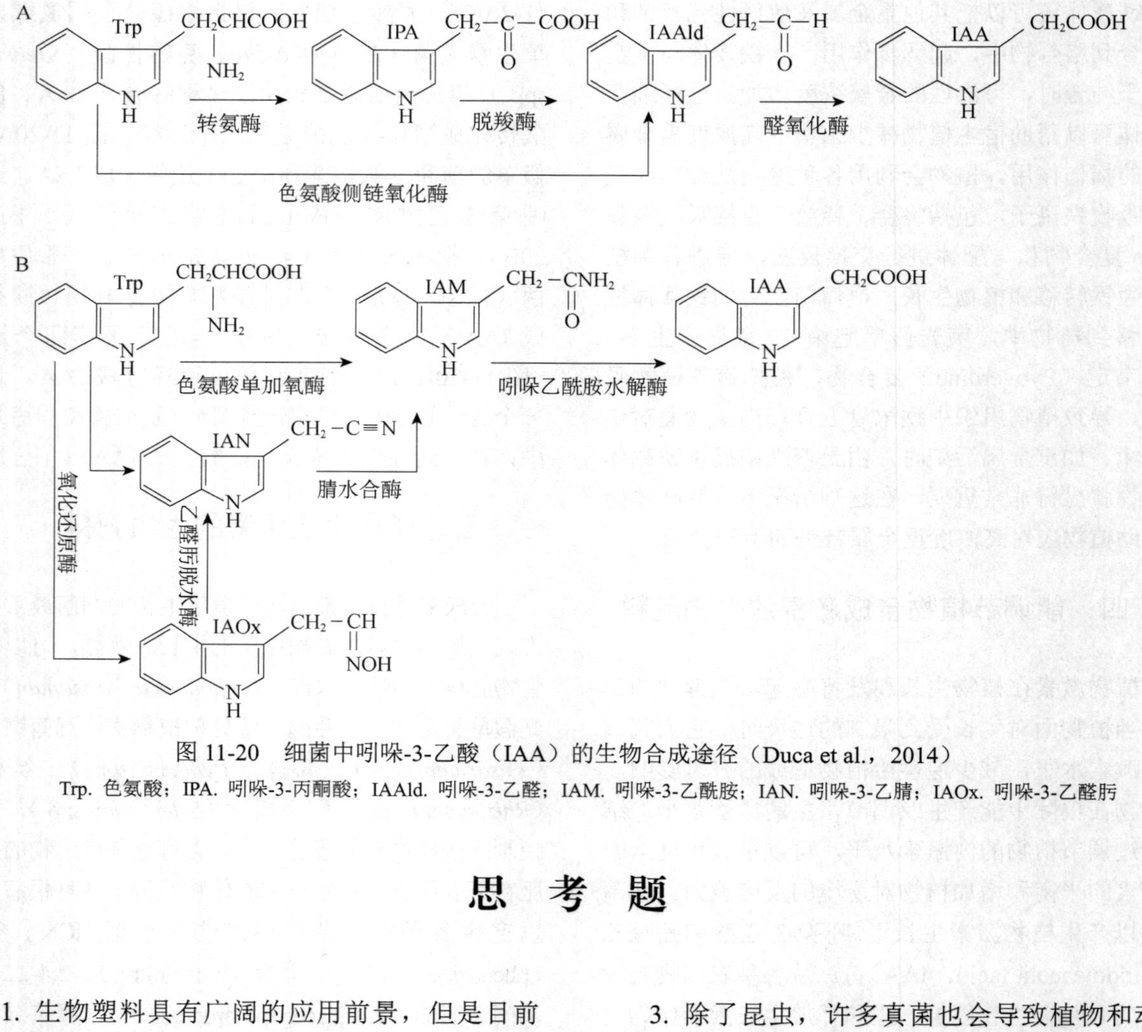

图 11-20　细菌中吲哚-3-乙酸（IAA）的生物合成途径（Duca et al.，2014）

Trp. 色氨酸；IPA. 吲哚-3-丙酮酸；IAAld. 吲哚-3-乙醛；IAM. 吲哚-3-乙酰胺；IAN. 吲哚-3-乙腈；IAOx. 吲哚-3-乙醛肟

思　考　题

1. 生物塑料具有广阔的应用前景，但是目前还没有得到大规模应用，你认为在微生物技术方面还存在哪些关键的问题，请从微生物生理、合成代谢和遗传角度进行讨论。

2. 一种杀螟杆菌产生的毒素往往只能杀死有限种类的昆虫，要使它们能杀死更多种类的昆虫，你认为从遗传上应采取哪些措施？

3. 除了昆虫，许多真菌也会导致植物和动物病害，你认为如何利用生物农药来控制这些真菌病害？最理想的抗农作物病原真菌的生物农药应该具备哪些重要特征？

4. 微生物可以合成哪些生物表面活性剂？要提高这些微生物合成生物表面活性剂应采取哪些具体措施？目前生物表面活性剂还没有得到大规模使

用，原因何在？

5. 微生物可以产生哪些可再生能源？这些生物能源有哪些优缺点？你认为真正可行的生物能源应该是哪一种？为什么？

6. 你认为有可能用生物燃料完全替代化石燃料吗？为什么？

7. 生物烷烃是理想的液体燃料，要实现生物烷烃真正成为能大规模应用的燃料，你认为应该采取哪些措施？

8. 要提高微生物产生乙醇、丁醇、氢气、甲烷、油脂和烷烃产量，从发酵工程、遗传和代谢工程角度来说应采取哪些措施？

9. 为何各种固氮菌、解磷菌、产生铁载体的微生物、能调节植物合成激素的微生物和产抗生素的微生物能作为生物肥料？这些生物肥料与化肥相比有哪些优缺点？

主要参考文献

池振明. 1999. 酵母菌耐酒精机制的研究进展. 微生物学通报，26（5）：373-376.

Daniel AI, Fadaka AO, Gokul A, et al. 2022. Biofertilizer: the future of food security and food safety. Microorganisms, 10: 1220.

de Albuquerque TL, Marques Júnior JE, de Queiroz LP, et al. 2021. Polylactic acid production from biotechnological routes: a review. Intern J Biol Macromole, 186: 933-951.

Duca D, Lorv J, Patten CL, et al. 2014. Indole-3-acetic acid in plant-microbe interactions. Antonie van Leeuwenhoek, 106: 85-125.

Hassan AHS, Mietzel T, Brunstermann R, et al. 2018. Fermentative hydrogen production from low-value substrates. World Journal of Microbiology and Biotechnology, 34: 176.

John L, Foster R. 2007. Biosynthesis, properties and potential of natural-synthetic hybrids of polyhydroxyalkanoates and polyethylene glycols. Applied Microbiology and Biotechnology, 75: 1241-1247.

Schnepf E, Crickmore N, Van Rie J, et al. 1998. *Bacillus thuringiensis* and its pesticidal crystal proteins. Microbiology and Molecular Biology Reviews, 62(3): 775-806.

Song SS, Tian BC, Chen H, et al. 2022. Transformation of corncob-derived xylose into intracellular lipid by engineered strain of *Aureobasidium melanogenum* P10 for biodiesel production. Renewable Energy, 200: 1211-1222.